经典译丛·光学与光电子学

光纤通信系统

（第四版）

Fiber-Optic Communication Systems

Fourth Edition

［美］ Govind P. Agrawal 著

贾东方 忻向军 译

電子工業出版社

Publishing House of Electronics Industry

北京·BEIJING

内容简介

本书是光纤通信方面的一本经典著作，在国内外享有盛誉。全书共11章，主要内容包括光纤通信概述，光纤通信系统的主要组成部分——光纤、光发射机和光接收机，单信道和多信道光纤通信系统的设计；光纤的损耗管理、色散管理和非线性管理技术，先进光波系统，以及全光信号处理。全书内容系统全面，理论体系严谨，讲解深入浅出，理论与实践结合紧密，同时非常注重光纤通信新技术。

本书是通信工程、电子信息工程、光电信息科学与工程、电子科学与技术等专业高年级本科生和研究生的一本优秀教材，也是光纤通信领域的科研人员、工程技术人员和管理人员的一本很好的参考书。

图书在版编目(CIP)数据

光纤通信系统：第四版／(美) 戈文德·P. 阿戈沃(Govind P. Agrawal)著；贾东方，忻向军译.
北京：电子工业出版社，2020.3
(经典译丛.光学与光电子学)
书名原文：Fiber-Optic Communication Systems, Fourth Edition
ISBN 978-7-121-38313-7

Ⅰ.①光… Ⅱ.①戈… ②贾… ③忻… Ⅲ.①光导纤维通信系统-高等学校-教材 Ⅳ.①TN929.11

中国版本图书馆 CIP 数据核字(2020)第021761号

责任编辑：马　岚
印　　刷：涿州市京南印刷厂
装　　订：涿州市京南印刷厂
出版发行：电子工业出版社
　　　　　北京市海淀区万寿路173信箱　　邮编　100036
开　　本：787×1092　1/16　　印张：29.5　　字数：755千字
版　　次：2020年3月第1版(原著第4版)
印　　次：2022年6月第3次印刷
定　　价：119.00元

凡所购买电子工业出版社图书有缺损问题，请向购买书店调换。若书店售缺，请与本社发行部联系，联系及邮购电话：(010)88254888，88258888。

质量投诉请发邮件至 zlts@phei.com.cn，盗版侵权举报请发邮件至 dbqq@phei.com.cn。

本书咨询联系方式：classic-series-info@phei.com.cn。

译 者 序

自从 1966 年英籍华人高锟提出光纤通信的概念以来，在此后的半个世纪里，光纤通信获得了突飞猛进的发展。光纤通信以其独特的优越性，已经成为现代通信发展的主流方向，是当今信息社会的基石。随着包括移动互联网、大数据、物联网、5G 等新一代业务和应用的不断推进，对光纤通信技术的要求也不断提高，光纤通信也势必将迎来又一个发展高峰。因此，无论是对于高等院校通信工程、电子信息工程、光电信息科学与工程、电子科学与技术及相关专业的高年级本科生和研究生，还是对于从事信息技术的科研人员，了解光纤通信的基础知识都是至关重要的。

美国罗切斯特大学 Govind P. Agrawal 教授的著作 *Fiber-Optic Communication Systems* 是一本系统介绍光纤通信的基本理论、技术和发展前沿的经典著作，在国内外享有盛誉，包括哈佛大学、斯坦福大学、加州理工学院、罗切斯特大学、南安普敦大学在内的世界上许多著名大学都采用该书作为光纤通信课程的教材。同时，该书在光纤通信文献中的引用率也相当高，这从一个侧面说明了该书的权威性和经典性。Govind P. Agrawal 教授作为世界光纤通信领域的著名学者，从 1989 年就开始在罗切斯特大学光学研究所讲授光通信课程，并长期从事该领域和相关领域的研究工作，本书正是作者多年教学和科研工作的结晶。该书首版于 1992 年问世，再版于 1997 年，2002 年推出了第三版，2010 年推出了目前的第四版，被行业人士誉为大师之作。与上一版相比，第四版新增了两章内容，全书主要内容包括：光纤通信概述，光纤通信系统的主要组成部分——光纤、光发射机和光接收机，单信道和多信道光纤通信系统的设计，光纤的损耗管理、色散管理和非线性管理技术，先进光波系统，以及全光信号处理。纵览全书，其内容系统全面，理论体系严谨，讲解深入浅出，理论与实践结合紧密，同时非常注重近年来光纤通信的新技术，是一本不可多得的优秀教材，也是一本很有价值的参考书。

我们认为很有必要将这本光纤通信领域的经典著作介绍给中文读者。本书的翻译工作由天津大学的贾东方和北京邮电大学的忻向军共同完成。在本书的翻译过程中，对原书中明显的错误进行了更正。

感谢 Govind P. Agrawal 教授对中文译书出版方面给予的合作。由于译者学识所限，疏漏乃至错误在所难免，恳请广大读者及专家不吝赐教，提出修改意见，我们将不胜感激。

Forward

It is with pleasure that I write this forward for the Chinese translation of the fourth edition of my book *Fiber-Optic Communication Systems* published in 2010 by Wiley. This book has expanded considerably from its third edition because of the recent adoption of phase-modulation techniques together with the use of digital processing at optical receivers. In addition to additions and updates in all chapters, the fourth edition contains two new chapters entitled *Advanced Lightwave Systems* and *Optical Signal Processing*.

The Optiwave Corporation provides a state-of-the-art software package suitable for designing modern lightwave systems. It is my hope that the software package will help to train the students and will prepare them better for an industrial job.

The Optical Communication Group of Tianjin University is to be commended for undertaking this project and finishing it in a timely fashion. The same group translated my two books on Nonlinear Fiber Optics and published a combined Chinese edition of them in 2010. I am very pleased with the quality of that translation and am confident that the translation of my book on *Fiber-Optic Communication Systems* will preserve the quality and will be liked by everyone.

I visited several universities in Beijing and Chengdu during my China trip in 2007. I learned during that trip that previous Chinese editions of my books have been well received by both the Chinese scientists and students. Both my wife and I enjoyed our 2007 visit so much that we are looking forward to visiting China in the near future.

I am pleased that my work is available to a wide audience in China, and I thank the translators and the Chinese publisher, Publishing House of Electronics Industry (PHEI), for making this possible. Thanks are also due to the U. S. Publisher, John Wiley & Sons, for granting the permission for this translation.

Govind P. Agrawal
Rochester, New York, USA
March 2014

前　　言

自从本书于1992年首次出版以来，尽管初版和第四版之间只有相对较短的18年时间，但光纤通信系统的研究已经取得突飞猛进的发展。1992年，商用光纤链路的最大容量只有2.5 Gbps；仅仅4年后，随着波分复用(WDM)技术的出现，总容量为40 Gbps的系统已经能够商用。2001年，商用WDM系统的容量超过了1.6 Tbps。与此同时，全世界部署的跨洋光波系统的容量也呈爆炸式增长。2001年，计划全球网络以2.5 Tbps的容量(64个WDM信道，单信道10 Gbps，4个光纤对)覆盖250 000 km；2004年实现了这个宏伟计划，系统开始商业运营(这个系统现在由一家印度电信公司VSNL运营)。尽管在2001年以后的几年内，随着所谓的"通信泡沫"的破裂，光纤通信发展放慢了脚步，但在光波系统的设计上仍取得了进展。特别是在2006年以后，随着基于相位的调制格式、100 Gbps以太网和正交频分复用技术的出现，光纤通信又开始加速发展。

自从本书的第三版于2002年出版以来，已广泛受到从事光波技术的科学界和教育界的欢迎，世界上很多大学将它作为教材。在过去8年间，光纤通信系统又得到了迅猛的发展，出版商和我都认为，想要让本书能够继续提供关于光纤通信系统的全面的最新报告，就有必要推出第四版；其结果就展现在你的手中。这个版本的主要目的仍和前几版一样。具体而言，它应能同时作为教材和参考书。基于这个原因，本书虽然强调对物理概念和物理规律的理解，但对工程方面的讨论也贯穿始终。

为使本书所涵盖的内容更广，需要新增大量的素材，因此与初版相比，现在的版本内容更多。尽管所有章节都有所更新，但主要的变化在第7章至第11章。我借助这个再版的机会重新编排了素材，使本书更适用于两学期的光通信课程。特别是将波分复用(WDM)这一章内容前移为第6章。这样编排之后，第1章至第6章可以作为基础，而第7章至第11章则涵盖了与先进光波系统设计有关的重要课题。具体而言，第1章引入光纤通信的基本概念，第2章至第4章分别重点介绍光纤通信的3个主要部分：光纤、光发射机和光接收机。第5章和第6章分别关注单信道和多信道系统的设计问题。第7章和第8章分别重点介绍用于光纤损耗管理和光纤色散管理的先进技术。第9章关注非线性效应的影响和用来管理它们的技术(如光孤子的使用和通过增强色散的伪线性传输)。第10章和第11章是新增的，其中第10章主要关注利用新颖的基于相位调制格式的相干和自相干光波系统，第11章重点介绍全光信号处理，特别强调波长转换和光再生。总之，本书的内容反映了截至2010年世界光波系统的现状。

本书的主要目的是作为光通信领域研究生的教材，因此试图尽可能多地包括最新的素材，以使学生能接触到这个令人激动的研究领域的新进展。除此之外，本书还能作为已经进入或正希望进入光纤通信领域的研究人员的参考书。与一般教材相比，本书在每章后面列出的参考文献详尽得多，这些最新的研究论文对选择本书作为参考书的研究人员应该非常有用。同时，如果学生在完成课后作业时需要阅读原始的研究论文，那么也能从书后所列的丰富文献中获益。本书每章后面都包含一组习题，这对教师和学生都有帮助。尽管本书主要是针对研究生的，但也可作为相关专业高年级本科生的教材使用。另外，本书的部分内容还能用在其他相关课程中，例如，第 2 章适合光波导方面的课程，第 3 章和第 4 章对光电子学方面的课程非常有用。

美国和其他国家及地区的许多大学都开设了光通信课程，作为电子工程、物理学或光学专业课程的组成部分。从 1989 年起，我就为罗切斯特大学光学研究所的研究生讲授光通信这门课程，本书确实是在我多年的授课讲义的基础上完成的。我知道本书被全世界的许多教师采用作为教材，这让我深感欣慰；我也清醒地意识到，改后版本篇幅变大带来了问题：教师怎样才能将全部素材对应于一学期的光通信课程。实际上，在一学期内不可能讲完整本书，最好的解决方案是提供两个学期的课程，其中将第 1 章至第 6 章安排在第一学期，将其他章节安排在第二学期，然而能为光通信提供两学期课程的大学并不多。如果教师做一些适当的取舍，本书也能适合一学期的光通信课程。例如，如果学生已经学过激光器的课程，那么第 3 章可以直接跳过；如果为让学生一睹光纤通信系统的新进展而只讲第 7 章至第 11 章的部分内容，本书就能适合为高年级本科生或研究生提供的一学期课程。

为便于本书读者的学习，Optiwave 公司提供了软件包 OptiSystem。这个软件包可用来设计现代光波系统，附录 D 给出了有关的详细说明。我希望这个软件包能帮助培养学生，并为他们今后从事相关的产业工作做好准备。

有许多人对本书做出了直接或间接的贡献，在此不可能一一列举其名字。我要感谢我的研究生和选修我的光通信课程的学生，他们的问题和评论使我的课堂笔记得以改进。我还要感谢众多的教师，他们不仅选用本书作为课程教材，而且还指出了前几版中的拼写错误，从而帮助我提高了书的质量。我还要感谢我在光学研究所的同事，他们不但与我进行过多次讨论，还营造了一种亲切的和富有成效的氛围。我还要感谢 Karen Rolfe 的帮助，她不但面带微笑地录入了本书的初稿，而且进行了多次校对。我还要感谢众多的读者，他们给我反馈了一些有用的信息。最后，但同样重要的是，我要感谢我的妻子 Anne，以及我的女儿 Sipra，Caroline 和 Claire，感谢她们对我工作的理解和支持。

Govind P. Agrawal
Rochester, NY
April 2010

目　录

第1章　绪　　论

通信系统的功能是从一个地方到另一个地方传输信息，可以是几千米的距离，也可以是跨洋距离。信息通常是用频率从几兆赫兹到几百太赫兹的电磁载波携带的，而光通信系统利用的是电磁波谱的可见光或近红外区的高载波频率(约为 100 THz)，有时称为光波系统，以与微波系统区别，而微波系统的载波频率一般要小 5 个数量级(约为 1 GHz)。光纤通信系统是指采用光纤传输信息的光波系统，自 1980 年以来，这样的光波系统就在全世界部署，并导致了电信领域的革命。确实，光波技术和微电子技术一起，共同导致了“信息时代”在 20 世纪 90 年代的到来。本书全面介绍光纤通信系统，虽然强调基础知识，但也讨论一些相关的工程问题。在绪论中，将给出光纤通信系统的基本概念和背景材料。1.1 节给出光通信系统发展的历史回顾。1.2 节介绍诸如模拟信号和数字信号、信道解复用和调制格式等基本概念。1.3 节讨论各种光波系统的相对优点。1.4 节重点介绍光纤通信系统的基本组成。

1.1　历史回顾

如果泛泛地解释光通信，那么光用于通信目的可以追溯到古代[1]，大部分文明社会使用镜子、烽火或烟信号来传达单一信息(如战争胜利的消息)。这种思想实际上直到 18 世纪末还在使用，如信号灯、旗帜和其他旗语设备。在 Claude Chappe 于 1792 年提出利用中继站[用今天的语言就是再生器或中继器(regenerator 或 repeater)]来长距离(约为 100 km)传输机械编码的信息后[2]，这种思想得到进一步的延伸，图 1.1 给出了其基本思想的示意图。1794 年 7 月，这样的首个“光电报”在巴黎和里尔(法国的两个城市，相距约为 200 km)之间投入使用；1830 年，网络扩展到整个欧洲[1]。在这些系统中，光的作用只是简单地使编码信号可见，这样就能通过中继站截听。19 世纪的光-机械通信系统固有地慢，用现代的术语描述，这些系统的有效比特率不到 1 bps($B<1$ bps)。

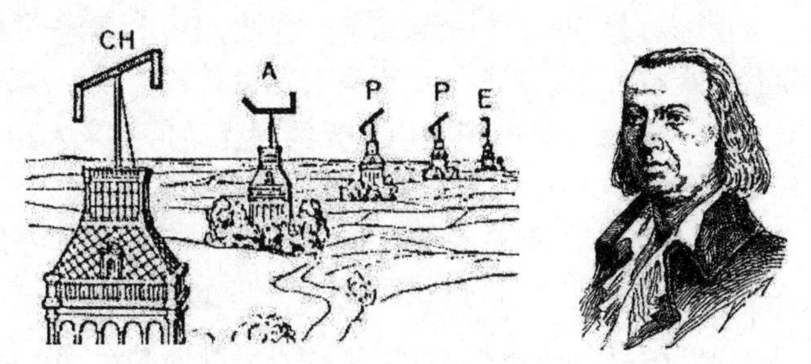

图 1.1　光电报的示意图和它的发明者 Claude Chappe[2](经© 1944 American Association for the Advancement of Science授权引用)

1.1.1　光纤通信的需求

19 世纪 30 年代，电报的出现使电替代了光，开始进入电通信时代[3]。利用新的编码技术[如莫尔斯码(Morse code)]，比特率 B 可以增加到约为 10 bps，中继站的使用使长距离(约为

1000 km)通信成为可能。确实，第一条跨大西洋的电报电缆于 1866 年投入运营。电报实质上利用的是数字方案，即通过宽度不同的两个电脉冲(莫尔斯码的点和划)来传输电信号。1876 年，电话的发明使这种情况发生显著变化，它通过连续变化的电流以模拟方案来传输电信号[4]。大约一个世纪以来，模拟电子技术在通信系统中占主导地位。

20 世纪以来，全世界电话网络的发展使电通信系统设计取得了很多进展。用来替代导线对的同轴电缆的使用使系统容量显著增大，第一个同轴电缆系统是在 1940 年投入使用的，这个 3 MHz 的系统能够传输 300 个音频信道或 1 个电视信道。这种系统的带宽受限于与频率有关的电缆损耗，当频率超过 10 MHz 时损耗迅速增加。这种限制引起了微波通信系统的发展，在微波通信系统中，通过适当的调制技术用频率在 1 ~ 10 GHz 范围的电磁载波来传输信号。

第一个微波系统工作在 4 GHz 的载波频率，是在 1948 年投入使用的。从此，同轴电缆和微波系统都得到了快速发展，并能工作在约为 100 Mbps 的比特率下。最先进的同轴电缆系统是 1975 年投入使用的，它工作在 274 Mbps 的比特率下。这种高速同轴电缆系统的一个严重缺点是，它们的中继距离(repeater spacing)很短(约为 1 km)，这使系统的运营成本相当高。微波通信系统一般允许较长的中继距离，但它们的比特率受限于微波的载波频率。对于通信系统来说，通用的品质因数是比特率-距离积(bit rate-distance product)，即 *BL* 积，其中 *B* 是比特率，*L* 是中继距离。图 1.2 给出了在过去一个半世纪里，通过技术进步带来的 *BL* 积的增长情况。到 1970 年，已有 *BL* 积约为 100 Mbps·km 的通信系统，受限于这样的值主要是因为一些基本限制。

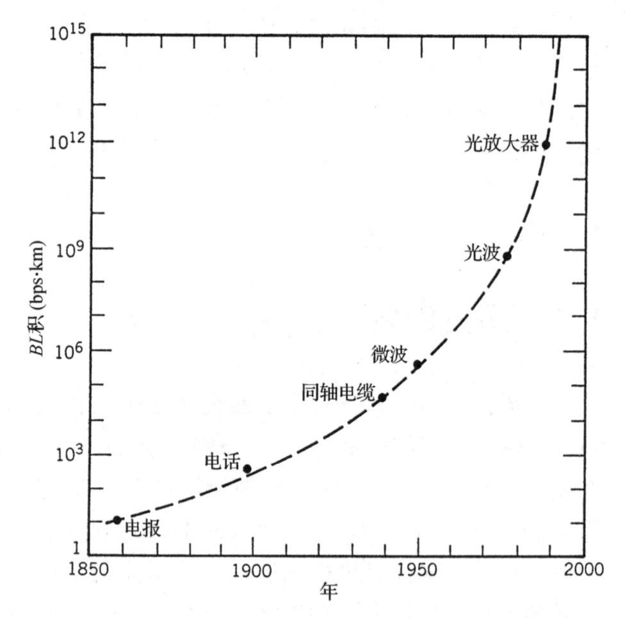

图 1.2 在 1850 年到 2000 年间，比特率-距离积 *BL* 的增长情况，新技术的出现用圆点标明

20 世纪下半叶，人们意识到，如果采用光波作为载波，*BL* 积就有可能增加几个数量级。然而，在 20 世纪 50 年代，既没有相干光源，也没有合适的传输介质。1960 年，激光器的发明解决了第一个问题[5]，人们将注意力集中到利用激光实现光通信上来。20 世纪 60 年代，提出了许多新思想[6]，其中最值得注意的是利用一系列气体透镜来限制光的思想[7]。

1966 年，提出光纤可能是传输介质的最佳选择[8]，因为光纤能够导引光，这与铜导线导引电子的方式类似。主要问题是，在 20 世纪 60 年代，光纤的损耗很大——超过 1000 dB/km。1970 年取得了突破，在 1 μm 附近的波长区，光纤损耗可以降低到 20 dB/km[9]。几乎同时，室温下连续运转的 GaAs 半导体激光器得到了实现[10]。由于小型(compact)光源和低损耗(low-loss)光纤的同时实现，全世界开始努力开发光纤通信系统[11]。图 1.3 给出了经过几代的发展，光波系统的比特率在 1980 年以后实现的增长情况[12]。正如图中显示的那样，光波系统的商业部署与研究开发基本上是同步的，取得的进步确实也是突飞猛进的：在不到 30 年的时间里比特率增加了 10^5 倍，这一时期，传输距离也从 10 km 增加到 10^4 km。结果，与第一代光波系统相比，现代光波系统的比特率-距离积增加了 10^7 倍。

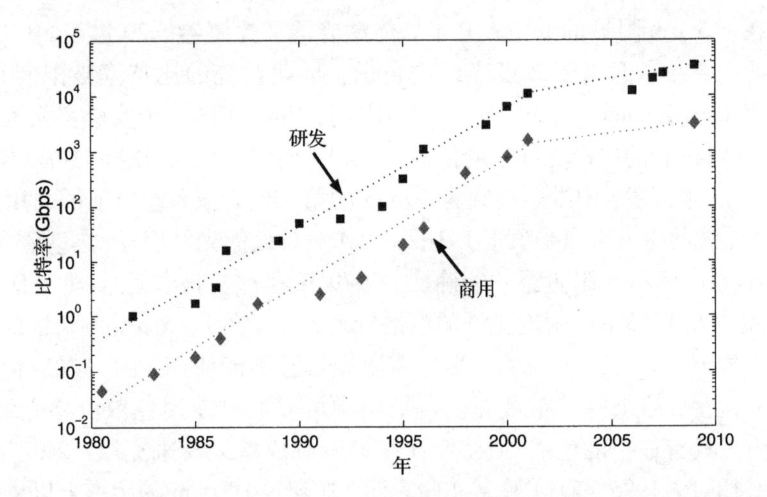

图 1.3 光波系统的比特率在 1980 年后实现的增长情况，点线表明研发系统和商用系统的比特率都是近似呈指数增长的，注意2001年后斜率的变化

1.1.2 光波系统的演进

光纤通信系统的研究始于 1975 年前后，并且在 1975 年到 2000 年的 25 年内取得巨大进步，可以将这一发展历程划分为几代。图 1.4 给出了这一时期 *BL* 积的增长情况[13]，其中的直线对应每年 *BL* 积加倍。在每一代中，*BL* 积一开始增加，但当技术成熟时开始饱和；每个新的一代都能带来根本的变化，这有助于进一步改善系统的性能。

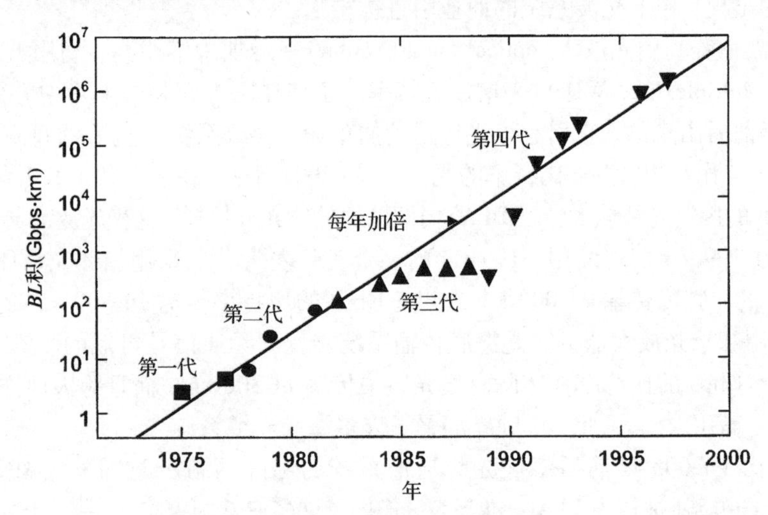

图 1.4 在 1975 年到 2000 年期间 *BL* 积的增长情况，其中光波系统被划分成几代，并用不同的符号表示[13]（经ⓒ2000 IEEE授权引用）

第一代光波系统工作在 0.8 μm 附近，采用 GaAs 半导体激光器作为光源。在 1977 年到 1979 年间，经过几个现场试验后，这种系统在 1980 年开始商用[14]。它们工作在 45 Mbps 的比特率下，中继距离可达 10 km，与中继距离仅为 1 km 的同轴电缆系统相比长得多。增加中继距离对系统设计者来说是一个重要的动力，因为能减少每个中继器的安装和维护成本。

20 世纪 70 年代，发现使光波系统工作在光纤损耗小于 1 dB/km 的 1.3 μm 附近的波长区，可以显著增加中继距离，而且光纤在这一波长区的色散也最小。意识到这一点后，全世界努力研发工作在1.3 μm附近的InGaAsP半导体激光器和探测器。20世纪80年代早期，出现了第二代光纤通信系统，但由于多模光纤的色散，早期系统的比特率被限制在100 Mbps以下[15]。利用单模(single-mode)光纤克服了这一限制，1981年的一个实验室实验演示了2 Gbps比特率的信号在44 km长的单模光纤中的传输[16]，相关商用系统的引进也随后跟进。到1987年，工作在1.7 Gbps的比特率、中继距离约为50 km的第二代光波系统已能够商用。

第二代光波系统的中继距离受限于1.3 μm工作波长处的光纤损耗(典型值为0.5 dB/km)。石英光纤的损耗在1.55 μm附近最小，确实，1979年在这一波长区实现了0.2 dB/km的损耗[17]。然而，由于在1.55 μm附近光纤的色散较大，工作在1.55 μm波长区的第三代光波系统的引进被大大推迟了。传统InGaAsP半导体激光器已不能使用，因为在这种半导体激光器中几个纵模同时振荡，结果脉冲被展宽。色散问题可以通过使用色散位移光纤(被设计成在1.55 μm波长附近具有最小的色散)或将激光频谱限制成单纵模来克服。20世纪80年代，这两种方法都曾采用过。1985年，实验室实验表明，在超过100 km的距离上以4 Gbps的比特率传输信息是可能的[18]。工作在2.5 Gbps比特率的第三代光波系统在1990年已经能够商用，这种系统能够工作在10 Gbps的比特率下[19]。利用色散位移光纤并结合以单纵模振荡的半导体激光器，可以获得最佳的性能。

第三代1.55 μm光波系统的一个缺点是，信号是通过电中继器周期性地再生的，中继距离通常为60 ~ 70 km。利用零差或外差探测方案可以增加中继距离，因为零差或外差探测方案的使用改善了光接收机灵敏度。这种系统称为相干光波系统，20世纪80年代，相干光波系统在全世界得到发展，它们的潜在优点也在许多系统实验中得到验证[20]。然而，随着光纤放大器在1989年的出现，相干光波系统的商业引进被推迟了。

第四代光波系统利用光放大(optical amplification)来增加中继距离，利用波分复用(Wavelength-Division Multiplexing，WDM)来增加比特率。正如在图1.3和图1.4中看到的，WDM技术是在1992年前后出现的，它引起了光纤通信的革命，导致系统容量大约每6个月就增加一倍，从而出现了工作在10 Tbps比特率的光波系统(2001年)。在大多数WDM系统中，利用间距为60 ~ 80 km的掺铒光纤放大器(EDFA)周期性地补偿光纤损耗，这种光放大器是在1985年以后开发的，并在1990年实现商用。1991年的一个实验表明[21]，采用循环光纤环路结构，将数据以2.5 Gbps的比特率传输21 000 km或以5 Gbps的比特率传输14 300 km是可能的，这一性能意味着采用基于光放大器的全光海底传输系统实现洲际通信是可能的。到1996年，不但实现了数据以5 Gbps的比特率在实际海底光缆中传输11 300 km，而且跨大西洋和跨太平洋光缆系统也实现了商用[22]。从此，全世界部署了许多海底光缆系统。

图1.5给出了2005年前后海底光纤通信系统的国际网络示意图[23]。1998年，全球有27 000 km的光纤链路(被称为FLAG)在运营，连接了许多亚欧国家[24]。另一个主要的光波系统是2000年运营的非洲一号(Africa One)，它环绕非洲大陆，总的传输距离约为35 000 km[25]。1998年到2001年间，沿大西洋和太平洋部署了几个WDM系统，以满足Internet引起的数据通信的增长，它们使总容量增加了几个数量级。确实，这样的快速部署导致全世界光波系统的容量过剩，结果在2001年出现所谓的“电信泡沫”的破裂。图1.3中点线的斜率在2001年出现变化，正是这一现实的反映。

大部分WDM光波系统强调通过WDM技术传输更多的信道来增加系统容量。随着信号带宽的增加，利用单一光放大器放大全部信道通常是不可能的，于是人们发展了新的光放大方案(如分布拉曼放大)以覆盖从1.45 μm延伸到1.62 μm的波长区。2000年，采用这种方案完成了3.28 Tbps(共82个信道，每个信道工作在40 Gbps比特率下)的传输实验[26]，传输距离为3000 km。一年内，系统容量增加到接近11 Tbps(共273个WDM信道，每个信道工作在40 Gbps的比特率下)，但传输距离最远只有117 km。在另一个创纪录的实验中[27]，共采用300个WDM信道，每个信道工作在11.6 Gbps比特率下，传输距离为7380 km，结果*BL*积超过25 000 Tbps·km。到2003年底，容量为3.2 Tbps的陆地光波系统已经商用，该系统采用了拉曼放大技术，可传输80个信道(每个信道40 Gbps)。考虑到1980年第一代系统的容量为45 Mbps，系统容量在25年内暴增了70 000倍以上，这是非常引人注目的成就。

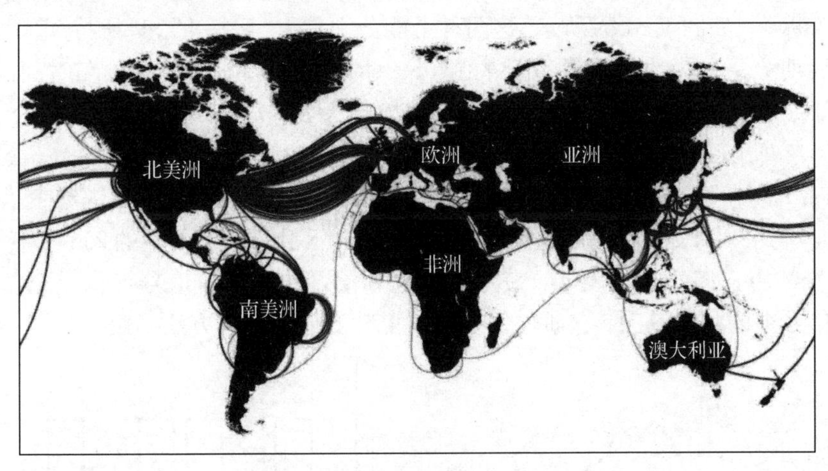

图1.5　2005年前后，海底光纤通信系统的国际网络示意图[23](经ⓒ2005 IEEE授权引用)

第五代光波系统关注如何扩展WDM系统能够同时工作的波长范围。传统的波长窗口称为C带，覆盖的波长范围为1.53～1.57 μm；向长波长和短波长侧扩展后分别称为L带和S带。拉曼放大技术可以用于放大所有这3个带的信号，而且，一种称为"干"光纤(dry fiber)的新型光纤已经开发出来，这种光纤的损耗在1.30～1.65 μm的整个波长区都比较小[28]。"干"光纤和新型光放大方案可使光波系统具有数千个WDM信道。

目前，第五代光波系统关注的是增加WDM系统的频谱效率，其思想是采用先进的调制格式，即用光载波的振幅和相位对信息编码[29]。尽管这种调制格式通常是为微波系统开发和使用的，但它们在光波系统中的使用在2001年后受到了广泛关注。利用这种调制格式可以使频谱效率增加到8 bps/Hz以上，而第四代光波系统的频谱效率通常被限制在0.8 bps/Hz以下。2010年的一个实验[30]创造了一项新纪录，该实验在320 km距离上实现了64 Tbps的传输，它采用640个WDM信道，信道间隔为12.5 GHz，覆盖了C带和L带，每个信道包含两路偏振复用的107 Gbps信号，用正交振幅调制的调制格式进行编码。

尽管光纤通信技术的出现仅有40年，但已取得了迅猛的发展，并已达到某种成熟阶段。自2000年以来已有大量光通信和WDM网络的书籍出版[31～47]，这也清楚地说明了这一点。本书第四版的目的是向读者呈现光纤通信系统一个新近的说明，特别强调了该领域的最新发展。

1.2　基本概念

本节介绍对所有通信系统通用的几个概念。首先介绍模拟信号和数字信号，并说明如何将模拟信号转换成数字信号；然后分析输入信号的时分复用和频分复用；最后讨论不同的调制格式。

1.2.1 模拟信号和数字信号

在任何通信系统中，要传输的信息通常是模拟(analog)形式或数字(digital)形式的电信号[48]。在模拟信号的情况下，信号(如电流)随时间连续变化，如图1.6(a)所示。熟悉的例子包括音频信号和视频信号，当用麦克风将声音转换成电信号，或用摄像机将图像转换成电信号时，就会形成音频或视频信号。相反，数字信号只取几个离散值。在数字信号的二进制表示法(binary representation)中，只有两个值是可能的。二进制数字信号的最简单情况是，电流要么接通，要么断开，如图1.6(b)所示,这两种可能分别称为"比特1"和"比特0"。每比特持续一定的时间周期 T_B，称为比特周期或比特隙(bit slot)。由于每比特信息在时间间隔 T_B 内传送，定义为每秒传输的比特数的比特率 B 可简单表示为 $B = T_B^{-1}$。数字信号的一个著名例子是计算机数据。字母表中的每个字母与其他通用符号[十进制数字(decimal numeral)、标点符号(punctuation mark)等]被指定为0~127中的一个码字(ASCII码)，用二进制表示相当于一个7比特的数字信号。对原始的ASCII码延伸，可表示通过8比特字节传输的256个字符。模拟信号和数字信号都用它们的带宽表征，带宽是信号频谱量的量度。信号带宽(signal bandwidth)表示包含在信号内的频率范围，它通过信号的傅里叶变换用数学方法确定。

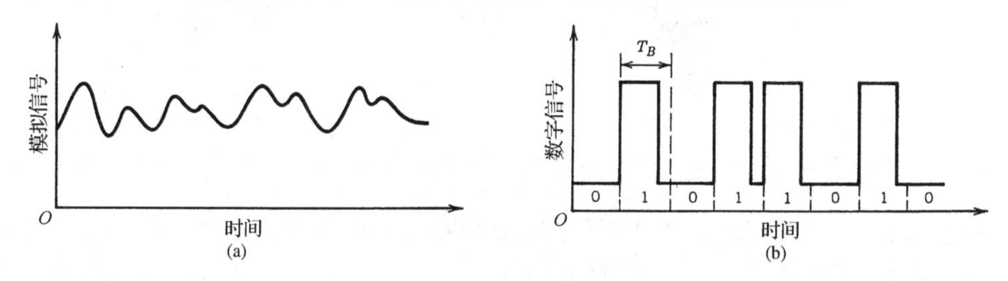

图1.6 (a)模拟信号和(b)数字信号的表示

通过以规则的时间间隔对模拟信号采样，可以将模拟信号转换成数字信号[48]。图1.7给出了转换方法的示意图，采样速率由模拟信号的带宽 Δf 决定，根据采样定理[49]，假设采样频率满足奈奎斯特准则(Nyquist criterion)[50] $f_s \geqslant 2\Delta f$，则带宽限制信号可以完全用离散的采样表示，而不会丢失任何信息。第一步是以正确的频率对模拟信号采样，采样值可以取 $0 \leqslant A \leqslant A_{\max}$ 范围内的任意值，这里 $A_{\max}$ 是给定模拟信号的最大振幅。不妨假设 $A_{\max}$ 被分割成 M 个离散的间隔(间隔没必要均匀)，每个采样值被量化成对应这些离散值的其中一个。显然，这一过程会导致附加的噪声，称为量化噪声(quantization noise)，它加到已出现在模拟信号中的噪声上。

选择离散电平的数值使满足 $M > A_{\max}/A_N$，则可以使量化噪声的影响最小化，这里 A_N 是模拟信号的均方根噪声振幅。比率 $A_{\max}/A_N$ 称为动态范围，它与信噪比(Signal-to-Noise Ratio, SNR)有如下关系：

$$\mathrm{SNR} = 20\lg(A_{\max}/A_N) \tag{1.2.1}$$

式中，信噪比用分贝(dB)单位表示；任意比率 R 都可以通过一般的定义 $10\lg R$ 转换成用分贝单位表示的形式(见附录A)。式(1.2.1)包含的因子是20而不是10，只是因为电信号的信噪比是关于电功率(电功率与电流或电压的平方成比例)定义的，而 A 与电流(或电压)有关。

利用适当的转换技术，可以将量化的采样值转换成数字形式。在其中一种称为脉冲位置调制(pulse-position modulation)的方案中，将比特隙内脉冲的位置作为采样值的量度。在另一种称为脉冲宽度调制(pulse-duration modulation)的方案中，依据采样值的不同，脉冲宽度随比特变化。实际的光通信系统很少采用这些技术，因为脉冲在光纤中传输时，很难精确地保持脉冲位置或脉冲宽度不变。普遍采用的技术是脉冲编码调制(Pulse-Code Modulation, PCM)，它以二进制方案为基础，信息通过脉冲的"无"或"有"传输。二进制码用于将每个采样值转换成"1"和"0"的比特串，对每个采样编码所需的比特数 m 与量化的信号电平数 M 有以下关系：

$$M = 2^m \quad 或 \quad m = \log_2 M \qquad (1.2.2)$$

于是 PCM 数字信号的比特率为

$$B = mf_s \geqslant (2\Delta f)\log_2 M \qquad (1.2.3)$$

式中利用了奈奎斯特准则 $f_s \geqslant 2\Delta f$。注意，$M > A_{\max}/A_N$，并利用式(1.2.1)和 $\log_2 10 \approx 3.33$，可得

$$B > (\Delta f/3)\,\mathrm{SNR} \qquad (1.2.4)$$

式中，信噪比用分贝(dB)单位表示。

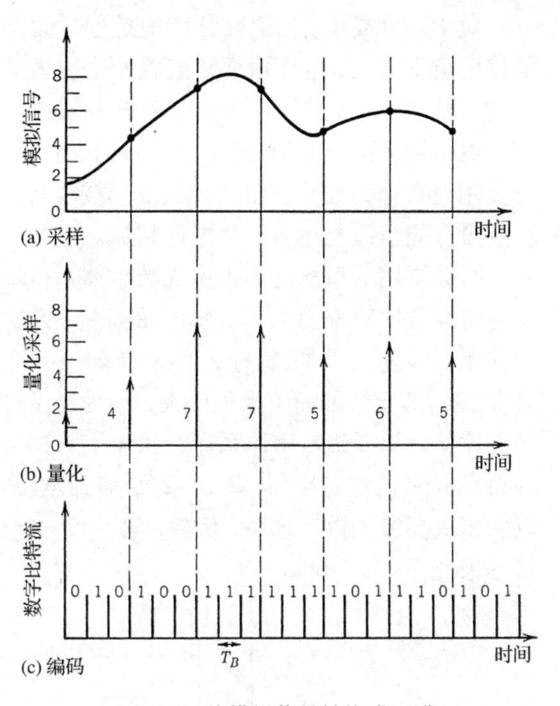

图1.7 将模拟信号转换成二进制数字信号的三个步骤

不等式(1.2.4)给出了对于特定的信噪比和带宽 Δf 的模拟信号，数字表示所要求的最小比特率。当信噪比大于 30 dB 时，要求的比特率大于 $10(\Delta f)$，这表明数字信号的带宽需要大大增加。尽管带宽增加，光通信系统几乎总是采用数字形式，这样选择是因为数字传输系统的性能更为优越。与微波系统相比，光波系统提供了如此大的系统容量的增长(约为 10^5 倍)，为了改善性能是可以牺牲一些带宽的。

作为式(1.2.4)的说明，考虑电话产生的音频信号的数字转换。模拟音频信号包含 0.3 ~ 3.4 kHz 范围内的频率，带宽 $\Delta f = 3.1$ kHz，信噪比约为 30 dB，由式(1.2.4)可得 $B > 31$ kbps。在实际应用中，数字音频信道工作在 64 kbps，以 125 μs 的时间间隔对音频信号采样(采样率 $f_s = 8$ kHz)，并且每个采样用 8 比特表示。数字视频信号要求的比特率要高 1000 倍以上，模拟电视信号的带宽约为 4 MHz，信噪比约为 50 dB，由式(1.2.4)可得最小比特率为 66 Mbps。在实际应用中，数字视频信号要求 100 Mbps 或更高的比特率，除非用标准格式(如 MPEG-2)进行压缩。

1.2.2 信道复用

正如在前面讨论的，一个数字音频信道工作在 64 kbps 的比特率下，大部分光纤通信系统能以超过1 Gbps的比特率传输信息。为充分利用系统容量，有必要通过复用同时传输多个信道，这可以通过时分复用(Time-Division Multiplexing, TDM)或频分复用(Frequency-Division Multiplexing, FDM)完成。对于时分复用，不同信道的比特在时域中交错，形成一个复合比特流。例如，工作在 64 kbps 的单个音频信道的比特隙约为 15 μs，如果相继信道的比特流均被延迟 3 μs，通过时分复用就可以将 5 个这样的信道复用，图 1.8(a)给出了由此得到的复合比特率为 320 kbps 的比特流。

对于频分复用，信道在频域中是分开的，每个信道通过它自己的载波传输，载波频率的间隔比信道带宽大，这样信道频谱就不会交叠，如图 1.8(b)所示。频分复用既适合模拟信号，也适合数字信号，被用在无线电和电视信道的广播中。时分复用对于数字信号容易实现，普遍用在电信网络中。意识到时分复用和频分复用既能在电域中又能在光域中实现很重要；光频分复用经常称为波分复用。光域复用技术将在第6 章中介绍，本节介绍电时分复用，通常用来将大量音频信道复用成一个电比特流。

时分复用的概念已用来构成数字体系(digital hierarchy)。在北美洲和日本，第 1 级数字体系对应复合比特率为 1.544 Mbps 的 24 个音频信道的复用(体系 DS-1)；而在欧洲，第 1 级数字体系对应复合比特率为 2.048 Mbps 的 30 个音频信道的复用。复用信道的比特率要比 64 kbps与信道数的简单乘积略大，因为为了在接收端将信道分开(解复用)，需要加入额外的控制比特。第 2 级数字体系通过将 4 个 DS-1 TDM 信道复用得到，这导致了在北美洲或日本的 6.312 Mbps 的比特率(体系 DS-2)，而在欧洲的 8.448 Mbps 的比特率。连续进行这一过程可以获得更高级的数字体系，例如，第 5 级数字体系的比特率对于欧洲来说为 565 Mbps，而对于日本来说为 396 Mbps。

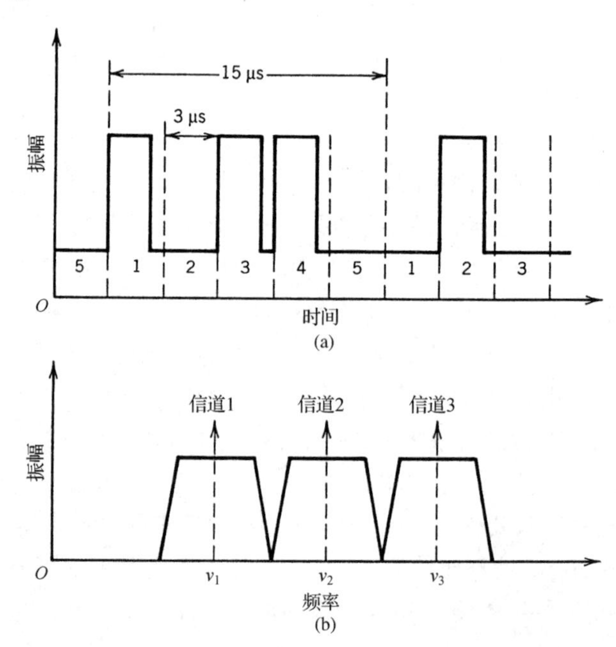

图 1.8 (a)工作在 64 kbps 的 5 个数字音频信道的时分复用；(b)3 个模拟信号的频分复用

20 世纪 80 年代，电信工业中国际标准的缺乏导致一个新标准的出现，开始称为同步光网络(Synchronous Optical Network, SONET)，后来称为同步数字体系(Synchronous Digital Hierarchy)或 SDH[51~53]，它定义一个传输时分复用数字信号的同步帧结构。SONET 基本构成模块的比特率为 51.84 Mbps，对应的光信号称为 OC-1，这里 OC 代表光载波。SDH 基本构成模块的比特率为 155.52 Mbps，称为 STM-1，这里 STM 代表同步传送模块(Synchronous Transport Module)。SONET 和 SDH 的一个有用特性是，高级数字体系的比特率正好等于基本比特率的整数倍，表 1.1 列出了各级 SONET 和 SDH 比特率之间的对应关系。SDH 提供了看起来被广泛接受的国际标准，确实，自 1996 年以来，工作在 STM-64($B\approx 10$ Gbps)的光波系统已经出现[19]。2002 年，工作在 40 Gbps 附近的商用 STM-256(OC-768)系统得到实现。

表1.1　SONET/SDH 比特率

SONET	SDH	B(Mbps)	信道
OC-1		51.84	672
OC-3	STM-1	155.52	2016
OC-12	STM-4	622.08	8064
OC-48	STM-16	2488.32	32 256
OC-192	STM-64	9953.28	129 024
OC-768	STM-256	39 813.12	516 096

1.2.3　调制格式

在光通信系统的设计中，第一步是决定如何将电信号转换成光比特流。正常地，需要对光源如半导体激光器的输出进行调制，这可以通过将电信号直接加到光源上实现，也可以通过外调制器实现。为产生光比特流，有两种调制格式可供选择，即归零码(Return-to-Zero，RZ)格式和非归零码(Nonreturn-to-Zero，NRZ)格式，如图1.9所示。在RZ格式中，代表比特"1"的每个光脉冲比比特隙短，在比特持续时间结束之前，光脉冲的振幅归零；在NRZ格式中，光脉冲在整个比特隙上都存在，在两个或多个相继的"1"比特之间光脉冲的振幅不会降为零。结果，在NRZ格式中脉冲宽度随比特模式变化，而在RZ格式中脉冲宽度保持不变。NRZ格式的一个优点是，比特流的带宽比RZ格式的比特流的带宽小(大约是它的1/2)，这是因为开-关转换的次数较少。然而，NRZ格式的使用要求对脉冲宽度进行更严格的控制，如果光脉冲在传输过程中被展宽，就有可能导致与比特模式有关的效应。在实际应用中经常使用NRZ格式，因为NRZ格式信号的带宽较小。

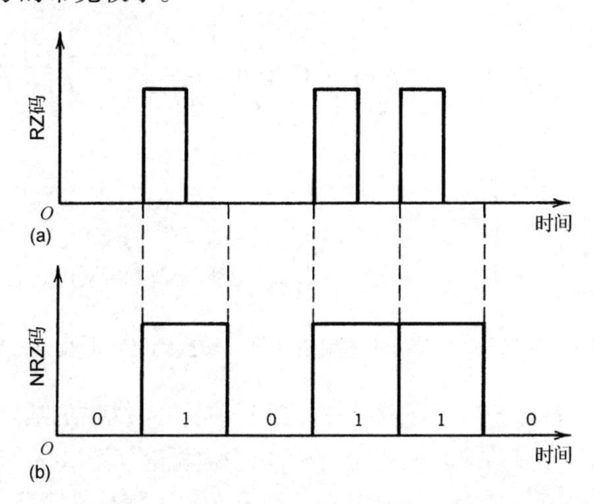

图1.9　利用(a)归零码(RZ)和(b)非归零码(NRZ)格式调制的数字比特流010110…

1999年前后，人们发现使用RZ格式有助于大容量光波系统的设计，于是RZ格式在光域中的使用开始受到关注[54~56]。到如今，工作在40 Gbps甚至更高比特率下的WDM信道几乎专有地采用这种格式。RZ格式有用的一个例子是由所谓的伪线性系统提供的[57]，这种系统采用相当短的光脉冲，当短光脉冲沿光纤链路传输时，会迅速在多个比特隙上扩展，这种扩展减小了峰值功率，从而降低了几种非线性效应的影响；否则，这几种非线性效应是有害的，这已经得到证明。利用色散管理技术，能将脉冲最终压缩回它的初始宽度。这种系统通常采用RZ

格式的一种有趣变形，称为啁啾 RZ(或 CRZ)格式，在这种格式中，在光脉冲入射到光纤中之前对其预啁啾。

一个重要问题与通过调制将信息加载到光载波上的物理变量的选择有关。调制前光载波具有下面的形式：

$$\boldsymbol{E}(t)=\boldsymbol{e}a\cos(\omega_0 t-\phi)=\boldsymbol{e}\mathrm{Re}[a\exp(\mathrm{i}\phi-\mathrm{i}\omega_0 t)] \tag{1.2.5}$$

式中，$\boldsymbol{E}$ 是电场矢量，$\boldsymbol{e}$ 是偏振单位矢量，a 是振幅，ω_0 是载波频率，ϕ 是相位。为简化表示，假设 $\boldsymbol{E}$ 与空间坐标无关。你可以选择调制振幅 a、频率 ω_0 或相位 ϕ。在模拟调制的情况下，三种调制选择分别称为振幅调制(又称为调幅，AM)、频率调制(又称为调频，FM)和相位调制(又称为调相，PM)。如图 1.10 所示，同样的调制技术可以应用于数字情况，根据是载波的振幅、频率还是相位在二进制数字信号的两个电平之间移动，分别称为幅移键控(ASK)、频移键控(FSK)和相移键控(PSK)。最简单的技术是在两个电平(其中一个设为零)之间简单地改变信号功率，通常称之为开关键控(On-Off Keying，OOK)，以反映所产生光信号的开关特性。直到最近，开关键控格式仍是大部分数字光波系统的选择。

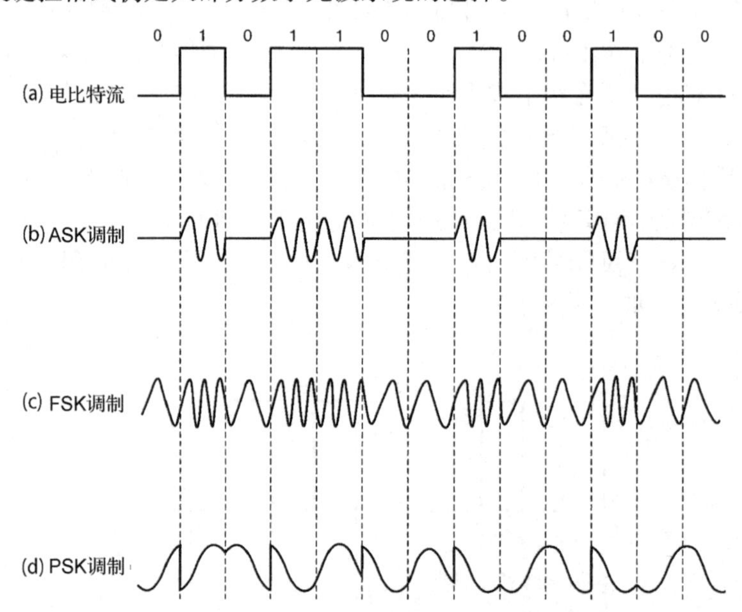

图 1.10 电比特流和用不同的调制格式将其转换到光域时得到的电场图样

20 世纪 80 年代，尽管对 FSK 和 PSK 格式在相干光波系统中的应用进行了探索[20]，但是由于接收机复杂，这两种格式在 20 世纪 90 年代几乎被抛弃了。2000 年后，当意识到 PSK 的使用对提高 WDM 系统的频谱效率不可或缺时，情况发生了变化。现代 WDM 系统采用先进调制格式，在这些调制格式中，用光载波的振幅和相位对信息编码[29]。新调制格式蕴含的基本思想可以通过采用电场的复数表示［见式(1.2.5)］并引入所谓的相量 $\boldsymbol{A}=a\mathrm{e}^{\mathrm{i}\phi}$ 来理解。图 1.11 给出了四种调制格式的星座图，其中 $\boldsymbol{A}$ 的实部和虚部分别沿水平方向和垂直方向画出。前两个星座图表示标准的二进制 ASK 和 PSK 格式，在这两种格式中，电场的振幅或相位取两个值，用实心圆点标明。第三个图表明，正交 PSK(或 QPSK)格式中光相位取 4 个可能的值，这种情况(在每个时隙中传输 2 比特，因此有效比特率减半)将在第 10 章详细讨论。借用微波通信的术语[48]，有效比特率称为符号率(symbol rate)或波特(baud)。图 1.11 的最后一个例子给出了如何将符号概念推广到多进制信号，以使每个符号携带 4 比特或更多比特。如果在每个符号隙期间同时传输两个正交偏振的符号，就会得到额外的因子 2。

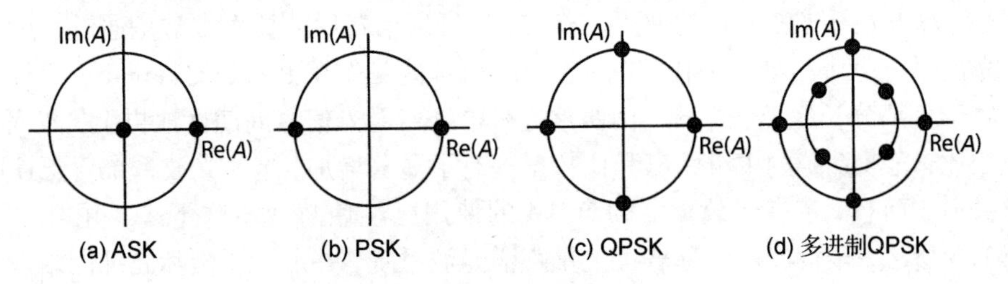

图 1.11 四种调制格式的星座图

1.3 光通信系统

正如在前面提到的，原理上，光通信系统与微波系统的区别仅在于用来传输信息的载波的频率范围不同。光载波频率通常约为 200 THz，与微波载波频率(约为 1 GHz)形成鲜明的对比。光通信系统的信息容量预期能增加 10 000 倍，只是简单地因为光波系统使用了如此高的载波频率。如果注意到调制载波的带宽可以达到载波频率的百分之几，就可以比较容易地理解这一增加行为。为了说明这一点，取 1% 作为极限值，则光通信系统具有传输比特率约为 1 Tbps 的信息的潜力。光通信系统具有如此大的潜在带宽，这正是全世界开发和部署光波系统的驱动力。现有的光波系统工作在约为 10 Gbps 的比特率下，这意味着还有相当大的提升空间。

图 1.12 给出了一般光通信系统的方框图，它由光发射机、通信通道和光接收机组成，这三部分是所有通信系统通用的基本元素。光通信系统可以分为两大类：导引的(guided)和非导引的(unguided)。正如其名称暗示的那样，在导引光通信系统中，光发射机发出的光束在空间是受约束的，在实际应用中这是通过光纤实现的，将在第 2 章讨论。既然所有的导引光通信系统普遍使用光纤，它们的通用术语就是光纤通信系统。术语光波系统(lightwave system)也用于光纤通信系统，尽管它通常应包括导引系统和非导引系统两类。

图 1.12 一般光通信系统

在非导引光通信系统中，光发射机发出的光束在空间扩展，这与微波的扩展类似。然而，与微波系统相比，非导引光通信系统不太适合广播应用，因为光束主要向前向扩展(这是由于光波的波长较短)，通常需要光发射机和光接收机之间的精确定向。在陆地传输的情况下，非导引光通信系统的信号会因为空气中的散射而大大劣化，当然，对于地球大气层上方的自由空间通信(free-space communication)(如星际通信)来说，就不存在这个问题。尽管某些特定应用需要自由空间光通信系统，而且它也得到了广泛研究[58]，但大部分陆地应用采用光纤通信系统(fiber-optic communication system)。非导引光通信系统在本书中不予讨论。

在需要从一个地点向另一个地点传输信息的任何地区，都可以采用光纤传输。然而，光纤通信系统主要是为电信应用而开发的，考虑到全世界的电话网过去常常不仅用来传输音频信号，而且还用来传输计算机数据和传真信息，就能够理解这一点。根据与典型的城市之间的距离(约为 100 km)相比，光信号是在相对较长的距离上还是在相对较短的距离上传输的，电信应用可以宽泛地分成两类：长途(long-haul)和短途(short-haul)。长途电信系统要求大容量干线，并主要得益于光纤光波系统的使用。确实，光纤通信背后的技术常常是通过长途电信应用驱动的。光波系统每个相继的一代与前一代相比，都能工作在更高的比特率下，而且传输距离也更远。对于大部分长途光波系统，仍要求通过中继器对光信号周期性地再生，然而，与同轴电缆系统相比，光波系统的中继距离和比特率都有了显著增加，这使光波系统对长途电信应用非常有吸引力。而且，带有光放大器的 WDM 的使用已经使总成本降下来，并增加了系统容量。如图 1.5 所示，全世界已经部署了大量跨洋光波系统，并形成了国际光纤网络。

短途电信主要用于市内和本地环路，这种系统通常工作在低比特率下，传输距离不到 50 km。对于这种应用，使用单信道光波系统不太划算，基于这个原因，在短途系统中使用 WDM 也有重要意义。20 世纪 90 年代，随着互联网的出现，包含视频和图像传输的数据业务更加普遍，到如今这些通信业务消耗的带宽比传统电话业务消耗的更多；包括包交换的互联网协议(IP)的使用也正持续增长。只有现代光纤 WDM 系统才能满足快速增长的带宽需求，多信道光波系统和它们的应用将在第 6 章讨论。

1.4 光波系统组成

图 1.12 给出的一般光通信系统的方框图也适用于光纤通信系统，唯一区别是通信通道是光纤，另外两个组成部分——光发射机和光接收机，则是为满足这种特殊的通信通道而设计的。本节讨论与作为通信通道的光纤的作用和光发射机、光接收机的设计有关的一般问题，目的是为读者提供介绍性的概述，这 3 个组成部分将分别在第 2 章至第 4 章中详细讨论。

1.4.1 作为通信通道的光纤

通信通道的作用是将光信号无失真地从光发射机传输到光接收机。大部分光波系统采用光纤作为通信通道，因为石英光纤能够以 0.2 dB/km 的低损耗传输光信号。尽管如此，光信号传输 100 km 后其功率将减小到只有原来的 1%，基于这个原因，光纤损耗仍是一个重要的设计问题，它决定了长途光波系统的中继器或放大器的间距。另一个重要的设计问题是光纤色散(fiber dispersion)，它导致光脉冲在传输过程中被展宽。如果光脉冲明显展宽到它们分配的比特隙之外，传输信号就会被严重劣化，最终不可能高精度地恢复原始信号。色散问题对于多模光纤的情况最为严重，这是因为不同光纤模式的传输速度不同，脉冲迅速展宽(展宽速度一般约为10 ns/km)。正是这个原因，大部分光纤通信系统采用单模光纤。材料色散(与折射率的频率相关性有关)也导致脉冲展宽(一般小于 0.1 ns/km)，但它足够小，对大部分应用是可以接受的，而且能通过控制光源的谱宽进一步减小其影响。尽管如此，正如将在第 2 章中讨论的，材料色散对光纤通信系统的比特率和传输距离施加了最终的限制。

1.4.2 光发射机

光发射机(optical transmitter)的作用是将电信号转换成光信号，并将得到的光信号发射到光纤中。光发射机由光源、调制器和通道耦合器组成(见图 1.13)。光源采用半导体激光器或发光二极管，因为它们与光纤通信通道兼容；这两种光源将在第 3 章中详细介绍。光信号是通过调制光载波产生的，尽管在有些情况下要用外调制器，但在有些情况下没有也行，因为可以通过改变注入电流直接调制半导体光源的输出。这种方案简化了光发射机的设计，性价比高。典型的通道耦合器是微透镜，以最大可能的效率将光信号聚焦到光纤的入射面上。

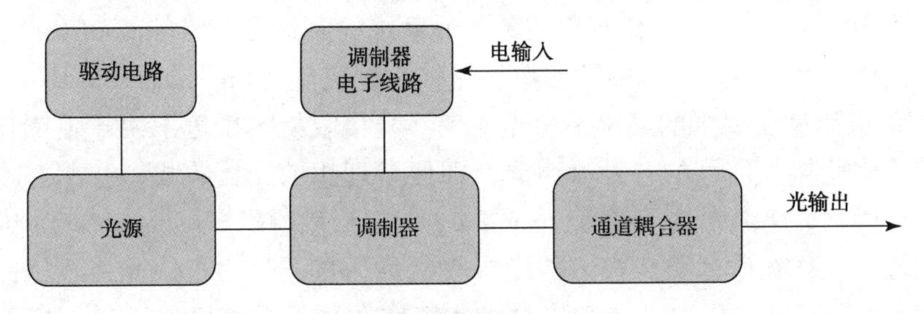

图1.13　光发射机的组成

发射功率(launched power)是光发射机一个重要的设计参数，增加发射功率可以增大放大器(或中继器)间距，但由此引发的各种非线性效应(nonlinear effect)限制了发射功率的最大值。发射功率常常用dBm单位表示，它以1 mW作为参考功率，一般的定义(见附录A)为

$$\text{功率(dBm)} = 10\lg(\text{功率}/1\ \text{mW}) \tag{1.4.1}$$

于是，1 mW等于0 dBm，但1 μW相当于-30 dBm。发光二极管的发射功率相当低(小于-10 dBm)，但半导体激光器的发射功率约为10 dBm。由于发光二极管的调制能力有限，大部分光波系统采用半导体激光器作为光源。光发射机的比特率常常受电子器件的限制，而不是半导体激光器本身。通过正确的设计，光发射机能够工作在40 Gbps的比特率下。第3章将给出光发射机的完整描述。

1.4.3　光接收机

光接收机(optical receiver)将在光纤输出端接收到的光信号转换成原始的电信号。图1.14给出了光接收机的方框图，它由通道耦合器、光电探测器和解调器组成。通道耦合器将接收到的光信号聚焦到光电探测器上，因为半导体光电二极管与整个系统兼容，常用它们作为光电探测器，相关内容将在第4章中介绍。解调器的设计取决于光波系统所采用的调制格式，FSK和PSK格式的使用一般要求零差或外差解调技术，它们将在第10章中讨论。大部分光波系统采用所谓的“强度调制/直接探测”(IM/DD)方案，在这种情况下解调是通过判决电路完成的，判决电路根据电信号的振幅鉴别它是“1”比特还是“0”比特。判决电路的精度取决于光电探测器产生的电信号的信噪比。

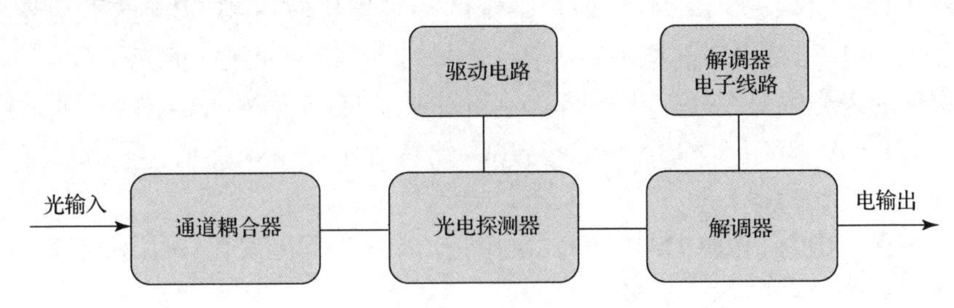

图1.14　光接收机的组成

数字光波系统的性能通过误码率(Bit-Error Rate, BER)来表征，尽管误码率可以定义为每秒钟产生误码的个数，但这样的定义使误码率与比特率有关。习惯上将误码率定义为在接收

到的码元中出现差错的码元数占传输总码元数的比例，因此，10^{-6}的误码率对应于每百万个码元中平均有一个错误码元。大部分光波系统规定 10^{-9}的误码率作为工作要求；有些系统甚至要求误码率小到 10^{-14}。有时用纠错码来改善光波系统的原始误码率(raw BER)。

对任何光接收机而言，一个重要的参数是光接收机灵敏度(receiver sensitivity)，它通常定义为实现 10^{-9}的误码率所要求的最小平均光功率。光接收机灵敏度取决于信噪比，而信噪比又取决于能严重劣化接收信号的各种噪声源。即便是理想的光接收机，也要通过光电探测过程本身引入一些噪声，这称为量子噪声(quantum noise)或散弹噪声(shot noise)，因为它来源于电子的粒子本性。工作在散弹噪声极限的光接收机称为量子噪声极限光接收机；因为存在几个其他的噪声源，在实际应用中没有光接收机能工作在量子噪声极限下。一些噪声源如热噪声(thermal noise)是在光接收机内部产生的，其他一些噪声是在光发射机处或光信号沿光纤链路的传输过程中产生的。例如，光放大器沿光纤链路对光信号进行的任何放大，都会引入所谓的放大器噪声(amplifier noise)，它源于自发辐射这个基本过程；光纤中的色散也能通过诸如码间干扰和模分配噪声等现象加入附加的噪声。光接收机灵敏度是由使判决电路处的信噪比(SNR)劣化的所有可能噪声机制的累积效应决定的。通常，光接收机灵敏度还取决于比特率，因为一些噪声源(如散弹噪声)的贡献随信号带宽的增加而增大。第 4 章将通过考虑数字光波系统的信噪比和误码率来论述光接收机的噪声和灵敏度问题。

习题

1.1 计算工作在 0.88 μm，1.3 μm 和 1.55 μm 的光通信系统的载波频率；每种情况下光子的能量(以 eV 为单位)是多少?

1.2 对于损耗分别为 0.2 dB/km，20 dB/km 和 2000 dB/km 的 3 种光纤，要使光功率衰减到原来的1/10，传输距离应分别是多少？假设光功率以 $\exp(-\alpha L)$的形式衰减，计算这 3 种光纤的 α 值(以 cm^{-1}为单位)。

1.3 假设数字通信系统的工作比特率为载波频率的 1%，用 5 GHz 的微波载波能传输多少个 64 kbps 的音频信道？换成 1.55 μm 的光载波呢？

1.4 一个 1 小时长的演讲稿以 ASCII 格式存储在计算机硬盘上，假设传输速率为每分钟 200 个单词，每个单词平均包括 5 个字母，试估计总的比特数。若以 1 Gbps 的比特率传输手稿，需要多长时间？

1.5 工作在 1 Gbps 的 1.55 μm 数字通信系统的探测器接收 -40 dBm 的平均光功率，假设“1”比特和“0”比特出现的概率相等，计算每“1”比特期间接收的光子数。

1.6 以 8 kHz 的采样率对在 0 ~ 50 mA 范围变化的模拟音频信号采样，前 4 个采样值分别为 10 mA，21 mA，36 mA 和 16 mA。若用 4 比特表示每个采样值，写出对应的数字信号(“1”和“0”的比特串)。

1.7 对于数字 NRZ 比特流 010111101110，画出光功率随时间的变化，假设比特率为 2.5 Gbps；最短和最长光脉冲的宽度是多少？

1.8 一个 1.55 μm 的光纤通信系统正以 2 Gbps 的比特率在 100 km 的距离上传输数字信号，光发射机将 2 mW 的平均功率发射到光缆中，光缆净损耗为 0.3 dB/km。在单个“1”比特期间有多少个光子入射到光接收机上？假设“0”比特不携带功率，而“1”比特是占据整个比特隙的矩形脉冲的形式(NRZ 格式)。

1.9 一个0.8 μm 波长的光接收机需要至少1000个光子才能准确探测到“1”比特，对于为传输 −10 dBm 的平均功率而设计的100 Mbps 的光通信系统，光纤链路的最大可能长度是多少？0.8 μm 处光纤损耗为2 dB/km，假设采用NRZ 格式和矩形脉冲。

1.10 一个1.3 μm 波长的光发射机以2 Gbps 的比特率产生数字比特流，计算当光发射机发射的平均功率为4 mW 时单个“1”比特中包含的光子数，假设“0”比特不携带能量。

参考文献

[1] G. J. Holzmann and B. Pehrson, *The Early History of Data Networks*, Wiley, Hoboken, NJ, 2003.

[2] D. Koenig, "Telegraphs and Telegrams in Revolutionary France," *Scientific Monthly*, 431(1944). See also Chap. 2 of Ref. [1].

[3] A. Jones, *Historical Sketch of the Electrical Telegraph*, Putnam, New York, 1852.

[4] A. G. Bell, U. S. Patent No. 174, 465(1876).

[5] T. H. Maiman, *Nature* **187**, 493(1960).

[6] W. K. Pratt, *Laser Communication Systems*, Wiley, New York, 1969.

[7] S. E. Miller, *Sei. Am.* **214**(1), 19(1966).

[8] K. C. Kao and G. A. Hockham, *Proc. IEE* **113**, 1151(1966); A. Werts, *Onde Electr.* **45**, 967(1966).

[9] F. P. Kapron, D. B. Keck, and R. D. Maurer, *Appl. Phys. Lett.* **17**, 423(1970).

[10] I. Hayashi, M. B. Panish, P. W. Foy, and S. Sumski, *Appl. Phys. Lett.* **17**, 109(1970).

[11] A. E. Willner, Ed., *IEEE J. Sel. Topics Quantum Electron.* **6**, 827(2000). Several historical articles in this millennium issue cover the development of lasers and optical fibers. See, for example, the articles by Z. Alferov, W. A. Gambling, T. Izawa, D. Keck, H. Kogelnik, and R. H. Rediker.

[12] A. H. Gnauck, R. W. Tkach, A. R. Chraplyvy, and T. Li, *J. Lightwave Technol.* **26**, 1032(2008).

[13] H. Kogelnik, *IEEE J. Sel. Topics Quantum Electron.* **6**, 1279(2000).

[14] R. J. Sanferrare, *AT&T Tech. J.* **66**, 95(1987).

[15] D. Gloge, A. Albanese, C. A. Burrus, E. L. Chinnock, J. A. Copeland, A. G. Dentai, T. P. Lee, T. Li, and K. Ogawa, *Bell Syst. Tech. J.* **59**, 1365(1980).

[16] J. I. Yamada, S. Machida, and T. Kimura, *Electron. Lett.* **17**, 479(1981).

[17] T. Miya, Y. Terunuma, T. Hosaka, and T. Miyoshita, *Electron. Lett.* **15**, 106(1979).

[18] A. H. Gnauck, B. L. Kasper, R. A. Linke, R. W. Dawson, T. L. Koch, T. J. Bridges, E. G. Burkhardt, R. T. Yen, D. P. Wilt, J. C. Campbell, K. C. Nelson, and L. G. Cohen, *J. Lightwave Technol.* **3**, 1032(1985).

[19] K. Nakagawa, *Trans. IECE Jpn. Pt. J* **78B**, 713(1995).

[20] R. A. Linke and A. H. Gnauck, *J. Lightwave Technol.* **6**, 1750(1988); P. S. Henry, *Coherent Lightwave Communications*, IEEE Press, New York, 1990.

[21] N. S. Bergano, J. Aspell, C. R. Davidson, P. R. Trischitta, B. M. Nyman, and F. W. Kerfoot, *Electron. Lett.* **27**, 1889(1991).

[22] T. Otani, K. Goto, H. Abe, M. Tanaka, H. Yamamoto, and H. Wakabayashi, *Electron. Lett.* **31**, 380(1995).

[23] N. S. Bergano, *J. Lightwave Technol.* **23**, 4125(2005).

[24] T. Welsh, R. Smith, H. Azami, and R. Chrisner, *IEEE Commun. Mag.* **34**(2), 30(1996).

[25] W. C. Marra and J. Schesser, *IEEE Commun. Mag.* **34**(2), 50(1996).

[26] K. Fukuchi, T. Kasamatsu, M. Morie, R. Ohhira, T. Ito, K. Sekiya, D. Ogasahara, and T. Ono, *Proc. Optical Fiber Commun. Conf.*, Paper PD24(2001).

[27] G. Vareille, F. Pitel, and J. F. Marcerou, *Proc. Optical Fiber Commun. Conf.*, Paper PD22(2001).

[28] G. A. Thomas, B. L. Shraiman, P. F. Glodis, and M. J. Stephan, *Nature* **404**, 262(2000).

[29] P. J. Winzer and R. J. Essiambre, *J. Lightwave Technol.* **24**, 4711(2006).

[30] X. Zhou, J. Yu, M. -F. Huang, et al., Proc. Opt. Fiber Commun. Conf., Paper PDPB9(2010).

[31] K. M. Sivalingam and S. Subramaniam, Eds., *Optical WDM Networks: Principles and Practice*, Kluwer Academic, Norwell, MA, 2000.

[32] J. Chesnoy, Ed., *Undersea Fiber Communication System*, Academic Press, Boston, 2002.

[33] R. L. Freeman, *Fiber Optic Systems for Telecommunications*, Wiley, Hoboken, NJ, 2002.

[34] I. P. Kaminow and T. Li, Eds., *Optical Fiber Telecommunications IV*, Academic Press, Boston, 2002.

[35] C. G. Omidyar, H. G. Shiraz, and W. D. Zhong, Eds., *Optical Communications and Networks*, World Scientific, Singapore, 2004.

[36] A. K. Dutta, N. K. Dutta, and M. Fujiwara, Eds., *WDM Technologies: Optical Networks*, Academic Press, Boston, 2004.

[37] J. C. Palais, *Fiber Optic Communications*, 5th ed., Prentice Hall, Upper Saddle River, NJ, 2004.

[38] E. Forestieri, Ed., *Optical Communication Theory and Techniques*, Springer, New York, 2004.

[39] K. -P. Ho, *Phase-Modulated Optical Communication Systems*, Springer, New York, 2005.

[40] B. Mukherjee, *Optical WDM Networks*, Springer, New York, 2006.

[41] H. -G. Weber and M. Nakazawa, Eds., *Ultrahigh-Speed Optical Transmission Technology*, Springer, New York, 2007.

[42] I. P. Kaminow, T. Li, and A. E. Willner, Eds., *Optical Fiber Telecommunications V*, vols. A and B, Academic Press, Boston, 2008.

[43] L. N. Binh, *Digital Optical Communications*, CRC Press, Boca Raton, FL, 2008.

[44] C. DeCusatis, *Handbook of Fiber Optic Data Communication*, 3rd ed., Academic Press, Boston, 2008.

[45] J. Senior, *Optical Fiber Communications: Principles and Practice*, 3rd ed., Prentice Hall, Upper Saddle River, NJ, 2009.

[46] R. Ramaswami, K. Sivarajan, and G. Sasaki, *Optical Networks: A Practical Perspective*, 3rd ed., Morgan Kaufmann, San Francisco, 2009.

[47] G. E. Keiser, *Optical Fiber Communications*, 4th ed., McGraw-Hill, New York, 2010.

[48] M. Schwartz, *Information Transmission, Modulation, and Noise*, 4th ed., McGraw-Hill, New York, 1990.

[49] C. E. Shannon, *Proc. IRE* **37**, 10(1949).

[50] H. Nyquist, *Trans. AIEE* **47**, 617(1928).

[51] R. Ballart and Y. -C. Ching, *IEEE Commun. Mag.* **27**(3), 8(1989).

[52] T. Miki, Jr. and C. A. Siller, Eds., *IEEE Commun. Mag.* **28**(8), 1(1990).

[53] S. V. Kartalopoulos, *Understanding SONET/SDH and ATM*, IEEE Press, Piscataway, NJ, 1999.

[54] M. I. Hayee and A. E. Willner, *IEEE Photon. Technol. Lett.* **11**, 991(1999).

[55] R. Ludwig, U. Feiste, E. Dietrich, H. G. Weber, D. Breuer, M. Martin, and F. Kuppers, *Electron. Lett.* **35**, 2216(1999).

[56] M. Nakazawa, H. Kubota, K. Suzuki, E. Yamada, and A. Sahara, *IEEE J. Sel. Topics Quantum Electron.* **6**, 363(2000).

[57] R. -J. Essiambre, G. Raybon, and B. Mikkelsen, in *Optical Fiber Telecommunications*, Vol. 4B, I. P. Kaminow and T. Li, Eds., Academic Press, Boston, 2002, Chap. 6.

[58] S. G. Lambert and W. L. Casey, *Laser Communications in Space*, Artec House, Norwood, MA, 1995.

第2章 光　　纤

自从1854年，人们就已经知道了全内反射(total internal reflection)现象[1]，这是导引光在光纤中传输的基础。尽管玻璃光纤是在20世纪20年代制造的[2~4]，但直到20世纪50年代才开始实际应用，由于采用了包层结构，玻璃光纤的导光特性有了显著改进[5~7]。在1970年以前，光纤主要用于短距离的医学成像[8]，由于它的损耗很高(约为1000 dB/km)，用于通信目的被认为是不现实的。然而，1970年情况发生了巨大变化，继早前的建议[9]，光纤的损耗降低至20 dB/km以下[10]。1979年，光纤技术有了进一步的发展，1.55 μm波长区附近的损耗降低至只有0.2 dB/km[11]。低损耗光纤的实现导致了光波技术领域的革命，开启了光纤通信时代，其中一些书籍涵盖了在光纤设计和理解上取得的进展[12~19]。本章关注光纤作为通信通道在光波系统中的作用。2.1节用几何光学方法解释光纤的导光机制，并引入有关的概念。2.2节利用麦克斯韦方程组描述光纤中的波传输。2.3节讨论光纤色散的根源。2.4节考虑光纤色散对比特率和传输距离的限制。2.5节关注光纤的损耗机制。2.6节介绍光纤中的非线性光学效应。2.7节介绍光纤的制造细节和光缆。

2.1　几何光学描述

最简单的光纤由石英玻璃的圆柱形纤芯和围绕它的包层组成，其中包层的折射率要小于纤芯的折射率。因为在纤芯-包层界面折射率发生突变，这样的光纤称为阶跃折射率光纤(step-index fiber)。另一种光纤称为渐变折射率光纤(graded-index fiber)，在其纤芯内折射率是渐变的。图2.1给出了这两种类型光纤的横截面和折射率分布。利用基于几何光学的光线图像(ray picture)，可以很好地领悟光纤的导光特性[20]。几何光学描述尽管是一种近似方法，但当纤芯半径 a 远大于光波长 λ 时，该方法就是正确的；当两者可以相比拟时，就有必要利用2.2节的波传输理论。

2.1.1　阶跃折射率光纤

考虑图2.2中的几何结构，与光纤轴成 θ_i 角的光线在纤芯中心入射，因为在光纤-空气界面处发生折射，光线向法线方向弯曲。折射光线的角度 θ_r 满足[20]

$$n_0 \sin\theta_i = n_1 \sin\theta_r \tag{2.1.1}$$

式中，n_1 和 n_0 分别是光纤纤芯和空气的折射率。折射光线入射到纤芯-包层界面并被再次折射，然而，只有当入射角 ϕ 满足 $\sin\phi < n_2/n_1$ 时，才可能发生折射。当入射角大于下式定义的临界角(critical angle) ϕ_c 时，光线就会在纤芯-包层界面发生全内反射：[20]

$$\sin\phi_c = n_2/n_1 \tag{2.1.2}$$

式中，n_2 是包层折射率。由于沿整个光纤长度方向都会发生这种全内反射，满足 $\phi > \phi_c$ 的所有光线都会被限制在光纤纤芯内，这就是光纤限制光的基本机制。

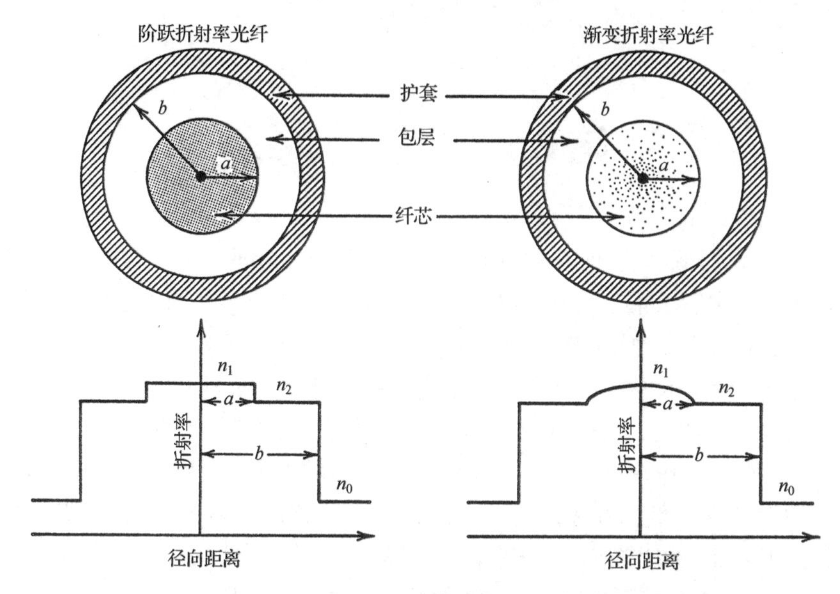

图 2.1 阶跃折射率光纤和渐变折射率光纤的横截面和折射率分布

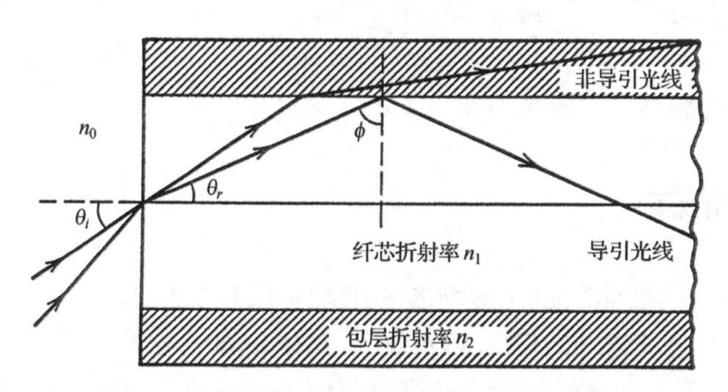

图 2.2 阶跃折射率光纤中通过全内反射对光的限制，满足 $\phi < \phi_c$ 的光线被折射出纤芯

利用式(2.1.1)和式(2.1.2)可以得到使光限制在纤芯内的入射光线与光纤轴的最大夹角。注意，对于这样的光线满足 $\theta_r = \pi/2 - \phi_c$，将它代入式(2.1.1)，可得

$$n_0 \sin\theta_i = n_1 \cos\phi_c = (n_1^2 - n_2^2)^{1/2} \tag{2.1.3}$$

与透镜类比，$n_0 \sin\theta_i$ 称为光纤的数值孔径(Numerical Aperture，NA)，它表示光纤收集光的能力。若 $n_1 \approx n_2$，则数值孔径能够近似为

$$\text{NA} = n_1(2\Delta)^{1/2}, \qquad \Delta = (n_1 - n_2)/n_1 \tag{2.1.4}$$

式中，Δ 是纤芯-包层界面处折射率的差。显然，为将更多的光耦合进光纤，Δ 应尽可能大。然而，由于多径色散(模间色散)或模式色散(modal dispersion)(光纤模式的概念将在 2.2 节中介绍)，这样的光纤不能用于光通信。

多径色散可以参考图 2.2 来理解，其中不同的光线沿长度不同的路径传输，结果，在光纤输出端这些光线在时间上弥散开，即使它们在输入端重合并以相同的速度在光纤中传输。由于路径长度的不同，短脉冲[称为冲激脉冲(impulse)]将被显著展宽。简单通过考虑最短的和最长的光线路径，可以估计脉冲展宽的程度。当 $\theta_i = 0$ 时路径最短，它恰好等于光纤的长度 L；当 θ_i 满足式(2.1.3)时路径最长，它等于 $L/\sin\phi_c$。利用光在光纤中传输的速度 $v = c/n_1$，可得时间延迟为

$$\Delta T=\frac{n_1}{c}\left(\frac{L}{\sin\phi_c}-L\right)=\frac{L}{c}\frac{n_1^2}{n_2}\Delta \tag{2.1.5}$$

沿最短和最长路径的光线的时间延迟，可以作为在光纤输入端入射的冲激脉冲展宽的量度。

可以将 ΔT 与通过比特率 B 量度的光纤承载信息容量联系起来。尽管 B 与 ΔT 的准确关系取决于很多细节，如脉冲形状，显然，凭直觉 ΔT 应小于分配的比特隙（$T_B=1/B$）。于是，比特率数量级的估计可以由条件 $B\Delta T<1$ 得到。由式(2.1.5)可得

$$BL<\frac{n_2}{n_1^2}\frac{c}{\Delta} \tag{2.1.6}$$

这个条件提供了阶跃折射率光纤基本限制的一个粗略估计。作为说明，考虑 $n_1=1.5$ 和 $n_2=1$ 的无包层玻璃光纤，因为 $BL<0.4\,(\text{Mbps})\cdot\text{km}$，这种光纤的比特率-距离积被限制在一个非常小的值。对于具有较小折射率阶跃的带包层光纤，情况有了很大改善。通信应用的大部分光纤被设计成 $\Delta<0.01$，例如，若 $\Delta=2\times10^{-3}$，则 $BL<100\,(\text{Mbps})\cdot\text{km}$，这种光纤能以 10 Mbps 的比特率将数据传输 10 km，适用于一些局域网中。

关于式(2.1.6)的成立条件，需要注意两点。第一，该式是在只考虑每次全内反射后通过光纤轴的那些光线的条件下得到的，这样的光线称为子午光线（meridional ray）。通常，光纤还支持偏斜光线（skew ray），它们以与光纤轴倾斜的角度传输。在弯曲和不规则点，偏斜光线被散射出纤芯，对式(2.1.6)没有多少贡献。第二，因为散射，倾斜的子午光线比旁轴子午光线遭受更高的损耗。式(2.1.6)提供了一个保守的估计，因为它把所有光线都等同地处理。利用渐变折射率光纤可以显著减小模间色散的影响，这将在下一节中讨论。利用将在 2.2 节中讨论的单模光纤则可以完全消除模间色散效应。

2.1.2 渐变折射率光纤

渐变折射率光纤纤芯的折射率不是一个常数，而是从纤芯中心的最大值 n_1 逐渐减小到纤芯-包层界面处的最小值 n_2。大部分渐变折射率光纤的折射率分布可以通过分布参数 α 写成下面的形式：

$$n(\rho)=\begin{cases}n_1[1-\Delta(\rho/a)^{\alpha}], & \rho<a\\ n_1(1-\Delta)=n_2, & \rho\geqslant a\end{cases} \tag{2.1.7}$$

式中，a 是纤芯半径。参数 α 决定了渐变折射率分布，在 α 取较大值的极限条件下，渐变折射率分布接近阶跃折射率分布；而 $\alpha=2$ 对应抛物线折射率光纤。

容易定性地理解，为什么渐变折射率光纤能够减小模间色散或多径色散。图 2.3 示意地给出了三条不同光线的路径，与阶跃折射率光纤的情况类似，光线倾斜得越厉害，路径就越长。然而，由于折射率的变化，光的传输速度也沿路径变化，更具体地说，沿光纤轴的光线的传输路径最短，但传输得最慢，这是因为沿这一路径折射率最大。倾斜光线通过的大部分路径位于较低折射率的介质中，光在这里传输得较快。因此，如果选择适当的折射率分布，所有的光就有可能一起到达光纤输出端。

利用几何光学方法可以证明，在满足旁轴近似（paraxial approximation）的条件下，抛物线折射率分布能导致无色散的脉冲传输。旁轴光线的轨迹可以通过解下面的方程得到[20]：

$$\frac{\mathrm{d}^2\rho}{\mathrm{d}z^2}=\frac{1}{n}\frac{\mathrm{d}n}{\mathrm{d}\rho} \tag{2.1.8}$$

式中，ρ 是光线离开光纤轴的径向距离。利用 $\rho<a$ 时的式(2.1.7)并取 $\alpha=2$，方程式(2.1.8)

简化成谐振子方程，并有下面的通解：

$$\rho=\rho_0\cos(pz)+(\rho_0'/p)\sin(pz) \tag{2.1.9}$$

式中，$p=(2\Delta/a^2)^{1/2}$，ρ_0和ρ_0'分别是入射光线的位置和方向。式(2.1.9)表明，在距离 $z=2m\pi/p$ 处，所有光线恢复到其初始的位置和方向(见图2.3)，这里 m 是一个整数。入射光线的这种完全恢复意味着抛物线折射率光纤未表现出模间色散。

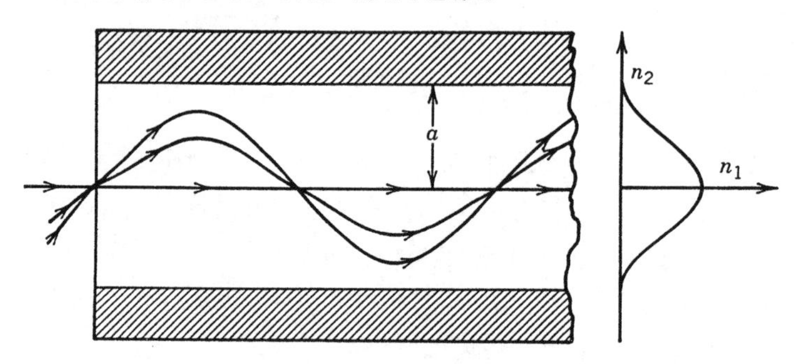

图2.3 渐变折射率光纤中光线的轨迹

以上结论只有在满足旁轴近似和几何光学近似的条件下才正确，对于实际的光纤来说，这两个条件必须放宽。人们利用波传输方法，对渐变折射率光纤中的模间色散进行了广泛研究[13~15]，研究发现 $\Delta T/L$ 这个量随 α 显著变化，这里 ΔT 是长度为 L 的光纤中的最大多径延迟。图2.4给出了当 $n_1=1.5$ 和 $\Delta=0.01$ 时的这种变化。当 $\alpha=2(1-\Delta)$ 时色散最小，且与 Δ 有以下关系[21]：

$$\Delta T/L=n_1\Delta^2/8c \tag{2.1.10}$$

利用判据 $\Delta T<1/B$，可以得到极限比特率-距离积为

$$BL<8c/n_1\Delta^2 \tag{2.1.11}$$

图2.4中右边的刻度给出了 BL 积随 α 的变化关系，具有适当优化的折射率分布的渐变折射率光纤能将比特率为100 Mbps的数据传输100 km。与阶跃折射率光纤相比，这种光纤的 BL 积提高了近3个数量级。确实，第一代光波系统使用的就是渐变折射率光纤。仅通过使用纤芯半径可与光波长相比拟的单模光纤进一步提高 BL 积也是可能的，对于单模光纤，就不能再使用几何光学方法了。

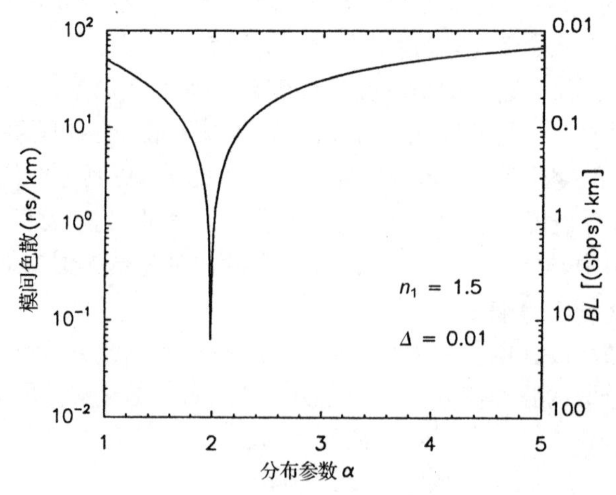

图2.4 渐变折射率光纤的模间色散 $\Delta T/L$ 随分布参数 α 的变化，右边的刻度给出对应的比特率-距离积

尽管渐变折射率光纤很少用在长途链路中，但用于数据链路应用的渐变折射率塑料(plastic)光纤近年来受到关注。这种光纤的损耗较高(大于 20 dB/km)，但因为它们采用了渐变折射率分布(更多细节见 2.7.2 节)，能用来短距离(1 km 或更短)传输 1 Gbps 或者更高比特率的数据。

2.2　波的传输

在本节中，利用电磁波的麦克斯韦方程组分析光在阶跃折射率光纤中的传输。其中，2.2.1 节引入麦克斯韦方程组，并推导波传输方程；2.2.2 节对波传输方程求解，并得到在光纤中导引的光学模式；2.2.3 节关注如何设计只支持单模的阶跃折射率光纤，并讨论单模光纤的特性。

2.2.1　麦克斯韦方程组

与所有电磁现象一样，光纤中光场的传输用麦克斯韦方程组描述。对于无自由电荷的非导电介质，这些方程采用下面的形式(使用国际单位制，详见附录 A)[22]：

$$\nabla\times\boldsymbol{E}=-\partial\boldsymbol{B}/\partial t \tag{2.2.1}$$

$$\nabla\times\boldsymbol{H}=\partial\boldsymbol{D}/\partial t \tag{2.2.2}$$

$$\nabla\cdot\boldsymbol{D}=0 \tag{2.2.3}$$

$$\nabla\cdot\boldsymbol{B}=0 \tag{2.2.4}$$

式中，$\boldsymbol{E}$ 和 $\boldsymbol{H}$ 分别是电场强度和磁场强度矢量，$\boldsymbol{D}$ 和 $\boldsymbol{B}$ 分别是对应的通量密度。通量密度与场矢量通过下面的本构关系相联系[22]：

$$\boldsymbol{D}=\varepsilon_0\boldsymbol{E}+\boldsymbol{P},\qquad \boldsymbol{B}=\mu_0\boldsymbol{H}+\boldsymbol{M} \tag{2.2.5}$$

式中，ε_0 是真空介电常数，μ_0 是真空磁导率，$\boldsymbol{P}$ 和 $\boldsymbol{M}$ 分别是感应的电极化强度和磁极化强度。由于石英玻璃的非磁特性，对于光纤有 $\boldsymbol{M}=0$。

电极化强度 $\boldsymbol{P}$ 的计算需要微观量子力学方法。当光学频率在介质的谐振频率附近时，这种方法是必要的；但当光学频率远离介质的谐振频率时，可以利用 $\boldsymbol{P}$ 与 $\boldsymbol{E}$ 之间的唯象关系，在 0.5 ~ 2 μm 的波长区(该范围覆盖了对光纤通信有价值的光纤低损耗区)光纤就属于这种情况。通常，$\boldsymbol{P}$ 与 $\boldsymbol{E}$ 之间是非线性关系。尽管对光纤的非线性效应很感兴趣[23]并将在 2.6 节中加以介绍，在讨论光纤模式时仍可以将它们忽略，于是 $\boldsymbol{P}$ 与 $\boldsymbol{E}$ 有如下关系：

$$\boldsymbol{P}(\boldsymbol{r},t)=\varepsilon_0\int_{-\infty}^{\infty}\chi(\boldsymbol{r},t-t')\boldsymbol{E}(\boldsymbol{r},t')\,\mathrm{d}t' \tag{2.2.6}$$

通常，线性极化率 χ 是一个二阶张量，但对于石英玻璃等各向同性介质，它简化成一个标量。由于纤芯形状和局部应变的无意变化，光纤变成轻度双折射的；这种双折射效应将在 2.2.3 节中分析。式(2.2.6)假设响应在空间上是局域的，然而，它包含了时间响应的延迟特性，这一特性是造成光纤的色度色散的原因。

式(2.2.1)至式(2.2.6)为研究光纤中的波传输提供了一般的公式。在实际应用中，使用单一场变量 $\boldsymbol{E}$ 很方便，对方程式(2.2.1)两边取旋度，并利用式(2.2.2)和式(2.2.5)，可以得到波动方程为

$$\nabla\times\nabla\times\boldsymbol{E}=-\frac{1}{c^2}\frac{\partial^2\boldsymbol{E}}{\partial t^2}-\mu_0\frac{\partial^2\boldsymbol{P}}{\partial t^2} \tag{2.2.7}$$

式中，光在真空中的速度 c 照例定义为 $\mu_0\varepsilon_0=1/c^2$。通过下面的关系引入 $\boldsymbol{E}(\boldsymbol{r},t)$ 的傅里叶变换：

$$\tilde{\boldsymbol{E}}(\boldsymbol{r},\omega)=\int_{-\infty}^{\infty}\boldsymbol{E}(\boldsymbol{r},t)\exp(\mathrm{i}\omega t)\,\mathrm{d}t \tag{2.2.8}$$

对于 $\boldsymbol{P}(\boldsymbol{r},t)$ 也有类似的表达式。利用式(2.2.6)，方程式(2.2.7)可以在频域中写成

$$\nabla\times\nabla\times\tilde{\boldsymbol{E}}=\varepsilon(\boldsymbol{r},\omega)(\omega^2/c^2)\tilde{\boldsymbol{E}} \tag{2.2.9}$$

式中，与频率有关的介电常数定义为

$$\varepsilon(\boldsymbol{r},\omega)=1+\tilde{\chi}(\boldsymbol{r},\omega) \tag{2.2.10}$$

式中，$\tilde{\chi}(\boldsymbol{r},\omega)$ 是 $\chi(\boldsymbol{r},t)$ 的傅里叶变换。通常，$\varepsilon(\boldsymbol{r},\omega)$ 是复数，它的实部和虚部通过下面的式子分别与折射率(refractive index) n 和吸收系数(absorption coefficient) α 相联系：

$$\varepsilon=(n+\mathrm{i}\alpha c/2\omega)^2 \tag{2.2.11}$$

利用式(2.2.10)和式(2.2.11)，n 和 α 与 $\tilde{\chi}$ 有下面的关系：

$$n=(1+\mathrm{Re}\,\tilde{\chi})^{1/2},\qquad \alpha=(\omega/nc)\,\mathrm{Im}\,\tilde{\chi} \tag{2.2.12}$$

式中，Re 和 Im 分别代表实部和虚部。n 和 α 都是与频率有关的，n 的频率相关性称为介质的色度色散(chromatic dispersion)。在 2.3 节中将会看到，光纤色散是光纤通信系统性能的一个基本限制因素。

在解方程式(2.2.9)之前，还需进一步做两个简化。第一，因为在石英光纤中光的损耗很小，ε 可以只取实部并用 n^2 替代；第二，因为在阶跃折射率光纤的纤芯和包层中，$n(\boldsymbol{r},\omega)$ 与空间坐标 $\boldsymbol{r}$ 无关，可以利用恒等式

$$\nabla\times\nabla\times\tilde{\boldsymbol{E}}\equiv\nabla(\nabla\cdot\tilde{\boldsymbol{E}})-\nabla^2\tilde{\boldsymbol{E}}=-\nabla^2\tilde{\boldsymbol{E}} \tag{2.2.13}$$

式中，利用了方程式(2.2.3)和关系 $\tilde{\boldsymbol{D}}=\varepsilon\tilde{\boldsymbol{E}}$，由此可得 $\nabla\cdot\tilde{\boldsymbol{E}}=0$。即使对于渐变折射率光纤，也可以做这样的简化。只要折射率变化是在比波长长得多的长度尺度上发生的，式(2.2.13)就近似成立。利用式(2.2.13)和方程式(2.2.9)，可得

$$\nabla^2\tilde{\boldsymbol{E}}+n^2(\omega)k_0^2\tilde{\boldsymbol{E}}=0 \tag{2.2.14}$$

式中，自由空间波数 k_0 定义为

$$k_0=\omega/c=2\pi/\lambda \tag{2.2.15}$$

式中，λ 是以频率 ω 振荡的光场的真空波长。下面通过解方程式(2.2.14)得到阶跃折射率光纤的光学模式。

2.2.2　光纤模式

模式概念是光学中的一个普通概念，例如，激光器的理论中也有这个概念。光学模式(optical mode)是指满足适当边界条件的波动方程式(2.2.14)的一个特解，它具有其空间分布不随传输过程而改变的特性。光纤模式可以分为导模、泄漏模和辐射模[14]，正如预期的，光纤通信系统中的信号传输只能通过导模发生。以下讨论专门针对阶跃折射率光纤的导模。

为利用光纤的圆柱对称性，利用柱坐标 ρ，ϕ 和 z 将方程式(2.2.14)写成

$$\frac{\partial^2E_z}{\partial\rho^2}+\frac{1}{\rho}\frac{\partial E_z}{\partial\rho}+\frac{1}{\rho^2}\frac{\partial^2E_z}{\partial\phi^2}+\frac{\partial^2E_z}{\partial z^2}+n^2k_0^2E_z=0 \tag{2.2.16}$$

对于纤芯半径为 a 的阶跃折射率光纤，折射率 n 采用下面的形式：

$$n=\begin{cases}n_1, & \rho\leqslant a\\ n_2, & \rho>a\end{cases} \tag{2.2.17}$$

为简化符号，丢掉了 $\tilde{\boldsymbol{E}}$ 上面的波浪线，并且所有变量的频率相关性可以意会到。方程式(2.2.16)是关于电场矢量的轴向分量 E_z 的，对于 $\boldsymbol{E}$ 和 $\boldsymbol{H}$ 的其他 5 个分量，也可以写出类似的方程式。然而，没必要解全部6 个方程式，因为这6 个分量中只有两个是独立的，习惯上选择 E_z 和 H_z 作为独立分量，其他 4 个分量 E_ρ，E_ϕ，H_ρ 和 H_ϕ 可以用这两个分量表示。方程式(2.2.16)可以容易地用分离变量法求解，将 E_z 写成

$$E_z(\rho,\phi,z)=F(\rho)\Phi(\phi)Z(z) \tag{2.2.18}$$

将式(2.2.18)代入方程式(2.2.16)，可以得到3 个常微分方程：

$$\mathrm{d}^2Z/\mathrm{d}z^2+\beta^2Z=0 \tag{2.2.19}$$

$$\mathrm{d}^2\Phi/\mathrm{d}\phi^2+m^2\Phi=0 \tag{2.2.20}$$

$$\frac{\mathrm{d}^2F}{\mathrm{d}\rho^2}+\frac{1}{\rho}\frac{\mathrm{d}F}{\mathrm{d}\rho}+\left(n^2k_0^2-\beta^2-\frac{m^2}{\rho^2}\right)F=0 \tag{2.2.21}$$

方程式(2.2.19)具有形式为 $Z=\exp(\mathrm{i}\beta z)$ 的解，这里 β 的物理意义是传输常数。类似地，方程式(2.2.20)有解 $\Phi=\exp(\mathrm{i}m\phi)$，但常数 m 限制在只能取整数值，因为场必须是 ϕ 的周期函数，其周期为 2π。

方程式(2.2.21)是贝塞尔函数满足的众所周知的微分方程[24]，在纤芯和包层区域它的通解可以写成

$$F(\rho)=\begin{cases}AJ_m(p\rho)+A'Y_m(p\rho), & \rho\leqslant a\\ CK_m(q\rho)+C'I_m(q\rho), & \rho>a\end{cases} \tag{2.2.22}$$

式中，A，A'，C 和 C' 是常数；J_m，Y_m，K_m 和 I_m 是不同类型的贝塞尔函数[24]。参数 p 和 q 定义为

$$p^2=n_1^2k_0^2-\beta^2 \tag{2.2.23}$$

$$q^2=\beta^2-n_2^2k_0^2 \tag{2.2.24}$$

当利用导模的光场在 $\rho=0$ 处应是有限值而在 $\rho=\infty$ 处应衰减至零的边界条件时，问题可以大大简化。因为 $Y_m(p\rho)$ 在 $\rho=0$ 处有一个奇点，只有当 $A'=0$ 时 $F(0)$ 才能保持有限值。类似地，只有当 $C'=0$ 时 $F(\rho)$ 才能在无穷远处为零。于是方程式(2.2.16)的通解具有以下形式：

$$E_z=\begin{cases}AJ_m(p\rho)\exp(\mathrm{i}m\phi)\exp(\mathrm{i}\beta z), & \rho\leqslant a\\ CK_m(q\rho)\exp(\mathrm{i}m\phi)\exp(\mathrm{i}\beta z), & \rho>a\end{cases} \tag{2.2.25}$$

采用同样的方法可以得到 H_z，它也满足方程式(2.2.16)。确实，H_z 和 E_z 解的形式相同，不同的是常数由 A 和 C 变为 B 和 D，也就是

$$H_z=\begin{cases}BJ_m(p\rho)\exp(\mathrm{i}m\phi)\exp(\mathrm{i}\beta z), & \rho\leqslant a\\ DK_m(q\rho)\exp(\mathrm{i}m\phi)\exp(\mathrm{i}\beta z), & \rho>a\end{cases} \tag{2.2.26}$$

其余 4 个分量 E_ρ，E_ϕ，H_ρ 和 H_ϕ 可以通过麦克斯韦方程组用 E_z 和 H_z 表示。在纤芯中，可以得到

$$E_\rho=\frac{\mathrm{i}}{p^2}\left(\beta\frac{\partial E_z}{\partial\rho}+\mu_0\frac{\omega}{\rho}\frac{\partial H_z}{\partial\phi}\right) \tag{2.2.27}$$

$$E_\phi=\frac{\mathrm{i}}{p^2}\left(\frac{\beta}{\rho}\frac{\partial E_z}{\partial\phi}-\mu_0\omega\frac{\partial H_z}{\partial\rho}\right) \tag{2.2.28}$$

$$H_\rho = \frac{\mathrm{i}}{p^2}\left(\beta\frac{\partial H_z}{\partial\rho} - \varepsilon_0 n^2\frac{\omega}{\rho}\frac{\partial E_z}{\partial\phi}\right) \tag{2.2.29}$$

$$H_\phi = \frac{\mathrm{i}}{p^2}\left(\frac{\beta}{\rho}\frac{\partial H_z}{\partial\phi} + \varepsilon_0 n^2\omega\frac{\partial E_z}{\partial\rho}\right) \tag{2.2.30}$$

用 $-q^2$ 替代 p^2 后，这些式子可以用在包层区域。

式(2.2.25)至式(2.2.30)用4个常数 A，B，C 和 D 表示了光纤纤芯和包层区域的电磁场，这些常数可以通过 $\boldsymbol{E}$ 和 $\boldsymbol{H}$ 的切向分量沿纤芯-包层界面连续的边界条件确定。利用 $\rho=a$ 处要求 E_z，H_z，E_ϕ 和 H_ϕ 连续的边界条件，可以得到 A，B，C 和 D 满足的一组4个齐次方程式[17]，只有当系数矩阵的行列式为零时，这4个方程式才有非平凡解。经过烦琐的代数运算后，由这个条件可以得到下面的本征值方程[17~19]：

$$\left[\frac{J_m'(pa)}{pJ_m(pa)} + \frac{K_m'(qa)}{qK_m(qa)}\right]\left[\frac{J_m'(pa)}{pJ_m(pa)} + \frac{n_2^2}{n_1^2}\frac{K_m'(qa)}{qK_m(qa)}\right] = \frac{m^2}{a^2}\left(\frac{1}{p^2}+\frac{1}{q^2}\right)\left(\frac{1}{p^2}+\frac{n_2^2}{n_1^2}\frac{1}{q^2}\right) \tag{2.2.31}$$

式中，“′”表示关于辐角的微分。

对于给定的一组参数 k_0，a，n_1 和 n_2，可以通过数值解本征值方程式(2.2.31)来确定传输常数 β。通常，对于 m 的每个整数值，传输常数 β 可能有多个解。对于给定的 m，习惯上将这些解按照一定的顺序列举出来并记为 β_{mn} $(n=1, 2, \cdots)$，每个 β_{mn} 值对应光场一个可能的传输模式，该模式的空间分布由式(2.2.25)至式(2.2.30)得到。由于除了相位因子，场分布不随传输过程而改变,并且它满足全部边界条件，所以它就是光纤的一个光学模式。通常，E_z 和 H_z 都是非零值(除了 $m=0$)，这与平面波导形成对比，后者的 E_z 和 H_z 可以有一个取零。因此，光纤模式称为混合模(hybrid mode)，记为 HE_{mn} 或 EH_{mn}，这取决于 H_z 和 E_z 哪个占主导地位。对于 $m=0$ 的特殊情况，HE_{0n} 和 EH_{0n} 还可以分别记为 TE_{0n} 和 TM_{0n}，因为它们对应传输的横电场($E_z=0$)和横磁场($H_z=0$)模式。对于 E_z 和 H_z 均近似为零的弱导光纤[25]，有时采用另一种符号 LP_{mn}，LP代表线偏振模。

模式由它的传输常数 β 唯一决定。引入称为模折射率或有效折射率(mode index 或 effective index)的物理量 $\bar{n}=\beta/k_0$ 很有用，它的物理意义是，每个光纤模式以有效折射率 $\bar{n}$ 传输，范围为 $n_1>\bar{n}>n_2$；当 $\bar{n}\leqslant n_2$ 时，模式被截止。这一特性可以这样理解：由于[24]

$$K_m(q\rho) = (\pi/2q\rho)^{1/2}\exp(-q\rho), \qquad q\rho \gg 1 \tag{2.2.32}$$

导模的光场在包层内呈指数衰减；而当 $\bar{n}\leqslant n_2$ 时，由式(2.2.24)可知 $q^2\leqslant 0$，光场不再发生指数衰减。当 $q=0$ 或 $\bar{n}=n_2$ 时，则称模式达到截止；由式(2.2.23)和式(2.2.24)可知，当 $q=0$ 时 $p=k_0(n_1^2-n_2^2)^{1/2}$。对确定截止条件起重要作用的一个参数定义为

$$V = k_0 a(n_1^2-n_2^2)^{1/2} \approx (2\pi/\lambda)an_1\sqrt{2\Delta} \tag{2.2.33}$$

它称为归一化频率($V\propto\omega$)或简称为 V 参数。引入下面的归一化传输常数 b 也很有用：

$$b = \frac{\beta/k_0 - n_2}{n_1-n_2} = \frac{\bar{n}-n_2}{n_1-n_2} \tag{2.2.34}$$

图2.5给出了通过解本征值方程式(2.2.31)得到的几个低阶光纤模式的 b 随 V 的变化关系。具有较大 V 值的光纤支持多个模式，对于这样的多模光纤，模式数量的一个粗略估计[21]为 $V^2/2$。

例如，对于 $a=25\ \mu m$ 且 $\Delta=5\times10^{-3}$ 的典型的多模光纤，在 $\lambda=1.3\ \mu m$ 时有 $V\approx18$，因此能支持大约162个模式。然而，当 V 减小时，模式数量急剧减少，正如在图2.5中看到的，$V=5$ 的光纤支持7个模式。当 V 小于某个值时，除了 HE_{11} 模，所有其他模式均被截止，这样的光纤只支持一个模式，称为单模光纤。单模光纤的特性将在下面介绍。

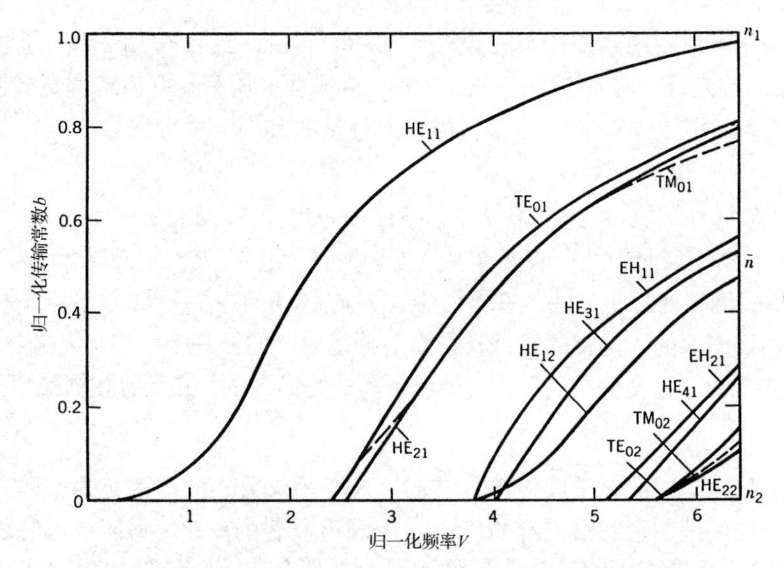

图2.5 几个低阶光纤模式的归一化传输常数 b 随归一化频率 V 的变化，右边的刻度给出了模折射率 $\bar{n}$[26]（经© 1981 Academic Press授权引用）

2.2.3 单模光纤

单模光纤只支持 HE_{11} 模，该模式也称为光纤的基模。单模光纤被设计成使所有高阶模在工作波长处截止。正如在图2.5中看到的，V 参数决定了光纤支持的模式数量，不同模式的截止条件也由 V 决定。基模不会截止，光纤总是支持基模的。

单模条件

单模条件（single-mode condition）由 TE_{01} 和 TM_{01} 模达到截止时 V 的值决定（见图2.5），这两个模式的本征值方程可以通过令方程式（2.2.31）中的 $m=0$ 得到，并由下面的两个方程给出：

$$pJ_0(pa)K_0'(qa)+qJ_0'(pa)K_0(qa)=0 \tag{2.2.35}$$

$$pn_2^2J_0(pa)K_0'(qa)+qn_1^2J_0'(pa)K_0(qa)=0 \tag{2.2.36}$$

当 $q=0$ 时模式达到截止。因为当 $q=0$ 时 $pa=V$，这两个模式的截止条件可以简单由 $J_0(V)=0$ 给出。满足 $J_0(V)=0$ 的 V 的最小值为2.405，设计成 $V<2.405$ 的光纤只支持基模 HE_{11} 模，这就是单模条件。

利用式（2.2.33）可以估计在光波系统中使用的单模光纤的纤芯半径。对于1.3～1.6 μm的工作波长范围，光纤通常设计成当 $\lambda>1.2\ \mu m$ 时变成单模光纤。取 $\lambda=1.2\ \mu m$，$n_1=1.45$ 和 $\Delta=5\times10^{-3}$，由式（2.2.33）可得当纤芯半径 $a<3.2\ \mu m$ 时 $V<2.405$。通过将 Δ 减小到 3×10^{-3}，要求的纤芯半径能够增加到大约4 μm。确实，大部分通信光纤被设计成 $a\approx4\ \mu m$。

根据

$$\bar{n}=n_2+b(n_1-n_2)\approx n_2(1+b\Delta) \tag{2.2.37}$$

并利用图2.5(它提供了HE_{11}模的b随V的变化关系),则工作波长处的模折射率$\bar{n}$可以由式(2.2.34)得到。b的一个解析近似为[15]

$$b(V) \approx (1.1428 - 0.9960/V)^2 \tag{2.2.38}$$

当V在1.5~2.5的范围时,上式的精度在0.2%以内。

基模的场分布可以利用式(2.2.25)至式(2.2.30)得到。当$\Delta \ll 1$时轴向分量E_z和H_z相当小,因此,对于弱导光纤HE_{11}模近似是线偏振的,遵循假设所有光纤模式都是线偏振的另一个术语[25],还可以将它记为LP_{01}模。线偏振模横向分量的其中一个可以取为零,如果令$E_y=0$,则HE_{11}模电场的E_x分量为[15]

$$E_x = E_0 \begin{cases} [J_0(p\rho)/J_0(pa)]\exp(\mathrm{i}\beta z), & \rho \leqslant a \\ [K_0(q\rho)/K_0(qa)]\exp(\mathrm{i}\beta z), & \rho > a \end{cases} \tag{2.2.39}$$

式中,E_0是与模式携带的功率有关的一个常数。对应磁场的主要分量为$H_y = n_2(\varepsilon_0/\mu_0)^{1/2}E_x$,该模式是沿$x$轴线偏振的。同样的光纤支持沿$y$轴线偏振的另一个模式,从这个意义上讲,单模光纤实际上支持两个正交偏振的模式,这两个模式是简并的,并且有相同的模折射率。

光纤双折射

仅对于具有均匀直径的完美圆柱体纤芯的理想单模光纤,两个正交偏振模式的简并特性才成立。实际光纤的纤芯形状沿光纤长度方向表现出显著的变化,它们还可能承受非均匀的应力,这样光纤的圆柱对称性就会遭到破坏。因为这些因素,两个正交偏振光纤模式的简并被解除,光纤产生双折射。模式双折射度定义为

$$B_m = |\bar{n}_x - \bar{n}_y| \tag{2.2.40}$$

式中,$\bar{n}_x$和$\bar{n}_y$是两个正交偏振光纤模式的模折射率。双折射导致两个偏振分量之间周期性的功率交换,该周期称为拍长(beat length),可由下式给出为

$$L_B = \lambda/B_m \tag{2.2.41}$$

典型地,$B_m \approx 10^{-7}$,当$\lambda \approx 1\ \mu\text{m}$时$L_B \approx 10$ m。从物理学的角度,只有当线偏振光沿光纤的其中一个主轴方向偏振时,它才能保持线偏振态;否则,它的偏振态将沿光纤长度方向以L_B为周期变化,从线偏振到椭圆偏振,再回到线偏振。图2.6给出了对于具有恒定模式双折射度B_m的光纤,偏振态周期性演化的示意图。在该图中快轴(fast axis)对应沿该方向模折射率较小的轴,另外一条轴称为慢轴(slow axis)。

在传统的单模光纤中,因为纤芯形状的变化(椭圆形的而不是圆形的)和作用在纤芯上的各向异性应力,双折射沿光纤不是恒定不变的,它的大小和方向都是随机变化的。结果,以线偏振态入射进光纤中的光很快达到随机偏振态,而且脉冲的不同频率分量将获得不同的偏振态,导致脉冲展宽。这种现象称为偏振模色散(Polarization-Mode Dispersion, PMD),偏振模色散已成为工作在高比特率下的光纤通信系统的一个限制因素。制造纤芯形状和尺寸的随机变化不会成为决定偏振态的支配因素的光纤也是可能的,这样的光纤称为保偏光纤(Polari-

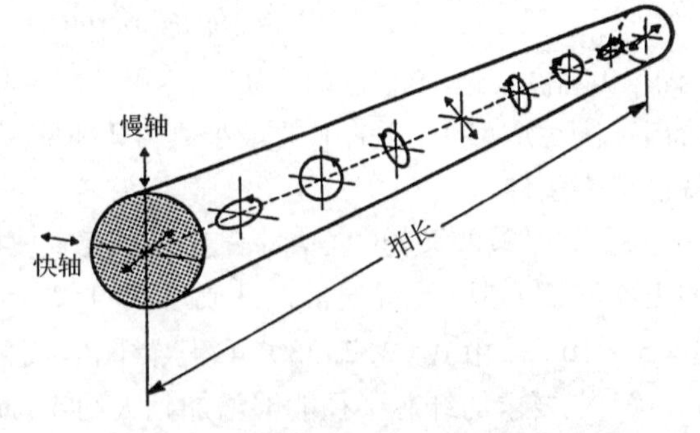

图2.6 双折射光纤中偏振态在一个拍长上的演化,入射光与慢轴和快轴成45°线偏振

zation-Maintaining Fiber，PMF)。通过改进设计，在这些光纤中故意引入大的双折射，这样小的随机双折射起伏便不会显著影响光的偏振态。典型地，对于这种保偏光纤 $B_m \approx 1\times10^{-4}$。

模斑尺寸

式(2.2.39)给出的场分布在实际应用时非常麻烦，因此经常用高斯分布近似处理，即采用下面的形式：

$$E_x = A\exp(-\rho^2/w^2)\exp(\mathrm{i}\beta z) \tag{2.2.42}$$

式中，w 是模场半径(field radius)，称为模斑尺寸(spot size)，它可以通过将实际的模场分布拟合成高斯函数或遵循变分过程来确定[27]。图2.7给出了 w/a 随 V 参数的变化关系，同时给出了 $V=2.4$ 时实际的模场分布与拟合的高斯分布的比较。当 V 的值在2附近时，拟合的质量一般相当好。模斑尺寸 w 可以由图2.7确定，也可以由下面的解析近似(当 $1.2<V<2.4$ 时该近似的精度在1%以内)确定[27]：

$$w/a \approx 0.65 + 1.619V^{-3/2} + 2.879V^{-6} \tag{2.2.43}$$

有效模面积定义为 $A_{\mathrm{eff}}=\pi w^2$，它是光纤的一个重要参数，因为它决定了将光限制在纤芯内的紧密程度。后面将看到，在具有较小 A_{eff} 值的光纤中非线性效应也较强。

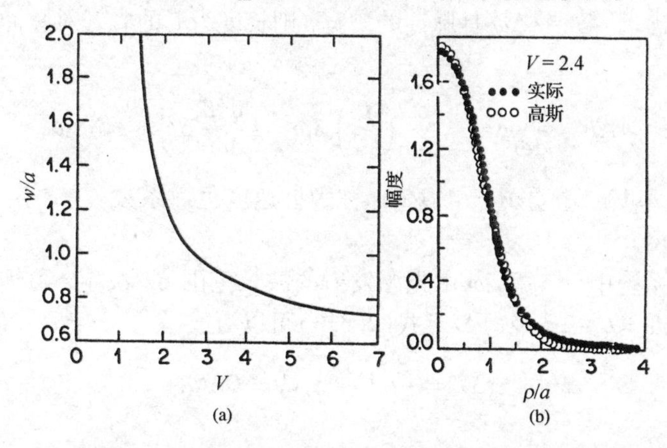

图2.7　(a)通过将光纤基模拟合成高斯分布得到的归一化模斑尺寸 w/a 随 V 参数的变化；(b) $V=2.4$ 时的拟合结果[27]（经© 1978 OSA授权引用）

利用式(2.2.42)可以得到纤芯内包含的功率所占的比例，并以下面的限制因子(confinement factor)给出：

$$\Gamma = \frac{P_{\mathrm{core}}}{P_{\mathrm{total}}} = \frac{\int_0^a |E_x|^2\rho\,\mathrm{d}\rho}{\int_0^\infty |E_x|^2\rho\,\mathrm{d}\rho} = 1-\exp\left(-\frac{2a^2}{w^2}\right) \tag{2.2.44}$$

式(2.2.43)和式(2.2.44)决定了对于给定的 V 值，纤芯内包含的模式功率所占的比例。尽管当 $V=2$ 时纤芯内的模式功率所占的百分比接近75%，但当 $V=1$ 时这一百分比下降到20%。基于这个原因，大部分通信单模光纤被设计成工作在 $2<V<2.4$ 的范围。

2.3　单模光纤中的色散

在2.1节中看到，多模光纤中的模间色散导致短光脉冲被显著展宽(约为10 ns/km)，在基于几何光学的描述中，这样的展宽归因于不同的光线遵循的传输路径不同。在基于模式的描述中，脉冲展宽与不同模式的模折射率(或群速度)不同有关。单模光纤的主要优点在于模间色散为零，因为注入脉冲的能量通过单一模式输运。然而，脉冲展宽不会一起消失，由于存在色度色散，基模的群速度是频率相关的，结果，脉冲的不同频谱分量以略微不同的群速度传输，这种现象称为群速度色散(Group-Velocity Dispersion, GVD)、模内色散(intramodal dispersion)，或简称为光纤色散(fiber dispersion)。模内色散包括两部分，即材料色散和波导色散。下面将分析这两种色散并讨论群速度色散是如何限制采用单模光纤的光波系统的性能的。

2.3.1 群速度色散

考虑长度为 L 的单模光纤。频率为 ω 的特定频谱分量经过时间延迟 $T = L/v_g$ 后将到达光纤的输出端，这里 v_g 是群速度(group velocity)，定义为[20]

$$v_g = (\mathrm{d}\beta/\mathrm{d}\omega)^{-1} \tag{2.3.1}$$

将 $\beta = \bar{n}k_0 = \bar{n}\omega/c$ 代入式(2.3.1)，可以证明 $v_g = c/n_g$，这里 n_g 是群折射率(group index)，并由下式给出：

$$n_g = \bar{n} + \omega(\mathrm{d}\bar{n}/\mathrm{d}\omega) \tag{2.3.2}$$

群速度的频率相关性导致脉冲展宽，因为在传输过程中脉冲的不同频谱分量发生时间弥散，不再同时到达光纤输出端。如果 $\Delta\omega$ 是脉冲的谱宽，则长度为 L 的光纤对脉冲的展宽程度由下式决定：

$$\Delta T = \frac{\mathrm{d}T}{\mathrm{d}\omega}\Delta\omega = \frac{\mathrm{d}}{\mathrm{d}\omega}\left(\frac{L}{v_g}\right)\Delta\omega = L\frac{\mathrm{d}^2\beta}{\mathrm{d}\omega^2}\Delta\omega = L\beta_2\Delta\omega \tag{2.3.3}$$

这里，利用了式(2.3.1)。参数 $\beta_2 = \mathrm{d}^2\beta/\mathrm{d}\omega^2$ 称为群速度色散系数，它决定了光脉冲在光纤中传输时被展宽的程度。

在一些光通信系统中，谱宽 $\Delta\omega$ 由光源发射的波长范围 $\Delta\lambda$ 决定，习惯上用 $\Delta\lambda$ 替代 $\Delta\omega$。利用 $\omega = 2\pi c/\lambda$ 和 $\Delta\omega = (-2\pi c/\lambda^2)\Delta\lambda$，式(2.3.3)可以写成

$$\Delta T = \frac{\mathrm{d}}{\mathrm{d}\lambda}\left(\frac{L}{v_g}\right)\Delta\lambda = DL\Delta\lambda \tag{2.3.4}$$

式中

$$D = \frac{\mathrm{d}}{\mathrm{d}\lambda}\left(\frac{1}{v_g}\right) = -\frac{2\pi c}{\lambda^2}\beta_2 \tag{2.3.5}$$

D 称为色散参数(dispersion parameter)，采用 ps/(km·nm)单位表示。

色散对比特率 B 的影响可以用判据 $B\Delta T < 1$ 来估计，这与2.1节中采用的方式类似。利用式(2.3.4)中的 ΔT，这一条件变为

$$BL|D|\Delta\lambda < 1 \tag{2.3.6}$$

式(2.3.6)提供了单模光纤所能支持的 BL 积数量级大小的估计。在接下来的两节中将研究 D 的波长相关性。对于标准石英光纤，在1.3 μm 附近的波长区 D 相当小[$D \approx 1$ ps/(km·nm)]；对于半导体激光器，即使它工作在几个纵模下，其谱宽 $\Delta\lambda$ 也只有2~4 nm，因此这种光波系统的 BL 积能超过100 Gbps·km。确实，1.3 μm 的通信系统一般工作在2 Gbps 的比特率下，中继距离为40~50 km。当使用单模半导体激光器将 $\Delta\lambda$ 减小到1 nm 以下时，单模光纤的 BL 积能超过1 Tbps·km。

当工作波长从1.3 μm 移开时，色散参数 D 能显著变化，D 的波长相关性由模折射率 $\bar{n}$ 的频率相关性决定。由式(2.3.5)，D 可以写成

$$D=-\frac{2\pi c}{\lambda^2}\frac{\mathrm{d}}{\mathrm{d}\omega}\left(\frac{1}{v_g}\right)=-\frac{2\pi}{\lambda^2}\left(2\frac{\mathrm{d}\bar{n}}{\mathrm{d}\omega}+\omega\frac{\mathrm{d}^2\bar{n}}{\mathrm{d}\omega^2}\right) \tag{2.3.7}$$

这里，利用了式(2.3.2)。如果将式(2.2.37)中的 $\bar{n}$ 代入式(2.3.7)中并利用式(2.2.33)，则 D 可以写成两项的和，即

$$D=D_M+D_W \tag{2.3.8}$$

式中，材料色散(material dispersion)D_M和波导色散(waveguide dispersion)D_W分别为

$$D_M=-\frac{2\pi}{\lambda^2}\frac{\mathrm{d}n_{2g}}{\mathrm{d}\omega}=\frac{1}{c}\frac{\mathrm{d}n_{2g}}{\mathrm{d}\lambda} \tag{2.3.9}$$

$$D_W=-\frac{2\pi\Delta}{\lambda^2}\left[\frac{n_{2g}^2}{n_2\omega}\frac{V\mathrm{d}^2(Vb)}{\mathrm{d}V^2}+\frac{\mathrm{d}n_{2g}}{\mathrm{d}\omega}\frac{\mathrm{d}(Vb)}{\mathrm{d}V}\right] \tag{2.3.10}$$

式中，n_{2g}是包层材料的群折射率，参数 V 和 b 分别由式(2.2.33)和式(2.2.34)给出。在推导式(2.3.8)至式(2.3.10)时，假设参数 Δ 是与频率无关的。当 $\mathrm{d}\Delta/\mathrm{d}\omega\neq0$ 时，应将第三项——微分材料色散(differential material dispersion)加到式(2.3.8)中，然而，在实际应用中该项的贡献可以忽略。

2.3.2 材料色散

材料色散的产生是因为用来制造光纤的材料——石英的折射率随光学频率 ω 变化。从基本物理学的角度，材料色散的起因与该材料吸收电磁辐射的特征谐振频率有关，当远离介质的谐振频率时，折射率 $n(\omega)$ 可以用 Sellmeier 方程很好地近似为[28]

$$n^2(\omega)=1+\sum_{j=1}^{M}\frac{B_j\omega_j^2}{\omega_j^2-\omega^2} \tag{2.3.11}$$

式中，ω_j是谐振频率，B_j是谐振子强度，这里 n 代表 n_1或 n_2，这取决于分析的是纤芯的色散特性还是包层的色散特性。式(2.3.11)中的求和包含了所有对感兴趣的频率范围有贡献的介质谐振频率。对于光纤，参数 B_j和 ω_j的值通过将测量的色散曲线拟合成 $M=3$ 的式(2.3.11)得到，它们取决于掺杂量，参考文献[12]列出了几种光纤的参数 B_j和 ω_j的取值。对于纯石英光纤，这些参数值为 $B_1=0.696\,1663$，$B_2=0.407\,9426$，$B_3=0.897\,4794$，$\lambda_1=0.068\,4043$ μm，$\lambda_2=0.116\,2414$ μm，$\lambda_3=9.896\,161$ μm，这里$\lambda_j=2\pi c/\omega_j$，$j=1\sim3$[28]。利用这些参数值可以得到群折射率 $n_g=n+\omega(\mathrm{d}n/\mathrm{d}\omega)$的值。

图2.8给出了在0.5~1.6 μm的波长范围熔融石英的 n 和 n_g随波长的变化。材料色散 D_M通过式(2.3.9)与 n_g曲线的斜率有关，当$\lambda=1.276$ μm(在图2.8中用点垂线标记)时 $\mathrm{d}n_g/\mathrm{d}\lambda=0$，该波长称为零色散波长(zero-dispersion wavelength)λ_{ZD}，因为在$\lambda=\lambda_{\mathrm{ZD}}$时 $D_M=0$。当波长小于λ_{ZD}时材料色散 D_M为负值(正常色散)，而当波长大于该值时 D_M变为正值(反常色散)。在1.25~1.66 μm的波长范围，D_M可以用经验公式近似为

$$D_M\approx122(1-\lambda_{\mathrm{ZD}}/\lambda) \tag{2.3.12}$$

应强调的是，只有纯石英的 $\lambda_{\mathrm{ZD}}=1.276$ μm，因为λ_{ZD}还取决于光纤的纤芯半径 a 和相对折射率差Δ(通过波导色散影响总色散)。当对纤芯和包层掺杂以改变折射率时，λ_{ZD}的值可在1.28~1.31 μm范围变化。

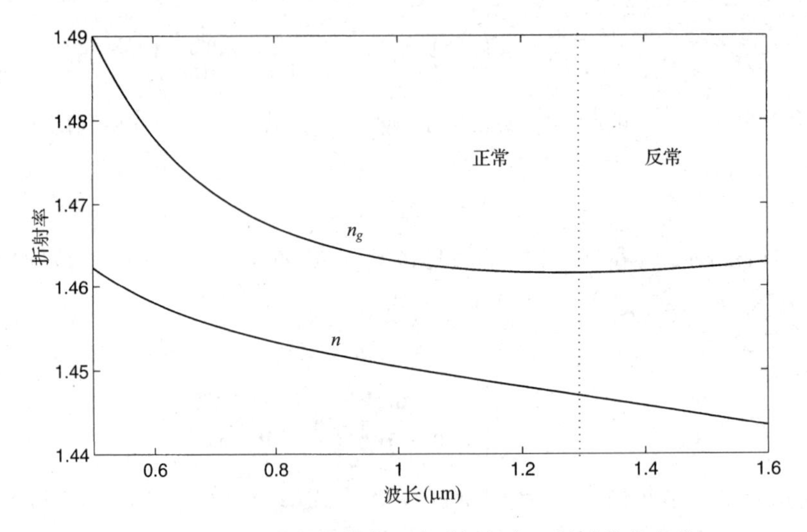

图 2.8 熔融石英的折射率 n 和群折射率 n_g 随波长的变化

2.3.3 波导色散

波导色散 D_W 对色散参数 D 的贡献由式(2.3.10)给出，它取决于光纤的 V 参数。在 0 ~ 1.6 μm 的整个波长范围，D_W 为负值；另一方面，当波长小于 λ_{ZD} 时 D_M 为负值，大于 λ_{ZD} 时 D_M 为正值。图 2.9 给出了典型单模光纤的 D_M 和 D_W，以及其和 $D = D_M + D_W$ 随波长的变化。波导色散的主要影响是将 λ_{ZD} 位移大约 30 ~ 40 nm，这样在 1.31 μm 附近总色散为零。波导色散还在光通信系统感兴趣的波长范围 1.3 ~ 1.6 μm 减小了 D 值，使之小于材料色散 D_M。在 1.55 μm 波长附近，D 的典型值在 15 ~ 18 ps/(km·nm)的范围。这一波长区是光波系统非常感兴趣的，因为在 1.55 μm 附近光纤损耗最小(见 2.5 节)。大的 D 值限制了 1.55 μm 光波系统的性能。

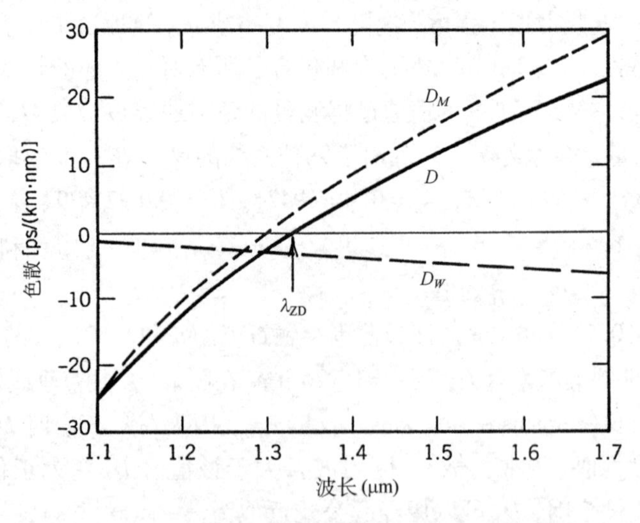

图 2.9 传统单模光纤的总色散 D，材料色散 D_M 和波导色散 D_W，由于波导色散，零色散波长移到较长的波长

由于波导色散 D_W 取决于光纤参数，如纤芯半径 a 和相对折射率差 Δ，可以设计出使 λ_{ZD} 位移到 1.55 μm 附近的光纤[29,30]，这样的光纤称为色散位移光纤(Dispersion-Shifted Fiber,

DSF)。还可以通过修饰波导色散使总色散 D 在 1.3 ~ 1.6 μm 的宽波长范围相当小[31~33]，这样的光纤称为色散平坦光纤(Dispersion-Flattened Fiber，DFF)。图 2.10 给出了标准(传统)光纤、色散位移光纤和色散平坦光纤的色散参数 D 与波长的关系。色散改进光纤的设计包括使用多包层和修饰折射率分布[29~35]。波导色散还能用来制造色散渐减光纤(Dispersion-Decreasing Fiber，DDF)，在这种光纤中，由于纤芯半径的轴向变化，群速度色散沿光纤长度方向减小。另一类光纤称为色散补偿光纤(Dispersion-Compensating Fiber，DCF)，它具有相当大的正群速度色散。表 2.1 列出了几种商用光纤的色散特性。

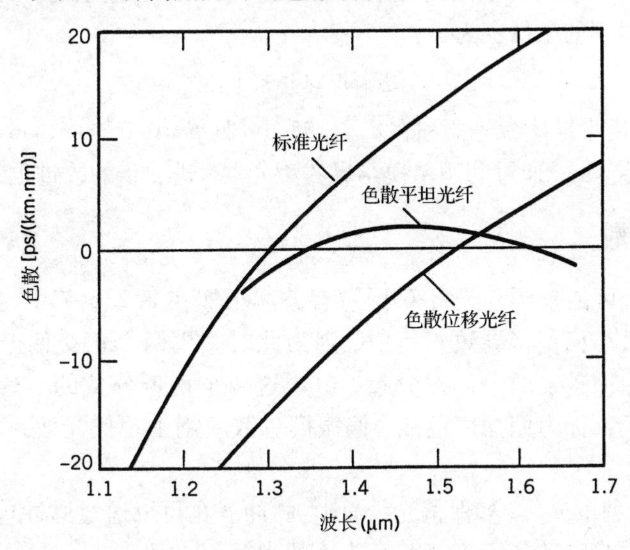

图 2.10　标准光纤、色散位移光纤和色散平坦光纤的色散参数 D 随波长的变化

表 2.1　几种商用光纤的色散特性

光纤类型和商品名称	A_{eff} (μm^2)	λ_{ZD} (nm)	色散 D(C 带) [ps/(km·nm)]	色散斜率 S [ps/(km·nm^2)]
Corning SMF-28	80	1302 ~ 1322	16 ~ 19	0.090
OFS AllWave	80	1300 ~ 1322	17 ~ 20	0.088
Draka ColorLock	80	1300 ~ 1320	16 ~ 19	0.090
Corning Vascade	100	1300 ~ 1310	18 ~ 20	0.060
OFS True Wave-RS	50	1470 ~ 1490	2.6 ~ 6	0.050
Corning LEAF	72	1490 ~ 1500	2.0 ~ 6	0.060
Draka TeraLight	65	1430 ~ 1440	5.5 ~ 10	0.052

2.3.4　高阶色散

式(2.3.6)似乎表明，通过工作在 $D=0$ 的零色散波长λ_{ZD}，单模光纤的 BL 积可以无限地增加。然而，在$\lambda=\lambda_{\mathrm{ZD}}$时色散效应也不会完全消失，因为高阶色散效应，光脉冲仍然会被展宽。这一特性可以这样理解：D 不能在以λ_{ZD}为中心的脉冲频谱内的所有波长处都为零，显然，D 的波长相关性将对脉冲展宽起作用。高阶色散效应用色散斜率(dispersion slope)$S=\mathrm{d}D/\mathrm{d}\lambda$来描述，参数 S 也称为微分色散(differential-dispersion)参数。利用式(2.3.5)，S 可以写成

$$S=(2\pi c/\lambda^2)^2\beta_3+(4\pi c/\lambda^3)\beta_2 \tag{2.3.13}$$

式中，$\beta_3=\mathrm{d}\beta_2/\mathrm{d}\omega=\mathrm{d}^3\beta/\mathrm{d}\omega^3$为三阶色散系数。当$\lambda=\lambda_{\mathrm{ZD}}$时，$\beta_2=0$，$S$ 与β_3成比例。

色散斜率 S 的数值在现代 WDM 系统的设计中起重要作用。由于对于大部分光纤来说 $S>0$，因此不同信道有略微不同的群速度色散值，这一特性使同时补偿所有信道的色散比较困难。为解决这个问题，开发了 S 要么较小(小斜率光纤)，要么为负值(反色散光纤)的几种新型光纤，表 2.1 列出了几种商用光纤的色散斜率值。

式(2.3.6)似乎表明，工作在$\lambda=\lambda_{ZD}$的信道的极限比特率将变成无穷大，然而事实并非如此，因为在这种情况下 S 或β_3变为限制因素。注意，对于谱宽为 $\Delta\lambda$ 的光源，色散参数的有效值变成 $D=S\Delta\lambda$，这样可以估计极限比特率。利用式(2.3.6)和这里的 D 值，可以得到极限比特率-距离积，由此得到的条件变为

$$BL|S|(\Delta\lambda)^2<1 \tag{2.3.14}$$

对于 $\Delta\lambda=2$ nm 的多模半导体激光器和在$\lambda=1.55$ μm 处 $S=0.05$ ps/(km·nm^2)的色散位移光纤，BL 积接近 5 Tbps·km。通过利用单模半导体激光器，进一步的改进也是可能的。

2.3.5 偏振模色散

脉冲展宽的一个可能来源与光纤双折射有关。正如在 2.2.3 节中讨论的，光纤结构对理想圆柱对称性的微小偏差将导致双折射，因为此时基模两个正交偏振分量的模折射率不再相同。如果输入脉冲激发两个偏振分量，由于这两个偏振分量的群速度不同，脉冲就会沿光纤展宽。这种现象称为偏振模色散，偏振模色散限制了现代光波系统的性能[36~47]，因而被广泛研究。

在具有恒定双折射的光纤(如保偏光纤)中，脉冲展宽可以通过脉冲传输过程中两个偏振分量之间的时间延迟 ΔT 来估计，对于长度为 L 的光纤，ΔT 为

$$\Delta T=\left|\frac{L}{v_{gx}}-\frac{L}{v_{gy}}\right|=L|\beta_{1x}-\beta_{1y}|=L(\Delta\beta_1) \tag{2.3.15}$$

式中，下标 x 和 y 是为了区分两个正交的偏振模式，$\Delta\beta_1$ 与沿两个主偏振态的群速度的差有关[36]。通过式(2.3.1)将群速度 v_g 与传输常数 β 联系起来。与在 2.1.1 节中讨论的模间色散的情况类似，$\Delta T/L$ 是偏振模色散的量度。对于保偏光纤，当在光纤输入端同等地激发两个偏振分量时，$\Delta T/L$ 相当大(约为 1 ns/km)，但当光沿其中一个主轴方向入射时 $\Delta T/L$ 可以减小至零。

对于双折射沿光纤随机变化的传统光纤，情况有所不同。凭直觉，在双折射随机变化的光纤中传输的光通常是椭圆偏振光，在传输过程中其偏振态沿光纤随机变化。若传输的是光脉冲，脉冲不同频谱分量的偏振态也不同。对于大部分光波系统来说，并不关心最终的偏振态，因为在光接收机内使用的光电探测器对偏振态是不敏感的，除非采用相干探测方案。影响这种系统的不是随机偏振态，而是由于双折射的随机变化引起的脉冲展宽，这称为偏振模色散引起的(PMD-induced)脉冲展宽。

因为偏振模色散的统计特性，它的解析处理一般相当复杂。一个简单的模型是将光纤分成很多段，在每一段中双折射度和主轴的方位保持不变，但在段与段之间它们是随机变化的。实际上，可以用琼斯矩阵将每个光纤段处理成一个相位片[36]，这样通过整个光纤长度的光脉冲每个频谱分量的传输，就可以用通过将每个光纤段的琼斯矩阵相乘得到的复合琼斯矩阵来描述。复合琼斯矩阵表明，任何光纤都存在两个主偏振态，当光脉冲沿这两个主偏振态偏振时，在一阶近似下光纤输出端的偏振态与频率无关，尽管光纤双折射是随机变化的。这两个主

偏振态类似于保偏光纤的慢轴和快轴，不沿这两个主偏振态偏振的光脉冲将被分成两部分，它们以不同的速度传输。两个主偏振态的微分群延迟 ΔT 最大。

主偏振态为计算 ΔT 的矩提供了一个方便的基。偏振模色散引起的脉冲展宽用 ΔT 的均方根(RMS)值表征，在随机双折射变化上取平均后得到。已经利用几种方法来计算这个平均值，在所有情况下得到的方差 $\sigma_T^2 \equiv \langle (\Delta T)^2 \rangle$ 都是相同的，并由下式给出[38]：

$$\sigma_T^2(z) = 2(\Delta\beta_1)^2 l_c^2[\exp(-z/l_c) + z/l_c - 1] \tag{2.3.16}$$

式中，l_c是相关长度，定义为两个偏振分量能保持相关的长度；对于不同的光纤，相关长度的值可以在 1 m ~ 1 km 的宽范围内变化，典型值约为 10 m。

当传输距离较短($z \ll l_c$)时，由式(2.3.16)可得 $\sigma_T = (\Delta\beta_1)z$，与保偏光纤预期的结果相同；当传输距离 $z > 1$ km 时，在 $z \gg l_c$的条件下利用式(2.3.16)可以很好地估计脉冲展宽。对于长度为 L 的光纤，在这种近似下 σ_T变成

$$\sigma_T \approx (\Delta\beta_1)\sqrt{2l_cL} \equiv D_p\sqrt{L} \tag{2.3.17}$$

式中，D_p是偏振模色散参数，D_p的测量值因光纤而异，一般在 0.01 ~ 10 ps/km$^{1/2}$的范围。20 世纪 80 年代敷设的光纤的偏振模色散值相对较大，$D_p > 0.1$ ps/km$^{1/2}$；相反，现代光纤被设计成具有较小的偏振模色散值，典型地，$D_p < 0.1$ ps/km$^{1/2}$。因为偏振模色散引起的脉冲展宽与$\sqrt{L}$有关，与群速度色散引起的脉冲展宽(与 L 有关)相比，该值相对较小。确实，当光纤长度约为 100 km 时 $\sigma_T \approx 1$ ps，当脉冲宽度大于 10 ps 时 σ_T可以忽略。然而，对于设计成工作在高比特率长距离的光波系统来说，偏振模色散成为一个限制因素[40~47]。为补偿偏振模色散效应，已经发展了几种方案(见 8.6.3 节)。

在实际应用中还需要考虑几个其他因素。在推导式(2.3.16)时假设了光纤链路不包含偏振相关损耗或增益的元素，而偏振相关损耗能引起附加的展宽[42]。另外，在高比特率(40 Gbps 或更高)下，或者对于已用偏振模色散补偿器消除了一阶偏振模色散效应的光波系统，二阶和更高阶偏振模色散的影响也比较重要[46]。

2.4　色散引起的限制

在 2.3.1 节中对脉冲展宽的讨论基于直觉的唯象方法，它为谱宽由光源的频谱支配的脉冲的展宽提供了一级近似估计。通常，脉冲展宽的程度与输入脉冲的宽度和形状有关[48]。本节将通过波动方程式(2.2.14)讨论脉冲的展宽。

2.4.1　基本传输方程

在 2.2.2 节中对光纤模式的分析表明，光场的每个频谱分量以下面的方式在单模光纤中传输：

$$\tilde{\boldsymbol{E}}(\boldsymbol{r},\omega) = \hat{\boldsymbol{x}}F(x,y)\tilde{B}(0,\omega)\exp(\mathrm{i}\beta z) \tag{2.4.1}$$

式中，$\hat{\boldsymbol{x}}$ 是偏振单位矢量，$\tilde{B}(0,\omega)$是初始振幅，β 是传输常数。光纤基模的场分布 $F(x,y)$可以用式(2.2.42)给出的高斯分布近似；通常，$F(x,y)$还依赖于 ω，但对于谱宽 $\Delta\omega$ 远小于 ω_0 的脉冲(光波系统中使用的脉冲是满足这个条件的)，这种依赖性可以忽略，这里 ω_0是脉冲频谱的中心频率，又称载波频率(简称载频)。

光脉冲的不同频谱分量根据下面的简单关系在光纤中传输：

$$\tilde{B}(z,\omega)=\tilde{B}(0,\omega)\exp(\mathrm{i}\beta z) \tag{2.4.2}$$

通过逆傅里叶变换，可以得到时域中的振幅为

$$B(z,t)=\frac{1}{2\pi}\int_{-\infty}^{\infty}\tilde{B}(z,\omega)\exp(-\mathrm{i}\omega t)\,\mathrm{d}\omega \tag{2.4.3}$$

初始频谱振幅 $\tilde{B}(0,\omega)$ 恰好是输入振幅 $B(0,t)$ 的傅里叶变换。

脉冲展宽源于 β 的频率相关性。对于 $\Delta\omega \ll \omega_0$ 的脉冲，将 $\beta(\omega)$ 在载波频率 ω_0 附近展开成泰勒级数并保留到三阶项是比较有用的，在这种准单色波近似下可得

$$\beta(\omega)=\bar{n}(\omega)\frac{\omega}{c}\approx\beta_0+\beta_1(\Delta\omega)+\frac{\beta_2}{2}(\Delta\omega)^2+\frac{\beta_3}{6}(\Delta\omega)^3 \tag{2.4.4}$$

式中，$\Delta\omega=\omega-\omega_0$，$\beta_m=(\mathrm{d}^m\beta/\mathrm{d}\omega^m)_{\omega=\omega_0}$。由式(2.3.1)可知 $\beta_1=1/v_g$，这里 v_g 是群速度。群速度色散系数 β_2 通过式(2.3.5)与色散参数 D 有关，而 β_3 通过式(2.3.13)与色散斜率 S 有关。将式(2.4.2)和式(2.4.4)代入式(2.4.3)中，并通过下式引入脉冲包络的慢变振幅(slowly varying amplitude) $A(z,t)$：

$$B(z,t)=A(z,t)\exp[\mathrm{i}(\beta_0 z-\omega_0 t)] \tag{2.4.5}$$

则慢变振幅 $A(z,t)$ 可由下式给出：

$$\begin{aligned}A(z,t)=&\frac{1}{2\pi}\int_{-\infty}^{\infty}\mathrm{d}(\Delta\omega)\tilde{A}(0,\Delta\omega)\\&\times\exp\left[\mathrm{i}\beta_1 z(\Delta\omega)+\frac{\mathrm{i}}{2}\beta_2 z(\Delta\omega)^2+\frac{\mathrm{i}}{6}\beta_3 z(\Delta\omega)^3-\mathrm{i}(\Delta\omega)t\right]\end{aligned} \tag{2.4.6}$$

式中，$\tilde{A}(0,\Delta\omega)\equiv\tilde{B}(0,\omega)$ 是 $A(0,t)$ 的傅里叶变换。

计算 $\partial A/\partial z$ 并用时域中的 $\mathrm{i}(\partial A/\partial t)$ 替代 $\Delta\omega$，则式(2.4.6)可以写成[23]

$$\frac{\partial A}{\partial z}+\beta_1\frac{\partial A}{\partial t}+\frac{\mathrm{i}\beta_2}{2}\frac{\partial^2 A}{\partial t^2}-\frac{\beta_3}{6}\frac{\partial^3 A}{\partial t^3}=0 \tag{2.4.7}$$

这是描述单模光纤中脉冲演化的基本传输方程。当不存在色散时($\beta_2=\beta_3=0$)，光脉冲在传输过程中其形状保持不变，于是 $A(z,t)=A(0,t-\beta_1 z)$。变换到随脉冲移动的参照系并引入新坐标

$$t'=t-\beta_1 z \qquad 和 \qquad z'=z \tag{2.4.8}$$

可以消去方程式(2.4.7)中的 β_1 项，于是可得

$$\frac{\partial A}{\partial z'}+\frac{\mathrm{i}\beta_2}{2}\frac{\partial^2 A}{\partial t'^2}-\frac{\beta_3}{6}\frac{\partial^3 A}{\partial t'^3}=0 \tag{2.4.9}$$

为简化符号，在不引起混淆的前提下，这里和下面的章节中略去了 z' 和 t' 上的“′”。

2.4.2 啁啾高斯脉冲

作为方程式(2.4.9)的一个简单应用，考虑啁啾高斯脉冲在光纤中的传输。选择初始场为

$$A(0,t)=A_0\exp\left[-\frac{1+\mathrm{i}C}{2}\left(\frac{t}{T_0}\right)^2\right] \tag{2.4.10}$$

式中，A_0 是峰值振幅。参数 T_0 表示 1/e 强度点的半宽度，它与脉冲的半极大全宽度(FWHM)有以下关系：

$$T_{\text{FWHM}} = 2(\ln 2)^{1/2}T_0 \approx 1.665T_0 \tag{2.4.11}$$

参数 C 用来表征脉冲的啁啾特性。如果脉冲的载波频率随时间变化，就说这个脉冲是啁啾脉冲。频率变化与相位的导数有关，并由下式给出：

$$\delta\omega(t) = -\frac{\partial\phi}{\partial t} = \frac{C}{T_0^2}t \tag{2.4.12}$$

式中，ϕ 是 $A(0,t)$ 的相位，时间相关的频移 $\delta\omega$ 称为频率啁啾(frequency chirp)。啁啾脉冲的频谱比无啁啾脉冲的宽，这可以通过对式(2.4.10)做傅里叶变换看出，于是

$$\tilde{A}(0,\omega) = A_0\left(\frac{2\pi T_0^2}{1+\mathrm{i}C}\right)^{1/2}\exp\left[-\frac{\omega^2T_0^2}{2(1+\mathrm{i}C)}\right] \tag{2.4.13}$$

频谱半宽度(1/e 强度点)为

$$\Delta\omega_0 = (1+C^2)^{1/2}T_0^{-1} \tag{2.4.14}$$

对于无啁啾($C=0$)脉冲，频谱宽度满足关系 $\Delta\omega_0 T_0 = 1$，这样的脉冲具有最窄的频谱，称为变换限制(transform-limited)脉冲。对于线性啁啾脉冲，由式(2.4.14)可以看出，频谱宽度增加到没有啁啾时的 $(1+C^2)^{1/2}$ 倍。

脉冲传输方程式(2.4.9)可以容易地在傅里叶域中求解，它的解为

$$A(z,t) = \frac{1}{2\pi}\int_{-\infty}^{\infty}\tilde{A}(0,\omega)\exp\left(\frac{\mathrm{i}}{2}\beta_2 z\omega^2 + \frac{\mathrm{i}}{6}\beta_3 z\omega^3 - \mathrm{i}\omega t\right)\mathrm{d}\omega \tag{2.4.15}$$

式中，当输入脉冲是啁啾高斯脉冲时，$\tilde{A}(0,\omega)$ 由式(2.4.13)给出。首先考虑载波波长远离光纤零色散波长的情况，这样 β_3 项的贡献可以忽略。式(2.4.15)中的积分可以用解析方法完成，结果为

$$A(z,t) = \frac{A_0}{\sqrt{Q(z)}}\exp\left[-\frac{(1+\mathrm{i}C)t^2}{2T_0^2Q(z)}\right] \tag{2.4.16}$$

式中，$Q(z) = 1 + (C-\mathrm{i})\beta_2 z/T_0^2$。该式表明，啁啾高斯脉冲在传输过程中仍保持其高斯型不变，但它的宽度、啁啾和振幅随传输过程变化，而且这种变化受因子 $Q(z)$ 支配。宽度随 z 以 $T_1(z) = |Q(z)|T_0$ 的方式变化，而啁啾从它的初始值 C 变成 $C_1(z) = C + (1+C^2)\beta_2 z/T_0^2$。

脉冲宽度的变化可以通过下面的展宽因子来量化：

$$\frac{T_1}{T_0} = \left[\left(1+\frac{C\beta_2 z}{T_0^2}\right)^2 + \left(\frac{\beta_2 z}{T_0^2}\right)^2\right]^{1/2} \tag{2.4.17}$$

图2.11示意了在反常色散($\beta_2 < 0$)情况下(a)展宽因子和(b)啁啾随 $\xi = z/L_D$ 的变化，这里 $L_D = T_0^2/|\beta_2|$ 是所谓的色散长度(dispersion length)。一方面，无啁啾($C=0$)高斯脉冲以因子 $(1+\xi^2)^{1/2}$ 单调展宽，并演化成 $C_1 = -\xi$(图中虚线所示)的负啁啾高斯脉冲。另一方面，啁啾高斯脉冲可以被展宽，也可以被压缩，这取决于 β_2 和 C 的符号是相同还是相反。当 $\beta_2 C > 0$ 时，啁啾高斯脉冲以比无啁啾高斯脉冲(图中点线所示)更快的速度单调展宽，原因与以下事实有关：如果 $\beta_2 C < 0$，脉冲宽度一开始就会减小，并在距离

$$z_{\min} = \left[|C|/(1+C^2)\right]L_D \tag{2.4.18}$$

处达到最小值。脉冲宽度的最小值与啁啾的初始值 C 有以下关系：

$$T_1^{\min} = T_0/(1+C^2)^{1/2} \tag{2.4.19}$$

从物理意义上讲，当 $\beta_2 C<0$ 时，群速度色散引起的啁啾与初始啁啾相互抵消，净啁啾减小，直到在 $z=z_{\min}$ 处净啁啾为零。

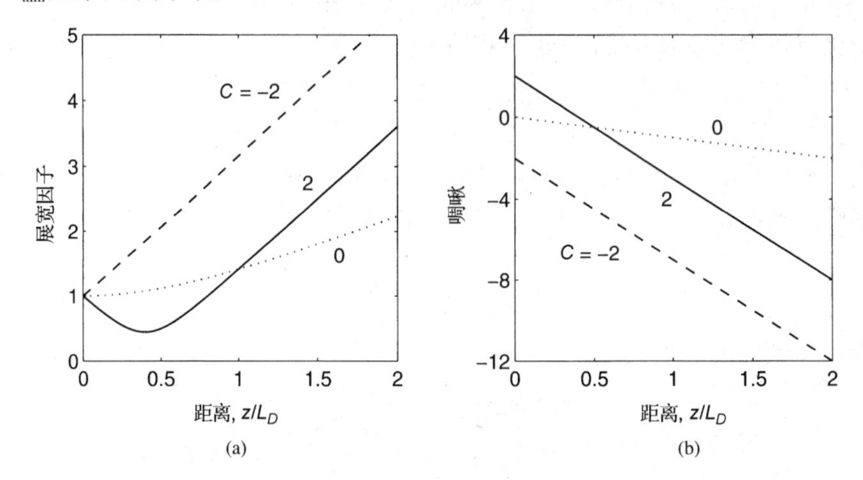

图 2.11 对于在光纤反常色散区传输的啁啾高斯脉冲，(a)展宽因子和(b)啁啾随传输距离的变化，点线对应无啁啾高斯脉冲的情况。如果初始啁啾 C 的符号反转过来，则对正常色散($\beta_2>0$)可以得到同样的曲线

可以将式(2.4.17)推广到包含由式(2.4.15)中的 β_3 描述的高阶色散的情况，这时仍可以完成闭合积分，结果可以用艾里函数表示[49]。然而，输入高斯脉冲在传输过程中不再保持高斯型，并形成具有振荡结构的拖尾。对于这样的脉冲，不能再用它们的半极大全宽度来正确表征脉宽。脉冲宽度的正确量度是下式定义的均方根宽度：

$$\sigma=\left[\langle t^2\rangle-\langle t\rangle^2\right]^{1/2} \tag{2.4.20}$$

式中，角括号表示对强度分布取平均，也就是

$$\langle t^m\rangle=\frac{\int_{-\infty}^{\infty} t^m|A(z,t)|^2\,\mathrm{d}t}{\int_{-\infty}^{\infty}|A(z,t)|^2\,\mathrm{d}t} \tag{2.4.21}$$

展宽因子定义为 σ/σ_0，这里 σ_0 是输入高斯脉冲的均方根宽度($\sigma_0=T_0/\sqrt{2}$)。展宽因子可以遵循附录 C 的分析计算，结果为[48]

$$\frac{\sigma^2}{\sigma_0^2}=\left(1+\frac{C\beta_2 L}{2\sigma_0^2}\right)^2+\left(\frac{\beta_2 L}{2\sigma_0^2}\right)^2+(1+C^2)^2\left(\frac{\beta_3 L}{4\sqrt{2}\sigma_0^3}\right)^2 \tag{2.4.22}$$

式中，L 是光纤长度。

以上讨论假设用来产生输入脉冲的光源是近单色的，这样在连续波条件下它的谱宽满足 $\Delta\omega_L\ll\Delta\omega_0$，这里 $\Delta\omega_0$ 由式(2.4.14)给出。在实际应用中，并非总能满足这一条件。考虑到光源谱宽的影响，必须将实际的光场处理成一个随机过程，并通过互相干函数分析光源的相干特性[20]。附录 C 给出了如何计算这种情况下的展宽因子。当光源的频谱具有均方根谱宽等于 σ_ω 的高斯型时，参考文献[48]给出展宽因子为

$$\frac{\sigma^2}{\sigma_0^2}=\left(1+\frac{C\beta_2 L}{2\sigma_0^2}\right)^2+(1+V_\omega^2)\left(\frac{\beta_2 L}{2\sigma_0^2}\right)^2+(1+C^2+V_\omega^2)^2\left(\frac{\beta_3 L}{4\sqrt{2}\sigma_0^3}\right)^2 \tag{2.4.23}$$

式中，$V_\omega=2\sigma_\omega\sigma_0$是无量纲的参数。式(2.4.23)提供了在非常普遍的条件下高斯输入脉冲的色散引起展宽的表达式，下一节将利用该表达式求光通信系统的极限比特率。

2.4.3　对比特率的限制

根据光源谱宽的不同，光纤色散对比特率的限制可以有很大的不同，因此分开考虑下面两种情况是有益的。

宽谱宽光源

这种情况对应于式(2.4.23)中的 $V_\omega\gg 1$。首先考虑工作在远离光纤零色散波长的光波系统，这样 β_3项可以忽略。对于宽谱宽光源频率啁啾的影响也可以忽略，令式(2.4.23)中的 $C=0$，可得

$$\sigma^2=\sigma_0^2+(\beta_2L\sigma_\omega)^2\equiv\sigma_0^2+(DL\sigma_\lambda)^2 \tag{2.4.24}$$

式中，σ_λ是光源的均方根谱宽，以波长为单位。于是，输出脉冲宽度为

$$\sigma=(\sigma_0^2+\sigma_D^2)^{1/2} \tag{2.4.25}$$

式中，$\sigma_D\equiv|D|L\sigma_\lambda$是色散引起脉冲展宽的量度。

利用展宽的脉冲应保留在分配的比特隙 $T_B=1/B$（这里 B 是比特率）内这个判据，可以将 σ 与比特率联系起来。一个常用的判据是$\sigma\leqslant T_B/4$，对于高斯脉冲，这相当于至少有95%的脉冲能量仍保留在分配的比特隙内。极限比特率由 $4B\sigma\leqslant 1$ 给出。在 $\sigma_D\gg\sigma_0$的极限下，$\sigma\approx\sigma_D=|D|L\sigma_\lambda$，条件变为

$$BL|D|\sigma_\lambda\leqslant\tfrac{1}{4} \tag{2.4.26}$$

应将这一条件与试探性地得到的式(2.3.6)进行比较，如果将式(2.3.6)中的 $\Delta\lambda$ 解释为$4\sigma_\lambda$，则这两个式子完全相同。

对于恰好工作在光纤零色散波长的光波系统，式(2.4.23)中的 $\beta_2=0$。同前面一样，令 $C=0$并假设 $V_\omega\gg 1$，则式(2.4.23)可以近似为

$$\sigma^2=\sigma_0^2+\tfrac{1}{2}(\beta_3L\sigma_\omega^2)^2\equiv\sigma_0^2+\tfrac{1}{2}(SL\sigma_\lambda^2)^2 \tag{2.4.27}$$

这里，利用式(2.3.13)将 β_3与色散斜率 S 联系起来。于是，输出脉冲的宽度由式(2.4.25)给出，但此时 $\sigma_D\equiv|S|L\sigma_\lambda^2/\sqrt{2}$。同前面一样，通过条件 $4B\sigma\leqslant 1$ 可以将 σ 与极限比特率联系起来。当 $\sigma_D\gg\sigma_0$时，对比特率的限制由下式决定：

$$BL|S|\sigma_\lambda^2\leqslant 1/\sqrt{8} \tag{2.4.28}$$

应将这一条件与通过简单的物理论证试探性地得到的式(2.3.14)进行比较。

作为一个例子，考虑光源为 $\sigma_\lambda\approx 15$ nm 的发光二极管的情况。利用1.55 μm 处的色散值 $D=17$ ps/(km·nm)，由式(2.4.26)可得 $BL<1$ Gbps·km。然而，若系统设计成工作在光纤零色散波长，则对于典型值 $S=0.08$ ps/(km·nm^2)，BL 能增加到20 Gbps·km。

窄谱宽光源

这种情况对应于式(2.4.23)中的$V_\omega\ll 1$。同前面一样，若忽略β_3项并令 $C=0$，则式(2.4.23)可以近似为

$$\sigma^2=\sigma_0^2+(\beta_2L/2\sigma_0)^2\equiv\sigma_0^2+\sigma_D^2 \tag{2.4.29}$$

与式(2.4.25)对比可以看出两种情况的一个主要区别：对于窄谱宽光源的情况，色散引起的

展宽与初始宽度σ_0有关，而对于宽谱宽光源的情况，色散引起的展宽与初始宽度σ_0无关。实际上，通过选择σ_0的一个最佳值，可以使σ最小，易知当$\sigma_0=\sigma_D=(|\beta_2|L/2)^{1/2}$时$\sigma$有最小值为$\sigma=(|\beta_2|L)^{1/2}$。利用$4B\sigma\leqslant 1$可以得到极限比特率，它满足下面的条件：

$$B\sqrt{|\beta_2|L}\leqslant\frac{1}{4} \tag{2.4.30}$$

上式与式(2.4.26)的主要区别是，这里B与$L^{-1/2}$成比例，而不是与L^{-1}成比例。图2.12比较了当$\sigma_\lambda=0$ nm，1 nm和5 nm时，极限比特率随L的增加而减小的情况，其中$D=16$ ps/(km·nm)；在$\sigma_\lambda=0$ nm的情况下利用式(2.4.30)。

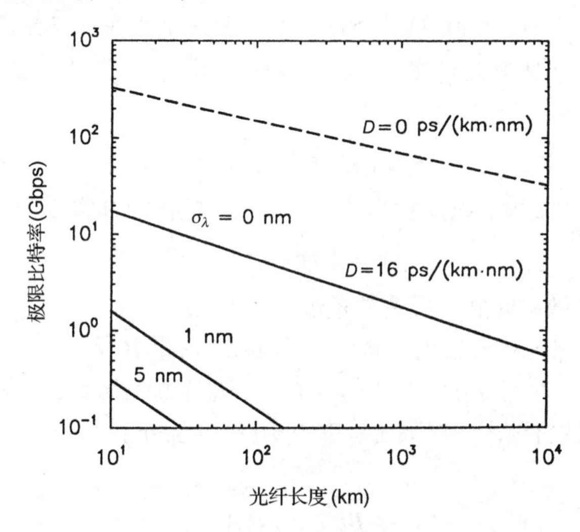

图2.12 当$\sigma_\lambda=0$ nm，1 nm和5 nm时，单模光纤的极限比特率随光纤长度的变化，$\sigma_\lambda=0$ nm对应谱宽远小于比特率的光源的情况

对于工作在接近光纤零色散波长的光波系统，式(2.4.23)中的$\beta_2\approx 0$。利用$V_\omega\ll 1$和$C=0$，可得脉冲宽度为

$$\sigma^2=\sigma_0^2+(\beta_3L/4\sigma_0^2)^2/2\equiv\sigma_0^2+\sigma_D^2 \tag{2.4.31}$$

与式(2.4.29)的情况类似，通过优化输入脉冲宽度σ_0，可以使σ最小。当$\sigma_0=(|\beta_3|L/4)^{1/3}$时$\sigma$有最小值，为

$$\sigma=(\tfrac{3}{2})^{1/2}(|\beta_3|L/4)^{1/3} \tag{2.4.32}$$

利用条件$4B\sigma\leqslant 1$或

$$B(|\beta_3|L)^{1/3}\leqslant 0.324 \tag{2.4.33}$$

可以得到极限比特率，这种情况下对色散效应最为宽容。当$\beta_3=0.1$ ps^3/km时，对于$L=100$ km极限比特率可以大到150 Gbps。即便当L以10倍因子增加时，由于极限比特率随光纤长度以$L^{-1/3}$的方式变化，极限比特率只减小到约为70 Gbps。利用式(2.4.33)并取$\beta_3=0.1$ ps^3/km，图2.12中的虚线给出了这种依赖关系。显然，使光波系统工作在光纤零色散波长附近，并使用具有相对窄谱宽的光源，可以大幅改善光波系统的性能。

频率啁啾的影响

在前面提到的所有情况下，均假设输入脉冲是无啁啾高斯脉冲。在实际应用中，光脉冲经常是非高斯型脉冲，并带有相当大的啁啾。为研究光纤色散对NRZ格式比特流的比特率施加

的限制，采用了超高斯模型[50]。在这个模型中，式(2.4.10)被替换为

$$A(0,T)=A_0\exp\left[-\frac{1+\mathrm{i}C}{2}\left(\frac{t}{T_0}\right)^{2m}\right] \tag{2.4.34}$$

式中，参数 m 控制脉冲的形状：啁啾高斯脉冲对应 $m=1$，当 m 值较大时，脉冲变为具有陡峭前后沿的近似矩形脉冲。通过数值方法解方程式(2.4.9)可以得到输出脉冲的形状。由于要求均方根脉宽不能增加到大于某个容许值，这样就可以求出极限比特率-距离积 BL。图2.13给出了对于高斯($m=1$)和超高斯($m=3$)输入脉冲，BL 积随啁啾参数 C 的变化。在这两种情况下，取 $T_0=125$ ps 和 $\beta_2=-20$ ps^2/km，从而得到脉冲展宽20%所需的光纤长度 L。正如预期的，由于超高斯脉冲比高斯脉冲展宽得快，超高斯脉冲的 BL 积比高斯脉冲的小。如果啁啾参数 C 取负值，则 BL 积将明显减小，这是因为当 $\beta_2 C$ 为正值时，脉冲展宽增强(见图2.11)。遗憾的是，对于直接调制的半导体激光器，C 通常为负值，在1.55 μm 波长处典型值为 -6。由于在这种条件下 $BL<100$ Gbps·km，当 $L=50$ km 时光纤色散将比特率限制在约为2 Gbps。这个问题可以通过采用色散管理技术来克服(见第8章)。

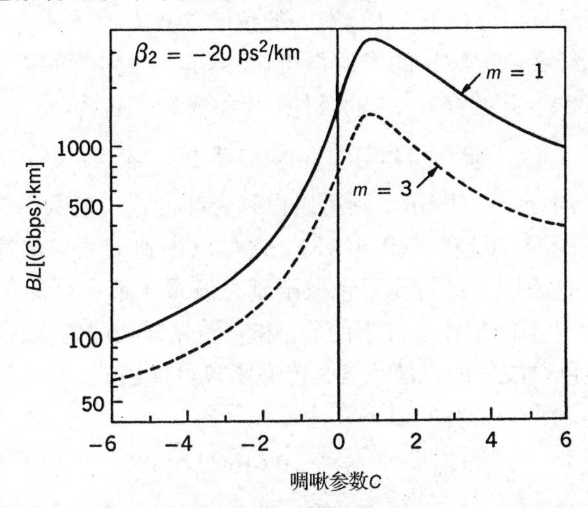

图2.13 对于高斯(实线)和超高斯(虚线)输入脉冲，色散限制 BL 积随啁啾参数的变化[50](经© 1986 OSA授权引用)

2.4.4 光纤带宽

光纤带宽的概念源于时不变线性系统的一般理论[51]。如果光纤能够处理成一个线性系统(linear system)，则它的输入和输出功率应能通过下面的一般关系相联系：

$$P_{\text{out}}(t)=\int_{-\infty}^{\infty}h(t-t')P_{\text{in}}(t')\,\mathrm{d}t' \tag{2.4.35}$$

对于冲激脉冲有 $P_{\text{in}}(t)=\delta(t)$，这里 $\delta(t)$ 是 δ 函数，因此输出 $P_{\text{out}}(t)=h(t)$。基于这个原因，$h(t)$ 称为线性系统的冲激响应或脉冲响应(impulse response)，它的傅里叶变换

$$H(f)=\int_{-\infty}^{\infty}h(t)\exp(2\pi\mathrm{i}ft)\,\mathrm{d}t \tag{2.4.36}$$

提供了频率响应，称为传递函数(transfer function)。通常，$|H(f)|$ 随 f 的增加而减小，这意味着输入信号的高频分量将被光纤衰减。事实上，光纤起到一个带通滤波器(bandpass filter)的作用。光纤带宽(fiber bandwidth)$f_{3\,\text{dB}}$ 对应 $|H(f)|$ 减小一半或3 dB时的频率 $f=f_{3\,\text{dB}}$：

$$|H(f_{3\text{dB}})/H(0)| = \frac{1}{2} \tag{2.4.37}$$

注意，$f_{3\text{ dB}}$是光纤的光学带宽，因为与零频率响应相比，该频率处的光功率下降了 3 dB。在电通信领域，线性系统的带宽定义为电功率下降 3 dB 时的频率。

光纤一般不能处理成关于功率的线性系统，因此式(2.4.35)对光纤不适用[52]。然而，当光源谱宽远大于信号谱宽时($V_\omega \gg 1$)，该式近似成立。在这种情况下，可以将不同频谱分量的传输分别考虑，并通过将它们携带的功率线性相加来得到输出功率。对于高斯频谱，传递函数 $H(f)$ 为[53]

$$H(f) = \left(1 + \frac{\mathrm{i}f}{f_2}\right)^{-1/2} \exp\left[-\frac{(f/f_1)^2}{2(1+\mathrm{i}f/f_2)}\right] \tag{2.4.38}$$

式中，参数f_1和f_2分别为

$$f_1 = (2\pi\beta_2 L\sigma_\omega)^{-1} = (2\pi|D|L\sigma_\lambda)^{-1} \tag{2.4.39}$$

$$f_2 = (2\pi\beta_3 L\sigma_\omega^2)^{-1} = [2\pi(S+2|D|/\lambda)L\sigma_\lambda^2]^{-1} \tag{2.4.40}$$

这里，利用了通过式(2.3.5)和式(2.3.13)引入的色散参数 D 和 S。

对于工作在远离光纤零色散波长的光波系统($f_1 \ll f_2$)，传递函数近似是高斯型的。通过式(2.4.37)和式(2.4.38)，并结合$f \ll f_2$的条件，可得光纤带宽为

$$f_{3\text{dB}} = (2\ln 2)^{1/2} f_1 \approx 0.188(|D|L\sigma_\lambda)^{-1} \tag{2.4.41}$$

如果利用式(2.4.25)中的 $\sigma_D = |D|L\sigma_\lambda$，则可以得到光纤带宽与色散引起脉冲展宽之间的关系 $f_{3\text{ dB}}\sigma_D \approx 0.188$。利用式(2.4.26)和式(2.4.41)，还可以得到带宽与比特率 B 之间的关系，这个关系为 $B \leqslant 1.33 f_{3\text{ dB}}$，这表明光纤带宽是色散限制光波系统最大可能比特率的近似量度。实际上，可以用图 2.12 估计不同工作条件下的$f_{3\text{ dB}}$和它随光纤长度的变化。

对于工作在光纤零色散波长的光波系统，传递函数可通过式(2.4.38)同时令 $D=0$ 得到，然后利用式(2.4.37)得到光纤带宽的以下表达式：

$$f_{3\text{dB}} = \sqrt{15} f_2 \approx 0.616(SL\sigma_\lambda^2)^{-1} \tag{2.4.42}$$

通过式(2.4.28)还可以将极限比特率与$f_{3\text{ dB}}$联系起来，并可以得到 $B \leqslant 0.574 f_{3\text{ dB}}$。而且，光纤带宽提供了色散限制比特率的量度。作为数值估计的例子，考虑采用色散位移光纤和多模半导体激光器的 1.55 μm 的光波系统，利用 $S=0.05$ ps/(km·nm^2)和 $\sigma_\lambda = 1$ nm 的典型值，可得带宽-距离积为$f_{3\text{ dB}}L \approx 32$ THz·km；与此对照，对于 $D=18$ ps/(km·nm)的标准光纤，带宽-距离积减小到 0.1 THz·km。

2.5 光纤损耗

2.4 节表明，光纤色散通过展宽在光纤中传输的光脉冲限制了光通信系统的性能。光纤损耗代表了另一个限制因素，因为它们减小了到达光接收机的信号功率。为准确恢复信号，光接收机需要一个最小的功率，因此传输距离固有地受光纤损耗的限制。实际上，仅当石英光纤的损耗在20 世纪 70 年代减小到可以接受的水平时，它们才真正应用于光通信中。20 世纪 90 年代，随着光放大器的出现，通过周期性地补偿累积损耗，传输距离可以超过数千千米。然而，光通信系统仍要求低损耗光纤，因为光纤损耗设定了光放大器之间的间距。本节将主要讨论光纤中的各种损耗机制。

2.5.1 衰减系数

在相当普遍的条件下，在光纤中传输的比特流的平均功率 P 的变化可以通过比尔定律描述：

$$dP/dz = -\alpha P \tag{2.5.1}$$

式中，α 是衰减系数。尽管式(2.2.11)中的吸收系数采用同样的符号，但式(2.5.1)中的 α 不但包含材料吸收，而且还包含功率衰减的其他来源。如果 P_{in} 是在长度为 L 的光纤的输入端入射的功率，则由式(2.5.1)可得输出功率 P_{out} 为

$$P_{out} = P_{in}\exp(-\alpha L) \tag{2.5.2}$$

习惯上通过下面的关系将 α 用 dB/km 单位表示：

$$\alpha\,(\text{dB/km}) = -\frac{10}{L}\lg\left(\frac{P_{out}}{P_{in}}\right) \approx 4.343\alpha \tag{2.5.3}$$

并称之为光纤损耗参数。

光纤损耗取决于被传输的光波的波长。图2.14给出了1979年制造的单模光纤的损耗谱 $\alpha(\lambda)$[11]，其中纤芯直径为9.4 μm，相对折射率差 $\Delta = 1.9 \times 10^{-3}$，截止波长为1.1 μm。该光纤在1.55 μm附近的波长区损耗只有大约0.2 dB/km(在1979年首次实现的最小值)，此值接近石英光纤大约0.16 dB/km的基本极限。损耗谱在1.39 μm附近有一个强峰，还有其他几个较小的峰。次最小值出现在1.3 μm附近，此处光纤损耗小于0.5 dB/km；因为在1.3 μm附近光纤色散也最小，这个低损耗窗口被用于第二代光波系统。在较短波长处，光纤损耗高得多，在可见光区甚至超过了5 dB/km，因此该波长区不适合长途传输。有几个因素对光纤的总损耗有贡献，它们的相对贡献也在图2.14中给出，其中两个最重要的贡献是材料吸收和瑞利散射。

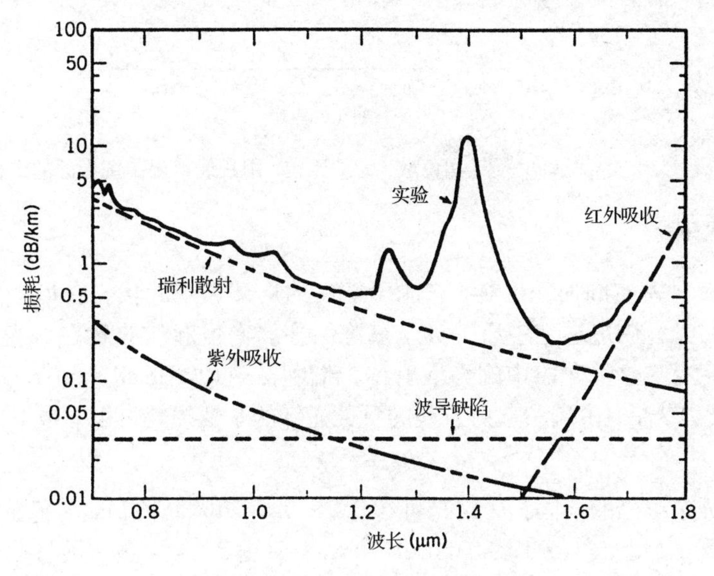

图2.14 1979年制造的单模光纤的损耗谱，图中同时给出了几种基本损耗机制与波长的关系[11] (经© 1979 IEE授权引用)

2.5.2 材料吸收

材料吸收可以分为两类，即本征吸收和非本征吸收。本征吸收损耗对应熔融石英(制造光

纤的材料)的吸收，而非本征吸收与石英内的杂质造成的损耗有关。任何材料都吸收一定波长的光，这些波长对应特定分子的电子共振和振动共振。对于石英(SiO_2)分子，电子共振发生在紫外区($\lambda < 0.4$ μm)，而振动共振发生在红外区($\lambda > 7$ μm)。因为熔融石英的非晶态特性，这些共振是以吸收带的形式出现的，吸收带的尾部延伸到可见光区。图2.14表明，石英的本征材料吸收在0.8~1.6 μm的波长范围小于0.1 dB/km。实际上，在光波系统通用的1.3~1.6 μm的波长窗口，该值小于0.03 dB/km。

非本征吸收源于杂质。过渡金属杂质如Fe，Cu，Co，Ni，Mn和Cr在0.6~1.6 μm的波长范围有强吸收，为使损耗低于1 dB/km，这些过渡金属杂质的含量应减小到十亿分之一以下，这种高纯度石英能通过现代技术得到。在最新的石英光纤中，非本征吸收的主要来源是水蒸气，OH^{-1}离子的振动共振发生在2.73 μm附近，它的谐波及其与石英的组合频率在1.39 μm，1.24 μm和0.95 μm波长产生吸收。图2.14中的3个频谱峰就出现在这些波长附近，并归因于石英中残留的水蒸气，即使是百万分之一的浓度，也能在1.39 μm造成约为50 dB/km的损耗。现代光纤中OH^{-1}离子的浓度减小到10^{-8}以下，可以将1.39 μm的吸收峰降低到1 dB/km以下。在一种被称为"干"光纤(dry fiber)的新型光纤中，OH^{-1}离子的浓度减小到使1.39 μm的吸收峰几乎消失的低水平[54]。图2.15给出了这种光纤(表2.1中的OFS AllWave光纤)的损耗和色散分布，这种光纤可以用于在1.3~1.65 μm的整个波长范围传输WDM信号。

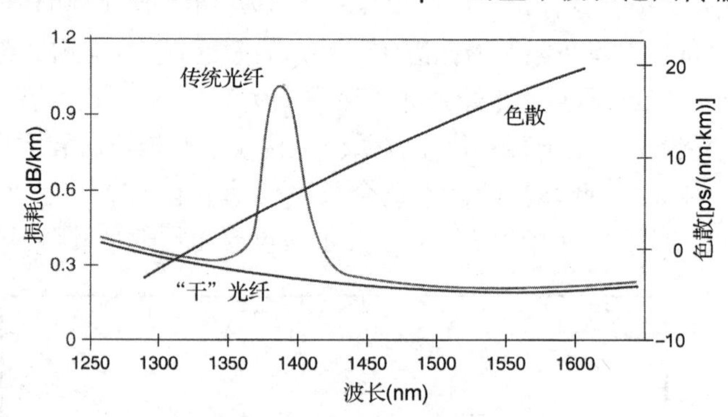

图2.15 "干"光纤的损耗和色散，为了比较，用浅线给出传统光纤的损耗

2.5.3 瑞利散射

瑞利散射是一种基本的损耗机制，它源于密度的局部微观起伏。在熔融状态下石英分子随机地移动，但在光纤制造过程中石英分子被冻结住。密度起伏导致在比光波长λ小的尺度上折射率的随机起伏，这种介质中的光散射称为瑞利散射(Rayleigh scattering)[20]。散射截面以λ^{-4}的形式变化，结果，由瑞利散射引起的石英光纤的本征损耗可以写成

$$\alpha_R = C/\lambda^4 \tag{2.5.4}$$

式中，根据光纤纤芯组分的不同，常数C可在0.7~0.9(dB/km)·μm^4的范围变化。C的这些值对应在$\lambda = 1.55$ μm处$\alpha_R = 0.12 \sim 0.16$ dB/km，表明图2.14中这一波长附近的光纤损耗主要是由瑞利散射造成的。

当波长大于3 μm时，瑞利散射的贡献可以减小到0.01 dB/km以下。石英光纤不能用在这一波长区，因为当波长大于1.6 μm时光纤损耗主要由红外吸收引起。人们已经付出相当多的努力来寻找在2 μm以上波长具有较低吸收的其他合适材料[55~58]，氟化锆(ZrF_4)光纤在2.55 μm附近的波长具有大约0.01 dB/km的本征材料吸收，并表现出损耗比石英光纤的小得

多的潜力。然而，由于非本征损耗，最新水平的氟化物光纤表现出大约 1 dB/km 的损耗。硫化物光纤和多晶光纤在 10 μm 附近的远红外区表现出最小的损耗，因为瑞利散射在长波长区被大幅减小了，理论预测这种光纤的最小损耗值小于 10^{-3} dB/km。然而，实际损耗仍要比石英光纤的高[58]。

2.5.4　波导缺陷

具有完美圆柱体几何结构的理想单模光纤在导引光学模式时，不会将能量泄漏到包层中。在实际应用中，纤芯-包层界面处的缺陷(比如纤芯半径的随机变化)能导致对净光纤损耗有贡献的附加损耗，这种损耗背后的物理过程称为米氏散射(Mie scattering)[20]，米氏散射的发生是因为在比光波长长的尺度上折射率的不均匀性。在光纤制造过程中要小心，以确保纤芯半径沿光纤长度不发生显著变化。这种变化可以保持在1%以下，而且由此产生的散射损耗通常低于0.03 dB/km。

光纤弯曲是散射损耗的另一个来源[59]，原因可以通过光线图像来理解。正常情况下，导引光线以大于临界角的角度入射到纤芯-包层界面并通过全内反射传输，然而，在光纤弯曲附近这一角度将减小，在急弯情况下该角度甚至可能小于临界角，这时光线就会逃逸出光纤。从模式的角度理解，就是一部分模式能量被散射到包层中。弯曲损耗与 $\exp(-R/R_c)$ 成比例，这里 R 是光纤弯曲的曲率半径，$R_c = a/(n_1^2 - n_2^2)$。对于单模光纤，典型地，$R_c = 0.2 \sim 0.4$ mm，如果弯曲半径 $R > 5$ mm，则弯曲损耗可以忽略(小于0.01 dB/km)。由于大部分宏弯的弯曲半径超过 $R = 5$ mm，在实际应用中宏弯损耗(macrobending loss)可以忽略。

光纤损耗的一个主要来源(尤其是在光缆中)与随机轴向形变有关。在光纤成缆过程中当将光纤压在一个不光滑的表面上时，发生这种随机轴向形变是不可避免的，这种损耗称为微弯损耗(microbending loss)并得到了广泛研究[60~64]。微弯导致多模光纤和单模光纤的损耗增加，如果不事先采取措施减小微弯，就可能产生相当大的损耗(约为100 dB/km)。对于单模光纤，通过选择 V 参数尽可能地接近截止值2.405(这样，模式能量主要限制在纤芯中)，可以使微弯损耗最小。在实际应用中，光纤被设计成在工作波长处 V 在2.0~2.4的范围。光缆中还存在光学损耗的许多其他来源，它们与形成光纤链路所使用的接头和连接器有关，经常处理成光缆损耗的一部分；微弯损耗也可以包含在总的光缆损耗内。

2.6　非线性光学效应

对于强电磁场，任何电介质对光的响应都变成非线性的，光纤也不例外。尽管石英本征上不是一种高非线性材料，但波导结构将光限制在长光纤的一个小横截面上，这就使非线性效应在现代光波系统的设计中变得相当重要[23]。本节将讨论对光纤通信有重要影响的非线性现象。

2.6.1　受激光散射

2.5.3节讨论的瑞利散射是弹性散射的一个例子，在弹性散射中，散射光的频率(或光子能量)保持不变。相反，在非弹性散射过程中，散射光的频率下移。非弹性散射的两个例子是拉曼散射(Raman scattering)和布里渊散射(Brillouin scattering)[65]，这两种散射都可以理解为一个光子被散射成一个低能量光子，而能量差是以声子的形式出现的。两者的主要区别是拉曼散射中参与的是光学声子，而布里渊散射中参与的是声学声子。这两种散射都会在入射频率处产生功率损耗，然而，它们的散射截面非常小，在低功率下损耗可以忽略。

在高功率下，受激拉曼散射(SRS)和受激布里渊散射(SBS)这两种非线性效应变得重要起来，一旦入射功率超过某个阈值，这两种情况下散射光的强度将呈指数增长[66]。20 世纪 70 年代，首次在光纤中观察到受激拉曼散射和受激布里渊散射[67~70]。尽管受激拉曼散射和受激布里渊散射在起源上非常相似，但由于光学声子和声学声子的色散关系不同，导致二者在单模光纤中有以下不同[23]：(i)受激布里渊散射仅在后向发生，而受激拉曼散射可以在双向发生；(ii)受激布里渊散射导致散射光的频移约为 10 GHz，而受激拉曼散射的是 13 THz(该频移称为斯托克斯频移)；(iii)与拉曼增益谱(带宽 20 ~ 30 THz)相比，布里渊增益谱相当窄(带宽小于 100 MHz)。这些差别的根源在于比率 v_A/c 相当小(约为 10^{-5})，这里 v_A 是石英中的声速，c 是光速。

受激布里渊散射

布里渊散射背后的物理过程是电致伸缩现象[65]，即材料在电场中有被压缩的趋势。对于频率等于泵浦频率 ω_p 的振荡电磁场，电致伸缩过程产生某个频率为 Ω 的声波。自发布里渊散射可以看成泵浦波被该声波的散射，结果产生频率为 ω_s 的新波。散射过程必须满足能量守恒和动量守恒，能量守恒要求斯托克斯频移 Ω 等于 $\omega_p-\omega_s$，动量守恒要求波矢满足 $k_A=k_p-k_s$。利用色散关系 $|k_A|=\Omega/v_A$，这里 v_A 是声速，该条件决定了声波频率为[23]

$$\Omega=|k_A|v_A=2v_A|k_p|\sin(\theta/2) \tag{2.6.1}$$

式中，利用了 $|k_p|\approx|k_s|$，θ 表示泵浦波和散射波之间的角度。注意到在前向($\theta=0$)有 Ω 为零，而在后向($\theta=\pi$)有 Ω 为最大值。在单模光纤中，光只能沿前向和后向传输，结果，受激布里渊散射只在后向发生，频移为 $\Omega_B=2v_A|k_p|$。利用 $k_p=2\pi\bar{n}/\lambda_p$，这里 λ_p 是泵浦波长，则布里渊频移(Brillouin shift)为

$$\nu_B=\Omega_B/2\pi=2\bar{n}v_A/\lambda_p \tag{2.6.2}$$

式中，$\bar{n}$ 是模折射率。利用石英光纤的典型值 $v_A=5.96$ km/s 和 $\bar{n}=1.45$，可得当 $\lambda_p=1.55$ μm 时 $\nu_B=11.1$ GHz。式(2.6.2)表明，ν_B 与泵浦波长成反比。

一旦散射波自发地产生，它与泵浦波发生拍频并在 $\omega_p-\omega_s$ 的拍频处产生一个频率分量，拍频自动等于声波频率 Ω。结果，拍频项起到使声波振幅增加的源的作用，声波振幅的增加反过来增大了散射波的振幅，这就形成了一个正反馈环。受激布里渊散射正是起源于这一正反馈，最终将全部功率从泵浦波转移给散射波。反馈过程可以用下面的两个耦合方程描述[65]：

$$\frac{dI_p}{dz}=-g_BI_pI_s-\alpha_pI_p \tag{2.6.3}$$

$$-\frac{dI_s}{dz}=+g_BI_pI_s-\alpha_sI_s \tag{2.6.4}$$

式中，I_p 和 I_s 分别是泵浦波和斯托克斯波的强度，g_B 是受激布里渊散射增益，α_p 和 α_s 分别是泵浦波长和斯托克斯波长处的光纤损耗。

因为声波具有有限阻尼时间 T_B(声学声子的寿命)，所以受激布里渊散射增益 g_B 与频率有关。如果声波以 $\exp(-t/T_B)$ 的形式衰减，则布里渊增益具有下式给出的洛伦兹型谱分布[69]：

$$g_B(\Omega)=\frac{g_B(\Omega_B)}{1+(\Omega-\Omega_B)^2T_B^2} \tag{2.6.5}$$

图2.16给出了当泵浦波长$\lambda_p=1.525\ \mu m$时3种不同单模石英光纤的布里渊增益谱，因为光的导波特性和光纤纤芯的掺杂物，布里渊频移ν_B和增益带宽$\Delta\nu_B$均因光纤而异。图2.16中标记为(a)的光纤具有几乎为纯石英(锗的浓度约为每摩尔0.3%)的纤芯，测量的布里渊频移$\nu_B=11.25$ GHz与式(2.6.2)一致。光纤纤芯具有较高锗浓度的光纤(b)和(c)的布里渊频移减小，其中光纤(b)的布里渊增益谱中的双峰结构源于纤芯内锗的非均匀分布。图2.16的增益带宽比预期的体石英的增益带宽(当$\lambda_p=1.525\ \mu m$时$\Delta\nu_B\approx17$ MHz)大，一部分增加归因于光纤中声学模式的导波特性，然而，增益带宽的大部分增加是由纤芯直径沿光纤长度的变化引起的。因为这种变化对于每种光纤来说都是特定的，所以受激布里渊散射的增益带宽通常因光纤而异，有时可以超过100 MHz；如果泵浦波长λ_p在1.55 μm附近，则增益带宽的典型值约为50 MHz。

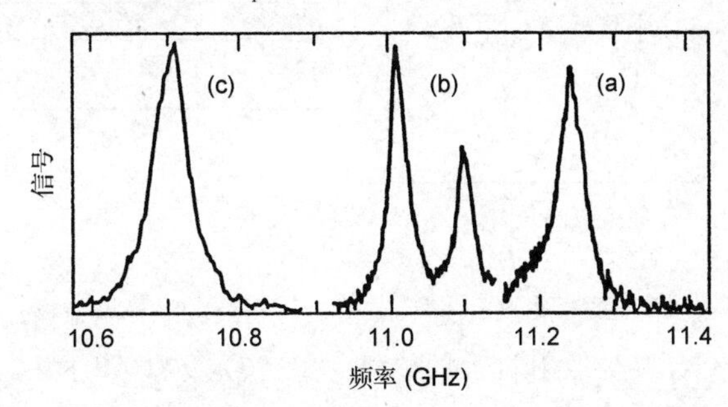

图2.16　利用1.525 μm波长的泵浦测量的具有不同锗掺杂的3种光纤的布里渊增益谱。(a)石英纤芯光纤；(b)凹陷包层光纤；(c)色散位移光纤。纵坐标是任意的[70](经ⓒ 1986 IEEE授权引用)

式(2.6.5)中布里渊增益的峰值出现在$\Omega=\Omega_B$处，它取决于不同的材料参数如密度和弹光(elasto-optic)系数[65]，对于石英光纤$g_B\approx5\times10^{-11}$ m/W。通过解方程式(2.6.3)和方程式(2.6.4)，并求出当I_s从噪声中明显建立起来时I_p的值，可以估计受激布里渊散射的阈值功率。阈值功率$P_{th}=I_pA_{eff}$，这里A_{eff}是有效模面积，阈值功率满足条件[66]

$$g_BP_{th}L_{eff}/A_{eff}\approx21 \tag{2.6.6}$$

式中，L_{eff}是有效相互作用长度(光纤有效长度)，定义为

$$L_{eff}=[1-\exp(-\alpha L)]/\alpha \tag{2.6.7}$$

式中，α表示光纤损耗。对于光通信系统，由于在实际应用中$\alpha L\gg1$，L_{eff}可以近似为$1/\alpha$。利用$A_{eff}=\pi w^2$，这里w是模斑尺寸。根据w和α取值的不同，P_{th}可以低至1 mW[69]。一旦入射到光纤中的功率超过阈值功率，大部分光将通过受激布里渊散射后向反射。显然，由于受激布里渊散射的阈值较低，它将入射功率限制在几毫瓦以下。

以上对P_{th}的估计适用于窄带连续光，因为它忽略了入射光的时域和频域特性，而在光波系统中，信号采用比特流的形式。对于脉宽远小于声子寿命的单个短脉冲，预期不会有受激布里渊散射发生；但是对于高速比特流，脉冲以如此高的速率相继到来，它们将建立起声波，这与连续光的情况类似，尽管受激布里渊散射阈值增加。平均阈值功率的准确值取决于调制格式(归零码还是非归零码)，典型值约为5 mW。通过相位调制将光载波的带宽增加到200 MHz以上，阈值功率可以增加到10 mW或更高。受激布里渊散射不会引起WDM系统中的信道间串扰，因为10 GHz的频移比典型的信道间隔小得多。

受激拉曼散射

当泵浦波被石英分子散射时，在光纤中会发生自发拉曼散射，这一过程可以利用图 2.17(b)所示的能级图来理解。一些泵浦光子释放它们的能量，在较低的频率处产生能量较小的其他光子；剩余的能量被石英分子吸收，结束于一个激发的振动态上。拉曼散射与布里渊散射的一个重要区别是，石英分子的振动能级决定了拉曼频移 $\Omega_R=\omega_p-\omega_s$的值。由于不涉及声波，自发拉曼散射是一个各向同性过程，在各个方向都能发生。

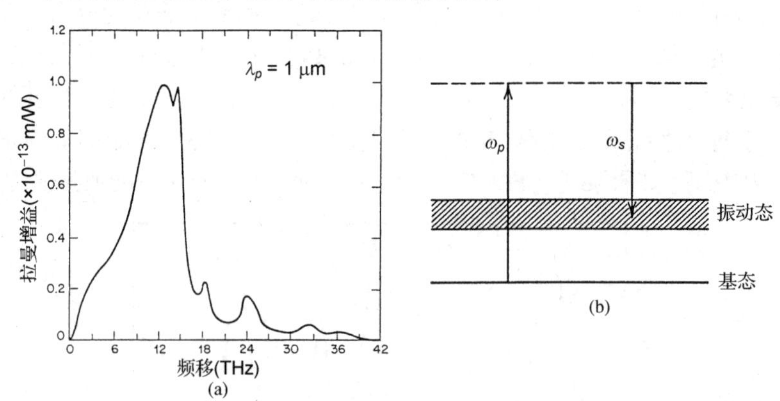

图 2.17 (a)当泵浦波长$\lambda_p=1$ μm 时熔融石英的拉曼增益谱；(b)参与拉曼散射过程的能级[67]（经© 1972 AIP授权引用）

与受激布里渊散射的情况类似，如果泵浦功率超过阈值功率，拉曼散射过程就会变成受激的。在光纤中受激拉曼散射在前向和后向均可发生。从物理意义上讲，在这两个方向上泵浦波和散射波通过拍频产生一个频率等于 $\omega_p-\omega_s$的频率分量，它起到驱动分子振动的源的作用。作为对这些振荡的响应，散射波的振幅增加，这样就建立了一个正反馈环。在前向受激拉曼散射的情况下，反馈过程用下面的两个耦合方程描述[23]：

$$\frac{\mathrm{d}I_p}{\mathrm{d}z}=-g_RI_pI_s-\alpha_pI_p \tag{2.6.8}$$

$$\frac{\mathrm{d}I_s}{\mathrm{d}z}=g_RI_pI_s-\alpha_sI_s \tag{2.6.9}$$

式中，g_R是受激拉曼散射的增益。在后向受激拉曼散射的情况下，方程式(2.6.9)中的导数前要加一个“-”号，这时方程与受激布里渊散射的相同。

拉曼增益谱与激发振动态的衰减时间有关。在分子气体或液体中，由于衰减时间相当长(约为1 ns)，导致约为1 GHz 的拉曼增益带宽；在光纤中，拉曼增益带宽超过10 THz。图2.17(a)给出了石英光纤的拉曼增益谱，频谱的宽带和多峰特性归因于玻璃的非晶态特性。更具体地说，石英分子的振动能级融合到一起，形成一个能带，结果是在一个宽范围内，斯托克斯频率 ω_s可以不同于泵浦频率 ω_p。当拉曼频移 $\Omega_R\equiv\omega_p-\omega_s$约为 13 THz 时增益最大；另一个主峰出现在15 THz 附近，而当 Ω_R的值大到 35 THz 时仍有次峰存在。当泵浦波长等于 1 μm 时，拉曼增益的峰值 g_R约为 1×10^{-13} m/W，由于该值与 ω_p呈线性关系(或与泵浦波长λ_p呈反比关系)，导致当泵浦波长为 1.55 μm 时 $g_R\approx6\times10^{-14}$ m/W。

与受激布里渊散射的情况类似，阈值功率 P_{th}定义为在长度为 L 的光纤的输出端有一半的泵浦功率转移到斯托克斯波中的输入功率，它可以由下式估计[66]：

$$g_R P_{\text{th}} L_{\text{eff}} / A_{\text{eff}} \approx 16 \tag{2.6.10}$$

式中，g_R是拉曼增益的峰值。同前面一样，L_{eff}可以近似为$1/\alpha$。如果用πw^2替代A_{eff}，这里w是模斑尺寸，则受激拉曼散射的阈值P_{th}为

$$P_{\text{th}} \approx 16\alpha(\pi w^2)/g_R \tag{2.6.11}$$

如果用$\pi w^2 = 50\ \mu\text{m}^2$和$\alpha = 0.2$ dB/km 作为代表值，则在 1.55 μm 附近P_{th}约为 570 mW。需要着重强调的是，式(2.6.11)提供的只是一个数量级的估计，因为在该式的推导过程中做了很多近似。由于光通信系统中的信道功率一般低于 10 mW，受激拉曼散射对单信道光波系统而言不是一个限制因素，但它显著影响 WDM 系统的性能。这方面的内容将在第6章中介绍。

在设计光通信系统时，受激拉曼散射和受激布里渊散射都有其有利的一面，因为它们通过将波长经过适当选择的泵浦波的能量转移到光信号中来实现对光信号的放大。受激拉曼散射尤其有用，因为它具有超宽带放大特性。确实，拉曼增益常常用于现代光波系统中光纤损耗的补偿(见第7章)。

2.6.2　非线性相位调制

在2.2节中讨论光纤的模式时，假设石英的折射率是与强度无关的。实际上，在高强度下所有材料都表现出非线性行为，它们的折射率随强度增加。这种效应的物理起源在于电子对光场的非谐响应，导致非线性极化率[65]。为包括非线性折射，将石英光纤纤芯和包层的折射率改写为[23]

$$n_j' = n_j + \bar{n}_2(P/A_{\text{eff}}), \qquad j = 1, 2 \tag{2.6.12}$$

式中，$\bar{n}_2$是非线性折射率系数(nonlinear-index coefficient)，P是光功率，A_{eff}是前面引入的有效模面积。对于石英光纤，$\bar{n}_2$的数值约为$2.6\times10^{-20}\ \text{m}^2/\text{W}$，并随纤芯使用的掺杂物稍微变化。由于该值相对较小，折射率的非线性部分相当小(在 1 mW 的功率电平下小于10^{-12})，尽管如此，由于光纤长度很长，它对现代光波系统有显著影响。特别是，它能导致自相位调制和交叉相位调制现象。

自相位调制

用一阶微扰理论考察式(2.6.12)中的非线性项是如何影响光纤模式的，可以发现模式形状不变而传输常数变成功率相关的，此时传输常数可以写成[23]

$$\beta' = \beta + k_0 \bar{n}_2 P/A_{\text{eff}} \equiv \beta + \gamma P \tag{2.6.13}$$

式中，$\gamma = 2\pi\bar{n}_2/(A_{\text{eff}}\lambda)$是一个重要的非线性参数，根据$A_{\text{eff}}$和波长的取值，其值可在$1\sim5\ \text{W}^{-1}/\text{km}$范围内变化。注意，光学相位随$z$线性增加[见式(2.4.1)]，$\gamma$项产生下面的非线性相移：

$$\phi_{\text{NL}} = \int_0^L (\beta' - \beta)\,\text{d}z = \int_0^L \gamma P(z)\,\text{d}z = \gamma P_{\text{in}} L_{\text{eff}} \tag{2.6.14}$$

式中，$P(z) = P_{\text{in}}\exp(-\alpha z)$说明了光纤损耗，$L_{\text{eff}}$的定义参见式(2.6.7)。

在推导式(2.6.14)时，假设P_{in}是一个常数。在实际应用中，P_{in}的时间相关性使ϕ_{NL}随时间变化。事实上，光学相位恰好以与光信号同样的方式随时间变化。由于这种非线性相位调制是自诱导的，它所产生的非线性现象称为自相位调制(Self-Phase Modulation，SPM)。

式(2.4.12)清楚地表明，自相位调制导致光脉冲的频率啁啾。与在2.4节中考虑的线性啁啾不同，这里的频率啁啾与导数 $\mathrm{d}P_{\mathrm{in}}/\mathrm{d}t$ 成比例，而且和脉冲形状有关。

图2.18给出了当 $\gamma P_{\mathrm{in}}L_{\mathrm{eff}}=1$ 时高斯脉冲($m=1$)和超高斯脉冲($m=3$)的(a)非线性相移 ϕ_{NL} 和(b)频率啁啾沿脉冲的变化。自相位调制引起的啁啾通过群速度色散影响脉冲形状，并经常导致附加的脉冲展宽[23]。通常，自相位调制引起的脉冲频谱展宽大幅增加了信号带宽[71]，并限制了光波系统的性能。

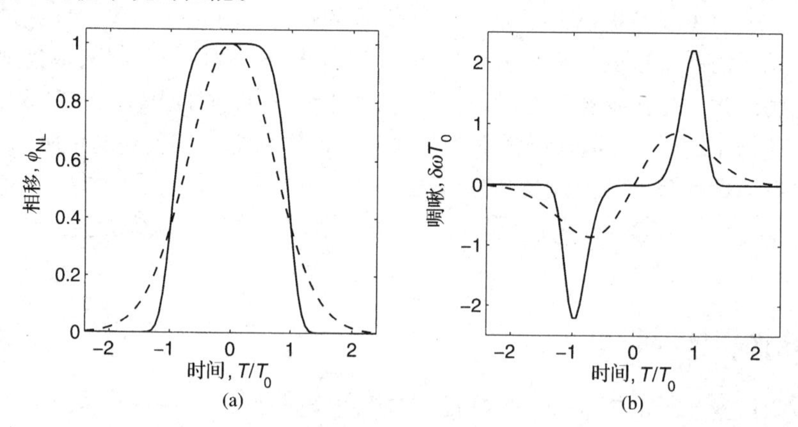

图2.18 对于高斯脉冲(虚线)和超高斯脉冲(实线)，自相位调制引起的(a)非线性相移 ϕ_{NL} 和(b)频率啁啾的时域变化

如果用光放大器周期性地补偿光纤损耗，则式(2.6.14)中的 ϕ_{NL} 应乘以放大器的个数 N_A，因为自相位调制引起的非线性相移在多个放大器上累积。为减小光波系统中自相位调制的影响，必须满足 $\phi_{\mathrm{NL}}\ll 1$。如果用 $\phi_{\mathrm{NL}}=0.1$ 作为最大容许值，并用 $1/\alpha$ 替代 L_{eff}(对于长光纤而言)，则这一条件可以写成

$$P_{\mathrm{in}}<0.1\alpha/(\gamma N_A) \tag{2.6.15}$$

它给出了输入峰值功率的极限。例如，若 $\gamma=2\ \mathrm{W}^{-1}/\mathrm{km}$，$N_A=10$ 和 $\alpha=0.2\ \mathrm{dB/km}$，则输入峰值功率被限制在2.2 mW以下。显然，自相位调制可以是长途光波系统的一个主要限制因素。

交叉相位调制

式(2.6.12)中折射率的强度相关性还能导致称为交叉相位调制(Cross-Phase Modulation, XPM)的另一种非线性现象。当利用WDM技术将两个或更多个光信道同时在光纤中传输时，就会发生交叉相位调制。在这种光波系统中，某个特定信道的非线性相移不仅取决于那个信道的功率，还取决于其他信道的功率[72]。当同时考虑自相位调制和交叉相位调制时，第 j 个信道的非线性相移变成

$$\phi_j^{\mathrm{NL}}=\gamma L_{\mathrm{eff}}\left(P_j+2\sum_{m\neq j}P_m\right) \tag{2.6.16}$$

这里对信道的个数求和。式(2.6.16)中的因子2起源于非线性极化率的形式[23]，这意味着对于同样的功率交叉相位调制产生的效果是自相位调制的两倍。总的非线性相移取决于所有信道的功率，而且因邻近信道比特模式的不同而变化。如果假设等信道功率，则最坏情况下(所有信道同时传输“1”比特且所有脉冲交叠)的非线性相移为

$$\phi_j^{\mathrm{NL}}=(\gamma/\alpha)(2M-1)P_j \tag{2.6.17}$$

很难估计交叉相位调制对多信道光波系统性能的影响，原因在于以上讨论已经暗含了假设交叉相位调制孤立地起作用(无色散效应)，而且仅对连续光才成立。在实际应用中，不同信道中的脉冲以不同的速度传输，只有当两个脉冲在时间上交叠时才存在交叉相位调制引起的非线性相移。如果信道充分分开，脉冲只在很短的时间内交叠，则交叉相位调制效应实际上可以忽略。另一方面，相邻信道的脉冲因交叠时间较长，交叉相位调制效应比较明显，而且它还有累积性。这些论证表明不能用式(2.6.17)来估计极限输入功率。

研究自相位调制和交叉相位调制的影响的一种常用方法是采用数值方法。方程式(2.4.9)可以推广到将自相位调制和交叉相位调制效应包括在内，这是通过加入一个非线性项实现的，所得的方程称为非线性薛定谔方程，它有如下形式[23]：

$$\frac{\partial A}{\partial z}+\frac{\mathrm{i}\beta_2}{2}\frac{\partial^2 A}{\partial t^2}=-\frac{\alpha}{2}A+\mathrm{i}\gamma|A|^2A \tag{2.6.18}$$

式中，忽略了三阶色散，并加入了含 α 的项以说明光纤损耗。该方程对设计光波系统相当有用，将在后面的章节中用到。

由于非线性参数 γ 与有效模面积成反比，可以通过增大 A_{eff} 显著减小光纤非线性的影响。如表2.1所示，标准光纤的 A_{eff} 约为80 μm²，而色散位移光纤的 A_{eff} 减小到约为50 μm²。为减小光纤非线性的影响，开发了一种称为大有效模面积光纤(LEAF)的新型光纤。非线性效应对光波系统并非总是有害的，方程式(2.6.18)的数值解表明，在反常色散的情况下，色散引起的光脉冲的展宽可以显著降低[73]。实际上，如果选择光脉冲的峰值功率使之对应基阶孤子，则光脉冲可以无失真地传输。用来控制光纤非线性效应的技术将在第9章中讨论。

2.6.3 四波混频

式(2.6.12)中所示的折射率的功率相关性起源于三阶非线性极化率 $\chi^{(3)}$[65]，被称为四波混频(Four-Wave Mixing, FWM)的非线性现象也起源于 $\chi^{(3)}$。如果载波频率为 ω_1，ω_2 和 ω_3 的3个光场同时在光纤中传输，则 $\chi^{(3)}$ 产生第4个光场，其频率 ω_4 与其他3个频率的关系为 $\omega_4=\omega_1\pm\omega_2\pm\omega_3$。原理上，通过四波混频产生对应不同加号和减号组合的几个不同频率是可能的。在实际应用中，因为相位匹配的要求，大部分频率组合是不会建立起来的[23]。对于多信道通信系统来说，形式为 $\omega_4=\omega_1+\omega_2-\omega_3$ 的频率组合常常令人感到棘手，因为当信道波长接近光纤零色散波长时，这种频率组合是近似相位匹配的。实际上，$\omega_1=\omega_2$ 的简并四波混频过程通常占主导地位，并对系统性能的影响最大。

可以将四波混频视为一个散射过程，其中能量为 $\hbar\omega_1$ 和 $\hbar\omega_2$ 的两个光子被破坏，它们的能量以另外两个能量为 $\hbar\omega_3$ 和 $\hbar\omega_4$ 的新光子的形式出现，而相位匹配条件(phase-matching condition)源于动量守恒的要求。由于全部4个波在同一方向传输，相位失配可以写成

$$\Delta\beta=\beta(\omega_3)+\beta(\omega_4)-\beta(\omega_1)-\beta(\omega_2) \tag{2.6.19}$$

式中，$\beta(\omega)$ 是频率为 ω 的光场的传输常数。在简并情况下 $\omega_2=\omega_1$，$\omega_3=\omega_1+\Omega$，$\omega_4=\omega_1-\Omega$，这里 Ω 表示信道间隔。利用式(2.4.4)中的泰勒级数展开，可发现 β_0 项和 β_1 项抵消，相位失配简单为 $\Delta\beta=\beta_2\Omega^2$。当 $\beta_2=0$ 时，四波混频过程是完全相位匹配的。当 β_2 较小(小于1 ps²/km)同时信道间隔也较小($\Omega<100$ GHz)时，该过程仍可以发生，并将每个信道的功率转移到离它最近的相邻信道中。这种功率转移不但导致信道的功率损耗，还会引起信道间的串扰，使系统性能严重劣化。现代WDM系统采用色散管理技术来避免四波混频，在色散管理技术中，使每段

光纤的平均群速度色散较低，但局部群速度色散较高(见第8章)。商用色散位移光纤被设计成具有约为4 ps/(km·nm)的色散，这个值足以抑制四波混频。

四波混频还对光波系统有用(见第11章)。当在光域中使用时分复用时，常常用四波混频对信道解复用；四波混频还可用于波长转换。光纤中的四波混频有时用来产生频谱反转信号，称为光学相位共轭(Optical Phase Conjugation，OPC)，正如将要在第8章中讨论的，光学相位共轭技术对色散补偿有用。

2.7 光纤设计和制造

本节讨论光纤在工程方面的问题，这些光纤可以是用石英玻璃制造的，也可以是用适当的塑料材料制造的。适合在实际的光波系统中使用的光缆的制造涉及复杂的工艺，很多细节已在一些书中做了介绍[74~76]，因此本书不做重点介绍。本节首先介绍石英光纤，然后介绍塑料光纤。近年来，这两种材料已被用来制造微结构光纤。

2.7.1 石英光纤

石英光纤的纤芯和包层都是用二氧化硅(SiO_2)或石英作为基质材料制造的，其中纤芯-包层的折射率差是通过用适当的材料对纤芯或包层掺杂或同时对它们掺杂实现的。GeO_2和P_2O_5等掺杂物能增加石英的折射率，适合于纤芯；另一方面，B_2O_3和F等掺杂物能减小石英的折射率，适合于包层。石英光纤的主要设计问题与折射率分布、掺杂量以及纤芯和包层的尺寸有关[77~81]。对所有通信级石英光纤来说，最外面包层的直径的标准值为125 μm。

图2.19给出了不同光纤采用的典型折射率分布，其中上排对应标准光纤，这类光纤在1.3 μm附近色散最小，截止波长在1.1~1.2 μm的范围。最简单的设计[见图2.19(a)]由纯石英包层和用GeO_2掺杂的纤芯组成，其中纤芯-包层相对折射率差$\Delta \approx 3\times10^{-3}$。常用的一种变形[见图2.19(b)]是在邻近纤芯的区域通过掺F来降低折射率；还可以采用如图2.19(c)所示的无掺杂纤芯设计，这种类型的光纤称为双包层光纤或凹陷包层光纤(depressed-cladding fiber)[77]，根据折其射率分布的形状还可以称之为W光纤。图2.19中的下排给出了色散位移光纤采用的3种折射率分布，这类光纤的零色散波长选在1.45~1.60 μm的范围(见表2.1)，为此经常采用具有凹陷包层或升包层的三角形折射率分布[78~80]。通过对不同层的折射率和厚度进行优化，可以设计出具有所希望的色散特性的光纤[81]。有时采用四包层结构来制造色散平坦光纤(见图2.10)。

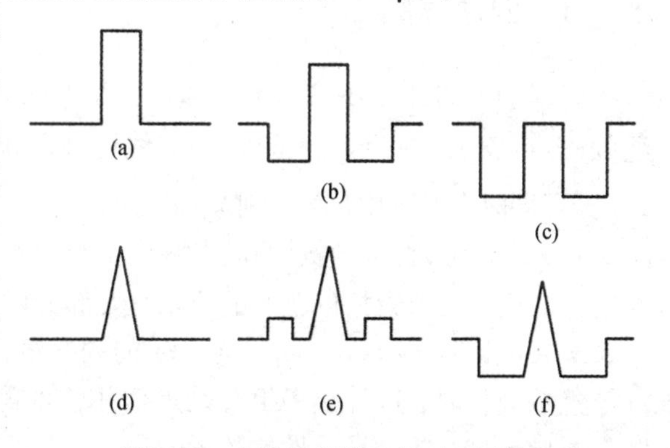

图2.19 在设计单模光纤时采用的几种折射率分布，上、下两排分别对应标准光纤和色散位移光纤

通信级石英光纤的制造可以分成两个阶段：第一阶段，采用气相沉积法制造具有所需折射率分布的圆柱体预制棒(cylindrical preform)，预制棒通常长1 m，直径为2 cm，由具有正确相对尺寸的纤芯和包层组成。第二阶段，通过精密馈送机制，以适当的速度将预制棒馈送进熔炉拉制成光纤。

制造预制棒有几种方法，其中最常用的3种方法[82~84]是改进化学气相沉积法(MCVD)、外气相沉积法(OVD)和气相轴向沉积法(VAD)。图2.20给出了改进化学气相沉积过程的示意图。在此过程中，在约为1800 ℃的温度下，$SiCl_4$和O_2的混合气体通过熔融石英管，并在其内壁逐层沉积SiO_2层。为确保沉积的均匀性，多嘴火焰在熔融石英管长度范围内来回移动。通过向熔融石英管中加入F来控制包层的折射率。当内壁形成了足够厚的包层后，将$GeCl_4$或$POCl_3$蒸气加入混合气体中以形成纤芯，这些蒸气与氧气反应生成GeO_2和P_2O_5掺杂物：

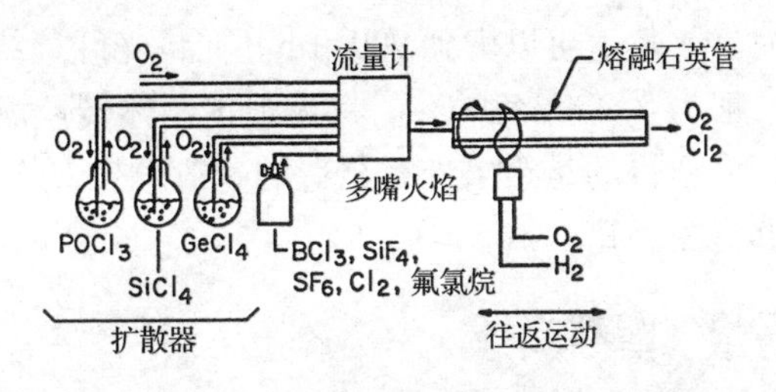

图2.20　通常用于光纤制造的改进化学气相沉积过程[82](经© 1985 Academic Press授权引用)

$$GeCl_4 + O_2 \rightarrow GeO_2 + 2Cl_2$$

$$4POCl_3 + 3O_2 \rightarrow 2P_2O_5 + 6Cl_2$$

$GeCl_4$或$POCl_3$的流速决定了掺杂量和纤芯折射率的相应增加，简单通过改变层与层之间的流速可以制造三角形折射率分布的纤芯。当构成纤芯的各层均沉积完毕后，升高火焰温度，使石英管坍塌，形成所谓的固态棒状预制棒。

改进化学气相沉积过程也称为内气相沉积法(inner-vapor-deposition method)，因为纤芯和包层是在石英管内部沉积的。在称为等离子体激活化学气相沉积(plasma-activated chemical vapor deposition)的另一个有关过程中[85]，通过微波等离子体引发化学反应。相反，在外气相沉积和气相轴向沉积过程中，通过火焰水解(flame hydrolysis)技术将纤芯和包层沉积到一个旋转芯棒的外部，在烧结前移走芯棒，然后将多孔的粉尘状物置于烧结炉中形成玻璃棒。中心孔允许通过一种有效的方式(在可控的Cl_2-He混合气体中脱水)来减少水蒸气，尽管这导致折射率分布中有一个中心凹陷。通过在烧结过程中闭合中心孔，可使该凹陷最小化。

不管制造预制棒的过程如何，拉制光纤的步骤本质上是相同的[86]。图2.21给出了拉制设备的示意图。预制棒以一种可控的方式馈送到熔炉中，在这里它被加热到约为2000 ℃，然后通过精密馈送机制将熔融的预制棒拉制成光纤。通过光纤衍射激光器发射的激光，用光学方法监控光纤直径，光纤直径的变化将改变衍射图样，从而改变光电二极管的电流，该电流变化作为调节光纤缠绕速度的伺服控制机制的信号。采用这种技术，光纤直径的变化可以保持在0.1%以内。在拉制过程中同时对光纤加聚合物涂覆层，这有两个目的，一是为光纤提供机械保护，二是保护光纤的传输特性。涂覆光纤的直径通常为250 μm，尽管当采用多层涂

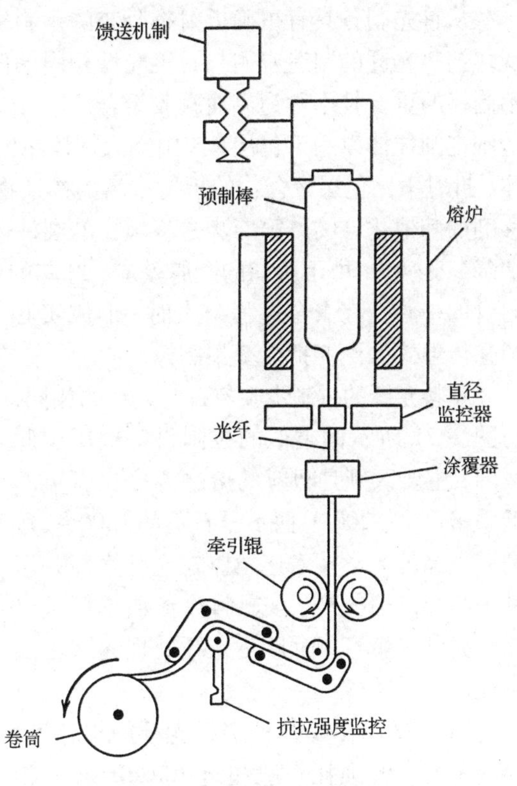

图2.21　光纤拉制用到的设备

覆时这一数值可以大到900 μm。在将光纤缠绕到卷筒的过程中监控光纤的抗拉强度，缠绕速度一般为0.2~0.5 m/s。将单根预制棒转换成约为5 km长的光纤需要几小时。本节中所做的简短介绍目的是给出光纤制造的一般思想，光纤制造通常需要关注大量的工程细节，读者可以参阅有关书籍[74,75]。

2.7.2 塑料光纤

20世纪90年代，人们对塑料光纤日益感兴趣，因为这种光纤比较便宜，能满足短距离(一般小于1 km)传输数据的需要[87~95]。塑料光纤具有相对粗的纤芯(直径1 mm)，因此数值孔径较大，耦合效率也较高，但它们的损耗也高(一般超过20 dB/km)，基于这个原因，塑料光纤只能以10 Gbps的比特率短距离(1 km或更短)地传输数据。在1996年的一个演示实验中[88]，将比特率为10 Gbps的信号传输了0.5 km，误码率不到10^{-11}。渐变折射率塑料光纤为在计算机之间传输数据提供了一个理想的解决方案，而且对要求1 Gbps以上比特率的吉比特以太网和其他与互联网有关的应用也越来越重要。

正如其名称暗示的，塑料光纤用有机聚合物形式的塑料制造纤芯和包层，用于此目的的常用聚合物有聚甲基丙烯酸甲酯(PMMA)、聚苯乙烯、聚碳酸酯和无定形全氟化环状聚合物(或PFBVE，商业名称为CYTOP)[92]。早在1968年，PMMA塑料就用来制造阶跃折射率光纤。到1995年，技术上已经取得足够的进步，制造具有相对大带宽的渐变折射率塑料光纤成为可能[87]。从此，在制造即使在1.3 μm附近的波长区也具有相对低损耗的新型塑料光纤上取得显著进步[91~95]。根据应用的不同，塑料光纤的纤芯直径范围可为10 μm~1 mm。在低成本应用的情况下，纤芯直径的典型值为120 μm，而包层直径接近200 μm。

从首先制备具有正确折射率分布的预制棒，然后将预制棒转换成光纤形式这个意义上讲，现代塑料光纤的制造遵循与石英光纤相同的两步过程。一种用来制造渐变折射率塑料光纤的预制棒的重要技术称为界面凝胶聚合法[87]，在这种方法中，第一步是用聚合物(如PMMA)制造中空圆柱体以用于包层，该中空圆柱体用混合物填充，混合物包括用来形成包层聚合物的单体、折射率比包层聚合物的折射率高的掺杂物、有助于引发聚合过程的化合物以及被称为链转移剂的其他化合物。第二步是将填充的圆柱体加热到接近95 ℃的温度，并绕其轴旋转一个周期(24小时)。由于所谓的凝胶效应，纤芯的聚合过程始于圆柱体的内壁附近，然后缓慢地移向管的中心。在聚合过程结束时，形成实心圆柱体形式的渐变折射率预制棒。

塑料光纤的拉制步骤与石英光纤的相同，与图2.21所示的类似的拉制设备被用于此目的，主要区别是塑料的熔融温度比石英的低得多(约为200 ℃而不是石英的1800 ℃)。利用适当的光学技术连续监控光纤直径并用其他塑料涂覆光纤，该塑料涂覆层不但可以保护光纤抗微弯，而且使光纤处理起来更加方便。

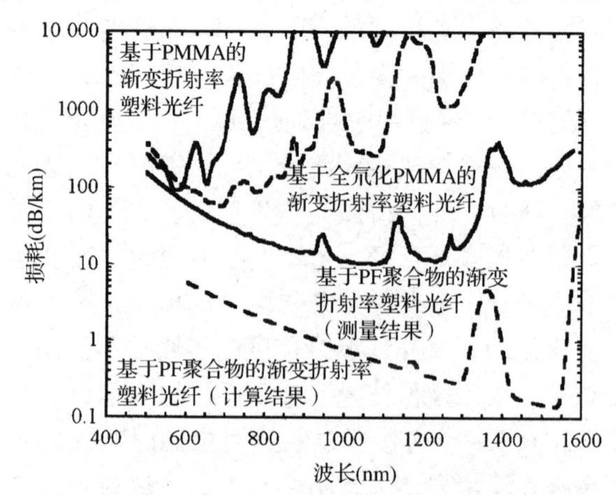

图2.22 几种塑料光纤的损耗谱，虚线给出了理论极限[94](经ⓒ2006 IEEE授权引用)

图2.22给出了几种塑料光纤的损耗谱。PMMA光纤的损耗一般超过100 dB/km；相反，现代PFBVE光纤的损耗在800~1300 nm

的宽波长范围保持在20 dB/km左右，而且通过进一步优化，有将损耗减小到10 dB/km以下的潜力。与石英光纤类似，材料吸收可以分为本征吸收和非本征吸收两类，塑料光纤的本征吸收损耗源于用来制造光纤的有机聚合物内不同分子键的振动模式，尽管这些模式的振动频率对应2 μm以外的波长范围，它们的谐波也能对塑料光纤引入明显的损耗，即使在近红外和可见光区。非本征吸收与光纤纤芯内的杂质有关，过渡金属杂质如Fe，Co，Ni，Mn和Cr强烈吸收0.6～1.6 μm波长范围的光，即使是十亿分之几的痕量，也能使损耗增加到10 dB/km以上。与石英光纤的情况类似，任何残留的水蒸气将导致1390 nm附近的强吸收峰。对于PFBVE光纤来说，该问题不是那么严重，因为含氟聚合物不容易吸收水。

2.7.3　光缆和连接器

为保护光纤免受运输和敷设过程中的退化，将光纤成缆是必要的[96]。光缆设计取决于应用的类型：对于某些应用，将光纤置于塑料护套内就足以为其提供缓冲；而对于其他应用，光缆必须制造成机械加强的，这可以用加强件（如钢棒）实现。

轻型光缆通过用硬塑料缓冲护套围绕光纤制成。在拉制过程中，于初始涂覆层外部施加0.5～1 mm厚的缓冲塑料涂覆层，可以形成紧护套。在另一种方法中，光纤松散地置于塑料套管内，使用这种松套管结构几乎可以消除微弯损耗，因为光纤可以在套管内调整自己。这种结构还可用来制造多纤光缆，方法是采用带槽的套管并将每根光纤置于不同的槽内。

水下应用所需要的重型光缆使用钢丝或强聚合物（如凯夫拉）提供机械强度。图2.23给出了3种重型光缆的示意图。在松套管结构中，将纤维玻璃棒镶嵌在聚氨酯中，并用凯夫拉护套提供必要的机械强度（左图）。同样的设计可以延伸到多纤光缆中，这通过在中央的钢芯周围放置几根松套管光纤构成（中图）。当需要将大量光纤放置在一条光缆内时，通常采用带状光缆结构（右图）。带状光缆一般是通过将12根光纤封装在两个聚酯条带之间制造的，将几条带状光缆叠放成矩形阵列并放置在聚乙烯套管内，机械强度是通过最外面的聚乙烯护套中的两根钢棒提供的。这种光缆的外径一般在1～1.5 cm的范围。

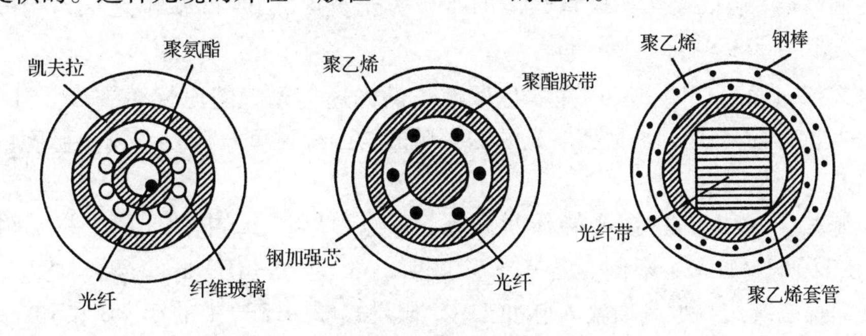

图2.23　重型光缆的典型设计

在任何实际的光波系统中，需要用连接器将光纤连接起来，它们可以分为两类。两根光纤间的永久连接称为光纤接头，而两根光纤之间可以拆卸的连接是用光纤连接器实现的。连接器用来将光缆和光发射机（或光接收机）连接起来，而接头用于两根光纤的永久性连接。在接头和连接器的使用中，主要问题与损耗有关，有些功率总是要损耗掉的，因为实际情况下不可能将两根光纤完全对准。利用熔接方法实现的接头的损耗一般不到0.1 dB[97]，连接器损耗一般要更大些，目前的连接器可以提供约为0.3 dB的平均损耗[98]。设计接头和连接器的技术相当复杂，有关细节可以参阅参考文献[99]，这本书全部在讨论这个问题。

习题

2.1 一纤芯直径为 50 μm 的多模光纤被设计成其模间色散值为 10 ns/km，则该光纤的数值孔径是多少？在 0.88 μm 波长传输 10 km 的极限比特率是多少？包层的折射率为 1.45。

2.2 利用旁轴近似的光线方程式(2.1.8)，证明具有平方折射率分布的渐变折射率光纤的模间色散为零。

2.3 利用麦克斯韦方程组，用电场的 E_z 和 H_z 分量表示 E_ρ，E_ϕ，H_ρ 和 H_ϕ 分量，并得到式(2.2.27)至式(2.2.30)。

2.4 通过匹配阶跃折射率光纤的纤芯-包层界面的边界条件，推导本征值方程式(2.2.31)。

2.5 某单模光纤具有折射率阶跃 $n_1 - n_2 = 0.005$。若光纤的截止波长为 1 μm，计算纤芯半径。当该光纤用于 1.3 μm 波长时，估计光纤模式的模斑尺寸(半极大全宽度)和纤芯内的模式功率所占的比例。纤芯的折射率 $n_1 = 1.45$。

2.6 将 100 ps 宽(半极大全宽度)的 1.55 μm 无啁啾高斯脉冲入射到单模光纤中，假设光纤的色散为 16 ps/(km·nm)，计算传输 50 km 后脉冲的半极大全宽度。忽略光源的谱宽。

2.7 推导单模光纤的限制因子 Γ(定义为纤芯内的模式功率与总模式功率的比)的表达式；利用光纤基模的高斯近似，估计 $V=2$ 时 Γ 的值。

2.8 在 0.8 μm 波长处测得一单模光纤有 $\lambda^2(d^2n/d\lambda^2) = 0.02$，计算色散参数 β_2 和 D 的值。

2.9 说明当 $\beta_2 C < 0$ 时啁啾高斯脉冲在单模光纤中经历一个初始压缩阶段；推导最小脉宽和达到最小脉宽时光纤长度的表达式。

2.10 估计工作在 1.3 μm 和 1.55 μm 波长的 60 km 单模光纤链路的极限比特率，假设输入脉冲是 50 ps(半极大全宽度)的变换限制脉冲，同时假设在 1.3 μm 和 1.55 μm 波长处 β_2 分别为 0 和 -20 ps^2/km，β_3 分别为 0.1 ps^3/km 和 0，还假设 $V_\omega \ll 1$。

2.11 一个 0.88 μm 波长的通信系统采用 10 ns(半极大全宽度)的脉冲在 10 km 长的单模光纤中传输数据，假设发光二极管频谱的半极大全宽度为 30 nm，确定该系统的最大比特率。选取 $D = -80$ ps/(km·nm)。

2.12 利用式(2.4.23)证明，工作在零色散波长的光通信系统的比特率受 $BL|S|\sigma_\lambda^2 < 1/\sqrt{8}$ 限制，这里 $S = dD/d\lambda$，σ_λ 是高斯光源的频谱的均方根宽度。假设在输出脉宽的一般表达式中 $C=0$ 和 $V_\omega \gg 1$。

2.13 若光源是 $V_\omega \ll 1$ 的单模半导体激光器，重复习题 2.12 中的问题，并说明比特率受 $B(|\beta_3|L)^{1/3} < 0.324$ 限制。若 $\beta_3 = 0.1$ ps^3/km，当 $L = 100$ km 时极限比特率是多少？

2.14 某光通信系统用啁啾高斯输入脉冲工作，假设式(2.4.23)中的 $\beta_3 = 0$ 和 $V_\omega \ll 1$，用参数 C，β_2 和 L 表示比特率应满足的条件。

2.15 某 1.55 μm 的光通信系统工作在 5 Gbps 的比特率下，若使用宽 100 ps(半极大全宽度)的啁啾($C = -6$)高斯脉冲，则色散限制的最大光纤长度是多少？如果脉冲是无啁啾的，则最大光纤长度又是多少？忽略激光线宽并假设 $\beta_2 = -20$ ps^2/km。

2.16 某 1.3 μm 的光波系统使用 50 km 长的光纤链路，要求光接收机接收的最小功率为 0.3 μW。若光纤损耗为 0.5 dB/km，光纤每 5 km 熔接一次，接头损耗仅为 0.2 dB，在光纤链路的两端有损耗为 1 dB 的两个连接器。试确定入射进光纤的最小功率。

2.17　功率为6 dBm的1.55 μm连续信号入射到有效模面积为50 μm^2的光纤中，若自相位调制引起的非线性相移为2π，求信号在光纤中传输的距离。假设$\bar{n}_2 = 2.6 \times 10^{-20}$ m^2/W并忽略光纤损耗。

2.18　某工作在1.3 μm波长的50 km长的光纤链路，损耗为0.5 dB/km，求受激布里渊散射的阈值功率；若工作波长变成1.55 μm(此处的光纤损耗仅为0.2 dB/km)，则阈值功率改变了多少？假设在两种情况下均有$A_{eff} = 50$ μm^2和$g_B = 5 \times 10^{-11}$ m/W。

2.19　为在40 km长的单模光纤中产生180°自相位调制引起的非线性相移，入射功率应为多少？假设$\lambda = 1.55$ μm，$A_{eff} = 40$ μm^2，$\alpha = 0.2$ dB/km，$\bar{n}_2 = 2.6 \times 10^{-20}$ m^2/W。

2.20　半极大全宽度为20 ps且峰值功率为5 mW的高斯脉冲在光纤中传输100 km，由自相位调制引起的频率啁啾而产生的最大频移是多少？利用上题中的光纤参数但假设$\alpha = 0$。

参考文献

[1] J. Tyndall, *Proc. Roy. Inst.* **1**, 446(1854).

[2] J. L. Baird, British Patent 285, 738(1927).

[3] C. W. Hansell, U. S. Patent 1, 751, 584(1930).

[4] H. Lamm, *Z. Instrumentenk.* **50**, 579(1930).

[5] A. C. S. van Heel, *Nature* **173**, 39(1954).

[6] B. I. Hirschowitz, L. E. Curtiss, C. W. Peters, and H. M. Pollard, *Gastro-enterology* **35**, 50(1958).

[7] N. S. Kapany, *J. Opt. Soc. Am.* **49**, 779(1959).

[8] N. S. Kapany, *Fiber Optics: Principles and Applications*, Academic Press, San Diego, CA, 1967.

[9] K. C. Kao and G. A. Hockham, *Proc. IEE* **113**, 1151(1966); A. Werts, *Onde Electr.* **45**, 967(1966).

[10] F. P. Kapron, D. B. Keck, and R. D. Maurer, *Appl. Phys. Lett.* **17**, 423(1970).

[11] T. Miya, Y. Terunuma, T. Hosaka, and T. Miyoshita, *Electron. Lett.* **15**, 106(1979).

[12] M. J. Adams, *An Introduction to Optical Waveguides*, Wiley, New York, 1981.

[13] T. Okoshi, *Optical Fibers*, Academic Press, San Diego, CA, 1982.

[14] A. W. Snyder and J. D. Love, *Optical Waveguide Theory*, Chapman & Hall, London, 1983.

[15] L. B. Jeunhomme, *Single-Mode Fiber Optics*, Marcel Dekker, New York, 1990.

[16] E. G. Neumann, *Single-Mode Fibers*, Springer, New York, 1988.

[17] D. Marcuse, *Theory of Dielectric Optical Waveguides*, 2nd ed., Academic Press, San Diego, CA, 1991.

[18] G. Cancellieri, *Single-Mode Optical Fibers*, Pergamon Press, Elmsford, NY, 1991.

[19] J. A. Buck, *Fundamentals of Optical Fibers*, 2nd ed., Wiley, Hoboken, NJ, 2004.

[20] M. Born and E. Wolf, *Principles of Optics*, 7th ed., Cambridge University Press, New York, 1999.

[21] J. Gower, *Optical Communication Systems*, 2nd ed., Prentice Hall, London, 1993.

[22] P. Diament, *Wave Transmission and Fiber Optics*, Macmillan, New York, 1990, Chap. 3.

[23] G. P. Agrawal, *Nonlinear Fiber Optics*, 4th ed., Academic Press, San Diego, CA, 2001.

[24] M. Abramowitz and I. A. Stegun, Eds., *Handbook of Mathematical Functions*, Dover, New York, 1970, Chap. 9.

[25] D. Gloge, *Appl. Opt.* **10**, 2252(1971); **10**, 2442(1971).

[26] D. B. Keck, in *Fundamentals of Optical Fiber Communications*, M. K. Barnoski, Ed., Academic Press, San Diego, CA, 1981.

[27] D. Marcuse, /*J. Opt. Soc. Am.* **68**, 103(1978).

[28] I. H. Malitson, *J. Opt. Soc. Am.* **55**, 1205(1965).

[29] L. G. Cohen, C. Lin, and W. G. French, *Electron. Lett.* **15**, 334(1979).

[30] C. T. Chang, *Electron. Lett.* **15**, 765(1979);*Appl. Opt.* **18**, 2516(1979).
[31] L. G. Cohen, W. L. Mammel, and S. Lumish, *Opt. Lett.* **7**, 183(1982).
[32] S. J. Jang, L. G. Cohen, W. L. Mammel, and M. A. Shaifi, *Bell Syst. Tech. J.* **61**, 385(1982).
[33] V. A. Bhagavatula, M. S. Spotz, W. F. Love, and D. B. Keck, *Electron. Lett.* **19**, 317(1983).
[34] P. Bachamann, D. Leers, H. Wehr, D. V. Wiechert, J. A. van Steenwijk, D. L. A. Tjaden, and E. R. Wehrhahn, *J. Lightwave Technol.* **4**, 858(1986).
[35] B. J. Ainslie and C. R. Day, *J. Lightwave Technol.* **4**, 967(1986).
[36] C. D. Poole and J. Nagel, in *Optical Fiber Telecommunications III*, Vol. A, I. P. Kaminow and T. L. Koch, Eds., Academic Press, San Diego, CA, 1997, Chap. 6.
[37] F. Bruyère, *Opt. Fiber Technol.* **2**, 269(1996).
[38] P. K. A. Wai and C. R. Menyuk, *J. Lightwave Technol.* **14**, 148(1996).
[39] M. Karlsson, *Opt. Lett.* **23**, 688(1998).
[40] G. J. Foschini, R. M. Jopson, L. E. Nelson, and H. Kogelnik, *J. Lightwave Technol.* **17**, 1560(1999).
[41] M. Midrio, *J. Opt. Soc. Am. B* **17**, 169(2000).
[42] B. Huttner, C. Geiser, and N. Gisin, *IEEE J. Sel. Topics Quantum Electron.* **6**, 317(2000).
[43] M. Shtaif and A. Mecozzi, *Opt. Lett.* **25**, 707(2000).
[44] M. Karlsson, J. Brentel, and P. A. Andrekson, *J. Lightwave Technol.* **18**, 941(2000).
[45] Y. Li and A. Yariv, *J. Opt. Soc. Am. B* **17**, 1821(2000).
[46] J. M. Fini and H. A. Haus, *IEEE Photon. Technol. Lett.* **13**, 124(2001).
[47] R. Khosravani and A. E. Willner, *IEEE Photon. Technol. Lett.* **13**, 296(2001).
[48] D. Marcuse, *Appl. Opt.* **19**, 1653(1980); **20**, 3573(1981).
[49] M. Miyagi and S. Nishida, *Appl. Opt.* **18**, 678(1979); **18**, 2237(1979).
[50] G. P. Agrawal and M. J. Potasek, *Opt. Lett.* **11**, 318(1986).
[51] M. Schwartz, *Information, Transmission, Modulation, and Noise*, 4th ed., McGraw-Hill, New York, 1990, Chap. 2.
[52] M. J. Bennett, *IEE Proc.* **130**, Pt. H, 309(1983).
[53] D. Gloge, K. Ogawa, and L. G. Cohen, *Electron. Lett.* **16**, 366(1980).
[54] G. A. Thomas, B. L. Shraiman, P. F. Glodis, and M. J. Stephan, *Nature* **404**, 262(2000).
[55] P. Klocek and G. H. Sigel, Jr., *Infrared Fiber Optics*, Vol. TT2, SPIE, Bellingham, WA, 1989.
[56] T. Katsuyama and H. Matsumura, *Infrared Optical Fibers*, Bristol, Philadelphia, 1989.
[57] J. A. Harrington, Ed., *Infrared Fiber Optics*, SPIE, Bellingham, WA, 1990.
[58] M. F. Churbanov, *J. Non-Cryst. Solids* **184**, 25(1995).
[59] E. A. J. Marcatili, *Bell Syst. Tech. J.* **48**, 2103(1969).
[60] W. B. Gardner, *Bell Syst. Tech. J.* **54**, 457(1975).
[61] D. Marcuse, *Bell Syst. Tech. J.* **55**, 937(1976).
[62] K. Petermann, *Electron. Lett.* **12**, 107(1976);*Opt. Quantum Electron.* **9**, 167(1977).
[63] K. Tanaka, S. Yamada, M. Sumi, and K. Mikoshiba, *Appl. Opt.* **16**, 2391(1977).
[64] W. A. Gambling, H. Matsumura, and C. M. Rodgal, *Opt. Quantum Electron.* **11**, 43(1979).
[65] R. W. Boyd, *Nonlinear Optics*, 3rd ed., Academic Press, Boston, 2008.
[66] R. G. Smith, *Appl. Opt.* **11**, 2489(1972).
[67] R. H. Stolen, E. P. Ippen, and A. R. Tynes, *Appl. Phys. Lett.* **20**, 62(1972).
[68] E. P. Ippen and R. H. Stolen, *Appl. Phys. Lett.* **21**, 539(1972).
[69] D. Cotter, *Electron. Lett.* **18**, 495(1982); *J Opt. Commun.* **4**, 10(1983).
[70] R. W. Tkach, A. R. Chraplyvy, and R. M. Derosier, *Electron. Lett.* **22**, 1011(1986).

[71] R. H. Stolen and C. Lin, *Phys. Rev. A* **17**, 1448(1978).

[72] A. R. Chraplyvy, D. Marcuse, and P. S. Henry, *J. Lightwave Technol.* **2**, 6(1984).

[73] M. J. Potasek and G. P. Agrawal, *Electron. Lett.* **22**, 759(1986).

[74] T. Li, Ed., *Optical Fiber Communications*, Vol. 1, Academic Press, San Diego, CA, 1985, Chaps. 1-4.

[75] T. Izawa and S. Sudo, *Optical Fibers: Materials and Fabrication*, Kluwer Academic, Boston, 1987.

[76] D. J. DiGiovanni, S. K. Das, L. L. Blyler, W. White, R. K. Boncek, and S. E. Golowich, in *Optical Fiber Telecommunications*, Vol. 4A, I. Kaminow and T. Li, Eds., Academic Press, San Diego, CA, 2002, Chap. 2.

[77] M. Monerie, *IEEE J. Quantum Electron.* **18**, 535(1982); *Electron. Lett.* **18**, 642(1982).

[78] M. A. Saifi, S. J. Jang, L. G. Cohen, and J. Stone, *Opt. Lett.* **7**, 43(1982).

[79] Y. W. Li, C. D. Hussey, and T. A. Birks, *J. Lightwave Technol.* **11**, 1812(1993).

[80] R. Lundin, *Appl. Opt.* **32**, 3241(1993); *Appl. Opt.* **33**, 1011(1994).

[81] S. P. Survaiya and R. K. Shevgaonkar, *IEEE Photon. Technol. Lett.* **8**, 803(1996).

[82] S. R. Nagel, J. B. MacChesney, and K. L. Walker, in *Optical Fiber Communications*, Vol. 1, T. Li, Ed., Academic Press, San Diego, CA, 1985, Chap. 1.

[83] A. J. Morrow, A. Sarkar, and P. C. Schultz, in *Optical Fiber Communications*, Vol. 1, T. Li, Ed., Academic Press, San Diego, CA, 1985, Chap. 2.

[84] N. Niizeki, N. Ingaki, and T. Edahiro, in *Optical Fiber Communications*, Vol. 1, T. Li, Ed., Academic Press, San Diego, CA, 1985, Chap. 3.

[85] P. Geittner, H. J. Hagemann, J. Warmer, and H. Wilson, *J. Lightwave Technol.* **4**, 818(1986).

[86] F. V. DiMarcello, C. R. Kurkjian, and J. C. Williams, in *Optical Fiber Communications*, Vol. 1, T. Li, Ed., Academic Press, San Diego, CA, 1985, Chap. 4.

[87] Y. Koike, T. Ishigure, and E. Nihei, *J. Lightwave Technol.* **13**, 1475(1995).

[88] U. Fiedler, G. Reiner, P. Schnitzer, and K. J. Ebeling, *IEEE Photon. Technol. Lett.* **8**, 746(1996).

[89] W. R. White, M. Dueser, W A. Reed, and T. Onishi, *IEEE Photon. Technol. Lett.* **11**, 997(1999).

[90] T. Ishigure, Y. Koike, and J. W. Fleming, *J. Lightwave Technol.* 18, 178(2000).

[91] A. Weinert, *Plastic Optical Fibers: Principles, Components, and Installation*, Wiley, New York, 2000.

[92] J. Zubia and J. Arnie, *Opt. Fiber Technol.* **7**, 101(2001).

[93] W. Daum, J. Krauser, P. E. Zamzow, and O. Ziemann, *POF—Plastic Optical Fibers for Data Communication*, Springer, New York, 2002.

[94] Y. Koike and T. Ishigure, *J. Lightwave Technol.* **24**, 4541(2006).

[95] Y. Koike and S. Takahashi, in *Optical Fiber Telecommunications*, Vol. 5A, I. P. Kaminow, T. Li, and A. E. Willner, Eds., Academic Press, Boston, 2008, Chap. 16.

[96] H. Murata, *Handbook of Optical Fibers and Cables*, Marcel Dekker, New York, 1996.

[97] S. C. Mettler and C. M. Miller, in *Optical Fiber Telecommunications II*, S. E. Miller and I. P. Kaminow, Eds., Academic Press, San Diego, CA, 1988, Chap. 6.

[98] W. C. Young and D. R. Frey, in *Optical Fiber Telecommunications II*, S. E. Miller and I. P. Kaminow, Eds., Academic Press, San Diego, CA, 1988, Chap. 7.

[99] C. M. Miller, S. C. Mettler, and I. A. White, *Optical Fiber Splices and Connectors*, Marcel Dekker, New York, 1986.

第3章 光发射机

光发射机的作用是将输入的电信号转换成相应的光信号，并将光信号发送到作为通信通道的光纤中。光发射机的主要部分是光源，光纤通信系统采用半导体光源，如发光二极管(LED)和半导体激光器(LD)，因为这类光源具有体积小、效率高、可靠性好、波长范围合适、发射面积小，以及能以相对高的频率直接调制的优点。1970年以后，半导体激光器在室温下的连续工作成为可能，使其可以在实际中应用[1]，从此，半导体激光器得到了全面发展。半导体激光器也称为激光二极管或注入激光器，在一些著作中已经对其性能进行了讨论[2~12]。本章主要讨论发光二极管和半导体激光器在光波系统中的应用。3.1 节主要介绍一些基本的概念。3.2 节介绍单模半导体激光器。3.3 节讨论半导体激光器的稳态、调制以及噪声特性。3.4 节介绍通过外调制或直接调制对数据编码。3.5 节讨论发光二极管作为光源的使用。3.6 节介绍光发射机的设计问题。

3.1 半导体激光物理

在正常条件下，所有的材料都是吸收光而不是发射光。吸收过程可以这样理解：如图3.1(a)所示，E_1和E_2分别是吸收介质原子的基态和激发态能级，如果频率为ν的入射光子的能量$h\nu$等于两者的能级差，即$h\nu = E_2 - E_1$，则原子会吸收一个光子并从基态跃迁到激发态。因为在介质内会发生许多这样的吸收事件，结果入射光就会被衰减。

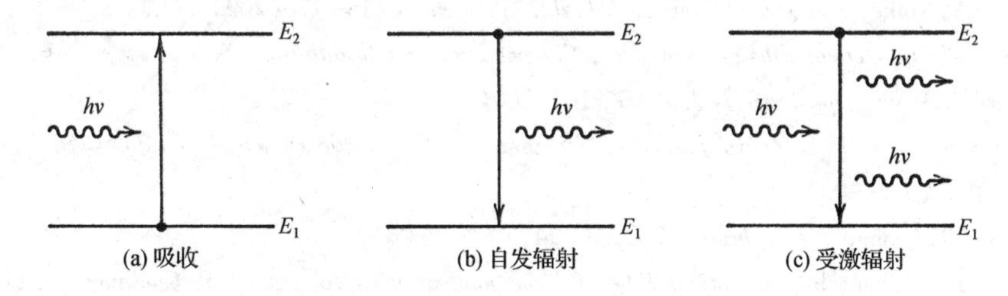

图3.1 在原子两个能级之间发生的三种基本过程

3.1.1 自发辐射和受激辐射

如果原子处于激发态，最终就会回到基态并在此过程中产生光辐射。光辐射能通过自发辐射(spontaneous emission)和受激辐射(stimulated emission)两个基本的过程产生，如图3.1所示。在自发辐射过程中，光子向任意方向辐射，并且它们之间没有相位关系；相反，受激辐射是通过已有光子的激励发生的。受激辐射的显著特征是辐射光子和原始光子不仅能量(或频率)相同，而且在传输方向等其他方面的特性也相同。包括半导体激光器在内的所有激光器，是通过受激辐射发光的，所发的光称为相干光；相反，发光二极管是通过自发辐射发光的，所发的光称为非相干光。

在半导体激光器中，参与受激辐射过程的原子是以晶格形式排列的，结果，不同原子的能级发生融合并形成能带。与此处的讨论有关的两种能带分别称为导带和价带，它们分别是有电子填充的最上面的能带和几乎没有电子填充的第一个能带。通常用图3.2所示的 E-k 图来表示这些能带，这里 $k=p/\hbar$ 表示动量为 p、能量为 E 的电子的波数。如果价带中的一些电子通过电泵浦跃迁到导带，则价带中就会形成空穴。当导带底附近的电子和价带中的空穴复合后就会产生光，在这个复合过程中辐射光子的能量为 $h\nu \approx E_g$，这里 E_g 是半导体的带隙能量。由于 $\nu = c/\lambda$，可以推知半导体激光器只能工作在 $\lambda = hc/E_g$ 附近的特定波长区域。对于一个在1.55 μm附近发光的半导体激光器，它的带隙必须约为0.8 eV宽。

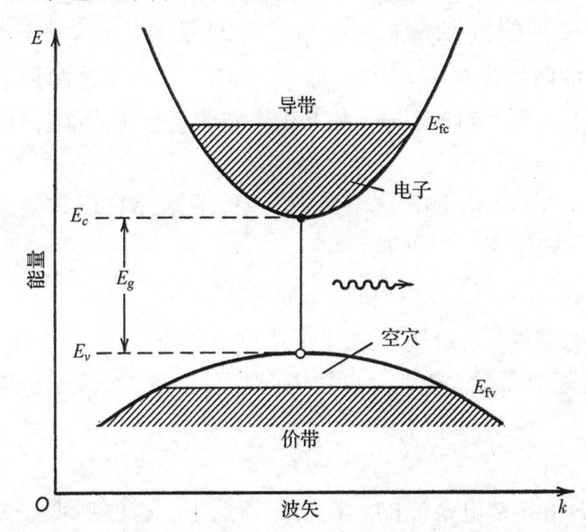

图3.2 半导体的导带和价带。导带中的电子和价带中的空穴通过复合辐射光子

20世纪80年代，工作在1.3 ~ 1.6 μm波长范围的半导体激光器得到了发展，并被广泛应用于光纤通信中。这类半导体激光器是利用通过适当的外延生长技术在InP衬底上一层层生长的四元化合物 $In_{1-x}Ga_xAs_yP_{1-y}$ 制备的，每一层的晶格常数应与InP的晶格常数相匹配，以保持界限清楚的晶格结构，这样在具有不同带隙的任意两个层之间的界面处才不会形成缺陷。摩尔分数 x 和 y 不能任意选取，它们有 $x/y=0.45$ 的关系，以确保晶格常数的匹配。根据经验关系[2]，四元化合物的带隙可以只用 y 表示出来：

$$E_g(y) = 1.35 - 0.72y + 0.12y^2 \tag{3.1.1}$$

式中，$0 \leqslant y \leqslant 1$，$y=1$ 时带隙最窄。对应的三元化合物 $In_{0.55}Ga_{0.45}As$ 在1.65 μm($E_g=0.75$ eV)附近发光。通过适当选择 x 和 y 的数值，$In_{1-x}Ga_xAs_yP_{1-y}$ 激光器可以设计成工作在1.0 ~ 1.65 μm的宽波长范围，这涵盖了对光通信系统非常重要的1.3 ~ 1.6 μm的波长区。

3.1.2 非辐射复合

在任何半导体中，电子和空穴还能够非辐射地复合。非辐射复合机制包括陷阱或缺陷处的复合、表面复合和俄歇复合[3]。俄歇复合对于在1.3 ~ 1.6 μm波长范围发光的半导体激光器尤其重要，因为在这个波长范围有源层的带隙比较窄[2]。在俄歇复合过程中，电子-空穴复合释放的能量以动能形式转移给另外的电子或空穴，而不是发光。

从器件工作的角度，所有的非辐射复合过程都是有害的，因为它们减少了能够发光的电子-空穴对数。非辐射复合的影响通过内量子效率(internal quantum efficiency)来量化：

$$\eta_{\text{int}} = \frac{\tau_{\text{nr}}}{\tau_{\text{rr}} + \tau_{\text{nr}}} \tag{3.1.2}$$

式中，τ_{rr}和τ_{nr}分别是载流子的辐射复合时间和非辐射复合时间，这两个复合时间因半导体而异。通常，对于直接带隙半导体，τ_{rr}和τ_{nr}相当；而对于间接带隙半导体，τ_{nr}只是τ_{rr}的一小部分(约为10^{-5})。如果导带最小值和价带最大值出现在相同的电子波数处(见图3.2)，则这种半导体称为直接带隙半导体。由于在直接带隙半导体中电子-空穴的复合过程容易满足能量和动量守恒条件，因此发生辐射复合的概率很大；相反，在间接带隙半导体中电子-空穴的复合过程需要声子的帮助才能满足动量守恒条件，这个特性减小了在这种半导体中发生辐射复合的概率，并使τ_{rr}相对于τ_{nr}的值显著增加。由式(3.1.2)易知，在这种条件下$\eta_{int} \ll 1$。典型地，对于电子器件通常使用的两种半导体 Si 和 Ge，$\eta_{int} \approx 10^{-5}$。由于这两种半导体都是间接带隙半导体，它们都不适合用于光源。对于 GaAs 和 InP 这样的直接带隙半导体，$\eta_{int} \approx 0.5$，并且当受激辐射占主导地位时$\eta_{int} \approx 1$。

定义载流子寿命(carrier lifetime)τ_c这个量很有用，它表示在没有受激辐射时载流子的总复合时间，可以用如下关系式定义：

$$1/\tau_c = 1/\tau_{rr} + 1/\tau_{nr} \tag{3.1.3}$$

通常，当俄歇复合不能忽略时，τ_c取决于载流子浓度 N，经常用$\tau_c^{-1} = A_{nr} + BN + CN^2$的形式表示，这里$A_{nr}$表示非辐射复合系数，$B$ 表示自发辐射复合系数，C 表示俄歇复合系数。

3.1.3 光增益

半导体激光器是通过 p-n 结电泵浦的。在实际情况下，这种泵浦方式可以用一种 3 层结构(在 p 型和 n 型包层之间夹一个中央芯层)来实现，两种包层都是重掺杂的，因此在 p-n 结正向偏置时可以使准费米能级间隔$E_{fc} - E_{fv}$超过带隙能量E_g(见图3.2)。图3.3 给出了典型的宽面半导体激光器的3 层结构及其物理尺寸，在全部 3 个方向上整个激光器芯片的尺寸通常都小于1 mm，形成一种超紧凑的设计。

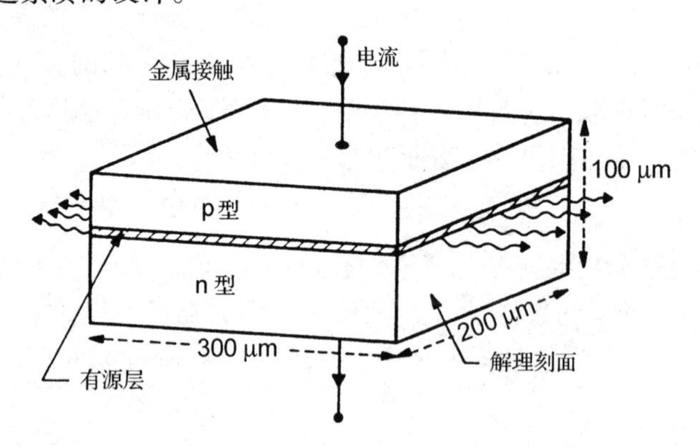

图3.3 典型半导体激光器的示意图，其中有源层(阴影区)夹在具有较宽带隙的 p 型和 n 型包层之间

图3.3 中的中央芯层是由能发光的半导体制作的，也被称为有源层；包层是用带隙比有源层的带隙宽的半导体制作的。这两种半导体之间的带隙差有助于将电子和空穴限制在有源层内；同时，有源层的折射率比周围包层的折射率稍大，能起到平面波导的作用，而且通过改变有源层的厚度能控制该平面波导的模式数。重点是，这种异质结构设计不但有助于限制注入载流子(电子和空穴)，还有助于限制通过电子-空穴复合在有源层内产生的光子。第三个特点是，由于两个包层的带隙较宽，它们对辐射光是透明的，因此形成一种低损耗的结构。这些特点使半导体激光器有广泛的实际应用。

当有源层中的注入载流子浓度超过一定值时，才会发生粒子数反转并实现光增益。在有源层中传输的输入信号以 $\exp(gL)$ 的因子被放大，这里 g 是增益系数(gain coefficient)，L 是有源层长度。g 的计算需要光子的吸收速率和受激辐射速率，这取决于有源材料能带结构的细节。一般来说，g 是通过数值计算得到的。图3.4(a)给出了当注入载流子浓度 N 取不同值时，计算得到的1.3 μm 的 InGaAsP 有源层的光增益。由图可见，当 $N=1\times10^{18}\ \text{cm}^{-3}$ 时，$g<0$，因为此时还没有发生粒子数反转；当 N 增加时，g 在某个频谱范围内变为正值，并且随着 N 的增加而增大。峰值增益 g_p 也随 N 的增加而增大，并向光子能量较高的方向位移。g_p 随 N 的变化关系如图3.4(b)所示，当 $N>1.5\times10^{18}\ \text{cm}^{-3}$ 时，g_p 随 N 几乎呈线性变化。图3.4表明，一旦实现了粒子数反转，半导体中的光增益就会迅速增加，正是由于这种高增益，才可以制作物理尺寸小于1 mm 的半导体激光器。

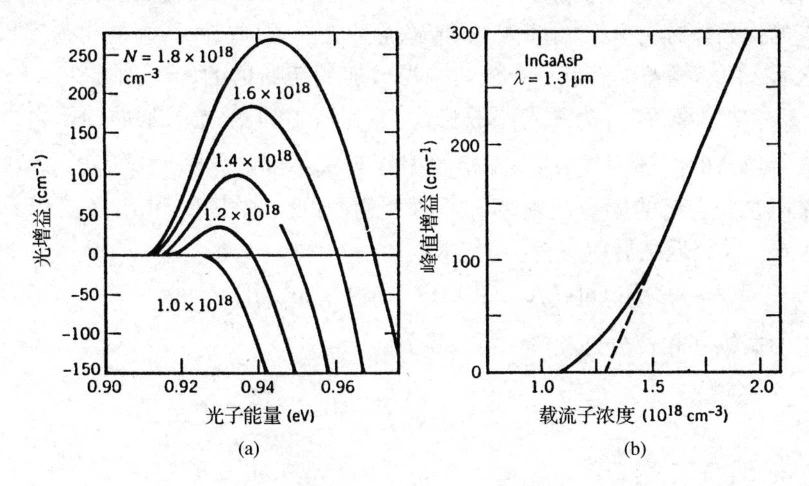

图3.4　(a)1.3 μm 激光器在不同载流子浓度时的增益谱；(b)峰值增益 g_p 随 N 的变化曲线，虚线所示为高增益区的线性拟合

g_p 与 N 近似线性的关系暗示有一种经验方法可以将峰值增益近似成

$$g_p(N)=\sigma_g(N-N_T) \tag{3.1.4}$$

式中，N_T 是透明载流子浓度，σ_g 是增益截面，也称微分增益(differential gain)。对于 InGaAsP 半导体激光器来说，N_T 和 σ_g 的典型值分别在 $1.0\sim1.5\times10^{18}\ \text{cm}^{-3}$ 和 $2\sim3\times10^{-16}\ \text{cm}^2$ 的范围[2]。正如在图3.4(b)中看到的，在 g_p 超过 $100\ \text{cm}^{-1}$ 的高增益区，式(3.1.4)的近似值是合理的，大多数半导体激光器都工作在这个区域。由于能带结构的细节不直接出现，用式(3.1.4)可以大大简化分析过程。参数 N_T 和 σ_g 的数值能通过如图3.4(b)所示的数值计算估计得到，或通过实验测量得到。

由于在较低的载流子浓度(同样地，或较小的注入电流)下能实现同样的增益，所以参数 σ_g 越大，半导体激光器的性能通常越好。在量子阱半导体激光器中，σ_g 通常增大到约为两倍。式(3.1.4)中峰值增益的线性近似在一个有限的范围内也能使用；用 $g_p(N)=g_0[1+\ln(N/N_0)]$ 替代式(3.1.4)会得到更好的近似，这里，当 $N=N_0$ 时 $g_p=g_0$，利用当 $N=N_T$ 时峰值增益 $g_p=0$，可得 $N_0=\text{e}N_T\approx2.718N_T$[3]。

3.1.4　反馈和激光器阈值

对于激光器工作来说，只有光增益是不够的，另一个必要的组成部分是光反馈(optical

feedback),它将任何一个光放大器转换成振荡器。在大部分激光器中,反馈是通过构成法布里-珀罗(F-P)腔(内有增益介质)的两个反射镜实现的。由于在空气-半导体界面之间存在较大的折射率差,两个解理刻面也能起到反射镜的作用(见图3.3),于是半导体激光器不需要外部的反射镜。解理刻面的反射率为

$$R_m = \left(\frac{n-1}{n+1}\right)^2 \tag{3.1.5}$$

式中,n 是增益介质的折射率。典型地,当 $n=3.5$ 时,解理刻面的反射率可达30%。尽管由两个解理刻面构成的法布里-珀罗腔的损耗较高,但是半导体激光器的增益足够大,这些高损耗是能够容忍的。

获得阈值条件的一种简单方法是研究光模在法布里-珀罗腔内完成一次往返时其振幅的变化。假设光模的初始振幅为 A_0,频率为 ν,传输常数 $\beta=\bar{n}(2\pi\nu)/c$,这里 $\bar{n}$ 为模折射率。在完成一次往返之后,由于增益的存在,光模的振幅增加到初始值的 $\exp[2(g/2)L]$ 倍,相位改变了 $2\beta L$,这里 g 为功率增益,L 为激光器的腔长。同时,由于激光器刻面的反射以及由载流子吸收和界面散射导致的内部损耗 α_{int},光模的振幅会减小到初始值的 $\sqrt{R_1R_2}\exp(-\alpha_{\text{int}}L)$。如果对刻面镀膜以改变它们的固有反射率,则两个刻面的反射率 R_1 和 R_2 还可以不同。在稳态时,光模在完成一次往返之后应保持不变,即

$$A_0\exp(gL)\sqrt{R_1R_2}\exp(-\alpha_{\text{int}}L)\exp(2i\beta L) = A_0 \tag{3.1.6}$$

令上式中两边的振幅和相位分别相等,可以得到

$$g = \alpha_{\text{int}} + \frac{1}{2L}\ln\left(\frac{1}{R_1R_2}\right) = \alpha_{\text{int}} + \alpha_{\text{mir}} = \alpha_{\text{cav}} \tag{3.1.7}$$

$$2\beta L = 2m\pi \qquad \text{或} \qquad \nu = \nu_m = mc/2\bar{n}L \tag{3.1.8}$$

式中,m 是一个整数。式(3.1.7)表明,在阈值或阈值以上增益 g 等于腔的总损耗 α_{cav},需要着重指出的是,g 与图3.4中的材料增益 g_m 不同。光模扩展到有源层之外,而增益只在有源层内部存在,结果为 $g=\Gamma g_m$,这里 Γ 为有源层的限制因子,典型值小于0.4。

3.1.5 纵模

式(3.1.8)中的相位条件表明,激光频率 ν 必须与频率序列 ν_m 之一相匹配,这里 m 为一个整数。这些频率对应不同的纵模(longitudinal mode),由光学长度 $\bar{n}L$ 决定,纵模之间的间隔 $\Delta\nu_L$ 为一个常数。实际上,当包括材料色散后,纵模间隔和任意法布里-珀罗谐振腔的自由光谱范围一样[2],由 $\Delta\nu_L = c/2n_gL$ 给定,这里 n_g 为群折射率。典型地,当 $L=250\ \mu\text{m}$ 时,$\Delta\nu_L = 150\ \text{GHz}$。

半导体激光器通常辐射同时包含几个腔纵模的光。正如在图3.5中看到的,半导体激光器的增益谱 $g(\omega)$ 是非常宽的(带宽约为10 THz),因此法布里-珀罗腔的许多纵模可以同时获得增益,其中最接近峰值增益的纵模成为主模。在理想条件下,由于其他模式的增益总是小于主模增益,这些模式不应该达到阈值。实际上,由于不同模式的增益差别非常小(约为 $0.1\ \text{cm}^{-1}$),主模每侧一个或两个邻近的模式和主模一起携带了很大一部分激光功率。因为群速度色散,每个模式在光纤中传输的速度略有不同,半导体激光器的多纵模特性经常限制了工作在1.55 μm波长附近的光波系统的比特率。可以通过设计以单纵模形式振荡的激光器来改善光波系统的性能,这种激光器将在3.2节中讨论。

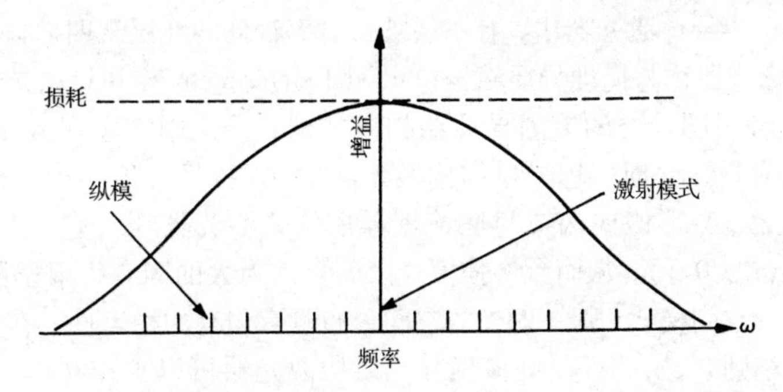

图3.5　半导体激光器增益和损耗曲线的示意图。垂直短线表示出纵模的位置

3.1.6　激光器结构

结构最简单的半导体激光器由薄的有源层(厚度为0.1 μm或更薄)组成,有源层夹在具有较宽带隙的另一种半导体的p型和n型包层之间。由于电流是在覆盖激光器芯片整个宽度的相对宽的区域上注入的,因此这种激光器也称为宽面或宽条形(broad-area)激光器(见图3.3),激光是从两个解理刻面辐射的,椭圆形光斑的面积约为$1\times100\ \mu m^2$。在垂直于结平面的横向,由于有源层只支持TE_0和TM_0两个模式,光斑尺寸约为1 μm。实际上,由于TE_0模的增益略高,激光是在结平面内偏振的。由于在侧向(平行于结平面)不存在限制机制,辐射光会在宽面激光器的整个宽度上扩展,形成高度椭圆形的光束。这种激光器有许多缺陷,很少在实际情况下使用,主要缺陷是相对高的阈值电流和随电流以不可控的方式变化的空间斑图。这些问题能通过在侧向引入限制光的机制来解决。

在所谓的折射率导引(index-guided)半导体激光器中,光限制问题是通过在侧向引入折射率阶跃Δn_L以便形成矩形波导来解决的,图3.6所示为两种常见的设计方案。在脊波导激光器(ridge-waveguide laser)中[见图3.6(a)],首先通过刻蚀大部分上包层形成脊[2],然后在脊两侧沉积石英层以阻止电流,这样电流仅通过脊进入有源层。由于形成脊的包层材料的折射率比石英的高得多,在脊下面模折射率也较高,导致折射率阶跃$\Delta n_L\approx0.01$,这个折射率阶跃在侧向导引光模。折射率阶跃的大小对许多制造细节很敏感,如脊宽度、石英层到有源层的距离等,尽管这种方案只能提供微弱的侧向限制,脊波导设计相对简单以及由此产生的低成本使这种设计方案对一些应用非常有吸引力。

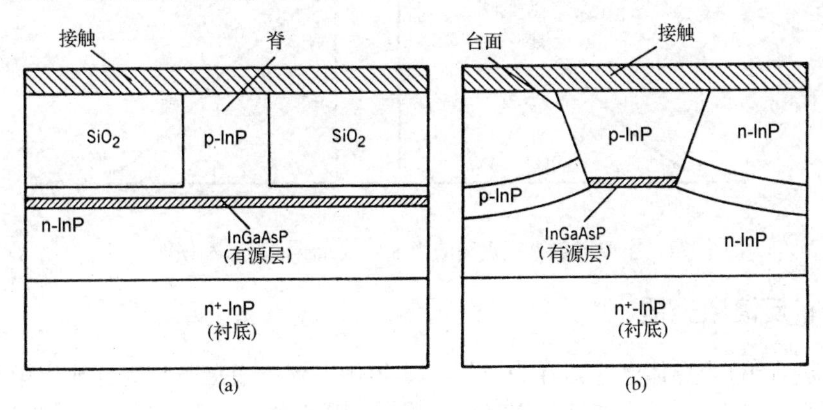

图3.6　(a)脊波导激光器的横截面;(b)掩埋异质结构激光器的横截面

在强折射率导引半导体激光器中，有源层被折射率较低的几层从四面掩埋(典型尺寸约为 $0.1\times1\ \mu m^2$)，这种激光器称为掩埋异质结构(Buried Heterostructure, BH)激光器[见图3.6(b)]。现在已经发展了几种不同种类的掩埋异质结构激光器，根据用来实现激光器结构的制作方法，可以将它们称为刻蚀台面掩埋异质结构激光器、平面掩埋异质结构激光器、双沟道平面掩埋异质结构激光器、V形槽或沟道衬底掩埋异质结构激光器[2]。它们都允许在侧向有较大的折射率阶跃($\Delta n_L>0.1$)，从而允许强模式限制。因为大的固有折射率阶跃，如果将激光器设计成仅支持单一空间模式，则辐射光的空间分布具有固有的稳定性。在实际应用中，如果将有源层的宽度减小到 2 μm 以下，则掩埋异质结构激光器可以工作在单一模式。光斑仍保持为椭圆形，其典型尺寸为 $2\times1\ \mu m^2$。因为光斑尺寸非常小，从激光器输出的光束会在侧向和横向上发生显著衍射，椭圆形光斑以及大发散角使光很难有效地耦合进光纤。有时，可以用模斑转换器来改善耦合效率。

3.2 单模半导体激光器

正如前面讨论的，由于腔内两个相邻模式之间的增益差别较小(约为 $0.1\ cm^{-1}$)，半导体激光器同时在几个模式上振荡，由此导致的谱宽(2 ~ 4 nm)对一些应用是可以接受的，但对许多其他应用则是需要关注的事。本节将主要介绍能用来设计主要以单纵模发光的半导体激光器的技术[13~20]。

基本思想是设计一种损耗因腔内纵模的不同而异的激光器，与此相反，法布里-珀罗激光器的损耗是与模式无关的。图3.7给出了这种激光器的增益和损耗曲线，其中具有最小腔损耗的纵模首先达到阈值并最终变成主模，其他邻近的模式通过它们较高的损耗来区别，这些边模携带的功率通常是总辐射功率的一小部分(小于1%)。单模激光器的性能经常用模式抑制比(Mode-Suppression Ratio, MSR)来表征，它定义为 $MSR=P_{mm}/P_{sm}$，这里 P_{mm} 为主模的功率，P_{sm} 为最主要的边模的功率。一个好的单模激光器其模式抑制比应超过1000(或30 dB)。

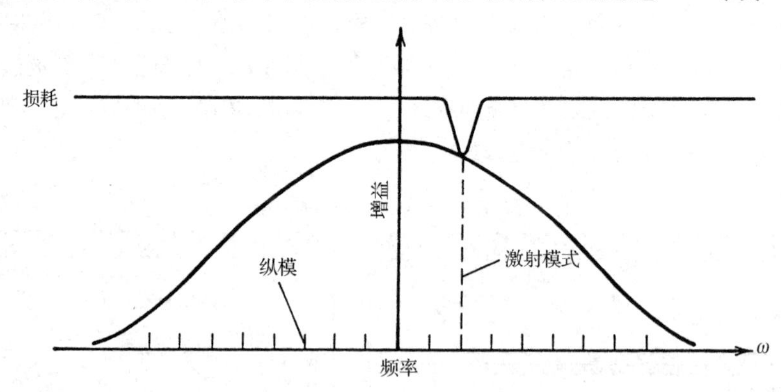

图3.7 主要以单纵模振荡的半导体激光器的增益和损耗曲线

3.2.1 分布反馈激光器

分布反馈(DFB)半导体激光器在20世纪80年代得到了发展，并例行地应用在波分复用(WDM)光波系统中[15~20]。正如其名称暗示的那样，DFB激光器中的反馈不是局域在刻面处，而是分布在整个腔长上。分布反馈可以通过内置的光栅来实现，这种光栅可以使模折射率发生周期性的变化，于是反馈就通过布拉格衍射(Bragg diffraction)产生了，布拉格衍射是一种使前向和后向传输的波发生耦合的现象。分布反馈机制的模式选择是由布拉格条件(Bragg condition)引起的：耦合仅发生在满足

$$\Lambda = m(\lambda_B/2\bar{n}) \tag{3.2.1}$$

的波长λ_B处，式中，Λ是光栅周期，$\bar{n}$是平均模折射率，整数m表示布拉格衍射的级次。对于一级($m=1$)布拉格衍射，前向波和后向波的耦合最强。对于工作在$\lambda_B=1.55$ μm的DFB激光器，如果选取式(3.2.1)中的$m=1$和$\bar{n}=3.3$，则Λ约为235 nm。这种光栅可以用全息技术来制作[2]。

从器件工作的角度，采用分布反馈机制的半导体激光器可以分成两个大类：DFB激光器和分布布拉格反射(Distributed Bragg Reflector, DBR)激光器，图3.8给出了这两种激光器的结构图。尽管DFB激光器的反馈发生在整个腔长上，但在DBR激光器的有源区内没有反馈发生。事实上，DBR激光器的端部起到腔镜的作用，其反射率在满足式(3.2.1)的波长λ_B处最高。因此，接近λ_B的纵模的腔损耗最小，而其他纵模的腔损耗大幅增加(见图3.7)。模式抑制比是由增益裕度决定的，增益裕度定义为最主要的边模达到阈值所需要的额外增益。对于连续工作的DFB激光器，3～5 cm^{-1}的增益裕度通常足以实现MSR>30 dB[16]；然而，当DFB激光器被直接调制时，需要更大的增益裕度(大于10 cm^{-1})。相移DFB激光器(phase-shifted DFB laser)[15]因为比传统的DFB激光器具有大得多的增益裕度，因此经常使用，在这种激光器的中间，光栅每移动$\lambda_B/4$能产生$\pi/2$的相移。导致器件性能得到改善的另一种设计称为增益耦合DFB激光器(gain-coupled DFB laser)[21]。在这些激光器中，光增益和模折射率都会沿腔长周期性地变化。

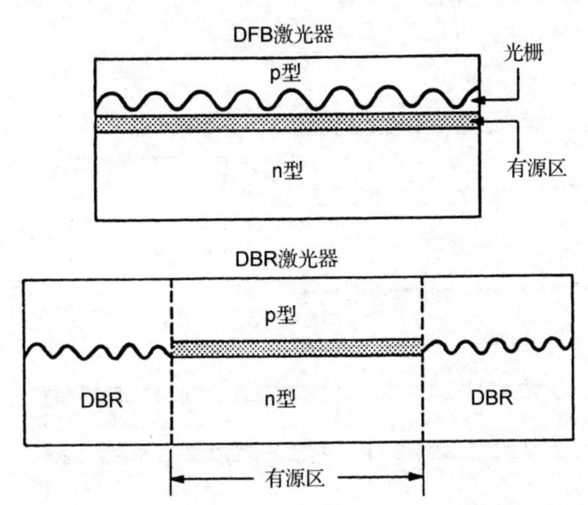

图3.8　分布反馈(DFB)和分布布拉格反射(DBR)激光器的结构图，阴影区域表示有源区，波浪线表示存在布拉格光栅

DFB半导体激光器的制作需要多次外延生长等先进技术[18]。DFB激光器和法布里-珀罗激光器的主要区别是，光栅被刻蚀到围绕有源层的其中一个包层上。折射率在有源层折射率和衬底折射率之间的薄的n型波导层起到光栅的作用，波导层厚度的周期性变化转换成模折射率$\bar{n}$沿腔长的周期性变化，从而导致通过布拉格衍射引起的前向传输波和后向传输波之间的耦合。

全息技术经常用来制作栅距约为0.2 μm的光栅，其工作原理是，在沉积到晶圆表面的光刻胶上通过两个光束的干涉形成条纹图样，然后再通过化学方法刻蚀。在另一种电子束刻蚀技术中，用电子束在电子束光刻胶上写入想要的条纹图样。这两种方法都需要用化学刻蚀的

方法来形成光栅皱褶，并用带有图样的光刻胶作为掩模。一旦光栅被刻蚀到衬底上，就通过外延生长技术生长多个层。制作如图 3.6(b)所示的掩埋异质结构的器件还需要外延再生长技术。尽管这些技术非常复杂，但 DFB 激光器已经进入常规商业生产阶段，它们用于工作在 2.5 Gbps或更高比特率下的几乎全部 1.55 μm 光通信系统之中。DFB 激光器是非常可靠的，自从 1992 年以来就已经用在所有跨洋光波系统中。

3.2.2 耦合腔半导体激光器

在耦合腔(coupled-cavity)半导体激光器中[2]，通过耦合激光腔和一个外腔来实现单模工作，外腔反馈一部分出射光回到激光腔内。由于光在外腔中会产生相移，因此从外腔反馈的光场相位不必与激光腔内的光场相位相同，只有对波长与外腔某个纵模的波长几乎相同的那些激光模式才能发生同相反馈。事实上，面向外腔的激光器刻面的有效反射率是与波长有关的，导致在某些波长处的腔损耗较小，其中最接近峰值增益且具有最小腔损耗的纵模成为主模。

已经发展了几种不同的耦合腔方案来制作单模激光器，图 3.9 给出了其中三种类型。一种简单的方案是将半导体激光器辐射的光耦合到一个外部光栅中[见图 3.9(a)]，为了提供强耦合，有必要通过镀抗反射膜(增透膜)来减小面向外部光栅的解理刻面的固有反射率，这种激光器称为外腔(external-cavity)半导体激光器，因为它的可调谐性，这种外腔半导体激光器已经受到了极大关注[13]。简单通过旋转光栅，由耦合腔机制选择的单纵模的波长可以在一个很宽的范围内(典型值为 50 nm)调谐。对于用在 WDM 光波系统中的激光器而言，波长可调谐是一个希望得到的特性。从系统的角度，如图 3.9(a)所示的激光器的一个缺点是它的非单片特性，因此实现光发射机所需要的机械稳定性比较困难。

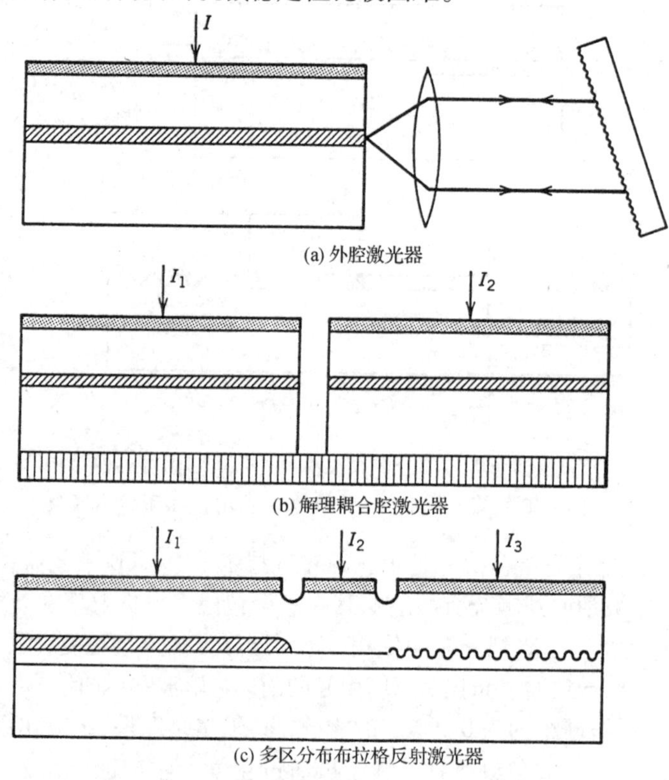

图 3.9 耦合腔激光器的结构

耦合腔半导体激光器的单片设计是由如图3.9(b)所示的解理耦合腔激光器提供的[14]，这种激光器是这样制作的：将传统的多模半导体激光器从中间切开，从而把激光器分成长度大致相同但被窄的空气隙(宽度约为1 μm)隔开的两部分，只要空气隙不是太宽，解理刻面的反射率(约为30%)就允许这两部分之间产生足够的耦合。通过改变其中一个腔(起模式控制器的作用)的注入电流，甚至能在约为0～20 nm的调谐范围内调谐这种激光器的波长，然而这种波长调谐不是连续的，因为它对应约为2 nm的连续跳模。

3.2.3　可调谐半导体激光器

现代WDM光波系统需要波长不随时间变化的单模窄线宽激光器，DFB半导体激光器能满足这一要求，但是它们的波长稳定性是以牺牲波长调谐性为代价的。在WDM光发射机中使用大量的DFB激光器，使这种光波系统的设计和维护是非常昂贵且不实际的，波长能在一个宽范围内调谐的半导体激光器可以解决这个问题[11]。

20世纪90年代，多区DFB和DBR激光器得到了发展，以满足多少有点矛盾的稳定性和调谐性的要求[22～31]。图3.9(c)给出了一种典型的激光器结构，它由3个区组成，分别称为有源区、相位控制区和布拉格区，通过注入不同的电流能对它们独立施加偏置。用注入布拉格区的电流通过载流子引起的模折射率$\bar{n}$的变化能改变布拉格波长($\lambda_B = 2\bar{n}\Lambda$)，用注入相位控制区的电流通过该区中的载流子引起的折射率变化能改变DBR反馈的相位，通过控制相位控制区和布拉格区的电流能在10～15 nm的范围内几乎连续地调谐激光器的波长。1997年，这种激光器的最大调谐范围可达17 nm，最大输出功率可达100 mW，并且有很高的稳定性[26]。

最近几年已经发展了可调谐DFB激光器的其他几种设计方案。在一种方案中，通过改变光栅周期Λ或沿腔长的模折射率$\bar{n}$使DBR激光器内部的内置光栅产生啁啾，正如在式(3.2.1)中看到的，布拉格波长自身随腔长变化，既然激光器的波长是由布拉格条件决定的，这种激光器能在由光栅啁啾决定的波长范围内调谐。在这一基本思想的一个简单实现中，光栅周期保持不变，通过弯曲波导来改变有效模折射率$\bar{n}$。这种多区DFB激光器的波长调谐范围可达5.5 nm，同时保持具有高模式抑制比的单纵模工作[22]。

在另一种方案中，多区激光器的DBR区采用了超结构光栅或采样光栅[23～25]。在这种光栅中，耦合系数的振幅或相位是沿光栅长度方向以周期方式调制的，结果，反射率峰值出现在几个波长处，并且这些波长的间隔是由调制周期决定的。这种多区DBR激光器的波长能在超过100 nm的波长范围内不连续地调谐。1995年，通过控制相位控制区的电流，用超结构光栅实现了40 nm的准连续调谐范围[23]。通过使用一个四区器件[在如图3.9(c)所示器件的左侧加入另外一个DBR区]，使波长调谐范围显著增加。每个DBR区都支持自己的波长梳，但每个波长梳的间隔是不相同的，在两个波长梳中同时出现的波长才会成为能在一个宽范围内调谐的输出波长(类似于游标效应)。

在另一种被称为可调谐双波导激光器的设计中[31]，在标准的分布反馈结构内部垂直加入一个调谐层，采用两个不同的采样光栅来调谐，如图3.10所示。与三区或四区DBR设计相比，这种器件的制作和工作简单得多。这种激光器能在0～40 nm的波长范围内调谐，同时保持较高的输出功率(约为10 mW)和高模式抑制比(大于30 dB)。由于有源层和调谐层是通过无源的n型InP层隔开的，这种器件由两个能独立偏置的垂直堆栈的p-i-n二极管组成。同时，有源层和调谐层起到中间层—InP层(有较高的折射率)的包层的作用，这就形成了一个光波导，因此光模强度的峰值出现在这个中间层中。因为有一大部分光模存在于有源层和调谐层中，这两个电隔离的二极管就会在垂直方向发生光耦合，于是通过用两个采样光栅实现的游标效应使模式波长的调谐范围增大。

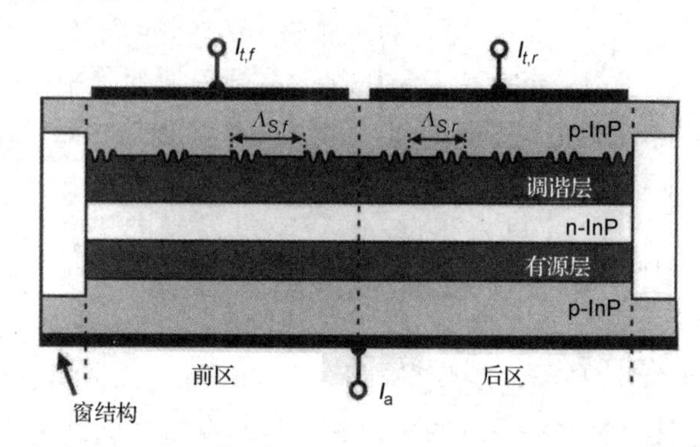

图 3.10 可调谐双波导激光器的示意图，其中通过带有两个采样光栅的垂直集成的调谐层来调谐波长[31]（经ⓒ 2007 IEEE授权引用）

3.2.4 垂直腔面发射激光器

20 世纪 90 年代，出现了一种被称为垂直腔面发射激光器（Vertical-Cavity Surface-Emitting Laser，VCSEL）的新型激光器，这种激光器有很多潜在的应用[32~43]。垂直腔面发射激光器由于腔长极短（约为 1 μm），其纵模间隔超过了增益带宽，因此以单纵模方式工作。垂直腔面发射激光器在垂直于有源层平面的方向发光，这与面发射发光二极管的发光方式类似，而且所发光是圆形光束的形式，这样能高效地耦合到单模光纤中。这些特性导致垂直腔面发射激光器有很多优点，因此迅速为光纤通信系统所接受。

正如在图 3.11 看到的，垂直腔面发射激光器的制作需要在衬底上生长多个薄层，其中有源层采用一个或几个量子阱的形式，它被在其两侧通过外延生长的两个高反射率（大于 99.5%）DBR 镜包围，这样就形成了一个高 Q 值的微腔[34]。每个 DBR 镜是通过交替生长多对 GaAs 和 AlAs 层制成的，每一层的厚度为 $\lambda/4$，这里 λ 为垂直腔面发射激光器辐射光的波长。工作在 1.55 μm 波长区的垂直腔面发射激光器有时采用晶圆键合技术，以适应 InGaAsP 有源层[37]。通过化学刻蚀或相关的技术制成各个圆盘（每个圆盘对应一个垂直腔面发射激光器），其半径能在一个宽范围内（一般为 5 ~ 20 μm）变化。由于光辐射的垂直特性，在不分离激光器的情况下就能进行垂直腔面发射激光器整个二维阵列的测试。结果，垂直腔面发射激光器的成本能比其他边发射激光器的低得多；还有，垂直腔面发射激光器的阈值相当低（约为 1 mA，甚至更小）。由于其有源区的体积小，垂直腔面发射激光器的唯一不足是它所发光的功率不能超过数 mW。基于这个原因，垂直腔面发射激光器主要在局域网和数据通信应用中使用，并且实际上已经取代了发光二极管。早期的垂直腔面发射激光器是为在 0.8 μm 波长附近发光而设计的，因为它们的直径相对较大（约为 10 μm），这些垂直腔面发射激光器工作在多横模状态。

近几年来，垂直腔面发射激光器技术已经非常先进，垂直腔面发射激光器能设计成工作在从 650 nm 延伸到 1600 nm 的宽波长范围[41]，其中在 1.3 μm 和 1.55 μm 波长窗口的应用需要垂直腔面发射激光器工作在单横模状态。到 2001 年，已经出现了几种用来控制垂直腔面发射激光器的横模的技术，其中最常见的是氧化限制技术，在这种技术中，起到介质孔径作用的绝缘氧化铝层将电流和光模限制在直径小于 3 μm 的区域（见图 3.11）。这种垂直腔面发射激光器以窄线宽单模工作，只要其较低的输出功率可以接受，则能取代在许多光波系统中应用的分布反馈激光器。由于垂直腔面发射激光器的封装成本较低，它们对数据传输以及本地环路应用特别有用。垂直腔面发射激光器还非常适合应用于WDM系统中，这基于两个原因：其一，能制成二维垂直腔面发射激光器阵列，其中阵列中的每个激光器可以工作在不同波长；其二，用微机电系统（MEMS）技术，能在一个宽范围内（大于50 nm）调谐垂直腔面发射激光器的波长[35]。

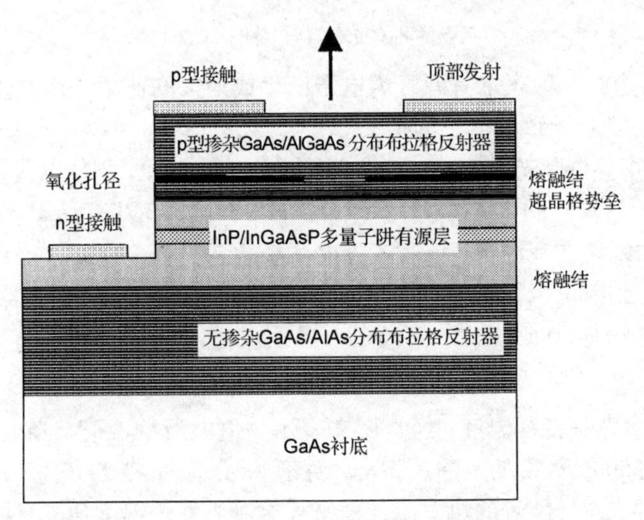

图3.11 用晶圆键合技术制作的1.55 μm垂直腔面发射激光器的示意图[37]（经ⓒ2000 IEEE授权引用）

3.3 激光器的工作特性

半导体激光器的工作可以用一组速率方程来很好地描述，这些速率方程支配着有源区内光子和电子的相互作用。本节中，首先使用速率方程来讨论半导体激光器的连续（CW）工作特性和调制特性，然后主要讨论半导体激光器的强度噪声和频谱带宽。

3.3.1 连续工作特性

速率方程的严格推导通常是从麦克斯韦方程组开始的。在通过光子数P、电子数N在有源区内随时间的变化考虑到各种物理现象后，可以试探性地写出速率方程。对于单模激光器，这些方程可以写成[2]

$$\frac{\mathrm{d}P}{\mathrm{d}t}=GP+R_{\mathrm{sp}}-\frac{P}{\tau_p} \tag{3.3.1}$$

$$\frac{\mathrm{d}N}{\mathrm{d}t}=\frac{I}{q}-\frac{N}{\tau_c}-GP \tag{3.3.2}$$

式中，净受激辐射速率G定义为

$$G=\Gamma v_g g_m=G_N(N-N_0) \tag{3.3.3}$$

式中，R_{sp}是进入激射模式的自发辐射速率。注意，R_{sp}比总自发辐射速率小得多，这是因为尽管自发辐射在一个宽光谱范围内（40～50 nm）沿各个方向发生，但其中只有沿腔轴传输并以激光频率辐射的一小部分事实上对方程式（3.3.1）有贡献。实际上，R_{sp}与G有$R_{\mathrm{sp}}=n_{\mathrm{sp}}G$的关系，这里 n_{sp} 为自发辐射因子，对于半导体激光器来说 n_{sp} 的值约为 2[2]。速率方程中的变量 N 表示电子的数量而不是载流子浓度，两者通过有源区的体积 V 相联系。在式(3.3.3)中，v_g 为群速度，Γ 为限制因子，g_m 为在模式频率处的材料增益。由式(3.1.4)可知，G 随 N 呈线性变化；在式(3.3.3)中 $G_N = \Gamma v_g \sigma_g / V$，$N_0 = N_T V$。

方程式(3.3.1)中的最后一项是考虑到腔内光子的损耗。参数 τ_p 指的是光子寿命(photon lifetime)，它与式(3.1.7)引入的腔损耗(cavity loss)α_{cav} 的关系为

$$\tau_p^{-1} = v_g \alpha_{\mathrm{cav}} = v_g(\alpha_{\mathrm{mir}} + \alpha_{\mathrm{int}}) \tag{3.3.4}$$

方程式(3.3.2)中右边的 3 项表示有源区内电子产生或消失的速率，其中载流子寿命 τ_c 包括了由自发辐射和非辐射复合导致的电子的损失。

P-I 曲线表征了半导体激光器的辐射特性，因为它不仅指示了阈值电流，还指示了为获得一定的功率需要施加的电流。图 3.12 给出了一个 1.3 μm 波长的 InGaAsP 激光器在 10 ~ 130 ℃ 温度范围内的 *P-I* 曲线。在室温下，该激光器的阈值电流约为 20 mA；当施加 100 mA 的电流时，该激光器从每个刻面可以辐射 10 mW 的输出功率。在高温下，激光器的性能将劣化。阈值电流随温度呈指数增加，即

$$I_{\mathrm{th}}(T) = I_0 \exp(T/T_0) \tag{3.3.5}$$

式中，I_0 是一个常数，T_0 是特征温度，经常用来表示阈值电流的温度敏感性。对于 InGaAsP 激光器来说，T_0 通常在 50 ~ 70 K 的范围。相反，对于 GaAs 激光器 T_0 超过 120 K。因为 InGaAsP 激光器的温度敏感性，通过内置的热电冷却器来控制激光器的温度通常是必要的。

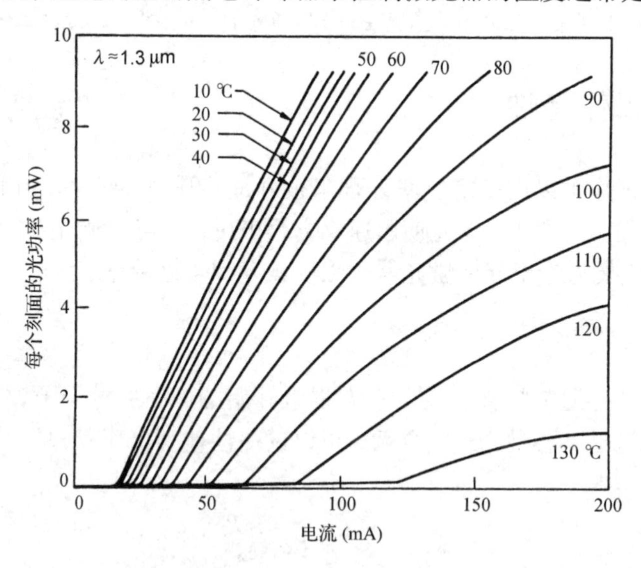

图 3.12 1.3 μm 波长掩埋异质结构激光器在不同温度下的 *P-I* 曲线

速率方程能用来理解在图 3.12 中看到的大多数特性。在以恒定电流 I 连续工作的情况下，方程式(3.3.1)和方程式(3.3.2)中的时间导数可设为零，如果令 $R_{sp} = 0$ 而忽略自发辐射，则解的形式就会非常简单。当电流满足 $G\tau_p < 1$ 时，$P = 0$ 且 $N = \tau_c I/q$；当电流满足 $G\tau_p = 1$ 时达到阈值；然后，载流子数量被钳制在阈值 $N_{th} = N_0 + (G_N \tau_p)^{-1}$。阈值电流为

$$I_{\mathrm{th}} = \frac{qN_{\mathrm{th}}}{\tau_c} = \frac{q}{\tau_c}\left(N_0 + \frac{1}{G_N \tau_p}\right) \tag{3.3.6}$$

当 $I > I_{th}$ 时，光子数 P 随电流 I 呈线性增加，即

$$P = (\tau_p/q)(I - I_{th}) \tag{3.3.7}$$

辐射功率 P_e 与 P 的关系为

$$P_e = \frac{1}{2}(v_g\alpha_{mir})\hbar\omega P \tag{3.3.8}$$

如果注意到 $v_g\alpha_{mir}$ 是能量为 $\hbar\omega$ 的光子从两个刻面逃逸的速率，则式(3.3.8)的推导是非常直观的。因子 1/2 使 P_e 表示从法布里-珀罗激光器的每个刻面辐射的功率(两个刻面的反射率相等)，对于刻面镀膜的法布里-珀罗激光器或 DFB 激光器来说，式(3.3.8)需要适当修正[2]。将式(3.3.4)和式(3.3.7)代入式(3.3.8)，可得辐射功率为

$$P_e = \frac{\hbar\omega}{2q}\frac{\eta_{int}\alpha_{mir}}{\alpha_{mir}+\alpha_{int}}(I - I_{th}) \tag{3.3.9}$$

式中，唯象地引入了内量子效率 η_{int}，它表示通过受激辐射转换成光子的那部分电子与总注入电子的比。在阈值以上的区域，大多数半导体激光器的 η_{int} 几乎等于 100%。

一个实际感兴趣的量是当 $I > I_{th}$ 时 P-I 曲线的斜率，称为斜率效率(slope efficiency)，定义为

$$\frac{dP_e}{dI} = \frac{\hbar\omega}{2q}\eta_d \quad 且 \quad \eta_d = \frac{\eta_{int}\alpha_{mir}}{\alpha_{mir}+\alpha_{int}} \tag{3.3.10}$$

式中，η_d 称为微分量子效率(differential quantum efficiency)，因为它是输出光功率随注入电流的增加而增大的效率的量度。可以定义外量子效率 η_{ext} 为

$$\eta_{ext} = 光子辐射速率/电子注入速率 = \frac{2P_e/\hbar\omega}{I/q} = \frac{2q}{\hbar\omega}\frac{P_e}{I} \tag{3.3.11}$$

通过式(3.3.9)～式(3.3.11)可得 η_{ext} 与 η_d 的关系为

$$\eta_{ext} = \eta_d(1 - I_{th}/I) \tag{3.3.12}$$

一般来说，$\eta_{ext} < \eta_d$，但当 $I \gg I_{th}$ 时，两者几乎相同。与发光二极管的情况类似，可以定义总量子效率(或插座效率)为 $\eta_{tot} = 2P_e/(V_0 I)$，这里 V_0 为外加电压。总量子效率 η_{tot} 与外量子效率 η_{ext} 的关系为

$$\eta_{tot} = \frac{\hbar\omega}{qV_0}\eta_{ext} \approx \frac{E_g}{qV_0}\eta_{ext} \tag{3.3.13}$$

式中，E_g 是带隙能量。一般来说，当外加电压超过 E_g/q 时，$\eta_{tot} < \eta_{ext}$。对于 GaAs 激光器来说，η_d 能超过 80%，而 η_{tot} 能接近 50%；InGaAsP 激光器的效率要低一些，η_d 约为 50%，而 η_{tot} 约为 20%。

由式(3.3.6)可以很好地理解阈值电流随温度的升高而呈指数增加的原因。由于俄歇复合，载流子寿命 τ_c 通常是与 N 有关的，并随 N 以 N^{-2} 的形式减小。俄歇复合的速率随温度的升高呈指数增加，是造成 InGaAsP 激光器的温度敏感性的原因。图 3.12 还表明斜率效率随输出功率的增加而下降(表现为 P-I 曲线的弯曲)，这种下降是由激光器在连续工作时的结发热效应造成的，也可能源于内部损耗的增加或高功率工作时的电流泄漏。尽管存在这些问题，DFB 激光器的性能在 20 世纪 90 年代期间已经得到了很大改善[18]。1996 年，利用应变多量子阱(MQW)设计制作出工作在 1.55 μm 波长区、在室温下辐射功率超过 100 mW 的 DFB 激光器[44]。这种激光器在 20 ℃时的阈值电流小于 10 mA，在 100 ℃时辐射功率约为 20 mW，同时保持 MSR > 40 dB。到 2003 年，已经制作出输送光功率大于 200 mW、波长稳定性小于 3 pm 的 DFB 激光器[45]。

3.3.2 调制带宽

如果施加的电流随时间变化，就可以直接调制 DFB 激光器的输出功率。问题是，在激光器不能对电流的变化做出响应之前，这个电流能调制多快。半导体激光器的调制响应可以通过解具有以下形式的时间相关电流的速率方程式(3.3.1)和方程式(3.3.2)得到：

$$I(t)=I_b+I_m f_p(t) \tag{3.3.14}$$

式中，I_b是偏置电流，I_m是调制电流，$f_p(t)$表示电流脉冲的形状。有两个变化对实际描述是必要的。第一个变化，增益 G 的表达式(3.3.3)必须修正为[2]

$$G=G_N(N-N_0)(1-\varepsilon_{\rm NL}P) \tag{3.3.15}$$

式中，$\varepsilon_{\rm NL}$是非线性增益参数，它导致增益 G 随 P 的增大略有减小。导致增益减小的物理机制可能与几种现象有关，如空间烧孔、光谱烧孔、载流子加热以及双光子吸收等[46~49]。$\varepsilon_{\rm NL}$的典型值约为 10^{-7}，当 $\varepsilon_{\rm NL}P\ll 1$ 时，式(3.3.15)是有效的；当激光功率远远高于 10 mW 时，因子 $1-\varepsilon_{\rm NL}P$ 应该用$(1+P/P_s)^{-b}$替代，这里 P_s是材料参数。对于光谱烧孔[47]，指数 b 的值等于 1/2；因为载流子加热的贡献，b 的值可在 0.2 ~1 的范围内变化[49]。

第二个变化与半导体激光器的一个重要特性有关。研究表明，每当载流子数 N 的变化导致光增益变化时，折射率也会变化。从物理意义上讲，半导体激光器的振幅调制总是伴随着相位调制，这是因为载流子引起的模折射率 $\bar{n}$ 的变化。可以通过下面的方程将相位调制包括在内[2]：

$$\frac{\mathrm{d}\phi}{\mathrm{d}t}=\frac{1}{2}\beta_c\left[G_N(N-N_0)-\frac{1}{\tau_p}\right] \tag{3.3.16}$$

式中，β_c是振幅-相位耦合参数，因为它将导致单纵模谱宽的增加，通常称为线宽增强因子(linewidth enhancement factor)。对于 InGaAsP 激光器来说，根据其工作波长的不同，β_c的典型值可在 4 ~8 的范围内[50]。在多量子阱激光器中 β_c的值较小，特别是在应变量子阱激光器中[3]。

一般来说，因为速率方程的非线性特性，必须用数值方法求解它们。在激光器偏置在阈值以上($I_b>I_{\rm th}$)且调制电流 $I_m\ll I_b-I_{\rm th}$的小信号调制情况下，能得到一个有用的解析解。这种情况下对于任意形式的$f_p(t)$，速率方程可以线性化，并能通过傅里叶变换方法解析求解。考虑半导体激光器对频率为 ω_m的正弦调制的响应，即$f_p(t)=\sin(\omega_m t)$，可以得到小信号调制带宽。激光器的输出也是正弦调制的。方程式(3.3.1)和方程式(3.3.2)的通解为

$$P(t)=P_b+|p_m|\sin(\omega_m t+\theta_m) \tag{3.3.17}$$

$$N(t)=N_b+|n_m|\sin(\omega_m t+\psi_m) \tag{3.3.18}$$

式中，P_b和 N_b是偏置电流为 I_b时的稳态值，$|p_m|$和$|n_m|$是因为电流调制而出现的微小变化，θ_m和 ψ_m是小信号调制的相位滞后。特别是，$p_m\equiv|p_m|\exp(\mathrm{i}\theta_m)$由下式给出[2]：

$$p_m(\omega_m)=\frac{P_bG_NI_m/q}{(\Omega_R+\omega_m-\mathrm{i}\Gamma_R)(\Omega_R-\omega_m+\mathrm{i}\Gamma_R)} \tag{3.3.19}$$

其中

$$\Omega_R=[GG_NP_b-(\Gamma_P-\Gamma_N)^2/4]^{1/2},\qquad \Gamma_R=(\Gamma_P+\Gamma_N)/2 \tag{3.3.20}$$

$$\Gamma_P=R_{\rm sp}/P_b+\varepsilon_{\rm NL}GP_b,\qquad \Gamma_N=\tau_c^{-1}+G_NP_b \tag{3.3.21}$$

Ω_R和Γ_R分别为弛豫振荡的频率和阻尼率，这两个参数在支配半导体激光器的动态响应方面起重要作用，特别是，当调制频率超过Ω_R很多时，效率就会下降。

通常引入功率传递函数：

$$H(\omega_m)=\frac{p_m(\omega_m)}{p_m(0)}=\frac{\Omega_R^2+\Gamma_R^2}{(\Omega_R+\omega_m-\mathrm{i}\Gamma_R)(\Omega_R-\omega_m+\mathrm{i}\Gamma_R)} \tag{3.3.22}$$

当频率$\omega_m \ll \Omega_R$时，调制响应是平坦的[$H(\omega_m)\approx 1$]；当频率$\omega_m=\Omega_R$时，调制响应出现峰值；当频率$\omega_m \gg \Omega_R$时，调制响应迅速下降。对于所有半导体激光器，这些特征都是可以通过实验观察到的[51~55]。图3.13给出了1.55 μm波长的DFB激光器在不同偏置电流下的调制响应[54]。3 dB调制带宽$f_{3\,\mathrm{dB}}$定义为与直流(dc)时的功率传递函数值相比$|H(\omega_m)|$减小3 dB(一半)时对应的频率。由式(3.3.22)可得$f_{3\,\mathrm{dB}}$的解析表达式为

$$f_{3\mathrm{dB}}=\frac{1}{2\pi}\left[\Omega_R^2-\Gamma_R^2+2(\Omega_R^4+\Omega_R^2\Gamma_R^2+\Gamma_R^4)^{1/2}\right]^{1/2} \tag{3.3.23}$$

对于大多数激光器，$\Gamma_R \ll \Omega_R$，$f_{3\,\mathrm{dB}}$能近似为

$$f_{3\mathrm{dB}}\approx\frac{\sqrt{3}\,\Omega_R}{2\pi}\approx\left(\frac{3G_NP_b}{4\pi^2\tau_p}\right)^{1/2}=\left[\frac{3G_N}{4\pi^2q}(I_b-I_{\mathrm{th}})\right]^{1/2} \tag{3.3.24}$$

在该式中，Ω_R近似为式(3.3.20)中的$(GG_NP_b)^{1/2}$；由于在阈值以上的区域增益等于损耗，G用$1/\tau_p$替代；最后的表达式是利用偏置状态下的式(3.3.7)得到的。

式(3.3.24)提供了调制带宽一个非常简单的表达式，它表明$f_{3\,\mathrm{dB}}$随偏置电流的增加以$\sqrt{P_b}$[或$(I_b-I_{\mathrm{th}})^{1/2}$]的方式增大，这种平方根依赖关系已经由调制带宽达30 GHz的很多DFB激光器证实了[51~54]。图3.13给出了DFB激光器的$f_{3\,\mathrm{dB}}$是如何在80 mA的偏置电流下能增加到24 GHz的[54]。1994年，一个为高速响应而专门设计的封装好的1.55 μm波长InGaAsP激光器实现了25 GHz的调制带宽[52]。注入锁定技术有时可以用来改善DFB激光器的调制响应[56]。

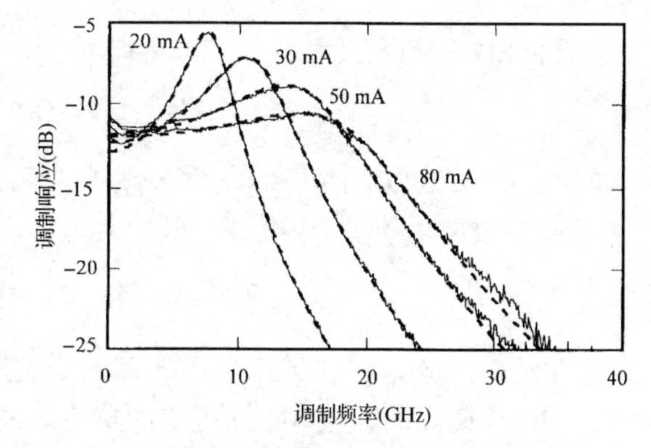

图3.13　在不同的偏置下，1.55 μm波长DFB激光器的调制响应与调制频率的实测(实线)和拟合(虚线)关系曲线[54](经© 1997 IEEE授权引用)

3.3.3　相对强度噪声

即使半导体激光器偏置在电流起伏可以忽略的恒定电流下，其输出在强度、相位、频率方面也会表现出起伏。两种基本的噪声机制是自发辐射和电子-空穴复合(散弹噪声)，其中半导体激光器的噪声以自发辐射为主。每个自发辐射光子都会将一小部分场分量加到相干场(通过受激辐射建立)中，因为这部分场的相位是随机的，这样就以随机方式扰乱了原相干场的振幅和相位。而且，由于半导体激光器相对大的R_{sp}值，这种自发辐射事件随机发生的速率很高(约为$10^{12}\ \mathrm{s}^{-1}$)，总的结果是，辐射光的强度和相位在100 ps的时间尺度上起伏。当半导体激光器工作在一个恒定的偏置电流下时，强度起伏导致有限的信噪比(Signal-to-Noise Ratio, SNR)，而相位起伏导致有限的频谱线宽。因为这种起伏会影响光波系统的性能，估计它们的

大小非常重要[57]。

在每个速率方程中增加一个称之为朗之万力(Langevin force)的噪声项后[58]，能通过它们来研究激光器的噪声，此时方程式(3.3.1)、方程式(3.3.2)和方程式(3.3.16)可以写成

$$\frac{\mathrm{d}P}{\mathrm{d}t}=\left(G-\frac{1}{\tau_p}\right)P+R_{\mathrm{sp}}+F_P(t) \tag{3.3.25}$$

$$\frac{\mathrm{d}N}{\mathrm{d}t}=\frac{I}{q}-\frac{N}{\tau_c}-GP+F_N(t) \tag{3.3.26}$$

$$\frac{\mathrm{d}\phi}{\mathrm{d}t}=\frac{1}{2}\beta_c\left[G_N(N-N_0)-\frac{1}{\tau_p}\right]+F_\phi(t) \tag{3.3.27}$$

式中，$F_p(t)$，$F_N(t)$和$F_\phi(t)$是朗之万力，假设它们是均值为零的高斯随机过程，且具有以下形式的相关函数(马尔可夫近似)：

$$\langle F_i(t)F_j(t')\rangle=2D_{ij}\delta(t-t') \tag{3.3.28}$$

式中，i和j分别等于P，N或ϕ，角括号表示总体平均，D_{ij}称为扩散系数(diffusion coefficient)。对激光器噪声的主要贡献来自于两个扩散系数$D_{\mathrm{PP}}=R_{\mathrm{sp}}P$和$D_{\phi\phi}=R_{\mathrm{sp}}/4P$；其余可以假设近似为零[59]。

强度自相关函数定义为

$$C_{\mathrm{pp}}(\tau)=\langle\delta P(t)\delta P(t+\tau)\rangle/\bar{P}^2 \tag{3.3.29}$$

式中，$\bar{P}\equiv\langle P\rangle$是平均值，$\delta P=P-\bar{P}$表示小的起伏。$C_{\mathrm{pp}}(\tau)$的傅里叶变换称为相对强度噪声(Relative-Intensity-Noise，RIN)谱，由下式给出：

$$\mathrm{RIN}(\omega)=\int_{-\infty}^{\infty}C_{\mathrm{pp}}(\tau)\exp(-\mathrm{i}\omega t)\,\mathrm{d}t \tag{3.3.30}$$

首先将方程式(3.3.25)和方程式(3.3.26)线性化，然后在频域中解线性化的方程并借助于式(3.3.28)完成求平均，能计算相对强度噪声的大小，结果由下式近似给出[2]：

$$\mathrm{RIN}(\omega)=\frac{2R_{\mathrm{sp}}\{(\Gamma_N^2+\omega^2)+G_N\bar{P}[G_N\bar{P}(1+N/\tau_cR_{\mathrm{sp}}\bar{P})-2\Gamma_N]\}}{\bar{P}[(\Omega_R-\omega)^2+\Gamma_R^2][(\Omega_R+\omega)^2+\Gamma_R^2]} \tag{3.3.31}$$

式中，Ω_R和Γ_R分别是弛豫振荡的频率和阻尼率，可由式(3.3.20)给出，只是需要用$\bar{P}$替代P_b。

图3.14给出了通过计算得到的1.55 μm波长InGaAsP激光器在不同功率下的相对强度噪声谱。由图可见，在弛豫振荡频率Ω_R附近相对强度噪声的值显著增加，但当$\omega\gg\Omega_R$时相对强度噪声的值迅速下降，这是由于在这样高的频率下激光器不能对起伏做出响应。本质上，对于自发辐射起伏来说，半导体激光器起到带宽为Ω_R的带通滤波器的作用。在给定的频率下，当功率较低时相对强度噪声以P^{-3}的形式随激光器功率的增大而减小，而当功率较高时相对强度噪声以P^{-1}的形式随激光器功率的增大而减小。

自相关函数$C_{\mathrm{pp}}(\tau)$可以由式(3.3.30)和式(3.3.31)计算。计算结果表明，$C_{\mathrm{pp}}(\tau)$遵循弛豫振荡的规律，在$\tau>\Gamma_R^{-1}$时接近于零[60]，这一特性表明当时间长于弛豫振荡的阻尼时间时，强度起伏不能保持相关。在实际情况下，感兴趣的量是信噪比，定义为$\bar{P}/\sigma_p$，这里σ_p为均方根(Root-Mean-Square，RMS)噪声。由式(3.3.29)可知，SNR $=[C_{\mathrm{pp}}(0)]^{-1/2}$。当功率高于数mW时，信噪比超过20 dB，并随功率的增加以下面的形式线性地提高：

$$\mathrm{SNR} = \left(\frac{\varepsilon_{\mathrm{NL}}}{R_{\mathrm{sp}}\tau_p}\right)^{1/2}\bar{P} \tag{3.3.32}$$

式中，$\varepsilon_{\mathrm{NL}}$的出现表明式(3.3.15)中增益的非线性形式起了重要作用。在高功率下，非线性增益的形式要做修正。确实，一种更准确的处理方式表明，信噪比最终饱和于约30 dB的值，并变成与功率无关的[60]。

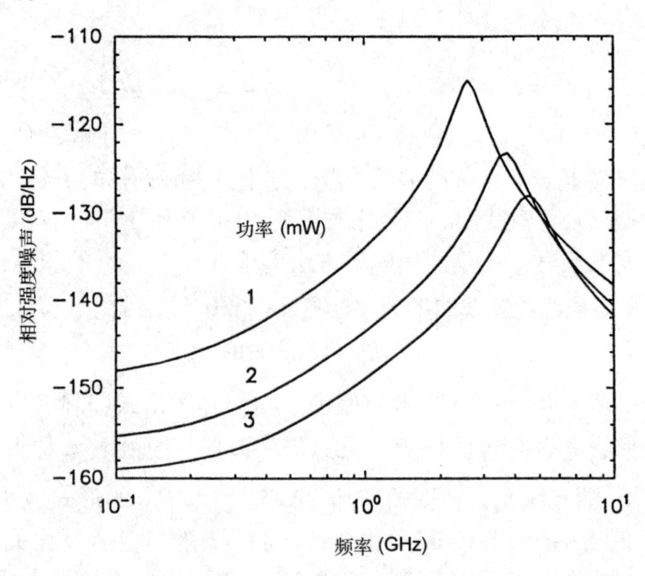

图3.14　典型1.55 μm波长的半导体激光器在不同功率时的相对强度噪声谱

到目前为止，假设激光器都是以单纵模振荡的。在实际应用中，即使是DFB激光器，也会伴随一个或多个边模，尽管这些边模可以在平均功率的基础上被抑制20 dB以上，但它们对相对强度噪声的影响还是非常明显的。尤其是，主模和边模能以这样的方式起伏：单个模式呈现出大的强度起伏，但总强度保持相对恒定。这种现象称为模分配噪声(Mode-Partition Noise, MPN)，它的出现是由主模和边模之间的反相关引起的[2]，这可以通过在0~1 GHz的低频范围主模的相对强度噪声增强了20 dB或更多来证明；增强因子的准确值取决于模式抑制比[61]。对于垂直腔面发射激光器，其模分配噪声涉及两个横模[62]。当不存在光纤色散时，模分配噪声对光通信系统是无害的，因为在传输和探测期间所有模式都保持同步。然而，实际情况下因为每个模式的传输速度略有不同，它们无法同时到达光接收机，这种不同步不仅劣化了接收信号的信噪比，而且导致码间干扰。

3.3.4　频谱线宽

辐射光的频谱与场自相关函数$\Gamma_{\mathrm{EE}}(\tau)$通过类似于式(3.3.30)的傅里叶变换关系相联系，也就是

$$S(\omega) = \int_{-\infty}^{\infty} \Gamma_{\mathrm{EE}}(t)\exp[-\mathrm{i}(\omega-\omega_0)\tau]\,\mathrm{d}\tau \tag{3.3.33}$$

式中，$\Gamma_{\mathrm{EE}}(t) = \langle E^*(t)E(t+\tau)\rangle$，这里$E(t) = \sqrt{P}\exp(\mathrm{i}\phi)$为光场。如果忽略强度起伏，则$\Gamma_{\mathrm{EE}}(t)$为

$$\Gamma_{EE}(t)=\langle\exp[\mathrm{i}\Delta\phi(t)]\rangle=\exp[-\langle\Delta\phi^2(\tau)\rangle/2] \tag{3.3.34}$$

式中，相位起伏 $\Delta\phi(\tau)=\phi(t+\tau)-\phi(t)$ 取为高斯随机过程。通过将方程式(3.3.25)至方程式(3.3.27)线性化，并解由此得到的一组线性方程，可以计算相位方差$\langle\Delta\phi^2(\tau)\rangle$，结果为[59]

$$\langle\Delta\phi^2(\tau)\rangle=\frac{R_{sp}}{2\bar{P}}\left[(1+\beta_c^2 b)\tau+\frac{\beta_c^2 b}{2\Gamma_R\cos\delta}[\cos(3\delta)-\mathrm{e}^{-\Gamma_R\tau}\cos(\Omega_R\tau-3\delta)]\right] \tag{3.3.35}$$

式中，

$$b=\Omega_R/(\Omega_R^2+\Gamma_R^2)^{1/2},\qquad \delta=\arctan(\Gamma_R/\Omega_R) \tag{3.3.36}$$

由式(3.3.33)至式(3.3.35)可以得到频谱，它是由位于ω_0的中央主峰和位于$\omega=\omega_0\pm m\Omega_R$的多个伴峰组成的，这里 m 为整数。伴峰的振幅一般不到中央主峰振幅的1%。伴峰的物理起源与弛豫振荡有关，而弛豫振荡是导致式(3.3.35)中与 b 成比例的项的原因，如果忽略这一项，则自相关函数$\Gamma_{EE}(\tau)$随τ呈指数衰减。于是能用解析方法完成式(3.3.33)的积分，所得频谱为洛伦兹型。频谱线宽 $\Delta\nu$ 定义为该洛伦兹线的半极大全宽度(FWHM)，可由下式给出为[59]

$$\Delta\nu=R_{sp}(1+\beta_c^2)/(4\pi\bar{P}) \tag{3.3.37}$$

在典型的工作条件下，由于$\Gamma_R\ll\Omega_R$，因此可假设 $b=1$。作为由式(3.3.27)中的β_c支配的振幅-相位耦合的结果，频谱线宽增强到原来的$(1+\beta_c^2)$倍；基于这个原因，β_c称为线宽增强因子。

式(3.3.37)表明，随着激光器功率的增加，$\Delta\nu$ 应该以 $\bar{P}^{-1}$的形式减小。对于大部分半导体激光器来说，在较低功率(小于10 mW)下通过实验可观察到这种反比关系；然而，当激光器功率高于10 mW时，频谱线宽会饱和于1～10 MHz范围内的某个值。图3.15给出了几个1.55 μm波长的DFB激光器的这种频谱线宽饱和特性[63]；该图还表明，如果DFB激光器采用多量子阱设计，则频谱线宽会显著减小，这是因为采用这种设计可以实现参数β_c的更小值。

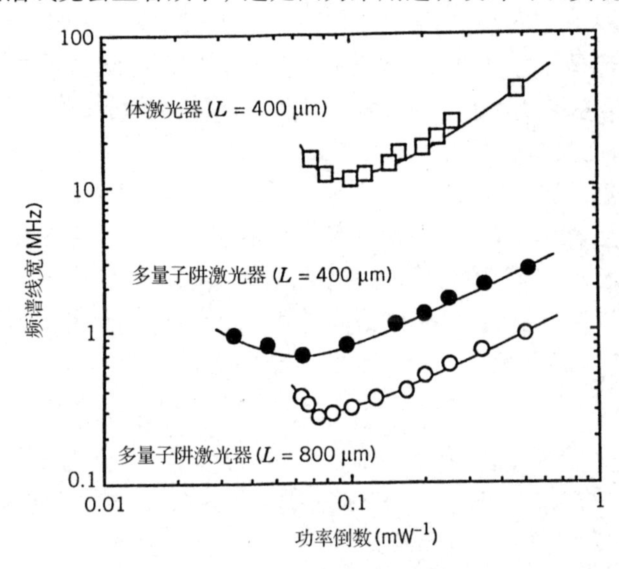

图3.15 测量的几个1.55 μm波长的DFB激光器的频谱线宽随辐射功率的变化，体激光器有源层的厚度为100 nm，多量子阱激光器有源层的厚度为10 nm[63]（经© 1991 IEEE授权引用）

增加腔长 L 也能减小频谱线宽，这是因为当 L 增加时，在给定的输出功率下 R_{sp}减小而 P 增加。当将R_{sp}和 P 的长度相关性合并到一起考虑时，频谱线宽 $\Delta\nu$ 将随 L 以 L^{-2}的形式变化，尽管通过式(3.3.37)不能明显看出这一点。正如在图3.15中看到的，当腔长加倍时，$\Delta\nu$ 大约减小到原来的1/4。当800 μm长的MQW-DFB激光器的输出功率为13.5 mW时，其频谱线宽仅为270 kHz[63]。在应变多量子阱激光器中，频谱线宽会进一步减小，这是因为此时β_c的值相对较小；当$\beta_c \approx 1$时，测量的激光器的频谱线宽约为100 kHz[70]。然而，应强调的是，当工作在10 mW的功率电平时，大部分DFB激光器的线宽一般为5～10 MHz。图3.15表明，当激光器功率增加时，线宽不但会饱和，而且会重新展宽。有几种机制可以用来解释这种线宽饱和现象，比如电流起伏、$1/f$噪声、非线性增益和折射率变化以及与弱边模的相互作用等。大部分DFB激光器的线宽已经足够小，不会成为光波系统的一个限制因素。

3.4　光信号产生

光通信系统设计的第一步是决定怎样将电信号转换成具有同样信息的光信号。初始的电信号可以是模拟信号，但不可避免地需要将它转换成由“0”比特和“1”比特的伪随机序列组成的数字比特流(RZ或NRZ格式)。有两种技术可以用来产生对应的光比特流：直接调制和外调制。本节主要讨论这两种产生光比特流的技术。

3.4.1　直接调制

在直接调制的情况下，激光器本身偏置在它的阈值附近；当用电比特流驱动时，施加给激光器的总电流大大高于激光器阈值，这样就产生了代表数字比特的光脉冲(所谓的大信号调制)。一个重要的问题是，光脉冲能在多大程度上准确模拟电脉冲的形状？为回答这个问题，必须在$I(t)=I_b+I_m f_p(t)$的条件下数值求解速率方程式(3.3.1)和方程式(3.3.2)，这里的$f_p(t)$代表电脉冲的形状。作为一个实例，图3.16给出了当激光器偏置在$I_b=I_{\rm th}$处并用振幅为$I_m=3I_{\rm th}$，持续时间为100 ps的矩形电流脉冲以10 Gbps的速率调制时辐射光脉冲的形状。因为激光器的调制带宽有限，光脉冲没有陡峭的前沿和后沿。又因为光功率从它的可以忽略的初始值中建立起来需要时间，导致光脉冲相比于电脉冲被显著延迟。尽管产生的光脉冲并不能准确复制施加的电脉冲，但是其总体形状和宽度还是使该半导体激光器能用于10 Gbps的直接调制。

正如在3.3.2节中讨论的，半导体激光器中的振幅调制总是伴随着相位调制，通过解方程式(3.3.16)可以研究时域中的相位变化。时变相位等价于模式频率相对于其稳态值ν_0的瞬间变化，这样的脉冲称为啁啾脉冲。由方程式(3.3.16)可以得到频率啁啾$\delta\nu(t)$为

$$\delta\nu(t)=\frac{1}{2\pi}\frac{\mathrm{d}\phi}{\mathrm{d}t}=\frac{\beta_c}{4\pi}\left[G_N(N-N_0)-\frac{1}{\tau_p}\right] \tag{3.4.1}$$

图3.16中的底部曲线给出了沿光脉冲的频率啁啾。模式频率首先移向光脉冲前沿附近的蓝侧，然后移向光脉冲后沿附近的红侧[64]，这样的频移说明脉冲频谱要比无频率啁啾时预期的结果宽得多，这一特性会通过光脉冲在光纤链路传输期间的过分展宽而导致系统性能劣化。

由于频率啁啾经常是工作在1.55 μm附近的光波系统的限制因素，因此已经用几种方法来降低频率啁啾的幅度[66～70]，其中包括脉冲形状修饰、注入锁定、耦合腔方案，等等。降低频率啁啾的一种直接方法是设计具有较小线宽增强因子β_c的半导体激光器。采用量子阱或量子点技术可以将β_c的值减小到原来的1/2左右，而采用应变量子阱技术可以进一步减小β_c的值[69]。确实，在调制掺杂应变多量子阱激光器中，已经测量到$\beta_c \approx 1$[70]。这种激光器在直接调制下具有很低的频率啁啾。

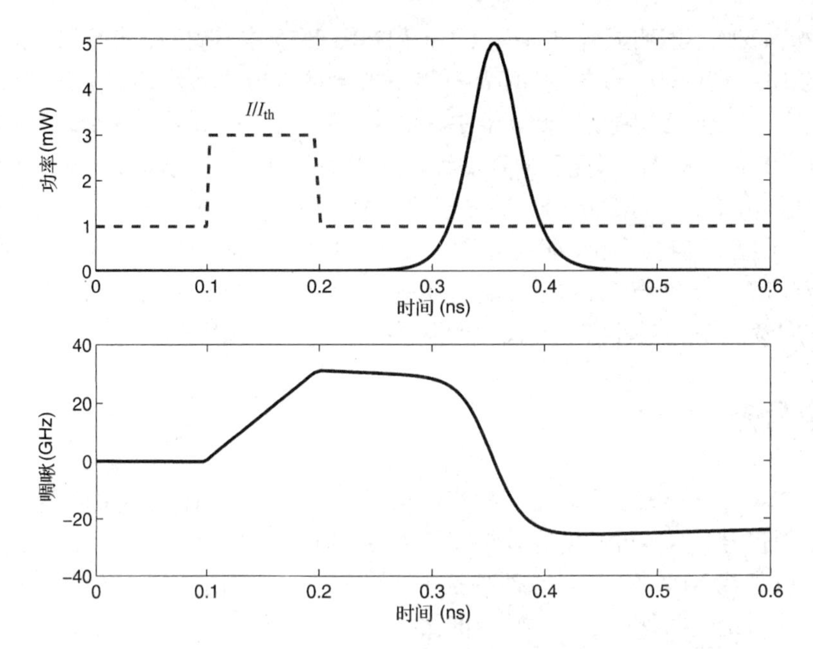

图 3.16　半导体激光器对 100 ps 矩形电流脉冲(虚线)的模拟调制响应,底部曲线为施加在脉冲上的频率啁啾($\beta_c = 5$)

3.4.2　外调制

在 5 Gbps 或更高的比特率下,通过直接调制施加的频率啁啾能变得足够大,这时半导体激光器的直接调制就很少使用。对于这样的高速光发射机,可使激光器偏置在恒定电流下以提供连续光输出,并通过置于激光器后面的光调制器将连续光转换成具有正确调制格式的数据编码脉冲序列。

图 3.17 给出了为光波系统应用而发展的两类光调制器。一类重要的光调制器利用了铌酸锂($LiNbO_3$)波导中的电光效应,即当沿铌酸锂波导施加电压时其有效模折射率会发生变化[71]。这种简单的器件能调制通过它的光的相位,可以作为相位调制器使用;为构造强度调制器,需要借助马赫-曾德尔干涉仪将相位调制转换成振幅调制[72~76]。两条钛扩散铌酸锂波导构成马赫-曾德尔干涉仪的两臂,如图 3.17(a)所示,当没有外加电压时,马赫-曾德尔干涉仪两臂中的光场获得相等的相移,因此发生相长干涉。当施加外电压时,由外加电压引起的折射率变化使其中一条臂中的光场引入附加相移,这就破坏了发生相长干涉的条件,并降低了透射强度。特别是,当两臂中的相位差等于π时,由于光场发生了相消干涉,没有光透射。结果,施加到调制器上的电比特流产生了同样的光比特流。

因为当激光器产生的连续光耦合到外调制器内部的铌酸锂波导中时会产生很大的插入损耗,这种铌酸锂调制器很少用在通过对光的简单“开”“关”来对信息编码的幅移键控(ASK)光波系统中。图 3.17(b)中的电吸收调制器(EAM)可以解决这个问题,因为它和激光器是用相同的材料(InP)制作的,而且它们能集成在同一个 InP 衬底上[77~90]。

电吸收调制器利用了 Franz-Keldysh 效应:当沿半导体施加电场时,它的带隙会降低;于是当通过施加外电压使透明半导体层的带隙降低时,它就开始吸收光。在 40 Gbps 的比特率下,施加几伏的反向偏压就可以实现 15 dB 或更高的消光比。尽管外调制仍会施加给编码脉冲一定的啁啾,但是啁啾量已经非常小,对系统性能不会产生不利影响。

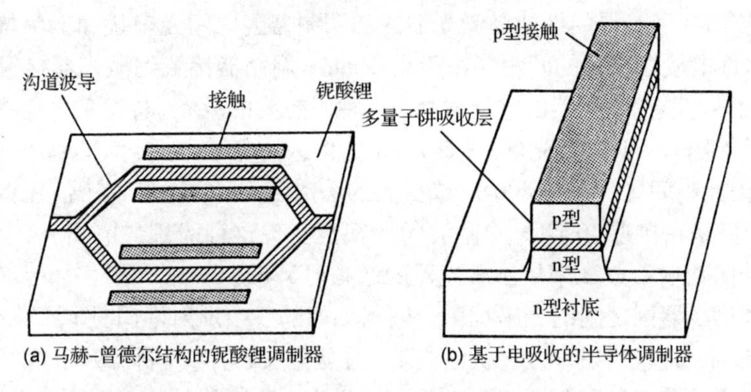

图3.17　两类光调制器的示意图

电吸收调制器的一个优点是，它可以和激光器用相同的半导体材料制作而成，这样两者就能很容易地集成在同一芯片上。1994年，通过将电吸收调制器与DBR激光器集成在一起，实现了5 Gbps比特率的低啁啾传输[78]。1999年，集成了电吸收调制器的10 Gbps光发射机已经实现商用，通常应用在WDM光波系统中[81]。2001年，这种集成的调制器已经可以工作在40 Gbps比特率下[83]，不久就实现了商用[90]。除此之外，电吸收调制器还表现出工作在100 Gbps比特率下的潜力[82]。

图3.18示意地给出了调制器集成DFB激光器的基本思想：左边的DFB激光器可以提供固定波长(由光栅决定)的连续光，右边为可以对该连续光进行调制的电吸收调制器，中间的隔离沟槽部分用来电隔离DFB激光器和电吸收调制器，同时引入最小的损耗。整个器件的刻面镀膜，使左边的刻面具有高反射率(大于90%)，而右边的刻面具有尽可能低的反射率(小于1%)。

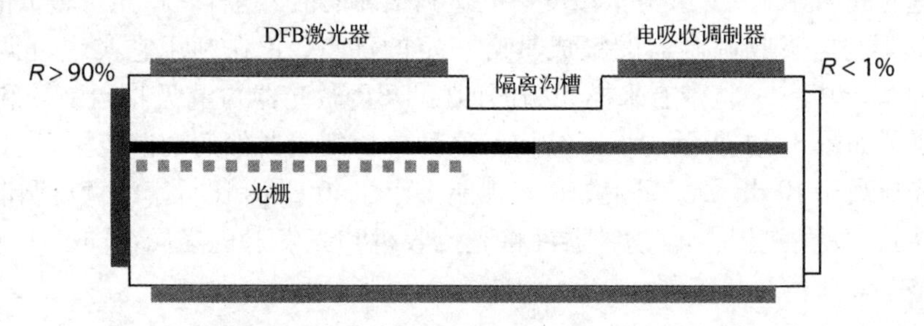

图3.18　调制器集成DFB激光器的示意图。左边的DFB激光器输出连续光，右边的电吸收调制器(EAM)对连续光进行调制，中间的隔离沟槽设计成以最小的损耗将这两部分电隔离

调制器集成激光器的制作需要注意很多细节。通常，激光器区和调制器区的有源芯层应采用具有不同带隙的不同组分的材料制作，这样可以对每个器件分别进行优化。有两种不同的方案可以实现这个目标。一种方案是，用不同的外延生长步骤来实现激光器区和调制器区波导的对接。首先生长激光器区的外延层，然后用掩模去除调制器区的外延层，最后重新生长调制器区的外延层。尽管这种方案可以为分别优化每个器件提供最大的灵活性，但是两个区中各层的垂直对齐是比较难的，这也影响了产量。另一种方案即选择区域生长技术要简单得多，两个器件(激光器和调制器)是在同一个外延生长过程中形成的，但在生长之前置于晶圆上的氧化物垫可以使激光器的波长向红侧位移100 nm以上，这是由于氧化物垫引起了有效模折射率的改变，导致激光器光栅的布拉格波长发生变化，从而使激光器的波长发生位移。在实际应用中，普遍使用这种技术来制作调制器集成激光器。

调制器集成 DFB 激光器的性能受激光器区和调制器区之间光串扰和电串扰的限制。一般来说，这两个器件电接触之间的间距要小于 0.2 mm，调制器接触到激光器接触之间的任何电流泄漏都会周期性地改变激光器的直流偏置，这种不想要的激光-电流变化会位移激光器的波长，并产生频率啁啾，因为激光频率随时间变化。由于激光频率的位移速率可以超过 200 MHz/mA，因此中间区应提供 800 Ω 或更大的隔离阻抗[9]，尽管这个值在低调制频率时可以很容易实现，但是在接近 40 GHz 的微波频率很难实现这种级别的隔离。在另一种方法中，通过减小激光器的啁啾参数 β_c 来控制激光器的调频(FM)效率。

激光器区和调制器区之间的光串扰源于输出刻面的残余反射率(见图 3.18)。只有当调制器处于“开”状态时，残余反射率才会被激光器“看见”，因为当调制器处于“关”状态时，激光在到达输出刻面之前就会被调制器完全吸收。结果，在调制器的每个“开”“关”周期中，激光器的增益和辐射波长都会略有不同，这也是造成频率啁啾的另一个原因。如果前刻面的残余反射率小于 0.01%，就几乎可以消除这种现象，但这种质量的抗反射膜(增透膜)实际上很难实现。

一般来说，与激光器区和调制器区相联系的频率啁啾是调制器集成 DFB 激光器的一个限制因素。典型地，当施加约为 3 V 的反向偏压时，“开”状态下啁啾参数 β_c 的值会超过 2，而“关”状态下该值会变到 -2 以下。在一种新颖的方法中[84]，通过将调制器的量子阱设计得相对较浅来降低频率啁啾，更具体地说，势垒层和量子阱层之间的带隙差从 0.2 eV 降到接近 0.1 eV。对于这种器件，在 0 ~ 3 V 的整个反向偏压范围内 β_c 的测量值均低于 0.7，这样当该器件用在 10 Gbps 光波系统中时能改善该系统的性能。从物理意义上讲，频率啁啾是因为载流子(电子和空穴)在量子阱内的堆积引起有效模折射率发生变化造成的，由于在浅量子阱中，载流子的逃逸时间明显缩短，载流子浓度不能达到很高的值，这样就产生了较低的啁啾。

DBR 激光器与电吸收调制器的集成具有一定的优点，正在利用它实现可调谐光源。在 2002 年的一个实验中[85]，将带有采样光栅的四区 DBR 激光器与电吸收调制器和放大器集成在一起，形成了如图 3.19 所示的六区结构。这种单片集成器件的调谐范围可以达到 40 nm，同时保持消光比高于 10 dB[85]。从此，在实现能工作在 40 Gbps 比特率的宽可调谐光接收机方面，已经取得了很大的进展[87]。这种器件将光接收机和光发射机集成在同一个芯片上，可以应用在覆盖整个 C 带的波长范围。

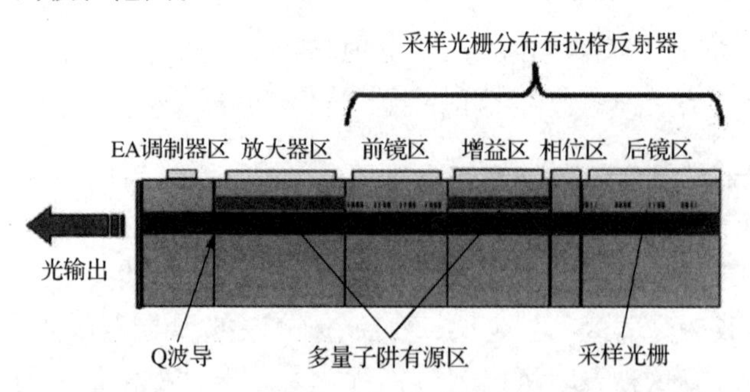

图 3.19 集成有电吸收调制器和放大器的 DBR 激光器的示意图，DBR 的前面和后面都设计有采样光栅(SG)，以提高激光器的调谐范围[85](经ⓒ2002 IEEE授权引用)

在一些应用中，需要光发射机能够发射高重复频率的脉冲序列，这样出现在每个比特隙中的就是短光脉冲。这些应用的例子包括光时分复用系统和采用先进调制格式设计的波分复用系统(见第 10 章)。电吸收调制器能用来产生适合这些应用的短光脉冲，在这种情况下电吸收调制器起可饱和吸收体的作用，用它可以实现半导体激光器的锁模。早在1993年，就用与多量子阱调制器单片集成的DFB激光器来产生20 GHz的脉冲序列[77]。由于调制器引入的啁啾极低，7 ps的输出脉冲接近变换极限。1999年，用电吸收调制器产生了1.6 ps的40 GHz脉冲序列[80]。到2007年，带封装的这种单片锁模半导体激光器已经可以使用了[88]。

3.5 发光二极管

在一些局域网中，不需要相干光源，这时可以使用发光二极管，与半导体激光器相比，发光二极管是一种更便宜更耐用的具有相对宽频谱的光源[93]。从发光二极管和半导体激光器都采用夹在两个包层之间的有源层结构并通过正向偏置的p-n结泵浦的意义上讲，它们具有类似的基本结构。主要区别是，发光二极管没有实现粒子数反转，因此不会发生受激辐射；相反，它是由有源层中的电子-空穴对的辐射复合通过自发辐射发光的，其中一部分光从器件逸出并被耦合到光纤中。发光二极管辐射的光是非相干光，具有很宽的频谱宽度(30 ~60 nm)和较大的发散角。

3.5.1 连续工作特性

通过自发辐射产生的内部光功率能够非常容易地估计出来。对于给定的偏置电流 I，载流子注入速率为 I/q。当达到稳态时，电子-空穴对通过辐射和非辐射过程复合的速率等于载流子注入速率 I/q，由于内量子效率 η_{int}决定了通过自发辐射复合的电子-空穴对所占的比例，光子产生的速率简单等于 $\eta_{\text{int}}I/q$，于是内部光功率为

$$P_{\text{int}} = \eta_{\text{int}}(\hbar\omega/q)I \tag{3.5.1}$$

式中，$\hbar\omega$ 是光子能量，假设所有光子的能量几乎相同。如果 η_{ext}是从器件逸出的光子所占的比例，则辐射光功率为

$$P_e = \eta_{\text{ext}}P_{\text{int}} = \eta_{\text{ext}}\eta_{\text{int}}(\hbar\omega/q)I \tag{3.5.2}$$

物理量 η_{ext}称为外量子效率(external quantum efficiency)，可以通过考虑内部吸收和半导体-空气界面的全内反射计算得到。正如在图3.20中看到的，只有在角度等于 θ_c的锥形区域内辐射的光才能从发光二极管表面逸出，这里 θ_c = arcsin (1/n)为临界角，n 为半导体材料的折射率。内部吸收可以通过使用异质结构的发光二极管来避免，在这种发光二极管中有源层周围的包层对辐射光是透明的，于是外量子效率能写成

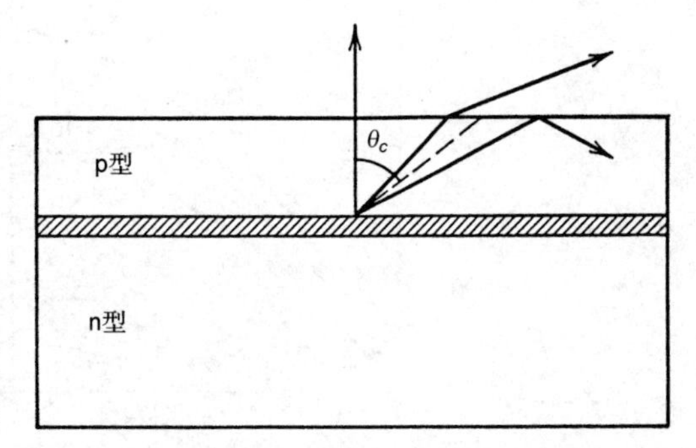

图3.20 发光二极管(LED)输出刻面处的全内反射，只有在角度为θ_c的锥形区域内辐射的光才能透射出去，这里θ_c是半导体-空气界面的临界角

$$\eta_{\text{ext}} = \frac{1}{4\pi}\int_0^{\theta_c} T_f(\theta)(2\pi\sin\theta)\,\mathrm{d}\theta \tag{3.5.3}$$

这里，假设光在4π的立体角内沿各个方向是均匀辐射的。菲涅耳透射率 T_f取决于入射角 θ，在垂直入射的情况下(θ=0)，$T_f(0) = 4n/(n+1)^2$。如果为简单起见，用 $T_f(0)$替代式(3.5.3)中的 $T_f(\theta)$，则 η_{ext}近似为

$$\eta_{\text{ext}} = n^{-1}(n+1)^{-2} \tag{3.5.4}$$

将式(3.5.4)代入式(3.5.2)，就可以得到从一个刻面辐射的光功率。如果选取 n =3.5 作

为典型值，则 $\eta_{ext}=1.4\%$，这表明只有一小部分内部光功率变成有用的辐射功率。辐射光耦合进光纤时会导致有用功率产生更多的损耗。由于辐射光是非相干光，发光二极管可以作为角分布为 $S(\theta)=S_0\cos\theta$ 的朗伯光源(Lambertian source)，这里 S_0 为 $\theta=0$ 方向的强度。朗伯光源的耦合效率与数值孔径 NA 的平方 $(\text{NA})^2$ 成比例[93]，因为光纤的数值孔径一般在 0.1~0.3 的范围内，尽管发光二极管的内部功率很容易超过 10 mW，但只有百分之几的辐射功率可以耦合进光纤中(100 μW 或更少)。

发光二极管的性能可以用总量子效率 η_{tot} 来量度，它定义为辐射光功率 P_e 与外加电功率 $P_{elec}=V_0I$ 的比率，这里 V_0 为加在器件上的电压。利用式(3.5.2)，可得 η_{tot} 为

$$\eta_{tot}=\eta_{ext}\eta_{int}(\hbar\omega/qV_0) \tag{3.5.5}$$

典型地，$\hbar\omega\approx qV_0$，$\eta_{tot}\approx\eta_{ext}\eta_{int}$。总量子效率 η_{tot} 也称为功率转换效率(power-conversion efficiency)或插座效率(wall-plug efficiency)，是器件总体性能的量度。

有时用另一个量来表征发光二极管的性能，这就是响应度(responsivity)，它定义为比率 $R_{LED}=P_e/I$。由式(3.5.2)可得

$$R_{LED}=\eta_{ext}\eta_{int}(\hbar\omega/q) \tag{3.5.6}$$

比较式(3.5.5)和式(3.5.6)可得 $R_{LED}=\eta_{tot}V_0$。R_{LED} 的典型值约为 0.01 W/A。只要 P_e 和 I 之间满足线性关系，响应度就保持恒定不变。实际上，这种线性关系只是在一个有限的电流范围内才成立[94]。图 3.21(a)给出了典型的 1.3 μm 波长的发光二极管在不同温度下的功率-电流(*P-I*)曲线。因为 *P-I* 曲线的弯曲，这种器件的响应度在电流大于 80 mA 时就会下降。造成响应度下降的一个原因与有源区温度的升高有关；因为在高温时非辐射复合速率增大，内量子效率 η_{int} 通常也是温度相关的。

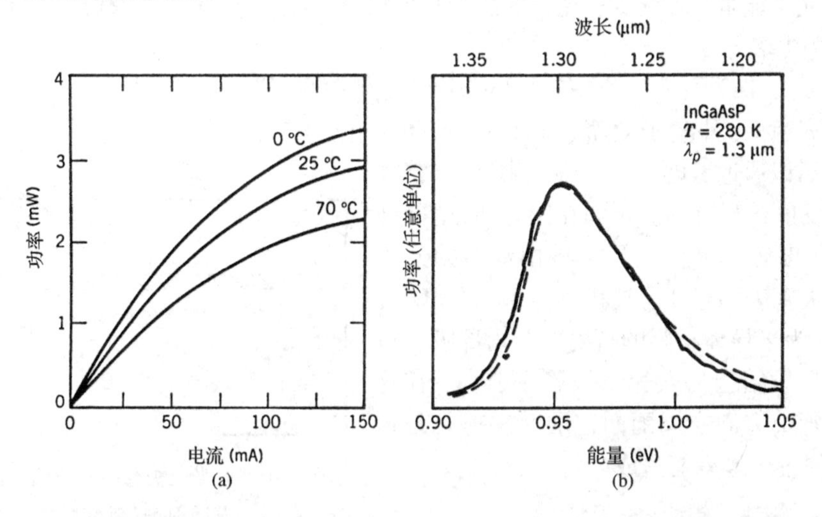

图 3.21　(a)不同温度下的功率-电流(*P-I*)曲线；(b)典型的 1.3 μm 波长发光二极管辐射光的频谱，虚线表示通过理论计算得到的频谱[94](经ⓒ 1981美国物理联合会授权引用)

发光二极管的频谱与自发辐射速率有关，自发辐射速率可由下式近似给出：

$$R_{spon}(\omega)=A_0(\hbar\omega-E_g)^{1/2}\exp[-(\hbar\omega-E_g)/k_BT] \tag{3.5.7}$$

式中，A_0 是常数，k_B 是玻尔兹曼常数，E_g 是带隙能量。容易推断出，当 $\hbar\omega=E_g+k_BT/2$ 时 $R_{spon}(\omega)$ 达到峰值，其半极大全宽度(FWHM)为 $\Delta\nu\approx1.8\ k_BT/h$。在室温下($T=300$ K)，FWHM 约为 11 THz。在实际应用中，通过 $\Delta\nu=(c/\lambda^2)\Delta\lambda$ 的关系，频谱宽度能以 nm 为单位表示，它随辐射

波长λ的增加以λ^2的形式增加，结果，1.3 μm 波长的 InGaAsP 发光二极管的 $\Delta\lambda$ 约为 GaAs 发光二极管的1.7倍。图3.21(b)给出了1.3 μm 波长发光二极管的输出频谱以及由式(3.5.7)得到的理论曲线。因为频谱宽度大($\Delta\lambda=50\sim60$ nm)，发光二极管主要适合用在局域网中，并且经常和塑料光纤组合使用以降低总的系统成本。

3.5.2 调制响应

发光二极管的调制响应取决于载流子动力学，并受载流子寿命τ_c限制，它能通过载流子速率方程式(3.3.2)并丢弃源于受激辐射的最后一项来确定，由此所得的方程为

$$\frac{\mathrm{d}N}{\mathrm{d}t}=\frac{I}{q}-\frac{N}{\tau_c} \tag{3.5.8}$$

由于该方程是线性的，很容易在傅里叶域内求解。考虑以下形式的注入电流的正弦调制：

$$I(t)=I_b+I_m\exp(\mathrm{i}\omega_m t) \tag{3.5.9}$$

式中，I_b是偏置电流，I_m是调制电流，ω_m是调制频率。由于方程式(3.5.8)是线性的，其通解可写成

$$N(t)=N_b+N_m\exp(\mathrm{i}\omega_m t) \tag{3.5.10}$$

式中，$N_b=\tau_c I_b/q$，N_m由下式给出为

$$N_m(\omega_m)=\frac{\tau_c I_m/q}{1+\mathrm{i}\omega_m\tau_c} \tag{3.5.11}$$

调制功率P_m与$|N_m|$呈线性关系。定义发光二极管的传递函数$H(\omega_m)$为

$$H(\omega_m)=\frac{N_m(\omega_m)}{N_m(0)}=\frac{1}{1+\mathrm{i}\omega_m\tau_c} \tag{3.5.12}$$

3 dB 调制带宽(modulation bandwidth)$f_{3\,\mathrm{dB}}$定义为$|H(\omega_m)|$下降3 dB(或一半)时的频率，结果为

$$f_{3\mathrm{dB}}=\sqrt{3}(2\pi\tau_c)^{-1} \tag{3.5.13}$$

典型地，对于 InGaAsP 发光二极管τ_c在2～5 ns 的范围，对应的调制带宽在50～140 MHz 的范围。注意，因为$f_{3\,\mathrm{dB}}$定义为光功率下降3 dB 时对应的频率，式(3.5.13)给出的是光带宽。对应的电带宽定义为$|H(\omega_m)|^2$下降3 dB 时对应的频率，由$(2\pi\tau_c)^{-1}$给定。

3.5.3 发光二极管的结构

根据发光二极管是从平行于结平面的表面发光还是从结区的边缘发光，发光二极管(LED)的结构可以分为面发射型和边发射型两类。这两种类型的发光二极管都能用 p-n 同质结或异质结设计制作，其中有源层被 p 型和 n 型包层包围着。异质结设计有更好的性能，因为它不但可以控制发射区域，而且因为包层透明而消除了内部吸收。

图3.22给出了布鲁斯型(Burrus-type)面发射发光二极管的示意图[95]。这种器件的发射区域被限制在一个非常小的范围内，其侧向尺寸可与光纤纤芯直径相比拟。使用银螺柱避免了背面的功率损耗；刻蚀一个阱并将光纤靠近发射区域提高了耦合效率。耦合进光纤的功率取决于很多参数，如光纤的数值孔径、发光二极管与光纤的距离等。在刻蚀阱中使用环氧树脂有望增加外量子效率，因为它减小了折射率失配。文献中还给出了几种基本设计的变形：在一种变形中，利用在刻蚀阱内制作的短程球面微透镜将光耦合进光纤；在另一种变形中，将光纤末端制成球面透镜的形式。通过合理设计，面发射发光二极管可以将内部产生功率的1%耦合进光纤。

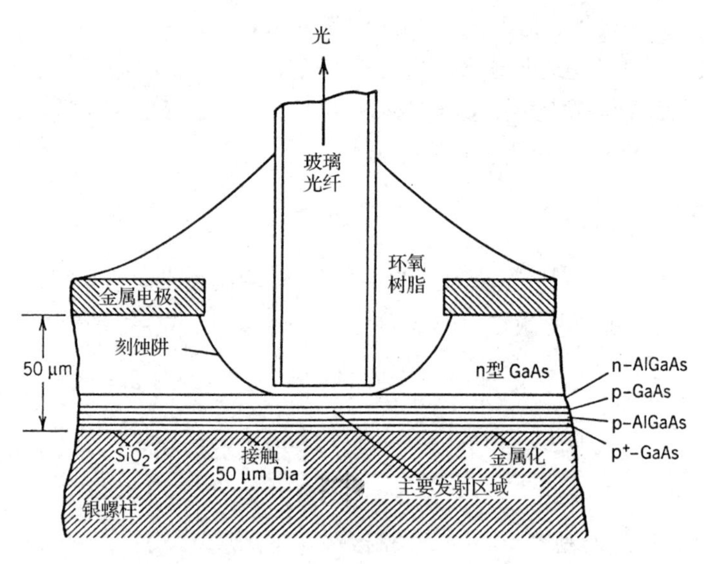

图 3.22 布鲁斯型面发射发光二极管的示意图

边发射发光二极管的设计与半导体激光器的设计相同。实际上，通过在半导体激光器的输出刻面上镀制抗反射膜来抑制激射行为，半导体激光器可以转换成发光二极管。由于发射面垂直于结平面，边发射发光二极管的光束发散不同于面发射发光二极管。面发射发光二极管像朗伯光源一样工作，在两个方向上的角度分布均为 $S_e(\theta)=S_0\cos\theta$，半功率点对应的发散角均为120°。相反，边发射发光二极管在垂直于结平面的方向上光束发散角仅为30°。由于小发散角和发射面处的高辐射率，大量的光可以耦合进数值孔径甚至很小(小于 0.3)的光纤中。由于在同样的外加电流下载流子寿命较短，边发射发光二极管的调制带宽(约为 200 MHz)通常比面发射发光二极管的调制带宽大。在实际应用中，在决定选择哪种设计时需要在成本与性能之间进行折中。

与半导体激光器相比，尽管发光二极管的输出功率和带宽相对较小，但是发光二极管对需要以 100 Mbps 或更低的比特率在几千米之内传输数据的低成本应用非常有用。基于这个原因，20 世纪 90 年代期间发展了几种新的发光二极管结构[96~101]。在一种称为谐振腔发光二极管的设计中[96]，在外延生长层附近制作两个金属镜，整个器件是键合在硅衬底上的。在这一思想的一个变形中，底部的镜是利用两种不同半导体的交替层的堆栈通过外延方法制作的，而顶部的镜由通过悬空在空气隙中的可变形薄膜组成[97]。通过改变空气隙的厚度，这种发光二极管的工作波长可以在 40 nm 的范围内调谐。在另一种方案中，生长具有不同组分和带隙的几个量子阱来形成多量子阱结构[98]，由于每个量子阱发射不同波长的光，这种发光二极管具有极宽的频谱(波长范围超过 500 nm)，可以应用在局域 WDM 网络中。

3.6 光发射机的设计

到目前为止，本章主要讨论了光源的特性。尽管光源是光发射机的主要组成部分，但不是唯一的组成部分，光发射机的其他组成部分包括将电信号转换成光信号的调制器(如果是直接调制就不必了)以及对光源提供电流的驱动电路。本节主要介绍光发射机的设计，并强调了封装问题[102~110]。

3.6.1　光源与光纤的耦合

任何光发射机的设计目的都是将尽可能多的光耦合进光纤中。在实际应用中，耦合效率取决于光源的类型(发光二极管还是半导体激光器)以及光纤的类型(多模还是单模)，当将发光二极管辐射的光耦合进单模光纤中时效率是非常低的。正如在3.5.1节中简单讨论的，发光二极管的耦合效率随光纤的数值孔径变化，对于单模光纤耦合效率能小于1%。相反，边发射激光器的耦合效率一般能达到40%~50%，而垂直腔面发射激光器由于其光斑是圆形的，耦合效率能超过80%。光发射机在封装过程中通常留有一小段光纤(称为尾纤)，以使耦合效率最大化；接头或连接器用来连接尾纤和光缆。

已经有两种方法用于光源与光纤的耦合。在一种称为直接耦合或对接耦合(butt coupling)的方法中，将光纤靠近光源然后用环氧树脂固定在适当位置。在另一种称为透镜耦合(lens coupling)的方法中，用透镜来最大化耦合效率。每种方法都有自己的优点，如何选择通常取决于设计目标。一个重要的标准是耦合效率不应随时间变化，因此耦合方案的机械稳定性是一个必不可少的要求。

如图3.23(a)所示为对接耦合的一个例子，这里，将光纤与面发射发光二极管接触。数值孔径为NA的光纤的耦合效率为[103]

$$n_c = (1 - R_f)(\mathrm{NA})^2 \tag{3.6.1}$$

式中，R_f是光纤前端面的反射率。如果在光源与光纤之间存在空气隙，则R_f约为4%；如果在它们之间加入折射率匹配液，则R_f可以降至为零。面发射发光二极管的耦合效率约为1%，边发射发光二极管的耦合效率约为10%。在这两种情况下，通过使用锥形光纤或有透镜化尖端的光纤，就能提高耦合效率。使用一个外部透镜也可以提高耦合效率，但是降低了机械公差。

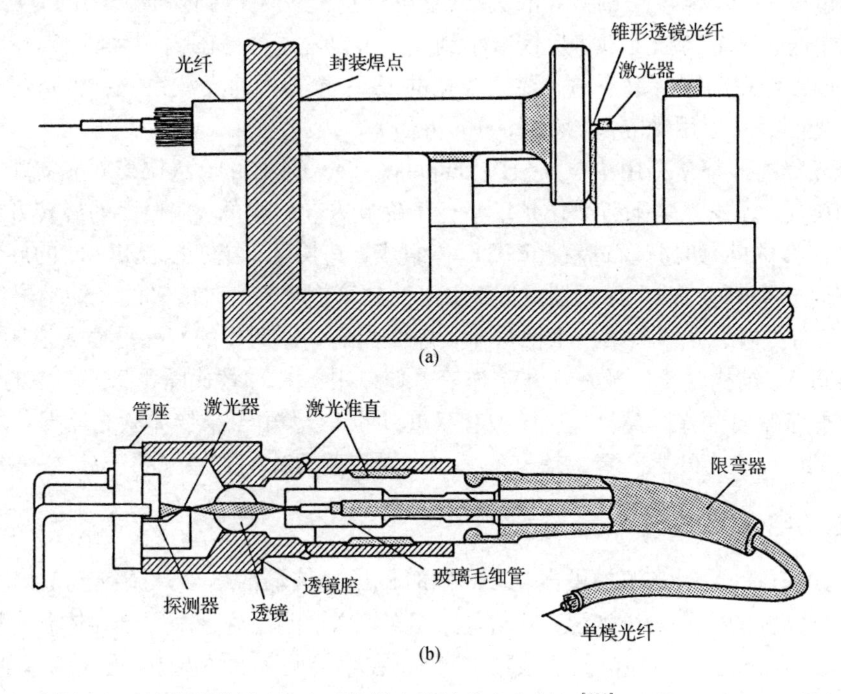

图3.23　利用(a)对接耦合设计和(b)透镜耦合设计的光发射机[104](经ⓒ1989 AT&T授权引用)

半导体激光器与单模光纤的耦合要比发光二极管与单模光纤的耦合更有效。对接耦合仅能提供约为10%的效率，因为激光器的光斑和光纤模斑尺寸不匹配。典型地，折射率导引InGaAsP激光器的光斑尺寸约为1 μm，而单模光纤的模斑尺寸在6~9 μm的范围。通过拉锥使光纤末端变细和在光纤尖端形成透镜，能提高耦合率。图3.23(a)所示为商用光发射机的对接耦合方案：光纤被附在宝石轴承上，宝石轴承通过环氧树脂黏到激光器底座上[104]；光纤尖端和激光器的发射区域准直，这样可使耦合效率最大化(通常约为40%)。使用透镜光纤可提高耦合效率，通过优化设计已实现了接近100%的耦合效率[105~107]。

图3.23(b)所示为光发射机设计的透镜耦合方案。在这种共焦设计中，用球面透镜准直激光并将它聚焦在光纤纤芯上，耦合效率可以超过70%。对于共焦设计来说，光纤纤芯的准直不是那么关键了，因为激光器的光斑被放大了，能与光纤的模斑尺寸相匹配。将光纤焊接在套管中能确保封装的机械稳定性，而套管是通过两套激光准直焊点固定的，一套焊点提供适当的轴向准直，而另一套焊点提供横向准直。

激光器-光纤的耦合问题一直很重要，近几年来又发展了几种新方案[108~112]。在一种方案中，用硅光具座(silicon optical bench)来准直激光器和光纤[108]。在另一种方案中，将通过微加工技术制作的硅微镜(silicon micromirror)用于光学准直[109]。在另一种不同的方案中，采用模斑转换器(spot-size converter)使耦合效率最大化。1997年，通过在InP激光器中集成一个模斑转换器，实现了高达80%的耦合效率[110]。与传统的透镜光纤相比，具有渐变折射率椭圆形纤芯的透镜光纤能提供更高的耦合效率[111]。

在设计光发射机时需要解决的一个重要问题与半导体激光器对光反馈极为敏感有关[2]，即使非常小的反馈(小于0.1%)也能使激光器变得不稳定，并通过线宽展宽、跳模、相对强度噪声增强等现象影响系统的性能[113~117]。人们尝试用抗反射膜(增透膜)来减少馈进激光腔的光，还能通过以一个小角度切割光纤的尖端(这样反射光就不能到达激光器的有源区)来减小反馈。通常，这些防范措施足以将反馈减小到一个可以容忍的范围内。然而，对于一些要求很高的应用，如工作在高比特率下的需要窄线宽的DFB激光器的光波系统，在光发射机中的激光器和光纤之间必须使用光隔离器(optical isolator)。

大部分光隔离器都是利用法拉第效应(Faraday effect)制作的，法拉第效应支配了磁场中光束偏振面的旋转：无论光是平行于还是反平行于磁场方向传输的，偏振面的旋转方向相同。光隔离器由法拉第材料[如钇铁石榴石(YIG)]棒组成，其长度可选，以提供45°的旋转。YIG棒夹在通光方向成45°角的两个偏振器之间，由于法拉第旋转，正向传输的光能通过第二个偏振器，相反，反向传输的光则被第一个偏振器阻隔。光隔离器期望的特性是插入损耗低、隔离度高(大于30 dB)、结构紧凑以及宽带宽工作等。如果用YIG球替代图3.23(b)中的透镜，就能设计出一个非常紧凑的光隔离器，这样做有双重目的[118]。由于半导体激光器发射的光已经是偏振光，在YIG球和光纤之间置一信号偏振器可以将反馈减小到原来的千分之一以下。

3.6.2 驱动电路

驱动电路的目的是给光源提供电功率，同时根据要传输的信号来调制光输出。对于采用发光二极管做光源的光发射机来说，驱动电路相对简单，但是对于采用半导体激光器做光源的高比特率光发射机来说，驱动电路复杂得多[102]。在直接调制的情况下(见3.4.1节)，半导体激光器偏置在阈值附近，然后通过时间相关的电信号对光输出进行调制。在这种情况下，驱动电路应设计成能提供恒定的偏置电流和调制电信号，此外，还经常采用伺服回路来保持平均光功率恒定不变。

图3.24给出了简单的驱动电路，通过反馈机制来控制平均光功率。光电二极管监控激光器的输出并产生用来调节激光器偏置的控制信号，激光器的后刻面通常用于监控目的(见图3.23)。在一些光发射机中，通过前端抽头将一小部分输出光功率转移到探测器中。由于激光器阈值对工作温度比较敏感，因此对偏置的控制是必要的；因为半导体激光器的性能缓慢地劣化，阈值电流也会随光发射机的老化而不断增加。

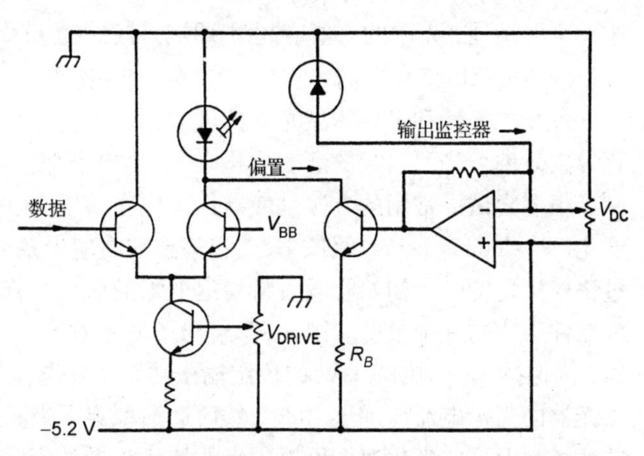

图3.24 带有反馈控制的光发射机的驱动电路，反馈控制是为了保持平均光功率恒定。光电二极管用来监控输出功率并提供控制信号[102](经ⓒ 1988 Academic Press授权引用)

如图3.24所示的驱动电路可以动态地调节偏置电流，但是保持调制电流不变。如果激光器的斜率效率不随激光器的老化而改变，那么这种方法是可接受的。正如在3.3.1节中讨论的和在图3.13中看到的，激光器的斜率效率通常随温度的升高而不断下降，因此经常使用热电冷却器来稳定激光器的温度。在另一种方法中，驱动电路采用了双环反馈电路设计，而且偏置电流和调制电流均能自动地调节[119]。

在驱动电路中使用的电子组件决定了光发射机的输出能被调制的速率。对于工作在1 Gbps以上比特率的光波系统的光发射机来说，与不同的晶体管及其他组件相联系的电寄生效应常常限制了光发射机的性能。使用激光器和驱动器的单片集成能显著改善高速光发射机的性能。由于光器件和电器件是制作在同一个芯片上的，这种单片光发射机称为光电集成回路(OptoElectronic Integrated-Circuit，OEIC)光发射机。光电集成回路方法最早应用于GaAs激光器的集成，这是因为GaAs电子器件的制作工艺相对完善[120~122]。20世纪90年代，InP光电集成回路的制作工艺得到快速发展[123~127]。1988年，能工作在5 Gbps比特率下的1.55 μm波长的OEIC光发射机得到了演示[123]。1995年，通过1.55 μm波长的DFB激光器与用InGaAs/InAlAs材料体系制作的场效应晶体管的集成，制作出10 Gbps的激光发射机。从此，在同一个芯片上具有多个激光器的OEIC光发射机已得到发展，可以用在WDM系统中(见第6章)。

单片集成的概念能延伸到单芯片光发射机，这种光发射机是通过将所有功能集成在同一个芯片上制作的。人们已经付出相当的努力来发展这种光电集成回路，它通常被称为光子集成回路(Photonic Integrated Circuit，PIC)，它将多个光学组件如激光器、探测器、调制器、放大器、滤波器、波导等集成在同一个芯片上[128~131]。2008年，这种光子集成回路已经达到商用阶段。

3.6.3 可靠性和封装

光发射机作为光波系统的主要组成部分之一，应在一个相当长的时间周期内(10年或更长)可靠地工作。对于海底光波系统来说，因为维修和替换的成本过高，对可靠性的要求相当严格。到目前为止，光发射机故障的主要原因还是光源自身的问题。在光发射机的组装和生产期间必须进行大量的测试，以确保光源合理的使用寿命。普遍用被称为平均无故障时间(Mean Time To

Failure, MTTF)的参数 t_F 来量化光源的使用寿命[102]，这基于指数故障概率[$P_F = \exp(-t/t_F)$]的假设。典型地，光源的 t_F 值应超过 10^5 小时(约为 11 年)。已经对半导体激光器的可靠性做了大量的研究，以确保它们在实际工作条件下能运转良好[132~138]。

发光二极管和半导体激光器都可能突然停止工作(灾难性劣化)，也可能表现出器件因老化导致效率下降而引起的渐变劣化[133]。为鉴别那些可能会导致灾难性劣化的器件，人们已经做了很多尝试。常用的方法是使器件工作在高温、大电流条件下，这种方法称为“烧机”或加速老化(accelerated aging)测试[132]，它基于在高应力条件下性能差的器件不合格而其他器件在经过快速劣化的一个初始阶段后将稳定下来的假设。在恒定输出功率下工作电流的变化也能作为器件劣化的一个量度。图 3.25 给出了对于在 60 ℃下老化的 1.3 μm 波长的 InGaAsP 激光器，为保持每个刻面 5 mW 的恒定输出功率工作电流的变化情况。在最初的 400 小时内，这种激光器的工作电流增加了 40%，然后逐渐稳定下来，并以小得多的速率增加，这是渐变劣化的象征。高温下的劣化速率可以用来估计激光器的寿命和平均无故障时间。正常工作温度下的平均无故障时间可以用阿伦尼乌斯(Arrhenius)型关系 $t_F = t_0 \exp(-E_a/k_B T)$ 来推断，这里 t_0 为常数，E_a 为激活能，其典型值约为 1 eV[133]。从物理意义上讲，渐变劣化是由于在激光器或发光二极管的有源区内各种缺陷(暗线缺陷、暗斑缺陷)的产生引起的[2]。

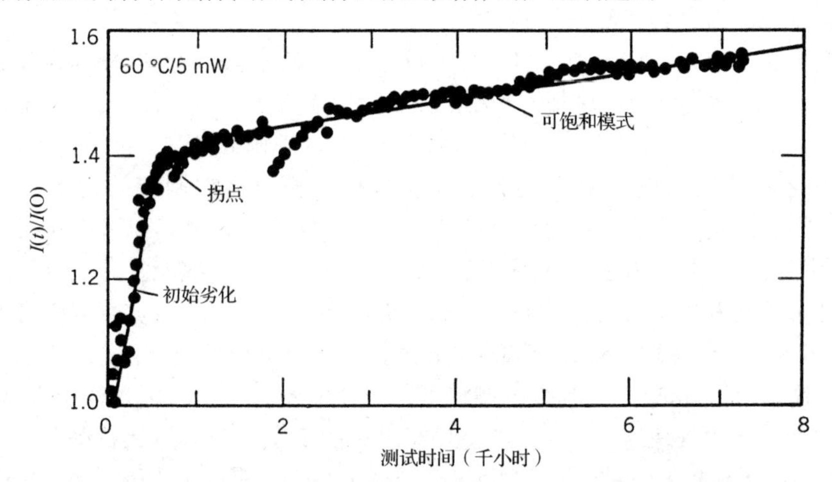

图 3.25 对于在 60 ℃下老化的 1.3 μm 波长的 InGaAsP 激光器，为保持 5 mW 的输出功率，工作电流随时间的变化[34](经© 1985 AT&T授权引用)

大量测试已经表明，在同样的工作条件下，发光二极管通常比半导体激光器更可靠。GaAs 发光二极管的平均无故障时间很容易超过 10^6 小时，在 25 ℃的工作条件下能超过 10^7 小时[133]。InGaAsP 发光二极管的平均无故障时间更长，约为 10^9 小时。相反，在 25 ℃的工作条件下 InGaAsP 激光器的平均无故障时间最长通常仅为 10^6 小时[134~136]，尽管如此，这个值已经足够大，因此半导体激光器能用在要求可靠工作 25 年的海底光发射机中。由于高温对器件可靠性的不利影响，大多数光发射机都使用热电冷却器使光源温度保持在 20 ℃左右，即使外部温度可能高达 80 ℃。

如果光源与光纤之间的耦合随器件的老化而不断劣化，那么即使有可靠的光源，光发射机也无法应用在实际的光波系统中。在设计能可靠工作的光发射机时，耦合稳定性也是一个重要问题，这最终取决于光发射机的封装。尽管发光二极管常常是非密封封装的，但是密封环境对半导体激光器是必须的，通常将激光器单独封装，这样能将它与其他光发射机组件隔离。

图3.23给出了激光器封装的两个例子。在对接耦合方案中，用环氧树脂将激光器和光纤固定住，这种情况下耦合稳定性取决于环氧树脂随光发射机的老化是如何变化的。在透镜耦合方案中，通过激光焊接将不同的组装配件固定在一起。激光器封装只是光发射机封装的一部分，光发射机封装还包括与驱动电路有关的其他电子组件。光发射机封装的选择取决于应用类型，通常采用双列直插封装或多引脚蝶形封装。

光发射机的测试和封装是生产过程中两个非常重要的环节[135]，它们能大幅度增加光发射机的成本。发展低成本封装的光发射机是必要的，尤其是对局域网或本地环路应用。

习题

3.1　为制作工作在1.3 μm和1.55 μm波长的半导体激光器，四元合金InGaAsP的组分是怎样的？

3.2　1.3 μm波长InGaAsP激光器有源区的长度为250 μm，当激光器达到阈值时有源区的增益需要多大？假设内部损耗为30 cm^{-1}，模折射率为3.3，限制因子为0.4。

3.3　对于夹在折射率为 n_2 的两个包层之间的折射率为 n_1，厚度为 d 的平板波导，推导横电(TE)模的本征值方程。提示：遵照2.2.2节的方法，使用笛卡儿坐标。

3.4　利用习题3.3的结果求单模条件，并用这个条件求1.3 μm波长的半导体激光器有源层的最大允许厚度。如果激光器工作在1.55 μm，那么这个值将变成多少？假设 $n_1 = 3.5$，$n_2 = 3.2$。

3.5　解稳态下的速率方程，并得到 P 和 N 随注入电流 I 变化的解析表达式。为简单起见忽略自发辐射。

3.6　一半导体激光器连续工作在某个电流下，因为瞬态电流起伏，其输出功率会有轻微变化。说明通过振荡方法激光器功率将回到它的初始值，并得出这种弛豫振荡的频率和阻尼时间。

3.7　一个250 μm长的InGaAsP激光器的内部损耗为40 cm^{-1}，以单模方式工作在1.55 μm，模折射率为3.3，群折射率为3.4。计算光子寿命；电子数的阈值是多少？假设增益变化为 $G = G_N(N - N_0)$，这里 $G_N = 6\times10^3\ s^{-1}$，$N_0 = 1\times10^8$。

3.8　取载流子寿命为2 ns，计算习题3.7中的半导体激光器的阈值电流。当激光器工作在两倍阈值电流时，从一个刻面辐射的光功率是多少？

3.9　当习题3.7的激光器工作在两倍阈值电流时，计算激光器的微分量子效率和外量子效率。如果外加电压等于1.5 V，那么这个器件的电光转换效率(插座效率)是多少？假设内量子效率等于90%。

3.10　对于工作在两倍阈值电流的习题3.7的激光器，计算弛豫振荡的频率(以GHz为单位)和阻尼时间。假设 $G_P = -4\times10^4\ s^{-1}$，这里 G_P 是 G 关于 P 的导数，同时假设 $R_{sp} = 2/\tau_p$。

3.11　当习题3.7的激光器工作在两倍阈值电流时，计算这种激光器的3 dB调制带宽。对应的3 dB电带宽又是多少？

3.12　当一个半导体激光器的工作温度增加50 ℃时，它的阈值电流加倍。该激光器的特征温度是多少？

3.13　假设在速率方程中增益 G 随 N 和 P 的变化关系为

$$G(N,P) = G_N(N - N_0)(1 + P/P_s)^{-1/2}$$

推导 3 dB 调制带宽的表达式，并说明在高工作功率下带宽将出现饱和。

3.14 用 $I(t)=I_b+I_m f_p(t)$ 数值求解速率方程式(3.3.1)和方程式(3.3.2)，这里 $f_p(t)$ 表示 200 ps 宽的矩形脉冲。假设 $I_b/I_{th}=0.8$，$I_m/I_{th}=3$，$\tau_p=3$ ps，$\tau_c=2$ ns，$R_{sp}=2/\tau_p$；增益 G 由式(3.3.15)给出，且各个参数的取值为 $G_N=10^4\ \mathrm{s}^{-1}$，$N_0=10^8$，$\varepsilon_{NL}=10^{-7}$。画出光脉冲的形状和频率啁啾；为什么光脉冲比施加的电流脉冲窄得多？

3.15 推导相对强度噪声的表达式(3.3.31)。如果增益 G 取习题 3.13 中的形式，这个表达式将怎样变化？

3.16 利用式(3.3.30)和式(3.3.31)计算强度自相关函数 $C_{pp}(\tau)$，并用它推导激光器输出的信噪比的表达式。

3.17 说明平面发光二极管的外量子效率可近似为 $\eta_{ext}=n^{-1}(n+1)^{-2}$，这里 n 为半导体-空气界面的折射率。考虑输出刻面处的菲涅耳反射和全内反射，假设内部辐射在各个方向上是均匀的。

3.18 证明，发光二极管的 3 dB 光带宽和 3 dB 电带宽的关系为 $f_{3\,dB}$(光) $=\sqrt{3}f_{3\,dB}$(电)。

参考文献

[1] Z. Alferov, *IEEE J. Sel. Topics Quantum Electron.* **6**, 832(2000).

[2] G. P. Agrawal and N. K. Dutta, *Semiconductor Lasers*, 2nd ed., Van Nostrand Reinhold, New York, 1993.

[3] S. L. Chuang, *Physics of Optoelectronic Devices*, 2nd ed., Wiley, Hoboken, NJ, 2008.

[4] L. A. Coldren and S. W. Corzine, *Diode Lasers and Photonic Integrated Circuits*, Wiley, New York, 1995.

[5] G. P. Agrawal, Ed., *Semiconductor Lasers: Past, Present, and Future*, AIP Press, Woodbury, NY, 1995.

[6] E. Kapon, Ed., *Semiconductor Lasers*, Part I and II, Academic Press, San Diego, CA, 1999.

[7] W. W. Chow and S. W. Koch, *Semiconductor-Laser Fundamentals*, Springer, New York, 1999.

[8] M. Dutta and M. A. Stroscio, Eds., *Advances in Semiconductor Lasers and Application to Optoelectronics*, World Scientific, Singapore, 2000.

[9] D. A. Ackerman, J. E. Johnson, L. J. P. Ketelsen, L. E. Eng, P. A. Kiely, and T. G. B. Mason, *Optical Fiber Telecommunications*, Vol. 4A, I. P. Kaminow and T. Li, Eds., Academic Press, Boston, 2002, Chap. 12.

[10] T. Suhara, *Semiconductor Laser Fundamentals*, CRC Press, 2004.

[11] C. Ye, *Tunable Semiconductor Diode Lasers*, World Scientific, Singapore, 2007.

[12] S. L. Chuang, G. Liu, and T. K. Kondratko, in *Optical Fiber Telecommunications*, Vol. 5A, I. P. Kaminow, T. Li, and A. E. Willner, Eds., Academic Press, Boston, 2008, Chap. 12.

[13] R. Wyatt and W J. Devlin, *Electron. Lett.* **19**, 110(1983).

[14] W. T. Tsang, Ed., *Semiconductors and Semimetals*, Vol. 22B, Academic Press, Boston, 1985, Chap. 4.

[15] S. Akiba, M. Usami, and K. Utaka, *J. Lightwave Technol.* **5**, 1564(1987).

[16] G. P. Agrawal, in *Progress in Optics*, Vol. 26, E. Wolf, Ed., North-Holland, Amsterdam, 1988, Chap. 3.

[17] J. Buus, *Single Frequency Semiconductor Lasers*, SPIE Press, Bellingham, WA, 1991.

[18] N. Chinone and M. Okai, in *Semiconductor Lasers: Past, Present, and Future*, G. P. Agrawal, Ed., AIP Press, Woodbury, NY, 1995, Chap. 2.

[19] G. Morthier and P. Vankwikelberge, *Handbook of Distributed Feedback Laser Diodes*, Artech House, Norwood, MA, 1995.

[20] J. E. Carroll, J. E. Whiteaway, and R. G. Plumb, *Distributed Feedback Semiconductor Lasers*, INSPEC, London, 1998.

[21] J. Hong, C. Blaauw, R. Moore, S. Jatar, and S. Doziba, *IEEE J. Sel. Topics Quantum Electron.* **5**, 442(1999).

[22] H. Hillmer, A. Grabmaier, S. Hansmann, H.-L. Zhu, H. Burkhard, and K. Magari, *IEEE J. Sel. Topics Quantum Electron.* **1**, 356(1995).

[23] H. Ishii, F. Kano, Y. Tohmori, Y. Kondo, T. Tamamura, and Y. Yoshikuni, *IEEE J. Sel. Topics Quantum Electron.* **1**, 401(1995).

[24] P.-J. Rigole, S. Nilsson, I. Bäckbom, T. Klinga, J. Wallin, B. Stålnacke, E. Berglind, and B. Stoltz, *IEEE Photon. Technol. Lett.* **7**, 697(1995); **7**, 1249(1995).

[25] G. Albert, F. Delorme, S. Grossmaire, S. Slempkes, A. Ougazzaden, and H. Nakajima, *IEEE J. Sel. Topics Quantum Electron.* **3**, 598(1997).

[26] F. Delorme, G. Albert, P. Boulet, S. Grossmaire, S. Slempkes, and A. Ougazzaden, *IEEE J. Sel. Topics Quantum Electron.* **3**, 607(1997).

[27] L. Coldren, *IEEE J. Sel. Topics Quantum Electron.* **6**, 988(2000).

[28] L. A. Coldren, G. A. Fish, Y. Akulova, J. S. Barton, and C. W. Coldren, *J. Lightwave Technol.* **22**, 193(2004).

[29] J. Buus, M.-C. Amann, and D. J. Blumenthal, *Tunable Laser Diodes and Related Optical Sources*, 2nd ed., IEEE Press, Piscataway, NJ, 2005.

[30] J. Klamkin, J. M. Hutchinson, J. T. Getty, L. A. Johansson, E. J. Skogen, and L. A. Coldren, *IEEE J. Sel. Topics Quantum Electron.* **11**, 931(2005).

[31] R. Todt, T. Jacke, R. Meyer, R. Laroy, G. Morthier, and M.-C. Amann, *IEEE J. Sel. Topics Quantum Electron.* **13**, 1095(2007).

[32] C. J. Chang-Hasnain, in *Semiconductor Lasers: Past, Present, and Future*, G. P. Agrawal, Ed., AIP Press, Woodbury, NY, 1995, Chap. 5.

[33] A. E. Bond, P. D. Dapkus, and J. D. O'Brien, *IEEE J. Sel. Topics Quantum Electron.* **5**, 574(1999).

[34] C. Wilmsen, H. Temkin, and L. A. Coldren, Eds., *Vertical-Cavity Surface-Emitting Lasers*, Cambridge University Press, New York, 1999.

[35] C. J. Chang-Hasnain, *IEEE J. Sel. Topics Quantum Electron.* **6**, 978(2000).

[36] K. Iga, *IEEE J. Sel. Topics Quantum Electron.* **6**, 1201(2000).

[37] A. Karim, S. Björlin, J. Piprek, and J. E. Bowers, *IEEE J. Sel. Topics Quantum Electron.* **6**, 1244(2000).

[38] H. Li and K. Iga, *Vertical-Cavity Surface-Emitting Laser Devices*, Springer, New York, 2001.

[39] Y. Matsui, D. Vakhshoori, P. Wang, P. Chen, C.-C. Lu, M. Jiang, K. Knopp, S. Burroughs, and P. Tayebati, *IEEE J. Quantum Electron.* **39**, 1037(2003).

[40] C.-K. Lin, D. P. Bour, J. Zhu, W. H. Perez, M. H. Leary, A. Tandon, S. W. Corzine, and M. R. T. Tan, *IEEE J. Sel. Topics Quantum Electron.* **9**, 1415(2003).

[41] F. Koyama, *J. Lightwave Technol.* **24**, 4502(2006).

[42] E. Söderberg, J. S. Gustavsson, P. Modh, A. Larsson, Z. Zhang, J. Berggren, and M. Hammar, *J. Lightwave Technol.* **25**, 2791(2007).

[43] P. Debernardi, B. Kögel, K. Zogal, P. Meissner, M. Maute, M. Ortsiefer, G. Böhm, and M.-C. Amann, *IEEE J. Quantum Electron.* **44**, 391(2008).

[44] T. R. Chen, J. Ungar, J. Iannelli, S. Oh, H. Luong, and N. Bar-Chaim, *Electron. Lett.* **32**, 898(1996).

[45] M. Funabashi, H. Nasu, T. Mukaihara, T. Kimoto, T. Shinagawa, T. Kise, K. Takaki, T. Takagi, M. Oike, T. Nomura, and A. Kasukawa, *IEEE J. Sel. Topics Quantum Electron.* **10**, 312(2004).

[46] G. P. Agrawal, *IEEE J. Quantum Electron.* **23**, 860(1987).

[47] G. P. Agrawal, *IEEE J. Quantum Electron.* **26**, 1901(1990).

[48] G. P. Agrawal and G. R. Gray, *Proc. SPIE* **1497**, 444(1991).

[49] C. Z. Ning and J. V. Moloney, *Appl. Phys. Lett.* **66**, 559(1995).

[50] M. Osinski and J. Buus, *IEEE J. Quantum Electron.* **23**, 9(1987).

[51] H. Ishikawa, H. Soda, K. Wakao, K. Kihara, K. Kamite, Y. Kotaki, M. Matsuda, H. Sudo, S. Yamakoshi, S. Isozumi, and H. Imai, *J. Lightwave Technol.* **5**, 848(1987).

[52] P. A. Morton, T. Tanbun-Ek, R. A. Logan, N. Chand, K. W. Wecht, A. M. Sergent, and P. F. Sciortino, *Electron. Lett.* **30**, 2044(1994).

[53] E. Goutain, J. C. Renaud, M. Krakowski, D. Rondi, R. Blondeau, and D. Decoster, *Electron. Lett.* **32**, 896(1996).

[54] S. Lindgren, H. Ahlfeldt, L Backlin, L. Forssen, C. Vieider, H. Elderstig, M. Svensson, L. Granlund, L. Andersson, B. Kerzar, B. Broberg, O. Kjebon, R. Schatz, E. Forzelius, and S. Nilsson, *IEEE Photon. Technol. Lett.* **9**, 306(1997).

[55] C. -W. Hu, F. -M. Lee, T. -C. n Peng, T. -M. Ou, M. -C. Wu, and Y. -H. Huang, *J. Lightwave Technol.* **24**, 2906(2006).

[56] H. -K. Sung, E. K. Lau, and M. C. Wu, *IEEE J. Sel. Topics Quantum Electron.* **13**, 1215(2007).

[57] G. P. Agrawal, *Proc. SPIE* **1376**, 224(1991).

[58] M. Lax, *Rev. Mod. Phys.* **38**, 541(1966);*IEEE J. Quantum Electron.* **3**, 37(1967).

[59] C. H. Henry, *IEEE J. Quantum Electron.* **18**, 259(1982); **19**, 1391(1983);*J. Lightwave Technol.* **4**, 298(1986).

[60] G. P. Agrawal, *Electron. Lett.* **27**, 232(1991).

[61] G. P. Agrawal, *Phys. Rev. A* **37**, 2488(1988).

[62] J. Y. Law and G. P. Agrawal, *IEEE Photon. Technol. Lett.* **9**, 437(1997).

[63] M. Aoki, K. Uomi, T. Tsuchiya, S. Sasaki, M. Okai, and N. Chinone, *IEEE J. Quantum Electron.* **27**, 1782(1991).

[64] R. A. Linke, *Electron. Lett.* **20**, 472(1984);*IEEE J. Quantum Electron.* **21**, 593(1985).

[65] G. P. Agrawal and M. J. Potasek, *Opt. Lett.* **11**, 318(1986).

[66] R. Olshansky and D. Fye, *Electron. Lett.* **20**, 928(1984).

[67] G. P. Agrawal, *Opt. Lett.* **10**, 10(1985).

[68] N. A. Olsson, C. H. Henry, R. F. Kazarinov, H. J. Lee, and K. J. Orlowsky, *IEEE J. Quantum Electron.* **24**, 143(1988).

[69] H. D. Summers and I. H. White, *Electron. Lett.* **30**, 1140(1994).

[70] F. Kano, T. Yamanaka, N. Yamamoto, H. Mawatan, Y. Tohmori, and Y. Yoshikuni, *IEEE J. Quantum Electron.* **30**, 533(1994).

[71] G. P. Agrawal, *Applications of Nonlinear Fiber Optics*, 2nd ed., Academic Press, San Diego, CA, 2008.

[72] E. L. Wooten, K. M. Kissa, A. Yi-Yan, E. J. Murphy, D. A. Lafaw, P. F. Hallemeier, D. Maack, D. V. Attanasio, D. J. Fritz, G. J. McBrien, and D. E. Bossi, *IEEE J. Sel. Topics Quantum Electron.* **6**, 69(2000).

[73] N. Courjal, H. Porte, J. Hauden, P. Mollier and N. Grossard, *J. Lightwave Technol.* **22**, 1338(2004).

[74] S. Oikawa, F. Yamamoto, J. Ichikawa, S. Kurimura and K. Kitamura, *J. Lightwave Technol.* **23**, 2756(2005).

[75] F. Lucchi, D. Janner, M. Belmonte, S. Balsamo, M. Villa, S. Giurgola, P. Vergani, V. Pruneti, *Opt. Express* **15**, 10739(2007).

[76] A. Mahapatra and E. J. Murphy, in *Optical Fiber Telecommunications*, Vol. 4A, I. P. Kaminow, T. Li, and A. E. Willner, Eds., Academic Press, San Diego, CA, 2008, Chap. 6.

[77] M. Aoki, M. Suzuki, H. Sano, T. Kawano, T. Ido, T. Taniwatari, K. Uomi, and A. Takai, *IEEE J. Quantum E-lectron.* **29**, 2088(1993).

[78] G. Raybon, U. Koren, M. G. Young, B. I. Miller, M. Chien, T. H. Wood, and H. M. Presby, *Electron. Lett.* **30**, 1330(1994).

[79] H. Takeuchi, K. Tsuzuki, K. Sato, M. Yamamoto, Y. Itaya, A. Sano, M. Yoneyama, and T. Otsuji, *IEEE J. Sel. Topics Quantum Electron.* **3**, 336(1997).

[80] A. D. Ellis, R. J. Manning, I. D. Phillips, and D. Nesset, *Electron. Lett.* **35**, 645(1999).
[81] Y. Kim, S. K. Kim, J. Lee, Y. Kim, J. Kang, W. Choi, and J. Jeong, *Opt. Fiber Technol.* **7**, 84(2001).
[82] Y. Akage, K. Kawano, S. Oku, R. Iga, H. Okamoto, Y. Miyamoto, and H. Takeuchi, *Electron. Lett.* **37**, 299(2001).
[83] H. Kawanishi, Y. Yamauchi, N. Mineo, Y. Shibuya, H. Murai, K. Yamada, and H. Wada, *IEEE Photon. Technol. Lett.* **13**, 964(2001).
[84] Y. Miyazaki, H. Tada, T. Aoyagi, T. Nashimuraand, and Y. Mitsui, *IEEE J. Quantum Electron.* **38**, 1075 (2002).
[85] Y. A. Akulova, G. A. Fish, P. C. Koh, C. L. Schow, P. Kozodoy, A. P. Dahl, S. Nakagawa, M. C. Larson, M. P. Mack, T. A. Strand, C. W Coldren, E. Hegblom, S. K. Penniman, T. Wipiejewski, and L. C. Coldren, *IEEE J. Sel. Topics Quantum Electron.* **8**, 1349(2002).
[86] B. K. Saravanan, T. Wenger, C. Hanke, P. Gerlach, M. Peschke, T. Knoedl, and R. Macaluso, *IEEE Photon. Technol. Lett.* **18**, 862(2006).
[87] J. W. Raring and L. A. Coldren, *IEEE J. Sel. Topics Quantum Electron.* **13**, 3(2007).
[88] R. Kaiser and B. Hüttl, *IEEE J. Sel. Topics Quantum Electron.* **13**, 125(2007).
[89] H. Fukano, Y. Akage, Y. Kawaguchi, Y. Suzaki, K. Kishi, T. Yamanaka, Y. Kondo, and H. Yasaka, *IEEE J. Sel. Topics Quantum Electron.* **13**, 1129(2007).
[90] H. G. Yun, K. S. Choi, Y. H. Kwon, J. S. Choe, and J. T. Moon, *IEEE Trans. Adv. Packag.* **31**, 351(2008).
[91] W. Wang, D. Chen, H. R. Fetterman, Y Shi, W H. Steier, L. R. Dalton, and P. -M. Chow, *Appl. Phys. Lett.* **67**, 1806(1995).
[92] H. Zhang, M. C. Oh, A. Szep, W. H. Steier, C. Zhang, L. R. Dalton, H. Erlig, Y Chang, D. H. Chang, and H. R. Fetterman, *Appl. Phys. Lett.* **78**, 3136(2001).
[93] J. Gower, *Optical Communication Systems*, 2nd ed., Prentice-Hall, Upper Saddle River, NJ, 1993.
[94] H. Temkin, G. V. Keramidas, M. A. Pollack, and W. R. Wagner, *J. Appl. Phys.* **52**, 1574(1981).
[95] C. A. Burrus and R. W. Dawson, *Appl. Phys. Lett.* **17**, 97(1970).
[96] S. T. Wilkinson, N. M. Jokerst, and R. P. Leavitt, *Appl. Opt.* **34**, 8298(1995).
[97] M. C. Larson and J. S. Harris, Jr., *IEEE Photon. Technol. Lett.* **7**, 1267(1995).
[98] I. J. Fritz, J. F. Klem, M. J. Hafich, A. J. Howard, and H. P. Hjalmarson, *IEEE Photon. Technol. Lett.* **7**, 1270 (1995).
[99] T. Whitaker, *Compound Semicond.* **5**, 32(1999).
[100] P. Bienstman and R. Baets, *IEEE J. Quantum Electron.* **36**, 669(2000).
[101] P. Sipila, M. Saarinen, M. Guina, V. Vilokkinen, M. Toivonen, and M. Pessa, *Semicond. Sci. Technol.* **15**, 418(2000).
[102] P. W. Shumate, in *Optical Fiber Telecommunications II*, S. E. Miller and I. P. Kaminow, Eds., Academic Press, Boston, 1988, Chap. 19.
[103] T. P. Lee, C. A. Burrus, and R. H. Saul, in *Optical Fiber Telecommunications*, Vol. 2, S. E. Miller and I. P. Kaminow, Eds., Academic Press, Boston, 1988, Chap. 12.
[104] D. S. Alles and K. J. Brady, *AT&T Tech. J.* **68**, 183(1989).
[105] H. M. Presby and C. A. Edwards, *Electron. Lett.* **28**, 582(1992).
[106] R. A. Modavis and T. W. Webb, *IEEE Photon. Technol. Lett.* **7**, 798(1995).
[107] K. Shiraishi, N. Oyama, K. Matsumura, I. Ohisi, and S. Suga, *J. Lightwave Technol.* **13**, 1736(1995).
[108] P. C. Chen and T. D. Milster, *Laser Diode Chip and Packaging Technology*, Vol. 2610, SPIE Press, Bellingham, WA, 1996.
[109] M. J. Daneman, O. Sologaard, N. C. Tien, K. Y Lau, and R. S. Muller, *IEEE Photon. Technol. Lett.* **8**, 396 (1996).

[110] B. Hubner, G. Vollrath, R. Ries, C. Gréus, H. Janning, E. Ronneberg, E. Kuphal, B. Kempf, R. Gobel, F. Fiedler, R. Zengerle, and H. Burkhard, *IEEE J. Sel. Topics Quantum Electron.* **3**, 1372(1997).

[111] K. Shiraishi, H. Yoda, T. Endo, and I. Tornita, *IEEE Photon. Technol. Lett.* **16**, 1104(2004).

[112] Z. Jing, P. V. Ramana, J. L. Hon-Shing, Z. Qingxin, J. Chandrappan, T. C. Wei, J. M. Chinq, C. T. W. Liang, and K. D. Lee, *IEEE Photon. Technol. Lett.* **20**, 1375(2008).

[113] G. P. Agrawal, *IEEE J. Quantum Electron.* **20**, 468(1984).

[114] G. P. Agrawal and T. M. Shen, *J. Lightwave Technol.* **4**, 58(1986).

[115] A. T. Ryan, G. P. Agrawal, G. R. Gray, and E. C. Gage, *IEEE J. Quantum Electron.* **30**, 668(1994).

[116] G. H. M. van Tartwijk and D. Lenstra, *Quantum Semiclass. Opt.* **7**, 87(1995).

[117] K. Petermann, *IEEE J. Sel. Topics Quantum Electron.* **1**, 480(1995).

[118] T. Sugie and M. Saruwatari, *Electron. Lett.* **18**, 1026(1982).

[119] F. S. Chen, *Electron. Lett.* **16**, 7(1980).

[120] O. Wada, T. Sakurai, and T. Nakagami, *IEEE J. Quantum Electron.* **22**, 805(1986).

[121] T. Horimatsu and M. Sasaki, *J. Lightwave Technol.* **7**, 1613(1989).

[122] M. Dagenais, R. F. Leheny, H. Temkin, and P. Battacharya, *J. Lightwave Technol.* **8**, 846(1990).

[123] N. Suzuki, H. Furuyama, Y. Hirayama, M. Morinaga, K. Eguchi, M. Kushibe, M. Funamizu, and M. Nakamura, *Electron. Lett.* **24**, 467(1988).

[124] K. Pedrotti, *Proc. SPIE* **2149**, 178(1994).

[125] O. Calliger, A. Clei, D. Robein, R. Azoulay, B. Pierre, S. Biblemont, and C. Kazmierski, *IEE Proc.* **142**, Pt. J, 13(1995).

[126] R. Pu, C. Duan, and C. W. Wilmsen, *IEEE J. Sel. Topics Quantum Electron.* **5**, 201(1999).

[127] K. Shuke, T. Yoshida, M. Nakano, A. Kawatani, and Y. Uda, *IEEE J. Sel. Topics Quantum Electron.* **5**, 146 (1999).

[128] T. L. Koch and U. Koren, *IEEE J. Quantum Electron.* **27**, 641(1991).

[129] M. N. Armenise and K. -K. Wong, Eds., *Functional Photonic Integrated Circuits*, SPIE Proc. Series, Vol. 2401, SPIE Press, Bellingham, WA, 1995.

[130] W. Metzger, J. G. Bauer, P. C. Clemens, G. Heise, M. Klein, H. F. Mahlein, R. Matz, H. Michel, and J. Rieger, *Opt. Quantum Electron.* **28**, 51(1996).

[131] D. F. Welch, C. H. Joyner, D. Lambert, P. W. Evans, and M. Raburn, in *Optical Fiber Telecommunications*, Vol. 5A, I. P. Kaminow, T. Li, and A. E. Willner, Eds., Academic Press, Boston, 2008, Chap. 10.

[132] F. R. Nash, W. B. Joyce, R. L. Hartman, E. I. Gordon, and R. W. Dixon, *AT&T Tech. J.* **64**, 671(1985).

[133] N. K. Dutta and C. L. Zipfel, in *Optical Fiber Telecommunications*, Vol. 2, S. E. Miller and I. P. Kaminow, Eds., Academic Press, Boston, 1988, Chap. 17.

[134] B. W. Hakki, P. E. Fraley, and T. F. Eltringham, *AT&T Tech. J.* **64**, 771(1985).

[135] M. Fallahi and S. C. Wang, Eds., *Fabrication, Testing, and Reliability of Semiconductor Lasers*, Vol. 2863, SPIE Press, Bellingham, WA, 1995.

[136] O. Ueda, *Reliability and Degradation of III-V Optical Devices*, Artec House, Boston, 1996.

[137] N. W. Carlson, *IEEE J. Sel. Topics Quantum Electron.* **6**, 615(2000).

[138] T. Takeshita, T. Tadokoro, R. Iga, Y. Tohmori, M. Yamamoto, and M. Sugo, *IEEE Trans. Electron Dev.* **54**, 456(2007).

第4章　光接收机

光接收机的作用是将光信号转换成电信号，并恢复通过光波系统传输的数据。光接收机的主要组件是光电探测器，它通过光电效应将光转换成电。对光电探测器的要求与对光源的要求类似，应该具有灵敏度高、响应快、噪声低、成本低以及可靠性高的特点，其尺寸应该与光纤纤芯的尺寸相比拟。用半导体材料制作的光电探测器可以很好地满足这些要求。本章主要介绍光电探测器和光接收机[1~9]。4.1 节介绍光电探测过程的基本概念。4.2 节讨论在光接收机中普遍使用的几种光电探测器。4.3 节介绍光接收机的组成，强调了各部分所起的作用。4.4 节讨论限制光接收机信噪比的几种不同的噪声源。4.5 节介绍相干探测。4.6 节重点介绍光接收机的灵敏度以及在非理想条件下灵敏度的劣化。4.7 节讨论在实际的传输实验中光接收机的性能。

4.1　基本概念

光电探测过程的基本机制是光吸收。本节将引入几个基本概念，如响应度、量子效率、上升时间、带宽等，它们对所有光电探测器都是通用的，并用它们来表征光电探测器。

4.1.1　响应度和量子效率

考虑如图 4.1 所示的半导体平板。如果入射光子的能量 $h\nu$ 超过了带隙能量，则半导体每吸收一个光子就会产生一个电子-空穴对。在外加电压建立的电场影响下，电子和空穴扫过半导体，并形成电流。

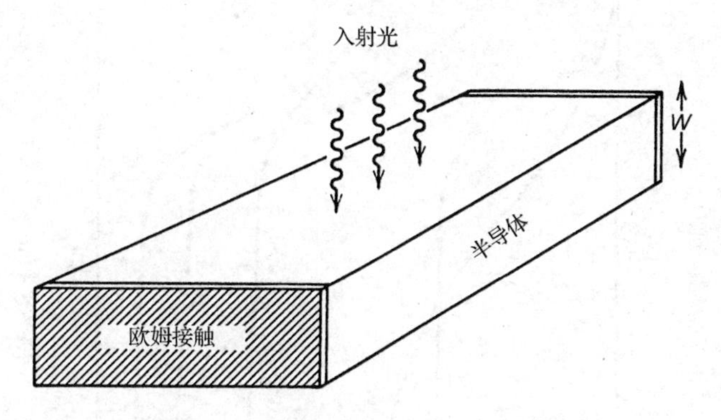

图 4.1　用于制作光电探测器的半导体平板

光电流 I_p与入射光功率 P_{in}成正比，也就是

$$I_p = R_d P_{\text{in}} \tag{4.1.1}$$

常数 R_d称为光电探测器的响应度，因为在输入光功率一定时，R_d的值越大，产生的光电流越大。R_d的常用单位为安/瓦(A/W)。

响应度 R_d也可以用基本量 η 表示，η 称为量子效率(quantum efficiency)，其定义为

$$\eta = \frac{\text{电子产生速率}}{\text{光子入射速率}} = \frac{I_p/q}{P_{\text{in}}/h\nu} = \frac{h\nu}{q}R_d \tag{4.1.2}$$

这里用到了式(4.1.1)。于是，响应度 R_d 为

$$R_d = \frac{\eta q}{h\nu} \approx \frac{\eta\lambda}{1.24} \tag{4.1.3}$$

式中，$\lambda \equiv c/v$，单位是微米(μm)。光电探测器的响应度随波长 λ 的增加而简单增大，这是因为在同样的光功率下波长越长对应的光子越多。响应度与波长 λ 的线性依赖关系并不能永远保持下去，因为最终光子能量太小而不能产生电子。在半导体中，这种情况发生在 $h\nu < E_g$ 时，这里 E_g 为带隙能量；此时量子效率 η 降为零。

η 对 λ 的依赖关系是通过吸收系数 α 得到的。假设图 4.1 中的半导体平板的端面镀有抗反射膜(增透膜)，则通过宽度为 W 的平板透射的功率为 $P_{\text{tr}} = \exp(-\alpha W)P_{\text{in}}$，被吸收的功率可写成

$$P_{\text{abs}} = P_{\text{in}} - P_{\text{tr}} = [1-\exp(-\alpha W)]P_{\text{in}} \tag{4.1.4}$$

由于每个被吸收的光子产生一个电子-空穴对，则量子效率 η 为

$$\eta = P_{\text{abs}}/P_{\text{in}} = 1-\exp(-\alpha W) \tag{4.1.5}$$

正如预期的，当 $\alpha = 0$ 时 η 变为 0。另一方面，如果 $\alpha W \gg 1$，则 η 接近于 1。

图 4.2 给出了几种半导体材料的吸收系数 α 与波长的关系，这几种半导体材料普遍用来制作光波系统中的光电探测器。吸收系数 α 变为零时的波长 λ_c 称为截止波长，因为只有在 $\lambda < \lambda_c$ 时这种材料才可用来制作光电探测器。正如在图 4.2 中看到的，间接带隙半导体如 Si 和 Ge 能用来制作光电探测器，尽管其吸收边不像直接带隙材料的那么陡。对于大多数的半导体材料，吸收系数 α 能实现较大的值(约为 $10^4\ \text{cm}^{-1}$)，这样当 W 约为 10 μm 时，量子效率 η 可接近于 100%。这一特性可以说明用于光电探测的半导体的效率。

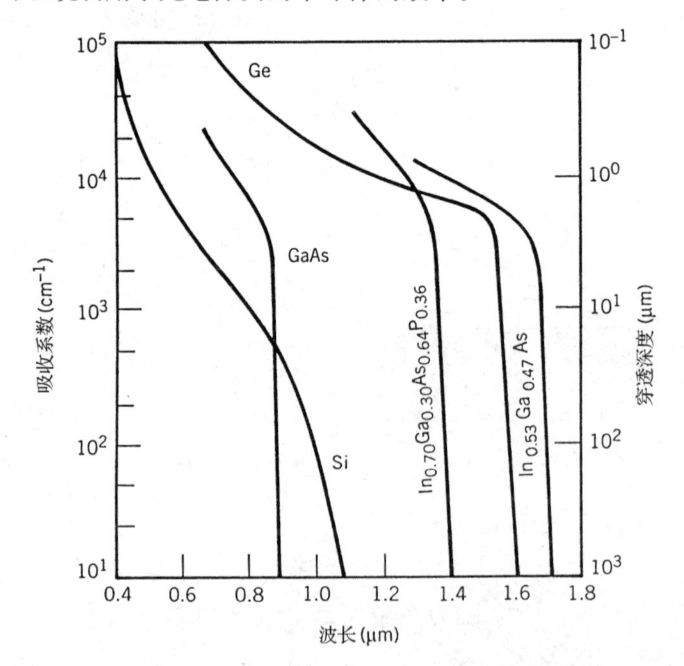

图 4.2 几种不同半导体材料的吸收系数与波长的关系[2](经© 1979 Academic Press 授权引用)

4.1.2 上升时间和带宽

光电探测器的带宽(bandwidth)由它对入射光功率变化的响应速度决定。引入上升时间(rise time)T_r的概念非常有用，它定义为当入射光功率突然变化时，光电流从最终输出值的10%增加到90%所用的时间。显然，T_r取决于电子和空穴到达电接触的时间，还取决于用于处理光电流的电路的响应时间。

线性电路的上升时间T_r定义为当输入突然变化时(阶跃函数)，响应从最终输出值的10%增加到90%所用的时间。当RC电路的输入电压瞬间从0变到V_0时，输出电压变化为

$$V_{\text{out}}(t) = V_0[1 - \exp(-t/RC)] \tag{4.1.6}$$

式中，R是RC电路的电阻，C是RC电路的电容。上升时间为

$$T_r = (\ln 9)RC \approx 2.2\tau_{\text{RC}} \tag{4.1.7}$$

式中，$\tau_{\text{RC}} = RC$是RC电路的时间常数。

将式(4.1.7)延伸，可以将光电探测器的上升时间写成

$$T_r = (\ln 9)(\tau_{\text{tr}} + \tau_{\text{RC}}) \tag{4.1.8}$$

式中，τ_{tr}是渡越时间，τ_{RC}是等效RC电路的时间常数。渡越时间加到时间常数τ_{RC}上是因为在吸收光子产生载流子之后，需要花费时间收集这些载流子，最大收集时间恰好等于电子穿越吸收区所用的时间。显然，通过减小W可以降低τ_{tr}，然而，正如在式(4.1.5)中看到的，当$\alpha W<3$时，量子效率η开始明显下降，于是在光电探测器的带宽和响应度(速度和灵敏度)之间有一个折中。一般来说，因为电寄生现象，RC电路的时间常数τ_{RC}限制了带宽。τ_{tr}和τ_{RC}的数值取决于光电探测器的设计，可以在一个很宽的范围内变化。

光电探测器的带宽定义和RC电路的带宽定义类似，可以写成

$$\Delta f = [2\pi(\tau_{\text{tr}} + \tau_{\text{RC}})]^{-1} \tag{4.1.9}$$

例如，当$\tau_{\text{tr}} = \tau_{\text{RC}} = 100$ ps时，光电探测器的带宽低于1 GHz。显然，对于工作在10 Gbps或更高比特率下的光波系统，所用光电探测器的τ_{tr}和τ_{RC}的值都应小于10 ps。

在考虑了带宽和响应度之后，光电探测器的暗电流I_d是第三个重要的参数，这里，暗电流I_d是光电探测器在没有任何光信号时产生的电流，它源于通过杂散光或热效应产生的电子-空穴对。对于一个好的光电探测器，暗电流应可以忽略不计($I_d<10$ nA)。

4.2 常用的光电探测器

图4.1中的半导体平板是用来说明基本概念的，实际应用中很少使用这么简单的装置。本节主要介绍通常用于制作光接收机的反向偏置的p-n结，对金属-半导体-金属(MSM)光电探测器也将做简单的讨论。

4.2.1 p-n 光电二极管

反向偏置p-n结包含一个称为耗尽区(depletion region)的区域，在这个区域中缺乏自由载流子，并存在一个强自建电场阻止电子从n侧向p侧流动和空穴从p侧向n侧流动。当用光照射这种p-n结的一侧，如p侧(见图4.3)时，就会通过吸收产生电子-空穴对。因为存在强

自建电场，在耗尽区产生的电子和空穴就会分别加速向 n 侧和 p 侧漂移，由此形成的电流与入射光功率成正比，于是这样一个反向偏置的 p-n 结就能起到光电探测器的作用，称为 p-n 光电二极管。

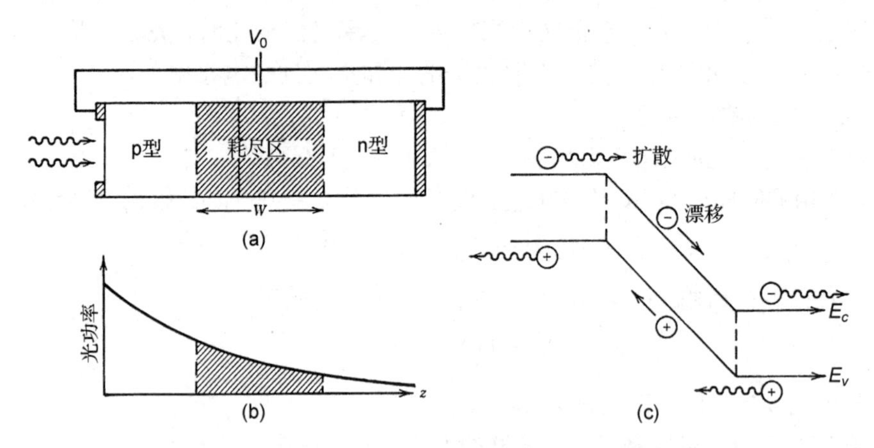

图 4.3 (a)反向偏置下的 p-n 光电二极管；(b)光电二极管内光功率的变化；(c)载流子的漂移和扩散运动的能带图

图 4.3(a)给出了 p-n 光电二极管的结构。如图 4.3(b)所示，当入射光在耗尽区被吸收时，光功率呈指数下降。在耗尽区形成的电子-空穴对就会在强电场的作用下，快速向 p 侧或 n 侧漂移，漂移方向取决于电荷正负[见图 4.3(c)]。根据式(4.1.1)可知，形成的光电流就是由光电二极管对入射光功率的响应构成的。由于具有高量子效率，光电二极管的响应度是相当高的($R_d \approx 1$ A/W)。

p-n 光电二极管的带宽经常受式(4.1.9)中的渡越时间τ_{tr}的限制。如果 W 为耗尽区的宽度，v_d为漂移速度，那么渡越时间为

$$\tau_{tr} = W/v_d \tag{4.2.1}$$

一般来说，$W \approx 10$ μm，$v_d \approx 10^5$m/s，$\tau_{tr} \approx 100$ ps。可以通过优化 W 和 v_d使渡越时间τ_{tr}最小。耗尽区的宽度取决于受主浓度和施主浓度，可以通过它们控制耗尽区的宽度。漂移速度 v_d取决于外加电压，其最大值[称为饱和速度(saturation velocity)]可达 10^5 m/s 左右，这取决于光电二极管所用的材料。RC 电路的时间常数τ_{RC}可以写成

$$\tau_{RC} = (R_L + R_s)C_p \tag{4.2.2}$$

式中，R_L是外部负载电阻，R_s是内部串联电阻，C_p是寄生电容。典型地，$\tau_{RC} \approx 100$ ps，但通过适当设计也能实现更小的值。确实，新式 p-n 光电二极管能够工作在 40 Gbps 比特率下。

p-n 光电二极管带宽的限制因素是光电流中存在的扩散电流，扩散电流的物理起因与入射光在耗尽区外的吸收有关。p 区产生的电子在能向 n 侧漂移之前，不得不先扩散到耗尽区的边界；同样，n 区产生的空穴在能向 p 侧漂移之前，也不得不先扩散到耗尽区的边界。扩散过程固有地缓慢，载流子需要花费 1 ns 甚至更长的时间才能扩散大约 1 μm 的距离。图 4.4 显示了扩散电流是怎样使光电二极管的时间响应失真的。通过减小 p 区和 n 区的宽度以及增大耗尽区的宽度，使大部分入射光功率在耗尽区被吸收，则可以减小扩散电流。这就是 p-i-n 光电二极管采用的方法，下面对此进行讨论。

4.2.2 p-i-n 光电二极管

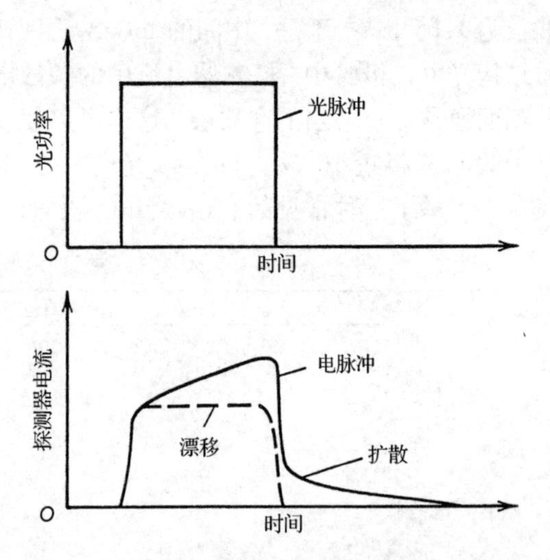

图 4.4 在漂移和扩散都对探测器电流有贡献时，p-n光电二极管对矩形光脉冲的响应

增加耗尽区宽度的简单方法是在 p-n 结中间插入一个无掺杂(或轻度掺杂)的半导体材料层。由于构成中间层的材料几乎是本征的，这种结构称为 p-i-n 光电二极管。图 4.5(a)给出了这种器件的结构以及在反向偏置下器件内部的电场分布。由于其本征特性，中间的 i 区通常具有高阻抗，这样大部分偏置电压将加在它上面，结果就是在 i 区中存在强电场。本质上，耗尽区扩展到整个 i 区，可以通过改变中间层的厚度来控制耗尽区的宽度 W。p-i-n 光电二极管与 p-n 光电二极管的主要区别在于，漂移电流相比扩散电流在光电流中占主导地位，这是因为大部分入射光功率是在 p-i-n 光电二极管的 i 区被吸收的。

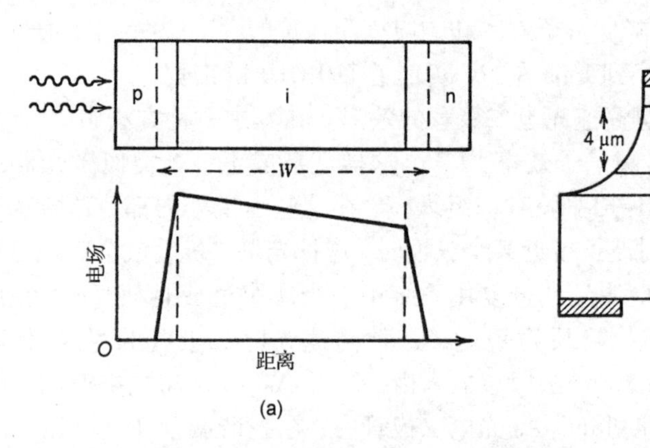

图 4.5 (a)p-i-n 光电二极管和反向偏置下的电场分布；(b)InGaAs p-i-n 光电二极管的设计

由于 p-i-n 光电二极管中耗尽区的宽度 W 可以调整，一个自然的问题是，W 多大才是最合适的。正如在 4.1 节中讨论的，W 的最佳值取决于速度和灵敏度的折中。增加 W 可以提高响应度，这样量子效率 η 可以接近 100% [见式(4.1.5)]。然而，这样做也会使响应时间增加，因为载流子需要花更长的时间漂移通过耗尽区。对于采用间接带隙半导体(如硅和锗)的光电二极管，通常 W 必须在 20 ~ 50 μm 的范围内，以确保合适的量子效率。这种光电二极管的带宽受相对长的渡越时间的限制($\tau_{tr} > 200$ ps)。相反，对于采用直接带隙半导体(例如InGaAs)的光电二极管，W 能小到 3 ~ 5 μm。这种光电二极管的渡越时间 $\tau_{tr} \approx 10$ ps。如果在 $\tau_{tr} \gg \tau_{RC}$ 的条件下利用式(4.1.9)，则可得这样的 τ_{tr} 值相当于探测器带宽 $\Delta f \approx 10$ GHz。

采用双异质结构设计方案可以大幅度提高 p-i-n 光电二极管的性能。与半导体激光器的情况类似，中间的 i 区夹在另一种半导体的 p 型层和 n 型层之间，通过适当选择 p 型层和 n 型层半导体的带隙使光只在中间的 i 区被吸收。光波系统中常用的 p-i-n 光电二极管用 InGaAs 作为中间层，InP 作为周围的 p 型层和 n 型层[10]。图 4.5(b)给出了这种 InGaAs p-i-n 光电二极管的设计。由于 InP 的带隙为 1.35 eV，它对波长超过 0.92 μm 的光是透明的；相反，当 $x = 0.47$ 时，晶格匹配 $In_{1-x}Ga_xAs$ 材料的带隙约为 0.75 eV(见 3.1.1 节)，这个值对应的截止波长为 1.65 μm。于是，中间的 InGaAs 层强烈吸收波长在 1.3 ~ 1.6 μm 范围的光。在这种异质结构光电二极管中，探测器电流中的扩散电流被完全消除，因为光子只在耗尽区内被吸收。前刻面通常镀有适当的介质层，这样可以使反射率最小。使用 4 ~ 5 μm 厚的 InGaAs 层，能使量子效率 η 接近 100%。InGaAs 光电二极管对光波系统非常有用，经常在实际应用中使用。表 4.1 列举了三种常见的 p-i-n 光电二极管的工作特性。

表 4.1 常见 p-i-n 光电二极管的工作特性

参数	符号	单位	Si	Ge	InGaAs
波长	λ	μm	0.4 ~ 1.1	0.8 ~ 1.8	1.0 ~ 1.7
响应度	R_d	A/W	0.4 ~ 0.6	0.5 ~ 0.7	0.6 ~ 0.9
量子效率	η	%	75 ~ 90	50 ~ 55	60 ~ 70
暗电流	I_d	nA	1 ~ 10	50 ~ 500	1 ~ 20
上升时间	T_r	ns	0.5 ~ 1	0.1 ~ 0.5	0.02 ~ 0.5
带宽	Δf	GHz	0.3 ~ 0.6	0.5 ~ 3	1 ~ 10
偏置电压	V_b	V	50 ~ 100	6 ~ 10	5 ~ 6

20 世纪 90 年代，人们在发展工作于 10 Gbps 以上比特率的这种高速 p-i-n 光电二极管方面做了很多努力[10~21]。早在 1986 年，就通过使用薄吸收层(小于 1 μm)和减小寄生电容 C_p 实现了 70 GHz 的带宽，但这是以降低量子效率和响应度为代价的[10]。1995 年，通过优化设计将 p-i-n光电二极管的时间常数减小到 1 ps 左右，实现了 110 GHz 的带宽[15]。

已经发展了几种技术来改进高速光电二极管的效率。在其中一种方法中，通过在 p-i-n 结构周围形成法布里-珀罗腔来提高量子效率[11~14]，这样就形成了一个类似激光器的结构。正如在 3.1.5 节中讨论的，法布里-珀罗腔有一组纵模，在这些纵模处内部，光场通过相长干涉而得到谐振增强。结果，当入射波长接近某个纵模时，这种光电二极管就会表现出很高的灵敏度，这种波长选择性甚至可以应用到波分复用系统中。当法布里-珀罗腔的一个腔镜是通过一堆 AlGaAs/AlAs 层形成的布拉格反射镜时，这种高速光电二极管的量子效率可以接近 100%[12]。通过将 90 nm 厚的 InGaAs 吸收层插入由一个 GaAs/AlAs 布拉格镜和一个介质镜构成的微腔内，还将这种方法延伸到 InGaAs 光电二极管中，在腔谐振条件下该器件的量子效率为 94%，带宽为14 nm[13]。利用空气桥金属波导以及底切台面结构，已经实现了 120 GHz 的带宽[14]。在法布里-珀罗腔内使用这种结构应能实现宽带宽、高效率的 p-i-n 光电二极管。

实现高速光电二极管的另一种方法利用了光信号从边缘耦合进去的光波导[16~21]。除了各个外延层被不同地优化，这种结构与未泵浦的半导体激光器类似。与半导体激光器相比，这种波导能制作得非常宽以支持多横模，这样可以提高耦合效率[16]。由于吸收是沿光波导长度(约为 10 μm)方向发生的，即使对于超薄吸收层，量子效率也能接近 100%。这种波导光电二极管(waveguide photodiode)的带宽受式(4.1.9)中时间常数 τ_{RC} 的限制，可以通过控制波导的横截面积来减小 τ_{RC}。确实，在 1992 年这种波导光电二极管就实现了 50 GHz 的带宽[16]。

通过采用蘑菇台面波导结构，波导光电二极管的带宽能增加到 110 GHz[17]。这种器件的结构如图 4.6(a)所示，在这种结构中，i 型吸收层的宽度降到了 1.5 μm，而 p 型和 n 型包层的宽度为 6 μm。通过这种方式，寄生电容和内部串联电阻都能最小化，结果使 τ_{RC} 降到 1 ps 左右。图 4.6(b)还给出了这种器件在 1.55 μm 波长处的频率响应，它通过频谱分析仪测量得到(圆圈)或者通过短脉冲响应的傅里叶变换得到(实线)。显然，波导 p-i-n 光电二极管能提供高响应度和宽带宽。波导光电二极管已经应用到 40 Gbps 的光接收机中[19]，并且有工作在 100 Gbps 比特率的潜力[18]。

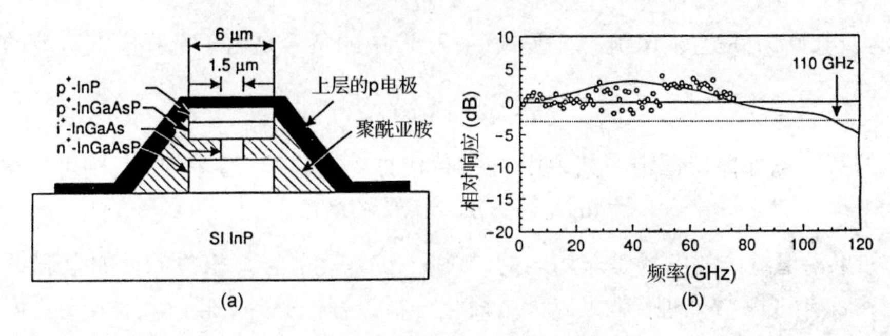

图4.6 (a)蘑菇台面波导光电二极管的横截面和(b)测量的频率响应[17](经 ⓒ1994 IEEE 授权引用)

采用为支持电行波而设计的电极结构(带有匹配阻抗以避免反射)可以进一步改进波导光电二极管的性能,这种光电二极管称为行波光电二极管[21]。在基于 GaAs 的这一思想的一个实现中,利用设计有 1 μm 宽波导的行波光电二极管实现了 172 GHz 的带宽和 45% 的量子效率[22]。2000 年,这种 InP/InGaAs 光电探测器在 1.55 μm 的波长区呈现出 310 GHz 的带宽[23]。

4.2.3 雪崩光电二极管

所有探测器都需要一个最小的电流来可靠地工作,通过式 $P_{in} = I_p/R_d$ 可以将对电流的要求转换成对最小光功率的要求。响应度 R_d 大的探测器更受欢迎,因为它需要的光功率较小。p-i-n 光电二极管的响应度受式(4.1.3)的限制,在 $\eta = 1$ 时取得最大值 $R_d = q/(h\nu)$。雪崩光电二极管(APD)的 R_d 值大得多,因为它可以设计成能以类似于光电倍增管的方式提供内部电流增益。当光接收机分得的光功率受到限制时,可以使用雪崩光电二极管。

内部电流增益背后的物理现象称为碰撞电离(impact ionization)[24]。在一定的条件下,加速的电子可以获得足够的能量来产生一个新的电子-空穴对。在能带图中(见图 3.2),高能量电子可以将它的一部分动能转移给价带的另一个电子,价带的这个电子将跃迁到导带,并在价带中留下一个空穴。碰撞电离的净结果是,通过吸收光子产生的单个一次电子能产生很多二次电子-空穴对,所有这些都对光电二极管的电流有贡献。当然,一次空穴也可以产生很多二次电子-空穴对,它们也都对电流有贡献。产生率受两个参数 α_e 和 α_h 的支配,分别称为电子和空穴的碰撞电离系数(impact-ionization coefficient),它们的数值取决于半导体的材料以及用来加速电子和空穴的电场。图 4.7 给出了几种不同半导体材料的 α_e 和 α_h 值[25]。当电场强度在 $2 \sim 4 \times 10^5$ V/cm的范围时,碰撞电离系数的值约为 $1 \times 10^4\ \text{cm}^{-1}$。通过对 APD 施加高压(约为 100 V)能实现这样强的电场。

雪崩光电二极管和 p-i-n 光电二极管在设计上的不同之处主要在于加入了一个附加层,在该层内通过碰撞电离产生二次电子-空穴对。图 4.8(a)给出了 APD 的结构以及在不同层内电场的变化情况。在反向偏置下,夹在 i 型层和 n^+ 型层之间的 p 型层内存在强电场,这一层称为倍增层(multiplication layer),因为二次电子-空穴对是在这里经过碰撞电离产生的。i 层仍起到耗尽层的作用,大部分入射光在这里被吸收并产生一次电子-空穴对;在 i 层内产生的电子穿过增益区,产生导致电流增益的二次电子-空穴对。

雪崩光电二极管的电流增益可以通过描述倍增层内的电流的两个速率方程计算得到[24]:

$$\frac{\mathrm{d}i_e}{\mathrm{d}x} = \alpha_e i_e + \alpha_h i_h \tag{4.2.3}$$

$$-\frac{\mathrm{d}i_h}{\mathrm{d}x} = \alpha_e i_e + \alpha_h i_h \tag{4.2.4}$$

式中，i_e是电子电流，i_h是空穴电流。方程式(4.2.4)中的负号是由于选择空穴电流的方向为反方向。总电流

$$I = i_e(x) + i_h(x) \tag{4.2.5}$$

在倍增层内的每一点处保持恒定。如果用 $I - i_e$替代方程式(4.2.3)中的 i_h，则可以得到

$$\mathrm{d}i_e/\mathrm{d}x = (\alpha_e - \alpha_h)i_e + \alpha_h I \tag{4.2.6}$$

一般来说，如果沿增益区的电场是非均匀的，则 α_e和 α_h就是与 x 相关的。如果假设是均匀电场，并将 α_e和 α_h当成常数处理，就可以大大简化分析过程。另外，假设 $\alpha_e > \alpha_h$，雪崩过程是由在 $x=0$ 处进入厚度为 d 的增益区的电子引发的。利用条件 $i_h(d)=0$(只有电子穿过边界进入 n 区)，则方程式(4.2.6)的边界条件为 $i_e(d)=I$。对方程式(4.2.6)积分，可以得到定义为 $M=i_e(d)/i_e(0)$的倍增因子为

$$M = \frac{1-k_A}{\exp[-(1-k_A)\alpha_e d] - k_A} \tag{4.2.7}$$

式中，$k_A = \alpha_h/\alpha_e$。雪崩光电二极管的增益对碰撞电离系数比是相当敏感的。一方面，当 $\alpha_h = 0$，即只有电子参与雪崩过程时，$M=\exp(\alpha_e d)$，雪崩光电二极管的增益随 d 呈指数增加。另一方面，当 $\alpha_h = \alpha_e$时，这样式(4.2.7)的 $k_A=1$，$M=(1-\alpha_e d)^{-1}$；当 $\alpha_e d = 1$ 时，雪崩光电二极管的增益为无穷大，这种条件称为雪崩击穿(avalanche breakdown)。尽管当 α_e与 α_h可以相比拟时，用较小的增益区可实现较高的 APD 增益，但是在实际应用中满足 $\alpha_e \gg \alpha_h$(或者 $\alpha_h \gg \alpha_e$)条件的 APD 的性能要更好些，因为这样就只有一种类型的载流子在雪崩过程中占主导地位。这个要求背后的原因将在4.4节中讨论，那里主要讨论与光接收机噪声有关的问题。

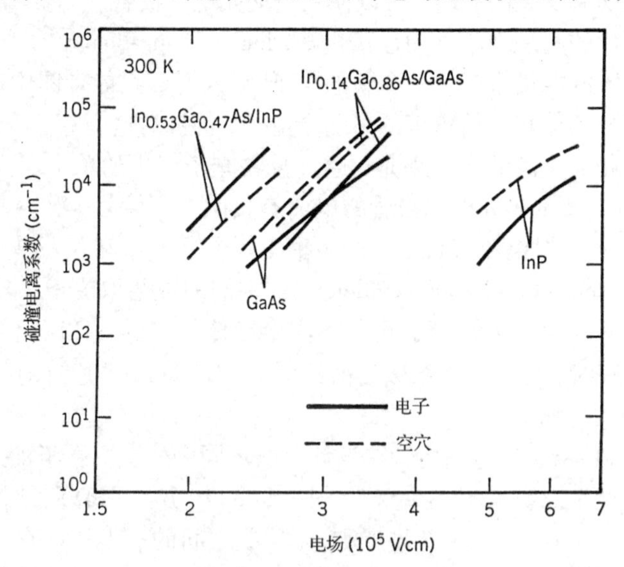

图4.7 几种不同半导体的碰撞电离系数与电场的关系：电子(实线)或者空穴(虚线)[25](经© 1997 Elsevier授权引用)

因为电流增益，雪崩光电二极管的响应度以倍增因子 M 得以提高，并可以由下式给出：

$$R_{\mathrm{APD}} = MR_d = M(\eta q/(h\nu)) \tag{4.2.8}$$

这里用到了式(4.1.3)。需要注意的是，雪崩光电二极管中的雪崩过程存在固有的噪声，这导致了倍增因子在一个平均值附近起伏，式(4.2.8)中的 M 又称为平均 APD 增益。雪崩光电二极管的噪声特性将在4.4节中讨论。

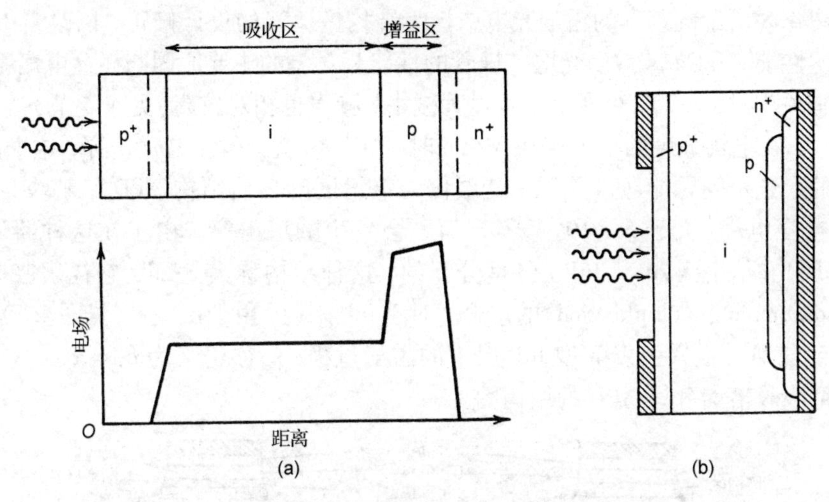

图4.8　(a)雪崩光电二极管的结构以及在反向偏置下各个层内部的电场分布；(b)硅拉通型雪崩光电二极管的设计

雪崩光电二极管的本征带宽取决于倍增因子 M。这很容易理解：雪崩光电二极管的渡越时间τ_{tr}不能再由式(4.2.1)给出，而是显著增加了，这是因为二次电子-空穴对的产生和收集需要花费额外的时间。因为渡越时间的增加，雪崩光电二极管工作在高频时增益会下降，这也限制了它的带宽。$M(\omega)$的减小可写为[25]

$$M(\omega)=M_0[1+(\omega\tau_e M_0)^2]^{-1/2} \tag{4.2.9}$$

式中，$M_0=M(0)$是低频增益，τ_e是有效渡越时间，它取决于碰撞电离系数比 $k_A=\alpha_h/\alpha_e$。当$\alpha_h<\alpha_e$时，$\tau_e=c_A k_A\tau_{tr}$，这里 c_A为一个常数($c_A\approx 1$)。假设$\tau_{RC}\ll\tau_e$，则 APD 的带宽近似由 $\Delta f=(2\pi\tau_e M_0)^{-1}$给出，这个关系式表明，在 APD 的增益 M_0和带宽 Δf(速度和灵敏度)之间存在折中(trade-off)，还表明使用满足 $k_A\ll 1$ 的那些半导体材料具有优势。

表4.2 比较了 Si, Ge 和 InGaAs 雪崩光电二极管的工作特性。因为对于 Si 来说 $k_A\ll 1$，Si 雪崩光电二极管可以设计成具有很高的性能，它对以约为 100 Mbps 的比特率工作在 0.8 μm 波长附近的光波系统非常有用。图4.8(b)所示为一种特别有用的设计方案，称为硅拉通型雪崩光电二极管，因为耗尽区穿过吸收区和倍增区到达了接触层。这种雪崩光电二极管能以低噪声和相对大的带宽提供高增益($M\approx 100$)。对于工作在 1.3 ~ 1.6 μm 波长范围的光波系统，必须使用 Ge 或 InGaAs 雪崩光电二极管。对于这种雪崩光电二极管来说，灵敏度的改善被限制在 10 倍以下，这是因为为了降低噪声，必须用增益相对较低($M\approx 10$)的雪崩光电二极管(见4.4.3节)。

表4.2　常见雪崩光电二极管的工作特性

参数	符号	单位	Si	Ge	InGaAs
波长	λ	μm	0.4 ~ 1.1	0.8 ~ 1.8	1.0 ~ 1.7
响应度	R_{APD}	A/W	80 ~ 130	3 ~ 30	5 ~ 20
倍增因子	M	—	100 ~ 500	50 ~ 200	10 ~ 40
k 因子	k_A	—	0.02 ~ 0.05	0.7 ~ 1.0	0.5 ~ 0.7
暗电流	I_d	nA	0.1 ~ 1	50 ~ 500	1 ~ 5
上升时间	T_r	ns	0.1 ~ 2	0.5 ~ 0.8	0.1 ~ 0.5
带宽	Δf	GHz	0.2 ~ 1	0.4 ~ 0.7	1 ~ 10
偏置电压	V_b	V	200 ~ 250	20 ~ 40	20 ~ 30

可以对图4.8所示的基本的雪崩光电二极管结构做适当的设计修正，以改善 InGaAs 雪崩光电二极管的性能。InGaAs 雪崩光电二极管的性能相对差的主要原因与碰撞电离系数 α_h 和 α_e 的可比数值有关(见图4.7)，结果，带宽显著减小，噪声也相对较高(见4.4节)。而且，由于带隙相对较窄，在电场强度约为 1×10^5 V/cm 时，InGaAs 就会发生隧道击穿，这个值是低于雪崩倍增阈值的。这个问题能通过采用 InP 层作为倍增区的异质结构 APD 来解决，因为在 InP 层中可以存在强电场(大于 5×10^5 V/cm)而不会发生隧道击穿。由于在这种器件中吸收区(i 型InGaAs 层)和倍增区(n 型 InP 层)是分开的，这种结构称为 SAM，它代表吸收倍增分离(separate absorption and multiplication)的意思。对于 InP 来说，由于 $\alpha_h>\alpha_e$(见图4.7)，雪崩光电二极管被设计成通过空穴引发 n 型 InP 层中的雪崩过程，k_A 被定义为 $k_A=\alpha_e/\alpha_h$。图4.9(a)给出了台面型吸收倍增分离 APD 的结构图。

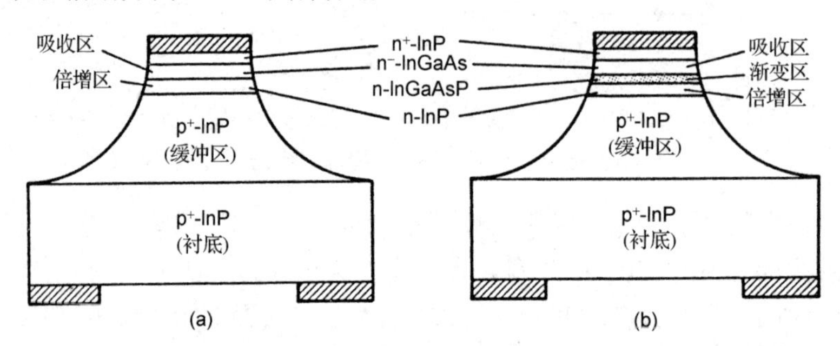

图4.9 (a)吸收倍增分离 APD 的设计；(b)含有分离的吸收区、渐变区、倍增区的吸收渐变倍增分离APD的设计

吸收倍增分离 APD 面临的一个难题与 InP($E_g=1.35$ eV)和 InGaAs($E_g=0.75$ eV)之间的大带隙差有关。因为价带带阶约为0.4 eV，在 InGaAs 层中产生的空穴在异质结界面处就被捕获，在它们到达倍增区(InP 层)之前速度就显著慢下来。这种 APD 的响应速度极慢，同时带宽也相对较小。这个问题可以通过在吸收区和倍增区中间增加一个新层来解决，新加层的带隙处于 InP 层的带隙和 InGaAs 层的带隙之间。可以修饰与半导体激光器所用材料相同的四元材料 InGaAsP，以获得等于0.75~1.35 eV 范围内任何一个值的带隙，这对于实现该目的是非常理想的。甚至还能在10~100 nm 厚的区域上逐渐改变 InGaAsP 的组分，这种雪崩光电二极管称为吸收渐变倍增分离雪崩光电二极管(SAGM APD)，这里 SAGM 表示吸收渐变倍增分离(Separate Absorption, Grading, and Multiplication)[26]。图4.9(b)给出了带有 SAGM 结构的一种 InGaAs 雪崩光电二极管的设计，其中 InGaAsP 渐变区的使用显著增加了带宽。早在1987年，SAGM APD 的增益-带宽积 $M\Delta f$ 在 $M>12$ 时就达到了 70 GHz[27]。1991 年，通过在渐变区和倍增区之间增加一个电荷区，使增益-带宽积的值达到100 GHz[28]。在这种吸收渐变电荷倍增分离雪崩光电二极管(SAGCM APD)中，InP 倍增区是未掺杂的，而 InP 电荷区是重度 n 型掺杂的。由于在电荷区内存在强电场，空穴在其中被加速，但是二次电子-空穴对是在未掺杂的 InP 区内产生的。20 世纪 90 年代，吸收渐变电荷倍增分离 APD 的性能得到了很大改善[29~33]。2000 年，实现了 140 GHz 的增益-带宽积，其中倍增区厚0.1 μm，所需电压小于 20 V[33]。这种 APD 非常适合制作紧凑的 10 Gbps APD 光接收机。

高性能 APD 的一种不同的设计方案利用了超晶格结构[34~39]。InGaAs 雪崩光电二极管的主要限制源于 α_h 和 α_e 的可比数值，超晶格结构提供了从 $k_A=\alpha_h/\alpha_e$ 接近1的标准值减小它的可能性。在一种方案中，吸收区和倍增区交替分布，它们由具有不同带隙的半导体材料的薄层(约为 10 nm)组成。这种方案首次在 GaAs/AlGaAs 多量子阱(MQW)APD 中得到应用，它使电子的碰撞电离系数有了显著增加[34]。然而，这种方案在 InGaAs/InP 材料体系中的应用不是很成功，尽管如此，通过所谓的阶梯(staircase)雪崩光电二极管已经取得显著进展。在这种阶梯雪崩光电二极管中，InGaAsP 层的组分是渐变的，在能带图中形成锯齿样的结构，在反向偏置下看起来像一个阶梯。制作高速雪崩光电二极管的另一种方案是交替使用 InP 层和 InGaAs 层来形成渐变区[34]，然而，InP 层和 InGaAs 层的宽度比从吸收区附近的零变化到倍增区附近的几乎无穷大。由于量子阱的有效带隙取决于量子阱的宽度(InGaAs 层的厚度)，层厚度的变化导致一个渐变的伪四元化合物的形成。

InGaAs 雪崩光电二极管最成功的设计是在吸收倍增分离雪崩光电二极管的倍增区使用超晶格结构。超晶格是由周期结构组成的，每个周期结构是用带隙不同的两个超薄(约为10 nm)层制作的。对于 1.55 μm 波长的雪崩光电二极管，交替使用 InAlGaAs 层和 InAlAs 层，后者可以作为势垒层。通常用 InP 场缓冲层将 InGaAs 吸收区和超晶格倍增区隔开，场缓冲层的厚度对于雪崩光电二极管的性能相当关键。当场缓冲层的厚度为 52 nm 时，增益-带宽积最大仅为 $M\Delta f=$ 120 GHz[35]；但是当厚度减小到 33.4 nm 时，增益-带宽积可以增加到 150 GHz[38]。这些早期的器件使用了台面结构。20 世纪 90 年代后期，发展了平面结构来提高器件的可靠性[39]。图 4.10 给出了这种器件的示意图，以及测量的 3 dB 带宽随雪崩光电二极管增益的变化。110 GHz 的增益-带宽积对于制作工作在 10 Gbps 的雪崩光电二极管已经足够了。确实，这种雪崩光电二极管光接收机已经以优越的性能用在 10 Gbps 光波系统中。

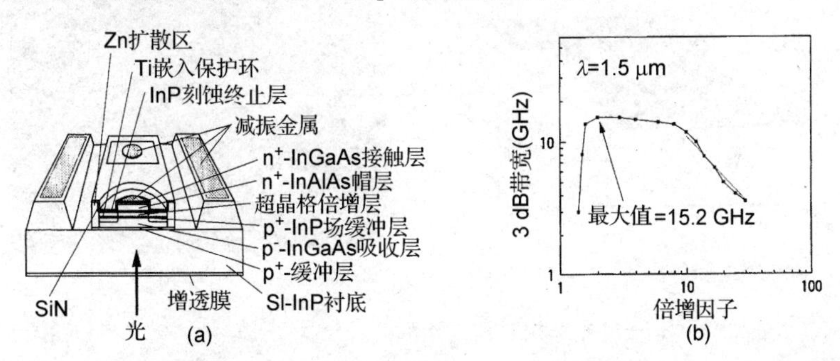

图 4.10 超晶格雪崩光电二极管的(a)器件结构和(b)测量的 3 dB 带宽随 M 的变化[39](经 ©2000 IEEE 授权引用)

InGaAs 雪崩光电二极管增益-带宽积的限制主要是因为使用 InP 材料来产生二次电子-空穴对。假设异质结界面问题能够克服，一种混合方法可能非常有用，在这种方法中，Si 倍增层是紧挨着 InGaAs 吸收层的。在 1997 年的一个实验中，使用这种混合方法实现了超过 300 GHz 的增益-带宽积[40]。当 M 的值高达 35 时，雪崩光电二极管的 3 dB 带宽超过 9 GHz，同时保持 60% 的量子效率。

大部分雪崩光电二极管的吸收层足够厚(约为 1 μm)，这样量子效率可以超过 50%。吸收层的厚度影响渡越时间 τ_{tr} 和偏置电压 V_b，实际上，使用薄吸收层(约为 0.1 μm)可以将这两者降低很多；如果能保持高量子效率，则可以得到一个性能改善的雪崩光电二极管。已经用两种方法来满足这些有点矛盾的设计要求。在一种设计方法中，利用光在所形成的法布里-珀罗腔中的多次往返来增强薄层内的吸收。在这种使用了 60 nm 厚的吸收层和 200 nm 厚的倍增层的 1.55 μm 的雪崩光电二极管中，实现了约为 70% 的外量子效率和 270 GHz 的增益-带宽积[41]。在另一种设计方法中，使用了从边缘耦合进入射光的光波导[42]。这两种方法都可以将偏置电压降至 10 V 左右，保持高量子效率，并将渡越时间减小到约为 1 ps。这种雪崩光电二极管适合制作 10 Gbps 的光接收机。

4.2.4 MSM 光电探测器

在另一种称为金属-半导体-金属(MSM)光电探测器的光电探测器中，半导体吸收层被嵌在两个金属电极之间，这样就会在每个金属-半导体界面形成肖特基势垒，它能阻止电子从金属流向半导体。与 p-i-n 光电二极管类似，通过光吸收产生的电子-空穴对流向金属接触，产生可以度量入射光功率的光电流，两者的关系由式(4.1.1)给出。然而，与 p-i-n 光电二极管或雪崩光电二极管相反，这里不需要 p-n 结，从这个意义上讲，MSM 光电探测器采用了最简单的设计。

基于实际的原因，很难将这个半导体薄层嵌在两个金属电极之间。通过将两个采用叉指(指间距约为 1 μm)电极结构的金属接触置于外延生长吸收层的同侧(顶部)，可以解决这个问题[43]，图 4.11(a)给出了基本的设计方案。在新式器件中，经常使用如图 4.11(b)所示的环形电极结构来替代叉指电极结构。这种平面结构有固有的小寄生电容，这样能允许 MSM 光电探测器高速工作(达 300 GHz)。如果光是从电极一侧入射的，那么 MSM 光电探测器的响应度就会降低，因为部分光被不透明的电极阻隔。如果衬底对入射光是透明的，通过背面照射的方式就能解决这个问题。

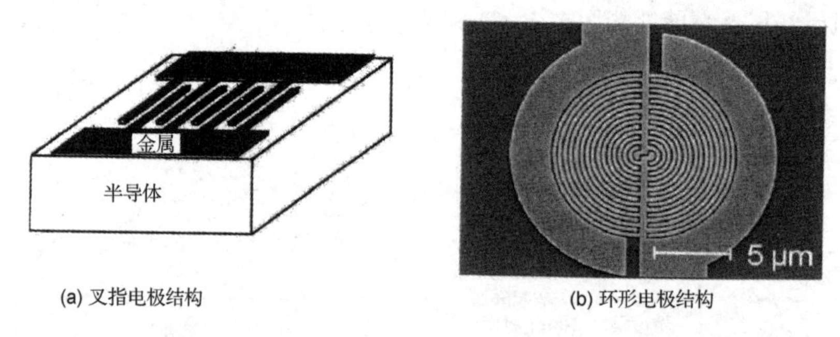

图 4.11 金属-半导体-金属光电探测器常用的两种结构[53](经 ©1999 IEEE 授权引用)

基于 GaAs 的 MSM 光电探测器在整个 20 世纪 80 年代得到了发展，并且表现出优良的工作特性[43]。适合工作在 1.3 ~ 1.6 μm 范围的光波系统的基于 InGaAs 的 MSM 光电探测器的发展始于 20 世纪 80 年代末期，并在 20 世纪 90 年代取得重要进展[44~54]。基于 InGaAs 的 MSM 光电探测器的主要问题是它的肖特基势垒高度(Schottky-barrier height)相对较低(约为 0.2 eV)，这个问题可以通过在 InGaAs 层和金属接触之间引入一个 InP 或 InAlAs 薄层来解决，这个薄层称为势垒增强层(barrier-enhancement layer)，通过它可以极大地改善基于 InGaAs 的 MSM 光电探测器的性能。1992 年，在 1.3 μm 波长的 MSM 光电探测器中通过使用 20 nm 厚的 InAlAs 势垒增强层，实现了 92% 的量子效率(通过背面照射)和小的暗电流[45]。封装后器件的直径尽管有 150 μm，但是带宽有 4 GHz。如果因为工艺或封装的原因，希望采用顶部照射，则通过使用半透明的金属接触能提高响应度。在一个实验中，当金接触的厚度从 100 nm 减小到 10 nm 时，在 1.55 μm 处的响应度从 0.4 A/W 增加到 0.7 A/W[46]。在另一种方法中，将结构从主体衬底分离，然后将它粘贴到下面带有叉指接触的硅衬底上。当从顶部照射时，这种“反转”的 MSM 光电探测器具有很高的响应度[47]。

在光从背面照射和从顶部照射两种条件下，MSM 光电探测器的响应时间通常是不同的[48]。特别是当光从顶部照射时，带宽 Δf 会大两倍左右，虽然由于金属的遮蔽而使响应度下降了。使用渐变的超晶格结构能进一步改善 MSM 光电探测器的性能，这种器件的暗电流密度较低，在1.3 μm 处的响应度约为0.6 A/W，上升时间约为16 ps[51]。1998年，一个1.55 μm 波长的 MSM 光电探测器的带宽达到了78 GHz[52]。2002年，利用行波电极结构使工作在1.3 μm 附近基于 GaAs 的器件的带宽超过了230 GHz[54]。MSM 光电探测器的平面结构还适合单片集成，这个问题将在下一节中讨论。

4.3 光接收机的设计

光接收机的设计取决于光发射机所用的调制格式，由于大部分光波系统采用二进制强度调制，本章主要关注数字光接收机。图4.12 给出了这种数字光接收机的方框图，分为三部分：前端、线性通道和数据恢复。

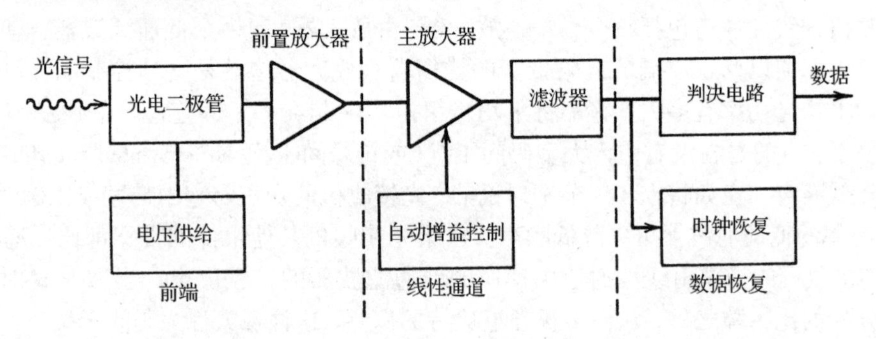

图4.12 数字光接收机的方框图，垂直虚线将光接收机组件分成三部分

4.3.1 前端

光接收机的前端由光电二极管和前置放大器组成。通过使用类似于光发射机所用的耦合方案(见3.6.1节)将光信号耦合到光电二极管上，实际应用时常用对接耦合。光电二极管将光比特流转换成时变电信号；前置放大器的作用就是将电信号放大，以便于进一步的处理。

前端的设计要求在速度和灵敏度之间进行折中。由于通过使用大的负载电阻 R_L 可以增加前置放大器的输入电压，经常使用高阻抗型前端[见图4.13(a)]。而且，正如将在4.4节中讨论的，大的 R_L 可以减小热噪声和提高光接收机的灵敏度。高阻抗型前端的主要缺点是它的带宽 $\Delta f=(2\pi R_L C_T)^{-1}$ 比较窄[假设在式(4.2.2)中 $R_S \ll R_L$]，这里 $C_T=C_p+C_A$ 为总电容，包括光电二极管电容 C_p 和用于放大的晶体管的电容 C_A。光接收机的带宽受它的最慢组件的限制，如果 Δf 比比特率小得多，高阻抗型前端就不能使用。有时用均衡器来增加带宽，均衡器起滤波器的作用，它对信号低频分量的衰减要比高频分量的大，从而有效地增加了前端的带宽。如果光接收机的灵敏度不是主要关心的问题，则可以简单地通过减小 R_L 来增加带宽，这就是低阻抗型前端。

跨阻抗型前端能提供高灵敏度和宽带宽的特性，与高阻抗型前端相比，它的动态范围也增加了。正如在图4.13(b)中看到的，负载电阻作为反馈电阻连接到反相放大器的两端，尽管 R_L 仍然很大，但是负反馈(negative feedback)使有效输入阻抗减小到原来的 $1/G$，这里 G 是放大器增益。于是，带宽可以是高阻抗型前端的带宽的 G 倍。光接收机中经常使用这种跨阻抗型前端，因为它改善了光接收机的性能。主要的设计问题与反馈环的稳定性有关，更多细节可以参见参考文献[4～9]。

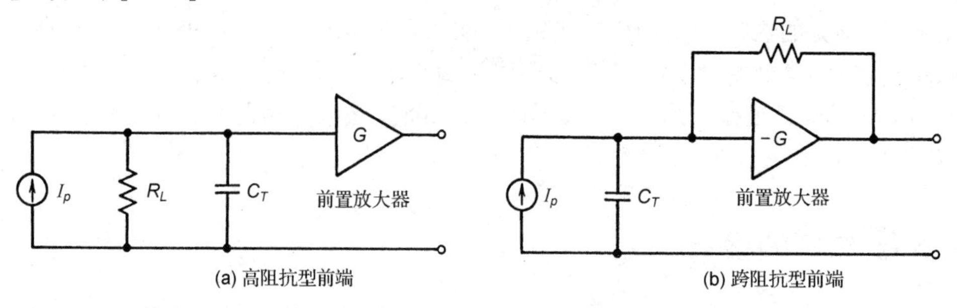

图 4.13 光接收机前端的等效电路，在这两种情况下都是把光电二极管模拟为一个电流源

4.3.2 线性通道

光接收机的线性通道包括一个高增益放大器(主放大器)和一个低通滤波器，有时还包括一个用在放大器前以修正前端的有限带宽的均衡器。放大器增益是自动控制的，即不管光接收机接收的平均光功率有多大，它都将平均输出电压限制在一个固定值。低通滤波器可以对电压脉冲整形，目的是在没有引入太多码间干扰(或符号间干扰，InterSymbol Interference，ISI)的前提下降低噪声。正如将在4.4节中讨论的，光接收机的噪声与它的带宽成比例，使用带宽 Δf 小于比特率的低通滤波器可以降低噪声。由于光接收机其他组件的带宽都比低通滤波器的带宽宽，光接收机的带宽由线性通道中使用的低通滤波器的带宽决定。当 $\Delta f < B$ 时，电脉冲会扩展到分配的比特隙之外，从而干扰邻近比特的探测，这种现象称为码间干扰。

可以设计一种使码间干扰最小的低通滤波器[1]。由于前置放大器、主放大器和滤波器的组合起到一个线性系统的作用[这就是线性通道(linear channel)名称的由来]，输出电压可以写成

$$V_{\text{out}}(t) = \int_{-\infty}^{\infty} Z_T(t-t')I_p(t')\,\mathrm{d}t' \tag{4.3.1}$$

式中，$I_p(t)$ 是入射光功率产生的光电流($I_p = R_d P_{\text{in}}$)。在频域中输出电压可以写成

$$\tilde{V}_{\text{out}}(\omega) = Z_T(\omega)\tilde{I}_p(\omega) \tag{4.3.2}$$

式中，Z_T为在频率 ω 处的总阻抗，波浪线表示傅里叶变换。这里，$Z_T(\omega)$ 是由光接收机各个组件的传递函数决定的，可以写成[3]

$$Z_T(\omega) = G_p(\omega)G_A(\omega)H_F(\omega)/Y_{\text{in}}(\omega) \tag{4.3.3}$$

式中，$Y_{\text{in}}(\omega)$ 是输入导纳，$G_p(\omega)$，$G_A(\omega)$ 和 $H_F(\omega)$ 分别是前置放大器、主放大器和滤波器的传递函数。通过归一化频谱函数 $H_{\text{out}}(\omega)$ 和 $H_p(\omega)$ 将 $\tilde{V}_{\text{out}}(\omega)$ 和 $\tilde{I}_p(\omega)$ 对频率的依赖关系剥离是很有用的，这两个归一化频谱函数分别与输出和输入脉冲形状的傅里叶变换有关，将式(4.3.2)写成

$$H_{\text{out}}(\omega) = H_T(\omega)H_p(\omega) \tag{4.3.4}$$

式中，$H_T(\omega)$ 是线性通道的总传递函数，它与总阻抗的关系为 $H_T(\omega) = Z_T(\omega)/Z_T(0)$。如果放大器的带宽比低通滤波器的带宽大得多，则 $H_T(\omega)$ 可以近似为 $H_F(\omega)$。

当 $H_{\text{out}}(\omega)$ 对应升余弦滤波器(raised-cosine filter)的传递函数时，可使码间干扰最小，该传递函数由下式给出[3]：

$$H_{\mathrm{out}}(f)=\begin{cases}\frac{1}{2}[1+\cos(\pi f/B)], & f<B\\ 0, & f\geqslant B\end{cases} \tag{4.3.5}$$

式中，$f=\omega/2\pi$，B 是比特率。通过对 $H_{\mathrm{out}}(f)$ 取逆傅里叶变换，可得冲激响应为

$$h_{\mathrm{out}}(t)=\frac{\sin(2\pi Bt)}{2\pi Bt}\frac{1}{1-(2Bt)^2} \tag{4.3.6}$$

$h_{\mathrm{out}}(t)$ 的函数形式对应由判决电路接收的电压脉冲 $V_{\mathrm{out}}(t)$ 的形状。在判决时刻 $t=0$，$h_{\mathrm{out}}(t)=1$，信号有最大值；同时，在 $t=m/B$ 的位置，$h_{\mathrm{out}}(t)=0$，这里 m 为整数。由于 $t=m/B$ 对应邻近比特的判决时刻，式(4.3.6)的电压脉冲不会干扰邻近比特。

能导致输出脉冲形状如式(4.3.6)所指的线性通道的传递函数 $H_T(\omega)$ 可以由式(4.3.4)得到，并由下式给出：

$$H_T(f)=H_{\mathrm{out}}(f)/H_p(f) \tag{4.3.7}$$

对于非归零码(NRZ)格式的理想比特流(持续时间为 $T_B=1/B$ 的矩形输入脉冲)，$H_p(f)=B\sin(\pi f/B)/(\pi f)$，因此 $H_T(f)$ 变成

$$H_T(f)=(\pi f/2B)\cot(\pi f/2B) \tag{4.3.8}$$

式(4.3.8)决定了在理想条件能产生由式(4.3.6)给出的输出脉冲形状的线性通道的频率响应。在实际情况下，输入脉冲的形状远不是矩形的，输出脉冲的形状也偏离式(4.3.6)给出的形式，因此一些码间干扰要不可避免地出现。

4.3.3　数据恢复

光接收机的数据恢复部分包括时钟恢复(时钟提取)电路和判决电路。时钟恢复电路的目的是将 $f=B$ 的频谱分量从接收信号中提取出来，这个组件可以将比特隙($T_B=1/B$)的信息提供给判决电路，帮助判决过程实现同步。在归零码(RZ)格式的情况下，接收信号中存在 $f=B$ 的频谱分量，使用窄带滤波器(如表面声波滤波器)可以容易地提取出这个频谱分量。但是在非归零码(NRZ)格式的情况下，因为接收信号中缺乏 $f=B$ 的频谱分量，所以时钟恢复比较困难。为产生 $f=B$ 的这个频谱分量，通常使用的技术是对 $f=B/2$ 的频谱分量进行平方和整流，而 $f=B/2$ 的频谱分量可以通过高通滤波器对接收信号滤波得到。

判决电路将线性通道的输出与判决门限进行比较，以决定信号是“1”比特还是“0”比特。采样时间由时钟恢复电路决定，最佳采样时间对应“0”比特和“1”比特之间信号电平差别最大的位置，这可以由眼图(eye diagram)确定。眼图是通过比特流中2～3比特长的电序列彼此叠加形成的，根据其外观称这种图样为眼图。图4.14所示为非归零码格式的一个理想的眼图和一个劣化的眼图，在劣化的眼图中噪声和定时抖动导致了眼图的部分闭合。最佳采样时间对应眼图张开最大的时刻。

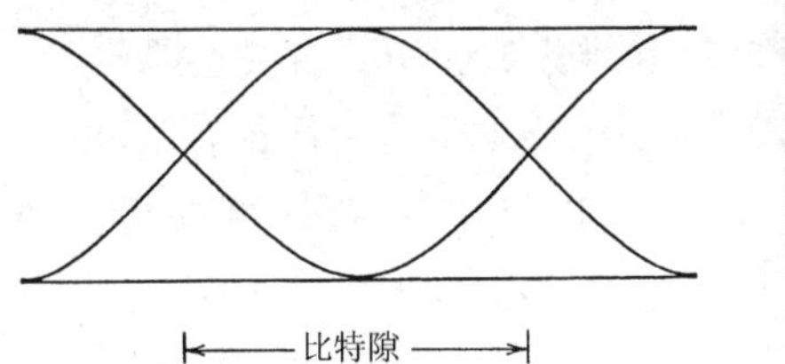

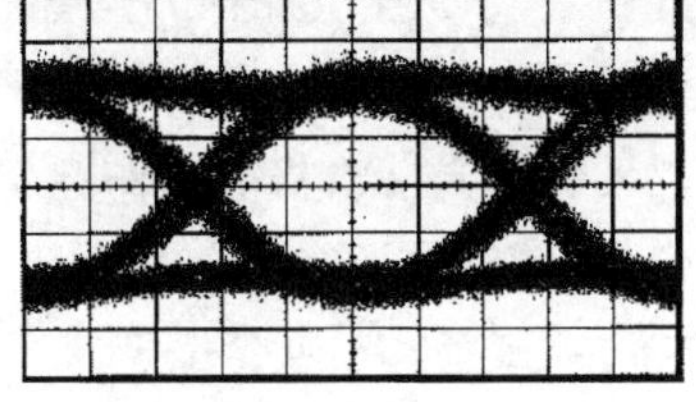

图4.14　非归零码格式的理想眼图和劣化眼图

因为在任何光接收机中都存在固有噪声，判决电路发生误判的概率总是存在的，也就是说误码总会以一定的概率出现，数字光接收机要设计成能使这种误码出现的概率相当小(一般小于10^{-9})。与光接收机噪声和判决错误有关的问题将在4.4节和4.5节中讨论。眼图为监控光接收机的性能提供了一种直观的方法，眼图闭合说明光接收机就不再正常工作了。

4.3.4 集成光接收机

除了光电二极管，图4.12所示光接收机的全部组件都是标准的电子组件，因此通过为微电子器件发展的集成电路(IC)技术很容易将它们集成在同一个芯片上。对于工作在高比特率下的光接收机来说，集成是尤其有必要的。到1988年，已经用Si和GaAs的集成电路技术制作出带宽达到或超过2 GHz的集成光接收机[55]，从此，集成光接收机的带宽已达10 GHz。

人们在发展单片集成光接收机方面已经付出了相当的努力，这种单片集成光接收机利用光电集成回路(OptoElectronic Integrated Circuit, OEIC)技术将所有组件(包括光电探测器)集成到同一个芯片上[56~78]。对于GaAs光接收机来说，这种完全集成是相对容易的，基于GaAs的OEIC技术也是非常先进的。MSM光电二极管的使用已被证明是非常有效的，因为它们在结构上与成熟的场效应晶体管(Field-Effect-Transistor, FET)技术是兼容的。早在1986年，就用这种技术演示了四信道OEIC光接收机芯片[58]。

对于工作在1.3~1.6 μm波长范围的光波系统来说，需要基于InP的OEIC光接收机。由于GaAs的集成电路技术比InP的集成电路技术成熟得多，有时用一种混合方法来制作InGaAs光接收机。在这种被称为倒装芯片OEIC技术(flip-chip OEIC technology)的方法中[59]，电子组件被集成在GaAs芯片上，而光电二极管则被制作在InP芯片的顶部，然后通过将InP芯片倒装在GaAs芯片上把两者连接起来，如图4.15所示。这种倒装芯片技术的优点是，光接收机的光电二极管和电子组件能独立地优化，同时保持寄生效应(如有效输入电容)最小。

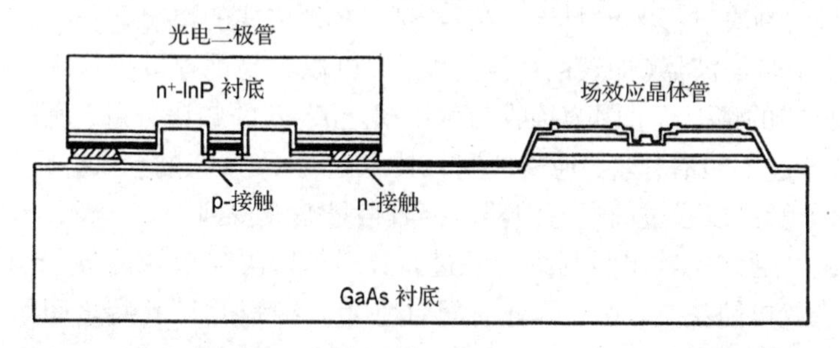

图4.15 集成光接收机的倒装芯片光电集成回路技术：InGaAs光电二极管制作在InP衬底上，然后通过共同的电接触键合到GaAs芯片上[59](经© 1988 IEE授权引用)

20世纪90年代，基于InP的集成电路技术取得了巨大进步，这为发展InGaAs OEIC光接收机提供了可能[60~78]，已经有几种晶体管用于此目的。在第一种方法中，将p-i-n光电二极管与场效应晶体管或高电子迁移率晶体管(HEMT)并排集成在InP衬底上[61~65]。1993年，基于高电子迁移率晶体管的光接收机能工作在10 Gbps比特率下，并且具有很高的灵敏度[64]。这种光接收机的带宽已经可以增加到40 GHz以上，可以将其应用在比特率超过40 Gbps的光波系统中[65]。波导p-i-n光电二极管也已与高电子迁移率晶体管相集成，以发展双信道OEIC光接收机。

在第二种方法中[66~71]，利用异质结双极型晶体管(HBT)技术在HBT结构自身内部通过共集电极配置制作 p-i-n 光电二极管，这种晶体管通常称为异质结光电晶体管(heterojunction phototransistor)。1993 年，制作了工作在 5 Gbps(带宽 $\Delta f = 3$ GHz)比特率下的 OEIC 光接收机[66]。1995 年，使用异质结双极型晶体管技术制作的 OEIC 光接收机的带宽达到 16 GHz，并且具有很高的增益[68]，这种光接收机可以工作在 20 Gbps 以上的比特率下。确实，1995 年在 1.55 μm 的光波系统中使用了比特率为 20 Gbps 的高灵敏度 OEIC 光接收机模块[69]。利用异质结双极型晶体管技术，甚至连判决电路都可以集成在 OEIC 光接收机内[70]。

基于 InP 的 OEIC 光接收机的第三种方法是将 MSM 或波导光电探测器与高电子迁移率晶体管放大器集成[72~75]。1995 年，使用调制掺杂场效应晶体管的这种 OEIC 光接收机实现了 15 GHz 的带宽[73]。2000 年，使用波导光电二极管的这种 OEIC 光接收机的带宽超过了 45 GHz[19]。图 4.16 给出了这种 OEIC 光接收机的外延层结构和频率响应，该光接收机在 1.55 μm 波长区的带宽可以达到 46.5 GHz，响应度为 0.62 A/W，在 50 Gbps 的比特率下有清晰的眼图。

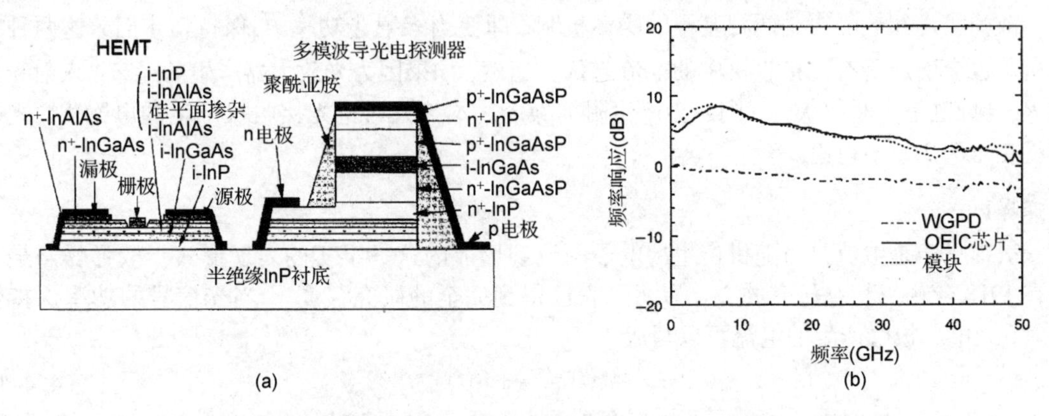

图 4.16 利用波导光电探测器(WGPD)制作的 OEIC 光接收机模块的(a)外延层结构和(b)频率响应[19](经ⓒ2000 IEEE授权引用)

与光发射机的情况类似(见 3.6 节)，光接收机的封装也是一个重要的问题[79~83]。光纤-探测器的耦合问题非常关键，因为光电探测器只能接收一小部分光。光反馈问题也非常重要，因为无意的反射反馈到传输光纤中会影响系统的性能，应使之最小化。在实际应用中，通过以某个角度切割光纤尖端来减小光反馈。已经有几种不同的方法来生产能工作在 10 Gbps 比特率下的封装光接收机。在一种方法中，使用倒装芯片技术将 InGaAs 雪崩光电二极管键合到硅基集成电路中[79]。使用斜面光纤(slant-ended fiber)和单片制作在雪崩光电二极管上的微透镜，可以实现光纤-雪崩光电二极管的有效耦合。为了实现机械稳定性，光纤套管直接激光焊接到具有双环结构的封装壁上。这种光接收机模块可以经受住冲击和振动测试，带宽可以达 10 GHz。

另一种混合方法使用了平面光波回路(Planar-Lightwave-Circuit，PLC)平台，该平台由硅衬底上的石英波导组成。在一个实验中，将具有两个信道的基于 InP 的 OEIC 光接收机通过倒装芯片技术键合到 PLC 平台上[80]，由此得到的模块可以探测两个 10 Gbps 信道，并且串扰可以忽略。GaAs 集成电路技术也已用来制作能工作在 10 Gbps 比特率的紧凑的光接收机模块[81]。2000 年，全封装 40 Gbps 光接收机已能商用[83]。在本地环路应用中，需要低成本封装，这种光接收机工作在较低的比特率下，但是它们在 −40 ~ 85 ℃的宽温度范围内应能工作良好。

4.4 光接收机噪声

光接收机通过光电二极管将入射光功率 P_{in}转换成电流，假设这种转换没有噪声，则两者有 $I_p = R_d P_{in}$的关系[见式(4.1.1)]。然而，即使对于理想的光接收机这也是不可能的，因为即使当入射光信号具有恒定功率时，也会存在两种基本的噪声机制：散弹噪声和热噪声[84~86]，这两种噪声将导致电流起伏。如果将 I_p解释为平均电流，则关系式 $I_p = R_d P_{in}$仍然成立。然而，由电流起伏引起的电噪声会影响光接收机的性能。本节的主要目的是回顾噪声机制，并讨论光接收机的信噪比(SNR)。p-i-n 光接收机和 APD 光接收机将分开考虑，这是因为信噪比还受 APD 中的雪崩增益机制的影响。

4.4.1 噪声机制

散弹噪声和热噪声是两种基本的噪声机制，即使当入射光功率 P_{in}保持恒定时，这两种噪声机制也会引起所有光接收机中的电流起伏。当然，如果因为光放大器产生的噪声，入射光功率 P_{in}自身也是不断起伏的，则还会产生附加噪声。本节只讨论光接收机产生的电噪声，光噪声将在 4.7.2 节中讨论。

散弹噪声

散弹噪声是电流是由随机产生的电子的流动形成的这一事实的表现形式。散弹噪声最早是在 1918 年由肖特基研究的[87]，从此，它已得到完全的研究[84~86]。当光信号的功率保持恒定时，光电二极管产生的电流可以写成

$$I(t) = I_p + i_s(t) \tag{4.4.1}$$

式中，$I_p = R_d P_{in}$是平均电流，$i_s(t)$是与散弹噪声有关的电流起伏。从数学意义上讲，$i_s(t)$是服从泊松统计(Poisson statistics)的平稳随机过程，经常用高斯统计近似。由 Wiener-Khinchin(维纳-欣钦)定理可知，$i_s(t)$的自相关函数与频谱密度 $S_s(f)$有以下关系[86]：

$$\langle i_s(t) i_s(t+\tau)\rangle = \int_{-\infty}^{\infty} S_s(f)\exp(2\pi \mathrm{i} f\tau)\,\mathrm{d}f \tag{4.4.2}$$

式中，角括号表示在起伏上的总体平均。散弹噪声的频谱密度为常数，可以由 $S_s(f) = qI_p$给出[白噪声(white noise)的例子]。注意，$S_s(f)$是双边(two-sided)频谱密度，因为式(4.4.2)中包含了负频率。如果将式中的积分下限改为 0，即只考虑正频率，则单边(one-sided)频谱密度变成 $2qI_p$。

在式(4.4.2)中令 $\tau = 0$，可以得到噪声方差为

$$\sigma_s^2 = \langle i_s^2(t)\rangle = \int_{-\infty}^{\infty} S_s(f)\,\mathrm{d}f = 2qI_p\Delta f \tag{4.4.3}$$

式中，Δf 是光接收机的有效噪声带宽(effective noise bandwidth)。Δf 的实际值取决于光接收机的设计，如果光电流的起伏可以测量，则 Δf 对应光电探测器的本征带宽。在实际应用中，判决电路可以用电压或某个其他量(例如在比特隙上积分的信号)，这样还必须考虑光接收机其他组件如前置放大器和低通滤波器的传递函数。为考虑电流起伏并将总传递函数 $H_T(f)$包括进去，通常将式(4.4.3)修正为

$$\sigma_s^2 = 2qI_p\int_0^{\infty} |H_T(f)|^2\,\mathrm{d}f = 2qI_p\Delta f \tag{4.4.4}$$

式中，$\Delta f=\int_0^\infty |H_T(f)|^2\mathrm{d}f$，$H_T(f)$由式(4.3.7)给出。由于暗电流$I_d$也产生散弹噪声，通过将式(4.4.4)中的$I_p$用$I_p+I_d$替代，可以将暗电流对散弹噪声的贡献包括在内，于是总散弹噪声为

$$\sigma_s^2=2q(I_p+I_d)\Delta f \tag{4.4.5}$$

式中，量σ_s是散弹噪声引起的噪声电流的均方根(RMS)值。

热噪声

在有限的温度下，电子在导体中随机移动。即使在没有外加电压时，电阻中电子的随机热运动也会通过不断起伏的电流表现出来。光接收机前端的负载电阻(见图4.13)将这种起伏加到光电二极管产生的电流中，这种附加的噪声分量称为热噪声，也称为约翰逊噪声(Johnson noise)[88]或奈奎斯特噪声(Nyquist noise)[89]，根据率先从理论和实验上研究这种噪声的两位科学家的名字来命名。将式(4.4.1)修正为

$$I(t)=I_p+i_s(t)+i_T(t) \tag{4.4.6}$$

可以将热噪声包括进去，上式中的$i_T(t)$是热噪声引起的电流起伏。从数学意义上讲，$i_T(t)$可以模拟为一个平稳高斯随机过程，其频谱密度是与频率无关的，直到$f\approx1$ THz(近似白噪声)，并可由下式给出：

$$S_T(f)=2k_BT/R_L \tag{4.4.7}$$

式中，k_B是玻尔兹曼常数(Boltzmann constant)，T是热力学温度，R_L是负载电阻。正如在前面提到的，$S_T(f)$为双边频谱密度。

利用式(4.4.2)并将下标s替换为T后，可以得到$i_T(t)$的自相关函数。同时，令$\tau=0$可以得到热噪声的噪声方差为

$$\sigma_T^2=\langle i_T^2(t)\rangle=\int_{-\infty}^{\infty}S_T(f)\mathrm{d}f=(4k_BT/R_L)\Delta f \tag{4.4.8}$$

式中，Δf是有效噪声带宽。可以看出，在散弹噪声和热噪声两种情况下出现了同样的带宽。需要注意，σ_T^2与平均电流I_p无关，而σ_s^2与平均电流I_p有关。

式(4.4.8)包含了负载电阻产生的热噪声。实际的光接收机还包含很多其他电子组件，其中有些也会加入附加噪声。例如，电放大器就会不可避免地加入一些噪声，加入的噪声量取决于前端的设计(见图4.13)和所用电放大器的类型。特别是，场效应晶体管和双极型晶体管产生的热噪声是不同的。已经做了大量工作来估计不同前端设计的电放大器噪声[4]。表示电放大器噪声的一种简单方法是引入一个称为放大器噪声指数(amplifier noise figure)的量F_n，并将式(4.4.8)修正为

$$\sigma_T^2=(4k_BT/R_L)F_n\Delta f \tag{4.4.9}$$

从物理意义上讲，F_n表示由在前置放大器和主放大器中使用的各个电阻引起的热噪声的放大倍数。

将散弹噪声和热噪声相加可以得到总电流噪声。由于式(4.4.6)中的$i_s(t)$和$i_T(t)$是采用高斯统计近似的不相关的随机过程，电流起伏$\Delta I=I-I_p=i_s+i_T$的总方差可以通过将每一个方差简单相加得到，其结果为

$$\sigma^2=\langle(\Delta I)^2\rangle=\sigma_s^2+\sigma_T^2=2q(I_p+I_d)\Delta f+(4k_BT/R_L)F_n\Delta f \tag{4.4.10}$$

式(4.4.10)可以用来计算光电流的信噪比。

4.4.2 p-i-n 光接收机

光接收机的性能取决于信噪比，这里只考虑 p-i-n 光接收机的信噪比；APD 光接收机的信噪比将在下面的章节中讨论。任何电信号的信噪比定义为

$$\mathrm{SNR} = \text{平均信号功率} / \text{噪声功率} = \frac{I_p^2}{\sigma^2} \tag{4.4.11}$$

这里，利用了电功率随电流的平方变化这一事实。将式(4.4.10)代入式(4.4.11)中并利用 $I_p = R_d P_{\text{in}}$，可得信噪比与入射光功率的关系为

$$\mathrm{SNR} = \frac{R_d^2 P_{\text{in}}^2}{2q(R_d P_{\text{in}} + I_d)\Delta f + 4(k_B T / R_L) F_n \Delta f} \tag{4.4.12}$$

式中，$R_d = \eta q / h\nu$ 是 p-i-n 光电二极管的响应度。

热噪声极限

在实际感兴趣的大多数情况下，热噪声支配了光接收机的性能(即 $\sigma_T^2 \gg \sigma_s^2$)。忽略式(4.4.12)中的散弹噪声项，则信噪比变为

$$\mathrm{SNR} = \frac{R_L R_d^2 P_{\text{in}}^2}{4 k_B T F_n \Delta f} \tag{4.4.13}$$

于是，在热噪声极限下信噪比随 P_{in}^2 变化。还可以通过增加负载电阻来提高信噪比，正如在 4.3.1 节中讨论的，这就是为什么大多数光接收机使用高阻抗或跨阻抗前端的原因。经常用一个被称为等效噪声功率(Noise-Equivalent Power，NEP)的量来量化热噪声效应，它定义为使信噪比等于 1 所需要的每单位带宽的最小光功率，可由下式给出：

$$\mathrm{NEP} = \frac{P_{\text{in}}}{\sqrt{\Delta f}} = \left(\frac{4 k_B T F_n}{R_L R_d^2}\right)^{1/2} = \frac{h\nu}{\eta q}\left(\frac{4 k_B T F_n}{R_L}\right)^{1/2} \tag{4.4.14}$$

另一个称为探测率(detectivity)的量也可以用来量化热噪声效应，它定义为等效噪声功率的倒数，即$(\mathrm{NEP})^{-1}$。指定 p-i-n 光接收机的等效噪声功率或探测率的好处是，当带宽 Δf 已知时，可以用它估计为得到信噪比的某个具体值所需要的光功率。等效噪声功率的典型值在 1 ~ 10 $\mathrm{pW/Hz^{1/2}}$ 的范围。

散弹噪声极限

下面考虑光接收机的性能主要由散弹噪声支配(即 $\sigma_s^2 \gg \sigma_T^2$)的相反极限情况。由于 σ_s^2 随 P_{in} 线性增加，散弹噪声极限可以通过使入射光功率很大来得到，在这种情况下暗电流 I_d 可以忽略不计，于是由式(4.4.12)可知信噪比的表达式为

$$\mathrm{SNR} = \frac{R_d P_{\text{in}}}{2q\Delta f} = \frac{\eta P_{\text{in}}}{2h\nu\Delta f} \tag{4.4.15}$$

在散弹噪声极限下信噪比随 P_{in} 线性增加，而且仅取决于量子效率 η、带宽 Δf 和光子能量 $h\nu$。信噪比也可以用“1”比特中包含的光子数 N_p 写出来。如果采用持续时间为 $1/B$ 的“1”比特的能量 $E_p = P_{\text{in}} \int_{-\infty}^{\infty} h_p(t)\,\mathrm{d}t = P_{\text{in}}/B$，这里 B 为比特率，由于 $E_p = N_p h\nu$，则有 $P_{\text{in}} = N_p h\nu B$。选取 $\Delta f = B/2$(典型的带宽值)，则每比特的信噪比可以简单由 ηN_p 给出。在散弹噪声极限下，如果

$N_p = 100$，$\eta \approx 1$，则可以实现20 dB 的信噪比。相反，在热噪声占主导地位的光接收机中，为获得20 dB 的信噪比需要几千个光子。作为参考，对于一个工作在10 Gbps 比特率下的1.55 μm 的光接收机，当 $P_{in} \approx 130$ nW 时，$N_p = 100$。

4.4.3 APD 光接收机

在相同的入射光功率条件下，使用雪崩光电二极管(APD)的光接收机的信噪比通常较高，这是由于雪崩光电二极管的内部增益使产生的光电流倍增了 M 倍，即

$$I_p = MR_d P_{\text{in}} = R_{\text{APD}} P_{\text{in}} \tag{4.4.16}$$

式中，$R_{APD} \equiv MR_d$是雪崩光电二极管的响应度，是 p-i-n 光电二极管的响应度的 M 倍。如果光接收机噪声不受雪崩光电二极管内部增益机制的影响，则信噪比应提高到 M^2倍。遗憾的是，事实并非如此，信噪比的提高被显著减小。

散弹噪声增强

对于 APD 光接收机来说，热噪声保持与 p-i-n 光接收机的相同，因为热噪声来源于不属于雪崩光电二极管一部分的那些电子组件。但是对于散弹噪声情况就不同了，雪崩光电二极管的增益来源于在碰撞电离过程中产生的二次电子-空穴对，因为这些二次电子-空穴对是随机产生的，有一个附加噪声会加到一次电子-空穴对产生的散弹噪声中。实际上，倍增因子自身是一个随机变量，式(4.4.16)中的 M 表示平均雪崩光电二极管增益。由式(4.2.3)和式(4.2.4)并将 i_e和 i_h处理成随机变量，则可以计算总散弹噪声[90]，结果为

$$\sigma_s^2 = 2qM^2 F_A (R_d P_{\text{in}} + I_d) \Delta f \tag{4.4.17}$$

式中，F_A是 APD 的过剩噪声因子(excess noise factor)，由下式给出[90]：

$$F_A(M) = k_A M + (1 - k_A)(2 - 1/M) \tag{4.4.18}$$

当 $\alpha_h < \alpha_e$时，电离系数比定义为 $k_A = \alpha_h / \alpha_e$；当 $\alpha_h > \alpha_e$时，它定义为 $k_A = \alpha_e / \alpha_h$。换言之，$k_A$的取值范围是 $0 < k_A < 1$。一般来说，F_A随 M 增加。然而，虽然当 $k_A = 0$ 时 F_A最大取到2，但是当 $k_A = 1$ 时 F_A依然保持随 M 线性增加($F_A = M$)。为了使雪崩光电二极管获得最好的性能，k_A应尽可能小[91]。

如果雪崩倍增过程没有噪声($F_A = 1$)，那么 I_p和 σ_s都会增加到 M 倍，在只考虑散弹噪声时，信噪比将不受影响。在实际情况下，当散弹噪声占主导地位时，因为雪崩光电二极管内产生的过剩噪声，APD 光接收机的信噪比低于 p-i-n 光接收机的信噪比。在实际的光接收机中热噪声占主导地位，这使 APD 光接收机更有吸引力。实际上，APD 光接收机的信噪比可以写成

$$\text{SNR} = \frac{I_p^2}{\sigma_s^2 + \sigma_T^2} = \frac{(MR_d P_{\text{in}})^2}{2qM^2 F_A (R_d P_{\text{in}} + I_d) \Delta f + 4(k_B T / R_L) F_n \Delta f} \tag{4.4.19}$$

这里，利用了式(4.4.9)、式(4.4.16)和式(4.4.17)。图4.17 给出了对于带宽等于30 GHz 的 APD 光接收机，当雪崩光电二极管的增益取3 个不同的值时信噪比与接收光功率 P_{in}之间的关系，参数选择为 $R_d = 1$ A/W，$I_d = 1$ nA，$k_A = 0.7$，$\sigma_T = 1$ μA。

图4.17 显示的几个特性值得注意。注意，$M = 1$ 的情况对应于使用 p-i-n 光电二极管。显然，当输入光功率相对较高时，APD 光接收机的信噪比小于 p-i-n 光接受机的信噪比；只有当输入光功率较低时(低于 -20 dBm)，APD 光接收机的信噪比才会得以提高。导致这种现象的原因与 APD 光接收机中散弹噪声的增强有关：在低功率电平下，热噪声相对于散弹噪声占主

导地位，雪崩光电二极管的增益是有帮助的；然而，当雪崩光电二极管的增益增大时，散弹噪声超过热噪声并占主导地位，这时在同样的工作条件下，雪崩光电二极管的表现不如 p-i-n 光电二极管。为了更清楚地说明这一点，分别考虑两种极限情况。

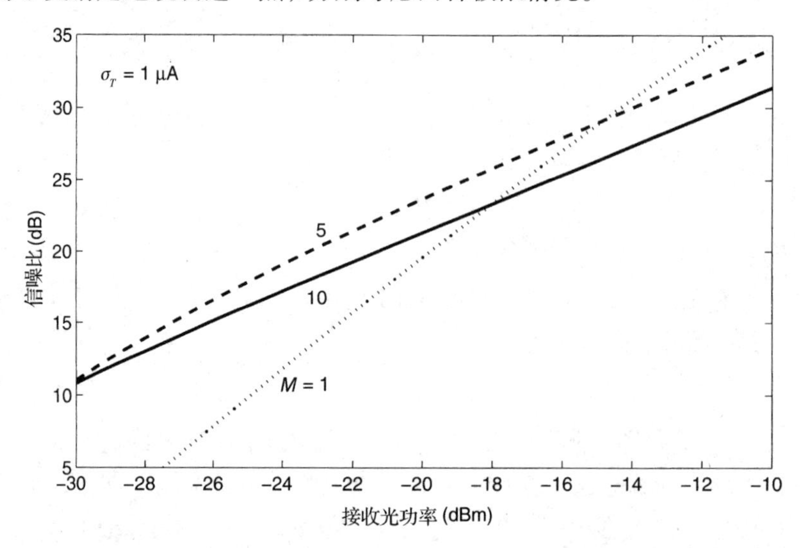

图 4.17　对于带宽为 30 GHz 的光接收机，当雪崩光电二极管的增益取 3 个不同值时信噪比随接收光功率 P_{in} 的变化，其中 $M=1$ 的情况对应 p-i-n 光电二极管

在热噪声极限情况下($\sigma_s \ll \sigma_T$)，APD 光接收机的信噪比为

$$\mathrm{SNR}=(R_L R_d^2/4k_B T F_n \Delta f)M^2 P_{\mathrm{in}}^2 \tag{4.4.20}$$

正如预期的，与 p-i-n 光接收机相比[见式(4.4.13)]，APD 光接收机的信噪比是它的 M^2 倍。相反，在散弹噪声极限情况下($\sigma_s \gg \sigma_T$)，APD 光接收机的信噪比由下式给出：

$$\mathrm{SNR}=\frac{R_d P_{\mathrm{in}}}{2qF_A\Delta f}=\frac{\eta P_{\mathrm{in}}}{2h\nu F_A\Delta f} \tag{4.4.21}$$

与 p-i-n 光接收机相比[见式(4.4.15)]，APD 光接收机的信噪比以因子 $1/F_A$ 降低，F_A 为过剩噪声因子。

最佳雪崩光电二极管增益

式(4.4.19)表明，对于给定的 P_{in}，当雪崩光电二极管的增益 M 取最佳值 M_{opt} 时，APD 光接收机的信噪比最大。容易证明，当 M_{opt} 满足以下三次多项式时，信噪比最大：

$$k_A M_{\mathrm{opt}}^3+(1-k_A)M_{\mathrm{opt}}=\frac{4k_B T F_n}{qR_L(R_d P_{\mathrm{in}}+I_d)} \tag{4.4.22}$$

最佳值 M_{opt} 取决于光接收机的很多参数，如暗电流 I_d、响应度 R_d 和电离系数比 k_A，然而，它与光接收机的带宽没有关系。式(4.4.22)最显著的特性是，M_{opt} 随 P_{in} 的增加而减小。图 4.18 给出了当 k_A 取不同值时 M_{opt} 随 P_{in} 的变化情况，其中取 1.55 μm 波长 InGaAs APD 光接收机对应的典型参数值：$R_L=1$ kΩ，$F_n=2$，$R_d=1$ A/W，$I_d=2$ nA。最佳雪崩光电二极管增益对电离系数比 k_A 非常敏感。注意，在实际应用中暗电流 I_d 的贡献可以忽略，由式(4.4.22)容易得出当 $k_A=0$ 时 M_{opt} 与 P_{in} 成反比的结论。相反，当 $k_A=1$ 时，M_{opt} 随 P_{in} 以 $P_{in}^{-1/3}$ 的形式变化，只要 $M_{opt}>10$，这种依赖关系甚至在 k_A 小至 0.01 时仍然成立。实际上，当 k_A 在 0.01 ~ 1 的范围取

值时，通过忽略式(4.4.22)中的第二项，M_{opt}可以很好地近似为

$$M_{opt} \approx \left[\frac{4k_BTF_n}{k_AqR_L(R_dP_{in}+I_d)}\right]^{1/3} \tag{4.4.23}$$

这个表达式表明了电离系数比 k_A所起的重要作用。对于 $k_A \ll 1$ 的 Si APD 光接收机，M_{opt}的值可以大到 100；相反，对于 InGaAs APD 光接收机，由于 $k_A \approx 0.7$，M_{opt}只能在 10 附近取值。基于雪崩光电二极管的 InGaAs 光接收机在光通信系统中非常有用，因为它们的灵敏度较高，使之可以工作在较低的输入功率电平下。然而，随着光放大器的出现，雪崩光电二极管已经很少在现代光波系统中使用。

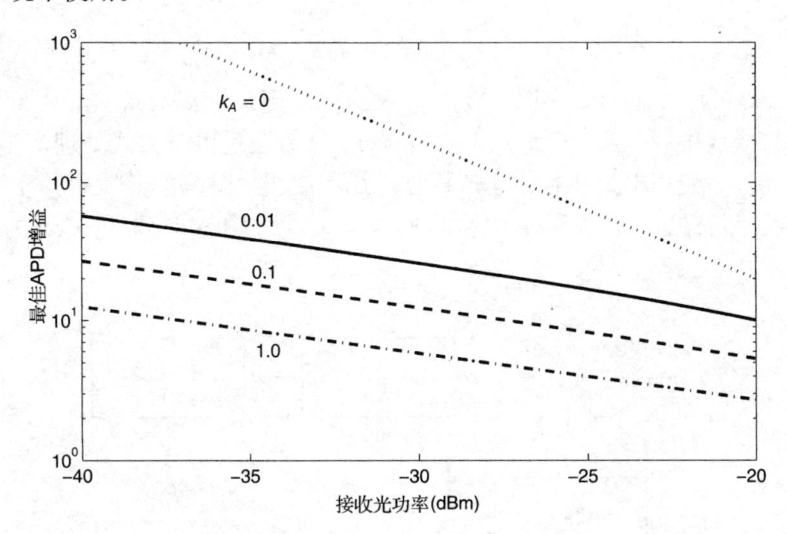

图 4.18　当 k_A取几个不同值时，最佳 APD 增益 M_{opt}与接收光功率 P_{in}的关系，其中参数采用1.55 μm波长InGaAs APD光接收机对应的典型值

4.5　相干探测

由 4.4 节可知，尽管散弹噪声设定了基本限制，但在实际应用中是热噪声限制了光电探测器。使用雪崩光电二极管可以在一定程度上降低热噪声的影响，但也会增强散弹噪声。读者可能会问，能否设计一种只受散弹噪声限制的探测方案。一种被称为相干探测(coherent detection)的技术给出了答案，之所以这样称呼是因为在输入光信号到达探测器之前将它与一个连续光场相干地混频。这种技术的另一个好处是可以应用在利用光的相位对信息编码的系统中(例如频移键控和相移键控调制格式)，因为它可以将相位变化转换成振幅变化。

4.5.1　本机振荡器

图 4.19 示意地给出了相干探测的基本思想：在光接收机处使用一种被称为本机振荡器(Local Oscillator, LO，这个术语是从无线电波和微波文献那里借过来的)的窄线宽激光器来产生相干光场，然后用合束器(在实际应用中一般是光纤耦合器)将它与接收光场混频。为了看清这种混频是怎样改善光接收机的性能的，用复数记法将接收光信号的光场写成如下形式：

$$E_s = A_s\exp[-i(\omega_0 t+\phi_s)] \tag{4.5.1}$$

式中，ω_0是载波频率，A_s是振幅，ϕ_s是相位。与本机振荡器相联系的光场用类似的表达式给出为

$$E_{\rm LO}=A_{\rm LO}\exp[-{\rm i}(\omega_{\rm LO}t+\phi_{\rm LO})] \tag{4.5.2}$$

式中，$A_{\rm LO}$，$\omega_{\rm LO}$和$\phi_{\rm LO}$分别表示本机振荡器的振幅、频率和相位。假设这两个光场是同偏振的，则E_s和$E_{\rm LO}$可以采用标量记法。入射到光电探测器上的光功率为$P=|E_s+E_{\rm LO}|^2$，由式(4.5.1)和式(4.5.2)可得

$$P(t)=P_s+P_{\rm LO}+2\sqrt{P_sP_{\rm LO}}\cos(\omega_{\rm IF}t+\phi_s-\phi_{\rm LO}) \tag{4.5.3}$$

其中

$$P_s=A_s^2,\quad P_{\rm LO}=A_{\rm LO}^2,\quad \omega_{\rm IF}=\omega_0-\omega_{\rm LO} \tag{4.5.4}$$

频率$\nu_{\rm IF}\equiv\omega_{\rm IF}/2\pi$称为中频(Intermediate Frequency，IF)。当$\omega_0\neq\omega_{\rm LO}$时，光信号经两级解调：首先将载波频率转换成中频$\nu_{\rm IF}$(一般为0.1～5 GHz)，然后通过电学方式处理产生的射频(RF)信号以恢复比特流。使用中频并非总是必要的，实际上，根据中频$\omega_{\rm IF}$是否等于零，有两种不同的相干探测技术可选，它们分别称为零差(homodyne)探测和外差(heterodyne)探测。

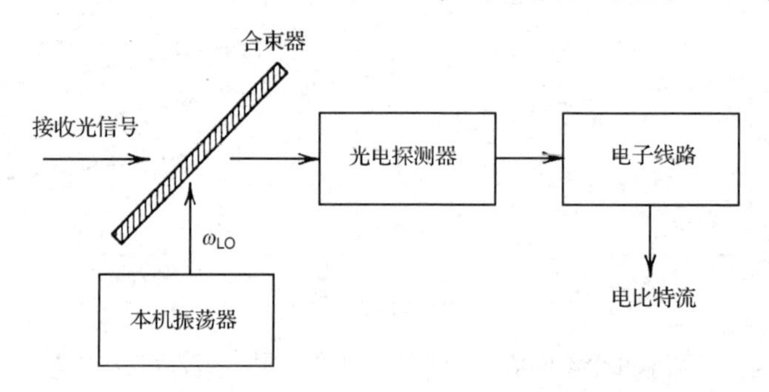

图4.19 相干探测方案的示意说明

4.5.2 零差探测

在这种相干探测技术中，选择本机振荡器的频率$\omega_{\rm LO}$与光信号的载波频率ω_0相同，于是$\omega_{\rm IF}=0$。由式(4.5.3)可以得到光电流($I=R_dP$，这里R_d为光电探测器的响应度)为

$$I(t)=R_d(P_s+P_{\rm LO})+2R_d\sqrt{P_s(t)P_{\rm LO}}\cos(\phi_s-\phi_{\rm LO}) \tag{4.5.5}$$

一般来说，$P_{\rm LO}\gg P_s$，所以$P_s+P_{\rm LO}\approx P_{\rm LO}$。式(4.5.5)中的最后一项包含被传输的信息，并被判决电路利用。考虑本机振荡器的相位被锁定到信号相位的情况，这时$\phi_s=\phi_{\rm LO}$，于是零差信号由下式给出：

$$I_p(t)=2R_d\sqrt{P_s(t)P_{\rm LO}} \tag{4.5.6}$$

注意，在直接探测情况下信号电流为$I_{\rm dd}(t)=R_dP_s(t)$，由式(4.5.6)可知，零差探测技术的主要优点是非常明显的：如果平均光信号功率用$\bar{P}_s$表示，使用零差探测技术则可使平均电信号功率增加到直接探测时的$4P_{\rm LO}/\bar{P}_s$倍，由于$P_{\rm LO}$可以比$\bar{P}_s$大得多，所以平均电信号功率能增加20 dB以上。尽管散弹噪声也增强了，但后面将表明，使用零差探测可以大幅提高信噪比。

由式(4.5.5)可以明显看出相干探测的另一个优点，因为该式中的最后一项显式地包含了信号相位，这就有可能恢复通过光载波的相位或频率传输的信息。直接探测不允许这样，因为信号相位的全部信息会丢失。需要相位编码的几种调制格式将在第10章中讨论。

零差探测的缺点也源于其相位敏感性。由于式(4.5.5)中的最后一项显式地包含了本机振荡器的相位 ϕ_{LO}，显然 ϕ_{LO} 应被控制。理想情况下，除了对 ϕ_s 的有意调制，ϕ_{LO} 和 ϕ_s 应该保持恒定不变。实际上，ϕ_s 和 ϕ_{LO} 都以随机方式随时间起伏。然而，通过光锁相环可迫使它们的差 $\phi_s - \phi_{LO}$ 保持近乎恒定不变。这种光锁相环的实现并不容易，而且使零差光接收机的设计变得非常复杂。除此之外，光发射机和本机振荡器频率的匹配将对两个光源提出更苛刻的要求。

4.5.3 外差探测

在外差探测的情况下，选择本机振荡器的频率 ω_{LO} 与信号载波频率 ω_0 不同，以至于中频在微波波段($\nu_{IF} \approx 1$ GHz)。由式(4.5.3)和 $I = R_d P$，可以得到此时光电流为

$$I(t) = R_d(P_s + P_{LO}) + 2R_d\sqrt{P_s P_{LO}}\cos(\omega_{IF}t + \phi_s - \phi_{LO}) \tag{4.5.7}$$

由于在实际应用中 $P_{LO} \gg P_s$，直流(dc)项近乎恒定不变，容易用带通滤波器将其去除，于是外差信号由式(4.5.7)中的交流(ac)项或下式给出：

$$I_{ac}(t) = 2R_d\sqrt{P_s P_{LO}}\cos(\omega_{IF}t + \phi_s - \phi_{LO}) \tag{4.5.8}$$

与零差探测的情况类似，信息可以通过光载波的振幅、相位或频率来传输。更重要的是，本机振荡器仍然可以将接收信号放大很多倍，因此提高了信噪比。然而，与零差探测相比，信噪比的提高减小一半(或 3 dB)，信噪比的这种减小称为外差探测代价。通过考虑信号功率(正比于电流的平方)，能看清这个 3 dB 代价的来源。由于 I_{ac} 的交流特性，当 I_{ac}^2 在中频的整个周期上取平均后，电功率减小到一半(因为 $\cos^2\theta$ 在 θ 上的平均值为 1/2)。

以 3 dB 的外差探测代价获得的一个好处是可以大大简化光接收机的设计，因为这时不再需要光锁相环。尽管如此，仍需要使用两个窄线宽半导体激光器来控制相位 ϕ_{LO} 和 ϕ_s 的起伏。然而，当采用异步解调方案时，线宽要求就会变得比较适度，这一特性使外差探测方案非常适合在相干光波系统中实际实现。

4.5.4 信噪比

通过考虑光接收机电流的信噪比，能更好地量化光波系统采用相干探测的优点。为此，有必要将 4.4 节中的分析推广到外差探测的情况。由于存在热噪声和散弹噪声，光接收机的电流出现起伏，电流起伏的方差 σ^2 可以通过将这两部分的贡献相加得到：

$$\sigma^2 = \sigma_s^2 + \sigma_T^2 \tag{4.5.9}$$

其中

$$\sigma_s^2 = 2q(I + I_d)\Delta f, \quad \sigma_T^2 = (4k_B T/R_L)F_n\Delta f \tag{4.5.10}$$

需要特别注意的是，式(4.5.10)中的 I 为光电探测器产生的总电流，根据是采用零差探测还是外差探测，总电流可以由式(4.5.5)或式(4.5.7)给出。在实际应用中，$P_{LO} \gg P_s$，这两种情况下，式(4.5.10)中的 I 可以用主要项 $R_d P_{LO}$ 替代。

将平均信号功率除以平均噪声功率可以得到信噪比。在外差探测的情况下，信噪比为

$$\text{SNR} = \frac{\langle I_{ac}^2 \rangle}{\sigma^2} = \frac{2R_d^2 \bar{P}_s P_{LO}}{2q(R_d P_{LO} + I_d)\Delta f + \sigma_T^2} \tag{4.5.11}$$

在零差探测的情况下，如果假设式(4.5.5)中的 $\phi_{LO} = \phi_s$，则信噪比将会以 2 倍因子增大。由式(4.5.11)可以看出相干探测的主要优点。由于本机振荡器的功率 P_{LO} 可以在接收端控制，它

能足够大，使得散弹噪声在光接收机噪声中占主导地位。更具体地说，当

$$P_{LO} \gg \sigma_T^2/(2qR_d\Delta f) \tag{4.5.12}$$

时，有 $\sigma_s^2 \gg \sigma_T^2$。在同样的条件下，暗电流对散弹噪声的贡献可以忽略不计($I_d \ll R_dP_{LO}$)。于是，信噪比为

$$\text{SNR} \approx \frac{R_d\bar{P}_s}{q\Delta f} = \frac{\eta\bar{P}_s}{h\nu\Delta f} \tag{4.5.13}$$

式中，$R_d = \eta q/h\nu$。需要重点强调的一点是，即使对那些性能通常受热噪声限制的 p-i-n 光接收机，使用相干探测也能实现散弹噪声极限。而且，与 APD 光接收机的情况相反，实现这一极限不会加入任何过剩散弹噪声。

用一个比特隙内接收的光子数 N_p来表示信噪比很有用。当比特率为 B 时，信号功率 $\bar{P}_s$与 N_p有关系 $\bar{P}_s = N_p h\nu B$。一般来说，$\Delta f \approx B/2$。将这些值代入式(4.5.13)，可以得到信噪比的简单表达式为

$$\text{SNR} = 2\eta N_p \tag{4.5.14}$$

在零差探测的情况下，信噪比以 2 倍因子增大，可以表示为 $\text{SNR} = 4\eta N_p$。

4.6 光接收机灵敏度

在一组光接收机中，如果某个光接收机能以较低的入射光功率实现同样的性能，我们就说这个光接收机的灵敏度较高。数字光接收机的性能标准由误码率(Bit-Error Rate，BER)决定，误码率定义为比特被光接收机的判决电路错判的概率。例如，2×10^{-6}的误码率表示每百万比特中平均有 2 比特被错判。数字光接收机的常用标准要求误码率低于 1×10^{-9}，光接收机灵敏度定义为光接收机工作在 10^{-9}的误码率下要求的最小平均接收光功率 $\bar{P}_{\text{rec}}$。既然光接收机的灵敏度 $\bar{P}_{\text{rec}}$与误码率有关，那么就从计算数字光接收机的误码率开始。

4.6.1 误码率

图 4.20(a)给出了被判决电路接收的起伏信号的示意图，判决电路在由时钟恢复电路决定的判决时刻 t_D对起伏信号采样，采样值 I 在平均值 I_1或 I_0附近起伏，这取决于在比特流中该比特对应的是“1”还是“0”。判决电路将采样值与阈值(门限值)I_D进行比较，若 $I > I_D$，则判为“1”比特；若 $I < I_D$，则判为“0”比特。由于光接收机噪声的影响，在 $I < I_D$时有可能将“0”比特错判为“1”比特；同样，在 $I > I_D$时也有可能将“1”比特错判为“0”比特。通过定义差错概率(error probability)为

$$\text{BER} = p(1)P(0|1) + p(0)P(1|0) \tag{4.6.1}$$

可以将这两种差错来源包括在内，上式中 $p(1)$和 $p(0)$分别是接收“1”比特和“0”比特的概率。$P(0|1)$表示把“1”比特错判成“0”比特的概率，$P(1|0)$表示把“0”比特错判成“1”比特的概率。由于“1”比特和“0”比特出现的概率相同，即 $p(1) = p(0) = 1/2$，因此误码率为

$$\text{BER} = \tfrac{1}{2}[P(0|1) + P(1|0)] \tag{4.6.2}$$

图 4.20(b)给出了 $P(0|1)$和 $P(1|0)$与采样值 I 的概率密度函数 $p(I)$的关系，$p(I)$的函数形式取决于导致电流起伏的噪声源的统计特性。式(4.4.6)中的热噪声 i_T可以很好地用均值

为零、方差为σ_T^2的高斯统计描述。对于 p-i-n 光接收机，式(4.4.6)中的散弹噪声i_s也近似服从高斯统计，但是对于 APD 光接收机就不属于这种情况了[90~92]。一种常用的近似是将 p-i-n 光接收机和 APD 光接收机的散弹噪声i_s都处理成高斯随机变量，但它们的方差σ_s^2不同，分别由式(4.4.5)和式(4.4.17)给出。由于两个高斯随机变量的和仍然为高斯随机变量，采样值I具有方差为$\sigma^2=\sigma_s^2+\sigma_T^2$的高斯概率密度函数。然而，对于"1"比特和"0"比特均值和方差都是不同的，这是因为根据接收比特的不同，式(4.4.6)中的I_p等于I_1或I_0。如果σ_1^2和σ_0^2是对应的方差，则条件概率为

$$P(0|1)=\frac{1}{\sigma_1\sqrt{2\pi}}\int_{-\infty}^{I_D}\exp\left(-\frac{(I-I_1)^2}{2\sigma_1^2}\right)\mathrm{d}I=\frac{1}{2}\mathrm{erfc}\left(\frac{I_1-I_D}{\sigma_1\sqrt{2}}\right) \tag{4.6.3}$$

$$P(1|0)=\frac{1}{\sigma_0\sqrt{2\pi}}\int_{I_D}^{\infty}\exp\left(-\frac{(I-I_0)^2}{2\sigma_0^2}\right)\mathrm{d}I=\frac{1}{2}\mathrm{erfc}\left(\frac{I_D-I_0}{\sigma_0\sqrt{2}}\right) \tag{4.6.4}$$

式中，erfc 代表互补误差函数，其定义为[93]

$$\mathrm{erfc}(x)=\frac{2}{\sqrt{\pi}}\int_x^{\infty}\exp(-y^2)\,\mathrm{d}y \tag{4.6.5}$$

将式(4.6.3)和式(4.6.4)代入式(4.6.2)中，可以得到误码率为

$$\mathrm{BER}=\frac{1}{4}\left[\mathrm{erfc}\left(\frac{I_1-I_D}{\sigma_1\sqrt{2}}\right)+\mathrm{erfc}\left(\frac{I_D-I_0}{\sigma_0\sqrt{2}}\right)\right] \tag{4.6.6}$$

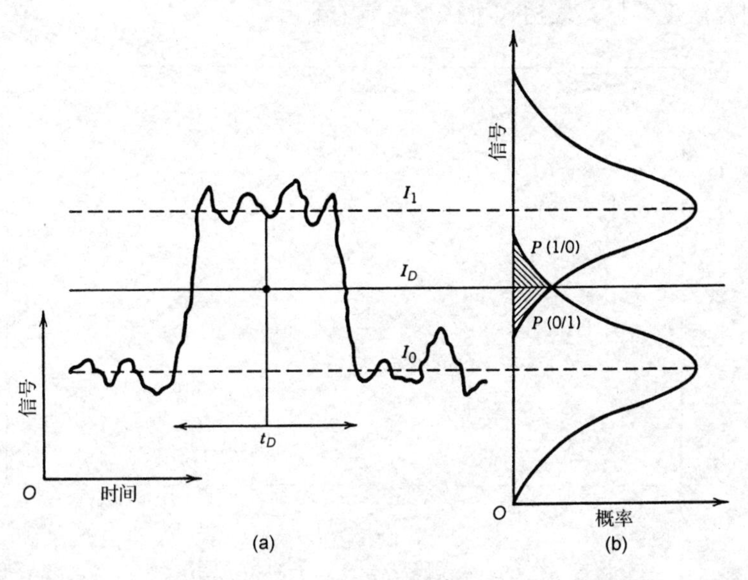

图4.20 (a)判决电路接收的起伏信号；(b)"1"比特和"0"比特的高斯概率密度，阴影区表示错判的概率

式(4.6.6)表明，误码率取决于判决阈值(又称判决门限，decision threshold)I_D。在实际应用中，可以通过优化I_D来使误码率最小。当I_D的选择满足以下关系时：

$$\frac{(I_D-I_0)^2}{2\sigma_0^2}=\frac{(I_1-I_D)^2}{2\sigma_1^2}+\ln\left(\frac{\sigma_1}{\sigma_0}\right) \tag{4.6.7}$$

误码率出现最小值。在实际感兴趣的大部分情况下，式(4.6.7)中的最后一项可以忽略不计，I_D近似由下式得到：

$$(I_D-I_0)/\sigma_0=(I_1-I_D)/\sigma_1\equiv Q \tag{4.6.8}$$

I_D的显式表达式为

$$I_D = \frac{\sigma_0 I_1 + \sigma_1 I_0}{\sigma_0 + \sigma_1} \tag{4.6.9}$$

当 $\sigma_1 = \sigma_0$时，$I_D = (I_1 + I_0)/2$，这相当于将判决阈值设置在中间位置。大部分 p-i-n 光接收机就属于这种情况，它们的噪声以热噪声为主($\sigma_T \gg \sigma_s$)，而且与平均电流无关。相反，由于 σ_s^2 随平均电流线性变化，“1”比特的散弹噪声要比“0”比特的大。在 APD 光接收机的情况下，根据式(4.6.9)设置判决阈值，可以使误码率最小。

判决阈值在最佳设置下的误码率可以由式(4.6.6)和式(4.6.8)得到，结果只与 Q 因子有关：

$$\text{BER} = \frac{1}{2}\operatorname{erfc}\left(\frac{Q}{\sqrt{2}}\right) \approx \frac{\exp(-Q^2/2)}{Q\sqrt{2\pi}} \tag{4.6.10}$$

式中，Q 因子可以由式(4.6.8)和式(4.6.9)得到，并由下式给出：

$$Q = \frac{I_1 - I_0}{\sigma_1 + \sigma_0} \tag{4.6.11}$$

误码率的近似形式可以由互补误差函数 $\operatorname{erfc}(Q/\sqrt{2})$ 的渐近展开得到[93]，当 $Q>3$ 时这是合理的。图 4.21 给出了误码率随 Q 因子的变化：随着 Q 值的增加，误码率不断下降，当 $Q>7$ 时，$\text{BER}<10^{-12}$；因为当 $Q\approx6$ 时，$\text{BER}\approx10^{-9}$，所以光接收机灵敏度对应的就是 $Q\approx6$ 时的平均光功率。光接收机灵敏度的显式表达式将在下一节中给出。

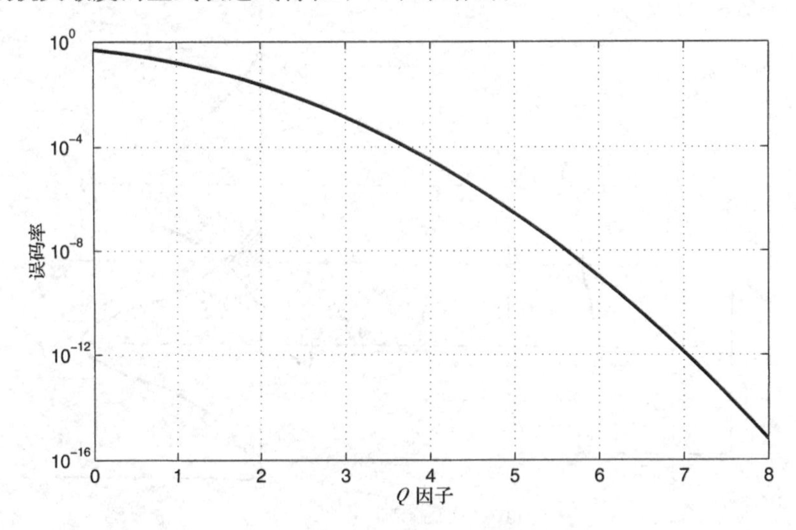

图 4.21 误码率与 Q 因子的关系图

4.6.2 最小接收光功率

式(4.6.10)可以用来计算光接收机以低于某个指定值的误码率可靠地工作所需要的最小接收光功率(即灵敏度)，为此，Q 因子应与入射光功率有关。为简单起见，考虑“0”比特不携带光功率的情况，这样 $P_0=0$，因此 $I_0=0$。“1”比特时电流 I_1与光功率 P_1的关系为

$$I_1 = MR_dP_1 = 2MR_d\bar{P}_{\text{rec}} \tag{4.6.12}$$

式中，$\bar{P}_{\text{rec}}$是平均接收光功率，其定义为 $\bar{P}_{\text{rec}} = (P_1 + P_0)/2$。不失一般性，式(4.6.12)中包含了 APD 增益 M，考虑 p-i-n 光接收机的情况时可令 $M=1$。

由散弹噪声和热噪声贡献的均方根(RMS)噪声电流σ_1和σ_0可以写成

$$\sigma_1 = (\sigma_s^2 + \sigma_T^2)^{1/2} \quad 和 \quad \sigma_0 = \sigma_T \tag{4.6.13}$$

式中，σ_s^2和σ_T^2分别由式(4.4.17)和式(4.4.9)给出。当忽略暗电流的贡献时，噪声方差为

$$\sigma_s^2 = 2qM^2 F_A R_d (2\bar{P}_{\text{rec}})\Delta f \tag{4.6.14}$$

$$\sigma_T^2 = (4k_B T/R_L)F_n \Delta f \tag{4.6.15}$$

由式(4.6.11)至式(4.6.13)可得Q因子为

$$Q = \frac{I_1}{\sigma_1 + \sigma_0} = \frac{2MR_d\bar{P}_{\text{rec}}}{(\sigma_s^2 + \sigma_T^2)^{1/2} + \sigma_T} \tag{4.6.16}$$

对于误码率的某个指定值，Q因子可以由式(4.6.10)确定，因而光接收机灵敏度$\bar{P}_{\text{rec}}$可由式(4.6.16)得到。当Q因子给定一个值时，通过解方程式(4.6.16)可以得到$\bar{P}_{\text{rec}}$的一个简单解析表达式为[3]

$$\bar{P}_{\text{rec}} = \frac{Q}{R_d}\left(qF_A Q\Delta f + \frac{\sigma_T}{M}\right) \tag{4.6.17}$$

式(4.6.17)给出了$\bar{P}_{\text{rec}}$与光接收机各个参数之间的关系，以及如何对其进行优化。首先通过令$M=1$考虑p-i-n光接收机的情况，由于在这种光接收机中热噪声σ_T通常占主导地位，光接收机灵敏度$\bar{P}_{\text{rec}}$可以由以下简单表达式给出：

$$(\bar{P}_{\text{rec}})_{\text{pin}} \approx Q\sigma_T/R_d \tag{4.6.18}$$

由式(4.6.15)可知，σ_T^2不仅取决于光接收机参数，如R_L和F_n，还通过光接收机带宽Δf取决于比特率(典型地，$\Delta f = B/2$)。因此，在热噪声极限情况下，平均接收光功率$\bar{P}_{\text{rec}}$随$\sqrt{B}$增加。例如，考虑$R_d = 1$ A/W的1.55 μm波长p-i-n光接收机，取$\sigma_T = 100$ nA作为典型值，$Q=6$对应10^{-9}的误码率，光接收机灵敏度可用$\bar{P}_{\text{rec}} = 0.6$ μW或-32.2 dBm给出。

式(4.6.17)表明了使用雪崩光电二极管是怎样提高光接收机灵敏度的。如果保持热噪声占主导地位，则平均接收光功率$\bar{P}_{\text{rec}}$将以因子$1/M$减小，即光接收机灵敏度将提高到原来的M倍。然而，雪崩光电二极管的散弹噪声显著增加，在散弹噪声和热噪声可以相比拟的一般情况下应使用式(4.6.17)。与在4.4.3节中讨论的信噪比的情况类似，可以通过调节雪崩光电二极管的增益M来优化光接收机灵敏度。将F_A的表达式(4.4.18)代入式(4.6.17)中，容易证明当M取由下式给出的最佳值时：

$$M_{\text{opt}} = k_A^{-1/2}\left(\frac{\sigma_T}{Qq\Delta f} + k_A - 1\right)^{1/2} \approx \left(\frac{\sigma_T}{k_A Qq\Delta f}\right)^{1/2} \tag{4.6.19}$$

平均接收光功率$\bar{P}_{\text{rec}}$有最小值[3]，并且平均接收光功率的最小值为

$$(\bar{P}_{\text{rec}})_{\text{APD}} = (2q\Delta f/R_d)Q^2(k_A M_{\text{opt}} + 1 - k_A) \tag{4.6.20}$$

通过对比式(4.6.18)和式(4.6.20)，可以估计利用雪崩光电二极管将光接收机灵敏度提高了多少。光接收机灵敏度与电离系数比k_A有关，雪崩光电二极管的k_A值越小，光接收机灵敏度越高。对于InGaAs APD光接收机，灵敏度一般可以提高6～8 dB，这种提高有时称为APD优势。注意，APD光接收机的平均接收光功率$\bar{P}_{\text{rec}}$随比特率B线性增加($\Delta f \approx B/2$)，相反，p-i-n光接收机的平均接收光功率$\bar{P}_{\text{rec}}$随比特率B的算术平方根$\sqrt{B}$线性增加。平均接收光功率$\bar{P}_{\text{rec}}$

与比特率 B 的线性相关性是散弹噪声极限光接收机的一个普遍特性。对于 $\sigma_T=0$ 的理想光接收机，可以通过式(4.6.17)并令 $F_A=1$ 得到光接收机灵敏度为

$$(\bar{P}_{\text{rec}})_{\text{ideal}}=(q\Delta f/R_d)Q^2 \tag{4.6.21}$$

比较式(4.6.20)和式(4.6.21)表明，在 APD 光接收机中过剩噪声因子将导致光接收机灵敏度的劣化。

有时用一些替代方法来量度光接收机的灵敏度。例如，误码率可以与信噪比有关，也可以与“1”比特中包含的平均光子数 N_p 有关。在热噪声极限情况下 $\sigma_0\approx\sigma_1$，再利用 $I_0=0$ 由式(4.6.11)可得 $Q=I_1/2\sigma_1$。既然信噪比 $\text{SNR}=I_1^2/\sigma_1^2$，它与 Q 通过简单的关系 $\text{SNR}=4Q^2$ 联系起来。既然在误码率为 10^{-9} 时 $Q=6$，则信噪比必须最小为 144 或者 21.6 dB 才能实现 $\text{BER}\leqslant10^{-9}$。在散弹噪声极限情况下，信噪比的要求值会有变化。如果暗电流的贡献忽略不计，则由于对于“0”比特散弹噪声也可忽略，因此在没有热噪声的情况下 $\sigma_0\approx0$。因为在散弹噪声极限情况下 $Q=I_1/\sigma_1=(\text{SNR})^{1/2}$，SNR 取 36 或 15.6 dB 就足以获得 $\text{BER}=1\times10^{-9}$。由 4.4.2 节可知，在散弹噪声极限情况下，$\text{SNR}\approx\eta N_p$[见式(4.4.15)和下面的讨论]。将 $Q=(\eta N_p)^{1/2}$ 代入式(4.6.10)中，可以得到误码率为

$$\text{BER}=\tfrac{1}{2}\text{erfc}\left(\sqrt{\eta N_p/2}\right) \tag{4.6.22}$$

对于量子效率为 100%($\eta=1$)的光接收机来说，当 $N_p=36$ 时，$\text{BER}=1\times10^{-9}$。在实际应用中，由于光接收机的性能受热噪声的严格限制，大部分光接收机需要 $N_p\approx1000$ 才能获得 $\text{BER}=10^{-9}$。

4.6.3　光电探测的量子极限

在散弹噪声极限情况下得到的误码率的表达式(4.6.22)并不是完全准确的，因为它是在基于光接收机噪声统计的高斯近似的条件下推导出来的。对于理想的光电探测器(没有热噪声，没有暗电流，量子效率为 100%)，$\sigma_0=0$，因为在没有光入射时散弹噪声为零，这样判决阈值可以设置在非常接近 0 电平信号。确实，对于这种理想的光接收机，甚至只要有一个光子被探测到，它就能无误码地鉴别出“1”比特。只有当“1”比特甚至连一个电子-空穴对都没产生时，才会出现误码。对于数量如此少的光子和电子，散弹噪声统计不能采用高斯分布近似，而应采用泊松分布。如果 N_p 表示每个“1”比特包含的平均光子数，则它产生 m 个电子-空穴对的概率可以由泊松分布给出为[94]

$$P_m=\exp(-N_p)N_p^m/m! \tag{4.6.23}$$

可以用式(4.6.2)和式(4.6.23)计算误码率。因为当 $N_p=0$ 时没有电子-空穴对产生，接收“0”比特时将其错判为“1”比特的概率 $P(1|0)$ 等于零。令式(4.6.23)中的 $m=0$，可以得到概率 $P(0|1)$，因为这种情况下尽管接收的是“1”比特，但将它错判为“0”比特。由于 $P(0|1)=\exp(-N_p)$，误码率可以用一个简单的表达式给出为

$$\text{BER}=\exp(-N_p)/2 \tag{4.6.24}$$

对于 $\text{BER}<10^{-9}$，N_p 必须超过 20；由于这个要求是入射光量子起伏的直接结果，称为量子极限。在量子极限下，每个“1”比特必须包含至少 20 个光子才能以小于 10^{-9} 的误码率探测到。这个要求还可以通过 $P_1=N_p h\nu B$ 转换成对光功率的要求，这里 B 为比特率，$h\nu$ 为光子能量。

定义为 $\bar{P}_{rec}=(P_1+P_0)/2=P_1/2$ 的光接收机灵敏度可由下式给出：

$$\bar{P}_{rec}=N_p h\nu B/2=\bar{N}_p h\nu B \tag{4.6.25}$$

还可以用每比特的平均光子数 $\bar{N}_p$ 这个量来表示光接收机的灵敏度，当"0"比特不携带能量时 $\bar{N}_p$ 与 N_p 的关系为 $\bar{N}_p=N_p/2$。使用 $\bar{N}_p$ 作为光接收机灵敏度的量度是非常普遍的，在量子极限下 $\bar{N}_p=10$。由式(4.6.25)可以计算出光功率。例如，对于一个 1.55 μm 波长的光接收机($h\nu=0.8$ eV)，当比特率 $B=10$ Gbps 时，$\bar{P}_{rec}=13$ nW 或 −48.9 dBm。大部分光接收机工作在离量子极限 20 dB 或更多，这等价于说在实际的光接收机中，每比特的平均光子数 $\bar{N}_p$ 通常要超过1000。

4.7　灵敏度劣化

4.6 节对灵敏度的分析是基于仅仅考虑光接收机的噪声，特别是，分析假设入射到光接收机上的光信号由理想的比特流组成，这样"1"比特由能量恒定的光脉冲组成，而"0"比特携带的能量为零。在实际应用中，光发射机发射的光信号偏离了这种理想情况。还有，当光信号在光纤链路中传输时它会被劣化，光放大器加入的噪声就是这种劣化的一个实例。因为这些不理想的条件，光接收机需要的最小平均光功率增加，平均接收光功率的这种增加称为功率代价(power penalty)。本节主要讨论即使光信号不经过光纤传输也能导致光接收机灵敏度劣化的功率代价的来源，其他几种与传输有关的功率代价机制将在 5.4 节中讨论。

4.7.1　消光比

功率代价的一个简单来源与"0"比特携带的能量有关，大部分光发射机甚至在"关"状态下也会辐射一些功率。半导体激光器在"关"状态下辐射的功率 P_0 取决于偏置电流 I_b 和阈值电流 I_{th}：如果 $I_b<I_{th}$，则在"0"比特期间辐射的功率是由自发辐射引起的，通常 $P_0\ll P_1$，这里 P_1 为"开"状态下辐射的功率；相反，如果半导体激光器偏置在接近但高于阈值，P_0 可以是 P_1 的很大一部分。消光比(extinction ratio)定义为

$$r_{ex}=P_0/P_1 \tag{4.7.1}$$

功率代价可以由式(4.6.11)得到。对于 p-i-n 光接收机有 $I_1=R_dP_1$，$I_0=R_dP_0$，这里 R_d 为响应度(用 MR_d 替代 R_d 可以包括 APD 增益)。利用光接收机灵敏度的定义 $\bar{P}_{rec}=(P_1+P_0)/2$，$Q$ 因子可由下式给出：

$$Q=\left(\frac{1-r_{ex}}{1+r_{ex}}\right)\frac{2R_d\bar{P}_{rec}}{\sigma_1+\sigma_0} \tag{4.7.2}$$

一般来说，σ_1 和 σ_0 取决于 $\bar{P}_{rec}$，因为散弹噪声与接收的光信号有关。然而，当光接收机的性能主要由热噪声支配时，σ_1 和 σ_0 都可以用热噪声 σ_T 近似。将 $\sigma_1\approx\sigma_0\approx\sigma_T$ 代入式(4.7.2)中，可得 $\bar{P}_{rec}$ 为

$$\bar{P}_{rec}(r_{ex})=\left(\frac{1+r_{ex}}{1-r_{ex}}\right)\frac{\sigma_T Q}{R_d} \tag{4.7.3}$$

上式表明，当 $r_{ex}\neq 0$ 时 $\bar{P}_{rec}$ 将增大。功率代价定义为比率 $\delta_{ex}=\bar{P}_{rec}(r_{ex})/\bar{P}_{rec}(0)$，常用分贝(dB)单位表示它，并由下式给出：

$$\delta_{ex} = 10\lg\left(\frac{\bar{P}_{rec}(r_{ex})}{\bar{P}_{rec}(0)}\right) = 10\lg\left(\frac{1+r_{ex}}{1-r_{ex}}\right) \tag{4.7.4}$$

图4.22 给出了功率代价是如何随消光比 r_{ex} 的增加而增大的。当 $r_{ex}=0.12$ 时，功率代价为 1 dB；当 $r_{ex}=0.5$ 时，功率代价增大到 4.8 dB。在实际应用中，当激光器偏置在阈值以下时，r_{ex} 一般低于 0.05，此时对应的功率代价(小于 0.4 dB)可以忽略不计。尽管如此，如果半导体激光器偏置在阈值以上，功率代价就非常明显。将 APD 增益和散弹噪声对式(4.7.2)中 σ_1 和 σ_0 的贡献包括在内，可以得到 APD 光接收机的 $\bar{P}_{rec}(r_{ex})$ 的表达式[3]。当 $r_{ex}\neq 0$ 时，APD 的最佳增益低于式(4.6.19)给出的结果，由于最佳增益降低，灵敏度也降低了。通常来说，对于同样的 r_{ex} 值，APD 光接收机的功率代价会增大到两倍左右。

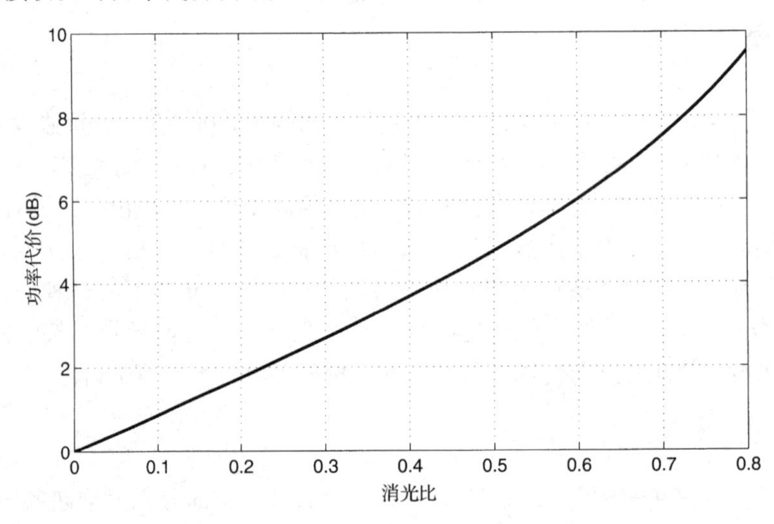

图 4.22 功率代价与消光比 r_{ex} 的关系

4.7.2 强度噪声

4.4 节的噪声分析是基于入射到光接收机上的光功率没有起伏这一假设之上的。实际上，任何光发射机辐射的光都存在功率起伏，这种起伏称为强度噪声，已在 3.3.3 节的半导体激光器部分讨论过。光接收机将功率起伏转换成电流起伏，并把它加到由热噪声和散弹噪声引起的电流起伏中。结果，光接收机的信噪比劣化，并低于式(4.4.19)给出的结果。对强度噪声做准确分析是非常复杂的，因为要用统计方法计算光电流[95]。一种简单的方法是在由式(4.4.10)给出的电流方差中加入第三项，这样有

$$\sigma^2 = \sigma_s^2 + \sigma_T^2 + \sigma_I^2 \tag{4.7.5}$$

其中

$$\sigma_I = R_d\langle(\Delta P_{in}^2)\rangle^{1/2} = R_d P_{in} r_I \tag{4.7.6}$$

强度噪声参数 r_I 定义为 $r_I=\langle(\Delta P_{in}^2)\rangle^{1/2}/P_{in}$，是入射光信号噪声电平的量度，它与光发射机相对强度噪声(Relative Intensity Noise，RIN)的关系为

$$r_I^2 = \frac{1}{2\pi}\int_{-\infty}^{\infty} \mathrm{RIN}(\omega)\,\mathrm{d}\omega \tag{4.7.7}$$

式中，RIN(ω)由式(3.3.30)给出。正如在 3.3.3 节中讨论的，r_I 就等于光发射机信噪比的倒数。典型地，光发射机信噪比高于 20 dB，即 $r_I<0.01$。

σ_0和σ_1与参数r_I有关导致的结果是，当存在强度噪声时，式(4.6.11)中Q因子的值将减小。由于为保持误码率不变，需要保持Q值不变，这样必须增加接收光功率，这就是强度噪声引起的功率代价的来源。为了简化下面的分析，假设消光比为零，这样$I_0=0$，$\sigma_0=\sigma_T$。利用$I_1=R_dP_1=2R_d\bar{P}_{\rm rec}$和$\sigma_1$遵循的式(4.7.5)，可得$Q$为

$$Q=\frac{2R_d\bar{P}_{\rm rec}}{(\sigma_T^2+\sigma_s^2+\sigma_I^2)^{1/2}+\sigma_T} \tag{4.7.8}$$

其中

$$\sigma_s=(4qR_d\bar{P}_{\rm rec}\Delta f)^{1/2},\qquad \sigma_I=2r_IR_d\bar{P}_{\rm rec} \tag{4.7.9}$$

σ_T由式(4.4.9)给出。容易由式(4.7.8)得到光接收机灵敏度的如下表达式：

$$\bar{P}_{\rm rec}(r_I)=\frac{Q\sigma_T+Q^2q\Delta f}{R_d(1-r_I^2Q^2)} \tag{4.7.10}$$

功率代价定义为当$r_I\neq0$时$\bar{P}_{\rm rec}$的增加，可由下式给出：

$$\delta_I=10\lg[\bar{P}_{\rm rec}(r_I)/\bar{P}_{\rm rec}(0)]=-10\lg(1-r_I^2Q^2) \tag{4.7.11}$$

图4.23给出了为保持$Q=6$和$Q=7$(分别对应10^{-9}和10^{-12}的误码率)功率代价随r_I的变化关系。当$r_I<0.01$时，因为δ_I低于0.02 dB，功率代价可以忽略。由于大部分光发射机都属于这种情况，因此在实际应用中光发射机噪声的影响可以忽略不计。当$r_I=0.1$时，功率代价超过2 dB；当$r_I=1/Q$时，功率代价为无穷大。无穷大的功率代价说明光接收机不能在指定的误码率下工作，即使入射光功率能无限增加。在图4.21的情况下，无穷大的功率代价对应于误码率曲线在$Q=6$的10^{-9}误码率以上出现了饱和，这种特性称为误码率平层(BER floor)。从这方面来说，强度噪声的影响在定性上与消光比不同，对于满足$r_{\rm ex}<1$的$r_{\rm ex}$的所有值，消光比引起的功率代价都是有限大的。

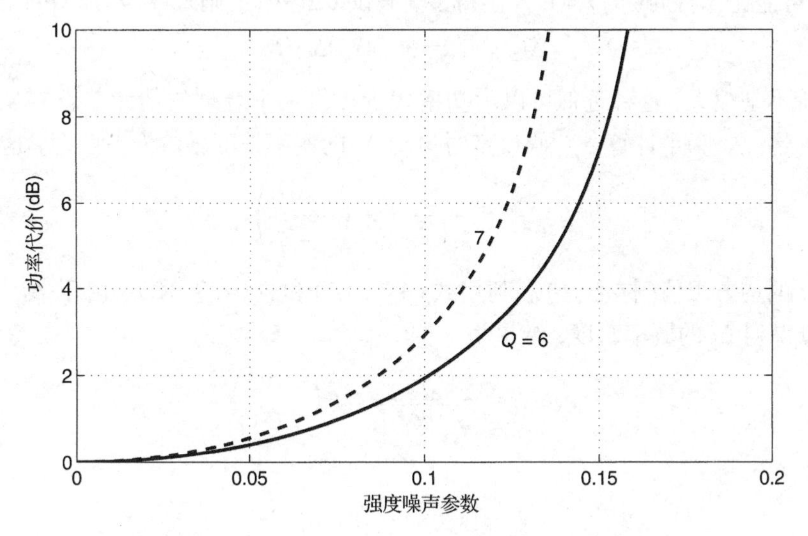

图4.23　功率代价与强度噪声参数r_I的关系

以上分析假设光接收机处的强度噪声与光发射机处的强度噪声相同。当光信号通过光纤链路传输时，一般不属于这种情况。对于大部分长途光波系统来说(见第7章)，光在线放大器加入的强度噪声常常是一个限制因素。当使用多模半导体激光器时，光纤色散会通过模分

配噪声使光接收机的灵敏度劣化。能增强强度噪声的另一种现象是由沿整个光纤链路发生的寄生反射引起的光反馈，这种由传输引起的功率代价机制将在5.4节中考虑。

4.7.3 定时抖动

在4.5节中光接收机灵敏度的计算基于信号是在电压脉冲峰值处采样的这一假设，在实际应用中，判决时刻是由时钟恢复电路决定的(见图4.12)。因为时钟恢复电路的输入有固有的噪声，采样时间将因比特的不同而出现起伏，这种起伏称为定时抖动(timing jitter)[96~99]。因为采样时间的起伏导致信号的附加起伏，信噪比将劣化。这个很容易理解：如果不是在比特中心采样，则采样值会有一定的减小，而且这个减小量与定时抖动 Δt 有关，又由于 Δt 是一个随机变量，因此采样值的减小也是随机的。这种附加的起伏将导致信噪比降低，光接收机性能也会劣化。通过增加接收光功率能保持信噪比，这种增加就是定时抖动引起的功率代价。

为简化下面的分析，考虑热噪声 σ_T 占主导地位的p-i-n光接收机，并假设消光比为0。将 $I_0=0$ 代入式(4.6.11)中，可得 Q 因子为

$$Q=\frac{I_1-\langle\Delta i_j\rangle}{(\sigma_T^2+\sigma_j^2)^{1/2}+\sigma_T} \tag{4.7.12}$$

式中，$\langle\Delta i_j\rangle$ 是定时抖动 Δt 引起的电流起伏 Δi_j 的平均值，σ_j 是电流起伏 Δi_j 的均方根值。如果 $h_{\text{out}}(t)$ 决定了电流脉冲的形状，则有

$$\Delta i_j=I_1[h_{\text{out}}(0)-h_{\text{out}}(\Delta t)] \tag{4.7.13}$$

式中，取 $t=0$ 为理想采样时刻。

显然，σ_j 取决于判决电路处信号脉冲的形状。一种简单的选择[96]对应于 $h_{\text{out}}(t)=\cos^2(\pi Bt/2)$，这里 B 为比特率。此处还用到了式(4.3.6)，因为很多光接收机被设计成可以提供那种脉冲形状。由于 Δt 可能比比特周期 $T_B=1/B$ 小得多，假设 $B\Delta t\ll 1$，则式(4.7.13)可以近似为

$$\Delta i_j=(2\pi^2/3-4)(B\Delta t)^2 I_1 \tag{4.7.14}$$

只要功率代价不是很大，这种近似可以为功率代价提供一个合理的估计[96]，在实际应用中希望的就是这种情况。为了计算 σ_j，假设定时抖动 Δt 的概率密度函数为高斯型，这样有

$$p(\Delta t)=\frac{1}{\tau_j\sqrt{2\pi}}\exp\left(-\frac{\Delta t^2}{2\tau_j^2}\right) \tag{4.7.15}$$

式中，τ_j 是 Δt 的均方根值(标准差)。利用式(4.7.14)和式(4.7.15)，由于 Δi_j 与 $(\Delta t)^2$ 成比例，所以可以得到 Δi_j 的概率密度，结果为

$$p(\Delta i_j)=\frac{1}{\sqrt{\pi b\Delta i_j I_1}}\exp\left(-\frac{\Delta i_j}{bI_1}\right) \tag{4.7.16}$$

其中

$$b=(4\pi^2/3-8)(B\tau_j)^2 \tag{4.7.17}$$

式(4.7.16)可以用来计算 $\langle\Delta i_j\rangle$ 和 $\sigma_j=\langle(\Delta i_j)^2\rangle^{1/2}$。在 Δi_j 上积分可得

$$\langle\Delta i_j\rangle=bI_1/2,\qquad \sigma_j=bI_1/\sqrt{2} \tag{4.7.18}$$

根据式(4.7.12)和式(4.7.18)，以及 $I_1=2R_d\bar{P}_{\text{rec}}$，其中 R_d 为响应度，可以得到光接收机灵敏度为

$$\bar{P}_{\mathrm{rec}}(b)=\left(\frac{\sigma_T Q}{R_d}\right)\frac{1-b/2}{(1-b/2)^2-b^2Q^2/2} \tag{4.7.19}$$

功率代价定义为$\bar{P}_{\mathrm{rec}}$的增加，由下式给出：

$$\delta_j=10\lg\left(\frac{\bar{P}_{\mathrm{rec}}(b)}{\bar{P}_{\mathrm{rec}}(0)}\right)=10\lg\left(\frac{1-b/2}{(1-b/2)^2-b^2Q^2/2}\right) \tag{4.7.20}$$

图4.24给出了功率代价与定时抖动参数$B\tau_j$的关系，$B\tau_j$的物理意义是判决时刻的起伏（一个标准差）与比特周期的比率。当$B\tau_j<0.1$时，功率代价可以忽略不计；但是当$B\tau_j>0.1$时，功率代价迅速增加；当$B\tau_j=0.16$时，功率代价为2 dB。与强度噪声的情况类似，当$B\tau_j>0.2$时，定时抖动引起的功率代价变成无穷大，此时$B\tau_j$的准确值取决于用来计算抖动引起的功率代价的模型。式(4.7.20)可以通过具体的脉冲形状和定时抖动分布得到，当然还要利用式(4.6.10)和式(4.7.12)，这里假设光接收机的电流起伏服从高斯统计。由式(4.7.16)可以明显看出，定时抖动引起的电流起伏本质上不服从高斯统计，更精确的计算表明式(4.7.20)低估了功率代价[98]，然而定性行为是一样的。一般来说，要想忽略功率代价，定时抖动的均方根值应低于比特周期的10%。类似的结论对于APD光接收机也成立，但APD光接收机的功率代价通常较大[99]。

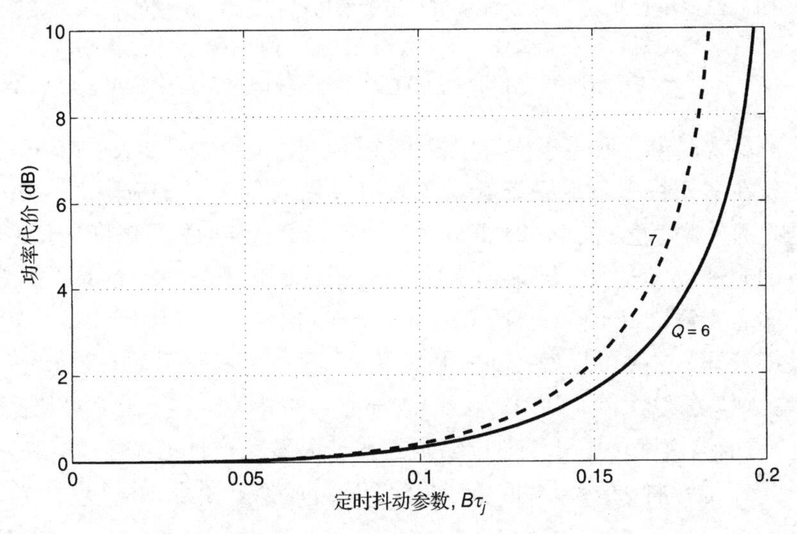

图4.24 功率代价与定时抖动参数$B\tau_j$的关系

4.8 光接收机的性能

光接收机的性能可以通过测量误码率随平均接收光功率的变化来表征，其对应10^{-9}的误码率的平均光功率是光接收机灵敏度的量度。图4.25给出了在不同传输实验中测量的光接收机灵敏度[100~111]，它们都是通过单模光纤传输伪随机比特的一个长序列（典型的序列长度为$2^{15}-1$），然后用p-i-n光接收机或APD光接收机进行探测。这些实验是在1.3 μm或1.55 μm波长处进行的，比特率从100 Mbps变化到10 Gbps。图4.25还给出了通过式(4.6.25)得到的这两个波长处的理论量子极限。通过直接对比可以发现，测量的光接收机灵敏度比量子极限低20 dB或更多。光接收机灵敏度的大部分劣化是由在室温下不可避免的热噪声引起的，因为与散弹噪声相比热噪声通常占主导地位；部分劣化是光纤色散引起的，这将导致功率代价，这种功率代价的来源将在下一章中讨论。

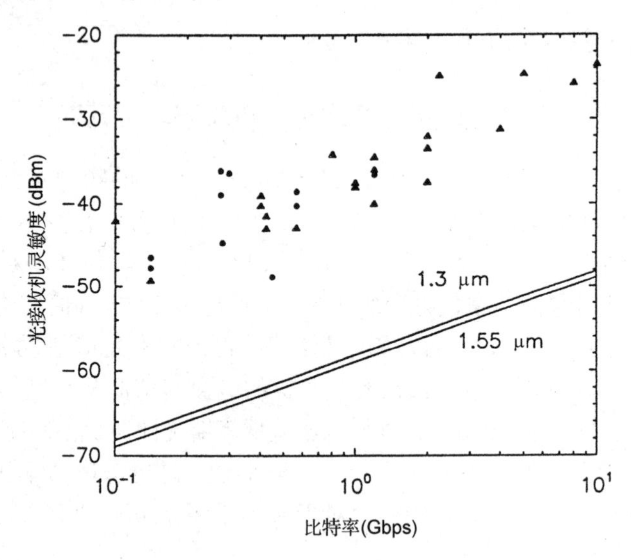

图4.25 在1.3 μm和1.55 μm波长附近的传输实验中，测量的p-i-n光接收机(圆点)和APD光接收机(三角)的灵敏度与比特率的关系。为了比较，光接收机灵敏度的量子极限也在图中给出(实线)

色散引起的灵敏度劣化取决于比特率 B 和光纤长度 L，并随二者的 BL 积增加，这就是为什么对于工作在高比特率下的系统其光接收机灵敏度低于量子极限25～30 dB的原因。10 Gbps光接收机的灵敏度通常低于－25 dBm[111]，使用APD光接收机可以将灵敏度提高5～6 dB。如果用每比特的光子数来表示，与每比特10个光子(10光子/比特)的量子极限相比，APD光接收机差不多需要每比特1000个光子(1000光子/比特)。在0.85 μm附近的短波长区光接收机的性能较好，这时可以使用Si APD，它能以大约每比特400个光子(400光子/比特)的灵敏度令人满意地工作。在1976年的一个实验中[112]，实现了每比特187个光子(187光子/比特)的灵敏度。还可以通过编码方案来提高光接收机灵敏度。在一个1.55 μm的系统实验中[113]，通过将140 Mbps的信号传输305 km，实现了每比特180个光子(180光子/比特)的灵敏度。

信号因为在光纤中传输而导致的那部分灵敏度劣化还能分离出来，常用的方法是通过直接将光接收机和光发射机相连(没有中间的光纤)来对光接收机灵敏度进行独立的测量。图4.26所示为对一个1.55 μm现场实验的测量结果，其中归零码(RZ)格式的信号由孤子形式的伪随机比特流组成(序列长 $2^{23}-1$)，在超过2000 km的光纤中传输[114]。当没有光纤时(0 km曲线)，－29.5 dBm的接收光功率就可以实现 10^{-9} 的误码率；然而，入射信号在传输过程中会显著劣化，对于2040 km长的光纤链路会产生大约3 dB的功率代价。随着信号的进一步传输，功率代价迅速增加。实际上，误码率曲线不断增加的曲率表明，信号传输2600 km后是无法实现 10^{-9} 的误码率的。这是大部分光波系统的典型特性。在图4.26看到的眼图也与图4.14中的眼图有着定性的差别，这种差别与使用归零码格式有关。

在实际的光波系统中，光接收机的性能可能随时间变化。由于在工作状态下不可能直接测量系统的误码率，需要用另一种替代方法来监控系统的性能。正如在4.3.3节中讨论的，眼图最适合此目的，眼图闭合度是光接收机性能劣化的量度，与误码率的相应增加相联系。图4.14和图4.26分别给出了使用非归零码格式和归零码格式的光波系统的眼图。当没有光纤时，眼图张的非常开；当信号经过长光纤链路传输时，眼图会出现部分闭合现象。眼图的闭合是由放大器噪声、光纤色散和各种非线性效应引起的，所有这些导致光脉冲在光纤中传输时出现严重失真。在实际的光波系统中，普遍通过持续监视眼图来衡量光接收机的性能。

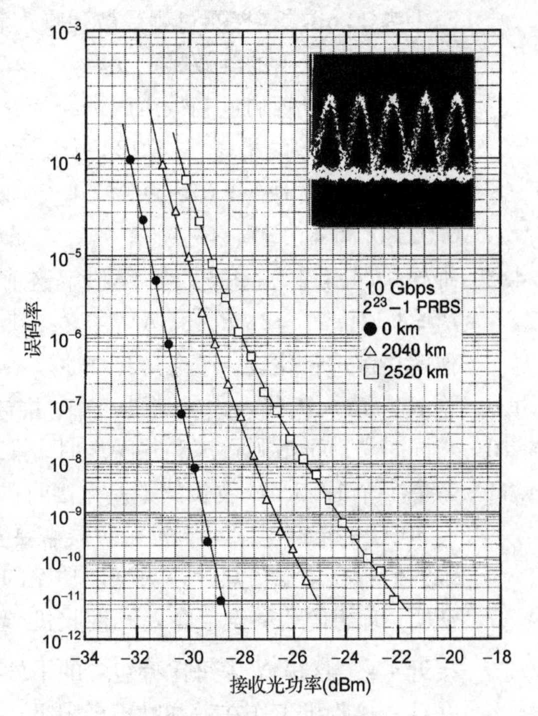

图4.26 在1.55 μm波长的10 Gbps传输实验中，测量的不同光纤链路长度下的误码率曲线，插图给出了光接收机眼图的一个例子[114]（经ⓒ2000 IEEE授权引用）

工作在1.3～1.6 μm波长范围的光接收机的性能严重受热噪声的限制，这可以由图4.25中的数据明显看出。使用APD光接收机可以改善这种情况，但仅限于一定程度内，因为要考虑InGaAs APD的过剩噪声因子。大部分光接收机工作在离量子极限20 dB或更多。采用相干探测技术可以使热噪声的影响显著下降，在这种探测技术中，将接收光信号与窄线宽激光器的输出进行相干混频。在光信号入射到光电探测器上之前对其进行放大，可以改善光接收机的性能。光放大器将在第7章中讨论。

习题

4.1 计算p-i-n光电二极管在1.3 μm和1.55 μm波长处的响应度，假设量子效率为80%。为什么光电二极管在1.55 μm处更容易响应？

4.2 光子以10^{10}/s的速率入射到响应度为6 A/W的雪崩光电二极管上，计算增益为10的雪崩光电二极管在1.5 μm工作波长的量子效率和光电流。

4.3 通过解方程式(4.2.3)和方程式(4.2.4)，表明对于由电子引发雪崩过程的雪崩光电二极管，倍增因子M由式(4.2.7)给出。将α_e和α_h视为常数。

4.4 通过下面的定义，可以将式(4.3.6)中的升余弦脉冲形状推广到能产生一族这种脉冲的情况：

$$h_{\text{out}}(t)=\frac{\sin(\pi Bt)}{\pi Bt}\frac{\cos(\pi\beta Bt)}{1-(2\beta Bt)^2}$$

式中，参数β从0到1变化。推导通过$h_{\text{out}}(t)$的傅里叶变换给出的传递函数$H_{\text{out}}(f)$的表达式，并画出$\beta=0$, 0.5, 1时$h_{\text{out}}(t)$和$H_{\text{out}}(f)$的图形。

4.5 考虑一个带有Si p-i-n光电二极管的0.8 μm波长的光接收机，假设带宽为20 MHz，量子效率为65%，暗电流为1 nA，结电容为8 pF，放大器噪声指数为3 dB。当用5 μW的光功率照射光接收机时，计算由散弹噪声、热噪声和放大器噪声引起的噪声电流的均方根值，并计算信噪比。

4.6 将习题4.5中的光接收机用在数字通信系统中，为了获得令人满意的性能，要求信噪比至少为 20 dB。当探测过程受散弹噪声和热噪声限制时最小接收光功率分别为多少？计算这两种情况下的等效噪声功率。

4.7 雪崩光电二极管的过剩噪声因子经常近似为 M^x，而不是式(4.4.18)给出的结果。求能在 10% 的误差内将式(4.4.18)近似为 $F_A(M)=M^x$ 的 M 的取值范围，对于 Si，InGaAs 和 Ge，分别选取 $x=0.3$，0.7，1.0，这三种半导体的碰撞电离系数比 k_A 的值分别为 0.02，0.35 和 1.0。

4.8 推导式(4.4.22)，并通过计算机解这个三次多项式画出 M_{opt} 随 k_A 的变化关系，其中选取 $R_L=1\ k\Omega$，$F_n=2$，$R_d=1$ A/W，$P_{in}=1\ \mu W$，$I_d=2$ nA。将结果与式(4.4.23)给出的近似解析解进行比较，评论其有效性。

4.9 将 $F_A(M)=M^x$ 代入式(4.4.19)中，推导使信噪比最大的 M 的最佳值的表达式。

4.10 当同时考虑了散弹噪声和热噪声时，推导零差光接收机信噪比的表达式。

4.11 考虑一个 1.55 μm 波长的零差光接收机，其中量子效率为 90% 的 p-i-n 光电二极管连接有 50 Ω 的负载电阻。本机振荡器需要多大的功率才能使该光接收机工作在散弹噪声极限？假设在室温下热噪声对噪声功率的贡献低于 1% 时就实现了散弹噪声极限。

4.12 证明，理想的相移键控零差光接收机(理想的相位锁定和 100% 的量子效率)的信噪比接近 $4\bar{N}_p$，这里 $\bar{N}_p$ 为每比特包含的平均光子数。假设光接收机带宽等于比特率的一半，并且光接收机工作在散弹噪声极限下。

4.13 证明，当判决阈值设置在接近式(4.6.9)给出的值时，式(4.6.6)给出的误码率最小。

4.14 某 1.3 μm 波长的数字光接收机工作在 100 Mbps 比特率下，有效噪声带宽为 60 MHz；p-i-n光电二极管的暗电流忽略不计，量子效率为 90%；负载电阻为 100 Ω，放大器噪声指数为 3 dB。计算对应 10^{-9} 的误码率的光接收机的灵敏度。如果将该光接收机设计成能可靠工作在 10^{-12} 的误码率下，那么光接收机的灵敏度怎么变化？

4.15 对于习题 4.12 中的光接收机，分别计算在散弹噪声极限和热噪声极限下的灵敏度(10^{-9} 的误码率下)。如果光脉冲近似为矩形脉冲，那么在这两种极限情况下“1”比特包含的光子数是多少？

4.16 推导使 APD 光接收机灵敏度最高的最佳增益 M_{opt} 的表达式，取过剩噪声因子为 M^x；当 $\sigma_T=0.2\ \mu A$，$\Delta f=1$ GHz 时，画出 M_{opt} 与 x 的关系曲线，并估计 InGaAs APD 的最佳增益 M_{opt} 的值。

4.17 考虑散弹噪声和热噪声都对光接收机灵敏度有影响的消光比为一有限值的一般情况，推导 APD 光接收机灵敏度的表达式，暗电流忽略不计。

4.18 考虑有限的消光比，推导 p-i-n 光接收机的强度噪声引起的功率代价的表达式。在“关”状态下，散弹噪声和强度噪声的贡献与热噪声相比可以忽略不计(在“开”状态下不可以)。

4.19 利用习题 4.18 的结果，画出当消光比取几个不同值时功率代价与强度噪声参数 r_I[见式(4.7.6)中的定义]的关系曲线；什么时候功率代价变成无穷大？解释无穷大功率代价的意义。

4.20 假设抛物线脉冲形状 $I(t)=I_p(1-B^2t^2)$ 和标准差为 τ 的高斯抖动分布，推导定时抖动引起的功率代价的表达式，可以假设光接收机的性能由热噪声支配；计算为将功率代价保持在 1 dB 以下 $B\tau$ 的容许值。

参考文献

[1] S. D. Personick, *Bell Syst. Tech. J.* **52**, 843(1973); **52**, 875(1973).
[2] T. P. Lee and T. Li, in *Optical Fiber Telecommunications I*, S. E. Miller and A. G. Chynoweth, Eds., Academic Press, San Diego, CA, 1979, Chap. 18.
[3] R. G. Smith and S. D. Personick, in *Semiconductor Devices for Optical Communications*, H. Kressel, Ed., Springer, New York, 1980.
[4] B. L. Kasper, in *Optical Fiber Telecommunications II*, S. E. Miller and I. P. Kaminow, Eds., Academic Press, San Diego, CA, 1988, Chap. 18.
[5] S. B. Alexander, *Optical Communication Receiver Design*, Vol. TT22, SPIE Press, Bellingham, WA, 1997.
[6] R. J. Keyes, *Optical and Infrared Detectors*, Springer, New York, 1997.
[7] S. Donati, *Photodetectors: Devices, Circuits and Applications*, Prentics Hall, Upper Saddle River, NJ, 1999.
[8] H. S. Nalwa, Ed., *Photodetectors and Fiber Optics*, Academic Press, San Diego, CA, 2001.
[9] J. C. Campbell, in *Optical Fiber Telecommunications*, Vol. 5A, I. P. Kaminow, T. Li, and A. E. Willner, Eds., Academic Press, San Diego, CA, 2008, Chap. 8.
[10] R. S. Tucker, A. J. Taylor, C. A. Burrus, G. Eisenstein, and J. M. Westfield, *Electron. Lett.* **22**, 917(1986).
[11] K. Kishino, S. Ünlü, J. I. Chyi, J. Reed, L. Arsenault, and H. Morkoç, *IEEE J. Quantum Electron.* **27**, 2025(1991).
[12] C. C. Barron, C. J. Mahon, B. J. Thibeault, G. Wang, W. Jiang, L. A. Coldren, and J. E. Bowers, *Electron. Lett.* **30**, 1796(1994).
[13] I. -H. Tan, J. Dudley, D. I. Babić, D. A. Cohen, B. D. Young, E. L. Hu, J. E. Bowers, B. I. Miller, U. Koren, and M. G. Young, *IEEE Photon. Technol. Lett.* **6**, 811(1994).
[14] I. -H. Tan, C. -K. Sun, K. S. Giboney, J. E. Bowers E. L. Hu, B. I. Miller, and R. J. Kapik, *IEEE Photon. Technol. Lett.* **7**, 1477(1995).
[15] Y. -G. Wey, K. S. Giboney, J. E. Bowers, M. J. Rodwell, P. Silvestre, P. Thiagarajan, and G. Robinson, *J. Lightwave Technol.* **13**, 1490(1995).
[16] K. Kato, S. Hata, K. Kwano, J. Yoshida, and A. Kozen, *IEEE J. Quantum Electron.* **28**, 2728(1992).
[17] K. Kato, A. Kozen, Y. Muramoto, Y. Itaya, N. Nagatsuma, and M. Yaita, *IEEE Photon. Technol. Lett.* **6**, 719(1994).
[18] K. Kato, *IEEE Trans. Microwave Theory Tech.* **47**, 1265(1999).
[19] T. Takeuchi, T. Nakata, K. Makita, and M. Yamaguchi, *Electron. Lett.* **36**, 972(2000).
[20] M. Achouche, V. Magnin, J. Harari, D. Carpentier, E. Derouin, C. Jany, and D. Decoster, *IEEE Photon. Technol. Lett.* **18**, 556(2006).
[21] A. Beling, J. C. Campbell, H. -G. Bach, G. G. Mekonnen, and D. Schmidt, *J. Lightwave Technol.* **26**, 16(2008).
[22] K. S. Giboney, R. L. Nagarajan, T. E. Reynolds, S. T. Allen, R. P. Mirin, M. J. W. Rodwell, and J. E. Bowers, *IEEE Photon. Technol. Lett.* **7**, 412(1995).
[23] H. Ito, T. Furuta, S. Kodama, and T. Ishibashi, *Electron. Lett.* **36**, 1809(2000).
[24] G. E. Stillman and C. M. Wolfe, in *Semiconductors and Semimetals*, Vol. 12, R. K. Willardson and A. C. Beer, Eds., Academic Press, San Diego, CA, 1977, pp. 291-393.
[25] H. Melchior, in *Laser Handbook*, Vol. 1, F. T. Arecchi and E. O. Schulz-Dubois, Eds., North-Holland, Amsterdam, 1972, pp. 725-835.
[26] J. C. Campbell, A. G. Dentai, W. S. Holden, and B. L. Kasper, *Electron. Lett.* **19**, 818(1983).

[27] B. L. Kasper and J. C. Campbell, *J. Lightwave Technol.* **5**, 1351(1987).

[28] L. E. Tarof, *Electron. Lett.* **27**, 34(1991).

[29] L. E. Tarof, J. Yu, R. Bruce, D. G. Knight, T. Baird, and B. Oosterbrink, *IEEE Photon. Technol. Lett.* **5**, 672 (1993).

[30] J. Yu, L. E. Tarof, R. Bruce, D. G. Knight, K. Visvanatha, and T. Baird, *IEEE Photon. Technol. Lett.* **6**, 632 (1994).

[31] C. L. F. Ma, M. J. Deen, and L. E. Tarof, *IEEE J. Quantum Electron.* **31**, 2078(1995).

[32] K. A. Anselm, H. Nie, C. Lenox, P. Yuan, G. Kinsey, J. C. Campbell, B. G. Streetman, *IEEE J. Quantum Electron.* **34**, 482(1998).

[33] T. Nakata, I. Watanabe, K. Makita, and T. Torikai, *Electron. Lett.* **36**, 1807(2000).

[34] F. Capasso, in *Semiconductor and Semimetals*, Vol. 22D, W. T. Tsang, Ed., Academic Press, San Diego, CA, 1985, pp. 1-172.

[35] I. Watanabe, S. Sugou, H. Ishikawa, T. Anan, K. Makita, M. Tsuji, and K. Taguchi, *IEEE Photon. Technol. Lett.* **5**, 675(1993).

[36] T. Kagawa, Y. Kawamura, and H. Iwamura, *IEEE J. Quantum Electron.* **28**, 1419(1992); *IEEE J. Quantum Electron.* **29**, 1387(1993).

[37] S. Hanatani, H. Nakamura, S. Tanaka, T. Ido, and C. Notsu, *Microwave Opt. Tech. Lett.* **7**, 103(1994).

[38] I. Watanabe, M. Tsuji, K. Makita, and K. Taguchi, *IEEE Photon. Technol. Lett.* **8**, 269(1996).

[39] I. Watanabe, T. Nakata, M. Tsuji, K. Makita, T. Torikai, and K. Taguchi, *J. Lightwave Technol.* **18**, 2200 (2000).

[40] A. R. Hawkins, W. Wu, P. Abraham, K. Streubel, and J. E. Bowers, *Appl. Phys. Lett.* **70**, 303(1997).

[41] C. Lenox, H. Nie, P. Yuan, G. Kinsey, A. L. Homles, B. G. Streetman, and J. C. Campbell, *IEEE Photon. Technol. Lett.* **11**, 1162(1999).

[42] T. Nakata, T. Takeuchi, I. Watanabe, K. Makita, and T. Torikai, *Electron. Lett.* **36**, 2033(2000).

[43] J. Burm, K. I. Litvin, D. W Woodard, W. J. Schaff, P. Mandeville, M. A. Jaspan, M. M. Gitin, and L. F. Eastman, *IEEE J. Quantum Electron.* **31**, 1504(1995).

[44] J. B. D. Soole and H. Schumacher, *IEEE J. Quantum Electron.* **27**, 737(1991).

[45] J. H. Kim, H. T. Griem, R. A. Friedman, E. Y. Chan, and S. Roy, *IEEE Photon. Technol. Lett.* **4**, 1241 (1992).

[46] R.-H. Yuang, J.-I. Chyi, Y.-J. Chan, W. Lin, and Y.-K. Tu, *IEEE Photon. Technol. Lett.* **7**, 1333(1995).

[47] O. Vendier, N. M. Jokerst, and R. P. Leavitt, *IEEE Photon. Technol. Lett.* **8**, 266(1996).

[48] M. C. Hargis, S. E. Ralph, J. Woodall, D. Mclnturff, A. J. Negri, and P. O. Haugsjaa, *IEEE Photon. Technol. Lett.* **8**, 110(1996).

[49] W. A. Wohlmuth, P. Fay, C. Caneau, and I. Adesida, *Electron. Lett.* **32**, 249(1996).

[50] A. Bartels, E. Peiner, G.-P. Tang, R. Klockenbrink, H.-H. Wehmann, and A. Schlachetzki, *IEEE Photon. Technol. Lett.* **8**, 670(1996).

[51] Y. G. Zhang, A. Z. Li, and J. X. Chen, *IEEE Photon. Technol. Lett.* **8**, 830(1996).

[52] E. Droge, E. H. Bottcher, S. Kollakowski, A. Strittmatter, D. Bimberg, O. Reimann, and R. Steingruber, *Electron. Lett.* **34**, 2241(1998).

[53] A. Umbach, T. Engel, H. G. Bach, S. van Waasen, E. Droge, A. Strittmatter, W. Ebert, W. Passenberg, R. Steingruber, W. Schlaak, G. G. Mekonnen, G. Unterbörsch, and D. Bimberg, *IEEE J. Quantum Electron.* **35**, 1024(1999).

[54] J. W. Shi, Y. H. Chen, K. G. Gan, Y. J. Chiu, C. K. Sun, and J. E. Bowers, *IEEE Photon. Technol. Lett.* **14**, 363(2002).

[55] R. G. Swartz, in *Optical Fiber Telecommunications II*, S. E. Miller and I. P. Kaminow, Eds., Academic Press, San Diego, CA, 1988, Chap. 20.

[56] K. Kobayashi, in *Optical Fiber Telecommunications II*, S. E. Miller and I. P. Kaminow, Eds., Academic Press, San Diego, CA, 1988, Chap. 11.

[57] T. Horimatsu and M. Sasaki, *J. Lightwave Technol.* **7**, 1612(1989).

[58] O. Wada, H. Hamaguchi, M. Makiuchi, T. Kumai, M. Ito, K. Nakai, T. Horimatsu, and T. Sakurai, *J. Lightwave Technol.* **4**, 1694(1986).

[59] M. Makiuchi, H. Hamaguchi, T. Kumai, O. Aoki, Y. Oikawa, and O. Wada, *Electron. Lett.* **24**, 995(1988).

[60] K. Matsuda, M. Kubo, K. Ohnaka, and J. Shibata, *IEEE Trans. Electron. Dev.* **35**, 1284(1988).

[61] H. Yano, K. Aga, H. Kamei, G. Sasaki, and H. Hayashi, *J. Lightwave Technol.* **8**, 1328(1990).

[62] H. Hayashi, H. Yano, K. Aga, M. Murata, H. Kamei, and G. Sasaki, *IEE Proc.* **138**, Pt. J, 164(1991).

[63] H. Yano, G. Sasaki, N. Nishiyama, M. Murata, and H. Hayashi, *IEEE Trans. Electron. Dev.* **39**, 2254(1992).

[64] Y. Akatsu, M. Miyugawa, Y. Miyamoto, Y. Kobayashi, and Y. Akahori, *IEEE Photon. Technol. Lett.* **5**, 163 (1993).

[65] K. Takahata, Y. Muramoto, H. Fukano, K. Kato, A. Kozen, O. Nakajima, and Y. Matsuoka, *IEEE Photon. Technol. Lett.* **10**, 1150(1998).

[66] S. Chandrasekhar, L. M. Lunardi, A. H. Gnauck, R. A. Hamm, and G. J. Qua, *IEEE Photon. Technol. Lett.* **5**, 1316(1993).

[67] E. Sano, M. Yoneyama, H. Nakajima, and Y. Matsuoka, *J. Lightwave Technol.* **12**, 638(1994).

[68] H. Kamitsuna, *J. Lightwave Technol.* **13**, 2301(1995).

[69] L. M. Lunardi, S. Chandrasekhar, C. A. Burrus, and R. A. Hamm, *IEEE Photon. Technol. Lett.* **7**, 1201(1995).

[70] M. Yoneyama, E. Sano, S. Yamahata, and Y. Matsuoka, *IEEE Photon. Technol. Lett.* **8**, 272(1996).

[71] E. Sano, K. Kurishima, and S. Yamahata, *Electron. Lett.* **33**, 159(1997).

[72] W. P. Hong, G. K. Chang, R. Bhat, C. K. Nguyen, and M. Koza, *IEEE Photon. Technol. Lett.* **3**, 156(1991).

[73] P. Fay, W. Wohlmuth, C. Caneau, and I. Adesida, *Electron. Lett.* **31**, 755(1995).

[74] G. G. Mekonnen, W. Schlaak, H. G. Bach, R. Steingruber, A. Seeger, T. Enger, W. Passenberg, A. Umbach, C. Schramm, G. Unterborsch, and S. van Waasen, *IEEE Photon. Technol. Lett.* **11**, 257(1999).

[75] K. Takahata, Y. Muramoto, H. Fukano, K. Kato, A. Kozen, S. Kimura, Y. Imai, Y. Miyamoto, O. Nakajima, and Y. Matsuoka, *IEEE J. Sel. Topics Quantum Electron.* **6**, 31(2000).

[76] N. Shimizu, K. Murata, A. Hirano, Y. Miyamoto, H. Kitabayashi, Y. Umeda, T. Akeyoshi, T. Furata, and N. Watanabe, *Electron. Lett.* **36**, 1220(2000).

[77] U. Dümler, M. Möller, A. Bielik, T. Ellermeyer, H. Langenhagen, W. Walthes, and J. Mejri, *Electron. Lett.* **42**, 21(2006).

[78] A. Momtaz, D. Chung, N. Kocaman, J. Cao, M. Caresosa, B. Zhang, and I. Fujimori, *IEEE J. Solid-State Circuits* **42**, 872(2007).

[79] Y Oikawa, H. Kuwatsuka, T. Yamamoto, T. Ihara, H. Hamano, and T. Minami, *J. Lightwave Technol.* **12**, 343 (1994).

[80] T. Ohyama, S. Mino, Y. Akahori, M. Yanagisawa, T. Hashimoto, Y. Yamada, Y. Muramoto, and T. Tsunetsugu, *Electron. Lett.* **32**, 845(1996).

[81] Y. Kobayashi, Y. Akatsu, K. Nakagawa, H. Kikuchi, and Y. Imai, *IEEE Trans. Microwave Theory Tech.* **43**, 1916(1995).

[82] K. Emura, *Solid-State Electron.* **43**, 1613(1999).

[83] M. Bitter, R. Bauknecht, W. Hunziker, and H. Melchior, *IEEE Photon. Technol. Lett.* **12**, 74(2000).

[84] W. R. Bennett, *Electrical Noise*, McGraw-Hill, New York, 1960.

[85] D. K. C. MacDonald, *Noise and Fluctuations: An Introduction*, Wiley, New York, 1962.

[86] F. N. H. Robinson, *Noise and Fluctuations in Electronic Devices and Circuits*, Oxford University Press, Oxford, 1974.

[87] W. Schottky, *Ann. Phys.* **57**, 541(1918).

[88] J. B. Johnson, *Phys. Rev.* **32**, 97(1928).

[89] H. Nyquist, *Phys. Rev.* **32**, 110(1928).

[90] R. J. McIntyre, *IEEE Trans. Electron. Dev.* **13**, 164(1966); **19**, 703(1972).

[91] P. P. Webb, R. J. McIntyre, and J. Conradi, *RCA Rev.* **35**, 235(1974).

[92] P. Balaban, *Bell Syst. Tech. J.* **55**, 745(1976).

[93] M. Abramowitz and I. A. Stegun, Eds., *Handbook of Mathematical Functions*, Dover, New York, 1970.

[94] B. E. A. Saleh and M. Teich, *Fundamentals of Photonics*, Wiley, New York, 1991.

[95] L. Mandel and E. Wolf, *Optical Coherence and Quantum Optics*, Cambride University Press, New York, 1995.

[96] G. P. Agrawal and T. M. Shen, *Electron. Lett.* **22**, 450(1986).

[97] J. J. O'Reilly, J. R. F. DaRocha, and K. Schumacher, *IEE Proc.* **132**, Pt. J, 309(1985).

[98] K. Schumacher and J. J. O'Reilly, *Electron. Lett.* **23**, 718(1987).

[99] T. M. Shen, *Electron. Lett.* **22**, 1043(1986).

[100] T. P. Lee, C. A. Burrus, A. G. Dentai, and K. Ogawa, *Electron. Lett.* **16**, 155(1980).

[101] D. R. Smith, R. C. Hooper, P. P. Smyth, and D. Wake, *Electron. Lett.* **18**, 453(1982).

[102] J. Yamada, A. Kawana, T. Miya, H. Nagai, and T. Kimura, *IEEE J. Quantum Electron.* **18**, 1537(1982).

[103] M. C. Brain, P. P. Smyth, D. R. Smith, B. R. White, and P. J. Chidgey, *Electron. Lett.* **20**, 894(1984).

[104] M. L. Snodgrass and R. Klinman, *J. Lightwave Technol.* **2**, 968(1984).

[105] S. D. Walker and L. C. Blank, *Electron. Lett.* **20**, 808(1984).

[106] C. Y. Chen, B. L. Kasper, H. M. Cox, and J. K. Plourde, *Appl. Phys. Lett.* **46**, 379(1985).

[107] B. L. Kasper, J. C. Campbell, A. H. Gnauck, A. G. Dentai, and J. R. Talman, *Electron. Lett.* **21**, 982(1985).

[108] B. L. Kasper, J. C. Campbell, J. R. Talman, A. H. Gnauck, J. E. Bowers, and W. S. Holden, *J. Lightwave Technol.* **5**, 344(1987).

[109] R. Heidemann, U. Scholz, and B. Wedding, *Electron. Lett.* **23**, 1030(1987).

[110] M. Shikada, S. Fujita, N. Henmi, I. Takano, I. Mito, K. Taguchi, and K. Minemura, *J. Lightwave Technol.* **5**, 1488(1987).

[111] S. Fujita, M. Kitamura, T. Torikai, N. Henmi, H. Yamada, T. Suzaki, I. Takano, and M. Shikada, *Electron. Lett.* **25**, 702(1989).

[112] P. K. Runge, *IEEE Trans. Commun.* **24**, 413(1976).

[113] L. Pophillat and A. Levasseur, *Electron. Lett.* **27**, 535(1991).

[114] M. Nakazawa, H. Kubota, K. Suzuki, E. Yamada, and A. Sahara, *IEEE J. Sel. Topics Quantum Electron.* **6**, 363(2000).

第5章 光波系统

前面3章主要讨论了光纤通信系统的三个主要组成部分——光纤、光发射机和光接收机。本章主要考虑当将这三部分组合起来而形成一个实际的光波系统时，与系统设计和性能有关的问题。5.1节是对不同系统结构的一个概述。通过将光纤损耗和群速度色散效应考虑在内，5.2节讨论光纤通信系统的设计准则，功率预算和上升时间预算也在这一节介绍。5.3节主要讨论长途传输系统，在这里非线性效应变得非常重要；这一节里还包含了自1980年以来发展的各种各样的陆地和海底光波系统。5.4节探讨与系统性能有关的问题，强调由于信号通过光纤传输而引起的性能劣化。5.5节介绍前向纠错技术。5.6节强调计算机辅助设计对光波系统的重要意义。

5.1 系统结构

从结构的角度，光纤通信系统可以分为三大类——点对点链路、分配网和局域网[1~9]，本节着重讨论这三类系统结构的主要特征。

5.1.1 点对点链路

点对点链路构成了最简单的一类光波系统，它们的作用是以数字比特流的方式将信息尽可能准确地从一个地方传输到另一个地方。根据具体应用的不同，链路长度可以从不到一千米（短途）变化到数千千米（长途）。例如，光数据链路用来连接同一建筑物内或两座建筑物之间的计算机和终端，传输距离相对较短（小于10 km）。对于这种数据链路来说，光纤的低损耗和宽带宽特性并不是最重要的，使用光纤主要是因为它们具有其他优点，如抗电磁干扰。相反，海底光波系统用于跨大洋的高速传输，链路长度为数千千米。从降低总体运营成本的角度，在跨洋系统的设计中，光纤的低损耗和宽带宽就成为非常重要的考虑因素。

当链路长度超过某个确定的值（根据不同工作波长可在20~100 km的范围内变化）时，对光纤损耗进行补偿就变得非常有必要了，否则光信号会变得太弱而不能可靠地探测。图5.1给出了损耗补偿的两种通用方案。直到1990年，光电中继器[也称为再生器（regenerator），因为它们再生了光信号]才被专门用于光纤损耗补偿。正如在图5.1(a)中看到的，再生器不是别的，就是一个接收机-发射机对，它首先探测输入的光信号，恢复电比特流，然后通过对光源进行调制再将其转换成光信号。光纤损耗也可以通过光放大器进行补偿，光放大器直接对光信号进行放大而无须将其转换成电信号。光放大器是在1990年前后出现的，它对光纤通信系统的发展有革命性的影响。这种放大器对波分复用（WDM）系统尤其有价值（见第6章），因为它们能同时放大许多个信道。

光放大器解决了损耗问题，但它们同时加入了噪声（见第7章），而且因为信号劣化在多个放大级上不断累积，从而使光纤色散和非线性的影响更糟。事实上，周期放大光波系统经常受光纤色散的限制，除非采用色散补偿技术（见第8章）。光电中继器就不会遇到这个问题，因为它们对原始比特流进行了再生，因此能有效地自动补偿信号劣化的所有来源。然而，光电中继器在WDM系统中的这种反复使用（每隔80 km左右需要一个）很不划算。尽管很多研究者试图开发全光再生器(见第 11 章),但大部分光波系统还是使用如图 5.1 所示的两种技术的组合,也就是在一定数量的光放大器后面放置一个光电中继器。海底光波系统通常设计成工作在 5000 km 以上的距离上,它们只使用级联的光放大器。

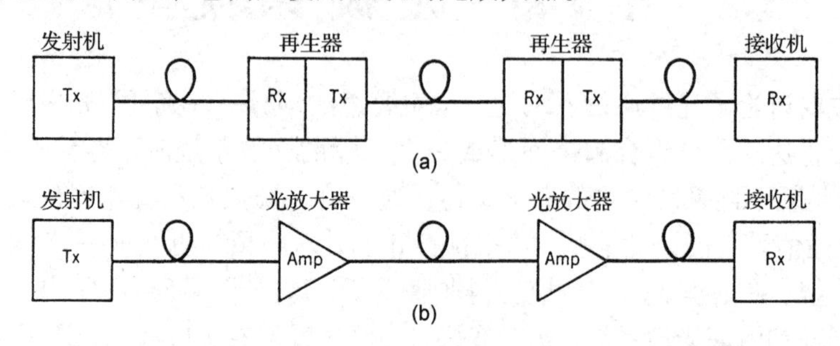

图 5.1 通过(a)再生器和(b)光放大器进行周期损耗补偿的点对点链路。再生器由一个接收机后接一个发射机组成

再生器或光放大器之间的距离 L(见图 5.1)通常称为中继距离(repeater spacing),它是一个主要的设计参数,因为随着 L 的增加,系统的成本将下降。然而,正如在 2.4 节中讨论的,由于光纤色散的存在,距离 L 取决于比特率 B,通常用比特率-距离积 BL 来衡量点对点链路的系统性能。因为光纤损耗和光纤色散是波长相关的,BL 积取决于工作波长。最初的三代光波系统对应 3 个不同的工作波长,分别在 0.85 μm,1.3 μm 和 1.55 μm 附近。对于工作在 0.85 μm附近的第一代光波系统,BL 积约为 1 Gbps·km,而对于工作在 1.55 μm 附近的第三代光波系统,BL 积约为 1 Tbps·km,对于第四代光波系统,BL 积可以超过 1000 Tbps·km。

5.1.2 分配网

在光通信系统的许多应用中,不仅需要传输信息,还需要将信息分配给一组用户。例如,电话业务的本地环路分配和有线电视(CATV)多个视频信道的广播。为了通过宽带数字网络进行音频和视频业务的融合,人们做了许多努力。由此产生的比特流能通过为实现这个目的而制定的各种标准来进行传输,虽然传输的距离相对较短($L<50$ km),但比特率可高达 100 Gbps。

图 5.2 给出了分配网的两种拓扑结构。在集线器拓扑(hub topology)结构中,信道分配是在中心站(或集线器)进行的,在这里用一个自动交叉连接设备在电域中实现信道的切换。这种网络称为城域网(Metropolitan-Area Network,MAN,或者简单地记为 metro network),因为中心站通常位于主要城市中[10]。光纤的作用与在点对点链路中的作用相同。既然光纤的带宽通常比单个中心局要求的带宽大得多,那么几个中心局可以共用引向主中心局的一根光纤。在一个城市中,电话网通过集线器拓扑结构来对音频信道进行分配。值得注意的是,集线器拓扑结构存在可靠性问题,因为一条光缆出现问题可能会影响网络很大一部分业务。可以使用额外的点对点链路来直接连接重要的中心站,从而避免出现这类问题。

在总线拓扑(bus topology)结构中,用一条光缆传输遍及业务区的多信道光信号。分配是通过光抽头来实现的,它将一小部分光功率分配给每个用户。总线拓扑结构的一个简单应用是在有线电视中,它将多个视频信道在城市中进行分配。与同轴电缆相比,光纤的带宽很宽,因此允许分配很多信道(100 个或更多)。高清晰度电视(High Definition TeleVision,HDTV)的出现也需要光波传输,因为每个视频信道的带宽较宽。

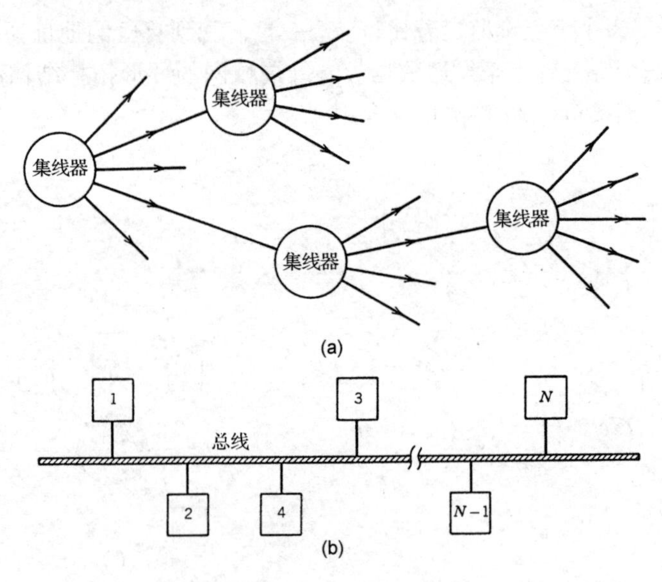

图5.2 分配网的(a)集线器拓扑结构和(b)总线拓扑结构

总线拓扑结构的一个问题是信号的损耗随着抽头的增加呈指数递增，这限制了单条光学总线所能服务的用户数。当光纤损耗可以忽略时，第 N 个抽头处获得的光功率由下式给出[1]：

$$P_N = P_T C[(1-\delta)(1-C)]^{N-1} \tag{5.1.1}$$

式中，P_T是发射功率；C 是每个抽头的分光比，δ 是每个抽头的插入损耗，假设它们对每个抽头都相等。式(5.1.1)的推导留给读者自己练习。假设 $\delta=0.05$，$C=0.05$，$P_T=1$ mW，$P_N=0.1$ μW，那么 N 应不超过60。这个问题的一个解决方案是使用光放大器周期性地提升总线的光功率，这样只要光纤色散的影响可以忽略，就允许分配给很多用户。

5.1.3 局域网

光纤通信技术的很多应用需要这样一种网络：某个局部地区（如大学校园）的大量用户相互连接，使得任何用户可以随机地访问网络并将数据发送给任何其他用户[11~13]。这样的网络称为局域网(Local-Area Network, LAN)，在本地用户环路里使用的光接入网也属于这一类网络。既然传输距离相对较短（小于10 km)，局域网应用就不太关心光纤损耗问题，使用光纤的主要动机是光纤通信系统能够提供宽带宽。

城域网和局域网的主要区别与局域网能够提供多用户的随机访问有关系。系统结构对局域网来说非常重要，因为在这种环境中，有必要建立一个预定义的协议规则。三种常用的拓扑结构是总线拓扑结构、环形拓扑结构和星形拓扑结构。总线拓扑结构与图5.2(b)所示的类似，其中一个众所周知的例子是以太网(Ethernet)，一种用来连接多个计算机并被因特网(Internet)使用的网络协议。通过使用基于带冲突探测的载波侦听多路访问(Carrier-Sense Multiple Access, CSMA)协议，以太网可以工作在10 Gbps(10 GbE)比特率下。一个称为100 Gbps以太网的新标准（官方称为IEEE 802.3ba)已于2010年投入使用，它的出现将因特网的速度提升到100 Gbps。图5.3给出了局域网应用的环形拓扑结构和星形拓扑结构。在环形拓扑结构中[14]，通过点对点链路将连续的节点连接起来，从而形成一个闭合的环，每个节点都能通过发射机-接收机对（还起到中继器的作用）来发送和接收数据。一个令牌（预定义的比特序列)在环上传输，每个节点都监控着比特流，一旦侦听到自己的地址便接收数据；它还能通过将数据附加到一个空令牌上来发送数据。光纤局域网的环形拓扑结构已经通过标准化的接口——光纤分配数据接口(FDDI)实现了商用[14]。

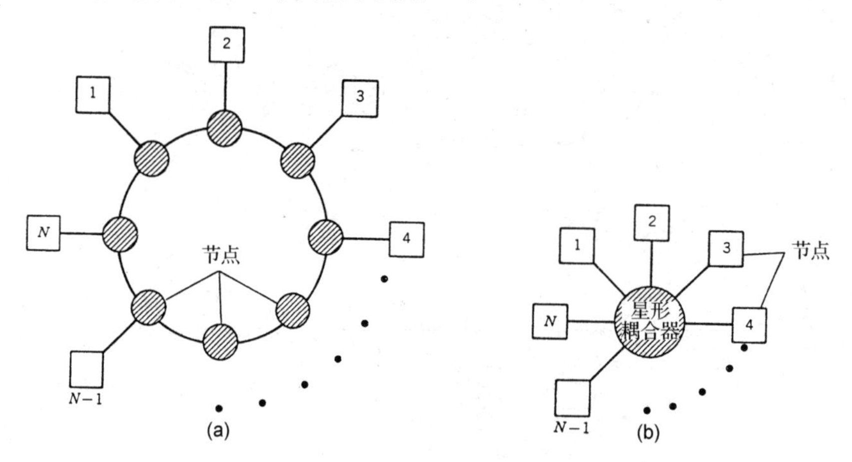

图 5.3 局域网的(a)环形拓扑结构和(b)星形拓扑结构

在星形拓扑(star topology)结构中，所有节点都通过点对点链路连接到一个称为集线器的中心节点。根据中心节点是有源器件还是无源器件，还可以将这种局域网进一步细分为有源星形(active-star)网和无源星形(passive-star)网。在有源星形拓扑结构中，所有的输入光信号通过光接收机转换成电信号，然后将电信号分配给各个独立的节点，以驱动各个节点的光发射机。既然这种分配是在电域中发生的，那么交换操作也可以在中心节点完成。在无源星形拓扑结构中，分配是通过定向耦合器等器件在光域中发生的。既然来自一个节点的输入要分配给多个输出节点，那么传输到每个节点的功率就取决于用户数。与总线拓扑结构的情况类似，无源星形局域网所能支持的用户数受分配损耗的限制。对一个理想的 $N\times N$ 星形耦合器来说，因为发射功率 P_T是在 N 个用户之间平均分配的，所以到达每个节点的功率为 P_T/N(忽略传输损耗)。对于由定向耦合器组成的无源星形耦合器来说(见 6.2.4 节)，由于插入损耗的存在，功率进一步减小，可以写成下面的形式[1]：

$$P_N=(P_T/N)(1-\delta)^{\log_2 N} \tag{5.1.2}$$

式中，δ 是每个定向耦合器的插入损耗。如果用 $\delta=0.05$，$P_T=1$ mW 和 $P_N=0.1$ μW 作为说明值，那么 N 可以大到 500，应将 N 的这个值与通过式(5.1.1)得到的总线拓扑结构的 $N=60$ 相比较。星形拓扑结构因为具有相对较大的 N 值，对局域网应用非常有吸引力。

5.2 设计指南

光纤通信系统的设计需要对光纤损耗、色散和非线性施加的种种限制有一个清晰的理解。由于光纤的特性是与波长有关的，选择合适的工作波长就成为一个主要的设计问题。本节主要讨论光纤损耗和色散是怎样限制单信道系统的比特率和传输距离的，多信道系统将在第 6 章中讨论。另外，本节还将讨论功率预算和上升时间预算问题，并通过具体的例子加以说明[9]。功率预算也称链路预算，而上升时间预算有时也称带宽预算。

5.2.1　损耗限制光波系统

除了一些短途光纤链路，光纤损耗在系统的设计中占有重要地位。如果光发射机发射的平均光功率为 $\bar{P}_{tr}$，光接收机探测比特率为 B 的光信号需要的最小平均功率为 $\bar{P}_{rec}$，那么最大传输距离就由下式限定：

$$L=\frac{10}{\alpha_f}\lg\left(\frac{\bar{P}_{tr}}{\bar{P}_{rec}}\right) \tag{5.2.1}$$

式中，α_f是光纤的净损耗系数(dB/km)，包括接头损耗和连接器损耗。最大传输距离 L 与比特率有关是由 $\bar{P}_{rec}$与比特率 B 的线性相关性引起的。注意，$\bar{P}_{rec}=\bar{N}_p h\nu B$，这里 $h\nu$ 是光子能量，$\bar{N}_p$ 是光接收机要求的每比特的平均光子数。在给定的工作波长，最大传输距离 L 随 B 的增大呈对数减小。

图5.4中的实线给出了传输距离 L 随 B 的变化关系。其中，在3个常用的工作波长0.85 μm，1.3 μm 和1.55 μm，净损耗系数 α_f的值分别为2.5 dB/km，0.4 dB/km 和0.25 dB/km。在3个波长处的发射功率均取为 $\bar{P}_{tr}=1$ mW，但是当 $\lambda=0.85$ μm 时 $\bar{N}_p=300$，当 $\lambda=1.3$ μm 和1.55 μm 时 $\bar{N}_p=500$。对于工作在0.85 μm 的第一代光波系统，因为在此波长附近光纤损耗较大，传输距离 L 的值最小。根据比特率和损耗参数准确值的不同，这种系统的中继距离最长只有10～25 km。相反，对于工作在1.55 μm 附近的光波系统，中继距离可以超过100 km。

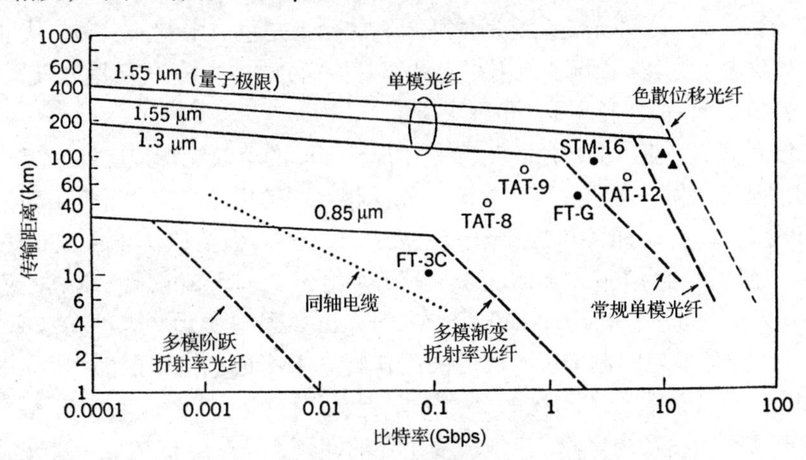

图5.4　对于3个波长窗口，损耗(实线)和色散(虚线)对传输距离 L 的限制随比特率 B 的变化，点线对应同轴电缆，圆点代表商用光波系统，三角给出的是实验室数据[1]（经© 1988 Academic Press授权引用）

比较0.85 μm 光波系统的损耗限制和基于同轴电缆的电通信系统的损耗限制很有意思。图5.4中的点线给出了同轴电缆系统的传输距离 L 随比特率 B 的变化，其中假设损耗随$\sqrt{B}$增加。当比特率较低($B<5$ Mbps)时，同轴电缆系统的传输距离较长；但是当比特率超过5 Mbps 时，光纤系统更胜一筹。在一个长途点对点链路中，传输距离较长意味着所需的中继器较少，因此当工作比特率超过10 Mbps 时，光纤通信系统具有经济上的优势。

通常，事先规定的系统要求是比特率 B 和传输距离 L，系统的性能标准则通过误码率(BER)来衡量，典型要求是 BER $<10^{-9}$。系统设计者首先要确定工作波长。在实际问题中，组件的成本在0.85 μm 附近最低，随着波长移向1.3 μm 和1.55 μm，成本逐渐增加。图5.4

对于确定合适的工作波长很有帮助。一般而言，当 $B<200$ Mbps 且 $L<20$ km 时，光纤链路可以工作在 0.85 μm 附近，很多局域网应用就属于这种情况；另一方面，对于比特率大于 2 Gbps 的长途光波系统，工作波长需要选择在 1.55 μm 附近。图 5.4 所示的曲线只是为系统设计者提供了一个指南，在设计实际的光纤通信系统时，有许多问题需要解决，包括工作波长的选择，合适的光发射机、光接收机和光纤的选择，以及成本、性能和系统可靠性的考虑。

5.2.2 色散限制光波系统

2.4 节讨论了由于脉冲展宽，光纤色散是怎样限制比特率-距离积 BL 的。当色散限制传输距离小于式(5.2.1)的损耗限制传输距离时，系统就称为色散限制光波系统。图 5.4 中的虚线给出了色散限制传输距离与比特率的关系，因为对于不同的工作波长导致色散限制的物理机制不同，分别考虑每种情况。

首先考虑 0.85 μm 光波系统的情况，这种系统通常使用多模光纤来降低系统成本。正如在 2.1 节中讨论的，多模光纤的最大限制因素是模式色散。在多模阶跃折射率光纤的情况下，式(2.1.6)给出了 BL 积的上限，它在图 5.4 中用 $n_1=1.46$ 和 $\Delta=0.01$ 画出。即使在 1 Mbps 的低比特率下，这种多模光波系统仍然是色散限制的，它们的传输距离被限制在 10 km 以下。基于这个原因，多模阶跃折射率光纤很少用于光纤通信系统的设计。通过使用多模渐变折射率光纤，BL 积可以得到很大提高，这种情况下模式色散对 BL 积的限制由式(2.1.11)给出。条件 $BL=2c/(n_1\Delta^2)$ 也在图 5.4 中画出，它表明当使用多模渐变折射率光纤时，在比特率达 100 Mbps的情况下 0.85 μm 的光波系统是损耗限制的而不是色散限制的。第一代陆地光波系统充分利用了这种改进，使用多模渐变折射率光纤作为传输介质。第一代商用光波系统在 1980 年出现，它工作在 45 Mbps 的比特率下，中继距离小于 10 km。

第二代光波系统主要使用最小色散波长约为 1.31 μm 的单模光纤。这种系统的最大限制因素是色散引起的脉冲展宽，而这种展宽主要由光源相对大的谱宽决定，于是正如在 2.4.3 节中讨论的，BL 积受式(2.4.26)的限制。群速度色散参数 $|D|$ 的值取决于工作波长距离光纤零色散波长的距离，典型值约为 1 ps/(km·nm)。图 5.4 给出了 1.3 μm 光波系统的色散限制，其中选择 $|D|\sigma_\lambda=2$ ps/km，于是 $BL\leqslant125$ Gbps·km。正如图中所示，这种光波系统在比特率小于 1 Gbps 时通常是损耗限制的，而在较高的比特率下变成色散限制的。

第三代和第四代光波系统工作在 1.55 μm 附近，以利用光纤在这个波长区损耗最小的特性。然而，对于这种光波系统来说，色散成为主要的问题，因为在 1.55 μm 附近标准石英光纤的 $D\approx16$ ps/(km·nm)。工作在单纵模下的半导体激光器为这个问题提供了一种解决方案，这时色散限制由式(2.4.30)给出。图 5.4 所示的是 $B^2L=4000(\text{Gbps})^2\cdot\text{km}$ 时的色散限制。正如图中所示，这种 1.55 μm 光波系统只有在 $B>5$ Gbps 时才是色散限制的。在实际应用中，通过直接调制施加给光脉冲的频率啁啾给出了更严格的限制，定性地讲，频率啁啾是通过脉冲频谱的展宽来体现的。如果利用式(2.4.26)并令 $D=16$ ps/(km·nm)，$\sigma_\lambda=0.1$ nm，则可得 BL 积最大只有 150 Gbps·km。结果，在 $B=2$ Gbps 时频率啁啾将传输距离限制到 75 km 以下，尽管损耗限制距离超过了 150 km。对于工作在比特率大于 5 Gbps 的光波系统来说，加入一个外调制器通常就能解决频率啁啾问题。

色散问题的一个解决方案是使用色散位移光纤(dispersion-shifted fiber)，这种光纤的损耗和色散都是在 1.55 μm 附近最低，图 5.4 给出了利用式(2.4.30)在 $|\beta_2|$ 为 2 ps²/km 时所能实现的改进。这种光波系统可工作在 20 Gbps 比特率下，中继距离约为 80 km。使光波系统工作

在非常接近光纤零色散波长还可能实现进一步的改进，但这并非总是可行的，因为沿传输链路光纤的色散特性会出现变化。在实际情况下，频率啁啾使实现图 5.4 中的限制都很困难。1989 年，两个实验室实验使用低啁啾半导体激光器和色散位移光纤，分别演示了传输距离为 81 km 且比特率为 11 Gbps 的系统[15]，以及传输距离为 100 km 且比特率为 10 Gbps 的系统[16]。图 5.4 中的三角表明，这种光波系统的工作非常接近由光纤色散设定的基本限制。更长距离的传输需要采用色散管理，这一技术将在第 8 章中讨论。

5.2.3 功率预算

功率预算(power budget)的目的是为了确保有足够的光功率到达光接收机，从而在整个系统寿命期间保持可靠的性能。光接收机所需要的最小平均光功率就是光接收机灵敏度 $\bar{P}_{rec}$(见 4.6 节)，而平均发射功率 $\bar{P}_{tr}$ 对任何光发射机也都是可知的。如果光功率用 dBm 单位表示，功率预算就可以通过非常简单的形式用分贝(dB)单位表示(见附录 A)。更具体地说，

$$\bar{P}_{\mathrm{tr}} = \bar{P}_{\mathrm{rec}} + C_L + M_s \tag{5.2.2}$$

式中，C_L 是总通道损耗，M_s 是系统裕度(system margin)。系统裕度的目的是分配一定量的光功率来补偿额外的功率代价，而这部分功率代价是在系统寿命期间由于器件劣化或其他不可预见的原因造成的，在系统设计过程中通常分配 3 ~ 4 dB 的系统裕度。

总通道损耗 C_L 应将光功率损耗的所有可能来源都考虑在内，包括连接器损耗和接头损耗。假设 α_f 是以 dB/km 为单位的光纤损耗，则 C_L 可以写成

$$C_L = \alpha_f L + \alpha_{\mathrm{con}} + \alpha_{\mathrm{splice}} \tag{5.2.3}$$

式中，α_{con} 和 α_{splice} 分别表示整个光纤链路的连接器损耗和接头损耗，有时将接头损耗包括在光缆的规定损耗中，连接器损耗 α_{con} 包括发射端和接收端的连接器以及光纤链路中使用的其他连接器的损耗。

式(5.2.2)和式(5.2.3)能用来在给定组件的情况下估计最大传输距离。作为说明，考虑工作在 100 Mbps 比特率下且要求最大传输距离为 8 km 的光波系统的设计。正如在图 5.4 中看到的，如果使用多模渐变折射率光纤成缆，则可以将这种系统设计成工作在 0.85 μm 波长附近，从经济角度是希望工作在 0.85 μm 波长附近的。一旦工作波长选定，就需要选择合适的光发射机和光接收机。GaAs 光发射机可以使用半导体激光器(LD)或发光二极管(LED)作为光源。类似地，光接收机可以设计成使用 p-i-n 光电二极管或雪崩光电二极管。为了降低成本，选择 p-i-n 光接收机并假设它平均需要每比特 2500 个光子(2500 光子/比特)才能以低于 10^{-9} 的误码率可靠地工作。由关系 $\bar{P}_{rec} = \bar{N}_p h\nu B$，以及 $\bar{N}_p = 2500$ 和 $B = 100$ Mbps，可得光接收机灵敏度 $\bar{P}_{rec} = -42$ dBm。典型地，基于 LED 和 LD 的光发射机的平均发射功率分别为50 μW和 1 mW。

表 5.1 中给出了 0.85 μm 光波系统的两种光发射机的功率预算，其中假设接头损耗包含在光缆损耗内。对于基于 LED 的光发射机，传输距离 L 最大只有 6 km。如果系统的规格是 8 km，就必须用较贵的基于半导体激光器的光发射机。一种替代方法是使用 APD 光接收机，当用雪崩光电二极管替代 p-i-n 光电二极管时，如果光接收机灵敏度提高了 7 dB 以上，即便使用基于 LED 的光发射机，传输距离依然可以增加到 8 km。于是，经济上的考虑决定了是选择基于半导体激光器的光发射机还是选择 APD 光接收机。

表 5.1 0.85 μm 光波系统的两种发射机的功率预算

物理量	符号	半导体激光器	发光二极管
发射机功率	$\bar{P}_{\mathrm{tr}}$	0 dBm	-13 dBm
接收机灵敏度	$\bar{P}_{\mathrm{rec}}$	-42 dBm	-42 dBm
系统裕度	M_s	6 dB	6 dB
通道损耗	C_L	36 dB	23 dB
连接器损耗	α_{con}	2 dB	2 dB
光缆损耗	α_f	3.5 dB/km	3.5 dB/km
最大光纤长度	L	9.7 km	6 km

5.2.4 上升时间预算

上升时间预算(rise-time budget)的目的是确保系统能够在预期的比特率下正常工作，因为即使各个系统组件的带宽超过比特率，整个系统仍然可能无法在预期的比特率下工作。上升时间的概念用来在不同组件之间分配带宽，线性系统的上升时间 T_r 定义为当输入突然变化时，系统响应从最终输出值的10%增加到90%所需要的时间。图5.5给出了这个概念的示意图。

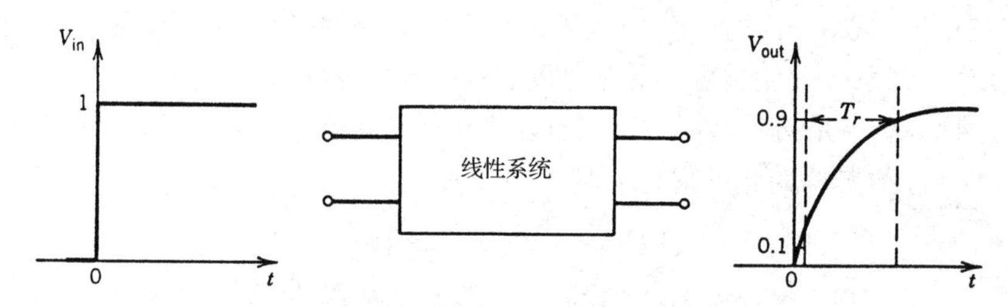

图5.5 带宽限制线性系统的上升时间 T_r

线性系统的带宽 Δf 与上升时间 T_r 呈反比关系，这种关系可以通过线性系统的一个例子——简单的RC电路来理解。当RC电路的输入电压突然从0变到 V_0 时，输出电压按下式变化：

$$V_{\mathrm{out}}(t) = V_0[1-\exp(-t/RC)] \tag{5.2.4}$$

式中，R 是RC电路的电阻，C 是电容。上升时间由下式给出：

$$T_r = (\ln 9)RC \approx 2.2\,RC \tag{5.2.5}$$

RC电路的传递函数 $H(f)$ 通过对式(5.2.4)进行傅里叶变换得到，其形式为

$$H(f) = (1+\mathrm{i}2\pi fRC)^{-1} \tag{5.2.6}$$

RC电路的带宽 Δf 对应 $|H(f)|^2 = 1/2$ 的频率，并由众所周知的表达式 $\Delta f = (2\pi RC)^{-1}$ 给出。利用式(5.2.5)，Δf 与 T_r 的关系由下式给出：

$$T_r = \frac{2.2}{2\pi\Delta f} = \frac{0.35}{\Delta f} \tag{5.2.7}$$

对任何线性系统来说，上升时间与带宽呈反比关系都是成立的。然而，乘积 $T_r\Delta f$ 并不是总等于0.35。在光通信系统的设计中，可以用 $T_r\Delta f = 0.35$ 作为一个保守的设计准则。带宽 Δf 与比特率 B 的关系取决于数字格式：在归零码(RZ)格式的情况下(见1.2节)，$\Delta f = B$，$BT_r = 0.35$；与之对照，在非归零码(NRZ)格式的情况下，$\Delta f \approx B/2$，$BT_r = 0.7$。在这两种情况下，

指定比特率对能允许的最大上升时间施加了一个上限。通信系统的设计必须确保 T_r 低于这个最大值，也就是

$$T_r \leqslant \begin{cases} 0.35/B, & \text{RZ 格式} \\ 0.70/B, & \text{NRZ 格式} \end{cases} \tag{5.2.8}$$

光纤通信系统的三个组成部分有各自的上升时间，整个系统的总上升时间与各组成部分上升时间的关系可以由下式近似表示[17]：

$$T_r^2 = T_{\text{tr}}^2 + T_{\text{fiber}}^2 + T_{\text{rec}}^2 \tag{5.2.9}$$

式中，T_{tr}，T_{fiber} 和 T_{rec} 分别对应光发射机、光纤和光接收机的上升时间。对系统设计者来说，光发射机和光接收机的上升时间通常是已知的。光发射机的上升时间 T_{tr} 主要由驱动电路的电子组件和光源的电寄生效应决定，典型地，对于基于 LED 的光发射机 T_{tr} 可以是几纳秒，而对于基于 LD 的光发射机，T_{tr} 可以小于 0.1 ns。光接收机的上升时间主要由光接收机前端的 3 dB 电带宽决定。如果指定前端带宽，则式(5.2.7)可以用来估计 T_{rec}。

光纤上升时间 T_{fiber} 通常应包括模式色散和群速度色散(GVD)的贡献，可以通过下式表示：

$$T_{\text{fiber}}^2 = T_{\text{modal}}^2 + T_{\text{GVD}}^2 \tag{5.2.10}$$

对于单模光纤，$T_{\text{modal}} = 0$，因此 $T_{\text{fiber}} = T_{\text{GVD}}$。原则上，可以利用在 2.4.4 节中讨论的光纤带宽的概念，并通过类似于式(5.2.7)的关系将 T_{fiber} 与 3 dB 光纤带宽 $f_{3\text{ dB}}$ 联系起来。在实际情况下，计算 $f_{3\text{ dB}}$ 并不容易，特别是在模式色散的情况下。原因是光纤链路是由许多级联的光纤段(每段的典型长度为 5 km)组成的，它们可能会有不同的色散特性。而且，发生在接头和连接器处的模式混合效应使多模光纤不同模式的传输延迟趋于平衡。通常有必要使用统计方法来估计光纤带宽和对应的上升时间[18~21]。

在唯象方法中，如果没有模式混合，则 T_{modal} 可以用式(2.1.5)给出的时间延迟 ΔT 近似，即

$$T_{\text{modal}} \approx (n_1\Delta/c)L \tag{5.2.11}$$

式中，利用了 $n_1 \approx n_2$ 这一近似。对于渐变折射率光纤，需要用式(2.1.10)替代式(2.1.5)，结果 $T_{\text{modal}} \approx (n_1\Delta^2/8c)L$。在这两种情况下，模式混合效应是通过将模式色散与 L 的线性相关变成次线性相关 L^q 包括在内的，根据模式混合的不同程度，q 在 0.5 ~ 1 的范围内取值。基于实验数据的一个合理估计是 $q = 0.7$。T_{GVD} 的贡献也可以通过式(2.3.4)给出的 ΔT 来近似，因此

$$T_{\text{GVD}} \approx |D|L\Delta\lambda \tag{5.2.12}$$

式中，$\Delta\lambda$ 是光源的谱宽(半极大全宽度)。如果不同的光纤段具有不同的色散特性，那么色散参数 D 可能沿光纤链路变化，在这种情况下式(5.2.12)应使用 D 的平均值。

作为对上升时间预算的一个说明，考虑一个设计成在单模光纤上工作的比特率为 1 Gbps，中继距离为 50 km 的 1.3 μm 光波系统。在该系统中，光发射机和光接收机的上升时间分别指定为 $T_{\text{tr}} = 0.25$ ns 和 $T_{\text{rec}} = 0.35$ ns，光源谱宽指定为 $\Delta\lambda = 3$ nm，工作波长处 D 的平均值为 2 ps/(km·nm)。由式(5.2.12)可知，当光纤链路的长度 $L = 50$ km 时，$T_{\text{GVD}} = 0.3$ ns。单模光纤中不存在模式色散，因此 $T_{\text{modal}} = 0$，$T_{\text{fiber}} = 0.3$ ns。系统上升时间由式(5.2.9)估计，结果为 $T_r = 0.524$ ns。由式(5.2.8)可以看出，当光比特流采用归零码格式时，这种系统无法工作在 1 Gbps比特率下；然而，如果选择非归零码这种数字格式，该系统就能正常工作。如果使用归零码格式是先决条件，那么设计者必须选择不同的光发射机和光接收机来满足上升时间预算

要求。非归零码格式的使用在20世纪90年代很流行，但归零码格式已经成为工作在40 Gbps比特率的长途光波系统的格式选择，尤其是当利用光载波的相位对信息编码时。

5.3 长途光波系统

随着光放大器的出现，光纤损耗可以通过沿长途光纤链路周期性地插入光放大器来补偿(见图5.1)；同时，光纤的色散效应(群速度色散)可以通过色散管理(见第8章)来减小。既然光纤损耗和色散效应都不再是一个限制因素，读者可能会问，究竟可以将多少个光放大器级联起来？是什么限制了光纤链路的总长度？这个话题将在第7章中讨论。这里，关注限制放大光纤链路性能的因素，并提供几个设计指南。本节还将概述自第一个光纤通信系统于1980年投入商用以来，在发展陆地和海底光波系统方面取得的进展。

5.3.1 性能限制因素

在设计一个周期放大的光纤链路时，最重要的考虑与在所有光纤中都会产生的非线性效应(nonlinear effect)有关[22](见2.6节)。对于单信道光波系统来说，限制系统性能的最重要的非线性现象是自相位调制(Self-Phase Modulation, SPM)。当使用光电再生器时，如果输入功率满足 $N_A=1$ 的式(2.6.15)或满足条件 $P_{in} \ll 22$ mW，自相位调制效应就会在一个中继距离(通常小于100 km)上累积，因此它无关紧要。相反，当周期性地使用光在线放大器进行损耗补偿时，自相位调制效应会在长距离(约为1000 km)上累积，自相位调制所施加的限制仍大致由式(2.6.15)估计。当非线性参数 $\gamma=2\ \mathrm{W^{-1}/km}$ 时，对于10个级联的光放大器，由该式预测峰值功率应低于2.2 mW。平均功率的条件取决于调制格式和光脉冲形状，但是对于工作距离大于1000 km的光波系统来说，要使自相位调制效应可以忽略，显然平均功率必须减小到1 mW以下才行。平均功率的限制值还取决于光在其中传输的有效纤芯面积为 A_{eff} 的光纤的类型，在 A_{eff} 通常接近20 μm^2 的色散补偿光纤中，自相位调制效应是最主要的非线性效应。

上述关于自相位调制引起的限制的讨论过于简单因而不够精确，因为它完全忽略了光纤色散的影响。实际上，因为色散和非线性效应是同时对光信号起作用的，它们的相互作用也非常重要[22]。自相位调制效应对光纤中传输脉冲的影响可以通过2.6节的非线性薛定谔方程包括在内，该方程由下式给出[见方程式(2.6.18)]：

$$\frac{\partial A}{\partial z}+\frac{\mathrm{i}\beta_2}{2}\frac{\partial^2 A}{\partial t^2}=-\frac{\alpha}{2}A+\mathrm{i}\gamma|A|^2A \tag{5.3.1}$$

式中，光纤损耗通过 α 项包括在内。如果将 α 看成 z 的函数，则这一项还可以将信号的周期性放大包括在内。非线性薛定谔方程在现代光波系统的设计中经常用到。

因为方程式(5.3.1)的非线性特性，一般应通过数值方法求解。为量化自相位调制效应对长途光波系统性能的影响，确实采用了一种数值方法(见附录D)[23~31]。使用大有效面积光纤(LEAF)有助于减小自相位调制效应，因为这种光纤减小了非线性参数 γ[定义为 $\gamma=2\pi\bar{n}_2/(\lambda A_{eff})$]的值。对输入脉冲引入适当的啁啾也有利于减小自相位调制效应，这个特性已导致一种新的调制格式——啁啾归零码(CRZ)格式的采用。数值模拟表明，通常发射功率必须被优化到某个值，这个值取决于许多设计参数，如比特率、链路总长度和放大器间距等。在一项研究中[27]，发现对于在放大器间距为40 km的9000 km距离上传输的5 Gbps信号，最佳发射功率约为1 mW。

群速度色散和自相位调制的联合效应还取决于色散系数 β_2 的符号。在反常色散($\beta_2<0$)情况下，调制不稳定性(modulation instability)这种非线性效应[22]会显著影响系统的性能[28]。这个问题可以通过正常和反常群速度色散光纤的组合(这样整个光纤链路上的平均色散就是"正常"的了)来解决。然而，一种新的调制不稳定性——边带不稳定性(sideband instability)[32]，可能同时在正常和反常群速度色散区发生。边带不稳定性起源于信号功率沿光纤链路的周期性变化，当用等间距放置的光放大器补偿光纤损耗时就会出现这种变化。由于方程式(5.3.1)中的量 $\gamma|A|^2$ 是 z 的周期函数，由此产生的非线性折射率光栅能引发四波混频过程，从而在信号频谱中产生边带。边带不稳定性可以通过将光放大器非等间距地放置来避免。

另一个重要因素是光放大器加入的噪声。与电放大器的情况类似，光放大器的噪声是通过放大器噪声指数 F_n 来量化的(见第7章)。放大自发辐射和信号间的非线性作用能通过像交叉相位调制和四波混频这样的非线性现象导致大的频谱展宽[33]。因为噪声带宽比信号带宽大得多，可以用光滤波器来减小它的影响。数值模拟确实表明，当在每个光在线放大器后使用光滤波器时，系统性能可以得到很大的改善[27]。

在传统的"无放大"光波系统中偏振效应是被完全忽略的，但它受到带有光在线放大器的长途系统的关注。偏振模色散(PMD)问题已经在2.3.5节中讨论过，除了偏振模色散，光放大器还会引起偏振相关增益和损耗[26]。尽管在系统设计中必须考虑偏振模色散效应，但它们的影响取决于设计参数如比特率和传输距离。对于比特率高达10 Gbps的系统，能通过适当的设计将偏振模色散效应减小到可以接受的水平。然而，对于比特隙只有25 ps宽的40 Gbps系统来说，偏振模色散成为主要关注的问题，在这样的高比特率下，使用偏振模色散补偿技术通常是必要的。

第四代光波系统始于1992年，在这一年采用光放大器的光波系统第一次得以商用。当然，实验室演示早在1989年就开始了。许多实验使用循环光纤环路来论证系统的可靠性，因为在实验室条件下使用太长的光纤不现实。1991年的一个实验表明[34]，通过使用循环光纤环路可能实现在21 000 km距离上传输2.5 Gbps的数据，或者在14 300 km距离上传输5 Gbps的数据。1995年，在使用实际的海底光缆和中继器的一个系统试验中[35]，将5.3 Gbps的信号在11 300 km距离上进行了传输，光放大器间距为60 km。这个系统试验导致一个商用的跨太平洋光缆(TPC-5)成功部署，并在1996年开始运营。

1992年开始的第四代光波系统的比特率被提高到10 Gbps。早在1995年，10 Gbps的信号就可以在6480 km距离上传输，放大器间距为90 km[36]。随着传输距离的进一步增加，信噪比降低到维持误码率小于 10^{-9} 需要的值以下。读者可能会认为，系统应该工作在靠近光纤零色散波长，以改善其性能，然而，在这种条件下进行的一次实验中[37]，尽管放大器间距仅为40 km，但实现的10 Gbps信号的传输距离只有6000 km，而且当使用归零码调制时情况变得更糟。从1999年开始，在几个实验中将单信道比特率提高到40 Gbps[38~40]；到2002年这种系统已经得到商用。40 Gbps光波系统的设计需要用到几个新理念，如载波抑制归零码格式、带有群速度色散斜率补偿的色散管理、分布拉曼放大等。即便如此，高阶色散、偏振模色散和自相位调制的联合作用依然会大大劣化40 Gbps光波系统的性能。

5.3.2 陆地光波系统

光纤通信链路的一个重要应用是提高全世界通信网络的容量。确实，正是这个应用在1977年开辟了光纤通信领域，并通过不断追求越来越大的系统容量来推动它的发展。这里，通过分别考虑陆地光波系统和海底光波系统来关注商用光波系统的现状。

在1977年芝加哥一个成功的现场试验后，陆地光波系统从1980年起开始商用[41~43]。表5.2列出了从那之后发展的一些陆地光波系统的工作特性。第一代陆地光波系统工作在0.85 μm附近，使用多模渐变折射率光纤作为传输介质，正如在图5.4中看到的，这种系统的*BL*积最大只有2 Gbps·km。一个中继距离约为12 km的工作在90 Mbps的商用光波系统(FT-3C)，实现了约为1 Gbps·km的*BL*积，如图5.4中的实心圆点所示。第二代陆地光波系统将工作波长转移到1.3 μm附近，以利用在此波长附近光纤损耗和色散均较低的特性。当在光发射机中使用多模半导体激光器时，1.3 μm光波系统的*BL*积最大只有100 Gbps·km左右。1987年，一个商用的1.3 μm光波系统实现了1.7 Gbps的数据传输，中继距离约为45 km，图5.4中的实心圆点表明这种系统工作在非常接近色散限制的区域。

表5.2 陆地光波系统

系统	年份	λ(μm)	B(Mbps)	L(km)	音频信道
FT-3	1980	0.85	45	<10	672
FT-3C	1983	0.85	90	<15	1344
FT-3X	1984	1.30	180	<25	2688
FT-G	1985	1.30	417	<40	6048
FT-G-1.7	1987	1.30	1668	<46	24192
STM-16	1991	1.55	2488	<85	32 256
STM-64	1996	1.55	9953	<90	129 024
STM-256	2002	1.55	39 813	<90	516 096

第三代陆地光波系统于1991年实现商业运营。这种系统工作在1.55 μm附近，比特率超过2 Gbps，典型值为2.488 Gbps，相当于SONET的OC-48速率等级或SDH的STM-16速率等级。由于在这个波长区光纤损耗不到0.25 dB/km，所以切换到1.55 μm波长有助于将损耗限制传输距离增加到100 km以上。然而，由于标准通信光纤的群速度色散较大，中继距离被限制在100 km以下。实际上，只有在分布反馈(DFB)半导体激光器得到发展后，第三代陆地光波系统才得以部署，因为DFB半导体激光器可以通过将光源谱宽减小到100 MHz以下来减小光纤色散的影响(见2.4节)。

第四代陆地光波系统出现在1996年前后。这种系统使用色散位移光纤和光放大器，能以高达40 Gbps的比特率工作在1.55 μm波长区。然而，已经有超过5000万千米的标准通信光纤敷设在全世界的电话网络中，出于经济原因，第四代陆地光波系统要利用这些现有的基础。有两种方法可以解决色散问题：第一，几种色散管理方案(见第8章)使比特率提高到10 Gbps同时保持光放大器间距为100 km成为可能；第二，几路10 Gbps信号可以通过将在第6章中讨论的WDM技术同时传输，而且，如果将WDM技术和色散管理技术相结合，那么总传输距离可以达到数千千米，前提是光纤损耗可以通过使用光放大器周期性地进行补偿。这种WDM光波系统在全世界的商业部署始于1996年。2000年，160信道的商用WDM系统实现了1.6 Tbps的系统容量。

第五代陆地光波系统是在2001年前后开始出现的[44~52]。这一代WDM系统每个信道的比特率为40 Gbps(相当于STM-256或OC-768速率等级)。最近这些年发展的几种新技术使长距离传输40 Gbps的光信号成为可能。具有较小PMD值的新型色散位移光纤已经开发出来，使用这种新型光纤并结合可调谐色散补偿技术可以同时补偿所有信道的群速度色散。拉曼放大器的使用有助于降低噪声，改善光接收机的信噪比。前向纠错(FEC)技术(见5.5节)的使用可以通过减小所需要的信噪比来增加传输距离。通过使用位于传统C带(占用1530~1570 nm

的波长区)两端长波长侧的L带和短波长侧的S带，可以增加WDM的信道数。在2001年的一个实验中[44]，通过同时使用C带和L带实现了77个信道在1200 km距离上的传输，每个信道的比特率为42.7 Gbps，系统容量为3 Tbps。在2001年的另一个实验中[45]，通过只使用C带和L带在100 km的距离上传输256个信道(每个信道的比特率为42.7 Gbps)，将系统容量扩展到了10.2 Tbps，频谱效率为1.28 bps/Hz。因为前向纠错技术的开销，这两个实验的单信道比特率都是42.7 Gbps。

从2002年开始，研究的焦点转移到信息是通过光载波的相位而不是振幅编码的先进调制格式上(见第10章)，这种方法极大地提高了WDM系统的频谱效率。在2007年的一个实验中[52]，实现了160个WDM信道(覆盖C带和L带，信道间隔为50 GHz)在240 km距离上的传输，每个信道包含用DQPSK(差分正交相移键控)格式编码的两个偏振复用85.4 Gbps信号，系统容量为25.6 Tbps，最终得到的频谱效率为3.2 bps/Hz。2010年，演示了432个WDM信道在240 km光纤中的传输，每个信道工作在171 Gbps比特率下(其中前向纠错开销为7%)，系统总比特率为69.1 Tbps[53]。

5.3.3 海底光波系统

海底或水下传输系统用于洲际通信并能提供覆盖全球的网络[54~56]。由于维修费用昂贵，可靠性成为这种系统首要关心的问题。海底光波系统的使用寿命通常设计为25年，期间最多有3次故障。图1.5给出了在全世界部署的大容量海底光波系统。表5.3列出了在2000年后敷设的几个大容量海底光波系统，它们中的大多数传输多个WDM信道，每个信道工作在10 Gbps比特率下，并利用每条光缆内的几根光纤对进一步将系统容量增加到1 Tbps以上。

表5.3 大容量海底光波系统

系统名称	年份	容量(Gbps)	长度(km)	WDM信道	光纤对
TAT-14	2001	640	15 428	16	4
SEA-ME-WE 3	2001	960	39 000	48	2
AC-2	2001	1280	6400	32	4
VSNL Transatlantic	2001	2560	13 000	64	4
FLAG	2001	4800	28 000	60	8
Apollo	2003	3200	13 000	80	4
SEA-ME-WE 4	2005	1280	18 000	64	2
Asia-America Gateway	2008	1920	20 000	96	2
India-ME-WE	2009	3840	13 000	96	4

第一个海底光波系统(TAT-8)属于第二代光波系统，于1988年敷设在大西洋里，中继距离达70 km，传输比特率为280 Mbps的单个信道。该系统设计得比较保守，主要是为了确保可靠性。同样的技术还用于第一个跨太平洋光波系统(TPC-3)，它于1989年投入运营。到1990年，第三代光波系统得到了发展。1991年，TAT-9海底光波系统采用了这种技术，它工作在1.55 μm波长处，比特率为560 Mbps，中继距离约为80 km。沿大西洋不断增长的通信量导致采用同样技术的TAT-10和TAT-11光波系统在1993年得以部署。

光放大器的出现促进了它们在下一代海底光波系统中的使用。1995年敷设的TAT-12海底光波系统使用光放大器(放大器间距约为50 km)来替代光电再生器，它工作在5.3 Gbps的比特率下，由于将在5.5节中讨论的前向纠错技术的开销，该比特率略高于STM-32的5 Gbps比特率。由于光纤色散和非线性效应的累积(在长途传输中必须加以控制)，这种系统的设计相当复杂。为抑制这些效应，必须优化光发射机的功率和沿光纤链路的色散分布。

有些海底光波系统要求数百千米的无中继传输[55]，这种系统用于岛屿间通信或环绕海岸线通信，其中信号经过数百千米的海底传输后，是在岸上周期性地再生的。在这种系统中，对色散和非线性效应的关心程度要比跨洋光波系统的轻，但光纤损耗成为主要问题。原因很容易理解，因为即使在最好的工作条件下，在 500 km 的传输距离上光缆损耗也超过了 100 dB。20 世纪 90 年代，有几个实验室实验利用两个光在线放大器演示了以 2.5 Gbps 的比特率在超过 500 km 距离上的无中继传输，这两个光在线放大器是在发射端和接收端使用高功率泵浦激光器远程泵浦的，发射端的另一个放大器将发射功率提升到接近 100 mW。

这么高的发射功率超过了受激布里渊散射(在 2.6 节中讨论的一种非线性现象)的阈值。受激布里渊散射的抑制通常需要对光载波的相位进行调制，从而使光载波的线宽从它的初始值(小于 10 MHz)增加到 200 MHz 或更大[57]，直接调制 DFB 激光器也可以用于此目的。在 1996 年的一个实验中[58]，通过 DFB 激光器的直接调制将 2.5 Gbps 信号在 465 km 距离上进行了传输。如果将发射功率保持在 100 mW 以下，则调制信号的啁啾使频谱变得足够宽，从而不再需要相位调制器。采用与 2.5 Gbps 系统相同的技术，无中继海底光波系统的比特率可以增加到 10 Gbps。在 1996 年的另一个实验中[59]，利用两个远程泵浦的光在线放大器将 10 Gbps 的信号在 442 km 距离上进行了传输，该实验使用了两个外调制器，一个用于抑制受激布里渊散射，另一个用于信号产生。在 1998 年的一个实验中[60]，使用归零码和交替偏振格式，将 40 Gbps的信号在 240 km 距离上进行了传输。

WDM 技术、光放大器、色散管理和纠错技术的使用已经使海底光波系统的设计发生了革命性的变化[61~68]。1998 年，沿大西洋部署了一条称为 AC-1 的海底光缆，该系统使用 WDM 技术，总容量为 80 Gbps。另外也有采用相同设计的横跨太平洋的系统(PC-1)。使用密集波分复用(DWDM)技术和在每条光缆内放置多个光纤对，可以使系统具有很大的容量。2001 年，几个横跨大西洋的具有 1 Tbps 以上容量的系统开始运营(见表 5.3)，这些系统采用环形结构，横跨大西洋两次以确保容错性。VSNL 跨大西洋海底光波系统可以实现总容量为 2.56 Tbps，总距离为13 000 km的传输；另一个称为阿波罗(Apollo)的系统通过在 4 个光纤对上传输 80 个信道(每个信道 10 Gbps)，可以实现比特率达 3.2 Tbps 的通信量。

随着“电信泡沫”的破裂，海底光波系统发展的脚步在 2001 年后放慢了。然而，海底光波系统的发展在工业实验室中仍在继续。在 2003 年的一个实验中[62]，使用 DPSK(差分相移键控)格式的相位调制、FEC 编码和分布拉曼放大技术实现了 40 个信道(每个信道工作在 42.7 Gbps，信道间隔为 70 GHz)在 9400 km 距离上的传输。2009 年，另一个实验系统使用 QPSK(正交相移键控)调制格式和相干接收机中的数字处理技术，实现了 72 个信道(每个信道工作在 100 Gbps)在10 000 km距离上的传输[63]。在商用方面，早在 2004 年便成功进行了 96 个信道，单信道比特率为 10 Gbps，传输距离为 13 000 km 的现场试验[64]。正如在表 5.3 中看到的，全世界已经部署了几个新的跨洋光波系统；还有其他几个跨洋光波系统如欧印通道正处在不同的建设阶段。

5.4 功率代价的来源

在实际的光波系统中，光接收机的灵敏度受几种物理现象的影响，这些现象和光纤色散共同作用使判决电路处的信噪比劣化。这些现象当中，能够劣化光接收机灵敏度的有模式噪声、色散展宽和码间干扰、模分配噪声、频率啁啾以及反射反馈。这一节中，通过考虑这些现象所引起的功率代价的程度来讨论它们是如何影响系统性能的。

5.4.1 模式噪声

模式噪声存在于多模光纤中，在20世纪80年代得到了广泛的研究[69~82]。模式噪声的来源可以这样理解：由于多模光纤中不同传输模式之间的干涉，在光电探测器上产生了散斑图(speckle pattern)。与散斑图相联系的不均匀的强度分布对它自身是无害的，因为光接收机的性能由通过在探测面积上积分而获得的总功率决定。然而，如果散斑图随时间起伏，它将会导致接收功率的起伏，从而劣化了信噪比。这种起伏称为模式噪声(modal noise)，因为机械扰动如振动和微弯，在多模光纤链路中起伏不可避免。除此之外，接头和连接器起到空间滤波器的作用，而空间滤波的任何时域变化都会转换成散斑图的起伏和模式噪声的增强。由于模式干涉只有在相干时间($T_c \approx 1/\Delta\nu$)大于由式(2.1.5)给定的模间延迟时间 ΔT 时发生，因此模式噪声受光源谱宽 $\Delta\nu$ 的影响很大。对于基于LED的光发射机来说，$\Delta\nu$ 足够大($\Delta\nu$ 约为5 THz)，所以这个条件不满足。使用多模光纤的大部分光波系统使用LED来避免模式噪声问题。

当半导体激光器和多模光纤一起使用时，模式噪声就变成一个严重的问题。一些研究尝试将模式噪声加到光接收机的其他噪声中，通过计算所得的误码率来估计模式噪声引起的灵敏度劣化的程度[71~73]。对于工作在140 Mbps比特率下的1.3 μm光波系统，图5.6给出了通过计算得到的该系统在10^{-9}误码率下的功率代价。渐变折射率光纤的纤芯直径为50 μm，支持146个模式。功率代价取决于接头和连接器处的模式选择损耗，还取决于半导体激光器的纵模谱。正如预期的，功率代价随纵模数的增加而减小，因为辐射光的相干时间变短。

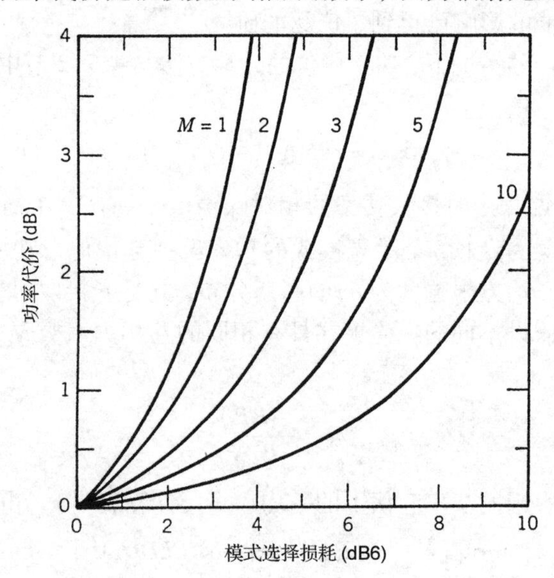

图5.6 模式噪声功率代价与模式选择损耗的关系。参数 M 定义为功率超过峰值功率的10%的纵模的总数[71]（经© 1986 IEEE授权引用）

如果系统在修理或正常维护期间在两个连接器或接头之间安装一小段光纤，那么模式噪声也可能在单模系统中出现[73~76]。发生在第一个连接器(或接头)处的光纤不连续性能激发出一个高阶模，然后在第二个连接器(或接头)处该高阶模又转换成基模。因为高阶模不能传输到远离它的激发点的位置，这个问题可以通过确保两个连接器(或接头)的间距大于 2 m 来避免。一般来说，对于设计和维护适当的单模光纤通信系统来说，模式噪声不是一个问题。

随着垂直腔面发射激光器(VCSEL)的发展，近年来模式噪声问题重新引起注意[77~81]。因为垂直腔面发射激光器具有大的带宽，这种激光器在利用多模光纤(甚至是多模塑料光纤)作为传输介质的短途光数据链路中的使用引起极大兴趣。确实，几 Gbps 速率的传输已经在实验室里通过塑料光纤实现了[83]。然而，垂直腔面发射激光器具有较长的相干长度，因为它们以单纵模振荡。在 1994 年的一个实验中[78]，即使当模式选择损耗只有 1 dB 时，误码率测量也显示出一个 10^{-7} 的误码率平层。通过使用大直径的垂直腔面发射激光器可以在一定程度上解决这个问题，因为这种垂直腔面发射激光器在几个纵模上振荡，具有较短的相干长度。人们经常用计算机模拟来估计真实工作条件下光数据链路的功率代价[80]；解析工具如鞍点方法也能提供误码率的合理估计[81]。

5.4.2 模分配噪声

正如在 3.3 节中讨论的，多模半导体激光器表现出模分配噪声(Mode-Partition Noise，MPN)，这是一种由于纵模对之间的反相关而发生的现象。特别是，不同纵模以这样的方式起伏：各个纵模的强度起伏较大，尽管总强度保持相对恒定。当不存在光纤色散时模分配噪声是无害的，因为所有模式在传输和探测过程中都是同步的。在实际应用中，因为群速度色散效应，不同模式的传输速度略有不同，因而它们是不同步的。这种不同步的结果就是，光接收机电流表现出附加的起伏，判决电路处的信噪比比没有模分配噪声时更差。为了将信噪比提高到获得要求的误码率必需的同样大的值，必须补偿功率代价(见 4.5 节)。多模半导体激光器的模分配噪声对系统性能的影响已得到了广泛的研究[84~92]。

在多模半导体激光器的情况下，功率代价的计算方法与 4.7.2 节中的类似，结果可由下式给出[84]：

$$\delta_{\mathrm{mpn}} = -5\lg(1-Q^2 r_{\mathrm{mpn}}^2) \tag{5.4.1}$$

式中，r_{mpn} 是当存在模分配噪声时接收功率的相对噪声电平。在一个简单的估计参数 r_{mpn} 的模型中，假设激光器在连续运转下各个激光模式的功率出现起伏但总功率保持恒定[84]，还假设平均模式功率的分布服从均方根宽度为 σ_λ 的高斯分布，并且光接收机判决电路处的脉冲形状可以用余弦函数描述。假设不同的激光模式具有相同的互相关系数 γ_{cc}，也就是对所有的 i 和 $j(i\neq j)$ 有

$$\gamma_{\mathrm{cc}} = \frac{\langle P_i P_j\rangle}{\langle P_i\rangle\langle P_j\rangle} \tag{5.4.2}$$

角括号表示在因模分配引起的功率起伏上的平均。直接计算表明 r_{mpn} 由下式给出[87]：

$$r_{\mathrm{mpn}} = (k/\sqrt{2})\{1-\exp[-(\pi BLD\sigma_\lambda)^2]\} \tag{5.4.3}$$

式中，模分配系数 k 与 γ_{cc} 有关系 $k=\sqrt{1-\gamma_{\mathrm{cc}}}$。这个模型假设模分配可以用在 0~1 的范围取值的单一参数 k 来量化。k 的数值很难估计，而且很可能因激光器而异。实验测量显示 k 的值在 0.6~0.8 的范围，并且因模式对而异[89]。

式(5.4.1)和式(5.4.3)可以用来计算模分配噪声引起的功率代价。图 5.7 给出了当模分配系数 k 取几个不同值时，在 10^{-9} 的误码率下($Q=6$)功率代价随归一化色散参数 $BLD\sigma_\lambda$ 的变化。对于 k 的任何值而言，功率代价 δ_{mpn} 随 $BLD\sigma_\lambda$ 的增加而迅速增大，并在 $BLD\sigma_\lambda$ 达到一个临

界值时变成无穷大。对于 $k>0.5$，模分配噪声引起的功率代价在 $BLD\sigma_\lambda$ 超过 0.15 时变得相当大。然而，通过设计光通信系统使 $BLD\sigma_\lambda<0.1$，则可以将模分配噪声降低到可以忽略的等级($\delta_{mpn}<0.5$ dB)。作为一个例子，考虑 1.3 μm 的光波系统。如果假设工作波长与光纤零色散波长相匹配到 10 nm 以内，那么 $D\approx1$ ps/(km·nm)，多模半导体激光器 σ_λ 的典型值为2 nm。如果 BL 积小于 50 Gbps·km，那么模分配噪声引起的功率代价就可以忽略，这样当比特率 $B=$ 2 Gbps 时传输距离最远仅达到25 km。对于 1.55 μm 的光波系统，情况变得更糟，因为在该波长 $D\approx16$ ps/(km·nm)，除非使用色散位移光纤。通常，模分配噪声引起的功率代价对多模半导体激光器的频谱带宽相当敏感，可以通过减小带宽来降低模分配噪声。在一项研究中[92]，将载流子寿命从 340 ps 减小到 130 ps(通过有源区的 p 型掺杂实现)，虽然 1.3 μm 半导体激光器的带宽只减小 40%(从 5.6 nm 减小到 3.4 nm)，但功率代价从无穷大(10^{-9}以上的误码率平层)减小到仅有 0.5 dB。

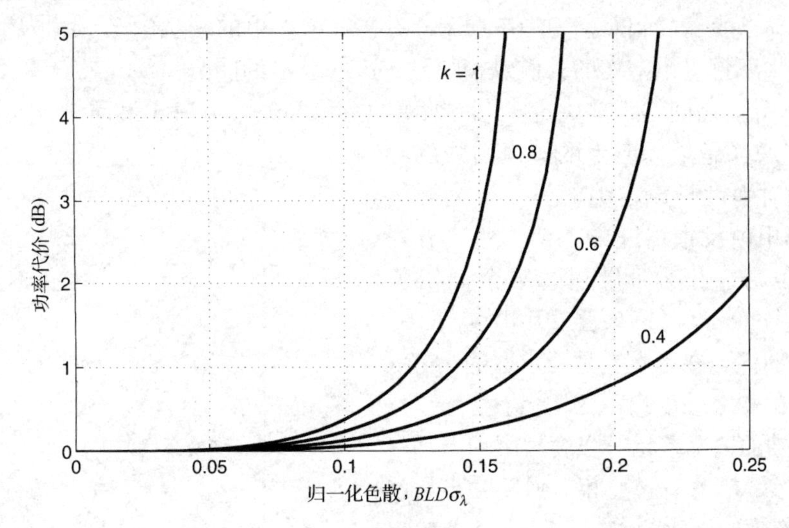

图 5.7　对于均方根谱宽为 σ_λ 的多模半导体激光器，模分配噪声引起的功率代价与归一化色散参数 $BLD\sigma_\lambda$ 的关系。不同的曲线对应模分配系数 k 的不同值

5.4.3　反射反馈和噪声

在大部分光纤通信系统中，因为在接头、连接器和光纤端面出现的折射率的不连续性，总有一些光被反射回来。因为这些无意的反馈效应会在很大程度上劣化光波系统的性能，因而得到了广泛的研究[93~104]。即使相当小量的光反馈都会影响半导体激光器的工作[97]并导致光发射机输出中的过剩噪声，即使在光发射机和光纤之间加入隔离器，接头和连接器之间的多次反射也会产生附加的强度噪声，从而劣化了光接收机的性能[99]。这一节主要讨论反射反馈引起的噪声对光接收机灵敏度的影响。

光纤链路中的大部分反射发生在玻璃-空气界面，其反射率可以用 $R_f=(n_f-1)^2/(n_f+1)^2$ 来估计，这里 n_f 是光纤材料的折射率。对于石英光纤来说，如果取 $n_f=1.47$，则 $R_f=3.6\%$ (-14.4 dB)；对于抛光的光纤端面，这个值增加到 5.3%，因为抛光的光纤端面会产生一个折射率约为 1.6 的薄表面层。在两个接头或连接器之间发生多次反射的情况下，反射反馈能显著增加，因为这两个反射面可以作为法布里-珀罗干涉仪的反射镜。当满足谐振条件时，对于未抛光表面来说反射率增加到 14%，而对于抛光表面来说，反射率能增加到 22%

以上。显然，很大一部分传输信号将被反射回来，除非采取一些预防措施来减小光反馈。减小反射反馈的一种常用方法是在空气-玻璃界面附近使用折射率匹配油或凝胶。有时将光纤末端弯曲或以一定角度切割，从而使反射光偏离光纤轴。通过这些技术可以将反射反馈降低到0.1%以下。

半导体激光器对光反馈极其敏感[101]；它们的工作特性能受小到-80 dB 的光反馈的影响[97]。受影响最大的是激光器的线宽，根据发生光反馈的表面的准确位置的不同，线宽能压窄或展宽几个数量级[93]，产生如此高灵敏度的原因与即使在很弱的反馈下反射光的相位也会显著干扰激光的相位这一事实有关。这种反馈引起的相位变化主要对相干光通信系统有害，直接探测光波系统的性能主要受强度噪声而不是相位噪声的影响。

光反馈能显著增加强度噪声。有几个实验已经表明，反馈引起的强度噪声的增强发生在对应外腔模式间隔整数倍的频率处[94~96]。实际上存在几种机制，通过它们利用外部的光反馈可以增强半导体激光器的相对强度噪声(RIN)。在一个简单的模型中[98]，认为反馈引起的强度噪声的增强主要是多个密集的外腔纵模所致，这些纵模的间隔由激光器输出刻面和发生反馈的玻璃-空气界面之间的距离决定，外腔纵模的数量和振幅取决于反馈量。在这个模型中，相对强度噪声增强是反馈产生的边模的强度起伏造成的。相对强度噪声增强的另一个来源是半导体激光器中由反馈引起的混沌。速率方程的数值模拟表明，当反馈量超过某个确定值时[102]，相对强度噪声可以增强20 dB 或更多。尽管反馈引起的混沌在本质上是确定性的，它依然表现为明显的相对强度噪声的增强。

在有光反馈的情况下相对强度噪声和误码率的实验测量证实，反馈引起的相对强度噪声增强会导致光波系统的功率代价[105~107]。图5.8给出了对于工作在958 nm 的垂直腔面发射激光器误码率测量的结果。因为超短的腔长(约为1 μm)，这种激光器工作在单纵模状态下，在没有反射反馈的情况下它的相对强度噪声约为-130 dB/Hz；然而，当反馈超过-30 dB 时，相对强度噪声增加了20 dB。在500 Mbps 比特率下的误码率测试表明，当反馈为-30 dB 时，在10^{-9}的误码率下功率代价为0.8 dB，并且当反馈增加时功率代价会迅速增大[107]。

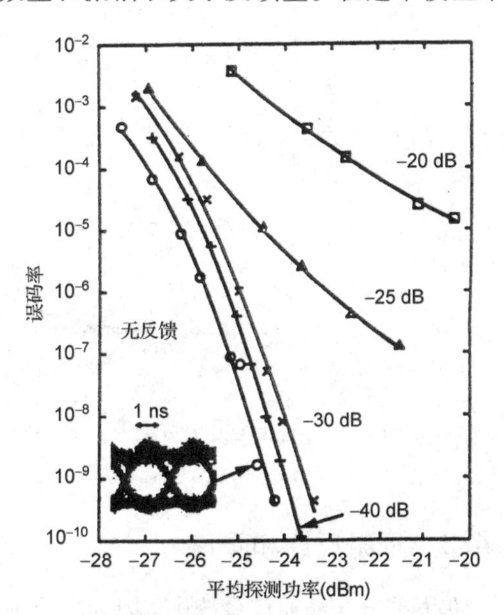

图5.8 对于有光反馈的垂直腔面发射激光器，在500 Mbps的比特率下实验测量的误码率，误码率是在几个不同的反馈下测量的[107](经© 1993 IEEE授权引用)

功率代价可以根据4.6.2节的分析计算，并由下式给出：

$$\delta_{\mathrm{ref}} = -10\lg(1 - r_{\mathrm{eff}}^2 Q^2) \tag{5.4.4}$$

式中，r_{eff}是光接收机带宽Δf上的有效强度噪声，由下式得到：

$$r_{\mathrm{eff}}^2 = \frac{1}{2\pi}\int_{-\infty}^{\infty} \mathrm{RIN}(\omega)\,\mathrm{d}\omega = 2(\mathrm{RIN})\Delta f \tag{5.4.5}$$

在反馈引起的外腔模式的情况下，r_{eff}可以通过一个简单的模型计算，结果为[98]

$$r_{\text{eff}}^2 \approx r_I^2 + N/(\text{MSR})^2 \tag{5.4.6}$$

式中，r_I是当无反射反馈时的相对噪声电平，N是外腔模式的个数，MSR是外腔模式的模式抑制比。图5.9给出了当N取不同值时反馈引起的功率代价随模式抑制比的变化关系，其中选取$r_I=0.01$。当无反馈($N=0$)时功率代价可以忽略，然而，当有反馈时功率代价随N的增加和模式抑制比的减小而增大。实际上，当模式抑制比下降到低于某个临界值时，功率代价变成无穷大。因此，反射反馈能将系统性能劣化到系统不能实现所要求的误码率，尽管接收的光功率可以无限增加。这种反馈引起的误码率平层已经通过实验观察到了[96]，表明反射噪声对光波系统的性能有严重影响。反馈引起的误码率平层的一个例子如图5.8所示，由图可见，当反馈超过−25 dB时，误码率保持在10^{-9}以上。通常，当反射反馈低于−30 dB时大部分光波系统都可以令人满意地工作。在实际应用中，通过在光发射机模块内使用光隔离器，这个问题几乎可以排除。

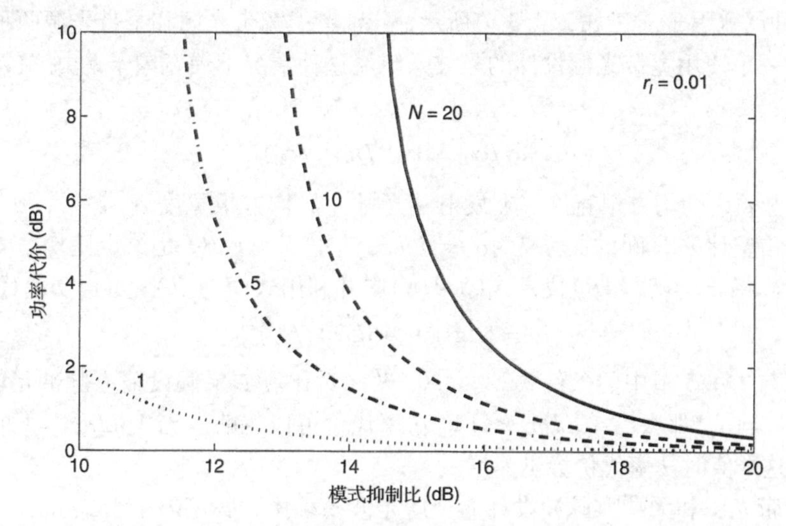

图5.9　当$r_I=0.01$时对应N的几个不同值，反馈引起的功率代价随模式抑制比的变化关系。假设激光器的反射反馈会产生N个振幅相同的边模

即便使用光隔离器，反射噪声依然可能成为光波系统面临的一个问题。在长途光纤链路中，光纤色散能将相位噪声转换成强度噪声，从而导致系统的性能劣化[100]。类似地，沿光纤链路的任何位置的两个反射面都可以作为法布里-珀罗干涉仪，它将相位噪声转换成强度噪声[99]。这种转换可以这样理解：法布里-珀罗干涉仪内的多次反射导致透射强度是相位相关的(随相位的起伏而起伏)，结果，入射到光接收机上的信号的相对强度噪声比没有反射反馈时的更高。相对强度噪声增强的大部分发生在一个很窄的频带内，其带宽由激光器的线宽(约为100 MHz)决定。由于总噪声是通过在光接收机带宽上积分得到的，它在比特率大于1 Gbps时会对系统性能有显著影响，功率代价仍可以通过式(5.4.4)计算。只包含反射界面之间的两次反射的一个简单模型表明，r_{eff}是与$(R_1 R_2)^{1/2}$成比例的，这里R_1和R_2是两个界面的反射率[99]。图4.23可以用来估计功率代价，它表明当r_{eff}超过0.2时功率代价可能变成无穷大并导致误码率平层的出现。这种误码率平层已经在实验中观察到了[99]，只通过消除或减小沿整个光纤链路的寄生反射就可以避免它们。因此，采用通过折射率匹配或其他技术减小反射的连接器和接头就很有必要了。

5.4.4 色散致脉冲展宽

色散引起的脉冲展宽以两种方式影响光接收机的性能。首先，当光脉冲展宽后部分能量扩展到分配的比特隙之外，导致码间干扰；其次，当光脉冲展宽时比特隙内的脉冲能量减小。脉冲能量的这种减小降低了判决电路处的信噪比，由于信噪比需要保持恒定以维持系统的性能，光接收机需要更高的平均功率，这就是色散引起的功率代价 δ_d 的由来。

准确地计算 δ_d 的值很难，因为它取决于许多细节，如在光接收机处脉冲整形的程度。根据 2.4.2 节中对高斯脉冲的展宽的讨论，可以得到一个粗略的估计。式(2.4.16)表明，光脉冲仍保持高斯型，但它的峰值功率以式(2.4.17)给出的脉冲展宽因子而减小。如果定义功率代价 δ_d 为用来补偿峰值功率减小的接收功率的增加量(分贝单位)，则 δ_d 由下式给出：

$$\delta_d = 10\lg b_f \tag{5.4.7}$$

式中，b_f 是脉冲展宽因子。正如 2.4.3 节所示，分别考虑宽带光源和窄带光源两种情况。

首先考虑一个使用宽带光源设计的光波系统。这种情况下展宽因子 b_f 由式(2.4.24)得到，它有以下形式：

$$b_f = \sigma/\sigma_0 = [1 + (DL\sigma_\lambda/\sigma_0)^2]^{1/2} \tag{5.4.8}$$

式中，σ_λ 是光源频谱的均方根宽度。在发射端光脉冲的均方根宽度 σ_0 是一个设计参数，它与归零码脉冲的占空比 d_c 之间的关系为 $4\sigma_0 = d_c T_b$，这里 $T_b \equiv 1/B$，是给定比特率 B 对应的比特隙的持续时间。将 $\sigma_0 = d_c/(4B)$ 代入式(5.4.8)中并利用式(5.4.7)，可得功率代价为

$$\delta_d = 5\lg[1 + (4BLD\sigma_\lambda/d_c)^2] \tag{5.4.9}$$

应将这个结果与 2.4.3 节中的条件式(2.4.30)做一对比。如果假设输入脉冲足够宽，能占据整个比特隙($d_c = 1$)，那么当 $4BLD\sigma_\lambda \ll 1$ 时功率代价可以忽略。当 $4BLD\sigma_\lambda = 1$ 时功率代价为 1.5 dB，超过这个值时功率代价会迅速增大。

在使用窄带光源和无啁啾脉冲设计的长途光波系统中，展宽因子由式(2.4.29)得到。如果仍用 $\sigma_0 = d_c/(4B)$，则功率代价由下式给出：

$$\delta_d = 5\lg[1 + (8\beta_2 B^2 L/d_c^2)^2] \tag{5.4.10}$$

图 5.10 给出了对于 d_c 的 4 个取值，功率代价随无量纲的参数组合 $\mu = |\beta_2| B^2 L$ 的变化情况。尽管当 $\mu < 0.05$ 和 $d_c > 0.5$ 时，功率代价可以忽略，但它随 μ 的增加而迅速增大，并在 $\mu = 0.1$ 和 $d_c = 0.5$ 时超过 5 dB。因此，将 μ 保持在 0.1 以下很重要。例如，当使用 $|\beta_2| \approx 20\ \text{ps}^2/\text{km}$ 的标准光纤时，一个 10 Gbps 光波系统的工作距离因为色散而被限制在 50 km 以下，但这个值可以通过色散管理来显著增大。应强调的是，式(5.4.10)只是提供了一个粗略的估计，因为它的推导是基于高斯脉冲形状的假设。

5.4.5 频率啁啾

前面对色散引起的功率代价的讨论假设输入脉冲是无啁啾的。当通过直接调制的半导体激光器来产生数字比特流时，光脉冲的初始啁啾会限制 1.55 μm 光波系统的性能[108~121]。正如在 2.4.2 节中讨论的，与采用无啁啾脉冲预期的结果相比，频率啁啾可以增强色散引起的光脉冲的展宽，从而劣化了长途光波系统的性能。

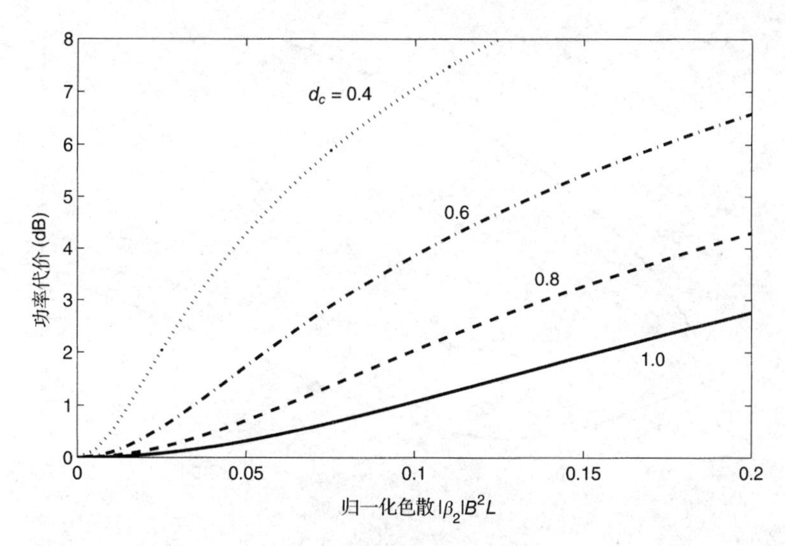

图 5.10 色散引起的功率代价随无量纲的参数组合 $\mu = |\beta_2|B^2L$ 的变化关系

因为频率啁啾同时取决于光脉冲的形状和宽度，准确计算啁啾引起的功率代价 δ_c 比较困难[110~113]。然而，假设高斯脉冲形状和线性啁啾，就可以利用2.4.2节中的分析来估计啁啾引起的功率代价。如果用式(2.4.17)作为式(5.4.7)中的脉冲展宽因子，并利用 $T_0 = \sqrt{2}d_c/(4B)$，则可得功率代价为

$$\delta_c = 5\lg[(1+8C\beta_2B^2L/d_c^2)^2+(8\beta_2B^2L/d_c^2)^2] \tag{5.4.11}$$

图5.11给出了当啁啾参数 C 取不同值时功率代价与归一化色散 $|\beta_2|B^2L$ 的关系，其中取 $d_c=1$。由于考虑的是 1.55 μm 光波系统，参数 β_2 取负值。$C=0$ 的曲线对应无啁啾脉冲的情况，在这种理想情况下只要 $|\beta_2|B^2L<0.05$，功率代价就可以忽略(小于 0.1 dB)。然而，如果传输脉冲是 $C=-6$(半导体激光器的典型值)的啁啾脉冲，那么功率代价可能会超过5 dB。为了使功率代价低于0.1 dB，系统应设计成满足 $|\beta_2|B^2L<0.002$ 的条件。对于 $\beta_2\approx-20\ \text{ps}^2/\text{km}$ 的标准光纤，B^2L 最大仅为 $100(\text{Gbps})^2\cdot\text{km}$，这表明即使在 $B=2.5$ Gbps 的情况下，由于频率啁啾的存在，传输距离也被限制在16 km以下。有趣的是，系统的性能可以通过确保 $\beta_2C<0$ 而得到改善，正如在2.4节中讨论的，这种条件下每个光脉冲都经历了一个初始的压缩阶段。因为对于半导体激光器 C 为负值，所以无论在什么时候使用直接调制的半导体激光器，“正常”色散($\beta_2>0$)光纤都可以提供更好的性能。基于这个原因，具有正常群速度色散的光纤经常用于城域网中。或者，可以使用色散补偿方法并确保 β_2 的平均值接近于0。

5.4.6 眼图闭合度代价

系统性能的另一种量度方法是眼图测量，眼图中“眼睛”张开的程度受在光纤链路中累积的色散和非线性效应的影响。正如在4.3节中讨论的，在脉冲到达判决电路之前，要用安装在光接收机内的带宽比比特率小的电滤波器对其进行整形。图4.14给出了非归零码格式比特流的眼图；当使用归零码格式时，尽管顶部的水平横杆不见了，整个图形的外观还是“眼睛”的形状。甚至在DPSK格式的情况下，眼图依然保持它的形状。图5.12中上面的一排给出了在背靠背条件(光发射机与光接收机直接相连)下，测得的NRZ，CSRZ，NRZ-DPSK和RZ-DPSK格式在40 Gbps比特率下的眼图。

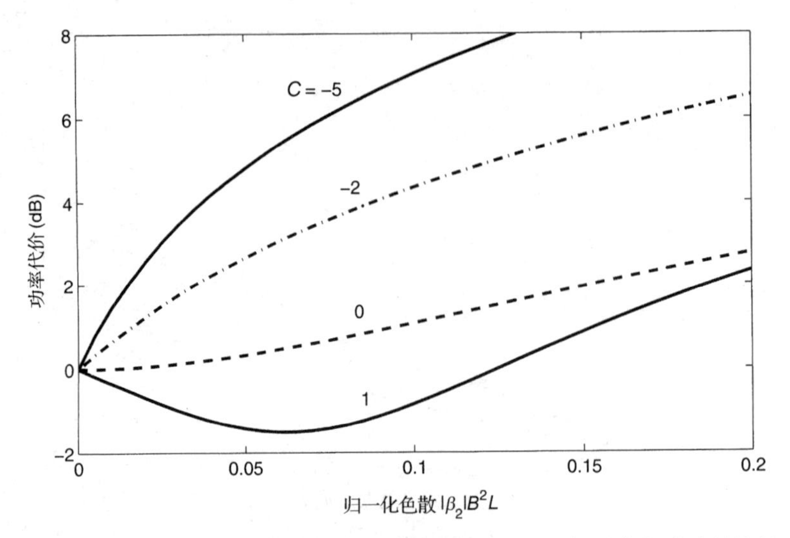

图 5.11 啁啾参数 C 取不同值时功率代价与 $|\beta_2|B^2L$ 的关系，假设高斯脉冲是线性啁啾的

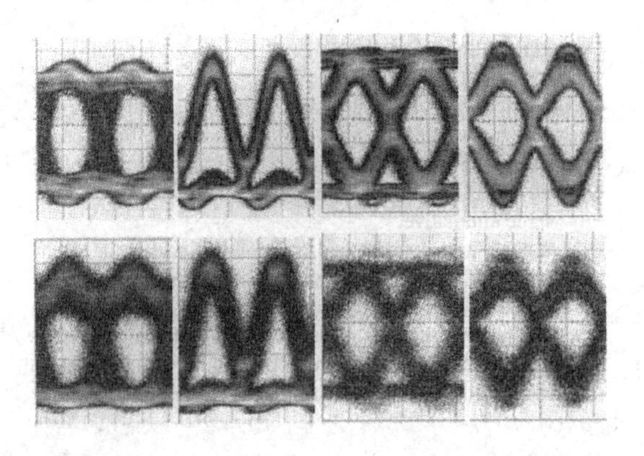

图 5.12 在背靠背条件(光发射机与光接收机直接相连)下(上排)和经过 263 km 长的光纤链路后(下排)测得的NRZ，RZ，NRZ-DPSK和RZ-DPSK格式(从左到右)在40 Gbps比特率下的眼图[122](经ⓒ 2004 IEEE授权引用)

当光比特流通过光纤链路传输时，色散和非线性效应的累积使光脉冲失真，这些失真可以通过眼图张开度的减小表现出来。图 5.12 中下面的一排给出了经过 263 km 长的光纤链路后测得的同样 4 种调制格式在 40 Gbps 比特下的眼图[122]。如图所见，所有调制格式的眼图张开度都变小了。既然判决阈值设置在眼图张开部分的中心，眼图张开度的任何减小都表明误码率增大。这个观察结果将眼图闭合度与误码率联系起来，暗示眼图闭合度的大小可以提供系统性能的一个量度。更精确地，眼图闭合度代价可以由下式量化(dB 单位)：

$$\delta_{\text{eye}} = -10\lg\left(\frac{\text{传输后的眼图张开度}}{\text{传输前的眼图张开度}}\right) \tag{5.4.12}$$

在使用式(5.4.12)之前，需要弄清楚眼图张开度意味着什么。理想情况下，眼图的幅度在比特隙的中心是最大的，它提供了眼图张开度的一个合适量度。然而，在实际应用中，定时抖动使在脉冲幅度最大的位置对每个脉冲精确采样比较困难。如果允许在判决阈值的每一侧都有10%的不确定度，则应考虑底为 $0.2T_b$ 的可以包含在眼图张开部分里的面积最大的矩形区域，这里 T_b 是每个符号的持续时间，于是这个矩形的高度可以用来量度眼图张开度。对于数值模拟，普遍接受这种方法。

5.5 前向纠错

正如在上一节中看到的，光波系统的接收机灵敏度和误码率因受许多因素的影响而劣化，实际上这些因素并非总是可控的。根据系统设计的细节和目的，无法实现指定的误码率是完全可能的，在这种情况下，采用差错控制方案成为唯一可行的选择。

差错控制并不是一个新概念，它被广泛应用于处理从一个设备到另一个设备转移数字数据的电子系统中[123~126]。用来控制差错的技术可以分为两组。在第一组中，探测差错但不纠正差错，而是将接收的含有差错的每个数据包重新传输，这种方法适合数据比特以包的形式传输(就像因特网中所使用的协议那样)且它们不以同步方式到达目的地。在第二组中，在接收端探测并纠正差错，但没有任何比特的重新传输，这种方法称为前向纠错(FEC)，最适合那些使用同步协议(如 SONET 或 SDH)工作的光波系统。

历史上，前向纠错技术直到光在线放大器变得普遍时才被光波系统采用[127~129]。前向纠错技术的使用加快了 WDM 技术的出现，早在 1996 年，前向纠错技术就被用于工作距离超过 425 km 而无任何光在线放大器或再生器的 WDM 系统[130]。从此，前向纠错技术已经用在许多 WDM 系统中，到现在几乎成了标配[131~134]。

5.5.1 纠错码

任何差错控制技术的基本思想都是通过适当的编码算法以一个可判决的方式在发射机的信号中加入额外的比特[123~126]。一个简单的例子是在 7 比特 ASCII 码中加入所谓的校验比特，在这个例子中，根据 7 比特序列中“1”比特的个数是偶数还是奇数，校验比特选择“0”或“1”。如果在接收端有单个比特出了差错，通过检查校验比特就可以发现这个差错。

对于光比特流来说情况有所不同，但基本思想是一样的。发射端的编码器通过适当的编码方式加入额外的控制比特，接收端的解码器使用这些控制比特探测并纠正差错，有多少差错能被纠正取决于所使用的编码方案。通常，向信号中加入的控制比特越多，能纠正的差错也就越多。显然，对这个过程有一个限制，因为在解码后信号的比特率会增加。如果 B_e 是在对比特率为 B 的信号编码后的有效比特率，则与纠错码相联系的前向纠错开销(FEC overhead)为 $B_e/B-1$。因为通过编码加入的比特并不携带任何信息，冗余度(redundancy)的概念也能用于前向纠错码；码冗余度定义为 $\rho=1-B/B_e$。

已经发展了许多不同类型的纠错码，它们经常通过像线性码、循环码、汉明码、RS 码、卷积码、乘积码和 Turbo 码等名称加以分类[131]。它们中间，RS 码在光波系统中受到的关注最多[132]。RS 码可以用 RS(n,k)表示，这里 k 是一个数据包的大小；通过编码可将这个数据包转换成一个具有 n 比特的更大的数据包，n 的取值要满足 $n=2^m-1$，m 是整数。国际电信联盟推荐的海底应用的 RS 码应选择 $m=8$，并将它写成 RS(255,239)，这种码的前向纠错开销仅为 6.7%。如果允许更高的开销，那么也可以使用其他 RS 码。例如，RS(255,207)码的开销为 23.2%，但它允许更具鲁棒性的差错控制。码的选择取决于系统可靠运行所需误码率的改进程度，人们普遍使用编码增益(coding gain)这个概念来量化这种改进，下面就讨论这个概念。

5.5.2 编码增益

编码增益是通过前向纠错实现的误码率改进的量度，由于误码率与 Q 因子有式(4.6.10)

所示的关系，编码增益经常用对应经过 FEC 解码器实现的误码率的 Q 因子的等效值来表示。采用分贝单位的编码增益由下式定义[132]：

$$G_c = 20\lg(Q_c/Q) \tag{5.5.1}$$

式中，Q_c和 Q 与有和没有前向纠错时获得的误码率有如下关系：

$$\text{BER}_c = \tfrac{1}{2}\text{erfc}(Q_c/\sqrt{2}), \qquad \text{BER} = \tfrac{1}{2}\text{erfc}(Q/\sqrt{2}) \tag{5.5.2}$$

式(5.5.1)中出现了系数 20 而不是 10，因为习惯上使用 Q^2来表示分贝单位的 Q 因子。例如，如果前向纠错解码器将误码率从 10^{-3}的原始值改进为 10^{-9}，那么 Q 因子的值会从 3 增加到 6，导致编码增益为 6 dB。编码增益有时用信噪比来定义[131]，这两种定义有 10 lg(B_e/B)的小量差别。

正如读者所预期的，编码增益的大小随前向纠错开销(或冗余度)的增加而增加，图 5.13 中的虚线给出了这一特性。在单一 RS 码情况下,对于 10% 的开销，编码增益约为 5.5 dB，而且它的增长是次线性的，当开销为50% 时，只增长到了 8 dB。通过将两个或多个 RS 码级联在一起或采用 RS 乘积码可以改善编码增益，但在所有情况下，编码增益都会随开销的增加而逐渐饱和。在 RS 乘积码的情况下，用只有 5% 的开销可以实现超过 6 dB 的编码增益。RS 乘积码的基本思想如图 5.14 所示：通过沿行和列应用同样的 RS(n,k)码，具有 k^2 比特的数据块被转换成 n^2 比特，结果，RS 乘积码 n^2/k^2-1 的开销虽然有些大，但它能允许更多的差错控制。

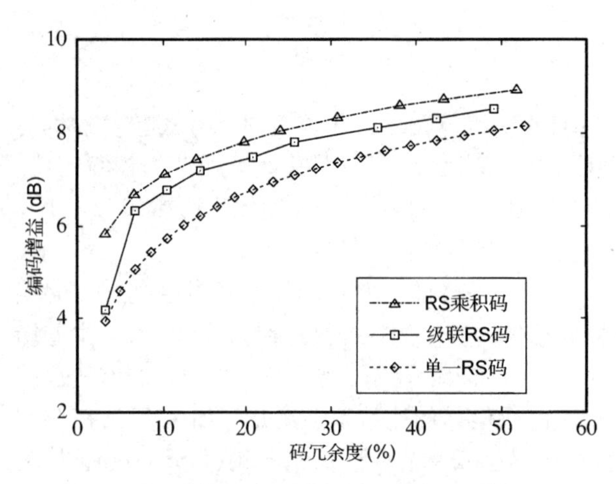

图 5.13 对于单一、级联和乘积型 RS 码，编码增益与码冗余度(开销)的函数关系[132](经ⓒ 2002 IEEE授权引用)

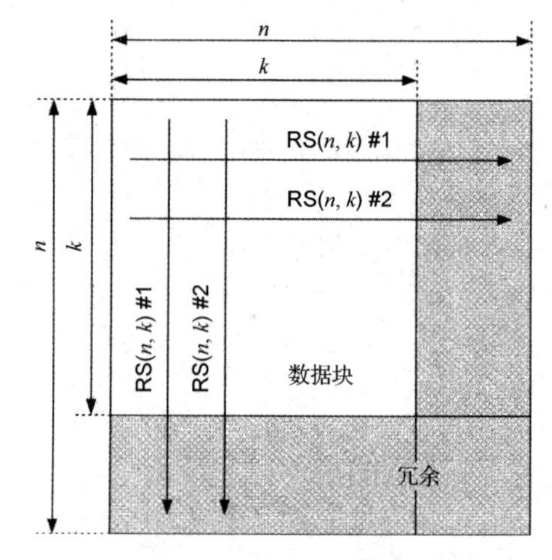

图 5.14 RS 乘积码的示意图，沿一个比特块的行和列应用同样的码[132](经ⓒ 2002 IEEE授权引用)

5.6 计算机辅助设计

光纤通信系统的设计涉及与光发射机、光纤、光在线放大器以及光接收机有关的大量参数的优化，在 5.2 节中讨论的设计方面过于简单，无法提供所有系统参数的最佳值。功率预算和上升时间预算只对获得传输距离(或中继距离)和比特率的一个保守估计有用。式(5.2.2)中的系统裕度作为一个载具，虽然将 5.4 节中讨论的功率代价的不同来源包括在内，但是这种简单方法不适合使用光放大器在长距离上工作的现代大容量光波系统。

一种替代方法使用计算机模拟，它对光纤通信系统的模拟要真实得多[136~149]。计算机辅助设计能优化整个系统，提供不同系统参数的最佳值从而使设计目标的成本最低。图 5.15 示意地给出了光纤通信系统的计算机模拟步骤，该方法包括通过光发射机产生光比特模式，通过光纤链路传输光比特模式，通过光接收机探测光比特模式，最后通过像眼图和 Q 因子这样的工具分析光比特模式。

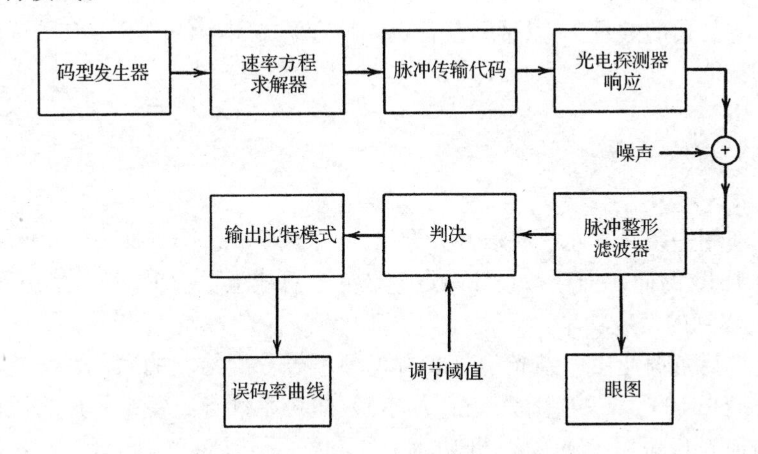

图5.15　光纤通信系统的计算机模拟步骤

图5.15所示方框图的每一步都可以通过第2章至第4章给出的材料用数值方法实现。输入光发射机的是一个表示"1"和"0"比特的电脉冲的伪随机序列，该伪随机比特序列的长度 N 决定了计算时间，应当谨慎选取，典型地，$N=2^M$，M 的范围在6~10之间。如果采用直接调制，就可以通过解描述半导体激光器调制响应的速率方程得到光比特流（见3.3节）；如果采用外调制，就应该使用描述调制响应的方程。在这两种情况下啁啾是自动包括进去的。

系统模拟中最耗时的部分是光比特流通过光纤链路的传输，该光纤链路可能包含许多光纤段，并且两个光纤段之间有光放大器插入。光比特流在每一个光纤段中发生的变化可以通过解非线性薛定谔方程式(5.3.1)得到，以便将色散和非线性效应都完全包括在内。还有，在每个光放大器所在的位置处应将它加入的噪声包括进去。

光比特流在光电探测器处被转换成电比特流，此处加入了在4.4节中讨论的散弹噪声和热噪声。电比特流然后通过一个其带宽也是设计参数之一的脉冲整形滤波器，并用这个经过滤波的电比特流构造眼图。系统参数的变化给系统带来的影响可以通过监视眼图的劣化或计算式(4.6.11)中的 Q 因子来进行研究，这种方法可以用来获得在5.4节中讨论的各种机制的功率代价，也可以用来研究那些能使总体系统性能最佳的折中方案。数值模拟揭示，存在一个可使系统功率代价最小的最佳消光比。

计算机辅助设计还要扮演另外一个重要角色。一个长途光波系统可能包含许多光或电的中继器，在各个中继器处使用的发射机、接收机和放大器不可能完全相同，即使选择它们满足标称规格。类似地，光缆是通过将许多不同的光缆段（每段典型长度为4~8 km）连接起来构建的，每个光缆段的损耗和色散特性都略有不同。最终的结果是，许多系统参数在它们的标称值附近变化。例如，对于不但造成脉冲展宽而且造成功率代价的其他来源的色散参数 D，由于光纤零色散波长和发射机波长的变化，它的值在光纤链路的不同段之间变化较大。经常用统计方法来估计这些固有变化对实际光波系统性能的影响，这种方法背后的思想是所有系统参数都同时取得它们的最差值是极其不可能的。因此，如果光波系统被设计成在最坏情况下能以较高的概率（如99.9%）可靠地工作在指定的比特率下，则中继距离肯定比它在最坏情况下的值大。

20世纪90年代，随着光纤通信系统比特率和传输距离的不断增加，光纤中的色散和非线性成为首要关注的问题，这样计算机辅助设计的重要性就显现出来了。所有的现代光波系统都是用数值模拟设计的，已有几个商用软件包可以使用。附录D提供了其中一个软件包的细节(承蒙OptiWave公司的好意)，以帮助读者更好地理解本书中的内容。鼓励读者通过使用软件来发展其他的技能。

习题

5.1 某分配网使用一条光学总线将信号分配给10个用户，每个光抽头将10%的功率耦合给用户并有1 dB的插入损耗。假设站点1在光学总线上发射1 mW的功率，计算站点8，9和10接收到的信号功率。

5.2 某有线电视运营商使用一条光学总线将视频信号分配给它的用户，每个光接收机正常工作需要最小100 nW的功率，光抽头将5%的功率耦合给每个用户。假设每个光抽头的插入损耗为0.5 dB，光发射机功率为1 mW，估计该光学总线能够服务的最大用户数。

5.3 某星形网络使用定向耦合器(插入损耗0.5 dB)将数据分配给它的用户。假设每个光接收机需要最小100 nW的功率，每个光发射机能发射0.5 mW的功率，计算该网络能够服务的最大用户数。

5.4 某1.3 μm的光波系统工作在100 Mbps比特率下，使用LED发射0.1 mW的平均功率到光纤中，做功率预算并计算最大传输距离。假设光纤损耗为1 dB/km，每2 km有0.2 dB的接头损耗，每个光纤链路的末端有1 dB的连接器损耗，光接收机灵敏度为100 nW，允许6 dB的系统裕度。

5.5 某1.3 μm的长途光波系统设计工作在1.5 Gbps比特率下，它能将平均功率1 mW的信号耦合进光纤；0.5 dB/km的光缆损耗包含了接头损耗，每端有1 dB的连接器损耗；InGaAs p-i-n光接收机的灵敏度为250 nW。请对该系统做功率预算并估计中继距离。

5.6 证明RC电路的上升时间T_r和3 dB带宽Δf之间存在$T_r\Delta f=0.35$的关系。

5.7 考虑有如下功率分布的超高斯光脉冲：

$$P(t)=P_0\exp[-(t/T_0)^{2m}]$$

式中，参数m控制脉冲的形状。推导这种脉冲的上升时间T_r的表达式；计算比率T_r/T_{FWHM}，这里T_{FWHM}是半极大全宽度，并说明对于高斯脉冲($m=1$)这个比率等于0.716。

5.8 证明对于高斯光脉冲，上升时间T_r和3 dB光带宽Δf之间存在$T_r\Delta f=0.316$的关系。

5.9 对于工作在50 Mbps比特率下的波长为0.85 μm且光纤链路长10 km的光波系统，进行上升时间预算。假设LED光发射机和硅p-i-n光接收机的上升时间分别为10 ns和15 ns，渐变折射率光纤纤芯的折射率为1.46，$\Delta=0.01$，$D=80$ ps/(km·nm)，LED的谱宽为50 nm。这个系统可以设计成用非归零码格式来工作吗?

5.10 某1.3 μm光波系统工作在1.7 Gbps的比特率下，中继距离为45 km，在1.308 μm的零色散波长附近单模光纤的色散斜率为0.1 ps/(km·nm^2)，计算模分配噪声功率代价能保持在1 dB以下的多模半导体激光器的波长范围。假设激光器的均方根谱宽为2 nm，模分配系数$k=0.7$。

5.11 通过将形式为$F(M)=M^x$的过剩噪声因子包括在内，将式(5.4.1)推广到适合 APD 光接收机的情况。

5.12 考虑一个使用谱宽为2 nm(均方根宽度)的多模半导体激光器工作在1 Gbps 比特率下的1.55 μm 光波系统，计算将模分配噪声功率代价保持在2 dB 以下的最大传输距离。假设模分配系数$k=0.8$。

5.13 对于工作在4 Gbps 比特率下的1.55 μm 光波系统，利用式(5.4.11)计算使啁啾引起的功率代价在1 dB 以下的最大传输距离。假设对于单模半导体激光器$C=-6$，对于单模光纤$\beta_2=-20\ \text{ps}^2/\text{km}$。

5.14 在8 Gbps 比特率的情况下重新解答上题。

5.15 用习题4.18的结果获得在有限消光比r_{ex}的情况下反射引起的功率代价的表达式；在$r_{ex}=0.1$的情况下重画图5.9所示的功率代价曲线。

5.16 考虑两个表面的反射率分别为R_1和R_2的法布里-珀罗干涉仪，根据参考文献[99]中的分析，推导透射光的相对强度噪声RIN(ω)与入射光线宽之间关系的函数表达式。假设R_1和R_2足够小，每个表面只发生一次反射。

5.17 根据参考文献[136]的分析，推导将热噪声、散弹噪声、强度噪声、模分配噪声、啁啾噪声和反射噪声包括在内的总光接收机噪声的表达式。

参考文献

[1] P. S. Henry, R. A. Linke, and A. H. Gnauck, in *Optical Fiber Telecommunications II*, S. E. Miller and I. P. Kaminow, Eds., Academic Press, Boston, CA, 1988, Chap. 21.

[2] P. E. Green, Jr., *Fiber-Optic Networks*, Prentice Hall, Upper Saddle River, NJ, 1993.

[3] I. P. Kaminow and T. L. Koch, Eds., *Optical Fiber Telecommunications III*, Academic Press, San Diego, CA, 1997.

[4] I. P. Kaminow and T. Li, Eds., *Optical Fiber Telecommunications*, Vol. 4B, Academic Press, Boston, 2002.

[5] B. Mukherjee, *Optical WDM Networks*, Springer, New York, 2006.

[6] C. F. Lam, Ed., *Passive Optical Networks: Principles and Practice*, Academic Press, San Diego, CA, 2007.

[7] I. P. Kaminow, T. Li, and A. E. Willner, Eds., *Optical Fiber Telecommunications*, Vol. 5B, Academic Press, Boston, 2008.

[8] R. Ramaswami, K. Sivarajan, and G. Sasaki, *Optical Networks: A Practical Perspective*, 3rd ed., Morgan Kaufmann, San Francisco, 2009.

[9] G. E. Keiser, *Optical Fiber Communications*, 4th ed., McGraw-Hill, New York, 2010.

[10] L. Paraschis, O. Gerstel, and M. Y. Frankel, in *Optical Fiber Telecommunications*, Vol. 5B, I. P. Kaminow and T. Li, and A. E. Willner, Eds., Academic Press, Boston, 2008, Chap. 12.

[11] E. Harstead and P. H. Van Heyningen, in *Optical Fiber Telecommunications*, Vol. 4B, I. P. Kaminow and T. Li, Eds., Academic Press, Boston, 2002.

[12] R. E. Wagner, in *Optical Fiber Telecommunications*, Vol. 5B, I. P. Kaminow and T. Li, and A. E. Willner, Eds., Academic Press, Boston, 2008, Chap. 10.

[13] K. Bergman, in *Optical Fiber Telecommunications*, Vol. 5B, I. P. Kaminow and T. Li, and A. E. Willner, Eds., Academic Press, Boston, 2008, Chap. 19.

[14] F. E. Ross, *IEEE J. Sel. Areas Commun.* **7**, 1043(1989).

[15] J. L. Gimlett, M. Z. Iqbal, J. Young, L. Curtis, R. Spicer, and N. K. Cheung, *Electron. Lett.* **25**, 596(1989).

[16] S. Fujita, M. Kitamura, T. Torikai, N. Henmi, H. Yamada, T. Suzaki, I. Takano, and M. Shikada, *Electron. Lett.* **25**, 702(1989).

[17] C. Kleekamp and B. Metcalf, *Designer's Guide to Fiber Optics*, Cahners, Boston, 1978.

[18] M. Eve, *Opt. Quantum Electron.* **10**, 45(1978).

[19] P. M. Rodhe, *J. Lightwave Technol.* **3**, 145(1985).

[20] D. A. Nolan, R. M. Hawk, and D. B. Keck, *J. Lightwave Technol.* **5**, 1727(1987).

[21] R. D. de la Iglesia and E. T. Azpitarte, *J. Lightwave Technol.* **5**, 1768(1987).

[22] G. P. Agrawal, *Nonlinear Fiber Optics*, 4th ed., Academic Press, San Diego, CA, 2001.

[23] J. P. Hamaide, P. Emplit, and J. M. Gabriagues, *Electron. Lett.* **26**, 1451(1990).

[24] A. Mecozzi, *J. Opt. Soc. Am. B* **11**, 462(1994).

[25] A. Naka and S. Saito, *J. Lightwave Technol.* **12**, 280(1994).

[26] E. Lichtman, *J. Lightwave Technol.* **13**, 898(1995).

[27] F. Matera and M. Settembre, *J. Lightwave Technol.* **14**, 1(1996); *Opt. Fiber Technol.* **4**, 34(1998).

[28] N. Kikuchi and S. Sasaki, *Electron. Lett.* **32**, 570(1996).

[29] D. Breuer, K. Obermann, and K. Petermann, *IEEE Photon. Technol. Lett.* **10**, 1793(1998).

[30] F. M. Madani and K. Kikuchi, *J. Lightwave Technol.* **17**, 1326(1999).

[31] A. Sano, Y. Miyamoto, S. Kuwahara, and H. Toba, *J. Lightwave Technol.* **18**, 1519(2000).

[32] F. Matera, A. Mecozzi, M. Romagnoli, and M. Settembre, *Opt. Lett.* **18**, 1499(1993).

[33] C. Lorattanasane and K. Kikuchi, *IEEE J. Quantum Electron.* **33**, 1084(1997).

[34] N. S. Bergano, J. Aspell, C. R. Davidson, P. R. Trischitta, B. M. Nyman, and F. W. Kerfoot, *Electron. Lett.* **27**, 1889(1991).

[35] T. Otani, K. Goto, H. Abe, M. Tanaka, H. Yamamoto, and H. Wakabayashi, *Electron. Lett.* **31**, 380(1995).

[36] M. Murakami, T. Takahashi, M. Aoyama, M. Amemiya, M. Sumida, N. Ohkawa, Y. Fukuda, T. Imai, and M. Aiki, *Electron. Lett.* **31**, 814(1995).

[37] T. Matsuda, A. Naka, and S. Saito, *Electron. Lett.* **32**, 229(1996).

[38] T. N. Nielsen, A. J. Stentz, K. Rottwitt, D. S. Vengsarkar, Z. J. Chen, P. B. Hansen, J. H. Park, K. S. Feder, S. Cabot, et al., *IEEE Photon. Technol. Lett.* **12**, 1079(2000).

[39] T. Zhu, W. S. Lee, and C. Scahill, *Electron. Lett.* **37**, 15(2001).

[40] T. Matsuda, M. Murakami, and T. Imai, *Electron. Lett.* **37**, 237(2001).

[41] R. J. Sanferrare, *AT&T Tech. J.* **66**(1), 95(1987).

[42] C. Fan and L. Clark, *Opt. Photon. News* **6**(2), 26(1995).

[43] I. Jacobs, *Opt. Photon. News* **6**(2), 19(1995).

[44] B. Zhu, L. Leng, L. E. Nelson, Y. Qian, L. Cowsar, et al, *Electron. Lett.* **37**, 844(2001).

[45] S. Bigo, E. Lach, Y. Frignac, D. Hamoir, P. Sillard, et al., *Electron. Lett.* **37**, 448(2001).

[46] Y. Inada, H. Sugahara, K. Fukuchi, T. Ogata, and Y. Aoki, *IEEE Photon. Technol. Lett.* **14**, 1366(2002).

[47] B. Zhu, L. E. Nelson, S. Stulz, A. H. Gnauck, C. Doerr, J. Leuthold, L. Grner-Nielsen, M. O. Pedersen, J. Kim, and R. L. Lingle, *J. Lightwave Technol.* **22**, 208(2004).

[48] S. Bigo, *IEEE J. Sel. Topics Quantum Electron.* **10**, 329(2004).

[49] D. F. Grosz, A. Agarwal, S. Banerjee, D. N. Maywar, and A. P. Küng, *J. Lightwave Technol.* **22**, 423(2004).

[50] H. Suzuki, M. Fujiwara, and K. Iwatsuki, *J. Lightwave Technol.* **24**, 1998(2006).

[51] A. Gladisch, R.-P. Braun, D. Breuer, A. Ehrhardt, H.-M. Foisel, et al., *Proc. IEEE.* **94**, 869(2006).

[52] A. H. Gnauck, G. Charlet, P. Tran, P. J. Winzer, C. R. Doerr, J. C. Centanni, E. C. Burrows, T. Kawanishi, T. Sakamoto, and K. Higuma, *J. Lightwave Technol.* **26**, 79(2008).

[53] A. Sano, H. Masuda, T. Kobayashi, et al., Proc. Opt. Fiber Commun. Conf., Paper PDPB7, 2010.

[54] J. M. Sipress, Special issue, *AT&T Tech. J.* **73**(1), 4(1995).

[55] E. K. Stafford, J. Mariano, and M. M. Sanders, *AT&T Tech. J.* **73**(1), 47(1995).

[56] N. Bergano, in *Optical Fiber Telecommunications*, Vol. 4B, I. P. Kaminow and T. Li, Eds., Academic Press, Boston, CA, 2002.

[57] P. B. Hansen, L. Eskildsen, S. G. Grubb, A. M. Vengsarkar, S. K. Korotky, et al., *Electron. Lett.* **31**, 1460 (1995).

[58] L. Eskildsen, P. B. Hansen, S. G. Grubb, A. M. Vengsarkar, T. A. Strasser, et al., *IEEE Photon. Technol. Lett.* **8**, 724(1996).

[59] P. B. Hansen, L. Eskildsen, S. G. Grubb, A. M. Vengsarkar, S. K. Korotky, et al., *Electron.* Lett. **32**, 1018 (1996).

[60] K. I. Suzuki, N. Ohkawa, M. Murakami, and K. Aida, *Electron. Lett.* **34**, 799(1998).

[61] J. -X. Cai, M. Nissov, C. R. Davidson, A. N. Pilipetskii, G. Mohs, et al., *J. Lightwave Technol.* **20**, 2247 (2002).

[62] T. Tsuritani, K. Ishida, A. Agata, K. Shinonomura, I. Monta, et al., *J. Lightwave Technol.* **22**, 215(2004).

[63] G. Charlet, M. Salsi, P. Tran, M. Bettolini, H. Mardoyan, J. Renaudier, O. Bertran-Pardo, and S. Bigo, Optical Fiber Commun. Conf., Paper PDPB6(Optical Society of America, 2009).

[64] B. Bakhshi, M. Manna, G. Mohs, D. I. Kovsh, R. L. Lynch, et al, *J. Lightwave Technol.* **22**, 233(2004).

[65] N. Bergano, *J. Lightwave Technol.* **23**, 4125(2005).

[66] J. -X. Cai, C. R. Davidson, M. Nissov, H. Li, W. T. Anderson, et al., *J. Lightwave Technol.* **24**, 191(2006).

[67] A. N. Pilipetskii, *IEEE J. Sel. Topics Quantum Electron.* **12**, 484(2006).

[68] O. Gautheron, C. R. Physique **9**, xxx(2008).

[69] P. E. Couch and R. E. Epworth, *J. Lightwave Technol.* **1**, 591(1983).

[70] T. Kanada, *J. Lightwave Technol.* **2**, 11(1984).

[71] A. M. J. Koonen, *IEEE J. Sel. Areas Commun.* **4**, 1515(1986).

[72] P. Chan and T. T. Tjhung, *J. Lightwave Technol.* **7**, 1285(1989).

[73] P. M. Shankar, *J. Opt. Commun.* **10**, 19(1989).

[74] G. A. Olson and R. M. Fortenberry, *Fiber Integ. Opt.* **9**, 237(1990).

[75] J. C. Goodwin and P. J. Velia, *J. Lightwave Technol.* **9**, 954(1991).

[76] C. M. Olsen, *J. Lightwave Technol.* **9**, 1742(1991).

[77] K. Abe, Y. Lacroix, L. Bonnell, and Z. Jakubczyk, *J. Lightwave Technol.* **10**, 401(1992).

[78] D. M. Kuchta and C. J. Mahon, *IEEE Photon. Technol. Lett.* **6**, 288(1994).

[79] C. M. Olsen and D. M. Kuchta, *Fiber Integ. Opt.* **14**, 121(1995).

[80] R. J. S. Bates, D. M. Kuchta, and K. P. Jackson, *Opt. Quantum Electron.* **27**, 203(1995).

[81] C. -L. Ho, *J. Lightwave Technol.* **17**, 1820(1999).

[82] G. C. Papen and G. M. Murphy, *J. Lightwave Technol.* **13**, 817(1995).

[83] H. Kosaka, A. K. Dutta, K. Kurihara, Y. Sugimoto, and K. Kasahara, *IEEE Photon. Technol. Lett.* **7**, 926 (1995).

[84] K. Ogawa, *IEEE J. Quantum Electron.* **18**, 849(1982).

[85] W. R. Throssell, *J. Lightwave Technol.* **4**, 948(1986).

[86] J. C. Campbell, *J. Lightwave Technol.* **6**, 564(1988).

[87] G. P. Agrawal, P. J. Anthony, and T. M. Shen, *J. Lightwave Technol.* **6**, 620(1988).

[88] C. M. Olsen, K. E. Stubkjaer, and H. Olesen, *J. Lightwave Technol.* **7**, 657(1989).

[89] M. Mori, Y. Ohkuma, and N. Yamaguchi, *J. Lightwave Technol.* **7**, 1125(1989).

[90] W. Jiang, R. Feng, and P. Ye, *Opt. Quantum Electron.* **22**, 23(1990).

[91] R. S. Fyath and J. J. O'Reilly, *IEE Proc.* **137**, Pt. J, 230(1990).
[92] W. -H. Cheng and A. -K. Chu, *IEEE Photon. Technol. Lett.* **8**, 611(1996).
[93] G. P. Agrawal, *IEEE J. Quantum Electron.* **20**, 468(1984).
[94] G. P. Agrawal, N. A. Olsson, and N. K. Dutta, *Appl. Phys. Lett.* **45**, 597(1984).
[95] T. Fujita, S. Ishizuka, K. Fujito, H. Serizawa, and H. Sato, *IEEE J. Quantum Electron.* **20**, 492(1984).
[96] N. A. Olsson, W. T. Tsang, H. Temkin, N. K. Dutta, and R. A. Logan, *J. Lightwave Technol.* **3**, 215(1985).
[97] R. W. Tkach and A. R. Chraplyvy, *J. Lightwave Technol.* **4**, 1655(1986).
[98] G. P. Agrawal and T. M. Shen, *J. Lightwave Technol.* **4**, 58(1986).
[99] J. L. Gimlett and N. K. Cheung, *J. Lightwave Technol.* **7**, 888(1989).
[100] S. Yamamoto, N. Edagawa, H. Taga, Y. Yoshida, and H. Wakabayashi, *J. Lightwave Technol.* **8**, 1716 (1990).
[101] G. P. Agrawal and N. K. Dutta, *Semiconductor Lasers*, 2nd ed., Van Nostrand Reinhold, New York, 1993.
[102] A. T. Ryan, G. P. Agrawal, G. R. Gray, and E. C. Gage, *IEEE J. Quantum Electron.* **30**, 668(1994).
[103] K. Petermann, *IEEE J. Sel. Topics Quantum Electron.* **1**, 480(1995).
[104] R. S. Fyath and R. S. A. Waily, *Int. J. Opt.* **10**, 195(1995).
[105] M. Shikada, S. Takano, S. Fujita, I. Mito, and K. Minemura, *J. Lightwave Technol.* **6**, 655(1988).
[106] R. Heidemann, *J. Lightwave Technol.* **6**, 1693(1988).
[107] K. -P. Ho, J. D. Walker, and J. M. Kahn, *IEEE Photon. Technol. Lett.* **5**, 892(1993).
[108] D. A. Frisch and I. D. Henning, *Electron. Lett.* **20**, 631(1984).
[109] R. A. Linke, *Electron. Lett.* **20**, 472(1984); *IEEE J. Quantum Electron.* **21**, 593(1985).
[110] T. L. Koch and J. E. Bowers, *Electron. Lett.* **20**, 1038(1984).
[111] F. Koyama and Y. Suematsu, *IEEE J. Quantum Electron.* **21**, 292(1985).
[112] A. H. Gnauck, B. L. Kasper, R. A. Linke, R. W. Dawson, T. L. Koch, T. J. Bridges, E. G. Burkhardt, R. T. Yen, D. P. Wilt, J. C. Campbell, K. C. Nelson, and L. G. Cohen, *J. Lightwave Technol.* **3**, 1032(1985).
[113] G. P. Agrawal and M. J. Potasek, *Opt. Lett.* **11**, 318(1986).
[114] P. J. Corvini and T. L. Koch, *J. Lightwave Technol.* **5**, 1591(1987).
[115] J. J. O'Reilly and H. J. A. da Silva, *Electron. Lett.* **23**, 992(1987).
[116] S. Yamamoto, M. Kuwazuru, H. Wakabayashi, and Y. Iwamoto, *J. Lightwave Technol.* **5**, 1518(1987).
[117] D. A. Atlas, A. F. Elrefaie, M. B. Romeiser, and D. G. Daut, *Opt. Lett.* **13**, 1035(1988).
[118] K. Hagimoto and K. Aida, *J. Lightwave Technol.* **6**, 1678(1988).
[119] H. J. A. da Silva, R. S. Fyath, and J. J. O'Reilly, *IEE Proc.* **136**, Pt. J, 209(1989).
[120] J. C. Cartledge and G. S. Burley, *J. Lightwave Technol.* **7**, 568(1989).
[121] J. C. Cartledge and M. Z. Iqbal, *IEEE Photon. Technol. Lett.* **1**, 346(1989).
[122] D. Sandel, S. Bhandare, A. F. Abas, B. Milivojevic, R. Noé, M. Guy, and M. Lapointe, *IEEE Photon. Technol. Lett.* **16**, 2568(2004).
[123] J. Baylis, *Error-Correcting Codes: A Mathematical Introduction*, Chapman and Hall, New York, 1998.
[124] I. S. Reed and X. Chen, *Error-Control Coding for Data Networks*, Kluwer, Norwell, MA, 1999.
[125] S. Gravano, *Introduction to Error-Control Code*, Oxford University Press, New York, 2001.
[126] W. C. Huffman, *Fundamentals of Error-Correcting Codes*, Cambridge University Press, New York, 2003.
[127] S. Yamamoto, H. Takahira, and M. Tanaka, *Electron. Lett.* **30**, 254(1994).
[128] J. L. Pamart, E. Lefranc, S. Morin, G. Balland, Y. C. Chen, T. M. Kissell, J. L. Miller, *Electron. Lett.* **30**, 342 (1994).
[129] J. E. J. Alphonsus, P. B. Hansen, L. Eskildsen, D. A. Truxal, S. G. Grubb, D. J. DiGiovanni, T. A. Strasser, and E. C. Beck, *IEEE Photon. Technol. Lett.* **7**, 1495(1995).

[130] S. Sian, S. M. Webb, K. M. Guild, and D. R. Terranee, *Electron. Lett.* **32**, 50(1996).

[131] P. V. Kumar, M. Z. Win, H. -F. Lu, and C. N. Georghiades, in *Optical Fiber Telecommunications*, Vol. 4B, I. P. Kaminow and T. L. Koch, Eds., Academic Press, San Diego, CA, 2002, Chap. 17.

[132] A. Agata, K. Tanaka, and N. Edagawa, *J. Lightwave Technol.* **20**, 2189(2002).

[133] B. V. Vasic, I. B. Djordjevic, and R. Kostuk, *J. Lightwave Technol.* **21**, 438(2003).

[134] I. B. Djordjevic, S. Sankaranarayanan, and B. V. Vasic, *J. Lightwave Technol.* **22**, 695(2004).

[135] N. W. Spellmeyer, J. C. Gottschalk, D. O. Caplan, and M. L. Stevens, *IEEE Photon. Technol. Lett.* **16**, 1579 (2004).

[136] T. M. Shen and G. P. Agrawal, *J. Lightwave Technol.* **5**, 653(1987).

[137] A. F. Elrefaie, J. K. Townsend, M. B. Romeiser, and K. S. Shanmugan, *IEEE J. Sel. Areas Commun.* **6**, 94 (1988).

[138] M. K. Moaveni and M. Shafi, *J. Lightwave Technol.* **8**, 1064(1990).

[139] M. C. Jeruchim, P. Balaban, and K. S. Shamugan, *Simulation of Communication Systems*, Plenum Press, New York, 1992.

[140] K. Hinton and T. Stephens, *IEEE J. Sel. Areas Commun.* **11**, 380(1993).

[141] A. J. Lowery and P. C. R. Gurney, *Appl. Opt.* **37**, 6066(1998).

[142] A. J. Lowery, O. Lenzmann, I. Koltchanov, et al., *IEEE J. Sel. Topics Quantum Electron.* **6**, 282(2000).

[143] F. Matera and M. Settembre, *IEEE J. Sel. Topics Quantum Electron.* **6**, 308(2000).

[144] X. Liu and B. Lee, *IEEE Photon. Technol. Lett.* **11**, 1549(2003).

[145] O. Sinkin, R. Holzlohner, J. Zweck, and C. R. Menyuk, *J. Lightwave Technol.* **21**, 61(2003).

[146] J. Leibrich and W. Rosenkranz, *IEEE Photon. Technol. Lett.* **15**, 395(2003).

[147] T. Kremp and W. Freude, *J. Lightwave Technol.* **23**, 149(2005).

[148] R. Scarmozzino, in *Optical Fiber Telecommunications*, Vol. 5A, I. P. Kaminow and T. Li, and A. E. Willner, Eds., Academic Press, Boston, 2008, Chap. 20.

[149] X. Liu, F. Buchali, and R. W. Tkach, *J. Lightwave Technol.* **27**, 3632(2009).

第6章 多信道系统

由于光载波的频率很高，光通信系统的容量理论上可以超过10 Tbps。然而，在实际应用中，由于色散和非线性效应以及电子组件速度的制约，比特率最高仅为10 Gbps甚至更低，这种情况一直持续到1990年。从此，在同一根光纤中传输多个光信道为将系统容量扩展到1 Tbps以上提供了一种简单的方法。信道复用技术在时域或频域中均可实现，分别对应时分复用(TDM)和频分复用(FDM)。TDM和FDM技术还可以用在电域中(见1.2.2节)，为了明确该区别，通常把这两个光域中的技术分别称为光时分复用(Optical TDM, OTDM)和波分复用(Wavelength Division Multiplexing, WDM)。20世纪90年代初期，多信道系统的发展受到了极大关注；1996年，WDM系统开始商用。

本章内容组织如下：6.1节主要介绍WDM光波系统的基本结构。6.2节主要介绍WDM光波系统中常用的光学组件。6.3节主要介绍WDM光波系统的性能问题，如信道间串扰。6.4节重点介绍OTDM系统的基本概念和与其实际应用有关的问题。6.5节讨论副载波复用技术，它是一种将FDM在微波域实现的复用方案。6.6节重点讨论码分复用技术。

6.1 WDM光波系统

WDM相当于一种利用独立的电比特流(它们自身可以在电域中利用TDM和FDM技术)调制不同波长的多个光载波，然后在同一根光纤中传输的方案。当光信号到达接收机后，通过适当的光器件将其重新解复用到分离的信道中。WDM技术能够充分利用光纤提供的宽带宽，例如，当信道间隔减小到100 GHz左右时，在同一根光纤中可以同时传输数百个40 Gbps信道。图6.1给出了中心位于1.3 μm和1.55 μm附近的标准光纤的低损耗传输窗口，若采用消除了OH^{-1}峰的所谓“干”光纤，WDM系统的总容量有可能超过50 Tbps。

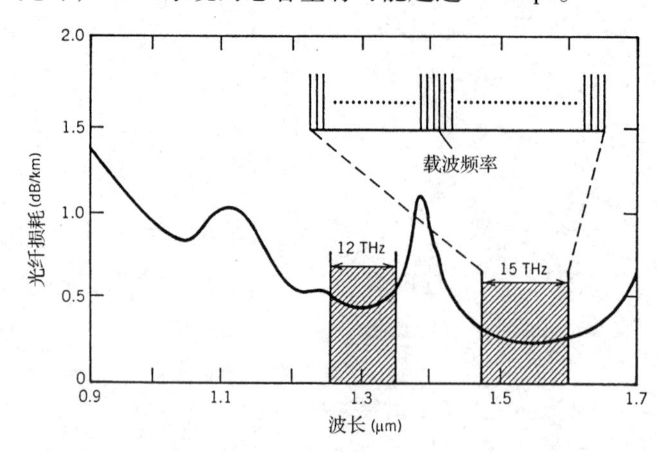

图6.1 石英光纤在1.3 μm和1.55 μm波长区的低损耗传输窗口，插图为WDM技术的示意图

自1980年第一个商用光波系统问世以来，大家一直热衷于探讨WDM的概念。作为其最简单的形式，早在1982年，就采用WDM技术传输两个分别位于光纤不同传输窗口的信道，这

是形式最简单的 WDM 系统。例如，通过在 1.3 μm 附近增加一个信道可对已有 0.85 μm 光波系统的容量升级，并导致信道间隔为 450 nm。20 世纪 80 年代期间，人们主要关注减小信道间隔，并于 1990 年演示了信道间隔小于 0.1 nm 的多信道系统[1~4]。然而，20 世纪 90 年代是 WDM 系统发展最为迅猛的十年[5~11]。工作在 20 ~ 40 Gbps 的商用 WDM 系统最早出现于 1995 年前后，其总容量在 2000 年超过了 1.6 Tbps。由于该系统采用了数百个密集间隔的波长，因此被称为密集波分复用(DWDM)系统。几个实验室实验在 2001 年演示了容量超过 10 Tbps 的 WDM 系统，尽管其传输距离被限制在 200 km 以下。2008 年，WDM 系统的容量接近 30 Tbps[12]。显然，WDM 技术的出现事实上已经导致光波系统在设计上的革命。本章通过在 5.1 节中介绍的方式将 WDM 系统分成 3 类来介绍。

6.1.1　大容量点对点链路

对于构成通信网络的骨干的长途光纤链路来说，WDM 的作用简单地说就是增加总比特率[13]。图 6.2 给出了一个点对点大容量 WDM 光纤链路的示意图：首先用一个复用器将若干个工作在各自频率(或者波长)下的发射机的输出信号复用到一起，然后将此复用信号发射到光纤链路中传输，在光纤链路的另一端通过一个解复用器将每个信道的信号发送至各自的接收机。当比特率分别为 B_1, B_2,⋯, B_N 的 N 个信道同时在一根长度为 L 的光纤中传输时，总比特率-距离积 BL 为

$$BL=(B_1+B_2+\cdots+B_N)L \tag{6.1.1}$$

如果各个信道的比特率相等，则系统容量可以增加到 N 倍。1985 年的一个早期实验演示了 1.37 Tbps·km 的 BL 积，该系统以 1.35 nm 的信道间隔在 68.3 km 的标准光纤中传输 10 个 2 Gbps信道[3]。

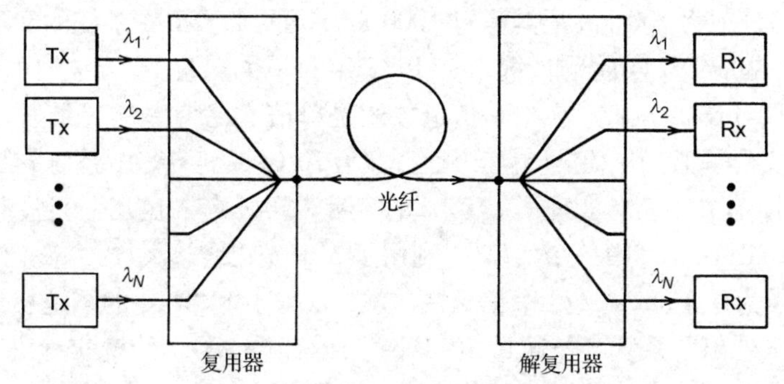

图 6.2　点对点 WDM 光纤链路，用独立的发射机-接收机对发射和接收不同波长的信号

WDM 光纤链路的极限容量取决于信道在波长域中排布的紧密程度。最小信道间隔受信道间串扰的限制，这个问题将在 6.3 节中讨论。为量度一个 WDM 系统的频谱效率(spectral efficiency)，通常引入参数

$$\eta_s=B/\Delta\nu_{\rm ch} \tag{6.1.2}$$

式中，B 是信道比特率，$\Delta\nu_{\rm ch}$是信道间隔(频率单位)。应设法使 η_s尽可能大，对于直接探测系统，信道间隔必须大于比特率 B。在实际应用中，频谱效率通常小于 0.6 bps/Hz，这会浪费相当大的信道带宽。

WDM 系统的信道频率(或波长)最初是由国际电信联盟(ITU)在频率范围为 186 ~ 196 THz(覆盖波长范围在 1530 ~ 1612 nm 的 C 带和 L 带)的 100 GHz 的栅格上标准化的，基于这个原

因，大部分商用 WDM 系统的信道间隔为 100 GHz(在 1552 nm 处为 0.8 nm)，该数值导致在 10 Gbps的比特率下只有 0.1 bps/Hz 的频谱效率。最近，国际电信联盟已指定采用频率间隔为 50 GHz 的 WDM 信道，该信道间隔与 40 Gbps 的比特率相结合可使直接探测系统的频谱效率增加到 0.8 bps/Hz。正如将在第 10 章中讨论的，相干探测的使用允许 $\eta_s > 1$ bps/Hz，并且到 2009 年已经实现了该值等于 8 bps/Hz[14]。

WDM 系统的极限容量到底有多大呢？最新型的"干"光纤(即在 1.4 μm 附近具有弱 OH^{-1} 吸收的光纤)的低损耗区已延伸到 300 nm，覆盖了 1.3～1.6 μm 的波长范围(见图 6.1)，如果采用相干探测，100 Gbps 信道的最小信道间隔就能达到 25 GHz(0.2 nm)或更小。由于 300 nm 的带宽可以容纳 1500 个间隔为 0.2 nm 的信道，因此容量可以达到 150 Tbps；如果假设使用带有色散管理的光放大器，则该 WDM 信号可以在 4000 km 距离上传输。结果，利用 WDM 技术可以使有效 *BL* 积最终超过 600 Pbps·km。这一结果与第三代商用光波系统形成鲜明对比，第三代光波系统在 2.5 Gbps 的比特率下将单信道传输 80 km 左右，得到的 *BL* 积最大为 0.2 Tbps·km。显然，使用 WDM 有将现代光波系统的性能提高 100 万倍以上的潜力。

实际情况下，有许多因素限制了整个低损耗窗口的使用。大部分光放大器的带宽都是有限的(见第 7 章)，信道数经常受能提供近似均匀增益的光放大器带宽的限制。即使是采用了增益平坦技术的掺铒光纤放大器(EDFA)，其带宽也往往被限制在 40 nm 以下(见 7.2.5 节)，拉曼放大器与掺铒光纤放大器组合使用能将可用带宽扩展到 100 nm 左右。限制信道数的其他因素包括：(i)分布反馈(DFB)半导体激光器的稳定性和可调谐性；(ii)因各种非线性效应，信号在传输过程中的劣化；(iii)解复用期间的信道间串扰。在实际应用中，大容量 WDM 光纤链路需要许多高性能的组件，例如集成有多个 DFB 激光器的光发射机，具有分插功能的信道复用器和解复用器，以及宽带宽、增益恒定的光放大器等。

根据传输距离是约为 100 km 还是超过 1000 km，可以将 WDM 系统的实验结果分成两组。下面首先介绍第一组 WDM 实验的情况。在 1985 年的一个实验中[3]，将 10 个 2 Gbps 信道在 68 km 距离上进行了传输，从此，无论是信道数还是单信道比特率都有了显著增加。1995 年，在 150 km 距离上实现了 17 个信道且单信道比特率为 20 Gbps 的传输，系统容量为 340 Gbps[16]。在接下来的一年内，有几个实验实现了 1 Tbps 的容量。2001 年，在几个实验室实验中 WDM 系统的容量超过了 10 Tbps。其中一个实验[17]利用了 3 个光在线放大器，实现了单信道比特率为 40 Gbps，信道间隔为 0.4 nm 的 273 个信道的传输，获得了 11 Tbps 的系统容量和 1.3 Pbps·km 的 *NBL* 积。表 6.1 列出了系统容量超过 10 Tbps 的大容量 WDM 传输实验[12]。2010 年，实现了创纪录的 69 Tbps 容量，该 WDM 系统将 432 个 160 Gbps 信道传输了 240 km[15]。2007 年以后，由于近年来开发的100 Gbps以太网传输标准，单信道比特率正向 100 Gbps 转移。

表 6.1 大容量 WDM 传输实验

年份	信道 *N*	比特率 *B*(Gbps)	容量 *NB*(Tbps)	距离 *L*(km)	*NBL* 积 [Pbps·km]
2001	256	40	10.24	100	1.02
2001	273	40	10.92	117	1.28
2006	154	80	12.32	240	2.96
2007	320	80	25.60	240	6.14
2007	204	100	20.40	240	4.90
2009	320	100	32.00	580	18.56
2010	432	160	69.12	240	16.59

第二组 WDM 实验包括传输距离超过 5000 km 的海底应用[18~22]。在 1996 年的一个实验中[18]，利用扰偏(polarization scrambling)和前向纠错(FEC)技术实现了 100 Gbps 信号(20 个信道，每个信道工作在 5 Gbps 比特率下)在 9100 km 距离上的传输。海底 WDM 系统快速发展的步伐是显而易见的：2001 年，一个 2.4 Tbps 的 WDM 信号(120 个信道，单信道比特率 20 Gbps)在 6200 km 距离上进行传输，实现了 15 Pbps·km 的 *NBL* 积[19]。这应与第一条横跨大西洋的光缆系统(TAT-8)相比较，该系统工作在 0.27 Gbps，*NBL* 积约为 1.5 Tbps·km。2001 年，WDM 的应用使海底光波系统的容量提高了 10 000 倍。表 6.2 列出了自 2001 年以来报道的大容量跨洋 WDM 系统[21]。在 2010 年的一个实验中[23]，通过在长达 10 608 km 的距离上传输 96 个信道(单信道比特率为 100 Gbps)，实现了 101.8 Pbps·km 的创纪录的 *NBL* 积。

表 6.2　大容量跨洋 WDM 系统

年份	信道 *N*	比特率 *B*(Gbps)	容量 *NB*(Tbps)	距离 *L*(km)	*NBL* 积 [Pbps·km]
2001	120	20	2.40	6200	14.88
2002	256	10	2.56	11 000	28.16
2003	373	10	3.73	11 000	41.03
2004	150	40	6.00	6120	36.72
2008	164	100	16.4	2550	41.82
2009	72	100	7.20	7040	50.69

在商用方面，1996 年，容量为 40 Gbps 的 WDM 系统(16 个信道，每个信道 2.5 Gbps 或 4 个信道，每个信道 10 Gbps)实现了商用，该 16 个信道的光波系统覆盖了 1.55 μm 波长区的约为 12 nm 的波长范围，信道间隔为 0.8 nm。1998 年，出现了工作在 160 Gbps 比特率下(16 个信道，每个信道 10 Gbps)的 WDM 系统。2001 年，容量为 1.6 Tbps(由 160 个信道复用而成，每个信道工作在 10 Gbps 比特率下)的 DWDM 系统开始商用。在 2001 年之后，所谓的"电信泡沫"的破裂大大延缓了对新型 WDM 系统的需求。尽管如此，对大量 40 Gbps 信道采用拉曼放大的第四代 WDM 系统在 2003 年达到了商用阶段。与之形成对比的是，在 WDM 技术出现之前的第三代光波系统的容量为 10 Gbps。2007 年以后，商用 WDM 系统也同样向单信道 100 Gbps的比特率迈进。

6.1.2　广域网和城域网

正如在 5.1 节中讨论的，光网络用来把一个地理区域内的大量用户连接起来。根据光网络覆盖区域的大小，可将它们划分为局域网(LAN)、城域网(MAN)和广域网(WAN)[7~10]。这三种光网络都可受益于 WDM 技术，它们可以采用集线器拓扑、环形拓扑和星形拓扑结构。环形拓扑对 MAN 和 WAN 最为实用，而星形拓扑常用于 LAN。在 LAN 层，用广播星(星形耦合器)复合多个信道；在下一层，通过无源波长路由将若干个 LAN 连接到 MAN；在最高层，由若干个 MAN 连接到 WAN，WAN 的节点在网状拓扑中相互连接。在 WAN 层，网络通过大量使用开关和波长转换器件使之是动态配置的。

首先考虑覆盖广阔区域(如一个国家)的 WAN。历史上，覆盖整个美国地理区域的通信与计算机网络(比如因特网)采用了图 6.3 所示的集线器拓扑结构，这种网络通常称为网状网络[24]。位于都市区的集线器或节点带有电子开关，电子开关可采用创建"虚电路"的方式将两个节点连接起来，也可通过像 TCP/IP(传输控制协议/互联网协议)和异步传送模式(Asynchronous

Transfer Mode, ATM)这样的协议，采用包交换(分组交换，packet switching)的方式将两个节点连接起来。20 世纪 90 年代，随着 WDM 的出现，节点是通过点对点 WDM 链路连接的，但是即使在 2001 年，交换也一直是在电域内进行的。由于这样的传输网络需要光电转换，所以称为“不透明”网络。这种网络导致的结果是，如果不改变交换设备，则比特率和调制格式都不能改变。

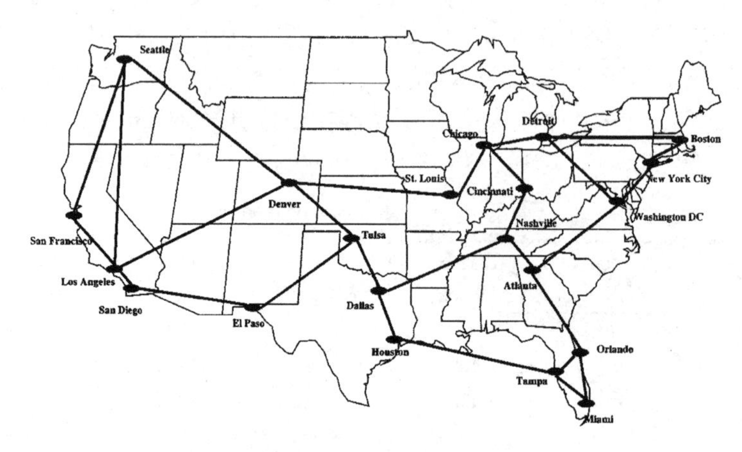

图 6.3　形式为几个相互连接的 SONET 环的广域网的一个例子[24](经 ⓒ2000 IEEE 授权引用)

WDM 信号能在其中通过多个节点(可能因上载或下载特定的信道而改变)的全光网络(All-Optical Network, AON)称为是光学“透明”的，由于透明 WDM 网络不需要对所有的 WDM 信道解复用以及光电转换，所以更能满足需要。结果，它们不受电子速度瓶颈的限制，有助于降低网络敷设和维护的成本。在透明 WDM 网络中，节点利用光交叉连接完成信道切换(见图 6.3)，这类器件直到 2001 年仍处于初期阶段。

另一类拓扑实现了若干互连环形式的区域 WDM 网络，图 6.4 给出了该方案的示意图[25]。馈线环通过一个出口节点连接到骨干网络，为确保“鲁棒性”，该环路采用 4 根光纤，其中两根光纤用于路由顺时针和逆时针方向的数据，另外两根光纤称为保护光纤，在点对点链路失效时使用(自愈)。馈线环通过接入节点为其他环路提供数据。分插复用器可在所有的节点上实现各个 WDM 信道的下载和上载，下载信道能通过总线、树形和环形网络分配给用户。注意，节点之间并不总是直接相连的，而且需要利用多个集线器转发数据，这样的网络称为多跳网络。

城域网或 MAN 将大都市区域内的若干个中心局连接在一起，环形拓扑也被用于该类网络，它与图 6.4 所示的环形拓扑的主要区别在于规模和成本。与形成全国性的骨干网络的 WAN(广域网)环相比，通信量以适当的比特率在城域网环中流动，典型地，每个信道工作在 2.5 Gbps 的比特率下。为了降低成本，通过将信道间隔选在 2 ~ 10 nm 范围，采用稀疏波分复用(CWDM)技术来替代在骨干环路中常用的密集波分复用(DWDM)技术。此外，通常只有两根光纤用在环路内，一根用于传输数据，另一根用于故障保护。尽管光交换是最终目标，但直到 2001 年大部分城域网仍采用电交换。在一个被称为多波长光网络(Multiwavelength Optical Network, MONET)的光交换城域网的试验台实现中，用 1.55 μm 波长区的信道间隔为 200 GHz 的 8 个标准波长，将美国华盛顿哥伦比亚特区的几个站点连在一起[26]。MONET 将不同的交换技术[同步数字体系(SDH)、异步传送模式(ATM)等]整合到全光环形网络中，在这种全光环形网络中使用了基于铌酸锂($LiNbO_3$)工艺的交叉连接开关。从此，几种技术的进步极大地提高了城域网目前的发展水平[27]。

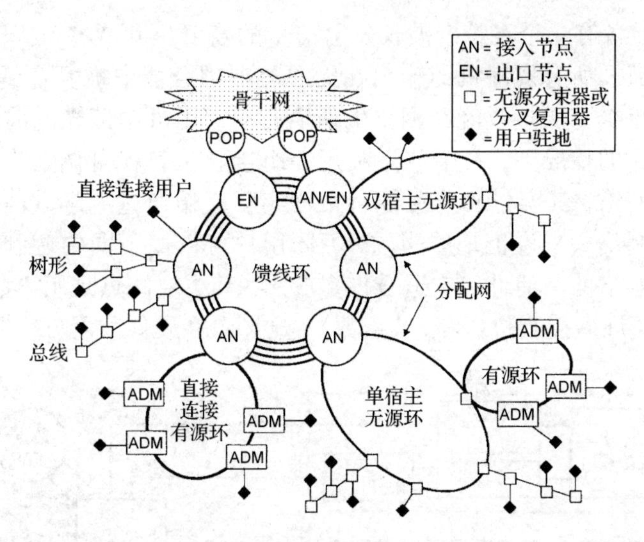

图6.4 带有与若干本地分配网相连的馈线环的 WDM 网络[25]（经ⓒ1999 IEEE 授权引用）

6.1.3 多址 WDM 网络

多址网络为每个用户提供了一种随机双向访问，在任何时候，每一个用户都能接收来自网络的任何其他用户的信息，也能向网络的任何其他用户发送信息。电话网就是一个例子，它们被称为用户环路、本地环路或者接入网；另一个例子是用于连接多台计算机的因特网。2009 年，本地环路和计算机网络都利用了电子技术通过电路交换或包交换提供双向访问，该技术的主要限制是网络的每个节点必须有能力处理整个网络的通信量。由于使电子处理速度超过 10 Gbps 是非常困难的，因此该类网络固有地受到电子器件的限制。

WDM 的使用为实现全光网络提供了一种新方法，其中，信道波长自身可以用于交换、路由或分配每个信道给它的目的地。因为波长是用于多址的，这种 WDM 方法称为波分多址（Wavelength-Division Multiple Access，WDMA）。20 世纪 90 年代，大量的研究和开发工作为发展 WDMA 网络而展开[28~31]。宽泛地说，WDMA 网络可以分为两类，即单跳和多跳全光网络[7]。在单跳网络中，每个节点直接与其他所有节点相连，结果形成一个全连接网络。与此对照，多跳网络仅仅只是部分相连，这样一个节点发出的光信号也许需要通过中间节点的若干次跳跃才能到达目的地。在每类 WDMA 网络中，发射机和接收机可以有自己的工作频率，它们既可以是固定的，也可以是可调谐的。

有几种结构可以用于全光多跳网络[7~10]。超立方体结构提供了一个例子——超立方体结构已被用于超级计算机中多个处理器的相互连接[32]。超立方体结构可以很容易在三维空间中可视化，例如，让8 个节点位于一个简单立方体的8 个角上。通常，节点个数 N 必须是 2^m 的形式，这里 m 是超立方体的维度，每个节点连接到 m 个不同的节点。最大跳跃次数被限制为 m，而对于大的 N 值平均跳跃次数约为 $m/2$。每个节点需要 m 个接收机，使用该网络的一种变体——deBruijn 网络可以减少接收机的数量，但它要求平均跳跃次数超过 $m/2$。多跳 WDM 网络的另一个例子是洗牌网络（shuffle network）或者其双向等价物——榕树网络（Banyan network）。

图 6.5 所示为基于广播星的单跳 WDM 网络的一个例子，该网络称为 Lambdanet（多波长网络）[33]，是广播和选择网络（broadcast-and-select network）的一个例子。多波长网络的新

特点是，每个节点配备有一个在特定波长发射信号的发射机和 N 个工作在不同波长的接收机，这里 N 是节点数。所有发射机的输出在无源星形耦合器中被复合到一起，并平均分配给所有的接收机。每个节点接收流经网络的所有信息，用可调谐光滤波器可以选择所需的信道。在多波长网络的情况下，每个节点利用一组接收机替代可调谐光滤波器。这一特性创建了一种无阻塞网络，其容量和连通性可根据实际应用通过电学方法进行重新配置。该网络对比特率或调制格式来说也是透明的，不同用户可以用不同的调制格式传输不同比特率的数据。多波长网络的灵活性使它适合许多应用，其主要缺点是用户数受波长数的限制。而且，每个节点需要许多接收机(等于节点数)，这导致在硬件成本方面需要相当大的投资。

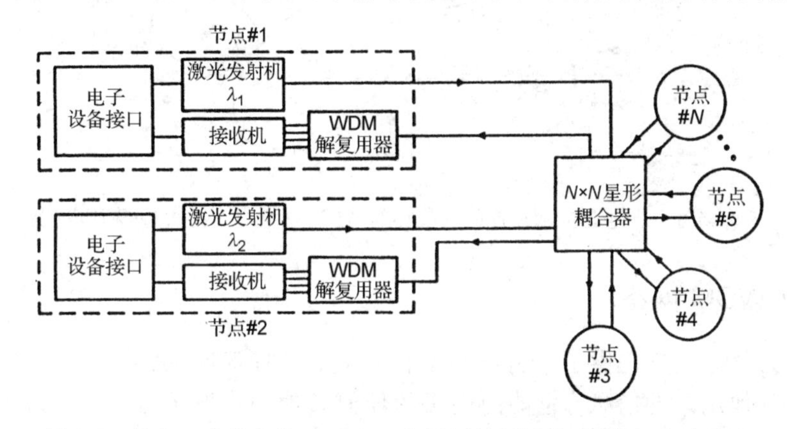

图6.5 具有 N 个节点的 Lambdanet(多波长网络)的示意图，每个节点包含一个发射机和N个接收机[33](经© 1990 IEEE授权引用)

可调谐接收机能降低多波长网络的成本和复杂性，这就是彩虹网络(Rainbow network)采用的方法[34]，该网络可以支持 32 个节点，每个节点能在 10 ~ 20 km 的距离上传输 1 Gbps 信号。它利用一个中央无源星形耦合器(见图 6.5)连同高性能并行接口一起用于连接多台计算机，可调谐光滤波器用来选择与每个节点相联系的那个特定波长。彩虹网络的主要缺点是，接收机的调谐是一个相对较慢的过程，这使其很难使用包交换。使用包交换的 WDM 网络的一个例子是星网(Starnet)，它能以每个节点 1.25 Gbps 的比特率在 10 km 的直径上传输数据，同时保持信噪比接近 24 dB[35]。

利用无源星形耦合器的 WDM 网络常常被称为无源光网络(Passive Optical Network, PON)，因为它避免了使用有源开关。PON 具有光纤到户的潜力(或者至少到路边)。在一种被称为无源光子环路(passive photonic loop)的方案中[36]，用多个波长路由本地环路中的信号，图 6.6所示为这种网络的方框图。对一个有 N 个用户的网络来说，中心局包含 N 个发射波长分别为λ_1, λ_2, …, λ_N的发射机，以及 N 个工作波长分别为λ_{N+1}, …, λ_{2N}的接收机，发给每个用户的信号在每个方向上通过单独的波长传输。远程节点将来自用户的信号复用，并将复用信号发送给中心局；远程节点也为每个用户进行信号的解复用。如果使用无源 WDM 器件，那么远程节点就是无源的而且很少需要维护。中心局中的交换机根据信号波长路由信号。

自 2001 年以来，电信应用的接入网已经有相当大的演进[37~39]。提出的结构包括宽带 PON(B-PON)、Gbps PON(G-PON)以及 Gbps 以太网 PON(GE-PON)，其目的是为每个用户提供宽带接入并根据需要传输音频、视频和数据信道，同时保持成本下降。确实，为此目的，许多低成本的 WDM 组件正在发展之中，其中部分组件将在下一节中重点介绍。

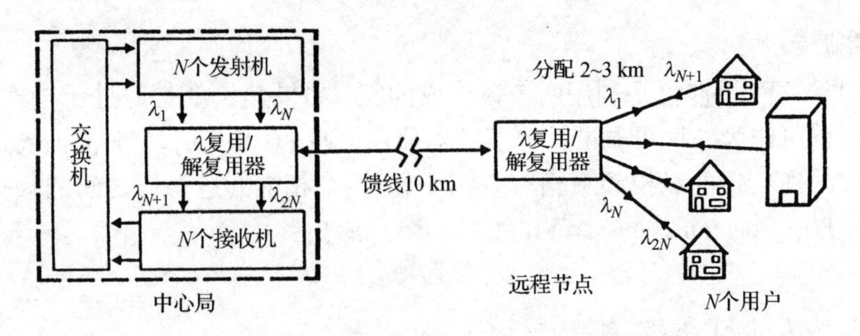

图 6.6　面向本地环路应用的无源光子环路[36]（经ⓒ1988 IEE 授权引用）

6.2　WDM 组件

对于光纤通信系统来说，WDM 技术的实现需要一些新的光学组件[40]。它们包括：复用器，用于将若干光发射机的输出信号复合起来并将其发射到光纤中（见图 6.2）；解复用器，用于将接收的多信道信号分离到从属于不同光接收机的各个信道中；星形耦合器，用于将若干光发射机的输出信号混合，并将混合后的信号广播给多个光接收机（见图 6.5）；可调谐光滤波器，通过调谐光滤波器的通带，滤出一个特定波长的信道；多波长光发射机，其波长可以在数纳米范围内调谐的光发射机；分插复用器和光路由器，将 WDM 信号分配给不同的端口。

6.2.1　可调谐光滤波器

首先考虑光滤波器是有意义的，因为它们往往是构建更加复杂的 WDM 组件的基石。可调谐光滤波器在 WDM 系统中的作用是选择光接收机所需要的某个信道，图 6.7 给出了信道选择机制的示意图。光滤波器的带宽必须足够大，以传输所需要的信道，但同时也要足够小，以便阻隔相邻的信道。

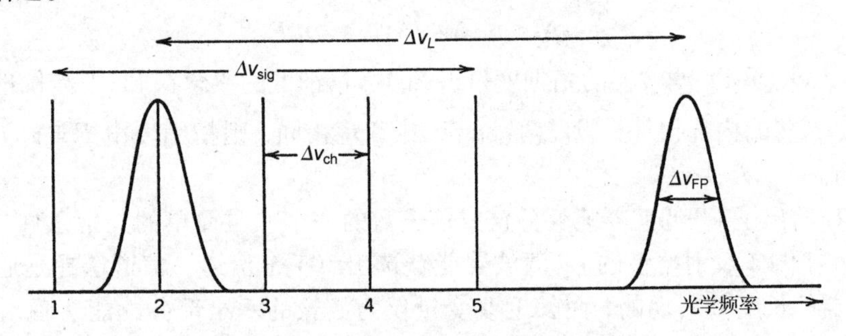

图 6.7　通过可调谐光滤波器的信道选择

所有光滤波器都需要一种波长选择机制，并根据其基本的物理机制是光学干涉还是衍射，可将其分为两大类，每一类都可以根据所采用的方案继续细分。在本节中，将考虑 4 种光滤波器；图 6.8 给出了每种光滤波器所对应的实例。一个可调谐光滤波器期望的特性包括：(1) 调谐范围宽，以使可选择的信道数最大化；(2) 可忽略的串扰，以避免相邻信道间的干扰；(3) 调谐速度快，以使访问时间最小化；(4) 插入损耗小；(5) 偏振不敏感性；(6) 对环境变化（湿度、温度和振动等）的稳定性；最后一点也是非常重要的一点：(7) 成本低。

法布里-珀罗滤波器

法布里-珀罗(FP)干涉仪是利用两个镜构成的腔，如果其长度是通过压电换能器电控的，那么 FP 干涉仪就可作为一种可调谐的光滤波器使用[见图 6.8(a)]。FP 滤波器透射率的峰值波长与式(3.1.8)所给出的纵模频率相对应，因此，两个相继的透射峰之间的频率间隔被称为自由光谱范围(Free Spectral Range, FSR)，并由下式给出：

$$\Delta\nu_L = c/(2n_gL) \tag{6.2.1}$$

式中，n_g是长度为 L 的 FP 滤波器腔内材料的群折射率。

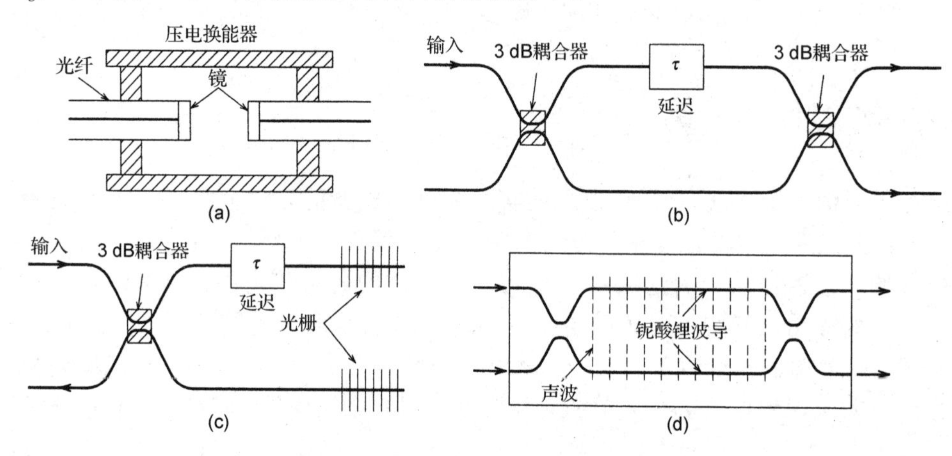

图 6.8 基于不同干涉或衍射器件的 4 种光滤波器。(a)法布里-珀罗滤波器；(b)马赫-曾德尔滤波器；(c)基于光栅的迈克耳孙滤波器；(d)声光滤波器，其中遮蔽区域表示表面声波

如果该滤波器被设计成只能允许单信道通过(见图 6.7)，那么多信道信号的复合带宽 $\Delta\nu_{\text{sig}} = N\Delta\nu_{\text{ch}} = NB/\eta_s$必须小于 $\Delta\nu_L$，这里 N 是信道数，η_s是频谱效率，B 是比特率。同时，滤波器的带宽 $\Delta\nu_{\text{FP}}$(图 6.7 中透射峰的宽度)应足够大以使被选信道的整个频谱成分全部通过。典型地，$\Delta\nu_{\text{FP}} \approx B$，因此，信道数由下式限制：

$$N < \eta_s(\Delta\nu_L/\Delta\nu_{\text{FP}}) = \eta_s F \tag{6.2.2}$$

式中，$F = \Delta\nu_L/\Delta\nu_{\text{FP}}$是 FP 滤波器的精细度(finesse)。精细度的概念在 FP 干涉仪理论中是众所周知的[41]。如果忽略内部损耗，假设两镜的反射率 R 相同，则精细度由 $F = \pi\sqrt{R}/(1-R)$给出，精细度可唯一由 R 决定[41]。

式(6.2.2)给出了 FP 滤波器能够分辨的信道数的一个非常简单的判别条件。例如，如果 $\eta_s = 1/3$，则带有 99% 反射率镜的 FP 滤波器能够选出 104 个信道。信道选择是通过电学方法改变 FP 滤波器的长度 L 实现的，而长度改变量仅为波长的一小部分就能实现对滤波器的调谐。滤波器长度 L 自身是由式(6.2.1)和条件 $\Delta\nu_L > \Delta\nu_{\text{sig}}$共同决定的，例如，对于一个信道间隔为 0.8 nm 的 10 个信道的 WDM 信号来说，有 $\Delta\nu_{\text{sig}} \approx 1$ THz。如果群折射率 $n_g = 1.5$，那么 L 应小于 100 μm，如此短的长度以及高反射率镜的需要加大了用于 WDM 应用的 FP 滤波器的设计难度。

实用的全光纤 FP 滤波器的设计是在两根光纤之间形成一个空气隙(见图 6.8)，形成空气隙的两根光纤的端面镀有作为高反射率镜的薄膜[42]，整个结构封闭在压电室内，因此可以通过电学方法改变空气隙的长度以实现调谐和选择特定的信道。光纤 FP 滤波器的优点是，它可以在不引入耦合损耗的条件下集成在系统内。从 1996 年开始，这种滤波器就被用在商用

WDM 光纤链路中。FP 滤波器的信道数一般被限制在 100 以下(对于 98% 的镜面反射率来说，$F\approx155$)，但是可以通过串联两个 FP 滤波器来增加信道数。尽管由于调谐机制的机械特性使调谐速度相对较慢，但是仍足以满足一些应用的需要。

可调谐 FP 滤波器也可以采用其他几种材料制作，例如液晶和半导体波导[43~48]。基于液晶的滤波器利用了液晶的各向异性，这样可以通过电学方法改变折射率。FP 腔仍是将液晶材料封闭在两个高反射率镜之间形成的，但是此时调谐是通过改变折射率而不是改变腔长实现的。这种 FP 滤波器可以提供高精细度($F\approx300$)，带宽约为 0.2 nm[43]。当使用向列型液晶时，调谐范围可以通过电学方法达到 50 nm，但开关时间通常约为 1 ms 或更长。通过采用近晶型液晶可以使开关时间降至 10 μs 以下[44]。

薄介电薄膜经常用于制作窄带干涉滤波器[45]，其基本思想是相当简单的：一堆适当设计的薄膜作为高反射率镜，如果用介电间隔层将这样的两个镜分开，就形成了一个可作为光滤波器的 FP 腔。对于通过被几个间隔层隔开的多个薄膜反射镜构成的多腔滤波器，还能修饰其带通响应特性。调谐可以通过几种不同的方法实现。在其中一种方法中，利用 InGaAsP/InP 波导使其具有电调谐特性[46]；硅基 FP 滤波器可利用热光效应实现调谐[47]；微机械调谐也同样被用于基于 InAlGaAs 的 FP 滤波器[48]，这种滤波器在 1.55 μm 波长区的带宽小于 0.35 nm，调谐范围为 40 nm。

马赫-曾德尔滤波器

马赫-曾德尔(MZ)干涉仪链也可以用来制作可调谐光滤波器[49~51]。一个马赫-曾德尔干涉仪可简单地通过将一个 3 dB 耦合器的两个输出端口与另一个 3 dB 耦合器的两个输入端口相连组成[见图 6.8(b)]：第一个 3 dB 耦合器将输入信号平均分成两部分，这两部分在第二个 3 dB 耦合器中发生干涉之前获得了不同的相移(假设两臂具有不同的长度)，由于相对相移是波长相关的，因此透射率 $T(\nu)$ 也是波长相关的。事实上，可以利用式(8.4.3)得到 $T(\nu)=|H(\nu)|^2=\cos^2(\pi\nu\tau)$，这里 $\nu=\omega/2\pi$ 是频率，τ 是马赫-曾德尔干涉仪两臂中的相对延迟[52]。相对延迟经过适当调节的马赫-曾德尔干涉仪链可以作为光滤波器使用，通过细微地改变臂长还可以实现调谐。从数学意义上讲，由 M 个这样的干涉仪组成的干涉仪链的透射率可由下式给出：

$$T(\nu)=\prod_{m=1}^{M}\cos^2(\pi\nu\tau_m) \tag{6.2.3}$$

式中，τ_m 是干涉仪链中第 m 个干涉仪的相对延迟。

通常，相对延迟 τ_m 的选择应使每级马赫-曾德尔干涉仪能够依次阻隔交替的信道，对于 $\Delta\nu_{ch}$ 的信道间隔，该方案需要 $\tau_m=(2^m\Delta\nu_{ch})^{-1}$。一个 10 级马赫-曾德尔干涉仪链的信道选择性与一个精细度为 1600 的 FP 滤波器提供的信道选择性一样好；而且，这种滤波器具有选择密集间隔信道的能力。马赫-曾德尔干涉仪链可以使用光纤耦合器构建，也可以使用硅衬底上的石英波导构建。20 世纪 90 年代，硅基石英工艺被广泛用于制作许多 WDM 组件，因为这些组件采用了在硅衬底上形成的平面光波导，因此被称为平面光波回路(planar lightwave circuit)[53~56]。马赫-曾德尔滤波器的调谐是通过沉积在每个马赫-曾德尔干涉仪其中一条臂上的铬加热器实现的，由于采用的是热调谐机制，导致其响应速度较慢，开关时间约为 1 ms。

基于光栅的滤波器

一类不同的可调谐光滤波器利用了由布拉格光栅提供的波长选择性。光纤布拉格光栅提供了一个基于光栅的光滤波器的简单例子[57]，在其最简单的形式中，一个光纤光栅作为反射滤波器，其中心波长可通过改变光栅周期进行控制，并且可通过微调光栅的强度或啁啾光栅的周期来修饰其带宽。光纤光栅的反射特性在实际情况下往往受到一定的限制，并需要用到一个光环行器(optical circulator)。光栅中间的相移可以将光纤光栅转换成一个窄带透射滤波器[58]。还有许多其他方案可用于制作基于光纤光栅的透射滤波器。在其中一种方案中，光纤光栅作为FP滤波器的反射镜，如此得到的透射滤波器的自由光谱范围可在0.1～10 nm的较大范围内变化[59]。在另一种设计中，将一个光纤光栅插入马赫-曾德尔干涉仪的每条臂中，如此得到了透射滤波器[57]。其他类型的干涉仪，如Sagnac干涉仪和迈克耳孙(Michelson)干涉仪，也能用来实现透射滤波器。图6.8(c)给出了用一个3 dB光纤耦合器和两个光纤光栅制作的迈克耳孙干涉仪的一个例子，其中光纤光栅作为干涉仪的反射镜[60]。这些方案中的大多数都能以基于硅衬底石英波导的平面光波回路的形式实现。

用于WDM系统的许多其他基于光栅的滤波器也得到了发展[61～68]。在其中一种方案中，借用DFB激光器技术，将InGaAsP/InP材料体系用于制作工作在1.55 μm附近的平面波导。波长选择性由一个内置的光栅提供，该光栅的布拉格波长可以通过电致折射率变化进行电调谐[61]。相位控制区(与用于多区DFB激光器的类似)也被用于调谐分布布拉格反射(DBR)滤波器。用多个光栅(每个都能独立调谐)也能制作可调谐滤波器[62]，这种滤波器可实现快速调谐(数纳秒内)，并且由于它能与一个或多个放大器集成，可被设计成用来提供净增益；这种滤波器还可以与接收机集成，因为它们是用相同的半导体材料制作的。InGaAsP/InP滤波器的这两个特性使它对于WDM应用极具吸引力。

通过加热或压缩光纤光栅，以使得有效模折射率或光栅物理周期以既定的方式进行改变，可以实现对光纤光栅的频谱响应的调谐。2002年，通过采用挤压技术实现了0～40 nm范围的调谐[66]。光栅滤波器的另一个问题是它们不具备周期滤波特性，这是由于光栅仅有一个以布拉格波长为中心的单一阻带。这一特性可通过超结构或采样光栅来改变[68]，这种光栅包含了多个被均匀折射率区域隔开的子光栅，且因其双重周期特性而被称为超结构光栅。超结构光栅将在8.4节色散均衡滤波器部分详细介绍。

声光滤波器

在另一类可调谐滤波器中，光栅是通过声波以动态方式形成的，这类滤波器称为声光滤波器(acousto-optic filter)，由于它具有宽调谐范围(大于100 nm)，非常适合WDM应用[69～73]。声光滤波器工作的物理机制是光弹性效应(photoelastic effect)，即当声波在声光介质中传输时会使介质折射率发生周期性变化(对应声光介质的局部密部和疏部区域)。实际上，声波产生了能对光波产生衍射作用的周期折射率光栅，波长选择性正是源于这一声波诱导的光栅。当波矢为$\boldsymbol{k}$的横电(TE)波通过该光栅衍射时，若满足相位匹配条件(phase-matching condition)$\boldsymbol{k}' = \boldsymbol{k} \pm \boldsymbol{K}_a$，则它的偏振态会从TE变成TM(横磁)，这里的$\boldsymbol{k}'$和$\boldsymbol{K}_a$分别对应TM波和声波的波矢。

声光可调谐滤波器既可以用体器件制作，也可以用波导器件制作，这两种类型均已实现商用。对于WDM应用，常常采用铌酸锂波导工艺，因为它能制作带宽约为1 nm，调谐范围为100 nm的紧凑、偏振无关的声光滤波器[70]。这种声光滤波器的基本设计如图6.8(d)所示，它包含两个偏振分束器、两条铌酸锂波导和一个表面声波换能器，所有这些均被集成在同一个衬底上。入射WDM信号通过第一个分束器后被分成正交偏振的两部分，因为声波会诱导其偏振方向发生变化，波长λ满足布拉格条件$\lambda = (\Delta n)\Lambda_a$的某个信道就会被第二个分束器引向一个不同的输出端口，而所有其他信道由另外的输出端口输出。对于铌酸锂波导而言，TE 波和 TM 波的折射率差 Δn 约为0.07。在$\lambda = 1.55$ μm 附近，声波波长 Λ_a应约为22 μm，如果在铌酸锂波导中声速为3.75 km/s，则该波长对应的频率约为170 MHz，这样的频率很容易施加。而且，频率的精确值还可以通过电学方法改变，进而改变满足布拉格条件的波长。声光滤波器的调谐速度相对较快，能够在不到10 μs 的开关时间内完成。声光可调谐滤波器还适合密集波分复用(DWDM)系统中的波长路由和光交叉连接应用。

基于放大器的滤波器

另一类可调谐光滤波器是根据选择信道放大原理来工作的。任何增益带宽小于信道间隔的放大器均可用做光滤波器，而调谐是通过改变增益峰值所在的波长实现的。在石英光纤中自然发生的受激布里渊散射(SBS)[74]，能用于单信道的选择放大，但增益带宽相当窄(小于100 MHz)。受激布里渊散射现象涉及声波与光波之间的相互作用，与声光滤波器一样同样受相位匹配条件的支配。正如在2.6节中讨论的，受激布里渊散射只发生在后向，并且在1.55 μm波长区会产生约为10 GHz 的频移。

为将受激布里渊散射放大作为可调谐光滤波器使用，在光纤接收端需要入射与多信道信号的传输方向相反的一束连续泵浦光，并通过调谐泵浦波长实现对信道的选择，泵浦光将它的一部分能量转移给相对于泵浦频率精确下移布里渊频移的信道中。对于这种方案而言，可调谐泵浦激光器是先决条件，每个信道的比特率甚至被限制在100 MHz 左右。在1989 年的一个实验中[75]，通过使用两个 8×8 星形耦合器来模拟128 个信道的 WDM 网络，可以利用这种方案选出信道间隔为1.5 GHz 的150 Mbps 信道。

若用 DFB 结构来压窄增益带宽，则半导体光放大器(SOA)也可用于信道选择[76]。内置光栅很容易提供小于1 nm 的滤波器带宽，可通过改变相位控制区(phase-control section)和布拉格区的电流，利用电致折射率变化实现波长调谐。实际上，这样的放大器不过是带有抗反射膜(增透膜)的多区半导体激光器。在一个实验演示中[77]，工作在1 Gbps 比特率下的间隔为0.23 nm的两个信道，可以通过单信道的选择放大(大于10 dB)实现分离。半导体光放大器中的四波混频(FWM)效应也能用于制作可调谐光滤波器，其中心波长由泵浦激光器决定[78]。

6.2.2　复用器和解复用器

复用器和解复用器是所有 WDM 系统的基本组件。与光滤波器类似，解复用器同样需要一种波长选择机制，据此可以将其分为两大类：一类是基于衍射的解复用器，它们通过角色散元件如衍射光栅，将入射光在空间上色散成不同的波长分量；另一类是基于干涉的解复用器，它们通过光滤波器和定向耦合器实现入射光不同波长分量在空间上的分离。因为在电介质中光波固有的可逆性，这两种情况下根据光传输方向的不同，同一个器件既可以作为复用器也可以作为解复用器使用。

基于光栅的解复用器利用了光栅的布拉格衍射现象[79~82]，图6.9 给出了两种这样的解复用器的设计。输入 WDM 信号聚焦到反射光栅上，反射光栅将 WDM 信号的不同波长分量在空间上分开，然后用常规透镜将它们分别聚焦到不同的光纤中。通过渐变折射率透镜可以简化光路统调，实现结构相对紧凑的器件；通过使用凹面光栅，可以省略聚焦透镜。对于一个更加紧凑的设计，凹面光栅可被集成在硅平板波导内[1]。在另一种不同的方法中，利用硅工艺刻蚀多个椭圆布拉格光栅[79]。这种方法的思想是非常简单的：若输入输出光纤恰好放置在椭圆光栅的两个焦点处，通过布拉格条件 $2\Lambda n_{\text{eff}}=\lambda_0$ 将光栅周期 Λ 调到对应的特定波长 λ_0，这里 n_{eff} 为波导模式的有效折射率，则光栅将有选择地反射该波长并将其聚焦到输出光纤中。由于一个光栅只能反射一个特定的波长，故需要刻蚀多个光栅。因为这种器件结构复杂，直接将一个凹面光栅刻蚀到石英波导上更实用。这种光栅可以设计成对波长间隔为 0.3 nm 的 120 个信道解复用[81]。

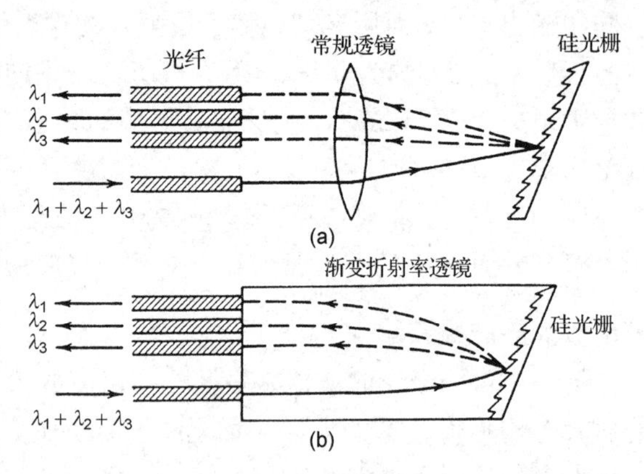

图 6.9 利用(a)常规透镜和(b)渐变折射率透镜的基于光栅的解复用器

光栅解复用器面临的一个问题是，它们的带通特性依赖于输入输出光纤的尺寸，尤其是，输出光纤的纤芯尺寸必须足够大以确保平坦通带和低插入损耗。基于这个原因，在早期的复用器设计中多采用多模光纤。在 1991 年的一个设计中，提出通过微透镜阵列来解决这个难题，并演示了用于单模光纤应用的 32 信道复用器[83]。通过将单模光纤固定在刻蚀到硅晶圆上的 V 形槽中，可以制作光纤阵列。微透镜将光纤相对较小的模场直径(约为 10 μm)转换成大得多的模场直径(约为 80 μm)，刚好超过了透镜本身。此方案提供了在 1.55 μm 附近的波长区信道间隔仅为 1 nm 而信道带宽为 0.7 nm 的复用器。

基于滤波器的解复用器是通过光的干涉现象来选择波长的[1]，其中基于马赫-曾德尔滤波器的解复用器已经受到了极大关注。与可调谐光滤波器类似，将几个马赫-曾德尔干涉仪组合起来可构成 WDM 解复用器[84~86]。1989 年，利用石英波导工艺制作了 128 信道复用器[85]。图 6.10 通过给出 4 信道波导复用器的布局设计，阐明了有关的基本概念。该复用器由 3 个马赫-曾德尔干涉仪构成，每个干涉仪的其中一条臂比另一条臂长，从而在两臂之间引入了波长相关相移。通过选择路径长度差使不同波长的两个输入端口的总输入功率只出现在一个输出端口。整个结构能以平面光波回路的形式用石英波导制作在硅衬底上。

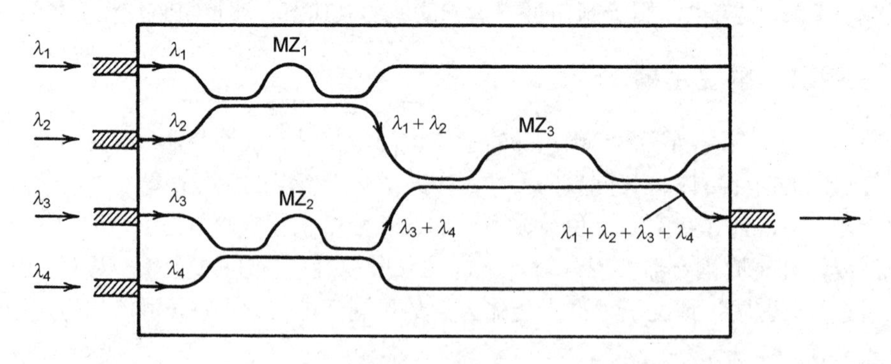

图 6.10 基于马赫-曾德尔干涉仪的一个集成的 4 信道波导复用器的布局设计[84](经ⓒ1988 IEEE授权引用)

光纤布拉格光栅也能用来制作全光纤解复用器。在一种方法中，通过在一个 $1\times N$ 光纤耦合器的每个输出端口处形成相移光栅(phase-shifted grating)从而在阻带中开启一个窄带传输窗口(宽约 0.1 nm)，将其转换成解复用器[58]。这个传输窗口的位置可通过改变相移量来改变，以便该 $1\times N$ 光纤耦合器的每条臂只传输一个信道。用光纤光栅技术可直接在平面石英波导上制作布拉格光栅，由于该方法允许将布拉格光栅集成在平面光波回路内，故一经提出便备受关注。这种光栅可集成在不对称马赫-曾德尔干涉仪（臂长不等）内，从而构成一个紧凑的复用器[87]。

利用多个定向耦合器同样可以构造复用器，其基本方案与图6.10所示的类似，但要更简单一些，因为没有使用马赫-曾德尔干涉仪。此外，利用光纤耦合器制作的全光纤复用器避免了当光耦合进或耦合出光纤时出现的耦合损耗。熔融双锥也能用来制作光纤耦合器[88]，由于基于光纤耦合器的复用器只能用在信道间隔相对较大的情况下（大于10 nm），故更适合稀疏波分复用（CWDM）应用。

从系统设计的角度，更偏爱具有低插入损耗的集成解复用器。一种有趣的方法是利用光波导的相控阵（phased array）充当光栅，这种光栅称为阵列波导光栅（Arrayed Waveguide Grating，AWG），由于其可用硅、InP或$LiNbO_3$工艺制作，已经受到极大关注[89~95]。对利用硅基石英工艺制作的阵列波导光栅而言，它们对制作平面光波回路是十分有用的[93]。AWG还可用于多种WDM应用，这将在WDM路由器部分继续讨论。

图6.11给出了波导光栅解复用器（也称为相控阵解复用器）的设计[89]。输入WDM信号在通过由透镜构成的自由传输区后，被耦合进平面波导阵列中，由于阵列波导的长度不同，在每个波导中WDM信号获得的相移也不同。而且，因为模传输常数与频率有关，故相移也是波长相关的。结果，当从阵列波导出射的光在另一个自由传输区中发生衍射时，不同的信道被聚焦到不同的输出波导上，最终WDM信号被解复用到各个信道中。这种解复用器是在20世纪90年代发展起来的，并于1999年实现了商用，它们能分辨信道间隔小至0.2 nm的256个信道。将几个适当设计的AWG组合起来，可以将信道数增加到1000个以上，同时保持10 GHz的分辨率[96]。

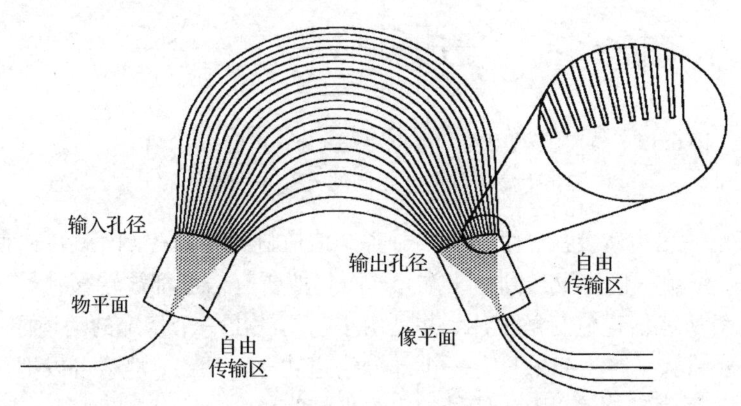

图6.11　由两个自由传输区（FPR）之间的波导阵列组成的波导光栅解复用器的示意图[89]（经ⓒ 1996 IEEE授权引用）

复用器的性能主要通过每个信道的插入损耗来评判，而解复用器性能的评判标准更为严格。首先，解复用器的性能应对输入WDM信号的偏振态不敏感；其次，解复用器在分离每个信道时不能对邻近信道有任何泄漏。在实际应用中，很可能发生一些功率泄漏，尤其是在小信道间隔的密集波分复用系统中。这种功率泄漏被称为串扰，对于令人满意的系统性能而言，串扰应相当小（小于 -20 dB）。信道间串扰问题将在6.3节中讨论。

6.2.3 分插复用器和滤波器

广域网和城域网需要分插复用器，在这种网络中常常需要下载或上载一个或多个信道，同时保持其他信道的完整性[97]。图6.12(a)给出了一个可重构光分插复用器(ROADM)的示意图；它将一组光开关安置在一个解复用器-复用器对之间。解复用器将所有信道分开，光开关下载、上载或通过各个信道，而复用器将整个信号再重新复合起来。上一节讨论的任何解复用器设计都可以用来制作这种ROADM，甚至可以对WDM信号进行放大，并使分插复用器处的信道功率均衡化，因为每个信道的功率都可以单独控制[98]。这种复用器的新组件是光开关，它可以利用包括$LiNbO_3$和InGaAsP波导的各种各样的工艺制作。

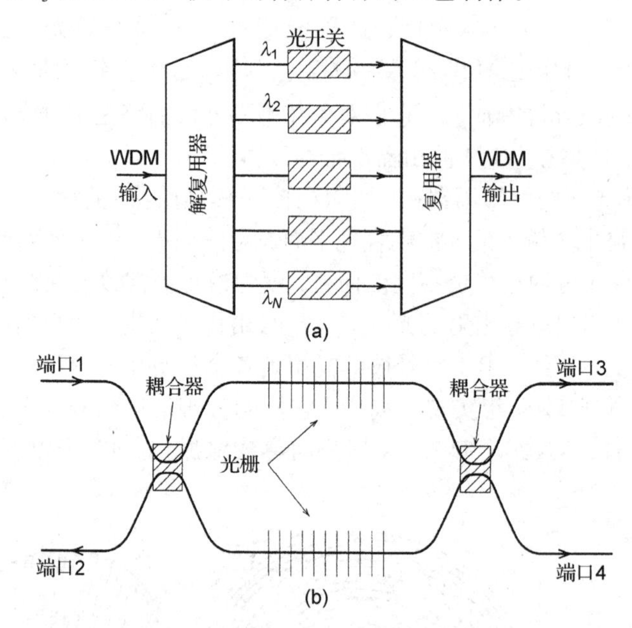

图6.12 (a)基于光开关的可重构光分插复用器；(b)由一个马赫-曾德尔干涉仪和两个相同的光纤光栅制作的分插滤波器

如果需要对单一信道解复用，而又不必对各个信道进行主动控制，就可以使用一个简单得多的多端口器件，将单一信道发送到一个端口，而其他所有信道都被转移到另一个端口。这种器件避免了需要对所有信道进行解复用，并且由于它们滤出一个特定的信道而不影响WDM信号，因此被称为分插滤波器。如果只有一小部分信道功率被滤出，那么可以把这种器件当成一个“光抽头”使用，因为它能使WDM信号的内容保持完整。

自从WDM技术出现以来，已经发展了多种分插滤波器[99~110]。最简单的方案是采用一系列相互连接的定向耦合器，形成一个与前面讨论的马赫-曾德尔滤波器相似的马赫-曾德尔链。然而，相比于6.2.1节中的马赫-曾德尔滤波器，式(6.2.3)中的相对延迟τ_m对每个马赫-曾德尔干涉仪都是相同的。这种器件有时称为谐振耦合器(resonant coupler)，因为它会谐振地耦合出某个特定的波长信道到一个输出端口，而其他信道出现在另一个输出端口。它的性能可以通过控制不同定向耦合器的耦合比来优化[101]。尽管使用光纤耦合器可以实现全光纤结构的谐振耦合器，但采用硅基石英波导工艺能设计出结构紧凑的这种分插滤波器[102]。

利用布拉格光栅的波长选择性也可以制作分插滤波器。在一种被称为光栅辅助(grating-assisted)定向耦合器的方法中，将一个布拉格光栅制作在定向耦合器的中间[107]。使用

InGaAsP/InP或硅波导可以将这种器件制作成紧凑的形式，然而，全光纤器件往往更受欢迎，因为它避免了耦合损耗。在一种常用的方案中，在马赫-曾德尔干涉仪(使用两个 3 dB 光纤耦合器制成)的两条臂上写入两个相同的布拉格光栅，这种分插滤波器的工作可以通过图 6.12(b)来理解。假设 WDM 信号从滤波器的端口 1 入射，则波长λ_g落在两个相同布拉格光栅的阻带内的那个信道被完全反射回去，出现在端口 2，剩余的信道则不受光栅影响，出现在端口 4。如果此波长的信号从端口 3 入射，使用相同的器件就可以上载一个波长为λ_g的信道。如果上载和下载操作同时进行，光栅具有高反射率(接近 100%)从而使串扰最小就很重要。早在 1995 年，这种全光纤分插滤波器的效率就可以达到 99% 以上，同时保持串扰在 1% 以下[103]。通过几个这种器件的级联，串扰可以降到 -50 dB 以下[104]。

几种其他方案也使用光栅来制作分插滤波器。在一种方案中，使用一条具有内置相移光栅的波导从在相邻波导中传输的 WDM 信号中上载或下载一个信道[99]。在另一种方案中，将两个相同的 AWG 串联，即使用光放大器将其中一个 AWG 的每个输出端口与另一个 AWG 对应的输入端口连接起来[100]。通过调节光放大器的增益，使得当 WDM 信号通过该器件时只有被下载的那个信道才会得到放大。这种器件与图 6.12(a)所示的可重构光分插复用器很接近，唯一区别是用光放大器替代了光开关。

在另一类分插滤波器中，光环行器和光纤光栅组合使用[108~110]。这种器件在设计上很简单，可以通过将一个光纤光栅的两端连接到两个三端口光环行器来制作。被光栅反射回去的信道会出现在输入端光环行器未使用的端口处，通过从输出端光环行器注入相同波长的信道，还可以将该信道上载。如果光环行器有 3 个以上的端口，那么这个器件可以只使用一个光环行器制作。如图 6.13 所示，有两种方案[108]，其中方案(a)使用了一个六端口环行器，WDM 信号从端口 1 进入，从端口 2 离开并通过一个布拉格光栅；下载的信道从端口 3 输出，剩余的信道从端口 5 重新进入光环行器，然后从端口 6 离开器件；上载的信道从端口 4 进入。方案(b)的工作方式类似，但使用了两个相同的光栅以减小串扰。当然，许多其他方案也是可以的。

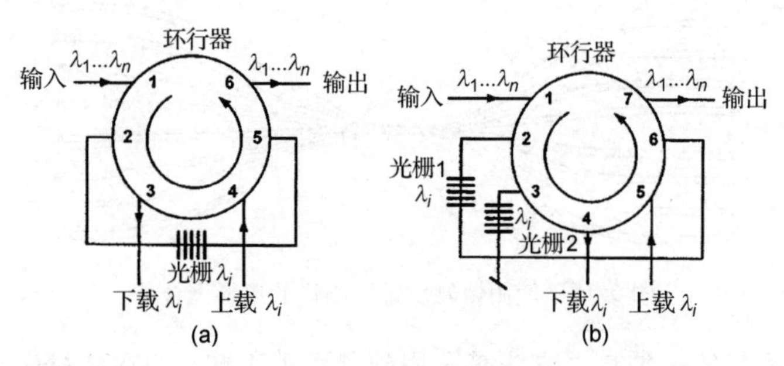

图 6.13　使用一个光环行器并结合光纤光栅的分插滤波器的两种设计[108](经ⓒ2001 IEEE 授权引用)

6.2.4　星形耦合器

如图 6.5 所示，星形耦合器的作用是将从它的多个输入端口进入的光信号复合起来，然后在它的输出端口之间进行平均分配。与解复用器相比，星形耦合器不包含波长选择元件，因为它们并不尝试将各个信道分开。输入端口和输出端口的数目也不必相同，例如，在视频信号的分配中，数量相对少的视频信道(如 100 个)可能会被分配给几千个用户。在每个用户都希望接收到所有信道(见图 6.5)的广播和选择局域网中，输入端口和输出端口的个数通常是相同的，这种无源星形耦合器被称为 $N \times N$ 广播星，这里 N 是输入(或输出)端口的个数。在局域网应用中，有时要用到反射星，它将复合信号反射回它的输入端口。当用户分布在一个较广的地理区域时，这种几何结构能够节省大量光纤。

为了局域网应用，已经发展了多种星形耦合器[111~117]。一种早期的方案利用多个 3 dB 光纤耦合器[112]，一个 3 dB 光纤耦合器将两个输入信号分配给它的两个输出端口，这也是 2×2 星形耦合器所需要的同样的功能。更高级的 $N \times N$ 星形耦合器可以通过数个 2×2 耦合器的组合来实现，只要 N 是 2 的倍数。图 6.14 给出了将 12 个 2×2 单模光纤耦合器相互连接起来而形成的 8×8 星形耦合器。随着端口个数的增加，这种星形耦合器的复杂性迅速增加。

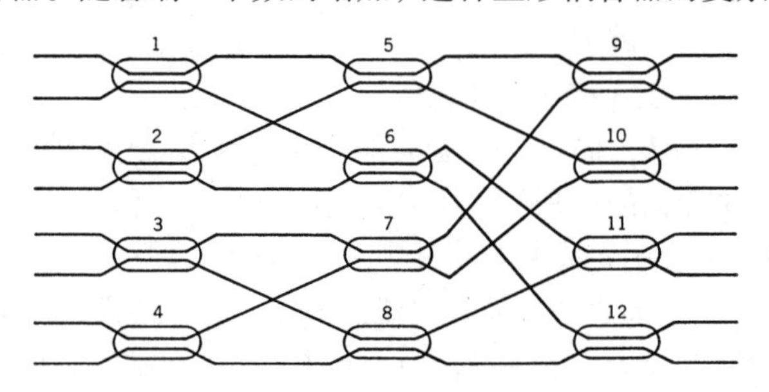

图 6.14　使用 12 个 2×2 单模光纤耦合器制作的一个 8×8 星形耦合器

使用熔融双锥法可以制作结构紧凑的单片星形耦合器，图 6.15 给出了用这种技术制作的星形耦合器的示意图。这种方法的思想是，将大量的光纤熔融到一起并将熔融的部分拉长，以形成一个双锥形结构；在锥形区域，来自每根光纤的信号混合到一起并在它的各输出端口之间几乎等量分配。对于多模光纤来说，这种方案的效果很好[111]，但对于单模光纤来说，这种方案被限制为仅数个端口。早在 1981 年，就使用单模光纤制成了熔融双锥形 2×2 耦合器[88]；它们还可以设计成工作在宽波长范围。高级星形耦合器可以采用与图 6.14 相似的组合方案来制作[113]。

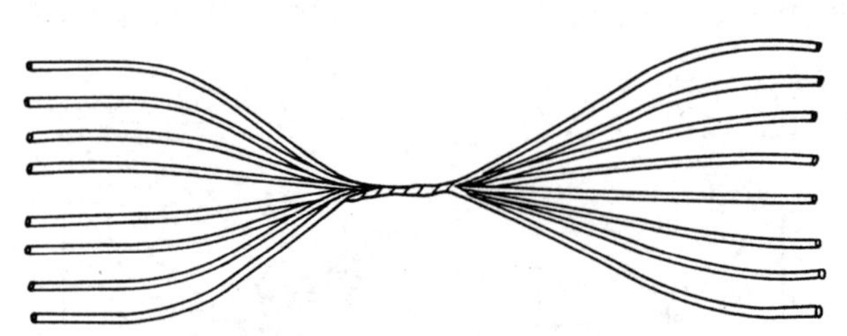

图 6.15　使用熔融双锥法制作的星形耦合器

制作紧凑的广播星的一种常用方法是采用硅基石英工艺，即在硅衬底上形成被中央的平板区域分开的平面石英波导的两个阵列。这种星形耦合器的第一次展示是在 1989 年的一个 19×19 的配置中[114]：石英沟道波导在输入端间距为 200 μm，但在中央区域附近最终的间距只有 8 μm；3 cm 长的星形耦合器的效率约为 55%。光纤放大器可以与星形耦合器集成在一起，从而使输出信号在广播之前得到放大[115]。绝缘体上硅(SOI)工艺已经用在星形耦合器的制作中，使用硅脊波导制作的 5×9 星形耦合器具有低损耗(1.3 dB)和相对均匀的耦合[116]。

6.2.5　波长路由器

一种重要的 WDM 组件是 $N \times N$ 波长路由器，它将星形耦合器的功能与复用/解复用操作结合起来。图 6.16(a)给出了当 $N=5$ 时这种波长路由器工作的示意图：从 N 个输入端口进入的 WDM 信号被解复用成各个信道，并被导向路由器的 N 个输出端口，这样每个输出端口的 WDM 信号是由在不同输入端口进入的信道组成的，这种操作形成一种循环方式的解复用。这种器件是无源路由器的一个例子，因为它不包含任何需要电功率的有源元件。它也被称为静态路由器(static router)，因为路由拓扑不是动态可重构的。尽管它的静态特性，这种 WDM 组件在 WDM 网络中还有许多潜在的应用。

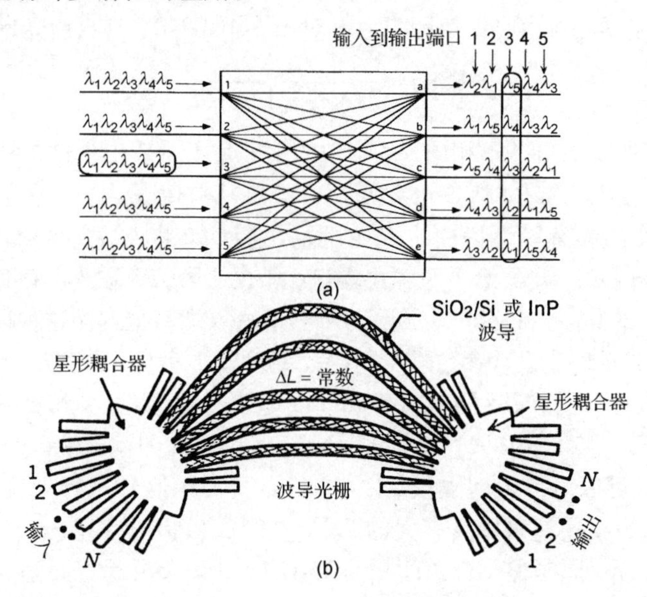

图 6.16 (a)波长路由器的示意图；(b)使用一个 AWG 实现的波长路由器[93](经© 1999 IEEE 授权引用)

波长路由器最常见的设计是使用如图 6.11 所示的 AWG 解复用器，当然，为提供多个输入端口，需要进行一定的调整。这种器件称为波导光栅路由器(Waveguide-Grating Router, WGR)，其示意图如图 6.16(b)所示。它由两个 $N\times M$ 的星形耦合器组成，这样其中一个星形耦合器的 M 个输出端口就可以通过 M 条波导组成的阵列(作为 AWG)与另一个星形耦合器的 M 个输入端口连接起来[89]。这种器件其实是马赫-曾德尔干涉仪的一种推广：单一输入被相干地分成 M 部分(不是两部分)，它们经过波导光栅区后将获得不同的相移并在第二个自由传输区发生干涉，最后根据它们波长的不同从 N 个不同的端口输出。WGR 的对称特性允许同时输入包含 N 个不同波长的 N 个 WDM 信号，每个 WDM 信号以周期方式解复用到 N 个输出端口。

为弄清楚 WGR 工作的物理学原理，需要仔细考虑当不同波长的信号通过星形耦合器内的自由传输区衍射并通过波导阵列传输时所引起的相位变化[89~95]。WGR 最重要的部分是波导阵列，它要设计成可使两条相邻波导之间的长度差 ΔL 保持恒定。如果一个波长为 λ 的信号从第 p 个输入端口通过第 m 条波导传输到第 q 个输出端口，则它的相位差(与连接中心端口的路径相比)可以写成[9]

$$\phi_{pqm}=(2\pi m/\lambda)(n_1\delta_p+n_2\Delta L+n_1\delta_q') \tag{6.2.4}$$

式中，n_1 和 n_2 分别是星形耦合器和波导所在区域的折射率，长度 δ_p 和 δ_q' 取决于输入和输出端口的位置。当对于某个整数 Q 能够满足条件

$$n_1(\delta_p+\delta_q')+n_2\Delta L=Q\lambda \tag{6.2.5}$$

时，波长为 λ 的信道获得的相移等于 2π 的整数倍，但经过不同的波导。结果，从 M 条阵列波导输出的该波长的所有场将在第 q 个输出端口发生相长干涉，而从第 p 个输入端口进入的其

他波长将被导向由条件式(6.2.5)决定的其他输出端口。显然，这个器件是作为一个解复用器，因为从第 p 个输入端口进入的 WDM 信号根据信道波长的不同被分配给不同的输出端口。

WGR 的路由功能源于传输谱的周期性，这个特性还可以容易地由式(6.2.5)理解。Q 的很多整数值都可以满足相长干涉的相位条件，例如，如果 Q 变成 $Q+1$，那么将会有一个不同的波长满足式(6.2.5)并被导向相同的输出端口，这两个波长的频率差就是自由光谱范围(FSR)，与 FP 滤波器的自由光谱范围类似。对于一个 WGR，其自由光谱范围由下式决定：

$$\mathrm{FSR}=\frac{c}{n_1(\delta_p+\delta_q')+n_2\Delta L} \tag{6.2.6}$$

严格地讲，FSR 对于所有端口并不相同，从实用的角度是不希望出现这个特性的。然而，当 δ_p 和 δ_q' 被设计得与 ΔL 相比非常小时，FSR 对于所有端口几乎相同，在这种情况下，WGR 可以视为采用并行方式工作的具有以下特性的 N 个解复用器：如果从第一个输入端口进入的 WDM 信号按 $\lambda_1,\lambda_2,\cdots,\lambda_N$ 的顺序分配给 N 个输出端口，那么从第二个输入端口进入的 WDM 信号就会按 $\lambda_N,\lambda_1,\cdots,\lambda_{N-1}$ 的顺序进行分配，并且对于其他输入端口也遵循这种循环方式。

WGR 的优化需要对许多设计参数进行精确控制以减小串扰，并使耦合效率最大化。尽管设计上很复杂，但通常采用硅基石英或 InGaAsP/InP 工艺将 WGR 制作成紧凑的(每个维度约为 1 cm)商用器件形式[89~95]。1996 年，实现了有 128 个输入和输出端口的 WGR，它采用了平面光波回路的形式，可以对信道间隔仅为 0.2 nm 的 WDM 信号进行处理，同时保持串扰在 -16 dB 以下。2000 年，通过采用具有大的芯层-包层相对折射率差(1.5%)的石英波导，使信道数增加到了 256 个，同时保持信道间隔为 25 GHz[118]。将几个经过适当设计的 AWG 进行组合，可以使信道数增加到 1000 个以上，同时保持 10 GHz 的分辨率[96]。这种器件唯一的缺点是，AWG 解复用器的插入损耗能超过 10 dB。

6.2.6　WDM 光发射机和光接收机

大部分 WDM 系统使用大量的 DFB 激光器，这些激光器的频率要经过挑选，以精确匹配 ITU 的频率栅格。当信道数很大时，这种方法就不实用了，有两种解决方案。第一种，使用调谐范围达 10 nm 或更宽的单模窄带激光器(见 3.2.3 节)，这种激光器的使用可以减少库存和维护问题。第二种，使用多波长光发射机，这种光发射机可以同时在 8 个或更多个固定波长处产生光。尽管这种 WDM 光发射机在 20 世纪 90 年代就引起了注意[119~125]，但直到 2001 年以后，工作在 1.55 μm 波长附近、信道间隔等于或小于 1 nm 的单片集成 WDM 光发射机才得到发展和商用，这种 WDM 光发射机采用了基于 InP 的光子集成回路(PIC)技术[126~131]。

还有几种不同的方法用来设计 WDM 光发射机。在一种方法中，使用无源波导对那些可以通过布拉格光栅进行单独调谐的 DFB 或 DBR 半导体激光器的输出进行复合[119~121]，并通过一个内置的光放大器对复用信号进行放大从而增加发射功率。在 1996 年的一个器件中，集成了 16 个增益耦合 DFB 激光器，通过改变脊波导的宽度和使用薄膜电阻在 0~1 nm 范围内调谐来控制它们的波长[120]。在另一种方法中，使用具有不同周期的采样光栅来精确调谐 DBR 激光器阵列的波长[122]。因为这种器件的复杂性，将 16 个以上的激光器集成在同一个芯片上比较困难。

在另一种方法中，将一个波导光栅集成在激光器腔内以提供在几个波长的同时激射。通常使用 AWG 来对数个光放大器或 DBR 激光器的输出进行复用[123~125]。1996 年，在这一基本思想的一个演示实验中，使用一个腔内 AWG 实现了 18 个波长(间隔 0.8 nm)同时激射[123]，图 6.17 给出了这种激光器的设计示意图。使用 AWG 通过频谱切片技术将左侧放大器的自发辐射解复用成 18 个谱带，右侧的放大器阵列选择性地放大一组 18 个波长，最终得到一个能在这 18 个波长同时发光的激光器。通过这种技术，在 1998 年制作出一个信道间隔为 50 GHz 的 16 波长光发射机[124]。在另一种方法中，AWG 不是在激光器腔内使用，而是用它对 10 个 DBR 激光器的输出进行复用，所有这些都集成在同一个芯片上[125]。还可以采用硅基石英工艺来制作 AWG，尽管它们不能集成在 InP 衬底上。

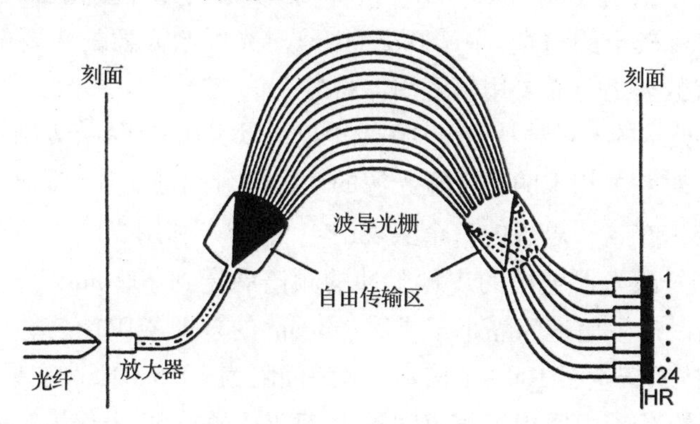

图 6.17　通过在激光器腔内集成一个 AWG 制作的 WDM 激光器的示意图[123]（经ⓒ1996 IEEE 授权引用）

光子集成回路方法在 2001 年以后受到了广泛关注。在 2002 年的一个光发射机中，将 12 个分布反馈半导体激光器集成在同一个 InP 芯片上，并通过蝶形封装模块内的微机电系统(MEMS)对它们的输出进行复合[126]。这种光发射机可以在 C 带内的 ITU 波长上(间隔50 GHz,由波长锁定器精确设定)提供 20 mW 的光纤耦合功率。这种器件并不是完全集成的，因为它采用分立的透镜将光从激光器耦合到 MEMS。2005 年，完全集成的大规模 PIC 光发射机芯片得到了发展并实现商用[128]。图 6.18 给出了一个将 50 个以上的功能整合到一个芯片上的这种 10 信道光发射机的结构：一个可调谐 DFB 激光器阵列的输出通过电吸收调制器(EAM)(用10 Gbps电比特流驱动)和可变光衰减器(VOA)阵列之后，用一个 AWG 复用器将它们复合；一个光功率监控器(OPM)阵列也被集成在芯片上，以确保功率符合要求；间隔为 200 GHz 的所有激光波长都落到 C 带内的 ITU 栅格上。为匹配这种 WDM 光发射机，还发展了 10 信道光接收机的 PIC 芯片。2006 年，将这种方法延伸，制作出每信道 40 Gbps 比特率的 40 信道 WDM 光发射机[129]。最近，通过在 InP 芯片上集成多个马赫-曾德尔干涉仪，制作出适合相位编码[差分正交相移键控(DQPSK)]比特流的光发射机[131]。

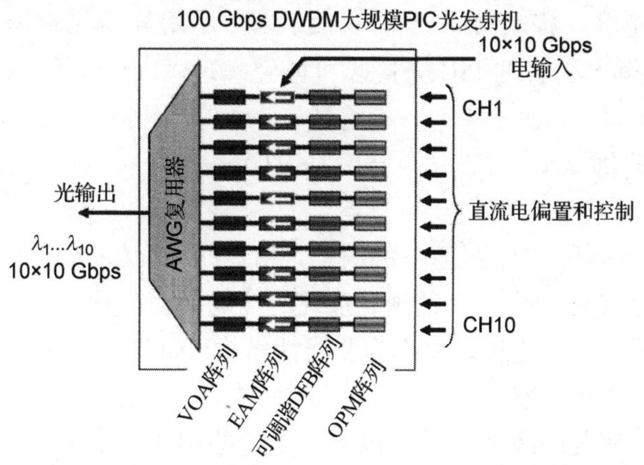

图 6.18　使用大规模 PIC 技术制作的 10 信道 WDM 光发射机的示意图[128]（经ⓒ2005 IEEE 授权引用）

光纤激光器也可以通过合理设计来提供多波长输出，从而作为连续波 WDM 光源使用[132~136]。一个含有移频器(如一个声光器件)和具有周期透射峰的光滤波器(如 FP 滤波器、采样光栅或阵列波导光栅)的环形腔光纤激光器，可以提供与 ITU 栅格一致的梳状频率输出。2000 年，通过这种技术获得了 16 个波长的输出，尽管它们的功率通常并不均匀。2009 年，发展了可覆盖整个 C 带、信道间隔为 100 GHz 的 50 个波长的光纤激光器[136]，所有波长的输出都具有相同的偏振态和较窄的谱宽(小于 0.2 MHz)。光纤激光器的主要缺点是，在使用单独的调制器对信道加载数据之前需要用解复用器将各个信道分开。

用基于频谱切片技术的一种独特的 WDM 光源也可以实现 WDM 光发射机，并能提供1000 个以上的信道[137~140]。对一个相干的宽带宽光源的输出进行频谱切片，是通过使用类似 AWG 的多峰光滤波器实现的。在这一思想的一个实现中[137]，首先利用光纤中的非线性效应，通过超连续谱产生将锁模光纤激光器输出的皮秒脉冲的频谱展宽到 200 nm[74]，然后通过一个 AWG 对输出进行频谱切片，产生信道间隔小于或等于 1 nm 的多个 WDM 信道。在 2000 年的一个实验中[139]，利用这种技术产生了 1000 个信道，信道间隔为 12.5 GHz。在另一个实验中[140]，在 1530~1560 nm 范围的 C 带内实现了信道间隔为 25 GHz 的 150 个信道，每个信道的信噪比超过 28 dB，说明这种光源适合 DWDM 应用。

如果采用能产生飞秒脉冲的锁模激光器，超连续谱的产生就不是不可或缺的，因为这种飞秒脉冲的初始谱宽就很宽，通过 10~15 km 长的标准通信光纤对它们引入啁啾，就可以使谱宽增加到 50 nm 或更多。使用一个解复用器对输出进行频谱切片可以提供许多信道，每个信道都可以独立调制。如果调制器是用通过时分复用得到的适当电比特流驱动的，那么这种技术还允许在解复用之前使用单一的调制器对所有信道进行同时调制。1996 年，通过这种方法实现了一个 32 信道的 WDM 光源[138]，从此，已用这种技术来提供具有 1000 个以上信道的光源。

在接收端，因为多信道 WDM 光接收机的使用可以简化系统设计和降低总体成本，所以它们也得到了发展[141~145]。单片光接收机在同一个芯片上集成了一个光电二极管阵列和一个解复用器。典型地，将一个平面凹面光栅解复用器或波导光栅路由器与光电二极管阵列集成在同一个芯片上，甚至可以在同一个芯片上集成电放大器。除了没有形成谐振腔，并且放大器阵列被光电二极管阵列替代，这种单片光接收机的设计与图 6.17 中的光发射机的设计相似。1995 年，首次制作出这种 WDM 光接收机，它集成了一个 8 信道波导光栅路由器(信道间隔 0.8 nm)、8 个 p-i-n 光电二极管和 8 个前置放大器(使用异质结双极型晶体管技术)[141]。2007 年，具有大量光电二极管的 PIC 光接收机已经实现[130]。

6.3 系统性能问题

在 WDM 光波系统的设计中，最重要的问题是信道间串扰(interchannel crosstalk)。一旦串扰导致功率从一个信道转移到另一个信道，系统的性能就会劣化。这种功率转移发生的原因是由于光纤中的非线性效应，这种现象称为非线性串扰(nonlinear crosstalk)，因为它的产生取决于通信通道的非线性特性。然而，由于各种 WDM 组件，如光滤波器、解复用器和开关的特性不完善，即使在一个完美的线性通道中也会发生一些串扰。本节将讨论线性和非线性串扰的机制，并考虑与 WDM 系统相关的其他性能问题。

6.3.1　不同波长线性串扰

线性串扰根据它的来源可以分成两类[146~155]。在使用光滤波器和解复用器时，经常从邻近信道泄漏的一小部分信号功率将干扰探测过程，这种串扰称为不同波长(heterowavelength)串扰或带外(out-of-band)串扰。与在WDM信号从多个节点的路由过程中发生的相同波长(homowavelength)串扰或带内(in-band)串扰不同，这种串扰具有非相干特性，所以它并不是很大的问题。本节关注不同波长的串扰。

考虑用可调谐光滤波器从入射到它上面的N个信道中选择一个信道的情况。如果将光滤波器设置为通过第m个信道，则到达光电探测器的光功率可以写成$P=P_m+\sum_{n\neq m}^{N}T_{mn}P_n$，这里$P_m$是第$m$个信道的光功率，$T_{mn}$是当选择第$m$个信道时第$n$个信道的光滤波器的透射率。如果当$n\neq m$时$T_{mn}\neq 0$，就会发生串扰，这种情况称为带外串扰，因为它属于那些位于被探测信道占用谱带之外的信道。带外串扰只取决于邻近信道的功率，显然具有非相干特性。

为评价这种带外串扰对系统性能的影响，应考虑功率代价，也就是光接收机为抵消串扰效应所需的附加光功率。入射光功率产生的光电流由下式给出：

$$I=R_{dm}P_m+\sum_{n\neq m}^{N}R_{dn}T_{mn}P_n\equiv I_{\mathrm{ch}}+I_X \tag{6.3.1}$$

式中，$R_{dm}=\eta_m q/h\nu_m$是光频率为ν_m的第m个信道的光电探测器的响应度，η_m是量子效率。式(6.3.1)中的第二项I_X表示串扰对光接收机电流I的贡献，它的值取决于比特模式，当所有干扰信道同时传输“1”比特时(最坏情况)达到最大值。

计算串扰功率代价的一种简单方法是根据串扰所导致的眼图闭合度(见4.3.3节)[146]。在最坏情况下眼图闭合得最厉害，I_X取得最大值。在实际应用中，为保持系统的性能需要增大I_{ch}。如果I_{ch}需要增大到δ_X倍，则对应眼图顶部的峰值电流为$I_1=\delta_X I_{\mathrm{ch}}+I_X$。判决阈值设为$I_D=I_1/2$，当

$$(\delta_X I_{\mathrm{ch}}+I_X)-I_X-\tfrac{1}{2}(\delta_X I_{\mathrm{ch}}+I_X)=\tfrac{1}{2}I_{\mathrm{ch}} \tag{6.3.2}$$

即$\delta_X=1+I_X/I_{\mathrm{ch}}$时，从$I_D$到顶部电平眼图张开度(eye opening)将保持在它的初始值$I_{\mathrm{ch}}/2$。物理量δ_X正是第m个信道的功率代价，由式(6.3.1)中I_X和I_{ch}的表达式，δ_X(以dB作为单位)可以写成

$$\delta_X=10\lg\left(1+\frac{\sum_{n\neq m}^{N}R_{dn}T_{mn}P_n}{R_{dm}P_m}\right) \tag{6.3.3}$$

式中，功率对应它们在“开”状态下的值。如果假设峰值功率对所有信道都相同，则串扰代价就会变成与功率无关的。进一步，如果光电探测器的响应度对于所有信道都几乎一样($R_{dm}\approx R_{dn}$)，则δ_X可以由下式很好地近似：

$$\delta_X\approx 10\lg(1+X) \tag{6.3.4}$$

式中，$X=\sum_{n\neq m}^{N}T_{mn}$是带外串扰的量度，它表示从所有其他信道泄漏到某个特定信道中的总功率所占的比例。X的数值取决于特定光滤波器的传输特性，对于FP滤波器，X具有封闭形式的解[147]。

以上对串扰功率代价的分析是基于眼图闭合度而不是误码率(BER)。如果将式(6.3.1)中的I_X处理成一个随机变量，则可以得到误码率的一个表达式。对于I_X的一个给定值，利用

4.6.1节中的分析可以得到误码率。特别是，如果假设在“关”状态下 $I_{ch}=0$，误码率就可以用“开”和“关”状态下的电流 $I_1=I_{ch}+I_X$ 和 $I_0=I_X$ 由式(4.6.6)给出。判决阈值设置在 $I_D=I_{ch}(1+X)/2$，这对应所有邻近信道都处在“开”状态的最坏情况；最终的误码率通过在随机变量 I_X 的分布上取平均得到。对于 FP 滤波器，已经计算了 I_X 的分布，结果通常远离高斯型。串扰功率代价 δ_X 可以通过寻找为保持指定的误码率所需要的 I_{ch} 的增加量来计算。图 6.19 给出了对应于不同的误码率值，计算的串扰功率代价随 N/F 的变化关系(选取 FP 滤波器的精细度 $F=100$)[147]，其中实线对应零误码率的情况(BER=0)。当 N/F 的值为 0.33 时，为保持 10^{-9} 的误码率，串扰功率代价应保持在 0.2 dB 以下。从式(6.2.2)可以看出，对于这种 FP 滤波器，信道间隔可以只有 3 倍比特率宽。

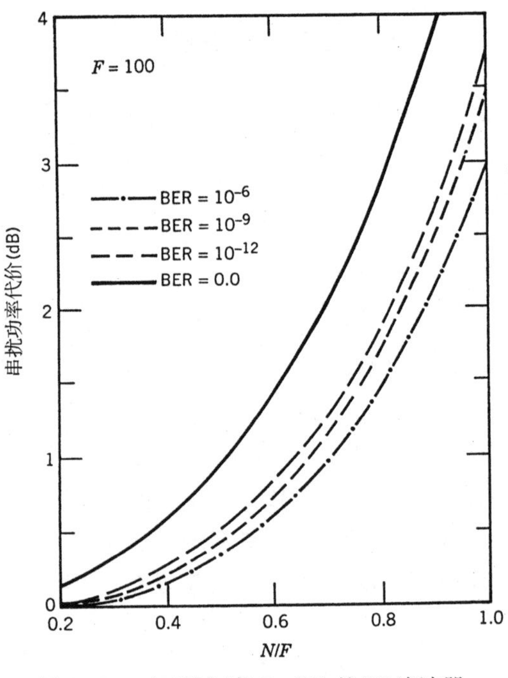

图 6.19 对于精细度 $F=100$ 的 FP 滤波器，在4个不同误码率下的串扰功率代价[147](经© 1990 IEEE授权引用)

6.3.2 相同波长线性串扰

相同波长串扰或带内串扰源于沿光网络用于路由和交换的 WDM 组件，自从 WDM 系统出现后，这种串扰就受到人们的关注[148~155]。带内串扰的起源能通过考虑一个静态波长路由器[如图 6.16 中的波导光栅路由器(WGR)]来理解。对于一个 $N\times N$ 的路由器，存在 N^2 种组合，通过它们能把 N 个波长的 WDM 信号分开。考虑一个波长等于 λ_m 的输出，在伴随这个需要的信号的 N^2-1 个干扰信号中，$N-1$ 个信号具有相同的载波波长 λ_m，而余下的 $N(N-1)$ 个信号具有不同的载波波长，当它们通过其他的 WDM 组件时有可能被消除。具有相同波长的 $N-1$ 个串扰信号(带内串扰)是通过波导光栅路由器的不完全滤波产生的，因为波导光栅路由器的透射峰是部分交叠的[149]。只包含带内串扰的总的光场可以写成

$$E_m(t)=\left(E_m+\sum_{n\neq m}^{N}E_n\right)\exp(-\mathrm{i}\omega_m t) \tag{6.3.5}$$

式中，E_m 是需要的信号，$\omega_m=2\pi c/\lambda_m$。由式(6.3.5)可明显看出带内串扰具有相干特性。

研究带内串扰对系统性能的影响，还应考虑功率代价。在这种情况下光接收机电流 $I=R_{dm}|E_m(t)|^2$ 中包含了干扰项或拍频项，这与光放大器的情况类似(见 7.5 节)。能够将拍频项分成两类：类似 E_mE_n 项的信号-串扰拍频和类似 E_kE_n 项的串扰-串扰拍频，这里 $k\neq m$ 且 $n\neq m$。在实际应用中，后一类项是微不足道的，可以忽略它们，于是近似给出光接收机电流为

$$I(t)\approx R_{dm}P_m(t)+2R_{dm}\sum_{n\neq m}^{N}\sqrt{P_m(t)P_n(t)}\cos[\phi_m(t)-\phi_n(t)] \tag{6.3.6}$$

式中，$P_n=|E_n|^2$ 是功率，$\phi_n(t)$ 是相位。在实际应用中，当 $n\neq m$ 时 $P_n\ll P_m$，因为波导光栅路由器要制作成能够减小串扰。因为相位可能是随机起伏的，能将式(6.3.6)写成 $I(t)=R_{dm}(P_m+\Delta P)$ 的形式，把串扰处理成强度噪声，并用 4.7.2 节的方法计算功率代价。实际上，

所得结果与式(4.7.11)的结果相同，能写成

$$\delta_X = -10\lg(1 - r_X^2 Q^2) \tag{6.3.7}$$

其中

$$r_X^2 = \langle(\Delta P)^2\rangle / P_m^2 = X(N-1) \tag{6.3.8}$$

式中，$X = P_n/P_m$是串扰电平，它定义为通过 WGR 泄漏的功率所占的比例，通过假设功率相等，可以认为相干带内串扰所有 $N-1$ 个源的串扰电平都相同。通过代换 $\cos^2\theta = 1/2$ 能完成在相位上的平均，另外，r_X^2要乘以另一个1/2 因子，以说明 P_n在平均一半的时间上为零（"0"比特期间）这样一个事实。对 WGR 功率代价的实验测量与这个简单模型相吻合[149]。

带内串扰的影响还能由图4.23 估计，该图给出了功率代价 δ_X随 r_X的变化关系。为保持功率代价低于2 dB，需要满足 $r_X < 0.07$，这个条件将式(6.3.8)中的 $X(N-1)$限制在 -23 dB 以下。于是，当 $N=16$ 时，串扰电平 X 必须低于 -38 dB；当 $N=100$ 时，串扰电平 X 必须低于 -43 dB。这都是相当严格的要求。

在通过光交叉连接的动态波长路由的情况下，串扰代价的计算变得相当复杂，因为在这样的 WDM 网络中，信号要经由大量的串扰元素[150]。当串扰元素的个数多于25 时，尽管每个元素的串扰电平只有 -40 dB，由最坏情况分析预测功率代价大于3 dB。显然，在 WDM 网络的设计中，线性串扰是主要关心的问题，应加以控制，为此，已经提出了几种控制线性串扰的技术[156~158]。

6.3.3　非线性拉曼串扰

光纤中的几种非线性效应[74]能导致信道间和信道内串扰，这些串扰会显著影响系统的性能[159~165]。2.6 节从物理学的角度讨论了这些非线性效应和它们的起源，本节关注拉曼串扰。

正如在2.6 节中讨论的，单信道系统通常并不关心受激拉曼散射(SRS)，因为 SRS 的阈值相当高（在1.55 μm 附近约为500 mW）。对于 WDM 系统情况就有很大的不同，此时光纤作为一个拉曼放大器（见7.3 节），这样只要长波长信道和短波长信道的波长差位于拉曼增益带宽内，长波长信道就被短波长信道放大。石英光纤的拉曼增益谱很宽，以至于可以放大间隔100 nm的信道。最短波长的信道消耗得最厉害，因为它能同时泵浦多个信道。信道间的这种能量转移对系统性能是有害的，因为它取决于比特模式——只有两个信道同时出现"1"比特时拉曼放大才会发生。拉曼引起的串扰使系统性能劣化，在 WDM 系统中受到了很大的关注[166~173]。

如果信道功率足够小，在整个光纤链路上受激拉曼散射产生的放大可以忽略，则拉曼串扰是可以避免的，因此，估计信道功率的极限值是很重要的。一个简单的模型考虑了在最坏情况下（也就是所有信道的"1"比特同时完全交叠）最高频率信道的消耗[159]，每个信道的放大倍数为 $G_m = \exp(g_m L_{\text{eff}})$，这里 L_{eff}是式(2.6.7)定义的有效相互作用长度，$g_m = g_R(\Omega_m)P_{\text{ch}}/A_{\text{eff}}$是在 $\Omega_m = \omega_1 - \omega_m$处的拉曼增益。如果 $g_m L_{\text{eff}} \ll 1$，那么由于对第 m 个信道的拉曼放大，ω_1处的最短波长信道以 $g_m L_{\text{eff}}$的比例被消耗。一个 M 信道 WDM 系统的总消耗由下式给出：

$$D_R = \sum_{m=2}^{M} g_R(\Omega_m) P_{\text{ch}} L_{\text{eff}} / A_{\text{eff}} \tag{6.3.9}$$

如果拉曼增益谱（见图2.17）可以近似为三角形分布（这样 g_R就会以 $S_R = \mathrm{d}g_R/\mathrm{d}\nu$ 的斜率随频率线性增加，一直到15 THz，然后降至为零），则式(6.3.9)的求和可以通过解析方法完成。

利用 $g_R(\Omega_m)=mS_R\Delta\nu_{ch}$，则最短波长信道的功率消耗变成[159]

$$D_R=\frac{1}{2}M(M-1)C_RP_{ch}L_{eff} \tag{6.3.10}$$

式中，$C_R=S_R\Delta\nu_{ch}/(2A_{eff})$。在推导该式时，假设信道间隔恒定为 $\Delta\nu_{ch}$，并将每个信道的拉曼增益减小一半，以说明不同信道的偏振态是随机的。

更准确的分析不仅要考虑每个信道因为其功率转移到较长波长信道所造成的信道自身的消耗，也要考虑该信道自身被较短波长信道的放大。如果其他所有非线性效应连同群速度色散都忽略掉，则第 n 个信道功率 P_n 的演化由下面的方程给出(见7.3节)：

$$\frac{dP_n}{dz}+\alpha P_n=C_RP_n\sum_{m=1}^{M}(n-m)P_m \tag{6.3.11}$$

式中，假设 α 对所有信道都相同。这一组 M 个耦合非线性方程可以解析求解，对于长度为 L 的光纤，结果由下式给出[166]：

$$P_n(L)=P_n(0)e^{-\alpha L}\frac{P_t\exp[(n-1)C_RP_tL_{eff}]}{\sum_{m=1}^{M}P_m(0)\exp[(m-1)C_RP_tL_{eff}]} \tag{6.3.12}$$

式中，$P_t=\sum_{m=1}^{M}P_m(0)$ 是所有信道的总输入功率。该式表明，由于拉曼引起的所有信道之间的耦合，信道功率遵循指数分布。

较短波长信道($n=1$)的消耗因子 D_R 可以通过 $D_R=(P_{10}-P_1)/P_{10}$ 得到，这里 $P_{10}=P_1(0)\exp(-\alpha L)$ 是没有受激拉曼散射时预期的信道功率。在所有信道输入功率相等的情况下，式(6.3.12)中 $P_t=MP_{ch}$，则 D_R 由下式给出：

$$D_R=1-\exp\left[-\frac{1}{2}M(M-1)C_RP_{ch}L_{eff}\right]\frac{M\sinh(\frac{1}{2}MC_RP_{ch}L_{eff})}{\sinh(\frac{1}{2}M^2C_RP_{ch}L_{eff})} \tag{6.3.13}$$

在 $M^2C_RP_{ch}L_{eff}\ll 1$ 的极限下，这个复杂的表达式可以简化成式(6.3.10)给出的结果。一般来说，式(6.3.10)高估了拉曼串扰。

拉曼串扰引起的功率代价可以通过 $\delta_R=-10\lg(1-D_R)$ 得到，因为输入信道功率必须增加到原来的 $(1-D_R)^{-1}$ 倍才能维持相同的系统性能。图6.20给出了拉曼串扰引起的功率代价是如何随信道功率和信道数的增加而增大的，其中假设信道间隔为100 GHz。从增益谱可以估计出当 $A_{eff}=50\ \mu m^2$ 且 $L_{eff}\approx 1/\alpha=21.74$ km 时拉曼增益的斜率为 $S_R=4.9\times10^{-18}$ m/(W·GHz)。正如图6.20所示，WDM系统的功率代价在信道数较多时变得很大。如果最多可以接受1 dB的功率代价值，那么对于20个信道，限制信道功率 P_{ch} 超过10 mW；但当WDM的信道数超过70时，它的值减小到1 mW以下。

以上分析只是对拉曼串扰提供了一个粗略的估计，因为它忽略了每个信道的信号是由“0”比特和“1”比特的随机序列组成的这一事实。统计分析表明，当考虑信号调制的影响时，拉曼串扰的值会减小一半左右[161]。以上分析还忽略了群速度色散的影响，实际上，由于群速度失配，不同信道中脉冲的传输速度不同，这也会减小拉曼串扰[167]。另一方面，WDM信号的周期放大会增强受激拉曼散射引起的性能劣化的影响，原因是在线放大器加入的噪声相比信号自身遭受较小的拉曼损耗，从而导致信噪比劣化。在2003年的一项研究中，计算了实际工作条件下的拉曼串扰[173]。数值模拟表明，通过沿光纤链路插入光滤波器，将最长波长信道以下的低频噪声阻隔，可以减小拉曼串扰[171]。拉曼串扰还可以通过中点频谱反转(midway spectral inversion)技术来减小[168]。

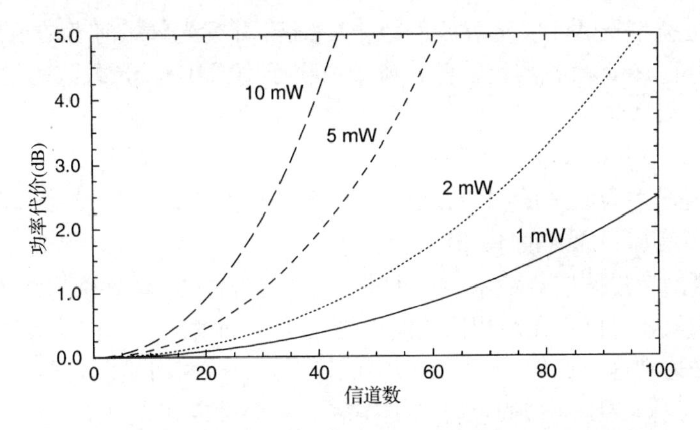

图6.20　对于不同的P_{ch}值拉曼串扰引起的功率代价与信道数的关系，信道间隔为100 GHz，每个信道的功率相等

6.3.4　受激布里渊散射

当信道间隔与布里渊频移相等时，受激布里渊散射(SBS)也可以将能量从高频信道转移到低频信道中。然而，与受激拉曼散射的情况不同的是，这种能量转移可以通过多信道通信系统的适当设计来轻易避免，原因是，布里渊增益带宽(约为20 MHz)与拉曼增益带宽(约为5 THz)相比很窄，因此信道间隔必须几乎与布里渊频移(Brillouin shift)完全匹配(在1.55 μm波长区约为10 GHz)才能发生受激布里渊散射，而这种严格的匹配很容易避免。而且，正如在2.6节中讨论的，两个信道必须反向传输才能发生布里渊放大。

当所有信道都前向传输时，尽管受激布里渊散射不会导致信道间的串扰，它还是限制了信道功率。原因是，当满足阈值条件$g_B P_{th} L_{eff}/A_{eff} \approx 21$时(见2.6节)，一部分信道功率会转移到由噪声产生的反向传输斯托克斯波上。这个条件不依赖于其他信道的个数和有无，然而，每个信道的阈值都可以在低功率电平下达到。图6.21给出了随着注入连续光功率从0.5 mW增加到50 mW，输出功率和通过受激布里渊散射向后散射的功率在13 km长色散位移光纤中的变化情况[174]。在这个实验中，当达到布里渊阈值(Brillouin threshold)后，能通过光纤传输的功率不超过3 mW。对于$A_{eff}=50\ \mu m^2$且$\alpha=0.2$ dB/km的光纤，当光纤长度足够长(大于20 km)以至于L_{eff}可以用$1/\alpha$替代时，阈值功率小于2 mW。

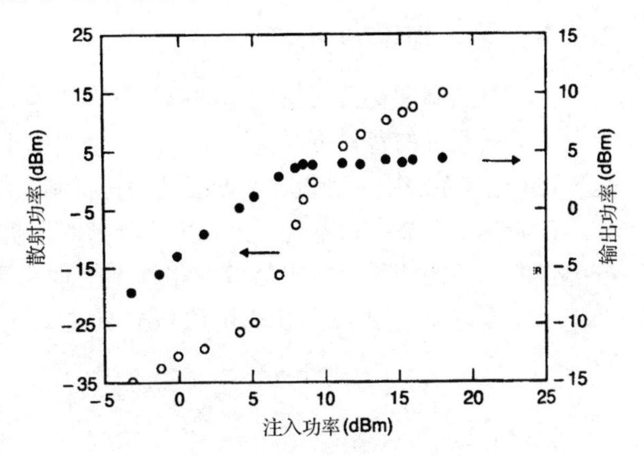

图6.21　输出功率(实心圆点)和受激布里渊散射功率(空心圆点)随注入功率的变化[174](经© 1992 IEEE授权引用)

前面的估计适用于连续信号，因为它忽略了信号调制(产生“0”比特和“1”比特的随机序列)的影响。一般来说，布里渊阈值取决于调制格式以及比特率与布里渊增益带宽的比率[175]，对于工作在10 Gbps附近的光波系统，布里渊阈值可以增加到5 mW以上。一些应用需要发射功率超过10 mW，为了提高布里渊阈值，已经提出了多种方案[176~183]，它们主要

依靠增加布里渊增益带宽 $\Delta\nu_B$或光载波的谱宽。对于石英光纤，前者的值约为 20 MHz；对于 WDM 系统使用的 DFB 激光器，后者的典型值小于 10 MHz。光载波的谱宽可以在不影响系统性能的前提下得以增加，方法是以远低于比特率的频率调制它的相位，典型地，调制频率 $\Delta\nu_m$的范围是 200 ~ 400 MHz。因为有效布里渊增益减小为原来的 $1/(1+\Delta\nu_m/\Delta\nu_B)$，受激布里渊散射阈值增大为原来的 $(1+\Delta\nu_m/\Delta\nu_B)$ 倍。既然典型的 $\Delta\nu_B$约为 20 MHz，通过这种技术可使入射功率增加到原来的 10 倍以上。

如果光纤自身的布里渊增益带宽 $\Delta\nu_B$可以从它的标称值 20 MHz 增加到 200 MHz 以上，受激布里渊散射的阈值就可以在无须相位调制的情况下得到增加。一种技术通过沿光纤长度方向施加正弦应变来达到这个目的，施加的应变能以周期方式将布里渊频移 ν_B位移数个百分点，所得到的布里渊增益谱要比 ν_B值固定时的宽得多。应变可以在光纤成缆的过程中施加；在一种光缆中，发现 $\Delta\nu_B$从 50 MHz 增加到了 400 MHz[176]。因为纵向声波频率与纤芯半径有关，沿光纤长度方向改变纤芯半径也能改变布里渊频移 ν_B；沿光纤长度方向改变掺杂浓度也可以实现相同的效果，通过这种技术使光纤的受激布里渊散射阈值增加了 7 dB[177]。改变纤芯半径或掺杂浓度的一个副作用是，群速度色散系数 β_2也会沿光纤长度变化。通过沿光纤长度方向同时改变纤芯半径和掺杂浓度使 β_2保持相对一致也是可能的[179]。由监控信道通过交叉相位调制这种非线性现象引起的相位调制也可以用来抑制受激布里渊散射[181]。由邻近信道引起的交叉相位调制也能有所帮助[178]，但它很难控制，并且它自身也是一个串扰源。在实际应用中，集成在光发射机内的频率调制器提供了抑制受激布里渊散射的最好办法，使用这种技术已经实现了大于 200 mW 的阈值功率[180]。

6.3.5 交叉相位调制

自相位调制和交叉相位调制都影响 WDM 系统的性能。自相位调制的影响已经在 5.3 节中在单信道系统的背景下讨论过了，它们也适用于 WDM 系统的各个信道。交叉相位调制现象是 WDM 光波系统中一种重要的非线性串扰机制，在这种背景下已经得到了广泛的研究[184~197]。

正如在 2.6 节中讨论的，交叉相位调制源于折射率的强度相关性，当信号沿光纤传输时会产生强度相关的相移。特定信道的相移不但取决于那个信道的功率，而且取决于其他信道的功率[74]。第 j 个信道的总相移由下式给出(见 2.6 节)：

$$\phi_j^{NL}=\frac{\gamma}{\alpha}\left(P_j+2\sum_{m\neq j}^{N}P_m\right) \tag{6.3.14}$$

式中，第一项是因为自相位调制，假设 $\alpha L\gg1$，L_{eff}已用 $1/\alpha$ 替代。根据所用光纤种类的不同，参数 γ 的取值范围是 1 ~ 10 $\text{W}^{-1}\cdot\text{km}^{-1}$，使用色散补偿光纤时它的值较大。非线性相移取决于不同信道的比特模式，如果假设各个信道的功率相等，那么对于 N 个信道它可以从 0 变化到最大值 $\phi_{\max}=(\gamma/\alpha)(2N-1)P_j$。

严格地讲，如果忽略群速度色散效应，交叉相位调制引起的相移就不应该影响系统的性能。然而，光纤中的任何色散都会将比特模式相关的相移转换成功率起伏，从而导致光接收机的信噪比下降。这种转换可以这样理解：时间相关的相位变化导致频率啁啾，而频率啁啾将影响色散引起的信号展宽。图 6.22 给出了当连续探测信号和用 NRZ 格式调制的 10 Gbps 泵浦信道一起入射时，由交叉相位调制引起的连续探测信号的起伏情况。在经过 320 km 长的色散光纤后，连续探测信号的功率起伏高达 6%。起伏的均方根值取决于信道功率，可以通过降低信道功率来减小起伏。作为一个粗略的估计，如果使用条件 $\phi_{max}<1$，则信道功率受下式限制：

$$P_{ch}<\alpha/[\gamma(2N-1)] \tag{6.3.15}$$

对于 α 和 γ 的典型值，即使在 5 个信道的情况下，P_{ch} 也应低于 10 mW；超过 50 个信道时，P_{ch} 应减小到 1 mW 以下。

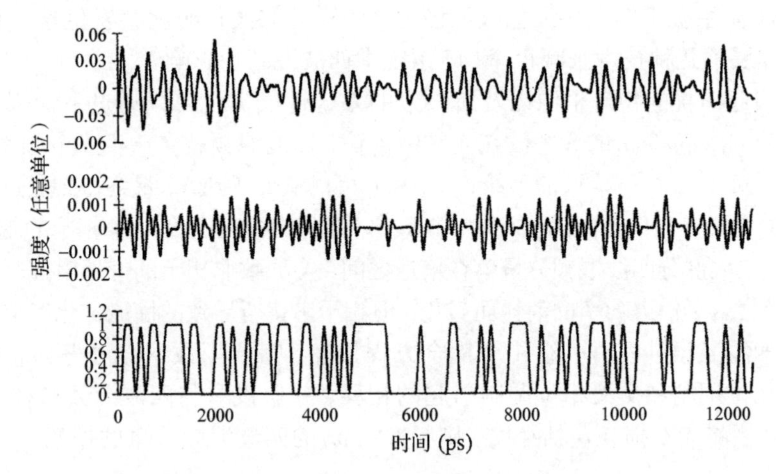

图 6.22　对于 130 km 长链路（中间）和带有色散管理的 320 km 长链路（顶部），由交叉相位调制引起的连续探测信号的功率起伏，泵浦信道中的NRZ比特流在底部示出[187]（经© 1999 IEEE授权引用）

前面的分析只是提供了一个粗略的估计，因为它忽略了这样一个事实：属于不同信道的脉冲以不同的速度传输，它们穿过彼此的速度与它们的波长差有关。既然交叉相位调制只发生在脉冲在时域中发生交叠时，因此它的影响会因为走离效应而大大减小。因为属于某一信道的传输速度较快的脉冲会碰撞并通过另一个信道的特定脉冲，所以交叉相位调制引起的啁啾会使脉冲频谱先红移再蓝移。在无损耗的光纤中，两个脉冲的碰撞是完全对称的，结果在碰撞结束后没有任何的净频移。在光放大器沿光纤链路周期放置的损耗管理系统中，功率变化使不同信道脉冲间的碰撞不再对称，最终导致了与信道间隔有关的净频移。这种频移会引起定时抖动（由于群速度色散，一个信道的传输速度与它的频率有关），因为频移量与比特模式和信道波长都有关系。交叉相位调制引起的振幅抖动和定时抖动的联合作用使光接收机的信噪比劣化，尤其是对于密集间隔的信道，它还导致交叉相位调制引起的功率代价（这取决于信道间隔和 WDM 链路中使用的光纤的类型）。当光纤有较大的群速度色散或 WDM 系统被设计成具有较小的信道间隔时，功率代价会增加，即使对于 100 GHz 信道间隔其值也会超过 5 dB。

怎样控制 WDM 系统中交叉相位调制引起的串扰呢？显然，使用小群速度色散的光纤能在一定程度上减轻这个问题，但这样会引发四波混频效应（见 6.3.6 节），因此并不实用。实际中，色散管理几乎被所有的 WDM 系统采用，这样局部的色散就会相对较大。对色散图参数的小心选择从交叉相位调制的角度来讲可能会有帮助，但从自相位调制的角度可能不是最佳的[186]。一种简单的抑制交叉相位调制的方法是，在每个色散图周期后在 WDM 信道之间引入相对时间延迟，这样大部分时间内邻近信道的“1”比特就不会发生交叠[191]。这种背景下使用归零码格式非常有用，因为所有“1”比特只占用了一小部分比特隙。在一个 10 信道 WDM 实验中，通过 10 个间距不等的光纤光栅引入延迟来增强对交叉相位调制的抑制[193]。在每隔 100 km 插入交叉相位调制抑制器（由 10 个布拉格光栅组成）后，原先传输 500 km 后观察到的误码率平层消失了，并且误码率为 10^{-10} 时所有信道的残余功率代价低于 2 dB。

6.3.6 四波混频

正如在2.6节中讨论的，四波混频这种非线性现象需要相位匹配。任何时候只要信道间隔和光纤色散足够小，能够近似满足相位匹配条件，四波混频就会成为非线性串扰的一个主要来源[74]。当WDM系统工作在接近色散位移光纤的零色散波长时就会发生这种情况。基于这个原因，已经发展了几种技术来减小WDM系统中四波混频的影响[161]。

四波混频引起串扰的物理根源以及所导致的系统性能劣化可以通过下面来理解：任何时候只要有频率为ω_i，ω_j和ω_k的3个波在光纤中传输，四波混频就会产生一个频率为$\omega_{ijk}=\omega_i+\omega_j-\omega_k$的新波。对于一个$N$信道的系统，$i$, j和k可以从1变到N，最终得到通过四波混频产生的大量新频率的组合。当信道间隔相等时，新频率与已有频率一致，产生相干的带内串扰；当信道间隔不相等时，大部分四波混频分量落在信道之间，会导致非相干的带外串扰。在这两种情况下，系统性能都会由于信道功率的消耗而劣化，但相干串扰所导致的性能劣化严重得多。

光纤中的四波混频过程由一组4个耦合方程描述，需要用数值方法得到它们的通解[74]。如果忽略由自相位调制和交叉相位调制引起的相移，并假设参与四波混频过程的3个信道几乎没有消耗，然后将光纤损耗包括在内，则频率为ω_F的四波混频分量的振幅A_F由下面的方程决定：

$$\frac{\mathrm{d}A_F}{\mathrm{d}z}=-\frac{\alpha}{2}A_F+d_F\gamma A_iA_jA_k^*\exp(-\mathrm{i}\Delta kz) \tag{6.3.16}$$

式中，$A_m(z)=A_m(0)\exp(-\alpha z/2)$，$m=i, j, k$，$d_F=2-\delta_{ij}$是简并因子，当$i=j$时它的值为1，当$i\neq j$时它的值为2。这个方程可以很容易积分，从而得到$A_F(z)$。在长度为$L$的光纤中，转移到四波混频分量中的功率由下式给出[198]：

$$P_F=|A_F(L)|^2=\eta_F(d_F\gamma L)^2P_iP_jP_k\mathrm{e}^{-\alpha L} \tag{6.3.17}$$

式中，$P_m=|A_m(0)|^2$是第m个信道的入射功率，η_F是四波混频效率的量度，定义为

$$\eta_F=\left|\frac{1-\exp[-(\alpha+\mathrm{i}\Delta k)L]}{(\alpha+\mathrm{i}\Delta k)L}\right|^2 \tag{6.3.18}$$

四波混频效率η_F取决于信道间隔，这可以通过下式给出的相位失配看出来：

$$\Delta k=\beta_F+\beta_k-\beta_i-\beta_j\approx\beta_2(\omega_i-\omega_k)(\omega_j-\omega_k) \tag{6.3.19}$$

式中，传输常数在$\omega_c=(\omega_i+\omega_j)/2$附近用泰勒级数展开，$\beta_2$是此频率下的群速度色散系数。如果传输光纤的群速度色散相对较大($|\beta_2|>5\ \mathrm{ps^2/km}$)，那么对于50 GHz或更大的典型信道间隔，$\eta_F$几乎等于零。相比之下，当接近光纤的零色散波长时，$\eta_F\approx1$，此时会产生功率相当大的四波混频分量，特别是当信道功率较高时。在等信道功率的情况下，P_F以P_{ch}^3的形式增加。如果四波混频是近似相位匹配的，则四波混频分量的这种立方相关性会将信道功率限制在1 mW以下。因为对于M个信道的WDM系统来说，四波混频分量的个数以$M^2(M-1)/2$的形式增加，所有四波混频分量的总功率可以相当大。

减小四波混频引起的劣化的一种简单方案是设计非均匀信道间隔的WDM系统[161]，这种情况下四波混频的主要影响是降低了信道功率。这种功率消耗会导致功率代价，但与等信道间隔的情况相比，非均匀信道间隔的功率代价相对较小。对WDM系统的实验测量证实了非均匀信道间隔的优点。在1999年的一个实验中[199]，用这种技术在320 km长(放大器间距为80 km)的色散位移光纤中传输22个信道(每个信道工作在10 Gbps比特率下)，在1532～1562 nm的波

长范围内信道间隔 125 ~ 275 GHz 不等，并通过一个周期性的分配方案来决定信道间隔[200]。光纤的零色散波长接近 1548 nm，导致许多四波混频分量接近相位匹配。尽管如此，系统性能还是很好，所有信道的功率代价小于 1.5 dB。

非均匀信道间隔的使用有时候并不实际，因为许多 WDM 组件，如光滤波器和波导光栅路由器，需要相等的信道间隔。一个实际的解决方案是利用将在第 8 章中讨论的周期色散管理技术，在这种情况下，将正常和反常群速度色散的光纤组合起来，形成群速度色散在局部较高而其平均值很低的一种色散图。结果，四波混频效率 η_F 在整个光纤中可以忽略，这样四波混频引起的串扰就几乎为零。由于简单实用，色散管理技术普遍用于 WDM 系统中四波混频的抑制。实际上，在 WDM 系统出现之后，一种被称为非零色散位移光纤（NonZero-Dispersion-Shifted Fiber, NZDSF）的新型光纤已经设计出来并投放市场。典型地，这种光纤的群速度色散参数的值在 4 ~ 8 ps/(km·nm) 范围，以确保四波混频引起的串扰最小。

6.3.7　其他设计问题

WDM 通信系统的设计需要仔细考虑光发射机和光接收机的许多特性，其中一个重要问题是每个信道的载波频率（或波长）的稳定性。由于工作温度的变化，分布反馈或分布布拉格反射半导体激光器辐射的光的频率能发生显著变化（约为 10 GHz/℃）。随着激光器的老化，也会发生类似的频率变化[201]。单信道系统一般不关心这种频率变化，而在 WDM 光波系统中保持所有信道的载波频率稳定很重要，这样信道间隔才不会随时间起伏。

已经有很多技术用来稳频[202~209]。一种常见的技术使用鉴频器提供的电反馈（electrical feedback），鉴频器是利用原子或分子的谐振将激光频率锁定到谐振频率上。例如，对于工作在 1.55 μm 波长区的半导体激光器，可以使用氨、氪或乙炔，因为它们三个的谐振区都在此波长附近。通过这种技术可将频率稳定在 1 MHz 以内。另一种技术利用光电流效应（optogalvanic effect）将激光频率锁定到原子或分子的谐振频率上。锁相环技术也可以用于稳频。在另一种方案中，通过用稳频的主（master）分布反馈（DFB）激光器校准的迈克耳孙干涉仪来提供一组均匀间隔的参考频率[203]。FP 滤波器、AWG 或具有梳状周期透射谱的任何其他滤波器也可以用于此目的，因为它们都能提供一组均匀间隔的参考频率[204]。光纤光栅对稳频很有用，但每个信道都需要一个独立的光栅，因为它的反射谱不是周期性的[205]。

图 6.23 给出了一个 DFB 激光器模块，其中激光器的光功率和波长都得到监控并保持在恒定值[207]。从 DFB 激光器的后刻面出射的光通过棱镜分成两路，其中一路中的 FP 标准具（etalon）作为波长参考，它被设计成使其中一个透射峰恰好位于激光器的工作波长。使用 FP 标准具作为波长参考有一个问题，标准具温度的变化会使它的透射峰能以一种不可控的方式漂移。这个问题可以通过监控标准具的温度以及相应地调节反馈信号来解决。通过这种方法，即使激光器模块的温度从 5 ℃变化到 70 ℃，它的波长漂移依然小于 1 pm。可靠性测试表明，在 25 年的工作周期内这种激光器的波长漂移应小于 5 pm。

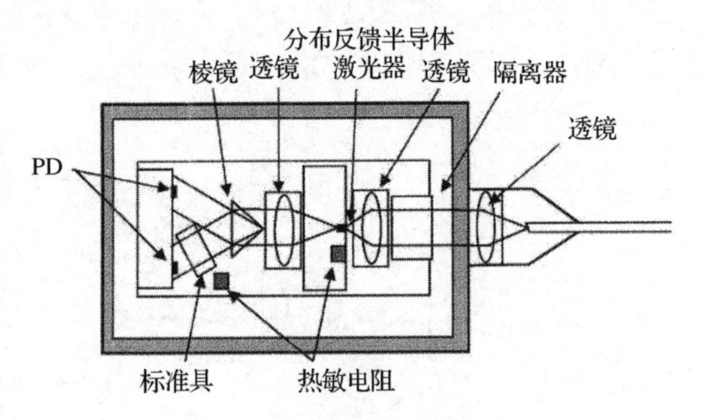

图 6.23　带有用于监控和稳定激光波长的标准具的DFB半导体激光器模块的示意图，PD代表光电二极管[207]（经ⓒ 2004 IEEE 授权引用）

在 WDM 网络的设计中，一个重要问题与信号功率的损耗有关，其中包括插入损耗、分配损耗和传输损耗。光放大器用于补偿这些损耗，但并不是所有信道都能放大同样的倍数，除非在整个 WDM 信号的带宽内增益谱是平坦的。尽管增益平坦技术已经普遍采用，但是当 WDM 信号在被探测之前通过许多光放大器时，各个信道的功率仍然会有 10 dB 甚至更多的差别。因此，在 WDM 网络的每个节点处控制各个信道的功率就很必要(通过选择性衰减)，目的是使各个信道的功率近乎均匀。WDM 网络中的功率管理问题相当复杂，需要注意很多细节[210~212]。当 WDM 信号通过许多光放大器时，光放大器噪声的累积也会变成一个限制因素。总之，WDM 网络的管理需要注意许多细节[7~10]。

6.4 时分复用

正如在 1.2 节中讨论的，时分复用通常是在电域中完成的，以获得电信系统的数字体系，从这个意义上讲，即使单信道光波系统也能传输多个时分复用信道。由于高速电子设备的限制，用电时分复用很难实现 40 Gbps 以上的比特率。一个解决方案是利用光时分复用(Optical TDM, OTDM)，这种方案能将单个光载波的比特率增加到 1 Tbps 以上。光时分复用技术在 20 世纪 90 年代得到了广泛研究[213~219]，最近几年来，人们在信道比特率为 100 Gbps 或更高的 WDM 系统的背景下对 OTDM 进行了更深入的研究[220~224]。OTDM 的部署需要基于全光复用和解复用技术的新型光发射机和光接收机。本节首先讨论这些新技术，然后关注与光时分复用光波系统有关的设计和性能问题。

6.4.1 信道复用

在 OTDM 光波系统中，比特率为 B 的几个光信号共用一个载波频率，通过光学方法对它们复用时会形成一个比特率为 NB 的复合比特流，这里 N 是信道数。为实现这个目的，可以使用几种复用技术[219]。图 6.24 给出了基于延迟线技术的 OTDM 发射机的设计，它需要一个能以等于单信道比特率 B 的重复频率产生周期脉冲序列的激光器，而且激光器所产生脉冲的宽度 T_p 应满足 $T_p < T_B = (NB)^{-1}$，以确保每个脉冲位于它的分配时隙 T_B 内。激光器的输出在放大后(如果需要)被均分到 N 个支路上，每个支路中的调制器阻隔表示“0”比特的脉冲，产生 N 个比特率为 B 的独立比特流。

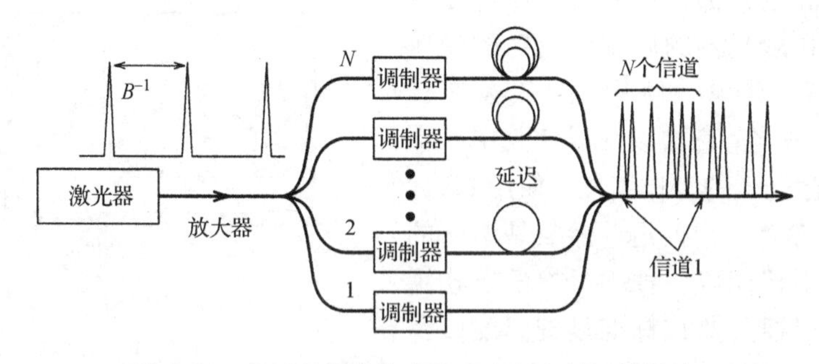

图 6.24 基于延迟线技术的 OTDM 发射机的设计

通过能以简单方式用光学方法实现的延迟技术，可以实现 N 个比特流的复用。在这种方案中，首先，将第 n 个支路的比特流延迟 $(n-1)/(NB)$，这里 $n=1,\cdots,N$；然后，将所有支路的输出组合起来形成一个复合信号。很明显，使用这种方案产生的复合比特流有一个对应比特率 NB 的比特隙；再者，正如 TDM(时分复用)方案所要求的，在每个等于 B^{-1}的时间间隔内 N 个连续的比特分别属于 N 个不同的信道(见1.2节)。

整个 OTDM 复用器(除了那些需要铌酸锂或半导体波导的调制器)可以使用单模光纤构建，N 个支路中信号的分离和复合可以通过 $1\times N$ 熔融双锥光纤耦合器来完成。光延迟线可以通过具有可控长度的光纤段来实现，例如，1 mm 的长度差会引入大约 5 ps 的延迟。注意，光延迟线可以相当长(10 cm 或更长)，因为只有长度差需要精确匹配。对于 40 Gbps OTDM 信号通常需要的 0.1 ps 的精度，光延迟线的长度差应被控制在 20 μm 以内，这样的精度使用光纤是很难实现的。

一种替代方法是使用平面光波回路，它采用硅基石英工艺制作[53~56]，这种器件可以在精确控制延迟线长度的情况下制成偏振不敏感的。然而，因为调制器无法用这种技术集成，所以整个复用器不能以平面光波回路的方式制作。一种简单的方法是插入一个 InP 芯片，该芯片包含了一个位于石英波导之间的电吸收调制器阵列，石英波导用于分离、延迟和复合多个信道(见图6.24)。这种方法的主要问题是，当光信号从石英波导传输到 InP 波导(反之亦然)时模斑尺寸的失配，这个问题可以通过将模斑转换器和调制器集成在一起来解决，这样一种集成 OTDM 复用器被用在一个 160 Gbps(16 个 10 Gbps 信道通过复用而成)的实验中[218]。在另一种方法中，利用了周期极化铌酸锂波导中的级联非线性过程(引起四波混频)[222]。

从图6.24可以看出 OTDM 和 WDM 技术的一个重要差别：OTDM 技术需要采用归零码格式。历史上，在光波技术出现之前采用的非归零码格式被保留下来，甚至被用在光通信系统中。从20世纪90年代晚期开始，归零码格式开始出现在色散管理 WDM 系统中。OTDM 的使用需要能辐射重复频率为 40 GHz 的短光脉冲序列的光源，为此通常使用两类激光器[219]。在一种方法中，半导体激光器的增益开关或锁模能提供 10~20 ps 的高重复频率脉冲，这些脉冲还可以通过许多技术压缩；在另一种方法中，通过腔内铌酸锂调制器使光纤激光器工作在谐波锁模状态[52]，这种激光器可以提供脉宽约为 1 ps 且重复频率为 40 GHz 的短光脉冲。

6.4.2　信道解复用

从 OTDM 信号中将各个信道解复用需要电光或全光技术，已经发展了几种解复用方案，它们都有各自的优点和缺点[216~224]，图6.25给出了本节要讨论的3种方案。所有解复用技术都需要一个时钟信号(clock signal)——重复频率等于单信道比特率的周期脉冲序列。对于电光解复用，时钟信号是电的形式，但对于全光解复用，时钟信号是一个光脉冲序列。

电光技术使用几个串联的马赫-曾德尔干涉仪型铌酸锂调制器，每个调制器通过拒绝输入信号中的交替比特来使比特率减半。因此，一个8信道 OTDM 系统需要3个调制器，它们由相同的电时钟信号驱动(见图6.25)，但所施加的电压不同，分别为 $4V_0$，$2V_0$和 V_0，这里 V_0是马赫-曾德尔干涉仪的一条臂产生π相移所需要的电压。通过改变时钟信号的相位可以选择不同的信道。这种技术的主要优点是它使用了已经商用的组件，然而它也有几个缺点，其中最重要的缺点是它受调制器速度的限制。电光技术还需要许多昂贵的组件，有些组件需要很高的驱动电压。

几种全光技术使用非线性光纤环形镜(Nonlinear-Optical Loop Mirror，NOLM)，NOLM 由一个光纤环构成，环的两端分别连接到 3 dB 光纤耦合器的两个输出端口，如图6.25(b)所示，这种器件也称为 Sagnac 干涉仪。非线性光纤环形镜之所以被称为“镜”，是因为当沿相反方向传输的波在环内传输一圈获得相同的相移时，NOLM 会将它的输入完全反射回去。然而，如果在两个反向传输波之间引入一个相对相移π来打破这种对称性，信号就会完全被 NOLM 透射。非线性光纤环形镜的解复用操作是基于交叉相位调制[74]，这种非线性现象还能导致 WDM 系统中的串扰。

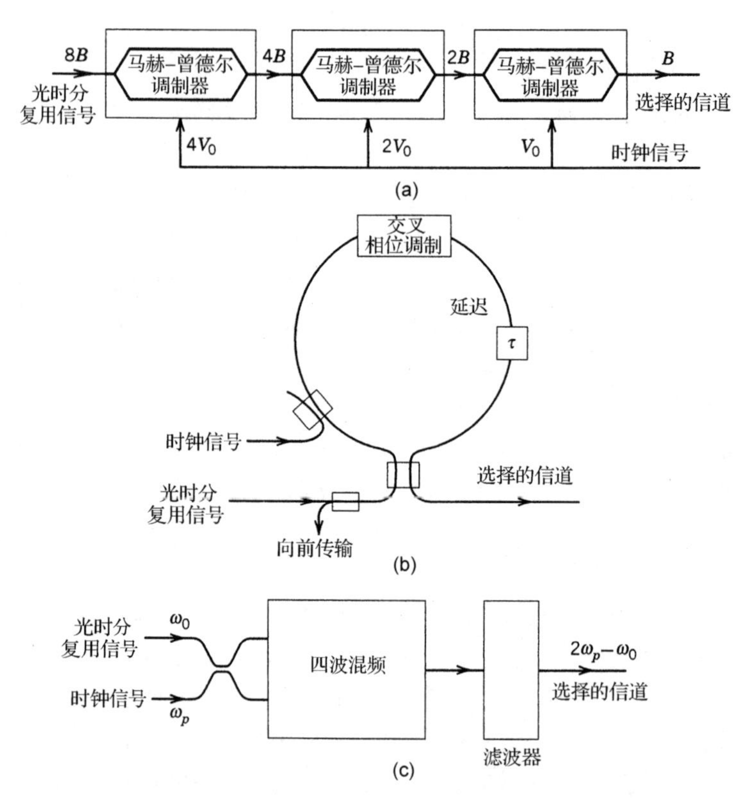

图6.25 基于(a)级联铌酸锂调制器；(b)非线性光纤环形镜中的交叉相位调制；(c)非线性介质中四波混频的OTDM信号的解复用方案

OTDM 信号通过非线性光纤环形镜解复用可以这样理解：由重复频率等于单信道比特率的光脉冲序列组成的时钟信号被注入环中，并使它只沿着顺时针方向传输。OTDM 信号在被 3 dB 耦合器均分成沿相反方向传输的两部分后进入非线性光纤环形镜，时钟信号通过交叉相位调制对属于 OTDM 信号中某个特定信道的脉冲引入一个相移。在最简单的情况下，光纤自身引入交叉相位调制。光信号的功率和环长足够大，从而引入一个等于π的相对相移，结果，这个特定信道就通过非线性光纤环形镜被解复用，从这个意义上讲，非线性光纤环形镜就是在 6.2.3 节中讨论的波分复用分插复用器的时分复用对应物。如果使用几个并行的非线性光纤环形镜，那么还可对所有信道同时解复用[214]。由于光纤的非线性足够快，这种器件能对飞秒时间尺度做出响应。1993 年，实现了从 100 Gbps OTDM 信号中解复用出 6.3 Gbps 的信道。1998 年，用非线性光纤环形镜对 640 Gbps OTDM 信号进行了解复用[225]。

图 6.25 中的第三种解复用方案利用了非线性介质中的四波混频效应[52]。OTDM 信号和时钟信号(波长不同)一起入射到非线性介质中，其中时钟信号为四波混频过程提供泵浦。只有在时钟脉冲和需要解复用的那个信道的信号脉冲能够交叠的时隙内，四波混频才能产生波长等于闲频波长的脉冲，结果，新波长处的脉冲序列正是需要解复用的信道的副本。通常用光

滤波器将解复用信道从 OTDM 信号和时钟信号中分离。保偏光纤经常用做四波混频的非线性介质，因为它具有超快的非线性特性和在环境变化时能保持光波的偏振态的能力。早在 1996 年，就通过宽度约为 1 ps 的时钟信号实现了从 500 Gbps OTDM 信号中无差错地解复用出 10 Gbps 的信道[226]。通过同一光纤中的参量放大，采用这种方案还能放大被解复用的信道（增益达 40 dB）[227]。

6.4.3　系统性能

因为使用了高重复频率的短光脉冲（宽约 1 ps），OTDM 信号的传输距离在实际应用中受光纤色散的限制。实际上，传输 N 个比特率为 B 的信道的 OTDM 信号等价于传输一个复合比特率为 NB 的单个信道，而比特率-距离积 NBL 受光纤色散的限制（见 2.4.3 节）。例如，由图 2.12可以明显看出，一个 200 Gbps 系统的传输距离 $L<50$ km，即使该系统恰好工作在光纤的零色散波长。因此，OTDM 系统不仅需要色散位移光纤，而且需要色散管理技术来降低二阶和三阶色散效应（见第 8 章）。即使这样，偏振模色散也成为长光纤长度的一个限制因素，对它进行补偿通常就很有必要。信道内非线性效应也限制了 OTDM 系统的性能，因为 OTDM 系统往往需要使用强脉冲[217]。

尽管在设计比特率超过 100 Gbps 的 OTDM 系统时存在一些固有的困难，许多实验室实验利用 OTDM 技术已实现了高速传输[219]。在 1996 年的一个实验中，通过使用光放大器（80 km 间距）和色散管理技术，将 100 Gbps OTDM 信号（由 16 个 6.3 Gbps 的信道复用而成）传输了 560 km。该实验中的激光源是锁模光纤激光器，它能产生重复频率为 6.3 GHz（等于每个被复用信道的比特率）的 3.5 ps 脉冲；100 Gbps OTDM 信号是通过与图 6.24 所示的类似的复用方案产生的。后来，通过使用能产生 1 ps 脉冲的超连续脉冲源，将总比特率提高到 400 Gbps（40 个 10 Gbps信道）[228]。之所以需要这样的短脉冲，是因为在 400 Gbps 的比特率下比特隙只有 2.5 ps 宽。在该实验中，还对色散斜率（三阶色散 β_3）进行了必要的补偿，否则 1 ps 脉冲将被严重失真并呈现出延伸到 5 ps 以上的振荡尾（三阶色散的典型特征）；即使这样，传输距离依然被限制在 40 km 以下。

2000 年后，比特率为 160 Gbps 的 OTDM 传输受到了极大关注，因为它被认为是 40 Gbps 系统的自然升级[220~224]。在 2001 年的一个现场试验中，将 160 Gbps 的 OTDM 信号传输了 116 km[230]。2006 年，使用循环光纤环路已经可以进行 4320 km 的传输[221]，该实验采用了 DPSK（差分相移键控）格式，并证明了具有适当设计的组件的 OTDM 系统可保持长期稳定性。另一组实验的目的是实现 1 Tbps 或更高的单信道比特率。在 2000 年的一个实验中[229]，将 1.28 Tbps的 OTDM 信号传输了 70 km，但它需要同时补偿二阶、三阶和四阶色散。最近，采用 DQPSK（差分正交相移键控）格式实现了 1.28 Tbps OTDM 信号在 240 km 距离上的传输，以及 2.56 Tbps OTDM信号在 160 km 距离上的传输[22]。

实现超过 1 Tbps 的高比特率的一种简单方法是将 OTDM 和 WDM 技术结合起来。例如，如果一个 WDM 信号包含 M 个分离的光载波，每个光载波传输 N 个比特率为 B 的 OTDM 信道，则总容量为 $B_{tot}=MNB$。这种系统的色散限制是由比特率为 NB 的 OTDM 信号设定的。在1999 年的一个实验中[219]，通过使 $M=19$，$N=16$，$B=10$ Gbps，用这种方法实现了 3 Tbps 的总容量。信道间隔为 450 GHz，以避免邻近 WDM 信道发生交叠，70 nm 的 WDM 信号占用了 C 带和 L 带。在 2004 年的一个传输 10 个这样的信道的实验中，OTDM 信号的比特率增加到320 Gbps，限制距离为 40 km[231]。2009 年，通过使用时域光学傅里叶变换技术[232]，可以在 525 km 的距离上传输 5 个信道，每个信道工作在 320 Gbps。随着新型调制格式和相干探测的使用，这种 OTDM/WDM 系统的总容量可以超过 10 Tbps。然而，许多因素如光纤中的各种非线性效应和在宽带宽内色散补偿的实用性，都可能限制这种系统的性能。

OTDM 还用来设计用于随机双向访问的能连接多个节点的透明光网络[215]，它对采用 ATM 或 TCP/IP 协议的基于包的网络尤其有实际价值[233~235]。与 WDM 网络的情况类似，单跳和多跳结构都考虑过。单跳 OTDM 网络使用无源星形耦合器将信号从一个节点分配到所有其他节点；相比之下，多跳 OTDM 网络需要在每个节点处通过信号处理来路由通信量。这些网络通常使用包交换技术。

6.5 副载波复用

在一些局域网和城域网应用中，每个信道的比特率相对较低，但信道数可以相当多，这样的一个例子是有线电视(CATV)网络。副载波复用(SubCarrier Multiplexing，SCM)的基本概念是从微波技术那里借用的，微波技术采用多个微波载波在同轴电缆或自由空间中传输多个有线电视信道(电频分复用)。当用同轴电缆传输多信道微波信号时，总带宽被限制在 1 GHz 以下。然而，如果通过光纤用光学方法传输微波信号，单个光载波的信号带宽很容易就能超过 10 GHz。这种方案称为副载波复用，因为复用是通过微波副载波而不是光载波来完成的。自从 1992 年以来，SCM 已经被有线电视工业商用，并且可以与 TDM 或 WDM 相结合。将 SCM 和 WDM 技术结合起来可以实现 1 THz 以上的带宽。SCM 技术实质上是在光纤中传输无线电或微波信号，也被称为“radio over fiber”(光载无线通信)。

图 6.26 给出了用单一光载波设计的 SCM 光波系统的示意图。SCM 的主要优点是它对宽带网络的设计提供了灵活性和可升级性，人们可以采用模拟调制或数字调制，也可以是二者的组合，将多个音频、视频和数据信号传送给大量用户，每个用户可以使用一个副载波；或者将多信道信号分配给所有用户，正如有线电视工业通常的做法。因为它具有各种实际应用，SCM 技术已经得到了广泛的研究[236~239]。本节将介绍模拟和数字 SCM 系统，并强调它们的设计和性能。

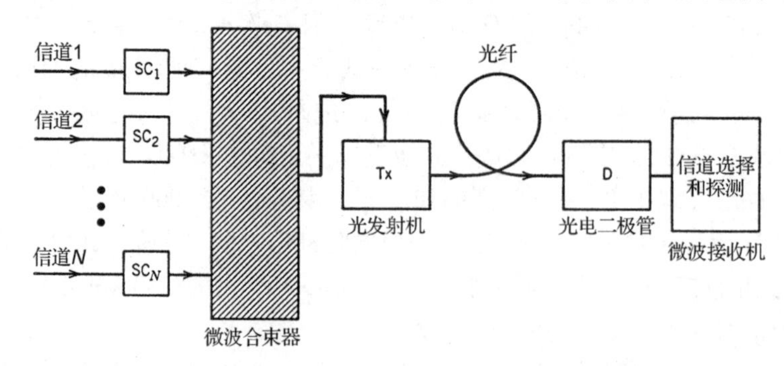

图 6.26 副载波复用光波系统的示意图。对多个微波副载波(SC)进行调制，并用复合电信号在光发射机(Tx)处调制光载波

6.5.1 模拟和数字副载波复用系统

本书主要关注数字调制技术，因为它们广泛地被光波系统所采用，其中一个例外是为视频分配而设计的 SCM 系统。直到 2000 年，大部分有线电视网络还是使用基于调频(FM)格式或

残余边带振幅调制(AM-VSB)格式的模拟技术来分配电视信道[237]。因为模拟信号的波形必须在传输过程中得到保持，所以模拟 SCM 系统的接收机需要高信噪比，而且对光源和通信通道强加了严格的线性度要求。

在模拟 SCM 光波系统中，每个微波副载波都采用模拟格式进行调制，且用微波合束器对所有副载波的输出求和(见图 6.26)。通过将复合信号加到偏置电流上来直接调制半导体激光器的光强，传输功率可以写成

$$P(t)=P_b\left[1+\sum_{j=1}^{N}m_j a_j\cos(2\pi f_j t+\phi_j)\right] \tag{6.5.1}$$

式中，P_b是偏置电流下的输出功率，m_j，a_j，f_j和 ϕ_j分别是第j个微波副载波的调制指数、振幅、频率和相位；根据所使用的调制方式是调幅(AM)、调频(FM)还是调相(PM)，分别对 a_j，f_j和 ϕ_j进行调制以加载信号。

如果通信通道是完全线性的，那么接收机接收的功率也会是式(6.5.1)的形式。在实际应中，模拟信号通过光纤链路传输时会出现失真，这种失真称为互调失真(InterModulation Distortion，IMD)，它与在 6.3 节中讨论的四波混频失真在本质上是相似的。在光发射机使用的半导体激光器的响应中或光纤传输特性中的任何非线性都会产生形式为f_i+f_j和$f_i+f_j\pm f_k$的新频率，其中有些新频率位于传输带宽之内，并使模拟信号失真，新频率称为互调产物(InterModulation Product，IMP)。根据有两个频率相同还是所有 3 个频率都不相同，这些频率还可以进一步细分为双音互调产物和三阶差拍互调产物。因为三阶差拍互调产物的数量很多，所以它是一个主要的失真源。一个N信道的 SCM 系统产生$N(N-1)(N-2)/2$个三阶差拍项和$N(N-1)$个双音项。如果副载波占有很宽的带宽，那么二阶互调失真也必须考虑在内。

互调失真源于几种不同的非线性机制。半导体激光器的动态响应由速率方程描述(见 3.3 节)，这些方程本征上是非线性的，它们的解提供了源于这种本征非线性的二阶和三阶互调产物的表达式。当互调产物的频率落在弛豫振荡频率附近时，它们的贡献最大。互调失真的第二个来源是功率-电流曲线的非线性，所得互调产物的大小可以通过将输出功率在偏置功率附近展开成泰勒级数来计算[237]。几种其他机制如光纤色散、频率啁啾和模分配噪声也可以引起互调失真，它们对 SCM 系统的影响也得到了广泛研究[240]。

互调失真引起的系统性能的劣化取决于互调产物产生的信道间干扰。根据微波副载波之间信道间隔的不同，一些互调产物落在某个特定信道的带宽内，并影响信号恢复。普遍通过加入落在某个特定信道通带内的所有互调产物功率的方法，引入组合二阶(CSO)失真和组合三阶差拍(CTB)失真[237]。将组合二阶失真和组合三阶差拍失真相对于那个信道的载波功率进行归一化，并以 dBc 单位表示，这里 dBc 中的“c”表示相对于载波功率的归一化。典型地，组合二阶失真和组合三阶差拍失真的值应当小于 -60 dBc，这样它们对系统性能的影响可以忽略；这两个值都会随调制指数的增加而迅速增大。

系统性能取决于解调信号的信噪比。在 SCM 系统中，通常用载噪比(Carrier-to-Noise Ratio，CNR)来替代信噪比。载噪比定义为接收机输入端均方根载波功率和均方根噪声功率的比，可写成

$$\mathrm{CNR}=\frac{(mR_d\bar{P})^2/2}{\sigma_s^2+\sigma_T^2+\sigma_I^2+\sigma_{\mathrm{IMD}}^2} \tag{6.5.2}$$

式中，m是调制指数，R_d是探测器响应度，$\bar{P}$是平均接收光功率，σ_s，σ_T，σ_I和σ_{IMD}分别是与

散弹噪声、热噪声、强度噪声和互调失真相联系的噪声电流的均方根值。4.4.1 节给出了 σ_s^2 和 σ_T^2 的表达式;强度噪声的均方根值 σ_I 可以从 4.7.2 节中得到。如果假设激光器的相对强度噪声(RIN)在接收机带宽内是近似均匀的,则有

$$\sigma_I^2 = (\text{RIN})(R_d\bar{P})^2(2\Delta f) \tag{6.5.3}$$

互调失真噪声电流的均方根值 σ_{IMD} 取决于组合二阶失真和组合三阶差拍失真的值。

SCM 系统对载噪比的要求取决于调制格式。在 AM-VSB 格式的情况下,要获得令人满意的性能,载噪比一般应大于 50 dB,而要获得这么大的值,只有将接收的光功率 $\bar{P}$ 增加到一个相对较大的值(大于 0.1 mW)。这一要求产生两个作用:首先,振幅调制模拟 SCM 系统的功率预算极其有限,除非发射机功率增加到 10 mW 以上;其次,强度噪声对接收机噪声的贡献对系统性能有决定性影响,因为 σ_I^2 随 $\bar{P}$ 的平方增长。实际上,当 σ_I 居于主导地位时,载噪比与接收光功率无关。由式(6.5.2)和式(6.5.3)可得出载噪比的极限值由下式给出:

$$\text{CNR} \approx \frac{m^2}{4(\text{RIN})\Delta f} \tag{6.5.4}$$

例如,假如取 $m=0.1$,$\Delta f=50$ MHz 作为代表值,那么发射机激光器的相对强度噪声(RIN)应低于 −150 dB/Hz,这样才能实现 50 dB 的载噪比。只有通过增大调制指数 m 或减小接收机带宽,系统才可以容忍较大的相对强度噪声值。确实,20 世纪 90 年代发展了用于有线电视应用的具有低相对强度噪声值的分布反馈激光器。通常,分布反馈激光器偏置在阈值以上,偏置功率 P_b 超过 5 mW,因为相对强度噪声随 P_b 以 P_b^{-3} 的形式下降。高偏置功率值还能允许增大调制指数 m 的值。

即使选择发射机激光器的相对强度噪声值较小,从而使式(6.5.4)中的载噪比较高时,强度噪声依然会成为一个问题,原因是信号在光纤中传输时相对强度噪声会增强。使相对强度噪声增强的一种机制与沿光纤链路两个反射面之间的多次反射有关,这两个反射面起到可以将激光器的频率噪声转换成强度噪声的 FP 干涉仪的作用。反射引起的相对强度噪声取决于激光器线宽和两个反射面的间距,通过使用寄生反射可以忽略(小于 −40 dB)的光纤组件(接头和连接器)和窄线宽(小于 1 MHz)激光器,可以避免这种相对强度噪声增强的问题。另一种增强相对强度噪声的机制是光纤自身的色散,因为群速度色散,不同频率分量以略微不同的速度传输,结果,在信号传输过程中频率起伏被转换成强度起伏。色散引起的相对强度噪声取决于激光器线宽,并随光纤长度的平方增加。光纤色散还会增强长途光纤链路中的组合二阶失真和组合三阶差拍失真[237],对这种 SCM 系统采用色散管理技术(见第 8 章)很有必要。

通过将调制格式从 AM 变成 FM,可以放宽对载噪比的要求。FM 副载波的带宽显著变大(30 MHz,AM 的为 4 MHz),然而,因为所谓的 FM 优势[FM 系统能产生工作室级别的视频信号(大于 50 dB 的信噪比)而载噪比只有 16 dB],接收机需要的载噪比低得多(约为 16 dB,AM 的为 50 dB),结果,接收机需要的光功率能低至 10 μW。只要相对强度噪声值低于 −135 dB/Hz,那么相对强度噪声对于这种系统来说也不是什么大问题。实际上,FM 系统的接收机噪声通常由热噪声主导。AM 和 FM 技术都已经成功用在模拟 SCM 光波系统中[237]。

在 20 世纪 90 年代期间,SCM 系统的研究重点从模拟调制转向数字调制。早在 1990 年,就用频移键控(FSK)格式调制微波副载波[236],但它的使用需要相干探测(见 4.5 节)。而且,单个数字视频信道需要 100 Mbps 或更高的比特率,相比之下模拟信道只占有 6 MHz 的带宽。基于这个原因,已经发展了其他调制格式如正交振幅调制(QAM)和正交相移键控(QPSK)格

式。在实际应用中，多进制 QAM 格式中通常采用64进制，与模拟 AM-VSB 系统相比，这种信号通常需要较低的载噪比。通过采用将模拟格式和数字格式混用的混合技术，可以显著提高 SCM 系统的容量。

将模拟 AM-VSB 格式和数字 QAM 格式相结合的混合 SCM 系统已受到人们的关注，因为它们可以在同一光纤中同时传输大量的视频信道[238]。这种系统的性能受削波噪声、多次光反射以及非线性机制如自相位调制(SPM)和受激布里渊散射(SBS)的影响，它们都会限制可复用信道的总功率和信道数。尽管如此，使用单个光发射机，混合 SCM 系统可以传输80个模拟信道和30个数字信道。如果只采用 QAM 格式，则数字信道数最多只有80个左右。在2000年的一个实验中[239]，将64-QAM 格式的78个信道传输了740 km，每个信道的比特率为30 Mbps，结果总信道容量为2.34 Gbps。这样一个 SCM 系统可以传输500个压缩视频信道。通过将 SCM 和 WDM 技术结合起来使用，可以实现系统容量的进一步增加，这个主题将在下面讨论。

6.5.2　多波长副载波复用系统

WDM 和 SCM 相结合提供了设计宽带无源光网络的可能，这种光网络能为大量用户提供综合业务(视频和数据等)[241~247]。在如图6.27所示的这种方案中，将多个光载波通过 WDM 技术发射到同一根光纤中，每个光载波通过使用几个微波副载波可以传输多个 SCM 信道。使用不同的副载波或不同的光载波，可以将模拟信号和数字信号混合，这种网络相当灵活，一旦需求增长可以很容易升级。早在1990年，就通过100个模拟视频信道和6个622 Mbps 的数字信道对1.55 μm 区的波长间隔为2 nm 的16个 DFB 激光器进行了调制[242]。视频信道通过 SCM 技术进行复用，使每个 DFB 激光器在300~700 MHz 的带宽内传输10个 SCM 信道。这种 WDM 系统的潜力在2000年的一个实验中得到了论证[243]，该实验中，一个广播和选择网络可以传输10 000个信道，每个信道工作在20 Gbps。该网络使用32个波长(在 ITU 的波长栅格上)，每个波长可以携带310个通过20 Gbps 的复合比特率调制的微波副载波。在2002年的一个实验中[245]，将8个 WDM 信道在800 km 长的光纤中进行了传输，每个信道使用35个副载波输运1.04 Gbps 的有效负载，每个副载波携带256-QAM 格式的32.2 Mbps 信号。

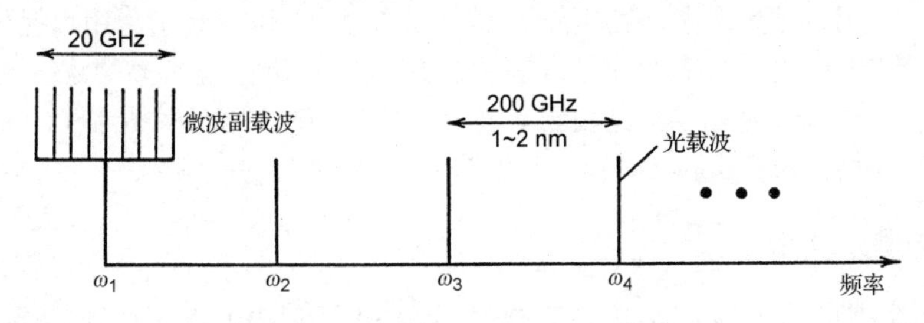

图6.27　多波长副载波复用网络中的频率分配

多波长 SCM 网络的限制因素是由线性和非线性过程引起的信道间串扰[248~252]。产生信道间串扰的非线性效应是受激拉曼散射和交叉相位调制，它们都已经分析过了。图6.28给出了在双信道实验中测量的串扰以及受激拉曼散射和交叉相位调制引起的串扰的理论预测[249]，其中一个信道经过调制用来传输实际信号，另一个信道工作在连续(CW)状态，但其功率足够低，因此可以当成探测信号。图6.28中两种情况下的波长差$\lambda_{\text{mod}} - \lambda_{\text{CW}} = \pm 8.5$ nm。因为受激拉曼散射和交叉相位调制，探测功率随时间变化，串扰定义为两个信道中的射频(RF)功率比。交叉相位调制引起的串扰随调制频率增大，而受激拉曼散射引起的串扰随调制频率减小，但在这两种情况下每个的幅度都相等，如图6.28所示。只有当$\lambda_{\text{mod}} < \lambda_{\text{CW}}$时，两个串扰才会同相相加，结果在这种情况下得到一个较大的总串扰值。图6.28中的非对称性是由受激拉曼散射引起的，并取决于连续探测信道被其他信道是消耗还是放大。

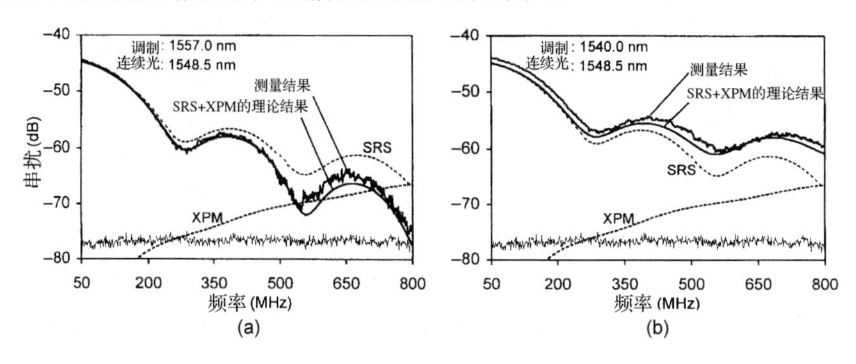

图6.28　在11 mW的平均功率下预测和测量的25 km光纤上的串扰，连续激光作为一个探测信号，它的波长比信号波长(a)短或(b)长8.5 nm[249]（经ⓒ1999 IEEE授权引用）

线性串扰源于光拍频干扰现象，当两个或更多个用户使用不同的副载波频率在同一个光信道上同时传输信号时，这种现象便会发生。因为光载波频率略有差别，它们通过拍频在光电流中产生一个拍音，如果拍音的频率与某个有源副载波信道交叠，则干扰信号将会以类似互调失真的方式限制探测过程。已经使用统计模型来估计由光拍频干扰引起的信道故障的概率[50]。

多波长SCM系统对局域网和城域网应用非常有用[241]，它们可以提供多种业务(电话、模拟和数字电视信道、计算机数据等)，而每个用户只用一个光发射机和一个光接收机，因为不同的业务可以使用不同的微波副载波。这种方法降低了接入网中终端设备的成本，系统在不需要同步的情况下就可以提供不同的业务，且使用商用电子组件就可以处理微波副载波。每个用户被分配一个特定的波长来传输多种SCM信息，但每个用户都可以接收多个波长。多波长SCM的主要优点是通过只使用N个不同的光发射机波长，网络可以服务NM个用户，这里N是光波长的个数，M是微波载波的个数。光波长可以间隔相当远(稀疏波分复用)以降低终端设备的成本。在另一种方法中，使用混合光纤/同轴电缆(HFC)技术为用户提供宽带综合业务。1996年，将WDM和SCM技术相结合实现了工作在10 Gbps比特率的数字视频传输系统。将WDM和SCM用于个人通信网络是相当有吸引力的，2008年研究人员演示了每个WDM信道能传输16-QAM格式的1 Gbps SCM信号的多用户结构[253]。

6.5.3　正交频分复用

在移动电话和其他无线应用中，正交频分复用(OFDM)是一种众所周知的复用技术[254~256]。它在WDM系统中的应用始于2005年，因为正交频分复用使用了大量的微波副载波，因此本质上属于SCM系统的范畴。正交频分复用与上一节讨论的SCM技术的主要区别是这些副载波的正交性，这个特点允许信道填充紧密得多，于是可以显著改善频谱效率。

OFDM的基本思想利用了离散傅里叶变换(DFT)操作[257~261]。图6.29给出了典型OFDM发射机和接收机的设计示意图，由图可见，电比特流在发射端和接收端都经过了大量数字信号处理(DSP)，其中最重要的是离散傅里叶变换和逆离散傅里叶变换(IDFT)操作。在发射端，串行数据被并行化(S/P操作)，并转换成符号流。选择并行符号流的个数N的形式为$N = 2^n$，在快速傅里叶变换算法的帮助下进行逆离散傅里叶变换操作，其中整数n的典型取值范围是

6～10。每个并行符号流代表经过逆离散傅里叶变换操作后的一个微波副载波。加入一个循环前缀或保护频带(GI操作)后，可以采用数模转换器(D/A操作)来获得一个包含所有副载波的复合信号。通过使用微波振荡器(LO1)将信号频率上移f_{LO}后，复合信号采用如下形式：

$$s(t)=\sum_{m=-\infty}^{\infty}\sum_{k=1}^{N}c_{km}s_k(t-mT_s),\quad s_k(t)=h(t)\exp[-2\pi\mathrm{i}(f_{\mathrm{LO}}+f_k)t] \tag{6.5.5}$$

式中，$s_k(t)$表示频率在$f_{\mathrm{LO}}+f_k$处的第k个副载波，T_s是OFDM符号的持续时间，在区间$0<t\leqslant T_s$上$h(t)=1$，但在这个区间以外$h(t)=0$。这个复合信号用来调制ITU栅格上特定频率的光载波。在接收端，将所有操作过程反转以恢复原始的数据比特流。

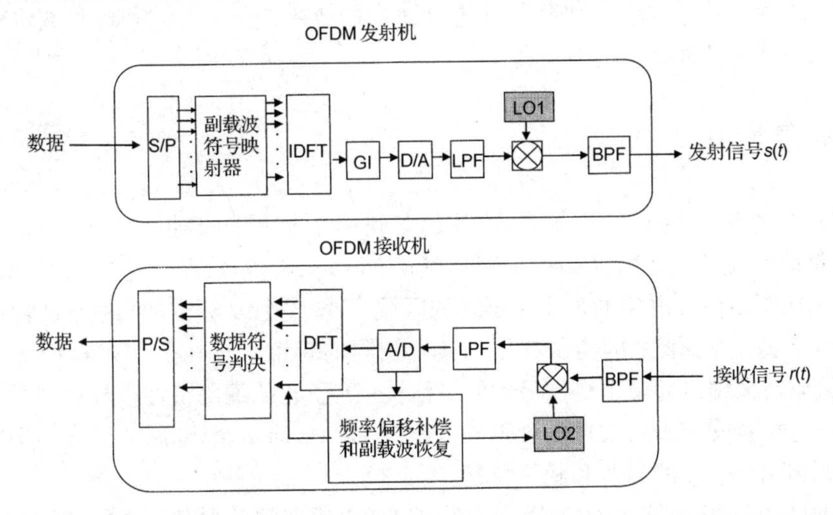

图6.29　正交频分复用发射机和接收机的设计示意图，其中LPF，BPF和LO分别代表低通滤波器、带通滤波器和本机振荡器，其他符号所代表的意义见文中解释[260](经©2008 OSA授权引用)

为了理解副载波正交性的起源，首先注意到周期时间相关函数(周期T_s)的离散傅里叶变换频率由$f_k=(k-1)/T_s$给出，这里整数k在$1\sim N$取值，副载波从而构成一个间隔均匀的频率梳。副载波的正交性由以下关系得到：

$$\langle s_k(t)s_l^*(t)\rangle=\frac{1}{T_s}\int_0^{T_s}s_k(t)s_l^*(t)\,\mathrm{d}t=\delta_{kl} \tag{6.5.6}$$

式中，角括号表示在整个OFDM符号的持续时间上取平均。重要的是要注意，因为输入比特流被分成N个并行流，于是$T_s=NT_b$，这里T_b是比特隙。由于N经常超过100，而且可以接近1000，因此T_s比T_b大得多。换言之，每个副载波的符号率为B/N。OFDM技术允许以N个符号流的形式发送一个输入比特流，每个符号流都在各自的副载波上。两个相邻符号流的频谱显著交叠，然而，因为它们的副载波具有正交性，仍可以在接收端对它们进行解调。

OFDM技术的一个主要优点是发射信号的线性失真(包括由光纤色散引起的那些线性失真)显著减小了，这是因为它以并行方式传输许多低速的符号流而不是传输一个高速的比特流。注意，由于每个副载波的符号持续时间比比特持续时间长得多，色散效应就不再是一个大问题，并且通过对每个符号加入循环前缀，在接收端很容易将其去除。在这种方法中，符号持续时间T_s有一个特定的增加量，前端的这个保护频带用来以一种循环方式存储来自后端的信号副本。尽管T_s的增加会减小每个副载波的符号率，导致总比特率净减小，但OFDM系统对线性失真引起的码间干扰有更强的抵抗力[257～261]。

OFDM 的色散容忍特性在2007年的一个实验中得到了论证[257]，该实验传输一个8 Gbps的比特流，它利用QPSK格式的128个副载波，得到的OFDM信号可以在标准通信光纤中传输1000 km(使用循环光纤环路)而无须任何色散补偿。这个实验使用两个线宽为20 kHz左右的窄带激光器(其中一个在发射端，另一个在接收端)。之所以需要使用这种窄带激光器，是因为副载波具有相对较低的符号率且需要相干探测。在另一个OFDM实验中[259]，使用256个副载波在4160 km距离上传输25.8 Gbps信号，该实验通过在发射端插入一个射频(RF)导频信号进行相位噪声的补偿。这种补偿方案将在10.6.4节中讨论，那里将会重点讨论相干OFDM系统。因为OFDM系统中副载波之间的频率间隔相对较小，所以由四波混频引起的非线性串扰相当关键。然而，通过对已有DSP硬件进行适当的改进，在发射端和接收端将预补偿和后补偿结合起来，可以显著减小这种失真[258]。

6.6 码分复用

一种在无线通信领域众所周知的复用方案利用了扩展频谱技术(spread-spectrum technique)[262]，它被称为码分复用(Code-Division Multiplexing, CDM)，因为它通过编码使每个信道的频谱扩展到比原始信号占用的带宽宽得多的区域[263]。尽管从频谱的角度，这种频谱扩展不符合常理，但事实并非如此，因为所有用户共用相同的频谱。实际上，CDM经常用于移动电话，因为它可以在多用户环境下提供最大的灵活性；鉴于它的编码特性很难对信号进行干扰或拦截，所以它也相对安全。通常用术语码分多址(Code-Division Multiple Access, CDMA)来替代CDM，以强调多用户连接的异步和随机特性。

尽管CDMA在光纤通信中的应用在20世纪80年代期间就引起了人们的注意[264~266]，但直到1995年后光码分复用(OCDM)才得到重视[267~286]，它与WDM技术可以很容易地结合在一起。从概念上讲，WDM，TDM和CDMA的区别可以理解如下：WDM和TDM技术在用户之间分配信道带宽或时隙；相比之下，在CDMA技术中，所有用户以一种随机的方式共享整个带宽和所有时隙，但由于所采用码的正交性，传输的数据仍可以得到恢复。从这方面讲，CDMA与前面讨论的OFDM技术类似[255]。

任何CDMA系统需要的新组件分别是位于发射端的编码器和接收端的解码器，编码器通过一种独特的码将信号频谱扩展到比传输需要的最小带宽宽得多的范围，解码器用相同的码来压缩信号频谱和恢复数据。有几种方法可以用于编码，包括时域编码、频域编码以及时域频域混合编码。所采用的码被称为二维码，因为它同时涉及时间和频率。时域编码包括直接序列编码和跳时，频域编码可以用不同频谱分量的振幅或相位来实现。本节讨论在最近的实验中使用的几种编码方案。

6.6.1 时域编码

图6.30给出了光码分多址系统时域编码的一个例子。数据的每比特用一个由许多(M个)较短的比特序列组成的签名序列进行编码，借用无线系统的术语，这些较短的比特序列称为“码片”(图6.30的例子中，$M=7$)。因为编码，有效比特率(码片率)增加到M倍，信号频谱扩展到一个与各个码片的带宽有关的宽得多的区域上。例如，当$M=64$时信号频谱扩展到原来的64倍。当然，相同的频谱带宽被许多用户使用，这些用户通过分配给他们的不同签名序列来区分。具有相同带宽的各个信号的恢复要求签名序列必须来自一组正交码，这种码的正交性

确保每个信号在接收端能被准确解调[271]。发射机允许在任意时间发送信息，接收机通过使用与发射机相同的签名序列解调接收信号，从而恢复信息。解码是通过光学相关技术实现的。

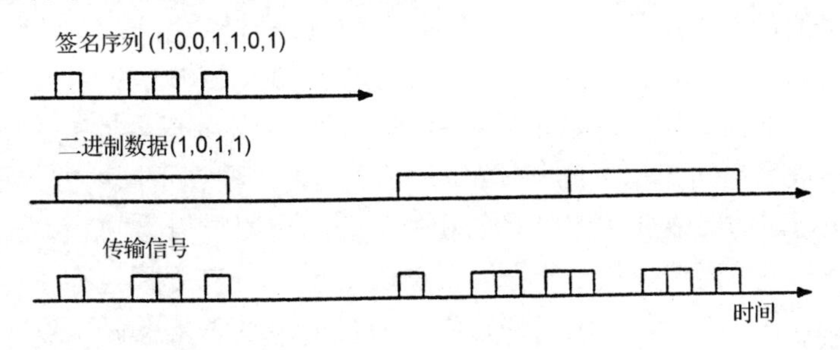

图6.30 光码分多址系统中使用7位码片形式的签名序列对二进制数据编码

签名序列编码的编码器通常采用光延迟线方案[264]，该方案表面上看起来与图6.24中复用几个OTDM信道的方案相似，主要区别是在激光器后加入了一个调制器，从而把数据加到脉冲序列上。由此得到的脉冲序列被分成几个分支(分支数和码片数相等)，并用光延迟线来对信道编码。在接收端，解码器由相反顺序的光延迟线组成(匹配滤波器探测)，这样只要某个用户的码片与接收信号中的时间片序列相匹配，它就在相关输出中产生一个尖峰。其他用户的码片模式也会通过互相关产生一个尖峰，但这个尖峰的幅度要小于当码片模式精确匹配时产生的自相关峰的幅度。一个设计成具有相同的阻带但不同的反射率的光纤布拉格光栅阵列，也可以当成编码器和解码器[270]。根据光栅的相对位置，不同的光栅引入不同的延迟，并产生一个编码信号。这种基于光栅的器件以一种紧凑的全光纤器件方式提供了编码器和解码器(除了需要光环行器将反射的编码信号放回传输线上)。

由"0"和"1"码片组成的CDMA脉冲序列会遭受两个问题。首先，只有单极码可以使用，因为光强或光功率都不能为负值，所以在一组正交码中这种码的个数通常并不多，除非码长度增加到100个码片以上。其次，单极码的互相关函数相对较高，因此出现差错的概率也较大。如果利用光的相位而不是振幅进行编码，这两个问题就都能得到解决。这种方案正引起人们的注意，它属于相干CDMA[286]。相干CDMA的一个优点是，用于无线系统中的许多双极正交码(由"1"和"-1"码片组成)都可以在光域中采用。当连续激光器和相位调制器组合使用时，在接收端就需要另一个连续激光器(本机振荡器)来进行相干探测(见4.5节)。另一方面，如果使用超短光脉冲作为单个码片，其相位在对应"-1"码片的码片隙中位移π，那么不用相干探测就可以对信号解码。

在2001年的一个实验中[274]，一个相干CDMA系统能恢复使用64码片码传输的2.5 Gbps信号。在该实验中，用一个采样光纤光栅对数据编码和解码，这样的光栅由间隔均匀的较小光栅的阵列组成，于是单个脉冲在反射过程中被分成多个码片。而且，预选码片的相位可以改变π，这样就使每个反射脉冲都被转换成码片的相位编码序列。解码器由一个匹配的光栅组成，这样对于信号比特，反射信号通过自相关(相长干涉)转换成单个脉冲，然而对于属于其他信道的信号，互相关或相消干涉不产生信号。实验使用非线性光纤环形镜(与6.4节中的OTDM信道解复用所使用的器件相同)来改善系统性能，非线性光纤环形镜通过高强度自相关峰但阻隔低强度互相关峰。接收机可以从160 Gchip/s码片率的脉冲序列中解码得到2.5 Gbps的比特流，在小于10^{-9}的误码率下功率代价不到3 dB。2002年，该方法用于演示一个4信道的WDM系统，该系统采用255个码片的OCDM并以320 Gchip/s的码片率进行四相位编码[275]。

6.6.2 频域编码

频域编码是根据预先指定的码对短光脉冲不同频谱分量的振幅或相位进行更改的过程，其中相位编码受到的关注最多，已在几个实验室实验和现场试验中得以实现[278~283]。频域相位编码可以采用不同的方案实现。在如图 6.31 所示的一种体光学器件方法中，使用了一个衍射光栅和一个反射液晶空间光相位调制器(SLPM)，其中光栅在不同的方向上衍射频谱分量，而 SLPM 使用预先指定的码改变频谱分量的相位。若采用相位值为“0”和“π”的二进制编码，则 SLPM 简单地将一些编码选择频谱分量的相位改变 π[279]。在返回过程中，通过同一个光栅将所有频谱分量复合在一起，并使用光环行器将所得的经过时域展宽和频域编码的光脉冲导向它的输出端口。

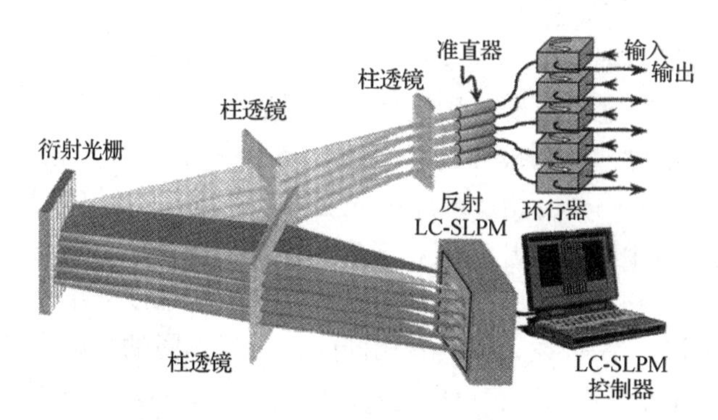

图 6.31 用于 CDMA 的频域相位编码器的示意图，LC 和 SLPM 分别代表液晶和空间光相位调制器[279]（经© 2005 IEEE授权引用）

由于图 6.31 中的编码器体积庞大，因此对于实际的系统并不实用。基于这个原因，已经发展了几种集成的编码器。在一个实验中[281]，频域相位编码器由多个耦合到两条输入和输出波导(或总线)的微环谐振器组成，如图 6.32(a)所示，每组 4 个微环谐振器(直径约为 0.1 mm)用于将一个特定的波长从输入总线转移到输出总线。根据所采用的码，用多个热光移相器将不同频谱分量的相位从 0 变到 π；它们还可以用做带通滤波器。2006 年的实验在一个 10 GHz 的频率栅格上采用 8 个频率来实现 8 码片码，并将 5 Gbps 信号分配给 6 个用户，频谱效率为 0.375 bps/Hz。在 2007 年的一个现场试验中[283]，如图 6.32(b)所示的在两个 AWG 之间加入相位调制器的频域相位编码器，首先将 0.7 ps 脉冲的频谱分成 63 个部分，然后按照 CDMA 码的要求对各部分施加相移，最后将它们复合起来。相同的器件在接收端可作为解码器，其中接收端具有的互补相移可使光相位沿整个脉冲频谱是均匀的。

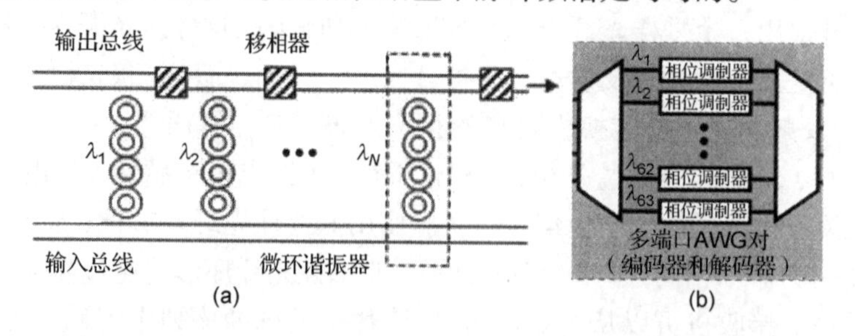

图 6.32 基于(a)微环谐振器和(b)带有相位调制器的 AWG 的集成频域相位编码器[281]（经© 2006 IEEE授权引用）

6.6.3 跳频

扩展频谱也可以通过跳频技术来实现，在这种技术中，载波频率根据预先分配的码周期性地位移[267]。从分配的信道并不指定固定的频率这个意义上讲，这种情况与 WDM 不同。相反，根据二维码的特点，所有信道通过在不同的时刻使用不同的载波频率来共享整个带宽。这样的一个频域编码信号可以用矩阵形式表示，如图 6.33 所示，其中矩阵的行对应分配的频率，矩阵的列对应时隙。当且仅当频率 ω_i 在时隙 t_j 中传输时，矩阵元 m_{ij} 才等于 1。不同的用户分配不同的跳频模式(或码)，以确保两个用户在相同的时隙期间不会发送频率相同的信号，满足这个特性的码序列被称为正交码。在异步传输的情况下，无法保证完全的正交性，这种系统使用具有最大自相关和最小互相关的伪正交码来确保误码率尽可能低。通常，这种 CDMA 系统的误码率相对较高(一般大于 10^{-6})，但可以通过前向纠错方案来改善该系统的性能。

CDMA 光波系统中的跳频需要载波频率的快速变化。制作在亚纳秒时间尺度内波长可以在宽范围内改变的可调谐半导体激光器是很困难的，一种可能的方案是对微波副载波跳频，然后用副载波复用技术传输 CDMA 信号。该方法的优点是编码和解码都是在电域中实现的，可以使用已有的商用微波组件。

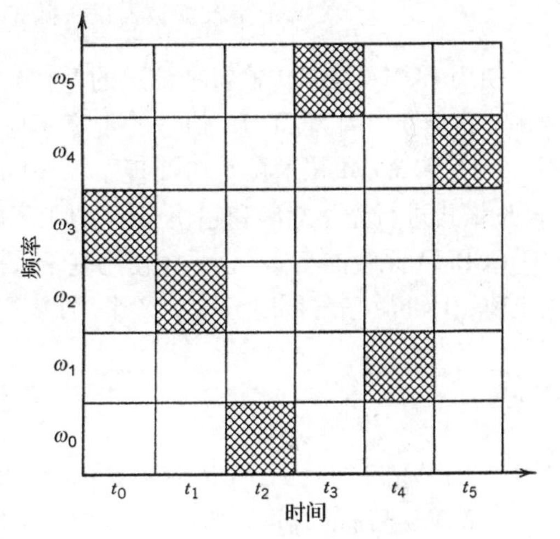

图 6.33　CDMA 光波系统中的跳频。填充区显示的是不同时隙分配的跳频序列(3,2,0,5,1,4)

已经发展了几种用于跳频的全光技术。根据 CDMA 系统所用光源的不同，可以将它们分为相干的或非相干的。在非相干 CDMA 的情况下，将一个宽带光源(如 LED 或光纤放大器的自发辐射)与多峰光滤波器(如 AWG)结合来产生多波长输出[267]，然后用光开关选择不同码片隙的不同波长。这种技术还可以用来制作 CDMA 分插复用器[239]。具有不同布拉格波长的光纤光栅的阵列也可用于频域编码和解码，用单个啁啾 Moiré 光栅可以替代这个光栅阵列，因为在这种光纤光栅中几个光栅是写在相同位置的[57]。在 2000 年的一个实验中[272]，使用几个 Moiré 光栅对 622 Mbps 的 CDMA 信号进行了恢复。基于硅基石英 AWG 的集成版的 CDMA 编码器也得到了发展[277]，在这种器件中，将可变延迟线包含在两个 AWG 之间。

在称为相干复用(coherence multiplexing)的另一种方法中[268]，使用了一个宽带光源和非平衡马赫-曾德尔干涉仪(在它的一条臂上引入了一个比相干时间要长的延迟)。这种 CDMA 系统依靠相干性来鉴别信道，并受光拍频噪声的严重影响。在这种技术的一个演示实验中，复用了 4 个 1 Gbps 的信道，其中光源是一个工作在激光器阈值以下的半导体光放大器，这样它的输出带宽约为 17 nm。该实验使用差分探测技术来减小光拍频噪声的影响，确实，通过使用差分探测，即使当所有 4 个信道同时工作时，依然可以得到小于 10^{-9} 的误码率。

使用频域编码设计的相干 CDMA 系统有一个独特的优点，即 CDMA 信号可以覆盖在一个 WDM 信号之上，这样两个信号都占有相同的波长范围。图 6.34 给出了这种混合方案是怎样工作的[273]：接收信号的频谱由宽带 CDMA 信号和对应不同 WDM 信道的多个窄带尖峰组成，由于 CDMA 信号的振幅很低，它并不会对 WDM 信道的探测造成很大干扰。CDMA 接收机在解码之前会使用陷波滤波器去除 WDM 信号。混合 WDM-CDMA 方案是频谱高效的，因为它能利用每个 WDM 信道周围未使用的多余带宽。

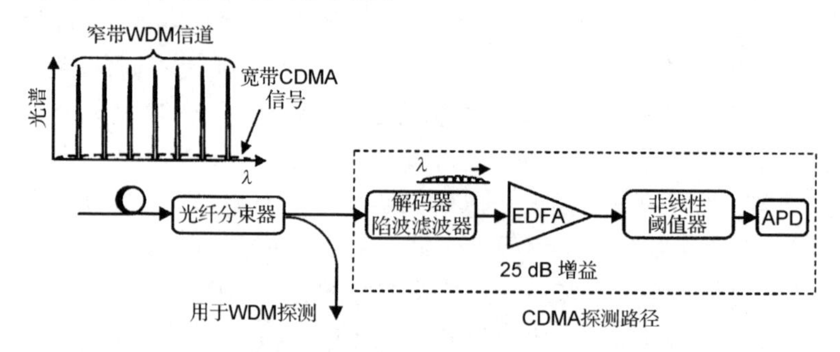

图 6.34 共享相同频谱带宽的混合 WDM-CDMA 系统的接收机，解码器中含有陷波滤波器以去除WDM信号[273]（经ⓒ 2001 IEEE授权引用）

使用 CDMA 技术传输每个信道的 WDM 系统引起了人们的很大兴趣，在这种情况下，频谱效率非常珍贵，因为 CDMA 信号的带宽不应超过信道间隔。在 2002 年的一个实验中[276]，使用 CDMA 和 WDM 技术在 C 带实现了 1.6 bps/Hz 的频谱效率和 6.4 Tbps 的容量，该系统采用 QPSK 格式进行光学编码和超快光学时间门进行解码。2009 年，通过现场试验成功演示了一个 WDM-CDMA 系统的工作，该系统使用基于采样光纤光栅的 16 码片编码器和解码器在 100 km 距离上将 10 Gbps 信号同时分配给 8 个用户[286]。

习题

6.1 “干”光纤在从 1.3 μm 到 1.6 μm 的波长区具有可以接受的损耗，估计覆盖这一区域的 WDM 系统的容量。假设该系统使用 40 Gbps 信道，信道间隔为 50 GHz。

6.2 C 带和 L 带覆盖了从 1.53 μm 到 1.61 μm 的波长范围，当信道间隔为 25 GHz 时，通过 WDM 可以传输多少个信道？当覆盖这两个带的 WDM 信号使用 10 Gbps 信道在 2000 km 距离上传输时，它的有效比特率-距离积是多少？

6.3 一个 128×128 的广播星用 2×2 定向耦合器制作，每个定向耦合器的插入损耗为 0.2 dB。当工作在 1 Gbps 比特率时，每个信道发射 1 mW 的平均功率，而需要接收 1 μW 的平均功率，求每个信道的最大传输距离是多少？假设光缆损耗为 0.25 dB/km，连接器和接头损耗为 3 dB。

6.4 一个长度为 L 的法布里-珀罗滤波器的两个反射镜具有相同的反射率 R，通过考虑光在含气腔内的多次往返推导透射谱 $T(\nu)$ 的表达式，并用它来说明精细度由 $F=\pi\sqrt{R}/(1-R)$ 给出。

6.5 使用法布里-珀罗滤波器来选择间隔为 0.2 nm 的 100 个信道，滤波器的长度和反射镜的反射率应该是多少？假设比特率为 10 Gbps，折射率为 1.5，工作波长为 1.55 μm。

6.6 光纤耦合器的行为由矩阵方程 $\boldsymbol{E}_{\text{out}}=\boldsymbol{T}\boldsymbol{E}_{\text{in}}$ 决定，这里 $\boldsymbol{T}$ 是 2×2 传递矩阵，$\boldsymbol{E}$ 是列矢量，它的两个分量表示两个端口处的输入(或输出)场。假设总功率不变，说明传递矩阵 $\boldsymbol{T}$ 由下式给出：

$$\boldsymbol{T}=\begin{bmatrix}\sqrt{1-f} & \mathrm{i}\sqrt{f}\\ \mathrm{i}\sqrt{f} & \sqrt{1-f}\end{bmatrix}$$

式中，f是转移到交叉端口的那部分功率所占的比例。

6.7 解释马赫-曾德尔干涉仪的工作原理；证明 M 个这样的干涉仪链的透射率由式 $T(\nu)=\prod_{m=1}^{M}\cos^2(\pi\nu\tau_m)$ 给出，这里τ_m是相对延迟。利用上题中 3 dB 光纤耦合器传递矩阵的结果。

6.8 考虑一个其传递矩阵由习题6.6 给出的光纤耦合器，它的两个输出端口相互连接，形成长度为 L 的光纤环。推导光纤环透射率的表达式；当耦合器将输入功率平均分配时会发生什么？请对此做出物理解释。

6.9 一个长度为 L 的光纤光栅的反射系数由下式给出：

$$r_g(\delta)=\frac{\mathrm{i}\kappa\sin(qL)}{q\cos(qL)-\mathrm{i}\delta\sin(qL)}$$

式中，$q^2=\delta^2-\kappa^2$，$\delta=(\omega-\omega_B)\bar{n}/c$ 是相对于布拉格频率 ω_B的频率失谐量，κ 是耦合系数。画出反射率谱，其中参数值为 $\kappa=8\ \text{cm}^{-1}$，$\bar{n}=1.45$，布拉格波长为1.55 μm，$L=3$ nm，5 nm，8 mm。估计这3种情况下的光栅带宽(单位为GHz)。

6.10 给你10 个 3 dB 光纤耦合器，请用尽可能少的耦合器设计一个 4×4 解复用器。

6.11 试解释如何用平面波导阵列对 WDM 信道解复用，必要时可以使用图表。

6.12 使用一个光纤耦合器和两个光纤光栅设计一个分插滤波器，并解释这种器件是怎样工作的。

6.13 使用一个波导光栅路由器设计集成的 WDM 光发射机；如果要设计集成的 WDM 光接收机，则应该怎么变化？

6.14 带内线性串扰的含义是什么？对于波导光栅路由器，推导这种串扰引起的功率代价的表达式。

6.15 解释在多信道光波系统中受激拉曼散射是如何引起串扰的；将拉曼增益谱用三角形分布近似后，推导式(6.3.10)。

6.16 解由方程式(6.3.11)中的 M 个方程组成的方程组，说明信道功率由式(6.3.12)给出。

6.17 通过考虑由自相位调制和交叉相位调制引起的非线性相位变化，推导式(6.3.14)。

6.18 解方程式(6.3.16)并说明四波混频效率由式(6.3.18)给出；对于 $\alpha=0.2$ dB/km，$\beta_2=-1\ \text{ps}^2/\text{km}$ 的 50 km 长的光纤，估计四波混频效率的值，假设信道间隔为 50 GHz。

6.19 将热噪声、散弹噪声和强度噪声包括在内，推导模拟 SCM 光波系统的载噪比的表达式；说明在高功率下载噪比会发生饱和，最终趋于一个恒定值。

6.20 考虑一个工作在1.55 μm 的模拟 SCM 光波系统，它使用量子效率为 90%，暗电流为 10 nA且在 50 MHz 带宽内的热噪声均方根电流为 0.1 mA 的光接收机，光发射机激光器的相对强度噪声为 -150 dB/Hz。计算对于一个调制指数为 0.2 的 AM-VSB 系统，获得 50 dB 载噪比必需的平均接收光功率。

参考文献

[1] H. Ishio, J. Minowa, and K. Nosu, *J. Lightwave Technol.* **2**, 448(1984).

[2] G. Winzer, *J. Lightwave Technol.* **2**, 369(1984).

[3] N. A. Olsson, J. Hegarty, R. A. Logan, L. F. Johnson, K. L. Walker, L. G. Cohen, B. L. Kasper, and J. C. Campbell, *Electron. Lett.* **21**, 105(1985).

[4] C. A. Brackett, *IEEE J. Sel. Areas Commun.* **8**, 948(1990).

[5] P. E. Green, Jr., *Fiber-Optic Networks*, Prentice-Hall, Upper Saddle River, NJ, 1993.

[6] J. -P. Laude, *DWDM Fundamentals, Components, and Applications*, Artech House, Norwood, MA, 2002.

[7] B. Mukherjee, *Optical WDM Networks*, Springer, New York, 2006.

[8] T. E. Stern, G. Ellinas, and K. Baia, *Multiwavelength Optical Networks: Architectures, Design, and Control*, Cambridge University Press, New York, 2009.

[9] R. Ramaswami, K. Sivarajan, and G. Sasaki, *Optical Networks: A Practical Perspective*, 3rd ed., Morgan Kaufmann, San Francisco, 2009.

[10] A. Stavdas, Ed., *Core and Metro Networks*, Wiley, Hoboken, NJ, 2000.

[11] G. E. Keiser, *Optical Fiber Communications*, 4th ed., McGraw-Hill, New York, 2010.

[12] A. H. Gnauck, R. W. Tkach, A. R. Chraplyvy, and T. Li, *J. Lightwave Technol.* **26**, 1032(2008).

[13] J. Zyskind et al., in *Optical Fiber Telecommunications*, Vol. 4B, I. P. Kaminow and T. Li, Eds., Academic Press, Boston, 2002, Chap. 5.

[14] X. Zhou, J. Yu, M. -F. Huang, et al., Proc. Opt. Fiber Commun. Conf., Paper PDPB9, 2010.

[15] A. Sano, H. Masuda, T. Kobayashi, et al., Proc. Opt. Fiber Commun. Conf., Paper PDPB7, 2010.

[16] A. R. Chraplyvy, A. H. Gnauck, R. W. Tkach, R. M. Derosier, C. R. Giles, B. M. Nyman, G. A. Ferguson, J. W. Sulhoff, and J. L. Zyskind, *IEEE Photon. Technol. Lett.* **7**, 98(1995).

[17] K. Fukuchi, T. Kasamatsu, M. Morie, R. Ohhira, T. Ito, K. Sekiya, D. Ogasahara, and T. Ono, Proc. Optical Fiber Commun. Conf., Paper PDP24, 2001.

[18] N. S. Bergano and C. R. Davidson, *J. Lightwave Technol.* **14**, 1287(1996).

[19] N. S. Bergano, in *Optical Fiber Telecommunications*, Vol. 4B, I. P. Kaminow and T. Li, Eds., Academic Press, Boston, 2002.

[20] N. S. Bergano, *J. Lightwave Technol.* **23**, 5125(2005).

[21] A. N. Pilipetskii, *J. Lightwave Technol.* **24**, 484(2006).

[22] S. Bigo, in *Optical Fiber Telecommunications*, Vol. 5B, I. P. Kaminow, T. Li, and A. E. Willner, Eds., Academic Press, Boston, 2008, Chap. 14.

[23] J. -X. Cai, Y. Cai, C. Davidson, et al., Proc. Opt. Fiber Commun. Conf., Paper PDPB10(2010).

[24] I. S. Binetti, A. Bragheri, E. Iannone, and F. Bentivoglio, *J. Lightwave Technol.* **18**, 1677(2000).

[25] A. A. M. Saleh and J. M. Simmons, *J. Lightwave Technol.* **17**, 2431(1999).

[26] W. T. Anderson, J. Jackel, G. K. Chang, H. Dai, X. Wei. M. Goodman, C. Allyn, M. Alvarez, and O. Clarke, et. al., *J. Lightwave Technol.* **18**, 1988(2000).

[27] L. Paraschis, O. Gerstel, and M. Y. Frankel, in *Optical Fiber Telecommunications*, Vol. 5B, I. P. Kaminow, T. Li, and A. E. Willner, Eds., Academic Press, Boston, 2008, Chap. 12.

[28] P. E. Green, Jr., *IEEE J. Sel. Areas Commun.* **14**, 764(1996).

[29] I. P. Kaminow, in *Optical Fiber Telecommunications*, Vol. 3A, I. P. Kaminow and T. L. Koch, Eds., Academic Press, Boston, 1997, Chap. 15.

[30] T. Pfeiffer, J. Kissing, J. P. Eíbers, B. Deppisch, M. Witte, H. Schmuck, and E. Voges, *J. Lightwave Technol.* **18**, 1928(2000).

[31] N. Ghani, J. Y. Pan, and X. Cheng, in *Optical Fiber Telecommunications*, Vol. 4B, I. P. Kaminow and T. Li, Eds., Academic Press, Boston, 2002, Chap. 8.

[32] P. W. Dowd, *IEEE Trans. Comput.* **41**, 1223(1992).

[33] M. S. Goodman, H. Kobrinski, M. P. Vecchi, R. M. Bulley, and J. L. Gimlett, *IEEE J. Sel. Areas Commun.* **8**, 995(1990).

[34] E. Hall, J. Kravitz, R. Ramaswami, M. Halvorson, S. Tenbrink, and R. Thomsen, *IEEE J. Sel Areas Commun.* **14**, 814(1996).

[35] D. Sadot and L. G. Kazovsky, *J. Lightwave Technol.* **15**, 1629(1997).

[36] S. S. Wagner, H. Kobrinski, T. J. Robe, H. L. Lemberg, and L. S. Smoot, *Electron. Lett.* **24**, 344(1988).

[37] C. Lin, Ed., *Broadband Optical Access Networks and Fiber-to-the-Home*, Wiley, Hoboken, NJ, 2006.

[38] J. Prat, Ed., *Next-Generation FTTH Passive Optical Networks*, Springer, New York, 2008.

[39] R. E. Wagner, in *Optical Fiber Telecommunications*, Vol. 5B, Chap. 10, I. P. Kaminow, T. Li, and A. E. Willner, Eds., Academic Press, Boston, 2008.

[40] G. P. Agrawal, *Lightwave Technology: Components and Devices*, Chap. 8, Wiley, Hoboken, NJ, 2006.

[41] M. Born and E. Wolf, *Principles of Optics*, 7th ed., Cambridge University Press, New York, 1999.

[42] J. Stone and L. W. Stulz, *Electron. Lett.* **23**, 781(1987).

[43] K. Hirabayashi, H. Tsuda, and T. Kurokawa, *J. Lightwave Technol.* **11**, 2033(1993).

[44] A. Sneh and K. M. Johnson, *J. Lightwave Technol.* **14**, 1067(1996).

[45] J. Ciosek, *Appl. Opt.* **39**, 135(2000).

[46] H. K. Tsang, M. W. K. Mak, L. Y. Chan, J. B. D. Soole, C. Youtsey, and I. Adesida, *J. Lightwave Technol.* **17**, 1890(1999).

[47] M. Iodice, G. Cocorullo, F. G. Della Corte, and I. Rendina, *Opt. Commun.* **183**, 415(2000).

[48] J. Pfeiffer, J. Peerlings, R. Riemenschneider, et al., *Mat. Sci. Semicond. Process.* **3**, 409(2000).

[49] K. Takiguchi, K. Okamoto, and K. Moriwaki, *J. Lightwave Technol.* **14**, 2003(1996).

[50] E. L. Wooten, R. L. Stone, E. W. Miles, and E. M. Bradley, *J. Lightwave Technol.* **14**, 2530(1996).

[51] T. Mizuno, M. Oguma, T. Kitoh, Y. Inoue, and H. Takahashi, *IEEE Photon. Technol. Lett.* **18**, 325(2006).

[52] G. P. Agrawal, *Applications of Nonlinear Fiber Optics*, 2nd ed., Academic Press, Boston, 2008.

[53] Y. Hibino, F. Hanawa, H. Nakagome, M. Ishii, and N. Takato, *J. Lightwave Technol.* **13**, 1728(1995).

[54] M. Kawachi, *IEE Proc.* **143**, 257(1996).

[55] Y. P. Li and C. H. Henry, *IEE Proc.* **143**, 263(1996).

[56] K. Okamoto, *Opt. Quantum Electron.* **31**, 107(1999).

[57] R. Kashyap, *Fiber Bragg Gratings*, 2nd ed., Academic Press, Boston, 2009.

[58] G. P. Agrawal and S. Radic, *IEEE Photon. Technol. Lett.* **6**, 995(1994).

[59] G. E. Town, K. Sugde, J. A. R. Williams, I. Bennion, and S. B. Poole, *IEEE Photon. Technol. Lett.* **7**, 78(1995).

[60] F. Bilodeau, K. O. Hill, B. Malo, D. C. Johnson, and J. Albert, *IEEE Photon. Technol. Lett.* **6**, 80(1994).

[61] T. Numai, S. Murata, and I. Mito, *Appl. Phys. Lett.* **53**, 83(1988); **54**, 1859(1989).

[62] J.-P. Weber, B. Stoltz, and M. Dasler, *Electron. Lett.* **31**, 220(1995).

[63] K. N. Park, Y. T. Lee, M. H. Kim, K. S. Lee, and Y H. Won, *IEEE Photon. Technol. Lett.* **10**, 555(1998).

[64] A. Iocco, H. G. Limberger, R. P. Salathé, L. A. Everall, K. E. Chisholm, J. A. R. Williams, and I. Bennion, *J. Lightwave Technol.* **17**, 1217(1999).

[65] B. Ortega, J. Capmany, and J. L. Cruz, *J. Lightwave Technol.* **17**, 1241(1999).

[66] C. S. Goh, S. Y. Set, and K. Kikuchi, *IEEE Photon. Technol. Lett.* **14**, 1306(2002).

[67] H. Lee and G. Agrawal, *Opt. Express* **12**, 5595(2004).

[68] H. Li, M. Li, Y. Sheng, and J. E. Rothenberg, *J. Lightwave Technol.* **25**, 2739(2007).

[69] D. A. Smith, R. S. Chakravarthy, et al., *J. Lightwave Technol.* **14**, 1005(1996).

[70] J. L. Jackel, M. S. Goodman, J. E. Baran, et al., *J. Lightwave Technol.* **14**, 1056(1996).

[71] H. Herrmann, K. Schafer, and C. Schmidt, *IEEE Photon. Technol. Lett.* **10**, 120(1998).

[72] T. E. Dimmick, G. Kakarantzas, T. A. Birks, and P. S. J. Russell, *IEEE Photon. Technol. Lett.* **12**, 1210(2000).

[73] J. Sapriel, D. Charissoux, V. Voloshinov, and V. Molchanov, *J. Lightwave Technol.* **20**, 892(2002).

[74] G. P. Agrawal, *Nonlinear Fiber Optics*, 4th ed., Academic Press, Boston, 2007.

[75] R. W. Tkach, A. R. Chraplyvy, and R. M. Derosier, *IEEE Photon. Technol. Lett.* **1**, 111(1989).

[76] K. Margari, H. Kawaguchi, K. Oe, Y. Nakano, and M. Fukuda, *IEEE J. Quantum Electron.* **24**, 2178(1988).

[77] T. Numai, S. Murata, and I. Mito, *Appl. Phys. Lett.* **53**, 1168(1988).

[78] S. Dubovitsky and W H. Steier, *J. Lightwave Technol.* **14**, 1020(1996).

[79] C. H. Henry, R. F. Kazarinov, Y. Shani, R. C. Kistler, V. Pol, and K. J. Orlowsky, *J. Lightwave Technol.* **8**, 748(1990).

[80] K. A. McGreer, *IEEE Photon. Technol. Lett.* **8**, 553(1996).

[81] S. J. Sun, K. A. McGreer, and J. N. Broughton, *IEEE Photon. Technol. Lett.* **10**, 90(1998).

[82] F. N. Timofeev, E. G. Churin, P. Bayvel, V. Mikhailov, D. Rothnie, and J. E. Midwinter, *Opt. Quantum Electron.* **31**, 227(1999).

[83] D. R. Wisely, *Electron. Lett.* **27**, 520(1991).

[84] B. H. Verbeek, C. H. Henry, N. A. Olsson, K. J. Orlowsky, R. F. Kazarinov, and B. H. Johnson, *J. Lightwave Technol.* **6**, 1011(1988).

[85] K. Oda, N. Tokato, T. Kominato, and H. Toba, *IEEE Photon. Technol. Lett.* **1**, 137(1989).

[86] N. Takato, T. Kominato, A. Sugita, K. Jinguji, H. Toba, and M. Kawachi, *IEEE J. Sel. Areas Commun.* **8**, 1120(1990).

[87] Y. Hibino, T. Kitagawa, K. O. Hill, F. Bilodeau, B. Malo, J. Albert, and D. C. Johnson, *IEEE Photon. Technol. Lett.* **8**, 84(1996).

[88] B. S. Kawasaki, K. O. Hill, and R. G. Gaumont, *Opt. Lett.* **6**, 327(1981).

[89] M. K. Smit and C. van Dam, *IEEE J. Sel. Topics Quantum Electron.* **2**, 236(1996).

[90] R. Mestric, M. Renaud, M. Bachamann, B. Martin, and F. Goborit, *IEEE J. Sel. Topics Quantum Electron.* **2**, 251(1996).

[91] H. Okayama, M. Kawahara, and T. Kamijoh, *J. Lightwave Technol.* **14**, 985(1996).

[92] C. Dragone, *J. Lightwave Technol.* **16**, 1895(1998).

[93] A. Kaneko, T. Goh, H. Yamada, T. Tanaka, and I. Ogawa, *IEEE J. Sel. Topics Quantum Electron.* **5**, 1227(1999).

[94] K. Kato and Y. Tohmori, *IEEE J. Sel. Topics Quantum Electron.* **6**, 4(2000).

[95] C. R. Doerr and K. Okamoto, in *Optical Fiber Telecommunications*, Vol. 5A, I. P. Kaminow, T. Li, and A. E. Willner, Eds., Academic Press, Boston, 2008, Chap. 9.

[96] K. Takada, M. Abe, T. Shibata, and K. Okamoto, *IEEE Photon. Technol. Lett.* **13**, 577(2001).

[97] M. D. Feuer, D. C. Kipler, and S. L. Woodward, in *Optical Fiber Telecommunications*, Vol. 5B, I. P. Kaminow, T. Li, and A. E. Willner, Eds., Academic Press, Boston, 2008, Chap. 8.

[98] F. Shehadeh, R. S. Vodhanel, M. Krain, C. Gibbons, R. E. Wagner, and M. Ali, *IEEE Photon. Technol. Lett.* **7**, 1075(1995).

[99] H. A. Haus and Y. Lai, *J. Lightwave Technol.* **10**, 57(1992).

[100] M. Zirngibl, C. H. Joyner, and B. Glance, *IEEE Photon. Technol. Lett.* **6**, 513(1994).

[101] M. Kuznetsov, *J. Lightwave Technol.* **12**, 226(1994).

[102] H. H. Yaffe, C. H. Henry, M. R. Serbin, and L. G. Cohen, *J. Lightwave Technol.* **12**, 1010(1994).

[103] F. Bilodeau, D. C. Johnson, S. Thériault, B. Malo, J. Albert, and K. O. Hill, *IEEE Photon. Technol. Lett.* **7**, 388(1995).

[104] T. Mizuochi, T. Kitayama, K. Shimizu, and K. Ito, *J. Lightwave Technol.* **16**, 265(1998).

[105] T. Augustsson, *J. Lightwave Technol.* **16**, 1517(1998).

[106] S. Rotolo, A. Tanzi, S. Brunazzi, et al., *J. Lightwave Technol.* **18**, 569(2000).

[107] C. Riziotis and M. N. Zervas, *J. Lightwave Technol.* **19**, 92(2001).

[108] A. V. Tran, W. D. Zhong, R. C. Tucker, and R. Lauder, *IEEE Photon. Technol. Lett.* **13**, 582(2001).

[109] I. Y. Kuo and Y. K. Chen, *IEEE Photon. Technol. Lett.* **14**, 867(2002).

[110] A. V. Tran, C. J. Chae, and R. C. Tucker, *IEEE Photon. Technol. Lett.* **15**, 975(2003).
[111] E. G. Rawson and M. D. Bailey, *Electron. Lett.* **15**, 432(1979).
[112] M. E. Marhic, *Opt. Lett.* **9**, 368(1984).
[113] D. B. Mortimore and J. W. Arkwright, *Appl. Opt.* **30**, 650(1991).
[114] C. Dragone, C. H. Henry, I. P. Kaminow, and R. C. Kistler, *IEEE Photon. Technol. Lett.* **1**, 241(1989).
[115] M. I. Irshid and M. Kavehrad, *IEEE Photon. Technol. Lett.* **4**, 48(1992).
[116] P. D. Trinh, S. Yegnanaraynan, and B. Jalali, *IEEE Photon. Technol. Lett.* **8**, 794(1996).
[117] J. M. H. Elmirghani and H. T. Mouftah, *IEEE Commun. Mag.* **38**(2), 58(2000).
[118] Y. Hida, Y. Hibino, M. Itoh, A. Sugita, A. Himeno, and Y. Ohmori, *Electron. Lett.* **36**, 820(2000).
[119] T. P. Lee, C. E. Zah, R. Bhat, et al., *J. Lightwave Technol.* **14**, 967(1996).
[120] G. P. Li, T. Makino, A. Sarangan, and W. Huang, *IEEE Photon. Technol. Lett.* **8**, 22(1996).
[121] T. L. Koch, in *Optical Fiber Telecommunications*, Vol. 3B, I. P. Kaminow and T. L. Koch, Eds., Academic Press, Boston, 1997, Chap. 4.
[122] S. L. Lee, I. F. Jang, C. Y. Wang, C. T. Pien, and T. T. Shih, *IEEE J. Sel. Topics Quantum Electron.* **6**, 197(2000).
[123] M. Zirngibl, C. H. Joyner, C. R. Doerr, L. W. Stulz, and H. M. Presby, *IEEE Photon. Technol. Lett.* **8**, 870(1996).
[124] R. Monnard, A. K. Srivastava, C. R. Doerr, et al., *Electron. Lett.* **34**, 765(1998).
[125] S. Menezo, A. Rigny, A. Talneau, et al., *IEEE J. Sel. Topics Quantum Electron.* **6**, 185(2000).
[126] B. Pezeshki, E. Vail, J. Kubicky, et al., *IEEE Photon. Technol. Lett.* **14**, 1457(2002).
[127] G. W. Yoffe, S. Y. Zou, B. Pezeshki, S. A. Rishton, and M. A. Emanuel, *IEEE Photon. Technol. Lett.* **16**, 735(2004).
[128] R. Nagarajan, C. H. Joyner, R. P. Schneide, et al., *IEEE J. Sel. Topics Quantum Electron.* **11**, 50(2005).
[129] R. Nagarajan, M. Kato, J. Pleumeekers, et al., *Electron. Lett.* **42**, 771(2006).
[130] D. Welch, F. A. Kish, S. Meile, et al., *IEEE J. Sel. Topics Quantum Electron.* **13**, 22(2007).
[131] M. Kato, P. Evans, S. Corzine, et al., Proc. Opt. Fiber Commun. Conf., Paper OThN2, 2009.
[132] A. Bellemare, M. Karasek, M. Rochette, S. LaRochelle, and M. Tetu, *J. Lightwave Technol.* **18**, 825(2000).
[133] J. Yao, J. Yao, Z. Deng, and J. Liu, *IEEE Photon. Technol. Lett.* **17**, 756(2005).
[134] A. Zhang, H. Liu, M. S. Demokan, and H. Y. Tam, *IEEE Photon. Technol. Lett.* **17**, 2535(2005).
[135] D. Chen, S. Qin, Y. Gao and S. Gao, *Electron. Lett.* **43**, 524(2007).
[136] Y. Kim, S. Doucet, and S. LaRochelle, *IEEE Photon. Technol. Lett.* **20**, 1718(2008).
[137] T. Morioka, K. Uchiyama, S. Kawanishi, S. Suzuki, and M. Saruwatari, *Electron. Lett.* **31**, 1064(1995).
[138] M. C. Nuss, W. H. Knox, and U. Koren, *Electron. Lett.* **32**, 1311(1996).
[139] H. Takara, T. Ohara, K. Mori, et al., *Electron. Lett.* **36**, 2089(2000).
[140] E. Yamada, H. Takara, T. Ohara, et al., *Electron. Lett.* **37**, 304(2001).
[141] S. Chandrasekhar, M. Zirngibl, A. G. Dentai, et al., *IEEE Photon. Technol. Lett.* **7**, 1342(1995).
[142] T. Ohyama, Y. Akahori, T. Yamada, et al., *Electron. Lett.* **38**, 1576(2002).
[143] N. Kikuchi, Y. Shibata, H. Okamoto, et al., *Electron. Lett.* **39**, 312(2003).
[144] W. Tong, V. M. Menon, F. Xia, and S. R. Forrest, *IEEE Photon. Technol. Lett.* **16**, 1170(2004).
[145] X. Duan, Y. Huang, H. Huang, X. Ren, Q. Wang, Y. Shang, X. Ye, and S. Cai, *J. Lightwave Technol.* **27**, 4697(2009).
[146] P. A. Rosher and A. R. Hunwicks, *IEEE J. Sel. Areas Commun.* **8**, 1108(1990).
[147] P. A. Humblet and W. M. Hamdy, *IEEE J. Sel. Areas Commun.* **8**, 1095(1990).
[148] E. L. Goldstein and L. Eskildsen, *IEEE Photon. Technol. Lett.* **7**, 93(1995).

[149] H. Takahashi, K. Oda, and H. Toba, *J. Lightwave Technol.* **14**, 1097(1996).

[150] J. Zhou, R. Cadeddu, E. Casaccia, C. Cavazzoni, and M. J. O'Mahony, *J. Lightwave Technol.* **14**, 1423(1996).

[151] M. Gustavsson, L. Gillner, and C. P. Larsen, *J. Lightwave Technol.* **15**, 2006(1997).

[152] K. Durnani and M. J. Holmes, *J. Lightwave Technol.* **18**, 1871(2000).

[153] I. T. Monroy and E. Tangdiongga, *Crosstalk in WDM Communication Networks*, Kluwer, Norwell, MA, 2002.

[154] S. -G. Park and S. S. Lee, *IEEE Photon. Technol. Lett.* **18**, 2698(2006).

[155] B. Baekelandt, C. Melange, J. Bauwelinck, P. Ossieur, T. De Ridder, X. -Z. Qiu, and J. Vandewege, *IEEE Photon. Technol. Lett.* **20**, 587(2008).

[156] M. J. Minardi and M. A. Ingrani, *Electron. Lett.* **28**, 1621(1992).

[157] K. -P. Ho and J. M. Khan, *J. Lightwave Technol.* **14**, 1127(1996).

[158] Z. Li and G. Li, *IEEE Photon. Technol. Lett.* **18**, 811(2006).

[159] A. R. Chraplyvy, *J. Lightwave Technol.* **8**, 1548(1990).

[160] N. Shibata, K. Nosu, K. Iwashita, and Y. Azuma, *IEEE J. Sel. Areas Commun.* **8**, 1068(1990).

[161] F. Forghieri, R. W. Tkach, and A. R. Chraplyvy, in *Optical Fiber Telecommunications*, Vol. 3A, I. P. Kaminow and T. L. Koch, Eds., Academic Press, Boston, 1997, Chap. 8.

[162] J. Kani, M. Jinno, T. Sakamoto, S. Aisawa, M. Fukui, K. Hattori, and K. Oguchi, *J. Lightwave Technol.* **17**, 2249(1999).

[163] P. Bayvel and R. I. Killey, in *Optical Fiber Telecommunications*, Vol. 4B, I. P. Kaminow and T. Li, Eds., Academic Press, Boston, 2002, Chap. 13.

[164] M. Wu and W. I. Way, *J. Lightwave Technol.* **22**, 1483(2004).

[165] J. Toulouse, *J. Lightwave Technol.* **23**, 3625(2005).

[166] D. N. Christodoulides and R. B. Jander, *IEEE Photon. Technol. Lett.* **8**, 1722(1996).

[167] J. Wang, X. Sun, and M. Zhang, *IEEE Photon. Technol. Lett.* **10**, 540(1998).

[168] M. E. Marhic, F. S. Yang, and L. G. Kazovsky, *J. Opt. Soc. Am. B* **15**, 957(1998).

[169] A. G. Grandpierre, D. N. Christodoulides, and J. Toulouse, *IEEE Photon. Technol. Lett.* **11**, 1271(1999).

[170] K. -P. Ho, *J. Lightwave Technol.* **19**, 159(2000).

[171] C. M. McIntosh, A. G. Grandpierre, D. N. Christodoulides, J. Toulouse, and J. M. P. Delvaux, *IEEE Photon. Technol. Lett.* **13**, 302(2001).

[172] Z. Jiang and C. Fan, *J. Lightwave Technol.* **20**, 953(2003).

[173] T. Yamamoto and S. Norimatsu, *J. Lightwave Technol.* **20**, 2229(2003).

[174] X. P. Mao, R. W. Tkach, A. R. Chraplyvy, R. M. Jopson, and R. M. Derosier, *IEEE Photon. Technol. Lett.* **4**, 66(1992).

[175] D. A. Fishman and J. A. Nagel, *J. Lightwave Technol.* **11**, 1721(1993).

[176] N. Yoshizawa and T. Imai, *J. Lightwave Technol.* **11**, 1518(1993).

[177] K. Shiraki, M. Ohashi, and M. Tateda, *J. Lightwave Technol.* **14**, 50(1996).

[178] Y. Horiuchi, S. Yamamoto, and S. Akiba, *Electron. Lett.* **34**, 390(1998).

[179] K. Tsujikawa, K. Nakajima, Y. Miyajima, and M. Ohashi. *IEEE Photon. Technol. Lett.* **10**, 1139(1998).

[180] L. E. Adams, G. Nykolak, T. Tanbun-Ek, A. J. Stentz, A. M. Sergent, P. F. Sciortino, and L. Eskildsen, *Fiber Integ. Opt.* **17**, 311(1998).

[181] S. S. Lee, H. J. Lee, W. Seo, and S. G. Lee, *IEEE Photon. Technol. Lett.* **13**, 741(2001).

[182] M. Li, X. Chen, J. Wang, et al., *Opt. Express* **15**, 8290(2007).

[183] T. Sakamoto, T. Matsui, K. Shiraki, and T. Kurashima, *J. Lightwave Technol.* **26**, 4401(2009).

[184] T. Chiang, N. Kagi, M. E. Marhic, and L. G. Kazovsky, *J. Lightwave Technol.* **14**, 249(1996).

[185] G. Bellotti, M. Varani, C. Francia, and A. Bononi, *IEEE Photon. Technol. Lett.* **10**, 1745(1998).

[186] A. V. T. Cartaxo, *J Lightwave Technol.* **17**, 178(1999).
[187] R. Hui, K. R. Demarest, and C. T. Allen, *J. Lightwave Technol.* **17**, 1018(1999).
[188] L. E. Nelson, R. M. Jopson, A. H. Gnauck, and A. R. Chraplyvy, *IEEE Photon. Technol. Lett.* **11**, 907(1999).
[189] M. Shtaif, M. Eiselt, and L. D. Garettt, *IEEE Photon. Technol. Lett.* **12**, 88(2000).
[190] J. J. Yu and P. Jeppesen, *Opt. Commun.* **184**, 367(2000).
[191] G. Bellotti and S. Bigo, *IEEE Photon. Technol. Lett.* **12**, 726(2000).
[192] R. I. Killey, H. J. Thiele, V. Mikhailov, and P. Bayvel, *IEEE Photon. Technol. Lett.* **12**, 804(2000).
[193] G. Bellotti, S. Bigo, P. Y. Cortes, S. Gauchard, and S. LaRochelle, *IEEE Photon. Technol. Lett.* **12**, 1403 (2000).
[194] S. Betti and M. Giaconi, *IEEE Photon. Technol. Lett.* **13**, 43(2001); **13**, 305(2001).
[195] Q. Lin and G. P. Agrawal, *IEEE J. Quantum Electron.* **40**, 958(2004).
[196] K. -P. Ho and H. C. Wang, *J. Lightwave Technol.* **24**, 396(2006).
[197] O. V. Sinkin, V. S. Grigoryan, and C. R. Menyuk, *J. Lightwave Technol.* **25**, 2959(2007).
[198] N. Shibata, R. P. Braun, and R. G. Waarts, *IEEE J. Quantum Electron.* **23**, 1205(1987).
[199] H. Suzuki, S. Ohteru, and N. Takachio, *IEEE Photon. Technol. Lett.* **11**, 1677(1999).
[200] J. S. Lee, D. H. Lee, and C. S. Park, *IEEE Photon. Technol. Lett.* **10**, 825(1998).
[201] H. Mawatari, M. Fukuda, F. Kano, Y. Tohmori, Y. Yoshikuni, and H. Toba, *J. Lightwave Technol.* **17**, 918 (1999).
[202] T. Ikegami, S. Sudo, and Y. Sakai, *Frequency Stabilization of Semiconductor Laser Diodes*, Artec House, Boston, 1995.
[203] M. Guy, B. Villeneuve, C. Latrasse, and M. Têtu, *J. Lightwave Technol.* **14**, 1136(1996).
[204] H. J. Lee, G. Y. Lyu, S. Y. Park, and J. H. Lee, *IEEE Photon. Technol. Lett.* **10**, 276(1998).
[205] Y. Park, S. T. Lee, and C. J. Chae, *IEEE Photon. Technol. Lett.* **10**, 1446(1998).
[206] T. Ono and Y. Yano, *IEEE J. Quantum Electron.* **34**, 2080(1998).
[207] H. Nasu, T. Takagi, T. Shinagawa, M. Oike, T. Nomura and A. Kasukawa, *J. Lightwave Technol.* **22**, 1344 (2004).
[208] H. Nasu, T. Mukaihara, T. Takagi, M. Oike, T. Nomura, and A. Kasukawa, *IEEE J. Sel. Topics Quantum Electron.* **11**, 157(2005).
[209] Y. Tissot, H. G. Limberger, and R. -P. Salathe, *IEEE Photon. Technol. Lett.* **19**, 1702(2007).
[210] J. Zhou and M. J. O'Mahony, *IEE Proc.* **143**, 178(1996).
[211] Y. S. Fei, X. P. Zheng, H. Y. Zhang, Y. L. Guo, and B. K. Zhou, *IEEE Photon. Technol. Lett.* **11**, 1189(1999).
[212] K. J. Zhang, D. L. Hart, K. I. Kang, and B. C. Moore, *Opt. Express* **40**, 1199(2001).
[213] A. D. Ellis, D. M. Patrick, D. Flannery, R. J. Manning, D. A. O. Davies, and D. M. Spirit, *J. Lightwave Technol.* **13**, 761(1995).
[214] E. Bødtker and J. E. Bowers, *J. Lightwave Technol.* **13**, 1809(1995).
[215] V. W. S. Chan, K. L. Hall, E. Modiano, and K. A. Rauschenbach, *J. Lightwave Technol.* **16**, 2146(1998).
[216] S. Kawanishi, *IEEE J. Quantum Electron.* **34**, 2064(1998).
[217] M. Nakazawa, H. Kubota, K. Suzuki, E. Yamada, and A. Sahara, *IEEE J. Sel. Topics Quantum Electron.* **6**, 363(2000).
[218] T. G. Ulmer, M. C. Gross, K. M. Patel, et al., *J. Lightwave Technol.* **18**, 1964(2000).
[219] M. Saruwatari, *IEEE J. Sel. Topics Quantum Electron.* **6**, 1363(2000).
[220] J. P. Turkiewicz, E. Tangdiongga, G. Lehmann, et al., *J. Lightwave Technol.* **23**, 225(2005).
[221] H. -G. Weber, R. Ludwig, S. Ferber, et al., *J. Lightwave Technol.* **24**, 4616(2006).
[222] T. Ohara, H. Takara, I. Shake, et al., *IEEE J. Sel. Topics Quantum Electron.* **13**, 40(2007).

[223] H. Murai, M. Kagawa, H. Tsuji, and K. Fujii, *IEEE J. Sel. Topics Quantum Electron.* **13**, 70(2007).
[224] K. Igarashi and K. Kikuchi, *IEEE J. Sel. Topics Quantum Electron.* **14**, 551(2008).
[225] T. Yamamoto, E. Yoshida, and M. Nakazawa, *Electron. Lett.* **34**, 1013(1998).
[226] T. Morioka, H. Takara, S. Kawanishi, T. Kitoh, and M. Saruwatari, *Electron. Lett.* **32**, 833(1996).
[227] J. Hansryd and P. A. Andrekson, *IEEE Photon. Technol. Lett.* **13**, 732(2001).
[228] S. Kawanishi, H. Takara, T. Morioka, O. Kamatani, K. Takaguchi, T. Kitoh, and M. Saruwatari, *Electron. Lett.* **32**, 916(1996).
[229] M. Nakazawa, T. Yamamoto, and K. R. Tamura, *Electron. Lett.* **36**, 2027(2000).
[230] U. Feiste, R. Ludwig, C. Schubert, et al., *Electron. Lett.* **37**, 443(2001).
[231] A. Suzuki, X. Wang, Y. Ogawa, and S. Nakamura, Proc. Eur. Conf. Optical Commun. Paper Th4. 1. 7, 2004.
[232] P. Guan, M. Okazaki, T. Hirano, T. Hirooka, and M. Nakazawa, *IEEE Photon. Technol. Lett.* **21**, 1579(2009).
[233] K. L. Deng, R. J. Runser, P. Toliver, I. Glesk, and P. R. Prucnal, *J. Lightwave Technol.* **18**, 1892(2000).
[234] S. A. Hamilton, B. S. Robinson, T. E. Murphy, S. J. Savage, and E. P. Ippen, *J. Lightwave Technol.* **20**, 2086(2002).
[235] K. Vlachos, N. Pleros, C. Bintjas, G. Theophilopoulos, and H. Avramopoulos, *J. Lightwave Technol.* **21**, 1857(2003).
[236] R. Gross and R. Olshansky, *J. Lightwave Technol.* **8**, 406(1990).
[237] M. R. Phillips and T. E. Darcie, in *Optical Fiber Telecommunications*, Vol 3A, I. P. Kaminow and T. L. Koch, Eds., Academic Press, Boston, 1997, Chap. 14.
[238] S. Ovadia, H. Dai, and C. Lin, *J. Lightwave Technol.* **16**, 2135(1998).
[239] M. C. Wu, J. K. Wong, K. T. Tsai, Y. L. Chen, and W I. Way, *IEEE Photon. Technol. Lett.* **12**, 1255(2000).
[240] A. J. Rainal, *J. Lightwave Technol.* **14**, 474(1996).
[241] W. I. Way, *Broadband Hybrid Fiber Coax Acess System Tecnologies*, Academic Press, Boston, 1998.
[242] W. I. Way, S. S. Wagner, M. M. Choy, C. Lin, R. C. Menendez, H. Tohme, A. Yi-Yan, A. C. Von Lehman, R. E. Spicer, et al., *IEEE Photon. Technol. Lett.* **2**, 665(1990).
[243] M. Ogawara, M. Tsukada, J. Nishikido, A. Hiramatsu, M. Yamaguchi, and T. Matsunaga, *IEEE Photon. Technol. Lett.* **12**, 350(2000).
[244] R. Hui, B. Zhu, R. Huang, C. T. Allen, K. R. Demarest, and D. Richards, *J. Lightwave Technol.* **20**, 417(2002).
[245] G. C. Wilson, J. -M. Delavaux, A. Srivastava, Cyril Hullin, C. Mclntosh, C. G. Bethea, and C. Wolf, *IEEE Photon. Technol. Lett.* **14**, 1184(2002).
[246] W. -P. Lin, M. -S. Kao, and S. Chi, *J. Lightwave Technol.* **21**, 319(2003).
[247] T. Kuri and K. Kitayama, *J. Lightwave Technol.* **21**, 3167(2003).
[248] S. L. Woodward, X. Lu, T. E. Darcie, and G. E. Bodeep, *IEEE Photon. Technol. Lett.* **8**, 694(1996).
[249] M. R. Phillips and D. M. Ott, *J. Lightwave Technol.* **17**, 1782(1999).
[250] F. S. Yang, M. E. Marhic, and L. G. Kazovsky, *J. Lightwave Technol.* **18**, 512(2000).
[251] G. Rossi, T. E. Dimmick, and D. J. Blumenthal, *J. Lightwave Technol.* **18**, 1639(2000).
[252] W. H. Chen and W. I. Way, *J. Lightwave Technol.* **22**, 1679(2004).
[253] J. Y. Ha, A. Wonfor, P. Ghiggino, R. V. Penty and I. H. White, *Electron. Lett.* **44**, 20082467(2008).
[254] A. R. S. Bahai, B. R. Saltzberg, and M. Ergen, *Multi-carrier Digital Communications: Theory And Applications Of OFDM*, 2nd ed., Springer, New York, 2004.
[255] H. Schulze and C. Lueders, *Theory and Applications of OFDM and CDMA: Wideband Wireless Communications*, Wiley, Hoboken, NJ, 2005.

[256] Y. Li and G. L. Stuber, *Orthogonal Frequency Division Multiplexing for Wireless Communications*, Springer, New York, 2006.
[257] W. Shieh, X. Yi, and Y. Tang, *Electron. Lett.* **43**, 183(2007).
[258] A. J. Lowery, *Opt. Express* **15**, 12965(2007).
[259] S. L. Jansen, I. Monta, T. C. W. Schenk, N. Takeda, and H. Tanaka, *J. Lightwave Technol.* **26**, 6(2008).
[260] W. Shieh, H. Bao, and Y. Tang, *Opt. Express* **16**, 841(2008).
[261] J. Armstrong, *J. Lightwave Technol.* **27**, 189(2009).
[262] A. J. Viterbi, *CDMA: Principles of Spread Spectrum Communication*, Addison-Wesley, Reading, MA, 1995.
[263] M. A. Abu-Rgheff, *Introduction to CDMA Wireless Communications*, Academic Press, Boston, 2007.
[264] P. R. Pracnal, M. Santoro, and F. Tan, *J. Lightwave Technol.* **4**, 307(1986).
[265] G. J. Foschinni and G. Vannucci, *J. Lightwave Technol.* **6**, 370(1988).
[266] J. A. Salehi, A. M. Weiner, and J. P. Heritage, *J. Lightwave Technol.* **8**, 478(1990).
[267] M. Kavehrad and D. Zaccarina, *J. Lightwave Technol.* **13**, 534(1995).
[268] D. D. Sampson, G. J. Pendock, and R. A. Griffin, *Fiber Integ. Opt.* **16**, 129(1997).
[269] H. P. Sardesai, C. C. Desai, and A. M. Weiner, *J. Lightwave Technol.* **16**, 1953(1998).
[270] G. E. Town, K. Chan, and G. Yoffe, *IEEE J. Sel. Topics Quantum Electron.* **5**, 1325(1999).
[271] S. Kim, K. Yu, and N. Park, *J. Lightwave Technol.* **18**, 502(2000).
[272] L. R. Chen and P. W. Smith, *IEEE Photon. Technol. Lett.* **12**, 1281(2000).
[273] S. Shen and A. M. Weiner, *IEEE Photon. Technol. Lett.* **13**, 82(2001).
[274] P. C. Teh, P. Petropoulos, M. Ibsen, and D. J. Richardson, *J. Lightwave Technol.* **19**, 1352(2001).
[275] P. C. Teh, M. Ibsen, J. H. Lee, P. Petropoulos, and D. J. Richardson, *IEEE Photon. Technol. Lett.* **14**, 227 (2002).
[276] H. Sotobayashi, W. Chujo, and K. I. Kitayama, *J. Lightwave Technol.* **22**, 250(2004).
[277] K. Takiguchi and M. Itoh, *IEEE J. Sel. Topics Quantum Electron.* **11**, 300(2005).
[278] Z. Jiang, D. S. Seo, D. E. Leaird, R. V. Roussev, C. Langrock, M. M. Fejer, and A. M. Weiner, *J. Lightwave Technol.* **23**, 1979(2005).
[279] R. P. Scott, W. Cong, V. J. Hernandez, K. Li, B. H. Kolner, J. P. Heritage, and S. J. Ben Yoo, *J. Lightwave Technol.* **23**, 3232(2005).
[280] W. Cong, R. P. Scott, V. J. Hernandez, N. K. Fontaine, B. H. Kolner, J. P. Heritage, and S. J. Ben Yoo, *IEEE Photon. Technol. Lett.* **18**, 1567(2006).
[281] A. Agarwal, P. Toliver, R. Menendez, T. Banwell, J. Jackel, and S. Etemad, *IEEE Photon. Technol. Lett.* **18**, 1952(2006).
[282] J. P. Heritage and A. M. Weiner, *IEEE J. Sel. Topics Quantum Electron.* **13**, 1351(2007).
[283] R. P. Scott, V. J. Hernandez, N. K. Fontaine, et al., *IEEE J. Sel. Topics Quantum Electron.* **13**, 1455(2007).
[284] X. Wang, N. Wada, T. Miyazaki, G. Cincotti, and K. I. Kitayama, *J. Lightwave Technol.* **25**, 207(2007); *IEEE J. Sel. Topics Quantum Electron.* **13**, 1463(2007).
[285] C. -S. Brès and P. R. Prucnal, *J. Lightwave Technol.* **25**, 2911(2007).
[286] N. Kataoka, N. Wada, X. Wang, G. Cincotti, A. Sakamoto, Y. Terada, T. Miyazaki, and K. I. Kitayama, *J. Lightwave Technol.* **27**, 299(2009).

第7章　损耗管理

正如在第5章和第6章中看到的，任何光纤通信系统的传输距离最终都受光纤损耗的限制。直到1995年，这一损耗限制主要是用光电中继器克服的，在光电中继器这种器件中，首先用光接收机将光信号转换成电信号，然后用光发射机再生出原始的光信号。对于波分复用(WDM)系统来说，这种再生器相当复杂和昂贵，因为它们需要对各个WDM信道解复用。损耗管理的一种替代方法是使用光放大器，它直接放大WDM信号，而无须将每个信道转换到电域中。20世纪80年代期间，发展了几种光放大器；20世纪90年代，在光波系统中使用光放大器变得广泛起来。到1996年，光放大器成为跨大西洋和太平洋敷设的光缆的一部分。本章中，将重点讨论长途光波系统中的损耗管理技术。7.1节讨论光纤损耗补偿的通用技术，在这种技术中沿光纤链路周期性地使用光放大器，并将它们区分为集总放大方案和分布放大方案两种。7.2节讨论掺铒光纤放大器，它们通常用来作为集总放大器。7.3节关注为光波信号的分布放大而发展的拉曼放大器。7.4节介绍光信噪比。7.5节介绍电信噪比。7.6节介绍光接收机的灵敏度。7.7节研究放大器噪声对传输信号的影响。7.8节关注对周期放大光波系统比较重要的问题。

7.1　光纤损耗的补偿

对于设计成工作在100 km以上距离的光波系统，必须补偿光纤损耗，因为损耗的累积效应最终使信号如此之弱，以至于在光接收机处不能恢复信息。在有些情况下，使用两个集总放大器(其中一个在发射端，另一个在接收端)能将系统的传输距离延伸到400 km。由于长途和海底光波系统要延伸到数千千米，在这种系统中必须使用放大器链补偿光纤损耗，以周期性地将信号功率提升到它的初始值。

7.1.1　周期放大方案

直到1990年，系统设计者唯一可用的损耗管理技术是，在光纤链路中每隔80 km左右插入一个光电再生器，通常又称其为中继器(repeater)。中继器不是别的，就是一个光接收机-光发射机对，在这种器件中，首先用光接收机将光比特流转换到电域中，然后在光发射机的帮助下再生原始的光比特流。对于波分复用系统来说，这种技术相当复杂和昂贵，因为它必须在每个中继器处对各个WDM信道解复用。光纤损耗问题一个更好的解决方案是使用光放大器，因为它能同时放大多个波分复用信道。图7.1(a)给出了是如何以周期方式将放大器级联成一个放大器链，从而能够在10 000 km的距离上传输光比特流，同时保持信号为初始的光信号形式的。

根据所采用的放大方案，可以将放大器分为两类，分别称为集总放大器和分布放大器。大部分系统采用集总的掺铒光纤放大器(EDFA)，其中用较短的(约为10 m)的掺铒光纤补偿60～80 km光纤长度上累积的损耗[1~4]；相反，如图7.1(b)所示的分布放大方案通过利用受激拉曼散射(SRS)这种非线性现象将传输光纤本身用于信号放大，这种放大器称为拉曼放大器，自2002年以来它已经被用在光波系统中。拉曼放大器用于损耗补偿时需要一个或多个具有适当波长的泵浦激光器，这些泵浦激光器周期性地向传输光纤注入光功率，如图7.1(b)所示。

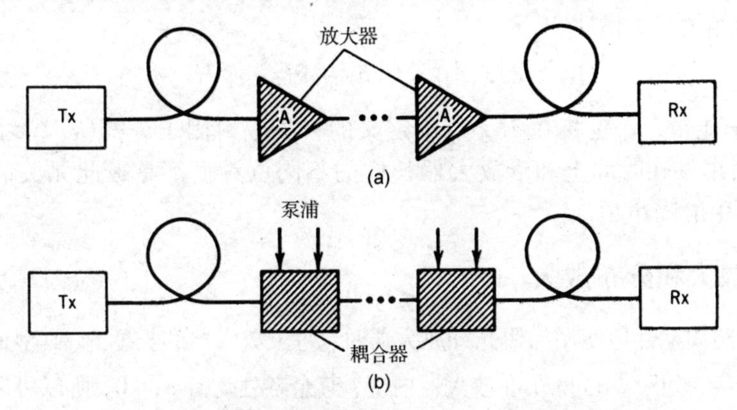

图7.1　采用(a)集总放大方案和(b)分布放大方案的光纤损耗管理的示意图，Tx和Rx分别表示光发射机和光接收机

为理解周期放大方案，需利用描述光信号在光纤链路中传输的方程式(5.3.1)，该方程中出现的损耗参数 α 不但使信号功率减小，而且对非线性效应的强度也有影响。从数学意义上讲，在方程式(5.3.1)中引入

$$A(z,t)=B(z,t)\exp(-\alpha z/2) \tag{7.1.1}$$

并将该方程用 $B(z,t)$ 写成下面的形式，就能看出这一点：

$$\frac{\partial B}{\partial z}+\frac{\mathrm{i}\beta_2}{2}\frac{\partial^2 B}{\partial t^2}=\mathrm{i}\gamma \mathrm{e}^{-\alpha z}|B|^2 B \tag{7.1.2}$$

以上两个式子的物理解释非常明显：式(7.1.1)表明，因为光纤损耗，光功率 $|A(z,t)|^2$ 随传输距离 z 以 $\exp(-\alpha z)$ 的形式呈指数减小；正如在方程式(7.1.2)中看到的，信号功率的这种减小还使非线性效应减弱，这和直觉上预期的一致。

用下式定义的平均功率可以量化信号功率的损耗：

$$P_{\mathrm{av}}(z)=\lim_{T\to\infty}\frac{1}{T}\int_{-T/2}^{T/2}|A(z,t)|^2\mathrm{d}\,t=P_{\mathrm{av}}(0)\,\mathrm{e}^{-\alpha z} \tag{7.1.3}$$

这里，利用了式(7.1.1)，并假设没有其他的能量损耗源存在，因此在整个比特流上的积分 $\int|B(z,t)|^2\mathrm{d}t$ 保持为恒定值，尽管各个脉冲的形状有变化。在长度为 L 的光纤中，平均功率以因子 $\exp(-\alpha z)$ 减小，即使在损耗参数 α 的最小值约为0.2 dB/km的1.55 μm附近的波长区，当光缆长100 km时这一因子也要超过20 dB。损耗参数 α 的数值取决于工作波长，在1.3 μm附近的波长区该值可以超过0.4 dB/km。

任何基于光放大的损耗管理技术都会使光比特流的信噪比(SNR)劣化，因为光放大器通过自发辐射将噪声加到信号上。在非线性薛定谔方程中加入噪声项和增益项，能够将该噪声包括在内，这时方程式(5.3.1)采用下面的形式：

$$\frac{\partial A}{\partial z}+\frac{\mathrm{i}\beta_2}{2}\frac{\partial^2 A}{\partial t^2}=\mathrm{i}\gamma|A|^2A+\frac{1}{2}[g_0(z)-\alpha]A+f_n(z,t) \tag{7.1.4}$$

式中，$g_0(z)$ 是增益系数，它的函数形式与所采用的放大方案有关。方程式(7.1.4)中的最后一项表示由自发辐射引起的起伏，它的值平均后为零，也就是$\langle f_n(z,t)\rangle=0$，这里角括号表示对随机过程的总体平均。如果假设该过程是具有高斯统计的马尔可夫过程，则它的统计特性能完全用下面的相关函数描述[5]：

$$\langle f_n^*(z,t)f_n(z',t')\rangle = n_{sp}h\nu_0 g_0\delta(z-z')\delta(t-t') \tag{7.1.5}$$

式中，$h\nu_0$是光子能量，n_{sp}是将在7.2节中定义的自发辐射因子。式(7.1.5)中的两个δ函数确保自发辐射事件在时间上和沿放大器长度的不同位置上都是彼此无关的，本节将忽略方程式(7.1.4)中的噪声项。

7.1.2 集总放大和分布放大

当沿光纤链路周期性地使用掺铒光纤放大器时，每个放大器的长度l_a(典型地，$l_a<0.1$ km)远小于两个放大器的间距L_A。除了在放大器内部，其余各处均有$g_0=0$，所以可以在长度为L_A的每个光纤段上解标准的非线性薛定谔方程式(7.1.2)。正如式(7.1.3)显示的，每个光纤段的损耗将平均功率以因子$\exp(-\alpha L_A)$减小，通过其增益满足$G_A=\exp(g_0 l_a)=\exp(\alpha L_A)$的各个集总放大器能够完全补偿这些损耗。于是在损耗管理长途光波系统中，在每个距离L_A后周期性地插入掺铒光纤放大器，并调整它们的增益使之满足$G_A=\exp(\alpha L_A)$。在这个光纤链路中放大器间距不必是均匀的，在非均匀间距的情况下，假设第n个放大器置于距离发射机L_n处，它的增益G_n选取为$G_n=\exp[\alpha(L_n-L_{n-1})]$，这样每个放大器都能完全补偿它前面的每个光纤跨距的损耗。

在分布放大的情况下，在确定了给定的泵浦方案的增益系数$g_0(z)$后，应沿整个光纤链路解方程式(7.1.4)。与式(7.1.1)类似，将方程式(7.1.4)的通解写成下面的形式非常有用：

$$A(z,t)=\sqrt{p(z)}B(z,t) \tag{7.1.6}$$

式中，$p(z)$描述了因为光纤损耗和信号放大，光比特流的时间平均功率沿光纤链路长度方向的变化。将式(7.1.6)代入方程式(7.1.4)中，发现$p(z)$满足下面的简单常微分方程：

$$\frac{\mathrm{d}p}{\mathrm{d}z}=[g_0(z)-\alpha]p \tag{7.1.7}$$

$B(z,t)$满足用$p(z)$替代因子$\exp(-\alpha z)$的方程式(7.1.2)。

如果对于z的所有取值$g_0(z)$是常数且等于α，则光信号的平均功率沿光纤链路将保持恒定不变，这等价于光纤没有损耗的理想情况。在实际应用中，通过向光纤链路周期性地注入泵浦功率来实现分布增益(见图7.1)。因为在泵浦波长处光纤损耗比较明显，泵浦功率不能保持恒定不变，所以$g(z)$也不能沿光纤链路保持恒定不变。然而，尽管不能在每一处局部地补偿光纤损耗，但如果满足下面的条件：

$$\int_0^{L_A} g_0(z)\,\mathrm{d}z=\alpha L_A \tag{7.1.8}$$

则能够在距离L_A上完全补偿这些损耗。每种分布放大方案都被设计成能满足式(7.1.8)，这里L_A称为泵浦站间距(pump-station spacing)。

正如在前面提到的，受激拉曼散射经常被用来提供分布放大，这种方案是通过位于泵浦站中的一组不同波长的高功率半导体激光器将连续光功率注入传输光纤中实现的[57]。为放大1.55 μm波长区的光信号，泵浦激光器的波长应在1.45 μm附近，通过选择这些泵浦波长和泵浦功率的大小可以在整个C带(或密集波分复用情况下的C带+L带)上提供均匀的增益。分布拉曼放大普遍采用后向泵浦方案，因为这种配置能使泵浦强度噪声向放大信号的转移最小化。

7.1.3　双向泵浦方案

在有些情况下采用双向泵浦方案是有利的。为得到物理内涵，考虑在长度为 L_A 的光纤段的两端各用一个泵浦激光器的情况，在这种情况下，距离 z 处的增益系数能够写成

$$g(z) = g_1 \exp(-\alpha_p z) + g_2 \exp[-\alpha_p(L_A - z)] \tag{7.1.9}$$

式中，α_p 是泵浦波长处的光纤损耗，常量 g_1 和 g_2 与从两端注入的泵浦功率有关。假设这两个泵浦功率相等并对方程式(7.1.7)积分，则可得光信号的平均功率(相对于它在泵浦站处的固定值做了归一化)以下面的方式变化：

$$p(z) = \exp\left[\alpha L_A\left(\frac{\sinh[\alpha_p(z - L_A/2)] + \sinh(\alpha_p L_A/2)}{2\sinh(\alpha_p L_A/2)}\right) - \alpha z\right] \tag{7.1.10}$$

在后向泵浦的情况下，式(7.1.9)中的 $g_1 = 0$，方程式(7.1.7)的解为

$$p(z) = \exp\left\{\alpha L_A\left[\frac{\exp(\alpha_p z) - 1}{\exp(\alpha_p L_A) - 1}\right] - \alpha z\right\} \tag{7.1.11}$$

这里，再次选择 g_2 以确保 $p(L_A) = 1$。

图7.2中的实线给出了在后向泵浦的情况下($L_A = 50$ km)$p(z)$沿光纤链路的变化，其中选择参数 $\alpha = 0.2$ dB/km 和 $\alpha_p = 0.25$ dB/km。双向泵浦的情况在图中用虚线给出，为了比较还用点线给出了集总放大的情况。在集总放大的情况下平均信号功率有10倍的变化，然而在后向泵浦分布放大的情况下平均信号功率只有两倍的变化。而且，在双向泵浦分布放大的情况下平均信号功率的变化只有15%，表明这种方案接近光纤损耗沿光纤链路被完全补偿的理想情况。$p(z)$的变化范围与泵浦站间距 L_A 有关。例如，当 $L_A = 100$ km 时，如果采用集总放大，则 $p(z)$ 可以变化100倍或更多，但当采用双向泵浦分布放大方案时它的变化不到两倍。

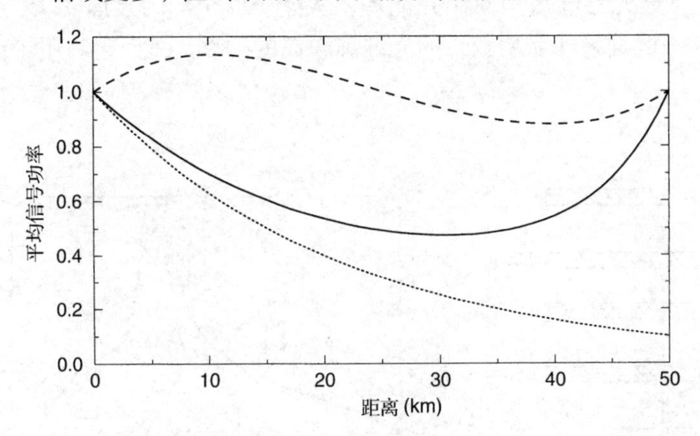

图7.2　对于后向(实线)和双向(虚线)泵浦方案，两相邻泵浦站之间平均信号功率的变化，其中 $L_A = 50$ km；集总放大器的情况如点线所示

迄今，发展的光放大器包括半导体光放大器、掺杂光纤放大器、拉曼放大器和参量放大器。在这些光放大器中，因为存在与插入损耗、偏振敏感性和非线性效应(如交叉增益饱和与信道间串扰)有关的问题，半导体光放大器很少用做在线放大器。尽管近年来半导体光放大器

因在稀疏波分复用系统中的应用重新受到关注，本章中对它们不做进一步的讨论。近年来，利用光纤中的四波混频的参量放大器已经受到人们的极大关注[6~9]，但这里也不予讨论，因为它们离在实际光波系统中的应用还差得很远。相反，掺杂光纤放大器得到了常规应用；拉曼放大器也已应用在一些波分复用系统中。在下面的两节中将详细讨论这两类光放大器。

7.2 掺铒光纤放大器

一类重要的集总光放大器利用稀土元素作为增益介质，这是在光纤制造过程中通过对光纤纤芯掺杂实现的。尽管掺杂光纤放大器早在1964年就得到研究[10]，但仅在25年后，当它们的制造工艺得到完善后其应用才变得实际起来[11]。在这类光放大器中，像工作波长和增益带宽这些特性是由掺杂物决定的，而石英起基质介质的作用。在稀土元素中，铒是实现工作在1.5 μm附近波长区的光纤放大器的最实用的元素，掺铒光纤放大器已经得到了广泛研究[1~4]。1995年后，掺铒光纤放大器在波分复用系统中的部署引起光纤通信的革命，并导致了容量超过1 Tbps的光波系统的出现。

7.2.1 泵浦和增益谱

掺铒光纤放大器光纤的纤芯内含有铒离子(Er^{3+})，当用适当的波长泵浦时，可以通过粒子数反转提供光增益，增益谱与泵浦方案和光纤纤芯内的其他掺杂物(如锗和铝)有关。石英的非晶态特性将Er^{3+}的能级展宽成能带，图7.3(a)给出了石英光纤中Er^{3+}的几个能带。许多跃迁能够用来泵浦掺铒光纤放大器，其中利用工作在0.98 μm和1.48 μm波长附近的半导体激光器可以实现掺铒光纤放大器的有效泵浦。事实上，这种泵浦激光器的发展是由掺铒光纤放大器的出现推动的，仅用15~20 mW的吸收泵浦功率就可以实现30 dB的增益。1990年，利用0.98 μm泵浦获得了高达11 dB/mW的效率[12]；大部分掺铒光纤放大器使用0.98 μm泵浦激光器，因为这种激光器已得到商用并能提供大于100 mW的泵浦功率。与在0.98 μm处泵浦相比，在1.48 μm处泵浦需要较长的光纤和较高的功率，因为它利用了图7.3(b)中所示吸收带的尾部。

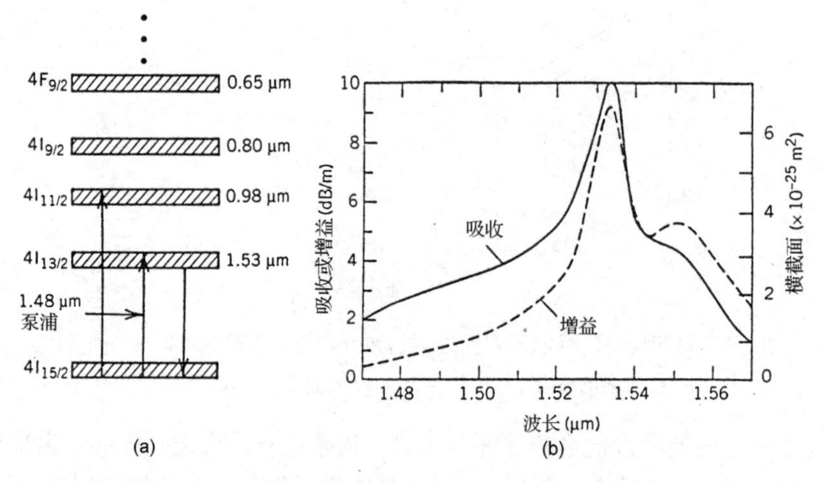

图7.3 (a)石英光纤中铒离子的能级图；(b)纤芯用锗共掺的掺铒光纤放大器的吸收谱和增益谱[16](经© 1991 IEEE授权引用)

能够设计掺铒光纤放大器使之工作在泵浦光和信号光沿相反方向传输的方式下，这种泵浦工作方式称为后向泵浦，以与前向泵浦方式相区别。当信号功率足够小、放大器未达到增益饱和时，这两种泵浦方式的性能几乎相同；而在饱和区，采用后向泵浦方式通常能获得更好的功率转换效率[13]，这主要因为放大自发辐射(ASE)噪声所起的重要作用。在双向泵浦方式中，掺铒光纤放大器是用位于光纤两端的两个半导体激光器在两个方向同时泵浦的，尽管这种方式需要两个泵浦激光器，但它具有粒子数反转(进而小信号增益)沿整个放大器长度相当均匀的优点。

图7.3(b)给出了纤芯用锗共掺的掺铒光纤放大器的吸收谱和增益谱[16]，增益谱相当宽，而且具有双峰结构。增益谱的形状在很大程度上受石英的吸收特性和光纤纤芯内其他掺杂物(如铝)的影响[14~16]。孤立的铒离子的增益谱是均匀加宽的，然而，结构的无序将导致增益谱的非均匀加宽，而不同能级的斯塔克分裂(Stark splitting)将导致增益谱的均匀加宽。从数学意义上讲，应在原子跃迁频率 ω_0 的分布上对增益取平均，由此得到以下形式的有效增益：

$$g_0(z,\omega)=\int_{-\infty}^{\infty} g(z,\omega,\omega_0)f(\omega_0)\,\mathrm{d}\omega_0 \tag{7.2.1}$$

式中，$f(\omega_0)$ 是分布函数，其形式也与光纤纤芯内的其他掺杂物有关。

在放大器长度 L 上对式(7.2.1)积分，可以得到弱输入信号被放大的倍数。因为用来制造掺铒光纤放大器的光纤较短(约为10 m)，如果忽略光纤损耗，则放大倍数由 $G(\omega)=\exp[\int_0^L g_0(z,\omega)\mathrm{d}z]$ 给定。尽管 $G(\omega)$ 常常也被称为增益谱，但不要把它与 $g_0(z,\omega)$ 相混淆，因为它还与放大器长度有关，可以因放大器而异。在实际应用中，$G(\omega)$ 的带宽和平坦度对波分复用系统非常重要，这个重要问题将在本节后面讨论。

7.2.2　二能级模型

掺铒光纤放大器的增益与大量的器件参数有关，如铒离子浓度、放大器长度、纤芯半径和泵浦功率等[16~20]。普遍用于激光器的三能级速率方程模型也能适用于掺铒光纤放大器[2]，但有时必须加入第四个能级以包括激发态吸收(excited-state absorption)。通常，必须用数值方法求解所得的方程。

利用简单的二能级模型可以得到相当丰富的物理图像，但当放大自发辐射和激发态吸收可以忽略时这个模型才正确。该模型假设三能级系统中的上能级(泵浦能级)几乎是空的，因为受到泵浦的粒子会快速转移到激发态；然而，将泵浦和信号光吸收和发射截面的不同考虑进去非常重要。两个能态的粒子数密度 N_1 和 N_2 满足下面的两个速率方程[2]：

$$\frac{\partial N_2}{\partial t}=(\sigma_p^a N_1-\sigma_p^e N_2)\phi_p+(\sigma_s^a N_1-\sigma_s^e N_2)\phi_s-\frac{N_2}{T_1} \tag{7.2.2}$$

$$\frac{\partial N_1}{\partial t}=(\sigma_p^e N_2-\sigma_p^a N_1)\phi_p+(\sigma_s^e N_2-\sigma_s^a N_1)\phi_s+\frac{N_2}{T_1} \tag{7.2.3}$$

式中，σ_j^a 和 σ_j^e 分别是频率 $\omega_j(j=p,\ s)$ 处的吸收截面和发射截面，T_1 是激发态的自发辐射寿命(对于掺铒光纤放大器此值约为10 ms)。物理量 ϕ_p 和 ϕ_s 表示泵浦光和信号光的光子通量，定义为 $\phi_j=P_j/(a_j h\nu_j)(j=p,\ s)$，这里 P_j 是光功率，a_j 是光纤模式的横截面积，h 是普朗克常数，ν_j 是光的频率。

因为吸收、受激辐射和自发辐射，泵浦和信号功率沿放大器长度变化。如果忽略自发辐射的贡献，则 P_s和 P_p满足下面的简单方程：

$$\frac{\partial P_s}{\partial z}=\Gamma_s(\sigma_s^e N_2-\sigma_s^a N_1)P_s-\alpha P_s \tag{7.2.4}$$

$$s\frac{\partial P_p}{\partial z}=\Gamma_p(\sigma_p^e N_2-\sigma_p^a N_1)P_p-\alpha' P_p \tag{7.2.5}$$

式中，α 和 α'分别考虑到信号波长和泵浦波长处的光纤损耗，对于典型的放大器长度(10 ~ 20 m)，这些光纤损耗可以忽略，但在分布放大的情况下必须将它们包括在内。限制因子 Γ_s和 Γ_p用来说明这样一个事实，即纤芯的掺杂区是为整个光纤模式提供增益的。方程式(7.2.5)中的参数 $s=\pm1$，具体取决于泵浦光传输的方向，对于泵浦光后向传输的情况，$s=-1$。

方程式(7.2.2)至方程式(7.2.5)尽管比较复杂，但经过一些合理的近似后它们能够解析求解[17]。对于集总放大器，光纤长度足够短，因此 α 和 α'能够设为零。注意，$N_1+N_2=N_t$，这里 N_t是总粒子数密度，这样只需要求解关于 N_2的一个方程，即方程式(7.2.2)即可。还要注意的是，吸收项、受激辐射项与粒子数方程是相关的，通过令方程式(7.2.2)中的时间导数为零，可以得到稳态解为

$$N_2(z)=-\frac{T_1}{a_d h\nu_s}\frac{\partial P_s}{\partial z}-\frac{sT_1}{a_d h\nu_p}\frac{\partial P_p}{\partial z} \tag{7.2.6}$$

式中，$a_d=\Gamma_s a_s=\Gamma_p a_p$是光纤纤芯掺杂部分的横截面积。将这个解代入方程式(7.2.4)和方程式(7.2.5)中并在光纤长度上对它们积分，可以得到在光纤输出端功率 P_s和 P_p的解析表达式。这个模型已经推广到将前向和后向传输的放大自发辐射包括在内[20]。

尽管当放大器内的总信号功率大到能导致增益饱和时，以上方法是必要的，但在掺铒光纤放大器未饱和的所谓小信号区域，可以采用一种简单得多的处理方法。在这种情况下，方程式(7.2.2)和方程式(7.2.3)中的 ϕ_s可忽略，增益系数 $g(z)=(\sigma_s^e N_2-\sigma_s^a N_1)$与信号功率 P_s无关，于是容易对方程式(7.2.4)积分，这样长度为 L 的掺铒光纤放大器的总增益 G 为

$$G=\exp\left[\Gamma_s\int_0^L[g(z)-\alpha]\,\mathrm{d}z\right] \tag{7.2.7}$$

图 7.4 利用典型的参数值给出了 1.55 μm 处的小信号增益随泵浦功率和放大器长度的变化。对于给定的放大器长度 L，放大器增益最初随泵浦功率呈指数增加，但当泵浦功率超过某个值[对应图 7.4(a)中的“拐点”]时，这种增加变得小得多。对于给定的泵浦功率，当 L 取某个最佳值时放大器增益达到最大；当 L 超过这个最佳值时，放大器增益急剧减小。原因在于，放大器后面的部分未被泵浦，并且吸收放大信号。因为 L 的最佳值与泵浦功率 P_p有关，有必要适当选择 L 和 P_p的值。图 7.4(b)表明，对于 $L=30$ m 和 1.48 μm 泵浦，当泵浦功率等于 5 mW 时能够实现 35 dB 的增益。当放大器长度短至数米时，通过优化设计也可能获得这样高的增益。在所有掺铒光纤放大器中均观察到了图 7.4 中所示的定性特征；理论和实验通常吻合得相当好[19]。

上面的分析假设泵浦波和信号波都是连续光。在实际应用中，掺铒光纤放大器是用连续半导体激光器泵浦的，但信号是脉冲序列的形式(包含“1”和“0”比特的随机序列)，而且各个脉冲的宽度与比特率是逆相关的。问题是所有脉冲能否获得相同的增益。研究表明，即使对于微秒量级的长脉冲，在掺铒光纤放大器内其增益随时间也保持恒定不变，原因与受激铒离子荧光时间的值相对较大($T_1\approx10$ ms)有关，当信号功率变化的时间尺度比 T_1小得多时，铒离子不能跟上这么快的变化。因为单脉冲能量一般远小于饱和能量(约为 10 μJ)，掺铒光纤放大器对

平均功率响应。结果，对于WDM信号来说，增益饱和是受平均信号功率支配的，而且放大器增益不因脉冲而异，这是掺铒光纤放大器一个极其有用的特性。

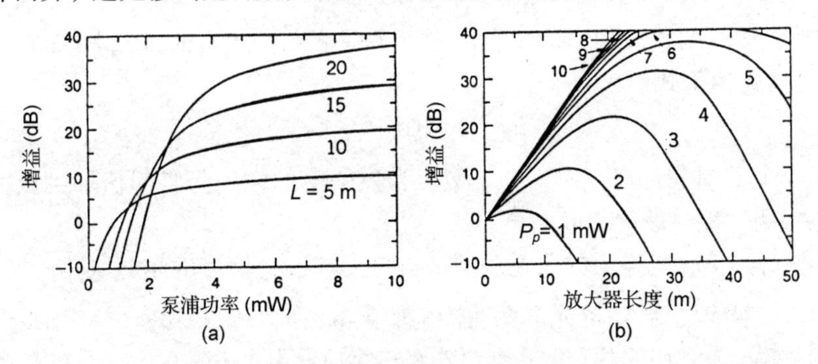

图7.4 掺铒光纤放大器的小信号增益随(a)泵浦功率和(b)放大器长度的变化，假设在1.48 μm处泵浦[16]（经ⓒ 1991 IEEE授权引用）

在一些应用如包交换网络中，信号功率可能在可与T_1相比拟的时间尺度上变化，这种情况下放大器增益可能变得与时间有关，从系统性能的角度这是不希望的特性。保持放大器增益固定在一个恒定值的增益控制机制是，使掺铒光纤放大器振荡在感兴趣的波长范围外一个可控的波长上(一般小于1.5 μm)，因为增益保持钳制在激光器的阈值，尽管信号功率有变化，信号还是被放大同样的倍数。在这种方案的一个具体实现中，通过在放大器的两端制作两个光纤布拉格光栅作为高反射镜，迫使掺铒光纤放大器在1.48 μm波长振荡[21]。

7.2.3 放大器噪声

对于系统应用来说，放大器噪声是最终的限制因素[22~25]。所有放大器都会使放大信号的信噪比(SNR)劣化，因为在放大过程中自发辐射将噪声加到信号上。正是因为这个放大自发辐射(ASE)，信噪比被劣化，而且劣化程度可以用一个被称为放大器噪声指数(amplifier noise figure)的参数F_n来量化。与电放大器类似，噪声指数定义为

$$F_n = \frac{(\text{SNR})_{\text{in}}}{(\text{SNR})_{\text{out}}} \tag{7.2.8}$$

通常，F_n与光电探测器的几个参数有关，它们决定了光电探测器的热噪声(见4.4.1节)。考虑其性能仅受限于散弹噪声的理想光电探测器，能够得到F_n的一个简单表达式[26]。

下面考虑增益为G的放大器，这样输出功率和输入功率通过$P_{\text{out}} = GP_{\text{in}}$联系起来。输入信号的信噪比为

$$(\text{SNR})_{\text{in}} = \frac{\langle I\rangle^2}{\sigma_s^2} = \frac{(R_d P_{\text{in}})^2}{2q(R_d P_{\text{in}})\Delta f} = \frac{P_{\text{in}}}{2h\nu\Delta f} \tag{7.2.9}$$

式中，$\langle I\rangle = R_d P_{\text{in}}$是平均光电流，$R_d = q/h\nu$是量子效率等于1的理想光电探测器的响应度(见4.1节)，并且

$$\sigma_s^2 = 2q(R_d P_{\text{in}})\Delta f \tag{7.2.10}$$

是通过令暗电流$I_d = 0$由式(4.4.5)得到的散弹噪声，这里Δf是探测器带宽。为求放大信号的信噪比的值，应将ASE的贡献加到光接收机噪声中。

ASE 的频谱密度近似是恒定的(白噪声)，可以写成下面的形式[26]：

$$S_{\text{ASE}}(\nu) = n_{\text{sp}} h\nu_0 (G-1) \tag{7.2.11}$$

式中，ν_0是被放大信号的载波频率；参数 n_{sp} 称为自发辐射因子(spontaneous emission factor，或粒子数反转因子)并由下式给出：

$$n_{\text{sp}} = \sigma_e N_2 / (\sigma_e N_2 - \sigma_a N_1) \tag{7.2.12}$$

式中，N_1和 N_2分别是基态和激发态的粒子数。自发辐射的作用是将起伏加到放大信号中，这些起伏在光电探测过程中被转换成电流起伏。

研究表明，对光接收机噪声的主要贡献来自自发辐射与信号的拍频噪声[26]。自发辐射与放大信号混合，在响应度为 R_d 的光电探测器中产生电流 $I = R_d|\sqrt{G}E_{\text{in}} + E_{\text{sp}}|^2$。注意，$E_{\text{in}}$和 E_{sp}振荡在不同的频率处，它们的相位差也是随机的，容易看出自发辐射与信号的拍频效应将产生噪声电流 $\Delta I = 2R_d(GP_{\text{in}})^{1/2}|E_{\text{sp}}|\cos\theta$，这里 θ 是快变随机相位。在相位上取平均，光电流的方差能够写成

$$\sigma^2 = 2q(R_d G P_{\text{in}})\Delta f + 4(R_d G P_{\text{in}})(R_d S_{\text{ASE}})\Delta f \tag{7.2.13}$$

式中，$\cos^2\theta$ 被它的平均值 1/2 替代。于是，放大信号的信噪比为

$$(\text{SNR})_{\text{out}} = \frac{(R_d G P_{\text{in}})^2}{\sigma^2} \approx \frac{G P_{\text{in}}}{(4S_{\text{SAE}} + 2h\nu)\Delta f} \tag{7.2.14}$$

将式(7.2.9)和式(7.2.14)代入式(7.2.8)中，可得放大器的噪声指数为

$$F_n = 2n_{\text{sp}}\left(1 - \frac{1}{G}\right) + \frac{1}{G} \approx 2n_{\text{sp}} \tag{7.2.15}$$

这里，当 $G \gg 1$ 时最后的近似才成立。上式表明，即使对于 $n_{\text{sp}} = 1$ 的理想放大器，放大信号的信噪比也有 3 dB 的劣化。对于大部分实际的放大器，F_n超过 3 dB，而且能大到 6 ~ 8 dB。

以上分析假设 n_{sp}沿放大器长度方向是恒定不变的，而对于掺铒光纤放大器的情况，N_1和 N_2均随 z 变化。对于前面用二能级模型讨论的掺铒光纤放大器，仍能够计算自发辐射因子，但噪声指数与放大器长度 L 和泵浦功率 P_p都有关，正如放大器增益与这二者都有关一样。当放大输入功率等于 1 mW 的 1.53 μm 的信号时，对于 $P'_p = P_p/P_p^{\text{sat}}$(其中 P_p^{sat}是饱和泵浦功率)的几个不同值，图 7.5(a)给出了 F_n随放大器长度的变化；图 7.5(b)还给出了同样条件下的放大器增益。这些结果表明，对于高增益放大器，能够获得接近 3 dB 的噪声指数[22]。

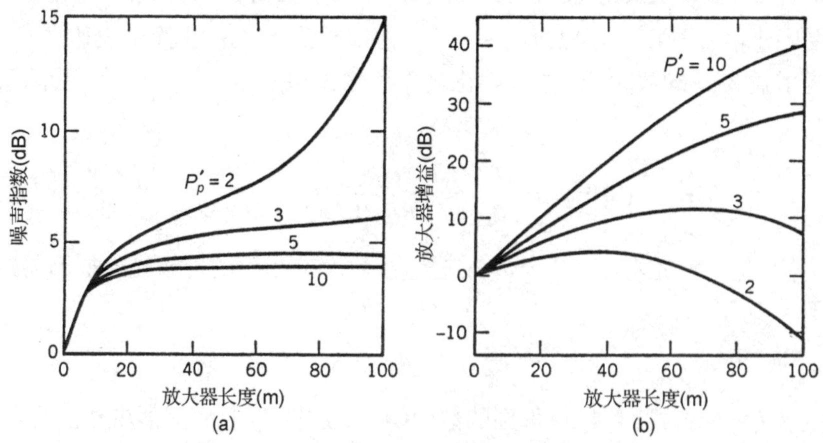

图 7.5 对于几个不同的泵浦，(a)噪声指数和(b)放大器增益随放大器长度的变化[25](经© 1990 IEE 授权引用)

实验结果证实，对于掺铒光纤放大器，F_n接近 3 dB 是可能的。当用 11 mW 的功率在 0.98 μm处泵浦30 m长的掺铒光纤放大器时，测量到3.2 dB的噪声指数[23]。测量另一个掺铒光纤放大器(在0.98 μm波长处仅用5.8 mW的功率泵浦)的噪声指数，得到了相近的值[24]。通常，很难同时获得高增益、低噪声和高泵浦效率，主要限制是后向传输ASE和泵浦功率消耗施加的。在内部加入一个隔离器能在很大程度上减轻这个问题，在一个具体实现中，在仅48 mW的泵浦功率下实现了51 dB的增益，噪声指数为3.1 dB[27]。

对于在1.48 μm波长处泵浦的掺铒光纤放大器，F_n的测量值通常较大。当用24 mW的泵浦功率在1.48 μm处泵浦60 m长的掺铒光纤放大器时，获得了4.1 dB的噪声指数[23]。1.48 μm波长泵浦掺铒光纤放大器的噪声指数较大的原因能够通过图7.3理解，该图表明，当用1.48 μm波长泵浦时，泵浦能级和激发态能级位于同一个带内，在这种条件下很难实现完全的粒子数反转($N_1 \approx 0$)。尽管如此，对于1.46 μm附近的泵浦波长，实现$F_n < 3.5$ dB是可能的。

掺铒光纤放大器相对较低的噪声电平使之成为WDM系统的理想选择。尽管掺铒光纤放大器的噪声较低，但采用多个掺铒光纤放大器的长途光纤通信系统的性能常常受放大器噪声的限制。当系统工作在反常色散区时噪声问题尤其严重，因为调制不稳定性[28]这种非线性现象会使放大器噪声增强[29]，并使信号频谱劣化[30]。另外，放大器噪声还引入了定时抖动。这些问题将在本章后面的部分讨论。

7.2.4 多信道放大

掺铒光纤放大器的带宽足够宽，可作为WDM应用的首选光放大器，这一点已经得到证明。掺铒光纤放大器提供的增益近似是偏振不敏感的；另外，在掺铒光纤放大器中不会发生信道间串扰，因为与光波系统中典型的比特持续时间(比特率等于10 Gbps时为0.1 ns)相比，T_1的值(约为10 ms)相对较大，掺铒光纤放大器的响应迟缓，可以确保其增益不能以比10 kHz高得多的频率被调制。

信道间串扰的第二个来源是交叉增益饱和，它的发生是因为某个特定信道的增益饱和不仅是因为它自身的功率(自饱和)，而且还因为邻近信道的功率，信道间串扰的这种机制对于所有光放大器(包括掺铒光纤放大器)是非常普遍的[31~33]。使光放大器工作在未饱和区能够避免信道间串扰，这个结论已经得到实验结果的支持。在1989年的一个实验中[31]，当通过掺铒光纤放大器放大工作在2 Gbps比特率下且间隔为2 nm的两个信道时，只要信道功率足够小，可以避免增益饱和，就能够观察到功率代价可以忽略。

掺铒光纤放大器的主要实际限制源自放大器增益谱的不均匀性。尽管掺铒光纤放大器的增益谱相当宽(见图7.3)，但在一个宽波长范围内，增益远不是均匀的(或平坦的)，从而使WDM信号不同信道的放大量不同。在采用掺铒光纤放大器的级联链的长途光波系统中，这个问题变得相当严重。原因是，对于各个信道来说，放大器增益的微小变化将沿在线放大器链呈指数增长，即使最初的增益差只有0.2 dB，在100个在线放大器的链上就会增加到20 dB，使信道功率变化了100倍，这在实际应用中是一个不可接受的变化范围。因为掺铒光纤放大器增益谱的双峰特性，为近似等量地放大所有信道，被迫在其中一个增益峰附近塞满所有信道，所以大幅减小了可用的增益带宽。

如果通过引入波长选择损耗使增益谱是平坦的，就能够利用40 nm左右的全部带宽。增益平坦的基本思想相当简单，如果将其传输损耗谱与掺铒光纤放大器的增益谱一致(高增益区的损耗也高，低增益区的损耗也低)的光滤波器插到掺铒光纤后面，则对于所有信道输出功率几乎是恒定的。尽管制作这样的光滤波器并不容易，但已经发展了几种增益平坦技术[2]，它们当中，薄膜干涉滤波器、马赫-曾德尔滤波器、声光滤波器和长周期光纤光栅已经用于平坦增益曲线和均衡信道增益[34~36]。

增益平坦技术可以分成主动和被动两类。从信道增益不能以动态方式调节的意义上讲，基于光滤波器的增益平坦技术是被动的。光滤波器本身的位置需要斟酌，因为它会引入较高的损耗。将光滤波器置于放大器前会增大噪声，而置于放大器后又减小了输出功率。经常采用如图7.6所示的两级结构，其中第二级起到功率放大器的作用，但噪声指数主要由第一级决定，因为第一级的增益较低，它的噪声也相对较低。1997年，在掺铒光纤放大器两级结构的中间利用几个长周期光纤光栅的组合作为光滤波器，在1530~1570 nm波长范围的40 nm带宽上实现了1 dB以内的增益平坦[37]。

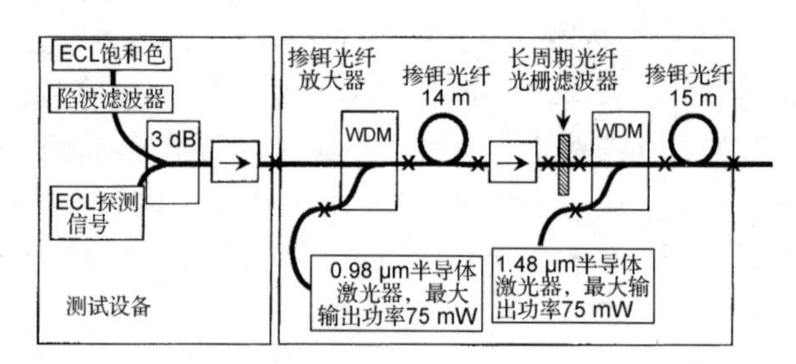

图7.6 设计成利用光滤波器(包含几个长周期光纤光栅)在1530~1570 nm带宽内提供均匀增益的掺铒光纤放大器的示意图,两级设计有助于降低噪声电平[37](经© 1997 IEEE授权引用)

理想结果是，在所有可能的工作条件下光放大器应对所有信道提供同样的增益，但通常并非如此。例如，如果传输信道的个数发生变化，那么每个信道的增益也将发生变化，因为它与总信号功率有关(由于增益饱和)。于是，WDM应用希望能主动控制信道增益，为此已经发展了很多种技术，其中最普遍采用的技术是通过在放大器内加入工作在所用带宽之外的激光器以动态方式稳定增益，这种器件称为增益钳制掺铒光纤放大器(因为它们的增益被内置的激光器钳制)，已经得到广泛研究[38~43]。

1998年，出现了能传输80个以上信道的WDM光波系统，这种系统同时利用了C带和L带，并在超过60 nm的带宽内需要均匀的放大器增益；而且，L带的使用需要能在1570~1610 nm波长范围提供增益的光放大器。研究表明，通过适当设计掺铒光纤放大器，能够在这一波长范围提供增益。L带掺铒光纤放大器需要较长的光纤(大于100 m)，以保持相对较低的粒子数反转。图7.7给出了利用两级设计的L带掺铒光纤放大器[44]，其中第一级在0.98 μm处泵浦，作为能在1530~1570 nm波长范围提供增益的传统掺铒光纤放大器(光纤长20~30 m)；相反，第二级有200 m长的掺铒光纤，使用1.48 μm波长的激光器双向泵浦。两级之间的光隔离器将第一级的ASE通向第二级(对泵浦第二级是必须的)，但阻止后向ASE进入第一级。这种级联的两级放大器能在一个宽带宽内提供平坦增益，同时保持相对低的噪声电平。早在1996年，就在1544~1561 nm的波长范围实现了0.5 dB以内的平坦增益[45]，其中第二个掺铒光纤放大器是用镱、磷共掺的并经过了优化，这样它能作为功率放大器使用。从此，在整个C带和L带能提供平坦增益的掺铒光纤放大器已被制造出来[2]。拉曼放大也能用于L带，拉曼放大器与一个或两个掺铒光纤放大器结合，能够在覆盖C带和L带的75 nm带宽内实现均匀的增益[46]。

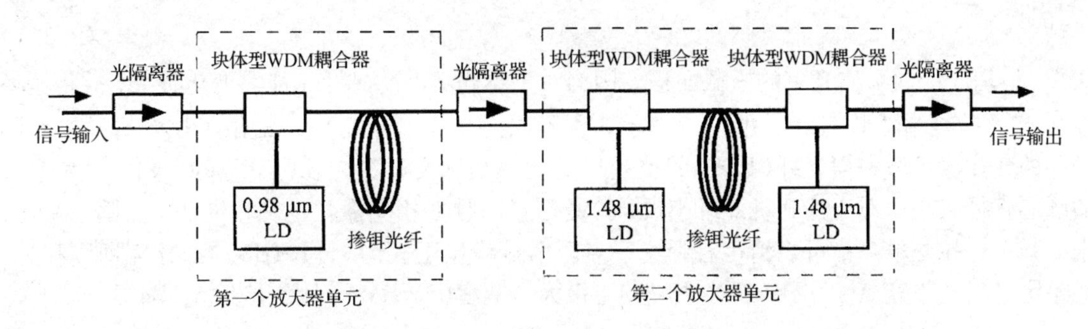

图7.7 采用两级设计的能在1570～1610 nm带宽内提供均匀增益的L带掺铒光纤放大器的示意图[44]（经ⓒ1999 IEEE授权引用）

能同时在C带和L带上提供增益的并行结构的掺铒光纤放大器也已得到发展[47]。在这种方法中，输入的WDM信号被分成两个支路，在每个支路中使用经过优化的掺铒光纤放大器分别放大C带和L带的信号。当用0.98 μm的半导体激光器泵浦时，采用两臂设计方案已经能在80 nm的带宽内产生24 dB的相对平坦增益，同时保持噪声指数约为6 dB[2]。两臂或两级放大器是复杂的器件，在它们内部包含多个组件，如光滤波器和隔离器，以优化放大器的性能。实现宽带掺铒光纤放大器的一种替代方法是利用氟化物(fluoride)光纤替代石英光纤作为基质介质来掺杂铒离子。通过用铒离子掺杂碲化物(tellurite)光纤，已经在76 nm的带宽内实现了增益平坦[48]。与多级放大器相比，尽管这种放大器在设计上比较简单，但因为使用了非石英光纤，熔接比较困难。

除了C带和L带，大容量光波系统和稀疏波分复用系统(信道间隔大于5 nm)还可能利用短波长区，即所谓的S带(从1470 nm延伸到1520 nm)。掺铥光纤放大器最初就是为放大S带而发展起来的，当用1420 nm和1560 nm的半导体激光器泵浦时，它们能够在1480～1510 nm的波长范围提供平坦的增益[49]。最近，人们将注意力集中到通过适当设计能同时在这3个带提供增益的掺铒光纤放大器上[50～53]。半导体光放大器也被考虑用于稀疏波分复用系统；然而也可能部署使用光纤拉曼放大器，因为只要选择合适的泵浦激光器，它们能够在任何波长区提供增益。下一节将介绍光纤拉曼放大器。

7.3 光纤拉曼放大器

光纤拉曼放大器[54～58]利用了石英光纤中发生的受激拉曼散射(Stimulated Raman Scattering, SRS)[28]。图7.8给出了光纤是如何用做前向泵浦拉曼放大器的：频率分别为ω_p和ω_s的泵浦光和信号光通过光纤耦合器注入光纤中，正如在2.6.1节中讨论的，在受激拉曼散射过程中，一个泵浦光子释放部分能量后产生频率等于信号频率的能量较小的另外一个光子，剩余的能量被石英材料吸收，并以分子振动的形式存在(光学声子)。当信号光和泵浦光同时在光纤中传输时，通过受激拉曼散射将能量连续地从泵浦光转移到信号光中。在实际应用中，还经常使用泵浦光和信号光反向传输的后向泵浦方案。

7.3.1 拉曼增益和带宽

石英光纤的拉曼增益谱如图2.17所示，其宽带特性是玻璃的非晶态特性造成的。拉曼增益系数g_R与光增益$g(z)$有$g(z)=g_R I_p(z)$的关系，这里$I_p(z)$是泵浦强度。用泵浦功率$P_p(z)$表示，拉曼增益能够写成

$$g(\omega,z)=g_R(\omega)[P_p(z)/a_p] \tag{7.3.1}$$

式中，a_p是光纤内泵浦光束的横截面积。因为对于不同类型的光纤 a_p能够变化很大，故将比率g_R/a_p作为拉曼增益效率的量度[54]。对于3种不同的光纤，图7.9(a)给出了拉曼增益效率随频移的变化。色散补偿光纤(DCF)的拉曼增益效率是标准石英光纤(SMF)的8倍，因为DCF的纤芯直径较小。对于这3种光纤来说，拉曼增益的频率相关性几乎是相同的，从图7.9(b)中的归一化拉曼增益谱可以清楚看到这一点。增益峰位于大约13.2 THz的斯托克斯频移处；如果定义增益带宽 $\Delta\nu_g$为图7.9中主峰的半极大全宽度(FWHM)，则它接近6 THz。

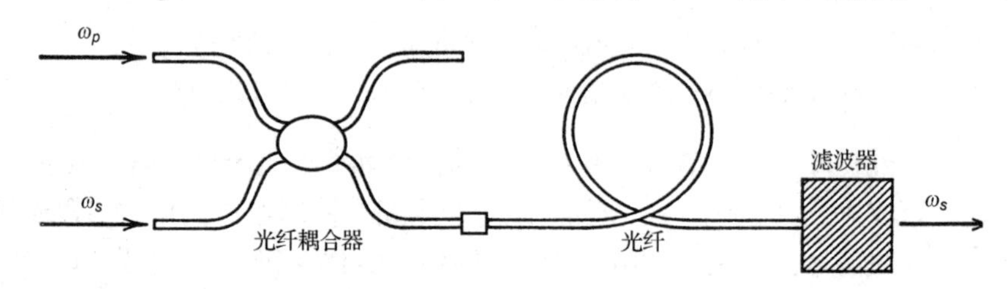

图7.8 前向泵浦光纤拉曼放大器的示意图

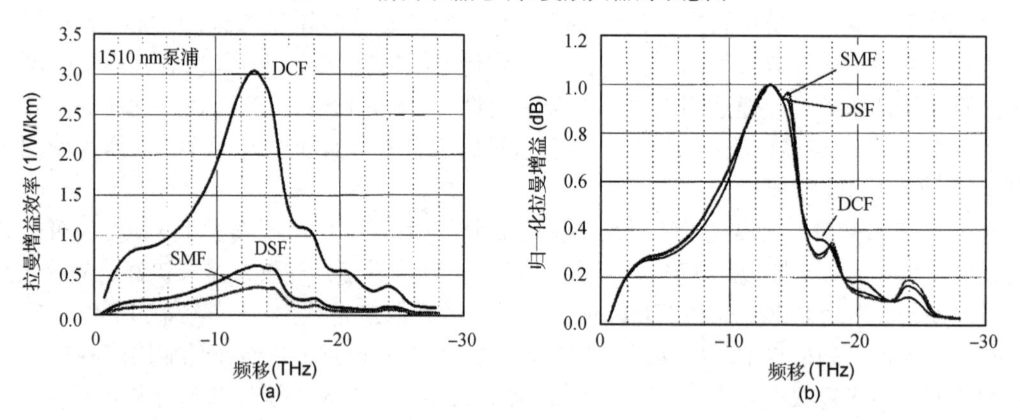

图7.9 标准光纤(SMF)、色散位移光纤(DSF)和色散补偿光纤(DCF)的拉曼增益谱(比率g_R/a_p)，归一化的拉曼增益曲线也在图中给出[54](经© 2001 IEEE授权引用)

光纤拉曼放大器的宽带宽特性使它们对光纤通信系统非常有吸引力，然而，为实现 $G>20$ dB的放大倍数，需要相当高的泵浦功率。例如，如果在未饱和区域忽略泵浦消耗，则可利用 $G=\exp(gL)$，当 $G=30$ dB 时要求 $gL\approx6.7$。利用1.55 μm附近增益峰处 g_R的测量值 $g_R=6\times10^{-14}$ m/W和 $a_p=50\ \mu m^2$，可知当光纤长1 km时需要的泵浦功率应超过5 W。虽然对于较长的光纤能减小泵浦功率，不过那时必须包括光纤损耗。

根据它们的设计，拉曼放大器可以是集总(分立)的，也可以是分布的。集总拉曼放大器是一个分立的器件，是用1~2 km长的专门准备的光纤(为提高拉曼增益光纤掺有锗或磷)制作的，为放大1.55 μm波长的信号需要在1.45 μm附近的波长泵浦光纤。而在分布拉曼放大器中，用于信号传输的光纤同样还用于信号放大，泵浦光经常是在后向注入的，可以在相当长的长度上(大于50 km)为信号提供增益。从系统的角度，这两种拉曼放大器的主要缺点是需要高功率的泵浦激光器。早期的实验经常使用可调谐色心(color-center)激光器作为泵浦，对于系统应用来说这种激光器过于庞大，基于这个原因，当掺铒光纤放大器商用后，拉曼放大器在20世纪90年代期间就很少使用了。大约在2000年前后，随着小型半导体激光器的商用，情况发生了变化，从此，集总的和分布的拉曼放大器已经在光波系统的设计中得到采用。

7.3.2　拉曼引起的信号增益

下面考虑将单束连续泵浦光入射到光纤中以放大连续信号的最简单的情况。通过求解2.6.1节给出的两个耦合方程，可以研究泵浦和信号功率沿放大器长度方向的变化，如果用泵浦和信号功率表示，那么这两个方程可以采用下面的形式：

$$dP_s/dz = -\alpha_s P_s + (g_R/a_p)P_p P_s \tag{7.3.2}$$

$$dP_p/dz = -\alpha_p P_p - (\omega_p/\omega_s)(g_R/a_p)P_s P_p \tag{7.3.3}$$

式中，α_s和α_p分别表示信号和泵浦频率处的光纤损耗。频率比ω_p/ω_s源于泵浦光子和信号光子能量的差别，如果将这两个方程用光子数写出来，就不会出现ω_p/ω_s。

首先考虑泵浦消耗[见方程式(7.3.3)中的最后一项]能够忽略的小信号放大的情况。将$P_p(z)=P_p(0)\exp(-\alpha_p z)$代入方程式(7.3.2)中，在长度等于$L$的放大器的输出端信号功率为

$$P_s(L) = P_s(0)\exp(g_R P_0 L_{\text{eff}}/a_p - \alpha_s L) \tag{7.3.4}$$

式中，$P_0=P_p(0)$是输入泵浦功率，有效长度$L_{\text{eff}}=[1-\exp(-\alpha_p L)]/\alpha_p$。因为泵浦波长处的光纤损耗，放大器的有效长度小于实际长度L；当$\alpha_p L\gg 1$时$L_{\text{eff}}\approx 1/\alpha_p$。由于没有拉曼放大时$P_s(L)=P_s(0)\exp(-\alpha_s L)$，于是拉曼放大器的增益(放大倍数)为

$$G_A = \frac{P_s(L)}{P_s(0)\exp(-\alpha_s L)} = \exp(g_0 L) \tag{7.3.5}$$

式中，小信号增益g_0定义为

$$g_0 = g_R\left(\frac{P_0}{a_p}\right)\left(\frac{L_{\text{eff}}}{L}\right) \approx \frac{g_R P_0}{a_p \alpha_p L} \tag{7.3.6}$$

当$\alpha_p L\gg 1$时最后的关系才成立。当$\alpha_p L$的值较大时，放大倍数G_A与长度无关。图7.10给出了对于工作在1.064 μm且在1.017 μm处泵浦的1.3 km长的拉曼放大器，当输入信号功率取3个不同值时G_A随P_0的变化情况：一开始放大倍数随P_0呈指数增长，但当$P_0>1$ W时因为增益饱和放大倍数开始偏离指数增长；又因为随着$P_s(0)$的增加增益饱和沿放大器长度方向出现得更早，放大倍数偏离指数增长的程度也就越大。图7.10中的实线是通过数值方法解方程式(7.3.2)和方程式(7.3.3)得到的，并考虑了泵浦消耗的影响。

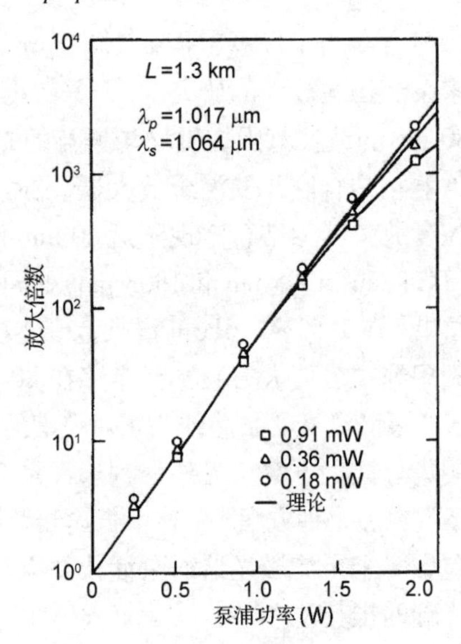

图7.10　对于1.3 km长的拉曼放大器，当输入功率取3个不同值时放大器增益G_A随泵浦功率P_0的变化，实线给出了理论预期结果[59](经© 1981 Elsevier授权引用)

因为泵浦为信号放大提供能量，它会被消耗。泵浦功率P_p的减小降低了式(7.3.1)中的光增益，增益的这种降低称为增益饱和。假设方程式(7.3.2)和方程式(7.3.3)中的$\alpha_s=\alpha_p$，可获得放大器饱和增益G_s的近似表达式，结

果为[28]

$$G_s = \frac{(1+r_0)e^{-\alpha_s L}}{r_0 + G_A^{-(1+r_0)}}, \qquad r_0 = \frac{\omega_p}{\omega_s}\frac{P_s(0)}{P_p(0)} \tag{7.3.7}$$

图7.11通过画出当G_A取几个不同值时G_s/G_A随$G_A r_0$的变化曲线给出了增益饱和特性，当$G_A r_0 \approx 1$时放大器增益降低3 dB，这个条件在放大信号的功率可以与输入泵浦功率P_0相比拟时就可以得到满足。实际上，P_0是饱和功率一个很好的量度，由于通常$P_0 \approx 1$ W，而WDM系统中信道功率约为1 mW，拉曼放大器工作在未饱和区，式(7.3.7)能够用式(7.3.6)替代。

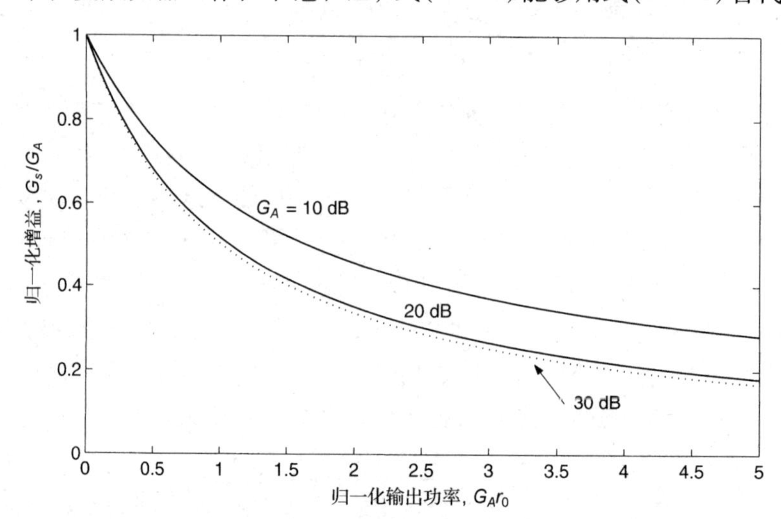

图7.11 当未饱和放大器增益G_A取几个不同值时拉曼放大器的增益饱和特性

7.3.3 多泵浦拉曼放大

1998年，为了发展工作在1.55 μm波长区的WDM光波系统需要的宽带光放大器，开始开展多泵浦拉曼放大的研究[60~65]。密集波分复用系统(100个或更多个信道)一般需要能够在70~80 nm的波长范围提供均匀增益的光放大器，在一种简单的方法中，使用通过将铒掺杂和拉曼增益相结合制作的混合放大器。在这一思想的一个实现中[46]，通过将掺铒光纤放大器和两个拉曼放大器相结合实现了近80 nm的带宽，其中拉曼放大器是用4个泵浦模块在3个不同波长(1471 nm, 1495 nm和1503 nm)处同时泵浦的，每个泵浦模块向光纤注入大于150 mW的功率。结果，在1.53~1.61 μm波长范围实现了近乎均匀的30 dB的组合增益。

利用纯拉曼放大方案，也能够在80 nm或更宽波长范围实现宽带放大[54]。一种选择是，使用多个泵浦激光器泵浦纤芯相对较细的(如色散补偿光纤)较长的一段光纤(一般大于5 km)，即采用集总放大方案。另外一种选择是，使用传输光纤本身作为拉曼增益介质，即采用分布放大方案。在后一种方案中，整个长途光纤链路被分成很多段(每一段长60~100 km)，每一段都使用包含多个泵浦激光器的泵浦模块泵浦，在整个段长上累积的拉曼增益以分布方式补偿了该段光纤的损耗。

多泵浦拉曼放大器的基本思想利用了只要适当选择泵浦波长，拉曼增益就能在任意波长处存在这一特性。这样，即便用单波长泵浦时拉曼增益谱不太宽，并且只在数nm内是平坦的(见图7.9)，但通过使用几个不同的波长泵浦，能够使拉曼增益谱大大展宽，其平坦性也明显得到改善。每个泵浦产生的增益谱与图7.9(b)所示的类似，审慎地选择泵浦波长和泵浦功率，几个这样的增益谱叠加能够在一个宽波长区产生相对平坦的增益。图7.12(a)给出了一个例子，它用工作波长分别为1420 nm，1435 nm，1450 nm，1465 nm和1495 nm的5个泵浦激光器泵浦拉曼放大器[54]。选择各个泵浦激光器的泵浦功率，使它们分别产生如图7.12(b)所示的不同的增益谱，这样总拉曼增益(顶部的曲线)在80 nm带宽内几乎是均匀的。

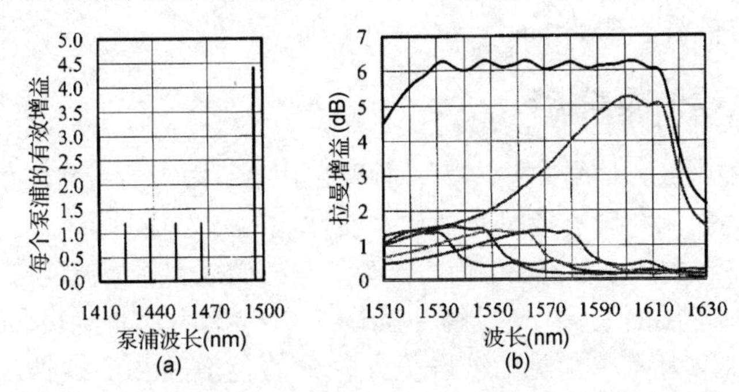

图7.12 用5个具有不同波长和相对功率的激光器泵浦的光纤拉曼放大器。(a)各个泵浦激光器的波长和它们分别提供的有效增益；(b)各个泵浦激光器分别提供的拉曼增益谱和它们的复合增益谱。通过选择泵浦波长和相对泵浦功率，该拉曼放大器能在80 nm的带宽内提供近乎均匀的增益[54](经ⓒ2001 IEEE授权引用)

利用多个泵浦激光器已经实现了带宽大于100 nm的拉曼增益谱[61~65]。2000年，在这种技术的一个演示实验中[63]，将信道间隔等于25 GHz的100个WDM信道(每个信道工作在10 Gbps比特率下)传输了320 km。通过使用4个半导体激光器后向泵浦每个80 km长的光纤段，使所有信道同时得到了放大；当泵浦功率等于450 mW时这个分布拉曼放大器能提供15 dB的增益。受激拉曼散射一个不希望的特性是拉曼增益是偏振敏感的。通常，当信号和泵浦沿相同方向偏振时拉曼增益最大，但当二者正交偏振时拉曼增益为零。通过在每个波长处用两个正交偏振的激光器泵浦拉曼放大器，或对每个泵浦激光器的输出退偏振，能够解决偏振问题。

适合WDM应用的宽带拉曼放大器的设计需要考虑几个因素，其中它们中间最重要的是要将泵浦间的相互作用考虑在内。通常，多个泵浦也受拉曼增益的影响，每个较短波长的泵浦不可避免地向每个较长波长的泵浦转移一部分功率。一个包含泵浦相互作用、瑞利后向散射和自发拉曼散射的适当模型将每个频率分量分开考虑，并需要求解下面的一组耦合方程[62]：

$$\begin{aligned}\frac{\mathrm{d}P_f(\nu)}{\mathrm{d}z} &= \int_{\mu>\nu} g'(\mu,\nu)[P_f(\mu)+P_b(\mu)][P_f(\nu)+2h\nu n_{\mathrm{sp}}(\mu-\nu)]\,\mathrm{d}\mu \\ &\quad - \int_{\mu<\nu} g'(\nu,\mu)[P_f(\mu)+P_b(\mu)][P_f(\nu)+4h\nu n_{\mathrm{sp}}(\nu-\mu)]\,\mathrm{d}\mu \\ &\quad - \alpha(\nu)P_f(\nu)+r_s P_b(\nu)\end{aligned} \tag{7.3.8}$$

式中，$g'=g_R/A_{\mathrm{eff}}$，μ和ν表示光学频率，下标f和b分别表示前向和后向传输波。后向传输波也有类似的方程成立。参数n_{sp}说明了作为一种噪声加给放大信号的自发拉曼散射，它定义为

$$n_{\mathrm{sp}}(\Omega)=[1-\exp(-\hbar\Omega/k_BT)]^{-1} \tag{7.3.9}$$

式中，$\Omega=|\mu-\nu|$是拉曼频移，T表示放大器的热力学温度。在方程式(7.3.8)中，第一项和第二项分别表示通过拉曼效应转移进和转移出每个频带的功率，第二项中的因子4源于自发拉曼散射的偏振无关特性[54]。光纤损耗和瑞利后向散射通过最后两项包括进去，并分别由参数α和r_s支配。

为设计宽带拉曼放大器，需要用数值方法求解整组这样的方程以求出信道增益，并调节输

入泵浦功率，直到对于所有信道增益几乎是相同的。这种放大器能在 80 nm 的带宽内放大 100 个甚至更多个信道，而增益波纹小于 0.1 dB，适合同时覆盖 C 带和 L 带的密集波分复用系统。几个实验室实验已经使用宽带拉曼放大器演示了高比特率下的长距离传输。在 2009 年的一个实验中[66]，利用 240 km 长循环光纤环路中的分布拉曼放大将 135 个信道(每个信道工作在 111 Gbps 比特率下)传输了 6248 km。

7.3.4 拉曼放大器的噪声指数

自发拉曼散射加到放大信号中并作为一种噪声出现，因为所有自发产生的光子的相位都是随机的。这种噪声机制与影响掺铒光纤放大器性能的自发辐射类似，只是在拉曼放大器的情况下，它与振动态中的声子数有关，而声子数又与拉曼放大器的温度有关。

在更基本的物理学层面上，应通过解方程式(7.1.4)来考虑带噪声(通过自发拉曼散射加入)信号的演化。如果为简单起见，忽略该方程中的色散项和非线性项，则需要解下面的方程：

$$\frac{\mathrm{d}A}{\mathrm{d}z}=\frac{1}{2}g_0(z)A-\frac{\alpha_s}{2}A+f_n(z,t) \tag{7.3.10}$$

式中，$g_0(z)=g_RP_p(z)/a_p$是拉曼增益系数，$P_p(z)$是局部泵浦功率，$f_n(z,t)$是考虑到通过自发拉曼散射加入的噪声。因为每个散射事件都是彼此独立的，这个噪声能够模拟成一个高斯随机过程，它的平均值$\langle f_n(z,t)\rangle=0$，二阶矩由式(7.1.5)给出，而式(7.1.5)中的 n_{sp} 由式(7.3.9)给出。

容易对方程式(7.3.10)积分，由此可得 $A(L)=\sqrt{G(L)}A(0)+A_{sp}$，这里 $G(L)$是放大倍数，自发拉曼散射的贡献由下式给出：

$$A_{\mathrm{sp}}=\sqrt{G(L)}\int_0^L\frac{f_n(z,t)}{\sqrt{G(z)}}\mathrm{d}z,\qquad G(z)=\exp\left(\int_0^z[g_0(z')-\alpha_s]\mathrm{d}z'\right) \tag{7.3.11}$$

上式清楚表明，加给信号的 ASE 贡献与拉曼增益的分布特性有关。容易证明，$A_{sp}(t)$的平均值为零，它的二阶矩为

$$\langle A_{\mathrm{sp}}(t)A_{\mathrm{sp}}(t')\rangle=G(L)\int_0^L\mathrm{d}z\int_0^L\mathrm{d}z'\frac{\langle f_n(z,t)f_n(z',t')\rangle}{\sqrt{G(z)G(z')}}=S_{\mathrm{ASE}}\delta(t-t') \tag{7.3.12}$$

式中，ASE 噪声的频谱密度定义为

$$S_{\mathrm{ASE}}=n_{\mathrm{sp}}h\nu_0G(L)\int_0^L\frac{g_0(z)}{G(z)}\mathrm{d}z \tag{7.3.13}$$

利用 $P_{ASE}=\langle|A_{sp}|^2\rangle$和式(7.1.5)，可以计算 ASE 贡献的功率，结果为

$$P_{\mathrm{ASE}}=n_{\mathrm{sp}}h\nu_0g_R\Delta\nu_o\frac{G(L)}{a_p}\int_0^L\frac{P_p(z)}{G(z)}\mathrm{d}z \tag{7.3.14}$$

式中，$\Delta\nu_o$是拉曼放大器或光滤波器(如果需要用这种滤波器来降低噪声)的带宽。当考虑两个偏振分量时，总噪声功率变为原来的两倍。

现在，就能够遵循掺铒光纤放大器所用的步骤来计算拉曼放大器的噪声指数了，结果为

$$F_n=\frac{P_{\mathrm{sp}}}{Gh\nu_0\Delta f}=n_{\mathrm{sp}}\frac{g_R\Delta\nu_o}{a_p\Delta f}\int_0^L\frac{P_p(z)}{G(z)}\mathrm{d}z \tag{7.3.15}$$

上式表明，拉曼放大器的噪声指数不仅与光带宽和电带宽有关，而且还与泵浦方案有关。该式对设计光纤长度约为1 km且净信号增益大于10 dB的集总拉曼放大器相当有用。对于分布放大的情况，光纤段的长度一般超过50 km，沿整个光纤长度 $G(z)<1$，在这种情况下，由式(7.3.15)预测的 F_n 可以非常大，一般用定义 $F_{\text{eff}}=F_n\exp(-\alpha_s L)$ 引入有效噪声指数(effective noise figure)。从物理意义上讲，有效噪声指数的概念可以这样理解：因为信号功率降低，无源光纤将光信号的信噪比减小到原来的 $\exp(-\alpha_s L)$[64]，为求出拉曼放大器的有效噪声指数，应去除无源光纤的贡献。

应强调的是，有效噪声指数 F_{eff} 能够小于1(或用分贝单位表示时是负值)。实际上，正是分布拉曼放大的这个特性才使它们对长途WDM光波系统有如此的吸引力。从物理意义上讲，与用集总放大器在光纤末端补偿损耗的情况相比，分布增益抵消了传输光纤自身的光纤损耗，并导致信噪比得到改善。前向泵浦甚至能产生更低的噪声，因为这时拉曼增益向光纤的输入端集中。

新式拉曼放大器的性能受几个需要控制的因素的影响[6]，其中包括双重瑞利后向散射[67~71]、泵浦噪声转移[72]和偏振模色散[73~75]。偏振模色散源于石英光纤中拉曼增益系数 g_R 的偏振相关性，在实际应用中采用扰偏技术能够减小它的影响[54]。在这种技术中，泵浦光的偏振态是随机改变的，因此信号在光纤的不同部分中获得不同的局部增益，这有效实现了与信号的偏振态无关的平均增益。使用旋转光纤(spun fiber)制作拉曼放大器也能够减小偏振损伤[76]。

7.4 光信噪比

每个放大器加给信号的ASE噪声降低了放大信号的信噪比。正如在第4章中看到的，光波系统的性能是由通过光电探测器将光信号转换成电信号后得到的电信噪比决定的，然而，定义为光功率与ASE功率(一定带宽内)之比的光信噪比的概念也很有用，因为它能为光波系统的设计提供指南。本节关注光信噪比，电信噪比将在下一节中介绍。

7.4.1 集总放大

在级联的集总放大器链中(见图7.1)，ASE从一个放大器到下一个放大器不断累积，最终能够达到很高的功率[2]。每个放大器加入的ASE功率在随后的光纤段中被衰减，但又被后面所有的放大器放大，净效果是，可以在光纤链路的末端简单加入所有放大器的ASE功率。假设所有放大器都是以相同的间距 L_A 分开的，并以同样的增益 $G=\exp(\alpha L_A)$ 工作，则对于含有 N_A 个放大器的放大器链，总的ASE功率为

$$P_{\text{ASE}}^{\text{tot}}=2N_A S_{\text{ASE}}\Delta\nu_o=2n_{\text{sp}}h\nu_0 N_A(G-1)\Delta\nu_o \tag{7.4.1}$$

这里，与前面一样，因子2是考虑到ASE的非偏振特性，$\Delta\nu_o$ 是光滤波器的带宽。

显然，当 G 和 N_A 的值较大时，ASE功率能变得相当高。高ASE功率的一个副作用是，增大到一定程度时，ASE开始使放大器饱和，这样，信号功率减小，而同时噪声功率不断增大，导致信噪比严重劣化。通过减小放大器间距 L_A，ASE功率是能够控制的，信噪比是能够改善的。乍一看，这种方法好像会遭到反对，因为它增加了放大器的个数 N_A。然而要注意，对于总长度为 L_T 的光纤链路，放大器的个数 $N_A=L_T/L_A=\alpha L_T/\ln G$。可知 $P_{\text{ASE}}^{\text{tot}}$ 随 G 以 $(G-1)/\ln G$

的形式变化，因此通过简单地减小每个放大器的增益，就能够降低总噪声功率 $P_{\mathrm{ASE}}^{\mathrm{tot}}$。这样，增加放大器的个数同时减小它们的间距是控制 ASE 噪声的一种有效技术，这个特性可以解释为什么分布放大有助于提高光波系统的性能。

在实际应用中，由于经济原因，可能希望集总放大器的个数最少。在这种情况中，系统应设计成放大器间距相对较大但又足够小，以使系统能可靠地工作并实现光信噪比的目标值。根据式(7.4.1)，光信噪比可以写成

$$\mathrm{SNR}_o=\frac{P_{\mathrm{in}}}{P_{\mathrm{ASE}}^{\mathrm{tot}}}=\frac{P_{\mathrm{in}}\ln G}{2n_{\mathrm{sp}}h\nu_0\Delta\nu_o\alpha L_T(G-1)} \tag{7.4.2}$$

式中，P_{in}是输入平均功率。图 7.13 给出了当输入功率取 3 个不同值时系统总长度 L_T随放大器间距 L_A的变化，参数选取为 $\alpha=0.2$ dB/km，$n_{\mathrm{sp}}=1.6$，$\Delta\nu_o=100$ GHz，并假设系统正常运行需要 20 dB 的光信噪比。对于给定的输入功率，随着系统长度的增加放大器间距 L_A变小。尽管通过增加输入功率 P_{in}能增大放大器间距，实际情况下，能够输入的最大功率受限于第 4 章讨论的各种非线性效应。典型地，P_{in}被限制在 1 mW 左右，在该功率电平下，对于长度为 6000 km 或更长的海底光波系统，L_A应在 40 ~ 50 km 的范围；但对于链路长度不到 3000 km 的陆地光波系统，L_A能够增加到 80 km。

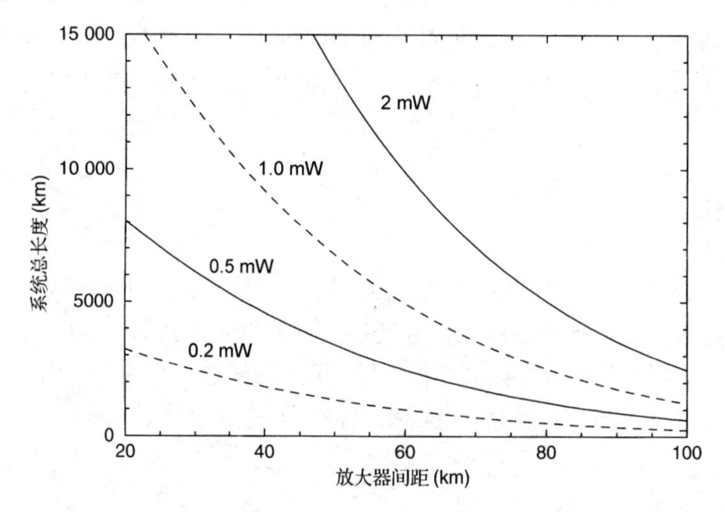

图 7.13 当输入周期放大光纤链路中的平均信号功率取几个不同值时，ASE限制系统的最大长度随放大器间距L_A的变化

7.4.2 分布放大

在分布放大的情况下，泵浦功率是在间距为 L_A的泵浦站处周期性注入的，并通过选择泵浦功率的大小使得信号功率在每个泵浦站处恢复到它的输入值，也就是 $P_s(nL_A)=P_{\mathrm{in}}$。可以采用与集总放大器类似的方法计算分布放大器的光信噪比和寻找最佳的泵浦站间距，在这种情况下，放大信号的光信噪比采用下面的形式：

$$\mathrm{SNR}_o=\frac{P_s(L_T)}{N_AP_{\mathrm{ASE}}}=\frac{P_{\mathrm{in}}}{2N_AS_{\mathrm{ASE}}\Delta\nu_o} \tag{7.4.3}$$

式中，$L_T=N_AL_A$是光纤链路的长度，N_A是泵浦站的个数，S_{ASE}由式(7.3.13)给出。

分布放大的一个新特性是，泵浦功率可以前向注入，也可以后向注入，还可以双向注入。因为增益 $g(z)$的函数形式与泵浦方案有关，而式(7.3.13)中的 S_{ASE}又与 $g(z)$有关，因此通过

采用适当的泵浦方案，能在一定程度上控制光信噪比。图7.14给出了对于几种不同的泵浦方案(a)ASE的频谱密度和(b)光信噪比是怎样随净增益$G(L)$变化的，其中假设1 mW的输入信号是通过100 km长双向泵浦的分布拉曼放大器传输的[55]。前向泵浦功率所占比例从0变化到100%，泵浦波长和信号波长处的光纤损耗分别是0.26 dB/km和0.21 dB/km，使用的其他参数为$n_{sp}=1.13$，$h\nu_0=0.8$ eV，$g_R=0.68$ W^{-1}/km。在纯前向泵浦的情况下光信噪比最高(约为54 dB)，但当后向泵浦功率所占比例从0增加到100%时，光信噪比有15 dB的劣化。这一点可以这样理解：在前向泵浦的情况下，在输入端附近产生的ASE的损耗是在整个光纤长度上累积的，而在后向泵浦的情况下，ASE的损耗只是整个光纤长度上累积损耗的一小部分。

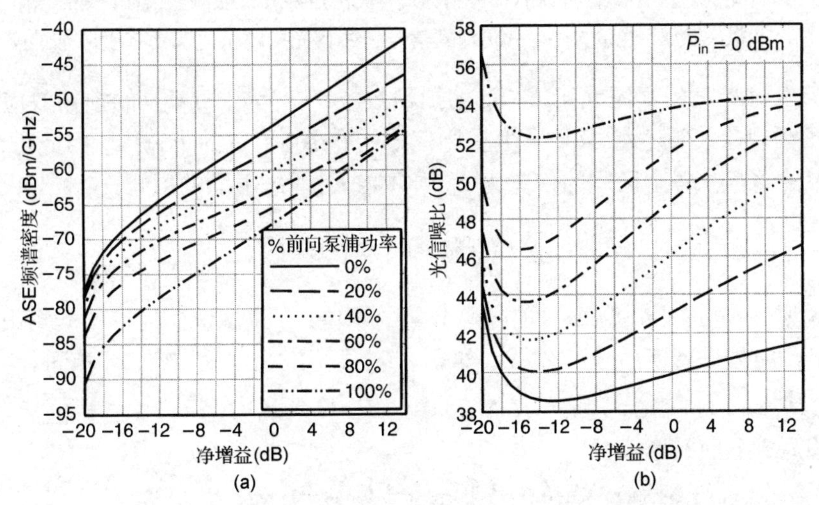

图7.14 当输入信号的功率$P_{in}=1$ mW时，对于100 km长双向泵浦的分布拉曼放大器，(a)ASE的频谱密度和(b)光信噪比随净增益的变化，前向泵浦功率所占比例从0变化到100%[55](经© 2003 Springer授权引用)

图7.14(b)虽然给出的是一个100 km长的光纤段上的光信噪比，但它清楚阐明了分布放大的优点。如果采用N_A个这样的光纤段构成一个长途光纤链路，则光信噪比将减小到原来的$1/N_A$，正如在式(7.4.3)中看到的。即便当$N_A=100$和总光纤链路长度$L_T=10\ 000$ km时，光信噪比SNR_o也保持在20 dB以上。但是，当使用掺铒光纤放大器时，长途光纤链路的光信噪比很难保持这样高的值。

7.5 电信噪比

尽管光信噪比对系统设计有用，但它不是决定光接收机误码率的参数。本节关注当被ASE劣化的光信号入射到光电探测器上时所产生电流的电信噪比。为简化讨论，采用如图7.15所示的配置方案，并假设在用光接收机探测低功率的光信号之前通过一个光放大器对它进行适当放大。这种配置方案有时通过光前置放大来提高光接收机的灵敏度。

7.5.1 放大自发辐射引起的电流起伏

当将ASE噪声对信号场E_s的贡献包括在内时，光接收机产生的光电流能够写成下面的形式：

$$I=R_d(|\sqrt{G}E_s+E_{cp}|^2+|E_{op}|^2)+i_s+i_T \tag{7.5.1}$$

式中，G 是放大器增益，i_s和 i_T分别是散弹噪声和热噪声引起的电流起伏，E_{cp}是与信号同偏振的 ASE 部分，E_{op}是与信号正交偏振的 ASE 部分。因为只有与信号同偏振的 ASE 部分才能与信号产生拍频效应，因此有必要将 ASE 分成两部分。

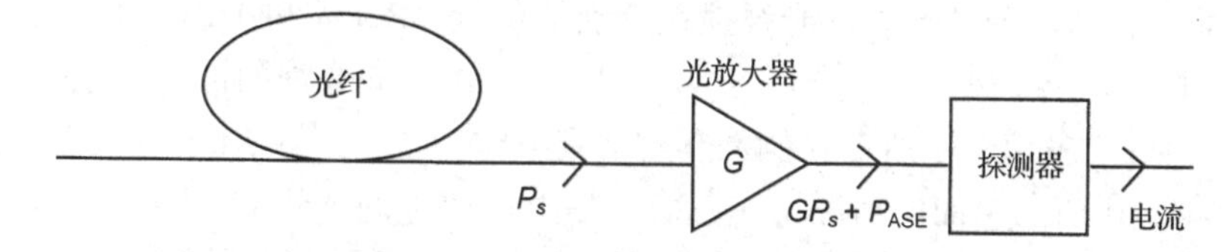

图 7.15 光前置放大配置方案的示意图，光放大器恰好置于探测器前面以提高光接收机灵敏度，光放大器将ASE加到信号上并在光接收机电流中产生附加的噪声

ASE 引起电流噪声的根源在于 E_s-E_{cp}的拍频效应，以及 ASE-ASE 的拍频效应。为更清晰地理解这种拍频现象，要注意 ASE 发生在比信号带宽 $\Delta\nu_s$更宽的带宽内，因此可以将 ASE 带宽 $\Delta\nu_o$分成 M 个区间，每个区间的带宽为 $\Delta\nu_s$，并将 E_{cp}写成下面的形式：

$$E_{cp} = \sum_{m=1}^{M} (S_{ASE}\Delta\nu_s)^{1/2} \exp(i\phi_m - i\omega_m t) \tag{7.5.2}$$

式中，ϕ_m是频率 $\omega_m = \omega_l + m(2\pi\Delta\nu_s)$的噪声分量的相位，$\omega_l$是滤波器通带的低频边界。对于集总放大器，ASE 的频谱密度由式(7.2.11)给出。E_{op}在形式上与式(7.5.2)相同。

将 $E_s = \sqrt{P_s}\exp(i\phi_s - i\omega_s t)$和式(7.5.2)中的 E_{cp}代入式(7.5.1)中，并包括全部拍频项，则电流 I 能够写成下面的形式：

$$I = R_d G P_s + i_{sig-sp} + i_{sp-sp} + i_s + i_T \tag{7.5.3}$$

式中，i_{sig-sp}和 i_{sp-sp}分别表示信号- ASE 的拍频引起的电流起伏和 ASE-ASE 的拍频引起的电流起伏，并分别由下式给出：

$$i_{sig-sp} = 2R_d (GP_s S_{ASE}\Delta\nu_s)^{1/2} \sum_{m=1}^{M} \cos[(\omega_s - \omega_m)t + \phi_m - \phi_s] \tag{7.5.4}$$

$$i_{sp-sp} = 2R_d S_{ASE}\Delta\nu_s \sum_{m=1}^{M}\sum_{n=1}^{M} \cos[(\omega_n - \omega_m)t + \phi_m - \phi_n] \tag{7.5.5}$$

因为这两个噪声电流随时间快速起伏，需要求出它们的平均值和方差。容易看出，$\langle i_{sig-sp}\rangle = 0$；然而，$\langle i_{sp-sp}\rangle$有一个有限的值，这源于二重求和中 $m = n$ 的那些项，这个平均值为

$$\langle i_{sp-sp}\rangle = 2R_d S_{ASE}\Delta\nu_s M \equiv 2R_d S_{ASE}\Delta\nu_o \equiv R_d P_{ASE} \tag{7.5.6}$$

将式(7.5.4)和式(7.5.5)平方并在时间上取平均，还能够计算这两个噪声电流的方差。这里，直接写出最终的结果，有关细节可以参见参考文献[1~3]。

$$\sigma_{sig-sp}^2 = 4R_d^2 G P_s S_{ASE}\Delta f \tag{7.5.7}$$

$$\sigma_{sp-sp}^2 = 4R_d^2 S_{ASE}^2 \Delta f(\Delta\nu_o - \Delta f/2) \tag{7.5.8}$$

式中，Δf 是光接收机的有效噪声带宽。电流起伏的总方差 σ^2能够写成

$$\sigma^2 = \sigma_{sig-sp}^2 + \sigma_{sp-sp}^2 + \sigma_s^2 + \sigma_T^2 \tag{7.5.9}$$

式中，σ_T^2是热噪声方差，散弹噪声方差 σ_s^2有一个源自式(7.5.6)的额外贡献，即

$$\sigma_s^2 = 2q[R_d(GP_s + P_{ASE})]\Delta f \tag{7.5.10}$$

式中，$P_{\mathrm{ASE}}=2S_{\mathrm{ASE}}\Delta\nu_o$是进入光接收机的总 ASE 功率。

7.5.2　放大自发辐射对信噪比的影响

现在就可以计算光接收机的电信噪比了。注意，由式(7.5.3)可得$\langle I\rangle=R_d(GP_s+P_{\mathrm{ASE}})$，于是电信噪比为

$$\mathrm{SNR}_e=\frac{\langle I\rangle^2}{\sigma^2}=\frac{R_d^2(GP_s+P_{\mathrm{ASE}})^2}{\sigma_{\text{sig-sp}}^2+\sigma_{\text{sp-sp}}^2+\sigma_s^2+\sigma_T^2} \tag{7.5.11}$$

因为在探测信号之前对其进行了放大，一个重要问题是，电信噪比究竟是得到了改善还是被劣化。要回答这个问题，将式(7.5.11)与在没有光放大器时实现的电信噪比进行比较。令$G=1$和$P_{\mathrm{ASE}}=0$，则这个电信噪比为

$$\mathrm{SNR}_e'=\frac{R_d^2P_s^2}{\sigma_s^2+\sigma_T^2} \tag{7.5.12}$$

首先考虑没有热噪声和量子效率等于100%，因而$R_d=q/h\nu_0$的理想光接收机的情况，在这种情况下，没有光放大器时电信噪比为$\mathrm{SNR}_e'=P_s/(2h\nu_0\Delta f)$。当使用光放大器时，电流方差主要由$\sigma_{\text{sig-sp}}^2$决定，忽略式(7.5.11)中的$\sigma_{\text{sp-sp}}^2$和$P_{\mathrm{ASE}}$，可得电信噪比为

$$\mathrm{SNR}_e=\frac{GP_s}{(4S_{\mathrm{ASE}}+2h\nu_0)\Delta f} \tag{7.5.13}$$

利用式(7.2.11)中的S_{ASE}，光放大器的噪声指数由式(7.2.15)给出。

在实际应用中，热噪声超过散弹噪声很多，在得出光放大器总是使电信噪比劣化的结论之前，应将它包括在内。忽略式(7.5.12)中的散弹噪声并只保留式(7.5.11)中的主项$\sigma_{\text{sig-sp}}^2$，可以得到

$$\frac{\mathrm{SNR}_e}{\mathrm{SNR}_e'}=\frac{G\sigma_T^2}{4R_d^2P_sS_{\mathrm{ASE}}\Delta f} \tag{7.5.14}$$

因为通过减小P_s和增加光放大器增益G，这个比率能够相当大，与没有光放大器时电信噪比的可能值相比，有光放大器时电信噪比能提高20 dB或者更多。这个明显的矛盾可以这样理解：由$\sigma_{\text{sig-sp}}^2$支配的光接收机噪声是如此之大，与之相比热噪声能被忽略，换言之，信号的光前置放大有助于屏蔽热噪声，导致电信噪比提高。实际上，如果只保留主要的噪声项，则放大信号的电信噪比变为

$$\mathrm{SNR}_e=\frac{GP_s}{4S_{\mathrm{ASE}}\Delta f}=\frac{GP_s\Delta\nu_o}{2P_{\mathrm{ASE}}\Delta f} \tag{7.5.15}$$

应将上式与光信噪比GP_s/P_{ASE}进行对比，正如在式(7.5.15)中看到的，由于ASE噪声只在比滤波器带宽$\Delta\nu_o$窄得多的光接收机带宽Δf上有贡献，在同样的条件下电信噪比是光信噪比的$\Delta\nu_o/(2\Delta f)$倍。

7.5.3　放大器链中噪声的累积

正如在前面提到的，长途光波系统需要以周期方式级联多个光放大器，对于这种系统ASE噪声的形成是最关键的因素，这其中有两个原因：第一，在光放大器的级联链中，随着光放大器个数的增加，ASE在很多光放大器上累积并使信噪比劣化[77~80]；第二，随着ASE功率的增长，它开始使光放大器饱和，并降低了沿光纤链路放置的后续光放大器的增益。净结果是，信

号功率减小而 ASE 功率增大。数值模拟表明，从将信号功率和 ASE 功率相加得到的总功率($P_{TOT}=P_s+P_{ASE}$)保持相对恒定的意义上讲，系统是自动调节的。图 7.16 给出了由间距为 100 km 且小信号增益为 35 dB 的 100 个光放大器组成的级联链的这种自管理行为，其中光发射机发射的功率为 1 mW，其他参数为 $n_{sp}=1.3$ 和 $G_0\exp(-\alpha L_A)=3$。经过 10 000 km 后，信号功率和 ASE 功率变得可以相比拟。显然，应尽量避免 ASE 引起的增益饱和，在下面的讨论中假设事实就是如此。

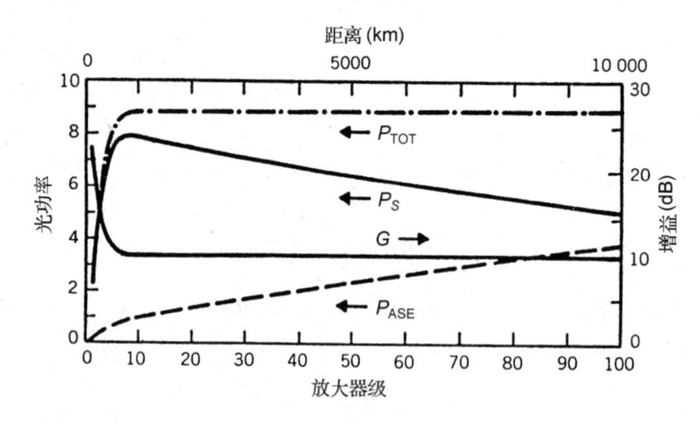

图 7.16 信号功率 P_s 和 ASE 功率 P_{ASE} 沿级联的光放大器链的变化，经过几个光放大器后总功率 P_{TOT} 几乎保持恒定不变[78] (经© 1991 IEEE授权引用)

为估计长途光波系统的信噪比，假设所有光放大器都是以恒定的间距 L_A 分开的，光放大器增益 $G\equiv\exp(\alpha L_A)$ 恰好大到足以补偿每个光纤段上的光纤损耗。于是，对于含 N_A 个光放大器的链总 ASE 功率由式(7.4.1)给出，再通过 $\text{SNR}_o=P_{in}/P_{ASE}$ 就能够求出光信噪比。为计算电信噪比，需要求出光接收机的电流方差，如果假设光接收机噪声主要是信号-ASE 拍频噪声并只将这一主要贡献包括进去，则可得电信噪比为

$$\text{SNR}_e=\frac{R_d^2P_{\text{in}}^2}{N_A\sigma_{\text{sig-sp}}^2}=\frac{P_{\text{in}}}{4N_AS_{\text{ASE}}\Delta f}\tag{7.5.16}$$

这里，利用了式(7.5.7)。上式表明，电信噪比只是简单地以因子 $1/N_A$ 减小，因为 ASE 噪声以因子 N_A 增大。然而，由式(7.5.16)不应该得出沿光纤链路放置较少的光放大器能提高系统性能的结论。正如在 7.4.1 节中讨论的，如果减少光放大器的个数，则每个光放大器不得不以更高的增益工作，这样就会加入更多的噪声。图 7.13 所示的结果在这里也能适用，因为光信噪比和电信噪比之间以 $\text{SNR}_e/\text{SNR}_o=\Delta\nu_o/(2\Delta f)$ 相互关联。

7.6 光接收机灵敏度和 Q 因子

到目前为止，考虑的是具有恒定功率的输入信号，实际上，在任何光波系统中光信号都是由“0”比特和“1”比特组成的伪随机比特流的形式。本节将关注这种实际情况，并评价光放大器噪声对误码率和光接收机灵敏度的影响。

7.6.1 误码率

计算采用光放大器的光波系统的误码率遵循在 4.6.1 节中列出的方法，更具体地说，误码

率是由式(4.6.10)给出的。然而，条件概率 $P(0|1)$ 和 $P(1|0)$ 需要知道对应“0”比特和“1”比特的电流 I 的概率密度函数(PDF)。严格地讲，当使用光放大器时，概率密度函数不再保持高斯型，因此应采用形式更复杂的概率密度函数来计算误码率[81~83]。然而，如果将实际的概率密度函数近似为高斯型，结果就会简单得多，在下面的讨论中假设情况就是如此。

如果光接收机噪声采用高斯近似，则通过4.6.1节的分析可得误码率由式(4.6.10)给出，而 Q 因子仍可以定义为

$$Q=\frac{I_1-I_0}{\sigma_1+\sigma_0} \tag{7.6.1}$$

然而，这里的噪声电流 σ_1 和 σ_0 应包括在7.5.1节中引入的拍频项，并通过下式得到：

$$\sigma_1^2=\sigma_{\text{sig-sp}}^2+\sigma_{\text{sp-sp}}^2+\sigma_s^2+\sigma_T^2, \qquad \sigma_0^2=\sigma_{\text{sp-sp}}^2+\sigma_T^2 \tag{7.6.2}$$

在“0”比特的情况下，σ_s^2 和 $\sigma_{\text{sig-sp}}^2$ 可以忽略，因为这两个噪声贡献是与信号有关的，如果假设比特流的消光比很高，对于“0”比特这两项就几乎为零。因为 Q 因子能完全说明误码率，通过确保 Q 因子的值大于6就能够实现低于 10^{-9} 的误码率；如果误码率需要低于 10^{-12}，则 Q 因子的值应大于7。

在计算 Q 因子时还能够采用其他几个近似。比较式(7.5.7)和式(7.5.10)可知，在实际感兴趣的大部分情况下，与 $\sigma_{\text{sig-sp}}^2$ 相比 σ_s^2 可以忽略。每当光接收机接收的平均光功率相对较大(大于0.1 mW)时，与居于主导地位的拍频项相比，热噪声 σ_T^2 也可以忽略。这样，噪声电流 σ_1 和 σ_0 可以较好地近似为

$$\sigma_1=(\sigma_{\text{sig-sp}}^2+\sigma_{\text{sp-sp}}^2)^{1/2}, \qquad \sigma_0=\sigma_{\text{sp-sp}} \tag{7.6.3}$$

一个重要的问题是，光放大器是如何影响光接收机的灵敏度的？因为式(7.6.3)中没有出现热噪声，期望光接收机的性能也不受它的限制，这样每比特就需要少得多的光子，这与当热噪声居于主导地位时每比特需要数千个光子形成鲜明的对比。事实的确如此，在20世纪90年代的几个实验中，观察到每比特约需100~150个光子[84~87]。另一方面，正如在4.6.3节中讨论的，在量子极限下平均起来每比特只需10个光子。尽管当使用光放大器时，因为它们引入了附加噪声，不能期望系统能达到这个级别，但探究在这种情况下需要的最少光子数还是很有用的。

为计算光接收机灵敏度，假设为简单起见“0”比特不包含任何能量，以至于 $I_0\approx 0$。显然，$I_1=2R_d\bar{P}_{\text{rec}}$，这里 $\bar{P}_{\text{rec}}$ 是入射到光接收机上的平均功率。将式(7.5.7)和式(7.5.8)代入式(7.6.3)中并结合式(7.6.1)，可以得到

$$\bar{P}_{\text{rec}}=h\nu_0F_n\Delta f[Q^2+Q(\Delta\nu_o/\Delta f-\tfrac{1}{2})^{1/2}] \tag{7.6.4}$$

利用关系 $\bar{P}_{\text{rec}}=\bar{N}_ph\nu_0B$，光接收机灵敏度可以用每比特需要的平均光子数 $\bar{N}_p$ 表示。如果接受 $\Delta f=B/2$ 作为光接收机带宽的典型值，则 $\bar{N}_p$ 由下式给出：

$$\bar{N}_p=\tfrac{1}{2}F_n[Q^2+Q(r_f-\tfrac{1}{2})^{1/2}] \tag{7.6.5}$$

式中，$r_f=\Delta\nu_o/\Delta f$ 是光滤波器带宽超过光接收机带宽的倍数。

式(7.6.5)是光接收机灵敏度的一个非常简单的表达式，它清楚表明了为什么必须使用噪声指数小的光放大器。式(7.6.5)还表明了窄带光滤波器是怎样通过减小 r_f 来提高光接收机灵敏度的。图7.17给出了当噪声指数 F_n 取几个不同值时，光接收机灵敏度 $\bar{N}_p$ 随 r_f 的变化关系，

其中选取 $Q=6$(维持 10^{-9}的误码率所需要的值)。对于理想的光放大器，F_n的最小值等于2。因为 Δv_o应足够宽以通过比特率为 B 的信号，r_f的最小值也等于2。利用 $Q=6$，$F_n=2$ 和 $r_f=2$，由式(7.6.5)可得最佳光接收机灵敏度为 $\bar{N}_p=43.3$ 光子/比特，应将这个值与工作在量子噪声极限下的理想光接收机的灵敏度值 $\bar{N}_p=10$ 光子/比特进行对比。

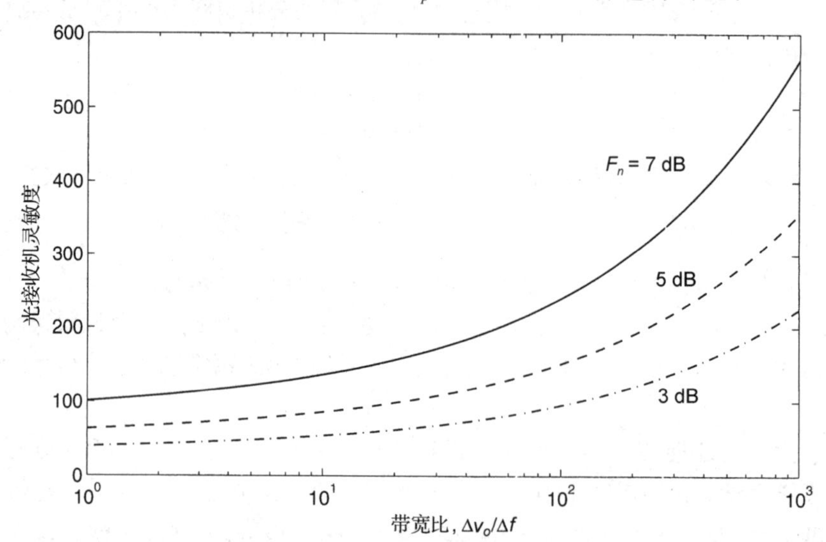

图7.17 当光放大器的噪声指数 F_n取几个不同值时，光接收机灵敏度 $\bar{N}_p$随光滤波器带宽(相对于光接收机带宽进行了归一化)的变化关系

尽管 ASE 自身具有高斯概率密度函数，但因为 ASE-ASE 拍频的贡献，在光接收机处产生的探测器电流并不遵循高斯统计。根据修正的贝塞尔函数也可以计算出“0”比特和“1”比特的概率密度函数，并且实验测量与理论预测一致[81~83]。然而，在实际应用中经常采用高斯近似来计算光接收机灵敏度。

7.6.2 Q因子与光信噪比的关系

在误码率计算中出现的 Q 因子与在7.4节中计算的光信噪比是彼此相关的。为了以简单的形式说明这个关系，考虑一个由放大器噪声支配的光波系统，并假设“0”比特不携带能量(除了 ASE)，于是 $I_0\approx 0$，$I_1\approx R_dP_1$，这里 P_1是在每个“1”比特期间的峰值功率。利用总 ASE 功率的定义以及式(7.5.7)和式(7.5.8)，可以得到

$$\sigma_{\text{sig-sp}}^2=4R_d^2P_1P_{\text{ASE}}/M,\qquad \sigma_{\text{sp-sp}}^2=R_d^2P_{\text{ASE}}^2/M \tag{7.6.6}$$

这里，假设 $M=\Delta v_o/\Delta f\gg 1$。

将式(7.6.6)中的两个方差代入式(7.6.3)中，能够得到 σ_1和 σ_0。如果借助于式(7.6.1)来计算 Q 因子，则可得如下结果[81]：

$$Q=\frac{\text{SNR}_o\sqrt{M}}{\sqrt{2\text{SNR}_o+1}+1} \tag{7.6.7}$$

式中，$\text{SNR}_o=P_1/P_{\text{ASE}}$是光信噪比。由式(7.6.7)容易得到

$$\text{SNR}_o=\frac{2Q^2}{M}+\frac{2Q}{\sqrt{M}} \tag{7.6.8}$$

这些式子表明，对于相对较小的光信噪比，能够实现 $Q=6$。例如，当 $M=16$ 时，为维持 $Q=6$ 只需要 $\mathrm{SNR}_o=7.5$。图7.18给出了当 Q 因子在4～8的范围内取值时要求的光信噪比是怎样随 M 变化的，正如在图中看到的，当 M 的值减小到10以下时，要求的光信噪比迅速增大。

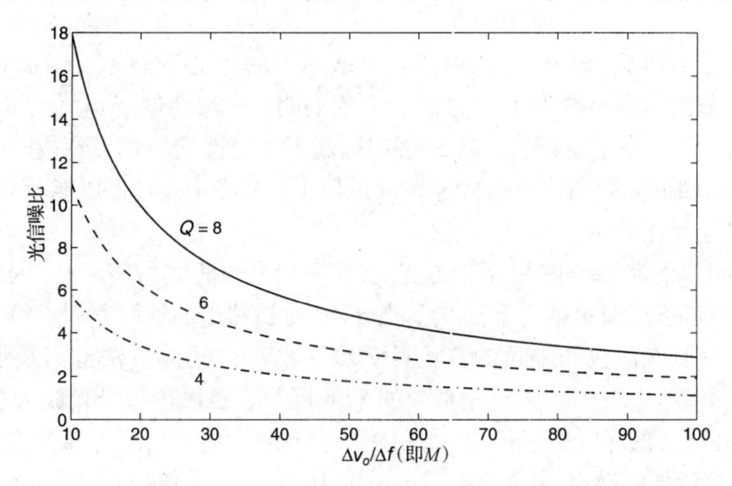

图7.18　当 Q 因子取不同值时要求的光信噪比随 M 的变化

7.7　色散和非线性效应的影响

到目前为止，在考虑光放大器噪声时，并没有注意这种噪声是怎样与色散和非线性效应相互作用的，而当光信号沿光纤链路传输时会发生这两种效应。在实际应用中，ASE噪声和光信号一起传输，它同样也受色散和非线性效应的影响。本节将表明，如果条件适合发生调制不稳定性，则ASE噪声会显著增强。而且，ASE噪声能影响光脉冲，不仅引起能量起伏，而且还引起定时抖动。

7.7.1　通过调制不稳定性的噪声增长

下面考虑沿光纤链路周期性地放置集总光放大器的长途光波系统。每个光放大器都加入了与光信号一起在多个光纤段中传输的ASE噪声，在纯线性系统中，噪声功率不会发生变化。然而，非线性薛定谔方程式(7.1.2)中的非线性项使ASE噪声与光信号发生耦合，并通过2.6节讨论的自相位调制、交叉相位调制和四波混频这3种非线性效应改变了ASE噪声和光信号。特别是，调制不稳定性现象[28]通过放大ASE噪声和将相位起伏转换成强度噪声而劣化了系统性能[88～96]。

为研究调制不稳定性是怎样影响ASE噪声的，需要解方程式(7.1.2)。假设功率为 P_0 的连续光信号和叠加在它上面的噪声一起进入光纤，则解可以写成下面的形式：

$$B(z,t)=[\sqrt{P_0}+a(z,t)]\exp(\mathrm{i}\phi_{\mathrm{NL}}) \tag{7.7.1}$$

式中，$\phi_{\mathrm{NL}}=\gamma P_0\int_0^z \mathrm{e}^{-\alpha z}\mathrm{d}z$ 是自相位调制引起的非线性相移。假设噪声比光信号弱得多（$|a|^2\ll P_0$），可以得到

$$\frac{\partial a}{\partial z}+\frac{\mathrm{i}\beta_2}{2}\frac{\partial^2 a}{\partial t^2}=\mathrm{i}\gamma P_0\mathrm{e}^{-\alpha z}(a+a^*) \tag{7.7.2}$$

这个线性方程更容易在傅里叶域中求解，因为它能简化成下面的两个常微分方程：

$$\frac{\mathrm{d}b_1}{\mathrm{d}z}=\frac{\mathrm{i}}{2}\beta_2\Omega^2b_1+\mathrm{i}\gamma P_0\mathrm{e}^{-\alpha z}(b_1+b_2^*) \tag{7.7.3}$$

$$\frac{\mathrm{d}b_2}{\mathrm{d}z}=\frac{\mathrm{i}}{2}\beta_2\Omega^2b_2+\mathrm{i}\gamma P_0\mathrm{e}^{-\alpha z}(b_2+b_1^*) \tag{7.7.4}$$

式中，$b_1(z)=\tilde{a}(z,\ \Omega)$，$b_2(z)=\tilde{a}^*(z,\ -\Omega)$，$\tilde{a}$ 表示 a 的傅里叶变换，$\Omega=\omega_n-\omega_0$表示噪声频率 ω_n相对于信号载波频率 ω_0的偏移。这两个方程表明，对称地位于 ω_0附近的 ASE 噪声的频谱分量通过自相位调制发生了耦合，当 Ω 落在调制不稳定性的增益带宽内时，对应的噪声分量就会被放大。在四波混频图像中，能量为$\hbar\omega_0$的两个信号光子被转换成能量分别为 $\hbar(\omega_0+\Omega)$ 和 $\hbar(\omega_0-\Omega)$的两个新光子。

当光纤损耗可以忽略($\alpha=0$)以至于方程式(7.7.3)和方程式(7.7.4)中的最后一项与 z 无关时，能够容易地求解这两个耦合方程[88]；当 $\alpha\neq0$ 时虽然也能够对它们求解，但其解包含汉克尔函数[91]或具有复杂阶次和辐角的修正贝塞尔函数[95]。矩阵方法也用来数值求解这两个耦合方程。为了计算在长光放大器链中形成的 ASE 噪声，必须在每个光放大器后加入附加的噪声，然后让它在随后的光纤段中传输，最后对所有光放大器的贡献求和。这个过程允许计算接收端的频谱和相对强度噪声(RIN)谱[93]。图 7.19 给出了数值模拟的 2500 km 长光纤链路(含 50 个光放大器，间距为 50 km)末端的频谱[96]，在模拟过程中，将 1.55 μm 波长的 1 mW 信号在该光纤链路中传输，光纤参数值的选取为 $\beta_2=-1\ \mathrm{ps^2/km}$，$\gamma=2\ \mathrm{W^{-1}/km}$，$\alpha=0.22\ \mathrm{dB/km}$。在每个光放大器后用带宽为 8 nm 的光滤波器对 ASE 滤波，宽基座表示即使在没有非线性效应时预期的 ASE 频谱。信号波长附近的双峰结构是由调制不稳定性引起的，较弱的伴峰是由非线性折射率光栅引起的，而非线性折射率光栅是通过信号功率沿光纤链路的周期性变化形成的。

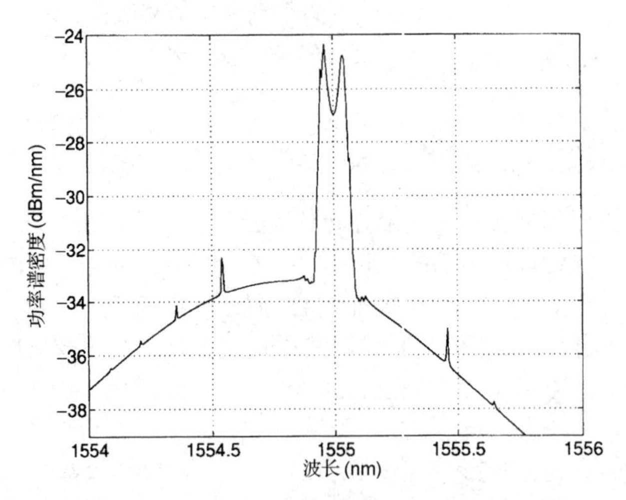

图 7.19 表明在包含 50 个光放大器的 2500 km 长的光纤链路末端调制不稳定性效应的频谱[96](经© 1999 IEEE授权引用)

7.7.2 噪声引起的信号劣化

下面关注当光信号在光纤链路中传输时，因为光放大器周期性地加入了 ASE 噪声而造成的光信号的劣化问题。为此，考虑在固定时隙中代表“1”比特的单个光脉冲，并探讨其能量和位置是如何受噪声影响的。尽管光脉冲能量的变化在预料之中，但 ASE 还是以随机方式将光脉冲从它在时隙内的初始位置移开，从而在比特流中引起定时抖动。这种抖动最早是1986年在孤子范畴研究的，称为戈登-豪斯抖动[97]；后来意识到定时抖动能在采用光放大器的任何光波系统中发生，并对所有长途光波系统施加了一个基本的限制[98~104]。

ASE引起抖动的物理根源可以这样理解：光放大器不仅影响放大信号的振幅，而且还影响它的相位，而光学相位的时间相关变化使信号在经过每个光放大器后其频率从它的初始值ω_0位移了一个小量；又因为光脉冲的群速度与它的载波频率有关（因为色散效应），光脉冲通过光纤链路传输的速度随机地受每个光放大器的影响，这种速度变化使光脉冲在到达光接收机时它在时隙内的位置产生了随机位移，这就是造成ASE引起定时抖动的原因。

通常，应通过数值方法解方程式(7.1.2)来研究信号受噪声的影响有多大。然而，在实际应用中这种蒙特卡罗方法相当烦琐，因为必须多次求解这个方程以收集足够大的统计样本。矩方法[28]允许解析地完成在ASE噪声上的平均，它利用了3个矩E，q和Ω，分别表示脉冲能量、比特隙内脉冲的中心位置和载波频率的位移，并定义如下[100]：

$$q(z) = \frac{1}{E}\int_{-\infty}^{\infty} t|B(z,t)|^2 \mathrm{d}t \tag{7.7.5}$$

$$\Omega(z) = \frac{\mathrm{i}}{2E}\int_{-\infty}^{\infty}\left(B^*\frac{\partial B}{\partial t} - B\frac{\partial B^*}{\partial t}\right)\mathrm{d}t \tag{7.7.6}$$

式中，$E(z) \equiv \int_{-\infty}^{\infty} |B(z,t)|^2 \mathrm{d}t$。因为损耗项已经从方程式(7.1.2)中去除，预期在没有ASE噪声时E沿光纤链路应保持恒定不变。

求E，q和Ω关于z的导数并利用方程式(7.1.2)，可以发现它们在每个无源光纤段中以下面的方式变化[101]：

$$\frac{\mathrm{d}E}{\mathrm{d}z} = 0, \qquad \frac{\mathrm{d}q}{\mathrm{d}z} = \beta_2\Omega, \qquad \frac{\mathrm{d}\Omega}{\mathrm{d}z} = 0 \tag{7.7.7}$$

通过简单积分表明，虽然脉冲能量E和频移Ω在脉冲的传输过程中不发生变化，但是，如果光脉冲在进入光纤时有一个有限的Ω值，则脉冲位置将发生变化。这一点很容易按如下方式理解：方程式(7.1.2)是在以光脉冲的群速度v_g移动的参照系下写出的，也就是，只要载波频率ω_0保持不变，则脉冲中心将保持静止。然而，如果这个载波频率位移了Ω，则群速度将发生变化，脉冲中心也将位移$q(z)=\beta_2\Omega z$。

现在考虑当脉冲进入沿光纤链路的第k个光放大器时会发生什么。因为光放大器加入了ASE噪声，E，q和Ω分别改变了一个随机量δE_k，δq_k和$\delta\Omega_k$，如果将这些随机变化包括在内，则方程式(7.7.7)采用下面的形式：

$$\frac{\mathrm{d}E}{\mathrm{d}z} = \sum_k \delta E_k\,\delta(z-z_k) \tag{7.7.8}$$

$$\frac{\mathrm{d}q}{\mathrm{d}z} = \beta_2\Omega + \sum_k \delta q_k\,\delta(z-z_k) \tag{7.7.9}$$

$$\frac{\mathrm{d}\Omega}{\mathrm{d}z} = \sum_k \delta\Omega_k\,\delta(z-z_k) \tag{7.7.10}$$

这里是对光脉冲在到达z之前通过的光放大器的总数求和的。这些方程表明，因为群速度色散，光放大器引起的频率起伏表现为位置起伏；甚至当$\beta_2=0$时也有一些抖动发生。显然，当光纤色散较大时ASE引起的定时抖动也较大；使光波系统工作在光纤零色散波长附近能够减小这种定时抖动。

下面考虑起伏 δE_k，δq_k 和 $\delta\Omega_k$ 的统计特性。令 $B(z_k, t)$ 是进入第 k 个光放大器的光场，放大后，这个光场可以写成 $B(z_k, t)+b_k(t)$，这里 $b_k(t)$ 是 ASE 引起的光场的变化，这个变化的平均值为零，但它的相关函数由下式给出：

$$\langle b_j^*(t)b_k(t')\rangle = S_{\text{ASE}}\delta_{jk}\delta(t-t') \tag{7.7.11}$$

式中，S_{ASE} 是 ASE 的频谱密度，δ_{jk} 表明两个不同的光放大器的起伏是不相关的。在第 k 个光放大器的末端应用式(7.7.5)和式(7.7.6)，能够计算在这个光放大器后 E，q 和 Ω 发生的变化。经过一些简化后，可以得到这 3 个变化的以下关系：

$$\delta E_k = \int_{-\infty}^{\infty}(B^*b_k + Bb_k^* + |b_k|^2)\,\mathrm{d}t \tag{7.7.12}$$

$$\delta q_k = \frac{1}{E_k}\int_{-\infty}^{\infty}(t-q)(B^*b_k + Bb_k^*)\,\mathrm{d}t \tag{7.7.13}$$

$$\delta\Omega_k = \frac{\mathrm{i}}{E_k}\int_{-\infty}^{\infty}b_k^*\left(\frac{\partial B}{\partial t} + \mathrm{i}\Omega_k B\right)\mathrm{d}t + \text{c.c} \tag{7.7.14}$$

现在，利用式(7.7.11)和 $\langle b_k\rangle=0$，能够完成在随机变量 b_k 上的平均。随机变量 δq_k 和 $\delta\Omega_k$ 的平均值为零，而 $\langle\delta E_k\rangle=S_{\text{ASE}}$；它们的方差和相关函数也可以计算出来，结果为

$$\langle(\delta q_k)^2\rangle = \frac{2S_{\text{ASE}}}{E_k^2}\int_{-\infty}^{\infty}(t-q_k)^2|V(z_k,t)|^2\,\mathrm{d}t \tag{7.7.15}$$

$$\langle(\delta\Omega_k)^2\rangle = \frac{2S_{\text{ASE}}}{E_k^2}\int_{-\infty}^{\infty}\left|\frac{\partial V}{\partial t}\right|^2\mathrm{d}t \tag{7.7.16}$$

$$\langle\delta q_k\,\delta\Omega_k\rangle = \frac{\mathrm{i}S_{\text{ASE}}}{2E_k^2}\int_{-\infty}^{\infty}(t-q_k)V\frac{\partial V^*}{\partial t}\,\mathrm{d}t + \text{c.c} \tag{7.7.17}$$

式中，$V=B\exp[\mathrm{i}\Omega_k(t-q_k)]$。这些方程适用于任何脉冲形状，然而，它们需要知道每个光放大器处的光场 $B(z, t)$，在最一般的情况下，通过数值方法解方程式(7.1.2)能得到这个光场。在实际应用中，这种半解析方法相当有用，因为它只需通过数值方法解非线性薛定谔方程一次，而通过解析方法完成在 ASE 噪声上的平均[100]。

7.7.3 噪声引起的能量起伏

作为矩方法的一个简单应用，下面计算脉冲能量起伏的方差。正如在前面指出的，$\langle\delta E_k\rangle=S_{\text{ASE}}$，利用式(7.7.12)计算 $\langle\delta E_k^2\rangle$ 并借助于式(7.7.11)完成平均，可以得到相对简单的结果：

$$\langle\delta E_k^2\rangle = 2S_{\text{ASE}}E_k + S_{\text{ASE}}^2 \tag{7.7.18}$$

如果利用能量方差的定义

$$\sigma_E^2 = \langle\delta E_k^2\rangle - \langle\delta E_k\rangle^2 \tag{7.7.19}$$

则标准差 $\sigma_E\equiv(2S_{\text{ASE}}E_k)^{1/2}$ 与光放大器前的脉冲能量 E_k 有关。作为一个数值例子，对于增益为 20 dB 且自发辐射因子 $n_{\text{sp}}=1.5$(噪声指数约为 4.8 dB)的光放大器，在 1.55 μm 附近的波长区，当输入脉冲的能量等于 1 pJ 时相对能量起伏 σ_E/E 的值约为 0.6%。

重要的问题是这个噪声是怎样沿光纤链路累积的。通过考虑在第 k 个光放大器前的光

纤段中脉冲能量的变化，能计算带有多个光放大器的长光纤链路的能量起伏的方差。正如在方程式(7.7.7)中看到的，由于损耗项已经从方程式(7.1.2)中去除，E 在无源光纤内保持不变，这导致递归关系 $E_k = E_{k-1} + \delta E_k$，用它能得到在最后一个光放大器末端的最终能量，结果为

$$E_f = E_0 + \sum_{k=1}^{N_A} \delta E_k \tag{7.7.20}$$

式中，E_0是输入脉冲能量，N_A是沿光纤链路的光放大器的个数，假设光放大器是等间距的。

由式(7.7.20)可得最终能量的平均值为

$$\langle E_f \rangle = E_0 + \sum_{k=1}^{N_A} \langle \delta E_k \rangle = E_0 + N_A S_{\mathrm{ASE}} \tag{7.7.21}$$

还能计算出二阶矩为

$$\langle E_f^2 \rangle = E_0^2 + 2E_0 \sum_{k=1}^{N_A} \langle \delta E_k \rangle + \sum_{k=1}^{N_A} \sum_{j=1}^{N_A} \langle \delta E_j \delta E_k \rangle \tag{7.7.22}$$

利用在每个光放大器处起伏遵循独立的随机过程，于是它们是不相关的这个事实，可以得到

$$\langle E_f^2 \rangle = E_0^2 + 4N_A S_{\mathrm{ASE}} E_0 + N_A^2 S_{\mathrm{ASE}}^2 \tag{7.7.23}$$

能量起伏的标准差遵循式(7.7.19)、式(7.7.21)和式(7.7.23)，并可由下式给出：

$$\sigma_E = \sqrt{2N_A S_{\mathrm{ASE}} E_0} \tag{7.7.24}$$

正如基础物理所预期的，σ_E与光放大器的个数 N_A的平方根 $\sqrt{N_A}$ 成比例，或者与光纤链路长度 L_T的平方根 $\sqrt{L_T}$成比例，因为当光放大器间距等于 L_A时光纤链路长度 $L_T = N_A L_A$。即使对带有 100 个级联的光放大器的相当长的光纤链路，对于典型的参数值，能量起伏也能保持在 10% 以下。

7.7.4 噪声引起的定时抖动

下面计算具有 N_A个级联的光放大器的光纤链路末端的定时抖动。对方程式(7.7.9)直接积分，可以得到光纤链路末端的总抖动为

$$q_f = \sum_{n=1}^{N_A} \delta q_n + d_a \sum_{n=1}^{N_A} \sum_{k=1}^{n-1} \delta \Omega_k \tag{7.7.25}$$

式中，$d_a = \bar{\beta}_2 L_A$是平均色散为 $\bar{\beta}_2$ 的每个光纤段上的累积色散。由下式可以计算定时抖动的方差：

$$\sigma_t^2 = \langle q_f^2 \rangle - \langle q_f \rangle^2 \tag{7.7.26}$$

式中，角括号表示在随机变量 δq_k和 $\delta\Omega_k$上取平均。因为 δq_k和 $\delta\Omega_k$平均后均为零，可得$\langle q_f \rangle = 0$，但方差 σ_t^2保持为一个有限值。

式(7.7.26)中出现的平均值能用解析方法完成，因为全部过程是众所周知的[101]，这里只给出最终的结果：

$$\sigma_t^2 = (S_{\mathrm{ASE}}/E_0) T_0^2 N_A [(1 + (C_0 + N_A d_a / T_0^2)^2] \tag{7.7.27}$$

在 $d_a = 0$ 的完美色散补偿情况下，抖动方差随光放大器的个数线性增加。相反，当 $d_a \neq 0$ 时，

抖动方差随 N_A 的三次方增加。对于这种长途系统，式(7.7.27)中的主要项按 $N_A^3 d_a^2$ 的规律变化，这是 ASE 引起抖动的一般特性[97]。定时抖动与系统长度的立方关系表明，即使相当小的频率起伏也能引起长途光波系统中足够大的定时抖动，以至于系统可能无法工作，特别是当光纤色散未得到补偿时。

正如在式(7.7.27)中看到的，光纤链路的残余色散能导致 CRZ(啁啾归零码)系统中相当大的定时抖动。图 7.20 给出了对于 10 Gbps 的系统，当 $\bar{\beta}_2$ 取 4 个不同值时定时抖动随系统总长度 $L_T = N_A L_A$ 的变化情况，其他参数值为 $T_0 = 30$ ps，$L_A = 50$ km，$C_0 = 0.2$，$S_{ASE}/E_0 = 10^{-4}$。因为 σ_t^2 与系统总长度 L_T 的三次方有关，当 $|\bar{\beta}_2|$ 的值等于 0.2 ps²/km 时，ASE 引起的定时抖动已经相当于脉冲宽度的一大部分，如果不加以控制，这种抖动将导致大的功率代价。使用分布放大能降低光波系统中的噪声电平，于是期望通过分布拉曼放大器替代集总放大器来降低定时抖动，事实证明的确如此[104]。

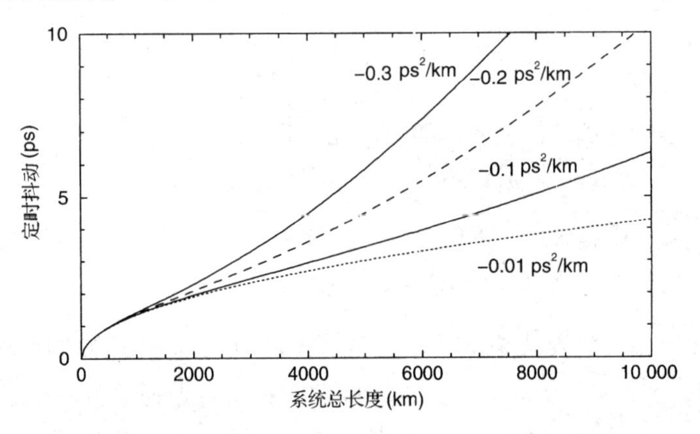

图 7.20 当平均色散 $\bar{\beta}_2$ 取 4 个不同值时 ASE 引起的定时抖动随系统总长度的变化

7.8 周期放大光波系统

为增加长途光纤链路的长度，20 世纪 90 年代早期进行的很多实验采用了级联的光在线放大器链[105~110]，这些实验表明，光纤色散成为周期放大光波系统的限制因素。确实，之所以能完成这些实验是因为系统工作在接近光纤的零色散波长。而且，这些实验还沿光纤链路修饰残余色散，使得在工作波长处整个光纤链路上的总色散相当小。1992 年，利用这种色散管理技术使系统总长度增加到 10 000 km 以上。在 1991 年的一个实验中[111]，利用循环光纤环路实现了 21 000 km 的有效传输距离(2.5 Gbps 比特率下)和 14 300 km 的有效传输距离(5 Gbps 比特率下)。2010 年，利用基于相位的调制格式将 96 个信道(每个信道工作在 100 Gbps 比特率下)传输了 10 600 km[112]。

如果假设输入功率足够小，信号在传输过程中非线性效应能被忽略，则可以得到色散限制系统长度的一个粗略估计。因为光放大器只是补偿光纤损耗，如果用 L_T 替代 L，则在 2.4.3 节讨论的和如图 2.13 所示的色散限制能用于 WDM 系统的每一个信道。根据式(2.4.30)，使用标准光纤(在 1.55 μm 波长 $\beta_2 \approx -20$ ps²/km)的光波系统的色散限制为 $B^2L < 3000\ (\text{Gbps})^2 \cdot \text{km}$，则在 40 Gbps 的比特率下该系统的长度被限制在 2 km 以下，而在 10 Gbps 的比特率下这个长度也只能增加到 30 km。如果使用 $|\beta_2| \approx 1$ ps²/km 的色散位移光纤，则该系统的长度能实现

20倍的增加。为在10 Gbps的比特率下将系统的长度增加到6000 km以上，沿光纤链路的平均群速度色散应小于$|\bar{\beta}_2|=0.1\ \mathrm{ps^2/km}$。

7.8.1 数值方法

上面的估计给出的只是大致结果，因为它没有包括2.6节讨论的非线性效应的影响。尽管每个信道的功率能保持相对适中，但因为非线性效应在长距离上不断累积，它们能变得相当重要。对于单信道系统，限制系统性能的最主要的非线性现象是SPM，利用式(2.6.15)可以估计SPM对功率施加的限制。如果用$\alpha=0.2$ dB/km和$\gamma=2\ \mathrm{W^{-1}/km}$作为典型值，并假设光纤链路包含间距等于50 km的100个光放大器，则对于5000 km长的系统，输入功率应低于0.25 mW(−6 dBm)。当将在100个光放大器上累积的ASE噪声考虑进去时，这样的功率电平可能不足以维持需要的Q因子。这样，唯一的解决方案是减少级联的光放大器的个数。

SPM限制距离的解析估计仅仅提供了一个粗略的指导方针，因为它不但忽略了光纤色散，而且忽略了ASE噪声沿光纤链路的累积。在实际应用中，非线性和色散效应同时作用在带有噪声的光信号上，因此它们的相互作用相当重要。基于这个原因，设计现代光波系统最实际的方法是通过适当的数值方法直接解非线性薛定谔方程式(7.1.4)。数值模拟确实表明，在实际的光波系统中非线性效应的累积常常限制了系统长度，需要对各种设计参数，如放大器间距、入射进光纤的输入功率和用于构成传输链路的光纤的色散特性等进行优化[113~129]。确实，有几个处理光波系统设计的软件包已经商用，其中Optiwave公司销售的被称为OptiSystem的一种软件包可通过登录有关网站免费下载(相关说明见附录D)。

对于设计现代光波系统来说，计算机辅助设计的主要优势是，这种方法能优化整个系统，并能提供各种系统参数的最佳值，这样能以最小的成本满足设计目标。图7.21举例说明了在模拟过程中包含的各个步骤，其中包括通过光发射机产生光比特模式，通过光纤链路传输光比特模式，通过光接收机探测光比特模式，以及通过像眼图和Q因子等工具分析光比特模式。

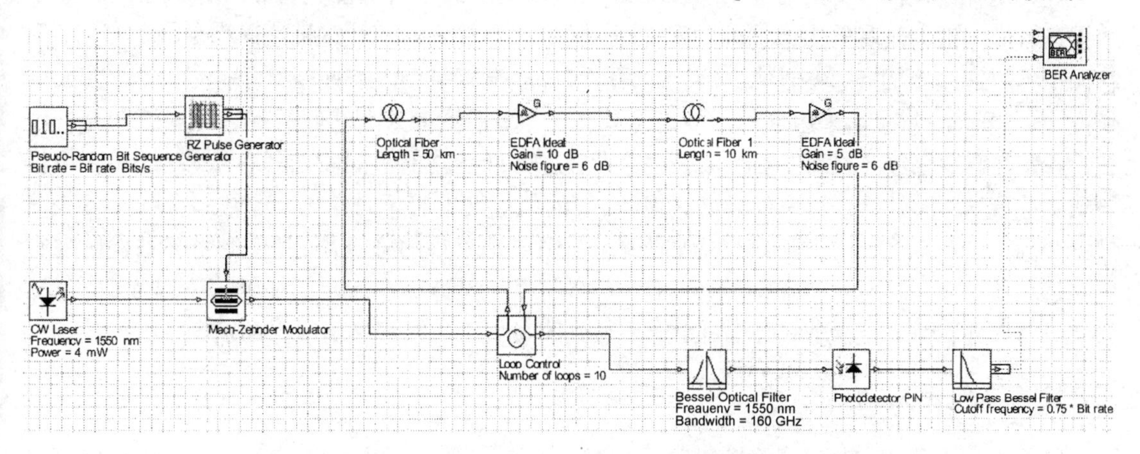

图7.21 基于软件包OptiSystem的用来模拟典型光波系统的布局

在发射端，用伪随机比特序列(PRBS)产生RZ或NRZ电比特流，比特流的长度N决定了计算时间，应审慎地选取，典型地，$N=2^M$，这里M在6~10的范围取值。如果采用直接调制或内调制(见3.4节)，则光比特流可以通过解描述半导体激光器的调制响应的速率方程得到。如果用外调制器将连续激光转换成光比特流(见图7.21)，则应使用描述外调制器的动态行为的一套不同的方程。在这两种情况下光脉冲的啁啾是自动包括进去的。光纤对在其中传输的光比特流产生的失真是通过解非线性薛定谔方程式(7.1.4)计算的，解这个方程最常用的方法是分步傅里叶法[28]。

在任何实际的模拟中，应包括光放大器加入的噪声。在集总放大的情况下，在每个光纤段内解不含增益和噪声项的方程式(7.1.4)；ASE 噪声是在每个光放大器的位置处通过式(7.2.11)加给信号的。在分布放大的情况下，噪声必须沿整个光纤长度加入，并且它要满足式(7.1.5)给出的相关函数。在数值模拟期间，有两种等价的将 ASE 噪声加给信号的方法。在一种方法中，噪声是在时域中加入的，同时确保它遵循高斯统计，并且噪声具有在集总放大情况下由式(7.2.11)给出的频谱密度和分布放大情况下由式(7.1.5)给出的频谱密度。在另一种方法中，噪声是在频域中加入的，在集总放大的情况下，光放大器输出处的频谱幅度为

$$\tilde{A}_{\mathrm{out}}(\nu)=\sqrt{G}\tilde{A}_{\mathrm{in}}(\nu)+\tilde{a}_n(\nu) \tag{7.8.1}$$

式中，波浪线表示傅里叶变换，假设噪声 $\tilde{a}_n(\nu)$ 在整个光放大器带宽或滤波器带宽(如果在每个光放大器后使用光滤波器的话)上是与频率无关的(白噪声)。从数学意义上讲，$\tilde{a}_n(\nu)$ 是一个复数高斯随机变量，其实部和虚部的频谱密度均为 $S_{\mathrm{ASE}}/2$。

在每个光放大器处加入噪声后，在随后的光纤段中解非线性薛定谔方程，不断重复这个过程直到最后一个光放大器。一个适当的光接收机模型将光信号转换成电信号，并通过一个带宽 Δf 接近但又小于比特率 B(典型地，$\Delta f/B=0.6\sim0.8$)的滤波器对电信号滤波。通过在每个比特隙的中心对滤波后的电比特流采样，能获得“0”比特的电流 I_0 和“1”比特的电流 I_1 的瞬时值。利用滤波后的电比特流还能构造眼图。系统性能是通过式(4.6.11)定义的 Q 因子量化的，而 Q 因子通过式(4.6.10)直接与误码率相联系，它的计算需要在光放大器噪声不同的种子注入条件下多次解非线性薛定谔方程。这种方法能用来研究在优化总体系统性能时所做的各种折中。

计算机辅助设计还扮演着另一个重要角色。长途光波系统可能包含很多中继器，有电中继器也有光中继器。尽管中继器处的发射机、接收机和放大器都经过挑选以满足标称规格，但它们绝不可能完全相同；类似地，光缆是通过将许多损耗和色散特性略有不同的光缆段(典型长度为 4 ~ 8 km)拼接起来组成的。最终结果是，许多系统参数在它们的标称值附近变化。例如，因为光纤零色散波长和发射机波长的变化，在光纤链路的不同段之间色散参数 D(它不仅导致脉冲展宽，而且导致功率代价的其他来源)的值能发生明显的变化。经常用统计学方法估计这些固有变化对实际光波系统性能的影响，这种方法背后的思想是，所有系统参数同时取它们在最坏情况下的值是极不可能的，于是，如果将系统设计成在特定的比特率下以大概率(比如99.9%)可靠地工作，则中继器间距能增加到明显大于它在最坏情况下的值。

7.8.2 最佳输入功率

随着光放大器的出现，计算机辅助设计对光纤通信系统的重要性在 20 世纪 90 年代变得明显起来。光放大器不仅将 ASE 噪声加给信号，而且使色散和非线性效应在长光纤长度上累积。此外，因为光放大器噪声，经常被迫将信道功率增加到 1 mW 以上，以维持高信噪比(与误码率要求一致的高 Q 因子)。既然噪声限制了低功率电平下的 Q 因子，而非线性效应限制了高功率电平下的 Q 因子，很显然，在输入端入射到光纤中的平均功率有一个最佳值，此时光波系统的 Q 因子将达到最大值。图 7.22 示意地给出了对于受非线性效应限制的长途光波系

统，Q 因子是怎样随平均输入功率变化的。由图可知，Q 因子最初随平均输入功率的增加而增大，在达到一个峰值后，因为非线性效应，Q 因子随平均输入功率的进一步增加而减小。

图7.22还说明了为什么用分布放大替代集总放大能提高系统的性能。因为在分布放大的情况下ASE噪声较小，在给定的功率电平下这种系统表现出较高的光信噪比(或 Q 因子)，如图中的虚线所示。结果，与集总放大的情况相比，Q 因子达到峰值时对应的功率电平较低。从实际的角度，可以在较高的 Q 因子和较远的传输距离之间折中，换言之，分布放大有助于增加光纤链路的长度。图7.23表明了这一特性，它通过画出可能的最大传输距离随输入功率的变化给出了一个32信道WDM系统的数值结果，其中假设最后必须保持 $Q=7$ 的值以确保误码率低于 10^{-12}。光纤链路被分成若干个80 km长的光纤段，并用前向或后向泵浦方案补偿每个光纤段20 dB的损耗。

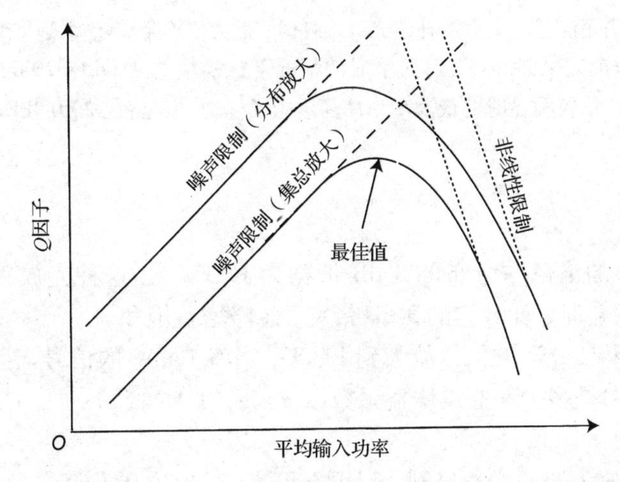

图7.22　对于采用集总或分布放大的长途光波系统，Q 因子随平均输入功率变化的示意说明，虚线和点线分别给出了ASE限制和非线性限制

图7.23的几个特性值得注意。正如由图7.22预期的，当输入功率取最佳值时传输距离最长。在单纯集总放大的情况下，这个最佳值最大(约为10 mW)而传输距离最短(约为480 km)。当拉曼增益增加时，最佳输入功率减小而传输距离增加。当通过拉曼放大补偿所有损耗时，同样的信号能在1000 km以上的距离上传输；在前向泵浦的情况下，输入功率的最佳值降至-5 dBm以下。利用拉曼放大能使光纤链路的长度增加到无拉曼放大时的两倍以上，这是因为此时信号在传输过程中拉曼放大加给它的ASE噪声较小。

作为广域网骨干的一些陆地光波系统应工作在3000 km以上的距离上(称为超长途系统)，这可以利用前向纠错实现，因为此时光接收机要求的 Q 因子的最小值能下降到接近3(而不是像图7.23中假设的那样为7)。确实，在2004年的一个实验中[130]，将一个具有128个信道(每个信道工作在10 Gbps比特率下)的WDM系统设计成在色散位移光纤链路每隔100 km长的光纤段中，通过前向泵浦拉曼放大补偿光纤损耗，该系统能在4000 km的距离上传输信息。即使光纤链路采用标准光纤组成，该系统也能工作在泵浦站间距等于80 km的3200 km的距离上。在这两种情况下，采用具有7%开销的前向纠错是必要的。入射进光纤链路的平均功率虽然只有-5 dBm，但因为在前向泵浦结构中分布拉曼放大的噪声较低，这样低的功率足以保持所有信道的光信噪比大于15 dB。沿光纤链路补偿光纤色散也很重要，利用色散管理通常能改善系统的性能，这个问题将在第8章中讨论。

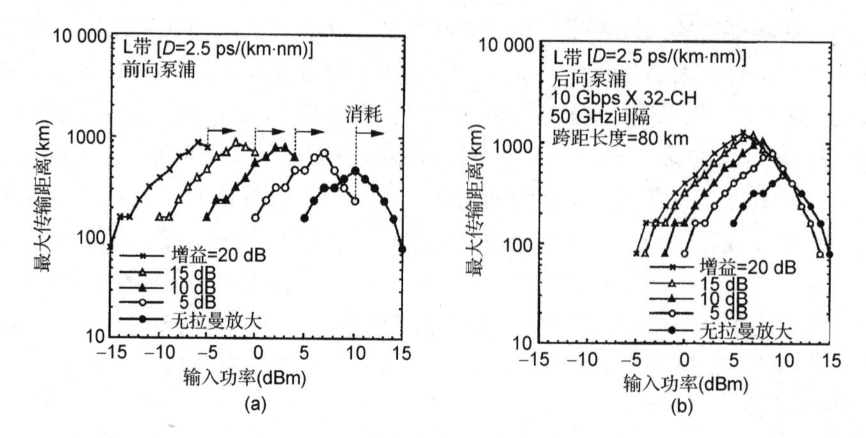

图7.23 当采用混合放大方案补偿光纤损耗时，最大传输距离随输入功率的变化。在(a)前向泵浦和(b)后向泵浦的情况下拉曼增益从0 dB到20 dB不等；泵浦消耗比较明显时的最大功率用箭头做了标记[128]（经ⓒ2001 IEEE授权引用）

习题

7.1 增益系数 $g(\nu)$ 的洛伦兹分布的 3 dB 带宽为 1 THz，当这种光放大器能提供 20 dB 和 30 dB的信号增益时，计算它的 3 dB 带宽，忽略增益饱和。

7.2 某光放大器能将 1 μW 的信号放大到 1 mW，当将 1 mW 的信号入射到同样的光放大器中时，输出功率是多少？假设增益系数以 $g=g_0(1+P/P_s)^{-1}$ 的方式饱和，饱和功率等于 10 mW。

7.3 解释掺铒光纤放大器的增益机制，利用方程式(7.2.2)和方程式(7.2.3)推导稳态条件下小信号增益的表达式。

7.4 讨论光纤拉曼放大器增益饱和的起源；在 $\alpha_s=\alpha_p$ 的假设下解方程式(7.3.2)和方程式(7.3.3)并推导饱和增益的表达式(7.3.7)。

7.5 用1 W 的功率后向泵浦5 km 长的光纤拉曼放大器，求当注入信号的功率等于1 μW 时的输出功率。假设信号波长和泵浦波长处的损耗分别是0.2 dB/km 和0.25 dB/km，$A_{\text{eff}}=50\ \mu\text{m}^2$，$g_R=6\times10^{-14}$ m/W，忽略增益饱和。

7.6 从微分方程 $\partial A/\partial z=g_0A/2+f_n(z,t)$ 和式(7.1.5)出发，证明通过长度为 l_a 的集总放大器加入的 ASE 噪声的频谱密度可以由 $S_{\text{ASE}}=n_{\text{sp}}h\nu_0[\exp(g_0l_a)-1]$ 给出。

7.7 对于 g_0 是 z 的函数的分布放大器，重复上面的问题，证明 ASE 噪声的频谱密度可由式(7.3.13)给出。

7.8 推导在包含间距为 L_A 的 N_A 个光放大器的光纤链路的末端光信噪比的表达式，假设用带宽为 $\Delta\nu_o$ 的光滤波器来控制 ASE 噪声。

7.9 计算用50 个噪声指数为4.5 dB 的掺铒光纤放大器设计的4000 km 长光波系统输出端的光信噪比。假设在1.55 μm 波长处光缆损耗为0.25 dB/km，输入功率为1 mW，光滤波器带宽为2 nm。

7.10 解释光放大器的噪声指数的概念。用表示电流起伏的总方差的式(7.5.9)证明，对于高增益($G\gg1$)和粒子数完全反转($n_{\text{sp}}=1$)的理想光放大器，其最小噪声指数为3 dB。

7.11 分布拉曼放大器的有效噪声指数的含义是什么？为什么采用分贝单位时这个噪声指数总是负的？

7.12 利用式(7.6.4)计算当误码率等于 10^{-9} 和 10^{-12} 时光接收机的灵敏度。假设光接收机以 8 GHz 的带宽工作在 1.55 μm 波长，光前置放大器的噪声指数为 4 dB，在光前置放大器和探测器之间有一个带宽为 1 nm 的光滤波器。

7.13 对于长度为 L 的光纤在 $\alpha=0$ 的条件下解方程式(7.7.3)和方程式(7.7.4)，表明结果可以写成矩阵形式，并给出用光纤参数表示的所有矩阵元的显式表达式。可以参照参考文献[88]。

7.14 利用式(7.7.5)和式(7.7.6)中矩的定义，证明 q 和 Ω 以方程式(7.7.9)和方程式(7.7.10)指示的方式随 z 演化。

7.15 利用式(7.7.11)和式(7.7.12)证明，在 N_A 个级联的光放大器的末端能量起伏的方差为 $\sigma_E^2=2N_A S_{\mathrm{ASE}} E_0$，这里 E_0 是输入脉冲能量。假设每个光放大器完全补偿了前一个光纤段的损耗。

7.16 利用上题的结果计算包含 50 个间距为 80 km 的光放大器的 1.55 μm 光纤链路的噪声电平 σ_E/E_0。假设 $E_0=0.1$ pJ，每个光放大器的噪声指数为 4.8 dB，光纤损耗为 0.25 dB/km。

参考文献

[1] E. Desuvire, *Erbium-Doped Fiber Amplifiers: Principles and Applications*, Wiley, Hoboken, NJ, 1994.

[2] P. C. Becker, N. A. Olsson, and J. R. Simpson, *Erbium-Doped Fiber Amplifiers: Fundamentals and Technology*, Academic Press, Boston, 1999.

[3] E. Desuvire, D. Bayart, B. Desthieux, and S. Bigo, *Erbium-Doped Fiber Amplifiers: Device and System Developments*, Wiley, Hoboken, NJ, 2002.

[4] G. P. Agrawal, *Applications of Nonlinear Fiber Optics*, 2nd ed., Academic Press, Boston, 2008, Chap. 4.

[5] H. A. Haus, *Electromagnetic Noise and Quantum Optical Measurements*, Springer, New York, 2000, Chap. 6.

[6] G. P. Agrawal, *Lightwave Technology: Components and Devices*, Wiley, Hoboken, NJ, 2004, Chap. 3.

[7] F. Yaman, Q. Lin, S. Radic, and G. P. Agrawal, *J. Lightwave Technol.* **25**, 3088(2006).

[8] P. Kylemark, J. Ren, M. Karlsson, S. Radic, C. J. McKinstrie, and P. A. Andrekson, *J. Lightwave Technol.* **25**, 870(2007).

[9] M. E. Marhic, *Fiber Optical Parametric Amplifiers, Oscillators and Related Devices*, Cambridge University Press, New York, 2007.

[10] C. J. Koester and E. Snitzer, *Appl. Opt.* **3**, 1182(1964).

[11] S. B. Poole, D. N. Payne, R. J. Mears, M. E. Fermann, and R. E. Laming, *J. Lightwave Technol.* **4**, 870(1986).

[12] M. Shimizu, M. Yamada, H. Horiguchi, T. Takeshita, and M. Okayasu, *Electron. Lett.* **26**, 1641(1990).

[13] R. I. Laming, J. E. Townsend, D. N. Payne, F. Meli, G. Grasso, and E. J. Tarbox, *IEEE Photon. Technol. Lett.* **3**, 253(1991).

[14] W. J. Miniscalco, *J. Lightwave Technol.* **9**, 234(1991).

[15] J. L. Zyskind, E. Desurvire, J. W. Sulhoff, and D. J. DiGiovanni, *IEEE Photon. Technol. Lett.* **2**, 869(1990).

[16] C. R. Giles and E. Desurvire, *J. Lightwave Technol.* **9**, 271(1991).

[17] A. A. M. Saleh, R. M. Jopson, J. D. Evankow, and J. Aspell, *IEEE Photon. Technol. Lett.* **2**, 714(1990).

[18] B. Pedersen, A. Bjarklev, O. Lumholt, and J. H. Povlsen, *IEEE Photon. Technol. Lett.* **3**, 548(1991).

[19] K. Nakagawa, S. Nishi, K. Aida, and E. Yoneda, *J. Lightwave Technol.* **9**, 198(1991).

[20] R. M. Jopson and A. A. M. Saleh, *Proc. SPIE* **1581**, 114(1992).

[21] E. Delevaque, T. Georges, J. F. Bayon, M. Monerie, P. Niay, and P. Benarge, *Electron. Lett.* **29**, 1112(1993).

[22] R. Olshansky, *Electron. Lett.* **24**, 1363(1988).

[23] M. Yamada, M. Shimizu, M. Okayasu, T. Takeshita, M. Horiguchi, Y. Tachikawa, and E. Sugita, *IEEE Photon. Technol. Lett.* **2**, 205(1990).

[24] R. I. Laming and D. N. Payne, *IEEE Photon. Technol. Lett.* **2**, 418(1990).

[25] K. Kikuchi, *Electron. Lett.* **26**, 1851(1990).

[26] A. Yariv, *Opt. Lett.* **15**, 1064(1990); H. Kogelnik and A. Yariv, *Proc. IEEE* **52**, 165(1964).

[27] R. I. Laming, M. N. Zervas, and D. N. Payne, *IEEE Photon. Technol. Lett.* **4**, 1345(1992).

[28] G. P. Agrawal, *Nonlinear Fiber Optics*, 4th ed., Academic Press, Boston, 2007.

[29] K. Kikuchi, *IEEE Photon. Technol. Lett.* **5**, 221(1993).

[30] M. Murakami and S. Saito, *IEEE Photon. Technol. Lett.* **4**, 1269(1992).

[31] E. Desurvire, C. R. Giles, and J. R. Simpson, *J. Lightwave Technol.* **7**, 2095(1989).

[32] K. Inoue, H. Toba, N. Shibata, K. Iwatsuki, A. Takada, and M. Shimizu, *Electron. Lett.* **25**, 594(1989).

[33] C. R. Giles, E. Desurvire, and J. R. Simpson, *Opt. Lett.* **14**, 880(1990).

[34] K. Inoue, T. Korninaro, and H. Toba, *IEEE Photon. Technol. Lett.* **3**, 718(1991).

[35] S. H. Yun, B. W. Lee, H. K. Kim, and B. Y. Kim, *IEEE Photon. Technol. Lett.* **11**, 1229(1999).

[36] R. Kashyap, *Fiber Bragg Gratings*, Academic Press, Boston, 1999.

[37] P. F. Wysocki, J. B. Judkins, R. P. Espindola, M. Andrejco, A. M. Vengsarkar, and K. Walker, *IEEE Photon. Technol. Lett.* **9**, 1343(1997).

[38] X. Y. Zhao, J. Bryce, and R. Minasian, *IEEE J. Sel. Topics Quantum Electron.* **3**, 1008(1997).

[39] R. H. Richards, J. L. Jackel, and M. A. Ali, *IEEE J. Sel. Topics Quantum Electron.* **3**, 1027(1997).

[40] G. Luo, J. L. Zyskind, J. A Nagel, and M. A. Ali, *J. Lightwave Technol.* **16**, 527(1998).

[41] M. Karasek and J. A. Valles, *J. Lightwave Technol.* **16**, 1795(1998).

[42] A. Bononi and L. Barbieri, *J. Lightwave Technol.* **17**, 1229(1999).

[43] M. Karasek, M. Menif, and R. A. Rusch, *J . Lightwave Technol.* **19**, 933(2001).

[44] H. Ono, M. Yamada, T. Kanamori, S. Sudo, and Y. Ohishi, *J. Lightwave Technol.* **17**, 490(1999).

[45] P. F. Wysocki, N. Park, and D. DiGiovanni, *Opt. Lett.* **21**, 1744(1996).

[46] M. Masuda and S. Kawai, *IEEE Photon. Technol. Lett.* **11**, 647(1999).

[47] M. Yamada, H. Ono, T. Kanamori, S. Sudo, and Y. Ohishi, *Electron. Lett.* **33**, 710(1997).

[48] M. Yamada, A. Mori, K. Kobayashi, H. Ono, T. Kanamori, K. Oikawa, Y. Nishida, and Y. Ohishi, *IEEE Photon. Technol. Lett.* **10**, 1244(1998).

[49] T. Kasamatsu, Y. Yano, and T. Ono, *J. Lightwave Technol.* **20**, 1826(2002).

[50] H. Ono, M. Yamada, and M. Shimizu, *J. Lightwave Technol.* **21**, 2240(2003).

[51] J. B. Rosolem, A. A. Juriollo, R. Arradi, A. D. Coral, J. C. R. F. Oliveira, and Mu. A. Romero, *J. Lightwave Technol.* **24**, 3691(2006).

[52] M. Foroni, F. Poli, A. Cucinotta and S. Selleri, *Opt. Lett.* **31**, 3228(2006); *Electron. Lett.* 43, 329(2007).

[53] C. -M. Hung, N. -K. Chen, and Y. Lai, *Opt. Express* **15**, 1454(2007).

[54] S. Namiki and Y. Emori, *IEEE J. Sel. Topics Quantum Electron.* **7**, 3(2001).

[55] J. Bromage, P. J. Winzer, and R. J. Essiambre, in *Raman Amplifiers for Telecommunications*, M. N. Islam, Ed., Springer, New York, 2003, Chap. 15.

[56] C. Headley and G. P. Agrawal, Eds., *Raman Amplification in Fiber Optical Communication Systems*, Academic Press, Boston, 2004.

[57] J. Bromage, *J. Lightwave Technol.* **22**, 79(2004).

[58] J. Chen, X. Liu, C. Lu, Y. Wang, and Z. Li, *J. Lightwave Technol.* **24**, 935(2006).
[59] M. Ikeda, *Opt. Commun.* **39**, 148(1981).
[60] H. Masuda, S. Kawai, K. Suzuki, and K. Aida, *IEEE Photon. Technol. Lett.* **10**, 516(1998).
[61] Y. Emori, K. Tanaka, and S. Namiki, *Electron. Lett.* **35**, 1355(1999).
[62] H. D. Kidorf, K. Rottwitt, M. Nissov, M. X. Ma, and E. Rabarijaona, *IEEE Photon. Technol. Lett.* **12**, 530(1999).
[63] H. Suzuki, J. Kani, H. Masuda, N. Takachio, K. Iwatsuki, Y. Tada, and M. Sumida, *IEEE Photon. Technol. Lett.* **12**, 903(2000).
[64] K. Rottwitt and A. J. Stentz, in *Optical Fiber Telecommunications*, Vol. 4A, I. Kaminow and T. Li, Eds., Academic Press, Boston, 2002, Chap. 5.
[65] G. Qin, R. Jose, and Y. Ohishi, *J. Lightwave Technol.* **25**, 2727(2007).
[66] H. Masuda, E. Yamazaki, A. Sano, et al., Proc. Opt. Fiber Commun. Conf., Paper PDPB5(2009).
[67] P. Wan and J. Conradi, *J. Lightwave Technol.* **14**, 288(1996).
[68] P. B. Hansen, L. Eskilden, A. J. Stentz, T. A. Strasser, J. Judkins, J. J. DeMarco, R. Pedrazzani, and D. J. DiGiovanni, *IEEE Photon. Technol. Lett.* **10**, 159(1998).
[69] M. Nissov, K. Rottwitt, H. D. Kidorf, and M. X. Ma, *Electron. Lett.* **35**, 997(1999).
[70] S. A. E. Lewis, S. V. Chernikov, and J. R. Taylor, *IEEE Photon. Technol. Lett.* **12**, 528(2000).
[71] C. H. Kim, J. Bromage, and R. M. Jopson, *IEEE Photon. Technol. Lett.* **14**, 573(2002).
[72] C. R. S. Fludger, V. Handerek, and R. J. Mears, *J. Lightwave Technol.* **19**, 1140(2001).
[73] S. Popov, E. Vanin, and G. Jacobsen, *Opt. Lett.* **27**, 848(2002).
[74] Q. Lin and G. P. Agrawal, *Opt. Lett.* **27**, 2194(2002); *Opt. Lett.* **28**, 227(2003).
[75] Q. Lin and G. P. Agrawal, *J. Opt. Soc. Am. B* **32**, 1616(2003).
[76] S. Sergeyev, S. Popov, and A. T. Friberg, *Opt. Express* **16**, 14380(2008).
[77] Y. Yamamoto and T. Mukai, *Opt. Quantum Electron.* **21**, SI(1989).
[78] C. R. Giles and E. Desurvire, *J. Lightwave Technol.* **9**, 147(1991).
[79] G. R. Walker, N. G. Walker, R. C. Steele, M. J. Creaner, and M. C. Brain, *J. Lightwave Technol.* **9**, 182(1991).
[80] S. Ryu, S. Yamamoto, H. Taga, N. Edagawa, Y. Yoshida, and H. Wakabayashi, *J. Lightwave Technol.* **9**, 251(1991).
[81] D. Marcuse, *J. Lightwave Technol.* **8**, 1816(1990); *J. Lightwave Technol.* **9**, 505(1991).
[82] P. A. Humblet and M. Azizoglu, *J. Lightwave Technol.* **9**, 1576(1991).
[83] B. Chan and J. Conradi, *J. Lightwave Technol.* **15**, 680(1997).
[84] T. Saito, Y. Sunohara, K. Fukagai, S. Ishikawa, N. Henmi, S. Fujita, and Y. Aoki, *IEEE Photon. Technol. Lett.* **3**, 551(1991).
[85] A. H. Gnauck and C. R. Giles, *IEEE Photon. Technol Lett.* **4**, 80(1992).
[86] J. Nakagawa, T. Mizuochi, K. Takano, K. Motoshima, K. Shimizu, and T. Kitayama, *Electron. Lett.* **32**, 48(1996).
[87] P. B. Hansen, A. J. Stentz, L. Eskilden, S. G. Grubb, T. A. Strasser, J. R. Pedrazzani, *Electron. Lett.* **32**, 2164(1996).
[88] M. Yu, G. P. Agrawal, and C. J. McKinstrie, *J. Opt. Soc. Am. B* **12**, 1126(1995).
[89] M. O. van Deventer, S. Wingstrand, B. Hermansson, A. Bolle, P. Jalderot, C. Backdahl, and J. Karlsson, *Opt. Fiber Technol.* **2**, 183(1996).
[90] C. Lorattanasane and K. Kikuchi, *IEEE J. Quantum Electron.* **33**, 1084(1997).
[91] A. Carena, V. Curri, R. Gaudino, P. Poggiolini, and S. Benedetto, *IEEE Photon. Technol. Lett.* **9**, 535(1997).
[92] R. A. Saunders, B. A. Patel, and D. Garthe, *IEEE Photon. Technol. Lett.* **9**, 699(1997).
[93] R. Q. Hui, M. O'Sullivan, A. Robinson, and M. Taylor, *J. Lightwave Technol.* **15**, 1071(1997).
[94] M. Midrio, *J. Opt. Soc. Am. B* **14**, 2910(1997).
[95] E. Ciaramella and M. Tamburrini, *IEEE Photon. Technol. Lett.* **11**, 1608(1999).
[96] M. Norgia, G. Giuliani, and S. Donati, *J. Lightwave Technol.* **17**, 1750(1999).

[97] J. P. Gordon and H. A. Haus, *Opt. Lett.* **11**, 665(1986).

[98] R. J. Essiambre and G. P. Agrawal, *J. Opt. Soc. Am. B* **14**, 314(1997).

[99] E. Iannone, F. Matera, A. Mecozzi, and M. Settembre, *Nonlinear Optical Communication Networks*, Wiley, New York, 1998, Chap. 5.

[100] V. S. Grigoryan, C. R. Menyuk, and R. M. Mu, *J. Lightwave Technol.* **17**, 1347(1999).

[101] J. Santhanam, C. J. McKinstrie, T. I. Lakoba, and G. P. Agrawal, *Opt. Lett.* **26**, 1131(2001).

[102] C. J. McKinstrie, J. Santhanam, and G. P. Agrawal, *J. Opt. Soc. Am. B* **19**, 640(2002).

[103] J. Santhanam and G. P. Agrawal, *IEEE J. Sel. Topics Quantum Electron.* **7**, 632(2002).

[104] E. Poutrina and G. P. Agrawal, *J. Lightwave Technol.* **20**, 762(2002).

[105] N. Edagawa, Y. Toshida, H. Taga, S. Yamamoto, K. Mochizuchi, and H. Wakabayashi, *Electron. Lett.* **26**, 66(1990).

[106] S. Saito, T. Imai, and T. Ito, *J. Lightwave Technol.* **9**, 161(1991).

[107] S. Saito, *J. Lightwave Technol.* **10**, 1117(1992).

[108] T. Imai, M. Murakami, T. Fukuda, M. Aiki, and T. Ito, *Electron. Lett.* **28**, 1484(1992).

[109] M. Murakami, T. Kataoka, T. Imai, K. Hagimoto, and M. Aiki, *Electron. Lett.* **28**, 2254(1992).

[110] H. Taga, M. Suzuki, N. Edagawa, Y. Yoshida, S. Yamamoto, S. Akiba, and H. Wakabayashi, *Electron. Lett.* **28**, 2247(1992).

[111] N. S. Bergano, J. Aspell, C. R. Davidson, P. R. Trischitta, B. M. Nyman, and F. W. Kerfoot, *Electron. Lett.* **27**, 1889(1991).

[112] J. -X. Cai, Y. Cai, C. Davidson, et al., Proc. Opt. Fiber Commun. Conf., Paper PDPB10(2010).

[113] F. Matera and M. Settembre, *J. Lightwave Technol.* **14**, 1(1996).

[114] X. Y. Zou, M. I. Hayee, S. M. Hwang, and A. E. Willner, *J. Lightwave Technol.* **14**, 1144(1996).

[115] K. Inser and K. Petermann, *IEEE Photon. Technol. Lett.* **8**, 443(1996); D. Breuer and K. Petermann, *IEEE Photon. Technol. Lett.* **9**, 398(1997).

[116] F. Forghieri, P. R. Prucnal, R. W. Tkach, and A. R. Chraplyvy, *IEEE Photon. Technol. Lett.* **9**, 1035(1997).

[117] F. Matera and M. Settembre, *Fiber Intleg. Opt.* **15**, 89(1996); *J. Opt. Commun.* **17**, 1(1996); *Opt. Fiber Technol.* **4**, 34(1998).

[118] S. Bigo, A. Bertaina, M. W. Chbat, S. Gurib, J. Da Loura, J. C. Jacquinot, J. Hervo, P. Bousselet, S. Borne, D. Bayart, L. Gasca, and J. L. Beylat, *IEEE Photon. Technol. Lett.* **10**, 1045(1998).

[119] D. Breuer, K. Obermann, and K. Petermann, *IEEE Photon. Technol. Lett.* **10**, 1793(1998).

[120] M. I. Hayee and A. E. Willner, *IEEE Photon. Technol. Lett.* **11**, 991(1999).

[121] A. Sahara, H. Kubota, and M. Nakazawa, *Opt. Commun.* **160**, 139(1999).

[122] R. Lebref, A. Ciani, F. Matera, and M. Tamburrini, *Fiber Integ. Opt.* **18**, 245(1999).

[123] F. M. Madani and K. Kikuchi, *J. Lightwave Technol.* **17**, 1326(1999).

[124] J. Kani, M. Jinno, T. Sakamoto, S. Aisawa, M. Fukui, K. Hattori, and K. Oguchi, *J. Lightwave Technol.* **17**, 2249(1999).

[125] C. M. Weinert, R. Ludwig, W. Pieper, H. G. Weber, D. Breuer, K. Petermann, and F. Kuppers, *J. Lightwave Technol.* **17**, 2276(1999).

[126] A. J. Lowery, O. Lenzmann, I. Koltchanov, R. Moosburger, R. Freund, A. Richter, S. Georgi, D. Breuer, and H. Hamster, *IEEE J. Sel. Topics Quantum Electron.* **6**, 282(2000).

[127] F. Matera and M. Settembre, *IEEE J. Sel. Topics Quantum Electron.* **6**, 308(2000).

[128] N. Takachio and H. Suzuki, *J. Lightwave Technol.* **19**, 60(2001).

[129] M. Suzuki and N. Edagawa, *J. Lightwave Technol.* **21**, 916(2003).

[130] D. F. Grosz, A. Agarwal, S. Banerjee, D. N. Maywar, and A. P. Küng, *J. Lightwave Technol.* **21**, 423(2004).

第8章 色 散 管 理

第7章讨论的光放大器解决了光纤损耗问题，但是，光放大器的使用同时使色散问题更加严重，因为色散效应沿整个光放大器链是不断累积的。确实，采用光放大器的长途波分复用(WDM)系统经常受色散和非线性效应而不是光纤损耗的限制。然而，在实际应用中可以通过适当的色散补偿方案管理色散问题，本章就关注几种色散补偿方案。8.1节解释色散管理的基本思想。8.2节介绍用于长途光纤链路的色散补偿的几种特殊光纤。8.3节介绍几类色散均衡滤波器。8.4节介绍用于色散管理的光纤光栅。8.5节介绍光学相位共轭技术[也称为中点频谱反转(midpan spectral inversion)技术]。8.6节介绍为管理中途光纤链路的色散在发射端或接收端采用的几种技术。8.7节介绍高速系统(每个信道工作在40 Gbps或更高比特率下)中的色散管理，本节还将讨论偏振模色散(PMD)的补偿。

8.1 色散问题及其解决方案

所有长途光波系统均采用单模光纤结合具有相当窄线宽(小于0.1 GHz)的分布反馈(DFB)半导体激光器的工作方式。正如在2.4.3节中讨论的，这种系统的性能经常受限于石英光纤的群速度色散(GVD)引起的脉冲展宽。分布反馈激光器的直接调制使比特流中的光脉冲产生啁啾并展宽它们的频谱，因此直接调制不能用于2.5 Gbps以上的比特率。

工作在10 Gbps或更高比特率下的WDM系统，经常采用外调制器以避免频率啁啾引起的频谱展宽。在这样的条件下，对于给定的比特率B，GVD限制传输距离可以由式(2.4.30)得到，即

$$L<\frac{1}{16|\beta_2|B^2}=\frac{\pi c}{8\lambda^2|D|B^2} \tag{8.1.1}$$

式中，β_2通过式(2.3.5)与常用的色散参数D相联系。对于“标准”通信光纤，在$\lambda=1.55\ \mu m$附近D约为16 ps/(km·nm)。当利用这种光纤设计光波系统时，由式(8.1.1)预测，在10 Gbps的比特率下，L不能超过30 km。

20世纪80年代部署的全世界现有的光缆网络，由5000万千米以上的标准光纤组成。这种光纤适合第二代和第三代光波系统[比特率为2.5 Gbps，中继距离为80 km(无光放大器)]，然而，这种光纤不能用来将现有传输链路升级到第四代(工作在10 Gbps，并采用光放大器补偿损耗)，因为式(8.1.1)设定了30 km的色散限制。尽管可以生产色散位移光纤，但敷设新光纤是一种高成本的色散问题解决方案，在实际应用中采用得较少。基于这个原因，20世纪90年代发展了几种色散管理方案，以解决升级问题[1~3]。

读者可能认为，新光纤链路的色散问题可以通过采用色散位移光纤并使光纤链路工作在接近这种光纤的零色散波长(因此$|D|\approx 0$)来解决。在这种条件下，系统性能受限于三阶色散(TOD)。图2.12中的虚线给出了当$D=0$时，在给定的比特率B下最大的可能传输距离。确实，甚至在40 Gbps的比特率下，这种系统也能工作在1000 km以上的距离上。然而，由于四波混频(FWM)，这种解决方案对WDM系统不实用。正如在2.6.3节中讨论的，当色散参

数 D 的值较小时，四波混频这种非线性现象变得相当明显，并限制了工作在接近光纤零色散波长的任何光波系统的性能。基于这个原因，所有长途 WDM 系统均采用某种形式的色散管理技术[2~4]。

任何色散管理方案的基本思想都相当简单，并可以通过2.4节中的脉冲传输方程式(2.4.9)来理解，该方程用来研究光纤色散的影响，这里可将它写成以下形式：

$$\frac{\partial A}{\partial z}+\frac{\mathrm{i}\beta_2}{2}\frac{\partial^2 A}{\partial t^2}-\frac{\beta_3}{6}\frac{\partial^3 A}{\partial t^3}=0 \tag{8.1.2}$$

式中，β_3 描述了 TOD 的影响。该方程忽略了非线性效应，后面将把它们考虑在内。假设光信号功率足够低，所有非线性效应均可忽略，利用傅里叶变换法容易解该方程(见2.4节)，它的解为

$$A(z,t)=\frac{1}{2\pi}\int_{-\infty}^{\infty}\tilde{A}(0,\omega)\exp\left(\frac{\mathrm{i}}{2}\beta_2\omega^2 z+\frac{\mathrm{i}}{6}\beta_3\omega^3 z-\mathrm{i}\omega t\right)\mathrm{d}\omega \tag{8.1.3}$$

式中，$\tilde{A}(0,\omega)$ 是 $A(0,t)$ 的傅里叶变换。

当光信号在光纤中传输时，其频谱分量获得与 z 有关的相位因子，造成光信号的色散引起劣化。确实，可以把光纤看成一个光滤波器，其传递函数为

$$H_f(z,\omega)=\exp(\mathrm{i}\beta_2\omega^2 z/2+\mathrm{i}\beta_3\omega^3 z/6) \tag{8.1.4}$$

所有光域色散管理方案都实现了一个光"滤波器"，可以选择它的传递函数 $H(\omega)$ 使之抵消光纤的相位因子。正如式(8.1.3)所指，若 $H(\omega)=H_f^*(L,\omega)$，则在长度为 L 的光纤链路的终端输出信号可以恢复成它的输入形式。而且，若非线性效应可以忽略不计，这样的光滤波器既可以置于发射端，也可以置于接收端，还可以置于沿光纤链路的任何位置。

考虑如图8.1所示的最简单的情况，这里光滤波器(用于色散补偿)恰好置于光接收机之前。由式(8.1.3)，可得光滤波器后的光场为

$$A(L,t)=\frac{1}{2\pi}\int_{-\infty}^{\infty}\tilde{A}(0,\omega)H(\omega)\exp\left(\frac{\mathrm{i}}{2}\beta_2\omega^2 L+\frac{\mathrm{i}}{6}\beta_3\omega^3 L-\mathrm{i}\omega t\right)\mathrm{d}\omega \tag{8.1.5}$$

将 $H(\omega)$ 的相位用泰勒级数展开并保留到三次方项，可以得到

$$H(\omega)=|H(\omega)|\exp[\mathrm{i}\phi(\omega)]\approx|H(\omega)|\exp[\mathrm{i}(\phi_0+\phi_1\omega+\frac{1}{2}\phi_2\omega^2+\frac{1}{6}\phi_3\omega^3)] \tag{8.1.6}$$

式中，$\phi_m=\mathrm{d}^m\phi/\mathrm{d}\omega^m$ ($m=0,1,\cdots$) 在载波频率 ω_0 处赋值；常数相位 ϕ_0 和时间延迟 ϕ_1 不影响脉冲形状，可以忽略。通过选择光滤波器使 $\phi_2=-\beta_2 L$ 和 $\phi_3=-\beta_3 L$，则光纤引入的频谱相位可以得到补偿。仅当式(8.1.6)中的 $|H(\omega)|=1$ 且其他高阶项忽略不计时，信号才能完美恢复。如果带宽选择适当，则同一光滤波器还可以降低光放大器的噪声。

图8.1 将光滤波器置于光接收机之前的色散补偿方案示意图

8.2 色散补偿光纤

传递函数具有 $H(\omega)=H_f^*(L,\omega)$ 的形式的光滤波器不容易设计。最简单的解决方案是用特殊设计的光纤作为光滤波器，因为这种光纤自动具有所希望的传递函数形式。早在1980年，就提出这种解决方案[5]。20世纪90年代期间，开发了一种称为色散补偿光纤(Dispersion-Compensating Fiber, DCF)的特种光纤，以用于这个目的[6~12]。这种光纤通常用于升级旧光纤链路或用于部署新的WDM光纤链路，只要输入光纤链路中的平均光功率经过适当优化，即使非线性效应不可忽略，这种方案也能较好地工作。

8.2.1 色散补偿条件

考虑如图8.1所示的情况。假设光比特流通过两段长度分别为 L_1 和 L_2 的光纤传输，其中第二段为DCF，每种光纤具有式(8.1.4)给出的传递函数形式。经过这两段光纤传输后，光场为

$$A(L,t)=\frac{1}{2\pi}\int_{-\infty}^{\infty}\tilde{A}(0,\omega)H_{f1}(L_1,\omega)H_{f2}(L_2,\omega)\exp(-\mathrm{i}\omega t)\mathrm{d}\omega \tag{8.2.1}$$

式中，$L=L_1+L_2$ 是总长度。如果DCF被设计成使两个传递函数的乘积等于1，则在DCF的末端的光脉冲将完全恢复其初始形状。若两段光纤的GVD和TOD参数分别为 β_{2j} 和 β_{3j} $(j=1,\ 2)$，则完全色散补偿的条件为

$$\beta_{21}L_1+\beta_{22}L_2=0,\qquad \beta_{31}L_1+\beta_{32}L_2=0 \tag{8.2.2}$$

利用色散参数 D 和色散斜率 S(见2.3节的定义)，这些条件可以写成

$$D_1L_1+D_2L_2=0,\qquad S_1L_1+S_2L_2=0 \tag{8.2.3}$$

第一个条件对于补偿单信道的色散已经足够了，因为在光脉冲宽度小于1 ps之前，TOD对光比特流影响不大。考虑利用标准通信光纤的光纤链路的升级问题，这种光纤在C带内的1.55 μm波长附近有 $D_1\approx 16$ ps/(km·nm)。式(8.2.3)表明，DCF必须表现为正常GVD($D_2<0$)。出于实际的原因，L_2 应尽可能小，而只有当 D_2 具有大的负值时这才有可能。举个例子，如果选取 $D_1=16$ ps/(km·nm)，并假设 $L_1=50$ km，则当 $D_2=-100$ ps/(km·nm)时，需要8 km长的DCF；如果DCF设计成具有 $D_2=-160$ ps/(km·nm)，则这一长度可以减小到5 km。在实际应用中，宁愿使用具有较大的 $|D_2|$ 值的DCF，以使DCF引入的附加损耗最小，而这种损耗必须用光放大器来补偿。

现在考虑一个WDM系统。如果同样的DCF必须补偿WDM系统的整个带宽内的色散，则式(8.2.3)中的第二个条件必须得到满足。原因可以这样理解：方程式(8.2.3)中的色散参数 D_1 和 D_2 是波长相关的，结果，单一条件 $D_1L_1+D_2L_2=0$ 被以下一组条件所替代：

$$D_1(\lambda_n)L_1+D_2(\lambda_n)L_2=0\quad (n=1,\cdots,N) \tag{8.2.4}$$

式中，λ_n 是第 n 个信道的波长，N 是WDM信号内信道的个数。在光纤的零色散波长附近，D 随波长几乎呈线性变化，将方程式(8.2.4)中的 $D_j(\lambda_n)$ 写成 $D_j(\lambda_n)=D_j^c+S_j(\lambda_n-\lambda_c)$ 的形式，这里 D_j^c 是中心信道的波长 λ_c 处的色散参数值，则DCF的色散斜率应满足

$$S_2 = -S_1(L_1/L_2) = S_1(D_2/D_1) \tag{8.2.5}$$

这里，利用了中心信道的条件式(8.2.3)。这个方程表明，对于比率 S/D(称为相对色散斜率)而言，DCF 的值应等于传输光纤的值。

如果利用标准光纤的典型值 $D \approx 16$ ps/(km·nm)和 $S \approx 0.05$ ps/(km·nm^2)，则会发现比率 S/D 为正值，约为0.003 nm^{-1}。对于 DCF 来说，D 必须为负值，它的色散斜率也应为负值，而且，它的大小应满足式(8.2.5)。对于 $D \approx -100$ ps/(km·nm)的 DCF，色散斜率应约为 -0.3 ps/(km·nm^2)。负斜率(negative-slope)DCF 的使用可为具有大量信道的 WDM(DWDM)系统的色散斜率补偿问题提供最简单的解决方案。确实，20 世纪 90 年代期间，开发了用于 DWDM 系统的这种 DCF 并使之商业化[13~16]。在 2001 年的一个实验中[16]，利用宽带 DCF 将 1 Tbps的 WDM 信号(101 个信道，每个信道工作在 10 Gbps 比特率下)传输了 9000 km。

8.2.2 色散图

采用如图 8.1 所示的两个光纤段并不是必需的。通常，一个光纤链路可能包含多种类型的光纤，它们具有不同的色散特性。从数学意义上讲，色散管理的主要影响是，方程式(8.1.2)中出现的色散系数 β_2 和 β_3 变成与 z 有关的，因为它们从一个光纤段到下一个光纤段时要发生变化。只要非线性效应仍忽略不计，仍可以求解这个方程。如果为简单起见，忽略 TOD 效应，则式(8.1.3)给出的解需要修正为

$$A(z,t) = \frac{1}{2\pi}\int_{-\infty}^{\infty} \tilde{A}(0,\omega)\exp\left(\frac{\mathrm{i}}{2}d_a(z)\omega^2 - \mathrm{i}\omega t\right)\mathrm{d}\omega \tag{8.2.6}$$

式中，$d_a(z) = \int_0^z \beta_2(z')\mathrm{d}z'$ 表示到距离 z 处累积的总色散。在光纤链路的末端，色散管理要求 $d_a(L) = 0$，以便 $A(L,t) = A(0,t)$。在实际应用中，光纤链路的累积色散可以通过 $\bar{d}_a(z) = \int_0^z D(z')\mathrm{d}z'$ 来量化，它与 d_a 的关系为 $\bar{d}_a = (-2\pi c/\lambda^2)d_a$。

图 8.2 给出了在长途光纤链路中色散管理的 3 种可能方案。对于每种方案，以示意图的形式给出了沿光纤链路的累积色散。在称为预补偿(precompensation)的第一种方案中，在光发射机后面补偿整个光纤链路累积的色散；在称为后补偿(postcompensation)的第二种方案中，将长度适当的 DCF 置于光接收机的前面；在称为周期补偿(periodic compensation)的第三种方案中，以周期方式沿整个光纤链路补偿色散。每种方案称为一种色散图，因为它提供了沿光纤链路长度方向色散变化的可视化排布。通过将几种不同的光纤组合起来，能构造各种各样的色散图。

从系统的角度，一个很自然的问题是，哪种色散图最好。对于真正的线性系统(无非线性效应)，图 8.2 所示的 3 种方案是等价的。事实上，在长度为 L 的光纤链路的末端，使 $d_a(L) = 0$ 的任意色散图均能恢复原始光比特流，而不管在光纤链路中它的失真有多么严重。然而，非线性效应总是存在的，尽管它们的影响取决于入射到光纤链路中的功率。结果，当包含非线性效应时，图 8.2 所示的 3 种色散管理方案的行为有很大不同，采用一种经过优化的色散图可以改善系统的性能。

8.2.3 色散补偿光纤的设计

设计 DCF 有两种基本的方法。在一种方法中，DCF 被设计成支持单一模式，并且光纤参

数 V 的值相对较小；在另一种方法中，V 参数的值增加到单模极限值以上（$V>2.405$），因此 DCF 支持两个或多个模式。本节将考虑这两种设计。

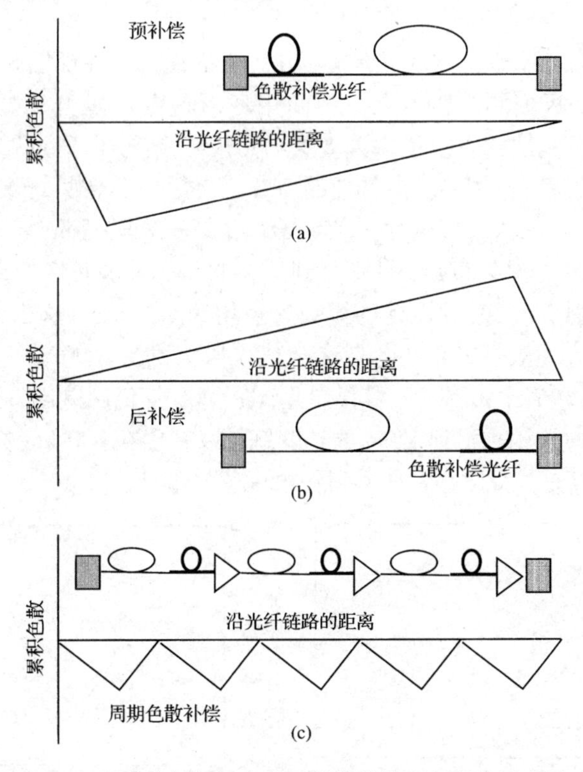

图 8.2 长途光纤链路中的 3 种色散管理方案的示意图。(a) 预补偿；(b) 后补偿；(c) 周期补偿。每种情况下沿光纤链路的累积色散也在图中给出

在单模 DCF 的设计中，光纤的 V 参数值接近于 1，这可以通过减小纤芯尺寸以及通过纤芯和包层的掺杂改变折射率分布来实现。正如在 2.2.3 节中讨论的，当 $V\approx1$ 时光纤的基模是弱限制的，由于模式的一大部分在包层中传输，波导色散对总色散的贡献显著增加，结果导致 D 具有较大的负值。在实际应用中，经常采用凹陷包层设计来制造 DCF[6]，通过使中央纤芯变细并调整围绕纤芯的凹陷包层的设计参数，可以实现 D 值小于 -100 ps/(km·nm)[11]。在 1550 nm 附近，色散斜率 S 还可以为负值，并通过调整设计参数显著改变它，以使 DCF 的比率 S/D 与不同类型的传输光纤相匹配。

遗憾的是，这种 DCF 会遭受两个问题，它们均源于 DCF 的纤芯直径较小。第一，它们的损耗相对较大（$\alpha\approx0.5$ dB/km），因为光纤基模的很大一部分位于包层中。比率 $|D|/\alpha$ 经常作为不同 DCF 的品质因数[6]，显然，这一比率应尽可能大，在实际应用中已经实现了大于 250 ps/(nm·dB) 的比率值。第二，DCF 的有效模面积只有 20 μm^2 左右，由于与标准光纤相比，DCF 的非线性参数 $\gamma\equiv2\pi\bar{n}_2/(\lambda A_{\text{eff}})$ 的值是标准光纤的 4 倍左右，对于给定的输入功率，光强也以同样的倍数增大，因此 DCF 内的非线性效应显著增强[11]。

对工作在标准光纤上的现有陆地光波系统升级的一个实际的解决方案是，将色散补偿模块（6～8 km 长的色散补偿光纤）加到间距为 60～80 km 的光放大器上，DCF 补偿群速度色散，而光放大器补偿光纤损耗。这种方案相当有吸引力，但是受损耗和非线性的不利影响。DCF

模块的插入损耗经常超过5 dB，通过增加光放大器增益，可以补偿这些损耗，但是要以增加放大自发辐射(ASE)噪声为代价。由于为避免非线性效应，输入功率应保持相对较低的值，传输距离受限于ASE噪声。

为解决与标准DCF相联系的问题，提出了几种新的设计。在如图8.3(a)所示的一种设计中，DCF被设计成具有两个同心的纤芯，中间用环形包层区隔开[7]。与外纤芯相比($\Delta_o \approx 0.3\%$)，内纤芯的纤芯-包层相对折射率差要大些($\Delta_i \approx 2\%$)，但通过选择纤芯的尺寸使它们均支持单模。为设计具有所希望的色散特性的DCF，三个尺寸参数a，b和c，以及三个折射率n_1，n_2和n_3的值可以优化。图8.3(b)中的实线给出了对于$a = 1\ \mu m$，$b = 15.2\ \mu m$，$c = 22\ \mu m$，$\Delta_i = 2\%$，$\Delta_o = 0.3\%$的一个具体设计，计算得到的在1.55 μm波长区的D值；虚线对应内纤芯为抛物线折射率分布的情况。两种设计的模场直径均约为9 μm，这个值接近标准光纤的值。然而，如图8.3(b)所示，这种DCF的色散参数值可以大到 -5000 ps/(km·nm)。已经证明，在实验上实现如此大的D值比较困难。尽管如此，在2000年仍制造出$D = -1800$ ps/(km·nm)的DCF[10]。对于这样的D值，不到1 km的长度就足以补偿在100 km长的标准光纤上累积的色散。因为DCF的长度是如此之短，插入损耗可以忽略不计。

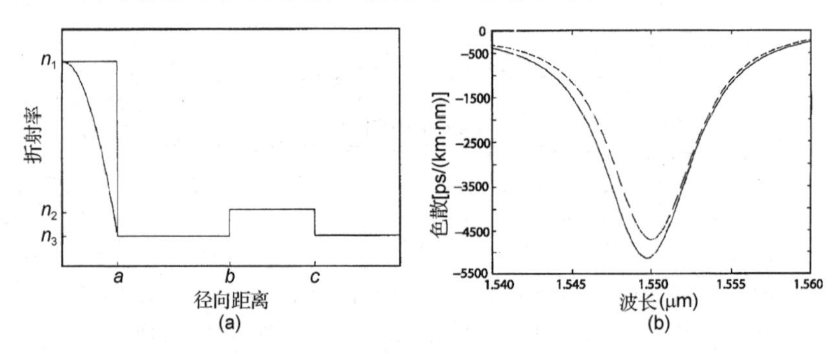

图8.3 (a)设计成具有两个同心纤芯的两种色散补偿光纤的折射率分布；(b)对于同样的两个设计色散参数随波长的变化[7](经© 1996 IEEE授权引用)

与单模DCF相联系的问题也可以用支持高阶模(HOM)的光纤来解决。这种HOM光纤被设计成具有$V > 2.5$的归一化频率，它们与单模光纤几乎有同样的损耗，但对于二阶或高阶模式，它们的色散参数D可以设计成具有大的负值[17~21]。确实，早在1994年，就测量到椭圆纤芯DCF的D值接近 -770 ps/(km·nm)[17]，只有1 km长的这种DCF就可以补偿45 km标准光纤上累积的群速度色散，而对总链路损耗或非线性劣化的影响却相对较小。

少模DCF的使用需要模式转换器件，这种器件将光信号从基模转换成DCF所支持的高阶模式，几种这样的全光纤器件已经开发出来[22~24]。模式转换器的全光纤特性对将器件的插入损耗保持在一个可接受的水平上非常重要，对模式转换器的附加要求是，它应是偏振不敏感的，而且应能宽带工作。几乎所有实用的模式转换器都采用了带有光纤光栅的HOM光纤，光纤光栅的作用是提供两个模式之间的耦合[21]。选择光栅周期Λ，以匹配通过光栅($\Lambda = \lambda/\delta\bar{n}$)耦合的两个特定模式之间的有效折射率差$\delta\bar{n}$，光栅周期的典型值约为100 μm，这种光栅称为长周期光纤光栅[24]。

HOM光纤本质上是偏振敏感的，它们的使用需要在每个色散补偿模块前加入偏振控制器。利用在几个模式上振荡并将高阶的LP_{02}模用于色散补偿的光纤，可以解决这个问题。图8.4(a)给出了利用HOM光纤和两个长周期光纤光栅制作的DCF的示意图，长周期光纤

光栅在输入端将 LP_{01}模转换成 LP_{02}模，而在输出端再将 LP_{02}模转换成 LP_{01}模[19]。模式转换器被设计成在整个C带效率大于99%。测量的这种2 km长DCF的色散特性如图8.4(b)所示，在1550 nm附近，参数D的值为 -420 ps/(km·nm)，该值随波长显著变化，因为这种光纤的色散斜率较大。通过确保DCF的比率S/D与用于传输数据的光纤的比率S/D接近，这一特性允许宽带色散补偿。这种光纤的其他有用特性是，器件是偏振不敏感的，插入损耗相对较低(小于3.7 dB)，而且可以为整个C带提供色散补偿。这种器件在2004年接近达到商用阶段。

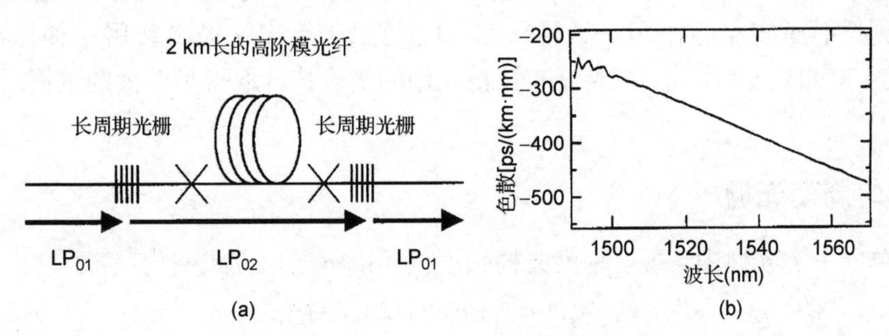

图8.4 (a)利用高阶模(HOM)光纤和两个长周期光栅(LPG)制作的色散补偿光纤的示意图;(b)测量的这个色散补偿光纤的色散参数随波长的变化[19](经ⓒ2001 IEEE授权引用)

DCF设计的另外一种方法是利用光子晶体光纤[25~31]，这种光纤包含一个围绕中央纤芯的二维空气孔阵列，根据空气孔的尺寸和相互间距，可以从实质上改变它们的色散特性[25]。双芯光子晶体光纤可以提供大的负D值，而且色散斜率使它们非常适合WDM系统中的宽带色散补偿[27~30]。图8.5(a)给出了这种光纤其中一种设计的横截面[29]，它包含一个由具有较小直径d_1的空气孔组成的内环，该内环被由具有较大直径d_2的空气孔组成的多个环包围。当d_1 = 1.69 μm且d_2取3个不同值时色散参数D的计算值随波长的变化如图8.5(b)所示，在设计这种光纤时通过进一步的调整，可以实现更大带宽内的色散补偿[31]。

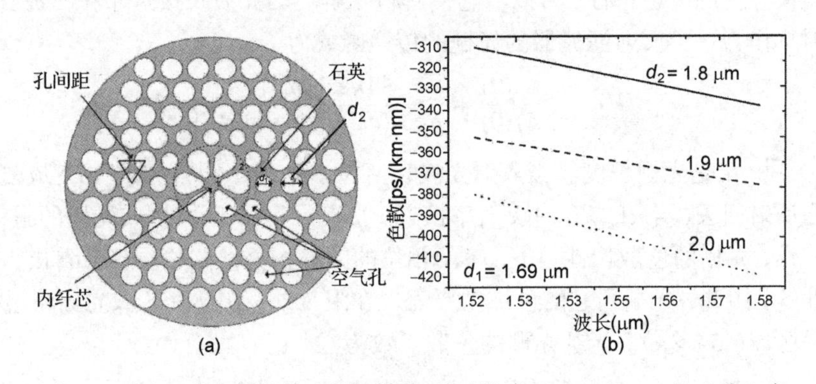

图8.5 (a)双芯光子晶体光纤的横截面；(b)当d_1 = 1.69 μm且d_2取3个不同值时色散参数随波长的变化[29](经ⓒ2006 OSA授权引用)

8.3 光纤布拉格光栅

在8.2节中讨论的DCF由于长度相对较长，不但易受高插入损耗的不利影响，还增强了长途系统内非线性效应的影响。利用光纤布拉格光栅进行色散补偿，可以在很大程度上解决这两个问题。

在光纤布拉格光栅中，纤芯内的折射率是以周期方式沿光栅长度变化的[24]。因为这个特性，光栅可以作为光滤波器使用。更具体地说，光栅在频域中形成一个阻带(stop band)，它将大部分入射光反射回去。阻带中心位于布拉格波长λ_B，它与光栅周期Λ的关系为$\lambda_B=2\bar{n}\Lambda$，这里$\bar{n}$是平均模折射率。折射率变化的周期特性将波长接近布拉格波长的前向和后向传输波耦合起来，结果，在由光栅强度决定的带宽上对入射信号提供了频率相关的反射率。实质上，光纤光栅起到反射滤波器的作用。尽管早在20世纪80年代就提出利用这种光栅做色散补偿[32]，但直到20世纪90年代，在光纤布拉格光栅的制作技术取得足够大的进展后，它们才变得实用起来[24]。

8.3.1 均匀周期光栅

在最简单的一类光栅中，折射率沿光栅长度按照以下周期方式变化：

$$n(z)=\bar{n}+n_g\cos(2\pi z/\Lambda) \tag{8.3.1}$$

式中，$\bar{n}$是折射率的平均值，n_g是调制深度。对于工作在1550 nm波长区的光纤光栅，典型地，$n_g\approx10^{-4}$，$\Lambda\approx0.5\ \mu m$。可以用两个耦合模方程分析光纤布拉格光栅，这两个方程描述了给定频率$\omega=2\pi c/\lambda$的前向和后向传输波之间的耦合，它们的形式为[33]

$$\mathrm{d}A_f/\mathrm{d}z=\mathrm{i}\delta A_f+\mathrm{i}\kappa A_b \tag{8.3.2}$$

$$\mathrm{d}A_b/\mathrm{d}z=-\mathrm{i}\delta A_b-\mathrm{i}\kappa A_f \tag{8.3.3}$$

式中，A_f和A_b是两波的场振幅，且有

$$\delta=\frac{2\pi\bar{n}}{\lambda}-\frac{2\pi}{\lambda_B},\qquad \kappa=\frac{\pi n_g\Gamma}{\lambda_B} \tag{8.3.4}$$

从物理意义上讲，δ表示相对于布拉格波长的失谐量，κ是耦合系数，Γ是限制因子。

由于耦合模方程的线性特性，可以对它们解析求解。当光波长接近布拉格波长时，大部分入射光被反射。作为一个反射滤波器的光栅的传递函数为[33]

$$H(\omega)=\frac{A_b(0)}{A_f(0)}=\frac{\mathrm{i}\kappa\sin(qL_g)}{q\cos(qL_g)-\mathrm{i}\delta\sin(qL_g)} \tag{8.3.5}$$

式中，$q^2=\delta^2-\kappa^2$，L_g是光栅长度。当入射光波长落在$-\kappa<\delta<\kappa$区域时，q变成复数，结果大部分光被光栅反射回去(当$\kappa L_g>3$时反射率接近100%)，这个区域构成光栅的阻带。

同前面一样，光栅的色散特性与$H(\omega)$的相位的频率相关性有关。容易看出，在阻带内相位是接近线性的，因此，光栅引起的色散主要表现在阻带外，在这一区域光栅将透射大部分入射光。在这一区域($|\delta|>\kappa$)，光纤光栅的色散参数为[33]

$$\beta_2^g=-\frac{\mathrm{sgn}(\delta)\kappa^2/v_g^2}{(\delta^2-\kappa^2)^{3/2}},\qquad \beta_3^g=\frac{3|\delta|\kappa^2/v_g^3}{(\delta^2-\kappa^2)^{5/2}} \tag{8.3.6}$$

式中，v_g是群速度。在阻带的高频侧或“蓝”侧，δ为正值，载波频率超过布拉格频率，光栅色散为反常色散($\beta_2^g<0$)；相反，在阻带的低频侧或“红”侧，光栅色散为正常色散($\beta_2^g>0$)。“红”侧可用于在1.55 μm波长附近补偿标准光纤的色散($\beta_2\approx-21\ \mathrm{ps^2/km}$)。由于$\beta_2^g$可以超过1000 ps²/cm，单个2 cm长的光纤光栅就可以补偿100 km长标准光纤累积的色散。然而，

光栅的高阶色散、非均匀透射和接近阻带边缘时$|H(\omega)|$的快速变化，使均匀周期光纤光栅离实际应用于色散补偿尚差得很远。

在实际应用中，采用切趾技术(apodization technique)来提高光栅的响应[24]。在切趾光栅中，调制深度n_g沿光栅是非均匀的，导致κ与z有关。典型地，如图8.6(a)所示，在长度为L_0的中央区域κ是均匀的，在较短的距离L_t上向两端逐渐降至为零，光栅长度$L \equiv L_0 + 2L_t$。图8.6(b)给出了测量的7.5 cm长切趾光栅的反射率谱[34]，在设计为宽约0.17 nm的阻带内，反射率超过90%。由于切趾，在阻带的两个边缘反射率急剧下降。在另外一种方法中，光栅被制作成使κ在它的整个长度上线性变化。在1996年的一个实验中[35]，用11 cm长的这种切趾光栅补偿在100 km长的标准光纤中传输的10 Gbps信号的GVD。沿光栅长度方向耦合系数$\kappa(z)$从0平滑地变化到6 cm^{-1}，用这种光栅补偿10 Gbps信号在106 km长的标准光纤上的GVD，在10^{-9}的误码率下功率代价仅为2 dB。当没有光栅时，由于误码率平层的存在，功率代价为无穷大。

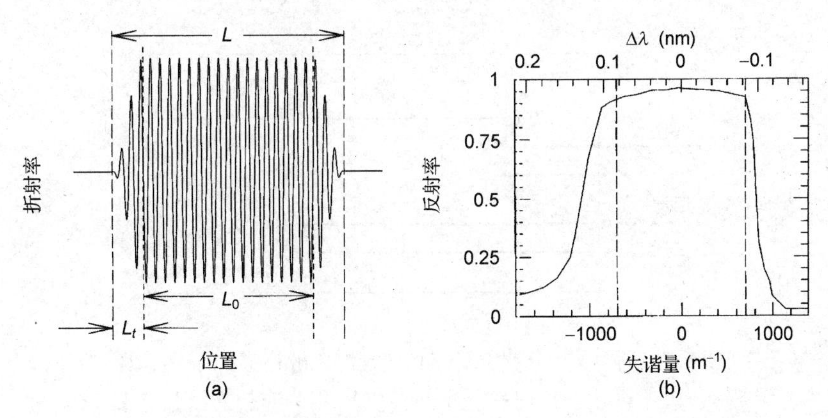

图8.6 (a)在切趾光纤光栅中折射率变化的示意图，选择渐变区的长度L_t是光栅总长度L的一小部分；(b)测量的7.5 cm长的这种切趾光栅的反射率谱[34](经© 1999 OSA授权引用)

当信号波长位于阻带内时，此时光栅起到一个反射滤波器的作用，沿光栅长度逐渐减小耦合系数也可以用于色散补偿。对于在12 cm长度上耦合系数$\kappa(z)$从0线性变化到12 cm^{-1}的均匀周期光栅，耦合模方程的数值解表明，这种光栅表现出"V"形群延迟分布，其中心位于布拉格波长。如果入射信号的波长偏离阻带中心，使信号谱"看到"群延迟的线性变化，则这种光栅还可以用于色散补偿。这种8.1 cm长的光栅可用来补偿10 Gbps信号在257 km长标准光纤上的GVD[36]。尽管均匀周期光栅已经用于色散补偿[35~38]，但其阻带相对较窄(一般小于0.1 nm)，不能在高比特率下使用。利用啁啾光栅可以克服这个缺点，下面将讨论这一课题。

8.3.2 啁啾光纤光栅

啁啾光纤光栅具有相对较宽的阻带，早在1987年就提出利用它进行色散补偿[39]。啁啾光纤光栅的光学周期$\bar{n}\Lambda$不是常数，而是沿其长度方向变化。由于布拉格波长($\lambda_B = 2\bar{n}\Lambda$)也沿光栅的长度方向变化，入射光脉冲的不同频率分量在不同的位置处反射，这取决于局部满足的布拉格条件。本质上，啁啾光纤光栅的阻带源于很多微阻带的交叠，由于布拉格波长沿光栅位移，每个微阻带也跟着位移，由此得到的阻带可以超过10 nm宽，这取决于光栅的长度。啁啾光纤光栅可以用几种不同的方法制作[24]。

通过图8.7，容易理解啁啾光纤光栅的工作，这里，由于光学周期增加(布拉格波长同样如此)，脉冲的低频分量被延迟得更多，这种情况相当于反常GVD。如果反过来(或光从右端入射)，则同样的光栅可以提供正常GVD。因此，光栅的光学周期 $\bar{n}\Lambda$ 应减小，以提供正常GVD。由这个简单的图像，长度为 L_g 的啁啾光栅的色散参数 D_g 可以通过关系 $T_R = D_g L_g \Delta\lambda$ 来确定，这里，T_R 是光栅内的往返时间，$\Delta\lambda$ 是光栅两端布拉格波长的差。由于 $T_R = 2\bar{n}L_g/c$，光栅色散由下面极简单的表达式给出：

$$D_g = 2\bar{n}/(c\Delta\lambda) \tag{8.3.7}$$

举个例子，如果光栅带宽 $\Delta\lambda = 0.2$ nm，则 $D_g \approx 5\times10^7$ ps/(km·nm)。因为 D_g 的值较大，用10 cm长的啁啾光纤光栅可以补偿300 km长标准光纤的GVD。

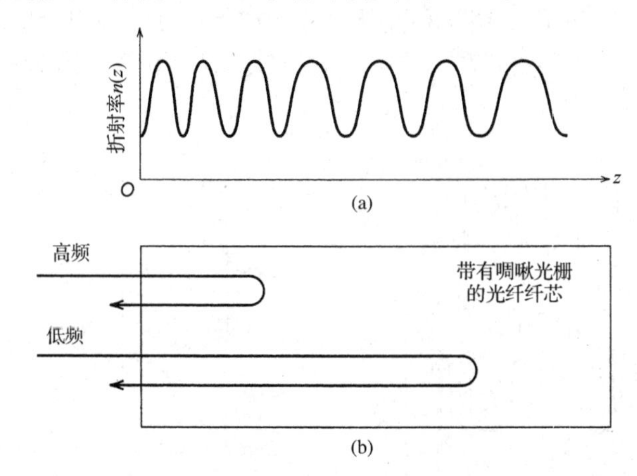

图8.7 通过线性啁啾光纤光栅实现的色散补偿。(a)沿光栅长度的折射率分布$n(z)$；(b)因为布拉格波长的变化，在光栅内部不同位置处低频和高频分量的反射

20世纪90年代，有几个传输实验利用啁啾光纤光栅进行色散补偿[40~44]。在一个10 Gbps的实验中[41]，利用12 cm长的啁啾光栅补偿在270 km长的光纤上累积的色散。后来，利用10 cm长的切趾啁啾光纤光栅，将传输距离增加到400 km[42]，这表明仅通过10 cm长的光滤波器，就可以获得优越的性能。与DCF相比，光纤光栅的插入损耗较低，而且不会加剧信号的非线性劣化。

为了避免影响系统性能的群延迟波纹，有必要对啁啾光栅切趾。从数学意义上讲，对于切趾啁啾光栅，折射率沿光栅变化的式(8.3.1)应采用下面的形式：

$$n(z) = \bar{n} + n_g a_g(z)\cos[2\pi(z/\Lambda_0)(1+C_g z)] \tag{8.3.8}$$

式中，$a_g(z)$ 是切趾函数，Λ_0 是 $z=0$ 处光栅周期的值，C_g 是光栅周期随 z 变化的速率(啁啾率)。选择切趾函数使得在光栅的两端 $a_g=0$，但在光栅的中心部分 $a_g=1$。切趾比例 F 起重要作用，它表示 a_g 从0变化到1需要的距离与光栅长度的比值。图8.8通过解峰值反射率和切趾比例 F 取不同值时几个10 cm长光栅的耦合模方程，给出了计算得到的反射率和群延迟(与相位的导数 $\mathrm{d}\phi/\mathrm{d}\omega$ 有关)随波长的变化关系，在所有情况下啁啾率 $C_g = 6.1185\times10^{-4}\,\mathrm{m}^{-1}$ 保持恒定不变[45]。选择调制深度 n_g 使光栅的带宽足够宽，以将10 Gbps信号"装到"它的阻带内。通过适当选择切趾函数 $a_g(z)$，还可以进一步优化这种光栅的色散特性[46]。

由图8.8显然可见，切趾减小了反射率和群延迟谱中的波纹，由于群延迟应随波长线性变化，以沿信号频谱产生恒定的 GVD，它应尽可能是无波纹的。然而，如果对整个光栅长度切趾（$F=1$），则反射率沿信号频谱不再是恒定不变的，不希望出现这种情况。此外，反射率应尽可能高，以减小插入损耗。在实际应用中，对于 10 Gbps 的系统，反射率为 95% 且 $F=0.7$ 的光栅可以提供最好的折中[45]。图 8.9 给出了测量的 10 cm 长线性啁啾光纤光栅的反射率和群延迟谱，其中选择光栅的带宽为 0.12 nm，以确保能将 10 Gbps 信号"装到"它的阻带内[44]。群延迟的斜率（约为 5000 ps/nm）是光栅的色散补偿能力的量度，通过补偿 300 km 标准光纤的 GVD，用这种光栅可以恢复 10 Gbps 信号。

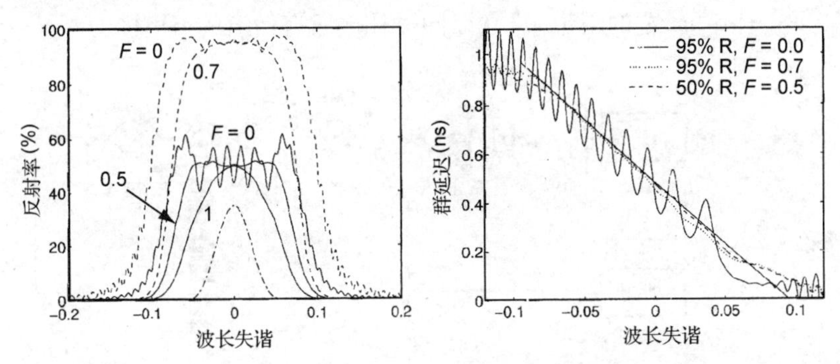

图 8.8　对于具有 50%（实线）或 95%（虚线）的反射率和不同切趾比例 F 的线性啁啾光纤光栅，(a) 反射率和 (b) 群延迟随波长的变化。为便于比较最里面的曲线给出了 100 ps 脉冲的频谱[45]（经ⓒ 1996 IEEE 授权引用）

由式(8.3.7)显然可见，啁啾光纤光栅的 D_g 最终受限于 GVD 补偿所要求的带宽 $\Delta\lambda$，而带宽又由比特率 B 决定，这就陷入两难境地，因为随着阻带带宽的增加（以适应高比特率信号），光栅色散 D_g 减小。将两个或多个啁啾光纤光栅级联，可以在一定程度上解决这个问题。在 1996 年的一个实验中[43]，通过将两个啁啾光纤光栅级联来补偿 537 km 光纤的色散。在 1996 年的另一个实验中[44]，利用 10 cm 长的啁啾光纤光栅并结合相位交替双二进制编码方案，将 10 Gbps 信号的传输距离延伸到 700 km。

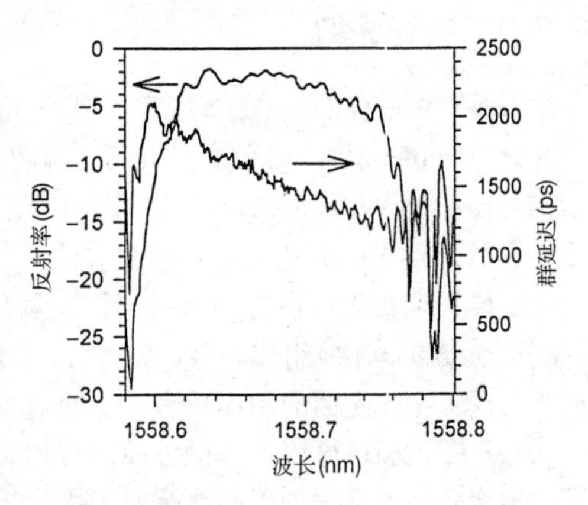

图 8.9　测量的带宽为 0.12 nm 的线性啁啾光纤光栅的反射率和群延迟谱[44]（经ⓒ 1996 IEEE 授权引用）

啁啾光纤光栅的缺点是它作为一个反射滤波器来工作。可以用 3 dB 光纤耦合器将反射信号与入射信号分离，但它的使用强加了 6 dB 的损耗，该损耗将加到其他插入损耗中。光环行器可将插入损耗减小到 2 dB 以下。还可以采用其他几种方法，例如，可以通过将两个或多个光纤光栅组合起来，形成能以相对低的插入损耗提供色散补偿的透射滤波器[47]。通过在单个光栅的中间引入相移，它也能转换成一个透射滤波器[48]。通过叠加在同一段光纤上形成的两个啁啾光栅而构建的 Moiré 光栅，在其阻带内也有一个透射峰[49]，这种透射滤波器的带宽相当窄。

光纤光栅的一个主要缺点是它的传递函数呈单峰结构，因此，单个光栅不能补偿几个 WDM 信道的色散，除非改进它的设计。有几种不同的方法可以解决这个问题。在其中一种方法中，通过增加长度把啁啾光纤光栅制作成具有宽的阻带（大于 10 nm），如果信道数足够少以至于总的信号带宽能“装到”它的阻带内,则这种光栅可以用在 WDM 系统中。在 1999 年的一个实验中[50],将 6 nm 带宽的啁啾光栅用于 4 信道 WDM 系统,每个信道工作在 40 Gbps 比特率下。当 WDM 信号的带宽比光栅的带宽大得多时,可以级联几个啁啾光栅,其中每个啁啾光栅反射一个信道并补偿它的色散[51~55]。这种技术的优点是,可以通过修饰光栅来匹配每个信道的色散,这就实现了自动色散斜率补偿。图 8.10 给出了用于 4 信道 WDM 系统的级联光栅方案的示意图[54],每隔 80 km 用一组 4 个光栅补偿所有信道的 GVD,而两个光放大器用来补偿全部损耗。2000 年,将这种方法应用在带宽为 18 nm 的一个 32 信道 WDM 系统中[55],将 3 个啁啾光栅(每个有 6 nm 宽的阻带)级联以同时补偿所有信道的 GVD。

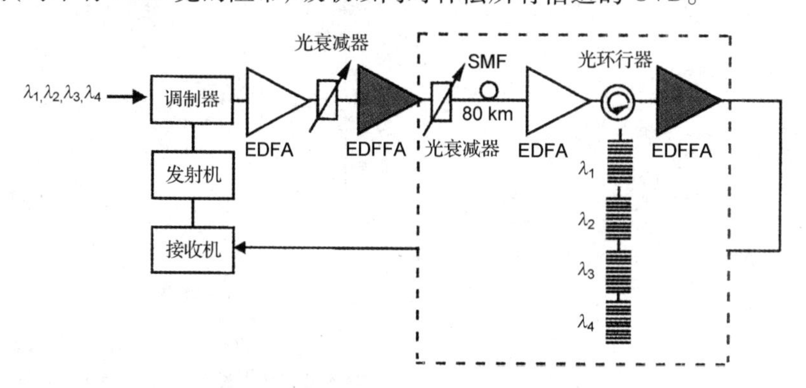

图 8.10 用于 WDM 系统中的色散补偿的级联光栅[54](经ⓒ1999 IEEE 授权引用)

8.3.3 采样光栅

当 WDM 系统的信道数较多时,级联光栅方法变得很烦琐。为解决这个问题,一种称为采样光栅(sampled grating)的新型光纤光栅已开发出来,这种器件具有双重周期特性,也称为超结构光栅(superstructure grating)。1994 年,首次制作出基于光纤的采样光栅[56],从此,采样光栅在色散补偿中的应用受到了极大关注[57~66]。

采样光栅由被一段均匀折射率相互隔开的多个子光栅(每个子光栅称为一个采样,这就是“采样”光栅的来由)组成,图 8.11 给出了采样光栅的示意图。在实际应用中,这种结构可以这样实现:在长光栅的制作过程中,通过振幅掩模阻断某些区域,结果在这些被阻断的区域 $\kappa=0$;采样光栅还可以通过刻蚀掉现有均匀光栅的几部分制作。在这两种情况下,$\kappa(z)$ 沿 z 周期性地变化,正是这种周期性改变了均匀光栅的阻带。如果平均折射率 $\bar{n}$ 也以同样的周期变化,则耦合模方程中的 δ 和 κ 都将变成周期性的。这两个方程的解表明,采样光栅有多个阻带,且这些阻带是等间隔的。相邻反射率峰的频率间隔 $\Delta\nu_p$ 由采样周期 Λ_s 设定为 $\Delta\nu_p=c/(2n_g\Lambda_s)$,在制作过程中它是可控的。而且,如果每个子光栅是带啁啾的,则每个反射率峰的色散特性由引入的啁啾量决定。

采样光栅用周期采样函数 $S(z)$ 来表征。选择采样周期 Λ_s 约为 1 mm,这样 $\Delta\nu_p$ 接近 100 GHz(WDM 系统的典型信道间隔)。在最简单的一类采样光栅中,采样函数是“矩形”函数,于是在长度为 $f_s\Lambda_s$ 的部分 $S(z)=1$,而在长度为 $(1-f_s)\Lambda_s$ 的其余部分 $S(z)=0$。然而,这不是最佳选择,因为这导致传递函数中每个峰都伴随着多个次峰,原因与反射率谱的形状由 $S(z)$ 的傅里叶变换决定这一事实有关。用 $S(z)$ 乘以式(8.3.1)中的 n_g,并将 $S(z)$ 用傅里叶级数展开,可得

$$n(z)=\bar{n}+n_g\text{Re}\{\sum_m F_m\exp[2\text{i}(\beta_0+m\beta_s)z]\} \tag{8.3.9}$$

式中，F_m是傅里叶系数，$\beta_0=\pi/\Lambda_0$是布拉格波数，β_s与采样周期Λ_s有$\beta_s=\pi/\Lambda_s$的关系。本质上，采样光栅的行为与阻带中心位于波长$\lambda_m=2\pi/\beta_m$的多个光栅的集合类似，这里$\beta_m=\beta_0+m\beta_s$，m为整数。不同阻带的峰值反射率由傅里叶系数F_m决定。

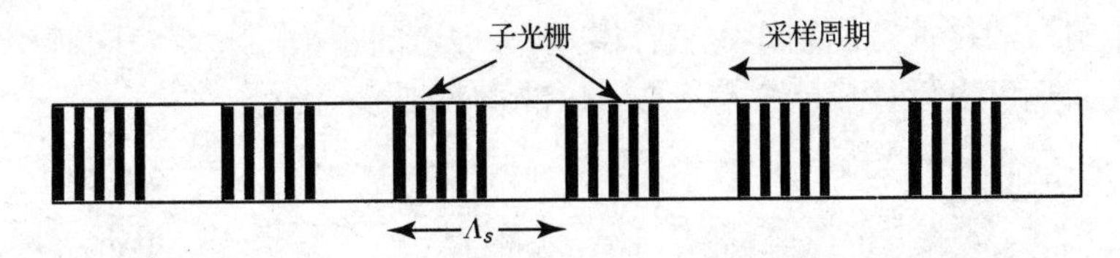

图8.11　采样光栅的示意图，阴影区表示折射率较高的部分

多峰传递函数(所有峰有近似恒定的反射率)可以通过采用$S(z)=\sin(az)/az$形式的采样函数来实现，这里a是一个常数。1998年，利用这种Sinc函数制作出10 cm长的采样光栅[58]，该光栅具有16个反射率峰，相邻峰的间隔为100 GHz。在1999年的一个实验中[59]，将这种采样光栅用于4信道WDM系统。当信道数增加时，同时补偿所有信道的GVD越来越困难，因为这种光栅不能补偿光纤的色散斜率。除了使光栅周期Λ产生啁啾，在采样周期Λ_s中引入啁啾能够解决这个问题[60]，在实际应用中采用线性啁啾。啁啾量取决于光纤的色散斜率，它们有关系$\delta\Lambda_s/\Lambda_s=|S/D|\Delta\lambda_{\text{ch}}$，这里$\Delta\lambda_{\text{ch}}$是信道带宽，$\delta\Lambda_s$是在整个光栅长度上采样周期的变化。图8.12给出了为信道间隔为100 GHz的8个WDM信道设计的10 cm长啁啾采样光栅的反射和色散特性。对于这个采样光栅，每个子光栅长0.12 mm，在10 cm光栅长度上1 mm的采样周期仅改变了1.5%。

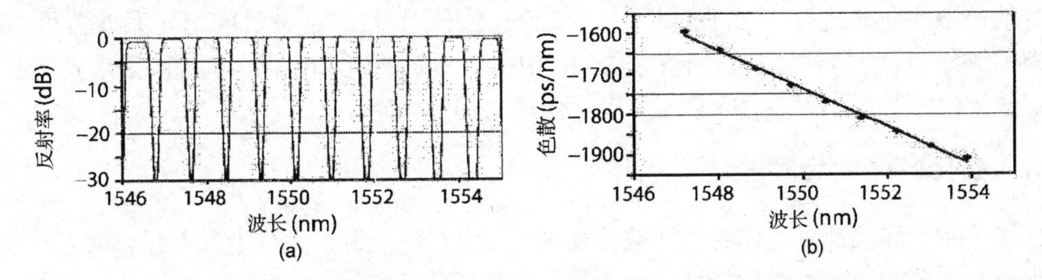

图8.12　为信道间隔100 GHz的8个WDM信道设计的啁啾采样光栅的(a)反射和(b)色散特性[60](经© 1999 IEEE授权引用)

当WDM信道的个数N增加时，上述方法不再实用，因为它需要大的折射率调制(调制深度n_g随N线性增大)。一种解决方案是，利用其采样函数$S(z)$改变的是κ的相位而不是振幅的采样光栅，在这种情况下调制深度仅以$\sqrt{N}$的形式增大。相位采样技术已经成功用于制作可调谐半导体激光器[67]；最近，它已经应用于光纤光栅[61~66]。与振幅采样的情况不同，折射率调制在整个光栅长度上均存在，然而，调制的相位以周期方式随周期Λ_s变化，沿光栅长度方向周期Λ_s自身是啁啾的。从数学意义上讲，折射率变化可以写成下面的形式[64]：

$$n(z)=\bar{n}+n_g\text{Re}\{\exp[2\text{i}\pi(z/\Lambda_0)+\text{i}\phi_s(z)]\} \tag{8.3.10}$$

式中，n_g是常数调制深度，Λ_0是平均光栅周期，相位$\phi_s(z)$以周期方式变化。将$\exp(\text{i}\phi_s)$用傅里叶级数展开，则$n(z)$可以写成式(8.3.9)的形式，这里F_m取决于相位$\phi_s(z)$在每个采样周期中是如何变化的。通过控制F_m以及改变光栅和采样周期中啁啾的大小，可以修饰光栅反射率谱的形状和色散特性[64]。

举个例子，图 8.13(a)给出了用来补偿 C 带内信道间隔为 100 GHz 的 45 个信道的色散的相位采样光栅的测量反射率随波长的变化[65]。图 8.13(b)给出了位于 1543.9 nm 附近的中心信道的群延迟随波长的变化，由群延迟的斜率估计色散值约为 -1374 ps/nm。对于 45 个信道的 WDM 系统，这样的光栅能同时补偿 80 km 标准光纤的色散。该相位采样光栅是用相位掩模技术制作的，用同样的技术可以制作用来补偿 81 个信道的色散的光栅。同时使用两个相位采样函数，这种光栅还可以设计成能覆盖 S 带、C 带和 L 带[66]。

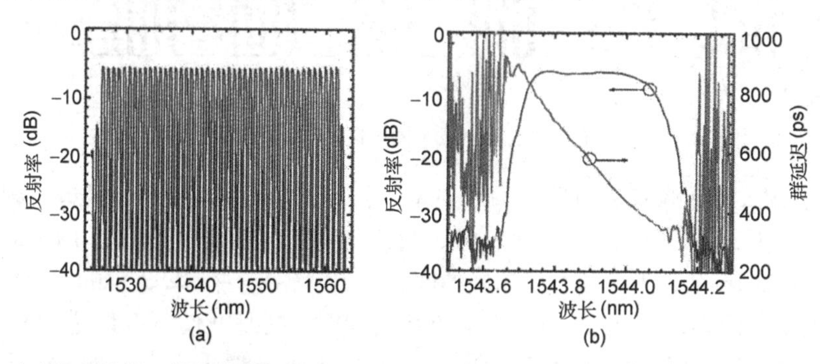

图 8.13 (a)用来补偿 C 带内信道间隔为 100 GHz 的 45 个信道的色散的相位采样光栅的反射率谱；(b)测量的中心信道的反射率和群延迟随波长的变化[65](经© 2007 IEEE授权引用)

8.4 色散均衡滤波器

光纤光栅构成了一大类光滤波器，可以用来补偿长途光波系统中的色散。本节中，将考虑几种其他色散均衡滤波器，它们可以用光纤或平面波导制作。这种紧凑的光滤波器可以与光放大器模块相结合，这样就能以周期方式同时补偿光纤的损耗和色散。而且，如果光滤波器的带宽比放大器的带宽小得多，则它还可以降低放大器的噪声。

8.4.1 Gires-Tournois 滤波器

任何一个干涉仪都可以作为光滤波器使用，因为它对入射光的频率有着固有的敏感性，并表现出频率相关的透射和反射特性。一个简单的例子是法布里-珀罗(FP)干涉仪，从色散补偿的角度，唯一的问题是 FP 滤波器的传递函数同时影响正在通过的光的振幅和相位。如式(8.1.4)所示，色散均衡滤波器应影响光的相位，而不是它的振幅。

利用 Gires-Tournois(GT)干涉仪容易解决这个问题，GT 干涉仪简单就是一个后镜被制成 100% 反射的 FP 干涉仪。GT 滤波器的传递函数可以通过考虑光在其腔内的多次往返得到，并由下式给出[68]：

$$H_{\mathrm{GT}}(\omega)=H_0\mathrm{e}^{\mathrm{i}\omega T_r}\left(\frac{1-r\mathrm{e}^{-\mathrm{i}\omega T_r}}{1-r\mathrm{e}^{\mathrm{i}\omega T_r}}\right) \tag{8.4.1}$$

式中，常数 H_0表征滤波器的损耗特性，$|r|^2$是前镜反射率，T_r是光在滤波器腔内的往返时间。如果在信号带宽内损耗是常数，则$|H_{\mathrm{GT}}(\omega)|$与频率无关，这种滤波器只改变频谱的相位。

然而，$H_{\mathrm{GT}}(\omega)$的相位 $\phi(\omega)$是远非理想的，它是一个周期函数，峰值频率对应于滤波器腔的纵模，在每个峰值频率附近存在一个相位近似随 ω 的二次方变化的频谱区。群延迟 $\tau_g=\mathrm{d}\phi(\omega)/\mathrm{d}\omega$也是一个周期函数，与群延迟的斜率有关的量 $\phi_2\equiv\mathrm{d}\tau_g/\mathrm{d}\omega$ 表示 GT 滤波器的

总色散。在对应纵模的频率处，ϕ_2为

$$\phi_2 = 2T_r^2 r(1-r)/(1+r)^3 \tag{8.4.2}$$

例如，对于设计成$r=0.8$的 2 cm 厚的 GT 滤波器，$\phi_2 \approx 2200\ \text{ps}^2$，这种器件可以补偿 110 km 长标准光纤的 GVD。

有几个实验已经表明了 GT 滤波器作为一个紧凑的色散补偿器的潜力。在 1991 年的一个实验中[69]，利用这种器件将 8 Gbps 的信号在 130 km 长的标准光纤中进行了传输。GT 滤波器的腔长为 1 mm，前镜的反射率为 70%，并用光放大器补偿 8 dB 相对高的插入损耗，不过其中 6 dB 的损耗是由用来分离反射信号和入射信号的 3 dB 光纤耦合器引起的，利用光环行器可以将这一数值减小到 1 dB 以下。微机电系统(MEMS)也已用来制作 GT 滤波器，其腔长可以通过电学方法来调节[70]。

在另外一种方法中，用两个光纤光栅替代 GT 滤波器的两个镜，其中一个光栅制成接近 100% 反射。这两个光栅甚至可以叠加在一起，形成所谓的分布 GT 滤波器[71]。图 8.14 给出了这种器件的基本思想的示意图以及测量的反射率、群延迟和色散随波长的变化，该器件由反射率为 98% 的 1 cm 长的光栅和另外一个反射率为 11% 的 6 mm 长的光栅组成。该器件的反射率在 20 nm 的频谱窗口内近似为常数，而群延迟和色散呈现出周期图样；50 GHz 的信道间隔源于两个光栅的布拉格波长有 2 nm 的偏移。

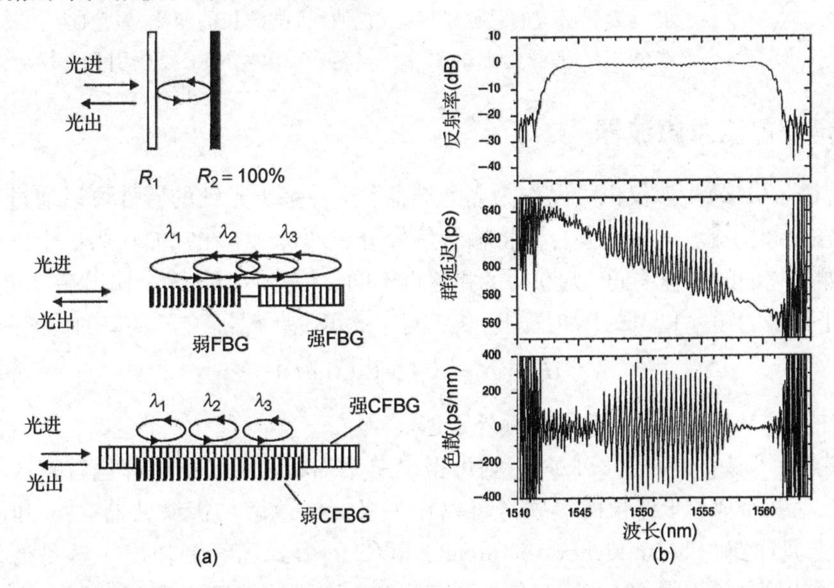

图 8.14　(a)用两个叠加的光纤光栅制作的分布 GT 滤波器的示意图；(b)测量的 1 cm 长器件的反射率、群延迟和色散随波长的变化[71]（经© 2003 OSA授权引用）

如式(8.4.1)所示，GT 滤波器可以同时补偿多个信道的色散，因为它在对应 FP 腔纵模的频率处表现为周期响应。然而，传递函数的周期特性还表明，式(8.4.2)中的ϕ_2对所有信道都是相同的，换言之，如果设计没有适当改进，GT 滤波器就不能补偿传输光纤的色散斜率。已经提出几种色散斜率补偿的方案[72~74]。在一种方法中，两个或多个腔是耦合的，这样整个器件可以作为一个复合 GT 滤波器[72]。在另外一种设计中，将多个 GT 滤波器级联在一起。在 2004 年的一个实验中[73]，用级联的 GT 滤波器在 3200 km 的长度上同时补偿 40 个信道(每个信道工作在 10 Gbps 比特率下)的色散。

另外一种方法采用两个基于光栅的分布 GT 滤波器[74]，并通过一个环行器将它们级联起来，如图 8.15 所示，该图还示意地给出了色散斜率补偿的基本思想。四端口环行器强迫输入的 WDM 信号相继通过两个 GT 滤波器，这两个 GT 滤波器有不同的器件参数，导致群延迟分布的峰值略有偏移，而且幅度也不相同。这种组合导致一个复合群延迟分布，它在每个峰值附近表现出不同的斜率(因此有不同的色散参数 D)。通过适当选择滤波器的参数，可以实现 D 在峰值与峰值之间的变化，以满足式(8.2.3)中的色散斜率补偿条件。

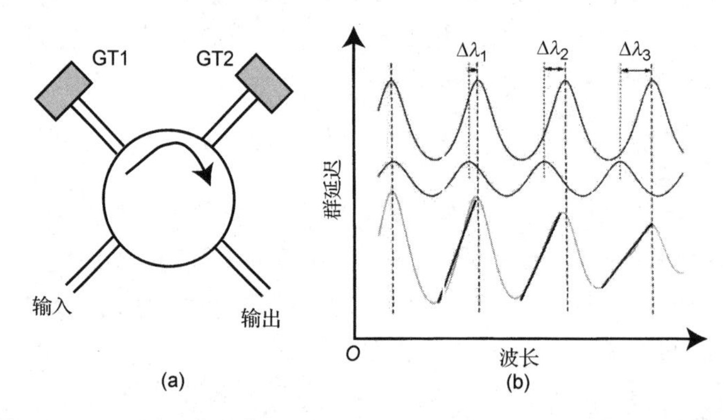

图 8.15　(a)用环行器将两个 GT 滤波器级联；(b)单个 GT 滤波器的群延迟和所得的总群延迟(灰色曲线)随波长的变化，黑色曲线给出的是群延迟的斜率[74](经© 2004 IEEE授权引用)

8.4.2　马赫-曾德尔滤波器

马赫-曾德尔(MZ)干涉仪也可以作为光滤波器，这种基于光纤的器件可以通过将两个光纤耦合器串联在一起构成。第一个耦合器将输入信号分成两部分，在它们在第二个耦合器中发生干涉之前，如果它们的光程不同，则获得的相移也不同。信号可以从两个输出端口的其中一个输出，这取决于信号的频率和 MZ 干涉仪的臂长。对于 3 dB 耦合器，交叉端口的传递函数为[33]

$$H_{\mathrm{MZ}}(\omega)=\frac{1}{2}[1+\exp(\mathrm{i}\omega\tau)] \tag{8.4.3}$$

式中，τ 是信号在 MZ 干涉仪长臂中的额外延迟。

如果比较式(8.4.3)和式(8.1.4)，则可得出单个 MZ 干涉仪不适合色散补偿的结论。然而，结果证实，几个 MZ 干涉仪的级联链可以作为极好的色散均衡滤波器[75]。利用硅基石英波导以平面光波回路(Planar Lightwave Circuit，PLC)的形式已经制作出了这种滤波器[76~81]。图 8.16(a)给出了一个具体的回路设计的示意图[76]，该器件的尺寸为 $52\times71\ \mathrm{mm}^2$，芯片损耗为 8 dB，通过将臂长不对称的 12 个耦合器级联在一起构成。在每个 MZ 干涉仪其中一条臂上沉积铬加热器，以实现对光学相位的热光控制。这种器件的主要优点是，可以通过改变 MZ 干涉仪的臂长和个数来控制色散均衡特性。

MZ 滤波器的工作可以由如图 8.16(b)所示的展开视图来理解。器件设计成使高频分量在 MZ 干涉仪的长臂中传输，结果，它们比在短臂中传输的低频分量获得了更大延迟；这种器件引入的相对延迟恰好与在 1.55 μm 附近表现为反常色散的标准光纤引入的相对延迟相反。传递函数 $H_{\mathrm{MZ}}(\omega)$ 可以通过解析方法得到，用来优化器件的设计和性能[77]。在 1994 年的一个实现中[78]，用仅含 5 个 MZ 干涉仪的平面光波回路就实现了 836 ps/nm 的相对延迟，这种器件虽只有几厘米长，但能补偿 50 km 长标准光纤的色散。它的主要限制因素是带宽相对较窄(约为

10 GHz)，而且对输入偏振态敏感。然而，它还能作为一个可编程的光滤波器，其GVD和工作波长可调。在一个器件中[79]，GVD可以从-1006 ps/nm变化到834 ps/nm。

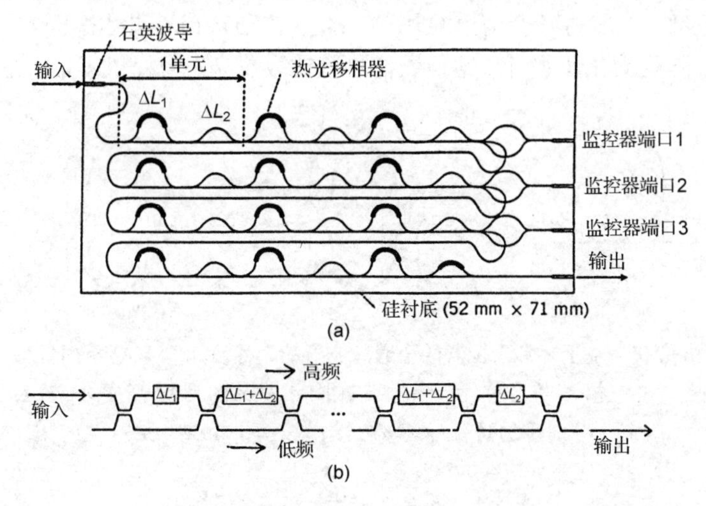

图8.16 (a)利用马赫-曾德尔干涉仪链制作的平面光波回路；(b)器件的展开视图[76](经ⓒ1994 IEEE授权引用)

用单个MZ链不容易补偿光纤的色散斜率。一个简单的解决方案是对WDM信道解复用，每个信道用一个适当设计的MZ链补偿，然后再将WDM信道复用。尽管这一过程看起来过于复杂而不实用，但通过硅基石英工艺可将全部组件集成在一个芯片上[80]。图8.17给出了这种平面光波回路的示意图，其中每个信道采用一个分离的MZ链，这就提供了一定的灵活性，即器件可以调谐到匹配每个信道的色散。2008年，利用格型滤波器实现了±500 ps/nm的调谐范围[81]。

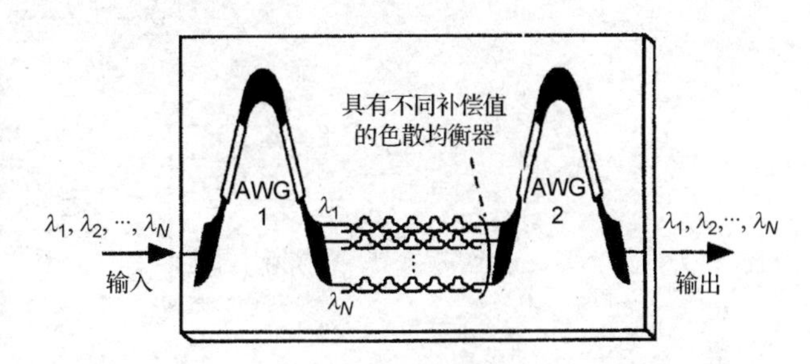

图8.17 能补偿色散和色散斜率的平面光波回路，每个WDM信道采用一个分离的MZ链[80](经ⓒ2003 IEEE授权引用)

8.4.3 其他全通滤波器

可以设计影响信号相位但不影响信号振幅的几种其他类型的滤波器，这种滤波器称为全通滤波器(因为它们通过入射到它们上面的全部光功率)，已经在色散补偿领域引起极大关注[82~85]。环形谐振器构成了全通滤波器的一个简单实例[33]；确实，自从1998年，环形谐振器就已经用于色散补偿[86~88]。

图8.18给出了利用定向耦合器和移相器构成的环形谐振器的3种设计的示意图[87]。尽管单环就能用于色散补偿，但多个环级联可以增大色散量。更复杂的设计是将MZ干涉仪与环相结合，由此得到的器件甚至可以补偿光纤的色散斜率。这种器件已经通过硅基石英工艺制作出来。利用这种技术，可以用薄膜铬加热器实现图8.18中的移相器的功能。根据信道波长的不同，其中一个这样的器件表现出-378～-3026 ps/nm的色散。

通常，如图8.18所示的全通滤波器能够补偿色散的带宽较窄，利用多级虽然可以增大色散量，但带宽甚至会进一步减小。一种解决方案是采用如图8.19所示的滤波器结构[85]，其中通过一个解复用器将WDM信号分成各个信道。在结构(a)中，用色散元件、延迟线和移相器补偿各个信道的色散，然后将各个信道复用到一起；在结构(b)和结构(c)中，利用单个反射镜或可移动反射镜阵列简化了设计，这种设计尽管比较复杂，但提供了最大的灵活性。

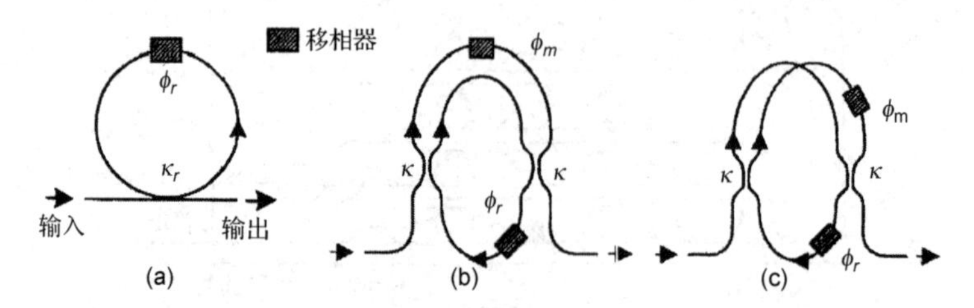

图8.18 基于环形谐振器的全通滤波器的3种设计。(a)带有内置移相器的简单环形谐振器；(b)不对称的马赫-曾德尔结构；(c)对称的马赫-曾德尔结构[87](经ⓒ1999 IEEE授权引用)

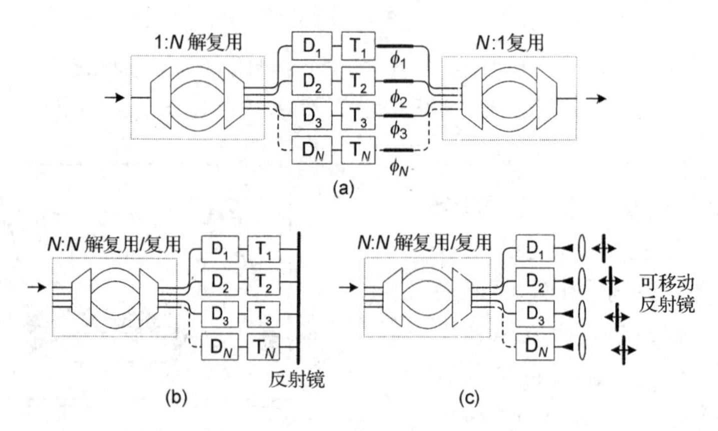

图8.19 全通滤波器的3种结构；标记D和T的方框分别代表色散元件和延迟线[85](经ⓒ2003 IEEE授权引用)

8.5 光学相位共轭

尽管在1979年就提出用光学相位共轭(OPC)来进行色散补偿[89]，但直到1993年才首次在实验上实现了OPC色散补偿技术[90~93]，从此OPC用于色散补偿受到了极大关注[94~107]。与本章中讨论的其他光学技术相反，OPC是一种非线性光学技术。本节将介绍它的基本原理，并讨论它在实际光波系统中的实现。

8.5.1 工作原理

理解OPC是如何能补偿GVD的最简单的方式是对方程式(8.1.2)取复共轭，由此可得

$$\frac{\partial A^*}{\partial z}-\frac{\mathrm{i}\beta_2}{2}\frac{\partial^2 A^*}{\partial t^2}-\frac{\beta_3}{6}\frac{\partial^3 A^*}{\partial t^3}=0 \tag{8.5.1}$$

将方程式(8.1.2)和方程式(8.5.1)进行比较，发现相位共轭场A^*在传输时，GVD参数β_2的符号发生反转，这就说明如果在光纤链路的中点光场是相位共轭的，如图8.20(a)所示，则在第一半光纤链路上累积的二阶色散(GVD)就会在第二半光纤链路上完全得到补偿。由于在取相位共

轭时，β_3项不改变符号，因此OPC不能补偿三阶色散(TOD)。实际上，通过保留式(2.4.4)中泰勒级数展开的高阶项，容易看出：OPC补偿所有偶数阶色散项，而奇数阶色散项不受影响。

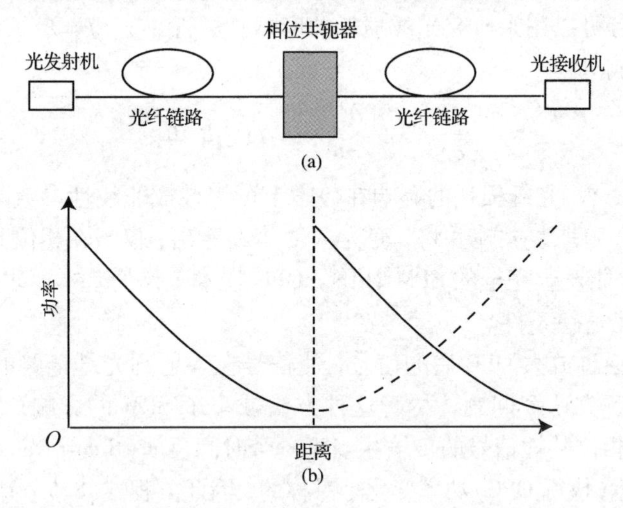

图8.20 (a)基于中点光学相位共轭的色散管理的示意图；(b)当在相位共轭器处用放大器增加信号功率时光纤链路内的功率变化，虚线给出了SPM补偿所需要的功率分布

利用$\beta_3=0$的式(8.1.3)，还可以证实中点OPC用于色散补偿的有效性。在此式中代入$z=L/2$，可以得到恰好在OPC之前的光场，于是由第二半光纤链路中相位共轭场A^*的传输可得

$$A^*(L,t)=\frac{1}{2\pi}\int_{-\infty}^{\infty}\tilde{A}^*\left(\frac{L}{2},\omega\right)\exp\left(\frac{\mathrm{i}}{4}\beta_2L\omega^2-\mathrm{i}\omega t\right)\mathrm{d}\omega \tag{8.5.2}$$

式中，$\tilde{A}^*(L/2,\omega)$是$A^*(L/2,t)$的傅里叶变换，并由下式给出：

$$\tilde{A}^*(L/2,\omega)=\tilde{A}^*(0,-\omega)\exp(-\mathrm{i}\omega^2\beta_2L/4) \tag{8.5.3}$$

将式(8.5.3)代入式(8.5.2)中，可以发现$A(L,t)=A^*(0,t)$，于是，除了OPC引起的相位反转，输入场完全得到恢复，脉冲形状恢复成它的输入形式。由于经过OPC后信号频谱变成输入频谱的镜像，OPC技术也称为中点频谱反转技术。

8.5.2 自相位调制的补偿

正如在2.6节中讨论的，SPM(自相位调制)这种非线性现象使传输信号产生啁啾，并表现为信号频谱的展宽。在大多数光波系统中，SPM效应劣化了信号的质量，特别是当信号在使用多个光放大器的长距离上传输时。研究表明，OPC技术可以同时补偿GVD和SPM。20世纪80年代早期，OPC的这一特性就得到了关注[108]，并在1993年后受到极大关注[101]。

容易证明，如果没有光纤损耗，那么GVD和SPM均可通过OPC得到完全补偿。光脉冲在有损耗光纤中的传输可以由方程式(2.6.18)或下面的方程描述：

$$\frac{\partial A}{\partial z}+\frac{\mathrm{i}\beta_2}{2}\frac{\partial^2 A}{\partial t^2}=\mathrm{i}\gamma|A|^2A-\frac{\alpha}{2}A \tag{8.5.4}$$

式中，α表示光纤损耗。对方程式(8.5.4)取复共轭并将z变为$-z$，可看出若$\alpha=0$，则A^*满足同样的方程。换言之，A^*的传输相当于向后发送信号，并消除了β_2和γ引起的失真。结果，中点OPC可以同时补偿SPM和GVD。

光纤损耗破坏了中点 OPC 的这一重要特性，原因很显然：SPM 引起的相移是功率相关的，结果在第一半光纤链路中引起的相移要比第二半光纤链路中的大得多，OPC 不能补偿非线性效应。方程式(8.5.4)可以用来研究光纤损耗的影响。进行 $A(z,t)=B(z,t)p(z)$ 的代换后，方程式(8.5.4)可以写成

$$\frac{\partial B}{\partial z}+\frac{\mathrm{i}\beta_2}{2}\frac{\partial^2 B}{\partial t^2}=\mathrm{i}\gamma p(z)|B|^2 B \tag{8.5.5}$$

式中，$p(z)=\exp(-\alpha z)$。光纤损耗的影响在数学上可等效成非线性参数与 z 相关的无损耗的情况。对方程式(8.5.5)取复共轭并将 z 变为 $-z$，容易看出，仅当在相位共轭后($z>L/2$)满足 $p(z)=\exp(\alpha z)$ 时，才能发生完全的 SPM 补偿。OPC 技术工作的基本要求是 $p(z)=p(L-z)$，但当 $\alpha\neq 0$ 时无法满足这一条件。

读者可能认为，通过放大 OPC 后的信号，使信号在入射到光纤链路的第二半之前其功率等于输入功率，可以解决这个问题。尽管这种方法减小了 SPM 的影响，但不能完全补偿它，原因可以这样理解：相位共轭信号的传输相当于一个时间反演(time-reversed)信号的传输[109]，于是，仅当在中点附近(执行 OPC)功率变化是对称的，因此方程式(8.5.5)中的 $p(z)=p(L-z)$ 时，SPM 才能得到完全补偿。光放大不满足这一特性，图 8.20(b)给出了 $p(z)$ 的实际形式和要求形式。如果信号经常被放大，但是在每个放大级中信号功率变化不大，则 SPM 可以接近补偿。然而，这种方法不实际，因为它要求间距紧密的光放大器。使用双向泵浦的分布拉曼放大能有助于这个问题的解决，因为它可以在整个跨距上使 $p(z)$ 接近于 1。

利用 $|\beta_2|$ 沿光纤长度减小的色散渐减光纤可以实现 GVD 和 SPM 的完全补偿。为看出这种方案是如何实现的，假设方程式(8.5.5)中的 β_2 是 z 的函数，通过做变换 $\xi=\int_0^z p(z)\mathrm{d}z$，方程式(8.5.5)可以写成[101]

$$\frac{\partial B}{\partial \xi}+\frac{\mathrm{i}}{2}b(\xi)\frac{\partial^2 B}{\partial t^2}=\mathrm{i}\gamma|B|^2 B \tag{8.5.6}$$

式中，$b(z)=\beta_2(z)/p(z)$。如果 $b(\xi)=b(\xi_L-\xi)$，则 GVD 和 SPM 能同时得到补偿，这里 ξ_L 等于 $z=L$ 时 ξ 的值。当 $\beta_2(z)$ 以与 $p(z)$ 同样的方式减小，因此它们的比率保持恒定不变时，就可以自动满足这一条件。由于 $p(z)$ 是呈指数减小的，GVD 和 SPM 在 GVD 以 $\exp(-\alpha z)$ 减小的色散渐减光纤中均能得到补偿。这种方法相当普遍，甚至当使用光在线放大器时也可以采用。

8.5.3 相位共轭信号的产生

中点 OPC 技术的实现需要一个产生相位共轭信号的非线性光学器件，最常用的方法是利用非线性介质中的四波混频(Four-Wave Mixing，FWM)。因为光纤自身是一种非线性介质[110]，一种简单的方法是使用能使 FWM 效率最大化的特种光纤。FWM 的使用需要入射频率为 ω_p 的一束泵浦光，它相对信号频率 ω_s 有一个小的偏移量(约为 0.5 THz)。如果满足相位匹配条件，则这种光纤器件可作为一个参量放大器来放大信号，同时产生频率 $\omega_c=2\omega_p-\omega_s$ 的闲频光。闲频光与信号携带的信息相同，但它的相位相对于信号是反转的，而且它的频谱也是反转的。

如果选择 OPC 光纤的零色散波长与泵浦波长接近一致，则相位匹配条件可以近似满足。1993 年的一个实验采用了这种方法[90]，它利用在 1549 nm 波长处泵浦的 23 km 长光纤中的 FWM 产生 1546 nm 信号的相位共轭信号，并通过在光纤链路的中点补偿色散，将 6 Gbps 信号传输了 152 km。在 1993 年的另一个实验中[91]，利用如图 8.21 所示的装置将 10 Gbps 信号传

输了 360 km，其中中点 OPC 是在 21 km 长的光纤中实现的，泵浦激光器的波长调谐到恰好等于光纤的零色散波长。泵浦波长和信号波长相差 3.8 nm，用带通滤波器从泵浦光中分离出相位共轭信号。

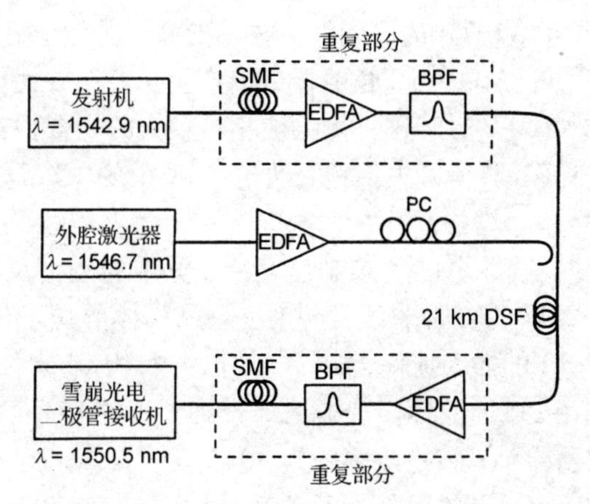

图 8.21 在 21 km 长的色散位移光纤中利用中点 OPC 技术实现色散补偿的实验装置[91]（经ⓒ 1993 IEEE授权引用）

在实际应用中实现中点 OPC 技术时，需要考虑几个因素。第一，由于在相位共轭器处信号波长从 ω_s变成 $\omega_c=2\omega_p-\omega_s$，在第二半光纤链路中 GVD 参数 β_2变得不同。结果，仅当相位共轭器略微偏离光纤链路的中点时，才能实现完全的色散补偿。准确位置 L_p可以用条件 $\beta_2(\omega_s)L_p=\beta_2(\omega_c)(L-L_p)$来确定，这里 L 是总链路长度。将 $\beta_2(\omega_c)$在信号频率 ω_s附近用泰勒级数展开，可得 L_p为

$$\frac{L_p}{L}=\frac{\beta_2+\delta_c\beta_3}{2\beta_2+\delta_c\beta_3} \tag{8.5.7}$$

式中，$\delta_c=\omega_c-\omega_s$是通过 OPC 技术引起的信号的频移。对于 6 nm 的典型的波长位移，相位共轭器的位置改变大约 1%。相位共轭光纤自身的残余色散和 SPM 也可以影响相位共轭器的位置[98]。

需要考虑的第二个因素是光纤中的 FWM 过程是偏振敏感的，因为在光纤中信号的偏振态是不受控制的，它以随机方式在 OPC 发生处变化，这种随机变化影响 FWM 的效率，并使标准 FWM 技术不适合于实用目的。幸运的是，可以通过改进 FWM 方案，使之变成偏振不敏感的。在其中一种方案中，使用了不同波长的两束正交偏振的泵浦光，它们对称地位于光纤零色散波长λ_{ZD}的两边[93]。这种方案还有一个优点：相位共轭信号可以以原始信号的频率产生，这可以通过选择λ_{ZD}使相位共轭信号的频率与信号频率一致来实现。利用单泵浦并结合一个光纤光栅和一个正交共轭镜(orthoconjugate mirror)[95]，也可以实现偏振不敏感的 OPC，但这种器件工作在反射模式，需要通过一个光环行器把相位共轭信号从原始信号中分离出来。

OPC 过程的低效率也受到重视。在早期的实验中，转换效率 η_c低于 1%，因此有必要放大相位共轭信号[91]。然而，FWM 并不是一个与生俱来的低效率过程，理论上，它甚至可以提供净增益[110]。确实，对于 FWM 方程的分析表明，通过增加泵浦功率可以显著增大 η_c；通过优化功率电平和泵浦、信号的波长差，η_c甚至可以超过 100%[96]。高泵浦功率要求通过调制泵浦相位来抑制受激布里渊散射。在 1994 年的一个实验中[94]，利用这种技术实现了 35% 的转换效率。

利用半导体光放大器(SOA)中的 FWM 过程也能产生相位共轭信号。1993 年，在演示 2.5 Gbps 信号在 100 km 长的标准光纤中的传输实验时，首次利用了该方法[92]。后来，在 1995 年的一个实验中[97]，利用同样的方法将 40 Gbps 信号在标准光纤中传输了 200 km。1987 年，提出了在 SOA 中实现高度非简并 FWM 的可能性，这种技术被广泛应用在波长转换中[111]。它的主要优势是，相位共轭信号可以在 1 mm 长的器件内产生；由于放大作用，其转换效率一般也比光纤中的 FWM 的转换效率高，尽管这一优势被相对较大的耦合损耗所抵消，因为需要将信号耦合回光纤中。适当选择泵浦-信号失谐量，通过 SOA 中的 FWM 已经实现了大于 100% 的转换效率(即相位共轭信号有净增益)[112]。

周期极化铌酸锂(PPLN)波导也已用来制作紧凑、宽带的频谱反转器[113]，这种器件中的相位共轭信号是通过两个级联的二阶非线性过程(通过晶体的周期极化实现相位匹配)产生的。这种 OPC 器件只有 7 dB 的插入损耗，能同时补偿 4 个 10 Gbps 信道在 150 km 长的标准光纤上的色散。2003 年，利用 PPLN 波导实现了从 C 带到 L 带的 103 个信道的同时相位共轭，其中在 1555 nm 处采用单波长泵浦，转换效率约为 -15 dB[114]。

在最近的几个实验中，OPC 技术已经用于色散补偿[106]。在 2004 年的一个 WDM 实验中，利用 PPLN 相位共轭器演示了 16 个信道(每个信道工作在 40 Gbps)在 800 km 标准光纤中的传输，放大器间距为 100 km，并在 4 个放大器后的中点处使用了一个 PPLN 器件。图 8.22 给出了实验装置示意图：波长为 1546.12 nm 的单个泵浦光对全部 16 个 WDM 信道产生相位共轭信道，因为它将信号的频谱在泵浦波长附近反转了。采用如图 8.22 所示的偏振分集方案以确保 OPC 过程是偏振无关的。

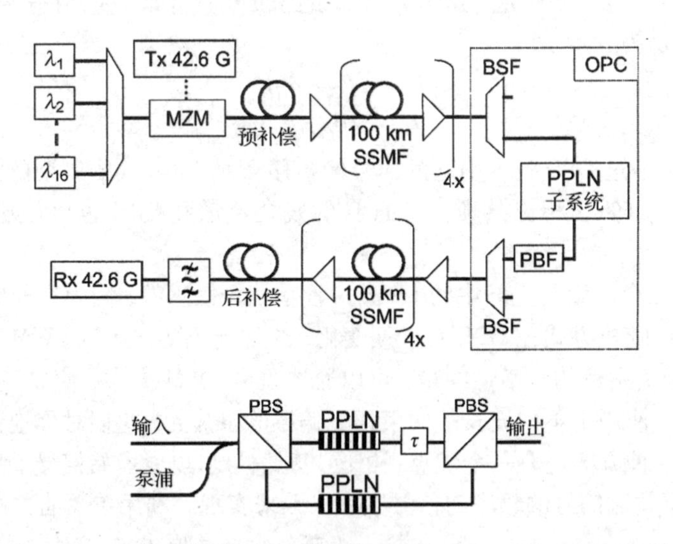

图 8.22 采用基于 PPLN 的相位共轭器在 800 km 长的标准光纤中传输数据的 16 信道 WDM 系统的实验装置；底部所示为采用的偏振分集方案[106](经© 2006 IEEE授权引用)

对于长途应用，读者可能会问，OPC 技术能否补偿数千千米长标准光纤的 GVD。这个问题已经通过数值模拟进行了广泛研究。在一组模拟中[99]，当将平均输入功率保持在3 mW 以下以降低非线性效应时，10 Gbps 信号可以传输 6000 km。在另一项研究中[102]，发现放大器间距起重要作用；保持 40 km 的放大器间距可能实现 9000 km 的传输距离。相对于零色散波长的工作波长的选择也很关键。在反常色散的情况下($\beta_2<0$)，信号功率沿光纤链路的周期变化

可以通过所谓的边带不稳定性(sideband instability)产生额外的边带[115]。如果色散参数的值相对较大[$D > 10$ ps/(km·nm)],就可以避免这种边带不稳定性,标准光纤在1.55 μm附近就属于这种情况。

通常,OPC技术的最大传输距离取决于许多因素,如FWM效率、输入功率和放大器间距[100]。如果利用一个适当设计的周期色散图并结合OPC,就有可能抑制边带不稳定性,并将传输距离增加到10 000 km以上[104]。在2005年的一个实验中[106],利用一个基于PPLN的中点相位共轭器补偿22个信道(工作在20 Gbps比特率下,信道间隔为50 GHz)在10 200 km传输距离上的色散,其中94.5 km长的循环环路采用群速度色散为16 ps/(km·nm)的标准光纤,并通过拉曼放大补偿其损耗。该实验采用RZ-DPSK(归零码-差分相移键控)格式,而且OPC还有助于降低非线性相位噪声(见10.5节)。

8.6 高比特率信道

2002年,已有单信道工作在40 Gbps比特率下的商用WDM系统,现在正努力使单信道比特率增加到和超过100 Gbps。对于这样的高速系统,对信道色散的管理将带来新的问题,本节将关注几个相关问题。

8.6.1 可调谐色散补偿

在WDM系统中,很难实现对所有信道的完全GVD补偿,有少量残余色散未得到补偿,这对长途光波系统而言经常是一个需要关注的问题。对于长度为L的光纤链路,这一累积色散为$d_a = \int_0^L D(z)\mathrm{d}z$,这里$D(z)$表示沿光纤链路的局部色散。实验室实验经常采用后补偿技术,在这种技术中,通过在接收端加入长度可调节的DCF来补偿各个信道的残余色散(色散修饰)。然而,这种技术并不适合商用WDM系统,其中有几个原因:第一,由于构成传输路径的光纤段的色散存在不可控的变化,与信道有关的残余色散的准确量并非总是已知的;第二,在可重构光网络中传输路径的长度甚至可以变化;第三,由于单信道的比特率增加到40 Gbps甚至更高,残余色散的容许值变得如此之小,甚至温度引起的GVD的变化也比较重要。基于这些原因,最好的方法是采用可调谐色散补偿方案,这种方案允许以动态方式对每个信道进行色散控制。

最近10年中,已经发展了多种技术,以用于可调谐色散补偿[116~135],其中几种技术利用了光纤布拉格光栅,其色散可以通过改变光栅的光学周期$\bar{n}\Lambda$来调谐。在一种方案中,光栅是非线性啁啾的,所以它的布拉格波长沿光栅长度方向非线性增加,当用压电换能器延展该光栅时,就实现了可调谐色散[116]。

在线性啁啾光栅中,在给定波长处群延迟的斜率(导致色散)不随光栅的延展而变化。然而,当啁啾是非线性的时,该斜率能以较大的因子变化。从数学意义上讲,应力引起的模折射率$\bar{n}$的变化改变了局部布拉格波长$\lambda_B(z) = 2\bar{n}(z)\Lambda(z)$,对于这种光栅,式(8.3.7)要用下式替代:

$$D_g(\lambda) = \frac{\mathrm{d}\tau_g}{\mathrm{d}\lambda} = \frac{2}{c}\frac{\mathrm{d}}{\mathrm{d}\lambda}\left(\int_0^{L_g} \bar{n}(z)\mathrm{d}z\right) \tag{8.6.1}$$

式中,τ_g是群延迟,L_g是光栅长度。可以通过改变模折射率$\bar{n}$(通过加热或延展光栅)来改变任意波长处D_g的值,从而实现布拉格光栅的可调谐色散特性。

自1999年以来，延展技术已经成功用于调谐非线性啁啾光纤光栅提供的色散[116]。光栅被置于一个机械延展器上，通过施加一个外电压，可以利用压电换能器延展它。图8.23给出了当施加的电压从0 V变化到1000 V时5 cm长光栅的群延迟特性。对于固定的信道波长，通过改变电压 d_a 可以从 –300 ps/nm 到 –1000 ps/nm 变化，从而实现了700 ps/nm 的调谐范围。利用带有非线性啁啾的采样光栅，能将同样的技术推广到为多个信道提供可调谐色散补偿。然而，它会遭受能影响每个信道的相对较大的三阶色散；通过级联两个相同的光栅(它们的啁啾相反)可以解决这个问题[122]。

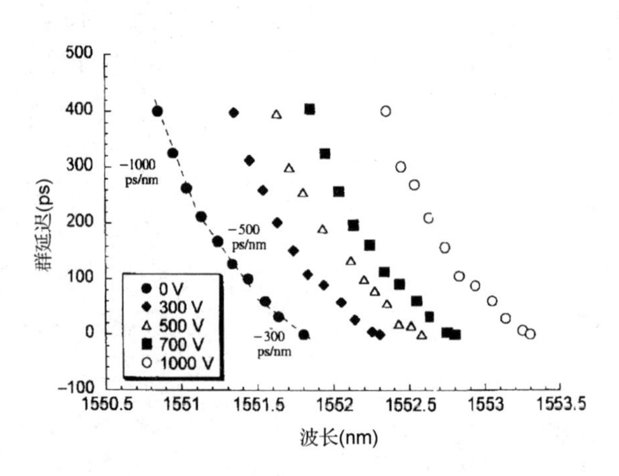

图8.23 当对非线性啁啾光纤光栅施加不同的电压时群延迟随波长的变化[116](经ⓒ1999 IEEE授权引用)

在实现可调谐色散补偿的一种不同的方法中，光栅被制成无啁啾的或线性啁啾的，而用温度梯度产生一个可控的啁啾，这种分布加热需要一个沉积到光纤(其纤芯内含有一个光栅)外表面的薄膜加热器。在一种简单的方法中[118]，薄膜厚度沿光栅长度方向变化，从而当沿薄膜施加恒定电压时产生了温度梯度。图8.24(a)给出了8 cm长的光栅在3个电压下的反射率谱；由群延迟 $\tau_g(\lambda)$ 计算的总色散如图8.24(b)所示，它是施加电压的函数。光栅最初是无啁啾的，而且阻带较窄；当通过非均匀加热使光栅产生啁啾时，阻带位移并展宽。从物理意义上讲，布拉格波长 λ_B 沿光栅长度方向变化，因为当沿光栅建立起温度梯度时，光学周期 $\bar{n}(z)\Lambda$ 变成与 z 有关了。通过这种方法，可以使总色散 D_gL_g 在 –2200 ~ –500 ps/nm 的范围内变化，这种光栅可以为10 Gbps系统提供可调谐色散补偿。有时用分段薄膜加热器来产生温度梯度，因为它能沿光栅长度方向提供更好的温度控制。这种器件的色散和色散斜率都可以是电控的，而且与需要高电压的延展技术相比，光栅的热调谐只需要几伏的电压。

级联相位切趾啁啾光纤光栅也可以通过热调谐提供可调谐色散补偿[133]。图8.25给出了这种器件的示意图，它由两个这样的光栅组成，并用一个四端口光环行器将它们级联在一起。每个相位切趾光栅由两个不同周期的光栅叠加而成，因此可作为一个分布GT滤波器(见8.4.1节)，它具有随频率周期变化的群延迟，且变化周期等于GT滤波器的自由光谱范围。借助于沿每个光栅长度方向的多个加热元件，可以改变局部光栅周期，从而实现了色散调谐。通过调整具有适当温度分布的两个光栅中的群延迟，这种器件可以同时补偿32个信道(信道间隔为50 GHz)的色散，同时在30 GHz的带宽内提供±800 ps/nm的色散调谐范围。

正如在8.4.2节中看到的，用硅基石英工艺制作的平面光波回路可以作为可调谐色散补偿器[79~81]。基于这种技术的阵列波导光栅(AWG)的使用提供了另一种方法来实现可调谐色散补

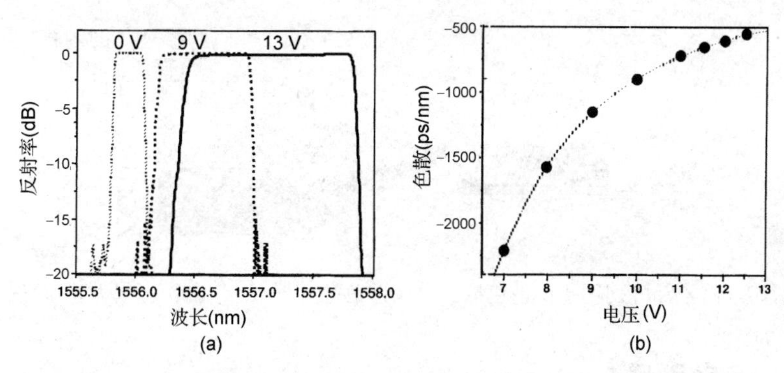

图8.24 具有温度梯度的光纤光栅的(a)反射率谱和(b)总GVD随电压的变化[118](经ⓒ2000 IEEE授权引用)

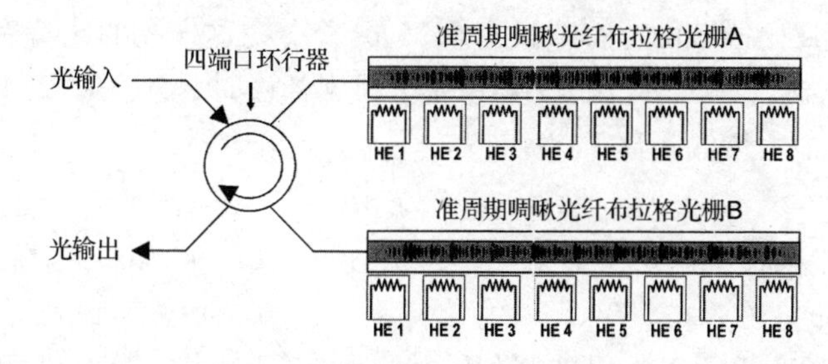

图8.25 基于作为分布GT滤波器的准周期啁啾光纤布拉格光栅(QPCFBG)的可调谐色散补偿器，用多个加热元件(HE)来调谐光栅的局部布拉格波长[133](经ⓒ2008 IEEE授权引用)

偿。图8.26给出了这种器件的示意图[131]，它包括一个附着在聚合物平面光波回路上(包含一个热光透镜)的AWG，该AWG的自由光谱范围为100 GHz，因此它能对包含100 GHz间隔信道的WDM信号解复用。聚合物平面光波回路包含一个7.5 μm厚的平板波导，其上有由16个加热器组成的一个阵列，这16个加热器可以单独处理，以产生一个抛物线形的热分布。在4.2 mm长的聚合物波导的远端有一个反射镜，它将所有信道反射回AWG。这种器件的色散可以在40 GHz带宽上0～1300 ps/nm的范围内调谐。在另一个基于AWG的方法中(见图8.27)，解复用信道被聚焦到一个液晶阵列上，它对每个信道施加一个电控相移后再将其反射回去[134]。这种器件用来补偿占用整个L带的WDM信号的色散。在2009年的一个实验中[135]，用填充光学树脂的透镜形沟槽替代液晶阵列。

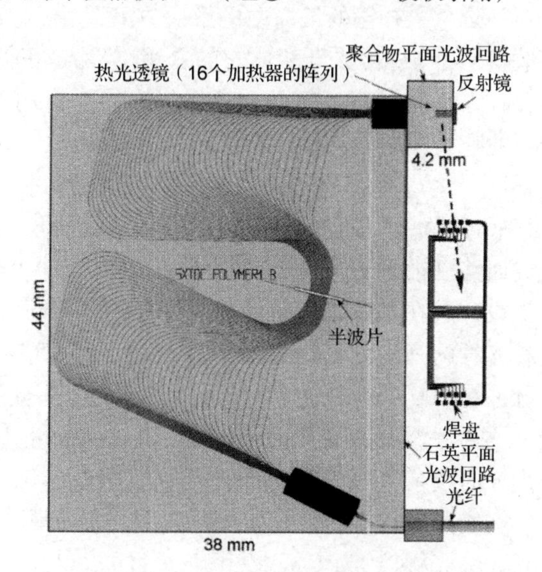

图8.26 基于平面光波回路的可调谐色散补偿器的示意图(经ⓒ2006 IEEE授权引用)

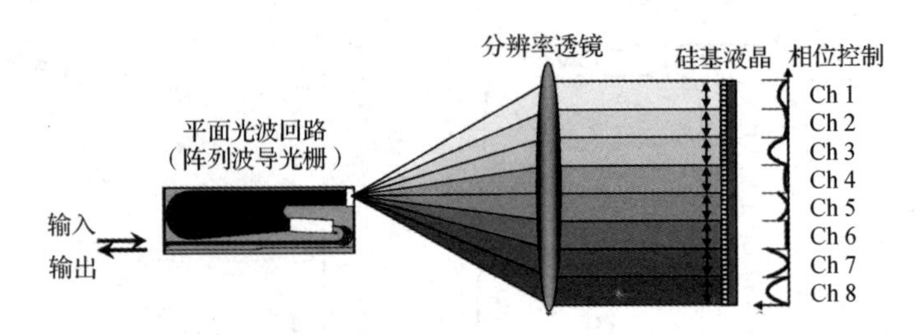

图 8.27 将液晶阵列用于调谐色散的可调谐色散补偿器[134](经ⓒ2009 IEEE 授权引用)

8.6.2 高阶色散管理

当单信道比特率超过 40 Gbps 时(比如通过时分复用),三阶和高阶色散效应开始影响光信号。例如,160 Gbps 比特率的比特隙只有 6.25 ps 宽,在这样高的比特率下 RZ 光信号由宽度小于 5 ps 的脉冲组成。当二阶色散(GVD)完全得到补偿时,通过式(2.4.33)可以估计三阶色散(TOD)β_3限制的最大传输距离 L,结果为

$$L \leqslant 0.034(|\beta_3|B^3)^{-1} \tag{8.6.2}$$

这一限制如图 2.12 中的虚线所示。如果用典型值 $\beta_3=0.08\ \text{ps}^3/\text{km}$,则在 200 Gbps 的比特率下,$L$ 最大只有 50 km 左右;在 500 Gbps 的比特率下,这一值减小到只有 3.4 km。显然,当单信道比特率超过 100 Gbps 时,发展能以可调谐方式补偿 GVD 和 TOD 的器件就很有必要[136~151]。

三阶色散补偿的最简单的解决方案是由色散补偿光纤提供的,这种光纤被设计成具有负色散斜率,与标准光纤相比它的 β_2 和 β_3 都是正值。设计这种光纤的必要条件由式(8.2.5)给出,于是,用于 WDM 系统中色散斜率补偿的 DCF 还可以控制每个信道的三阶色散。色散补偿光纤的唯一问题是它们的色散特性不易调谐,结果,如果光纤链路的色散改变(因为温度或其他环境变化),系统性能就被轻易地打了折扣。

通过光滤波器实现色散斜率的可调谐补偿也是可能的。基于级联 MZ 干涉滤波器的平面光波回路已被证明相当成功,因为这种滤波器具有可编程的特点。早在 1996 年,这种滤波器就被设计成在 170 GHz 的带宽内具有 $-15.8\ \text{ps/nm}^2$ 的色散斜率,并用来补偿 300 km 长的色散位移光纤的三阶色散[在工作波长处 $\beta_3\approx0.05\ \text{ps/(km}\cdot\text{nm}^2)$][137]。图 8.28 比较了当 2.1 ps 的光脉冲在 100 km 长的这种光纤中传输时,在光纤输出端观察到的有和没有 β_3 补偿的脉冲形状。均衡滤波器消除了振荡尾,并将主峰的宽度从 3.4 ps 降至 2.8 ps,脉宽相对其输入值 2.1 ps 的残余增加部分归因于偏振模色散。

在实际应用中经常优先选用啁啾光纤光栅,这是因为它们的全光纤特性。1997 年,开发出长光纤光栅(约为 1 m)以用于此目的[138]。在 1998 年的一个实验中[139],当传输距离等于 60 km时,使用非线性啁啾光纤光栅能够补偿 6 nm 带宽内的 TOD。几个啁啾光栅的级联可以提供具有任意色散特性的色散补偿器,它能补偿所有高阶色散。图 8.29(a)给出了用来补偿光纤的三阶色散 β_3 的一种简单的配置[140],两个相同的啁啾光纤光栅通过光环行器级联,但其中一个被倒装,这样它们的啁啾特性正好相反。由于两个光栅的群延迟大小相等,符号相反,它们的组合提供了零净 GVD。然而,它们的 TOD 贡献相叠加,产生一个近似抛物线形的相对群延迟,如图 8.29(b)所示。

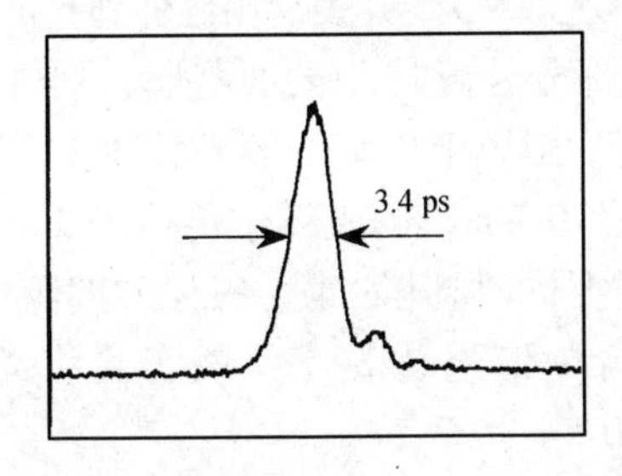

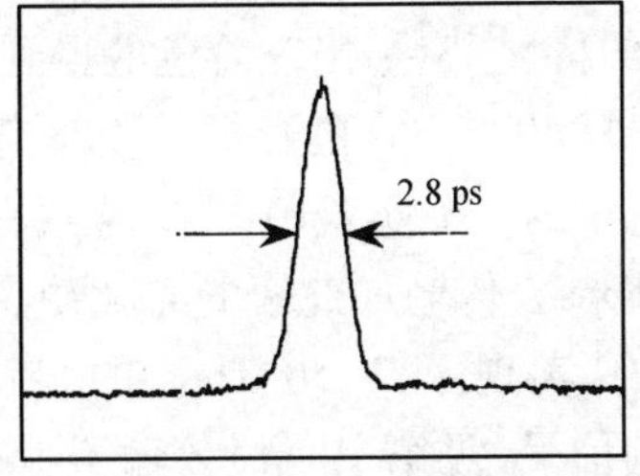

图 8.28　初始宽度为 2.1 ps 的光脉冲通过 100 km 长色散位移光纤($\beta_2=0$)传输后的脉冲形状。比较左图(没有三阶色散补偿)和右图(有三阶色散补偿),说明通过补偿三阶色散实现了输出脉冲质量的改善[137](经© 1998 IEEE授权引用)

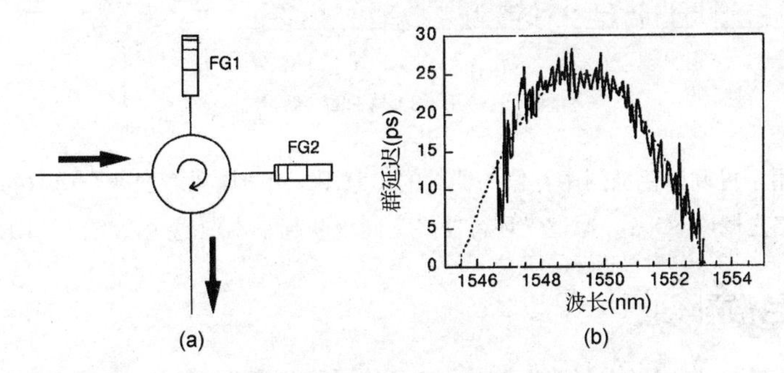

图 8.29　(a)通过级联两个相同的光纤光栅(FG)来补偿三阶色散;(b)所得的群延迟曲线(实线)和叠加在它上面的抛物线(虚线)[140](经© 2000 IEEE授权引用)

阵列波导光栅[141]或采样光纤光栅[60]也可以同时补偿二阶色散和三阶色散，尽管非线性啁啾采样光栅能同时为数个信道提供可调谐色散[142]，它的带宽仍是有限的。阵列波导光栅与空间相位滤波器相结合，可以在 8 THz 的带宽内提供色散斜率补偿，应适合 40 Gbps 的多信道系统[143]。利用中点光学相位共轭并结合三阶色散补偿在 10 000 km 的距离上传输 100 Gbps 信号的可行性也得到了研究[144]。

将分段薄膜加热器与啁啾光纤光栅集成在一起，还可以实现色散斜率的可调谐补偿。在 2004 年的一个实验中，用 32 段薄膜以分布方式加热 4 cm 长的光栅，在光栅后面用色散补偿光纤模块确保在信道的中心波长累积的二阶色散等于零。通过调节沿光栅的温度分布，从 $-20\ \text{ps/nm}^2$ 到 $+20\ \text{ps/nm}^2$ 改变色散斜率是可能的。在另一种不同的方法中，通过施加应变使两个光纤光栅产生线性或非线性啁啾，并用光环行器将它们级联在一起[145]；两个光栅安装在一个可以弯曲的衬底上。实验结果表明，在 1.7 nm 的带宽内只改变色散斜率(从近乎为 0 到 $-58\ \text{ps/nm}^2$)而不影响光栅的布拉格波长是可能的。

即使用非啁啾光纤光栅，也可以实现可调谐的三阶色散值。图 8.30 给出了一种设计[151]，其中两个非啁啾光纤光栅安装在可通过施加应变来弯曲的金属梁上，并利用一个四端口光环行器将输入信号依次通过这两个级联的光栅。该器件的三阶色散可以通过调整施加的非线性应变来调谐，而不改变二阶色散。在 2009 年的这个实验中，色散斜率可以在超过 2 nm 的带宽内从 $-13.9\ \text{ps/nm}^2$ 变化到 $-54.8\ \text{ps/nm}^2$。

有几个实验探索了传输比特率超过 200 Gbps 的单个信道的可能性[152~157]。在 1996 年的一个实验中[152]，通过在 2.5 ps 的时隙内传输 0.98 ps 的光脉冲，实现了 400 Gbps 信号的传输。没有三阶色散补偿时，在传输 40 km 后光脉冲被展宽到 2.3 ps，并表现出延伸到 6 ps 的一个长的振荡尾，这是三阶色散的特性[110]。当三阶色散得到部分补偿时，振荡尾消失，脉宽减至 1.6 ps，这样可以高精度地恢复 400 Gbps 的数据。1998 年，用短于 0.5 ps 的光脉冲实现了 640 Gbps 的比特率[153]。在 2001 年的一个实验中[156]，通过在 70 km 长的光纤中传输 380 fs 的光脉冲，将比特率增加到 1.28 Tbps。传输如此短的光脉冲需要同时补偿二阶、三阶和四阶色散。在 2006 年的一个实验中[157]，实现了 2.56 Tbps 的最高单信道比特率，该实验将差分正交相移键控(DQPSK)格式的信号(见第 10 章)传输了 160 km。

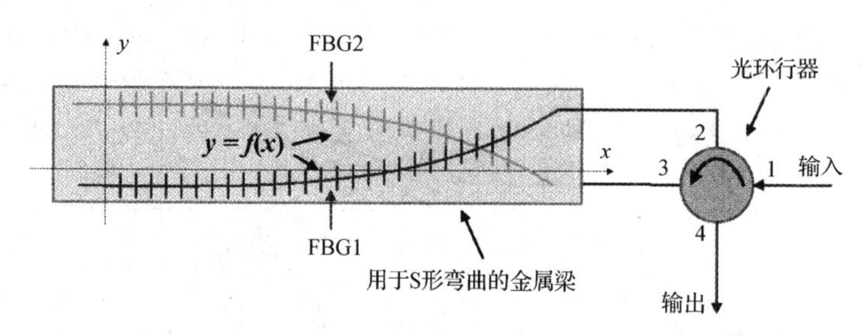

图 8.30 用于可调谐色散斜率补偿的器件的示意图，用金属梁弯曲两个均匀的光纤布拉格光栅(FBG)，并通过光环行器将它们级联起来[151](经ⓒ 2009 IEEE授权引用)

8.6.3 偏振模色散补偿

正如在 2.3.5 节中讨论的，因为光纤双折射沿光纤长度方向的随机变化，偏振模色散(PMD)导致光脉冲的失真。除了 GVD 引起的脉冲展宽，这种失真也会发生。利用色散管理可以消除 GVD 引起的展宽，但无法消除 PMD 引起的光信号劣化。基于这个原因，对现代色散管理光波系统而言，PMD 的控制已经变成一个主要问题[158~172]。

在讨论 PMD 补偿技术之前，重要的是获得对未补偿光波系统最大光纤链路长度的数量级的估计。式(2.3.17)表明，对于长度为 L 的光纤链路，差分群延迟(DGD)的均方根(RMS)值由 $\sigma_T = D_p\sqrt{L}$ 给出，这里 D_p 是 PMD 参数。需要着重指出的是，因为温度和其他环境因素，在一个宽范围内 DGD 的瞬时值随时间起伏[159]。如果 DGD 大到超过了比特隙，光波系统就无法正常工作了；与在无线电系统中发生的类似效应类比，这称为衰落或中断[158]。

PMD 限制系统的性能是用中断概率的概念来量化的，对于可接受的系统性能，中断概率应低于一个规定值(经常设在 10^{-5} 或 5 分/年附近)。中断概率的准确估计需要大量的数值模拟[162~172]。通常，中断概率取决于调制格式，图 8.31 给出了对于 NRZ 和 RZ 格式中断概率随平均 DGD 的变化，其中假设为维持 10^{-12} 的 BER，当功率代价超过 2 dB 时发生中断。通常，对于较短的光脉冲，采用 RZ 格式能获得较好的性能。主要结论是，DGD 的均方根值应仅为给定比特率 B 的比特隙的一小部分，因光波系统的调制格式和设计细节而异，这部分的准确值在 0.1~0.15 的范围内变化。如果用 10% 作为这一比率的保守标准，并利用 $B\sigma_T = 0.1$，则系统长度和比特率与光纤的 PMD 参数 D_p 的关系为

$$B^2L < (10D_p)^{-2} \tag{8.6.3}$$

利用该条件能估计光波系统工作在给定比特率 B 下的最大 PMD 限制距离。对于用标准光纤敷设的"老"光纤链路，如果用 $D_p = 1\ \text{ps}/\sqrt{\text{km}}$ 作为代表值，则条件式(8.6.3)变为 $B^2L < 10^4\ (\text{Gbps})^2\cdot\text{km}$。当链路长度超过 100 km 时，在 $B = 10$ Gbps 的比特率下这种光纤需要 PMD 补偿。与此相反，

现代光纤的 D_P 值一般小于 0.1 ps/$\sqrt{\text{km}}$，对于用这种光纤设计的光波系统，B^2L 可以超过 $10^6(\text{Gbps})^2\cdot\text{km}$。结果，如果光纤链路的长度超过600 km，则在10 Gbps 的比特率下 PMD 补偿不是必需的，但在40 Gbps 的比特率下可能需要 PMD 补偿。应强调的是，式(8.6.3)提供的只是一个数量级的估计。另外，当在接收端采用前向纠错（FEC）技术时，这个条件可以放宽[165]。

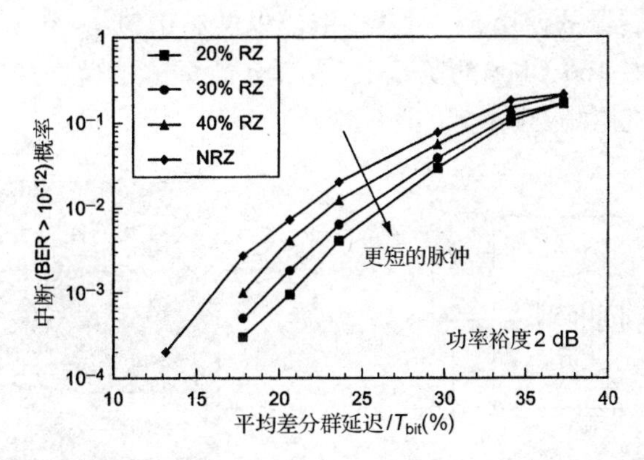

图8.31 对于 NRZ 和 RZ 格式中断概率随平均差分群延迟(相对于比特隙进行了归一化)的变化，RZ格式下脉冲的占空比从20%到40%不等[165]（经ⓒ 2002 IEEE授权引用）

以上讨论表明，当信道比特率超过10 Gbps 时，PMD 可以限制长途光波系统的性能。基于这个原因，早在1994年，PMD 补偿技术就受到了关注，从此持续得到发展[173~188]。这里，关注光学 PMD 补偿技术，电学 PMD 补偿技术在下面的章节中讨论。图8.32给出了光学 PMD 补偿器的示意图[180]，它由一个偏振控制器和一个双折射元件(如保偏光纤)组成，反馈环测量偏振度，并用这个信息来调节偏振控制器。

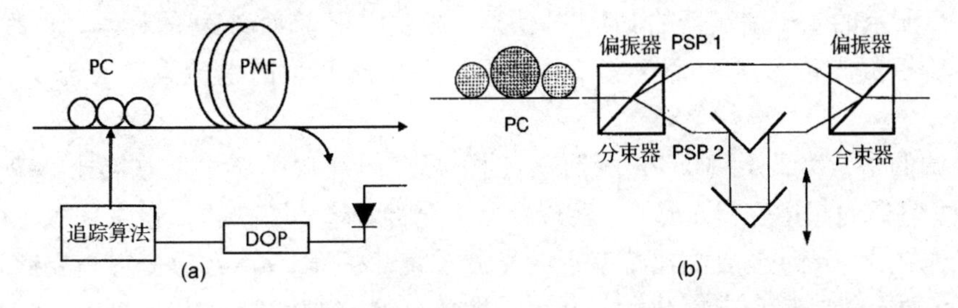

图8.32 两个光学 PMD 补偿器的示意图，PC，PMF，DOP 和 PSP 分别代表偏振控制器、保偏光纤、偏振度和主偏振态[180]（经ⓒ 2004 IEEE授权引用）

图8.32(a)所示的简单 PMD 补偿器的性能受它的双折射元件提供的固定 DGD 的限制。其他几种设计采用了可变 DGD，这种可变 DGD 使用了与图8.32(b)所示类似的可变延迟线，用偏振控制器和偏振分束器将 PMD 失真信号分成两个分量，通过可变延迟线在其中一个支路引入可调谐延迟后，再将这两个分量复合。仍需要一个反馈环来获得差错信号，根据环境的变化，用它来调节偏振控制器。对于长度为 L 的光纤，这一技术的成功取决于比率 L/L_{PMD}，这里 $L_{\text{PMD}}=(T_0/D_p)^2$，$T_0$ 是脉冲宽度[189]。只要这个比率不超过4，显著的改进是可以预期的。因为当 $D_p\approx0.1$ ps$\sqrt{\text{km}}$ 和 $T_0=10$ ps 时，L_{PMD} 接近10 000 km，所以对于10 Gbps 比特率的光波系统，这种 PMD 补偿器可以工作在跨洋距离上。

利用非光纤器件也可以实现 PMD 补偿，这些例子包括基于铌酸锂($LiNbO_3$)的分布补偿器[179]、铁电液晶光全通滤波器[181]、双折射啁啾光纤光栅[116]和钒酸钇(YVO_4)晶体等。图 8.33(a)给出了基于双折射晶体(钒酸钇)的 PMD 补偿器，它已经成功用于工作在 160 Gbps 比特率下的光波系统中[184]。这种 PMD 补偿器由彼此用法拉第旋转器隔开的长度不等的多个双折射钒酸钇晶体组成，更准确地说，每个晶体的长度是前一个晶体的长度的一半。因为这个特性和可调谐法拉第旋转器的使用，这种器件能够提供从 0.31 ps 到 4.70 ps(步长为 0.63 ps)的可调谐差分群延迟。在 160 Gbps 的实验中，用基于铌酸锂的偏振控制器扰乱发射机信号的偏振态，以确保光接收机探测到瞬时 DGD 的变化。

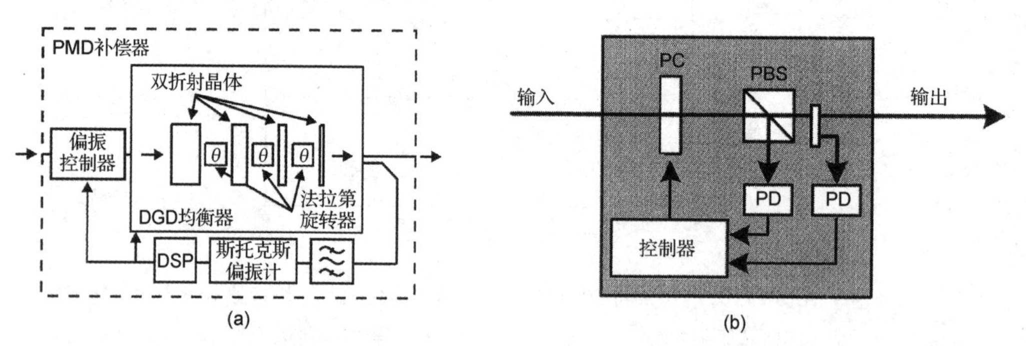

图 8.33 基于(a)双折射晶体和(b)偏振器的 PMD 补偿器，DSP，PC，PBS 和 PD 分别代表数字信号处理器、偏振控制器、偏振分束器和光电二极管[184](经ⓒ2005 IEEE授权引用)

还发展了几种其他类型的 PMD 补偿器。有时，用于 GVD 补偿的虚像相控阵列(VIPA)这种器件经过适当变化后，也可以用于 PMD 补偿[186]，这种器件将造成 PMD 的光纤链路的频率相关琼斯矩阵转换成动态变化的频率无关常数矩阵。在最近的一个 160 Gbps 实验中[188]，利用图 8.33(b)所示的基于偏振器的 PMD 补偿器，成功实现了对 PMD 的补偿。在这种器件中，用光电二极管探测光信号的两个正交偏振分量，并用所产生的电流以动态方式调节偏振控制器。

应该强调的是，大部分 PMD 补偿器仅有助于减轻一阶 PMD 效应。在高比特率下，因为光脉冲足够短，它们的频谱变得足够宽，所以在整个脉冲频谱上不能再假设主偏振态保持恒定不变。对于工作在 40 Gbps 或更高比特率下的光波系统，高阶 PMD 效应变得重要起来，在有些情况下，有必要补偿二阶和三阶 PMD。在大多数情况下，一阶 PMD 补偿器能够将 DGD 的容许值增加到原来的 3 倍以上，结果 PMD 补偿光波系统的传输距离显著增加。在实际应用中，单个 PMD 补偿器不能用来补偿所有 WDM 信道，相反，每个信道单独需要一个 PMD 补偿器，这个事实使 WDM 系统的 PMD 补偿成本很高。制作在光接收机内部的电均衡器提供了一个实际的替代解决方案，它能同时补偿 GVD 和 PMD，下面将讨论这个主题。

8.7 电色散补偿

尽管早在 20 世纪 90 年代，电色散补偿就受到了关注(因为它潜在的低成本以及易于采用集成电路芯片的形式在光接收机内实现[190])，但直到 2000 年后，它才发展到可以在实际的光波系统中使用[191]。电色散补偿的主要限制与电子电路的速度有关，数字信号处理(DSP)的最新发展已经使电色散补偿成为一种实用的工具，无论是对 GVD 补偿还是对 PMD 补偿。

8.7.1 群速度色散预补偿的基本思想

电子技术用于GVD补偿的基本原理是，尽管GVD使光信号劣化，如果把光纤作为一个线性系统(linear system)，则应能够通过电学方法来均衡色散效应。正如在8.1.1节中看到的，当GVD效应居于主导地位时，长度为L的光纤链路的传递函数可以写成以下形式：

$$H_f(\omega)=\exp(\mathrm{i}\omega^2 d_a/2),\qquad d_a=\int_0^L \beta_2(z)\mathrm{d}z \tag{8.7.1}$$

式中，d_a是沿整个光纤链路累积的色散。如果接收端产生的电信号能够同时恢复光信号的振幅和相位，则可以通过一个适当的电滤波器对GVD进行补偿。遗憾的是，采用直接探测只能恢复光信号的振幅，因此不能应用这样的滤波器。

对于相干探测，情况就有所不同。如果用外差接收机探测信号，色散补偿就相对容易一些。首先，这种接收机将光信号转换成中频(ω_{IF})微波信号，同时保留振幅和相位信息。然后，微波带通滤波器将信号恢复为原始形式[192]，其冲激响应由下面的传递函数决定：

$$H(\omega)=\exp[-\mathrm{i}(\omega-\omega_{\mathrm{IF}})^2 d_a/2] \tag{8.7.2}$$

确实，早在1992年，就将31.5 cm长的微带线用于色散均衡[193]，利用它可以将8 Gbps的信号在标准光纤中传输188 km。在1993年的一个实验中[194]，将这种技术推广到零差探测的情况，其中6 Gbps的信号在标准光纤中传输270 km后可以在接收端得到恢复。对于工作在2.5 Gbps比特率下的光波系统，微带线可以设计成补偿在长度为4900 km的标准光纤上累积的GVD[195]。

在直接探测接收机的情况下，没有基于光滤波器的线性均衡技术能恢复已扩展到它的分配比特隙之外的信号，尽管如此，已经发展了允许恢复劣化信号的几种非线性均衡技术[191]。在一种方法中，根据先行比特的不同，通常在眼图中心保持固定的判决阈值此时可以在比特之间变化。在另一种方法中，对一个给定比特的判决是在对该比特周围的多比特间隔内的模拟波形进行检查之后做出的[190]。最近，已经相当成功地利用模拟和数字信号处理技术来进行GVD补偿。

另一种可行方法是在发射端处理电信号，以预补偿在光纤链路中经历的色散。在本节中，首先关注预补偿技术，然后考虑在接收端采用的模拟和数字色散补偿技术。

8.7.2 发射端预补偿

由2.4.2节可注意到，色散引起的脉冲展宽伴随着施加给光脉冲的频率啁啾，一种简单的色散补偿方案是在相反方向上适当对每个光脉冲预啁啾。预啁啾能够改变输入脉冲的频谱振幅$\tilde{A}(0,\omega)$，以消除(至少是明显降低)GVD引起的劣化。显然，如果将频谱振幅按以下方式调整：

$$\tilde{A}(0,\omega)\to\tilde{A}(0,\omega)\exp(-\mathrm{i}\omega^2 d_a/2) \tag{8.7.3}$$

则GVD将得到完全补偿，在光纤输出端脉冲将恢复它的原始形状。尽管实现这一变换并不容易，但通过对光脉冲预啁啾，可以接近这个目标。基于这个原因，早在1988年预啁啾技术就受到了关注，并且已经在几个实验中得以实现，目的是增加光纤链路的长度[198~205]。

预啁啾技术

图8.34可以帮助理解预啁啾补偿色散的原理。没有预啁啾，光脉冲因为色散引起的啁啾而被单调展宽，然而，正如在2.4.2节中讨论并如图8.34所示的，对于满足$\beta_2 C<0$的C值，啁啾

脉冲在展宽前经历一个初始压缩阶段。基于这个原因，适当预啁啾的脉冲在展宽到它的分配比特隙外之前，可以传输更长的距离。作为这一改进的一个粗略估计，假设允许脉冲展宽到原来的$\sqrt{2}$倍，利用式(2.4.17)，可得最大传输距离为

$$L=\frac{C+\sqrt{1+2C^2}}{1+C^2}L_D \tag{8.7.4}$$

式中，$L_D=T_0^2/|\beta_2|$是色散长度。对于无啁啾高斯脉冲，$C=0$，$L=L_D$。然而，当$C=1$时L增加了36%；当$C=1/\sqrt{2}$时，获得$\sqrt{2}$倍的最大改进。这些特性清楚表明，预啁啾技术需要小心优化。尽管在实际应用中脉冲很少是高斯型的，预啁啾技术仍可以将传输距离增加50%或者更多。早在1986年，超高斯模型就预测到了这种改进[196]。

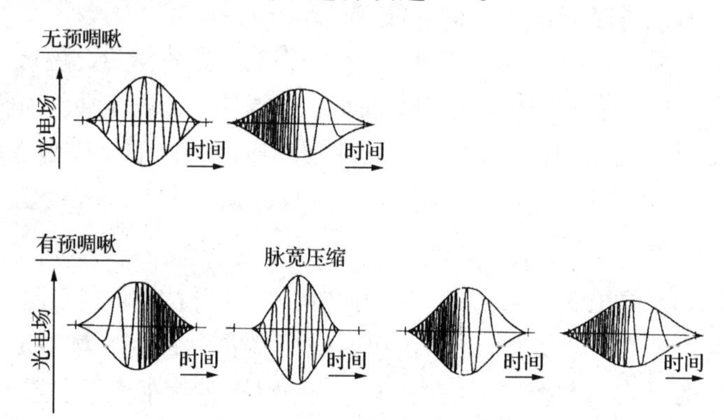

图8.34 无预啁啾和有预啁啾的脉冲在传输过程中其光电场和脉冲包络的变化[201]（经© 1994 IEEE授权引用）

在直接调制的情况下[197]，半导体激光器通过载流子引起的折射率变化自动对每个光脉冲引入啁啾。遗憾的是，对于直接调制的半导体激光器，啁啾参数C是负值。由于对于标准光纤，在1.55 μm波长区β_2也是负值，条件$\beta_2 C<0$是不满足的。实际上，正如在图2.11中看到的，当使用标准光纤时直接调制引起的啁啾大幅减小了传输距离。相反，如果使用具有正常GVD($\beta_2>0$)的色散位移光纤，同样的啁啾则有利于改善系统的性能。确实，城域网中通常采用这种光纤，以加入预啁啾引起的色散补偿。

在外调制的情况下，光脉冲近似是无啁啾的。在这种情况下预啁啾技术为每个光脉冲施加一个频率啁啾，且啁啾参数C是正值，这样条件$\beta_2 C<0$得以满足。在一种简单的方法中，在激光输出通过用于调幅(AM)的外调制器之前，首先调制DFB激光器的载波频率(FM)，由此得到的光信号同时表现出AM和FM[201]。这种技术归为电补偿一类，因为光载波的FM是通过一个小量(约为1 mA)调制DFB激光器的注入电流实现的。尽管DFB激光器的这种直接调制也以正弦方式调制了光功率，但幅度足够小，不会干扰探测过程。

为领会光载波的调频是怎样产生由啁啾脉冲组成的光信号的，为简单起见，假设脉冲是高斯型的，于是光信号可以写成下面的形式：

$$E(0,t)=A_0\exp(-t^2/2T_0^2)\exp[-\mathrm{i}\omega_0(1+\delta\sin\omega_m t)t] \tag{8.7.5}$$

式中，脉冲的载波频率ω_0以频率ω_m被正弦调制，调制深度为δ。在脉冲中心附近，$\sin(\omega_m t)\approx\omega_m t$，于是式(8.7.5)变为

$$E(0,t)\approx A_0\exp\left[-\frac{1+\mathrm{i}C}{2}\left(\frac{t}{T_0}\right)^2\right]\exp(-\mathrm{i}\omega_0 t) \tag{8.7.6}$$

式中，啁啾参数 C 由下式给出：

$$C=2\delta\omega_m\omega_0T_0^2 \tag{8.7.7}$$

通过改变调频参数 δ 和 ω_m，可以控制啁啾参数 C 的符号和大小。

光载波的相位调制还导致了正啁啾，利用下式替代式(8.7.5)并利用 $\cos x\approx1-x^2/2$，可以证明这一点：

$$E(0,t)=A_0\exp(-t^2/2T_0^2)\exp[-\mathrm{i}\omega_0t+\mathrm{i}\delta\cos(\omega_mt)] \tag{8.7.8}$$

相位调制技术的一个优点是，外调制器本身可以调制光载波的相位。最简单的解决方案是使用一个折射率可通过电学方法改变的外调制器，它可以施加一个 $C>0$ 的频率啁啾[198]。早在1991年，就用 C 值在0.6~0.8范围的 $LiNbO_3$ 调制器将5 Gbps信号传输了256 km[199]。其他类型的调制器，如电吸收调制器[200]或马赫-曾德尔调制器[202]，也可以对光脉冲施加 $C>0$ 的啁啾，并已经用于演示超越色散限制的传输[203]。随着与电吸收调制器集成的DFB激光器的发展，预啁啾技术的实现变得相当实际起来。在1996年的一个实验中[204]，利用这种光发射机将10 Gbps的NRZ信号在标准光纤中传输了100 km。2005年，通过发射端的啁啾管理，实现了250 km长的标准光纤链路[205]。

比特流的预啁啾还可以通过光信号的放大来实现，这种技术最早是在1989年论证的，当时用工作在增益饱和区的半导体光放大器(SOA)放大光发射机的输出[206~210]。从物理意义上讲，增益饱和导致载流子浓度的时间相关变化，而载流子浓度的变化又导致折射率的变化，从而使放大脉冲产生啁啾。啁啾量取决于输入脉冲的形状，在脉冲的大部分上是近似线性啁啾的。SOA不仅放大脉冲，而且使脉冲产生啁啾参数 $C>0$ 的正啁啾。因为这个正啁啾，可以用 $\beta_2<0$ 的光纤压缩输入脉冲。一个实验观察到了这种压缩[206]，在该实验中，当40 ps的输入脉冲在18 km长的标准光纤中传输时，其脉宽被压缩到23 ps。

1989年，在将16 Gbps信号在70 km长的光纤中传输的一个实验中，验证了这一技术用于色散补偿的可能[207]。根据式(8.1.1)，在没有放大器引起的啁啾时，对于 $D=15$ ps/(km·nm)的光纤，16 Gbps信号的传输距离最远只有14 km左右；使用工作在增益饱和区的放大器将传输距离增加到原来的5倍。这种技术还有一个额外的好处，即在信号入射到光纤中之前对它进行放大，这可以补偿耦合损耗和插入损耗，而这些损耗在发射机中是不可避免的。而且，如果将SOA作为光在线放大器，则这种技术还可以同时补偿光纤损耗和群速度色散[210]。

非线性介质也可以用来对光脉冲预啁啾。正如在2.6.2节中讨论的，当光脉冲沿光纤传输时，SPM这种非线性现象使它产生啁啾。于是，一种简单的预啁啾技术是，在将光发射机输出的光信号输入通信链路之前，让它先通过一段长度适当的光纤。根据式(2.6.14)，SPM以下面的方式调制光信号的相位：

$$A(0,t)=\sqrt{P(t)}\exp[-\mathrm{i}\gamma L_mP(t)] \tag{8.7.9}$$

式中，$P(t)$ 是光脉冲的功率，L_m 是非线性光纤的长度。在 $P(t)=P_0\exp(-t^2/T_0^2)$ 的高斯脉冲的情况下，啁啾是近似线性的，式(8.7.9)可以近似为

$$A(0,t)\approx\sqrt{P_0}\exp\left[-\frac{1+\mathrm{i}C}{2}\left(\frac{t}{T_0}\right)^2\right]\exp(-\mathrm{i}\gamma L_mP_0) \tag{8.7.10}$$

式中，啁啾参数为 $C=2\gamma L_mP_0$。当 $\gamma>0$ 时，啁啾参数 C 为正值，因此适合于色散补偿。传输光纤本身可以用来对光脉冲预啁啾，在1986年的一项研究中建议使用这种方法；研究表明，

通过优化输入光信号的平均功率，有可能将传输距离加倍[211]。

新型调制格式

对发射信号采用适当的调制格式，也能在一定程度上减轻色散问题的影响。在一种感兴趣的方法中[称为色散支持传输(dispersion-supported transmission)]，采用频移键控(FSK)格式传输信号[212~216]。对于这种调制格式，代表“1”比特和“0”比特的两个波长之间有一个恒定的偏移 $\Delta\lambda$，当 FSK 信号在光纤中传输时，两个波长不同的 FSK 信号以略微不同的速度在光纤中传输，其中“1”比特和“0”比特之间的时间延迟由波长偏移 $\Delta\lambda$ 决定，并由 $\Delta T = DL\Delta\lambda$ 给出，选择波长偏移 $\Delta\lambda$ 使得 $\Delta T = 1/B$。图 8.35 给出了一比特延迟是如何在接收端产生一个三电平(three-level)光信号的。实质上，因为光纤色散，FSK 信号被转换成一个振幅被调制的信号，利用电子积分器并结合判决电路，可以在接收端将这种信号解调[212]。

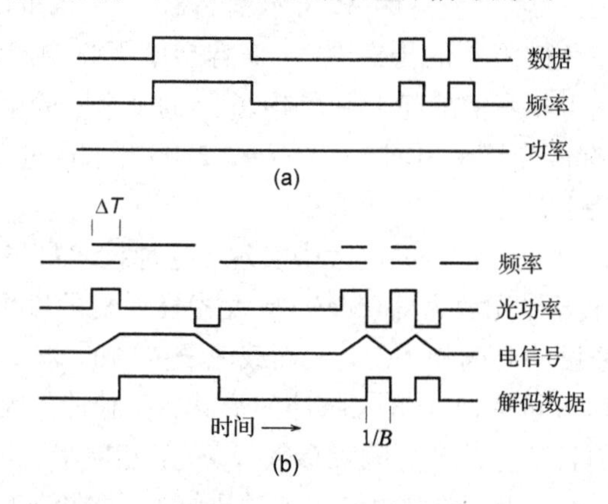

图 8.35　利用 FSK 格式编码的色散补偿。(a)发射信号的光学频率和功率；(b)接收信号的频率和功率，以及电解码的数据[212](经ⓒ 1994 IEEE授权引用)

有几个传输实验已经表明了色散支持传输方案的可用性[212~214]，所有这些实验关注的都是增加工作在 10 Gbps 或更高比特率下的 1.55 μm 光波系统在具有大的 GVD[约为 17 ps/(km·nm)]的标准光纤中的传输距离。在 1994 年的一个实验中[212]，通过这种方法实现了 10 Gbps 信号在 253 km 标准光纤中的传输。1998 年，在一个 40 Gbps 的现场试验中[214]，将信号在标准光纤中传输了86 km。应将这些值与式(8.1.1)的预测值进行比较，显然，当系统设计适当时，利用 FSK 技术可以大幅度增加传输距离[216]。

增加传输距离的另一种方法是，采用在给定比特率下信号带宽比标准开关键控格式的信号带宽窄的调制格式。一种方案利用双二进制编码(duobinary coding)[217]，这种编码方案通过将数字比特流中的两个连续比特相加，从而形成一个比特率减半的三电平双二进制码，将信号带宽减小 50%。由于 01 和 10 组合相加的结果都是 1，信号相位必须修改，以区分这两种组合(见 10.1 节)。由于 GVD 引起的劣化取决于信号带宽，双二进制编码信号的传输距离显著增加[218~223]。

在 1994 年的一个实验中[218]，比较了二进制和双二进制格式，发现当用双二进制编码替代二进制编码时，10 Gbps 信号能够多传输 30~40 km 的距离。双二进制编码方案还能够与预啁啾技术相结合，确实，在 1994 年的这个实验中，通过将双二进制编码与能产生 $C>0$ 的频率啁啾的外调制器相结合，实现了 10 Gbps 信号在 160 km 标准光纤中的传输。由于啁啾增加了信号带宽，很难理解为什么它还有帮助。在实际应用中，好像相位反转(当产生双二进制信号时出现)是采用双二进制编码能实现系统性能改进的主要原因[219]。人们还提出了称为相位整形

(phase-shaped)二进制传输的另一种色散管理方案，它也利用了相位反转[220]。采用双二进制编码传输增加了对信噪比的要求，而且需要在接收端解码。尽管双二进制编码有这些缺点，但它对将现有的陆地光波系统升级到 10 Gbps 或更高的比特率比较有用[221~223]。

数字信号处理

近年来，在用电子方法尽可能精确地在发射机内实现式(8.7.3)给出的变换方面，已经取得显著进展[224~226]。基本思想是，这种变换相当于时域中的卷积，可以用数字信号处理在电域中实现。

图 8.36(a)给出了在 2005 年提出的方案。该方案利用数字信号处理和数模转换决定每比特的准确振幅和相位，然后将所产生的电信号施加给一个双驱马赫-曾德尔调制器，以产生整个比特流。对应于由式(8.7.3)给出的变换的时域卷积，是通过在存储器中存储的输入比特序列的查找表(look-up table)计算的。卷积的精度取决于用来计算它的连续比特数。图 8.36(b)给出了当连续 5、9 和 13 比特用于此目的时，通过数值方法估计的眼图张开度代价随光纤链路长度的变化关系，并将它与未补偿的情况(虚线所示)进行比较。在未补偿的情况下，在 80 km 处(累积色散 d_a = 1360 ps/nm)眼图张开度代价为 2 dB。当用 13 个连续比特进行电预补偿后，光纤链路的长度能增加到接近 800 km(d_a = 13 600 ps/nm)，表明采用这种方案可以取得巨大的改进。原则上，通过增加用来更精确地计算卷积的连续比特数，能够实现任意光纤链路长度。在 2007 年的一个实验中[225]，利用一个现场可编程逻辑门阵列来进行数字信号处理。

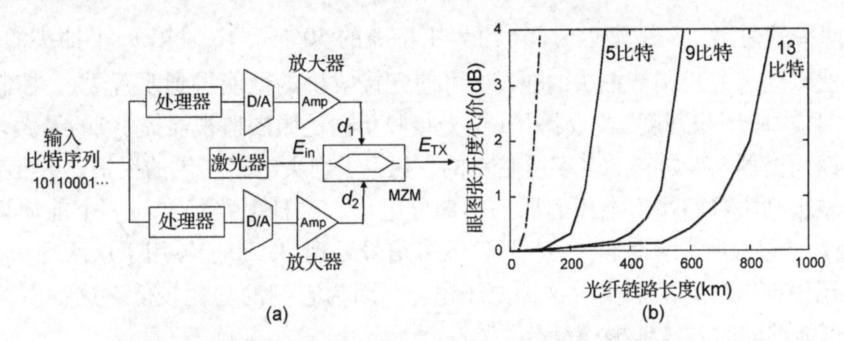

图 8.36　电预补偿方案的(a)发射机设计和(b)眼图张开度代价与光纤链路长度的关系[224](经ⓒ 2005 IEEE授权引用)

在这个问题的一种不同的解决方法中，仅利用光信号的强度调制来进行 GVD 的预补偿[226]。乍一看，这种方法不会成功，因为单纯通过强度调制不能实现式(8.7.3)给出的变换。然而，对于直接探测的情况，在接收端相位信息被丢弃了，于是，能够用接收端的相位作为一个额外的自由度。对于光接收机所接收的一个给定的光功率模式，只要知道该激光器的强度和相位的具体关系，就有可能找到提供该模式的直接调制半导体激光器所需的预失真注入电流。在 2009 年的一个实验中，用人工神经网络来求注入电流，然后用它直接调制半导体激光器，由此得到的 10 Gbps 信号能够在标准光纤中传输 190 km(d_a ≈ 3500 ps/nm)。数值模拟表明，利用这种技术可以实现对 350 km 长标准光纤的色散预补偿。

8.7.3　接收端补偿

光接收机内的电色散补偿最有吸引力，因为它只需要适当设计的集成电路芯片[191]。随着模拟和数字信号处理的最新进展，这种方法对于现代光波系统已经变得现实起来[227~241]。主要困难在于，如果利用先进调制格式，以1比特/符号以上的调制效率传输信号(见第10章)，则电子逻辑电路必须工作在接近比特率或符号率的高速度下。2000年，实现了工作在10 Gbps比特率下的色散均衡电路；2007年，这种电路已经用于工作在40 Gbaud(符号率)的系统[234]。

直接探测接收机

由于直接探测只能恢复发射信号的振幅，线性均衡技术不能恢复已经扩展到它的分配比特隙之外的信号。尽管如此，最初为无线电和有线网络开发的非线性信号处理技术，已经被光波系统所采用。两种常用的非线性信号处理技术，即前馈均衡器(Feed-Forward Equalizer，FFE)和判决反馈均衡器(Decision-Feedback Equalizer，DFE)，已经实现了集成电路芯片的形式，能工作在40 Gbps的比特率下。图8.37给出了将这两种均衡器串联起来的一种设计。

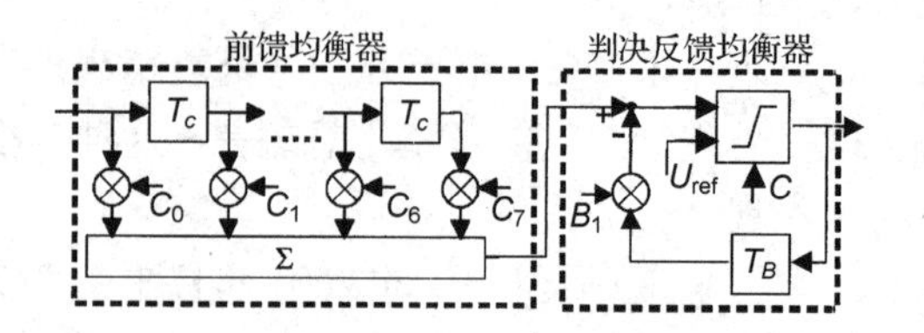

图8.37 将前馈均衡器和判决反馈均衡器串联起来的电色散均衡器[229]（经© 2004 IEEE授权引用）

前馈均衡器包含一个横向滤波器，其中用多抽头延迟线将输入电信号 $x(t)$ 分成很多个支路，然后将它们的输出复合，于是可以得到

$$y(t)=\sum_{m=0}^{N-1}c_m x(t-mT_c) \tag{8.7.11}$$

式中，N 是抽头的总数，T_c 是延迟时间(约为比特隙的50%)，C_m 是第 m 个抽头的相对权重。通过控制算法以动态方式调节抽头的权重，可使光接收机的性能得到改善[229]，控制电子线路的差错信号对应“眼图张开度”或 Q 因子(由光接收机内的眼图监视器提供)的最大化。

判决反馈均衡器，正如它的名字所暗示的，利用了判决电路提供的反馈，更准确地说，从输入信号中减去判决电路输出电压的那一小部分电压。这种电路经常与一个前馈均衡器相结合(见图8.37)，以改善总体性能[234]。尽管数字信号处理(DSP)能够用于这两种均衡器，但在实际应用中用模拟信号处理来实现这种电子电路，因为它们的功耗较低。这种电路的一个优点是，它们还能够同时补偿偏振模色散[233]。

另一种电均衡器称为最大似然信号估计器(Maximum Likelihood Signal Estimator，MLSE)，因为它基于数字信号处理技术，所以在光电探测器后需要一个模数转换器[234]。这种电均衡器利用了Viterbi算法，该算法在1967年提出，并被广泛用在蜂窝(cellular)网中。其原理是同时检验多个比特并找出它们最可能的比特序列。由于MLSE均衡器并不基于特定形式的失真，所以能同时补偿GVD和PMD。

在2007年的一项研究中[233]，致力于理解当利用带有RZ或NRZ格式的开关键控的10.7 Gbps系统分别或同时受GVD和PMD的影响时，电均衡器对其性能改善的程度。图8.38给出了当信号只受GVD的影响时(沿光纤链路PMD可以忽略)，测量的光信噪比代价随标准单模光纤[D=17 ps/(km·nm)]长度的变化。有几点值得注意：第一，在所有情况下，NRZ格式的代价要明显小于RZ格式的代价；联想到2.4节中的在NRZ格式情况下光脉冲更宽(或信号带宽更小)，就容易理解这一点。第二，当采用电均衡器时，信号能够传输得更远；假设最多能容忍2 dB的代价，当采用FFE和DFE的组合时，NRZ和RZ格式下的传输距离分别增大了54%和43%。第三，在两种情况下MLSE均衡器工作较好；对于NRZ格式，在2 dB代价点光纤长度从50 km增加到110 km。

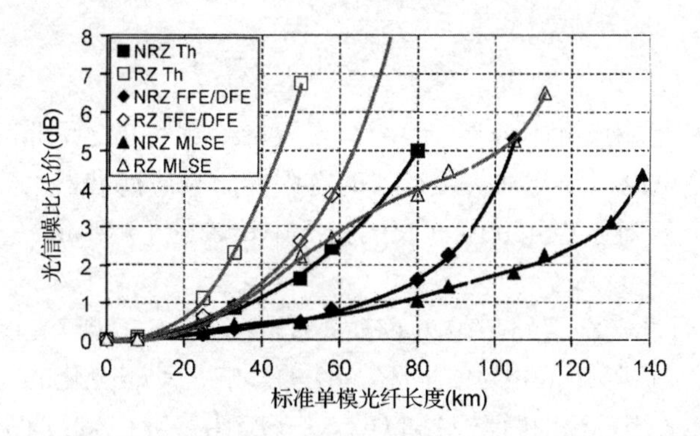

图8.38　当信号仅受GVD的影响时，测量的光信噪比代价随标准单模光纤[$D=17$ ps/(km·nm)]长度的变化[233]（经©2007 IEEE授权引用）

PMD补偿的结果表明，RZ格式要比NRZ格式更能容忍PMD。电均衡器的使用明显改善了可容忍的PMD的大小，而且对于MLSE均衡器，改善程度最高。然而，当同时存在GVD和PMD时，对于RZ和NRZ格式，可以容忍的PMD的大小相当。

相干探测接收机

如果在接收端同时探测信号的振幅和相位，则色散的电补偿更容易进行；而且，PMD的补偿需要获得接收光信号两个偏振分量的振幅和相位信息。相干探测的使用使这成为可能，近年来，已经有几个实验实现了这种方法[237~241]。

图8.39给出了相干接收机的示意图，其中，带有4个光电二极管的相位和偏振分集的使用允许恢复两个偏振分量的振幅和相位。偏振分束器将输入信号分成两个正交的偏振分量E_x和E_y，然后用两个3×3的耦合器(作为90°桥接)将它们与本机振荡器的输出复合到一起[237]。4个光电二极管分别恢复$E_xE_{lo}^*$和$E_yE_{lo}^*$的实部和虚部，并由它们得到振幅和相位信息。本机振荡器将光信号转换到微波域，同时保持它的振幅和相位的完整。

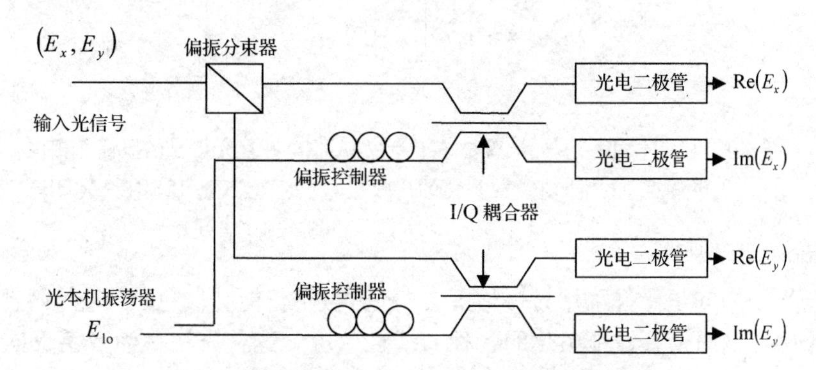

图8.39　用本机振荡器恢复光信号的E_x和E_y偏振分量的实部和虚部的相干接收机的示意图[239]（经© 2008 OSA授权引用）

利用传递函数是式(8.7.1)给出的传递函数的倒数的全通滤波器，很容易在频域中实现GVD的补偿[240]。这一步需要对复数场数字化，计算它的傅里叶变换，乘以$H(\omega)$，然后对所得的数字信号做逆傅里叶变换。所有这些步骤都可以通过数字信号处理来完成。

GVD还可以在时域中补偿，这通过取式(8.7.1)给出的传递函数的逆傅里叶变换，将它转换成以下冲激响应来实现：

$$h(t)=\sqrt{\frac{2\pi}{\mathrm{i}d_a}}\exp\left(-\frac{\mathrm{i}t^2}{2d_a}\right) \tag{8.7.12}$$

用数字方法实现这个冲激响应并不容易，因为其无限持续时间使之是非因果的。然而，如果冲激响应被适当缩短，则可以用带有抽头延迟线的有限冲激响应滤波器来实现[239]。所需抽头的个数取决于符号率和 d_a，对于在 4000 km 长的光纤中传输的 10 Gbaud 符号率的信号，抽头个数超过 200 个。

利用对应光信号通过光纤链路传输的琼斯矩阵的逆矩阵，能够在时域中实现 PMD 的补偿[240]。然而，求出这个矩阵并不容易，而且 PMD 的影响是动态变化的，这表明这个矩阵也随时间变化。在比如 DPSK(差分相移键控)和 QPSK(正交相移键控)等调制格式(见 10.1 节)的情况下，一种解决方案是用被称为常数模量算法(constant modulus algorithm)的算法由接收信号构造逆矩阵[237]。在 2007 年的一个实验中，成功使用了这种算法，该实验将 42.8 Gbps 信号[使用所谓的双偏振正交相移键控(DP-QPSK)格式调制]以 10.7 Gbaud 的符号率传输了 6400 km。

对于差分格式如 DPSK，接收端光信号的相位还能够通过被称为自相干(见 10.2 节)的技术恢复，而无须使用本机振荡器。在这种方案中，用其两臂之间有 1 比特延迟的马赫-曾德尔干涉仪恢复信号的相位。同样的方案甚至可以被利用开关键控格式的传统 RZ 和 NRZ 系统采用，以在接收端恢复光学相位，并用它重建全光场。

图 8.40 给出了马赫-曾德尔干涉仪后面的两个光电探测器是怎样用来重建光场，并将它用于带有适当电处理的色散补偿的[241]。2009 年的一个实验利用这种方法，将 10 Gbps 信号在标准光纤中传输了近 500 km，尽管光纤链路的累积色散超过了 8000 ps/nm。数值模拟表明，利用这种方法可以补偿长度大于 2000 km 的光纤链路上的色散。

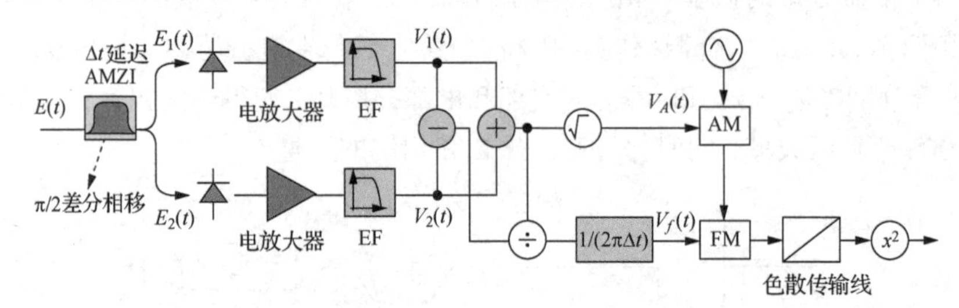

图 8.40 利用不对称的马赫-曾德尔干涉仪(AMZI)恢复光信号的振幅和相位并将它们用于电色散补偿的接收机[241](经© 2009 IEEE授权引用)

数字反向传输

接收端全光场的知识允许采用另一种方法，该方法不仅能补偿色散效应，而且能补偿当信号在光纤链路中传输时使其性能劣化的各种非线性效应。这种方法称为数字反向传输(digital backpropagation)，它基于一个简单的思想：如果光纤链路的所有参数均是已知的，用数字信号处理实现接收信号的数字反向传输，则应在发射端能够完全恢复原始的光场。近年来，这一思想受到关注，因为它有同时补偿所有劣化的可能[242~245]。

因为现有电子线路速度的限制，用数字方法实时地实现接收信号的反向传输并不容易[242]。在实际应用中，用相干探测将每个 WDM 信道转换成基带(无光载波)信号，对于第 k 个信道，所得的基带复数信号 $E_k=A_k\exp(\mathrm{i}\phi_k)$。用模数转换器以足够高的时间分辨率对这个场采样，而对于现有的数字信号处理技术，每个符号的采样点的个数相当少(2~4 个)，因此为确保足够高的时间分辨率，必须采用上采样。然而，同时处理整个时域信号是不可能的，通常采用并行方案，该方案利用有限冲激响应滤波器而不是传统的傅里叶变换技术。2008年的一个实验采用了这种方案，该实验用二进制 PSK 格式将3个6 Gbaud 的 WDM 信道传输了760 km，而且发现它比其他两种色散补偿技术的效果更好[244]。

偏振复用 WDM 信道的补偿复杂得多，因为它需要通过解两个耦合的非线性薛定谔方程，恢复每个信道光信号的两个偏振分量和它们的数字反向传输。在2009年的一个实验中[245]，采用了与图8.39所示的类似的探测方案，恢复用80 km长的循环光纤环路将3个6 Gbaud的WDM信道传输1440 km后光信号的两个偏振分量的振幅和相位。数字化的复振幅是用分步傅里叶法反向传输的[110]，反向传输后中央信道的 Q 因子取决于步长，从4.5 dB的低值增加到采用20 km相对大步长的14 dB附近。这些结果表明，随着电子器件工作速度的不断提高，数字反向传输有可能变成一种实用的技术。

习题

8.1 对于采用直接调制的10 Gbps的1.55 μm光波系统，色散限制的传输距离是多少？假设频率啁啾将高斯型的脉冲频谱展宽到其变换限制宽度的6倍，光纤色散选取 D =17 ps/(km·nm)。

8.2 如果用外调制器替代习题8.1中的光波系统的直接调制，则色散限制传输距离有望增大到多少？

8.3 利用傅里叶变换法解方程式(8.1.2)，利用这个解得到当高斯型输入脉冲在 $\beta_2=0$ 的光纤中传输到 $z=L$ 处时脉冲形状的解析表达式。

8.4 利用上题的结果，画出半极大全宽度(FWHM)为1 ps的高斯脉冲在 $\beta_2=0$，$\beta_3=0.08$ ps^3/km的20 km长的色散位移光纤中传输后的脉冲形状。如果 β_3 的符号改变，则脉冲形状应如何变化？

8.5 当50 ps(指的是半极大全宽度)的啁啾高斯脉冲在 $D=16$ ps/(km·nm)的100 km长的标准光纤中传输时，画出 $C=-1, 0, 1$ 时脉冲的形状，三阶色散可以忽略。

8.6 光滤波器的传递函数由下式给出：

$$H(\omega)=\exp[-(1+\mathrm{i}b)\omega^2/\omega_f^2]$$

该光滤波器的冲激响应是什么？当无啁啾高斯脉冲入射到长度为 L 的光纤中时，利用式(8.1.5)求光滤波器输出处的脉冲形状；为使光纤色散的影响最小，应如何优化光滤波器？

8.7 当30 ps(指的是半极大全宽度)的高斯脉冲在 $\beta_2=-20$ ps^2/km的100 km长的光纤中传输时，利用上题的结果比较光滤波器前、后脉冲的形状。假设光滤波器的带宽与脉冲的谱宽相同，而且光滤波器的参数 b 经过优化；b 的最佳值是多少？

8.8 利用式(8.1.5)证明，当色散补偿光纤(DCF)的比率 S/D 与组成传输链路的光纤的对应值相匹配时，DCF可以在整个C带提供色散补偿。

8.9 解方程式(8.3.2)和方程式(8.3.3)，证明布拉格光栅的传递函数确实由式(8.3.5)给出。

8.10 对于 δ 和 κ 均随 z 变化的啁啾光纤光栅，写出解方程式(8.3.2)和方程式(8.3.3)的计算机程序；利用该程序画出在10 cm长度上其周期线性地变化0.01%的光栅的反射率的振幅和相位，假设 $\kappa L=4$，在光栅输入端布拉格波长为1.55 μm。

8.11 利用布拉格光栅的色散关系 $q^2=\delta^2-\kappa^2$，证明光栅的二阶和三阶色散参数由式(8.3.6)给出。

8.12 试解释啁啾光纤光栅是怎样补偿 GVD 的？当光栅周期在长度 L 上以线性方式变化 $\delta\Lambda$ 时，推导这种光栅的 GVD 参数的表达式。

8.13 一个 5 cm 长的采样光栅被设计成具有 1 mm 的采样周期，每个采样周期包含一个调制周期为 0.5 μm 的 0.4 mm 长的子光栅。通过求解 $\kappa=0.6\ \text{cm}^{-1}$ 的方程式(8.3.2)和方程式(8.3.3)，画出反射率谱。

8.14 推导 Gires-Tournois 滤波器传递函数的表达式(8.4.1)，证明它提供了式(8.4.2)给出的色散。

8.15 考虑用定向耦合器构成的无损耗环形谐振器，求它的传递函数的表达式；证明它具有全通特性，并求出它提供的相移随频率的变化关系。

8.16 试解释光学相位共轭是怎样用来补偿光纤色散的；证明 FWM 过程使信号频谱发生了反转。

8.17 证明，仅当光纤损耗 $\alpha=0$ 时，才能通过中点光学相位共轭(OPC)补偿 SPM 和 GVD。

8.18 证明，当相位共轭场的频率 ω_c 与信号频率 ω_s 不一致时，相位共轭器应置于式(8.5.7)给出的位置。

8.19 预啁啾技术用于工作在 1.55 μm 并传输半极大全宽度(FWHM)为 40 ps 的啁啾高斯脉冲形式的“1”比特的 10 Gbps 光波系统的色散补偿，如果可以容忍 50% 的脉冲展宽，则啁啾参数 C 的最佳值是多少？当取该最佳值时信号能传输多远？选取 $D=17$ ps/(km·nm)。

8.20 现通过光载波的调频实现上题的预啁啾技术，如果相对于平均值脉冲有 10% 的最大展宽，试确定调制频率。

8.21 运行 OptiPerformer 软件，打开本书配套资料的第 8 章文件夹中的文件“40 Gbps RZ and NRZ.osp”，运行程序并画出对于 RZ 和 NRZ 格式 Q 因子随输入功率的变化。试解释为什么在输入功率的某个值处 Q 因子达到峰值？为什么对于 RZ 格式这个值要更大些？研究在这两种情况下 Q 因子达到峰值时的眼图，对于 40 Gbps 系统哪种格式更好些？为什么？

参考文献

[1] A. Gnauck and R. Jopson, in *Optical Fiber Telecommunications*, Vol. 3A, I. P. Kaminow and T. L. Koch, Eds., Academic Press, Boston, 1997, Chap. 7.

[2] J. Zyskind, R. Barry, G. Pendock, M. Cahill, and J. Ranka, in *Optical Fiber Telecommunications*, Vol. 4B, I. P. Kaminow and T. Li, Eds., Academic Press, Boston, 2002, Chap. 7.

[3] A. E. Willner and B. Hoanca, in *Optical Fiber Telecommunications IV*, Vol. 4B, I. P. Kaminow and T. Li, Eds., Academic Press, Boston, 2002, Chap. 14.

[4] M. Suzuki and N. Edagawa, *J. Lightwave Technol.* **21**, 916 (2003).

[5] C. Lin, H. Kogelnik, and L. G. Cohen, *Opt. Lett.* **5**, 476 (1980).

[6] A. J. Antos and D. K. Smith, *J. Lightwave Technol.* **12**, 1739 (1994).

[7] K. Thyagarajan, R. K. Varshney, P. Palai, A. K. Ghatak, and I. C. Goyal, *IEEE Photon. Technol. Lett.* **8**, 1510 (1996).

[8] M. Onishi, T. Kashiwada, Y. Ishiguro, Y. Koyano, M. Nishimura, and H. Kanamori, *Fiber Integ. Opt.* **16**, 277 (1997).

[9] J. Liu, Y. L. Lam, Y. C. Chan, Y. Zhou, and J. Yao, *Fiber Integ. Opt.* **18**, 63 (1999).

[10] J. -L. Auguste, R. Jindal, J. -M. Blondy, M. Clapeau, J. Marcou, B. Dussardier, G. Monnom, D. B. Ostrowsky, B. P. Pal, and K. Thyagarajan, *Electron. Lett.* **36**, 1689 (2000).

[11] L. Grüner-Nielsen, S. N. Knudsen, B. Edvold, T. Veng, D. Magnussen, C. C. Larsen, and H. Damsgaard, *Opt. Fiber Technol.* **6**, 164 (2000).

[12] L. Grüner-Nielsen, M. Wandel, P. Kristensen, C. Jørgensen, L. V. Jørgensen, B. Edvold, B. Palsdottir, and D. Jakobsen, *J. Lightwave Technol.* **23**, 3566 (2005).

[13] R. W. Tkach, R. M. Derosier, A. H. Gnauck, A. M. Vengsarkar, D. W. Peckham, J. J. Zyskind, J. W. Sulhoff, and A. R. Chraplyvy, *IEEE Photon. Technol. Lett.* **7**, 1369 (1995).

[14] H. Taga, M. Suzuki, N. Edagawa, S. Yamamoto, and S. Akiba, *IEEE J. Quantum Electron.* **34**, 2055 (1998).

[15] C. D. Chen, T. Kim, O. Mizuhara, T. V. Nguyen, K. Ogawa, R. E. Tench, L. D. Tzeng, and P. D. Yeates, *Electron. Lett.* **35**, 648 (1999).

[16] B. Bakhshi, M. F. Arend, M. Vaa, W. W. Patterson, R. L. Maybach, and N. S. Bergano, *Proc. Optical Fiber Commun. Conf.*, Paper PD2, 2001.

[17] C. D. Poole, J. M. Wiesenfeld, D. J. DiGiovanni, and A. M. Vengsarkar, *J. Lightwave Technol.* **12**, 1746 (1994).

[18] M. Eguchi, M. Koshiba, and Y. Tsuji, *J. Lightwave Technol.* **14**, 2387 (1996).

[19] S. Ramachandran, B. Mikkelsen, L. C. Cowsar, et al., *IEEE Photon. Technol. Lett.* **13**, 632 (2001).

[20] M. Eguchi, *J. Opt. Soc. Am. B* **18**, 737 (2001).

[21] S. Ramachandran, *J. Lightwave Technol.* **23**, 3426 (2005).

[22] R. C. Youngquist, J. L. Brooks, and H. J. Shaw, *Opt. Lett.* **9**, 177 (1984).

[23] C. D. Poole, C. D. Townsend, and K. T. Nelson, *J. Lightwave Technol.* **9**, 598 (1991).

[24] R. Kashyap, *Fiber Bragg Gratings*, 2nd ed., Academic Press, Boston, 2009.

[25] T. A. Birks, D. Mogilevtsev, J. C. Knight, and P. St. J. Russell, *IEEE Photon. Technol. Lett.* **11**, 674 (1999).

[26] L. P. Shen, W. -P. Huang, G. X. Chen, and S. S. Jian, *IEEE Photon. Technol. Lett.* **15**, 540 (2003).

[27] Y. Ni, L. Zhang, L. An, J. Peng, and C. Fan, *IEEE Photon. Technol. Lett.* **16**, 1516 (2004).

[28] T. Fujisawa, K. Saitoh, K. Wada, and M. Koshiba, *Opt. Express* **14**, 893 (2006).

[29] S. Yang, Y. Zhang, L. He, and S. Xie, *Opt. Lett.* **31**, 2830 (2006).

[30] T. Matsui, K. Nakajima, and I. Sankawa, *J. Lightwave Technol.* **25**, 757 (2007).

[31] S. Kim and C. -S. Kee, *Opt. Express* **17**, 15885 (2009).

[32] D. K. W. Lam, B. K. Garside, and K. O. Hill, *Opt. Lett.* **7**, 291 (1982).

[33] G. P. Agrawal, *Lightwave Technology: Components and Devices*, Wiley, Hoboken, NJ, 2004.

[34] B. J. Eggleton, C. M. de Sterke, and R. E. Slusher, *J. Opt. Soc. Am. B* **16**, 587 (1999).

[35] B. J. Eggleton, T. Stephens, P. A. Krug, G. Dhosi, Z. Brodzeli, and F. Ouellette, *Electron. Lett.* **32**, 1610 (1996).

[36] T. Stephens, P. A. Krug, Z. Brodzeli, G. Dhosi, F. Ouellette, and L. Poladian, *Electron. Lett.* **32**, 1599 (1996).

[37] N. M. Litchinister, B. J. Eggleton, and D. B. Pearson, *J. Lightwave Technol.* **15**, 1303 (1997).

[38] K. Hinton, *J. Lightwave Technol.* **15**, 1411 (1997).

[39] F. Ouellette, *Opt. Lett.* **12**, 622, (1987).

[40] K. O. Hill, S. Thériault, B. Malo, F. Bilodeau, T. Kitagawa, D. C. Johnson, J. Albert, K. Takiguchi, T. Kataoka, and K. Hagimoto, *Electron. Lett.* **30**, 1755 (1994).

[41] P. A. Krug, T. Stephens, G. Yoffe, F. Ouellette, P. Hill, and G. Dhosi, *Electron. Lett.* **31**, 1091 (1995).

[42] W. H. Loh, R. I. Laming, X. Gu, M. N. Zervas, M. J. Cole, T. Widdowson, and A. D. Ellis, *Electron. Lett.* **31**, 2203 (1995).

[43] W. H. Loh, R. I. Laming, N. Robinson, A. Cavaciuti, F. Vaninetti, C. J. Anderson, M. N. Zervas, and M. J. Cole, *IEEE Photon. Technol. Lett.* **8**, 944 (1996).

[44] W. H. Loh, R. I. Laming, A. D. Ellis, and D. Atkinson, *IEEE Photon. Technol. Lett.* **8**, 1258 (1996).

[45] D. Atkinson, W. H. Loh, J. J. O'Reilly, and R. I. Laming, *IEEE Photon. Technol. Lett.* **8**, 1085 (1996).

[46] K. Ennser, M. N. Zervas, and R. I. Laming, *IEEE J. Quantum Electron.* **34**, 770 (1998).

[47] S. V. Chernikov, J. R. Taylor, and R. Kashyap, *Opt. Lett.* **20**, 1586 (1995).

[48] G. P. Agrawal and S. Radic, *IEEE Photon. Technol. Lett.* **6**, 995 (1994).

[49] L. Zhang, K. Sugden, I. Bennion, and A. Molony, *Electron. Lett.* **31**, 477 (1995).

[50] A. H. Gnauck, J. M. Wiesenfeld, L. D. Garrett, R. M. Derosier, F. Forghieri, V. Gusmeroli, and D. Scarano, *IEEE Photon. Technol. Lett.* **11**, 1503 (1999).

[51] L. D. Garrett, A. H. Gnauck, F. Forghieri, V. Gusmeroli, and D. Scarano, *IEEE Photon. Technol. Lett.* **11**, 484 (1999).

[52] K. Hinton, *Opt. Fiber Technol.* **5**, 145 (1999).

[53] X. F. Chen, Z. B. Ma, C. Guang, Y. Meng, and X. L. Yang, *Microwave Opt. Tech. Lett.* **23**, 352 (1999).

[54] I. Riant, S. Gurib, J. Gourhant, P. Sansonetti, C. Bungarzeanu, and R. Kashyap, *IEEE J. Sel. Topics Quantum Electron.* **5**, 1312 (1999).

[55] L. D. Garrett, A. H. Gnauck, R. W. Tkach, et al., *IEEE Photon. Technol. Lett.* **12**, 356 (2000).

[56] B. J. Eggleton, P. A. Krug, L. Poladian, and F. Ouellette, *Electron. Lett.* **30**, 1620 (1994).

[57] F. Ouellette, P. A. Krug, T. Stephens, G. Dhosi, and B. Eggleton, *Electron. Lett.* **31**, 899 (1995).

[58] M. Ibsen, M. K. Durkin, M. J. Cole, and R. I. Laming, *IEEE Photon. Technol. Lett.* **10**, 842 (1998).

[59] M. Ibsen, A. Fu, H. Geiger, and R. I. Laming, *Electron. Lett.* **35**, 982 (1999).

[60] W. H. Loh, F. Q. Zhou, and J. J. Pan, *IEEE Photon. Technol. Lett.* **11**, 1280 (1999).

[61] J. E. Rothenberg, H. Li, Y. Li, J. Popeiek, Y. Wang, R. B. Wilcox, and J. Zweiback, *IEEE Photon. Technol. Lett.* **14**, 1309 (2002).

[62] A. V. Buryak, K. Y. Kolossovski, and D. Y. Stepanov, *IEEE J. Quantum Electron.* **39**, 91 (2003).

[63] H. Li, Y. Sheng, Y. Li, and J. E. Rothenberg, *J. Lightwave Technol.* **21**, 2074 (2003).

[64] H. J. Lee and G. P. Agrawal, *IEEE Photon. Technol. Lett.* **15**, 1091 (2003); *Opt. Express* **12**, 5595 (2004).

[65] H. Li, M. Li, Y. Sheng, and J. E. Rothenberg, *J. Lightwave Technol.* **25**, 2739 (2007).

[66] H. Li, M. Li, and J. Hayashi, *Opt. Lett.* **34**, 938 (2009).

[67] H. Ishii, F. Kano, Y. Tohmori, Y. Kondo, T. Tamamura, and Y. Yoshikuni, *IEEE J. Sel. Topics Quantum Electron.* **1**, 401 (1995).

[68] L. J. Cimini, L. J. Greenstein, and A. A. M. Saleh, *J. Lightwave Technol.* **8**, 649 (1990).

[69] A. H. Gnauck, C. R. Giles, L. J. Cimini, J. Stone, L. W. Stulz, S. K. Korotoky, and J. J. Veselka, *IEEE Photon. Technol. Lett.* **3**, 1147 (1991).

[70] C. K. Madsen, J. A. Walker, J. E. Ford, K. W. Goossen, T. N. Nielsen, and G. Lenz, *IEEE Photon. Technol. Lett.* **12**, 651 (2000).

[71] X. Shu, K. Chisholm, and K. Sugden, *Opt. Lett.* **28**, 881 (2003).

[72] M. Jablonski, Y. Takushima, and K. Kikuchi, *J. Lightwave Technol.* **19**, 1194 (2001).

[73] D. Yang, C. Lin, W. Chen, and G. Barbarossa, *IEEE Photon. Technol. Lett.* **16**, 299 (2004).

[74] X. Shu, K. Chisholm, and K. Sugden, *IEEE Photon. Technol. Lett.* **16**, 1092 (2004).

[75] T. Ozeki, *Opt. Lett.* **17**, 375 (1992).

[76] K. Takiguchi, K. Okamoto, S. Suzuki, and Y. Ohmori, *IEEE Photon. Technol. Lett.* **6**, 86 (1994).

[77] M. Sharma, H. Ibe, and T. Ozeki, *J. Lightwave Technol.* **12**, 1759 (1994).
[78] K. Takiguchi, K. Okamoto, and K. Moriwaki, *IEEE Photon. Technol. Lett.* **6**, 561 (1994).
[79] K. Takiguchi, K. Okamoto, and K. Moriwaki, *J. Lightwave Technol.* **14**, 2003 (1996).
[80] K. Takiguchi, K. Okamoto, T. Goh, and M. Itoh, *J. Lightwave Technol.* **21**, 2463 (2003).
[81] K. Takiguchi, H. Takahashi, and T. Shibata, *Opt. Lett.* **33**, 1243 (2008).
[82] C. K. Madsen and L. H. Zhao, *Optical Filter Design and Analysis: A Signal Processing Approach*, Wiley, New York, 1999.
[83] G. Lenz and C. K. Madsen, *J. Lightwave Technol.* **17**, 1248 (1999).
[84] C. K. Madsen, *J. Lightwave Technol.* **18**, 880 (2000).
[85] C. K. Madsen, *J. Lightwave Technol.* **21**, 2412 (2003).
[86] C. K. Madsen and G. Lenz, *IEEE Photon. Technol. Lett.* **10**, 994 (1998).
[87] C. K. Madsen, G. Lenz, A. J. Bruce, M. A. Capuzzo, L. T. Gomez, and R. E. Scotti, *IEEE Photon. Technol. Lett.* **11**, 1623 (1999).
[88] O. Schwelb, *J. Lightwave Technol.* **22**, 1380 (2004).
[89] A. Yariv, D. Fekete, and D. M. Pepper, *Opt. Lett.* **4**, 52 (1979).
[90] S. Watanabe, N. Saito, and T. Chikama, *IEEE Photon. Technol. Lett.* **5**, 92 (1993).
[91] R. M. Jopson, A. H. Gnauck, and R. M. Derosier, *IEEE Photon. Technol. Lett.* **5**, 663 (1993).
[92] M. C. Tatham, G. Sherlock, and L. D. Westbrook, *Electron. Lett.* **29**, 1851 (1993).
[93] R. M. Jopson and R. E. Tench, *Electron. Lett.* **29**, 2216 (1993).
[94] S. Watanabe and T. Chikama, *Electron. Lett.* **30**, 163 (1994).
[95] C. R. Giles, V. Mizrahi, and T. Erdogan, *IEEE Photon. Technol. Lett.* **7**, 126 (1995).
[96] S. Wabnitz, *IEEE Photon. Technol. Lett.* **7**, 652 (1995).
[97] A. D. Ellis, M. C. Tatham, D. A. O. Davies, D. Nesser, D. G. Moodie, and G. Sherlock, *Electron. Lett.* **31**, 299 (1995).
[98] M. Yu, G. P. Agrawal, and C. J. McKinstrie, *IEEE Photon. Technol. Lett.* **7**, 932 (1995).
[99] X. Zhang, F. Ebskamp, and B. F. Jorgensen, *IEEE Photon. Technol. Lett.* **7**, 819 (1995).
[100] X. Zhang and B. F. Jorgensen, *Electron. Lett.* **32**, 753 (1996).
[101] S. Watanabe and M. Shirasaki, *J. Lightwave Technol.* **14**, 243 (1996).
[102] C. Lorattanasane and K. Kikuchi, *J. Lightwave Technol.* **15**, 948 (1997).
[103] T. Merker, P. Meissner, and U. Feiste, *IEEE J. Sel. Topics Quantum Electron.* **6**, 258 (2000).
[104] P. Kaewplung, T. Angkaew, and K. Kikuchi, *J. Lightwave Technol.* **21**, 1465 (2003).
[105] G. L. Woods, P. Papaparaskeva, M. Shtaif, I. Brener, and D. A. Pitt, *IEEE Photon. Technol. Lett.* **16**, 677 (2004).
[106] S. L. Jansen, D. van den Borne, P. M. Krummrich, S. Spälter, G. -D. Khoe, and H. de Waardt, *IEEE J. Sel. Topics Quantum Electron.* **12**, 505 (2006).
[107] J. Li, K. Xu, G. Zhou, J. Wu, and J. Lin, *J. Lightwave Technol.* **25**, 1986 (2007).
[108] R. A. Fisher, B. R. Suydam, and D. Yevick, *Opt. Lett.* **8**, 611 (1983).
[109] R. A. Fisher, Ed., *Optical Phase Conjugation*, Academic Press, Boston, 1983.
[110] G. P. Agrawal, *Nonlinear Fiber Optics*, 4th ed., Academic Press, Boston, 2007.
[111] G. P. Agrawal, in *Semiconductor Lasers: Past, Present, Future*, G. P. Agrawal, Ed., AIP Press, Woodbury, NY, 1995, Chap. 8.
[112] A. D'Ottavi, F. Martelli, P. Spano, A. Mecozzi, and S. Scotti, *Appl. Phys. Lett.* **68**, 2186 (1996).
[113] M. H. Chou, I. Brener, G. Lenz, et al., *IEEE Photon. Technol. Lett.* **12**, 82 (2000).

[114] J. Yamawaku, H. Takara, T. Ohara, K. Sato, A. Takada, T. Morioka, O. Tadanaga, H. Miyazawa, and M. Asobe, *Electron. Lett.* **39**, 1144 (2003).

[115] F. Matera, A. Mecozzi, M. Romagnoli, and M. Settembre, *Opt. Lett.* **18**, 1499 (1993).

[116] A. E. Willner, K. M. Feng, J. Cai, S. Lee, J. Peng, and H. Sun, *IEEE J. Sel. Topics Quantum Electron.* **5**, 1298 (1999).

[117] M. J. Erro, M. A. G. Laso, D. Benito, M. J. Garde, and M. A. Muriel, *IEEE J. Sel. Topics Quantum Electron.* **5**, 1332 (1999).

[118] B. J. Eggleton, A. Ahuja, P. S. Westbrook, J. A. Rogers, P. Kuo, T. N. Nielsen, and B. Mikkelsen, *J. Lightwave Technol.* **18**, 1418 (2000).

[119] T. Inui, T. Komukai, and M. Nakazawa, *Opt. Commun.* **190**, 1 (2001).

[120] S. Matsumoto, T. Ohira, M. Takabayashi, K. Yoshiara, and T. Sugihara, *IEEE Photon. Technol. Lett.* **13**, 827 (2001).

[121] L. M. Lunardi, D. J. Moss, et al., *J. Lightwave Technol.* **20**, 2136 (2002).

[122] Z. Pan, Y. W. Song, C. Yu, Y. Wang, Q. Yu, J. Popelek, H. Li, Y. Li, and A. E. Willner, *J. Lightwave Technol.* **20**, 2239 (2002).

[123] Y. W. Song, Z. Pan, et al., *J. Lightwave Technol.* **20**, 2259 (2002).

[124] S. Ramachandran, S. Ghalmi, S. Chandrasekhar, I. Ryazansky, M. F. Yan, F. V. Dimarcello, W. A. Reed, and P. Wisk, *IEEE Photon. Technol. Lett.* **15**, 727 (2003).

[125] D. J. Moss, M. Lamont, S. McLaughlin, G. Randall, P. Colbourne, S. Kiran, and C. A. Hulse, *IEEE Photon. Technol. Lett.* **15**, 730 (2003).

[126] T. Sano, T. Iwashima, M. Katayama, T. Kanie, M. Harumoto, M. Shigehara, H. Suganuma, and M. Nishimura, *IEEE Photon. Technol. Lett.* **15**, 1109 (2003).

[127] X. Shu, K. Sugden, P. Rhead, J. Mitchell, I. Felmeri, G. Lloyd, K. Byron, Z. Huang, I. Khrushchev, and I. Bennion, *IEEE Photon. Technol. Lett.* **15**, 1111 (2003).

[128] N. Q. Ngo, S. Y. Li, R. T. Zheng, S. C. Tjin, and P. Shum, *J. Lightwave Technol.* **21**, 1568 (2003).

[129] X. Chen, X. Xu, M. Zhou, D. Jiang, X. Li, J. Feng, and S. Xie, *IEEE Photon. Technol. Lett.* **16**, 188 (2004).

[130] J. Kim, J. Bae, Y. -G. Han, S. H. Kim, J. -M. Jeong, and S. B. Lee, *IEEE Photon. Technol. Lett.* **16**, 849 (2004).

[131] C. R. Doerr, R. Blum, L. L. Buhl, M. A. Cappuzzo, E. Y. Chen, A. Wong-Foy, L. T. Gomez, and H. Bulthuis, *IEEE Photon. Technol. Lett.* **18**, 1222 (2006).

[132] C. R. Doerr, S. Chandrasekhar, and L. L. Buhl, *IEEE Photon. Technol. Lett.* **20**, 560 (2008).

[133] S. Doucet, S. LaRochelle, and M. Morin, *J. Lightwave Technol.* **26**, 2899 (2008).

[134] S. Sohma, K. Mori, H. Masuda, A. Takada, K. Seno, K. Suzuki, and N. Ooba, *IEEE Photon. Technol. Lett.* **21**, 1271 (2009).

[135] Y. Ikuma and T. Tsuda, *J. Lightwave Technol.* **27**, 5202 (2009).

[136] M. Onishi, T. Kashiwada, Y. Koyano, Y. Ishiguro, M. Nishimura, and H. Kanamori, *Electron. Lett.* **32**, 2344 (1996).

[137] K. Takiguchi, S. Kawanishi, H. Takara, A. Himeno, and K. Hattori, *J. Lightwave Technol.* **16**, 1647 (1998).

[138] M. Durkin, M. Ibsen, M. J. Cole, and R. I. Laming, *Electron. Lett.* **33**, 1891 (1997).

[139] T. Komukai and M. Nakazawa, *Opt. Commun.* **154**, 5 (1998).

[140] T. Komukai, T. Inui, and M. Nakazawa, *IEEE J. Quantum Electron.* **36**, 409 (2000).

[141] H. Tsuda, K. Okamoto, T. Ishii, K. Naganuma, Y. Inoue, H. Takenouchi, and T. Kurokawa, *IEEE Photon. Technol. Lett.* **11**, 569 (1999).

[142] Y. Xie, S. Lee, Z. Pan, J. X. Cai, A. E. Willner, V. Grubsky, D. S. Starodubov, E. Salik, and J. Feinberg, *IEEE Photon. Technol. Lett.* **12**, 1417 (2000).

[143] H. Takenouchi, T. Ishii, and T. Goh, *Electron. Lett.* **37**, 777 (2001).

[144] P. Kaewplung, R. Angkaew, and K. Kikuchi, *IEEE Photon. Technol. Lett.* **13**, 293 (2001).

[145] C. S. Goh, S. Y. Set, and K. Kikuchi, *IEEE Photon. Technol. Lett.* **16**, 524 (2004).

[146] S. Matsumoto, M. Takabayashi, K. Yoshiara, T. Sugihara, T. Miyazaki, and F. Kubota, *IEEE Photon. Technol. Lett.* **16**, 1095 (2004).

[147] T. Inui, T. Komukai, K. Mori, and T. Morioka, *J. Lightwave Technol.* **23**, 2039 (2005).

[148] J. Kwon, S. Kim, S. Roh, and B. Lee, *IEEE Photon. Technol. Lett.* **18**, 118 (2006).

[149] B. Dabarsyah, C. S. Goh, S. K. Khijwania, S. Y. Set, K. Katoh, and K. Kikuchi, *J. Lightwave Technol.* **25**, 2711 (2007).

[150] X. Shu, E. Turitsyna, K. Sugden, and I. Bennion, *Opt. Express* **16**, 12090 (2008).

[151] S. Kim, J. Bae, K. Lee, S. H. Kim, J. -M. Jeong, and S. B. Lee, *Opt. Express* **17**, 4336 (2009).

[152] S. Kawanishi, H. Takara, T. Morioka, O. Kamatani, K. Takiguchi, T. Kitoh, and M. Saruwatari, *Electron. Lett.* **32**, 916 (1996).

[153] M. Nakazawa, E. Yoshida, T. Yamamoto, E. Yamada, and A. Sahara, *Electron. Lett.* **34**, 907 (1998).

[154] T. Yamamoto, E. Yoshida, K. R. Tamura, K. Yonenaga, and M. Nakazawa, *IEEE Photon. Technol. Lett.* **12**, 355, (2000).

[155] M. D. Pelusi, X. Wang, F. Futami, K. Kikuchi, and A. Suzuki, *IEEE Photon. Technol. Lett.* **12**, 795 (2000).

[156] M. Nakazawa, T. Yamamaoto, and K. R. Tamura, *Electron. Lett.* **36**, 2027 (2000); T. Yamamoto and M. Nakazawa, *Opt. Lett.* **26**, 647 (2001).

[157] H. G. Weber, R. Ludwig, S. Ferber, C. Schmidt-Langhorst, M. Kroh, V. Marembert, C. Boerner, and C. Schubert, *J. Lightwave Technol.* **24**, 4616 (2006).

[158] C. D. Poole and J. Nagel, in *Optical Fiber Telecommunications*, Vol. 3A, I. P. Kaminow and T. L. Koch, Eds., Academic Press, San Diego, CA, 1997, Chap. 6.

[159] M. Karlsson, J. Brentel, and P. A. Andrekson, *J. Lightwave Technol.* **18**, 941 (2000).

[160] H. Kogelnik, R. M. Jopson, and L. E. Nelson, in *Optical Fiber Telecommunications*, Vol. 4A, I. P. Kaminow and T. Li, Eds., Academic Press, Boston, 2002, Chap. 15.

[161] A. E. Willner, S. M. Reza, M. Nezam, L. Yan, Z. Pan, and M. C. Hauer, *J. Lightwave Technol.* **22**, 106 (2004).

[162] H. Bülow, *IEEE Photon. Technol. Lett.* **10**, 696 (1998).

[163] R. Khosravani and A. E. Willner, *IEEE Photon. Technol. Lett.* **13**, 296 (2001).

[164] P. Lu, L. Chen, and X. Bao, *J. Lightwave Technol.* **20**, 1805 (2002).

[165] H. Sunnerud, M. Karlsson, C. Xie, and P. A. Andrekson, *J. Lightwave Technol.* **20**, 2204 (2002).

[166] J. N. Damask, G. Gray, P. Leo, G. Simer, K. Rochford, and D. Veasey, *IEEE Photon. Technol. Lett.* **15**, 48 (2003).

[167] J. Kissing, T. Gravemann, and E. Voges, *IEEE Photon. Technol. Lett.* **15**, 611 (2003).

[168] P. J. Winzer, H. Kogelnik, and K. Ramanan, *IEEE Photon. Technol. Lett.* **16**, 449 (2004).

[169] E. Forestieri and G. Prati, *J. Lightwave Technol.* **22**, 988 (2004).

[170] G. Biondini, W. L. Kath, and C. R. Menyuk, *J. Lightwave Technol.* **22**, 1201 (2004).

[171] M. Boroditsky, M. Brodsky, N. J. Frigo, P. Magill, C. Antonelli, and A. Mecozzi, *IEEE Photon. Technol. Lett.* **17**, 345 (2005).

[172] N. Cvijetic, S. G. Wilson, and D. Y. Qian, *J. Lightwave Technol.* **26**, 2118 (2008).

[173] T. Takahashi, T. Imai, and M. Aiki, *Electron. Lett.* **30**, 348 (1994).

[174] C. Francia, F. Bruyère, J. P. Thiéry, and D. Penninckx, *Electron. Lett.* **35**, 414 (1999).
[175] R. Noé, D. Sandel, M. Yoshida-Dierolf, et al., *J. Lightwave Technol.* **17**, 1602 (1999).
[176] T. Merker, N. Hahnenkamp, and P. Meissner, *Opt. Commun.* **182**, 135 (2000).
[177] H. Y. Pua, K. Peddanarappagari, B. Zhu, C. Allen, K. Demarest, and R. Hui, J. *Lightwave Technol.* **18**, 832 (2000).
[178] H. Sunnerud, C. Xie, M. Karlsson, R. Samuelsson, and P. A. Andrekson, *J. Lightwave Technol.* **20**, 368 (2002).
[179] R. Noé, D. Sandel, and V. Mirvoda, *IEEE J. Sel. Topics Quantum Electron.* **10**, 341 (2004).
[180] S. Lanne and E. Corbel, *J. Lightwave Technol.* **22**, 1033 (2004).
[181] C. K. Madsen, M. Cappuzzo, E. J. Laskowski, et al., *J. Lightwave Technol.* **22**, 1041 (2004).
[182] H. F. Haunstein, W Sauer-Greff, A. Dittrich, K. Sticht, and R. Urbansky, *J. Lightwave Technol.* **22**, 1169 (2004).
[183] P. B. Phua, H. A. Haus, and E. P. Ippen, *J. Lightwave Technol.* **22**, 1280 (2004).
[184] S. Kieckbusch, S. Ferber, H. Rosenfeldt, et al., *J. Lightwave Technol.* **23**, 165 (2005).
[185] L. Yan, X. S. Yao, M. C. Hauer, and A. E. Willner, *J. Lightwave Technol.* **24**, 3992 (2006).
[186] H. Miao, A. M. Weiner, L. Mirkin, and P. J. Miller, *IEEE Photon. Technol. Lett.* **20**, 545 (2008).
[187] A. Dogariu, P. N. Ji, L. Cimponeriu, and T. Wanga, *Opt. Commun.* **282**, 3706 (2009).
[188] M. Daikoku, T. Miyazaki, I. Morita, T. Hattori, H. Tanaka, and F. Kubota, *J. Lightwave Technol.* **27**, 451 (2009).
[189] D. Mahgerefteh and C. R. Menyuk, *IEEE Photon. Technol. Lett.* **11**, 340 (1999).
[190] J. H. Winters and R. D. Gitlin, *IEEE Trans. Commun.* **38**, 1439 (1990); J. H. Winters, *J. Lightwave Technol.* **8**, 1487 (1990).
[191] A. Shanbhag, Q. Yu, and J. Choma, *Optical Fiber Telecommunications*, Vol. 5A, I. P. Kaminow and T. Li, and A. E. Willner, Eds., Academic Press, Boston, 2008, Chap. 18.
[192] K. Iwashita and N. Takachio, *J. Lightwave Technol.* **8**, 367 (1990).
[193] N. Takachio, S. Norimatsu, and K. Iwashita, *IEEE Photon. Technol. Lett.* **4**, 278 (1992).
[194] K. Yonenaga and N. Takachio, *IEEE Photon. Technol. Lett.* **5**, 949 (1993).
[195] S. Yamazaki, T. Ono, and T. Ogata, *J. Lightwave Technol.* **11**, 603 (1993).
[196] G. P. Agrawal and M. J. Potasek, *Opt. Lett.* **11**, 318 (1986).
[197] G. P. Agrawal, *Semiconductor Lasers*, 2nd ed., Van Nostrand Reinhold, New York, 1993.
[198] F. Koyama and K. Iga, *J. Lightwave Technol.* **6**, 87 (1988).
[199] A. H. Gnauck, S. K. Korotky, J. J. Veselka, J. Nagel, C. T. Kemmerer, W. J. Minford, and D. T. Moser, *IEEE Photon. Technol. Lett.* **3**, 916 (1991).
[200] E. Devaux, Y. Sorel, and J. F. Kerdiles, *J. Lightwave Technol.* **11**, 1937 (1993).
[201] N. Henmi, T. Saito, and T. Ishida, *J. Lightwave Technol.* **12**, 1706 (1994).
[202] J. C. Cartledge, H. Debrégeas, and C. Rolland, *IEEE Photon. Technol. Lett.* **7**, 224 (1995).
[203] J. A. J. Fells, M. A. Gibbon, I. H. White, et al., *Electron. Lett.* **30**, 1168 (1994).
[204] K. Morito, R. Sahara, K. Sato, and Y. Kotaki, *IEEE Photon. Technol. Lett.* **8**, 431 (1996).
[205] D. Mahgerefteh, Y. Matsui, C. Liao, et al., *Electron. Lett.* **41**, 543 (2005).
[206] G. P. Agrawal and N. A. Olsson, *Opt. Lett.* **14**, 500 (1989).
[207] N. A. Olsson, G. P. Agrawal, and K. W. Wecht, *Electron. Lett.* **25**, 603 (1989).
[208] N. A. Olsson and G. P. Agrawal, *Appl. Phys. Lett.* **55**, 13 (1989).
[209] G. P. Agrawal and N. A. Olsson, *IEEE J. Quantum Electron.* **25**, 2297 (1989).
[210] G. P. Agrawal and N. A. Olsson, U. S. Patent 4, 979, 234 (1990).

[211] M. J. Potasek and G. P. Agrawal, *Electron. Lett.* **22**, 759 (1986).

[212] B. Wedding, B. Franz, and B. Junginger, *J. Lightwave Technol.* **12**, 1720 (1994).

[213] B. Wedding, K. Koffers, B. Franz, D. Mathoorasing, C. Kazmierski, P. P. Monteiro, and J. N. Matos, *Electron. Lett.* **31**, 566 (1995).

[214] W. Idler, B. Franz, D. Schlump, B. Wedding, and A. J. Ramos, *Electron. Lett.* **35**, 2425 (1998).

[215] K. Perlicki and J. Siuzdak, *Opt. Quantum Electron.* **31**, 243 (1999).

[216] J. A. V. Morgado and A. V. T. Cartaxo, *IEE Proc. Optoelect.* **148**, 107 (2001).

[217] M. Schwartz, *Information, Transmission, Modulation, and Noise*, 4th ed., McGraw-Hill, New York, 1990, Sec. 3. 10.

[218] G. May, A. Solheim, and J. Conradi, *IEEE Photon. Technol. Lett.* **6**, 648 (1994).

[219] D. Penninckx, L. Pierre, J. -P. Thiery, B. Clesca, M. Chbat, and J. -L. Beylat, *Electron. Lett.* **32**, 1023 (1996).

[220] D. Penninckx, M. Chbat, L. Pierre, and J. -P. Thiery, *IEEE Photon. Technol. Lett.* **9**, 259 (1997).

[221] K. Yonenaga and S. Kuwano, *J. Lightwave Technol.* **15**, 1530 (1997).

[222] T. Ono, Y. Yano, K. Fukuchi, T. Ito, H. Yamazaki, M. Yamaguchi, and K. Emura, *J. Lightwave Technol.* **16**, 788 (1998).

[223] W. Kaiser, T. Wuth, M. Wichers, and W. Rosenkranz, *IEEE Photon. Technol. Lett.* **13**, 884 (2001).

[224] R. I. Killey, P. M. Watts, V. Mikhailov, M. Glick, and P. Bayvel, *IEEE Photon. Technol. Lett.* **17**, 714 (2005).

[225] P. M. Watts, R. Waegemans, M. Glick, P. Bayvel, and R. I. Killey, *J. Lightwave Technol.* **25**, 3089 (2007).

[226] S. Warm, C. -A. Bunge, T. Wuth, and K. Petermann, *IEEE Photon. Technol. Lett.* **21**, 1090 (2009).

[227] F. Cariali, F. Martini, P. Chiappa, and R. Ballentin, *Electron. Lett.* **36**, 889 (2000).

[228] A. J. Weiss, *IEEE Photon. Technol. Lett.* **15**, 1225 (2003).

[229] F. Buchali and H. Bülow, *J. Lightwave Technol.* **22**, 1116 (2004).

[230] V. Curri, R. Gaudino, A. Napoli, and P. Poggiolini, *IEEE Photon. Technol. Lett.* **16**, 2556 (2004).

[231] O. E. Agazzi, M. R. Hueda, H. S. Carrer, and D. E. Crivelli, *J. Lightwave Technol.* **23**, 749 (2005).

[232] T. Foggi, E. Forestieri, G. Colavolpe, and G. Prati, *J. Lightwave Technol.* **24**, 3073 (2006).

[233] J. M. Gene, P. J. Winzer, S. Chandrasekhar, and H. Kogelnik, *J. Lightwave Technol.* **25**, 1735 (2007).

[234] H. Bülow, F. Buchali, and A. Klekamp, *J. Lightwave Technol.* **26**, 158 (2008).

[235] P. Poggiolini and G. Bosco, J. *Lightwave Technol.* **26**, 3041 (2008).

[236] A. C. Singer, N. R. Shanbhag, and H. -M. Bae, *IEEE Sig. Proc. Mag.* **25** (6), 110 (2008).

[237] S. J. Savory, G. Gavioli, R. I. Killey, and P. Bayvel, *Opt. Express* **15**, 2120 (2007).

[238] E. Ip and J. M. Kahn, *J. Lightwave Technol.* **25**, 2033 (2007).

[239] S. J. Savory, *Opt. Express* **16**, 804 (2008).

[240] M. S. Alfiad, et al., *J. Lightwave Technol.* **27**, 3590 (2009).

[241] M. E. McCarthy, J. Zhao, A. D. Ellis, and P. Gunning, *J. Lightwave Technol.* **27**, 5327 (2009).

[242] X. Li, X. Chen, G. Goldfarb, E. Mateo, I. Kim, F. Yaman, and G. Li, *Opt. Express* **16**, 880 (2008).

[243] E. Ip and J. M. Kahn, *J. Lightwave Technol.* **26**, 3416 (2008).

[244] G. Goldfarb, E. M. G. Taylor, and G. Li, *IEEE Photon. Technol. Lett.* **20**, 1887 (2008).

[245] Yaman and G. Li, *IEEE Photon. Journal* **1**, 144 (2009).

第9章　非线性效应的控制

正如在第8章中看到的，随着色散补偿的使用，色散不再是光波系统的一个限制因素。确实，现代长途光波系统的性能一般受在2.6节中介绍的非线性效应的限制。本章将关注用来管理非线性效应的技术。9.1节给出非线性效应是如何限制长途光纤链路的，并介绍用来减小它们的影响的两种主要技术。9.2节关注在具有恒定色散的光纤中光孤子的形成，以及如何利用它们传输信息。在孤子系统中，代表比特“1”的光脉冲比比特隙短得多，通过小心平衡色散和非线性效应，能够维持它们在光纤中的形状。9.3节考虑色散管理孤子，强调能确保这种孤子在长途光纤链路上周期性演化的色散图。9.4节处理伪线性系统，在这种系统中，用光纤色散展宽短光脉冲，这样在大部分光纤链路上光脉冲的峰值功率大幅减小。邻近脉冲的交叠将产生信道内非线性效应，9.5节介绍用来控制信道内非线性效应的各种技术。

9.1　光纤非线性的影响

使用色散管理并结合光放大器，可将波分复用(WDM)系统的传输距离延伸到数千千米。如果每隔300 km左右用电学方法对光信号进行再生，那么由于非线性效应不会在长距离上累积，这种系统可运行良好。相反，如果通过级联多个光放大器对信号在光域中放大，非线性效应[如自相位调制(SPM)和交叉相位调制(XPM)]就会最终限制系统的性能[1]。基于这个原因，非线性效应对色散管理系统的影响已经得到广泛研究[2~32]。在本节中，将研究非线性效应是如何影响色散管理系统的，以及如何通过适当选择系统参数使它们的影响最小。

9.1.1　系统设计问题

当不存在非线性效应时，利用色散管理可以确保当光脉冲到达光接收机时，每个光脉冲被限制在它自己的比特隙内，即使光脉冲在它们的传输过程中已经扩展到多个比特隙上。而且，是在发射端和接收端补偿色散还是在光纤链路内周期性地补偿色散，也不是多么重要，只要在长度为L的光纤链路的末端累积的群速度色散(GVD)($d_a=\int_0^L \beta_2(z)\,\mathrm{d}z=0$)能变为零，可以使用任何色散图。这种系统的性能仅受限于放大器噪声引起的信噪比劣化，由于通过增加输入光功率可以提高信噪比，原理上光纤链路的长度可以任意长。

然而，当信道功率超过数毫瓦(mW)时，对于长途波分复用系统来说，非线性效应不可忽略，并且传输距离经常受限于非线性效应。而且，正如在7.8节中看到的，存在一个使系统性能最好的最佳功率电平。对于长途系统来说，色散管理是不可或缺的，以确保系统不受群速度色散引起的脉冲展宽的限制。然而，不同的色散图可以在接收端导致不同的Q因子，即使在所有情况下均满足$d_a=0$[2]。导致这种结果的原因是色散和非线性效应不会独立地作用在信号上，更具体地说，非线性效应引起的劣化与光纤链路内任意距离z处$d_a(z)$的局部值有关。

影响单一孤立信道性能的主要非线性现象是自相位调制。在色散管理系统中光比特流的传输用非线性薛定谔方程式(7.1.4)描述，可以写成下面的形式：

$$\mathrm{i}\frac{\partial A}{\partial z}-\frac{\beta_2}{2}\frac{\partial^2 A}{\partial t^2}+\gamma|A|^2A=\frac{\mathrm{i}}{2}(g_0-\alpha)A \tag{9.1.1}$$

为简化下面的讨论，方程中忽略了噪声项。在色散管理系统中，3 个光纤参数(β_2, γ 和 α)是 z 的函数，因为在用来组成色散图的两段或多段光纤中，它们的值是不同的。因为损耗管理，增益参数 g_0 也是 z 的函数，其函数形式取决于是采用集总放大方式还是采用分布放大方式。

通过数值方法求解方程式(9.1.1)，可以分析色散管理系统的性能。按照 7.1.2 节中的处理方法，通过变换 $A(z,t)=\sqrt{P_0p(z)}\,U(z,t)$ 消除这个方程中的增益和损耗项，并将关于 $U(z,t)$ 的方程写成下面的形式是有用的：

$$\mathrm{i}\frac{\partial U}{\partial z}-\frac{\beta_2}{2}\frac{\partial^2 U}{\partial t^2}+\gamma P_0 p(z)|U|^2U=0 \tag{9.1.2}$$

式中，P_0 是输入峰值功率，$p(z)$ 描述了信号的峰值功率沿光纤链路的变化，其表达式为

$$p(z)=\exp\left(\int_0^z[g_0(z)-\alpha(z)]\,\mathrm{d}z\right) \tag{9.1.3}$$

如果以周期方式补偿损耗，则 $p(z_m)=1$，这里 $z_m=mL_A$ 是第 m 个光放大器的位置，L_A 是光放大器间距。在集总放大器的情况下，在光纤链路内 $g_0=0$，$p(z)=\exp[-\int_0^z\alpha(z)\,\mathrm{d}z]$。方程式(9.1.2)表明，因为光纤损耗和光放大器引起的信号功率的变化，有效非线性参数 $\gamma_e(z)\equiv\gamma p(z)$ 也是与 z 有关的。特别是，当利用集总放大器时，恰好在信号被放大后非线性效应最强，而在两个放大器之间的每个光纤段的尾部非线性变得可以忽略不计。

任何色散管理系统都有两个主要的设计问题：什么才是最佳的色散图？哪种调制格式能提供最好的性能？这两个问题都可以通过数值求解非线性薛定谔方程式(9.1.2)来研究[4~27]。尽管最初将注意力集中在 NRZ(非归零码)格式上，但从 1996 年开始在真实的工作条件下，从数值模拟和实验两个方面比较 RZ(归零码)和 NRZ 格式的性能[8~14]。作为一个例子，图 9.1 通过画出在 40 Gbps 色散管理系统的接收端眼图张开度减小 1 dB 的最大传输距离 L 随平均输入功率的变化，给出了(a)NRZ 格式和(b)RZ 格式的数值结果[8]。周期色散图由 $D=16$ ps/(km·nm)，$\alpha=0.2$ dB/km，$\gamma=1.31$ W^{-1}/km 的 50 km 长的标准光纤和 $D=-80$ ps/(km·nm)，$\alpha=0.5$ dB/km，$\gamma=5.24$ W^{-1}/km 的 10 km 长的色散补偿光纤(DCF)组成，每隔 60 km 放置噪声指数为 6 dB 的光放大器，用来补偿每个色散图周期内的全部光纤损耗。在 RZ 格式的情况下，占空比等于 50%。

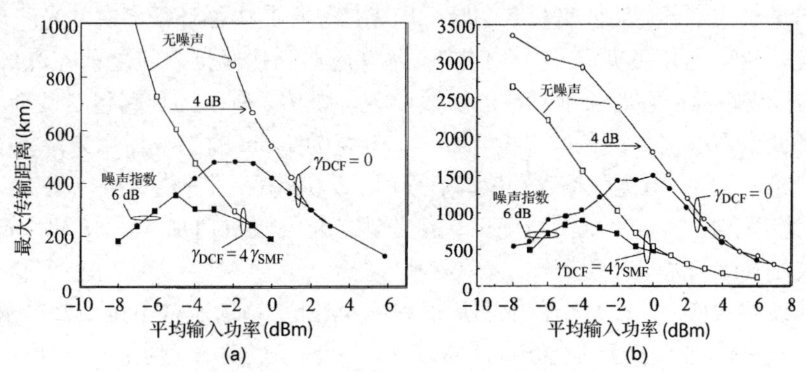

图 9.1　对于用(a)NRZ 格式和(b)RZ 格式设计的 40 Gbps 色散管理系统，最大传输距离随平均输入功率的变化，实心和空心符号分别给出有、无放大器噪声时所得的数值数据[8](经© 1997 IEEE授权引用)

正如前面讨论的和图9.1清楚表明的那样，通过减小输入功率，在没有放大器噪声的情况下最大传输距离可以连续增加(空心方点所示)。然而，当将放大器噪声考虑在内时，存在一个使链路长度最大的最佳输入功率。当采用NRZ格式时，这个最大链路长度不到400 km，但当采用占空比为50%的RZ格式时，最大链路长度增加到NRZ格式的3倍。其中原因可以这样理解：对于在标准光纤中传输的RZ脉冲来说，色散长度相对较小(小于5 km)，结果，与NRZ格式的情况相比，RZ格式的脉冲迅速展宽，它们的峰值功率大幅降低，而峰值功率的降低减小了自相位调制的影响。

图9.1还表明了色散补偿光纤中非线性效应的累积是如何影响系统性能的。在RZ格式的情况下，当输入功率等于 -4 dBm时，因为色散补偿光纤引起的非线性劣化，最大传输距离小于900 km(实心方点)。色散补偿光纤不但具有较大的非线性参数(因为它们的纤芯尺寸较小)，而且脉冲在色散补偿光纤中能被压缩到其初始的宽度，这导致脉冲有高得多的峰值功率。如果色散补偿光纤中的非线性效应能够被抑制，通过输入更高的功率，最大传输距离就能增加到接近1500 km。在实际应用中，这种改进可以通过利用需要较短长度的其他色散补偿器件(如双模色散补偿光纤或光纤光栅)来实现。在NRZ格式的情况下，即使色散补偿光纤内的非线性效应可以忽略，链路长度也被限制在500 km以下。

正如在图9.1中看到的，只要使用色散补偿光纤，非线性效应就在色散管理系统中起重要作用，因为色散补偿光纤较小的纤芯尺寸增大了光强(这反映在γ参数的值较大)。将光放大器置于色散补偿光纤后面也有所帮助，因为这时信号较弱，尽管色散补偿光纤的纤芯面积较小，但非线性效应起次要作用。利用不同的色散图来优化系统的性能，已经成为一个被广泛研究的课题。在1994年的一个实验中[2]，使用包含31个光纤放大器的1000 km长的光纤环路来研究3种不同的色散图。当用较短的具有正常GVD的光纤来补偿较长的具有反常GVD的光纤的色散时，在5 Gbps的比特率下实现了12 000 km的最大传输距离。在1995年的一个实验中[3]，发现由于各种非线性效应，80 Gbps信号(通过复用信道间隔为0.8 nm的8个10 Gbps信道得到)的传输距离最远只有1171 km。

RZ格式和NRZ格式之间的选择并非总是这么显而易见，因为它取决于很多其他设计参数。早在1995年，实验和数值模拟就表明：假如链路色散未得到完全补偿，利用NRZ格式可以将10 Gbps信号传输2245 km(放大器间距为90 km)[6]。1999年，在比较10 Gbps系统的RZ格式和NRZ格式的一个实验中，得到了相似的结论[14]，图9.2所示为该实验采用的循环光纤环路。因为考虑到成本，大部分实验室实验采用光信号在其中循环很多次的光纤环路，以模拟长途光波系统。两个光开关决定了一个伪随机比特流在到达光接收机之前在光纤环路中传输了多远，总的传输距离由环路长度和往返次数设定。图9.2所示的环路包含两个102 km长的标准光纤段和两个20 km长的色散补偿光纤段，带宽为1 nm的滤波器用来降低宽带ASE(放大自发辐射)噪声。当适当优化输入功率时，采用RZ和NRZ两种格式可以将10 Gbps信号传输2040 km。然而，在NRZ格式的情况下，有必要在光接收机前加入一段38 km长的标准光纤，因此色散并未得到完全补偿。

当存在非线性效应时，在每个色散图周期内完全补偿GVD通常不是最好的解决方案。通常采用数值方法来优化色散管理光波系统的设计[4~13]。一般而言，局部GVD应保持相对较大的值，而所有信道的平均色散应最小化。在1998年的一个实验中[15]，利用一种新颖的色散图将40 Gbps信号在标准光纤中传输了2000 km。通过恰好在循环光纤环路内的色散补偿光纤后放置一个光放大器，在10 Gbps的较低比特率下传输距离可以增加到16 500 km[16]。由于非线性效应不可忽略，相信孤子特性在本实验中起了重要作用(见9.2节)。

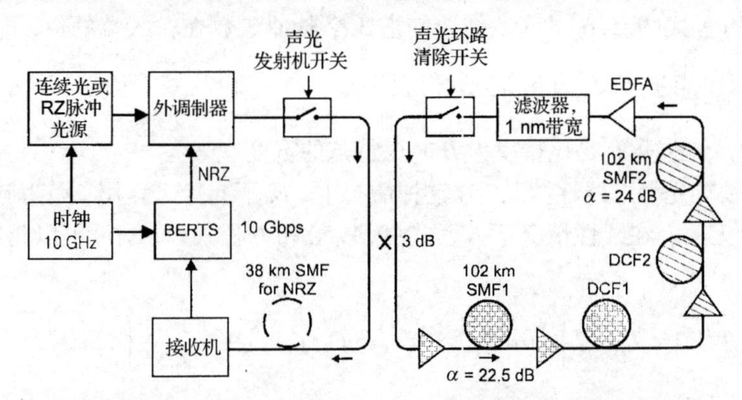

图9.2　用来演示10 Gbps信号在2040 km长的标准光纤中传输的循环光纤环路，两个声光开关控制信号进出环路的时间，BERTS表示误码率测试设备[14]（经ⓒ 1999 IEEE授权引用）

基于非线性薛定谔方程式(9.1.2)的系统研究表明，尽管NRZ格式可以用在10 Gbps比特率下，但对于工作在40 Gbps或更高比特率下的光波系统，在大部分实际情况下RZ格式更占优势[8~20]。甚至在10 Gbps比特率下，RZ格式还能够用来设计可以在10 000 km长的标准光纤中传输数据的系统[22]，而采用NRZ格式是不能实现这样的性能的。基于这个原因，本章关注的焦点是采用RZ格式设计的高速系统。

9.1.2　半解析方法

尽管在模拟实际的光波系统时，必须用数值方法求解非线性薛定谔方程式(9.1.2)，但利用半解析方法也可以得到丰富的物理图像。在这种半解析方法中，只对代表孤立的“1”比特的单个光脉冲，才考虑色散和非线性效应。在这种情况下，方程式(9.1.2)简化成一组两个常微分方程，可以用变分法求解[17]。矩方法也可以用于此目的[1]。这两种方法假设每个光脉冲都能保持自己的形状，尽管在传输过程中它的振幅、宽度和啁啾可能发生变化。正如在2.4节中看到的，在线性情况下($\gamma=0$)，啁啾高斯脉冲能保持它的函数形式；如果在每个光纤段内非线性效应相对于色散效应较弱，那么即使包括非线性效应，光脉冲很可能近似保持它的高斯形状。

在光纤中距离z处，啁啾高斯脉冲的包络具有下面的形式：

$$U(z,t)=a\exp[-\tfrac{1}{2}(1+\mathrm{i}C)t^2/T^2+\mathrm{i}\phi] \tag{9.1.4}$$

式中，a是振幅，T是宽度，C是啁啾，ϕ是相位；所有这4个参数都随距离z变化。可以用变分法或矩方法得到描述这4个参数沿光纤链路演化的4个常微分方程[1]，其中相位方程可以忽略，因为它不与其他3个方程发生耦合。对振幅方程积分，可以发现乘积a^2T不随z变化，并且它与输入脉冲能量E_0有关系$E_0=\sqrt{\pi}P_0a^2(z)T(z)=\sqrt{\pi}P_0T(0)$，因为$a(0)=1$。这样，只需要求解下面的两个耦合方程：

$$\frac{\mathrm{d}T}{\mathrm{d}z}=\frac{\beta_2(z)C}{T} \tag{9.1.5}$$

$$\frac{\mathrm{d}C}{\mathrm{d}z}=(1+C^2)\frac{\beta_2(z)}{T^2}+\frac{\gamma(z)p(z)E_0}{\sqrt{2\pi}T} \tag{9.1.6}$$

损耗和色散管理的细节是通过3个参数β_2, γ和p与z有关而表现在这两个方程中的。在解方程式(9.1.5)和方程式(9.1.6)之前，需要知道3个脉冲参数在输入端的值，即宽度T_0、啁啾C_0和能量E_0。脉冲能量E_0与发射进光纤链路的平均功率P_{av}之间的关系为$P_{av}=\frac{1}{2}BE_0=(\sqrt{\pi}/2)P_0(T_0/T_b)$，这里$T_b$是比特率为$B$时比特隙的宽度。

令$\gamma(z)=0$，首先考虑线性情况，在这种情况下，E_0不起什么作用，因为脉冲传输的细节与初始脉冲能量无关。在线性情况下方程式(9.1.5)和方程式(9.1.6)可以用解析方法求解，其通解具有以下形式：

$$T^2(z)=T_0^2+2\int_0^z \beta_2(z)C(z)\,\mathrm{d}z, \qquad C(z)=C_0+\frac{1+C_0^2}{T_0^2}\int_0^z \beta_2(z)\,\mathrm{d}z \tag{9.1.7}$$

式中，通过$\beta_2(z)$将色散图的细节包括在内。这个解看起来有点复杂，但对于二段色散图，容易完成上式中的积分。在色散图周期的末端$z=L_{map}$处，T和C的值分别由下式给出：

$$T_1=T_0[(1+C_0d)^2+d^2]^{1/2}, \qquad C_1=C_0+(1+C_0^2)d \tag{9.1.8}$$

式中，无量纲参数d定义为

$$d=\frac{1}{T_0^2}\int_0^{L_{map}} \beta_2(z)\,\mathrm{d}z=\frac{\bar{\beta}_2 L_{map}}{T_0^2} \tag{9.1.9}$$

式中，$\bar{\beta}_2$是色散系数在色散图周期L_{map}上的平均值。

正如式(9.1.8)清楚表明的，当非线性效应忽略不计时，最终的脉冲参数只与平均色散有关，而与色散图的细节无关。当将2.6节的理论应用于线性系统时，这正是所期望的结果。如果将色散图设计成使$\bar{\beta}_2=0$，则在$z=L_{map}$处T和C均回到它们的输入值。在周期色散图的情况下，如果$d=0$，则在每个色散图周期后每个脉冲将恢复它的初始形状。然而，当色散管理链路的平均群速度色散不为零时，在每个色散图周期后T和C都会变化，脉冲演化不再是周期性的。

为研究由方程式(9.1.6)中的γ项支配的非线性效应是如何影响脉冲参数的，可以用数值方法求解方程式(9.1.5)和方程式(9.1.6)。图9.3给出了40 Gbps比特流中的一个孤立脉冲在第一个60 km跨距上其脉宽和啁啾的演化情况，其中利用了与图9.1相同的二段色散图(50 km长的标准光纤后接10 km长的色散补偿光纤)。图中用实线表示10 mW的输入功率的情况，为了对比，虚线表示较低输入功率的情况。在第一个50 km的光纤段中，脉冲被展宽到其15倍左右；但由于色散补偿作用，它在色散补偿光纤中被压缩回原来的宽度。尽管非线性效应改变了脉冲的宽度和啁啾，但这些改变并不大，即使是对于10 mW的输入功率。特别是，经过第一个60 km跨距后，脉宽和啁啾几乎恢复到它们的初始值。

如果脉冲允许在多个色散图周期上传输，则情况会明显改变。图9.4给出了在3000 km的距离上(50个色散图周期)每个放大器(间距为60 km)后的脉宽和啁啾。在1 mW相对较低的输入功率下，由于在每个色散图周期后色散得到完全补偿，脉宽和啁啾几乎恢复到它们的初始值。然而，当输入功率增加到1 mW以上时，非线性效应开始居于主导地位，尽管有色散补偿，脉宽和啁啾仍明显偏离了它们的初始值。即使对于$P_{av}=5$ mW，在经过大约1000 km的距离后，脉宽也变得比比特隙宽；而对于$P_{av}=10$ mW，情况变得更差。于是，如果目标是使非线性效应的影响最小，则最佳的输入功率接近1 mW，这一结论与通过直接求解包含放大器噪声影响的非线性薛定谔方程得到的如图9.1所示的结果一致。

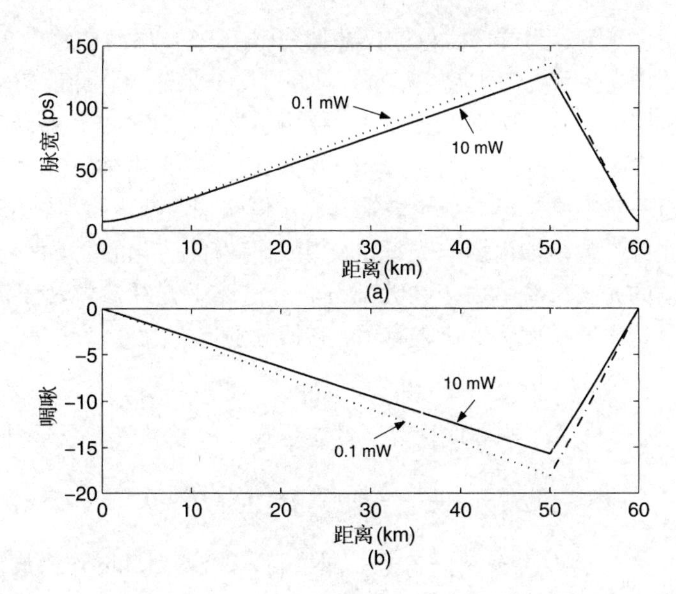

图9.3 当采用图9.1中的周期色散图的40 Gbps系统的平均输入功率取几个不同值时，在第一个60 km跨距上的(a)脉宽和(b)啁啾

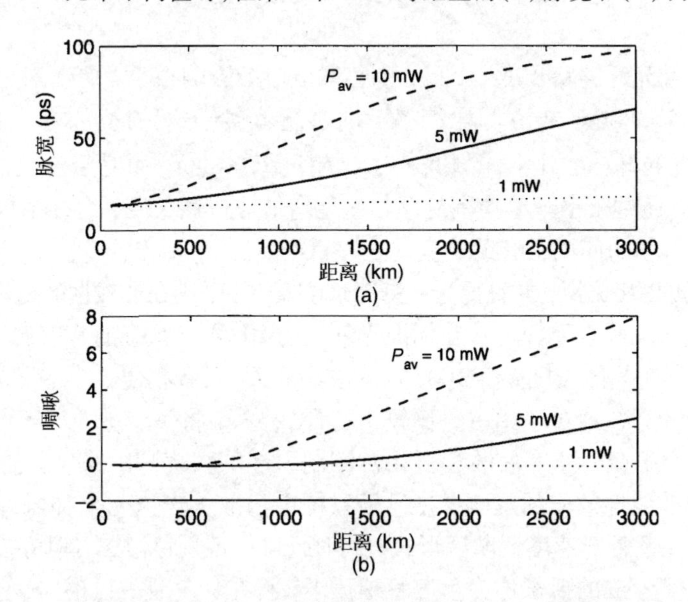

图9.4 当采用图9.1中的周期色散图的40 Gbps系统的平均输入功率取3个不同值时，在每个放大器末端处的(a)脉宽和(b)啁啾

9.1.3 孤子区域和伪线性区域

正如以上讨论所表明的，当方程式(9.1.6)中的非线性项不可忽略时，在每个色散图周期后脉冲参数不能恢复到它们的初始值，即使色散完全得到了补偿($d=0$)。最终，非线性失真的累积对光比特流中的每个脉冲都产生如此大的影响，结果，在超过某个距离时系统便无法工作。正如在图9.1中看到的，根据系统设计的不同，这一限制距离能够在500 km以下。基于这个原因，对于长途光波系统来说，对非线性效应的管理是一个重要的研究课题。研究结果表明，可以通过控制与色散图相联系的参数(每个光纤段的长度和群速度色散)来管理非线性问题。有两种主要的非线性管理技术，也就是说，使系统工作在孤子(soliton)区域或伪线性(pseudo-linear)区域。

在几个实验中可注意到，当群速度色散仅补偿 90% ~95% 从而在每个色散图周期后保留一定的残余色散时，非线性系统工作起来最好。实际上，如果输入脉冲最初是带啁啾的且满足 $\bar{\beta}_2 C<0$，则在光纤链路的末端，脉冲甚至比输入脉冲还要窄。对于线性系统来说(见 2.6 节)，这种行为是预料之中的，并且可以由满足 $C_0 d<0$ 的式(9.1.8)推断出。对于弱非线性系统，这个结论也成立。这一观察结果已导致色散管理光纤链路采用啁啾归零码(CRZ)格式。

为理解系统和光纤参数是如何影响光纤链路中光信号的演化的，下面考虑仅在发射端和接收端进行色散补偿的光波系统。由于在大部分光纤链路上光纤参数是固定不变的，引入色散长度和非线性长度这两个长度尺度比较有用，它们分别定义为

$$L_D = T_0^2/|\beta_2|, \qquad L_{\rm NL} = (\gamma P_0)^{-1} \tag{9.1.10}$$

引入归一化的时间 τ 为 $\tau = t/T_0$，则非线性薛定谔方程式(9.1.2)可以写成下面的形式：

$$\mathrm{i}L_D\frac{\partial U}{\partial z} - \frac{s}{2}\frac{\partial^2 U}{\partial \tau^2} + \frac{L_D}{L_{\rm NL}}p(z)|U|^2 U = 0 \tag{9.1.11}$$

式中，$s=\mathrm{sign}(\beta_2) = \pm 1$，这取决于 β_2 的符号。如果用 $\gamma = 2\ \mathrm{W^{-1}/km}$ 作为典型值，则当峰值功率在 2 ~4 mW 范围时，非线性长度 $L_{\rm NL}\approx 100$ km。相反，色散长度 L_D 可以在一个宽范围内(约为 1 ~10 000 km)变化，这取决于系统的比特率和构建该系统所用光纤的类型。结果，可能遇到以下 3 种情况。

如果 $L_D \gg L_{\rm NL}$ 且光纤链路长度 $L<L_D$，则色散效应的影响很小，但当 $L>L_{\rm NL}$ 时非线性效应不能忽略。工作在 2.5 Gbps 或更低比特率下的系统就属于这种情况。例如，即使对于 $\beta_2 = -21\ \mathrm{ps^2/km}$ 的标准光纤，在 $B=2.5$ Gbps 时 L_D 超过 1000 km；而对于色散位移光纤，这个值可超过 10 000 km。通过减小峰值功率从而相应地增加非线性长度，这种系统能够设计成长距离工作。另外，色散图的使用也有助于实现这一目标。

如果 L_D 和 $L_{\rm NL}$ 可以相比拟，并且比光纤链路长度短得多，则在非线性薛定谔方程式(9.1.11)中色散项和非线性项同等重要。工作在标准光纤上的 10 Gbps 系统通常就属于这种情况，因为当 T_0 接近 50 ps 时，非线性长度 $L_D\approx 100$ km。在 L_D 和 $L_{\rm NL}$ 具有相似大小的区域，使用光孤子对传输比较有利。孤子系统通过采用占空比较小的 RZ 格式，将每个脉冲牢牢限制在它的原始比特隙内，并通过小心平衡群速度色散和自相位调制引起的频率啁啾来维持这种限制。由于群速度色散用来抵消非线性效应的影响，在孤子系统中色散从未被完全补偿掉。在 9.2 节中将会看到，孤子只能在反常群速度色散区形式，此时仍可以使用色散图，但应控制光纤链路的平均色散。这种条件下形成的孤子称为色散管理孤子，将在 9.3 节中讨论。

如果 $L_D \ll L_{\rm NL}$，就进入了一个新的区域，在该区域中色散效应在局部占据主导地位，而非线性效应可用微扰方式来处理。对于各个信道工作在 40 Gbps 或更高比特率下的光波系统，就会遇到这种情况。在 40 Gbps 比特率下，比特隙只有 25 ps，如果 $T_0<10$ ps 并且采用标准光纤，则 L_D 可减小到 5 km 以下，工作在这种条件下的光波系统称为工作在准线性或伪线性区域。在这种系统中，输入脉冲被迅速展宽，结果它们扩展到几个邻近的比特上。这种极端的展宽使脉冲的峰值功率大幅减小，由于非线性薛定谔方程式(9.1.2)中的非线性项与峰值功率成比例，它的影响也显著减小。在伪线性系统中，因为在全部比特隙内产生近乎恒定的总功率的平均效应，信道间非线性效应被明显减弱。相反，邻近脉冲之间的交叠增强了信道内(intrachannel)非线性效应。由于非线性效应仍比较重要，这种系统被称为伪线性(pseudo-linear)系统[25]。当然，在接收端脉冲必须被压缩回去，以确保光脉冲在到达接收机前占据自己的初始时隙，这

可以通过用色散补偿光纤或色散均衡滤波器补偿累积色散来完成。伪线性系统将在 9.4 节中重点讨论。

9.2　光纤中的孤子

光纤中能形成孤子是因为群速度色散和自相位调制引起的啁啾达到了平衡，而这两种效应在独立起作用时都会限制系统的性能。为理解这种平衡是如何可能实现的，可以遵循 2.4 节和 2.6 节的分析。正如那里表明的，当光脉冲在光纤中传输时，群速度色散会展宽它，除非光脉冲以适当的方式带有初始啁啾（见图 2.11）。更具体地说，只要 β_2 和啁啾参数 C 的符号相反（于是 $\beta_2 C$ 是负的），啁啾脉冲在传输的早期阶段会经历一个初始压缩过程。正如在 2.6.2 节中讨论的，自相位调制对光脉冲施加 $C>0$ 的正啁啾，如果 $\beta_2<0$，则很容易满足 $\beta_2 C<0$ 的条件。此外，由于自相位调制引起的啁啾是与光功率有关的，因此不难想象，在特定条件下自相位调制引起的啁啾恰好能抵消群速度色散引起的脉冲展宽，在这种情况下，光脉冲将以孤子形式无失真地传输[33~35]。

9.2.1　光孤子的特性

为找到形成光孤子的条件，假设脉冲在反常群速度色散区传输，并在方程式(9.1.11)中选取 $s=-1$。还令 $p(z)=1$，该条件需要理想的分布放大。引入归一化的传输距离 $\xi=z/L_D$，则方程式(9.1.11)可写成下面的形式：

$$\mathrm{i}\frac{\partial U}{\partial \xi}+\frac{1}{2}\frac{\partial^2 U}{\partial \tau^2}+N^2|U|^2U=0 \tag{9.2.1}$$

式中，参数 N 定义为

$$N^2=\frac{L_D}{L_{\rm NL}}=\frac{\gamma P_0 T_0^2}{|\beta_2|} \tag{9.2.2}$$

它是一个无量纲的量，表示脉冲参数和光纤参数的组合。通过 $u=NU$ 引入归一化的振幅，甚至还能将在方程式(9.2.1)中出现的单一参数 N 消除。通过这种变换，非线性薛定谔方程可采用下面的标准形式[1]：

$$\mathrm{i}\frac{\partial u}{\partial \xi}+\frac{1}{2}\frac{\partial^2 u}{\partial \tau^2}+|u|^2u=0 \tag{9.2.3}$$

非线性薛定谔方程式(9.2.3)属于一类特殊的非线性偏微分方程，该方程可以用逆散射法（inverse scattering method）这种数学技巧精确求解[36~38]。1971 年，首次用这种方法解方程式(9.2.3)[39]，主要结果可以总结如下：当一个初始振幅为

$$u(0,\tau)=N\,\mathrm{sech}(\tau) \tag{9.2.4}$$

的输入脉冲入射到光纤中时，如果满足 $N=1$，则它的形状在传输过程中保持不变；但当 N 为大于 1 的整数时，脉冲形状发生周期性的变化，并在 $\xi=m\pi/2$ 处脉冲恢复其初始形状，这里 m 是整数。

参数满足条件 $N=1$ 的光脉冲称为基阶孤子（fundamental soliton），对应 N 的其他整数值的光脉冲称为高阶孤子，参数 N 表示孤子的阶数。注意，$\xi=z/L_D$，孤子周期 z_0 定义为高阶孤子第一次恢复其初始形状的传输距离，可以由 $z_0=(\pi/2)L_D$ 给出。孤子周期（soliton period）z_0 和

孤子阶数(soliton order) N 在光孤子理论中起重要作用。通过数值求解 $N=3$ 的非线性薛定谔方程式(9.2.1),图9.5 给出了三阶孤子在一个孤子周期上的演化过程。在这个过程中,脉冲形状虽然有较大变化,但在 $z=z_0$ 处又恢复其初始形状。只有基阶孤子在光纤中传输时才能够保持其形状不变。在1973 年的一项研究中,通过用数值方法求解方程式(9.2.1),表明光孤子能够在光纤中形成[40]。

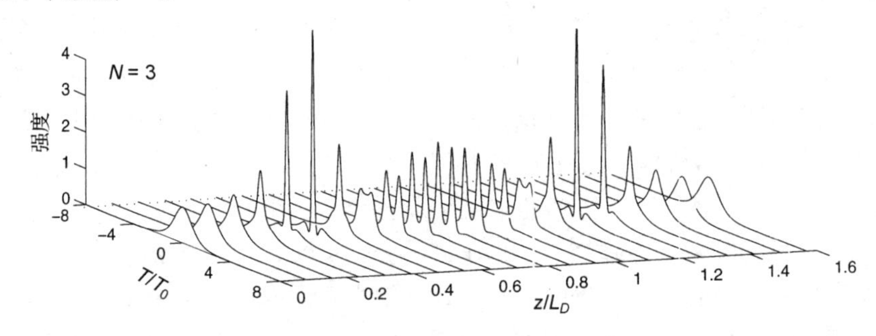

图9.5 三阶孤子在一个孤子周期上的演化,功率分布$|u|^2$是作为 z/L_D的函数画出的

通过直接解方程式(9.2.3),也能够得到对应基阶孤子的解,而无须求助于逆散射法。该方法假设方程式(9.2.3)存在以下形式的一个解:

$$u(\xi,\tau)=V(\tau)\exp[\mathrm{i}\phi(\xi)] \tag{9.2.5}$$

要想使上式能代表在传输过程中保持其形状不变的基阶孤子,式中的 V 必须与 ξ 无关。相位 ϕ 可以与 ξ 有关,但假设它与时间无关。将式(9.2.5)代入方程式(9.2.3)中并分离实部和虚部,可以得到关于 V 和 ϕ 的两个实方程。这两个方程表明,ϕ 应有 $\phi(\xi)=K\xi$ 的形式,这里 K 是一个常数。于是函数 $V(\tau)$ 满足下面的非线性微分方程:

$$\frac{\mathrm{d}^2V}{\mathrm{d}\tau^2}=2V(K-V^2) \tag{9.2.6}$$

用$2(\mathrm{d}V/\mathrm{d}\tau)$乘以方程式(9.2.6)的两边并在$\tau$上积分,可以对该方程求解,结果为

$$(\mathrm{d}V/\mathrm{d}\tau)^2=2KV^2-V^4+C \tag{9.2.7}$$

式中,C 是积分常数。利用对于任意光脉冲当$|\tau|\to\infty$ 时 V 和 $\mathrm{d}V/\mathrm{d}\tau$ 应为零这一边界条件,可知 C 可以设为零。

利用孤子峰值位置(假设出现在 $\tau=0$ 处)$V=1$ 和 $\mathrm{d}V/\mathrm{d}\tau=0$ 的边界条件,可以确定方程式(9.2.7)中的常数 K,易知 $K=1/2$,于是 $\phi=\xi/2$。容易对方程式(9.2.7)积分,结果为 $V(\tau)=\mathrm{sech}(\tau)$,这样通过对非线性薛定谔方程直接积分,就得到了基阶孤子著名的"双曲正割"解[36~38]

$$u(\xi,\tau)=\mathrm{sech}(\tau)\exp(\mathrm{i}\xi/2) \tag{9.2.8}$$

该式表明,当输入脉冲在光纤中传输时,获得了一个 $\xi/2$ 的相移,而振幅保持不变。正是因为基阶孤子的这一特性,才使之成为光纤通信的理想候选。本质上,当输入脉冲具有"双曲正割"形状,它的宽度和峰值功率通过式(9.2.2)相联系且满足 $N=1$ 时,光纤非线性能完全补偿光纤色散的影响。

光孤子的一个重要特性是它们对微扰相当稳定。这样,尽管基阶孤子需要特定的形状和对应于式(9.2.2)中的 $N=1$ 的峰值功率,但是,即使脉冲形状和峰值功率偏离理想条件,也能形成基阶孤子。图 9.6 给出了通过数值模拟得到的满足 $N=1$ 但 $u(0,\tau)=\exp(-\tau^2/2)$ 的高

斯型输入脉冲的演化过程。正如在图中看到的，对于$\xi \gg 1$，当脉冲沿光纤传输时它调节自己的形状和宽度，以试图变成基阶孤子并获得“双曲正割”形状。当N偏离1时，也能观察到类似的行为。结果显示，当N的输入值在$N-1/2$到$N+1/2$的范围时，能够形成N阶孤子[41]。特别地，当N的值在0.5～1.5的范围内时，能够激发基阶孤子。

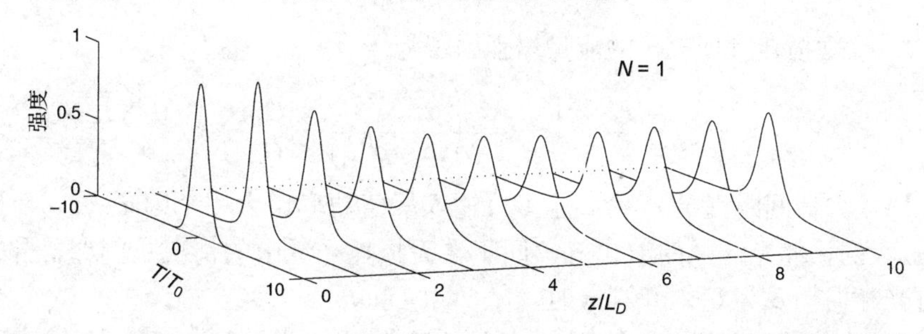

图9.6 $N=1$的高斯脉冲在$\xi=0\sim10$上的演化，脉冲通过改变它的形状、宽度和峰值功率向基阶孤子演化

光纤能够迫使任意输入脉冲向孤子演化，这好像有点不可思议。理解这一行为的简单方式是，将光孤子视为非线性波导的时间模式。脉冲中央的高强度部分通过仅增加脉冲中央部分的折射率而形成一个时间波导，这样的波导支持时间模式，就像纤芯-包层折射率差导致光纤的空间模式一样。当输入脉冲未能与某个时间模式精确匹配但又接近它时，大部分脉冲能量仍能耦合到时间模式中，其余的能量以色散波(dispersive wave)的形式扩散。后面将要看到，这种色散波会影响系统的性能，应使之最小化，为此应尽可能匹配输入条件，以尽量接近理想要求。当孤子绝热地适应微扰时，专门为孤子发展的微扰理论能够用来研究孤子的振幅、宽度、频率、速度和相位是如何沿光纤演化的。

即使光纤表现为正常色散，也能用逆散射法求解非线性薛定谔方程[42]。所得解的强度分布表现为均匀背景中的一个下陷，正是这个下陷沿光纤传输的过程中保持不变[43]。基于这个原因，非线性薛定谔方程的这种解称为暗(dark)孤子。尽管在20世纪80年代就观察到暗孤子，而且已经完整地研究了它们的特性[44～51]，但多数实验仍采用具有“双曲正割”形状的亮孤子。在下面的讨论中，关注由式(9.2.8)给出的基阶孤子。

9.2.2 损耗管理孤子

在上一节中已经看到，当存在光纤色散时，孤子通过自相位调制来保持其宽度。然而，这一特性仅当在光纤中孤子能量保持恒定不变时才有效。不难看出，光纤损耗导致的脉冲能量减小将使孤子被展宽，因为峰值功率的下降削弱了抵消群速度色散所必需的自相位调制效应。当用光放大器周期性地补偿光纤损耗时，孤子能量以周期方式发生变化，通过一个周期函数$p(z)$就可以将这样的能量变化包含在非线性薛定谔方程式(9.1.11)中。对于集总放大器的情况，$p(z)$在两个光放大器之间呈指数减小，在每个孤子周期上可能改变20 dB甚至更多。一个重要问题是，孤子在如此大的能量起伏下能否保持其形状和宽度？已经证实，如果光放大器间距L_A始终保持比色散长度L_D小得多，则孤子能够在长距离上保持稳定[52]。

一般来说，孤子能量的变化伴随着孤子宽度的变化。如果孤子宽度通过色散波的辐射而快速变化，那么$p(z)$大的快速变化就会破坏孤子。路径平均(path-averaged)孤子的概念利用了在与色散长度(或孤子周期)相比很小的距离上孤子几乎没有变化的事实[52]。这样，当$L_A \ll L_D$时，即使峰值功率在每两个光放大器之间显著变化，孤子宽度事实上保持不变。实际上，当 $L_A \ll L_D$时，可以用方程式(9.1.11)中 $p(z)$ 的平均值 $\bar{p}$ 替代 $p(z)$。注意，$\bar{p}$ 正是调整γP_0的常数，这样就恢复了标准非线性薛定谔方程。

从实际的角度讲，如果选取的路径平均孤子的输入峰值功率 P_S(或能量)是无损情况下的输入峰值功率 P_0的 $1/\bar{p}$ 倍，就可以激发基阶孤子。若引入放大器增益 $G=\exp(\alpha L_A)$ 并利用 $\bar{p} = L_A^{-1}\int_0^{L_A} \mathrm{e}^{-\alpha z}\mathrm{d}z$，则损耗管理孤子的能量增强因子为

$$f_{\mathrm{LM}} = \frac{P_s}{P_0} = \frac{1}{\bar{p}} = \frac{\alpha L_A}{1-\exp(-\alpha L_A)} = \frac{G\ln G}{G-1} \tag{9.2.9}$$

这样，只要(1)放大器间距满足 $L_A \ll L_D$且(2)输入峰值功率增大一个因子f_{LM}，则孤子在采用周期性集总放大的损耗光纤中的演化就等同于在无损耗光纤中的情况。例如，当放大器间距 L_A为 5 km 且光纤损耗 α 为 0.2 dB/km 时，有 $G=10$ 和$f_{\mathrm{LM}}\approx 2.56$。

对于孤子系统的设计来说，条件 $L_A \ll L_D$是不明确的。问题是，在孤子系统不能正常工作之前 L_A能够在多大程度上接近 L_D。可以将 9.1.2 节的半解析方法延伸，以研究光纤损耗是如何影响孤子演化的。然而，此时必须用下式：

$$U(z,t) = a\,\mathrm{sech}(t/T)\exp[-\mathrm{i}Ct^2/T^2 + \mathrm{i}\phi] \tag{9.2.10}$$

替代式(9.1.4)，以确保孤子保持“双曲正割”形状。利用变分法或矩方法，可以得到下面的两个耦合方程：

$$\frac{\mathrm{d}T}{\mathrm{d}z} = \frac{\beta_2 C}{T} \tag{9.2.11}$$

$$\frac{\mathrm{d}C}{\mathrm{d}z} = \left(\frac{4}{\pi^2} + C^2\right)\frac{\beta_2}{T^2} + \frac{2\gamma p(z) E_0}{\pi^2 T} \tag{9.2.12}$$

式中，$E_0 = 2P_0T_0$是输入脉冲能量。把以上两个方程与利用高斯脉冲得到的方程式(9.1.5)和方程式(9.1.6)进行对比，发现脉宽方程保持不变，啁啾方程也具有相同的形式，但系数不同。

作为矩方程的一个简单应用，用它们寻找在 $p(z)=1$ 的理想情况下孤子形成的条件。如果脉冲最初是不带啁啾的，则方程式(9.2.11)和方程式(9.2.12)中的两个导数在 $z=0$ 处为零；如果 β_2还是负的，则可选择脉冲能量为 $E_0 = 2|\beta_2|/(\gamma T_0)$。在这种条件下，脉冲的宽度和啁啾将不随 z 变化，脉冲将形成基阶孤子。利用 $E_0 = 2P_0T_0$ 容易看出，这一条件等价于令式(9.2.2)中的 $N=1$。

为将光纤损耗包括在内，以周期方式在长度为 L_A的每个光纤段中令 $p(z)=\exp(-\alpha z)$。图 9.7 给出了当放大器间距 L_A取 25 ~ 100 km 范围内的几个不同值时，孤子宽度和啁啾是如何在相继的放大器处变化的，这里假设 $L_D=100$ km。例如，对于 10 Gbps 的孤子系统，当$T_0=20$ ps且 $\beta_2=-4$ ps^2/km 时，色散长度就可以实现这样的值。当放大器间距等于 25 km 时，孤子宽度和啁啾保持接近它们的输入值。当放大器间距 L_A增加到 50 km 时，孤子宽度和啁啾以周期方式振荡，而且振荡幅度随 L_A的增加而增大。例如，当 $L_A=75$ km 时，孤子宽度的变化能够超过10%。对方程式(9.2.11)和方程式(9.2.12)进行线性稳定性分析，可以理解这种振荡行为。然而，如果 L_A/L_D远超过 1，那么孤子宽度开始以单调方式呈指数增加。图 9.7 表明，当集总放大器用于损耗管理时，$L_A/L_D \leqslant 0.5$ 是一个合理的设计标准。

像方程式(9.2.11)和方程式(9.2.12)那样的变分方程只能起指导作用，它们的解并不总是值得信赖的，因为它们完全忽略了当孤子受到扰动时所产生的色散辐射。基于这个原因，通过非线性薛定谔方程本身的直接数值模拟来验证它们的预测就比较重要。图 9.8 给出了损耗

管理孤子在10 000 km距离上的演化，它假设孤子每隔50 km被放大一次(即L_A=50 km)。当输入脉宽对应200 km的色散长度时，因为条件$L_A \ll L_D$充分满足，孤子在传输10 000 km后仍保持得相当好。然而，当色散长度减到25 km时，孤子因色散波的过度辐射而不能继续维持。

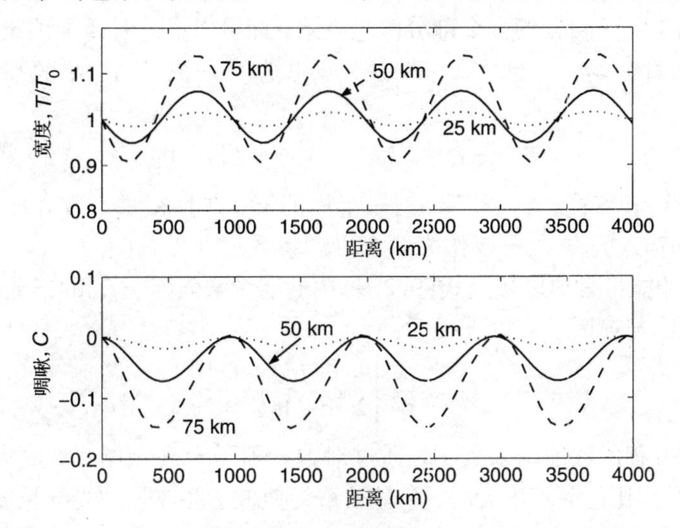

图9.7　当L_D=100 km且放大器间距取25 km, 50 km和75 km这3个不同的值时，孤子宽度T/T_0和啁啾C沿光纤长度的演化

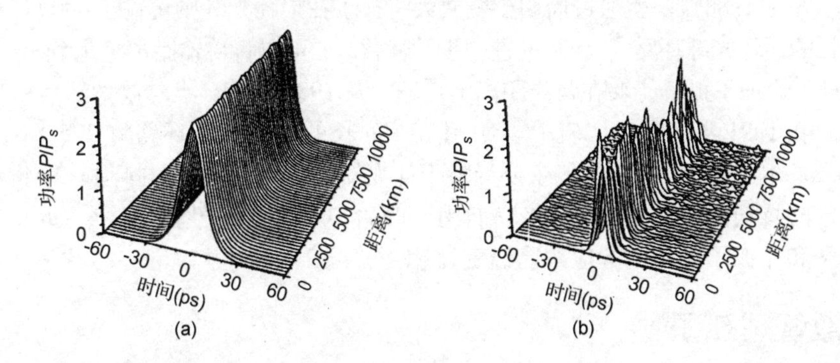

图9.8　损耗管理孤子在10 000 km上的演化。(a)L_D=200 km，(b)L_D=25 km。其他参数分别为L_A = 50 km，α = 0.22 dB/km，β_2 = −0.5 ps²/km

放大器间距的限制是如何影响孤子系统的设计的呢？条件$L_A < L_D$可以通过$L_D = T_0^2/|\beta_2|$与脉冲宽度T_0相联系，于是所得的条件为

$$T_0 > \sqrt{|\beta_2|L_A} \tag{9.2.13}$$

脉冲宽度T_0必须比比特隙$T_b = 1/B$小得多，以确保相邻的孤子被充分分开。从数学意义上讲，仅当单个脉冲在光纤中传输时，式(9.2.8)给出的孤子解才是正确的；对于一个脉冲序列来说，只有当各个孤子被充分孤立时，这一解才近似正确。这一要求能使孤子宽度T_0与比特率B联系起来，即$T_b = 2q_0T_0$，这里$2q_0$是光比特流中两相邻脉冲间隔的量度。通常，q_0大于4能确保两相邻脉冲的尾部不发生明显交叠。在式(9.2.13)中应用$T_0 = (2q_0B)^{-1}$，可以得到下面的设计标准：

$$B^2L_A < (4q_0^2|\beta_2|)^{-1} \tag{9.2.14}$$

选取典型值β_2 = −2 ps²/km，L_A = 50 km和q_0 = 5，可以得到T_0 > 10 ps和B < 10 Gbps。显然，

路径平均孤子的使用对孤子通信系统的比特率和放大器间距都强加了一个严格限制。即使工作在 10 Gbps 比特率下，如果β_2保持不变，则必须减小 q_0或 L_A的值，而这两个参数的值又不能比前面的估计中用到的值小太多。

2000 年，提出了这一问题的一个部分解决方案，即可以通过对孤子预啁啾来放宽 $L_A \ll L_D$ 的条件，尽管式(9.2.8)给出的标准孤子解是无啁啾的[53]。孤子预啁啾的基本思想是，通过下面的周期边界条件：

$$T(z=L_A)=T_0, \qquad C(z=L_A)=C_0 \tag{9.2.15}$$

寻找方程式(9.2.11)和方程式(9.2.12)的一个周期解，并且在每个放大器处该解能够重复。输入脉冲能量 E_0和输入啁啾 C_0可以作为两个可调参数。方程式(9.2.11)和方程式(9.2.12)的微扰解表明，脉冲能量必须以接近式(9.2.9)中的能量增强因子f_{LM}的倍数增加。同时，提供了周期解的输入啁啾与该因子有以下关系：

$$C_0=\frac{4}{\pi^2}\left[\frac{1}{2}-\frac{(f_{\text{LM}}-1)}{\ln G}\right] \tag{9.2.16}$$

基于非线性薛定谔方程的数值结果表明，通过对输入孤子合理预啁啾，放大器间距能够超过 $2L_D$。然而，当 L_A明显比色散长度大时，色散波最终使孤子在较长的光纤长度上变得不稳定。

采用分布放大方案，条件 $L_A \ll L_D$也可以大大放宽。正如在 7.1 节中讨论的，分布放大方案优于集总放大方案，因为它通过沿光纤链路的每一点局部补偿光纤损耗，提供了几乎无损耗的光纤链路。早在 1988 年，就通过周期拉曼放大将孤子在损耗光纤中传输了 4000 km，该实验利用了 42 km 长的循环光纤环路[54]。通过进一步的优化，还可以将传输距离增加到 6000 km，该实验最早从原理上论证了孤子能够在跨洋距离上传输。从 1989 年起，集总放大器就用在损耗管理孤子系统中。在 1991 年的一个实验中[55]，用 75 km 长的循环光纤环路将 2.5 Gbps 的孤子传输了 12000 km。本实验中，系统性能主要受限于放大器噪声引起的定时抖动。20 世纪 90 年代，发现了减小定时抖动的几种方案，并将它们用于改善孤子系统的性能[33~35]。近年来，拉曼放大技术在孤子和非孤子系统中的应用已经变得相当普遍。

9.3 色散管理孤子

正如在第 8 章中看到的，现代波分复用系统普遍采用色散管理技术。由于这种系统使用具有正常和反转群速度色散的光纤段，人们可能会问，在这种情况下孤子会发生什么？结果是，即使当群速度色散系数β_2沿光纤链路长度方向变化时，孤子也能形成，但它们的特性有了很大不同。本节将主要讨论这种色散管理孤子，首先介绍色散渐减光纤，然后关注具有周期色散图的光纤链路。

9.3.1 色散渐减光纤

一种有趣的方案采用群速度色散沿光纤长度变化的新型光纤，它可以将通常强加于损耗管理孤子的限制 $L_A \ll L_D$完全放宽[56]。这种光纤称为色散渐减光纤(Dispersion-Decreasing Fiber, DDF)，它通过 GVD 的减小抵消因光纤损耗弱化孤子而造成的自相位调制的减小。

色散渐减光纤中孤子的演化由方程式(9.1.2)支配，只是此时β_2是 z 的连续函数。引入归一化的距离和时间变量

$$\xi=T_0^{-2}\int_0^z \beta_2(z)\,\mathrm{d}z, \qquad \tau=t/T_0 \tag{9.3.1}$$

则可以将方程式(9.1.2)写成下面的形式:

$$\mathrm{i}\frac{\partial U}{\partial \xi}+\frac{1}{2}\frac{\partial^2 U}{\partial \tau^2}+N^2(z)|U|^2U=0 \tag{9.3.2}$$

式中，$N^2(z)=\gamma P_0T_0^2p(z)/|\beta_2(z)|$。若选择 GVD 分布使$|\beta_2(z)|=|\beta_2(0)|p(z)$，则 N 变成一个常数，方程式(9.3.2)简化成前面用 $p(z)=1$ 得到的标准非线性薛定谔方程。结果，当使用 DDF 传输孤子时，光纤损耗只是使孤子的能量降低，而对孤子的形状没有影响。更准确地说，如果在两个集总放大器之间的光纤段中 GVD 以如下形式呈指数减小:

$$|\beta_2(z)|=|\beta_2(0)|\exp(-\alpha z) \tag{9.3.3}$$

则集总放大器能够置于光纤链路的任何位置，并且不受条件 $L_A \ll L_D$的限制。这个结果可以定性地理解如下：由式(9.2.2)可知，如果$|\beta_2|$和 γ 以相同的速率呈指数减小，那么尽管有功率损耗，$N=1$ 的要求仍可以得到满足。于是，即使在有损耗的光纤中基阶孤子仍能保持它的形状和宽度。

具有近似指数 GVD 分布的光纤已经制造出来[57]。制造这种色散渐减光纤的一种实用的技术是，在光纤拉制过程中以一种可控的方式沿光纤长度方向减小纤芯直径，纤芯直径的变化改变了波导色散对 β_2的贡献并使之减小。典型地，在 20 ~ 40 km 的长度上 GVD 能够改变 10 倍。利用这种技术实现的精度估计优于 0.1 ps^2/km[58]。孤子在色散渐减光纤中的传输已经在几个实验中观察到[58~60]，在其中一个实验中，孤子能够在 40 km 长的色散渐减光纤中保持它的宽度和形状，尽管能量损耗超过了 8 dB[59]。在利用 DDF 构建的循环光纤环路中，10 Gbps 比特率的 6.5 ps 孤子序列能够传输 300 km[60]。

在一种替代方法中，用通过将具有不同 β_2 值的几种恒定色散光纤熔接起来得到的阶梯状群速度色散分布来近似替代指数群速度色散分布。这种方法在 20 世纪 90 年代期间得到了研究，发现 DDF 的大部分优点能够通过 4 个光纤段实现[61~65]。应如何选择用于仿真色散渐减光纤的每段光纤的长度和群速度色散呢? 答案并非是显而易见的，人们已经提出了几种方法。在其中一种方法中，目标是使每个光纤段中的功率偏差最小[61]；在另一种方法中，选择具有不同 GVD 值 D_m 和不同长度 L_{map} 的光纤，使每个光纤段的 D_mL_{map} 积都相等；在第三种方法中，通过选择 D_m 和 L_{map} 使色散波的遮蔽最小化[62]。对于孤子系统来说，色散渐减光纤的优点包括较小的定时抖动[1]和较低的噪声电平[66]。尽管有这些优点，色散渐减光纤很少在实际应用中使用。

9.3.2 周期色散图

由交替 GVD 光纤(即 β_2 正负相间)组成的色散图引人注目，因为它能减小整个光纤链路的平均色散，同时保持每段光纤的 GVD 足够大，以使 WDM 系统中的 FWM(四波混频)串扰可以忽略。然而，色散管理的运用迫使每个孤子都在每个色散图周期内的光纤的正常色散区传输。乍看起来，这种方案应该无法工作，因为正常 GVD 光纤不支持孤子，会导致脉冲相当大的展宽和啁啾。那么，为什么孤子能在色散管理光纤链路中存在呢? 针对这个问题的大量理论工作导致了色散管理(DM)孤子的发现[67~90]。从物理意义上讲，如果用于组成色散图的每段光纤的色散长度远小于非线性长度，那么光脉冲会在一个色散图周期内以线性方式演化。在较长的长度尺度上，如果 SPM 效应和平均色散效应达到平衡，则仍能形成孤子。结果，孤子在平均意义上是能够存在的，即使它的峰值功率、宽度和形状都周期性地振荡。

下面关注由两段具有相反 GVD 特性的光纤组成的一种简单色散图。孤子的演化仍由方程式(9.1.2)决定，不过此时β_2是z的分段连续函数，在长度为l_a的反常 GVD 光纤段和长度为l_n的正常 GVD 光纤段，β_2的取值分别为β_{2a}和β_{2n}。色散图周期$L_{map}=l_a+l_n$也可以与放大器间距L_A不同。显然，色散管理孤子的性质将取决于色散图的几个参数，即使在每个色散图周期内只使用两种光纤。数值模拟表明，通过调整输入脉冲参数(宽度、啁啾及峰值功率)的值，经常可以得到近似周期解，即使这些参数值在每个色散图周期内变化很大。这种色散管理孤子的典型形状更接近于高斯脉冲而不是标准孤子的"双曲正割"脉冲[68~70]。

数值解虽然很有必要，但是它不能给出丰富的物理图像，已有一些方法用于近似求解非线性薛定谔方程式(9.1.2)。其中一种常见的方法利用了变分法[71~73]；另一种方法是将$B(z,t)$用一组完整的埃尔米特-高斯函数展开，而这些埃尔米特-高斯函数是线性问题的解[74]；第三种方法是利用微扰理论求解在谱域中推导的一个积分方程[76~78]。

这里，我们关注前面在9.1.2节中使用的变分方程式(9.1.5)和方程式(9.1.6)。因为色散管理孤子的形状接近高斯脉冲，所以这两个变分方程适用于色散管理孤子。应利用式(9.2.15)给出的边界条件来解这两个方程，以确保在每个放大器后色散管理孤子恢复它的初始状态。周期边界条件固定了$z=0$处的初始脉宽T_0和啁啾C_0，这样对于脉冲能量E_0的一个给定值，孤子才能以周期方式传输。色散管理孤子的一个新特性是，输入脉宽和啁啾取决于色散图，不能任意选择。实际上，T_0不能落到由色散图自身设定的一个临界值之下。

图9.9(a)给出了对于特定的色散图，周期解所允许的脉宽T_0和啁啾C_0是如何随输入脉冲能量变化的，图中还给出了在色散图的反常群速度色散段中间出现的脉宽最小值T_m。该色散图适合40 Gbps 的系统，它由群速度色散值分别为$-4\ \text{ps}^2/\text{km}$和$4\ \text{ps}^2/\text{km}$的光纤交替组成，其长度$l_a \approx l_n = 5$ km，这样平均群速度色散值为$-0.01\ \text{ps}^2/\text{km}$。图9.9(a)中的实线对应的是$p(z)=1$的理想分布放大的情况，集总放大的情况用虚线给出，假设每个光纤段内放大器间距为80 km，损耗为0.25 dB/km。

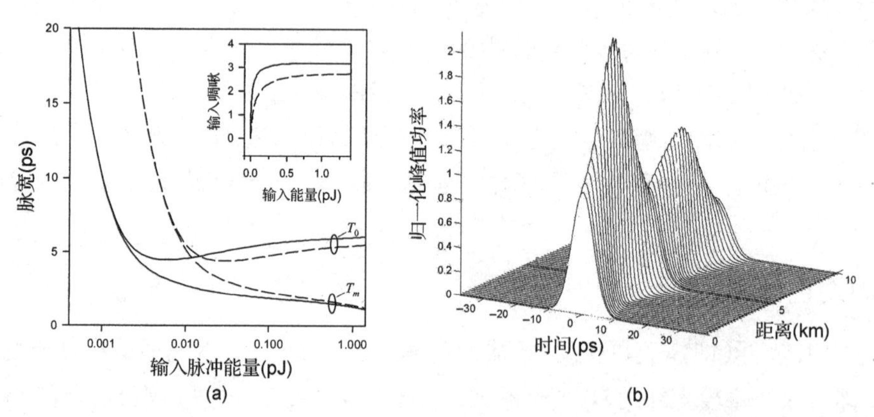

图9.9 (a)T_0(上面的曲线)和T_m(下面的曲线)随输入脉冲能量E_0的变化，实线和虚线分别对应$\alpha=0$和$\alpha=0.25$ dB/km的情况；插图所示为两种情况下的输入啁啾C_0；(b)当$E_0=0.1$ pJ且$L_A=80$ km时色散管理孤子在一个色散图周期上的演化

由图9.9(a)能得出几条结论。第一，当脉冲能量增加时，T_0和T_m均急剧减小。第二，对某个特定的脉冲能量E_c，T_0达到其最小值，而T_m保持缓慢减小。第三，当$E_0 \gg E_c$时，T_0和T_m出现较大差别。这一行为表明当接近这个区域时，脉宽在每个光纤段内显著变化。图9.9(b)

所示为对于输入脉冲能量 $E_0 = 0.1$ pJ 和放大器间距 $L_A = 80$ km 的集总放大，一个呼吸脉冲的例子，在这种情况下，输入啁啾 C_0相当大($C_0 \approx 1.8$)。图 9.9 最重要的特性是，对于脉冲能量的一个特定值，T_0存在一个最小值，在此点输入啁啾 $C_0 = 1$。需要着重指出的是，T_0的最小值与光纤损耗没有多大关系，实线和虚线两种情况几乎有同样的值，尽管 E_c的值在集总放大情况下因光纤损耗而大得多。

色散管理孤子的脉宽和峰值功率在每个色散图周期内都显著变化。图 9.10(a)给出了图 9.9(b)中的色散管理孤子的脉宽(实线所示)和啁啾(虚线所示)在一个色散图周期内的变化，其中脉宽的变化超过两倍，并在频率啁啾为零的每个光纤段的中间附近取得最小值。对于沿光纤链路的每个点完全补偿光纤损耗的理想分布放大情况，最短脉冲出现在反常 GVD 段的中间位置。为便于比较，图 9.10(b)给出了输入脉冲能量接近 E_c(此时输入脉冲最短)的色散管理孤子的脉宽和啁啾的变化情况，由图可见，孤子的呼吸行为和啁啾的变化范围明显减小了。在这两种情况下，色散管理孤子与标准基阶孤子有很大不同，因为它不能保持其形状、宽度或峰值功率。尽管如此，在色散图内的任意位置，色散管理孤子的参数值从一个周期到另一个周期不断重复。基于这个原因，色散管理孤子能用于光通信，尽管脉宽出现振荡。此外，从系统的角度来看，这样的孤子表现得更好。

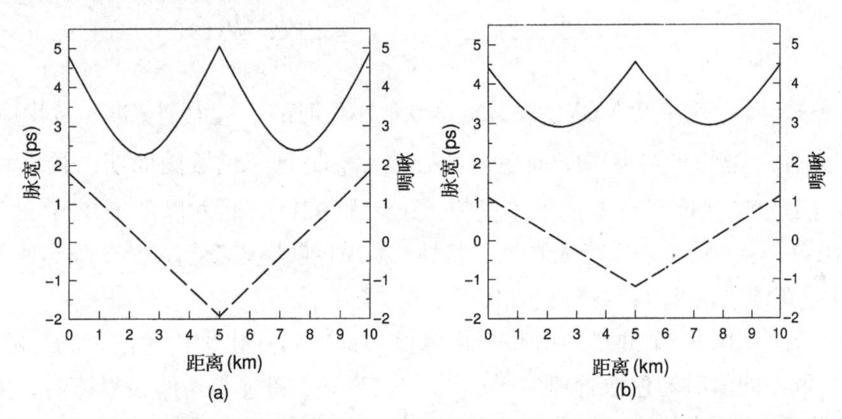

图 9.10　当输入脉冲能量(a)$E_0 = 0.1$ pJ 和(b)E_0接近 E_c时色散管理孤子的脉宽(实线)和啁啾(虚线)在一个色散图周期上的变化

9.3.3 设计问题

图 9.9 和图 9.10 表明，在同样的色散图内，通过选择 E_0，T_0和 C_0的不同值，方程式(9.1.5)和方程式(9.1.6)允许多个不同的色散管理孤子的周期传输。当设计孤子系统时，如何从这些解决方案中做出选择呢？一方面，应避免脉冲能量比 E_c(对应 T_0的最小值)小得多，因为低平均功率将导致信噪比的快速劣化(由于在传输过程中放大器噪声不断累积)。另一方面，当 $E_0 \gg E_c$时，如果两个相邻孤子的尾部出现交叠，则在每个光纤段中脉冲宽度大的起伏将引起这两个孤子之间的 XPM 相互作用。基于这个原因，在设计色散管理孤子时，$E_0 = E_c$附近的区域是最合适的。非线性薛定谔方程式(9.1.2)的数值解证实了这个结论。

适用于图 9.9 和图 9.10 的 40 Gbps 系统的设计是可能的，这只是因为选择色散图周期 L_{map}比 80 km 的放大器间距小得多，这种方案称为密集色散管理。当利用 $l_a \approx l_b = 40$ km 将 L_{map}增加到 80 km，同时保持相同的平均色散值，色散图支持的最小脉冲宽度以 3 倍因子增加，于是比特率被限制在 20 Gbps 以下。

通过近似解方程式(9.1.5)和方程式(9.1.6)，可以得到 T_0和 T_m的值。方程式(9.1.6)表明，在色散图周期内的任意一点有 $T^2(z) = T_0^2 + 2\int_0^z \beta_2(z)C(z)\,dz$。啁啾方程不能解析积分，但其数值解表明，在每个光纤段内 $C(z)$几乎线性变化。正如在图 9.10 中看到的，在第一段 $C(z)$从 C_0变化到 $-C_0$，而在第二段又变回到 C_0。注意，比率$(1+C^2)/T^2$与谱宽有关，而当非线性长度比局部色散长度大得多时，谱宽在一个色散图周期内几乎没有变化，可以在一个色散图周期内对其取平均，并得到 T_0与 C_0的以下关系：

$$T_0 = T_{\text{map}}\sqrt{\frac{1+C_0^2}{|C_0|}}, \qquad T_{\text{map}} = \left(\frac{|\beta_{2n}\beta_{2a}l_n l_a|}{\beta_{2n}l_n - \beta_{2a}l_a}\right)^{1/2} \tag{9.3.4}$$

式中，T_{map}是时间量纲的参数，它只涉及 4 个色散图参数[87]。从该色散图支持的稳定周期解具有接近 T_{map}的输入脉冲宽度(在两倍以内)这个意义上讲，T_{map}提供了与任意色散图相联系的一个时间尺度。当$|C_0| = 1$ 时 T_0出现最小值，其大小为 $T_0^{\min} = \sqrt{2}\,T_{\text{map}}$。

寻找 4 个色散图参数的其他组合也是有用的，这在色散管理孤子系统的设计中起重要作用。对实现这个目标有用的两个参数定义为[71]

$$\bar{\beta}_2 = \frac{\beta_{2n}l_n + \beta_{2a}l_a}{l_n + l_a}, \qquad S_{\text{map}} = \frac{\beta_{2n}l_n - \beta_{2a}l_a}{T_{\text{FWHM}}^2} \tag{9.3.5}$$

式中，$T_{\text{FWHM}} \approx 1.665T_m$是在反常 GVD 段脉宽达到最小值时的半极大全宽度。从物理意义上讲，$\bar{\beta}_2$代表整个光纤链路的平均 GVD，而色散图强度 S_{map}是每个色散图周期内的两种光纤之间 GVD 突然变化程度的量度。对于 $\bar{\beta}_2$的不同值，方程式(9.1.5)和方程式(9.1.6)的解是色散图强度 S_{map}的函数，这揭示了一个令人吃惊的特性：如果色散图强度超过某个临界值 S_{cr}，那么即使平均 GVD 是正值，也可以存在色散管理孤子[79~83]。

作为一个例子，图 9.11 通过画出归一化峰值功率随归一化平均色散 $\bar{\beta}_2/\beta_{2a}$的变化曲线，给出了当 S_{map}取不同值时的色散管理孤子解[71]。仅当 S_{map}超过 4.8 的临界值时，在正常 GVD 区才存在周期解，表明在每个光纤段内这种解的脉宽变化较大。而且，当 $S_{\text{map}} > S_{\text{cr}}$时，在满足 $\bar{\beta}_2 > 0$ 的一个小范围内，对于输入脉冲能量的两个不同值，能够存在一个周期解。方程式(9.3.2)的数值解证实了这些预测(除了色散图强度的临界值为 3.9)。

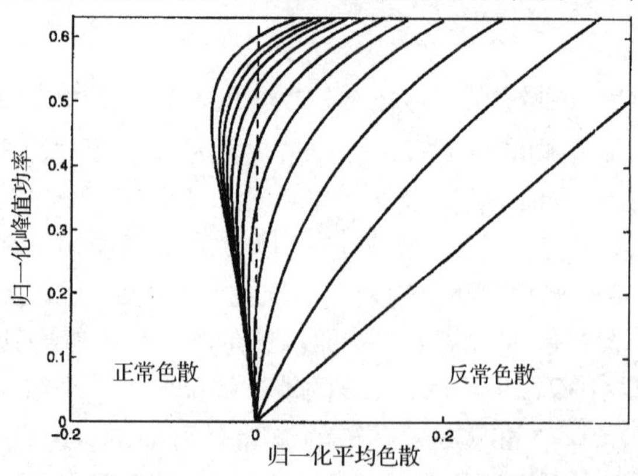

图 9.11 色散管理孤子的归一化峰值功率随 $\bar{\beta}_2/\beta_{2a}$的变化关系，直线对应色散图强度等于零，然后以步长2一直增加到20，最左边的曲线对应色散图强度等于25[71](经ⓒ 1998 OSA授权引用)

当色散图强度低于临界值(数值模拟结果约为 3.9)时，对于色散管理孤子来说，平均 GVD 为负值。在这种情况下，可以试图将它们与在$\beta_2=\bar{\beta}_2$的均匀 GVD 光纤链路中形成的标准孤子做一对比。当 S_{map}的值相对较小时，脉宽和啁啾的变化足够小，可以忽略它们，于是，平均 GVD 孤子和色散管理孤子之间的主要区别源于维持色散管理孤子需要更高的峰值功率。色散管理孤子的能量增强因子定义为[67]

$$f_{DM}=E_0^{DM}/E_0^{av} \tag{9.3.6}$$

能量增强因子的值可以大于 10，这取决于系统的设计。色散管理孤子的较高能量在几个方面有益于孤子系统，除了其他方面的原因，色散管理孤子能够改善信噪比和减小定时抖动。

早在 1992 年，色散管理方案就用于孤子传输，尽管当时它们被称为部分孤子通信或色散分配技术[91]。在色散管理一种最简单的形式中，将相对较短的一段色散补偿光纤(DCF)周期性地加到传输光纤中，从而形成与非孤子系统所用色散图类似的色散图。在 1995 年的一个实验中，发现使用色散补偿光纤可以明显减小定时抖动[92]。实际上，在这个 20 Gbps 的传输实验中，当平均色散减小到 $-0.025\ ps^2/km$ 附近时，定时抖动变得足够小，20 Gbps 信号能够在跨洋距离上传输。

大量实验均已表明，色散管理孤子是有益于光波系统的[93~101]。在其中一个实验中[93]，使用周期色散图实现了 20 Gbps 的孤子比特流在 5520 km 长的光纤链路中的传输，该光纤链路包含间距为 40 km 的光放大器。在另一个 20 Gbps 的实验中[94]，将孤子比特流传输 9000 km 而没有使用任何光在线滤波器，因为周期性地使用 DCF 能使定时抖动减小到其 1/3 以下。在 1997 年的一个色散管理孤子传输实验中[95]，采用了孤子大部分时间内在正常 GVD 区传输的色散图。本实验将10 Gbps 信号在循环光纤环路中传输了 28 000 km，其中循环光纤环路由 100 km 长的正常 GVD 光纤和 8 km 长的反常 GVD 光纤组成，这样环路内平均 GVD 为负值($\bar{\beta}_2\approx-0.1\ ps^2/km$)；在这样的光纤环路中还观察到脉宽的周期性变化[96]。在后来的一个实验中[97]，将光纤环路调整为平均 GVD 为零或一个小的正值，结果仍观察到 10 Gbps 的孤子在 28 000 km 距离上的稳定传输。在所有情况下，实验结果与数值模拟结果十分吻合[98]。

色散管理孤子的一个重要应用是对用标准光纤设计的现有陆地网络进行升级[99~101]。1997 年的一个实验用光纤光栅进行色散补偿，实现了 10 Gbps 孤子在 1000 km 距离上的传输。利用循环光纤环路实现了更长的传输距离[100]，该光纤环路由 102 km 长的具有反常 GVD($\beta_2\approx-21\ ps^2/km$)的标准光纤和 17.3 km 长的具有正常 GVD($\beta_2\approx160\ ps^2/km$)的色散补偿光纤组成。当 30 ps(指的是半极大全宽度)的脉冲入射到光纤环路中时，本实验中的色散图强度 S_{map}相当大。1999 年，通过适当选择光放大器的位置使孤子相互作用最小，将 10 Gbps 色散管理孤子在标准光纤中传输了 16 000 km[16]。

9.3.4 定时抖动

正如在 7.7.4 节中看到的，光放大器加入的噪声对每个光脉冲都产生扰动，不但降低了信噪比，而且还使光脉冲在其时隙内的位置发生位移。光放大器噪声引起的定时抖动对孤子系统尤其严重，而且它限制了任何长途孤子链路的总传输距离。这一限制最早是在 1986 年针对具有恒定宽度的标准孤子提出的，但对色散管理孤子系统仍然适用，尽管此时定时抖动减小了[102~114]。在所有情况下，定时抖动的主要来源是由光放大器噪声引起的相位起伏而导致的孤子载波频率的变化。

利用7.7.2节中的矩方法可以计算频率和脉冲位置起伏的方差。对于色散管理孤子来说，由于脉冲形状近似保持为高斯型，因此只需将对标准孤子的分析稍做改变，即可适用于色散管理孤子。最终的结果可以写成[111]

$$\sigma_t^2 = \frac{S_{\rm ASE}T_m^2}{E_0}[N_A(1+C_0^2)+N_A(N_A-1)C_0d+\tfrac{1}{6}N_A(N_A-1)(2N_A-1)d^2] \qquad (9.3.7)$$

式中，N_A是沿光纤链路的光放大器的个数。无量纲参数d的定义见式(9.1.9)，只是需要用最小宽度T_m替代T_0。方括号中的第一项源于在每个放大器内孤子直接的位置起伏，第二项与频率起伏和位置起伏之间的互相关有关，第三项只是由频率起伏造成的。对于设计成$L_{\rm map}=L_A$且$N_A \gg 1$的孤子系统，抖动主要由式(9.3.7)中的最后一项决定，因为它与N_A^3有关。抖动可以由下式近似给出：

$$\frac{\sigma_t^2}{T_m^2} \approx \frac{S_{\rm ASE}}{3E_0}N_A^3d^2 = \frac{S_{\rm ASE}L_T^3}{3E_0L_D^2L_A} \qquad (9.3.8)$$

式中，$L_D = T_m^2/|\bar{\beta}_2|$，$N_A = L_T/L_A$，这里$L_T$是光波系统的总传输距离。

因为σ_t^2与系统总长度L_T的三次方有关，长途系统的定时抖动能变得与比特隙相当，特别是在系统比特率超过10 Gbps时(此时对应的比特隙小于100 ps)。如果不加以控制，那么这种抖动将导致较大的功率代价，在实际应用中，抖动应小于比特隙的10%。图9.12给出了在20 Gbps的色散管理孤子系统中定时抖动是怎样随L_T增加的，其中色散图由10.5 km的反常GVD光纤和9.7 km的正常GVD光纤[$D=\pm4$ ps/(km·nm)]组成。沿光纤链路每隔80.8 km(4个色散图周期)放置一个$n_{\rm sp}=1.3$(或噪声指数为4.1 dB)的光放大器，以补偿0.2 dB/km的光纤损耗。用变分方程得到在每个色散图周期后孤子能周期性地恢复的输入脉冲的参数值($T_0=6.87$ ps，$C_0=0.56$，$E_0=0.4$ pJ)，光纤非线性参数γ的值为1.7 W^{-1}/km。

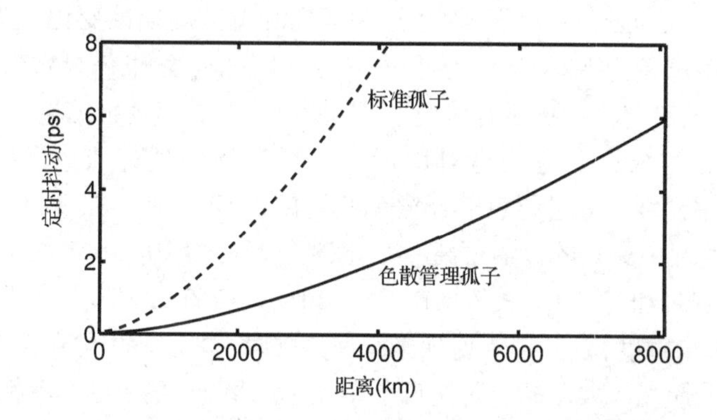

图9.12 20 Gbps色散管理孤子系统(实线)和标准孤子系统(虚线)的ASE引起的定时抖动随传输距离的变化

一个重要问题是，从定时抖动的角度，色散管理的使用是有利还是有害？用矩方法还能得到标准孤子的定时抖动，并可由下式给出[111]：

$$\sigma_t^2 = \frac{S_{\rm ASE}T_0^2}{3E_s}[N_A+\tfrac{1}{6}N_A(N_A-1)(2N_A-1)d^2] \qquad (9.3.9)$$

式中，已用E_s作为输入孤子能量，以突出它与式(9.3.7)中用到的色散管理孤子能量E_0的差别。为公正地比较色散管理孤子和标准孤子，考虑一个完全相同的孤子系统，只是用GVD为常量且等于平均值$\bar{\beta}_2$的单一光纤替代色散图。利用$E_0=2P_0T_0$，$P_0=|\bar{\beta}_2|/(\gamma T_0^2)$，可得孤子能

量 E_s 为

$$E_s = 2f_{\mathrm{LM}}|\bar{\beta}_2|/(\gamma T_0) \tag{9.3.10}$$

式中，系数 f_{LM} 是源于损耗管理的增强因子(对于16 dB增益，$f_{\mathrm{LM}} \approx 3.8$)。图9.12中的虚线给出了利用式(9.3.9)和式(9.3.10)得出的定时抖动。比较这两条曲线可以发现，色散管理孤子的抖动更小一些，抖动减小的物理原因与色散管理孤子的能量增强有关。实际上，能量比率 E_0/E_s 等于前面在式(9.3.6)中引入的能量增强因子 f_{DM}。从实际的角度，色散管理孤子抖动的减小允许更远的传输距离，这可以由图9.12清楚地看到。注意，式(9.3.9)也可应用于色散渐减光纤，因为GVD沿光纤的变化可以通过式(9.1.9)定义的参数 d 包括在内。

对于长途孤子系统，光放大器的个数足够多，式(9.3.9)中的 N_A^3 项起主要作用，标准孤子的定时抖动由下式近似为[103]

$$\frac{\sigma_t^2}{T_0^2} = \frac{S_{\mathrm{ASE}}L_T^3}{9E_sL_D^2L_A} \tag{9.3.11}$$

比较式(9.3.8)和式(9.3.11)，可以发现当采用色散管理孤子传输时，定时抖动以 $(f_{\mathrm{DM}}/3)^{1/2}$ 的因子减小。

为找到一个简单的设计规则，可以在 $\sigma_t < b_j/B$ 的条件下使用式(9.3.11)，这里 b_j 是比特隙的一小部分，孤子可以在这个范围内位移而不会对系统性能产生不利影响。利用 $B = (2q_0T_0)^{-1}$ 和式(9.3.10)中的 E_s，可得标准孤子的比特率–距离积 BL_T 受限于

$$BL_T < \left(\frac{9b_j^2 f_{\mathrm{LM}}L_A}{S_{\mathrm{ASE}}q_0\gamma\bar{\beta}_2}\right)^{1/3} \tag{9.3.12}$$

对于色散管理孤子，能量增强因子 f_{LM} 用 $f_{\mathrm{LM}}f_{\mathrm{DM}}/3$ 替代。b_j 的容许值取决于可接受的误码率和接收机设计的细节；典型地，$b_j < 0.1$。为看出光放大器噪声是如何限制总传输距离的，考虑工作在10 Gbps比特率下的标准孤子系统，所取参数值为：$T_0 = 10$ ps，$q_0 = 5$，$\alpha = 0.2$ dB/km，$\gamma = 2\ \mathrm{W}^{-1}/\mathrm{km}$，$\bar{\beta}_2 = -1\ \mathrm{ps}^2/\mathrm{km}$，$n_{\mathrm{sp}} = 1.5$，$L_A = 50$ km，$b_j = 0.08$。利用 $G = 10$ dB，可以得到 $f_{\mathrm{LM}} = 2.56$，$S_{\mathrm{ASE}} = 2.16 \times 10^{-6}$ pJ。利用这些值可得 BL_T 必须低于70 Tbps·km，即在10 Gbps的比特率下传输距离被限制在7000 km以下。对于色散管理孤子，该值能够增加到10 000 km以上。

9.3.5 定时抖动的控制

由于定时抖动最终限制了孤子系统的性能，因此在孤子系统能够实用之前，有必要找到定时抖动问题的一个解决方案。20世纪90年代，提出了几种方法来控制定时抖动[115~136]，本节将对定时抖动的控制方法进行简要讨论。

早在1991年，就曾提出用光滤波器来控制孤子的定时抖动[115~117]，该方法利用了ASE噪声在整个光放大器带宽内产生而孤子频谱仅占光放大器带宽的一小部分这个事实。选择光滤波器的带宽，使孤子比特流通过光滤波器，而大部分ASE噪声被光滤波器阻隔。若在每个光放大器后都置一光滤波器，则它能改善信噪比，因为ASE噪声降低，而且同时减小了定时抖动。在1991年的一个实验中[116]，发现情况的确如此，但定时抖动的减小不到50%。

如果使相继的光滤波器的中心频率沿光纤链路缓慢滑动，那么滤波技术也能明显改善孤子系统的性能。这种滑频(sliding-frequency)滤波器避免了放大自发辐射在滤波器带宽内的累

积，同时抑制了定时抖动的增长[118]。滑频滤波器工作的物理机制可以如下理解：由于滤波器的通带发生位移，孤子也位移其频谱，以使滤波器引起的损耗最小化。与之相反，放大自发辐射的频谱不能发生位移。最终结果是，当孤子频谱的位移超过其自身的带宽时，在几个光放大器上累积的放大自发辐射噪声就能随后被滤掉。

将矩方法适当延伸，可以将光滤波器的影响包括在内。如果注意到每个光滤波器以以下方式改变了孤子场：

$$U_f(z_f,t)=\frac{1}{2\pi}\int_{-\infty}^{\infty}H_f(\omega-\omega_f)\tilde{U}(z_f,\omega)\mathrm{e}^{-\mathrm{i}\omega t}\,\mathrm{d}\omega \tag{9.3.13}$$

就很容易看出这一点。式中，$\tilde{U}(z_f,\omega)$是脉冲频谱，H_f是位于z_f处的光滤波器的传递函数。光滤波器的通带相对于孤子的载波频率位移了ω_f。如果用孤子频谱上的抛物线来近似表示光滤波器的频谱并利用$H_f(\omega-\omega_f)=1-b(\omega-\omega_f)^2$，那么很容易看出，光滤波器对孤子引入了一个附加损耗，因此应通过增加光放大器的增益来补偿它。定时抖动的分析表明，滑频滤波器能显著减小标准孤子和色散管理孤子的定时抖动[131]。

用同步(synchronous)振幅调制技术还能在时域中控制孤子，这种方法在实际应用中是通过 $LiNbO_3$调制器实现的[121]。其工作原理是：对已经从初始位置(比特隙中心)移开的那些孤子引入附加损耗，调制器迫使这些孤子移向其透射峰(此处损耗最小)。从数学意义上讲，调制器的行为是以以下方式改变孤子振幅的：

$$U(z_m,t)\to T_m(t-t_m)U(z_m,t) \tag{9.3.14}$$

式中，$T_m(t-t_m)$是位于$z=z_m$处的调制器的透射系数。用矩方法或微扰理论能够证明，调制器显著减小了定时抖动。

同步调制技术还可以利用相位调制器实现[122]。周期相位调制的作用可以这样理解：频移与所有时间相关的相位变化相联系，既然孤子频率的变化相当于群速度的改变，因此相位调制将产生一个时间上的位移。同步相位调制是这样实现的：仅当孤子从比特隙的中心移开时，它才经历一个频移，该频移将孤子限制在它原来的位置，尽管 ASE 或其他噪声源可能引起定时抖动。强度调制和相位调制结合使用能进一步改善系统的性能[123]。

同步调制与光滤波器相结合能同时在时域和频域中控制孤子，实际上，这种结合允许任意长的传输距离[124]。同步调制器的使用还允许相对较大的放大器间距，这是通过减小色散波的影响实现的。1995 年，利用同步调制器的这一特性在 150 000 km 的距离上传输 20 Gbps 的孤子序列[125]，其中放大器间距为 105 km。同步调制器还有助于减小孤子相互作用及钳制放大器噪声电平。同步调制器的主要缺点是，它们需要一个与原始比特流同步的时钟信号。

一种相对简单的方法通过后补偿累积色散来减小定时抖动[126]，其基本思想可以由式(9.3.7)或式(9.3.9)理解，它们分别给出了色散管理孤子和标准孤子的定时抖动。支配长距离的定时抖动的立方项通过参数 d 与累积色散有关，如果将补偿光纤加在光纤链路的末端使之减小累积色散，则它应该有助于减小定时抖动。利用矩方法容易包括后补偿光纤对减小定时抖动的贡献。在色散管理孤子的情况下，在长度为L_c、群速度色散为β_{2c}的后补偿光纤的末端，定时抖动的方差为[111]

$$\sigma_c^2=\sigma_t^2+(S_{\mathrm{ASE}}T_m^2/E_0)[2N_AC_0d_c+N_A(N_A-1)dd_c+N_Ad_c^2] \tag{9.3.15}$$

式中，$\sigma_t{}^2$由式(9.3.7)给出，$d_c=\beta_{2c}L_c/T_m^2$。如果定义$y=-d_c/(N_Ad)$为累积色散N_Ad被补偿的部分所占的比例，并只保留式(9.3.15)中居于主导地位的立方项，则该式可写为

$$\sigma_c^2 = N_A^3 d^2 T_m^2 (S_{\text{ASE}}/E_0)(y^2 - y + 1/3) \tag{9.3.16}$$

当 $y=0.5$ 时上式取最小值，此时 σ_c^2 减小到原来的1/4。于是，如果对累积色散后补偿50%，孤子的定时抖动能够减小到原来的1/2。对于标准孤子，也有同样的结论成立[126]。

有几种其他方法也能用于定时抖动的控制。其中一种方法是，沿光纤链路周期性地插入可饱和吸收体，这种器件能吸收低强度光如ASE和色散波，但孤子不受影响，因为在高强度下可饱和吸收体是透明的。为了能有效地工作，可饱和吸收体的响应时间应小于孤子宽度，但实际应用中很难找到能在如此短的时间内产生响应的吸收体。非线性光纤环形镜可作为快速可饱和吸收体使用，其不但能减小低孤子的定时抖动，还能稳定孤子的振幅[127]。利用交叉相位调制还能实现孤子序列的再定时[128]，在该方案中，光纤中的孤子数据流与只有“1”比特组成的另一个脉冲序列(光时钟)发生交叠，交叉相位调制对信号比特流中的每个孤子引起一个非线性相移，只有当孤子不在比特隙的中心时，这样的相位调制才能转换成一个净频移。与同步相位调制的情况类似，频移的方向应能使孤子被限制在比特隙的中心。其他非线性效应如受激拉曼散射[129]和四波混频[130]，也能用来控制孤子参数。分布放大技术也有助于减小定时抖动[114]。

9.4　伪线性光波系统

伪线性光波系统工作在色散管理光纤链路的一个特殊区域，此区域中所有光纤段内的局部色散长度远小于非线性长度。这种方法最适合于工作在40 Gbps或更高比特率以及采用相对较短的光脉冲的系统，当短光脉冲沿光纤链路传输时，它将迅速在多个比特上扩展，这种扩展降低了光脉冲的峰值功率，使SPM对每个光脉冲的影响减弱。有几种方法可以设计这样的系统。在第一种方法中，光脉冲在整个光纤链路上展宽，在接收端用色散补偿器件将光脉冲压缩回原来的宽度。在第二种方法中，光脉冲甚至在入射到光纤链路之前就通过色散补偿光纤展宽(预补偿)，然后在光纤链路内被缓慢压缩，而无须任何后补偿。

第三种方法是采用周期在线补偿。在这种情况下，通过选择色散图使每个光脉冲在第一段光纤中被展宽很多倍，但它在接下来的具有相反色散特性的第二段光纤中被压缩。在第二段光纤后用光放大器恢复信号功率，整个过程如此重复进行。通常，在每个色散图周期内有小量色散未得到补偿，每个跨距上的这一残余色散并结合预补偿和后补偿，能用来控制信道内非线性效应的影响。

在所有的伪线性系统中，光脉冲大大扩展到各自分配的比特隙外，它们显著交叠，并通过非线性薛定谔方程中的非线性项彼此相互作用。研究表明，属于不同WDM信道的比特的扩展产生了一个平均效应，使信道间(interchannel)的非线性效应明显减小了[25]。然而，与此同时，同一信道的“1”比特之间的相互作用得到了增强，结果产生了新的信道内(intrachannel)非线性效应，如果不加以控制的话，这种信道内非线性效应就会限制系统的性能。于是，伪线性系统远不是线性的。一个重要问题是，脉冲扩展是否有助于从总体上减小光纤的非线性效应，并允许将更高的功率入射到光纤链路中？答案是肯定的。本节将重点讨论信道内非线性效应，并研究它们是如何影响伪线性光波系统的。

9.4.1　信道内非线性效应的起源

所有伪线性系统都遭受邻近的交叠脉冲之间的非线性相互作用。从1999年起，这种信道内的相互作用就被广泛研究[137~149]。在一种数值方法中，对采用以下输入的伪随机比特流求解非线性薛定谔方程式(9.1.2)：

$$U(0,t)=\sum_{m=1}^{M}U_m(0,t-t_m) \tag{9.4.1}$$

式中，$t_m=mT_b$，T_b是比特隙的宽度，M 是数值模拟中包含的比特总数。这里，U_m决定了输入脉冲的形状；若第 m 个脉冲表示"0"比特，则 $U_m=0$。

尽管数值模拟对实际系统的设计是必要的，但通过关注 3 个邻近脉冲的半解析方法能获得相当丰富的物理图像。若将方程式(9.1.2)中的总光场写成 $U=U_1+U_2+U_3$，则该方程可以简化成下面的一组 3 个耦合非线性薛定谔方程[25]：

$$\mathrm{i}\frac{\partial U_1}{\partial z}-\frac{\beta_2}{2}\frac{\partial^2 U_1}{\partial t^2}+\gamma P_0 p(z)[(|U_1|^2+2|U_2|^2+2|U_3|^2)U_1+U_2^2U_3^*]=0 \tag{9.4.2}$$

$$\mathrm{i}\frac{\partial U_2}{\partial z}-\frac{\beta_2}{2}\frac{\partial^2 U_2}{\partial t^2}+\gamma P_0 p(z)[(|U_2|^2+2|U_1|^2+2|U_3|^2)U_2+2U_1U_2^*U_3]=0 \tag{9.4.3}$$

$$\mathrm{i}\frac{\partial U_3}{\partial z}-\frac{\beta_2}{2}\frac{\partial^2 U_3}{\partial t^2}+\gamma P_0 p(z)[(|U_3|^2+2|U_1|^2+2|U_2|^2)U_3+U_2^2U_1^*]=0 \tag{9.4.4}$$

这 3 个耦合方程明确地表明了信道内非线性效应的起源。其中，第一个非线性项对应 SPM；接下来的两项源自其他两个脉冲引起的 XPM，由于这两项表示属于同一个信道的脉冲间的 XPM 相互作用，因此这一现象称为信道内 XPM；最后一项类似于 FWM，它是造成信道内 FWM 的原因。尽管乍看起来，同一个信道的脉冲之间能发生 FWM 好像有点奇怪，但不要忘了，每个脉冲的频谱都有位于载波频率两侧的调制边带。如果两个或更多个交叠脉冲的不同边带同时出现在同一个时间窗内，它们就能通过 FWM 相互作用，并且在相互作用的脉冲之间转移能量。这一现象还能在时域中产生新脉冲，这样的脉冲称为遮蔽(shadow)脉冲[137]或鬼(ghost)脉冲[138]，它们极大地影响了系统性能，尤其是在"0"比特隙内产生的那些遮蔽脉冲[146]。

可以将上面的方法推广到 3 个以上脉冲的情况。假设式(9.4.1)可用在任意距离 z 处，则非线性薛定谔方程式(9.1.2)可以写成

$$\sum_{j=1}^{M}\left(\mathrm{i}\frac{\partial U_j}{\partial z}-\frac{\beta_2}{2}\frac{\partial^2 U_j}{\partial t^2}\right)=-\gamma P_0 p(z)\sum_{j=1}^{M}\sum_{k=1}^{M}\sum_{l=1}^{M}U_jU_k^*U_l \tag{9.4.5}$$

式中，右边的三重求和包括了所有非线性效应：$j=k=l$ 的项产生 SPM；$j=k\neq l$ 和 $j\neq k=l$ 的项产生 XPM；其余项导致信道内 FWM。方程式(9.4.5)右边三重求和中的每个非线性项都在 $t_j+t_l-t_k$附近的时间区域提供各自的贡献，$t_j+t_l-t_k$这一关系类似于不同频率的光波之间的相位匹配条件[25]，它可用来识别对某一特定脉冲有贡献的所有非线性项。需要着重指出的是，尽管在传输过程中所有脉冲的总能量保持不变，但是任何个体脉冲的能量由于信道内 FWM 而能发生变化。

对于两侧被几个"0"比特包围的单一脉冲，令方程式(9.4.2)至方程式(9.4.4)中的 $U_1=U_3=0$，所得的关于 U_2的方程与原始非线性薛定谔方程式(9.1.2)完全相同。这种情况下的 SPM 效应已经在 9.1 节中通过方程式(9.1.5)和方程式(9.1.6)进行了研究，主要借助于矩方法。正如在那里看到的，由于伪线性系统中脉冲的峰值功率低得多，因而 SPM 的影响被明显降低。另外，当脉冲从一个光纤段传输到下一个光纤段时，由其频谱展宽和压窄形成的频谱呼

吸(spectral breathing)效应也减小了 SPM 的影响。然而，信道内 XPM 和 FWM 的影响不可忽略。尽管信道内 XPM 只是影响每个脉冲的相移，但这一相移是时间相关的，因此会影响脉冲的载波频率。正如后面要讨论的，由此产生的频率啁啾通过光纤色散引起定时抖动[140]。

在下面的讨论中，研究信道内 XPM 和 FWM 对伪线性系统的性能的影响，该影响取决于色散图的选择，以及其他方面[25]。通常，色散管理系统的优化需要调整许多设计参数，如输入功率、放大器间距和色散补偿光纤的位置等[139]。在 2000 年的一个实验中[22]，尽管使用的是标准光纤，但通过同步调制技术实现了 40 Gbps 信号的跨洋传输。在 2002 年的一个实验中[150]，利用同步调制并结合全光再生，将传输距离增加到 10^6 km。

9.4.2　信道内交叉相位调制

研究表明，信道内交叉相位调制在伪线性系统中引入了定时抖动。为理解它的起源，考虑两个孤立的“1”比特，为此令方程式(9.4.2)至方程式(9.4.4)中的 $U_3=0$。每个脉冲的光场满足下面的方程：

$$\mathrm{i}\frac{\partial U_n}{\partial z}-\frac{\beta_2}{2}\frac{\partial^2 U_n}{\partial t^2}+\gamma P_0 p(z)(|U_n|^2+2|U_{3-n}|^2)U_n=0 \tag{9.4.6}$$

式中，$n=1$ 或 2。显然，最后一项导致了 XPM。若暂时忽略 GVD 效应，则最后一项表明，在短距离 Δz 上每个脉冲的相位被另一个脉冲以非线性方式位移，其大小为

$$\phi_n(z,t)=2\gamma P_0 p(z)\Delta z|U_{3-n}(z,t)|^2 \tag{9.4.7}$$

由于这一相移取决于脉冲形状，因此它沿脉冲变化并产生一个频率啁啾

$$\delta\omega_n\equiv-\frac{\partial\phi_n}{\partial t}=-2\gamma P_0 p(z)\Delta z\frac{\partial}{\partial t}|U_{3-n}(z,t)|^2 \tag{9.4.8}$$

这一频移称为 XPM 引起的啁啾。

与在 7.7.2 节中讨论的 ASE 引起的频移的情况类似，脉冲载波频率的这一位移将通过脉冲群速度的变化转换成脉冲位置的位移。若所有脉冲在时间上的位移量相同，则这一效应就无害；然而，时间位移取决于每个脉冲周围的比特模式，而比特模式取决于传输的数据，结果脉冲在各自时隙内的位移是不同的，这一特性称为 XPM 引起的定时抖动。正如后面将要看到的，XPM 还引入了一些振幅起伏。

可以利用矩方法或变分法对 XPM 的影响做定量估计，在这种情况下，必须包括预期的频率位移和时间位移，并假设方程式(9.4.6)具有以下形式的解：

$$U_n(z,t)=a_n\exp[-\tfrac{1}{2}(1+\mathrm{i}C_n)(t-t_n)^2/T_n^2-\mathrm{i}\Omega_n(t-t_n)+\mathrm{i}\phi_n] \tag{9.4.9}$$

式中，t_n 表示第 n 个脉冲的位置，Ω_n 表示第 n 个脉冲的频移。在矩方法中，通过下式计算这两个量：

$$t_n=\frac{1}{E_0}\int_{-\infty}^{\infty}t|U_n|^2\mathrm{d}t,\quad \Omega_n=\frac{\mathrm{i}}{2E_0}\int_{-\infty}^{\infty}t\left(U_n^*\frac{\partial U_n}{\partial t}-U_n\frac{\partial U_n^*}{\partial t}\right)\mathrm{d}t \tag{9.4.10}$$

式中，E_0 是每个脉冲的输入能量。

注意，式(9.4.9)中的每个脉冲是通过 6 个参数量化的，这种方法导致 12 个一阶微分方程。如果忽略与相位有关的相互作用，则两个相位方程可忽略；又由于 $E_0=\sqrt{\pi}a_n^2T_n$ 将 a_n 与 T_n 联系起来，振幅方程也不需要；还有，只有频率差 $\Delta\Omega=\Omega_1-\Omega_2$ 和脉冲间隔 $\Delta t=t_1-t_2$ 与描述信道内 XPM 效应有关。于是，只剩下下面的一组 6 个方程：

$$\frac{\mathrm{d}T_n}{\mathrm{d}z}=\frac{\beta_2(z)C_n}{T_n} \tag{9.4.11}$$

$$\frac{\mathrm{d}C_n}{\mathrm{d}z}=(1+C_n^2)\frac{\beta_2(z)}{T_n^2}+\frac{\gamma(z)p(z)E_0}{\sqrt{2\pi}\,T_n}\left[1-\frac{2T_n^3}{T_a^3}(1-\mu^2)\mathrm{e}^{-\mu^2/2}\right] \tag{9.4.12}$$

$$\frac{\mathrm{d}\Delta\Omega}{\mathrm{d}z}=\gamma(z)p(z)E_0\frac{8\mu}{\pi T_a^2}\mathrm{e}^{-\mu^2/2} \tag{9.4.13}$$

$$\frac{\mathrm{d}\Delta t}{\mathrm{d}z}=\beta_2(z)\Delta\Omega \tag{9.4.14}$$

式中，$n=1$ 或 2，$\mu=\Delta t/T_a$，$T_a^2=(T_1^2+T_2^2)/2$。

将方程式(9.4.11)和方程式(9.4.12)与方程式(9.1.5)和方程式(9.1.6)进行比较，发现尽管脉宽方程保持不变，但两个相邻脉冲的交叠改变了啁啾方程。啁啾的任何变化也能影响脉宽，因为这两个方程是耦合的。而且，脉宽的变化将通过脉冲振幅的变化表现出来，因为对于每个脉冲 $E_0=\sqrt{\pi}a_n^2T_n$ 保持不变，于是，任何“1”比特的振幅与它周围是“1”比特还是“0”比特有关。由于在光比特流中这种比特模式是随机变化的，脉冲的振幅将因比特而异，这就是 XPM 引起的振幅抖动的根源。

方程式(9.4.13)和方程式(9.4.14)表明，XPM 引起的定时抖动源于频移 $\Delta\Omega$。如果 $\Delta\Omega$ 为零，则脉冲间隔将保持它的初始值不变，没有抖动出现。在比特率 B 下，两个相邻脉冲的初始间隔为 $\Delta t=T_b\equiv B^{-1}$，当两个脉冲具有同样的初始宽度 T_0 时，显然 $T_a=T_0$。方程式(9.4.13)表明，频移量对比率 $x=T_0/T_b$ 有 $F(x)=x^{-3}\exp[-1/(2x^2)]$ 的函数依赖关系，图 9.13 给出了这一函数是如何随 x 变化的[138]。函数峰值位于 $x=1$ 附近，这说明当脉冲宽度与它们的时间间隔相当时频移 $\Delta\Omega$ 达到最大值。对于宽度远小于比特隙的脉冲，$x\ll1$，频移 $\Delta\Omega$ 几乎为零。从物理学的角度这是预料之中的，因为如此短的脉冲的尾部不会明显交叠，脉冲不能通过 XPM 相互作用。令人感到吃惊的是，当脉冲宽度比它们的间隔大得多，以至于 $x\gg1$ 时，频移 $\Delta\Omega$ 也相当小。直觉上，猜想这是较坏的情况，因为在这种条件下两个脉冲几乎完全交叠。原因与方程式(9.4.8)中的 XPM 引起的频率啁啾取决于脉冲功率分布的斜率这个事实有关，对于宽脉冲该斜率较小，而且还改变符号，这就产生了一个取平均效应。主要结论是：通过在多个比特隙上展宽脉冲，能够减小 XPM 引起的定时抖动，这恰恰是在伪线性光波系统中要做的。

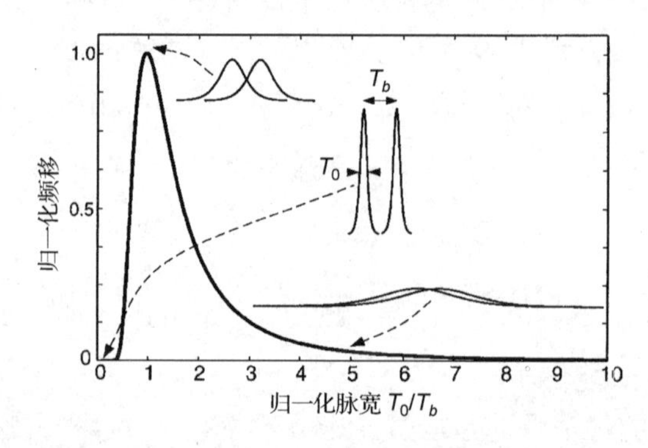

图 9.13 对于间隔为 T_b 的两个高斯脉冲，归一化的 XPM 引起的频移随归一化脉宽 T_0/T_b 的变化关系，插图示意的是3种情况下两个脉冲之间的交叠程度[138]（经ⓒ 1999 OSA授权引用）

当两个脉冲在光纤链路中传输时，频移 $\Delta\Omega$ 和脉冲间隔 Δt 随 z 变化。对于给定的色散图，可以通过数值方法解方程式(9.4.11)至方程式(9.4.14)来研究这些变化[142]。图9.14(a)给出了$\Delta\Omega/2\pi$沿 100 km 长的光纤链路的变化情况。该光纤链路由 $D=\pm 10$ ps/(km·nm)的两个 50 km 长的光纤段组成，两种光纤的非线性参数 $\gamma=2\ \mathrm{W^{-1}/km}$，并假设通过分布放大补偿了损耗，这样$p(z)=1$。在输入端两个高斯脉冲的半极大全宽度均为 5 ps，且间隔为 25 ps。实线给出的是两个脉冲在具有反常群速度色散的光纤段的输入端入射的情况，几乎重合的虚线对应的是通过在该光纤段的中点入射脉冲使色散图对称的情况，星点和圆点给出的是通过直接求解非线性薛定谔方程在这两种情况下得到的结果。大部分频移发生在色散图周期的两个端点附近，此处脉冲相对较短，而且只是部分交叠。

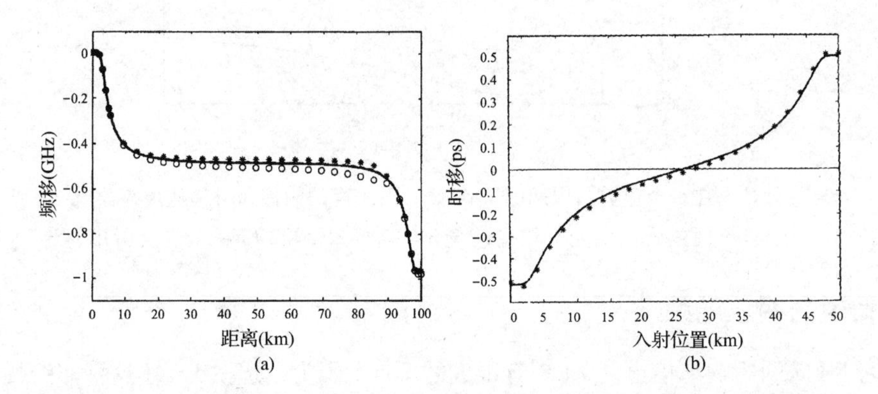

图9.14　对于间隔等于 25 ps 的两个 5 ps 的高斯脉冲：(a)XPM 引起的频移在一个色散图周期上的变化；(b)脉冲间隔的时移随脉冲在反常GVD光纤中入射位置的变化。两种入射条件下的曲线几乎重合，符号给出的是由非线性薛定谔方程得到的数值结果[142]（经© 2001 OSA授权引用）

对于对称的和不对称的色散图，虽然频移几乎相同，但脉冲间隔 Δt 相对于其初始值(25 ps)的位移在很大程度上取决于输入脉冲的准确入射位置，从图9.14(b)中可以清楚地看到这一点，该图给出了这一时间位移随反常 GVD 光纤中输入脉冲的入射位置的变化。时间位移可以是正值也可以是负值，这取决于第一段光纤表现出是反常色散还是正常色散，原因与两个脉冲在反常 GVD 情况下相互吸引而在正常 GVD 情况下相互排斥这个事实有关。因为图9.14(a)中的频移是单调增加的，大部分频移正是第二段光纤产生的[142]。该图最重要的特性是：对于对称的色散图，脉冲位置根本不发生位移，在这种情况下，两个光纤段中产生的时间位移完全相互抵消掉。仅当使用分布放大，可令 $p(z)\approx 1$ 时这种抵消才会发生。在集总放大的情况下，大的功率变化使 XPM 效应在周期色散图的第一段光纤中强得多。

当采用集总放大时，色散图不是对称的，然而，通过在输入脉冲入射到光纤链路之前对它适当地预啁啾，可以抵消 XPM 引起的时间位移。实验上，用适当长度的光纤来对输入脉冲预啁啾，这种技术相当于在8.2节中讨论的预补偿技术。图9.15给出了在一个色散图周期后获得的频率和时间的位移随预补偿所用光纤长度的变化，其中 100 km 长的色散图由 $\beta_2=-5\ \mathrm{ps^2/km}$ 的 75 km 长的光纤段和 $\beta_2=20\ \mathrm{ps^2/km}$ 的 25 km 长的色散补偿光纤段组成，同样的色散补偿光纤用做预补偿。尽管在一个色散图周期后总有净频移，但当预补偿光纤的长度约为 3 km 时，时间位移变为零。

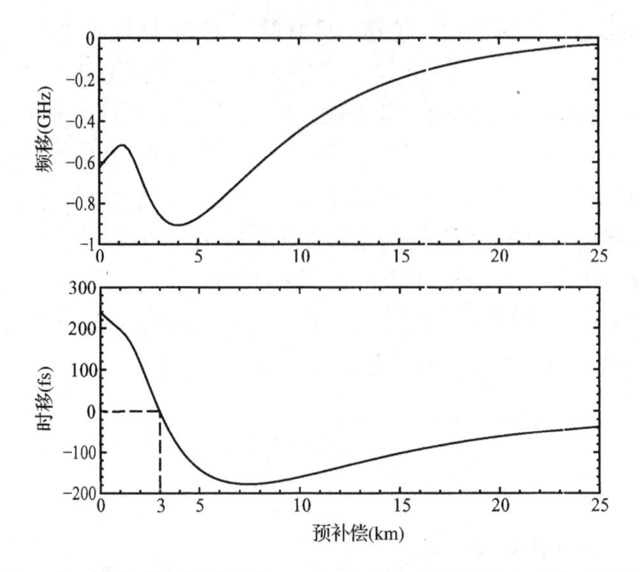

图 9.15 在一个色散图周期(长 100 km)后获得的频移和时移随预补偿所用色散补偿光纤长度的变化[25](经ⓒ2002 Elsevier授权引用)

9.4.3 信道内四波混频

信道内 FWM 的影响与信道内 XPM 有很大的不同,因为信道内 FWM 这种非线性过程将能量从一个脉冲转移到邻近的脉冲中。特别是,它能在表示“0”且最初没有脉冲的比特隙中产生新脉冲。对任何光波系统而言,这样的 FWM 产生脉冲(称为鬼脉冲或遮蔽脉冲)是不希望出现的,因为如果它们的振幅变得比较可观,就能导致额外的差错[137]。早在 1992 年,当用一对超短脉冲(每个脉冲均被展宽到 90 ps)在光纤中传输时,就观察到了鬼脉冲[151]。然而,直到 1999 年后发现鬼脉冲会影响采用强色散管理的光波系统的性能时,这一现象才受到关注[25]。

作为信道内 FWM 造成系统性能劣化的一个例子,图 9.16 给出了对 40 Gbps 系统在 $D=17$ ps/(km·nm)的 80 km 长的标准光纤末端的数值模拟结果[25]。首先通过 $DL=-527$ ps/nm 的预补偿光纤传输 5 ps 的高斯型输入脉冲,对其引入啁啾,其他参数值与图 9.15 用到的相同。因为输入脉冲被迅速展宽,定时抖动被大幅减小了。然而,在所有“0”比特隙内出现的鬼脉冲使眼图被极大地劣化。图中看到的振幅起伏也是源于信道内 FWM。

与信道内 XPM 的情况相比,信道内 FWM 的解析处理更为复杂。一种微扰法已能相当成功地用于描述信道内非线性的影响[140],尽管对于大的定时抖动这种方法的精度迅速下降。这种方法的主要优点是:无须假设一个特定的脉冲形状,而且很容易推广到伪随机比特流的情况[143~145]。这种微扰法的主要思想是,假设非线性薛定谔方程式(9.1.2)的解能够写成以下形式:

$$U(z,t)=\sum_{j=1}^{M}U_j(z,t-t_j)+\sum_{j=1}^{M}\sum_{k=1}^{M}\sum_{l=1}^{M}\Delta U_{jkl}(z,t) \tag{9.4.15}$$

式中,M 是比特总数,U_j是最初位于 $t=t_j$的第 j 比特的振幅,ΔU_{jkl}是非线性项产生的微扰。式(9.4.15)中的第一项表示通过忽略非线性薛定谔方程中的非线性项($\gamma=0$)得到的零阶解,此解可以具有解析形式;第二项表示所有非线性效应的贡献,还可以采用一阶微扰理论得到它的闭式解[140]。

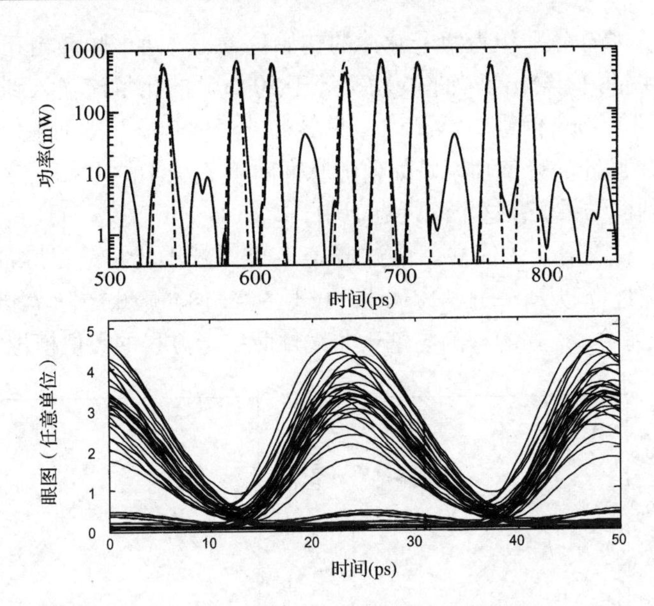

图9.16 在 $D=17$ ps/(km·nm)的80 km长的标准光纤末端的比特流和眼图，为便于比较，用虚线给出了输入比特流[25]（经ⓒ 2002 Elsevier授权引用）

在宽度为 T_0 的高斯型输入脉冲的情况下，非线性项产生的微扰为[25]

$$\Delta U_{jkl}(L,t_j+t_l-t_k)=\gamma P_0\exp\left(-\frac{t^2}{6T_0^2}\right)\mathrm{e}^{\mathrm{i}\Delta\phi}\int_0^L\frac{\mathrm{i}p(z)\,\mathrm{d}z}{\sqrt{1+2\mathrm{i}d+3d^2}}$$
$$\times\exp\left(-\frac{3[2t/3+(t_j-t_k)][2t/3+(t_l-t_k)]}{T_0^2(1+3\mathrm{i}d)}-\frac{(t_j-t_l)^2}{T_0^2(1+2\mathrm{i}d+3d^2)}\right) \tag{9.4.16}$$

式中，$\Delta\phi=\phi_k+\phi_l-\phi_j$ 与各个脉冲的相位有关系，参数 $d(z)$ 定义为 $d(z)=T_0^{-2}\int_0^z\beta_2(z)\,\mathrm{d}z$。通过SPM，XPM和FWM产生的所有信道内非线性效应均包括在这个微扰解中。对于含 M 比特的比特流，式(9.4.15)中的三重求和必须包括的项数与 M^3 成比例。在一些极限情况下，式(9.4.16)中的积分可以解析完成。例如，如果考虑恒定色散光纤，令 $p(z)=1$，即假设是理想的分布放大，并且光纤长度 L 比色散长度 $L_D=T_0{}^2/|\beta_2|$ 大得多，则可以得到[140]

$$\Delta U_{jkl}(L,t_j+t_l-t_k)=(\mathrm{i}\gamma P_0L_D/\sqrt{3})\exp(-t^2/6T_0^2)\mathrm{e}^{\mathrm{i}\Delta\phi}E_1(\mathrm{i}r_{jkl}L_D/L) \tag{9.4.17}$$

式中，$r_{jkl}=(t_j-t_k)(t_l-t_k)/T_0{}^2$，$E_1(x)$ 表示指数积分函数。

通过考虑分别位于 $t_1=T_b$ 和 $t_2=2T_b$ 的两个脉冲的最简单情况，可以得到更丰富的物理内涵。在这种情况下，j，k 和 l 取值1或2，式(9.4.15)中的三重求和包括8项，其中SPM效应由两个组合111和222描述，信道内XPM效应由4个组合112，122，211和221描述，剩余的两个组合121和212描述了信道内FWM效应和位于0和 $3T_b$（不是位于输入脉冲的初始位置 T_b 和 $2T_b$）的微扰。如果这两个时隙含有脉冲（即表示"1"比特），则这个微扰就会与它们发生拍频并表现为振幅抖动。相反，如果它们表示"0"比特，在这些时隙内就会出现鬼脉冲。

鬼脉冲显著影响了探测过程，这取决于它们的功率电平。由式(9.4.17)并令 $j=l=1$ 和 $k=2$，可得位于 $t=0$ 的鬼脉冲的峰值功率为

$$P_g(L)=|\Delta U_{121}(L,0)|^2=\frac{1}{3}(\gamma P_0L_D)^2\exp(-t^2/3T_0^2)\left|E_1\left(\frac{2\mathrm{i}T_b^2}{|\beta_2|L}\right)\right|^2 \tag{9.4.18}$$

这里，用 $t_1 = T_b$和 $t_2 = 2T_b$分别作为两个脉冲的初始位置，这两个脉冲相互交叠并通过信道内FWM 产生鬼脉冲。图 9.17 给出了当平均功率等于 10 mW 的比特流输入到由标准光纤组成的链路中时，(a)对于 40 Gbps 信号($T_b = 25$ ps)鬼脉冲的峰值功率是如何随链路长度 L 变化的和(b)在 $L = 20$ km 处鬼脉冲的峰值功率是如何随脉冲间隔 T_b减小的[140]。点线是当用$E_1(x)$的渐近近似替代它时得到的结果，在这个渐近近似中，$|E_1(x)| \approx \ln(|1/x|)$。只有对于恒定色散的光纤链路，$P_g$随 L 呈对数增长才成立。通过增大 T_b可以减小转移给鬼脉冲的光功率。确实，当对大的 x 值利用渐近近似$|E_1(x)| \approx 1/x$ 时，由式(9.4.18)预测 P_g随 T_b以 T_b^{-4}的形式变化。正如在图 9.17 中看到的，该式的预测与基于非线性薛定谔方程的数值模拟非常吻合。

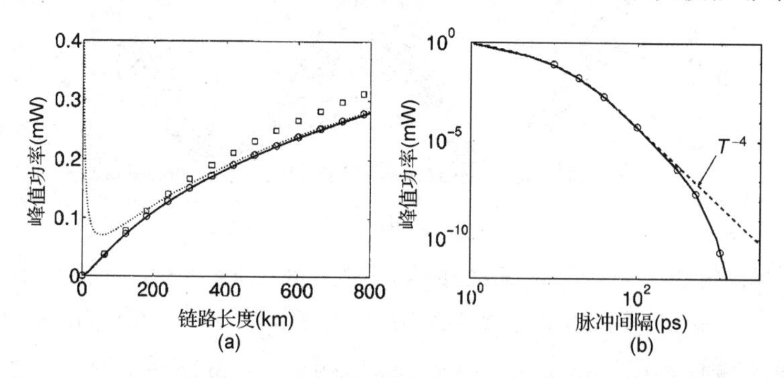

图 9.17 鬼脉冲的峰值功率随(a)链路长度 L 和(b)脉冲间隔 T_b的变化，点线表示渐近近似下的结果，为便于比较，符号给出了数值模拟的结果[140](经ⓒ2000 IEEE授权引用)

当采用周期色散图时，上述结果就会有很大变化[142~147]。尽管在单个色散图周期内每个鬼脉冲的峰值功率或能量以对数形式增加[142]，但因为与损耗和色散变化的周期特性有关的谐振，鬼脉冲仍能够沿光纤链路迅速增强[145]。从物理意义上讲，因为这种谐振，在每个色散图周期内产生的鬼脉冲的振幅同相相加，结果，在长度为 L 的光纤链路的末端鬼脉冲的总峰值功率为

$$P_t(L) = |\Delta U_{121}(L,0)|^2 \equiv P_g(L_{\text{map}})(L/L_{\text{map}})^2 \tag{9.4.19}$$

式中，L_{map}是色散图周期。鬼脉冲能量的这种二次方增长在长途系统中备受关注。

信道内 FWM 还能导致振幅起伏。从物理意义上讲，只要微扰 ΔU_{jkl}落在“1”比特占据的比特隙内，它就和那个比特的振幅发生拍频作用，这个拍频作用改变了每个“1”比特的振幅，其改变量不仅取决于伪随机比特模式，而且还取决于邻近脉冲的相对相位。在周期色散图的情况下，能量起伏随光纤链路的长度只是呈线性增长[145]。而且，通过采用使平均功率沿光纤链路变化不太大的分布放大方案，能够大幅减小能量起伏。

9.5 信道内非线性效应的控制

由 9.4 节清楚可见，信道内 XPM 和 FWM 能够限制伪线性系统的性能。即使对于利用色散管理孤子的系统，这两种效应也能发生，因为在每个色散图周期内脉冲之间会出现部分交叠。因此，通过适当的系统设计寻找减小信道内 XPM 和 FWM 的影响的方法就很重要，本节将关注几种这样的方法。

9.5.1 色散图的优化

任何光波系统的设计都需要一个适当的色散图。有两种主要选择：一种是色散沿大部分光纤链路累积，仅在发射端和接收端利用色散补偿光纤补偿(预补偿和后补偿)；另一种是色散沿光纤链路周期性地补偿(在线补偿)，可以完全补偿也可以部分补偿。对于后者，可以在光纤链路两端利用色散补偿光纤补偿残余色散。这两种色散图均已用于 40 Gbps 实验。

在 1998 年的一个实验中[152]，通过预补偿或后补偿技术完全补偿了 $D = 2.3$ ps/(km·nm) 的 150 km 长光纤链路上的累积色散。只有当输入功率低于 5 dBm 时预补偿才起作用，在后补偿的情况下输入功率则高得多(等于 12 dBm)，而功率代价保持小于 0.5 dB。在 2000 年的一个实验中[153]，采用类似的色散图，通过每 80 km 的周期性放大将 40 Gbps 信号传输了 800 km。该实验使用了标准光纤，并在接收端补偿全部累积色散($d_a > 12$ ns/nm)；因为该系统采用 2.5 ps 脉冲产生 40 Gbps 的比特流，因此它还工作在伪线性区域。在后来的一个实验中[154]，将放大器间距增加到 120 km。图 9.18(a)给出了在第 3 个至第 6 个放大器后测量的 Q 因子随输入功率的变化关系。在 600 km 的距离处，在 4 ~ 11 dBm 的大功率范围 Q 超过 15.6 dB(保持误码率低于 10^{-9}需要的值)。然而，当链路长度等于 720 km 时，仅当输入功率接近 8 dBm 时 Q 才能获得这个值。正如在图 9.18(b)中看到的，通过将放大器间距减小到 80 km，能够实现远得多的传输距离。

对于采用周期色散图的 40 Gbps 实验，在实际应用中经常使用循环光纤环路结构[155~158]。在工作在伪线性区域的一个实验中[155]，用高阶模色散补偿光纤(见 8.2 节)补偿在 100 km 长的色散位移光纤上累积的色散，并用混合放大方案补偿 22 dB 的跨距损耗，其中 15 dB 的分布拉曼增益是通过后向泵浦实现的。在该实验中，40 Gbps 数据能够传输 1700 km 同时保持误码率小于 10^{-9}。另一个环路实验[156]利用了同样的方法，其中环路长 75 km，并且色散补偿光纤没有完全补偿它的色散，每次往返 -1.4 ps/nm 的残余色散是在环路外(恰在接收机前)补偿的。在环路内改变色散补偿光纤的位置，以模拟预补偿和后补偿两种情况。通常，在 RZ 格式的情况下后补偿能提供更好的性能。9.4.3 节的 FWM 理论表明，转移给鬼脉冲的功率对预补偿量非常敏感，在该实验中，传输距离最远只有 700 km 左右。

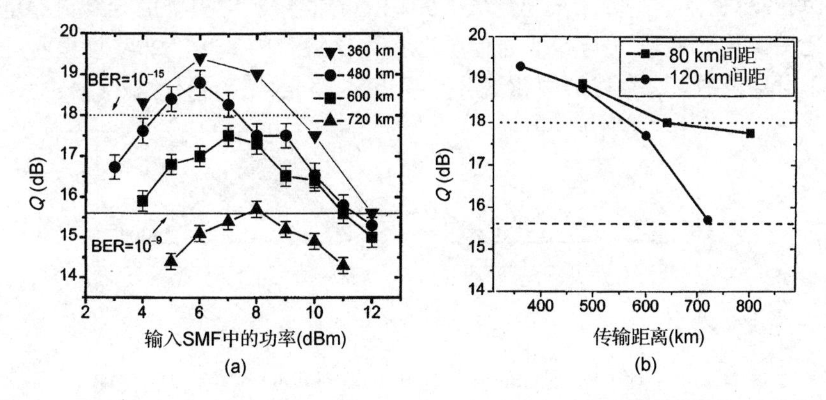

图 9.18 40 Gbps 的实验。(a)在间距为 120 km 的第 3 个至第 6 个放大器后测量的 Q 因子随输入功率的变化；(b)当放大器间距等于80km和120 km时，Q因子随传输距离的变化。虚线和点线分别表示保持误码率低于10^{-9}和10^{-15}所需Q因子的值[154](经ⓒ2000 IEEE授权引用)

有几个 40 Gbps 的实验通过设计色散图使系统工作在色散管理孤子区域。在其中一组实验中[157]，改变 106 km 长的循环光纤环路的平均群速度色散，以优化系统的性能。研究发现，只要平均色散是负的[D 在 0 ~ 0.1 ps/(km·nm) 范围]，通过调节输入功率系统能够工作在超过 1500 km 的距离上。另一个实验[158]实现的性能好得多，它将色散管理孤子形式的 40 Gbps 信号传输了 6400 km。通常，孤子系统受限于 XPM 引起的定时抖动，而伪线性系统受限于 FWM 产生的鬼脉冲[159]。

色散图的优化不是一项无关紧要的工作，因为对于给定的一组系统参数(如比特率、链路长度、放大器间距)，它涉及改变大量的设计参数(用来组成色散图的个体光纤的长度和色散、预补偿和后补偿量、脉冲宽度，等等)。大量的数值模拟揭示出几个有趣的特性[25]。伪线性区域和色散管理孤子区域都能用来设计 40 Gbps 系统，但它们的色散图通常有很大不同。当沿大部分链路光纤色散相对较小[$D<4$ ps/(km·nm)]时，孤子系统(采用占空比接近 50% 的 RZ 格式)工作起来较好，并且每个色散图周期需要一定的残余色散；如果占空比减小到 30% 以下并且适当优化预补偿和后补偿量，系统就可以设计成工作在伪线性区域。相反，当沿大部分链路光纤色散相对较大(当利用标准单模光纤时就属于这种情况)时，设计 40 Gbps 系统时更愿意其工作在伪线性区域。虽然在一定条件下单信道孤子系统可以在 40 Gbps 的比特率下工作在更长的距离上[149]，WDM 系统常常更偏爱工作在伪线性区域[25]。

研究表明，通过适当选择色散图，能够控制信道内非线性效应[160~166]。正如在前面讨论的，利用对称的色散图能显著减小自相位调制引起的定时抖动。实际上，正如在图 9.19 中看到的，通过使累积色散 $d_a(z)=\int_0^z D(z)\,\mathrm{d}z$ 是对称的，这样 $d_a(z)=d_a(L-z)$，则能够减小定时抖动和振幅抖动[160]。在实际应用中，这可以通过在发射端补偿 50% 的色散而在接收端补偿另外 50% 的色散来实现。这种色散图被用于如图 9.19 所示的数值模拟，其中具有 25 ps 比特隙的高斯脉冲在 $D=17$ ps/(km·nm) 的 1600 km 长的标准光纤中传输。式(9.4.16)能用来理解为什么对于对称的色散图抖动可以减小，因为对于这样的色散图积分限应从 $-L/2$ 到 $L/2$[160]。正如在前面讨论的，定时抖动源于交叉相位调制引起的频移，而对于对称的色散图这种频移能够相互抵消。确实，在这种条件下如果式(9.4.16)中的 $p(z)=1$，则定时抖动将变为零。在图 9.19 中看到的残余抖动归因于集总放大方案引起的信号平均功率沿光纤链路的变化，振幅抖动取决于比特隙内已有脉冲与其他邻近脉冲在该比特隙内产生的非线性微扰 ΔU 之间的相对相位。对于对称色散图，微扰的同相部分几乎为零，导致振幅起伏减小。

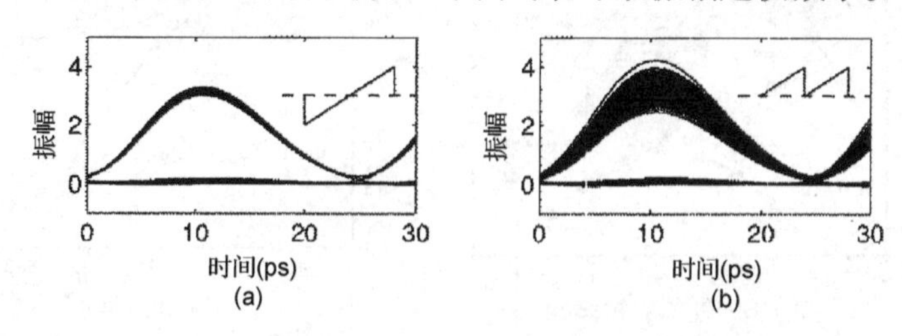

图 9.19 对于(a)对称的色散图和(b)不对称的色散图，数值模拟的1600 km处的眼图[160](经© 2001 IEEE授权引用)

如果采用两段光纤长度相同但色散相反的周期色散图，则通过在每个交替的色散图周期内反转这两种光纤的位置，也能够减小抖动。图 9.20 给出了利用色散图的这种对称化实现的 3 个功率电平下振幅抖动和定时抖动的减小[161]，计算的眼图张开度代价(EOP)也在图中给出。

每个跨距均采用两段 40 km 长的光纤，其参数值为 $D=\pm 17$ ps/(km·nm)，$\alpha=0.2$ dB/km，$\gamma=1.1\ \mathrm{W}^{-1}$/km。在普通周期色散图的情况下，振幅抖动和定时抖动均随链路长度线性增加，在 6 dBm 的输入功率下经过 700 km 后它们可以变得比较大，以至于眼图张开度代价超过 4 dB。相反，当采用对称的色散图时，在一个跨距中累积的抖动能在很大程度上在下一个跨距中被抵消掉，结果，对于对称的色散图，净定时抖动出现振荡并且增长速度慢得多。做一个简单的变化，如轻击交替跨距中的光纤，同样的系统能以可忽略的功率代价工作在 1200 km 以上的距离上。当出现抖动被抵消的情况时，色散图内两个光纤段的长度不必相等。利用成比例平移对称性的概念可以证明，对于各种各样的色散图，即使在中点周围平均功率的变化不是对称的，振幅抖动和定时抖动也能被减小[162]。

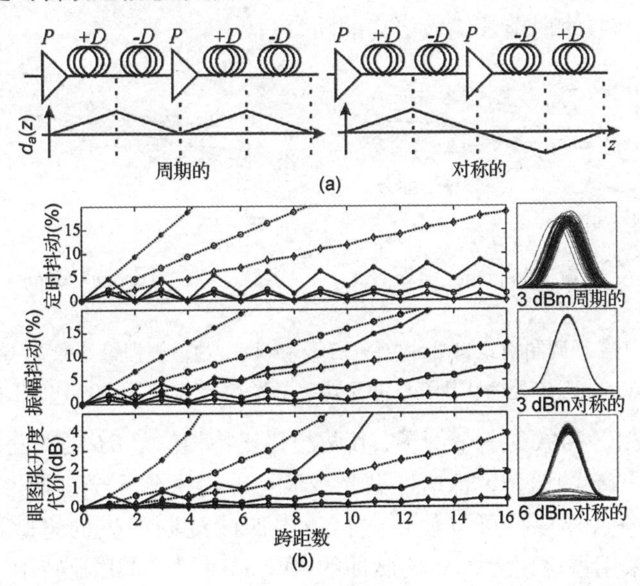

图 9.20　(a)对称和周期光纤链路的设计以及累积色散的相应变化；(b)对于对称的(实线)和周期的(虚线)光纤链路，定时抖动、振幅抖动和眼图张开度代价在16个跨距(每个长80 km)上的变化，菱形点、圆点和方点分别对应输入功率为3 dBm，6 dBm和9 dBm的情况。这3种情况下的眼图也在图中给出[161](经© 2004 IEEE授权引用)

使用光学相位共轭也能减小信道内非线性效应[167~169]，正如在 8.5 节中讨论的，这种器件相当于反转第二半光纤链路中所有光纤段的色散系数的符号。系统级的实验已经证明，光学相位共轭能大大减小信道内非线性效应的影响[168]。

9.5.2　相位交替技术

由于式(9.4.16)中的非线性微扰取决于产生它的脉冲的相位，可以用组成比特流的光脉冲的输入相位来控制信道内非线性效应[170]。其基本思想是，在任意两个相邻的比特之间引入一个相对相移，产生一种被称为交替相位 RZ(AP-RZ)格式的调制格式。也可以采用其他几种格式，如载波抑制 RZ(CSRZ)格式、双二进制 RZ 格式、RZ-DPSK 格式和信号交替反转(AMI) RZ 格式等。在 2003 年的一个实验中[171]，采用最后一种格式将 40 Gbps 信号传输了2000 km，与标准 RZ 格式相比，Q 因子的改善量一般不到 1 dB。

重要的问题是，对于抑制信道内非线性效应来说，哪种相位交替技术是最佳的选择？因为通过信道内四波混频产生的鬼脉冲常常是伪线性系统的限制因素，读者可能会问，哪种技术最能减小它们的振幅[172~174]? 在一项数值研究中[173], 比较了4种调制格式, 其结果如图9.21所示。对于周期等于100 km的两种色散图, 该图给出了40 Gbps系统在1000 km距离处的Q因子。色散图(a)由三段光纤组成, 其中第一段和第三段光纤的色散均为$D=19$ ps/(km·nm), 每段长30 km; 第二段光纤的色散为$D=-28$ ps/(km·nm), 光纤长40 km。色散图(b)[见图9.21(b)]采用$D=17$ ps/(km·nm)的标准光纤, 并用色散补偿光纤补偿它的色散。对于CSRZ格式, 占空比的典型值为66%, 而标准RZ格式的占空比只有33%。正如在图9.21中看到的, 与RZ格式和CSRZ格式相比, DPSK格式和AMI格式提供了更好的性能。可以这样理解: 除了其他原因, 通过式(9.4.16)中的脚标j, k和l的不同组合所产生的鬼脉冲, 其振幅还取决于邻近比特的相位。利用DPSK格式和AP-RZ格式实现的改善量与输入功率有关, 一般而言, 当采用相位交替技术时能够输入更高的功率。

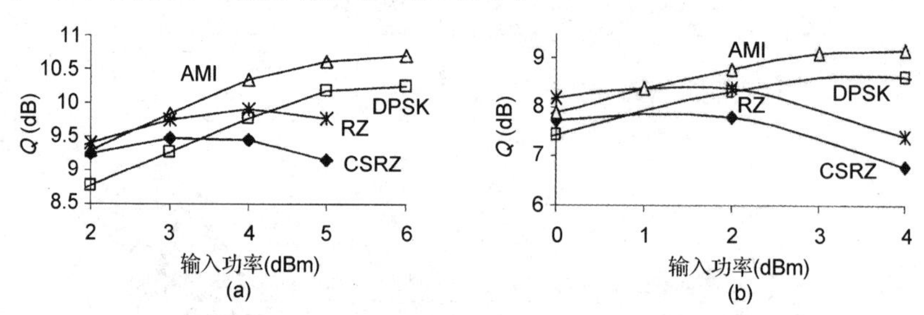

图9.21 对于4种调制格式和两种色散图(a)和(b), 数值模拟得到的40 Gbps信道在1000 km距离处的Q因子与输入功率的关系[173](经ⓒ 2003 IEEE授权引用)

CSRZ格式是AP-RZ格式的一个例子, 其两相邻比特相位差$\delta\phi$的值固定为π。显然, 可以在$0\sim\pi$的范围内选择$\delta\phi$的值, 尽管这样做光载波可能得不到完全抑制。数值研究表明, $\delta\phi$的最佳值接近于$\pi/2$, 这样选择可以使通过信道内四波混频产生的鬼脉冲的增长最小[174]。图9.22给出了对于采用占空比为25%的脉冲的40 Gbps信号, "0"比特中功率的标准差(数值计算得到)随距离的变化, 其中色散图由60 km长的标准光纤和12 km长的色散补偿光纤组成。正如根据9.4.3节的理论预测的, 对于标准RZ信号($\delta\phi=0$), "0"比特中的功率以二次方的形式迅速增长; 而在CSRZ格式($\delta\phi=\pi$)的情况下, 这种增长略有减小; 然而, 当$\delta\phi=\pi/2$时它被显著抑制。实验结果支持这一结论。

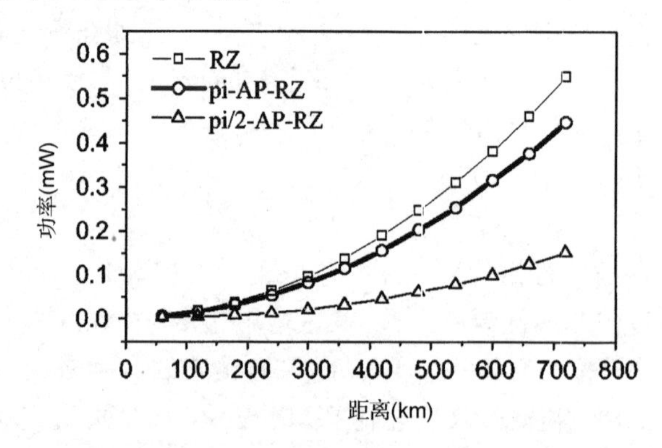

图9.22 对于采用6.25 ps脉冲和3种RZ型格式的40 Gbps信号, "0"比特中的功率随距离的变化[174](经ⓒ 2004 IEEE授权引用)

9.5.3　比特交替偏振

控制信道内非线性效应的另一种技术是交替 RZ 信号中相邻比特的偏振态，它利用了 XPM 和 FWM 过程与相互作用的光波的偏振态有关这一事实。比特交替偏振技术最早是在 1991 年使用的，当时是为了减小相邻孤子的相互作用[175]。在通常用来增加 WDM 系统的频谱效率的另一种方法中，相邻信道是正交偏振的[176]，然而，这种方案与本节中要考虑的方案有很大不同，这里单一信道的相邻比特是通过时域交替正交偏振的[177~181]。

图 9.23 给出了可用于比特交替偏振的两种方案[181]，在这两种方案中，用脉冲分割器产生 RZ 脉冲的一个未编码序列(重复频率等于比特率)。在方案(a)中，用工作在半比特率下的相位调制器首先对该脉冲序列施加一个相移，接着将它分成两个正交的偏振分量，经过 1 比特的延迟后再将它们复合到一起，然后用数据调制器对 RZ 信号编码。相反，在方案(b)中，首先用数据调制器对脉冲序列编码，接着将它分成两个正交的偏振分量，用相位调制器在其中一个偏振分量中引入相移后再将它们复合到一起。在实际应用中，第二种方案实现起来容易得多。使用交替偏振能够显著影响信号的频谱，特别是两个正交偏振分量的频谱具有以比特率 B 为间隔的边带，但两个频谱之间有 $B/2$ 的偏移。

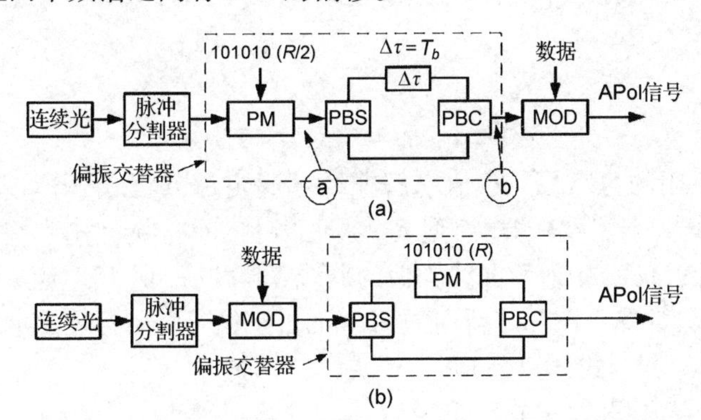

图 9.23　使相邻比特正交偏振的两种交替偏振方案的示意图。缩写词 PM, PBS, PBC, MOD 和 APol 分别表示相位调制器、偏振分束器、偏振合束器、调制器和交替偏振[181](经© 2004 IEEE授权引用)

在一个 40 Gbps 的循环光纤环路实验中[181]，观察到通过信道内 FWM 产生的鬼脉冲功率的大幅度下降。该光纤环路包括 4 个跨距，每个跨距长 82.3 km，由 70 km 长的标准光纤后接一段色散补偿光纤组成，并且每个跨距留有 40 ps/nm 的残余色散。通过后向拉曼泵浦以分布方式补偿跨距损耗。图 9.24 给出了在传输 2000 km 长的距离(在环路内环行 6 次)后测量的误码率随发射功率的变化，4 条曲线对应 4 种不同的调制格式，RZ 和 CSRZ 比特流的占空比分别为 33% 和 66%。

图 9.24 中的几个特性值得注意。第一，当所有比特具有相同的偏振态时 RZ 和 CSRZ 格式的最小误码率大于等于 10^{-4}，并且是在相对较低的发射功率下实现的；第二，当实施交替偏振技术时，误码率性能有了很大改善，其最小值出现在较高的发射功率下(约为 1 dBm)。这些结果表明，当相邻比特正交偏振时，Q 因子有 4.5 dB 的改善，这一点可以如下理解：交替偏振使信道内非线性效应的损伤大幅减小，并导致 RZ 格式的误码率低得多，在图 9.24 中可清楚地看到这一点。因为 CSRZ 信号的占空比为 66%，每个“1”比特具有更宽的脉宽，在同样的工作条件下 CSRZ 信号的性能比 RZ 信号(33% 的占空比)的略低。主要结论是，在时域中使用交

替偏振，非常有助于减小工作在 40 Gbps 或更高比特率下的高速光波系统中的信道内非线性效应，对于这种系统，低占空比的 RZ 格式通常是最佳选择，这是为了使系统工作在伪线性区域。

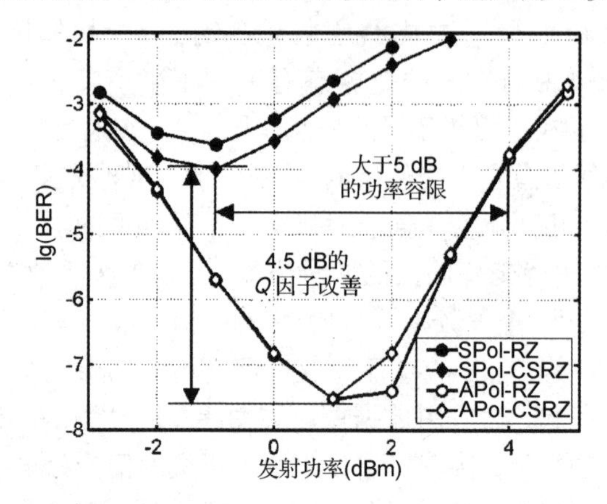

图 9.24　对于 4 种不同的调制格式，传输 2000 km 长的距离后测量的误码率随发射功率的变化，SPol和APol分别表示相同偏振比特模式和交替偏振比特模式[181]（经© 2004 IEEE授权引用）

习题

9.1　利用图 9.1 所用的色散图，数值求解非线性薛定谔方程式(9.1.2)；考虑用 6.25 ps 宽(指的是半极大全宽度)的高斯型 RZ 脉冲设计的 40 Gbps 系统，利用 128 比特的比特模式构造与图 9.1(a)中所示曲线类似的曲线，假设最大距离对应 1 dB 的眼图张开度代价；该系统的设计优于图 9.1 所用的 50% 的占空比吗？用物理学术语证明你的答案。

9.2　利用矩方法推导方程式(9.1.5)和方程式(9.1.6)。

9.3　利用变分法推导方程式(9.1.5)和方程式(9.1.6)。

9.4　利用 FORTRAN，MATLAB 或其他编程语言写出解方程式(9.1.5)和方程式(9.1.6)的计算机程序，并利用它再现如图 9.3 和图 9.4 所示的结果。

9.5　一个 10 Gbps 的孤子系统工作在 1.55 μm 波长，用 $D = 2$ ps/(km·nm)的恒定色散光纤传输，光纤有效纤芯面积为 50 μm^2，计算 30 ps 宽(指的是半极大全宽度)的基阶孤子所需的峰值功率和脉冲能量。取 $n_2 = 2.6 \times 10^{-20}\ m^2/W$。

9.6　上题中的孤子系统需要升级到 40 Gbps，当孤子宽度(指的是半极大全宽度)等于比特隙的 20% 时，计算孤子的脉宽、峰值功率和能量。该系统的平均发射功率是多少？

9.7　用直接代入法证明，式(9.2.8)给出的孤子解满足非线性薛定谔方程。

9.8　用数值方法求解非线性薛定谔方程式(9.2.1)，画出四阶孤子和五阶孤子在一个孤子周期上的演化图；将你得到的结果与图 9.5 中的结果进行比较，评述一下两者的主要差别。

9.9　用数值方法证明，基阶孤子在 100 个色散长度上传输时其形状不发生变化。用具有同样峰值功率的高斯型输入脉冲重复模拟过程，并解释所得结果。

9.10　设计一个 10 Gbps 的孤子光波系统，为确保 RZ 比特流中的孤子能充分分开，取 $T_0/T_b = 0.1$，计算 RZ 信号的脉宽、峰值功率、脉冲能量和平均功率。假设 $\beta_2 = -1\ ps^2/km$，$\gamma = 2\ W^{-1}/km$。

9.11 证明：当用光放大器周期性地补偿光纤损耗 α 时，标准孤子的能量应以因子 $G\ln G/(G-1)$ 增加，这里 $G=\exp(\alpha L_A)$ 是放大器增益，L_A 是放大器间距。

9.12 一个 10 Gbps 孤子通信系统的放大器间距为 50 km，为确保在损耗为 0.2 dB/km 的光纤中维持基阶孤子，输入脉冲的峰值功率应为多少？假设脉宽(指的是半极大全宽度)为 50 ps，$\beta_2=-0.5\ \text{ps}^2/\text{km}$，$\gamma=2\ \text{W}^{-1}/\text{km}$。对于这样的一个系统，平均发射功率是多少？

9.13 对于用 $q_0=5$，$\beta_2=-1\ \text{ps}^2/\text{km}$ 和 $L_A=50$ km 设计的孤子系统，计算最大比特率，假设当 B^2L_A 等于 $(4q_0^2|\beta_2|)^{-1}$ 的 20% 时条件式(9.2.14)是满足的；在最大比特率下孤子宽度是多少？

9.14 利用非线性薛定谔方程式(9.1.2)证明，当光纤色散以 $\beta_2(z)=\beta_2(0)\exp(-\alpha z)$ 的形式减小时，孤子不受光纤损耗的扰动。

9.15 通过施加式(9.2.15)给出的周期性条件用数值方法解方程式(9.1.5)和方程式(9.1.6)，对于由 $D=17$ ps/(km·nm)的 70 km 长的标准光纤和 $D=-115$ ps/(km·nm)的 10 km 长的色散补偿光纤组成的色散图，在 0.1 ~ 10 ps 的范围画出 T_0 和 C_0 随输入脉冲能量的变化曲线。标准光纤的 $\gamma=2\ \text{W}^{-1}/\text{km}$，$\alpha=0.2$ dB/km；色散补偿光纤的 $\gamma=6\ \text{W}^{-1}/\text{km}$，$\alpha=0.5$ dB/km。

9.16 当输入能量为 1 pJ 的脉冲时，计算上题中所用色散图的强度 S_{map} 和参数 T_{map} 的值，估计该色散图能够支持的最大比特率。

9.17 用物理学术语解释代表"1"比特的光脉冲之间的信道内 XPM 是如何产生定时抖动和振幅抖动的。

9.18 鬼脉冲的含义是什么？试解释在伪线性系统中是如何通过信道内 FWM 产生这种鬼脉冲的。

参考文献

[1] G. P. Agrawal, *Nonlinear Fiber Optics*, 4th ed., Academic Press, Boston, 2007.

[2] H. Taga, S. Yamamoto, N. Edagawa, Y. Yoshida, S. Akiba, and H. Wakabayashi, *J. Lightwave Technol.* **12**, 1616 (1994).

[3] S. Sekine, N. Kikuchi, S. Sasaki, and Y. Uchida, *Electron. Lett.* **31**, 1080 (1995).

[4] A. Naka and S. Saito, *J. Lightwave Technol.* **13**, 862 (1995).

[5] N. Kikuchi and S. Sasaki, *J. Lightwave Technol.* **13**, 868 (1995).

[6] N. Kikuchi, S. Sasaki, and K. Sekine *Electron. Lett.* **31**, 375 (1995); N. Kikuchi and S. Sasaki, *Electron. Lett.* **32**, 570 (1996).

[7] F. Matera and M. Settembre, *J. Lightwave Technol.* **14**, 1 (1996); *Opt. Fiber Technol.* **4**, 34 (1998).

[8] D. Breuer and K. Petermann, *IEEE Photon. Technol. Lett.* **9**, 398 (1997).

[9] F. Forghieri, P. R. Prucnal, R. W. Tkach, and A. R. Chraplyvy, *IEEE Photon. Technol. Lett.* **9**, 1035 (1997).

[10] A. Sahara, H. Kubota, and M. Nakazawa, *IEEE Photon. Technol. Lett.* **9**, 1179 (1997).

[11] T. Matsuda, A. Naka, and S. Saito, *J. Lightwave Technol.* **16**, 340 (1998).

[12] A. Sano, Y. Miyamoto, T. Kataoka, and K. Hagimoto, *J. Lightwave Technol.* **16**, 977 (1998).

[13] D. Breuer, K. Obermann, and K. Petermann, *IEEE Photon. Technol. Lett.* **10**, 1793 (1998).

[14] C. Caspar, H. -M. Foisel, A. Gladisch, N. Hanik, F. Küppers, R. Ludwig, A. Mattheus, W. Pieper, B. Strebel, and H. G. Weber, *IEEE Photon. Technol. Lett.* **10**, 481 (1999).

[15] D. S. Govan, W. Forysiak, and N. J. Doran, *Opt. Lett.* **23**, 1523 (1998).

[16] I. S. Penketh, P. Harper, S. B. Alleston, A. M. Niculae, I. Bennion I, and N. J. Doran, *Opt. Lett.* **24**, 802 (1999).

[17] S. K. Turitsyn and E. G. Shapiro, *Opt. Fiber Technol.* **4**, 151 (1998).

[18] F. M. Madani and K. ikuchi, *J. Lightwave Technol.* **17**, 1326 (1999).

[19] C. M. Weinert, R. Ludwig, W. Pieper, H. G. Weber, D. Breuer, K. Petermann, and F. Küppers, *J. Lightwave Technol.* **17**, 2276 (1999).

[20] M. Nakazawa, H. Kubota, K. Suzuki, E. Yamada, and A. Sahara, *IEEE J. Sel. Topics Quantum Electron.* **6**, 363 (2000).

[21] M. Murakami, T. Matsuda, H. Maeda, and T. Imai, *J. Lightwave Technol.* **18**, 1197 (2000).

[22] A. Sahara, T. Inui, T. Komukai, H. Kubota, and M. Nakazawa, *J. Lightwave Technol.* **18**, 1364 (2000).

[23] T. Hoshida, O. Vassilieva, K. Yamada, S. Choudhary, R. Pecqueur, H. Kuwahara, *J. Lightwave Technol.* **20**, 1989 (2002).

[24] B. Konrad, K. Petermann, J. Berger, R. Ludwig, C. M. Weinert, H. G. Weber, and B. Schmauss, *J. Lightwave Technol.* **20**, 2129 (2002).

[25] R. -J. Essiambre, G. Raybon, and B. Mikkelsen, in *Optical Fiber Telecommunications*, Vol. 4B, I. P. Kaminow and T. Li, Eds., Academic Press, Boston, 2002, Chap. 6.

[26] Z. Jiang and C. Fan, *J. Lightwave Technol.* **21**, 953 (2003).

[27] M. Wu, and W. I. Way, *J. Lightwave Technol.* **22**, 1483 (2004).

[28] X. S. Xiao, S. M. Gao, Y. Tian, and C. X. Yang, *J. Lightwave Technol.* **24**, 2083 (2006); *J. Lightwave Technol.* **25**, 929 (2007).

[29] S. Chandrasekhar and X. Liu, *IEEE Photon. Technol. Lett.* **19**, 1801 (2007).

[30] A. Bononi, P. Serena, and A. Orlandini, *J. Lightwave Technol.* **26**, 3617 (2008).

[31] A. Bononi, P. Serena, and M. Bellotti, *J. Lightwave Technol.* **27**, 3974 (2009).

[32] Z. Tao, W. Yan, S. Oda, T. Hoshida, and J. C. Rasmussen, *Opt. Express* **17**, 13860 (2009).

[33] A. Hasegawa and M. Matsumoto, *Optical Solitons in Fibers*, Springer, New York, 2002.

[34] Y. S. Kivshar and G. P. Agrawal, *Optical Solitons: From Fibers to Photonic Crystals*, Academic Press, Boston, 2003, Chap. 3.

[35] L. F. Mollenauer and J. P. Gordon, *Solitons in Optical Fibers: Fundamentals and Applications*, Academic Press, Boston, 2006.

[36] M. J. Ablowitz and P. A. Clarkson, *Solitons, Nonlinear Evolution Equations, and Inverse Scattering*, Cambridge University Press, New York, 1991.

[37] G. L. Lamb, Jr., *Elements of Soliton Theory*, Dover, New York, 1994.

[38] T. Miwa, *Mathematics of Solitons*, Cambridge University Press, New York, 1999.

[39] V. E. Zakharov and A. B. Shabat, *Sov. Phys. JETP* **34**, 62 (1972).

[40] A. Hasegawa and F. Tappert, *Appl. Phys. Lett.* **23**, 142 (1973).

[41] J. Satsuma and N. Yajima, *Prog. Theor. Phys.* **55**, 284 (1974).

[42] V. E. Zakharov and A. B. Shabat, *Sov. Phys. JETP* **37**, 823 (1973).

[43] A. Hasegawa and F. Tappert, *Appl. Phys. Lett.* **23**, 171 (1973).

[44] W. J. Tomlinson, R. J. Hawkins, A. M. Weiner, J. P. Heritage, and R. N. Thurston, *J. Opt. Soc. Am. B* **6**, 329 (1989).

[45] P. Emplit, M. Haelterman, and J. P. Hamaide, *Opt. Lett.* **18**, 1047 (1993).

[46] M. Nakazawa and K. Suzuki, *Electron. Lett.* **31**, 1084 (1995); *Electron. Lett.* **31**, 1076 (1995).

[47] R. Leners, P. Emplit, D. Foursa, M. Haelterman, and R. Kashyap, *J. Opt. Soc. Am. B* **14**, 2339 (1997).

[48] Y. S. Kivshar and B. Luther-Davies, *Phys. Rep.* **298**, 81 (1998).
[49] Y. Chen and J. Atai, *IEEE J. Quantum Electron.* **34**, 1301 (1998).
[50] M. Stratmann, M. Bohm, and F. Mitschke, *Electron. Lett.* **37**, 1182 (2001).
[51] Y. S. Kivshar and G. P. Agrawal, Eds., *Optical Solitons: From Fibers to Photonic Crystals*, Academic Press, Boston, 2003, Chap. 4.
[52] Y. Kodama and A. Hasegawa, *Opt. Lett.* **7**, 339 (1982); **8**, 342 (1983).
[53] Z. M. Liao, C. J. McKinstrie, and G. P. Agrawal, *J. Opt. Soc. Am. B* **17**, 514 (2000).
[54] L. F. Mollenauer and K. Smith, *Opt. Lett.* **13**, 675 (1988).
[55] L. F. Mollenauer, B. M. Nyman, M. J. Neubelt, G. Raybon, and S. G. Evangelides, *Electron. Lett.* **27**, 178 (1991).
[56] K. Tajima, *Opt. Lett.* **12**, 54 (1987).
[57] V. A. Bogatyrjov, M. M. Bubnov, E. M. Dianov, and A. A. Sysoliatin, *Pure Appl. Opt.* **4**, 345 (1995).
[58] D. J. Richardson, R. P. Chamberlin, L. Dong, and D. N. Payne, *Electron. Lett.* **31**, 1681 (1995).
[59] A. J. Stentz, R. Boyd, and A. F. Evans, *Opt. Lett.* **20**, 1770 (1995).
[60] D. J. Richardson, L. Dong, R. P. Chamberlin, A. D. Ellis, T. Widdowson, and W. A. Pender, *Electron. Lett.* **32**, 373 (1996).
[61] W. Forysiak, F. M. Knox, and N. J. Doran, *Opt. Lett.* **19**, 174 (1994).
[62] T. Georges and B. Charbonnier, *Opt. Lett.* **21**, 1232 (1996); *IEEE Photon. Technol. Lett.* **9**, 127 (1997).
[63] S. Cardianal, E. Desurvire, J. P. Hamaide, and O. Audouin, *Electron. Lett.* **33**, 77 (1997).
[64] A. Hasegawa, Y. Kodama, and A. Murata, *Opt. Fiber Technol.* **3**, 197 (1997).
[65] S. Kumar, Y. Kodama, and A. Hasegawa, *Electron. Lett.* **33**, 459 (1997).
[66] S. Kumar, *IEEE Photon. Technol. Lett.* **16**, 810 (2004).
[67] N. J. Smith, F. M. Knox, N. J. Doran, K. J. Blow, and I. Bennion, *Electron. Lett.* **32**, 54 (1996).
[68] M. Nakazawa, H. Kubota, and K. Tamura, *IEEE Photon. Technol. Lett.* **8**, 452 (1996).
[69] M. Nakazawa, H. Kubota, A. Sahara, and K. Tamura, *IEEE Photon. Technol. Lett.* **8**, 1088 (1996).
[70] A. B. Grudinin and I. A. Goncharenko, *Electron. Lett.* **32**, 1602 (1996).
[71] A. Berntson, N. J. Doran, W. Forysiak, and J. H. B. Nijhof, *Opt. Lett.* **23**, 900 (1998).
[72] J. N. Kutz, P. Holmes, S. G. Evangelides, and J. P. Gordon, *J. Opt. Soc. Am. B* **15**, 87 (1998).
[73] S. K. Turitsyn, I. Gabitov, E. W. Laedke, V. K. Mezentsev, S. L. Musher, E. G. Shapiro, T. Schäfer, and K. H. Spatschek, *Opt. Commun.* **151**, 117 (1998).
[74] T. I. Lakoba and D. J. Kaup, *Phys. Rev. E* **58**, 6728 (1998).
[75] S. K. Turitsyn and E. G. Shapiro, *J. Opt. Soc. Am. B* **16**, 1321 (1999).
[76] I. R. Gabitov, E. G. Shapiro, and S. K. Turitsyn, *Phys. Rev. E* **55**, 3624 (1997).
[77] M. J. Ablowitz and G. Bioindini, *Opt. Lett.* **23**, 1668 (1998).
[78] C. Paré and P. A. Bélanger, *Opt. Lett.* **25**, 881 (2000).
[79] J. H. B. Nijhof, N. J. Doran, W. Forysiak, and F. M. Knox, *Electron. Lett.* **33**, 1726 (1997).
[80] V. S. Grigoryan and C. R. Menyuk, *Opt. Lett.* **23**, 609 (1998).
[81] J. N. Kutz and S. G. Evangelides, *Opt. Lett.* **23**, 685 (1998).
[82] Y. Chen and H. A. Haus, *Opt. Lett.* **23**, 1013 (1998).
[83] J. H. B. Nijhof, W. Forysiak, and N. J. Doran, *Opt. Lett.* **23**, 1674 (1998).
[84] S. K. Turitsyn, J. H. B. Nijhof, V. K. Mezentsev, and N. J. Doran, *Opt. Lett.* **24**, 1871 (1999).
[85] S. K. Turitsyn, M. P. Fedoruk, and A. Gornakova, *Opt. Lett.* **24**, 969 (1999).
[86] L. J. Richardson, W. Forysiak, and N. J. Doran, *IEEE Photon. Technol. Lett.* **13**, 209 (2001).
[87] E. Poutrina and G. P. Agrawal, *Opt. Commun.* **206**, 193 (2002).

[88] S. Waiyapot, S. K. Turitsyn, and V. K. Mezentsev, *J. Lightwave Technol.* **20**, 2220 (2002).
[89] C. Xie, L. F. Mollenauer, and N. Mamysheva, *J. Lightwave Technol.* **21**, 769 (2003).
[90] E. Poutrina and G. P. Agrawal, *J. Lightwave Technol.* **21**, 990 (2003).
[91] H. Kubota and M. Nakazawa, *Opt. Commun.* **87**, 15 (1992); M. Nakazawa and H. Kubota, *Electron. Lett.* **31**, 216 (1995).
[92] M. Suzuki, I. Monta, N. Edagawa, S. Yamamoto, H. Taga, and S. Akiba, *Electron. Lett.* **31**, 2027 (1995).
[93] A. Naka, T. Matsuda, and S. Saito, *Electron. Lett.* **32**, 1694 (1996).
[94] I. Morita, M. Suzuki, N. Edagawa, S. Yamamoto, H. Taga, and S. Akiba, *IEEE Photon. Technol. Lett.* **8**, 1573 (1996).
[95] J. M. Jacob, E. A. Golovchenko, A. N. Pilipetskii, G. M. Carter, and C. R. Menyuk, *IEEE Photon. Technol. Lett.* **9**, 130 (1997).
[96] G. M. Carter and J. M. Jacob, *IEEE Photon. Technol. Lett.* **10**, 546 (1998).
[97] V. S. Grigoryan, R. M. Mu, G. M. Carter, and C. R. Menyuk, *IEEE Photon. Technol. Lett.* **10**, 45 (2000).
[98] R. M. Mu, C. R. Menyuk, G. M. Carter, and J. M. Jacob, *IEEE J. Sel. Topics Quantum Electron.* **6**, 248 (2000).
[99] A. B. Grudinin, M. Durkin, M. Isben, R. I. Laming, A. Schiffini, P. Franco, E. Grandi, and M. Romagnoli, *Electron. Lett.* **33**, 1572 (1997).
[100] F. Favre, D. Le Guen, and T. Georges, *J. Lightwave Technol.* **17**, 1032 (1999).
[101] M. Zitelli, F. Favre, D. Le Guen, and S. Del Burgo, *IEEE Photon. Technol. Lett.* **9**, 904 (1999).
[102] J. P. Gordon and H. A. Haus, *Opt. Lett.* **11**, 665 (1986).
[103] D. Marcuse, *J. Lightwave Technol.* **10**, 273 (1992).
[104] N. J. Smith, W. Foryisak, and N. J. Doran, *Electron. Lett.* **32**, 2085 (1996).
[105] G. M. Carter, J. M. Jacob, C. R. Menyuk, E. A. Golovchenko, A. N. Pilipetskii, *Opt. Lett.* **22**, 513(1997).
[106] S. Kumar and F. Lederer, *Opt. Lett.* **22**, 1870 (1997).
[107] J. N. Kutz and P. K. A. Wai, *IEEE Photon. Technol. Lett.* **10**, 702 (1998).
[108] T. Okamawari, A. Maruta, and Y. Kodama, *Opt. Lett.* **23**, 694 (1998); *Opt. Commun.* **149**, 261 (1998).
[109] V. S. Grigoryan, C. R. Menyuk, and R. M. Mu, *J. Lightwave Technol.* **17**, 1347 (1999).
[110] M. F. S. Ferreira and S. C. V. Latas, *J. Lightwave Technol.* **19**, 332 (2001).
[111] J. Santhanam, C. J. McKinstrie, T. I. Lakoba, and G. P. Agrawal, *Opt. Lett.* **26**, 1131 (2001).
[112] C. J. McKinstrie, J. Santhanam, and G. P. Agrawal, *J. Opt. Soc. Am. B* **19**, 640 (2002).
[113] J. Santhanam and G. P. Agrawal, *IEEE J. Sel. Topics Quantum Electron.* **7**, 632 (2002).
[114] E. Poutrina and G. P. Agrawal, *IEEE Photon. Technol. Lett.* **14**, 39 (2002); *J. Lightwave Technol.* **20**, 762 (2002).
[115] A. Mecozzi, J. D. Moores, H. A. Haus, and Y. Lai, *Opt. Lett.* **16**, 1841 (1991).
[116] L. F. Mollenauer, M. J. Neubelt, M. Haner, E. Lichtman, S. G. Evangelides, and B. M. Nyman, *Electron. Lett.* **27**, 2055 (1991).
[117] Y. Kodama and A. Hasegawa, *Opt. Lett.* **17**, 31 (1992).
[118] L. F. Mollenauer, J. P. Gordon, and S. G. Evangelides, *Opt. Lett.* **17**, 1575 (1992).
[119] V. V. Afanasjev, *Opt. Lett.* **18**, 790 (1993).
[120] M. Romagnoli, S. Wabnitz, and M. Midrio, *Opt. Commun.* **104**, 293 (1994).
[121] M. Nakazawa, E. Yamada, H. Kubota, and K. Suzuki, *Electron. Lett.* **27**, 1270 (1991).
[122] N. J. Smith, W. J. Firth, K. J. Blow, and K. Smith, *Opt. Lett.* **19**, 16 (1994).
[123] S. Bigo, O. Audouin, and E. Desurvire, *Electron. Lett.* **31**, 2191 (1995).
[124] M. Nakazawa, K. Suzuki, E. Yamada, H. Kubota, Y. Kimura, and M. Takaya, *Electron. Lett.* **29**, 729 (1993).

[125] G. Aubin, E. Jeanny, T. Montalant, J. Moulu, F. Pirio, J. -B. Thomine, and F. Devaux, *Electron. Lett.* **31**, 1079 (1995).

[126] W. Forysiak, K. J. Blow, and N. J. Doran, *Electron. Lett.* **29**, 1225 (1993).

[127] M. Matsumoto, H. Ikeda, and A. Hasegawa, *Opt. Lett.* **19**, 183 (1994).

[128] T. Widdowson, D. J. Malyon, A. D. Ellis, K. Smith, and K. J. Blow, *Electron. Lett.* **30**, 990(1994).

[129] S. Kumar and A. Hasegawa, *Opt. Lett.* **20**, 1856 (1995).

[130] V. S. Grigoryan, A. Hasegawa, and A. Maruta, *Opt. Lett.* **20**, 857 (1995).

[131] M. Matsumoto, *J. Opt. Soc. Am. B* **15**, 2831 (1998); *Opt. Lett.* **23**, 1901 (1998).

[132] S. K. Turitsyn and E. G. Shapiro, *J. Opt. Soc. Am. B* **16**, 1321 (1999).

[133] S. Waiyapot and M. Matsumoto, *IEEE Photon. Technol. Lett.* **11**, 1408 (1999).

[134] M. F. S. Ferreira and S. H. Sousa, *Electron. Lett.* **37**, 1184 (2001).

[135] M. Matsumoto, *Opt. Lett.* **23**, 1901 (2001).

[136] J. Santhanam and G. P. Agrawal, *J. Opt. Soc. Am. B* **20**, 284 (2003).

[137] R. -J. Essiambre, B. Mikkelsen, and G. Raybon, *Electron. Lett.* **35**, 1576 (1999).

[138] P. V. Mamyshev and N. A. Mamysheva, *Opt. Lett.* **24**, 1454 (1999).

[139] M. Zitelli, F. Matera, and M. Settembre, *J. Lightwave Technol.* **17**, 2498 (1999).

[140] A. Mecozzi, C. B. Clausen, and M. Shtaif, *IEEE Photon. Technol. Lett.* **12**, 392 (2000).

[141] R. I. Killey, H. J. Thiele, V. Mikhailov, and P. Bayvel, *IEEE Photon. Technol. Lett.* **12**, 1624 (2000).

[142] J. Mårtensson, A. Berntson, M. Westlund, A. Danielsson, P. Johannisson, D. Anderson, and M. Lisak, *Opt. Lett.* **26**, 55 (2001).

[143] A. Mecozzi, C. B. Clausen, and M. Shtaif, *IEEE Photon. Technol. Lett.* **12**, 1633 (2000).

[144] S. Kumar, *IEEE Photon. Technol. Lett.* **13**, 800 (2001); S. Kumar, J. C. Mauro, S. Raghavan, and D. Q. Chowdhury, *IEEE J. Sel. Topics Quantum Electron.* **18**, 626 (2002).

[145] M. J. Ablowitz and T. Hirooka, *Opt. Lett.* **25**, 1750 (2000); *IEEE J. Sel. Topics Quantum Electron.* **18**, 603 (2002).

[146] P. Johannisson, D. Anderson, A. Berntson, and J. Mårtensson, *Opt. Lett.* **26**, 1227 (2001).

[147] P. Bayvel and R. I. Killey, in *Optical Fiber Telecommunications*, Vol. 4B, I. P. Kaminow and T. Li, Eds., Academeic Press, Boston, 2002, Chap. 13.

[148] M. Daikoku, T. Otani, and M. Suzuki, *IEEE Photon. Technol. Lett.* **15**, 1165 (2003).

[149] D. Duce, R. I. Killey, and P. Bayvel, *J. Lightwave Technol.* **22**, 1263 (2004).

[150] G. Raybon, Y. Su, J. Leuthold, R. -J. Essiambre, T. Her, C. Joergensen, P. Steinvurzel, and K. D. K. Feder, Proc. Opt. Fiber Commun., Paper FD-10, 2002.

[151] M. K. Jackson, G. R. Boyer, J. Paye, M. A. Franco, and A. Mysyrowicz, *Opt. Lett.* **17**, 1770 (1992).

[152] D. Breuer, H. J. Ehrke, F. Küppers, R. Ludwig, K. Petermann, H. G. Weber, and K. Weich, *IEEE Photon. Technol. Lett.* **10**, 822 (1998).

[153] A. H. Gnauck, S. -G. Park, J. M. Wiesenfeld, and L. D. Garrett, *Electron. Lett.* **35**, 2218 (1999).

[154] S. -G. Park, A. H. Gnauck, J. M. Wiesenfeld, and L. D. Garrett, *IEEE Photon. Technol. Lett.* **12**, 1085 (2000).

[155] S. Ramachandran, G. Raybon, B. Mikkelsen, M. Yan, and L. Cowsar, and R. J. Essiambre, Digest Europ. Conf. Opt. Commun., Amsterdam, 2001, p. 282.

[156] R. I. Killey, V. Mikhailov, S. Appathurai, and P. Bayvel, *J. Lightwave Technol.* **20**, 2282 (2002).

[157] Y. Takushima, T. Douke, X. Wang, and K. Kikuchi, *J. Lightwave Technol.* **20**, 360 (2002).

[158] R. Holzlöhner, H. N. Ereifej, V. S. Grigoryan, G. M. Carter, and C. R. Menyuk, *J. Lightwave Technol.* **20**, 1124 (2002).

[159] A. Pizzinat, A. Schiffini, F. Alberti, F. Matera, A. N. Pinto, and P. Almeida, *J. Lightwave Technol.* **20**, 1673 (2002).

[160] A. Mecozzi, C. B. Clausen, M. Shtaif, S. -G. Park, and A. H. Gnauck, *IEEE Photon. Technol. Lett.* **13**, 445 (2001).

[161] A. G. Striegler and B. Schmauss, *J. Lightwave Technol.* **22**, 1877 (2004).

[162] H. Wei and D. V. Plant, *Opt. Express* **12**, 4282 (2004).

[163] A. S. Lenihan, O. V. Sinkin, B. S. Marks, G. E. Tudury, R. J. Runser, A. Goldman, C. R. Menyuk, and G. M. Carter, *IEEE Photon. Technol. Lett.* **17**, 1588 (2005).

[164] P. Minzioni and A. Schiffini, *Opt. Express* **13**, 8460 (2005).

[165] F. Zhang, C. A. Bunge, K. Petermann, and A. Richter, *Opt. Express* **14**, 6613 (2006).

[166] M. Shtaif, *IEEE Photon. Technol. Lett.* **20**, 620 (2008).

[167] A. Chowdhury and R. J. Essiambre, *Opt. Lett.* **29**, 1105 (2004).

[168] A. Chowdhury, G. Raybon, R. -J. Essiambre, J. H. Sinsky, A. Adamiecki, J. Leuthold, C. R. Doerr, and S. Chandrasekhar, *J. Lightwave Technol.* **23**, 172 (2005).

[169] S. L. Jansen, D. van den Borne, P. M. Krummrich, S. Spälter, G. -D. Khoe, and H. de Waardt, *IEEE J. Sel. Topics Quantum Electron.* **12**, 505 (2006).

[170] K. S. Cheng and J. Conradi, *IEEE Photon. Technol. Lett.* **14**, 98 (2002).

[171] P. J. Winzer, A. H. Gnauck, G. Raybon, S. Chandrasekhar, Y. Su, and J. Leuthold, *IEEE Photon. Technol. Lett.* **15**, 766 (2003).

[172] X. Liu, X. Wei, A. H. Gnauck, C. Xu, and L. K. Wickham, *Opt. Lett.* **13**, 1177 (2002).

[173] A. V. Kanaev, G. G. Luther, V. Kovanis, S. R. Bickham, and J. Conradi, *J. Lightwave Technol.* **21**, 1486 (2003).

[174] S. Appathurai, V. Mikhailov, R. I. Killey, and P. Bayvel, *J. Lightwave Technol.* **22**, 239 (2004).

[175] S. G. Evangelides, L. F. Mollenauer, J. P. Gordon, and N. S. Bergano, *J. Lightwave Technol.* **10**, 28 (1992).

[176] A. Agarwal, S. Banerjee, D. F. Grosz, A. P. Küng, D. N. Maywar, A. Gurevich, and T. H. Wood, *IEEE Photon. Technol. Lett.* **15**, 470 (2003).

[177] F. Matera, M. Settembre, M. Tamburrini, F. Favre, D. L. Guen, T. Georges, M. Henry, G. Michaud, P. Franco, A. Schiffini, M. Romagnoli, M. Guglielmucci, and S. Cascelli, *J. Lightwave Technol.* **17**, 2225 (1999).

[178] B. Mikkelsen, G. Raybon, R. J. Essiambre, A. J. Stentz, T. N. Nielsen, D. W. Peckham, L. Hsu, L. Gruner-Nielsen, K. Dreyer, and J. E. Johnson, *IEEE Photon. Technol. Lett.* **12**, 1400 (2000).

[179] A. Hodzic, B. Konrad, and K. Petermann, *IEEE Photon. Technol. Lett.* **15**, 153 (2003).

[180] X. Liu, C. Xu, and X. Wei, *IEEE Photon. Technol. Lett.* **16**, 30 (2004).

[181] C. Xie, I. Kang, A. H. Gnauck, L. Möller, L F. Mollenauer, and A. R. Grant, *J. Lightwave Technol.* **22**, 806 (2004).

第 10 章　先进光波系统

到目前为止，本书讨论的光波系统基于简单的数字调制方案，即用电二进制比特流调制光发射机内光载波的强度(开关键控或 OOK 格式)。由此得到的光信号在它沿光纤链路传输后，直接落到光接收机上，光接收机将光信号转换成时域中原始的数字信号。这种方案称为强度调制/直接探测(Intensity Modulation with Direct Detection，IM/DD)。许多替代方案(在无线电和微波通信系统中熟悉)通过调制载波的振幅和相位传输信息[1~3]。尽管早在 20 世纪 80 年代就考虑将这种调制格式用于光波系统中[4~9]，但直到 2000 年以后，光载波的相位调制才重新受到关注，主要动机是它具有提高波分复用(WDM)系统频谱效率的潜力[10~16]。根据光接收机设计的不同，这种系统可以分为两类。在相干光波系统中[14]，用外差或零差探测方案探测传输信号，它需要本机振荡器；在所谓的自相干系统中[16]，首先用光学方法处理接收的信号，将相位信息转换成强度调制，然后送到直接探测光接收机。

采用位相编码的动机有两个。首先，与直接探测相比，通过适当设计可以提高光接收机的灵敏度。其次，相位调制技术可通过增加 WDM 系统的频谱效率而更有效地利用光纤带宽。本章将同时关注这两个方面。10.1 节引入新的调制格式，以及用来实现它们的光发射机和光接收机的设计。10.2 节关注在接收端采用的解调技术。10.3 节考虑不同调制格式和解调方案的误码率(BER)。10.4 节关注通过相位噪声、强度噪声、偏振失配和光纤色散等机制引起的光接收机灵敏度的劣化。10.5 节讨论非线性相位噪声及其补偿技术。10.6 节综述最近的进展，并强调了频谱效率的提高。10.7 节关注最终的通道容量这一课题。

10.1　先进调制格式

正如在 1.2.3 节中讨论的，光载波的振幅和相位调制都可以用来对需要传输的信息编码。在强度调制/直接探测系统的情况下，采用二进制幅移键控(ASK)格式，即载波的峰值振幅(或强度)取两个值，其中一个接近于零(也称为开关键控格式)。本节关注现代光波系统采用的基于相位的调制格式。

10.1.1　光信号的编码

从 1.2.3 节回想到光载波的电场 $\boldsymbol{E}(t)$ 有以下形式：

$$\boldsymbol{E}(t)=\boldsymbol{e}\,\mathrm{Re}[a\exp(\mathrm{i}\phi-\mathrm{i}\omega_0 t)] \tag{10.1.1}$$

式中，$\boldsymbol{e}$ 是偏振单位矢量，a 是振幅，ϕ 是相位，ω_0 是载波频率。引入复相量 $A=a\mathrm{e}^{\mathrm{i}\phi}$，可以构建一个星座图，将 A 的实部和虚部分别沿 x 轴和 y 轴画出。在开关键控格式的情况下，这种星座图沿实轴有两个点，意味着不管什么时候传输“1”比特，只是振幅 a 从 0 变为 a_1，而相位没有变化。

最简单的相移键控(PSK)格式是，光载波的相位取两个不同的值(见图 1.10)，一般选 0 和π，这种格式称为二进制相移键控格式或 BPSK 格式。对于这种格式，相干探测是必要的，因为如果直接探测光信号而不是先用本机振荡器相干地与它混频，则所有信息都将丢失。PSK

格式的使用要求光载波的相位能在比比特周期长得多的持续时间内保持稳定，这里比特周期 $T_b = 1/B$，B 是给定的比特率。这一要求对发射机激光器和本机振荡器的允许频谱线宽施加了严格条件，尤其是在比特率相对较低时。

利用相移键控格式的一种变形[称为差分(differential)相移键控或 DPSK 格式]，可大幅放宽对相位稳定性的要求。在 DPSK 格式的情况下，通过两个相邻比特的相位差对信息编码。如果仅使用两个相位值(差分二进制相移键控格式或 DBPSK 格式)，则相位差 $\Delta\phi = \phi_k - \phi_{k-1}$ 改变π或 0，这取决于第 k 比特是“1”还是“0”。DPSK 格式的优点是，只要在 2 比特的持续时间内载波相位保持相对稳定，就可以成功地对接收信号解调。

BPSK 格式不能提高频谱效率，因为它利用的只是载波相位的两个不同值。如果载波相位允许取 4 个不同值，一般选 0，π/2，π和 3π/2，就可以同时传输 2 比特。这种格式称为正交相移键控或四相相移键控(QPSK)格式，其差分版本称为 DQPSK。图 10.1(a)所示的 QPSK 格式的星座图，能帮助理解如何同时传输 2 比特。正如图中所示的那样，可以通过一种独特的方式将这 2 比特的 4 种可能组合(即 00，01，10 和 11)分配给载波相位的 4 个值，从而通过使用 QPSK(或 DQPSK)格式有效地使比特率减半。这种有效比特率称为符号率(symbol rate)，用“波特”(baud)单位表示，在这一术语中(在无线电和微波通信中众所周知)，相位值表示被传输的“符号”，它们的数值 M 表示符号的个数。符号率 B_s 与比特率 B 通过简单的关系 $B = \log_2(M)B_s$ 相关联，于是，如果在 $B_s = 40$ Gbaud 时采用 $M = 4$ 的 QPSK 格式，则要传输的信息的比特率为 80 Gbps，这样就使 WDM 系统的频谱效率提高到两倍。当然，如果利用载波相位的 8 个不同值(称为 8-PSK 格式)，则比特率变为 3 倍，图 10.1(b)给出了在这种情况下怎样将 3 比特分配给每个符号。

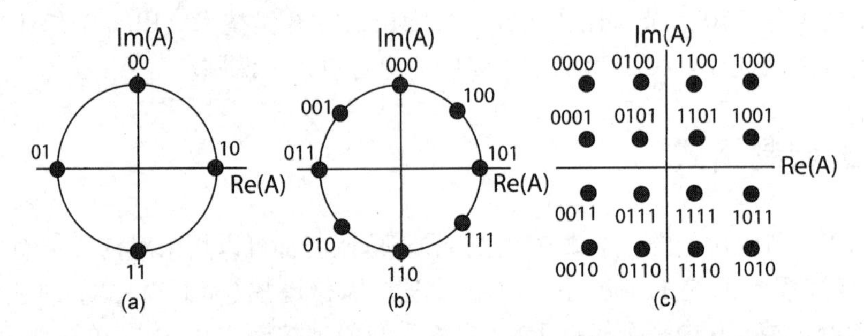

图 10.1 (a)QPSK，(b)8-PSK 和(c)16-QAM 调制格式的星座图，它们显示了是怎样将多比特组合分配给不同符号的

如果信号的振幅也允许从一个符号到下一个符号变化，则还可以设计出更复杂的调制格式。一个例子如图 1.10(d)所示，其中振幅可以取两个可能的值，每个振幅有 4 个可能的相位。另一个例子如图 10.1(c)所示，其中利用正方形网格上的 16 个符号同时传输 4 比特。这种调制格式称为 16-QAM，这里 QAM 代表正交振幅调制(quadrature amplitude modulation)。显然，将这一方法推广，可以通过增加所采用符号的个数 M 进一步降低给定比特率下的符号率。应强调的是，将比特组合分配给图 10.1 中的符号不是随意的。一种称为格雷编码(Gray coding)的编码方案[2]，将不同的比特组合映射到不同的符号，其方式是在星座图中以最短距离分开的两个相邻符号之间只有单个比特发生改变。如果格雷编码失效，则单个符号差错能在多个比特中产生差错，结果使系统误码率增加。

利用光载波的偏振态(SOP)，还可以进一步将频谱效率提高到两倍。在偏振复用(PDM)

的情况下，用每个波长以原始比特率的一半传输两个正交偏振的比特流。这种方案可以工作，但看起来令人惊讶：信道的偏振态在光纤中并不是保持不变的，因为双折射起伏偏振态以随机方式变化。然而，容易看出，只要每个波长处的两个 PDM 信道在整个链路长度上保持接近正交偏振，就可以成功地采用 PDM。只有当偏振模色散(PMD)和非线性退偏振效应在整个链路长度上保持较小时，才会出现这种情况。如果在接收端采用相干探测，则通过适当的偏振分集方案还可将两个 PDM 信道分离。QPSK(或 DQPSK)和 PDM 相结合可以将符号率降至实际比特率的 1/4，从而将频谱效率提高到 4 倍。这种双偏振 QPSK 格式非常吸引人，因为 100 Gbps 信号可以在为传输 50 GHz 信道间隔的 10 Gbps 信号而设计的光纤链路上传输，而且它已在 2010 年用于商用系统。

这里还需要解决一个设计问题。对于纯相位编码信号，例如图 10.1(a)所示的 QPSK 格式，当采用非归零码(NRZ)格式时数据流的振幅或功率最初不随时间变化，因为每个符号占据分配给它的整个时隙。这种情况有两个含义：第一，入射到每个信道中的平均功率大幅增加，通常不希望出现这个特性；第二，当数据流通过光纤传输时，各种色散和非线性效应引起时间相关的功率变化，这影响了系统性能。一个替代方案是采用所有符号隙均包含一个其相位可根据传输的数据变化的光脉冲的调制格式，这种情况可以通过在数据传输采用的格式前加上前缀 RZ(归零码)表示，如 RZ-DQPSK。

10.1.2　振幅和相位调制器

任何 PSK 格式的实现都需要一个能通过电致折射率变化这种物理机制，并根据外加电压改变光的相位的外调制器[17]。具有适当取向的任何电光晶体都可以用于相位调制，在实际应用中通常使用铌酸锂波导。波导内的相移 $\delta\phi$ 与折射率变化 δn 有以下简单关系：

$$\delta\phi = (2\pi/\lambda)(\delta n)l_m \tag{10.1.2}$$

式中，λ 是输入光的波长，l_m 是调制器的长度。折射率变化 δn 与外加电压成比例，因此通过施加要求的电压，可以将任何相移加到光载波上。

在大多数实际情况下，还需要一个振幅调制器，用它可以将来自分布反馈(DFB)激光器的连续信号转换成 RZ 脉冲序列，还可以用它同时调制输入光的振幅和相位。一种常见的设计利用马赫-曾德尔(MZ)干涉仪将电压引起的相移转换成输入信号的振幅调制。

图 10.2 给出了铌酸锂 MZ 调制器的设计示意图。输入场 A_i 在 Y 结处被均分成两部分，通过沿构成 MZ 干涉仪两臂的两条波导施加电压对这两部分场施加不同的相移，再用另一个 Y 结将这两部分场复合到一起。通常将这两个相移表示成 $\phi_j(t) = \pi V_j(t)/V_\pi$ 的形式，这里 V_j 是沿第 j 个臂($j=1, 2$)施加的电压，V_π 是产生 π 相移需要的电压。对于任意的铌酸锂调制器，这个参数是已知的，一般在 3 ~ 5 V 的范围。利用这两个相移，可以将输出场表示为

$$A_t = \tfrac{1}{2}A_i\left(e^{i\phi_1} + e^{i\phi_2}\right) \tag{10.1.3}$$

容易得到 MZ 调制器的传递函数为

$$t_m = A_t/A_i = \cos[\tfrac{1}{2}(\phi_1 - \phi_2)]\exp[i(\phi_1 + \phi_2)/2] \tag{10.1.4}$$

上式表明，MZ 调制器能影响入射到它上面的光的振幅和相位。如果选择两臂的电压使 $V_2(t) = -V_1(t) + V_b$，则 MZ 调制器还可以起到纯振幅调制器的作用，这里 V_b 是常数偏置电压，因为此时 $\phi_1 + \phi_2$ 化为一个常数。在这种情况下，MZ 调制器的功率传递函数采用下面的形式：

$$T_m(t) = |t_m|^2 = \cos^2\left(\frac{\pi}{2V_\pi}[2V_1(t) - V_b]\right) \tag{10.1.5}$$

如果对 MZ 调制器的两臂施加同样的电压使 $\phi_1 = \phi_2$，则这种 MZ 调制器可以作为纯相位调制器，它只是使输入信号的相位改变 $\phi_1(t)$。

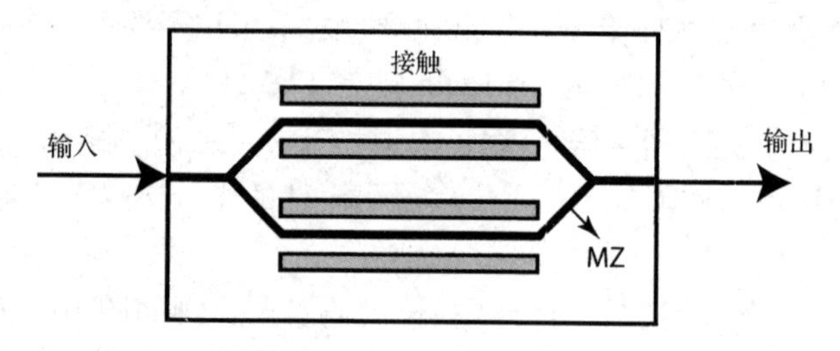

图 10.2　铌酸锂($LiNbO_3$)调制器的示意图。通过沿干涉仪的两臂施加适当的电压(电极为灰色接触垫)，马赫-曾德尔(MZ)结构将输入的连续光转换成编码的光比特流

尽管通过适当选择两臂电压 V_1和 V_2，单个 MZ 调制器可以同时改变输入光的振幅和相位，但它不能独立地调制两个正交的分量。如图 10.3 所示，将 3 个 MZ 调制器封装到一起，使外 MZ 干涉仪的两条臂都包含一个它自己的 MZ 调制器，以这种方式实现的正交调制器(quadrature modulator)就能提供一种解决方案。通过适当选择外加电压，可以覆盖星座图中的整个复平面。

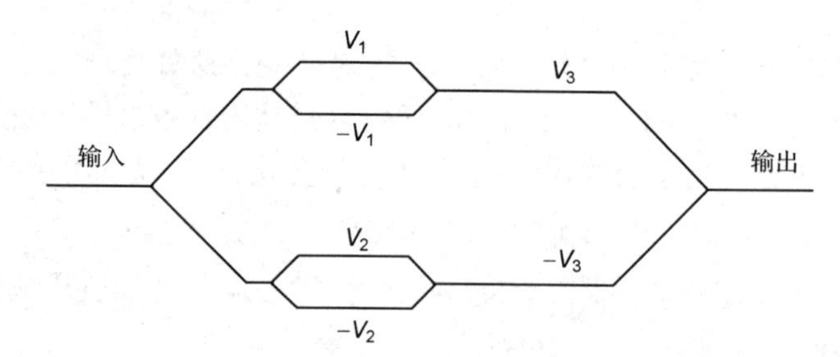

图 10.3　用于产生 QPSK 或 DQPSK 格式的正交调制器的示意图，两个内 MZ 干涉仪是用电数据流驱动的，而电压V_3用来在两臂之间引入π/2的恒定相移

作为一个例子，考虑 QPSK 调制格式。在这种情况下，两个内 MZ 调制器工作在所谓的推挽区域[17]，此时式(10.1.4)中的 $\phi_2 = -\phi_1$。进一步，通过改变电压使传递函数 t_m的值取 ±1，分别对应 0 和π两个相移，这取决于被传输的数据比特。选择外 MZ 调制器的偏置使得能在其两臂中的信号之间产生π/2 的恒定相移。这样，输出有 4 个可能的相移$(\pm 1 \pm \mathrm{i})/\sqrt{2}$，它们对应4 个相位值π/4，3π/4，5π/4 和 7π/4，适合产生 QPSK 调制格式的数据流。当用不同编码的电信号驱动两个内 MZ 调制器时，用这种调制器还能产生 DQPSK 符号流。

10.2　解调方案

相位编码的使用要求在接收端有实质的改变，将接收到的光信号转换成适合于重构原始比特流的电信号形式称为解调(demodulation)。当用光载波的相位对信息编码时，不能用直接探测来解调，因为在探测过程中所有相位信息都会丢失；称为相干解调(coherent demodulation)和延迟解调(delay demodulation)的两种技术用来将相位信息转换成强度变化。正如在4.5 节中讨论的，相干探测使用了本机振荡器，可以用零差和外差两种探测方案实现。尽管零差探测在概念上很简单，但在实际应用中很难实现，因为它要求频率与载波频率精确匹配的本机振荡器，并且要用光锁相环将它的相位锁定在输入信号上。外差探测简化了接收机的设计，但电信号以微波频率振荡，必须用类似于为微波通信系统发展的那些技术解调出基带信号[1~3]。本节讨论在实际中使用的 3 种解调方案。

10.2.1　外差同步解调

图 10.4 给出了外差同步解调接收机的原理图。本机振荡器的频率与输入信号的载波频率相差一个中频(Intermediate Frequency，IF)，IF 选在微波区域中(约为 1 GHz)。光电探测器产生的电流以中频振荡，并通过一个中心位于此频率 ω_{IF} 的带通滤波器(BPF)滤波。在没有噪声时，滤波后的电流可以写成[见式(4.5.8)]

$$I_f(t) = I_p \cos(\omega_{\mathrm{IF}} t - \phi) \tag{10.2.1}$$

式中，$I_p = 2R_d\sqrt{P_s P_{\mathrm{LO}}}$，$\phi = \phi_s - \phi_{\mathrm{LO}}$ 是信号和本机振荡器之间的相位差。BPF 还对噪声进行了滤波，利用滤波后高斯噪声的同相和反相正交分量[1]，可通过下式将接收机噪声包括进去：

$$I_f(t) = (I_p \cos\phi + i_c)\cos(\omega_{\mathrm{IF}} t) + (I_p \sin\phi + i_s)\sin(\omega_{\mathrm{IF}} t) \tag{10.2.2}$$

式中，i_c 和 i_s 是平均值为零的高斯随机变量，其方差 σ^2 由式(4.5.9)给出。

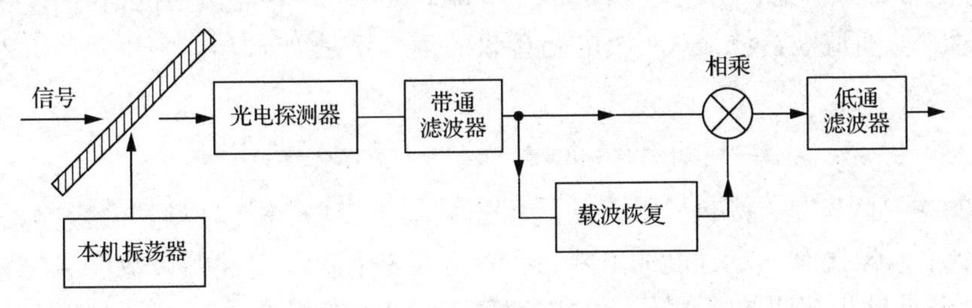

图 10.4　外差同步解调接收机的原理图

在同步解调的情况下，用时钟电路恢复微波载波 $\cos(\omega_{\mathrm{IF}} t)$，如图 10.4 所示。然后，将该时钟信号与 $I_f(t)$ 相乘，并通过一个低通滤波器滤波。由此得到的基带信号为

$$I_d = \langle I_f(t)\cos(\omega_{\mathrm{IF}} t)\rangle = \tfrac{1}{2}(I_p \cos\phi + i_c) \tag{10.2.3}$$

式中，角括号表示用来阻隔在 $2\omega_{\mathrm{IF}}$ 处振荡的交流分量的低通滤波。式(10.2.3)表明，只有同相噪声分量影响外差同步解调接收机的性能。

同步解调要求在中频 ω_{IF} 处恢复微波载波。为此目的，可以采用几种电子方案，它们都需要一种电锁相环[19]，其中两种常用的电锁相环是平方环(squaring loop)和科斯塔斯环(Costas loop)。平方环用平方律器件获得 $\cos^2(\omega_{\mathrm{IF}} t)$ 形式的信号，它有 $2\omega_{\mathrm{IF}}$ 的频率分量，该频率分量可以用来产生 ω_{IF} 的微波信号。

如图 10.4 所示的单端口接收机在混频过程中阻隔信号功率 P_s 的一半和本机振荡器功率 P_{LO} 的一半，信号功率的损耗相当于 3 dB 功率代价。平衡外差接收机提供了一个解决方案，如图 10.5 所示，平衡外差接收机采用一个 3 dB 耦合器，在它的两个输出端口有两个光电探测器[20~22]。平衡外差接收机的工作可以通过考虑每个支路中产生的光电流 I_+ 和 I_- 来理解：

$$I_\pm = \tfrac{1}{2}R_d(P_s + P_{\mathrm{LO}}) \pm R_d\sqrt{P_s P_{\mathrm{LO}}}\cos(\omega_{\mathrm{IF}} t + \phi) \tag{10.2.4}$$

两个光电流的差 $I_+ - I_-$ 提供了外差信号。当两个支路达到平衡时，它们以同步方式复合信号

功率和本机振荡器功率，这样通过减法过程就可以完全消除直流项。更重要的是，这种平衡外差接收机利用了全部信号功率，于是避免了任何单端口接收机固有的 3 dB 功率代价。同时，正如后面将在 10.4.1 节中讨论的，平衡外差接收机有助于减小本机振荡器强度噪声的影响，使接收机更容易工作在散弹噪声极限。

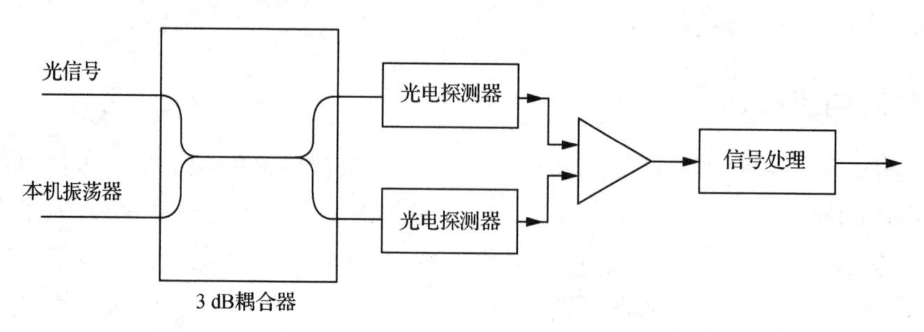

图 10.5　双端口平衡外差接收机的原理图

10.2.2　外差异步解调

采用不需要恢复微波载波的异步解调方案，可以大大简化外差接收机的设计。图 10.6 给出了这种外差异步解调接收机的原理图。同前面一样，光电探测器产生的电流通过一个中心位于中频 $\omega_{\rm IF}$ 的带通滤波器，用包络探测器(envelope detector)将滤波后的信号 $I_f(t)$ 转换成基带信号，然后通过低通滤波器滤波，判决电路接收的信号正是 $I_d = |I_f|$。利用式(10.2.2)的 I_f，则 I_d 可以写成

$$I_d = |I_f| = [(I_p \cos\phi + i_c)^2 + (I_p \sin\phi + i_s)^2]^{1/2} \qquad (10.2.5)$$

与同步解调的主要区别是，接收机噪声的同相分量和正交(反相)分量都会影响信号。尽管与同步解调相比，信噪比有一定程度的下降，但因信噪比下降而引起的灵敏度劣化相当小(约为 0.5 dB)。由于在异步解调的情况下，对相位稳定性的要求相对适中，这种方案通常用在相干光波系统中。与同步解调的情况类似，异步解调也普遍采用平衡接收机，如图 10.5 所示的那种，以避免在混频过程中阻隔一半的信号功率和本机振荡器功率。

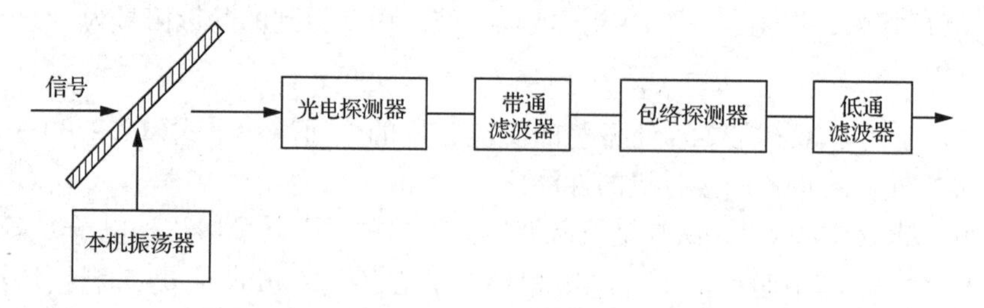

图 10.6　外差异步解调接收机的原理图

异步解调可以容易地用于 ASK 和 FSK 格式。在 FSK 格式的情况下，外差接收机使用两个分离的支路处理“1”比特和“0”比特，“1”比特和“0”比特的载频不同，因此中频也不同。只要音频间隔比比特率大得多，以便“1”比特和“0”比特的频谱交叠可以忽略，就可以采用这种方案。两个带通滤波器(BPF)的中心频率正好以音频间隔分开，因此每个 BPF 仅通过“1”比特或“0”比特。图 10.6 的单滤波器接收机可以用于 FSK 解调，如果它的带宽足够宽，则可以通过整个比特流。然后，用一个鉴频器处理信号，以鉴别出“1”比特和“0”比特。只有当音频间隔小于比特率或与之相当时，这种方案才能较好地工作。

在任何基于PSK格式的情况下不能使用异步解调，因为发射机激光器和本机振荡器的相位没被锁定，而是随时间漂移。通过延迟方案（滤波后的电信号与其延迟了一个比特周期的副本相乘），DPSK格式的使用允许异步解调。更好的选择是在光域中实现延迟解调方案，因为它绕过了对本机振荡器的需求。

10.2.3 光延迟解调

在差分相位编码的情况下，采用了一种称为延迟解调（delay demodulation）的方案，该方案利用了两臂长不等的MZ干涉仪，其中较长臂中的信号被精确延迟了一个符号周期（$T_S=1/B_S$），这种器件有时称为光延迟干涉仪。与通常只有一个输出端口的铌酸锂MZ调制器（见图10.2）相比，如图10.7（a）所示的延迟干涉仪用两个3 dB耦合器构建，以便它有两个输出端口。当光场$A(t)$入射到其中一个输入端口上时，两个输出端口的功率为

$$P_{\pm}(t)=\frac{1}{4}|A(t)\pm A(t-T_s)|^2 \tag{10.2.6}$$

式中，符号的选择取决于光电探测使用的是MZ干涉仪的直通端口还是交叉端口。这种解调方案也称为自相干（self-coherent）解调，因为用光信号自身的延迟副本替代了相干探测所需要的本机振荡器[16]。

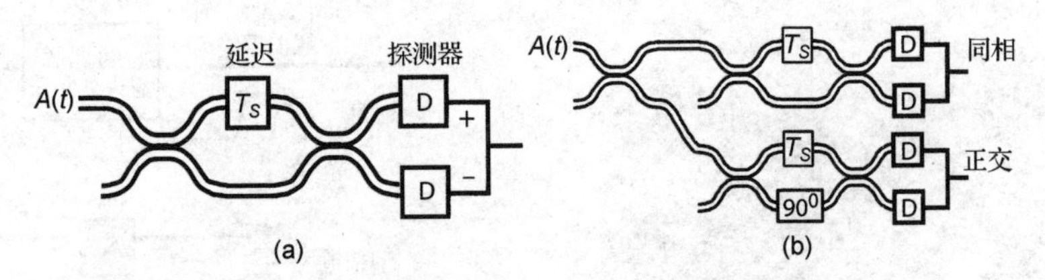

图10.7　利用带有平衡探测的光延迟解调处理（a）DBPSK格式和（b）DQPSK格式的接收机设计[15]（经© 2008 OSA授权引用）

尽管用单个光电探测器只处理MZ干涉仪的一个输出就可以恢复相位信息，但是这种方案很少使用，因为它阻隔了一半的接收功率。在实际应用中，如果采用两个光电探测器探测$P_{\pm}(t)$，并将得到的电流相减，则可以显著改善接收机的性能，这种平衡探测方案如图10.7（a）所示。在式（10.2.6）中利用$A(t)=\sqrt{P_0}\exp[\mathrm{i}\phi(t)]$，并考虑到$I_{\pm}=R_dP_{\pm}(t)$，这里$R_d$是光电探测器的响应度，则两个光电探测器产生的电流可以写成

$$I_{\pm}(t)=\frac{1}{2}R_dP_0[1\pm\cos(\Delta\phi)] \tag{10.2.7}$$

式中，$\Delta\phi=\phi(t)-\phi(t-T_s)$是两相邻符号之间的相位差。将两个电流相减后，判决电路使用的信号由下式给出：

$$\Delta I=R_d\mathrm{Re}[A(t)A^*(t-T_s)]=R_dP_0\cos(\Delta\phi) \tag{10.2.8}$$

在BPSK格式的情况下，根据传输比特的不同，$\Delta\phi=0$或π。于是，根据电信号的时间变化可以重构原始比特流。

DQPSK格式的情况要更复杂。图10.7（b）给出了DQPSK接收机布局的示意图，它采用了具有一个符号延迟的两个MZ干涉仪（其中一个干涉仪的一条臂中还引入了$\pi/2$的相对相移），用平衡探测方案（与BPSK情况下采用的方案相同）处理每个MZ干涉仪的两个输出。因为其中一个延迟干涉仪中有$\pi/2$的相对相移，两个输出电流相当于接收光场的同相分量和正交分量。

光延迟干涉仪可以用几种技术制作，包括平面石英波导[11]、铌酸锂波导[31]和光纤[32]。在

所有情况下，重要的是光延迟线可以精确控制，因为相对于所要求延迟 T_s 的任何偏差，都将导致系统性能的劣化。因为环境条件的起伏，两臂的光程可能变化，在实际应用中通常要求温度的主动控制。图 10.8 给出了基于自由空间光学的商用 DQPSK 解调器，它采用绝热设计，能在整个C 带和 L 带内工作在 20 Gbps 的比特率下。2010 年，商用器件已能产生或接收适合 100 Gbps WDM 信道的双偏振 DPSK(或 DQPSK)信号。

降低了复杂性的一种替代设计利用可调谐双折射元件，通过选择元件的长度使两个正交的偏振分量之间正好有一个符号周期 T_s 的延迟[33]。图 10.9 给出了是如何利用这种元件构建 DQPSK 接收机的。当输入信号相对于该元件的慢(或快)轴成 45°角线偏振，并且在它的输出端用偏振分束器(PBS)将两个正交偏振分量分开时，两个输出在行为上类似于光延迟干涉仪的两个输出。在 DBPSK 格式的情况下，这两个输出可以直接供应给平衡探测器，而在 DQPSK 格式的情况下，器件的输出首先被均分成两部分，并通过偏振控制器引入 ±45°的相移，这样这两部分将获得 $\pi/2$ 的相对相移。两个平衡探测器的使用允许分开处理输入光场的同相分量和正交分量。使用双折射元件的主要优点是，温度的主动控制不再是必需的，因为在这一元件内两个偏振分量共享同一个光学路径。而且，这种接收机的调谐能力允许它工作在不同的符号率下。

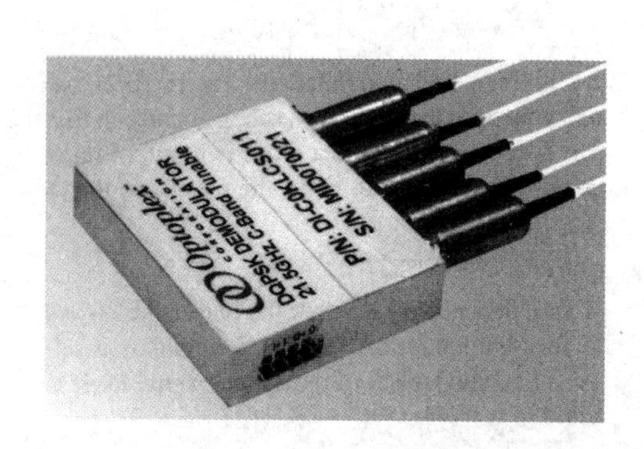

图 10.8　能工作在 20 Gbps 比特率下的商用DQPSK 解调器的照片(来源:www.optoplex.com)

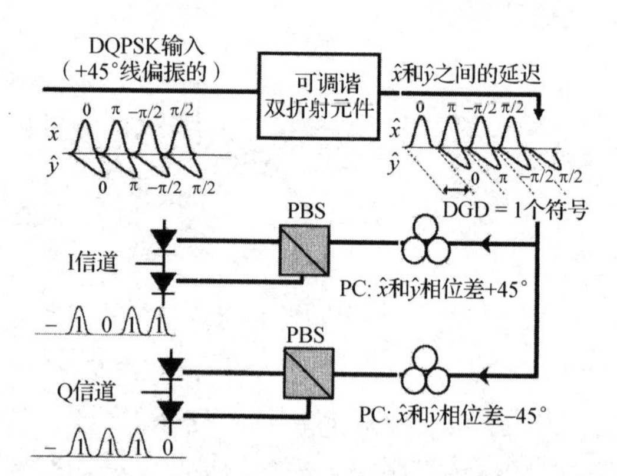

图 10.9　利用可调谐双折射元件设计的 DQPSK 接收机的示意图，PC 和 PBS 分别代表偏振控制器和偏振分束器[33](经ⓒ2008 IEEE授权引用)

10.3　散弹噪声和误码率

特定调制格式的信噪比(SNR)和由此得到的误码率(BER)取决于所采用的解调方案[18]，之所以这样，是因为对于不同的解调方案，加给信号的噪声不同。本节考虑散弹噪声极限，并讨论 10.2 节中 3 种解调方案的误码率。下一节将关注更实际的情况，那时沿光纤链路使用的激光器和光放大器引入的其他噪声源限制了系统性能。

10.3.1　外差同步解调接收机

首先考虑二进制 ASK 格式的情况，此时判决电路使用的信号由 $\phi=0$ 时的式(10.2.3)给出。由于发射机激光器和本机振荡器的相位起伏，相位差 $\phi=\phi_s-\phi_{LO}$ 一般是随机变化的。这种相位起伏将随后在 10.4 节中考虑，但此处忽略它们，因为此时的目的是讨论散弹噪声极限。

于是 ASK 格式的判决信号变成

$$I_d = \frac{1}{2}(I_p + i_c) \tag{10.3.1}$$

式中，根据探测的是“1”比特还是“0”比特，$I_p \equiv 2R_d(P_s P_{\text{LO}})^{1/2}$分别取 I_1和 I_0两个值。假设在“0”比特时没有功率传输，因此可设 $I_0 = 0$。

式(10.3.1)中除了因子 1/2，与在 4.6 节中讨论的直接探测的情况类似。因子 1/2 不会影响误码率，因为信号和噪声均以同样的因子减小，结果信噪比不变。实际上，可以用同样的结果[见式(4.6.10)]：

$$\text{BER} = \frac{1}{2}\text{erfc}(Q/\sqrt{2}) \tag{10.3.2}$$

式中，Q 因子见式(4.6.11)的定义，可以写成

$$Q = \frac{I_1 - I_0}{\sigma_1 + \sigma_0} \approx \frac{I_1}{2\sigma_1} = \frac{1}{2}(\text{SNR})^{1/2} \tag{10.3.3}$$

为将 Q 因子与信噪比联系起来，在上式利用了 $I_0 = 0$ 并令 $\sigma_0 \approx \sigma_1$。后一个近似对于相干接收机是正确的，因为相干接收机的噪声主要受本机振荡器引起的散弹噪声支配，不管接收的信号功率有多大，它将保持不变。正如在 4.5 节中看到的，信噪比可以与每个“1”比特期间接收的光子数 N_p联系起来，它们有简单关系 $\text{SNR} = 2\eta N_p$，这里 η 是所用光电探测器的量子效率。

由式(10.3.2)、式(10.3.3)和 $\text{SNR} = 2\eta N_p$，可得到误码率的以下表达式：

$$\text{BER} = \frac{1}{2}\text{erfc}(\sqrt{\eta N_p/4}) \tag{10.3.4}$$

可以用同样的方法计算 ASK 零差接收机的误码率，此时式(10.3.2)和式(10.3.3)仍是适用的，但零差接收机的信噪比提高了 3 dB。

用式(10.3.4)可以计算特定误码率下的接收机灵敏度，与在 4.6 节中讨论的直接探测情况类似，将接收机灵敏度 $\bar{P}_{\text{rec}}$定义为实现 10^{-9}或更小的误码率所要求的平均接收功率。由式(10.3.2)和式(10.3.3)可知，当 $Q \approx 6$ 或当 $\text{SNR} = 144$(21.6 dB)时 $\text{BER} = 10^{-9}$。如果注意到 $\bar{P}_{\text{rec}} = \bar{P}_s/2$(因为“0”比特期间信号功率为零)，就可以通过式(4.5.13)将 SNR 与 $\bar{P}_{\text{rec}}$联系起来，结果为

$$\bar{P}_{\text{rec}} = 2Q^2 h\nu\Delta f/\eta = 72 h\nu\Delta f/\eta \tag{10.3.5}$$

在 ASK 零差格式的情况下，由于零差探测有 3 dB 的信噪比优势，$\bar{P}_{\text{rec}}$将以因子 1/2 减小。例如，对于 $\eta = 0.8$ 和 $\Delta f = 1$ GHz 的 1.55 μm ASK 外差接收机，接收机灵敏度约为 12 nW，而如果采用零差探测，则接收机灵敏度将提高到 6 nW。

接收机灵敏度经常通过式(10.3.4)用光子数 N_p表示，因为这种表示方法使它不依赖于接收机的带宽和工作波长；而且，η 也设为 1，以便使灵敏度对应一个理想的光电探测器。容易证明，为了实现 10^{-9}的误码率，在外差和零差探测情况下 N_p应分别等于 72 和 36。重要的是，N_p对应单个“1”比特包含的光子数，在二进制 ASK 格式的情况下，每比特的平均光子数 $\bar{N}_p$减少一半。

下面考虑 BPSK 格式的情况，此时判决电路处的信号由式(10.2.3)给出，或由下式给出：

$$I_d = \frac{1}{2}(I_p \cos\phi + i_c) \tag{10.3.6}$$

与 ASK 情况的主要区别是，I_p是常数，但相位 ϕ 的值可取 0 或 π，这取决于传输的是“1”比特还是“0”比特。在这两种情况下，I_d是高斯随机变量，但根据接收比特的不同，I_d的平均值可以

等于 $I_p/2$ 或 $-I_p/2$。这种情况与 ASK 的情况类似，区别是 $I_0=-I_1$ 而不是 0。实际上，可以用式(10.3.2)表示误码率，但 Q 因子现在由下式给出：

$$Q=\frac{I_1-I_0}{\sigma_1+\sigma_0}\approx\frac{2I_1}{2\sigma_1}=(\mathrm{SNR})^{1/2} \tag{10.3.7}$$

式中，利用了 $I_0=-I_1$ 和 $\sigma_0=\sigma_1$。利用 $\mathrm{SNR}=2\eta N_p$，则误码率可由下式给出：

$$\mathrm{BER}=\frac{1}{2}\operatorname{erfc}(\sqrt{\eta N_p}) \tag{10.3.8}$$

同前面一样，在 PSK 零差探测的情况下，信噪比将提高 3 dB 或加倍。

利用 $Q=6$，可以得到误码率等于 10^{-9} 时的接收机灵敏度。为了便于比较，用光子数 N_p 表示接收机灵敏度很有用。容易证明，对于外差和零差 BPSK 探测，光子数分别为 $N_p=18$ 和 $N_p=9$。对于 PSK 格式，每比特的平均光子数 $\bar{N}_p$ 等于 N_p，因为在“1”比特和“0”比特期间传输的功率相同。PSK 零差接收机是最灵敏的接收机，每比特只需要 9 个光子(9 光子/比特)。

为了完整性，考虑二进制 FSK 格式的情况，此时外差接收机采用双滤波器方案，每个滤波器只通过“1”比特或“0”比特。这种方案相当于并行工作的两个互补的 ASK 外差接收机，这一特许还允许将式(10.3.2)和式(10.3.3)用于 FSK 的情况。然而，与 ASK 的情况相比，FSK 的信噪比是它的两倍，因为即使在“0”比特期间也接收同样的功率。若在式(10.3.3)中利用 $\mathrm{SNR}=4\eta N_p$，则误码率由 $\mathrm{BER}=\operatorname{erfc}(\sqrt{\eta N_p/2})/2$ 给出；如果用光子数表示，则灵敏度由 $\bar{N}_p=N_p=36$ 给出。图 10.10 给出了利用外差同步解调接收机解调的 ASK，FSK 和 PSK 格式的误码率随 ηN_p 的变化关系。将相干接收机和直接探测接收机的灵敏度进行比较会很有趣，表 10.1给出了二者的比较。正如在4.6.3 节中讨论的，为了工作在小于等于 10^{-9} 的误码率下，理想的直接探测接收机要求每比特平均 10 个光子(10 光子/比特)，这个值明显优于外差方案的值。然而，在实际应用中从未实现如此小的值，因为热噪声、暗电流和许多其他因素降低了灵敏度，通常要求 $\bar{N}_p>1000$。在相干接收机的情况下，可以实现 $\bar{N}_p<100$，因为通过增加本机振荡器的功率，可使散弹噪声居于主导地位。

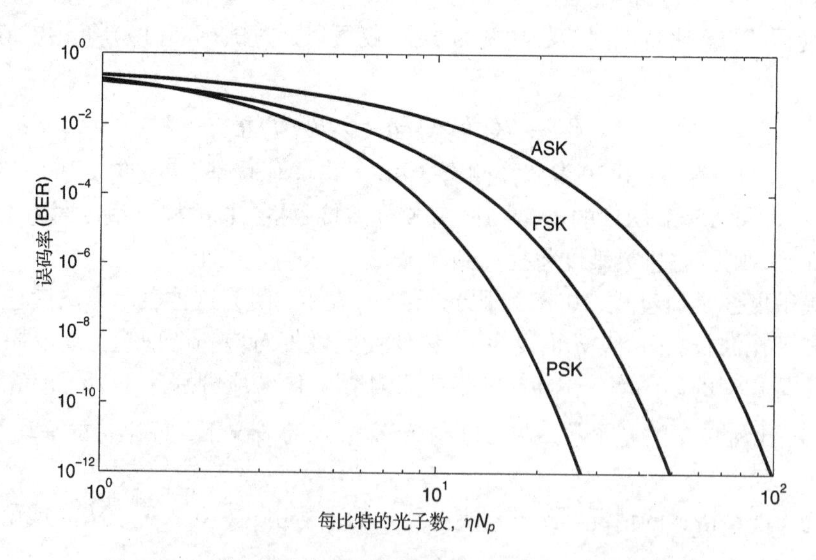

图 10.10 外差同步解调接收机的误码率随 ηN_p 的变化关系，3条曲线比较了ASK，FSK和PSK格式的量子极限

表 10.1　相干接收机的灵敏度

调制格式	误码率	N_p	$\bar{N}_p$
ASK 外差	$\frac{1}{2}\text{erfc}(\sqrt{\eta N_p/4})$	72	36
ASK 零差	$\frac{1}{2}\text{erfc}(\sqrt{\eta N_p/2})$	36	18
PSK 外差	$\frac{1}{2}\text{erfc}(\sqrt{\eta N_p})$	18	18
PSK 零差	$\frac{1}{2}\text{erfc}(\sqrt{2\eta N_p})$	9	9
FSK 外差	$\frac{1}{2}\text{erfc}(\sqrt{\eta N_p/2})$	36	36
直接探测	$\frac{1}{2}\exp(\sqrt{-\eta N_p})$	20	10

10.3.2　外差异步解调接收机

异步解调接收机误码率的计算要更加复杂，因为当使用包络探测器(见图 10.6)时噪声谱不再保持高斯型。原因可以根据式(10.2.5)理解，它给出了判决电路处理的信号。在理想的 ASK 外差接收机的情况下，ϕ 可以设为零，因此有(为简单起见丢弃了下标 d)

$$I=[(I_p+i_c)^2+i_s^2]^{1/2} \tag{10.3.9}$$

尽管 i_c 和 i_s 都是平均值为零的高斯随机变量且有相同的标准差 σ，这里 σ 是 RMS(均方根)噪声电流，I 的概率密度函数(PDF)也不是高斯型的。利用标准方法[23]可以计算出概率密度函数，它由参考文献[24]给出为

$$p(I,I_p)=\frac{I}{\sigma^2}\exp\left(-\frac{I^2+I_p^2}{2\sigma^2}\right)I_0\left(\frac{I_pI}{\sigma^2}\right) \tag{10.3.10}$$

式中，$I_0(x)$ 表示一类修正贝塞尔函数，I 在 $0\sim\infty$ 的范围内变化，因为包络探测器的输出只能取正值。这个概率密度函数称为 Rice 分布(Rice distribution)[24]；当 $I_P=0$ 时，Rice 分布简化成统计光学中非常有名的瑞利分布(Rayleigh distribution)[23]。

误码率的计算遵循 4.6.1 节的分析，唯一区别是需要用 Rice 分布替代高斯分布。误码率由式(4.6.2)给出，其中

$$P(0|1)=\int_0^{I_D}p(I,I_1)\,\mathrm{d}I,\qquad P(1|0)=\int_{I_D}^{\infty}P(I,I_0)\,\mathrm{d}I \tag{10.3.11}$$

式中，I_D 是判决阈值(判决门限)，I_1 和 I_0 分别是“1”比特和“0”比特时 I_P 的平均值。对于所有比特，噪声都相同($\sigma_0=\sigma_1=\sigma$)，因为它受本机振荡器的功率支配。式(10.3.11)中的积分可以用 Marcum Q 函数表示[25]，它定义为[2]

$$Q_1(a,b)=\int_b^{\infty}xI_0(ax)\exp\left(-\frac{x^2+a^2}{2}\right)\mathrm{d}x \tag{10.3.12}$$

误码率的结果为

$$\text{BER}=\frac{1}{2}\left[1-Q_1\left(\frac{I_1}{\sigma},\frac{I_D}{\sigma}\right)+Q_1\left(\frac{I_0}{\sigma},\frac{I_D}{\sigma}\right)\right] \tag{10.3.13}$$

选择判决阈值 I_D，以使对于 I_1，I_0 和 σ 的给定值，误码率最小。获得 I_D 的精确解析表达比较困难，然而，在典型的工作条件下，$I_0\approx0$，$I_1/\sigma\gg1$，且 I_D 可以用 $I_1/2$ 很好地近似，这样误

码率变为

$$\mathrm{BER} \approx \tfrac{1}{2}\exp(-I_1^2/8\sigma^2) = \tfrac{1}{2}\exp(-\mathrm{SNR}/8) \tag{10.3.14}$$

利用 $\mathrm{SNR} = 2\eta N_p$，可以得到最终结果为

$$\mathrm{BER} = \tfrac{1}{2}\exp(-\eta N_p/4) \tag{10.3.15}$$

与在同步解调 ASK 接收机的情况下得到的式(10.3.4)进行比较，表明对于同样的 ηN_p值，在异步解调 ASK 接收机的情况下误码率较大。然而，二者的差别非常小，误码率为 10^{-9}时接收机灵敏度仅劣化了 0.5 dB。若假设 $\eta = 1$，则式(10.3.15)表明当 $\bar{N}_p = 40$ 时 $\mathrm{BER} = 10^{-9}$(而在同步解调 ASK 接收机的情况下 $\bar{N}_p = 36$)。

下面考虑 PSK 格式。正如在前面提到的，异步解调不能用于 PSK 格式，然而，利用微波中的延迟解调方案，可以实现对 DBPSK 信号的解调。式(10.2.2)中的滤波电流被分成两部分，其中一部分被精确延迟一个符号周期 T_s，两个电流的乘积取决于任意两个相邻比特之间的相位差，判决电路用它来决定比特模式。

为求判决变量的概率密度函数，将式(10.2.2)写成 $I_f(t) = \mathrm{Re}[\xi(t)\exp(-\mathrm{i}\omega_{\mathrm{IF}}t)]$的形式，这里

$$\xi(t) = I_p \exp[\mathrm{i}\phi(t)] + n(t) \equiv r(t)\exp[\mathrm{i}\psi(t)] \tag{10.3.16}$$

式中，$n = i_c + \mathrm{i}i_s$是一个复高斯随机过程。现在，可以将判决电路使用的电流写成

$$I_d(t) = \mathrm{Re}[\xi(t)\xi^*(t-T_s)] = r(t)r(t-T_s)\cos[\omega_{\mathrm{IF}}T_s + \psi(t) - \psi(t-T_s)] \tag{10.3.17}$$

如果选择 $\omega_{\mathrm{IF}}T_s$等于 2π的整数倍，且用 ϕ 近似替代 ψ，则当相位差取 0 和π两个值时，$I_d = \pm r(t)r(t-T_s)$，于是误码率由随机变量 $r(t)r(t-T_s)$的概率密度函数决定。

将这一乘积写成 $I_d = (r_+^2 - r_-^2)$的形式是有帮助的，这里 $r_\pm = \dfrac{1}{2}[r(t) \pm r(t-T_s)]$。考虑 $\phi = 0$ 时的差错概率，当没有噪声时 $I_d > 0$，若噪声使 $r_+^2 < r_-^2$，则出现差错。于是，条件概率由下式给出：

$$P(\pi|0) = P(I_d < 0) = P(r_+^2 < r_-^2) \tag{10.3.18}$$

注意，$n(t)$和 $n(t-T_s)$是不相关的高斯随机变量，可以得到 $r_\pm^2$ 的概率密度函数，因此可以计算出这个概率。用同样的方式，可以求出另一个条件概率 $P(0|\pi)$。最终的结果相当简单，由下式给出[4]：

$$\mathrm{BER} = \tfrac{1}{2}\exp(-\eta N_p) \tag{10.3.19}$$

当 $\eta N_p = 20$ 时可以得到 10^{-9}的误码率。需要提醒的是，量 ηN_p正是在散弹噪声极限下每比特的信噪比。

10.3.3 带有延迟解调的接收机

在如图 10.7 所示的延迟解调方案中，需要在接收端使用一个或多个具有一个符号延迟的 MZ 干涉仪。在 DBPSK 格式的情况下采用单个 MZ 干涉仪，在这种情情况下两个探测器输出的平均电流由式(10.2.7)给出，将这两个电流相减，得到判决变量 $I_d = R_d P_0 \cos(\Delta\phi)$。当 $\Delta\phi = 0$ 和π时，“0”比特和“1”比特的平均电流分别为 $R_d P_0$和 $-R_d P_0$。

为看出噪声是如何影响这两个电流的，首先由式(10.2.8)注意到 I_d可以写成下面的形式：

$$I_d = R_d \mathrm{Re}[A(t)A^*(t-T)] \tag{10.3.20}$$

式中，$A=\sqrt{P_0}\mathrm{e}^{\mathrm{i}\phi}+n(t)$是进入接收机的光场，这里，$n(t)$表示真空起伏引起的噪声，它导致接收机的散弹噪声。将式(10.3.20)与在带有延迟(在微波域实现)的外差探测器情况下得到的式(10.3.17)相比，表明这两种情况具有相似性。遵循那里的讨论，可以得出这样的结论：在DBPSK情况下误码率仍由式(10.3.19)或$\mathrm{BER}=\exp(-\eta N_p)/2$给出。同前面一样，每比特的信噪比$\eta N_p$决定了误码率，当$\eta N_p=20$时，可以获得$10^{-9}$的误码率。

在DQPSK格式的情况下，分析要复杂得多。Proakis发展了一种计算各种调制格式(包括DQPSK格式)的差错概率的系统方法[2]。尽管他的分析是针对具有在微波域实现的延迟的外差接收机的，结果也适用于光延迟解调的情况。特别是，当DQPSK格式用格雷编码实现时，误码率由下式给出[2]：

$$\mathrm{BER}=Q_1(a,b)-\tfrac{1}{2}I_0(ab)\exp[-\tfrac{1}{2}(a^2+b^2)] \tag{10.3.21}$$

$$a=[\eta N_p(2-\sqrt{2})]^{1/2},\quad b=[\eta N_p(2+\sqrt{2})]^{1/2} \tag{10.3.22}$$

式中，I_0是修正的零阶贝塞尔函数，$Q_1(a,b)$是前面在式(10.3.12)中引入的Marcum Q函数。

图10.11给出了DBPSK格式和DQPSK格式的误码率曲线，并将它们与利用外差接收机探测BPSK或QPSK格式(没用差分编码)得到的误码率曲线进行了比较。当用DBPSK替代BPSK时，10^{-9}误码率下接收机灵敏度从18光子/比特变成20光子/比特，这说明功率代价不到0.5 dB。考虑到功率代价是如此之小，经常用DBPSK替代BPSK，因为它的使用避免了本机振荡器的需要，并大大简化了接收机的设计。然而，在DQPSK格式的情况下，接收机灵敏度从18光子/比特变成31光子/比特，功率代价接近2.4 dB。

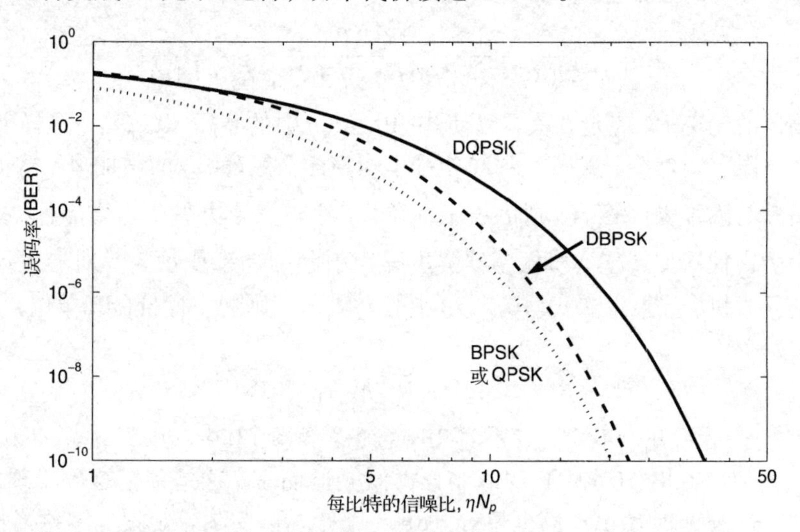

图10.11　对于带有光延迟解调的DBPSK和DQPSK接收机，散弹噪声极限下误码率随ηN_p的变化，为了比较，图中用点线给出了没用差分编码的外差接收机的量子极限

因为式(10.3.21)中误码率表达式的复杂性，求出它的近似解析形式是很有用的。利用Marcum Q函数的积分上限和下限[34]，式(10.3.21)可以写成以下比较简单的形式[35]：

$$\mathrm{BER}\approx\frac{\pi}{8}(a+b)\frac{I_0(ab)}{\exp(ab)}\mathrm{erfc}\left(\frac{b-a}{\sqrt{2}}\right) \tag{10.3.23}$$

当误码率低于3×10^{-2}时，这一表达式的精度在1%以内。如果采用渐近展开式$I_0(x)\approx$

$(2\pi x)^{-1/2}\exp(x)$ 和 $\mathrm{erfc}(x)\approx(\pi x)^{-1/2}\exp(-x^2)$(当 x 取较大值时这两个渐近式成立)，并利用式(10.3.22)中的 a 和 b，则可以得到[35]

$$\mathrm{BER}\approx(1+\sqrt{2})(8\sqrt{2}\pi\eta N_p)^{-1/2}\exp[-(2-\sqrt{2})\eta N_p] \tag{10.3.24}$$

当 $\eta N_p>3$ 时，该表达式的精度在百分之几以内。

10.4　灵敏度劣化机制

10.3 节中的讨论假设是在系统性能只受散弹噪声影响的理想工作条件下，而在实际的相干系统中，有几种其他噪声源能使接收机灵敏度劣化。本节考虑几种重要的灵敏度劣化机制，并讨论通过适当的接收机设计来改善系统性能的技术。

10.4.1　激光器的强度噪声

激光器的强度噪声对直接探测接收机性能的影响已在 4.7.2 节中讨论过，在实际感兴趣的大部分情况下它可以被忽略，而对于相干接收机情况就不是这样[26~30]。为理解为什么强度噪声在外差接收机中起这么重要的作用，遵循 4.7.2 节的分析，将电流方差写成

$$\sigma^2=\sigma_s^2+\sigma_T^2+\sigma_I^2 \tag{10.4.1}$$

式中，$\sigma_I=R_dP_{\mathrm{LO}}r_I$，$r_I$与式(4.6.7)定义的本机振荡器的相对强度噪声(Relative Intensity Noise，RIN)有关。如果 RIN 谱在接收机带宽 Δf 上平坦，则 $r_I{}^2$可以用2(RIN)Δf 近似。将式(10.4.1)代入式(4.5.11)中可得到信噪比，并由下式给出：

$$\mathrm{SNR}=\frac{2R_d^2\bar{P}_sP_{\mathrm{LO}}}{2q(R_dP_{\mathrm{LO}}+I_d)\Delta f+\sigma_T^2+2R_d^2P_{\mathrm{LO}}^2(\mathrm{RIN})\Delta f} \tag{10.4.2}$$

本机振荡器的功率 P_{LO}应足够大，以使式(10.4.2)中的 σ_T^2可以忽略，这样外差接收机工作在散弹噪声极限下。然而，式(10.4.2)中强度噪声的贡献随 P_{LO}的增加呈二次方增大。如果强度噪声的贡献与散弹噪声相当，则信噪比将降低，除非信号功率 $\bar{P}_s$也增加，以抵消接收机噪声的增加。$\bar{P}_s$的这种增加就是本机振荡器强度噪声引起的功率代价 δ_I。对于设计成工作在散弹噪声极限的接收机，如果忽略式(10.4.2)中的 I_d和 σ_T^2，则功率代价(dB 单位)可以由以下简单表达式给出：

$$\delta_I=10\lg[1+(\eta/h\nu)P_{\mathrm{LO}}(\mathrm{RIN})] \tag{10.4.3}$$

图 10.12 给出了当 P_{LO}取几个不同值时 δ_I随 RIN 的变化关系，其中利用了 $\eta=0.8$ 和 $h\nu=0.8$ eV。即使对于 RIN 为 −160 dB/Hz(对于 DFB 半导体激光器而言，这是一个难以实现的值)的本机振荡器，当 $P_{\mathrm{LO}}=1$ mW 时功率代价也超过 2 dB。确实，在 1987 年观察到零差接收机因本机振荡器的强度噪声而引起的灵敏度劣化[26]。光延迟解调方案也遭受了强度噪声问题。

平衡探测为强度噪声问题提供了一个解决方案[20]，原因可以通过给出了平衡外差接收机的图 10.5 来理解。当两个支路达到平衡时，每个支路接收相等的信号功率和本机振荡器功率，直流(dc)项被完全消除。更重要的是，在减法过程中，还消除了直流项的强度噪声，其原因与用同一个本机振荡器为每个支路提供功率有关；因为两个支路中的强度起伏是完全相关的，在光电流 I_+和 I_-的减法过程中被抵消掉了。值得注意的是，本机振荡器的强度噪声甚至影响平衡外差接收机，因为电流差 I_+-I_-仍依赖于本机振荡器的功率。然而，因为这种依赖关系是$\sqrt{P_{\mathrm{LO}}}$的形式，平衡外差接收机的强度噪声问题小得多。

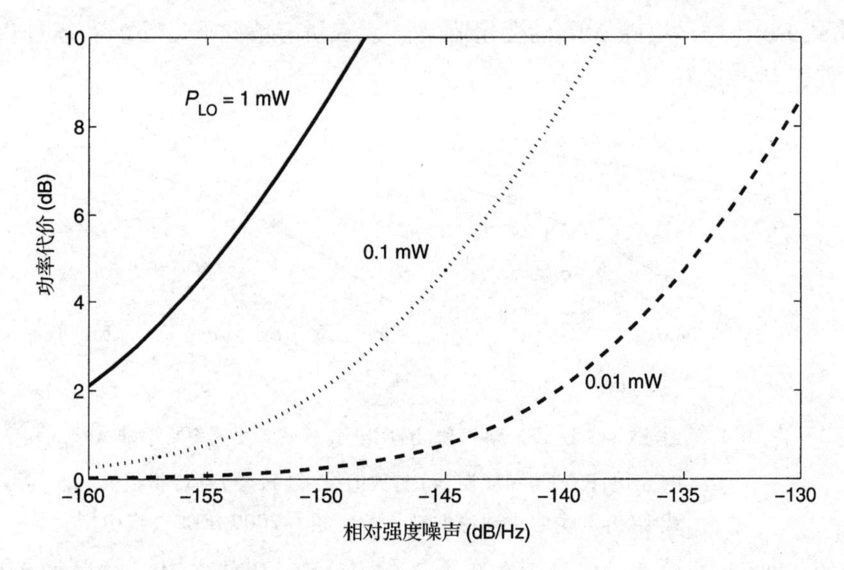

图 10.12　当本机振荡器的功率取 3 个不同值时功率代价与相对强度噪声的关系

如图 10.7 所示的光延迟解调方案也利用了平衡探测，在这种情况下没有使用本机振荡器，必须考虑的是发射机激光器的强度噪声。由式(10.2.7)给出的光电流 I_+ 和 I_- 的直流部分在两个电流的减法过程中被再次相互抵消，这有助于降低强度噪声的影响。然而，现在式(10.2.8)中的电流差 ΔI 线性依赖于信号功率 P_s，这种情况与在 4.7.2 节中讨论的直接探测的情况类似，强度噪声的影响不那么严重。

10.4.2　激光器的相位噪声

对于利用任何 PSK 格式的光波系统，灵敏度劣化的一个重要来源是发射机激光器(在相干探测情况下还包括本机振荡器)的相位噪声。原因很明显：接收机产生的电流取决于载波的相位，任何相位起伏都将引入使接收机的信噪比劣化的电流起伏。在相干探测的情况下，信号相位 ϕ_s 和本机振荡器相位 ϕ_{LO} 都应保持相对稳定，以避免灵敏度劣化。

激光器相位能保持相对稳定的持续时间是用与激光器线宽 $\Delta\nu$ 成反比的相干时间来量度的，为使相位噪声的影响最小，相干时间(coherence time)应远大于符号周期 T_s。在实际应用中，普遍用无量纲的参数 $\Delta\nu T_s$ 来表征相位噪声对相干光波系统性能的影响，由于符号率 $B_s = 1/T_s$，该参数恰好等于比率 $\Delta\nu/B_s$。在包含本机振荡器的外差探测情况下，$\Delta\nu$ 表示两个线宽 $\Delta\nu_T$ 和 $\Delta\nu_{LO}$ 的和，其中 $\Delta\nu_T$ 和 $\Delta\nu_{LO}$ 分别是发射机和本机振荡器的线宽。

人们将相当大的注意力放在计算存在相位噪声时的误码率，以及估计功率代价对比率 $\Delta\nu/B_s$ 的依赖关系上[36~51]。由于得到精确解是不可能的，可以采用蒙特卡罗型数值方法[51]或微扰方法[43]来获得近似解析结果。最近，利用被称为相位噪声指数变换(PNEC)的这种近似方法，已得到了 PSK 和 DPSK 格式误码率的简单解析表达式[50]。这种方法还允许将现代光波系统中通常采用的 RZ 脉冲的实际形状考虑进去。

在所有情况下得到的主要结论是，误码率随参数 $\Delta\nu T_s$ 迅速增长。当 $\Delta\nu T_s > 0.01$ 时，误码率的增长如此迅速，以至于在这一参数的某个值对应的误码率之上出现了误码率平层(见 4.7.2 节)。如果这个误码率平层出现在 10^{-9} 之上的区域，则系统误码率将超过这个值，不管到达接收机的信号功率有多大(无穷大功率代价)。图 10.13 给出了对于 BPSK，QPSK，8-PSK

和 DBPSK 格式，误码率平层随 ΔvT_s 的变化情况[50]。在所有情况下，当 ΔvT_s 超过 0.02 时，误码率平层出现在 10^{-9} 之上。

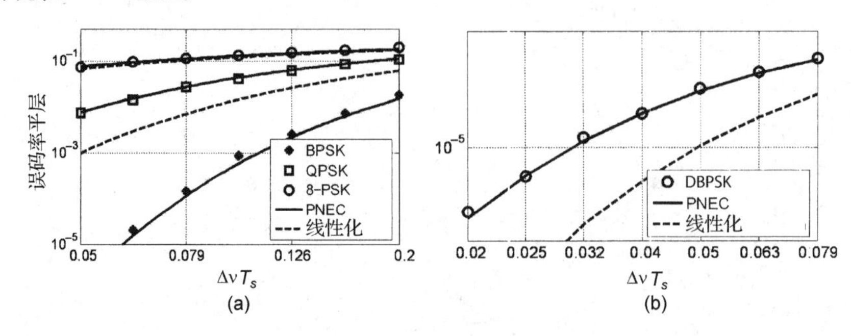

图 10.13　对于(a)3 种 PSK 格式和(b)DBPSK 格式，误码率平层随 ΔvT_s 的变化；PNEC近似(实线)与数值结果(符号)吻合得很好，虚线 给出了线性化理论的结果[50](经ⓒ2009 IEEE授权引用)

从实际的角度，一个重要的度量标准是 ΔvT_s 的容许值，以使在 10^{-9} 的误码率下功率代价能保持在某个值以下(如 1 dB)。正如预期的，这个容许值取决于调制格式和解调方案。对于零差接收机，线宽要求更严格一些。尽管容许值在一定程度上取决于锁相环的设计，但零差接收机的典型 ΔvT_s 应小于 5×10^{-4}，以确保功率代价小于 1 dB[38]。

对于外差接收机，可以大幅放宽线宽要求。对于 BPSK 格式需要的外差同步解调接收机，要求 $\Delta vT_s<0.01$[41]。正如在图 10.13(a)中看到的，对于 QPSK 格式，这一要求更加严格。相反，对于异步解调 ASK 和 FSK 接收机，ΔvT_s 可以超过 0.1[43~45]，其原因与这种接收机使用包络探测器，从而丢弃了相位信息有关。相位起伏的影响主要是展宽信号带宽，通过增加带通滤波器(BPF)的带宽可以恢复信号。原理上，如果适当增加 BPF 的带宽，则可以容许任意线宽。然而，必须注意功率代价，因为接收机噪声随 BPF 带宽的增加而增大。

当采用延迟解调方案时，与异步解调 ASK 和 FSK 格式相比，DBPSK 格式要求较窄的线宽。原因是，此时信号包含在两个相邻比特之间的相位差中，因此，至少在 2 比特的持续时间内相位应保持稳定。图 10.13(b)和其他估计表明，为工作在小于 1 dB 的功率代价下，ΔvT_s 应小于 1%[138]。在 10 Gbps 比特率下，要求线宽小于 10 MHz；但在 40 Gbps 比特率下，要求线宽以 4 倍因子增加。由于线宽为 10 MHz 或更小的 DFB 激光器已经商业化，在 10 Gbps 或更高比特率下使用 DBPSK 格式相当实际。对于符号率 B_s 起比特率作用的 DQPSK 格式，要求严格得多。误码率的一个近似解析表达式预测[49]，在 10 Gbaud 符号率下要求激光器线宽小于 3 MHz；当然，如果在 40 Gbaud 的符号率下采用 DQPSK 格式，则该值将以 4 倍因子增加。

对于所要求的激光器线宽的以上估计基于这样的假设：为使系统可靠工作，误码率应小于或等于 10^{-9}。采用前向纠错的现代光波系统可以工作在 10^{-3} 的误码率下，在这种情况下，为实现小于 1 dB 的功率代价，参数 ΔvT_s 的极限值可以增加一倍或更多。然而，如果允许功率代价减小到 0.2 dB 以下，则 ΔvT_s 将再次回到前面讨论的极限值。

一种替代方法通过采用被称为相位分集接收机(phase-diversity receiver)的方案，解决了相干接收机的相位噪声问题[52~56]。这种接收机使用多个光电探测器，并将它们的输出复合以产生一个与相位差 $\phi_{IF}=\phi_s-\phi_{LO}$ 无关的信号。图 10.14 给出了多端口相位分集接收机的原理图：一种被称为光学桥接(optical hybrid)的光学组件将信号和本机振荡器的输入复合，然后将它的输出提供给通过不同支路引入了适当相移的几个端口，每个端口的输出通过电学方法处理，将

它们复合后提供与 ϕ_{IF} 无关的电流。在双端口零差接收机的情况下，两个输出支路有 90°的相对相移，因此它们的电流分别以 $I_p\cos\phi_{IF}$ 和 $I_p\sin\phi_{IF}$ 的方式变化，当将这两个电流平方相加时，信号与 ϕ_{IF} 无关。在三端口接收机的情况下，3 个支路有 0°，120°和 240°的相对相移，当将这 3 个电流平方相加时，信号也与 ϕ_{IF} 无关。

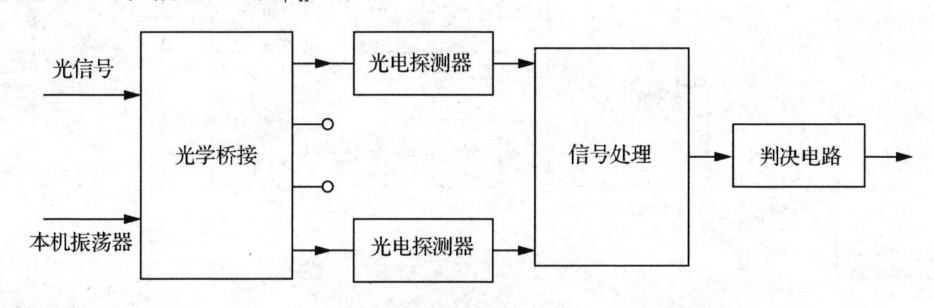

图 10.14　多端口相位分集接收机的原理图

10.4.3　信号偏振起伏

接收光信号的偏振态在直接探测接收机中不起作用，这是因为这种接收机产生的光电流只取决于入射光子的个数。相干接收机则不然，它的工作要求本机振荡器的偏振态与接收信号的偏振态相匹配。偏振匹配要求可以从 4.5 节的分析来理解，在那里，标量场 E_s 和 E_{LO} 的使用暗含了两个光场具有相同偏振态的假设。如果 $\boldsymbol{e}_s$ 和 $\boldsymbol{e}_{LO}$ 分别表示沿 E_s 和 E_{LO} 的偏振方向的单位矢量，则式(4.5.3)中的干涉项包含了一个附加因子 $\cos\theta$，这里 θ 是 $\boldsymbol{e}_s$ 和 $\boldsymbol{e}_{LO}$ 之间的夹角。由于判决电路用干涉项重构传输比特流，θ 相对于其理想值 $\theta=0°$ 的任何变化，都将减弱信号并影响接收机的性能。特别是，如果 E_s 和 E_{LO} 的偏振态是彼此正交的，则电信号完全消失。θ 的任何变化都会通过接收机电流和信噪比的变化影响误码率。

本机振荡器的偏振态 $\boldsymbol{e}_{LO}$ 决定于激光器，而且保持固定，传输信号在入射进光纤之前也属于这种情况。然而，因为光纤双折射，接收机接收的光信号的偏振态与发射机发射的光信号的偏振态不同。若 $\boldsymbol{e}_s$ 不随时间变化，偏振态的这种变化就不是一个问题，因为可以通过简单的光学技术用 $\boldsymbol{e}_{LO}$ 匹配它。然而，正如在 2.3.5 节中讨论的，因为与环境变化有关的双折射起伏，在大部分光纤链路中 $\boldsymbol{e}_s$ 是随机变化的。这种变化发生在从秒到微秒的时间尺度上，它们导致误码率的随机变化，并致使相干接收机不可用，除非设计某种方案使误码率与偏振起伏无关。

为解决偏振失配问题，已经发展了几种方案[57~62]。在其中一种方案中[57]，通过电学方法跟踪接收光信号的偏振态，并用反馈-控制技术使 $\boldsymbol{e}_{LO}$ 与 $\boldsymbol{e}_s$ 匹配。在另一种方案中，用偏振加扰或扩展迫使 $\boldsymbol{e}_s$ 在一个符号周期内随机变化[58~61]。与 $\boldsymbol{e}_s$ 的慢变相比，$\boldsymbol{e}_s$ 的快变不是什么大问题，因为此时平均后在每比特期间接收的功率相同。第三种方案利用光学相位共轭(OPC)解决偏振问题[62]。相位共轭信号可以通过四波混频在色散位移光纤中产生，用于四波混频的泵浦激光器还能起到本机振荡器的作用，由此产生的光电流具有两倍泵浦-信号失谐的频率分量，可以用来恢复比特流。

最常用的方法是使用一个双端口接收机解决偏振问题，这种接收机与图 10.5 所示的类似，差别是两个支路处理的是两个正交的偏振分量。这种接收机称为偏振分集接收机(polarization-diversity receiver)[63~71]，因为它们的工作与到达接收机的光信号的偏振态无关。图 10.15 给出了偏振分集接收机的原理图，其中偏振分束器将输入光信号分成两个正交偏振的分量，并通过双端口接收机的两个分离的支路分别处理它们。当将两个支路中产生的光电流平方相加时，电信号就变成偏振无关的。利用这种技术导致的功率代价取决于接收机使用的调制和解调技术。在同步解调的情况下，功率代价可大到 3 dB[66]，然而，对于经过优化的异步解调接收机，功率代价只有 0.4 ~0.6 dB[63]。

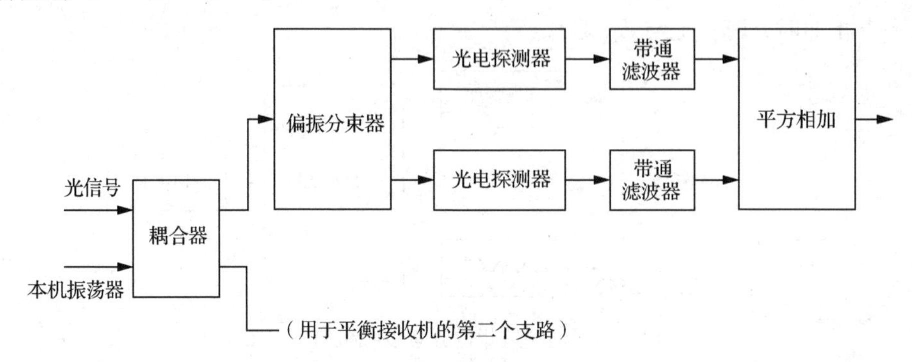

图 10.15　偏振分集相干接收机的原理图

偏振分集技术还可以与相位分集相结合，以实现与接收信号的相位起伏和偏振起伏均无关的接收机[65]。图 10.16 给出了具有 4 个支路的这种四端口接收机的原理图，每个支路都有它自己的光电探测器。正如在 10.4.1 节中讨论的，这种接收机的性能将受本机振荡器强度噪声的限制。下一步是利用 8 个支路(每个支路都有自己的光电探测器)设计一个平衡的相位和偏振分集相干接收机，这种接收机最早是在 1991 年用紧凑的体光学桥接实现的[67]。不久以后，将注意力转向发展集成的平衡接收机。到 1995 年，利用 InP 基光电集成回路制作了偏振分集接收机[70]。最近，已将注意力集中到采用数字信号处理的相干接收机上[72~75]。利用这种方法，即便不依靠锁相环，也可以实现零差探测[75]。

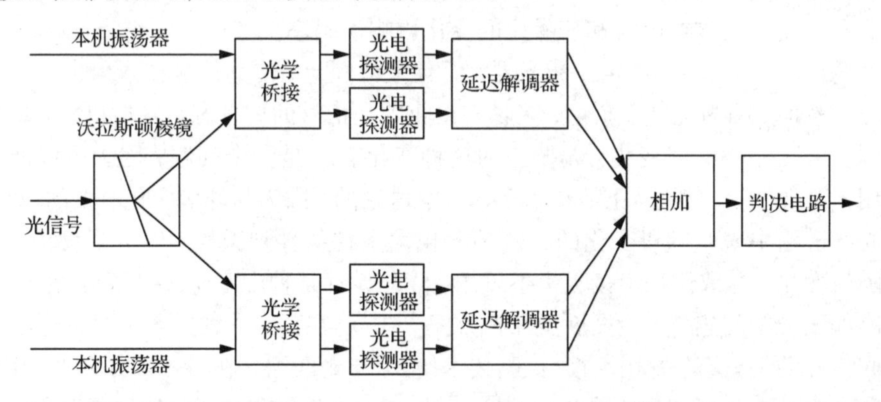

图 10.16　采用相位和偏振分集的四端口相干 DPSK 接收机的原理图[64](经ⓒ1987 IEEE 授权引用)

10.4.4　光放大器加入的噪声

正如在 7.5 节中讨论的，在直接探测的情况下，光放大器显著降低了电信噪比，因为它将放大自发辐射(ASE)形式的噪声加到光信号上。正如预期的，光放大器噪声还劣化了相干接收机的性能，性能劣化的程度取决于使用的光放大器的个数，对于沿光纤链路可能采用数十个光放大器的长途光波系统，情况变得相当严重。即使对于不带光在线放大器的相对短的光纤链路，信号或本机振荡器也经常采用光前置放大器。在光延迟解调的情况下，在接收机前使用光前置放大器几乎是必需的，否则光电探测器的热噪声将限制接收机的性能。

可以将7.5节的噪声分析推广到外差和延迟解调接收机的情况[18]。对总接收机噪声有贡献的两个新的噪声电流是$\sigma^2_{\text{sig-sp}}$和$\sigma^2_{\text{sp-sp}}$，它们分别表示信号-ASE和ASE-ASE拍频的影响。尽管一般分析相当复杂，如果假设在光前置放大器后利用窄带光滤波器降低ASE噪声，并只保留实际应用中的主要噪声项$\sigma^2_{\text{sig-sp}}$，则可使信号的信噪比从ηN_p降至$\eta N_p/n_{\text{sp}}$，这里n_{sp}是在7.2.3节中引入的自发辐射因子[见式(7.2.12)的定义]。利用式(7.2.15)给出的关系$F_n \approx 2n_{\text{sp}}$，可以用光放大器的噪声指数$F_n$表示$n_{\text{sp}}$。如果采用多个光放大器，则信噪比将进一步降低，因为光放大器链的有效噪声指数随光放大器个数的增加而增大。

因为光放大器噪声的非偏振特性，还必须考虑另一个偏振问题。正如在7.5.1节中讨论的，除了与信号同偏振的ASE噪声分量，ASE的正交偏振部分也进入接收机并加入附加噪声。通过在光电探测器前置一偏振器以使噪声和信号是同偏振的，可以避免ASE的正交偏振部分，这种情况称为偏振滤波(polarization filtering)。当在接收端利用偏振滤波并通过单个光前置放大器放大光信号或本机振荡信号时，利用N_p/n_{sp}替代10.3节的表达式中的N_p，可以得到不同调制格式的误码率。在给定的误码率下，接收机灵敏度以因子n_{sp}下降，因为输入光功率必须以同样的因子增加。

没有偏振滤波时，应将正交偏振的噪声包括在内，它将导致误码率的增加。对于利用光延迟干涉仪解调的DBPSK信号，可得误码率为[18]

$$\text{BER} = \frac{1}{2}\exp(-\eta N_p)(1+\eta N_p/4) \tag{10.4.4}$$

这表明误码率以因子$1+\eta N_p/4$增加，由此导致的所需信噪比的增加不可以忽略，因为此时10^{-9}的误码率是在$\eta N_p = 22$而不是$\eta N_p = 20$的信噪比下实现的。然而，信噪比的这种增加对应的功率代价小于0.5 dB。当不用偏振滤波接收DQPSK信号时，误码率由下式给出[18]：

$$\begin{aligned}\text{BER} = {} & Q_1(a,b) - \tfrac{1}{2}I_0(ab)\exp[-\tfrac{1}{2}(a^2+b^2)] \\ & + [(b^2-a^2)/8ab]I_1(ab)\exp[-\tfrac{1}{2}(a^2+b^2)]\end{aligned} \tag{10.4.5}$$

式中，$I_1(x)$是修正的一阶贝塞尔函数。与式(10.3.21)中偏振滤波的情况相比，因为与信号正交偏振的ASE产生的附加电流起伏，有另外一项加到误码率中。然而，这种增加几乎可以忽略不计，因为它导致的功率代价小于0.1 dB。

10.4.5　光纤色散

正如在2.4节和5.4节中讨论的，光纤中的色散效应影响所有光波系统，这种损伤不仅源于参数D描述的群速度色散(GVD)，而且还源于参数D_p描述的偏振模色散(PMD)。正如预期的，这两种色散都会影响相干和自相干系统的性能，尽管它们的影响取决于所采用的调制格式，而且与强度调制/直接探测系统相比，它们的影响通常没有那么严重[76~83]。原因容易理解：相干系统采用了工作在单纵模状态的窄线宽半导体激光器，通过使用外调制器还避免了频率啁啾。

可以遵循2.4节的分析计算光纤色散对传输信号的影响，特别是，只要非线性效应可以忽略，对于任何调制技术，都可以利用式(2.4.15)来计算光纤输出端的光场。在1988年的一项研究中[76]，当通过单模光纤传输伪随机比特流时，通过“眼图张开度”劣化的数值模拟计算了对于不同调制格式GVD引起的功率代价。2000年，提出了一种计算有色散存在时的误码率的新方法，结果表明眼图劣化方法不能准确预测功率代价[81]。这种方法还可以包括前置放大器噪声，并用于计算对于各种调制格式(包括用延迟解调技术实现的 DBPSK 和 DQPSK 格式) GVD 和 PMD 引起的功率代价[82]。

图 10.17(a)给出了对几种调制格式，GVD 引起的功率代价随 DB^2L 的变化，这里 B 是比特率，L 是光纤链路长度[82]。图 10.17(b)给出了 PMD 引起的功率代价随无量纲参数 $\Delta\tau/T_b$ 的变化，这里 $T_b=1/B$ 是比特持续时间，$\Delta\tau$ 是差分群延迟的平均值(已令 $D=0$)。为了便于比较，图中给出了 OOK 格式的结果。另外，该图还给出了每种调制格式的 RZ 和 NRZ 两种情况，以强调色散效应是如何依赖于它们的。尽管结果在一定程度上取决于 RZ 脉冲的具体形状以及在数值模拟中光滤波器和电滤波器采用的具体传递函数，但用它们可以得出一些定性的结论。

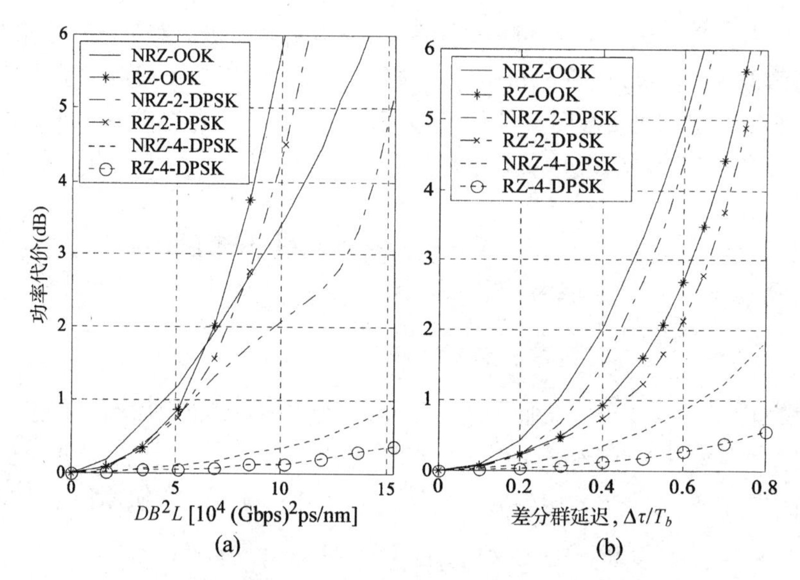

图 10.17 对于几种调制格式，(a)GVD 引起的功率代价和(b)PMD 引起的功率代价，其中 2-DPSK 和 4-DPSK 分布代表 DBPSK 格式和 DQPSK 格式[82](经© 2004 IEEE 授权引用)

正如在图 10.17(a)看到的，对于给定的 DB^2L 值，在 RZ 和 NRZ 两种情况下 DBPSK 格式的功率代价比 OOK 格式的小，但二者的定性行为非常相似。特别是，通过使 $DB^2L<5\times10^4(\text{Gbps})^2$ ps/nm，这两种情况下的功率代价均可减小到 1 dB 以下。相反，DQPSK 格式的功率代价急剧下降，DB^2L 可以容许大得多的值。注意，在给定的比特率 B 下，DQPSK 格式的符号率 B_s 减小一半，就容易理解这个原因，因为此时允许使用较宽的光脉冲，从而导致较小的功率代价。图 10.17(b)中 PMD 引起的功率代价表明了因相同的物理原因而造成的类似定性行为。这些结果清楚表明，通过采用在分配给单个符号的时隙内允许多比特传输的格式，可以使色散效应的影响大幅降低，这就是为什么在现代高性能系统中优先使用 DQPSK 格式的原因。

如果色散效应开始限制相干系统，则可以采用在第 8 章中讨论的各种色散管理技术。在长途光波系统中，通常采用色散补偿光纤来周期性地补偿光纤色散。还可以通过在接收机内实现的电均衡技术补偿光纤色散[84~87]，自 2005 年以来，随着数字信号处理在数字相干接收机中的实现，这种方法正受到极大的关注。

10.5　非线性效应的影响

在第 9 章的强度调制/直接探测系统部分中讨论的所有非线性效应[88]都对相干或自相干光波系统的性能有潜在限制作用，这取决于入射到光纤中的光功率。受激布里渊散射(SBS)的影响取决于调制格式和比特率，它对相干系统的影响已得到广泛研究[89~91]。如果信息是在载波相位中编码的，那么与强度调制/直接探测系统相比，受激拉曼散射(SRS)对 WDM 相干系统的影响不太严重，这是因为拉曼引起的功率转移只取决于信道功率。另一方面，自相位调制(SPM)和交叉相位调制(XPM)起更重要的作用，因为它们将强度起伏转换成相位起伏。因为这些起伏源于非线性，它们引起的相位噪声称为非线性相位噪声(nonlinear phase noise)，本节将主要关注这类噪声。

10.5.1　非线性相位噪声

1990 年，Gordon 和 Mollenauer 率先研究了非线性相位噪声对采用光纤放大器的长途光波系统性能的影响[92]。1994 年，实验观察了 SPM 对相干系统的限制并从理论上进行了详细研究[93~95]。在 1993 的一个实验中[94]，采用外差同步探测方案探测 8 Gbps 比特率的 BPSK 信号，在低至 1 mW 的平均输入功率电平下观察到总传输距离的减小。2001 年以后，随着对相位编码格式兴趣的复活，非线性相位噪声重新受到关注，目前其特性已得到相当全面的研究[96~114]。

非线性相位噪声的起源由 2.6.2 节很容易理解，其中分析了 SPM 引起的非线性相移。通常，必须数值求解非线性薛定谔方程[见方程式(2.6.18)]来研究光信号的复振幅$A(z,t)$是如何在光纤中演化的。然而，在忽略色散效应的极限条件下($\beta_2 \approx 0$)，这个方程有解析解。若光纤长度为 L，则这个解可由下式给出：

$$A(L,t) = A(0,t)\exp[-\alpha L + \mathrm{i}\phi_{\mathrm{NL}}(t)], \qquad \phi_{\mathrm{NL}}(t) = \gamma|A(0,t)|^2 L_{\mathrm{eff}} \tag{10.5.1}$$

式中，$L_{\mathrm{eff}} = (1 - \mathrm{e}^{-\alpha L})/\alpha$ 是前面在式(2.6.7)中定义的有效光纤长度。当光纤长度大于 50 km 时，可以利用近似 $L_{\mathrm{eff}} = 1/\alpha$，这里 α 是信号波长处的光纤损耗参数。对于通信光纤，在 1.55 μm 附近的波长区非线性参数 γ 的值在 2 W^{-1}/km 左右。

因为在前面的光纤跨距上光放大器将噪声加到了输入场上，因此输入场是带噪声的，也就是 $A(0,t) = A_s(t) + n(t)$。由式(10.5.1)可知，因为非线性相移 ϕ_{NL}，在光纤中信号相位 ϕ_s 的起伏增强。这种增强在图 10.18 中也很明显，那里，初始噪声 $n(t)$用信号场矢量 $\boldsymbol{A}_s(t)$周围的圆形云表明。光纤中的 SPM 使圆失真成一个拉长的椭圆，这是因为正的振幅起伏要比负的振幅起伏能导致更大的非线性相移。从数学意义上讲，利用记法 $A(L,t) = \bar{A}(t)\exp[\mathrm{i}\phi(t)]$可得光纤末端的相位

$$\phi(t) \approx \phi_s + \gamma L_{\mathrm{eff}}|A_s(t)|^2 + \delta\phi(t) + 2\gamma L_{\mathrm{eff}}\mathrm{Re}[A_s^*(t)n(t)] \tag{10.5.2}$$

式中已忽略了含 $n^2(t)$的二阶噪声项。以上表达式中的第二项表示信号相位的非线性位移，它不会从一个符号到下一个符号而变化，而且在差分探测过程中可以抵消掉，代表非线性相移的平均值；第三项表示即使没有 SPM 时也会出现的线性相位噪声；最后一项表明了放大器噪声与 SPM 相结合是如何导致信号相位起伏增强的。由于初始放大器噪声具有可加性，式(10.5.2)中的非线性相位噪声具有倍增性；又因为信号是时间相关的，非线性相位噪声还是“带颜色”的。这些特性表明，非线性相位噪声可能不再是高斯型的，即使 $n(t)$自身遵循高斯统计。

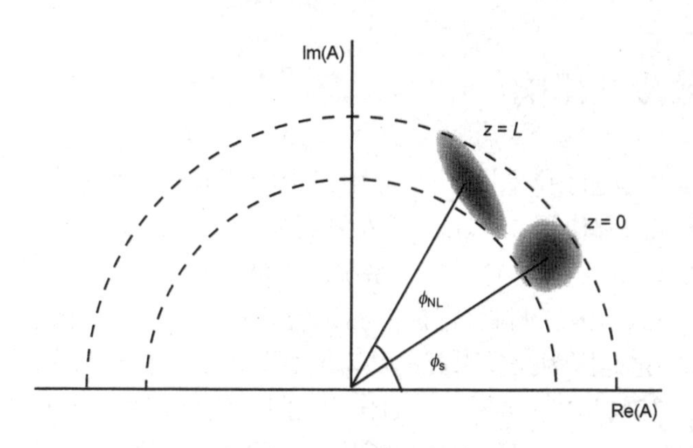

图 10.18 在长度为 L 的光纤内 SPM 引起的相位噪声增强的示意说明，SPM 使最初的圆形噪声云失真为拉长的椭圆形噪声云，两个虚半圆表明了振幅起伏的范围

对于采用集总或分布放大方案周期性地补偿光纤损耗的长途光波系统而言，非线性相位噪声的分析复杂得多。通常，必须沿整个光纤链路求解由方程式(7.1.4)给出的随机非线性薛定谔方程，以获得到达接收机的光场的统计特性，即使用数值方法，这也是一项具有挑战性的工作。如果忽略光纤色散($\beta_2=0$)，并假设通过增益 $G_A=e^{\alpha L}$ 的集总放大器在长度为 L 的每个光纤跨距后补偿损耗，则情况可变得比较简单。每个放大器都加入了 ASE 噪声，它影响信号并对非线性相位噪声有贡献，直到整个光纤链路的末端。由于每个光纤段的非线性相移具有可加性，对于含 N 个放大器的链路，式(10.5.1)给出的非线性相移变成

$$\phi_{\rm NL}=\gamma L_{\rm eff}\left(\sum_{k=1}^{N}\left[\left|A(0,t)+\sum_{j=1}^{k}n_j(t)\right|^2\right]\right) \tag{10.5.3}$$

式中，$n_j(t)$是第j个放大器加入的噪声。注意，一个放大器加入的 ASE 噪声与其他放大器加入的 ASE 噪声是没有关系的，因此可以用该表达式求出非线性相位噪声的概率密度函数[18]。

正如在式(10.5.1)中看到的，信号相位包含分别表示线性和非线性相位起伏的两个噪声项。在实际应用中，对总相位 $\phi(t)$ 的概率密度函数更感兴趣，因为它控制了相位编码光波系统的误码率。1994 年，Mecozzi 研究了这种情况，他成功发现了在 DPSK 格式的情况下误码率的一个近似解析表达式[95]。2004 年，发现了信号相位的概率密度函数的解析表达式，它具有含超几何函数的无穷级数的形式[103]。

相位噪声的概率密度函数可以用来计算相位噪声的方差。若忽略强度起伏的影响并做一些合理的近似，则相位噪声的方差可以由以下非常简单的表达式给出[103]：

$$\sigma_\phi^2\approx\frac{S_{\rm ASE}L_T}{2E_0}[1+2(\gamma P_0 L_T)^2/3] \tag{10.5.4}$$

式中，$S_{\rm ASE}$是由式(7.2.11)给出的 ASE 噪声的频谱密度，L_T是总链路长度，E_0是符号隙内的脉冲能量，P_0是对应的峰值功率。第一项表示式(10.5.2)中 $\delta\phi(t)$ 的贡献，它随 L_T线性增长。第二项源于非线性相位噪声，它随 L_T以 L_T^3的形式增长，这就是 SPM 在相位编码光波系统中起有害作用的原因。通过优化 P_0或非线性相移的平均值$\langle\phi_{\rm NL}\rangle$，可以使相位噪声的方差最小。通过对式(10.5.4)求导，容易证明$\langle\phi_{\rm NL}\rangle$的最佳值等于$\sqrt{3}/2$。

图 10.19 给出了当接收信号的光信噪比取 10 dB(实线)，15 dB(虚线)和 20 dB(点虚线)时，信号相位的概率密度函数的 3 个例子[103]，在每种情况下，还用点曲线给出了具有同样方差的高斯分布。尽管当光信噪比等于或者大于 20 dB 时，相位起伏的概率密度函数接近高斯

型，但当光信噪比较低时，它偏离了高斯型，尤其是在对估计误码率比较重要的概率密度函数的尾部。尽管如此，相位起伏的方差还是为非线性相位噪声对系统性能的影响提供了一个粗略的量度，通常将它作为一个指导原则。

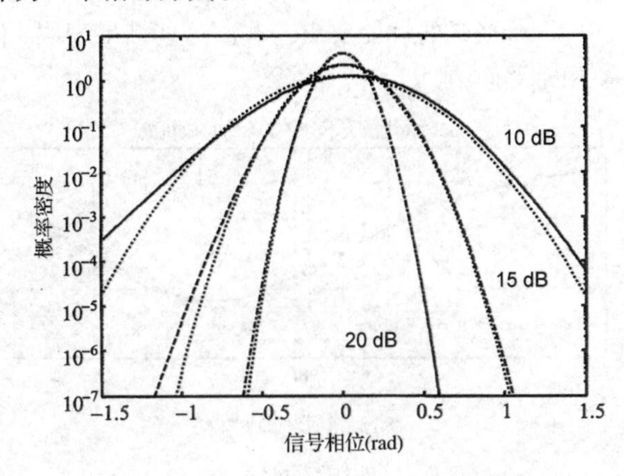

图10.19 当接收信号的光信噪比取10 dB，15 dB和20 dB时信号相位的概率密度函数，取$\langle\phi_{NL}\rangle=\sqrt{3}/2$。在每种情况下，点线所示为具有相同方差的高斯分布[103]（经©2004 OSA授权引用）

10.5.2 光纤色散效应

对非线性相位噪声所做的以上分析只是一个近似，因为它忽略了光纤色散。因为非线性薛定谔方程式(7.1.4)的随机特性，很难取得很大的解析进展。然而，如果采用7.7.2节的变分形式或矩方法，就可以通过解析方法计算相位噪声的方差[96]。这种方法还允许将在色散管理光纤链路中发生的损耗、色散和非线性参数沿光纤链路的变化考虑进去。

这种方法的结论之一是，当色散效应变得越来越居于主导地位时，相位起伏的方差将减小[106]。如果注意到色散造成光脉冲展宽，导致峰值功率下降，因此非线性相位噪声减小，就不会感到奇怪。该论点也表明，从非线性相位的角度，最佳系统设计是整个色散在接收端被补偿的设计[111]。然而，这些论点忽略了在9.4节中讨论的信道内XPM和FWM(四波混频)效应，由于色散效应展宽光脉冲，邻近符号隙中的光脉冲开始交叠，并通过XPM相互作用，这种现象也能产生非线性相位噪声。当将信道内XPM效应适当考虑在内时，随着光纤色散的增加，相位起伏的方差减小得不多[107]。然而，在RZ-DBPSK格式的情况下，重要的是两个相邻RZ脉冲的相位差的方差。具体分析表明，由于两个相邻光脉冲的相位噪声之间是部分相关的，DBPSK格式的这一方差变得相对较小[108]。在这种情况下，源于信道内FWM的非线性相位噪声提供了大光纤色散极限下的主要贡献。

XPM引起的非线性相位噪声对WDM系统也很重要，在WDM系统中，当属于不同信道的光脉冲以不同的速度沿光纤传输时，它们周期性地发生交叠。已利用微扰方法对这种情况进行了分析[111]。图10.20比较了对于3种色散管理方案，当信道数从1增加到49时，WDM DBPSK格式系统的预测误码率。使用间距为80 km的20个放大器将12.5 Gbps信道(25 GHz的信道间隔)传输了1600 km，每个光纤段由参数$\alpha=0.25$ dB/km，$\beta_2=-21.6$ ps^2/km和$\gamma=2$ W^{-1}/km的标准光纤组成；色散在光放大器处分别被补偿了(a)95%，(b)100%和(c)0%，其余色散在接收机处补偿。在(a)95%补偿的情况下，通过优化信道功率接近2 mW，所有信道的误码率可以降至10^{-9}附近；在(b)100%补偿的情况下，信道间XPM效应在一定程度上劣化了信号的相位，即使信道功率被适当优化到 1 mW 左右，最多实现 10^{-5} 的误码率；在(c)全部色散在接收机处补偿的情况下，误码率性能得到显著改善，但随着信道数的增加，最佳信道功率减小，而且误码率对这一最佳值非常敏感，即使在它附近有较小的变化，也会使误码率迅速增大。在所有情况下，DQPSK 格式的性能要更差些。这些结果表明，信道间 XPM 效应严重限制了相位编码 WDM 系统的性能。

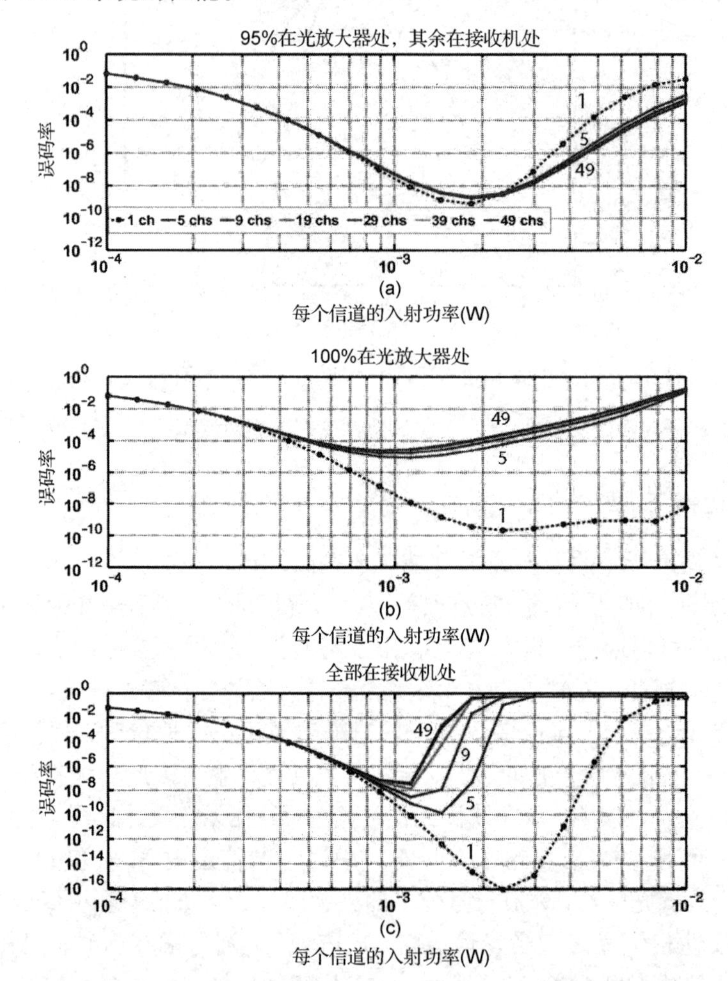

图 10.20 对于 49 信道的 WDM DBPSK 系统，预测的误码率随每个信道的入射功率的变化，其中分别有(a)95%，(b)100% 和(c)0% 的色散补偿是在光放大器处完成的，其余是在接收机处完成的[111]（经ⓒ2007 IEEE授权引用）

10.5.3 非线性相位噪声的补偿

假设非线性相位噪声对相位编码光波系统有严重影响，问题是能否通过一种合适的方案来补偿它。答案是：能，在一定程度上可以。近年来，已经提出了几种补偿方案，它们取得了不同程度的成功[115~127]。

非线性相位噪声可以被补偿的基本原因容易由式(10.5.1)理解，该式表明，从非线性相移与瞬时光功率成正比这个意义上讲，它实际上是一个确定性过程。这一相移带有噪声的唯一原因是功率自身的起伏，于是，非线性相位补偿的一种简单方法是利用非线性器件对输入光信号施加一个与光功率成正比的负相移。本质上，这种器件的非线性参数 γ 表现为负值。在2002年的一个提案中，该器件采用周期极化铌酸锂波导的形式，它通过级联二阶非线性过程提供一个负的非线性相移[115]。这种方案称为后非线性补偿(post-nonlinearity compensation)，因为它是在光纤链路末端实现的。

在该思想的另一个实现中[116]，首先在接收端探测光功率，然后用所得的电流来驱动铌酸锂相位调制器，由此对接收光信号施加一个与光功率成正比的负相移。2002年的一个实验实现了这一方案，它用两个相位调制器处理光信号的两个正交偏振分量，以对光信号施加偏振无关的相移[117]。在该实验中，观察到了频谱展宽的减小，这说明SPM引起的相移得到了补偿。

对单信道系统和WDM系统进行的大量数值模拟表明，后非线性补偿方案可以降低非线性相位噪声，但无法消除它[115]。原因可以由式(10.5.3)理解，它表明非线性相移沿光纤链路逐渐增大，其中包括了由多个放大器加入的噪声的影响。由于强度噪声自身沿光纤链路演化，用光纤链路末端的光功率无法完全抵消非线性相位噪声。作为一个例子，图10.21利用相量图给出了对于工作在10 Gbps比特率下的WDM信道，DBPSK信号在传输6000 km后相位噪声降低的程度。色散管理链路由100 km长的光纤跨距组成[$D=6$ ps/(km·nm)]，部分色散补偿是在放大器处完成的，预补偿为－300 ps/nm，后补偿为150 ps/nm。假设每个跨距上23 dB的光纤损耗通过后向泵浦的拉曼放大器得到补偿。图10.21显示，对于密集间隔信道，补偿方案的有效性降低，原因与产生附加非线性相位噪声的信道间XPM过程有关。采用交替偏振技术以确保相邻信道是正交偏振的，可以降低XPM引起的噪声。

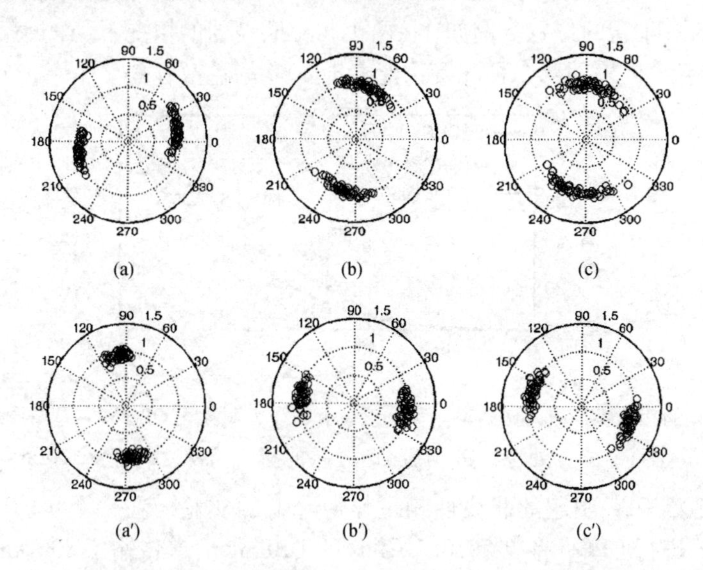

图10.21　(a)单个信道，(b)信道间隔为100 GHz的5个信道和(c)信道间隔为50 GHz的5个信道在传输6000 km后的相量图，下面一排图给出了通过后非线性补偿导致的相位噪声的降低[115]（经© 2002 OSA授权引用）

使用由正比于接收光功率的电流驱动的相位调制器也可以降低非线性相位噪声，然而，需要优化发送到光电探测器的接收光功率的比例。另外，还必须询问相位调制器是用在光纤链路末端还是将它置于光纤链路中的一个最佳位置。已经对这些问题进行了分析，发现如果把相位调制器置于 $2L_T/3$ 的距离处，则相位起伏可以降至原来的1/9，这里 L_T 是总链路长度[118]。在光纤链路中的最佳位置处放置两个或多个相位调制器，还可以进一步减小相位起伏。实验方面，在 1 km 长的高非线性光纤的末端置一相位调制器，显著降低了单个 10 Gbps DBPSK 信道的相位噪声，从而提高了电信噪比并改善了眼图质量[119]。

相位噪声补偿的另一种方案采用了光学相位共轭(OPC)技术[120~123]。正如已经在 8.5 节中讨论的，OPC 可以同时补偿 GVD 和 SPM[128]；除此之外，OPC 还可以补偿放大器噪声引起的定时抖动[129]，因此 OPC 适合补偿 SPM 引起的非线性相位噪声就不奇怪了。唯一的问题是，相位共轭器应放置在光纤链路的什么位置，以及相位噪声能补偿到什么程度。正如在 8.5.1 节中看到的，色散补偿要求 OPC 器件置于跨距中点位置，然而，这种选择对相位噪声补偿却不是最佳的[120]。正如由式(10.5.3)看到的，非线性相位噪声是沿光纤链路累积的，以至于光纤链路的第二半比第一半对它的贡献大得多。显然，如果 OPC 是在光纤链路的第二半进行的，结果就会更好一些。

非线性相位噪声的方差 σ_ϕ^2 和利用 OPC 对它的减小，可以用变分法[120]、矩方法[122]或微扰法[123]计算，还可以用这些方法求相位共轭器的最佳位置。图 10.22 给出了对于相位共轭器两个不同的放置位置，OPC 能在多大程度上有助于减小非线性相位噪声的方差[125]。当相位共轭器恰好置于跨距中点时，非线性相位噪声的方差减小至原来的 1/4(或 6 dB)；然而，当相位共轭器置于 $0.66L_T$ 的距离处时，非线性相位噪声的方差减小了 9.5 dB，几乎是原来的 1/10。使用两个相位共轭器，甚至进一步减小非线性相位噪声的方差也是可能的。当将这两个相位共轭器分别置于 $L_T/4$ 和 $3L_T/4$ 的距离时，非线性相位噪声的方差减小了 12 dB；当将它们分别置于总链路长度的40% 和 80% 处时，这个值可以增加到 14 dB。应当记住，相位共轭器提供的色散补偿的程度也取决于它的位置。例如，在两个相位共轭器的情况下，采用第一种配置可以实现 100% 的色散补偿，但采用第二种配置只能实现 80% 的色散补偿。

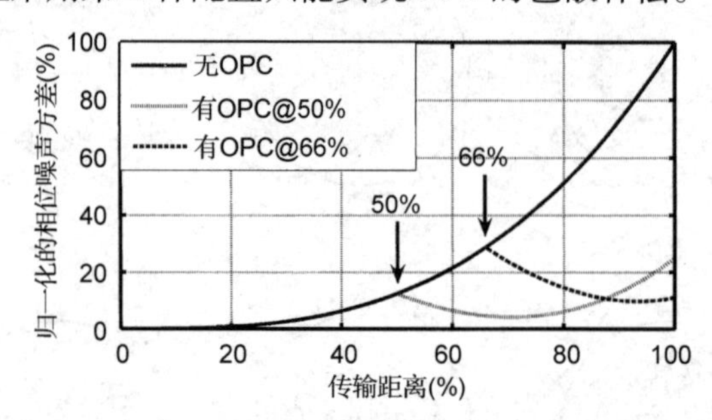

图 10.22 归一化的相位噪声方差随传输距离的变化，实线表明在无 OPC 时它是单调增加的，图中还显示了在两个位置处进行OPC后噪声方差的减小情况[125](经ⓒ 2006 IEEE授权引用)

已经进行了观察 OPC 引起的非线性相位噪声降低的实验。在一个实验中[121]，通过在光纤链路的不同位置进行 OPC，将单个 10.7 Gbps 的 DBPSK 信道传输了 800 km，系统性能是通过 Q 因子来表征的，用观测的误码率定义 Q 为

$$Q = 20\lg\left(\sqrt{2}\,\mathrm{erfc}^{-1}(2\mathrm{BER})\right) \tag{10.5.5}$$

当在光纤链路的中点进行 OPC 时，这一 Q 因子有 4 dB 的改善。在该实验中，最佳位置是中点，因为在这一位置的两侧 Q 因子的改善程度减小。

在另一个 WDM 实验中[121]，利用循环光纤环路结构将信道间隔为 50 GHz 且符号率为 10.7 Gbaud 的 44 个 DQPSK 信道传输了 10 200 km。利用掺铒光纤放大器和后向拉曼放大相结合补偿光纤损耗，并利用周期极化铌酸锂波导进行中点 OPC。图 10.23(a)给出了对于典型的信道，采用和不采用 OPC 时 Q 因子随传输距离的变化。当不采用 OPC 时，信号在传输 6000 km 后 Q 因子开始快速劣化；当传输7800 km后，信号不能再无差错地传输。当采用OPC时，这种快速的劣化现象就不会出现，WDM系统可以无差错地工作在10 200 km的距离上。图10.23(b)表明，在10 200 km距离处所有信道的Q因子均保持在9.1 dB的FEC(前向纠错)极限之上。这些结果清楚地说明了OPC在补偿实际WDM系统中的非线性相位噪声方面的潜力。

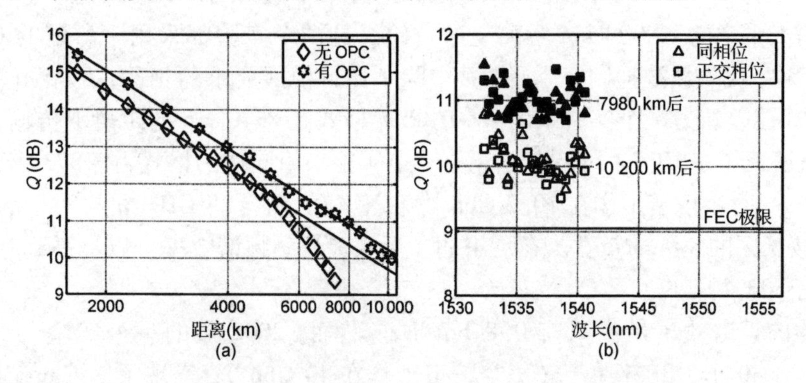

图10.23　(a)对于采用DQPSK格式的44信道WDM系统的典型信道，有无OPC时Q因子随传输距离的变化；(b)有OPC时两个距离处所有信道的Q因子，为了比较图中还给出了FEC极限[121](经ⓒ2006 IEEE授权引用)

其他几种技术可以部分补偿非线性相位噪声。可以在接收端使用电补偿方案，该方案是简单地通过从接收信号的相位中减去一个正比于入射功率的修正量实现的。通过适当优化，非线性相位噪声的方差可以减小至原来的1/4，导致传输距离加倍[124]。通过优化光在线放大器的个数和位置，可以在一定程度上控制光纤链路内的非线性相位噪声[126]。还建议通过Wiener滤波实现对非线性相位噪声的控制[127]。

10.6　最新进展

20世纪80年代进行的很多传输实验证明，与直接探测接收机要求的功率相比，相干接收机可以在较低的功率下工作[4~9]。随着光放大器的出现，这个问题变得无关紧要。然而，随着WDM系统开始在C带的40 nm带宽内传输越来越多的信道，2001年后频谱效率这个问题再次引起人们对相位编码光波系统的兴趣。本节将综述在设计这些系统中所实现的最新进展。

10.6.1　采用DBPSK格式的系统

DBPSK格式是第一个用来演示大容量WDM系统的格式[130~146]，其中原因与采用基于光干涉仪的10.2.3节的延迟解调方案有关；随着它的使用，光接收机的设计与强度调制/直接探测光接收机的设计类似，而且产生DBPSK信号的光发射机仅需要一个附加的相位调制器。然而，DBPSK格式允许每个符号只对应1比特的发射，这样就使符号率等于比特率。既然频谱效率的任何改善都相对有限，为什么要用DBPSK格式替代标准的OOK格式呢？致力于比较这两种格式的研究给出了答案[130~134]。结果表明，采用DBPSK格式可以显著降低非线性的XPM效应[131]，并显著改善被设计成可以提供$\eta_s > 0.4$ bps/Hz的频谱效率的密集WDM(DWDM)系统的性能[133]。

2002年，这一优势得到了实现，当时采用RZ-DBPSK格式将64个WDM信道(每个信道工作在42.7 Gbps)传输了4000 km。信道间隔为100 GHz，WDM信道的带宽为53 nm，频谱效率

$\eta_s = 0.4$ bps/Hz。2003 年，有几个实验报道了通过采用 DBPSK 格式在提高频谱效率方面所取得的主要进展[136~142]。在一个实验中[136]，通过在 3200 km 长的光纤中传输 64 个 WDM 信道，每个信道工作在 42.7 Gbps，信道间隔仅为 50 GHz，因此实现了 $\eta_s = 0.8$ bps/Hz 的频谱效率，整个系统的容量为 6.4 Tbps。在另一个实验中[137]，目标是演示 40 个信道(每个信道工作在 40 Gbps)在跨太平洋的 10 000 km 距离上的传输。这两个实验都采用了所谓的 CSRZ-DBPSK 格式，这里 CSRZ 代表载波抑制归零码，其中除了比特模式要求的相移，两个相邻的 RZ 脉冲还有π的相对相位差。另一个实验采用 RZ-DBPSK 格式在 8370 km 的距离上传输 185 个 WDM 信道，每个信道工作在 10.7 Gbps[138]。还有一个实验采用同样的格式，将 373 个WDM 信道传输了 11 000 km，每个信道工作在 10.7 Gbps[139]；信道间隔为 25 GHz($\eta_s = 0.4$ bps/Hz)，占用了 1.55 μm 波长区的 80 nm 带宽。在后来的一个实验中，频谱效率可以提高到 0.65 bps/Hz，但信道数只有 301 个[141]。

上述实验的频谱效率最高只有 0.8 bps/Hz。然而，2002 年的一个实验[143]用光码分复用(OCDM)复合 40 个 DBPSK 信道(每个信道工作在 40 Gbps)，实现了 1.6 bps/Hz 的频谱效率，整个系统的容量是 6.4 Tbps。在 2003 年的一个实验中[144]，实现了每个信道 160 Gbps 的比特率，该实验采用 RZ-DBPSK 格式以 0.53 bps/Hz 的频谱效率将 6 个这样的信道传输了 2000 km。当然，包含 3.5 ps 脉冲的 160 Gbps 信号必须通过光时分复用(OTDM)方案产生。该实验表明，DBPSK 格式甚至可在 170.6 Gbps 的比特率下使用，当实施前向纠错方案时，160 Gbps系统要求这样高的比特率。

2003 年的一个 WDM 实验[134]对 DBPSK 格式的优势进行了量化，该实验以 0.22 bps/Hz 的频谱效率在跨洋距离上传输 100 个信道，并比较了采用 RZ 和 NRZ 比特流(10.7 Gbps 比特率)的 DBPSK 格式和 OOK 格式。图 10.24(a)给出了这 4 种调制格式的 Q 因子随光信噪比(在 0.1 nm 带宽内测量)的变化，其中噪声是通过光放大器加入的(在传输前)。图 10.24(b)给出了当所有情况具有同样的平均发射功率时，Q 因子的劣化随传输距离的变化(Q 值在 3 个间隔很宽的信道上取平均)。最初，RZ-DBPSK 格式较其他几种格式占优势，并且这一优势一直保持到约为6300 km 的距离处，之后归零码-开关键控(RZ-OOK)格式的 Q 因子略大。RZ-DBPSK 格式的 Q 因子减小得更快，表明此时非线性效应更为严重。但是对于频谱效率 $\eta_s > 0.4$ bps/Hz 的 DWDM 系统，这种情况有了变化[133]，原因似乎是，在这种条件下 XPM 引起的劣化对于采用 OOK 格式的系统变得更为严重[131]。

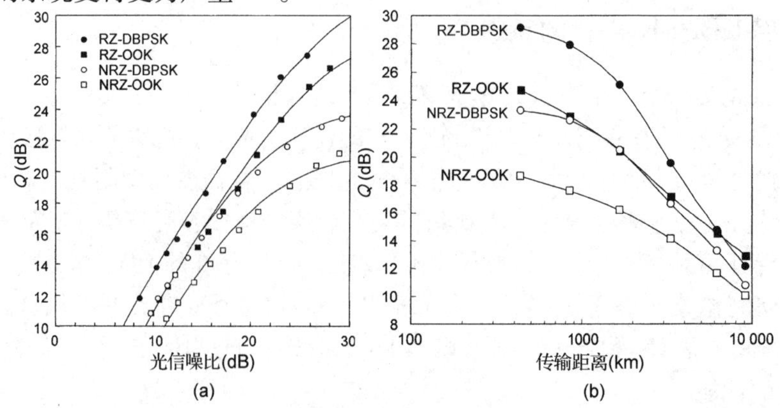

图 10.24 对于比特率为 10.7 Gbps 的 100 信道 WDM 系统，4 种调制格式的 Q 因子随(a)光信噪比和(b)传输距离的变化[134]（经ⓒ2003 IEEE授权引用)

10.6.2 采用 DQPSK 格式的系统

DQPSK 格式，一个明显的优势是，它以 2 bits/symbol 的调制效率传输信号，导致符号率仅为实际比特率的 50%，因此频谱效率 η_s 加倍。结果，原理上 DQPSK 格式允许 $\eta_s \geqslant 1$ bps/Hz。这一特性导致大量实验采用 DQPSK 格式[145~156]。在 2002 年的一个实验中[145]，采用信道间隔为 25 GHz 的 RZ-DQPSK 格式，将 9 个 WDM 信道传输了 1000 km，12.5 Gbaud 的符号率相当于 25 Gbps 的比特率，结果 $\eta_s = 1$ bps/Hz(如果忽略前向纠错施加的开销)。

2003 年，一个实验采用 DQPSK 格式实现了 1.6 bps/Hz 的频谱效率[146]，它能够以 40 Gbps 的比特率将 8 个信道(信道间隔 25 GHz)传输 200 km。在该实验中，因为还采用了以原始比特率的一半产生两个正交偏振的比特流的偏振复用(PDM)或双偏振技术，符号率只有 10 Gbaud。DQPSK 和 PDM 的结合将符号率降低至实际比特率的 1/4，这样频谱效率提高到 4 倍。结果，可以利用为 10 Gbps 信道开发的组件传输 40 Gbps 信号。

在 2003 年的这个实验中[146]，光纤链路的长度最大只有 200 km，这一限制主要是因为使用了 PDM。在 2004 年的一个实验中[147]，采用 RZ-DQPSK 格式(无 PDM)将12.5 Gbaud 符号率的 64 个 WDM 信道传输了 6500 km，频谱效率为 1 bps/Hz。在 2005 年的一个实验中[151]，采用中点 OPC 补偿光纤色散并同时减小非线性相位噪声的影响，将传输距离增加到 10 200 km。然而，该系统的总容量只有 0.88 Tbps。在 2005 年的另一个实验中[152]，采用带有 PDM 的 DQPSK 格式，实现了 5.94 Tbps 的更大容量，但光纤链路的长度最大只有324 km。在 2006 年的一个实验中[153]，将光纤链路的长度增加到 1700 km(1 dB 裕度)，该实验以 85.6 Gbps 比特率传输 40 个信道，信道间隔为 50 GHz。该实验还表明，当采用 PDM 技术时，接收信号的 Q 因子减小了 2.2 dB，而且不管是否采用 PDM，Q 因子均随传输距离线性减小。

近年来，DQPSK 系统的总容量已经超过了 10 Tbps。在 2006 年的一个实验中[154]，实现了 14 Tbps 的总容量，该实验在 59 nm 宽的波长窗口内(从 1561 nm 到 1620 nm)传输 140 个 PDM 信道(每个信道工作在 111 Gbps)，在 160 km 的有限链路长度上演示了 2.0 bps/Hz 的频谱效率。一年之内，通过扩展波长范围(从 1536 nm 到 1620 nm)将系统容量增加到 20.4 Tbps[155]；在同样的频谱效率下，光纤链路的长度为 240 km。在 2007 年的一个实验中[156]，实现了 25.6 Tbps 的系统容量，该实验将 160 个 WDM 信道传输了 240 km，信道间隔为 50 GHz，频谱效率为 3.2 bps/Hz。

10.6.3 采用 QAM 和相关格式的系统

到目前为止，本节讨论的 DBPSK 和 DQPSK 格式通过光载波的相位对数据编码，但它的振幅不会从一个符号到下一个符号变化。相反，QAM 格式同时采用振幅和相位对数据编码，而且根据整数 m 的取值，采用的符号数($M = 2^m$)可以从 2 到大于 128 变化。图 10.1 给出了 16-QAM 格式的例子，其中符号数等于 16($m = 4$)。在这种表示方法中，QPSK 相当于 4-QAM。

与 DBPSK 格式和 DQPSK 格式两种情况的一个主要区别是，QAM 格式的使用需要在接收端对传输信号进行相干探测。锁相环经常用于此目的，但因为本机振荡器和发射机激光器的本征相位噪声，在它们之间实现相位同步是一项具有挑战性的工作[157]。当存在非线性相位噪声时，这项工作甚至更具挑战性。尽管如此，这种锁相技术在 2003 年以后还是得到了发展。在另一种不同的方法中，采用了不带锁相环的相位分集零差方案，通过对零差信号的数字信号处理估计载波相位[158]。图 10.25 给出了这种数字相干接收机的组成，其中用模数转换器将滤波后的模拟信号转换成适合数字信号处理的数字格式，因为数字信号处理的使用，用这种方法还可以补偿光纤链路中通过色度色散等机制引起的光信号的失真。

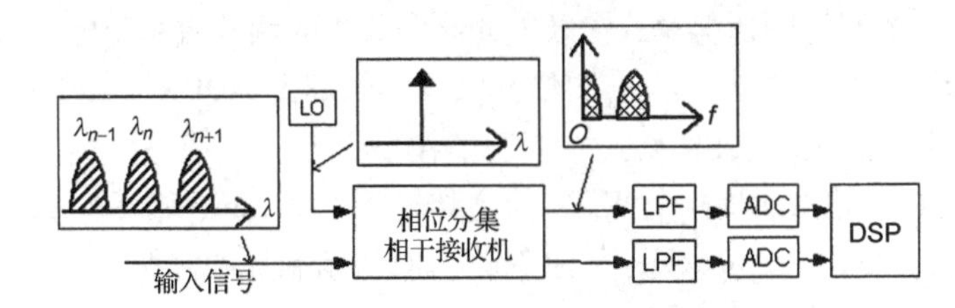

图 10.25 数字相干接收机的组成，其中 LPF，ADC 和 DSP 分别代表低通滤波器、模数转换器和数字信号处理[158]（经ⓒ2006 IEEE授权引用）

在 2005 年的一个实验中[159]，实现了通过带有偏振复用的 QPSK(或 4-QAM)格式编码并传输了 200 km 的 40 Gbps 比特流的相干解调。在该实验中，因为符号率为 10 Gbaud，3 个 WDM 信道只能分开 16 GHz。该实验还采用了带有数字信号处理的相位分集相干接收机。在 2008 年的一个实验中[160]，通过将 QPSK 格式与偏振复用相结合，将比特率为 111 Gbps 的 164 个信道传输了 2550 km，符号率为 27.75 Gbaud。尽管 50 GHz 的信道间隔要求同时使用 C 带和 L 带，但该实验通过采用相干探测，实现了 41 800 Tbps·km 创纪录的容量-距离积。图 10.26 给出了该实验使用的数字相干接收机的设计和照片；插图表明，由于在接收机内使用了数字信号处理技术，实现紧凑的结构是可能的。2010 年，双偏振 QPSK 格式在商业系统中得到使用。

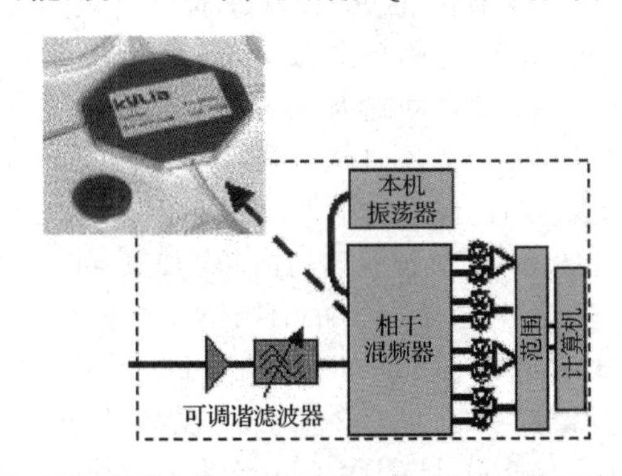

图 10.26 用于双偏振 QPSK 格式 100 Gbps 信号的数字相干接收机的设计，插图表明该接收机具有紧凑的结构[160]（经ⓒ2009 IEEE授权引用）

通过以大于 2 bits/symbol 的调制效率传输信号，还可以进一步提高这种系统的频谱效率。在 2006 年的一个实验中[161]，将 20 Mbaud 的 128-QAM 信号传输了 525 km，然后通过带有稳频光纤激光器和偏移锁定(offset-locking)技术的外差探测方案探测。该实验没有采用 WDM 技术，但它表明采用 QAM 格式可以成功实现 7 bits/symbol 的编码。在后来的一个实验中[162]，将符号率增加到 1 Gbaud，64-QAM 信号在 150 km 长的光纤中进行了传输。该实验采用了带有稳频光纤激光器的外差探测方案，并使用了光锁相环。2008 年，将这种方案推广到仅以 1.4 GHz 的信道间隔在 160 km 的距离上传输 3 个 WDM 信道，每个信道工作在 12 Gbps，因此频谱效率为 8.6 bps/Hz[163]。在另一个实验中[164]，利用 16-QAM 格式将单个 40 Gbps 信道在标准光纤中传输了 100 km，并用数字相干接收机解调。

近年来，基于 QAM 格式的 WDM 系统已经得到很大改进。在 2008 年的一个实验中[165]，采用带有 PDM 的 16-QAM 格式将信道间隔为 25 GHz 的 10 信道(每个信道工作在 112 Gbps)传输了315 km，符号率为14 Gbaud，频谱效率为4.5 bps/Hz。2009年，将光纤长度增加到630 km，而信道间隔可以减小到16.7 GHz，这样频谱效率为6.7 bps/Hz[166]。如果将FEC开销考虑进去，则实际比特率为104 Gbps，因此频谱效率变为6.26 bps/Hz，这仍是一个非常令人肃然起敬的结果。2008年演示了一个大容量系统[167]，它将161个信道(每个信道工作在114 Gbps)在662 km长的光纤中进行了传输。该系统将8-PSK格式和偏振复用结合起来，由此得到了19 Gbaud的符号率。由于该实验采用了25 GHz的信道间隔，通过单个C带EDFA就可以对全部161个信道进行放大。2009年的一个实验[168]实现了32 Tbps的系统容量，它采用带有PDM的8-QAM格式将320个WDM信道(每个信道工作在114 Gbps)在光纤中传输了580 km。2010年，采用16-QAM格式以6.4 bps/Hz的频谱效率将432个信道(每个信道工作在171 Gbps)传输了240 km，系统容量增加一倍多，达到69.1 Tbps[169]。另一个实验[170]采用32-QAM格式以8 bps/Hz的频谱效率将640个信道(每个信道工作在107 Gbps)传输了320 km，实现了64 Tbps的容量。

10.6.4　采用正交频分复用的系统

正如在6.5.3节中讨论的，正交频分复用(FDM)或OFDM是一种副载波复用技术，它利用带有数字信号处理的FFT算法，以位于主载波附近的正交的副载波频率同时传输多比特。这种技术广泛用于微波频率的蜂窝传输，因为它有显著改善光波系统性能的潜力，最近已被光波系统接受[171~184]。正交频分复用的主要优势是，其符号率只是实际比特率的一小部分，因为它利用间隔为$1/T_s$的多个副载波并行地传输数百比特；而且一般无须色散补偿，因为可以在频域中通过对电信号的数字信号处理，在接收端去除色散引起的失真[172]。

2005年提出了相干光OFDM技术[171]，它的优势很快得到了研究[172~174]。这种技术的一个实验演示[175]采用了QPSK格式的128个副载波，比特率为8 Gbps，这种光OFDM信号在标准通信光纤中传输了1000 km(利用循环光纤环路)而没用任何色散补偿。该实验使用了两个线宽在20 kHz左右的窄带激光器(一个在发射端，另一个在接收端)，之所以需要这种窄带激光器，是因为副载波的符号率相对较低以及使用了相干探测。

在2007年的一个OFDM实验中[176]，利用256个副载波实现了4160 km的传输距离，比特率为25.8 Gbps。该实验通过在发射端插入一个射频导频(RF-pilot)信号来实现对相位噪声的补偿，由于相位噪声对该射频导频信号造成失真的方式与对OFDM信号造成失真的方式相同，在接收端可以用该射频导频信号从OFDM信号中去除相位失真。图10.27通过比较有和没有射频导频对相位噪声补偿的星座图，表明了这一技术的有效性。在接收端，用100 kHz线宽的外腔半导体激光器作为本机振荡器。

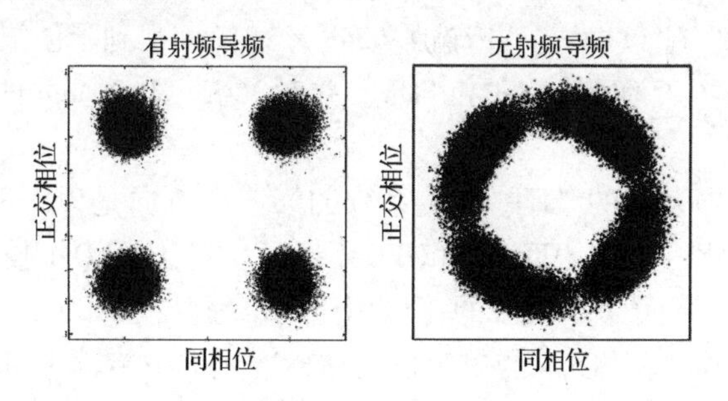

图10.27　有和没有射频导频对相位噪声补偿的星座图[176](经ⓒ2008 IEEE授权引用)

一些 OFDM 系统关注 100-GbE 标准需要的 100 Gbps 比特率，由于 FEC 开销，实际的比特率要略高些。2008 年，用 128 个 QPSK 编码的副载波工作的 OFDM 系统实现了 107 Gbps 的比特率[180]，所得的 OFDM 信号可以在标准光纤中传输 1000 km，而在光域中无须任何色散补偿，OFDM 信号的 37 GHz 带宽导致接近 3 bps/Hz 的频谱效率。在另一个实验中[182]，通过 50 GHz 信道间隔的 OFDM 将 10 个 121.9 Gbps 的 WDM 信道在标准光纤中传输了 1000 km，实现了 2 bps/Hz 的频谱效率，该实验采用了带有 PDM 的 8-QAM 格式，这样每个 121.9 Gbps 信道占用的带宽只有 22.8 GHz。

在 2009 年的一个实验中[184]，将信道间隔减小到 25 GHz，频谱效率增加到 4 bps/Hz，该实验采用带有 PDM 的 8-QAM 格式将 7 个 132.2 Gbps 的信道在标准光纤中传输了 1300 km。在 128 个副载波的情况下，符号长度为 14.4 ns；而在 1024 个副载波的情况下，符号长度增加到 104 ns。图 10.28 给出了对于对应 128 个、256 个和 1024 个副载波的 3 个符号长度，在传输 1000 km 后观察到的中心信道的误码率随每个信道的平均输入功率的变化关系。在所有情况下，均采用射频导频技术补偿线性相位失真，结果，当输入功率较低时系统具有相同的性能。然而，当信道功率增加到 0.2 mW 以上时，在 104 ns 符号长度(1024 个副载波)的情况下非线性相位失真导致误码率显著增加，而在 14.4 ns 符号长度(128 个副载波)的情况下误码率最小。误码率与符号长度有关的一个原因是，当信道功率增加时，射频导频也受 SPM 和 XPM 现象的影响。射频导频的这种非线性失真可能会降低相位噪声补偿方案的有效性。

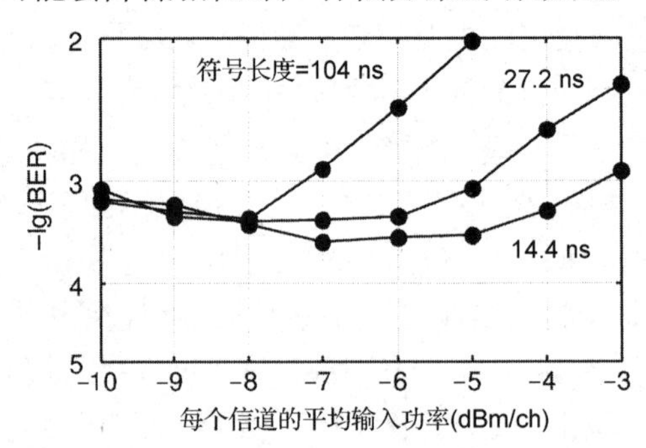

图 10.28 对于对应 128 个、256 个和 1024 个副载波的 3 个符号长度(从最低到最高)，信道在传输 1000 km 后观察到的中心信道的误码率随每个信道平均输入功率的变化[184](经© 2009 IEEE授权引用)

关于光 OFDM 系统的研究正在几个方向迅速取得进展。第一个方向，目标是提高 WDM 系统的频谱效率。在 2009 年的一个 WDM 实验中[185]，实现了 7 bps/Hz 的频谱效率，该实验采用带有 PDM 的 32-QAM 格式，将 8 个信道(每个信道工作在 65.1 Gbps，信道间隔只有 8 GHz)传输了 630 km。第二个方向，目标是增加系统容量。在 2009 年的一个实验中[186]，利用 OFDM 将 135 个信道(每个信道工作在 111 Gbps)传输了 6248 km，从而得到了创纪录的 84 300 Tbps·km 的容量-距离积。该实验采用了 QPSK 格式和 PDM，并对 1563 ~ 1620 nm 的 WDM 信号进行了分布拉曼放大。

受未来太比特以太网系统的激励，光波系统的第三个方向是以 1 Tbps 或更高的比特率传输单个信道[187~191]，为此可采用 OTDM 和 OFDM 技术。对于 OFDM 技术，实现这样的目标需要使用大量的副载波，以便每个副载波的符号率比较合理。在 2009 年的一个实验中[189]，采用频谱交叠的 4104 个副载波将 1 Tbps 的单个信道在标准光纤中传输了 600 km，整个 OFDM 信号占用了 320.6 GHz 的带宽，实现了 3.3 bps/Hz 的频谱效率。到 2010 年，OFDM 系统已能工作在 10.8 Tbps 的比特率下[191]。

10.7 极限通道容量

随着 WDM 技术的出现，容量超过 1 Tbps 的光波系统已能商用，而且在 2010 年的一个实验室实验中已经演示了 69.1 Tbps 的系统容量[169]。然而，任何通信通道的带宽都是有限的，光纤也不例外。因此，读者也许会想，是什么限制了光纤通信系统的极限容量[192~200]？

任何通信系统的性能最终都受接收信号中的噪声的限制，这一限制可以通过信息理论领域中香农引入的通道容量(channel capacity)的概念来更加正式地阐述[201]。它表明，当存在高斯噪声时，二进制数字信号的无差错传输存在一个最大的可能比特率，这一比特率称为通道容量。更具体地说，带宽为 W 的带噪声通信通道的容量(bps 单位)由下式给出[200]：

$$C_s = W\log_2(1+\mathrm{SNR}) = W\log_2[1+P_s/(N_0W)] \tag{10.7.1}$$

式中，N_0是噪声的频谱密度，P_s是平均信号功率，它与一个符号中的脉冲能量有 $E_s = P_s/W$ 的关系。对于带有附加噪声的线性通道，式(10.7.1)是正确的，该式表明，如果噪声电平足够低，能够维持高信噪比，则通道容量(或比特率)可以超过通道带宽。WDM 信道的频谱效率通常定义为 $\eta_s = C_s/W$，它是单位带宽每秒钟传输的比特的量度，单位为 bps/Hz。若 SNR > 30 dB，根据式(10.7.1)，η_s超过 10 bps/Hz。

令人感到惊讶的是，式(10.7.1)并不依赖于调制格式。在 10.1 节中已经看到，在每个符号期间可以传输的比特数受星座图中的符号数的限制。实际上，当符号数为 M 时，最高频谱效率为 $\log_2 M$。式(10.7.1)不依赖于 M 的原因是，该式是在 $M\to\infty$ 的极限下推导出来的，这样，符号在星座图中占据了整个二维空间，且呈高斯密度分布。因此，重要的是要记住，通道容量的以下讨论表示实际应用中能够实现的一个上限。

即使有这个告诫，式(10.7.1)并非总是适用于光纤通信系统，因为光纤中存在各种非线性效应。尽管如此，它能用来提供关于系统容量的一个上限。现代光波系统的总带宽受限于光放大器的带宽，即使同时使用 C 带和 L 带，它也低于 10 THz(80 nm)。随着新型光纤和放大技术的出现，如果利用从 1.25 μm 到 1.65 μm 的光纤的整个低损耗区，则可以期望该带宽最终能接近 50 THz。如果再将这一带宽分割成 1000 个 WDM 信道，每个信道 50 GHz 宽，并假设光纤是线性通道，则由式(10.7.1)预测最大系统容量接近 350 Tbps。在 2010 年的一个实验中[169]，WDM 系统实现了 69.1 Tbps 的最大容量。前面的估计表明，系统容量还有很大的提升空间。在实际应用中，最重要的限制因素是由符号数 M 设定的频谱效率，应使用较大的 M 来提升未来 WDM 系统的容量。

近年来，非线性效应对光波系统通道容量的影响已受到关注[192~199]。2010 年，在这一主题的一篇综述文章中提出了一种系统方法[200]。图 10.29 给出了非线性效应是如何根据式(10.7.1)的预测值减小极限频谱效率的，这时信号的输入功率较高，以确保可以在接收端有较高的信噪比，尽管放大器噪声是沿光纤链路累积的。正如预期的，频谱效率取决于传输距离，它随传输距离的增加而减小。然而，图 10.29 最值得注意的特性是，对于任意传输距离，在信噪比的一个最佳值处(随距离而变)频谱效率达到最大值。例如，对于 1000 km 长的光纤链路，最大频谱效率被限制在 8 bps/Hz 以下，不管所采用的调制格式的符号数是多少。这与式(10.7.1)的预测形成鲜明对比，反应了非线性效应所施加的基本限制。为得到用来获得图 10.29 的数值过程的细节，可以参阅参考文献[200]。

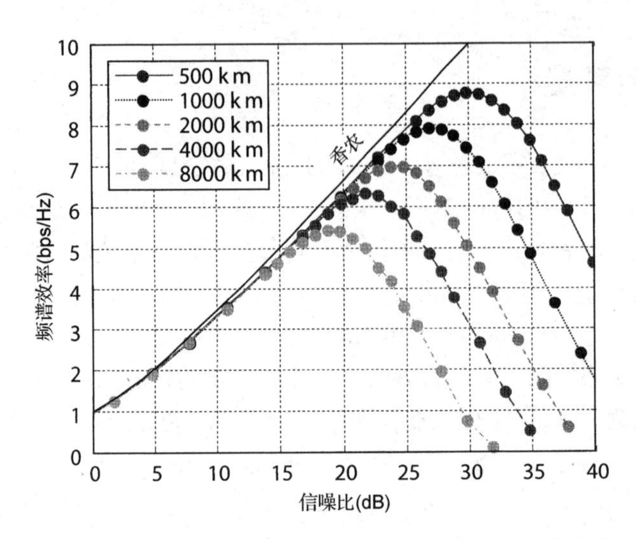

图 10.29 在500～8000 km的传输距离上包含非线性效应的数值计算的频谱效率随信噪比的变化[200](经ⓒ2010 IEEE授权引用)

习题

10.1 利用01010的比特模式，画出在PSK格式下载波的电场是如何随时间变化的，假设载波的相位在每1比特期间改变180°。

10.2 解释DPSK格式的含义；利用与上题中同样的比特模式01010，画出对于该格式载波的电场随时间的变化。

10.3 画出QPSK和8-PSK格式的星座图；给出在格雷编码方案中，分配给每个符号的比特组合。

10.4 当沿马赫-曾德尔调制器的两臂施加V_1和V_2的电压时，推导它的传递函数的表达式。在什么条件下这种调制器可作为一个纯振幅调制器？

10.5 画出RZ-DQPSK格式光发射机的设计，并解释这种光发射机是如何工作的。

10.6 画出外差同步解调接收机的设计，并推导判决电路所用电流的表达式(用接收信号的功率表示)。考虑两个正交的噪声电流分量。

10.7 画出外差异步解调接收机的设计，并推导判决电路所用电流的表达式(用接收信号的功率表示)。考虑两个正交的噪声电流分量。

10.8 画出RZ-DQPSK格式的光延迟解调接收机的设计，并解释这种接收机是如何探测光场的两个正交分量的。

10.9 推导外差同步解调ASK接收机误码率的表达式，假设同相噪声分量i_c的概率密度函数为

$$p(i_c)=\frac{1}{\sigma\sqrt{2}}\exp\left(-\frac{\sqrt{2}}{\sigma}|i_c|\right)$$

为实现10^{-9}的误码率，要求信噪比为多大？

10.10 对于外差异步解调ASK接收机，当信号电流I由式(10.3.9)给出时，推导Rice分布[见式(10.3.10)]。假设噪声的两个正交分量服从标准差为σ的高斯统计。

10.11 证明，当$I_1/\sigma \gg 1$且$I_0=0$时，外差异步解调ASK接收机的误码率[见式(10.3.13)]

可以近似为 $\mathrm{BER}=\frac{1}{2}\exp[-I_1^2/(8\sigma^2)]$。假设 $I_D=I_1/2$。

10.12　参阅参考文献[35]，说明由式(10.3.21)给出的DQPSK格式的误码率可以用式(10.3.24)近似；根据这两个表达式画出误码率随 N_p 的变化曲线。

10.13　利用式(10.4.1)推导外差接收机的信噪比的表达式，用强度噪声参数 r_I 表示。证明，若暗电流对散弹噪声的贡献忽略不计，则使信噪比最大的 P_{LO} 的最佳值由 $P_{\mathrm{LO}}=\sigma_T/(R_d r_I)$ 给出。

10.14　解释非线性相位噪声的起源。当带有噪声的输入场 $A(0,t)=A_s(t)+n(t)$ 通过长度为 L 的非线性光纤传输后，推导输出场 $A(L,t)$ 的表达式。

10.15　讨论能用来补偿(至少部分补偿)相位编码光波系统中的非线性相位噪声的两种技术。

参考文献

[1] M. Schwartz, *Information Transmission, Modulation, and Noise*, 4th ed., McGraw-Hill, New York, 1990.

[2] J. G. Proakis, Digital Communications, 4th ed., McGraw Hill, 2001.

[3] L. W. Couch II, *Digital and Analog Communication Systems*, 7th ed., Prentice Hall, Upper Saddle River, NJ, 2006.

[4] T. Okoshi and K. Kikuchi, *Coherent Optical Fiber Communications*, Kluwer Academic, Boston, 1988.

[5] R. A. Linke and A. H. Gnauck, *J. Lightwave Technol.* **6**, 1750 (1988).

[6] J. R. Barry and E. A. Lee, *Proc. IEEE* **78**, 1369 (1990).

[7] P. S. Henry and S. D. Persoinick, Eds., *Coherent Lightwave Communications*, IEEE Press, Piscataway, NJ, 1990.

[8] S. Betti, G. de Marchis, and E. Iannone, *Coherent Optical Communication Systems*, Wiley, New York, 1995.

[9] S. Ryu, *Coherent Lightwave Communication Systems*, Artec House, Boston, 1995.

[10] J. H. Sinsky, A. Adamiecki, A. H. Gnauck, C. A. Burrus, J. Leuthold, O. Wohlgemuth, S. Chandrasekhar, and A. Umbach, *J. Lightwave Technol.* **22**, 180 (2004).

[11] A. H. Gnauck and P. J. Winzer, *J. Lightwave Technol.* **23**, 115 (2005).

[12] P. J. Winzer and R. -J. Essiambre, *Proc. IEEE* **94**, 952 (2006); *J. Lightwave Technol.* **24**, 4711(2006).

[13] P. J. Winzer and R. -J. Essiambre, in *Optical Fiber Telecommunications*, Vol. 5B, I. P. Kaminow, T. Li, and A. E. Willner, Eds., Academic Press, Boston, 2008, Chap. 2.

[14] K. Kikuchi, in *Optical Fiber Telecommunications*, Vol. 5B, I. P. Kaminow, T. Li, and A. E. Willner, Eds., Academic Press, Boston, 2008, Chap. 3.

[15] E. Ip, A. Pak, T. Lau, D. J. F. Barros, and J. M. Kahn, *Opt. Express* **16**, 753 (2008).

[16] X. Liu, S. Chandrasekhar, and A. Leven, in *Optical Fiber Telecommunications*, Vol. 5B, I. P. Kaminow, T. Li, and A. E. Willner, Eds., Academic Press, Boston, 2008, Chap. 4.

[17] G. P. Agrawal, *Lightwave Technology: Components and Devices*, Wiley, Hoboken, NJ, 2004.

[18] K. -P. Ho, *Phase-Modulated Optical Communication Systems*, Springer, New York, 2005.

[19] F. M. Gardnber, *Phaselock Techniques*, Wiley, Hoboken, NJ, 2005.

[20] G. L. Abbas, V. W. Chan, and T. K. Yee, *J. Lightwave Technol.* **3**, 1110 (1985).

[21] B. L. Kasper, C. A. Burrus, J. R. Talman, and K. L. Hall, *Electron. Lett.* **22**, 413 (1986).

[22] S. B. Alexander, *J. Lightwave Technol.* **5**, 523 (1987).

[23] J. W. Goodman, *Statistical Optics*, Wiley, New York, 1985.

[24] S. O. Rice, *Bell Syst. Tech. J.* **23**, 282 (1944); **24**, 96 (1945).

[25] J. I. Marcum, *IRE Trans. Inform. Theory* **6**, 259 (1960).
[26] L. G. Kazovsky, A. F. Elrefaie, R. Welter, P. Crepso, J. Gimlett, and R. W. Smith, *Electron. Lett.* **23**, 871 (1987).
[27] A. F. Elrefaie, D. A. Atlas, L. G. Kazovsky, and R. E. Wagner, *Electron. Lett.* **24**, 158 (1988).
[28] R. Gross, P. Meissner, and E. Patzak, *J. Lightwave Technol.* **6**, 521 (1988).
[29] W. H. C. de Krom, *J. Lightwave Technol.* **9**, 641 (1991).
[30] Y. -H. Lee, C. -C. Kuo, and H. -W. Tsao, *Microwave Opt. Tech. Lett.* **5**, 168 (1992).
[31] P. S. Cho, G. Harston, C. J. Kerr, A. S. Greenblatt, A. Kaplan, Y. Achiam, G. Levy-Yurista, M. Margalit, Y. Gross, J. B. Khurgin, *IEEE Photon. Technol. Lett.* **16**, 656 (2004).
[32] F. Seguin and F. Gonthier, Proc. Opt. Fiber Commun. Conf. Digest, Paper OFL5 (2005).
[33] L. Christen, Y. K. Lizé, S. Nuccio, L. Paraschis, and A. E. Willner, *IEEE Photon. Technol. Lett.* **20**, 1166-1168 (2008).
[34] G. E. Corazza and G. Ferrari, *IEEE Trans. Inf. Theory* **48**, 3003 (2002).
[35] G. Ferrari and G. E. Corazza, *Electron. Lett.* **40**, 1284 (2004).
[36] K. Kikuchi, T. Okoshi, M. Nagamatsu, and H. Henmi, *J. Lightwave Technol.* **2**, 1024 (1984).
[37] G. Nicholson, *Electron. Lett.* **20**, 1005 (1984).
[38] L. G. Kazovsky, *J. Lightwave Technol.* **3**, 1238 (1985); *J. Lightwave Technol.* **4**, 415 (1986).
[39] B. Glance, *J. Lightwave Technol.* **4**, 228 (1986).
[40] I. Garrett and G. Jacobsen, *J. Lightwave Technol.* **4**, 323 (1986); **5**, 551 (1987).
[41] T. G. Hodgkinson, *J. Lightwave Technol.* **5**, 573 (1987).
[42] L. G. Kazovsky, P. Meissner, and E. Patzak, *J. Lightwave Technol.* **5**, 770 (1987).
[43] G. J. Foschini, L. J. Greenstein, and G. Vannuchi, *IEEE Trans. Commun.* **36**, 306 (1988).
[44] I. Garrett, D. J. Bond, J. B. Waite, D. S. L. Lettis, and G. Jacobsen, *J. Lightwave Technol.* **8**, 329 (1990).
[45] L. G. Kazovsky and O. K. Tonguz, *J. Lightwave Technol.* **8**, 338 (1990).
[46] C. Kaiser, M. Shafi, and P. Smith, *J. Lightwave Technol.* **11**, 1820 (1993).
[47] G. Einarsson, J. Strandberg, and I. T. Monroy, *J. Lightwave Technol.* **13**, 1847 (1995).
[48] M. T. Core and H. H. Tan, *IEEE Trans. Commun.* **50**, 21 (2002).
[49] S. Savory and A. Hadjifotiou, *IEEE Photon. Technol. Lett.* **16**, 930 (2004).
[50] Y. Atzmon and M. Nazarathy, *J. Lightwave Technol.* **27**, 19 (2009).
[51] P. Serena, N. Rossi, M. Bettolini, and A. Bononi, *J. Lightwave Technol.* **27**, 2404 (2009).
[52] T. G. Hodgkinson, R. A. Harmon, and D. W. Smith, *Electron. Lett.* **21**, 867 (1985).
[53] A. W. Davis and S. Wright, *Electron. Lett.* **22**, 9 (1986).
[54] A. W. Davis, M. J. Pettitt, J. P. King, and S. Wright, *J. Lightwave Technol.* **5**, 561 (1987).
[55] L. G. Kazovsky, R. Welter, A. F. Elrefaie, and W. Sessa, *J. Lightwave Technol.* **6**, 1527 (1988).
[56] L. G. Kazovsky, *J. Lightwave Technol.* **7**, 279 (1989).
[57] T. Okoshi, *J. Lightwave Technol.* **3**, 1232 (1985).
[58] T. G. Hodgkinson, R. A. Harmon, and D. W. Smith, *Electron. Lett.* **23**, 513 (1987).
[59] M. W. Maeda and D. A. Smith, *Electron. Lett.* **27**, 10 (1991).
[60] P. Poggiolini and S. Benedetto, *IEEE Trans. Commun.* **42**, 2105 (1994).
[61] S. Benedetto and P. Poggiolini, *IEEE Trans. Commun.* **42**, 2915 (1994).
[62] G. P. Agrawal, *Quantum Semiclass. Opt.* **8**, 383 (1996).
[63] B. Glance, *J. Lightwave Technol.* **5**, 274 (1987).
[64] T. Okoshi and Y. C. Cheng, *Electron. Lett.* **23**, 377 (1987).
[65] Y. H. Cheng, T. Okoshi, and O. Ishida, *J. Lightwave Technol.* **7**, 368 (1989).

[66] B. Enning, R. S. Vodhanel, E. Dietrich, E. Patzak, P. Meissner, and G. Wenke, *J. Lightwave Technol.* **7**, 459 (1989).
[67] R. Langenhorst, W. Pieper, M. Eiselt, D. Rhode, and H. G. Weber, *IEEE Photon. Technol. Lett.* **3**, 80 (1991).
[68] T. Imai, *J. Lightwave Technol.* **9**, 650 (1991).
[69] S. Ryu, S. Yamamoto, Y. Namihira, K. Mochizuki, and H. Wakabayashi, *J. Lightwave Technol.* **9**, 675 (1991).
[70] F. Ghirardi, A. Bruno, B. Mersali, J. Brandon, L. Giraudet, A. Scavennec, and A. Carenco, *J. Lightwave Technol.* **13**, 1536 (1995).
[71] A. T. Erdogan, A. Demir, and T. M. Oktem, *J. Lightwave Technol.* **26**, 1823 (2008).
[72] T. Pfau, R. Peveling, J. Hauden, et al, *IEEE Photon. Technol. Lett.* **19**, 1988 (2007).
[73] J. Renaudier, G. Charlet, M. Salsi, O. B. Pardo, H. Mardoyan, P. Tran, and S. Bigo, *J. Lightwave Technol.* **26**, 36 (2008).
[74] K. Kikuchi and S. Tsukamoto, *J. Lightwave Technol.* **26**, 1817 (2008).
[75] C. Zhang, Y. Mori, K. Igarashi, K. Katoh, and K. Kikuchi, *J. Lightwave Technol.* **27**, 224 (2009).
[76] A. A. Elrefaie, R. E. Wagner, D. A. Atlas, and D. G. Daut, *J. Lightwave Technol.* **6**, 704 (1988).
[77] K. Iwashita and N. Takachio, *J. Lightwave Technol.* **7**, 1484 (1989).
[78] M. S. Kao and J. S. Wu, *J. Lightwave Technol.* **11**, 303 (1993).
[79] E. Iannone, F. S. Locati, F. Matera, M. Romagnoli, and M. Settembre, *J. Lightwave Technol.* **11**, 1478 (1993).
[80] B. Pal, R. Gangopadhyay, and G. Prati, *J. Lightwave Technol.* **18**, 530 (2000).
[81] E. Forestieri, *J Lightwave Technol.* **18**, 1493 (2000).
[82] J. Wang and J. M. Khan, *J. Lightwave Technol.* **22**, 362 (2004).
[83] K. -P. Ho and H. -C. Wang, *IEEE Trans. Commun.* **56**, 1422 (2008).
[84] R. G. Priest and T. G. Giallorenzi, *Opt. Lett.* **12**, 622 (1987).
[85] J. Winters, *J. Lightwave Technol.* **8**, 1487 (1990).
[86] E. Ip and J. M. Khan, *J. Lightwave Technol.* **25**, 2033 (2007).
[87] H. Bulow, F. Buchali, and A. Klekamp, *J. Lightwave Technol.* **26**, 158 (2008).
[88] G. P. Agrawal, *Nonlinear Fiber Optics*, 4th ed., Academic Press, San Diego, CA, 2007.
[89] Y. Aoki, K. Tajima, and I. Mito, *J. Lightwave Technol.* **6**, 710 (1988).
[90] T. Sugie, *J. Lightwave Technol.* **9**, 1145 (1991); *Opt. Quantum Electron.* **27**, 643 (1995).
[91] N. Ohkawa and Y. Hayashi, *J. Lightwave Technol.* **13**, 914 (1995).
[92] J. P. Gordon and L. F. Mollenauer, *Opt. Lett.* **15**, 1351 (1990).
[93] S. Ryu, *J. Lightwave Technol.* **10**, 1450 (1992).
[94] N. Takachio, S. Norimatsu, K. Iwashita, and K. Yonenaga, *J. Lightwave Technol.* **12**, 247 (1994).
[95] A. Mecozzi, *J. Lightwave Technol.* **12**, 1993 (1994).
[96] C. J. McKinstrie and C. Xie, *IEEE J. Sel. Topics Quantum Electron.* **8**, 616 (2002).
[97] H. Kim and A. H. Gnauck, *IEEE Photon. Technol. Lett.* **15**, 320 (2003).
[98] K. -P. Ho, *IEEE Photon. Technol. Lett.* **15**, 1213 (2003); *J. Opt. Soc. Am. B* **20**, 1875 (2003); *IEEE Photon. Technol. Lett.* **16**, 1403 (2004).
[99] H. Kim, *J. Lightwave Technol.* **21**, 1770 (2003).
[100] A. G. Green, P. P. Mitra, and L. G. L. Wegener, *Opt. Lett.* **28**, 2455 (2003).
[101] M. Hanna, D. Boivin, P. -A. Lacourt, and J. -P. Goedgebuer, *J. Opt. Soc. Am. B* **21**, 24 (2004).

[102] K.-P. Ho, *IEEE J. Sel. Topics Quantum Electron.* **10**, 421 (2004); *IEEE Photon. Technol. Lett.* **17**, 789 (2005).
[103] A. Mecozzi, *Opt. Lett.* **29**, 673 (2004).
[104] Y. Yadin, M. Shtaif, and M. Orenstein, *IEEE Photon. Technol. Lett.* **16**, 1307 (2004).
[105] J. Wang and J. M. Kahn, *IEEE Photon. Technol. Lett.* **16**, 2165 (2004).
[106] S. Kumar, *Opt. Lett.* **30**, 3278 (2005).
[107] K.-P. Ho and H.-C. Wang, *Opt. Lett.* **31**, 2109 (2006).
[108] F. Zhang, C.-A. Bunge, and K. Petermann, *Opt. Lett.* **31**, 1038 (2006).
[109] P. Serena, A. Orlandini, and A. Bononi, *J. Lightwave Technol.* **24**, 2026 (2006).
[110] Y. Yadin, M. Orenstein, and M. Shtaif, *IEEE Photon. Technol. Lett.* **19**, 164 (2007).
[111] A. Demir, *J. Lightwave Technol.* **25**, 2002 (2007).
[112] M. Bertolini, P. Serena, N. Rossi, and A. Bononi, *IEEE Photon. Technol. Lett.* **21**, 15 (2009).
[113] M. Secondini, M. Frezzini, and E. Forestieri, *IEEE Photon. Technol. Lett.* **21**, 908 (2009).
[114] S. Kumar, *J. Lightwave Technol.* **27**, 4722 (2009).
[115] X. Liu, X. Wei, R. E. Slusher, and C. J. McKinstrie, *Opt. Lett.* **27**, 1616 (2002).
[116] C. Xu and X. Liu, *Opt. Lett.* **27**, 1619 (2002).
[117] C. Xu, L. F. Mollenauer, and X. Liu, *Electron. Lett.* **38**, 1578 (2002).
[118] K.-P. Ho, *Opt. Commun.* **221**, 419 (2003); *Opt. Commun.* **245**, 391 (2005).
[119] J. Hansryd, J. van Howe, and C. Xu, *IEEE Photon. Technol. Lett.* **16**, 1975 (2004); *IEEE Photon. Technol. Lett.* **17**, 232 (2005).
[120] C. J. McKinstrie, S. Radic, and C. Xie, *Opt. Lett.* **28**, 1519 (2003).
[121] S. L. Jansen, D. van den Borne, B. Spinnler, S. Calabrò, H. Suche, P. M. Krummrich, W. Sohler, G.-D. Khoe, and H. de Waardt, *J. Lightwave Technol.* **24**, 54 (2006).
[122] D. Boivin, G.-K. Chang, J. R. Barry, and M. Hanna, *J. Opt. Soc. Am. B* **23**, 2019 (2006).
[123] S. Kumar and L. Liu, *Opt. Express* **15**, 2166 (2007).
[124] K.-P. Ho and J. M. Kahn, *J. Lightwave Technol.* **22**, 779 (2004).
[125] S. L. Jansen, D. van den Borne, P. M. Krummrich, S. Spälter, G.-D. Khoe, and H. de Waardt, *J. Lightwave Technol.* **24**, 505 (2006).
[126] A. P. T. Lau and J. M. Kahn, *J. Lightwave Technol.* **24**, 1334 (2006).
[127] X. Q. Qi, X. P. Zhang, and Q. F. Shao, *J. Lightwave Technol.* **26**, 3210 (2008).
[128] S. Watanabe and M. Shirasaki, *J. Lightwave Technol.* **14**, 243 (1996).
[129] R. J. Essiambre and G. P. Agrawal, *J. Opt. Soc. Am. B* **14**, 323 (1997).
[130] M. Rohde, C. Caspar, N. Heimes, M. Konitzer, E.-J. Bachus, and N. Hanik, *Electron. Lett.* **36**, 1483 (2000).
[131] J. Leibrich, C. Wree, and W. Rosenkranz, *IEEE Photon. Technol. Lett.* **14**, 155 (2002).
[132] A. H. Gnauck, G. Raybon, S. Chandrasekhar, J. Leuthold, C. Doerr, L. Stulz, E. Burrows, *IEEE Photon. Technol. Lett.* **15**, 467 (2003).
[133] C. Xu, X. Liu, L. F. Mollenauer, and X. Wei, *IEEE Photon. Technol. Lett.* **15**, 617 (2003).
[134] T. Mizuochi, K. Ishida, T. Kobayashi, J. Abe, K. Kinjo, K. Motoshima, and K. Kasahara, *J. Lightwave Technol.* **21**, 1933 (2003).
[135] A. H. Gnauck, G. Raybon, S. Chandrasekhar, et al., Proc. Opt. Fiber Commun. Conf., Paper FC2 (2002).
[136] B. Zhu, L. E. Nelson, S. Stulz, et al., Proc. Opt. Fiber Commun. Conf., Paper PDP19 (2003).
[137] C. Rasmussen, T. Fjelde, J. Bennike, et al., Proc. Opt. Fiber Commun. Conf., Paper PDP18 (2003).
[138] J. F. Marcerou, G. Vareille, L. Becouarn, P. Pecci, and P. Tran, Proc. Opt. Fiber Commun. Conf., Paper PDP20 (2003).

[139] J. Cai, D. Foursa, C. Davidson, et al., Proc. Opt. Fiber Commun. Conf., Paper PDP22 (2003).

[140] T. Tsuritani, K. Ishida, A. Agata, et al., Proc. Opt. Fiber Commun. Conf., Paper PDP23 (2003).

[141] L. Becouarn, G. Vareille, P. Pecci, and J. F. Marcerou, Proc. Eur. Conf. Opt. Commun., Paper PD39 (2003).

[142] T. Tsuritani, K. Ishida, A. Agata, et al., *J. Lightwave Technol.* **22**, 215 (2004).

[143] H. Sotobayashi, W. Chujo, and K. Kitayama, *IEEE Photon. Technol. Lett.* **14**, 555 (2002).

[144] A. H. Gnauck, G. Raybon, P. G. Bernasconi, J. Leuthold, C. R. Doerr, and L. W. Stulz, *IEEE Photon. Technol. Lett.* **15**, 467 (2003).

[145] P. S. Cho, V. S. Grigoryan, Y. A. Godin, A. Salamon, and Y. Achiam, *IEEE Photon. Technol. Lett.* **15**, 473 (2003).

[146] C. Wree, N. Hecker-Denschlag, E. Gottwald, P. Krummrich, J. Leibrich, E. D. Schmidt, B. Lankl, and W. Rosenkranz, *IEEE Photon. Technol. Lett.* **15**, 1303 (2003).

[147] T. Tokle, C. R. Davidson, M. Nissov, J. -X. Cai, D. Foursa, and A. Pilipetskii, *Electron. Lett.* **40**, 444 (2004).

[148] S. Bhandare, D. Sandel, A. F. Abas, B. Milivojevic, A. Hidayat, R. Noé, M. Guy, and M. Lapointe, *Electron. Lett.* **40**, 821 (2004).

[149] N. Yoshikane and I. Morita, *J. Lightwave Technol.* **23**, 108 (2005).

[150] B. Milivojevic, A. F. Abas, A. Hidayat, S. Bhandare, D. Sandel, R. Noé, M. Guy, and M. Lapointe, *IEEE Photon. Technol. Lett.* **17**, 495 (2005).

[151] S. L. Jansen, D. van den Borne, C. Climent, et al., Proc. Opt. Fiber Commun. Conf., Paper PDP28 (2005).

[152] S. Bhandare, D. Sandel, B. Milivojevic, A. Hidayat, A. A. Fauzi, H. Zhang, S. K. Ibrahim, F. Wüst, and R. Noé, *IEEE Photon. Technol. Lett.* **17**, 914 (2005).

[153] D. van den Borne, S. L. Jansen, E. Gottwald, P. M. Krummrich, G. D. Khoe, and H. de Waardt, Proc. Opt. Fiber Commun. Conf., Paper PDP34 (2006).

[154] A. Sano, H. Masuda, Y. Kisaka, et al., Proc. Eur. Conf. Opt. Commun., Paper Th4. 1. 1 (2006).

[155] H. Masuda, A. Sano, T. Kobayashi, et al., Proc. Opt. Fiber Commun. Conf., Paper PDP20 (2007).

[156] A. H. Gnauck, G. Charlet, P. Tran, et al., *J. Lightwave Technol.* **26**, 79 (2008).

[157] E. Ip and J. M. Khan, *J. Lightwave Technol.* **23**, 4110 (2005).

[158] D. S. Ly-Gagnon, S. Tsukamoto, K. Katoh, and K. Kikuchi, *J. Lightwave Technol.* **24**, 12 (2006).

[159] S. Tsukamoto, D. S. Ly-Gagnon, K. Katoh, and K. Kikuchi, Proc. Opt. Fiber Commun. Conf., Paper PDP29 (2005).

[160] G. Charlet, J. Renaudier, H. Mardoyan, P. Tran, O. B. Pardo, F. Verluise, M. Achouche, A. Boutin, F. Blache, J. -Y. Dupuy, and S. Bigo, *J. Lightwave Technol.* **27**, 153 (2009).

[161] M. Nakazawa, M. Yoshida, K. Kasai and J. Hongou, *Electron. Lett.* **42**, 710 (2006).

[162] J. Hongo, K. Kasai, M. Yoshida, and M. Nakazawa, *IEEE Photon. Technol. Lett.* **19**, 638 (2007).

[163] M. Yoshida, H. Goto, T. Omiya, K. Kasai, and M. Nakazawa, Proc. Eur. Conf. Opt. Commun., Paper Mo. 4. D. 5 (2008).

[164] Y. Mori, C. Zhang, K. Igarashi, K. Katoh, and K. Kikuchi, Proc. Eur. Conf. Opt. Commun., Paper Tu. 1. E. 4 (2008).

[165] P. J. Winzer and A. H. Gnauck, Proc. Eur. Conf. Opt. Commun., Paper Th. 3. E. 5 (2008).

[166] A. H. Gnauck, P. J. Winzer, C. R. Doerr, and L. L. Buhl, Proc. Opt. Fiber Commun. Conf., Paper PDPB8 (2009).

[167] J. Yu, X. Zhou, M. -F. Huang, Y. Shao, et al., Proc. Eur. Conf. Opt. Commun., Paper Th. 3. E. 2 (2008).

[168] X. Zhou, J. Yu, M. -F. Huang, et al., Proc. Opt. Fiber Commun. Conf., Paper PDPB4 (2009).

[169] A. Sano, H. Masuda, T. Kobayashi, et al., Proc. Opt. Fiber Commun. Conf., Paper PDPB7, 2010.

[170] X. Zhou, J. Yu, M. -F. Huang, et al., Proc. Opt. Fiber Commun. Conf., Paper PDPB9 (2010).

[171] W. Shieh and C. Athaudage, *Electron. Lett.* **42**, 587 (2006).
[172] A. J. Lowery and J. Armstrong, *Opt. Express* **14**, 2079 (2006).
[173] I. B. Djordjevic and B. Vasic, *Opt. Express* **14**, 3767 (2006).
[174] A. J. Lowery, S. Wang, and M. Premaratne, *Opt. Express* **15**, 13282 (2007).
[175] W. Shieh, X. Yi, and Y. Tang, *Electron. Lett.* **43**, 183 (2007).
[176] S. L. Jansen, I. Morita, T. C. W. Schenk, N. Takeda, and H. Tanaka, *J. Lightwave Technol.* **26**, 6 (2008).
[177] S. L. Jansen, I. Morita, T. C. W. Schenk, and H. Tanaka, *J. Opt. Networking*, **7**, 173 (2008).
[178] W. Shieh, X. Yi, Y Ma and Q. Yang, *J. Opt. Networking* **7**, 234 (2008).
[179] W. Shieh, H. Bao, and Y. Tang, *Opt. Express* **16**, 841 (2008).
[180] W. Shieh, Q. Yang, and Y. Ma, *Opt. Express* **16**, 6378 (2008).
[181] Q. Yang, Y. Tang, Y. Ma, and W. Shieh, *J. Lightwave Technol.* **27**, 168 (2009).
[182] S. L. Jansen, I. Morita, T. C. W. Schenk, N. Takeda, and H. Tanaka, *J. Lightwave Technol.* **27**, 177 (2009).
[183] J. Armstrong, *J. Lightwave Technol.* **27**, 189 (2009).
[184] S. L. Jansen, A. A. Amin, H. Takahashi, I. Morita, and H. Tanaka, *IEEE Photon. Technol. Lett.* **21**, 802 (2009).
[185] H. Takahashi, A. A. Amin, S. L. Jansen, I. Morita, and H. Tanaka, Proc. Opt. Fiber Commun. Conf., Paper PDPB7 (2009).
[186] H. Masuda, E. Yamazaki, A. Sano, et al., Proc. Opt. Fiber Commun. Conf., Paper PDPB5 (2009).
[187] C. Zhang, Y. Mori, K. Igarashi, K. Katoh, and K. Kikuchi, Proc. Opt. Fiber Commun. Conf., Paper OTuG3 (2009).
[188] C. Schmidt-Langhorst, R. Ludwig, H. Hu, and C. Schubert, Proc. Opt. Fiber Commun. Conf., Paper OTuN5 (2009).
[189] Y. Ma, Q. Yang, Y. Tang, S. Chen, and W. Shieh, *Opt. Express* **17**, 9421 (2009).
[190] R. Dischler and F. Buchali, Proc. Opt. Fiber Commun. Conf., Paper PDPC2 (2009).
[191] D. Hillerkuss et al., Proc. Opt. Fiber Commun. Conf., Paper PDPC1 (2010).
[192] P. P. Mitra and J. B. Stark, *Nature* **411**, 1027 (2001).
[193] A. Mecozzi and M. Shtaif, *IEEE Photon. Technol. Lett.* **13**, 1029 (2001).
[194] J. Tang, *J. Lightwave Technol.* **19**, 1104 (2001); **19**, 1110 (2001).
[195] E. E. Narimanov and P. P. Mitra, *J. Lightwave Technol.* **20**, 530 (2002).
[196] K. S. Turitsyn, S. A. Derevyanko, I. V. Yurkevich, and S. K. Turitsyn, *Phys. Rev. Lett.* **91**, 203901 (2003).
[197] I. B. Djordjevic, B. Vasic, M. Ivkovic, and I. Gabitov, *J. Lightwave Technol.* **23**, 3755 (2005).
[198] M. Ivković, I. Djordjevic, and B. Vasic, *J. Lightwave Technol.* **25**, 1163 (2007).
[199] R. -J. Essiambre, G. J. Foschini, G. Kramer, and P. J. Winzer, *Phys. Rev. Lett.* **101**, 163901 (2008)
[200] R. -J. Essiambre, G. Kramer, P. J. Winzer, G. J. Foschini, and B. Goebel, *J. Lightwave Technol.* **28**, 662 (2010).
[201] C. E. Shannon, *Proc. IRE* **37**, 10 (1949).

第11章　全光信号处理

现在的光波系统大部分在电域中完成信号处理。如果信号处理是在发射端和接收端进行的，那么这种方法是可接受的；但是，如果信号处理需要在光网络的中间节点进行，这种方法就不太实用。例如，在某个中间节点处各个波分复用(WDM)信道的交换可能需要改变它的载波波长。信号处理的电域实现需要先用光接收机恢复电比特流，然后用工作在新波长处的光发射机重新生成波分复用信道。全光方法简单地将信道送到一个非线性光学器件(称为波长转换器)中，它可以改变载波波长而不会影响它的数据内容。另一个例子是光再生器，它可以净化并放大光信号，而无须做任何光-电转换。本章关注各种全光信号处理器件，它们利用了同样的非线性效应，如自相位调制(SPM)、交叉相位调制(XPM)和四波混频(FWM)；另外，这些非线性效应对光波系统也有害。11.1节介绍对全光信号处理有用的几种基于光纤和半导体的器件。11.2节介绍全光触发器。11.3节介绍全光波长转换器。11.4节讨论几种其他应用，包括格式转换和包交换。11.5节介绍光再生器。

11.1　非线性技术和器件

对全光信号处理非常有用的3种非线性现象(即自相位调制、交叉相位调制和四波混频)的主要特性已在2.7节中讨论过。所有这3种非线性现象都可以通过一段被设计成能增强非线性效应的光纤来实现，这样的光纤称为高非线性光纤(Highly Nonlinear Fiber, HNLF)，与标准光纤相比[1]，高非线性光纤基模的有效模面积大幅减小。结果，非线性参数γ(见2.6.2节的定义)的值显著增大，因为它与有效模面积A_{eff}成反比[2]。对于石英基高非线性光纤，其γ值通常超过10 W^{-1}/km；而对于特殊设计的非石英光纤[3~6]，其γ值甚至可以大于1000 W^{-1}/km。

近年来，已经发展了几种器件以用于通信信号的全光信号处理[7]。本节将介绍这些器件，包括Sagnac干涉仪、参量放大器、半导体光放大器和双稳态谐振器。

11.1.1　非线性光纤环形镜

非线性光纤环形镜(Nonlinear Optical Loop Mirror, NOLM)作为Sagnac干涉仪的一个例子，可用于全光信号处理[8~10]，它利用了反向传输的光波在光纤环中可获得不同的非线性相移这一原理。图11.1给出了Sagnac干涉仪工作原理的示意图，它由通过连接一段长光纤与光纤耦合器的两个输出端口而形成的光纤环制成。输入光波被分成反向传输的两部分，这两部分有相同的光学路径，并在耦合器中相干地干涉。两个反向传输光波之间的相对相位决定了输入光波是被Sagnac干涉仪反射还是透射。实际上，如果使用3 dB耦合器，则任何输入均被完全反射，Sagnac干涉仪起到一个理想反射镜的作用。这样的器件可以设计成

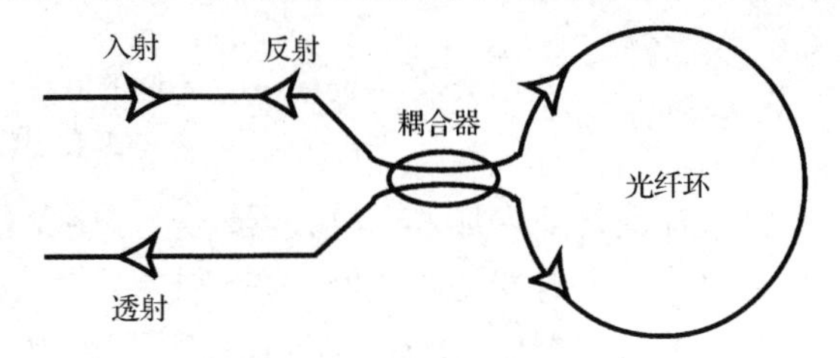

图11.1　作为非线性光纤环形镜的全光纤Sagnac干涉仪的示意图，透射率取决于入射功率

透射高功率信号而反射低功率信号，于是可作为全光开关使用。

非线性光开关的物理机制可以通过考虑连续或准连续输入光波来理解。当这样的光信号从光纤耦合器的一个端口入射时，它被分成两部分，这两部分的相对振幅和相位取决于下式给出的耦合器的传递矩阵[11]：

$$T_c = \begin{pmatrix} \sqrt{\rho} & \mathrm{i}\sqrt{1-\rho} \\ \mathrm{i}\sqrt{1-\rho} & \sqrt{\rho} \end{pmatrix} \tag{11.1.1}$$

式中，ρ 表示留在耦合器直通端口中的功率与入射功率 P_0 的比率，也称功分比。利用该传递矩阵，可得长度为 L 的非线性光纤环形镜的透射率为[10]

$$T_S = 1 - 2\rho(1-\rho)\{1+\cos[(1-2\rho)\gamma P_0 L]\} \tag{11.1.2}$$

式中，P_0 是入射功率。当 $\rho=0.5$ 时，$T_S=0$，全部入射功率被反射回去(因此有了光纤环形镜这个名字)。从物理意义上讲，如果入射功率是在两个反向传输波之间均分的，则两个反向传输波的非线性相移相同，即它们的相对相位差为零。然而，如果功分比 ρ 不等于0.5，非线性光纤环形镜在低功率和高功率下就会表现出不同的特性，并可以作为光开关使用。

图11.2给出了当 ρ 取两个不同的值时，全光纤 Sagnac 干涉仪的透射功率随入射功率 P_0 的变化。当入射功率较低时，若 ρ 接近0.5，则几乎没有光透射，因为此时 $T_s \approx 1-4\rho(1-\rho)$；当入射功率较高时，只要满足下式，自相位调制引起的非线性相移将导致入射波被100%透射：

$$|1-2\rho|\gamma P_0 L = (2m-1)\pi \tag{11.1.3}$$

式中，m 是整数。正如在图11.2中看到的，当入射功率增加时，器件从低透射率到高透射率周期性地切换。实际上，只有第一个透射峰($m=1$)可能用于开关，因为它需要的功率最低。$m=1$ 时的开关功率可以由式(11.1.3)估计，例如，若 $\rho=0.45$ 且 $\gamma=10\ \mathrm{W^{-1}/km}$，则对于100 m长的光纤环开关功率等于31 W。通过增加腔长可以减小开关功率，但此时必须考虑光纤损耗和群速度色散的影响，而在推导式(11.1.2)时它们被忽略了。

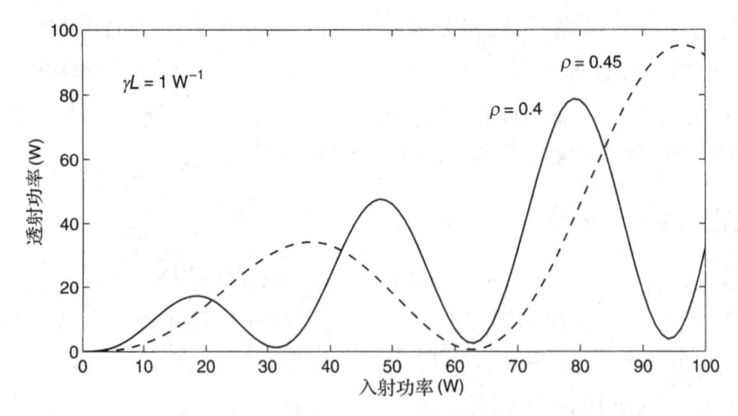

图11.2 当 ρ 取两个不同的值时，全光纤 Sagnac 干涉仪的透射功率随入射功率的变化，由此表明了它的非线性响应特性

通过在光纤环内加入光放大器，也可以减小 Sagnac 干涉仪的开关功率[12]。如果光放大器置于靠近光纤耦合器的位置处，就会引入非对称性，因为沿相反方向传输的两个波不是被同时放大的。光放大器使 Sagnac 干涉仪失去平衡，即使采用50∶50($\rho=0.5$)的耦合器。这种Sagnac干涉仪的开关特性可以这样理解：正向传输波在光纤环的入口处被放大，而反向传输波恰好在离开光纤环前被放大，由于在整个光纤环内两个波的强度有很大不同，差分相移可以相当大。

假设顺时针方向的波首先被放大且放大倍数为 G，则透射率为

$$T_S = 1 - 2\rho(1-\rho)\{1+\cos[(1-\rho-G\rho)\gamma P_0 L]\} \tag{11.1.4}$$

用$(1-\rho-G\rho)$替代式(11.1.3)中的$(1-2\rho)$，可以得到完全透射的条件。如果 $\rho = 0.5$，则开关功率为(利用 $m=1$)

$$P_0 = 2\pi/[(G-1)\gamma L] \tag{11.1.5}$$

由于放大倍数 G 可以大到 30 dB，因此开关功率可减小到原来的 1/1000。这样的器件称为非线性放大环形镜(Nonlinear Amplification Loop Mirror，NALM)，它可以在低于 1 mW 的峰值功率下实现开关。在一个对基本概念的演示中，将 4.5 m 长的掺钕光纤熔接到由一个 3 dB 耦合器构成的 306 m 长的光纤环内，用 10 ns 脉冲观察到了类似连续波的开关现象[12]，即使光放大器仅提供 6 dB(4 倍)的增益，开关功率也可以减小到约为 0.9 W。在后来的实验中，利用半导体光放大器(SOA)为 17 m 长光纤环内的反向传输波提供不同的增益，当将 10 ns 的光脉冲注入光纤环内时，开关功率不到 250 μW[13]。

从全光信号处理的角度，交叉相位调制诱导的开关比自相位调制诱导的开关更重要，因为可以用另外一个波来控制开关过程。在这类重要应用中，将控制(或泵浦)光注入非线性光纤环形镜中，使它只沿一个方向传输，结果就通过交叉相位调制对两个反向传输波的其中一个产生非线性相移，而另一个波不受它的影响。本质上，控制脉冲用来破坏 Sagnac 干涉仪的平衡，其作用与通过光放大器产生不同的自相位调制引起的相移类似。结果，光纤环可以用 50∶50 的耦合器制作，这样当没有控制脉冲时，低功率连续波被反射，而当有控制脉冲时它被透射。许多实验已经表明了交叉相位调制诱导开关的潜力[14~20]。

当信号脉冲和控制脉冲的波长相差较多时，应考虑群速度失配引起的走离效应。当不考虑群速度色散效应时，控制脉冲通过交叉相位调制对信号脉冲施加的相移为[2]

$$\phi_{\text{XPM}} = 2\gamma\int_0^L |A_c(t-d_w z)|^2 \text{d}z \tag{11.1.6}$$

式中，A_c是控制脉冲的振幅且

$$d_w = v_{gc}^{-1} - v_{gs}^{-1} = \beta_2(\Delta\omega) \tag{11.1.7}$$

表示以频率 $\Delta\omega$ 分开的控制脉冲和信号脉冲之间的群速度失配。

对于某些形状的控制脉冲，可以通过解析方法求式(11.1.6)的积分值。例如，对于 $A_c(t) = \sqrt{P_c}\,\text{sech}(t/T_0)$ 的“双曲正割”型控制脉冲，则交叉相位调制引起的相移为[15]

$$\phi_{\text{XPM}}(\tau) = 2\gamma P_c L_W[\tanh(\tau) - \tanh(\tau - L/L_W)] \tag{11.1.8}$$

式中，$\tau = t/T_0$，$L_W = T_0/d_w$是所谓的走离长度。对于$|A_c(t)|^2 = P_c\exp(-t^2/T_0^2)$的高斯型控制脉冲，交叉相位调制引起的相移变成

$$\phi_{\text{XPM}}(\tau) = \sqrt{\pi}\gamma P_c L_W[\text{erf}(\tau) - \text{erf}(\tau - L/L_W)] \tag{11.1.9}$$

式中，$\text{erf}(x)$代表误差函数。

图 11.3 给出了对于高斯脉冲，当 L/L_W取几个不同值时，相对于最大值 $\phi_{\max} = 2\gamma P_c L$ 归一化的交叉相位调制引起的相移随$\tau = t/T_0$ 的变化。由图可见，当 L/L_W取较小值时，时域的交叉相位调制引起的相移的分布模拟了脉冲形状；当光纤长度大于 L_W时，相移分布曲线显著失真。正如预期的，走离效应减小了相移的最大值，这个不希望的特性增大了所需要的峰值功率。然而，从实际的角度，更有害的是相移分布曲线的展宽，因为这将导致开关窗口比控制脉冲宽。

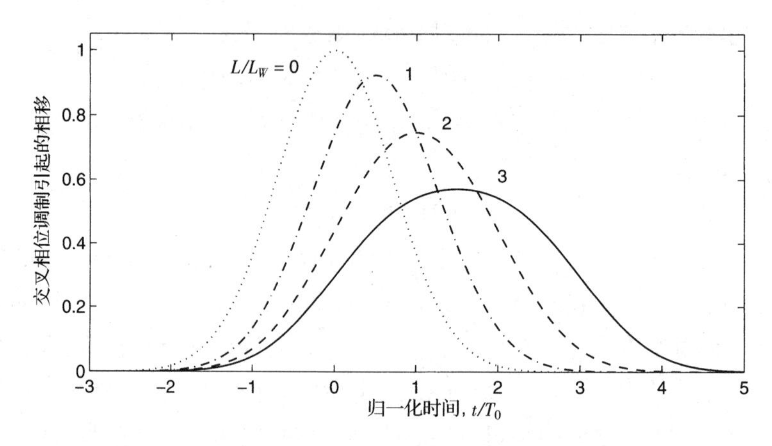

图 11.3 不同 L/L_W 值下交叉相位调制引起的相移(相对于 ϕ_{max} 进行了归一化)随 t/T_0 的变化

脉冲走离问题可以利用零色散波长位于泵浦波长和信号波长之间的光纤来解决，这时两个波具有相同的群速度($d_w=0$)。确实，1990 年，利用保偏光纤构建了这样的 200 m 长的 Sagnac 环[16]，通过它利用峰值功率为 1.8 W 且波长为 1.32 μm 的 120 ps 泵浦脉冲，能开关 1.54 μm 的信号。在后来的实验中，利用由增益开关 1.55 μm DFB 激光器得到的 14 ps 泵浦脉冲并经光放大器放大后，可以开关 1.32 μm 附近波长区的连续信号。

利用波长与信号波长相同的正交偏振泵浦，也可以避免因泵浦和信号的波长差导致的脉冲走离[17]。尽管由于偏振模色散，仍存在群速度失配，但已经相当小。而且，通过以周期方式交替保偏光纤的慢轴和快轴的方法构建 Sagnac 环，可使正交偏振泵浦更具优势。在这一思想的一个实现中[18]，10.2 m 长的 Sagnac 环由 11 段这样的部分构成，将正交偏振的泵浦脉冲和信号脉冲(宽约 230 fs)注入环内，并以孤子形式传输。泵浦脉冲沿快轴偏振，并通过初始延迟使它在第一段中赶上信号脉冲；在第二段中，由于慢轴和快轴反转，信号脉冲传输较快，并赶上泵浦脉冲。这样在每段中重复这一过程，结果两个孤子在 Sagnac 环内多次碰撞，从而使交叉相位调制引起的相移显著增大。

非线性光纤环形镜可以有很多应用。光纤非线性的主要优点是它的超快属性，这就允许飞秒时间尺度的全光信号处理。非线性参数 γ 的值能增大 1000 倍的高非线性光纤的出现[2]，使 Sagnac 干涉仪的使用实际得多，因为这减小了非线性光纤环形镜需要的光纤长度。

非线性光纤环形镜反射低强度信号但透射高强度辐射而不影响它，从这个意义上讲，非线性光纤环形镜可作为高通强度滤波器使用。非线性光纤环形镜的一个简单应用是脉冲整形和脉冲净化。例如，如果短光脉冲含有宽的低强度基座，当它通过这样的器件时，基座就会被去除[21]。同样，脉冲序列在放大过程中会受放大自发辐射的影响，利用非线性光纤环形镜可以“净化”它。通过注入一个双波长信号，非线性光纤环形镜还可以用于脉冲压缩并产生高重复频率的短光脉冲序列[22]。

非线性光纤环形镜的一个重要应用是转换 WDM 信道的波长。早在 1992 年，就通过控制脉冲(由工作在 1533 nm 附近的激光器得到)引起的交叉相位调制将 1554 nm 的连续辐射转换成脉冲序列[23]。2000 年，用非线性光纤环形镜实现了 40 Gbps 比特率的波长转换[24]；11.3 节将更详细地讨论波长转换过程。非线性光纤环形镜对数字比特流的逻辑操作也比较有用，1991 年，用保偏 Sagnac 环演示了基本的逻辑操作[25]。非线性光纤环形镜还可以用做模数或数模转换器[26]。非线性光纤环形镜对 WDM 信道的全光再生也很有用，因为它们能对脉冲整形，并降低了噪声电平[27]。这种干涉仪的脉冲整形能力可以通过依次级联几个 Sagnac 环而显著提高[28]。

11.1.2　参量放大器

参量放大器利用了非线性介质，如高非线性光纤中的四波混频效应[29~33]，图 11.4 给出了这种方案的示意图。需要放大的频率为 ω_s 的信号波与频率为 ω_p 的连续泵浦波一起入射到光纤中，如果参与四波混频过程的 4 个光子满足相位匹配条件，则四波混频现象就能产生频率为 $\omega_i = 2\omega_p - \omega_s$ 的闲频波。

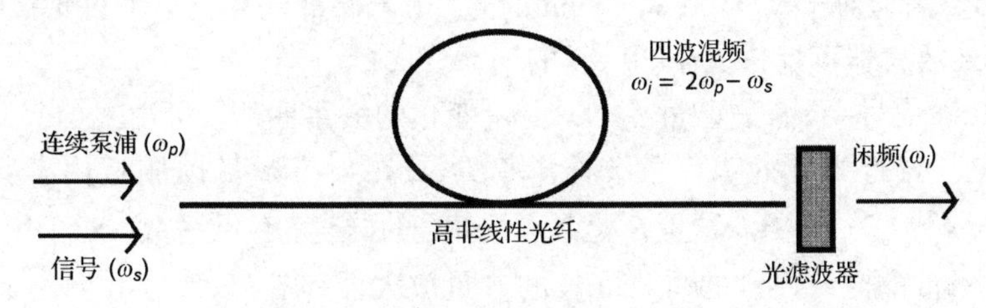

图 11.4　光纤参量放大器的示意图，连续波作为泵浦同时放大信号波和闲频波。根据应用的不同，光滤波器通过信号波或闲频波

单泵浦参量放大器

为理解放大过程，利用光纤中四波混频的著名理论[2]。当单泵浦波的功率比信号功率高得多时，泵浦消耗可以忽略，四波混频过程可以用傅里叶域中的两个耦合线性方程来描述：

$$\frac{\mathrm{d}A_s}{\mathrm{d}z} = 2\mathrm{i}\gamma A_p^2 \exp(-\mathrm{i}\kappa z)A_i^* \tag{11.1.10}$$

$$\frac{\mathrm{d}A_i}{\mathrm{d}z} = 2\mathrm{i}\gamma A_p^2 \exp(-\mathrm{i}\kappa z)A_s^* \tag{11.1.11}$$

式中，$A_s(\omega_s, z)$ 和 $A_i(\omega_i, z)$ 分别表示信号波和闲频波，A_p 表示输入泵浦波，κ 表示总的相位失配，由下式给出：

$$\kappa = \beta(\omega_s) + \beta(\omega_i) - 2\beta(\omega_p) + 2\gamma P_0 \tag{11.1.12}$$

式中，$\beta(\omega)$ 是频率为 ω 的光纤模式的传输常数，$P_0 \equiv |A_p|^2$ 是输入泵浦功率。由方程式(11.1.11)可知，闲频波的振幅与信号波的复共轭有关，或等价地说，闲频波的频谱相对于信号波的频谱发生了反转。正如在 8.5 节中看到的，四波混频的这种相位共轭特性对色散补偿有用。

方程式(11.1.10)和方程式(11.1.11)可以容易地求解，以研究由于四波混频信号波和闲频波是如何沿光纤长度增长的。利用这个解，在光纤输出端($z = L$)信号和闲频功率分别为

$$P_s(L) = |A_s(L)|^2 = P_s(0)[1 + (1 + \kappa^2/4g^2)\sinh^2(gL)] \tag{11.1.13}$$

$$P_i(L) = |A_i(L)|^2 = P_s(0)(1 + \kappa^2/4g^2)\sinh^2(gL) \tag{11.1.14}$$

式中，参量增益 g 定义为

$$g = \sqrt{(\gamma P_0)^2 - \kappa^2/4} \tag{11.1.15}$$

放大倍数由式(11.1.13)得到，并可利用式(11.1.15)写成下面的形式：

$$G_s = \frac{P_s(L)}{P_s(0)} = 1 + \frac{\sinh^2(gL)}{(gL_{NL})^2} \tag{11.1.16}$$

式中，非线性长度定义为 $L_{NL} = (\gamma P_0)^{-1}$。参量增益取决于相位失配 κ，如果不满足相位匹配条件，参量增益就可能相当小；另一方面，如果完全满足相位匹配条件($\kappa = 0$)且 $gL \gg 1$，则放大器增益以下面的形式随 P_0 呈指数增长：

$$G_s \approx \tfrac{1}{4}\exp(2\gamma P_0 L) \tag{11.1.17}$$

只要增益饱和与泵浦消耗仍忽略不计，则参量放大器的增益随非线性长度 L_{NL} 以 $\exp(2L/L_{NL})$ 的形式增长。注意，要实现显著的增益，放大器长度必须比非线性长度 L_{NL} 长；如果 $L = 4L_{NL}$，则 G_s 超过 28 dB。因为对于 $\gamma = 100\ \text{W}^{-1}/\text{km}$ 的光纤，当泵浦功率 $P_0 = 1$ W 时 $L_{NL} = 10$ m，这样的 50 m 长的参量放大器可提供大于 30 dB 的增益。

通过画出 G_s 随信号-泵浦失谐量 $\delta = \omega_s - \omega_p$ 变化的关系曲线，可由式(11.1.16)得到增益谱。假设泵浦波长接近光纤的零色散波长，将 $\beta(\omega)$ 在泵浦频率 ω_p 附近用泰勒级数展开，由式(11.1.12)可知 $\kappa \approx \beta_2\delta^2 + 2\gamma P_0$，这里 β_2 是泵浦频率处的群速度色散系数。对于用 $\gamma = 10\ \text{W}^{-1}/\text{km}$ 和 $\beta_2 = -0.5\ \text{ps}^2/\text{km}$ 的光纤设计的 500 m 长的参量放大器，图 11.5 给出了在 3 个不同的泵浦功率下增益随信号-泵浦波长失谐量的变化关系。由图可见，当泵浦功率增加时，峰值增益和放大器带宽均增大；在 1 W 的泵浦功率下，当信号-泵浦波长失谐量等于 1 THz(约为 8 nm)时，峰值增益接近 38 dB。只要泵浦消耗忽略不计，参量放大器的实验结果与这个简单的四波混频理论一致[31]。

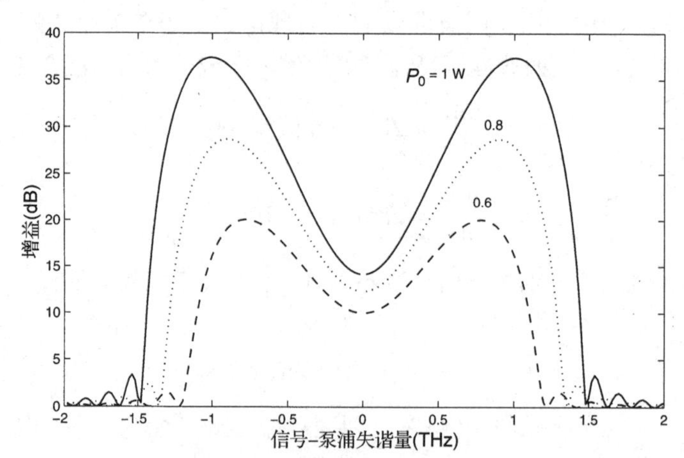

图 11.5 在 3 个不同的泵浦功率下，数值得到的 0.5 km 长的参量放大器的增益谱，其中参数选取为 $\beta_2 = -0.5\ \text{ps}^2/\text{km}$，$\gamma = 10\ \text{W}^{-1}/\text{km}$

双泵浦参量放大器

从图 11.5 可明显看出单泵浦参量放大器的一个基本缺点：由于增益在整个带宽内远不是均匀的，在实际应用中只有两增益峰附近的一小部分增益谱有用。采用双泵浦方案可以解决这个问题，通过选择这两个泵浦的波长，可以在宽频谱范围产生平坦的增益曲线，而且还允许器件的偏振无关工作[34~36]。

双泵浦参量放大器与传统的单泵浦器件有根本的不同，它的工作原理可以由图 11.6 理解，其中两个泵浦位于光纤零色散波长的两侧。当这两个泵浦单独使用时，参量增益相对较小，而且带宽较窄。更具体地说，反常色散区的泵浦产生的频谱特性与在图 11.5 中看到的类似，而正常色散区的泵浦几乎不产生增益。然而，当两个泵浦同时使用时，增益不仅变大，而且增益近乎均匀的频谱范围显著变宽。正是这个中央平坦增益区，才将参量放大器变成对光波系统有用的器件。

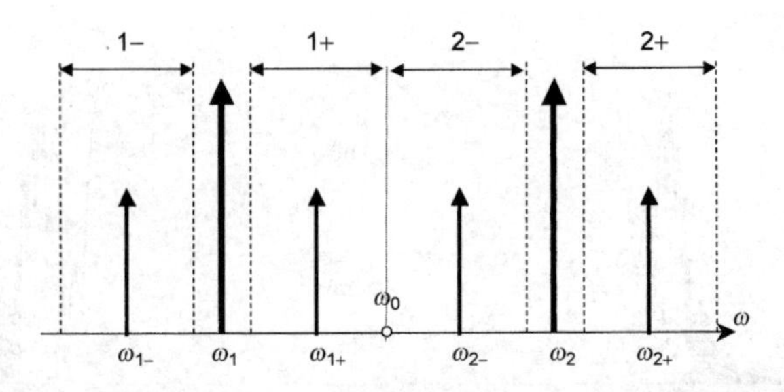

图 11.6　在对称地位于零色散频率 ω_0 附近的两个频率 ω_1 和 ω_2 处泵浦的参量放大器的谱带，频率为 ω_{1+} 的信号通过3种不同的四波混频过程产生3个主要的闲频

双泵浦参量放大器通过平衡能在多个频谱区产生参量增益的 3 种不同的四波混频过程，可以在宽带宽内提供均匀增益[34]。考虑如图 11.6 所示的频率为 ω_1 和 ω_2 的两个泵浦，以及频率为 ω_{1+} 的信号。首先，非简并四波混频 $\omega_1+\omega_2\rightarrow\omega_{1+}+\omega_{2-}$ 的过程产生频率为 ω_{2-} 的闲频。其次，频率为 ω_1 的泵浦通过简并四波混频 $\omega_1+\omega_1\rightarrow\omega_{1+}+\omega_{1-}$ 的过程产生频率为 ω_{1-} 的闲频；如果第二个泵浦的波长位于光纤的反常色散区，则它还能通过简并四波混频 $\omega_2+\omega_2\rightarrow\omega_{2+}+\omega_{2-}$ 的过程产生一个新的闲频。再次，布拉格散射过程通过下面的组合产生附加的增益[34]：

$$\omega_1+\omega_{1+}\rightarrow\omega_2+\omega_{2-},\qquad \omega_2+\omega_{1+}\rightarrow\omega_1+\omega_{2+} \tag{11.1.18}$$

其他几个弱闲频波也可以产生，但对于任何双泵浦参量放大器，必须考虑如图 11.6 中所示的 3 个主要的闲频波。以上 3 种过程的相对强度取决于泵浦功率和两个泵浦波长相对于光纤零色散波长的失谐量。通过简单地适当选择泵浦波长和泵浦功率，利用这一特性允许产生所希望的参量响应。

双泵浦参量放大器的理论有点复杂，因为为了精确分析，必须同时考虑频率如图 11.6 所示的至少 6 个波。如果忽略泵浦消耗，则单泵浦情况的方程式(11.1.10)和方程式(11.1.11)要用一组 4 个耦合方程替代[34]。结果表明，增益谱取决于很多参数，如泵浦波长、光纤的零色散波长、光纤的三阶和四阶色散等。在可以在宽带宽内提供平坦增益的一种配置中，选择两个泵浦波长几乎对称地位于光纤零色散波长 λ_0 的两侧。图 11.7 给出了在这种情况下增益谱的例子，其中假设用波长为 1525 nm 和 1618 nm 的两个激光器泵浦 $\gamma=10\ \mathrm{W^{-1}/km}$ 的 500 m 长的高非线性光纤，光纤的三阶和四阶色散系数分别为 $\beta_3=0.038\ \mathrm{ps^3/km}$ 和 $\beta_4=1\times10^{-4}\ \mathrm{ps^4/km}$。当每个泵浦提供 500 mW 功率时，在超过 70 nm 的带宽内获得相对较大的均匀增益(38 dB)，中央平坦增益区主要是由非简并四波混频过程造成的，其他两个四波混频过程只影响增益谱的边翼，并导致在图 11.7 中看到的振荡结构。

有几个实验已经表明，当采用如图 11.6 所示的方案泵浦时，参量放大器可以在宽带宽内提供平坦增益。在 2003 年的一个实验中[35]，在 34 nm 的带宽内获得了大于 40 dB 的增益，其中 1 km 长的高非线性光纤($A_{\mathrm{eff}}=11\ \mu\mathrm{m}^2$)的零色散波长为 1583.5 nm，1559 nm 和 1610 nm 波长处的泵浦功率分别为 600 mW 和 200 mW。因为拉曼增益将功率从短波长泵浦转移到长波长泵浦中，使用不相等的输入泵浦功率。采用伪随机比特模式以 10 GHz 的频率调制泵浦波的相位，可以避免引发受激布里渊散射(SBS)。

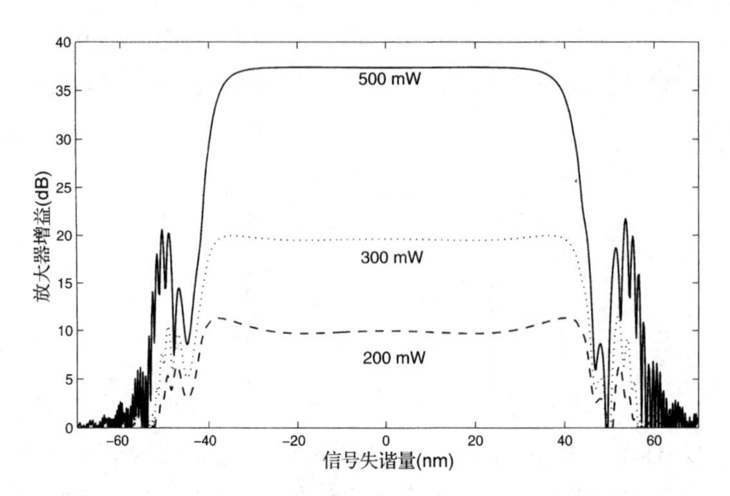

图 11.7 双泵浦参量放大器在 3 个不同泵浦功率下的理论增益谱，两个泵浦的功率相等，其波长分别位于零色散波长两侧的35 nm处，指定信号失谐量是相对于光纤零色散波长的

硅基参量放大器

光纤对制作参量放大器并不是不可或缺的，表现出大的三阶非线性极化率的任何材料，都可以用来替代光纤。最近，纳米尺度的硅波导(也称光子纳米线)已相当成功地用于此目的[37~44]。

硅波导中四波混频的理论与光纤中四波混频的理论类似，但需要做一些修改[40]。主要的修改是，当在通信感兴趣的 1550 nm 附近的波长区泵浦硅波导时，双光子吸收(TPA)现象不可以忽略，因为泵浦光子的能量超过了带隙能量的一半。而且，双光子吸收产生自由载流子，这些自由载流子不但引起附加的吸收，而且改变了折射率[45]。基于这个原因，方程式(11.1.10)和方程式(11.1.11)应适当修改，以包括双光子吸收和自由载流子效应，这两种效应均可降低四波混频过程的效率。积极的一面是，硅波导的非线性参数 γ 的值要比光纤的大 10 000 倍以上，因为硅的 $\bar{n}_2$ 值大得多，硅波导的有效模面积也小得多，从而在长约 1 cm 的短器件中就能观察到四波混频。

推广到包括双光子吸收和自由载流子效应的四波混频理论的结果显示，当单泵浦的波长与硅波导的零色散波长接近一致时，闲频产生可以在宽带宽(大于 300 nm)上发生[40]。然而，当器件被连续泵浦时，实现信号或闲频的净增益是不可能的。原因与双光子吸收产生的自由载流子的累积有关，由于硅中自由载流子的寿命相对较长(一般大于 1 ns)，自由载流子的数量迅速增长。图 11.8 给出了当载流子寿命 τ_c 取 0.1 ~ 10 ns 范围的 3 个不同值时，信号增益 G_s(虚线)和闲频转换效率 $\eta_c = P_i(L)/P_s(0)$(实线)随泵浦强度的变化，其中泵浦波长等于 1551.3 nm 的光纤零色散波长，信号波长等于 1601.3 nm。由图可见，当 τ_c 超过 0.1 ns 时，如果泵浦强度大于 0.2 GW/cm^2，则 G_s 和 η_c 均减小，这是因为在高泵浦强度下产生了更多的自由载流子，而且它们的浓度随 τ_c 线性增加，这导致 τ_c 的值越大，损耗也就越高。当 $\tau_c = 10$ ns 时，最大转换效率只有 −17.5 dB；但当 τ_c 减小到 1 ns 时，最大转换效率增至 −8 dB。

图 11.8 表明，对于连续泵浦，只有当载流子寿命降至 100 ps 以下时，才有可能实现信号放大。对于短光脉冲泵浦，就不存在这样的限制。基于这个原因，硅波导中四波混频的早期实验采用脉冲泵浦，以实现信号的净增益[38]。然而，对于信号处理应用，通常希望采用连续泵浦。利用反向偏置的 p-i-n 结将自由载流子从四波混频区移走(通过对它们加速使之向电极移动)，可以在一定程度上克服载流子寿命施加的限制[41]。积极的一面是，硅波导的长度相当

短，这使四波混频可以在超过 300 nm 的宽波长范围内发生[40]。在 2010 年的一个实验中[44]，通过在整个器件尺度上控制波导色散，实现了大于 800 nm 的带宽。详细的四波混频理论表明，必须控制二阶和四阶色散的大小和符号，以延伸能发生四波混频的带宽[2]。在 2010 年的一个实验中，通过控制硅波导的宽度和高度实现了信号和闲频之间 837 nm 的波长差，然而，由于实验采用连续信号和连续泵浦，转换效率被限制在 -20 dB 以下。

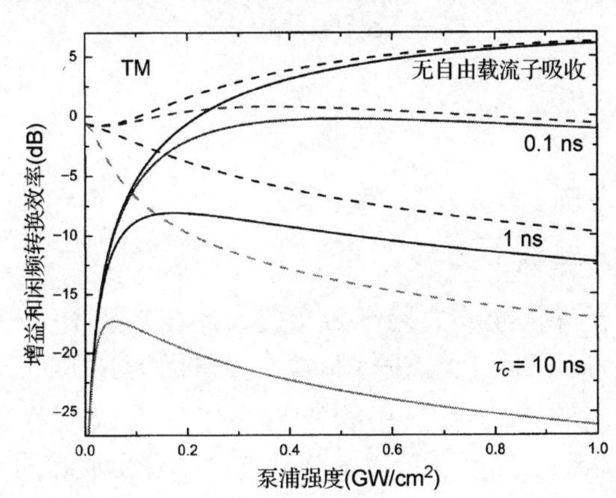

图 11.8　当载流子寿命 τ_c 取几个不同值时，信号增益(虚线)和闲频转换效率(实线)随泵浦强度的变化；曲线"无自由载流子吸收"对应 τ_c = 0 ns 的情况[40]（经ⓒ2006 OSA授权引用）

11.1.3　半导体光放大器中的非线性效应

由于半导体光放大器在光波系统中有潜在的应用，它们在 20 世纪 80 年代得到了发展[46~50]。尽管随着掺杂光纤放大器和拉曼放大器的出现，半导体光放大器很少用于光波系统中光纤损耗的补偿，但它们表现出几种非线性效应，这使它们对全光信号处理有用。因为半导体光放大器的长度相对较短(约为 1 mm)，它们的三阶非线性极化率不能用于此目的，然而可以利用任何光放大器(包括半导体光放大器)都固有的增益饱和特性。

半导体光放大器的光增益和增益饱和

尽管当半导体激光器偏置在阈值以下时可以用来作为光放大器，但它们的带宽受到两个刻面多次反射的固有限制。利用倾斜有源区和刻面镀抗反射膜(增透膜)的方法，大部分半导体光放大器能够抑制这一反馈。这种光放大器的 3 dB 带宽可以接近 100 nm。

半导体光放大器是电泵浦的，即将电子注入它的有源区中。如果将连续光信号入射到半导体光放大器的输入端，只要增益未达到饱和，该光信号就会以指数形式被放大，并且单通增益为 $G=\exp(gL)$。然而，增益系数 g 很容易饱和，它与电子浓度 N 有下面的关系：

$$g(N)=\Gamma\sigma_g(N-N_0) \tag{11.1.19}$$

式中，Γ 是限制因子，σ_g 是增益截面，N_0 是当半导体光放大器透明时 N 的值。这 3 个参数表征了一个半导体光放大器，而且它们取决于半导体光放大器的设计细节。

为讨论增益饱和，利用以下形式的载流子浓度的著名速率方程：

$$\frac{\mathrm{d}N}{\mathrm{d}t}=\frac{I}{qV}-\frac{N}{\tau_c}-\frac{\sigma_g(N-N_0)}{\sigma_m h\nu}P \tag{11.1.20}$$

式中，τ_c 是载流子寿命，σ_m 是波导模式的有效面积。在连续光信号或脉宽远大于 τ_c 的脉冲信号情况下，令方程式(11.1.20)中的 $dN/dt=0$ 可以得到 N 的稳态解，将此解代入式(11.1.19)中，可得光增益以下面的方式饱和：

$$g=\frac{g_0}{1+P/P_s} \tag{11.1.21}$$

式中，小信号增益 g_0 由下式给出：

$$g_0=\Gamma\sigma_g[I\tau_c/(qV)-N_0] \tag{11.1.22}$$

饱和功率 P_s 定义为

$$P_s=h\nu\sigma_m/(\sigma_g\tau_c) \tag{11.1.23}$$

P_s 的典型值在 5 ~ 10 mW 范围。

半导体光放大器作为非线性器件

增益饱和虽然限制了半导体光放大器作为光放大器在光波系统中的使用，但它还使半导体光放大器对全光信号处理(同时放大信号)非常有用。因为光脉冲引起的增益饱和，半导体光放大器可以用于波长转换、信道解复用和逻辑操作[51~53]。半导体光放大器不但极其紧凑(有源区的体积小于 1 mm^3)，而且还可以与其他器件单片集成在同一芯片上。

半导体光放大器的最重要特性是，它们表现出强的载流子引起的三阶非线性，其 $\bar{n}_2$ 的有效值约为 10^{-13} m^2/W，比石英光纤的大几个数量级[54~56]。尽管这种非线性不会对飞秒时间尺度产生响应，但也足够快，能用来制作工作在 40 Gbps 比特率下的器件。这种非线性的起源在于增益饱和，以及载流子浓度的任何变化不但影响光增益而且还影响半导体光放大器有源区的折射率这一事实。

理解半导体光放大器的非线性响应的一种简单方式是，考虑将短光脉冲输入其中时会发生什么。在半导体光放大器内脉冲包络的振幅 $A(z,t)$ 以下面的方式演化[54]：

$$\frac{\partial A}{\partial z}+\frac{1}{v_g}\frac{\partial A}{\partial t}=\frac{1}{2}(1-\mathrm{i}\beta_c)gA \tag{11.1.24}$$

式中，v_g 是群速度，并通过线宽增强因子 β_c 将载流子引起的折射率变化包括在内。g 的时间相关性由方程式(11.1.20)支配，可以写成下面的形式：

$$\frac{\partial g}{\partial t}=\frac{g_0-g}{\tau_c}-\frac{g|A|^2}{E_{\text{sat}}} \tag{11.1.25}$$

式中，饱和能量 E_{sat} 定义为

$$E_{\text{sat}}=h\nu(\sigma_m/\sigma_g)=P_s\tau_c \tag{11.1.26}$$

g_0 由式(11.1.22)给出，典型地，$E_{\text{sat}}\approx 1$ pJ。

方程式(11.1.24)和方程式(11.1.25)描述了半导体光放大器中光脉冲的放大，如果光脉冲的宽度远小于载流子寿命($\tau_p \ll \tau_c$)，则这两个方程可以解析求解。在光脉冲放大期间，方程式(11.1.25)右边的第一项可以忽略。引入约化时间 $\tau=t-z/v_g$ 和 $A=\sqrt{P}\exp(\mathrm{i}\phi)$，则方程式(11.1.24)和方程式(11.1.25)可以写成[54]

$$\frac{\partial P}{\partial z}=g(z,\tau)P(z,\tau) \tag{11.1.27}$$

$$\frac{\partial \phi}{\partial z}=-\tfrac{1}{2}\beta_c g(z,\tau) \tag{11.1.28}$$

$$\frac{\partial g}{\partial \tau} = -g(z,\tau)P(z,\tau)/E_{\text{sat}} \tag{11.1.29}$$

在放大器长度 L 上容易对方程式(11.1.27)积分，结果为

$$P_{\text{out}}(\tau) = P_{\text{in}}(\tau)\exp[h(\tau)] \tag{11.1.30}$$

式中，$P_{\text{in}}(\tau)$是输入功率，$h(\tau)$是总积分增益，定义为

$$h(\tau) = \int_0^L g(z,\tau)\,\mathrm{d}z \tag{11.1.31}$$

如果用$\partial P/\partial z$ 替代方程式(11.1.29)中的 gP 并在放大器长度上积分，则 $h(\tau)$满足以下方程[54]：

$$\frac{\mathrm{d}h}{\mathrm{d}\tau} = -\frac{1}{E_{\text{sat}}}[P_{\text{out}}(\tau)-P_{\text{in}}(\tau)] = -\frac{P_{\text{in}}(\tau)}{E_{\text{sat}}}(\mathrm{e}^h-1) \tag{11.1.32}$$

该方程式很容易求解，从而可得到 $h(\tau)$。放大倍数 $G(\tau)$与 $h(\tau)$有关系 $G(\tau)=\exp[h(\tau)]$，并由下式给出：

$$G(\tau) = \frac{G_0}{G_0-(G_0-1)\exp[-E_0(\tau)/E_{\text{sat}}]} \tag{11.1.33}$$

式中，G_0是未饱和放大器增益，$E_0(\tau)=\int_{-\infty}^{\tau} P_{\text{in}}(\tau)\,\mathrm{d}\tau$ 是输入脉冲的部分能量，$E_0(\infty)$等于输入脉冲能量 E_{in}。

式(11.1.33)给出的解表明，对于脉冲的不同部分，放大器增益也不同：脉冲前沿经历全部增益 G_0，因为放大器尚未饱和；脉冲后沿得到的增益最小，因为整个脉冲已使放大器增益出现饱和。正如方程式(11.1.28)所指，增益饱和导致沿脉冲的时间相关相移。对方程式(11.1.28)在放大器长度上积分，可得这一相移为

$$\phi(\tau) = -\tfrac{1}{2}\beta_c\int_0^L g(z,\tau)\,\mathrm{d}z = -\tfrac{1}{2}\beta_c h(\tau) = -\tfrac{1}{2}\beta_c\ln[G(\tau)] \tag{11.1.34}$$

由于脉冲通过增益饱和调制它的相位，这种现象称为饱和引起的自相位调制[54]。频率啁啾与相位的导数有以下关系：

$$\Delta\nu_c = -\frac{1}{2\pi}\frac{\mathrm{d}\phi}{\mathrm{d}\tau} = \frac{\beta_c}{4\pi}\frac{\mathrm{d}h}{\mathrm{d}\tau} = -\frac{\beta_c P_{\text{in}}(\tau)}{4\pi E_{\text{sat}}}[G(\tau)-1] \tag{11.1.35}$$

式中，用到了方程式(11.1.32)。

半导体光放大器中的自相位调制和它引起的频率啁啾与光脉冲通过光纤传输时发生的现象类似。正如在光纤中一样，放大脉冲的频谱被展宽，并包含几个振幅不等的频谱峰[54]。图 11.9 给出了当能量满足 $E_{\text{in}}/E_{\text{sat}}=0.1$ 的高斯脉冲通过半导体光放大器放大时，经数值计算得到的放大脉冲的波形(a)和频谱(b)。由图可见，主频谱峰移向红侧，而且比输入频谱更宽；频谱中还有一个或多个伴峰。脉冲的时域和频域变化取决于放大器增益的大小。利用锁模半导体激光器产生的皮秒脉冲进行的实验已证实了在图 11.9 中观察到的特征。

当用控制脉冲改变被半导体光放大器放大的信号的相位时，半导体光放大器还表现出交叉相位调制效应。与光纤的情况类似，通过马赫-曾德尔(MZ)干涉仪或 Sagnac 干涉仪可以将交叉相位调制引起的相移转换成强度变化。与光纤相比，这种器件受走离问题的影响较小，因为它们的长度通常较短。当将半导体光放大器置于 Sagnac 环内，以施加交叉相位调制引起的相移时，环长可以为 1 m 或更短，因为此时环只是用来将输入信号沿两个相反方向传输。这种器件的速度固有地受载流子寿命(通常大于 0.1 ns)的限制，但利用一个聪明的技巧可以克服

这一限制[57~60]。这个技巧是，将半导体光放大器从环中心精确移开一小段距离，正是这一小段距离而不是载流子寿命决定了开关发生的时间窗口。

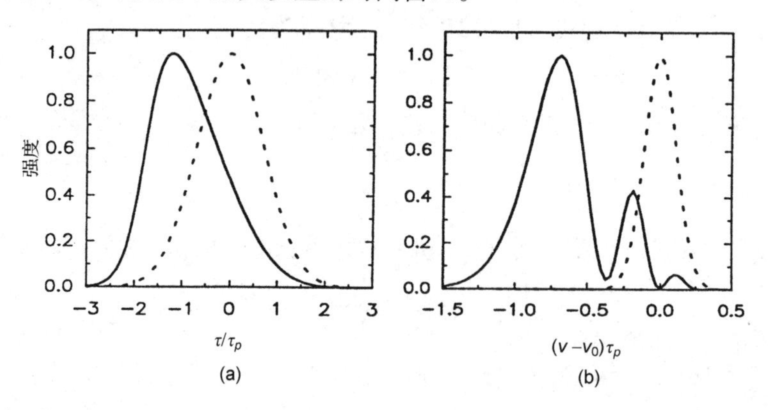

图 11.9　对于能量满足 $E_{in}/E_{sat}=0.1$ 的高斯输入脉冲，在 $G_0=30$ dB 和 $\beta_c=5$ 的半导体光放大器的输出端的脉冲形状(a)和频谱(b)，为了比较，图中用虚线给出输入脉冲的形状和频谱

11.1.4　光学双稳器件

光学双稳态是可以利用它制作对全光信号处理有用的双稳器件的一种主要的非线性现象[61]，正如其名称暗示的，在某些特定条件，对于同样的输入，该光器件的输出可以有两个分立的稳定值。如果通过外部的时间相关控制信号使输出可以在这两个值之间切换，则该光器件可起到时域开关的作用。表现出光学双稳态的一个简单器件是包含非线性介质的法布里-珀罗(FP)谐振器[61]；环形谐振器也可以用于此目的。实际上，早在 1983 年，就在环形腔内使用单模光纤作为非线性介质来实现光学双稳器件[62]。

FP 谐振器内的光学双稳态的起源可以通过包含非线性介质的 FP 谐振器的透射率来理解。利用镜面的反射率 R_m，可以得到

$$T_{\rm FP}(\nu)=\frac{P_t}{P_i}=\frac{(1-R_m)^2}{(1-R_m)^2+4R_m\sin^2(\phi/2)} \tag{11.1.36}$$

式中，$\phi=\delta+\phi_{\rm NL}$是一次往返的总相移。线性相移 $\delta=(\Delta\omega)\tau_r$取决于往返时间 τ_r和相对于腔谐振频率的频率失谐量 $\Delta\omega$；非线性相移源于自相位调制，可以写成

$$\phi_{\rm NL}=2\gamma P_{\rm av}L_m \tag{11.1.37}$$

式中，γ 是非线性参数，$P_{\rm av}$是平均腔内功率，L_m是非线性介质的长度。对于高精细度谐振器，透射功率 $P_t\approx(1-R_m)P_{\rm av}$。如果在式(11.1.36)中利用这一关系，则透射率满足下面的超越方程：

$$P_t\left\{1+\frac{4R_m}{(1-R_m)^2}\sin^2\left[\frac{\delta}{2}+\frac{\gamma P_tL_m}{(1-R_m)}\right]\right\}=P_i \tag{11.1.38}$$

该方程清楚地表明，对于给定的输入功率值 P_i，由于非线性相移，透射功率 P_t可以有多个值。解的个数取决于输入功率 P_i：在低输入功率下只有一个解；随着输入功率的增加，解的个数从 1 个增加到 3 个，然后 5 个……，这里关注 3 个解的情况，因为它需要的输入功率最小。

方程式(11.1.38)的多解导致色散光学双稳态，这种非线性现象已经通过几种不同的非线性介质观察到[61]，当线性相移 $\delta\neq0$，在低功率下很少有光透射时，就会发生这种情况。非线性相移将信号移到 FP 谐振器的谐振位置，导致较高的透射率。然而，透射功率 P_t并不随 P_i线

性增加，这可由方程式(11.1.38)的非线性特性清楚看出。图 11.10 给出了当失谐量取 3 个不同值时光纤谐振器预期的双稳态响应特性。在 δ 的一定范围内，方程式(11.1.38)的 3 个解产生光学双稳态著名的 S 形曲线，其中具有负斜率的中间分支是不稳定的[61]，结果，对于 P_i 的特定值，透射功率上下跳变，并以这种方式表现出磁滞特性。低输出态被称为“关”态，而高输出态相当于“开”态。通过改变输入功率、输入波长，或改变初始失谐量 δ 的其他控制参数，这种器件可在“开”和“关”两种状态之间切换。确实，能改变腔内材料的线性折射率的任何机制都可以用来控制这样的光开关。

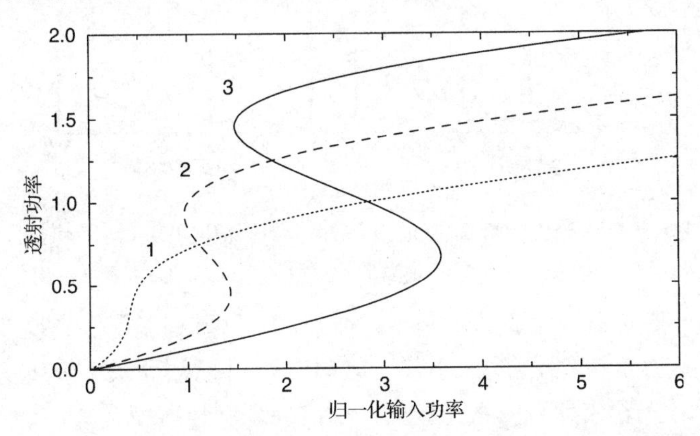

图 11.10　当失谐量 δ 取 3 个不同值时，$R_m = 0.5$ 的光纤谐振器的双稳态响应。利用 $P_n = (2\gamma L_m)^{-1}$ 对功率进行了归一化

已利用几种不同的非线性介质(包括半导体波导和光纤)观察到光学双稳态[61]。早在 1978 年，铌酸锂($LiNbO_3$)波导就用于此目的，其中波导的两个解理端面镀有银膜，以形成 FP 腔[63]。20 世纪 80 年代，利用由多量子阱形成的光波导来观察双稳态[64]。对于光纤的情况，当使用连续光或相对较宽的光脉冲时，受激布里渊散射妨碍了对光学双稳态的观察。在 1983 年的一个实验中[62]，首次在光纤环形谐振器中观察到双稳态，该实验利用皮秒脉冲来避免受激布里渊散射。在后来的实验中[65]，通过在环形腔内置一光隔离器，使光单向传输来抑制受激布里渊散射。在本实验中，当连续光功率小于 10 mW 时观察到了双稳态特性，尽管这一功率电平下的非线性相移 ϕ_{NL} 相对较小(小于 0.01 rad)，但仍足以诱导双稳态。1998 年的一个实验采用了改进的稳定化方案[66]，图 11.11(a)至图 11.11(d)给出了当失谐量 δ 取 4 个不同值时观察到的磁滞回线。该实验使用掺钛蓝宝石激光器发射的锁模脉冲(脉宽约为 1 ps)，光纤环形谐振器的长度(约为 7.4 m)可精确调节，使输入激光脉冲与已在腔内循环的另一个脉冲在时间上交叠(同步泵浦)。

20 世纪 90 年代，使用半导体激光器作为光学双稳器件受到极大关注[67]。其主要优点是，这种激光器采用 FP 腔设计，激光器的有源半导体波导能为双稳态的发生提供足够的非线性，而且无须外部的维持(holding)光束，因为激光器可以从内部产生这一光束。因此，若激光器在外加电流的某个范围内表现出双稳态特性，则足以发射一个控制信号。大部分半导体激光器本征上并不是双稳的，但可以通过在激光器腔内集成一个或多个可饱和吸收体区来制作双稳器件[68~71]。甚至半导体光放大器也可以作为双稳器件使用，确实，20 世纪 80 年代，人们利用半导体光放大器来观察双稳态和实现全光触发器[72,73]。尽管半导体光放大器需要外部维持光束，但由于半导体光放大器还能提供光放大，需要的功率相对较低。

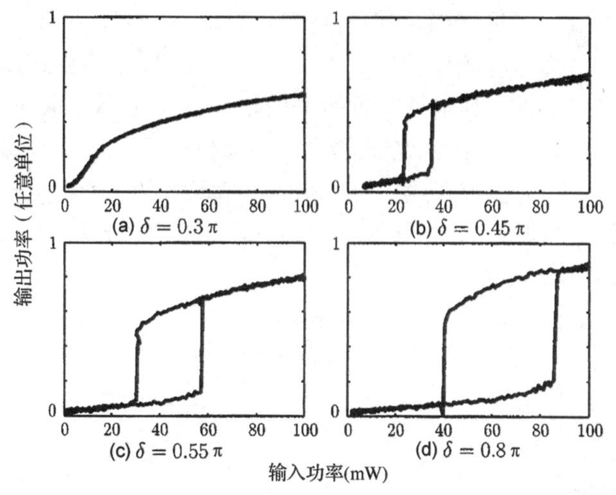

图 11.11 当失谐量 δ 取(a)~(d)4 个不同值时在光纤环形谐振器内观察到的磁滞回线[66](经© 1998 OSA授权引用)

FP 腔尽管常见，但它对双稳态并不是不可或缺的，只要有能提供光反馈的内建机制即可。在非线性介质内形成的布拉格光栅的分布反馈(DFB)可以用于此目的，并导致了光学双稳态[74]。可以利用光纤光栅或具有内置光栅的平面波导来制作时域开关。DFB 半导体激光器和半导体光放大器自然是这种器件的候选者，自 20 世纪 80 年代以来，它们已被用于此目的[75~78]。导致光学双稳态的物理机制是折射率与载流子浓度有关：由于增益饱和，有源区内的载流子浓度减小，折射率增加，从而导致布拉格光栅阻带的位移，阻带的这种非线性位移等价于图 11.11 中失谐量的改变。通过电流注入改变半导体光放大器的增益，也能使阻带发生位移，下一节将讨论如何利用阻带的位移来制作全光触发器。

11.2 全光触发器

光触发器可以构成能通过外部控制信号实现“开”和“关”的时域开关。20 世纪 80 年代，光触发器受到极大关注，因为它们可以模拟电触发器的功能，并为光交换、光存储和光逻辑元件提供最通用的解决方案[79~83]。

全光触发器需要光学双稳器件，而且通过控制信号可以实现该双稳器件在两个输出态之间的切换。半导体激光器和半导体光放大器经常用于制作触发器，因为它们尺寸小、功耗低，而且具有与其他光学器件单片集成的潜力。这种器件的外部控制信号可以是光信号，也可以是电信号。当控制信号是光信号时，该器件称为全光触发器，图 11.12 给出了这种器件的基本思想：通过发送短脉冲形式的光置位信号，器件输出可以切换到“开”态；稍后，复位脉冲关断触发器，器件输出切换到“关”态。与在 11.1.1 节中讨论的开关方案不同，在置位脉冲和复位脉冲之间的时间段，输出保持“开”态。从这个意义上，触发器保留了置位脉冲的记忆，并可作为光存储单元。

图 11.12 全光触发器的示意图，置位脉冲和复位脉冲分别开启和关断触发器

11.2.1　半导体激光器和半导体光放大器

在 1987 年的一个实验中[81]，将略微偏置在阈值以下(97% 的阈值)的 InGaAsP 半导体激光器用做 FP 放大器，频率仅相差 1 GHz 的另外两个 1.53 μm 的激光器分别产生维持光束和控制光束。触发器可在“开”和“关”之间切换，但在该实验中开关时间相对较长(大于 1 μs)。在 2000 年的一个实验中[78]，DFB 激光器被偏置在阈值以下，采用由此得到的半导体光放大器作为光学双稳器件。向布拉格谐振波长的长波长侧调谐 1547 nm 的维持光束，置位脉冲和复位脉冲宽 15 ns，分别由工作在 1567 nm 和 1306 nm 的两个 InGaAsP 激光器产生。置位脉冲的峰值功率只有22 μW(能量为 0.33 pJ)，而复位脉冲的峰值功率接近 2.5 mW(能量为 36 pJ)。图 11.13 给出了(a)两个置位脉冲和两个复位脉冲的序列，以及(b)触发器的输出，这种器件能够在可与载流子寿命(约为 1 ns)相比拟的时间尺度上实现开关。

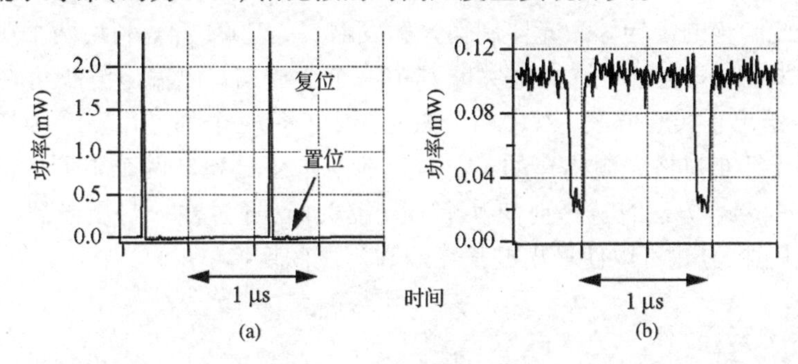

图 11.13　利用略微偏置在阈值以下的 DFB 激光器构造的光触发器的工作特性。(a)置位脉冲(小峰)和复位脉冲的序列；(b)输出功率随时间的变化[78](经© 2000 OSA授权引用)

这种触发器的物理机制与光栅阻带的位移有关，由于载流子浓度的变化导致有效折射率发生变化，因此光栅阻带产生位移。置位脉冲使半导体光放大器的增益发生饱和，导致载流子浓度减小，从而使有效折射率 $\bar{n}$ 增大，并使布拉格波长 $\lambda_B = 2\bar{n}\Lambda$ 移向长波长方向，这里 Λ 是光栅周期。相反，复位脉冲被半导体光放大器吸收，导致载流子浓度增加，因此有效折射率 $\bar{n}$ 减小，并使布拉格波长移向短波长方向。置位脉冲的波长必须位于半导体光放大器的增益带宽内，这样它能使放大器饱和。复位脉冲的准确波长并不太重要，只要它比维持光束的波长足够短，能落到增益带宽外从而被放大器吸收即可，于是，两个控制信号的工作波长范围较宽。复位脉冲的偏振不起任何作用，可以通过适当设计半导体光放大器来降低置位脉冲的偏振相关性。由于控制信号的工作是不依赖于维持光束的，它们可以与维持光束沿相反方向传输，其作用只是改变载流子浓度。这种对传输方向的透明性应该对系统设计有用。

近年来，已经利用几种其他设计构建了光触发器[84~101]。在 1995 年的一个实验中[84]，通过向垂直腔面发射激光器(VCSEL)注入正交偏振的光置位脉冲和复位脉冲，实现了 1.2 GHz 的触发操作。这种触发器的物理机制与偏振双稳态有关，更具体地说，利用置位脉冲和复位脉冲可以将输出的偏振态从 TE 态切换到 TM 态。在另一个实验中[86]，通过在半导体激光器的两个模式之间切换，实现了光触发器。当反馈是通过将光折变晶体置于环形腔内提供的时，光折变晶体中的四波混频也可以用来制作光触发器[87]。然而，这种器件的速度受限于光折变晶体的响应时间。2009 年，用偏置在阈值以下的垂直腔面发射激光器作为双稳放大器来实现工作在反射模式的光触发器[99]。

在另一种方案中，将连续光注入 DFB 激光器中，通过空间烧孔效应产生了光学双稳态[98]。通过从相反方向向 DFB 激光器注入低能量(约为0.2 pJ)的置位脉冲和复位脉冲,实现了低功率态和高功率态之间的切换。这种光触发器能以2 GHz 的重复频率在不到75 ps 的时间间隔内实现开启。

无源半导体波导也能用来构建全光触发器[89]。这种器件不能利用增益饱和作为非线性机制,相反,它们经常工作在半导体材料的带隙以下,并通过光克尔效应引入折射率的强度相关变化。沿波导长度方向制备布拉格光栅,也可以使器件具有双稳性。因为克尔非线性的电子本性,这种光触发器能对皮秒甚至更短的时间尺度做出响应,与响应时间受限于载流子寿命的半导体光放大器相比,这是无源波导的主要优势。

11.2.2 耦合半导体激光器和半导体光放大器

已经通过两个半导体激光器或半导体光放大器之间的耦合制作出几种光触发器。1997 年,提出利用两个彼此同步的半导体激光器制作光触发器[88]。2001 年,利用两个耦合的半导体激光器来制作光触发器,并通过有选择地关断其中一个激光器,使输出波长可在两个值之间切换[91]。图 11.14 给出了实验方案,其中两个激光器中的每一个都是用一个半导体光放大器和作为腔镜的两个光纤布拉格光栅构建的,它们分别工作在λ_1和λ_2两个不同的波长下,利用增益淬灭(gain quenching)方法有选择地使某个激光器关断(通过注入与激光器工作波长不同的光)。结果,利用光控方法可以使输出波长在λ_1和λ_2之间切换。

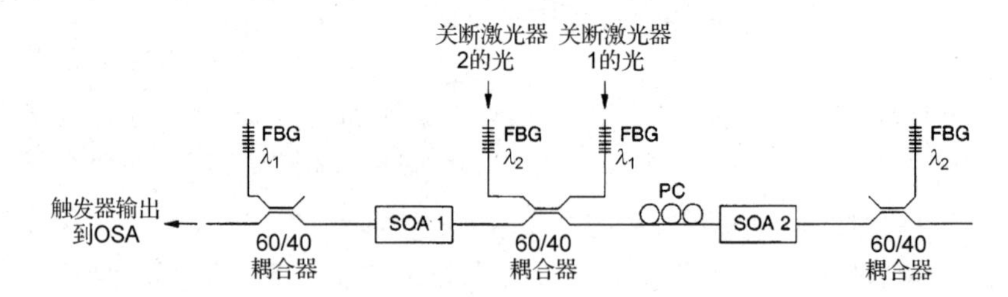

图 11.14 基于两个耦合半导体激光器的光触发器,每个激光器由一个半导体光放大器和作为反射镜的两个光纤布拉格光栅构成。通过注入波长不同于自身工作长的光,可实现每个激光器的开启和关断,OSA,FBG和SOA分别代表波频谱仪、光纤布拉格光栅和半导体光放大器[91](经ⓒ 2001 IEEE授权引用)

将两个耦合的激光器集成在同一芯片上的光触发器也已制作出来[90]。在如图 11.15 所示的这个器件中,垂直腔面发射激光器与一个边发射激光器集成在一起。两个激光器共有一个有源区,并通过增益饱和相互耦合,因为在这一共有区域,它们为了获得增益而相互竞争。边发射激光器包含一小段未加偏置的区域,它起到可饱和吸收体的作用,可使激光器具有双稳性。该激光器偏置在使它的输出相当弱(“关”态)的电流处。注入吸收体中的置位脉冲可将该激光器切换到“开”态,因为置位脉冲使吸收体饱和,从而减小了腔损耗。通过注入复位脉冲穿过垂直腔面发射激光器,可以使该器件关断,条件是复位脉冲足够强,可使两个激光器共有的有源区发生增益饱和。当增益减小时,腔内的光强也随之降低,最终因光强太低而无法使吸收体饱和,从而导致腔损耗增加,器件返回原来的“关”态。利用置位脉冲和复位脉冲,就实现了光触发器的“开”和“关”,如此周而复始。在另一种方案中,利用多模干涉(MMI)耦合器耦合两条有源波导,并将两个可饱和吸收体包含在半导体激光腔内,当通过置位脉冲和复位脉冲控制时,该器件就会表现出双稳性,即实现在它的两个横模之间的切换[96]。

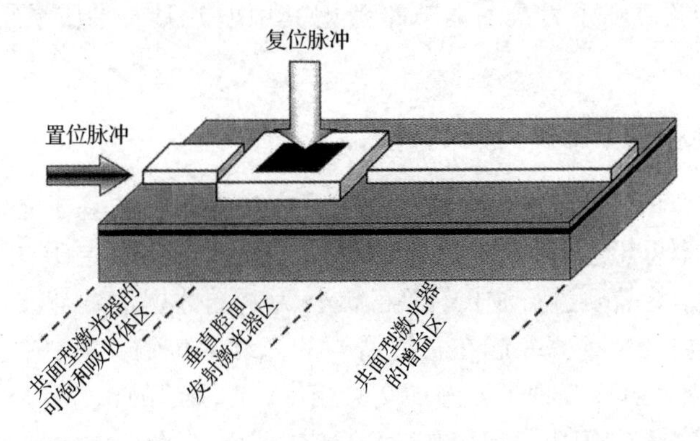

图 11.15　光触发器的示意图，其中垂直腔面发射激光器与包含一个短的未偏置区[作为可饱和吸收体(S. A.)]的共面型激光器(IPL)集成在一起，置位脉冲和复位脉冲的方向也在图中给出[90]（经© 2000 IEEE授权引用）

在一个有趣的方案中，利用半导体光放大器和 DFB 激光器之间的光反馈实现触发器[97]。该器件通过沿相反方向注入低能量(约为 5 pJ)的置位脉冲和复位脉冲，利用半导体光放大器和 DFB 激光器之间的双向耦合实现双稳态工作。光触发器的开关比大于 15，利用 150 ps 宽的脉冲可使之工作在 0.5 GHz 的重复频率下。在如图 11.16 所示的另一个方案中，利用两个 MZ 干涉仪(它们的其中一条臂包含一个半导体光放大器)之间的耦合实现触发操作，两个干涉仪之间的这种耦合通过允许在以不同波长入射的两个连续的维持光束之间的切换提供了双稳性。整个器件称为光学静态随机存取存储器(RAM)单元，利用 InP 芯片倒装键合到硅平台上的混合技术可以实现这种器件的单片集成[100]。这种器件表现出 5 Gbps 比特率的读写功能。

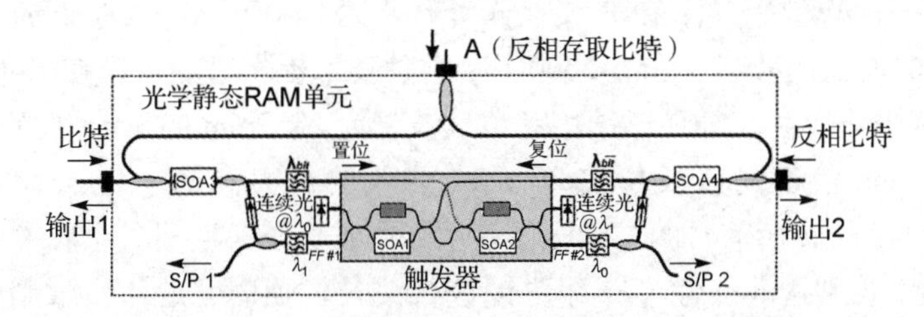

图 11.16　利用两个 MZ 干涉仪(其中一条臂包含一个半导体光放大器)之间的耦合制作 的集成触发器的示意图[100]（经© 2009 IEEE授权引用）

在 2010 年的一个实验中[101]，通过与硅波导[用绝缘体上硅(SOI)工艺制备]耦合的 InP 微盘激光器(直径为 7.5 μm)的异构集成实现了触发器。在小偏置电流下，激光器工作在顺时针和逆时针方向，但在大偏置电流下，激光器只在一个方向上工作，这是因为两个高效率的激光器通过它们共同的增益介质发生了耦合。利用顺时针方向和逆时针方向的双稳工作可以制作触发器，更具体地说，当置位脉冲和复位脉冲从相反方向注入激光器时，激光器可以切换它的工作方向。这种器件的开关时间为 60 ps，而注入脉冲能量只有 1.8 fJ。

11.3　波长转换器

在其中的 WDM 信道基于各自的载波波长实现切换的光网络中，需要能改变信道的载波波长而不影响其比特模式(包含被传输的信息)的器件，即波长转换器。各种基于光纤和半导体材料的波长转换器已经得到了发展，本节将考虑其中的几种，并从系统的角度关注它们的性能。

11.3.1 基于交叉相位调制的波长转换器

首先关注利用交叉相位调制这种非线性现象来实现光开关的基于光纤的波长转换器。这种波长转换技术的基本思想已经在11.1.1节中的交叉相位调制诱导开关的背景下讨论过，其示意图如图11.17所示。需要进行波长转换的波长为λ_2的数据信号与波长为λ_1的连续种子光(λ_1与转换信号的希望波长一致)一起在长度适当的光纤中传输，其中数据信号作为泵浦，它只在“1”比特的时隙内才对连续种子光施加交叉相位调制引起的相移；利用干涉仪可将该相移转换成振幅调制。在实际应用中，利用作为Sagnac干涉仪的非线性光纤环形镜实现这个目的[102~104]。图11.17中的新特性是，数据信号仅在一个方向上影响连续种子光，由此产生的差分相移可用来将数据信号的比特模式复制到波长为λ_1的转换信号上。

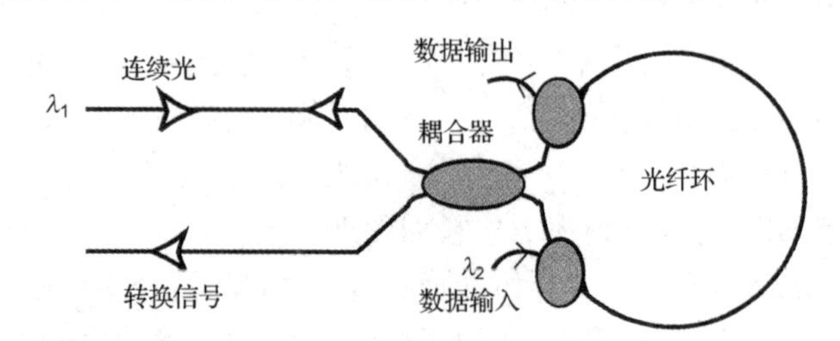

图11.17 利用Sagnac干涉仪中的交叉相位调制引起相移实现的波长转换器,它将数据的波长从λ_2转换到λ_1

在1994年的一个实验中[102]，在非线性光纤环形镜内利用4.5 km长的色散位移光纤将10 Gbps数据信道的波长位移了8 nm。2000年，这种技术提供了能工作在40 Gbps比特率下的波长转换器[24]，其中非线性光纤环形镜用零色散波长为1555 nm的3 km长的色散位移光纤构成，它可以将1547 nm信道的波长位移20 nm，测量的最大和最小传输态之间的开关比为25 dB。原始信号和波长转换信号的光学眼图表明，在波长转换期间各个脉冲几乎不受影响。

读者可能会问，当利用非线性光纤环形镜进行波长转换时，是什么限制了波长位移的范围？答案与通过交叉相位调制相互作用的两个光波不同的群速度有关。为了估计最大波长位移，假设L应比走离长度L_W小。注意，对于以频率$\delta\nu$分开的两个信道，走离参数d_w与光纤色散有$d_w=|\beta_2|(2\pi\delta\nu)$的关系，于是条件$L<L_W$化为

$$\delta\nu<T_0/(2\pi\beta_2 L) \tag{11.3.1}$$

要实现波长转换，$\phi_{\max}=2\gamma_1 P_0 L$必须等于$\pi$，由这一要求可以得到所需要的光纤长度。对于色散位移光纤，如果输入峰值功率P_0被限制在1 W左右，则L应超过1 km。利用$L=2$ km，$T_0=20$ ps，$\beta_2=1$ ps^2/km，则频率差$\delta\nu$接近于1.5 THz，该值相当于12 nm的波长差。

利用γ值超过10 W^{-1}/km的高非线性光纤，可以使所需的光纤长度大幅减小。在2001年的一个实验中[104]，利用$\gamma=20.4$ W^{-1}/km的仅50 m长的高非线性光纤构成非线性光纤环形镜，实现了0.5 ps脉冲的波长转换。因为光纤环的长度较短，即使对于这样的短脉冲，波长也可位移26 nm。在本实验中，实现π相移所需要的输入脉冲的峰值功率接近4 W。

光学干涉仪对基于交叉相位调制的波长转换器并不是不可或缺的。在如图11.18所示的一种更简单的方法中，将作为泵浦的比特流和连续探测光一同输入非线性光纤中，并通过一个

适当的光滤波器对输出滤波[105~112]。只有在"1"比特的时隙内，波长为λ_2的泵浦脉冲才能通过交叉相位调制影响连续探测光(波长为所希望的转换波长λ_1)的频谱。如果光滤波器的通带相对于λ_1偏移一个适当的量，则新波长处的输出就是原始比特流的副本。包括光纤光栅在内的带宽大于数据信道带宽(约为 0.5 nm)的任何光滤波器都可用于此目的。在 2000 年的一个实验中[105]，通过 10 km 长的光纤中的交叉相位调制将 40 Gbps 信号的波长位移了数纳米(nm)。该实验利用由保偏光纤构成的 4 m 长的环作为陷波滤波器，波长位移的大小受限于在其中发生交叉相位调制的 10 km 光纤的长度。

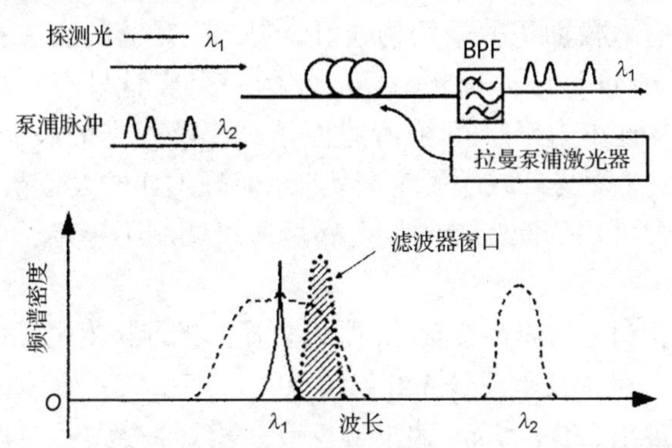

图 11.18　基于交叉相位调制效应的波长转换器的示意图，带通滤波器(BPF)通过相对于探测波长的偏移只选择一部分交叉相位调制展宽频谱[110](经ⓒ 2005 IEEE授权引用)

采用高非线性光纤已经实现了更大的波长位移。在 2001 年的一个实验中[106]，利用 $\gamma = 11\ W^{-1}/km$的 1 km 长的光纤实现了 80 Gbps 比特率的波长转换，其中光纤零色散波长为 1552 nm，而且在这个波长附近色散斜率相对较小。实验中，首先将 1560 nm 波长的 80 Gbps 数据信号放大到 70 mW，然后将其和连续探测光(其波长可在 1525 ~ 1554 nm 范围变化)一起耦合到光纤中，最后在光纤输出端用带宽为 1.5 nm 的可调谐光滤波器产生波长转换信号。图 11.19(a)给出了恰好在可调谐光滤波器(其中心波长被调谐到 1545.6 nm 的探测波长)前、后测量的频谱。在滤波器前，探测频谱显示出通过交叉相位调制产生的多个边带，其主峰位于 1545.6 nm；在滤波器后，载波相对于边带被得到抑制，产生具有与原始信号相同的比特流的波长转换信号。图 11.19(b)给出了波长转换信号的脉宽随探测波长的变化关系，正如在图中看到的，在一个宽带宽内脉宽几乎保持不变。误码率测量表明，这种波长转换器的功率代价可以忽略。

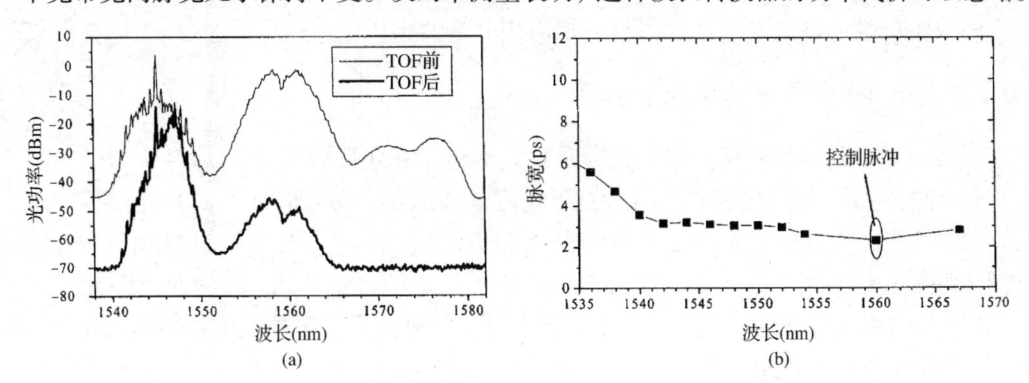

图 11.19　在基于交叉相位调制效应的波长转换器中，(a)在可调谐光滤波器(TOF)前、后测量的频谱；(b)转换信号的脉宽随波长的变化，图中标记为控制脉冲的点对应的宽度为原始数据信号的宽度[106](经ⓒ 2001 IEEE授权引用)

在2004年的一个实验中[108]，实现了160 Gbps比特率的波长转换。该实验利用0.5 km长的色散位移光纤产生交叉相位调制引起相移，光纤后接一个作为陷波滤波器的光纤光栅，以及带宽分别为5 nm和4 nm的两个光滤波器，这两个光滤波器的通带相对于输入信号的载波频率偏移了160 GHz。实验观察到，波长转换器保留了输入信号的相位，从系统的角度，这是一个希望得到的特性。如图11.18所示，如果从后向泵浦光纤，利用光纤的拉曼增益来增强交叉相位调制引起相移，则还能进一步改善这种波长转换器的性能。在2005年的一个实验中[110]，当用600 mW的泵浦功率泵浦1 km长的高非线性光纤时，波长转换效率提高了21 dB。

如果利用具有超小有效模面积的微结构光纤，则产生足够的交叉相位调制引起相移所需的光纤长度可以减小到10 m以下。确实，2003年的一个实验只需要5.8 m长的高非线性光纤[107]，其中利用光纤光栅作为窄带可调谐滤波器，转换信号的波长可在光纤正常色散区15 nm的带宽内调谐。由于短光纤减小了走离效应，实现这样的大带宽是可能的。利用正常色散消除了在反常色散情况下因为激光器的强度噪声通过调制不稳定性的放大而产生的相干性劣化。

如果利用参数$\bar{n}_2$值相当大的非石英光纤，那么更短的光纤长度也是可能的。在2006年的一个实验中[111]，仅用1 m长的一段氧化铋光纤就将10 Gbps的NRZ信号的波长改变了15 nm，该光纤在1550 nm波长表现出330 ps^2/km的正常色散，非线性参数$\gamma \approx 1100\ W^{-1}/km$。因为光纤长度短，受激布里渊散射的阈值大于1 W，所以受激布里渊散射不再是一个重要问题。基于同样的原因，走离效应也可以忽略。本实验中，波长转换基于交叉相位调制引起的非线性偏振旋转，它使光纤起到一个克尔光闸的作用[2]，更具体地说，用于产生交叉相位调制的数据信号和连续光在输入时是成45°角线偏振的，只有在“1”比特的时隙内，交叉相位调制引起的相移才能改变连续光的偏振态，而在“0”比特的时隙内连续光的偏振态保持不变，因此用一个检偏器能选择波长转换比特。

大部分波长转换器的一个实际问题与光纤中交叉相位调制的偏振敏感特性有关。众所周知，交叉相位调制引起的非线性相移取决于泵浦光和探测光的相对偏振态[2]，当两束光同偏振时，非线性相移有最大值。然而，光波系统中数据信号的偏振态不是固定不变的，而是以随机方式随时间变化，偏振态的这种变化表现为波长转换脉冲峰值功率的起伏。研究表明，通过旋转高非线性光纤使之获得恒定的圆双折射，则可以实现偏振不敏感的波长转换器。在2006年的一个实验中[112]，采用这种技术转换160 Gbps数据信号的波长，偏振敏感度仅为0.7 dB。表现为圆双折射的光纤对很多全光信号处理应用非常有用[113]。

11.3.2 基于四波混频的波长转换器

基于四波混频的波长转换器需要光参量放大器，比如图11.4所示的那种。如果想将信号频率从ω_s转换到ω_i，则需要将该信号和频率正好处在二者中间[即$(\omega_s+\omega_i)/2$]的连续泵浦光一同入射到光纤中，这样才能满足能量守恒条件$2\omega_p=\omega_s+\omega_i$。正如在11.1.2节中讨论的，这种四波混频过程产生的闲频光能准确地模拟信号信道的比特模式，因为四波混频只在分配给“1”比特的时间片中发生。因为要发生四波混频，泵浦光子和信号光子必须同时出现，所以在“0”比特期间没有闲频光子产生。结果，如果在光纤输出端置一光滤波器，让它通过闲频而阻隔泵浦和信号，输出就是原始比特流的波长转换副本。尽管早在1992年就研究利用光纤来实现波长转换[114~116]，但仅在高非线性光纤出现后这种技术才成熟，因为它的使用减小了在其中发生四波混频的光纤长度[117~127]。

转换效率定义为在长度为 L 的光纤的末端输出闲频功率与输入信号功率的比率。利用式(11.1.14)可得转换效率为

$$\eta_c = P_i(L)/P_s(0) = (\gamma P_0/g)^2 \sinh^2(gL) \tag{11.3.2}$$

上式表明，如果相位匹配条件接近满足，则 η_c 可以超过 1。实际上，当 $\kappa=0$ 且 $\gamma P_0 L>1$ 时，有 $\eta_c=\sinh^2(\gamma P_0 L)\gg 1$。于是，基于四波混频的波长转换器可以放大比特流，同时将该比特流的频率从 ω_s 切换到 ω_i，这是这种波长转换器的一个极为有用的特性。当然，信号也被放大；实质上，可以在两个不同波长处得到输入比特流的两个放大副本。

由式(11.3.2)可知，转换效率 η_c 通过乘积 κL 取决于相位失配 κ 和光纤长度 L。研究表明，对于长光纤，失谐范围 $\delta\equiv\omega_s-\omega_p$(在这个范围内 κL 较小)迅速减小，这一特性可以由下式更清楚地看出：

$$\kappa = \beta_2\delta^2 + 2\gamma P_0 \tag{11.3.3}$$

式中，$\beta_2\approx(\omega_p-\omega_0)\beta_3$，$\beta_3$ 是光纤零色散频率 ω_0 处的三阶色散系数。对于给定的 δ 值，通过在反常色散区选择泵浦波长以满足 $\beta_2=-2\gamma P_0/\delta^2$，则相位失配 κ 可以为零。然而，如果信号波长偏离 δ 的这一特定值，则 η_c 将以与光纤长度 L 有关的速率减小。结果，当光纤较长时，对于特定泵浦波长可以实现波长转换的带宽相对较窄(若 $L>10$ km，则带宽小于 10 nm)；但当光纤短于 100 m 时，带宽可以增加到 80 nm 以上[30]。

波长转换的实验结果与四波混频理论的这一简单预测一致。在最初的 1992 年的实验中[114]，使用了 10 km 长的长色散位移光纤，波长转换范围最大只有 8 nm 左右。在 1998 年的一个实验中[29]，使用了 γ 值为 10 W^{-1}/km 的 720 m 长的高非线性光纤，可允许在 40 nm 的带宽内实现波长转换，泵浦功率只有 600 mW。转换效率随信号波长变化，最高为 28 dB，表明由于四波混频引起的参量放大波长转换信号被放大了 630 倍。宽带宽的一个优势是，这种器件可用来同时转换多个信道的波长。在 2000 年的一个实验中[30]，利用 $\gamma=13.8$ W^{-1}/km 的 100 m 长的高非线性光纤实现了波长范围在 1570 ~ 1611 nm 的 26 个信道同时转换。在该实验中，因为为了抑制受激布里渊散射，输入泵浦功率最高只有 200 mW，所以转换效率相对较低(接近 −19 dB)。

对采用长光纤和想保持高转换效率的波长转换器来说，受激布里渊散射导致的后果更加严重。对于长度大于 10 km 的光纤，受激布里渊散射的阈值约为 5 mW；而对于长度约为 1 km 的光纤，受激布里渊散射的阈值增加到 50 mW 左右。既然光纤参量放大器要求的泵浦功率接近 1 W，因此需要通过适当的方法来提高受激布里渊散射的阈值并在整个放大器长度上抑制它。在实际应用中，一种常用的方法是在 1 GHz 附近以几个固定的频率调制泵浦相位[33]，或者用比特率为 10 Gbps 的伪随机比特模式在一个宽频率范围内调制泵浦相位[34]。这种技术通过展宽泵浦频谱来抑制受激布里渊散射，但对参量增益影响不大。然而，当光纤的色散效应将泵浦的相位调制转换成振幅调制时，信号和闲频的信噪比就会下降[118]。泵浦的相位调制还能导致闲频频谱的展宽，使之等于泵浦频谱的两倍宽。波长转换器比较关注闲频的这种展宽，在实际应用中可以使用双泵浦参量放大器来避免这种展宽，而且双泵浦参量放大器还有其他优点。

正如在 11.1.2 节中看到的，双泵浦方案在宽带宽内提供了近乎均匀的增益，并使器件偏振无关工作。闲频展宽的抑制可以这样理解：源于四波混频过程的闲频的复振幅 A_i 具有 $A_i\propto A_{p1}A_{p2}A_s^*$ 的形式，这里 A_{p1} 和 A_{p2} 是泵浦振幅[2]。显然，如果同相地或随机地调制两个泵浦的相

位，则闲频的相位就会随时间变化。然而，如果调制两个泵浦的相位使它们总是大小相等但符号相反，则乘积 $A_{p1}A_{p2}$将不会表现出任何调制。结果，尽管闲频频谱是信号频谱的镜像，但两个频谱的带宽相等。一种数字方法利用了二进制相位调制，使两个泵浦的相位在相同方向被调制，但只取两个离散值 0 和π。这种方法是有效的，因为在这样的调制方案下乘积 $A_{p1}A_{p2}$保持不变。利用两个正交偏振的泵浦解决了偏振问题[34]。

图 11.20(a)给出了当将 1557 nm 波长的信号输入双泵浦波长转换器中时，在输出端记录的频谱[36]。两个泵浦的波长分别为 1585.5 nm 和 1546.5 nm，功率分别为 118 mW 和 148 mW，短波长泵浦的功率较高是为了抵消拉曼引起的向长波长泵浦的功率转移。四波混频在 1 km 长的高非线性光纤($\gamma = 18\ \mathrm{W^{-1}/km}$)中发生，光纤的零色散波长为 1566 nm，且在该波长处色散斜率为 0.027 ps/($\mathrm{nm^2 \cdot km}$)。通过四波混频产生的 1570 nm 附近的闲频和信号具有相同的比特模式，闲频的平均功率也可以与信号的平均功率相比拟，表明这种波长转换器的效率接近 100%。实际上，它在约为 40 nm 的转换带宽内保持了高效率，如图 11.20(b)所示。转换效率随信号的偏振态有些许变化，但在 30 nm 的范围内变化不到 2 dB。利用这样的参量放大器可以实现多信道波长的同时转换[119]。由单一信号产生波长不同的多个闲频同样值得注意，因为这些闲频和信号携带同样的信息，可以导致所谓的波长组播。

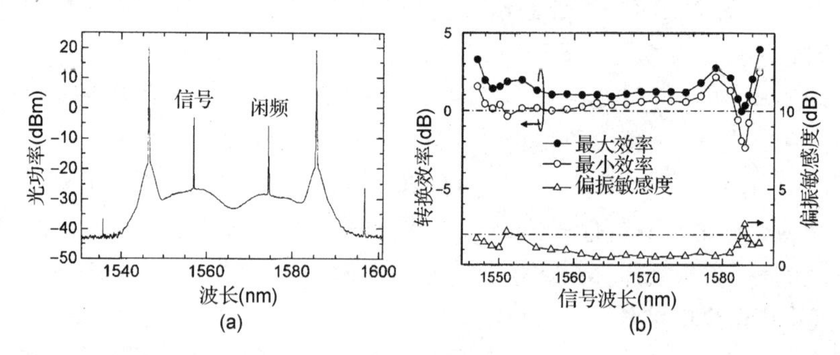

图 11.20　(a)测量的基于四波混频的波长转换器的频谱，两个主峰对应两个正交偏振的泵浦；(b)转换效率和偏振敏感度与信号波长的关系[36](经ⓒ 2003 IEEE授权引用)

随着光子晶体光纤(PCF)和非石英光纤的出现，基于光纤的波长转换器已大大受益[121~127]。在 2005 年的一个实验中[121]，使用了 64 m 长的 PCF，它在中心位于 1550 nm 附近的 100 nm 带宽内具有相对恒定的色散，并且有效模面积较小。这两个特性允许高效的波长转换，尽管光纤长度相当短。在后来的一个实验中[122]，使用类似器件成功实现了用 DPSK(差分相移键控)格式编码的 40 Gbps 信号的波长转换。在 2005 年的另一个实验中[123]，实现了 100 nm 的最大转换带宽，其中所用 PCF 的长度减小到只有 20 m。

随着氧化铋光纤的出现，用仅为 40 cm 长的最短光纤长度制作波长转换器也成为可能[124]。这种光纤的克尔非线性 $\bar{n}_2$的值约为石英光纤的 70 倍，通过将纤芯直径减小到 4 μm 以下，非线性参数 γ 的值可以增加到 1000 $\mathrm{W^{-1}/km}$ 以上。即使这种光纤的长度小于 1 m，也能表现出四波混频效应。而且，这种光纤的受激布里渊散射阈值足够大，无须调制泵浦的相位。在 2006 年的实验中，将大约 1 W 的连续泵浦功率输入 40 cm 长的氧化铋光纤中，实现了 40 Gbps 信号的波长转换，转换效率为 −16 dB。2007 年，使用 1 m 长的氧化铋光子晶体光纤实现了10 Gbps 信号的波长转换，转换带宽为 35 nm[126]。

11.3.3　无源半导体波导

无源半导体波导可以替代光纤用于波长转换。在最近的几个实验中[38~44]，利用硅波导中的四波混频实现了波长转换。正如在 11.1.2 节中讨论的，硅波导的性能受限于自由载流子，当在 1550 nm 附近连续泵浦硅波导时，就会通过双光子吸收产生自由载流子。对于硅波导中载流子寿命的典型值(大于 1 ns)，在连续泵浦下自由载流子浓度可以增加到其引起的损耗使转换效率减小到 -10 dB 以下的程度，基于这个原因，早期的实验采用皮秒脉冲泵浦来解决这个问题。

在 2006 年的一个实验中[39]，采用了连续泵浦，当泵浦功率等于 160 mW 时，2.8 cm 长的硅波导中的四波混频可为 10 Gbps 信号提供 -10.6 dB 的波长转换效率。在 2006 年的另一个实验中[41]，通过反向偏置的硅波导来降低有效载流子寿命，从而将波长转换信号的比特率增加到 40 Gbps。该实验利用加有 25 V 反向偏压的 8 cm 长的波导(通过将自由载流子从发生四波混频的区域移走来降低它的浓度)，在 450 mW 的泵浦功率下实现了 -8.6 dB 的转换效率。在另一个实验中[42]，目的是增加能够实现的波长转换的带宽。该实验通过器件尺寸控制波导色散，利用脉冲泵浦实现了超过 150 nm 的转换带宽，但转换效率被限制在 -9.5 dB 以下。2009 年，利用 1.1 cm 长的硅波导通过连续泵浦在超过 50 nm 的带宽内实现了 40 Gbps 的波长转换，但本实验的转换效率只有 -18 dB[43]。这些结果表明，用硅波导在转换波长处实现净增益比较困难。

铌酸锂波导提供了一种替代方法，这种波导表现出有限的二阶极化率 $\chi^{(2)}$，可用于三波混频过程，当泵浦和信号在波导中相互作用时，闲频由 $\omega_i = \omega_p - \omega_s$ 给出。该过程也称为差频产生，它需要满足相位匹配条件。早在 1993 年，铌酸锂波导就用于波长转换[128]，它通过采用周期极化技术使 $\chi^{(2)}$ 的符号沿波导长度方向周期性地反转，以实现准相位匹配。

这种器件需要用工作在 780 nm 附近波长区的单模泵浦激光器以 50 ~ 100 mW 的功率泵浦，在实际应用中，很难将 780 nm 的泵浦和 1550 nm 的信号同时耦合到波导的基模中。一种替代方案是利用在周期极化铌酸锂(PPLN)波导中发生的两个级联的二阶非线性过程，它使用了工作在 1550 nm 附近的泵浦激光器[129~137]。在这种波长转换器中，频率为 ω_p 的泵浦首先通过二次谐波产生过程上转换到 $2\omega_p$，然后通过差频过程产生波长位移的输出。这种级联的二阶非线性过程可模拟四波混频过程，但比基于三阶极化率的四波混频过程有效得多，而且噪声也比发生在半导体光放大器有源区内的四波混频过程的噪声低。

利用 PPLN 波导可以实现多个 WDM 信道的同时转换。图 11.21(a)给出了在 1999 年的一个实验中记录的频谱[129]，其中波长在 1552 ~ 1558 nm 范围的 4 个信道与功率为 110 mW 的 1562 nm 泵浦一起耦合到 PPLN 波导中。泵浦峰右侧的 4 个峰表示 4 个波长转换信道，4 个信道的转换效率约为 5%，但可以通过增加泵浦功率来提高转换效率。图 11.21(a)中的插图表明，当泵浦功率为 175 mW 时，单信道的转换效率为 16%。如图 11.21(b)所示，转换效率还取决于泵浦和信号的波长间隔，转换效率近乎恒定的平坦区域的带宽超过了 60 nm。通过适当的器件设计，在 150 mW 的泵浦功率下已实现了高于 70% 的转换效率[133]。

铌酸锂器件的响应时间可达飞秒量级，因此很容易工作在 40 Gbps 或更高的比特率下。在 2007 年的一个实验中[135]，实现了 160 Gbps RZ 信号的波长转换，其中使用两个泵浦来实现可调谐的波长转换。在本方案中，固定频率为 ω_1 的一个泵浦首先与频率为 ω_s 的信号组合，产生

和频 $\omega_+ = \omega_1 + \omega_s$；然后这个新波与可调谐频率为 ω_2 的第二个泵浦组合，产生差频 $\omega_i = \omega_+ - \omega_2$。这种方案看起来与光纤中的双泵浦四波混频非常相似，但它产生的闲频 $\omega_i = \omega_1 - \omega_2 + \omega_s$ 与在光纤中得到的不同。这种方案的主要优点是，它对波长转换过程提供了附加的控制。

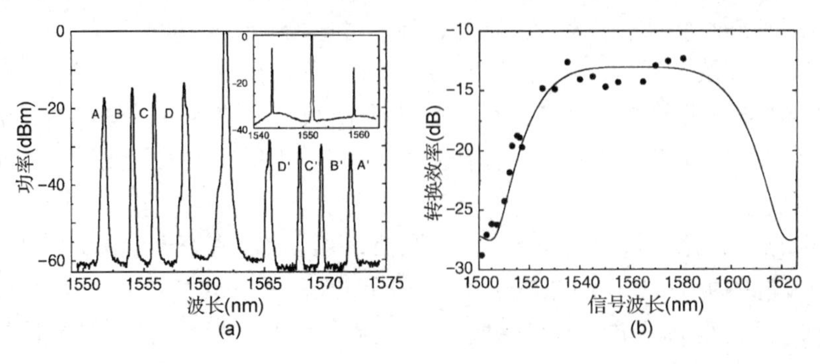

图 11.21 (a)用 110 mW 功率在 1562 nm 处泵浦 PPLN 波导同时实现 4 个信道的波长转换，插图表明在165 mW的泵浦功率下实现了16% 的转换效率；(b)测量的转换效率随信号波长的变化以及理论预测结果(图中实线所示)[129](经ⓒ 1999 IEEE授权引用)

11.3.4 基于半导体光放大器的波长转换器

用于波长转换的几种非线性技术利用了半导体光放大器[138~146]。早在 20 世纪 90 年代就利用半导体光放大器中的四波混频来实现波长转换，现在它仍是波长转换技术一个有力的候选者[141]。令人感到吃惊的是，四波混频可以在半导体光放大器中发生，因为当泵浦和信号频率相差 10 GHz 以上时，载流子浓度对它们的拍频没有响应。造成该过程的非线性效应源于在 0.1 ps 的时间尺度上发生的快速带内弛豫过程[147]，结果，频移可高达 10 THz(相当于 80 nm 的波长转换范围)。基于同样的原因，这种技术可以工作在 100 Gbps 的比特率下，而且对比特率和数据格式是透明的。因为半导体光放大器提供的增益，转换效率可以相当高，甚至导致净增益。这种技术一个附加的优点是频率啁啾发生反转，因为半导体光放大器使信号的频谱发生了反转。利用串联配置的两个半导体光放大器，还能进一步改善波长转换器的性能。

一种简单方法是基于半导体光放大器中的交叉增益饱和，当弱光和强光一起在半导体光放大器中被放大且弱光的放大受强光影响时，就会发生这种情况[138]。为利用这种现象，需要转换的波长为 λ_1 的 WDM 信号和波长为 λ_2(希望的转换信号波长)的低功率连续光一同输入半导体光放大器中，λ_1 光使半导体光放大器的增益几乎饱和，于是，连续光在“0”比特期间放大得较多(未饱和)，但在“1”比特期间放大量小得多。因此，输入信号的比特模式就被转移到新波长的光中，但二者的极性发生反转(即“1”比特和“0”比特互换)。

基于交叉增益饱和的波长转换技术已用在很多实验中，它不但能工作在 40 Gbps 的比特率下[140]，还能为波长转换信号提供净增益。这种波长转换技术的主要缺点是：(1)开关比低；(2)由于自发辐射，转换信号的质量降低；(3)因为在半导体光放大器中不可避免地发生的频率啁啾，使相位产生畸变。利用吸收介质替代半导体光放大器，可以解决极性反转问题。电吸收调制器已成功地用于波长转换[148]，它的工作原理是交叉吸收饱和。因为高吸收，器件将阻隔波长为 λ_2 的连续信号，除非波长为 λ_1 的“1”比特到达使吸收饱和。

开关比低的问题可以使用如图 11.22 所示的 MZ 干涉仪来解决，其中干涉仪的每条臂中各有一个半导体光放大器[140]，波长为 λ_{CW} 的连续光在两条臂之间均分，而波长为 λ_{in} 的 WDM 信号只注入其中一条臂中。当信号为“0”比特时，连续光被适当平衡的干涉仪阻隔；然而，当信号为“1”比特时，由于 WDM 信号引起的折射率变化，连续光被导向输出端口。最终的结果是，MZ 干涉仪的输出正是输入的 WDM 信号在波长λ_{CW}处的副本。这种波长转换方案涉及的物理机制是交叉相位调制，它比交叉增益饱和更受欢迎，因为它没有反转比特模式，而且开关比较高。

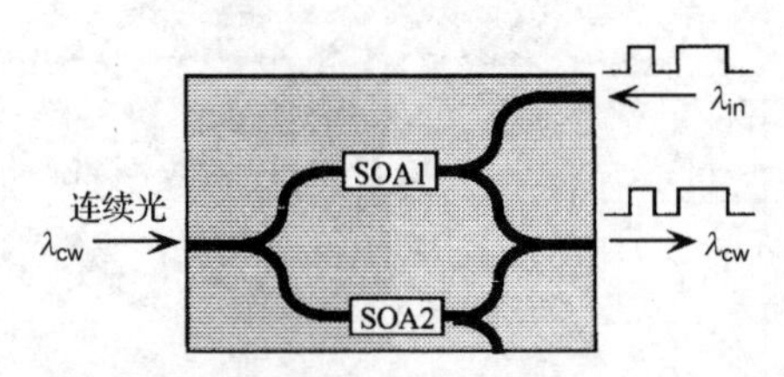

图 11.22　基于交叉相位调制的波长转换，其中 MZ 干涉仪的两条臂中各有一个半导体光放大器[140]（经© 1997 IEEE授权引用）

使用其他类型的干涉仪，如 Sagnac 干涉仪，也可以得到类似的结果。在实际应用中使用 MZ 干涉仪，因为利用 InGaAsP/InP 工艺可以容易地将它集成在单个芯片上，从而做成紧凑的器件。图 11.23 给出了带有单片集成的可调谐半导体激光器的宽可调谐波长转换器的示意图[142]，在这个器件中，首先将需要波长转换的数据信号分成两部分，然后馈入具有适当延迟的干涉仪的两臂中。这种方案可使器件工作在 40 Gbps 的比特率下，尽管两个半导体光放大器的增益恢复得相对较慢。

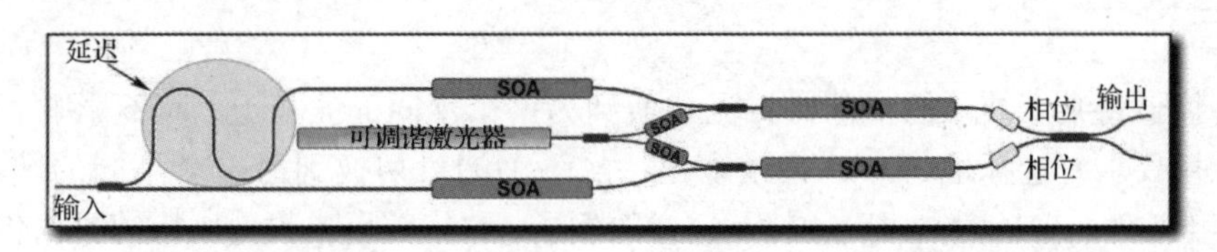

图 11.23　带有单片集成的可调谐半导体激光器的宽可调谐波长转换器的示意图[142]（经© 2007 IEEE 授权引用）

最近的几个实验使用了一种简单得多的结构，其中采用输出端带有一个光带通滤波器的单个半导体光放大器，滤波器的通带相对于探测波长有一个小量偏移[143~146]，其基本思想与图 11.18 所示的相同，只是用半导体光放大器替代了光纤作为非线性元件。尽管半导体光放大器的增益恢复时间较长（约为 100 ps），已经表明这种基于交叉相位调制的波长转换器可工作在 320 Gbps 比特率下[144]，其背后的物理过程称为瞬态交叉相位调制。然而，应该记住，交叉增益饱和在这种器件的工作中起着同等重要的作用，因为它控制了交叉相位调制引起的频谱展宽的大小。实际上，根据滤波器通带准确位置的不同，与输入数据的比特模式相比，波长转换信号的比特模式可以是极性反转的，也可以是极性非反转的[146]。回想一下，极性反转比特模式是源于交叉增益饱和的。光滤波器在脉冲整形中起重要作用，它甚至能将极性反转比特流转换成极性非反转比特流[143]。

图 11.24 给出了利用一个半导体光放大器将 40 Gbps RZ 信号的波长下移约 6 nm，而滤波器相对于连续探测光波长的偏移可在 -0.3 ~ +0.4 nm 范围内变化的实验结果，其中第 i 行给出了输入比特模式和对应的眼图，第 ii 行至第 v 行分别给出了当滤波器偏移为 -0.3 nm，-0.1 nm，+0.4 nm 和 0 nm 时的波长转换输出。由图可见，当偏移为 -0.3 nm 时，比特模式无反转；但当偏移减小到 -0.1 nm 时，比特模式发生反转。在这两种情况下眼图都是合理的，尽管因为

比特模式效应，振幅抖动增强了。当偏移为 +0.4 nm 时，情况变差；当偏移为 0 nm 时，出现最坏的情况(第 v 行)，因为在这种情况下交叉增益饱和与慢增益恢复的影响占主导地位。已经在更高比特率下观察到类似的效应，但半导体光放大器中的瞬态交叉相位调制已成功用于 160 Gbps 和 320 Gbps 信号的波长转换[144]。

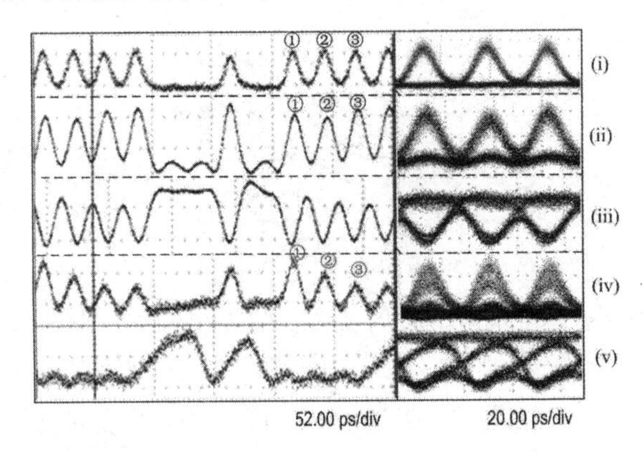

图 11.24 输入比特模式和对应的眼图(第 i 行)，其余 4 行(第 ii 行至第 v 行)分别给出了当滤波器偏移为 -0.3 nm，-0.1 nm，+0.4 nm和0 nm时的波长转换输出，所用半导体光放大器的增益恢复时间为60 ps[146](经ⓒ 2008 IEEE授权引用)

11.4 超快光交换

波长转换器将某个波长的全部比特流切换到另一个不同的波长上，而不影响它的时域内容。一些应用要求有选择地将 1 比特或多比特从一个端口切换到另一个不同的端口[149~151]。包交换(分组交换，packet switching)就是这样的例子，它将数十或数百比特的数据包从数据流中选出。另一个例子是光时分复用(OTDM)信号的时域解复用，它以周期方式将从高速比特流中选出的比特发送到另一个端口。这些应用需要时域开关，而这些时域开关可以通过外部控制(时钟)信号对特定的时间间隔内开启。

11.4.1 时域解复用

正如在 6.4 节中看到的，OTDM 信号由一个高速比特流组成，而高速比特流一般由几个信道组成，每个信道工作在较低的比特率下，并以周期方式与其他信道交织。如果在时域中复用 10 个信道，每个信道工作在 40 Gbps，则 400 Gbps 复合比特流的每第 10 比特属于同一个信道。从这样的高速 OTDM 信号中解复用出一个信道需要光开关，光开关选出属于某个特定信道的所有比特，并将它们导向一个不同的端口。这样的开关需要一个光时钟(optical clock)(其频率等于单信道比特率)，利用光时钟通过非线性现象(如交叉相位调制或四波混频，见 6.4.2 节)有选择地开关信号脉冲。

基于光纤的解复用器

6.4.2 节的图 6.25 及相关的讨论，给出了如何利用非线性光纤环形镜中的交叉相位调制或高非线性光纤中的四波混频进行 OTDM 信号的时域解复用。早在 1996 年，就通过四波混频技术利用 1 ps 宽度的时钟脉冲从 500 Gbps 比特流中解复用出 10 Gbps 信道[152]。使用四波混频的一个明显优势是，解复用信道还通过同一光纤内的参量增益得到了放大[153]。基于四波混频的解复用器的一个问题与四波混频过程本身的偏振敏感性有关，因为只有当泵浦和信号同偏振时，才能产生最大的参量增益。如果信号的偏振态和泵浦的偏振态不一致，并以不可预见的方式随时间变化，则信号和闲频的功率均产生起伏，导致性能变差。

可以采用偏振分集技术[154]，在这种技术中，将输入信号分成两个正交偏振的部分分别处理，但这大幅增加了复杂性。2004 年，接受了解决偏振问题的一种简单方案，它将一小段保偏光纤(PMF)连接到用于四波混频的高非线性光纤的输入端口，并通过光锁相环将时钟脉冲锁定到输入信号脉冲的峰值位置[155]。如图 11.25 所示，控制脉冲与保偏光纤的主轴成 45°角偏振，于是保偏光纤将随机偏振的信号脉冲分成两个正交偏振的部分。因为在同一非线性光纤内两个分离的四波混频过程是同时发生的，实质上，就是用这种简单的实验方案实现了偏振分集。这种方案能将 160 Gbps 的比特流解复用成 10 Gbps 的各个信道，而偏振敏感度小于 0.5 dB。

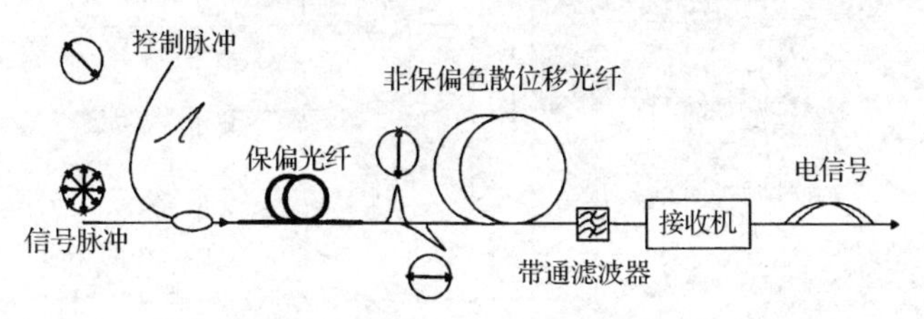

图 11.25　基于四波混频的偏振不敏感解复用方案[155]（经© 2004 IEEE 授权引用）

在解决偏振问题的另一种方案中，在其中发生四波混频的光纤自身被制成双折射的[156]，而且光纤被分成长度相等的两段，这两段光纤的快轴和慢轴是反转的。时钟脉冲形式的单个泵浦与光纤的慢轴成 45°角偏振，并与需要解复用的高速信号一同输入光纤中。泵浦和信号的两个正交偏振分量通过四波混频相互作用，产生包含解复用信道的闲频。即使两个偏振分量在第一段光纤中彼此分离，由于在第二段光纤中快轴和慢轴发生了反转，这两个偏振分量又重新复合在一起。光纤末端的光滤波器阻隔了泵浦和信号，但能够通过闲频，由此得到波长等于闲频波长的解复用信道。

基于非线性光纤环形镜的交叉相位调制解复用也会遭受偏振问题。采用几种技术可实现非线性光纤环形镜的偏振不敏感工作[157~160]，其中一种技术与图 11.25 所示的相似：用一小段保偏光纤将信号和时钟脉冲沿它的快慢轴分开，中心位于信号波长的光带通滤波器置于非线性光纤环形镜的一端，这样它能阻隔其中一个方向上时钟脉冲的传输；然而，在另一个方向上这种阻隔作用仅在时钟脉冲已通过环并利用交叉相位调制将特定信号脉冲的相位改变π后才能发生。结果，属于解复用信道的数据脉冲出现在非线性光纤环形镜的输出端，在这里第二段保偏光纤将两个偏振分量复合。

与波长转换的情况类似，利用交叉相位调制效应并不一定非要采用非线性光纤环形镜。在 2001 年的一个实验中[161]，采用类似于如图 11.18 所示的方案进行时域解复用，唯一区别是 OTDM 数据信号扮演了波长为λ_1的探测光的角色，而波长为λ_2的强控制脉冲扮演了泵浦光的角色。控制脉冲通过交叉相位调制位移在时域上与它们交叠的那些数据脉冲的频谱，然后用光滤波器选择这些脉冲，从而得到波长等于控制脉冲波长的解复用信道。该实验使用零色散波长为 1543 nm 的 5 km 长的光纤；重复频率为 10 GHz 的 14 ps 控制脉冲的波长为 1534 nm，与 1538.5 nm 波长的 80 Gbps OTDM 信号一起传输。

正如在 11.1.1 节中看到的，信号脉冲和控制脉冲之间的群速度失配对基于交叉相位调制的光开关起主要作用。选择控制脉冲和信号脉冲的波长位于光纤零色散波长的两侧，可以减小群速度失配。另外，使用高非线性光纤不但可以降低所需要的控制脉冲的平均功率，而且有利于解决群速度失配问题，因为此时需要的光纤长度短得多。这种方案的一个附加的优点是，通过简单利用波长不同的多个控制脉冲，可以同时对多个信道解复用。图 11.26 给出了这种方案的示意图[162]，该方案是在 2002 年的一个实验中实现的，它通过 500 m 长的高非线性光纤中的交叉相位调制从 40 Gbps 的复合比特流中解复用出 4 个 10 Gbps 信道。在另一个实验中[163]，仅使用 100 m 长的光纤就从 160 Gbps 比特流中解复用出 16 个 10 Gbps 信道。

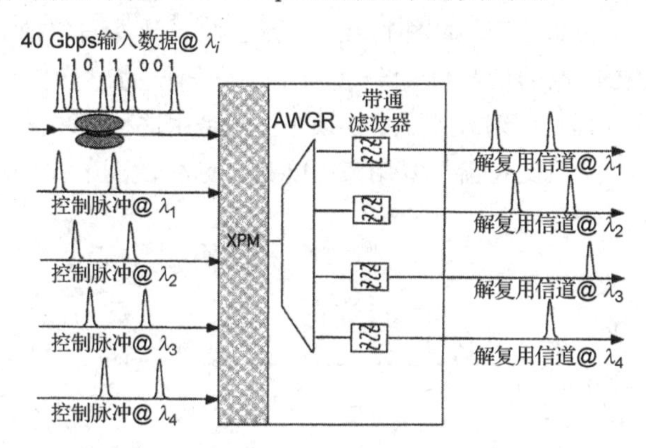

图 11.26　利用不同波长的 4 个控制脉冲(光时钟)同时对 4 个信道解复用；AWGR 代表阵列波导光栅路由器[162] (经© 2002 IEEE授权引用)

使用微结构光纤或用高 $\bar{n}_2$ 值的材料制造的非石英光纤，可以使所需要的光纤长度短得多。在 2005 年的一个实验中[164]，仅需要一段 1 m 长的氧化铋光纤，因为这种光纤的非线性参数 γ 的值约为 1100 W^{-1}/km。在该实验中，将重复频率为 10 GHz 的 3.5 ps 控制脉冲序列放大到接近 0.4 W 的平均功率电平，以确保高峰值功率($P_0 > 10$ W)，这样即使对于 1 m 长的光纤，$\gamma P_0 L$ 的值也超过了 10。本实验采用光纤作为克尔光闸[2]，并利用了交叉相位调制引起的非线性双折射，非线性双折射改变了所选信号脉冲的偏振态，以至于只有这些信号脉冲才能通过置于光纤输出端的检偏器而透射出去。因为对于短光纤来说，走离效应可以忽略，测量的开关窗口足够窄(只有 2.6 ps 宽)，可以对 160 Gbps 比特流解复用。

使用线性双折射保偏光纤或表现为圆双折射的旋转光纤还可以实现偏振无关工作[176]。在 2006 年的一个实验中[165]，使用了表现为线性双折射的 30 m 长的光子晶体光纤，时钟脉冲与光纤的慢轴成 45°角偏振，以使它们的能量在慢轴和快轴方向是均分的。因为数据脉冲和时钟脉冲的波长不同，它们的偏振态以不同的拍长周期性地演化，结果，它们的相对偏振态以近乎随机的方式变化。这一特性导致交叉相位调制效应被取平均，并产生与信号偏振无关的输出。在后来的一个实验中，采用高速扰偏器随机化 160 Gbps 数据脉冲的偏振态，但 10 Gbps 时钟脉冲的偏振态固定不变[166]。在 2 m 长的氧化铋光纤中，发生了交叉相位调制引起的频谱展宽。因为扰偏，这种解复用器的性能几乎对数据比特流的输入偏振态不敏感。

基于半导体光放大器的解复用器

基于光纤的解复用器的主要限制源于光纤的非线性较弱(因而所需要的光纤长度较长)，尽管使用高非线性光纤可以减小所需要的光纤长度，但还可以用半导体光放大器替代它。交叉相位调制和四波混频方案都可以通过半导体光放大器工作，这一点已得到证实[167~171]。电吸收调制器也已用于解复用目的[172]。在基于非线性光纤环形镜的解复用器中，将一个半导体光放大器插到光纤环内，因为时钟脉冲使半导体光放大器的增益饱和而引起折射率变化，结果发生交叉相位调制引起的相移。由于该相移只对属于特定信道的数据比特有选择地发生，该信道就被解复用。因为半导体光放大器引起的折射率变化足够大，利用长度不到 1 mm 的一个半导体光放大器在中等功率电平下就可以引起π的相对相移。

半导体光放大器遭受由载流子寿命（约为 100 ps）支配的相对慢的时间响应，采用门控方案可以实现较快的响应。例如，将半导体光放大器非对称地置于非线性光纤环形镜内，以使沿相反方向传输的信号在不同的时间进入半导体光放大器，可以制作能对大约 1 ps 的时间尺度响应的器件，这种器件称为太赫兹光学非对称解复用器（TOAD）。1994 年，演示了工作在 250 Gbps 比特率下的 TOAD[173]。在其两个支路上带有两个半导体光放大器的 MZ 干涉仪也能对高速 OTDM 信号解复用，而且还能利用 InP 工艺将它制成集成的紧凑芯片的形式。硅基石英工艺也已用来制作对称配置的紧凑的 MZ 解复用器，它能对 168 Gbps 信号解复用[174]。如果半导体光放大器以非对称的方式放置，则器件的工作类似于一个 TOAD 器件。图 11.27(a)给出了利用 InGaAsP/InP 工艺制作的这种 MZ 器件[175]，两个半导体光放大器之间的偏移在这种器件中起关键作用，其典型值小于 1 mm。

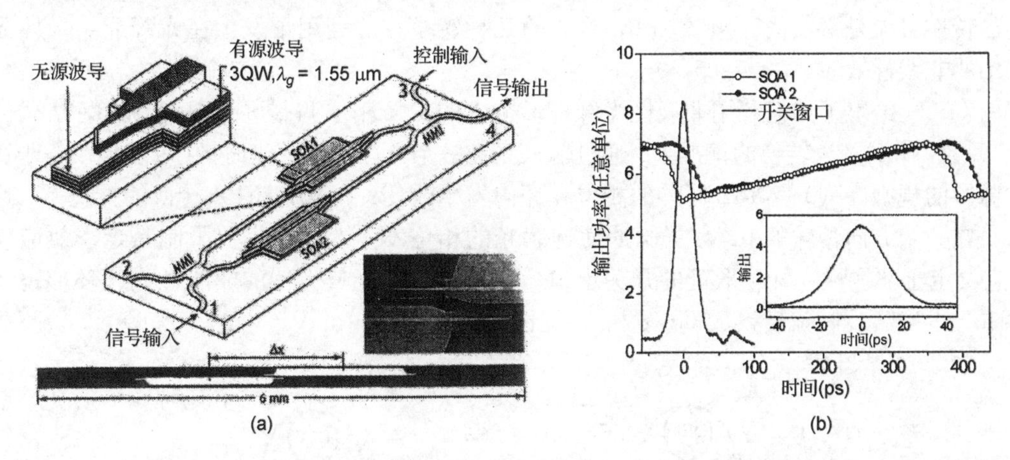

图 11.27　(a)带有两个非对称放置的半导体光放大器的 TOAD 解复用器，插图所示为该器件的结构；(b)两个半导体光放大器内的增益变化和所得的开关窗口[175]（经© 2001 IEEE授权引用）

MZ-TOAD 器件的工作原理可以通过图 11.27 来理解。时钟脉冲（控制）从 MZ 干涉仪的端口 3 进入并被分成两路，时钟脉冲首先进入 SOA1，使它的增益饱和并通过交叉相位调制引起相移开启 MZ 开关；经过几皮秒后，时钟脉冲使 SOA2 饱和，由此产生的相移关断 MZ 开关。开关窗口的持续时间可以通过图 11.27(b)所示的两个 SOA 的相对位置精确控制。这种器件不受载流子寿命的限制，当设计适当时可以工作在高比特率下。

近年来，还实现了其他几种基于半导体光放大器的解复用方案。在 2006 年的一个实验中[113]，利用前面在波长转换中讨论的瞬态交叉相位调制从 320 Gbps 的 OTDM 比特流中解复用出 40 Gbps 的信道。该方案采用一个相对于时钟脉冲的波长有一个适当偏移的光滤波器，其工作方式与波长转换器的相同。2007 年，利用这种方案实现了 640 Gbps OTDM 信号（由 0.8 ps 宽的光脉冲组成）的解复用[177]。在 2009 年的一个实验中[178]，采用如图 11.28 所示的对称 MZ 配置，对 640 Gbps 比特流实现了解复用，其中重复频率为 40 Gbps 的时钟脉冲被注入 MZ 的两臂中（有约为 1.4 ps 的相对延迟）。正如在图 11.27 中看到的，这种器件可以作为光门使用，它只在这一相对延迟的持续时间内开启，尽管两个半导体光放大器的响应较慢。

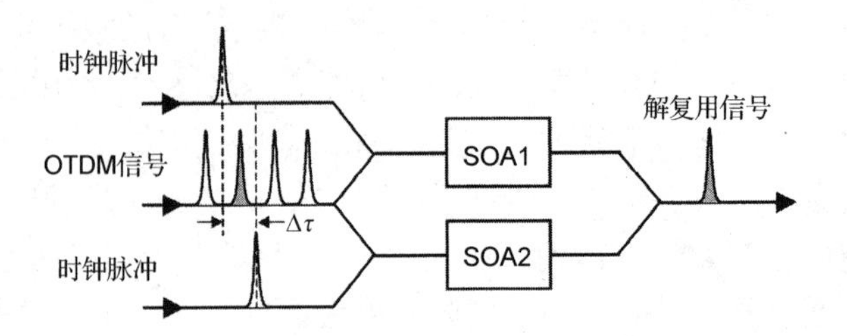

图 11.28 基于对称 MZ 配置的解复用器，其中时钟脉冲被馈入具有较小相对延迟的两个半导体光放大器中[178]（经ⓒ2009 IEEE授权引用）

11.4.2 数据格式转换

正如在 1.2.3 节中看到的，RZ 和 NRZ 格式都可以用于数据传输。在 WDM 网络中经常采用 NRZ 格式，因为这种格式的频谱效率较高。但在高比特率下，有必要采用 RZ 格式或其变形如载波抑制归零码（CSRZ）格式，OTDM 系统选择的就是这种格式。在网络环境中，不同格式之间的转换可能是必需的。NRZ 和 RZ 格式的几种转换方法利用了发生在光纤或半导体光放大器中的非线性效应。

图 11.29 给出了如何利用非线性光纤环形镜内的交叉相位调制进行 NRZ 和 RZ 格式的转换[179]。在 NRZ→RZ 转换的情况下，通过输入只在一个方向传输的光时钟（重复频率等于比特率的脉冲的规则序列）使 NRZ 脉冲的相位在环内发生改变；在 RZ→NRZ 转换的情况下，通过输入只在一个方向传输的 RZ 数据脉冲使连续光的相位发生改变。主要限制是走离效应设置的，它决定了非线性光纤环形镜的开关窗口。基于半导体光放大器的非线性光纤环形镜还用于将 RZ 或 NRZ 比特流转换成 CSRZ 格式的比特流[184]。

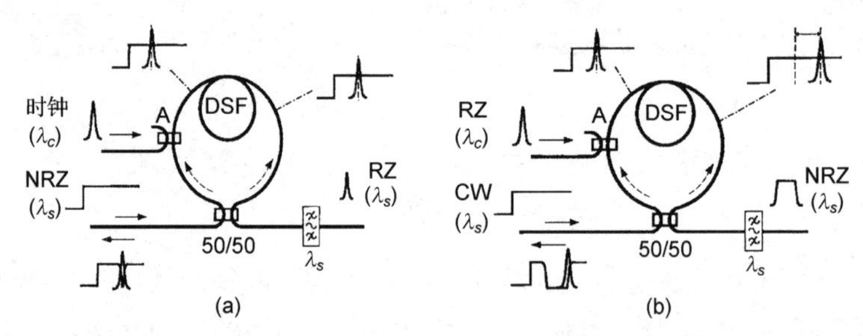

图 11.29 利用非线性光纤环形镜实现格式转换。(a) NRZ→RZ；(b) RZ→NRZ。DSF代表色散位移光纤[179]（经ⓒ 1997 IEEE授权引用）

近年来，已发展了几种其他方案以用于基于光纤的格式转换[180~182]。在 2005 年的一个实验中[180]，将由非线性光纤内的交叉相位调制引起的波长位移用于 RZ→NRZ 的格式转换，该方案与如图 11.18 所示的用于波长转换的方案类似，唯一区别是光滤波器的中心波长正好等于连续探测光的波长。RZ 信号起泵浦的作用，并调制连续探测光的相位，由此产生的啁啾使表示“1”比特的脉冲的波长发生位移。光滤波器阻隔这些脉冲，但允许“0”比特通过。由此得到的比特流就是原始 RZ 信号的极性反转 NRZ 格式。

采用类似的方案还可以实现 NRZ→RZ 的格式转换[181]。在这种情况下，将作为泵浦的光时钟和 NRZ 信号一同输入光纤中，这两者之间的交叉相位调制相互作用，使信号频谱展宽。光滤波器的中心波长相对于信号波长有一个偏移，这与波长转换的情况类似，输出是具有相同波长的信号的 RZ 格式。因为交叉相位调制这种非线性过程本身是偏振相关的，这种方案会遭受偏振敏感性[2]。采用偏振分集环路还可以实现偏振不敏感方案：光时钟(控制)的偏振方向与偏振分束器(PBS)的主轴成 45°角，因此其功率被沿两个相反的方向均分；任意偏振态的 NRZ 信号也被分成两个正交的偏振分量。用同样的 PBS 将这两部分复合，并用光环行器将输出导向通带适当偏移的光滤波器。

RZ→NRZ 的一种格式转换方案只是利用了正常色散光纤中自相位调制引起的频谱展宽[182]。在正常色散光纤中，RZ 脉冲通过自相位调制引入啁啾并经历较大的展宽，如果光纤长度选择适当，使该脉冲被足够展宽以至于能填充整个比特隙，则输出就是原始比特流的 NRZ 格式。

有几种方案利用了半导体光放大器中的非线性效应来进行格式转换[183~192]。在 2003 年的一个实验中[183]，使用了两臂带有半导体光放大器的 MZ 干涉仪，图 11.30 给出了这种思想的示意图。在 NRZ→RZ 的格式转换的情况下，待转换的 NRZ 信号被输入控制端口，而同样比特率的 RZ 时钟脉冲被馈入干涉仪中。当没有控制信号(NRZ 信号)时，MZ 干涉仪阻隔时钟脉冲；当有控制信号时，控制信号引起的相移能将时钟脉冲转换成 RZ 信号。在 RZ→NRZ 的格式转换的情况下，在将 RZ 信号输入控制端口之前，利用脉冲复制器得到输入 RZ 信号的多个移位副本(在一个比特周期内)，这些副本能在将连续光转换成 NRZ 信号的整个比特持续时间内维持交叉相位调制引起的相移。通过在 Sagnac 环内相对于环中心有一固定偏移的位置处置一半导体光放大器，可以产生一个快速开关，这与图 11.27 所示的方式类似。2004 年，利用这种环将 NRZ 和 RZ 格式转换成 10 Gbps 比特率的 CSRZ 格式[184]；这种环还可用于 NRZ→RZ 的格式转换[185]。

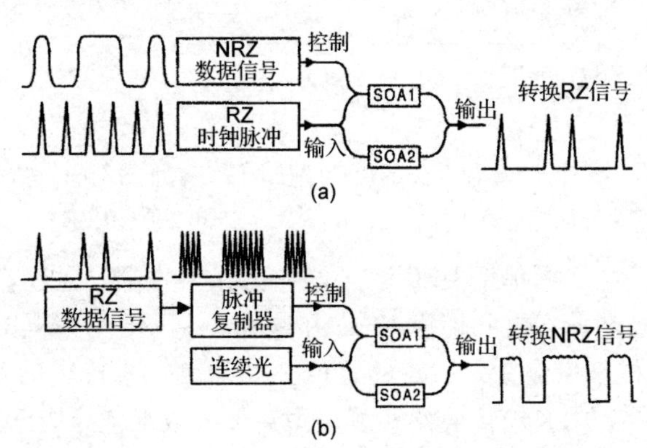

图 11.30　利用 MZ 干涉仪中的两个半导体光放大器实现数据格式转换。(a) NRZ→RZ；(b) RZ→NRZ[183] (经© 2003 IEEE授权引用)

与波长转换的情况类似，干涉仪的使用并非是不可或缺的。利用单个半导体光放大器中的四波混频、交叉相位调制或交叉增益饱和，也可以实现格式转换。利用这些非线性过程还可以实现从 RZ 和 NRZ 格式到 BPSK(二进制相移键控)或 DPSK(差分相移键控)格式的转换[186~188]。在有些情况下，半导体光放大器可以工作在 40 Gbps 比特率下。例如，2007 年的一个实验利用单个半导体光放大器中的交叉相位调制将 42.6 Gbps 的 NRZ 信号转换成 RZ 格式[189]。在另一个实验中[190]，在半导体光放大器后面置一光滤波器，当该光滤波器的通带相对于信号波长有一个最佳的偏移量时，实现了 40 Gbps 的 NRZ 信号的格式转换。利用交叉增益饱和，还可以将 40 Gbps 的 RZ 信号转换成 NRZ 格式[192]。需要注意的主要一点是，半导体光放大器对全光信号处理非常有用。

11.4.3 包交换

光包交换是一个复杂的过程，需要具有缓存、信头处理和开关功能的很多组件[151]。包交换网络以数据包(由数百比特组成)的形式路由信息，每个数据包以包含目的地信息的信头开始。当数据包到达某个节点时，路由器读取信头，并将它发向目的地。近年来，在利用光触发器和其他时域开关实现这种全光路由器方面已取得很大进展[193~199]。

光路由器的基本元件是包开关，根据信头中信息的不同，包开关可以将每个输入的数据包导向不同的输出端口。图11.31给出了这种包开关的一种实现方式[193]：利用定向耦合器将输入包的光功率分成两个支路，其中一个支路处理信头，另一个支路处理开销，并简单通过光纤延迟线补偿信头支路中的延迟，在信头和开销之间插入几个“0”比特作为保护时间。整个包开关由3个单元组成，其中信头处理单元就是一个时域开关(比如非线性光纤环形镜)，触发器存储器单元是用两个耦合的激光器(其输出可在λ_1和λ_2两个波长之间切换)实现的，第三个单元简单地就是一个波长转换器，它将输入数据包的波长转换到触发器的输出波长。通过一个解复用器，包开关根据信头信息的不同将不同波长的输出导向不同的端口。2008年，利用类似于图11.16所示的设计，这样的包开关已能工作在160 Gbps的比特率下[196]。在该实验中，触发器和波长转换器使用的都是半导体光放大器。

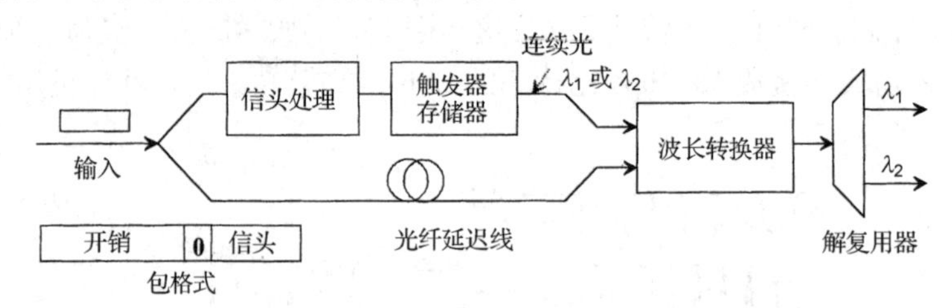

图11.31 一个1×2包开关的设计，根据信头地址的不同，它将输出导向两个不同的输出端口[193](经© 2003 IEEE授权引用)

在另一种包交换方案中，用单个DFB激光器作为光触发器，通过输入置位脉冲和复位脉冲，它能在低功率态和高功率态之间切换[197]。在这种情况下，可以同时使用工作在不同波长的多个DFB激光器，这样来自信头处理器的置位脉冲开启一个特定的触发器，导致那个波长的信头输出。同前面一样，用波长转换器和解复用器可将数据包导向不同的输出端口。

2010年，通过将200多个器件集成在单个InP芯片上，实现了单片可调谐的光路由器[199]。其中的8×8包开关能工作在40 Gbps比特率下，相当于320 Gbps的吞吐量；1.45 cm长的路由器(宽4.25 mm)集成了8个波长转换器(使用MZ配置中的SOA)和一个无源8×8阵列波导光栅路由器。这种光子集成回路表明，包交换正达到使用单个芯片就能在光学上路由数据包的阶段。

11.5 光再生器

全光信号处理的一个重要应用是对劣化的光信号进行再生[149]。一个理想的光再生器通过实现3个功能，即再放大、再整形和再定时，将劣化的比特流转换成它的原始形式，这种器件称为3R再生器(3R Regenerator)，以强调它们完成所有这3个功能。借用这个术语，光放大器可以归为1R再生器(1R Regenerator)，因为它们只是放大比特流。完成前两个功能的器件称为 2R 再生器(2R Regenerator)。既然 2R 和 3R 再生器不得不工作在比比特隙短的时间尺度上，以实现脉冲的再整形和再定时，根据光信号比特率的不同，它们必须工作在 10 ps 或更短的时间尺度上。由于光纤非线性效应的响应时间可达飞秒量级，光再生器经常使用高非线性光纤[200]。然而，人们也在寻求使用半导体光放大器，因为它们需要的功率较低。

11.5.1 基于光纤的 2R 再生器

光纤中所有 3 种主要的非线性效应，即自相位调制、交叉相位调制和四波混频，都可以用于光再生。1998 年，提出基于自相位调制的 2R 再生器，以实现 RZ 信号的再生[201]；近年来，这种 2R 再生器已得到广泛研究[202~211]。图 11.32 给出了这种方案的基本思想：在带噪声的失真信号通过高非线性光纤传输之前，首先用掺铒光纤放大器对其放大，由于自相位调制引起的频率啁啾，信号频谱在高非线性光纤中被大幅展宽；然后信号通过一个其中心波长可以精心选择的带通滤波器(BPF)，由此得到的输出比特流的噪声大幅降低，脉冲特性也得到显著改善。

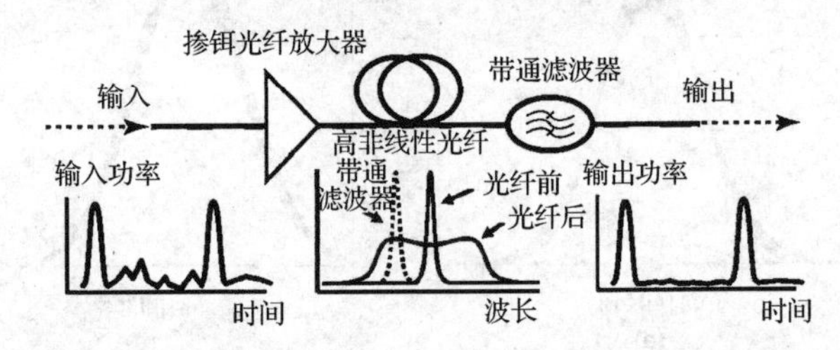

图 11.32　基于自相位调制的 2R 再生器(上图)及其对比特流的影响(下图)[206](经© 2006 IEEE授权引用)

对其相位被非线性地改变的比特流进行频谱滤波，能在时域中改善信号的质量，乍一看这好像有点奇怪。然而，容易看出为何采用这种方案能从“0”比特中去除噪声。由于“0”比特中的噪声功率相当低，因此在“0”比特期间频谱不会展宽太多；如果光滤波器的通带偏移输入频谱的峰值足够远，则光滤波器将阻隔该噪声。在实际应用中，选择该偏移以使表示“1”比特的脉冲通过光滤波器而无太多失真。“1”比特的噪声也得到降低，因为峰值功率的微小变化不会明显影响脉冲的频谱，导致输出比特流“干净”得多。

为理解基于自相位调制的光再生器的工作原理，可以采用参考文献[2]第 4 章中的分析。如果忽略高非线性光纤内的色散效应，光纤内的自相位调制只影响光场的相位，则有

$$U(L,t)=U(0,t)\exp[\mathrm{i}\gamma P_0 L_{\mathrm{eff}}|U(0,t)|^2] \tag{11.5.1}$$

式中，$L_{\mathrm{eff}}=(1-\mathrm{e}^{-\alpha L})/\alpha$ 是长度为 L 且损耗参数为 α 的光纤的有效长度；P_0是脉冲的峰值功率；$U(0,t)$表示输入比特流的比特模式。由于光滤波器在频域中起作用，则滤波后的光场可以写成

$$U_f(t)=\mathscr{F}^{-1}\{H_f(\omega-\omega_f)\mathscr{F}[U(L,t)]\} \tag{11.5.2}$$

式中，$\mathscr{F}$是傅里叶变换算符，$H_f(\omega-\omega_f)$是光滤波器的传递函数，ω_f是光滤波器相对于脉冲载波频率的偏移。

基于自相位调制的再生器的性能取决于 3 个参数：最大非线性相移 $\phi_{\mathrm{NL}}\equiv\gamma P_0 L_{\mathrm{eff}}$，光滤波器通带偏移 ω_f，以及光滤波器带宽 $\delta\omega$，其中 $\delta\omega$ 必须足够大以容下整个信号，这样光脉冲的宽度可不受影响。于是，只剩下了两个设计参数；2005 年，用高斯脉冲和传递函数也为高斯型的光滤波器对这两个参数的最佳值进行了研究[205]。通常，ϕ_{NL}不能太大，因为如果频谱太宽，光

滤波器引起的损耗就会太大。ϕ_{NL}的最佳值接近 $3\pi/2$，因为此时自相位调制展宽频谱表现出在脉冲的原始载波频率处有一个深的下陷的双峰结构[2]。注意，$\phi_{NL}=L_{eff}/L_{NL}$，这里 L_{NL}是非线性长度，因此最佳长度 L_{eff}接近 $5L_{NL}$。在这种情况下，发现光滤波器通带偏移的最佳值为 $\omega_f=3/T_0$，这里 T_0是功率分布为$P(t)=P_0\exp(-t^2/T_0^2)$的高斯脉冲的半宽度。

图 11.33 给出了基于自相位调制的 2R 再生器降低噪声的数值例子[205]，其中 $\phi_{NL}=5$，高斯脉冲宽 2 ps(适合 160 Gbps 的比特流)。每个输入脉冲的峰值功率可以有 10% 的变化(平均值为 1 mW)，但脉冲宽度也相应变化，以保持相同的脉冲能量。在输出端噪声功率从平均峰值功率的10%降至0.6%，功率变化的幅度从10%降至4.6%。噪声功率大幅度降低的原因与在“0”比特时隙内噪声脉冲几乎被完全阻隔有关。例如，图 11.33(a)中峰值功率为0.1 mW 的噪声脉冲几乎被再生器阻隔。

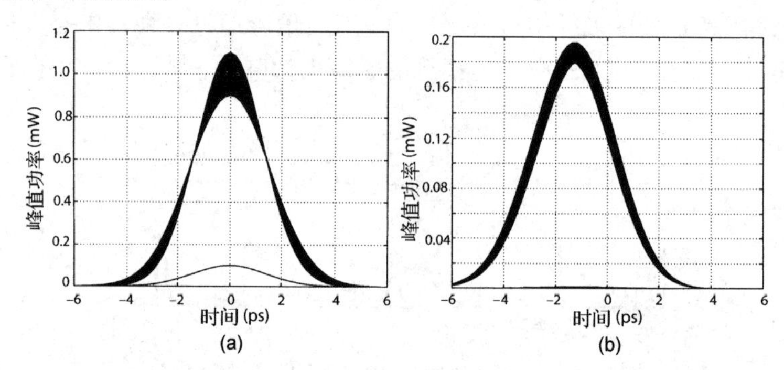

图 11.33 数值模拟得到的基于自相位调制(其中非线性相移 $\phi_{NL}=5$)的 2R 再生器的(a)输入端和(b)输出端的脉冲形状;峰值功率为 0.1 mW 的噪声脉冲几乎完全被再生器阻隔[205](经© 2005 IEEE授权引用)

只要色散效应可以忽略，以上分析就是正确的。在高比特率下，光脉冲很短，色散效应不可以再忽略不计，然而，必须区分正常色散和反常色散两种情况。20 世纪 90 年代，在孤子系统范畴内研究了反常群速度色散(GVD)的情况，在这种情况下，自相位调制和 GVD 均发生在传输光纤内部。还考虑过使用其设计与图 11.32 所示的设计类似的孤子再生器[212]，它们的不同之处是，对于孤子再生器光滤波器的通带中心位于载波频率处。在正常 GVD 的情况下，基于自相位调制的再生器是利用其通带中心偏移载波频率的光滤波器设计的，但重要的是将色散效应包括在内。大量理论工作已经表明，2R 再生器的优化对色散的大小极其敏感[209~211]。在40 Gbps 比特率下进行的实验也表明，输入光纤中的最佳功率取决于光纤长度和光滤波器通带的偏移，为了使这种再生器工作良好，必须对它们进行优化[202]。

采用具有大的 $\bar{n}_2$值的非石英光纤，可以大幅减小所需的光纤长度。在 2005 年的一个实验中[204]，使用了一段 2.8 m 长的硫化物(As_2Se_3)光纤，这种光纤在 1550 nm 附近表现出大的正色散($\beta_2>600\ ps^2/km$)。然而，结果显示，这样大的 $\bar{n}_2$值实际上有助于改善器件的性能而不是妨碍它。大的非线性参数值($\gamma\approx1200\ W^{-1}/km$)使需要的峰值功率减小到约为 1 W，而对于本实验中采用的 5.8 ps 脉冲而言，大的 β_2值使色散长度 L_D减小到约为 18 m。在这种条件下，最佳光纤长度接近 3 m。图 11.34 给出了光纤色散对自相位调制展宽频谱的影响，以及对于光滤波器的一个固定位置再生器功率传递函数的变化。功率传递函数的改善源于频谱振荡幅度的减小，导致功率传递函数谱相当光滑。甚至在硫化物光纤中存在的双光子吸收也有助于改善器件的性能，尽管通常是不希望发生双光子吸收现象的[207]。

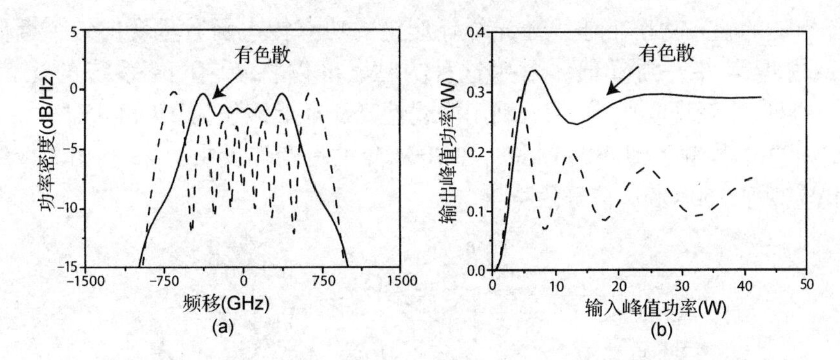

图 11.34　对于用 2.8 m 长的硫化物光纤制作的基于自相位调制的 2R 再生器，正常色散对(a)脉冲频谱和(b)功率传递函数的影响，为了比较图中用虚线给出了无色散的情况[204]（经© 2005 OSA授权引用）

在 2006 年的一个实验中[208]，使用了 1 m 长的氧化铋光纤和可调谐 1 nm 带通滤波器，滤波器的中心波长偏移输入 10 Gbps 比特流的载波波长 1.7 nm。对于这种在 1550 nm 波长还表现出330 ps^2/km 的正常色散的短光纤，损耗可以忽略不计(约为 0.8 dB)。这种光纤的非线性参数 γ 的值接近 1100 W^{-1}/km。由于高非线性和正常色散，当输入脉冲的峰值功率足够高(约为 8 W)，以至于能引起明显的频谱展宽时，用这种光纤可以较好地实现 2R 再生器的功能。图 11.35 比较了测量的功率传递函数和理论预测结果。低输入功率时可忽略输出，以及相对较宽的峰，都能确保无论是对于“0”比特还是“1”比特，功率起伏都将大幅减小。

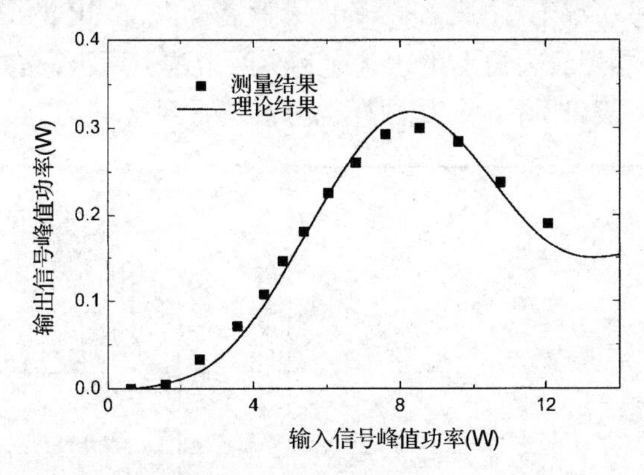

图 11.35　对于用 1 m 长的氧化铋光纤制作的基于自相位调制的再生器，测量和理论预测的功率传递函数[208]（经© 2006 IEEE授权引用）

交叉相位调制这种非线性现象对光再生也有用。任何将自相位调制和交叉相位调制效应结合起来以产生类似于如图 11.35 所示的非线性功率传递特性的非线性器件，都可以用来作为 2R 再生器。非线性光纤环形镜正是这样的非线性器件，早在 1992 年，就用它实现光再生[213]，在该实验中，利用交叉相位调制引起的相移改变非线性光纤环形镜的透射率并再生比特流。不久以后，从理论上分析了这种器件[214]，并将它用于孤子系统中脉冲的光再生[179]。利用通过交叉相位调制改变偏振态的克尔光闸可提供工作在 40 Gbps 比特率下的光再生器[215]。

在 2003 年的一个实验中[216]，使用高度不对称的非线性光纤环形镜将信号噪声降低了 12 dB，图 11.36 给出了实验装置示意图。该非线性光纤环形镜由分光比可变的光纤耦合器构成，以确保在 Sagnac 环(由 250 m 长的保偏光纤制成)内沿相反方向传输信号的功率有明显不同。当分光比为 90∶10 时，自相位调制和交叉相位调制联合在两个方向上产生一个相对相移，这样在约为 5 mW 的输入功率下非线性光纤环形镜的功率传递函数呈现出一个近似平坦的区域，在该区域内噪声可大幅降低。采用这种方法，可以将 40 Gbps 系统的光信噪比提高 3.9 dB[217]。在另一个系统实验中[218]，利用非线性光纤环形镜作为 2R 再生器，将 10 Gbps 信号在循环光纤环路中传输了 100 000 km。在 2004 年的一个实验中[219]，利用 3 个级联的非线性光纤环形镜实现了 160 Gbps 信号的再生。

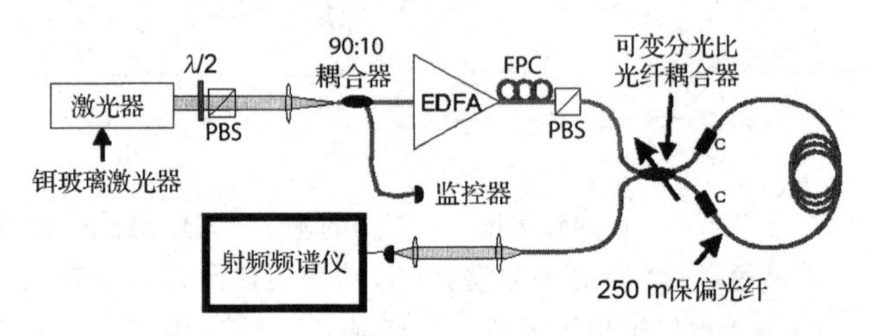

图 11.36 基于非线性光纤环形镜的 2R 再生器的实验装置图，PBS 和 FPC 分别代表偏振分束器和光纤偏振控制器[216]（经© 2003 IEEE授权引用）

从 2000 年开始，四波混频用于 2R 再生受到人们的关注，已有几个实验演示了它的实际应用[220~226]。正如在 8.1.2 节中看到的，四波混频将光纤转换成一个参量放大器。与任何放大器一样，当信号功率足够高时，参量放大器也会发生增益饱和[221]，因为这种增益饱和，脉冲峰值功率的起伏显著减小。图 11.37(a)给出了利用参量放大器实现的这种改进，该参量放大器用 2.5 km 长的色散位移光纤制成，并用 500 ps 的脉冲(峰值功率为 1.26 W)在接近零色散波长处泵浦。在低信号功率下，该光纤参量放大器表现出 45 dB 的增益；但当输出信号功率接近 23 dBm 时，该光纤参量放大器发生增益饱和。因为这个原因，信号的噪声功率降低到原来的 1/20 以下，从图 11.37(b)中的时域图样也可清楚看到这一点。

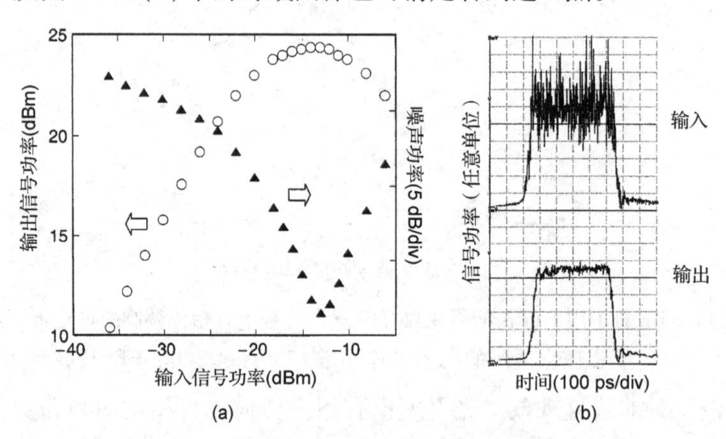

图 11.37 在 2.5 km 长的参量放大器中：(a)输出信号功率的饱和(圆圈)和噪声功率的下降（三角）；(b)输入端和输出端的功率起伏[223]（经© 2002 IEEE授权引用）

11.1.2 节的简单理论不能用来描述参量放大器的增益饱和，因为它假设泵浦功率沿光纤几乎是无消耗的。对于能用做 2R 再生器的参量放大器，信号功率必须足够高，因此泵浦被显著消耗。而且，由于信号和闲频的功率较高，它们可作为泵浦引发级联的四波混频过程，从而产生多个其他波[220]。所有这些闲频起到信号的波长位移副本的作用，而且与信号相比，其噪声要更低一些。单泵浦参量放大器的实验结果与考虑泵浦消耗的理论模型一致[222]。双泵浦参量放大器也已作为 2R 再生器[225]，正如在 11.1.2 节中看到的，这种情况下产生了不同波长的多个闲频，如果将其中一个闲频用做再生信号，则器件的性能更好。

通过两个参量放大器的级联还可以进一步改善基于四波混频的再生器的性能。在2006年的一个实验中[226]，用光滤波器对第一个参量放大器的输出进行滤波，选出一个高阶闲频光作为第二个参量放大器的泵浦，连续种子光作为信号并产生它本身对应的闲频，这个闲频和在第一个参量放大器的输入端入射的信号具有相同的比特模式，但噪声大幅降低。图11.38给出了在第一级和第二级参量放大器后测量的功率传递函数，第二级参量放大器后近似阶跃函数形状的功率传递函数表明，采用这种方案可以改善再生器的性能。

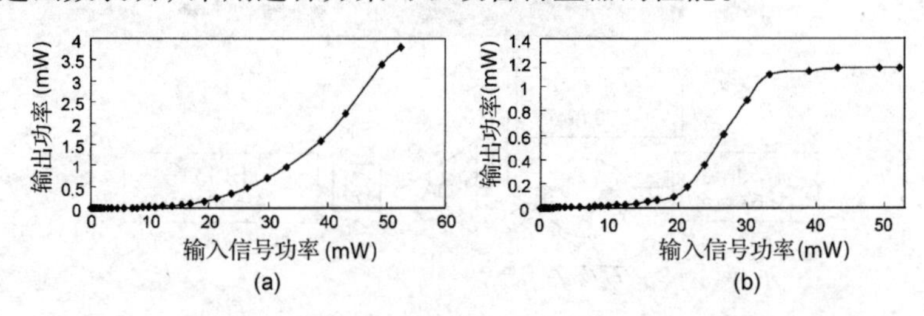

图11.38　在基于四波混频的两级再生器的(a)第一级和(b)第二级后测量的功率传递函数[226]（经ⓒ2006 IEEE授权引用）

11.5.2　基于半导体光放大器的2R再生器

基于半导体光放大器的波长转换器可以作为2R再生器，因为它们将劣化信号的比特模式转移到新波长的连续光中，完成这一转移过程后，新信号的信噪比要比原始信号的信噪比好得多。因为半导体光放大器还能提供放大和脉冲整形，除了信号波长发生变化，新比特流具有2R再生器提供的所有特性。在2000年的一个实验中[227]，当利用两臂中带有两个半导体光放大器的MZ干涉仪作为波长转换器时，40 Gbps劣化信号的光信噪比提高了20 dB。在输入和输出端口附近加入另外4个半导体光放大器，以确保转换信号还能被放大。

有几种方案可以在不改变波长的情况下提供2R再生[228~231]，其中的两种如图11.39所示。在2002年的一个实验中[228]，使用了带有一个2×2多模干涉(MMI)耦合器的半导体光放大器。这种半导体光放大器作为一个定向耦合器，它将低功率信号转移到它的交叉端口；相反，高功率信号不但使半导体光放大器的增益饱和，而且它还出现在直通端口。结果，当“0”比特和“1”比特通过半导体光放大器时，它们的噪声都会下降。图11.39中的第二种方案通过一个光环行器将可饱和吸收体(镀到镜上)与一个半导体光放大器组合在一起[230]，这种器件可起到2R再生器的作用，因为低功率的“0”比特被吸收，而高功率的“1”比特被半导体光放大器反射和放大。可饱和吸收体显著降低了“1”比特的强度噪声。图11.39中的维持光束有助于缩短半导体光放大器的增益恢复时间，以便它可以工作在10 Gbps或更高的比特率下。如果利用InGaAsP量子阱(与制作半导体光放大器的材料相同)在反向偏置下的电吸收特性，那么也可将可饱和吸收体与半导体光放大器集成在同一个芯片上[229]。在这种设计方式下，半导体光放大器后接一可饱和吸收体，如有必要，可重复这一级联模式。同前面一样，“0”比特被可饱和吸收体吸收，而“1”比特可通过可饱和吸收体。

另一种方案利用了半导体光放大器中的交叉增益饱和，当两个光波被同时放大时，就会发生交叉增益饱和现象。这种方案的新特性是，劣化比特流和波长不同的比特反相副本一同输入半导体光放大器中[231]，这个比特反相副本是通过作为波长转换器的另一个半导体光放大器由原始信号产生的，如图11.40所示。波长转换器使用了一个带通滤波器，通过选择带通滤波器的波长偏移产生类似于如图 11.24 中的第三个迹所示的反相比特模式(见 11.3.4 节)。具有反相比特模式的两个信号输入 SOA2 中，这样总功率几乎恒定不变。由于交叉增益饱和，以原始信号波长输出的“0”比特和“1”比特的噪声均大幅降低，从而实现了信号再生。这种方案可以工作在 40 Gbps 或更高的比特率下。

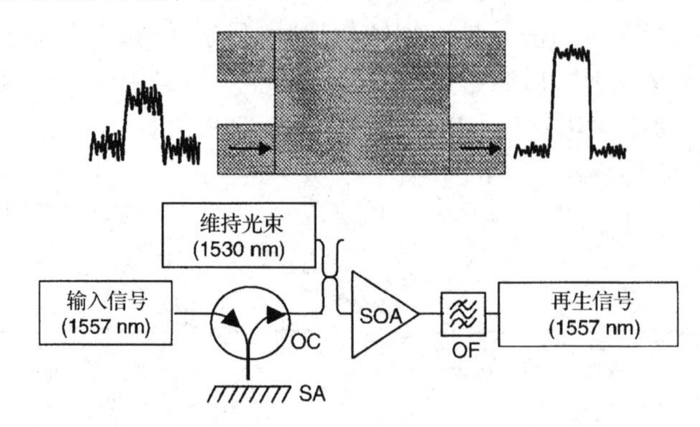

图 11.39 基于半导体光放大器的 2R 再生器的两种设计：上图是带有 MMI 设计的半导体光放大器；下图是利用光环行器(OC)组合了一个可饱和吸收体(SA)的半导体光放大器，OF 代表光滤波器[230](经© 2006 IEEE 授权引用)

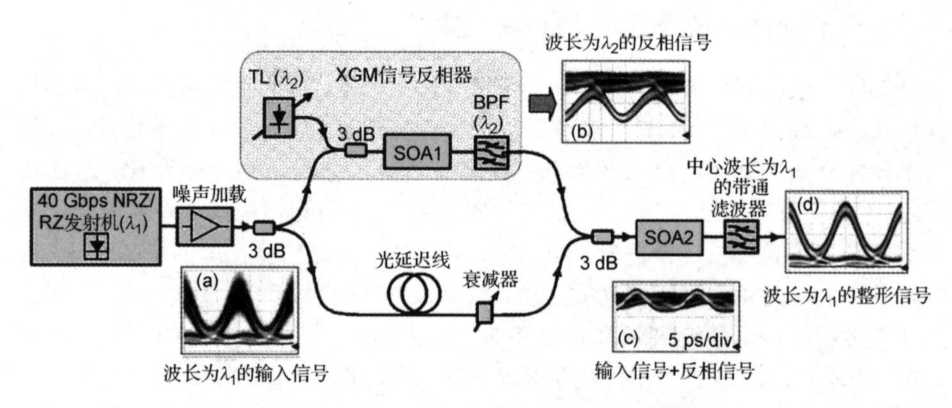

图 11.40 基于 SOA2 内的交叉增益调制(XGM)的再生器，SOA1 用来产生不同波长的输入信号的比特反相副本。4 个插图给出了 4 个位置处的眼图[231](经© 2008 IEEE 授权引用)

11.5.3 基于光纤的 3R 再生器

正如在前面提到的，3R 再生器除了再放大和再整形，还具有再定时的功能，以减小输入比特流的定时抖动。20 世纪 90 年代，利用光调制器在孤子系统中实现了此目的[232]；光调制器对 3R 再生器通常是必需的[233]。从输入数据中提取的电时钟信号驱动光调制器，并提供与每个比特隙的持续时间有关的定时信息。将一个光调制器加到如图 11.32 所示的方案中，就可以构建一个基于自相位调制的 3R 再生器，这种器件的示意图如图 11.41 所示。对包含周期间距的这种 3R 再生器的光纤链路的数值模拟表明，定时抖动确实显著减小[203]。早在 2002 年，就用这种方法将 40 Gbps 信号在 400 km 长的循环光纤环路上传输了 1 000 000 km[234]，其中用于驱动光调制器的

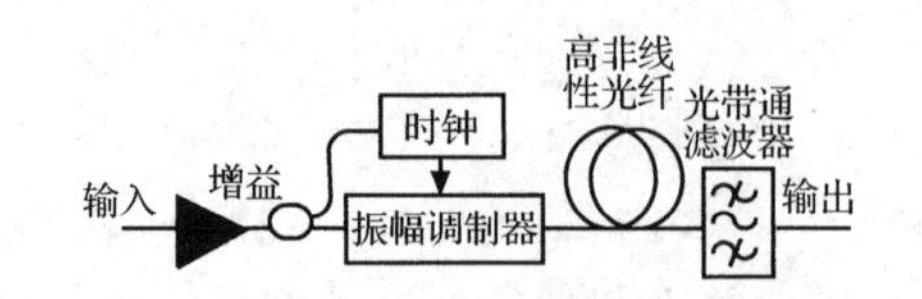

图 11.41 基于自相位调制的 3R 再生器[203](经© 2004 IEEE 授权引用)

40 GHz 电时钟是从输入比特流中提取的。2002 年的另一个实验在基于光纤的再生器后利用基于半导体光放大器的波长转换器，将 40 Gbps 信号传输了 1 000 000 km[235]。

为减小比特流的定时抖动，已提出几种基于光纤的方案[236~243]。在其中一种方案中，发现将单个相位调制器与色散光纤相结合，可有效减小定时抖动[236]。在另一种方案中，利用光与门将数据脉冲与时钟脉冲(已在色散光纤中啁啾化并被展宽)相关[237]。色散补偿光纤与光纤光栅相结合也能有效抑制信道内交叉相位调制效应引起的定时抖动[238]。在一种有趣的方案中，首先用采样光纤光栅将数据脉冲展宽并整形为近似矩形[240]，然后将这些脉冲注入作为光开关并通过窄时钟脉冲驱动的非线性光纤环形镜中。时钟脉冲通过交叉相位调制改变每个数据脉冲的相位，并只将它的中央部分导向输出端口，由此产生定时抖动小得多的再生数据。如果不用光纤光栅，那么这种光开关无法将定时抖动减小太多。

3R 再生器的一个简单设计利用了高非线性光纤(其后置一光滤波器)中的交叉相位调制，图 11.42 给出了 2005 年的一个实验采用的结构以及它的工作原理[239]。波长为λ_2的时钟脉冲比信号脉冲窄并经过适当延迟，这样在整个光纤长度内每个时钟脉冲连续地与信号脉冲发生交叠，尽管它们的速度不同。光滤波器的中心波长设置在λ_2，其带宽比时钟脉冲的频谱窄。当信号功率增加时，如图 11.42(b)至图 11.42(d)所示，时钟脉冲的交叉相位调制引起波长位移降低了它们的透射率，导致如图 11.42(e)所示的功率传递函数。这种器件的输出是“1”比特和“0”比特反转了的波长转换信号。实验中，波长为 1534 nm 的 10 Gbps 信号和 10 GHz 重复频率的波长为 1552 nm 的 2.9 ps 时钟脉冲，一同输入到 750 m 长的高非线性光纤中，因为噪声和定时抖动减小，10 Gbps 再生信号明显改善了误码率性能。

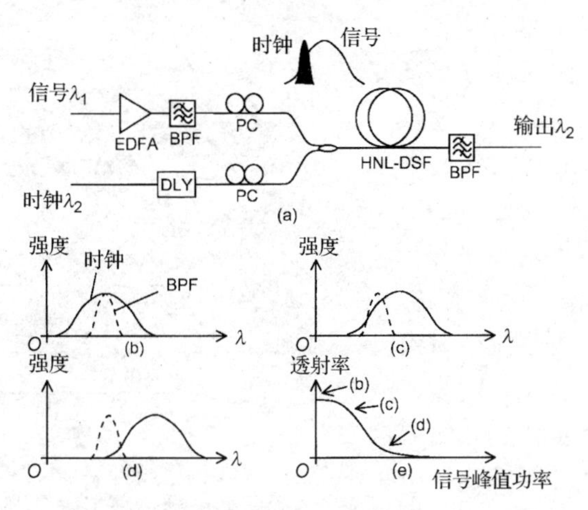

图 11.42　(a)基于交叉相位调制的再生器的结构和工作原理。当信号功率从(b)到(d)增加时，交叉相位调制引起的波长位移降低了透射率，导致如图11.42(e)所示的功率传递函数[239](经ⓒ 2005 IEEE授权引用)

参考文献[241]从理论上详细分析了如图 11.42 所示的基于交叉相位调制的 3R 再生方案。结果表明，只有当再生器的功率传递函数对于“0”比特和“1”比特不同时，再生器才能改善误码率性能。图 11.42 的方案表现出了这个特性，因为时钟脉冲的波长位移取决于信号功率的导数[2]，即 $\delta\omega = -2\gamma L_{\text{eff}}(\mathrm{d}P/\mathrm{d}t)$。表示逻辑“1”的数据比特通过交叉相位调制位移时钟脉冲的频谱，滤波器阻隔这些时钟脉冲；另一方面，仅包含噪声的“0”比特对时钟脉冲的频谱几乎不产生位移，它们无变化地通过滤波器。因为时钟脉冲现在表示极性反转的数据，定时抖动被消除。

作为可饱和吸收体的电吸收调制器也能通过交叉吸收调制过程消除定时抖动[244~246]。在这种方案中，首先用2R再生器降低噪声，然后将强数据脉冲和低功率时钟脉冲一起通过可饱和吸收体[246]，当数据流中出现逻辑“1”时，时钟脉冲被吸收，否则被透射。由此得到的输出是几乎没有定时抖动的原始比特流的比特反相副本。

11.5.4 基于半导体光放大器的3R再生器

与光纤的情况类似，可以将任意一个基于半导体光放大器的2R再生器与一个调制器(用等于比特率的电时钟驱动)结合在一起，从而得到一个3R再生器。在2009年的一个实验中[247]，将如图11.39所示的2R再生器与一个电吸收调制器相结合，以对输入的43 Gbps比特流提供再定时，其中电吸收调制器需要的电时钟是通过时钟恢复电路(由一个40 GHz的光电二极管和一个锁相环组成)从输入信号中提取的。通过将这种3R再生器置于长度可在100~300 km范围内变化的循环光纤环路内，研究了它的级联性。当环路长度或再生距离为200 km或更短时，43 Gbps信号可以传输10 000 km。

读者可能会问，能否用光时钟替代电时钟？早在2001年，就用这种方法实现了3R再生器[248]，其装置如图11.43(a)所示。该器件实质上是一个波长转换器，它用单个半导体光放大器后接一个可在其两臂之间提供一个比特周期的相对延迟的非平衡MZ干涉仪设计而成。波长为λ_1的光信号和波长为λ_2的光时钟(重复频率等于信号比特率)同输入半导体光放大器中，当没有信号时(“0”比特期间)，时钟脉冲通过器件；当有信号时(“1”比特期间)，时钟脉冲被阻隔。结果，输入信号的比特模式被转移到比特反相的这个时钟脉冲上，时钟脉冲现在就起到具有新波长的再生信号的作用。

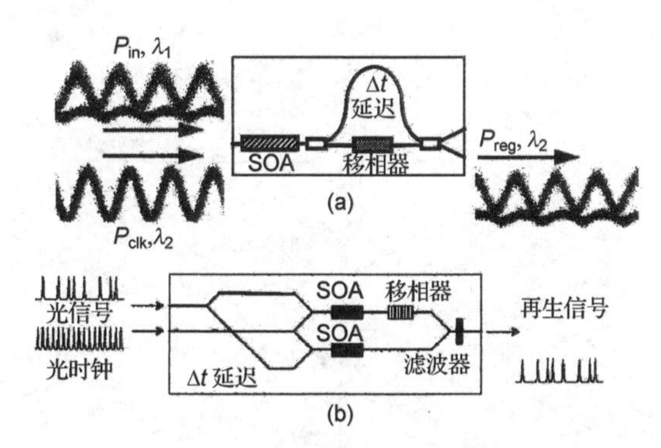

图11.43 基于半导体光放大器的3R再生器的两种设计。在两种情况下器件都是作为波长转换器使用的，但要用光时钟(重复频率等于信号比特率)替代连续光[248](经© 2001 IEEE授权引用)

图11.43(b)所示的另一种方案基于同样的想法，但使用的是在其每一条臂中各带有一个半导体光放大器的平衡MZ干涉仪[249]。该器件也是一个波长转换器，唯一不同是用重复频率等于信号比特率的光时钟替代了连续光。这种方案的一个优点是，再生发生时没有输入比特模式的反转。图11.44表明了这种3R再生器是如何工作的。实质上，数据脉冲打开光开关的时间比一个比特隙短，但比它们(数据脉冲)的宽度长；时钟脉冲与数据脉冲是同步的，这样它们能出现在这一开关窗口内。因为使用了间隔规则的时钟脉冲作为新波长的再生信号，于是在输出端消除了定时抖动。在2002年的实验中，成功使这种器件工作在84 Gbps的比特率下。

光时钟的使用需要一台能以等于输入信号比特率的重复频率工作的锁模激光器，但光时钟的脉冲序列必须与信号的数据脉冲同步，在实际应用中这是一项艰巨的任务。一种替代方法是从输入信号中提取光时钟，近年来，在从输入信号中提取光时钟来实现3R再生器方面已取得很大进展。一个简单的想法是基于频谱滤波的概念：如果将光信号通过一个多峰光滤波器(如FP滤波器)，并且该光滤波器相对窄的透射峰恰好以等于信号比特率的间隔分开，则滤波后的频谱将由一个频梳组成，该频梳相当于重复频率等于信号比特率的光脉冲的一个周期序列或光时钟。在2004年的一个实验中[250]，使用可调谐FP滤波器并结合一个半导体光放大器(作为振幅均衡器)，提取出具有振幅噪声低(小于0.5%)和定时抖动小(小于0.5 ps)的40 GHz光时钟。几种其他方案也已用于提取光时钟，其中包括基于电吸收调制器、自脉动DFB激光器或量子点激光器、锁模环形激光器或锁模半导体激光器以及FP型半导体光放大器的那些光时钟提取方案[251~258]。

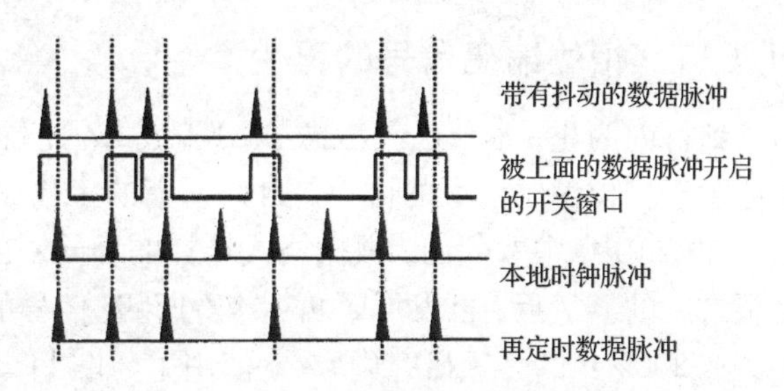

图11.44　表明在基于半导体光放大器的3R再生器中如何消除定时抖动的示意图。时钟脉冲的重复频率与数据脉冲的比特率相同，但波长不同[249]（经© 2001 IEEE授权引用）

在有些情况下，恢复的光时钟被转换成用来驱动调制器的电时钟。图11.45给出了这种3R再生器的例子[254]，它利用了3个基于半导体光放大器的2R再生器，每个2R再生器均采用MZ干涉仪结构，共6个半导体光放大器。其中一个2R再生器(上支路)后接一个用于恢复光时钟的FP滤波器，将光时钟转换成电时钟；另外两个2R再生器(下支路)串联起来以改善光信噪比，并抵消在第一个再生器后发生的波长位移。下面的4个图给出了输入的10 Gbps信号、时钟恢复前的信号、恢复的时钟信号以及再生信号的眼图。将这种3R再生器用在循环光纤环路中，可使10 Gbps信号传输125 000 km而无须色散补偿，该实验清楚表明了半导体光放大器用于全光信号处理的极限潜力。

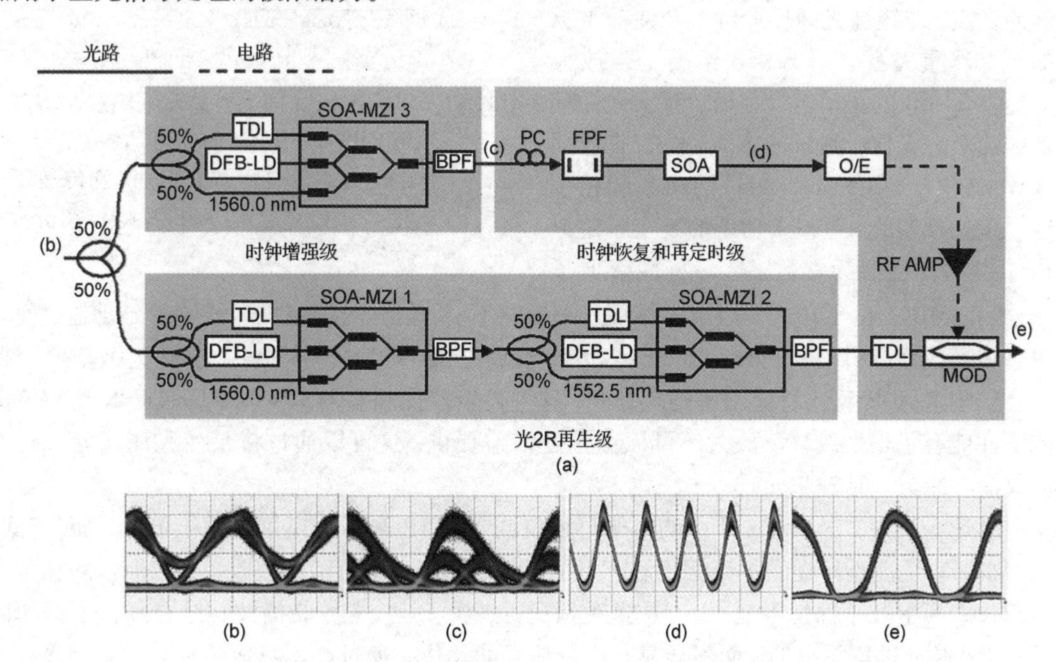

图11.45　(a)用3个基于半导体光放大器的2R再生器设计的基于半导体光放大器的3R再生器，其中上面的支路用于时钟恢复，(b)~(e)是在图(a)中标记的4个位置处的眼图，LD，TDL和FPF分别代表半导体激光器、可调谐延迟线和FP滤波器[254]（经© 2006 IEEE授权引用）

11.5.5 相位编码信号的再生

到目前为止，本节已经考虑了 NRZ 或 RZ 比特流的全光再生，但前面讨论的大部分方案并不适用于相位编码信号的再生，因为它们的工作是基于“0”比特和“1”比特不同的功率电平。正如在第 10 章中看到的，根据格式选择的不同，在每个比特隙内脉冲的相位取两个或多个值是很常见的。最近，已发展了再生 RZ-DPSK 信号的几种技术[259~270]。

在 2005 年的一项研究中[260]，使用了与图 11.36 所示的类似的非线性光纤环形镜，但有一个关键差别：在光纤环路的一个末端附近插入一个在两个相反传输方向具有不同损耗的衰减器，该器件的工作与光隔离器类似，可以用偏振器和法拉第旋转器制作。尽管需要高得多的输入功率，但功率传递函数表现出一个平坦区域，在这区域附近非线性光纤环形镜产生的相移也是固定不变的，并且相对较小。实验结果与理论预测一致[264]。

在 2007 年的一个实验中[268]，在非线性光纤环形镜的一端利用一个双向掺铒光纤放大器替代定向衰减器，以实现 RZ-DPSK 信号的再生。其中输入信号在光纤耦合器处被不对称地分成两部分，这样较弱的子脉冲首先通过掺铒光纤放大器放大，而较强的子脉冲在 Sagnac 环内环行一周后才通过掺铒光纤放大器放大。结果，较弱子脉冲的自相位调制引起的相移大得多，由于输出脉冲的相位被较强的子脉冲设定，非线性光纤环形镜不会使输出脉冲的相位严重失真。图 11.46 给出了当放大器可提供 23 dB 的小信号增益时，对于光纤耦合器的几个分光比，测量的 3 km 长的非线性放大环形镜($\gamma = 2.5\ \mathrm{W}^{-1}/\mathrm{km}$)的功率和相位特性。正如预期的，在输入功率的某个特定范围内输出功率近似为常数，这一特性降低了“1”比特的噪声。由于在这一区域中相位几乎恒定不变，信号的振幅噪声能够得到抑制，而不会将它转换成相位抖动。同时，“0”比特和“1”比特之间的相对相移很小(小于 0.07π)，因此它不会影响 RZ-DPSK 比特流的解码。确实，这种再生器使测量的 10 Gbps RZ-DPSK 比特流的误码率性能有了很大改善。放大还可以由拉曼增益提供，这可以通过将泵浦光注入光纤环并使其仅沿一个方向传输来实现[263]。

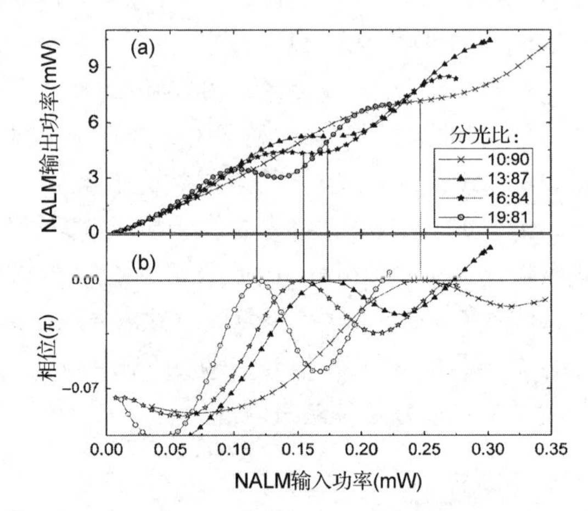

图 11.46 不同分光比的非线性放大环形镜(NALM)用于RZ-DPSK信号再生时的测量结果。(a)功率传递函数；(b)相位传递函数[268](经ⓒ 2007 IEEE 授权引用)

通过适当改进，图 11.32 所示的基于自相位调制的 2R 再生器还可以用于 RZ-DPSK 格式。例如，如果非线性光纤提供了反常色散，并在它前面插入一个可饱和吸收体，则信号的相位可以在较长距离上几乎保持不变[261]。在这种情况下，孤子效应和窄带滤波相结合降低了振幅噪声并对 RZ 脉冲进行了整形，而不会显著影响信号的相位。通过在零色散波长附近泵浦光纤并增加信号功率使参量增益饱和，还可以采用基于四波混频的方法。通过级联四波混频能产生多个闲频，然而，必须设置光滤波器使之选出信号并阻隔所有闲频，以使包含在信号相位中的信息的劣化最小。为了再生 RZ-DPSK 信号，研究人员还提出了基于交叉相位调制的方案[259]。

以上方案通过降低振幅噪声(同时保留它们的相位)来再生 RZ 脉冲，但它们不能降低相位噪声。基于四波混频的方法通过利用 MZ 干涉仪或 Sagnac 干涉仪的相敏放大完成了这个任务。在 2005 年的一个实验中[262]，使用 6 km 长的 Sagnac 环(或非线性光纤环形镜)在100 mW 的泵浦功率下实现了大于 13 dB 的相敏增益，因为相位噪声降低至足够小，再生 RZ-DPSK 信号的误码率性能改善了 100 倍。在后来的实验中[266]，利用同样的光纤环大幅降低了振幅噪声和相位噪声。

图 11.47 给出了通过 Sagnac 环内的相敏放大实现 RZ-DPSK 信号再生的实验装置图。首先用一个 90∶10 的光纤耦合器将 RZ-DPSK 信号分成两部分，其中带有 90% 的平均功率的支路用做泵浦，而功率较低的支路作为信号，泵浦支路中的延迟线确保两者之间是解相关的。在信号进入 6 km 长的光纤环之前，将相位噪声和振幅噪声加到信号上。光纤环内的简并四波混频过程将功率从泵浦转移到信号中，功率转移的程度取决于泵浦和信号之间的相对相位差，正是这一特性降低了非线性光纤环形镜输出端的相位噪声。图 11.48 通过星座图说明了采用这种方案实现的改进程度[266]，由图可见，在相敏放大后振幅噪声和相位噪声均大幅降低。如果信号频率准确位于两个泵浦频率的中间，使它与闲频频率一致，则双泵浦参量放大器也可以用于此目的[267]。

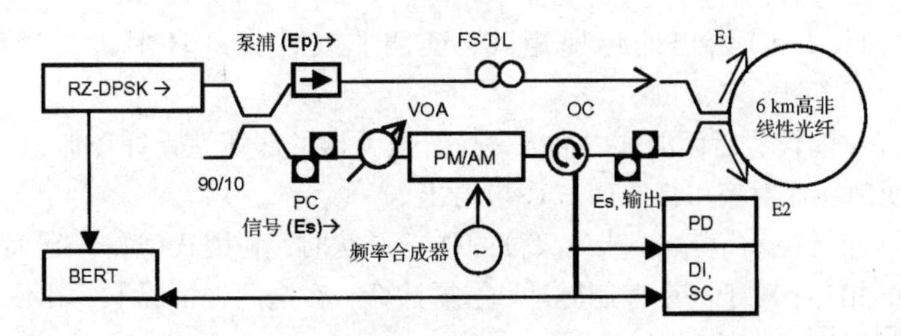

图 11.47 通过 Sagnac 环中的相敏放大实现 RZ-DPSK 信号再生的实验装置，BERT，FS-DL，VOA，OC，PD，DI和SC分别代表误码率测试仪、光纤延长器延迟线、可变光衰减器、光环行器、光电二极管、延迟干涉仪和采样示波器[266]（经ⓒ2006 OSA授权引用）

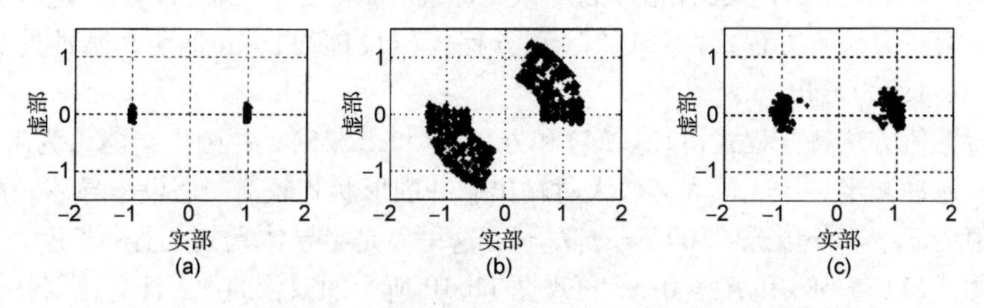

图 11.48 RZ-DPSK 信号的星座图。(a)加入噪声前；(b)加入噪声后；(c)相敏放大后[266]（经ⓒ2006 OSA授权引用）

用于 RZ-DPSK 信号的基于光纤的 3R 再生器的设计如图 11.49 所示，它在 2R 再生器的前面加入 1 比特延迟干涉仪，2R 再生器的输出馈入通过从信号中恢复的光时钟(或由脉冲光源获得)驱动的基于光纤的相位调制器中。延迟干涉仪的作用是将输入的 RZ-DPSK 信号转换成其噪声通过 2R 振幅再生器降低的 RZ-ASK 信号，最后用再生的数据流通过光纤中的交叉相位调制，调制时钟脉冲的相位。在 2008 年的一个实验中[269]，使用 2.4 km 长的高非线性光纤作为相位调制器并结合基于光纤的 2R 再生器组成 3R 再生器，这种器件将输入的 RZ-DPSK 比特流的振幅噪声和相位噪声同时降低。2009 年的一个实验表明[270]，该器件还能减小显著影响 RZ-DPSK 信号的非线性相位噪声的影响。

RZ-DQPSK(归零码-差分正交相移键控)信号的光再生也在实际应用中引起了极大关注[271~273]。为此目的，在2007年的一个实验中[271]，使用2 km长的非线性光纤环形镜再生80 Gbps的信号。数值模拟表明，还可以成功地使用相敏放大[272]。图11.49所示的方案甚至可以推广到RZ-DQPSK信号再生的情况，但需要两个延迟干涉仪、两个2R再生器和两个相位调制器，以处理单个符号4个可能的相位[273]。

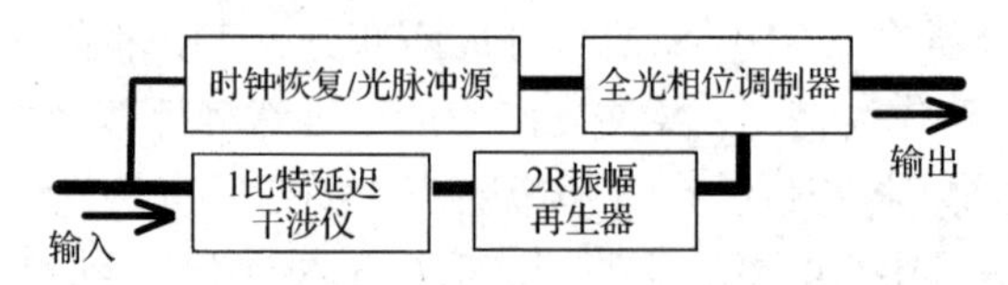

图11.49 用于RZ-DPSK信号的基于光纤的3R再生器的方框图[269](经ⓒ2008 OSA授权引用)

习题

11.1 利用式(11.1.1)给出的传递矩阵，证明非线性光纤环形镜的透射率确实可由式(11.1.2)给出。

11.2 对于恰好在耦合器后面的环内插入一个光放大器的非线性光纤环形镜，重复上面的问题，证明现在透射率可由式(11.1.4)给出。

11.3 当控制脉冲具有 $A_c(t) = \mathrm{sech}(t/T_0)$ 的孤子形状时，利用式(11.1.6)计算交叉相位调制引起的相移；对于高斯控制脉冲，重复计算。在这两种情况下，用定义为 $L_W = T_0/d_w$ 的走离长度表述你的答案。

11.4 解描述四波混频过程的方程式(11.1.10)和方程式(11.1.11)，并证明参量放大器的放大倍数由式(11.1.16)给出。

11.5 证明，式(11.1.12)定义的相位失配参数 κ 能近似简化成 $\kappa = \beta_2\delta^2 + 2\gamma P_0$，这里 $\delta = \omega_s - \omega_p$。

11.6 通过解析方法解方程式(11.1.27)和方程式(11.1.29)，并证明光脉冲的放大倍数由式(11.1.33)给出。

11.7 通过数值方法解方程式(11.1.24)和方程式(11.1.25)，并画出当能量为1 pJ的50 ps高斯脉冲被半导体光放大器放大时输出脉冲的形状和频谱。假设半导体光放大器的参数值为 $E_{\mathrm{sat}} = 5$ pJ，$\tau_c = 100$ ps，$g_0 L = 6$，这里 L 是半导体光放大器的长度。

11.8 利用式(11.1.38)和 $R_m = 0.5$，再现图11.10所示的双稳曲线；计算该器件开启和关断时的功率，假设 $\delta = 3$，$\gamma = 20\ \mathrm{W^{-1}/km}$，$L_m = 100$ m。

11.9 利用交叉相位调制引起的频谱展宽，通过 $\gamma = 20\ \mathrm{W^{-1}/km}$ 的1 km长的光纤将1550 nm信道的波长转换到1555 nm。当信号的峰值功率等于0.8 W时，估计在光纤后使用的光滤波器的中心波长。

11.10 描述可以将NRZ比特流转换成RZ比特流的两种技术。

11.11 解释如何利用自相位调制这种非线性现象实现光比特流的再生，必要时可使用图表。

11.12 将式(11.5.2)应用于一组10 ps宽(指的是半极大全宽度)的带噪声的高斯脉冲，用数值方法再现与图11.33所示的图类似的结果。利用 $\phi_{\mathrm{NL}} = 5$，光滤波器通带的偏移为80 GHz。

参考文献

[1] M. Hirano, T. Nakanishi, T. Okuno, and M. Onishi, *IEEE J. Sel. Topics Quantum Electron.* **15**, 103 (2008).

[2] G. P. Agrawal, *Nonlinear Fiber Optics*, 4th ed. Academic Press, Boston, 2007.

[3] K. Kikuchi, K. Taira, and N. Sugimoto, *Electron. Lett.* **38**, 166 (2002).

[4] M. P. Fok and C. Shu, *IEEE J. Sel. Topics Quantum Electron.* **14**, 587 (2008).

[5] M. D. Pelusi, V. G. Ta'eed, L. Fu, et al., *IEEE J. Sel. Topics Quantum Electron.* **14**, 529 (2008).

[6] M. D. Pelusi, F. Luan, S. Madden, D. -Y. Choi, D. A. Bulla, B. Luther-Davies, and B. J. Eggleton, *IEEE Photon. Technol. Lett.* **22**, 3 (2010).

[7] G. P. Agrawal, *Applications of Nonlinear Fiber Optics*, 2nd ed., Academic Press, Boston, 2008.

[8] K. Otsuka, *Opt. Lett.* **8**, 471 (1983).

[9] D. B. Mortimore, *J. Lightwave Technol.* **6**, 1217 (1988).

[10] N. J. Doran and D. Wood, *Opt. Lett.* **13**, 56 (1988).

[11] G. P. Agrawal, *Lightwave Technnology: Components and Devices*, Wiley, New York, 2004.

[12] M. E. Fermann, F. Haberl, M. Hofer, and H. Hochstrasser, *Opt. Lett.* **15**, 752 (1990).

[13] A. W. O' Neil and R. P. Webb, *Electron. Lett.* **26**, 2008 (1990).

[14] M. C. Fames and D. N. Payne, *Appl. Phys. Lett.* **55**, 25 (1989).

[15] K. J. Blow, N. J. Doran, B. K. Nayar, and B. P. Nelson, *Opt. Lett.* **15**, 248 (1990).

[16] M. Jinno and T. Matsumoto, *IEEE Photon. Technol. Lett.* **2**, 349 (1990); *Electron. Lett.* **27**, 75 (1991).

[17] H. Avramopoulos, P. M. W. French, M. C. Gabriel, H. H. Houh, N. A. Whitaker, and T. Morse, *IEEE Photon. Technol. Lett.* **3**, 235 (1991).

[18] J. D. Moores, K. Bergman, H. A. Haus, and E. P. Ippen, *Opt. Lett.* **16**, 138 (1991); *J. Opt. Soc. Am. B* **8**, 594(1991).

[19] M. Jinno and T. Matsumoto, *IEEE J. Quantum Electron.* **28**, 875 (1992).

[20] H. Bülow and G. Veith, *Electron. Lett.* **29**, 588 (1993).

[21] K. Smith, N. J. Doran, and P. G. J. Wigley, *Opt. Lett.* **15**, 1294 (1990).

[22] S. V. Chernikov and J. R. Taylor, *Electron. Lett.* **29**, 658 (1993).

[23] R. A. Betts, J. W. Lear, S. J. Frisken, and P. S. Atherton, *Electron. Lett.* **28**, 1035 (1992).

[24] J. Yu, X. Zheng, C. Peucheret, A. T. Clausen, H. N. Poulsen, and P. Jeppesen, *J. Lightwave Technol.* **18**, 1001 (2000).

[25] M. Jinno and T. Matsumoto, *Opt. Lett.* **16**, 220 (1991).

[26] J. M. Jeong and M. E. Marhic, *Opt. Commun.* **91**, 115 (1992).

[27] J. K. Lucek and K. Smith, *Opt. Lett.* **15**, 1226 (1993).

[28] B. K. Nayar, N. Finlayson, and N. J. Doran, *J. Mod. Opt.* **40**, 2327 (1993).

[29] G. A. Nowak, Y. -H. Kao, T. J. Xia, M. N. Islam, and D. Nolan, *Opt. Lett.* **23**, 936 (1998).

[30] O. Aso, S. Arai, T. Yagi, M. Tadakuma, Y. Suzuki, and S. Namiki, *Electron. Lett.* **36**, 709 (2000).

[31] J. Hansryd, P. A. Andrekson, M. Westlund, J. Li, and P. O. Hedekvist, *IEEE J. Sel. Topics Quantum Electron.* **8**, 506 (2002).

[32] B. N. Islam and Ö Boyraz, *IEEE J. Sel. Topics Quantum Electron.* **8**, 527 (2002).

[33] K. K. Y. Wong, K. Shimizu, M. E. Marhic, K. Uesaka, G. Kalogerakis, and L. G. Kazovsky, *Opt. Lett.* **28**, 692 (2003).

[34] S. Radic and C. J. McKinstrie, *Opt. Fiber Technol.* **9**, 7 (2003).

[35] S. Radic, C. J. McKinstrie, R. M. Jopson, J. C. Centanni, Q. Lin, and G. P. Agrawal, *Electron. Lett.* **39**, 838 (2003).

[36] T. Tanemura and K. Kikuchi, *IEEE Photon. Technol. Lett.* **15**, 1573 (2003).

[37] R. L. Espinola, J. I. Dadap, R. M. Osgood, Jr., S. J. McNab, and Y. A. Vlasov, *Opt. Express* **13**, 4341 (2005).

[38] M. A. Foster, A. C. Turner, J. E. Sharping, B. S. Schmidt, M. Lipson, and A. L. Gaeta, *Nature* **441**, 960 (2006).

[39] K. Yamada, H. Fukuda, T. Tsuchizawa, T. Watanabe, T. Shoji, and S. Itabashi, *IEEE Photon. Technol. Lett.* **18**, 1046 (2006).

[40] Q. Lin, J. Zhang, P. M. Fauchet, and G. P. Agrawal, *Opt. Express* **14**, 4786 (2006).

[41] Y. -H. Kuo, H. Rong, V. Sih, S. Xu, and M. Paniccia, *Opt. Express* **14**, 11721 (2006).

[42] M. A. Foster, A. C. Turner, R. Salem, M. Lipson, and A. L. Gaeta, *Opt. Express* **15**, 12949 (2007).

[43] B. G. Lee, A. Biberman, A. C. Turner-Foster, M. A. Foster, M. Lipson, A. L. Gaeta, and K. Bergman, *IEEE Photon. Technol. Lett.* **21**, 182 (2009).

[44] A. C. Turner, M. A. Foster, R. Salem, A. L. Gaeta, and M. Lipson, *Opt. Express* **18**, 1904 (2010).

[45] Q. Lin, O. J. Painter, and G. P. Agrawal, *Opt. Express* **15**, 16604 (2007).

[46] T. Saitoh and T. Mukai, *IEEE J. Quantum Electron.* **23**, 1010 (1987).

[47] N. A. Olsson, *J. Lightwave Technol.* **7**, 1071 (1989).

[48] T. Saitoh and T. Mukai, in *Coherence, Amplification, and Quantum Effects in Semiconductor Lasers*, Y. Yamamoto, Ed., Wiley, New York, 1991, Chap. 7.

[49] G. P. Agrawal and N. K. Dutta, *Semiconductor Lasers*, 2nd ed., Van Nostrand Reinhold, New York, 1993, Chap. 11.

[50] L. H. Spiekman, *Optical Fiber Telecommunications*, Vol. 4A, I. P. Kaminow and T. Li, Eds., Academic Press, Boston, 2002, Chap. 14.

[51] R. J. Manning, A. D. Ellis, A. J. Poustie, and K. J. Blow, *J. Opt. Soc. Am. B* **14**, 3204 (1997).

[52] K. E. Stubkjaer, *IEEE J. Sel. Topics Quantum Electron.* **6**, 1428 (2000).

[53] G. P. Agrawal and D. N. Maywar, in *Nonlinear Photonic Crystals*, Springer Series in Photonics, Vol. 10, Eds. R. E. Slusher and B. H. Eggleton, Springer, New York, 2003, Chap. 13.

[54] G. P. Agrawal and N. A. Olsson, *IEEE J. Quantum Electron.* **25**, 2297 (1989).

[55] G. P. Agrawal and N. A. Olsson, *Opt. Lett.* **14**, 500 (1989).

[56] N. A. Olsson, G. P. Agrawal, and K. W. Wecht, *Electron. Lett.* **25**, 603 (1989).

[57] M. Eiselt, *Electron. Lett.* **28**, 1505 (1992).

[58] J. P. Sokoloff, P. R. Prucnal, I. Glesk, and M. Kane, *IEEE Photon. Technol. Lett.* **5**, 787 (1993).

[59] M. Eiselt, W. Pieper, and H. G. Weber, *J. Lightwave Technol.* **13**, 2099 (1995).

[60] I. Glesk, B. C. Wang, L. Xu, V. Baby, and P. R. Prucnal, in *Progress in Optics*, Vol. 45, E. Wolf, Ed., Elsevier, Amsterdam, 2003, Chap. 2.

[61] H. M. Gibbs, *Optical Bistability: Controlling Light with Light*, Academic Press, Boston, 1984.

[62] H. Nakatsuka, S. Asaka, H. Itoh, K. Ikeda, and M. Matsuoka, *Phys. Rev. Lett.* **50**, 109 (1983).

[63] P. W. Smith, I. P. Kaminow, P. J. Maloney, and L. W. Stulz, *Appl. Phys. Lett.* **33**, 24 (1978); *Appl. Phys. Lett.* **34**, 62 (1979).

[64] P. L. K. Wa, J. E. Sitch, N. J. Mason, and P. N. Robson, *Electron. Lett.* **21**, 26 (1985).

[65] R. M. Shelby, M. D. Levenson, and S. H. Perlmutter, *J. Opt. Soc. Am. B* **5**, 347 (1988).

[66] S. Coen, M. Haelterman, P. Emplit, L. Delage, L. M. Simohamed, and F. Reynaud, *J. Opt. Soc. Am. B* **15**, 2283 (1998).

[67] H. Kawaguchi, *IEEE J. Sel. Topics Quantum Electron.* **3**, 1254 (1997).

[68] C. Harder, K. Y. Lau, and A. Yariv, *IEEE J. Quantum Electron.* **18**, 1351 (1982).

[69] M. Ueno and R. Lang, *J. Appi. Phys.* **58**, 1689 (1985).

[70] H. F. Liu, Y. Hashimoto, and T. Kamiya, *IEEE J. Quantum Electron.* **24**, 43 (1988).
[71] G. H. Duan, P. Landais, and J. Jacquet, *IEEE J. Quantum Electron.* **30**, 2507 (1994).
[72] W. F. Sharfin and M. Dagenais, *Appi. Phys. Lett.* **48**, 321 (1986); **48**, 1510 (1986).
[73] M. J. Adams, H. J. Westlake, and M. J. O'Mahony, in *Optical Nonlinearities and Instabilities in Semiconductors*, H. Haug, Ed., Academic Press, Boston, 1988, Chap. 15.
[74] H. G. Winful, J. H. Marburger, and E. Gannire, *Appl. Phys. Lett.* **35**, 379 (1979).
[75] M. J. Adams and R. Wyatt, *Proc. Inst. Elect. Eng.*, **134**, 35, 1987.
[76] D. N. Maywar and G. P. Agrawal, *IEEE J. Quantum Electron.* **33**, 2029 (1997); *IEEE J. Quantum Electron.* **34**, 2364 (1998).
[77] D. N. Maywar and G. P. Agrawal, *Opt. Express* **3**, 440 (1998).
[78] D. N. Maywar and G. P. Agrawal, and Y. Nakano, *Opt. Express* **6**, 75 (2000).
[79] K. Okumura, Y. Ogawa, H. Ito, and H. Inaba, *IEEE J. Quantum Electron.* **21**, 377 (1985).
[80] S. Suzuki, T. Terakado, K. Komatsu, K. Nagashima, A. Suzuki, and M. Kondo, *J. Lightwave Technol.* **4**, 894 (1986).
[81] K. Inoue, *Opt. Lett.* **12**, 918 (1987).
[82] K. Otsuka, *Electron. Lett.* **24**, 800 (1988); *Opt. Lett.* **14**, 72 (1987).
[83] L. L. Chern and J. K. McIver, *Opt. Lett.* **15**, 186 (1990).
[84] H. Kawaguchi, *Electron. Lett.* **31**, 1150 (1995).
[85] J. Zhou, M. Cada, G. P. Li, and T. Makino, *IEEE Photon. Technol. Lett.* **7**, 1125 (1995).
[86] B. B. Jian, *Electron. Lett.* **32**, 349 (1996).
[87] M. S. Petrovic, M. R. Belie, M. V. Jaric, and F. Kaiser, *Opt. Commun.* **138**, 349 (1997).
[88] T. Chattopadhyay and M. Nakajima, *Opt. Commun.* **138**, 320 (1997).
[89] K. Nakatsuhara, T. Mizumoto, R. Munakata, Y. Kigure, and Y. Naito, *IEEE Photon. Technol. Lett.* **10**, 78 (1998).
[90] F. Robert, D. Fortusini, and C. L. Tang, *IEEE Photon. Technol. Lett.* **12**, 465 (2000).
[91] M. T. Hill, H. de Waardt, G. D. Khoe, and H. J. S. Dorren, *IEEE J. Quantum Electron.* **37**, 405(2001).
[92] S. -H. Jeong, H. -C. Kim, T. Mizumoto, J. Wiedmann, S. Arai, M. Takenaka, and Y. Nakano, *IEEE J. Quantum Electron.* **38**, 706 (2002).
[93] V. Van, T. A. Ibrahim, P. P. Absil, F. G. Johnson, R. Graver, and P. -T. Ho, *IEEE J. Sel. Topics Quantum Electron.* **8**, 705 (2002).
[94] H. J. S. Dorren, D. Lenstra, Y. Liu, M. T. Hill, and G. D. Khoe, *IEEE J. Quantum Electron.* **39**, 141 (2003).
[95] R. Clavero, F. Ramos, J. M. Martinez, and J. Marti, *IEEE Photon. Technol. Lett.* **17**, 843 (2005).
[96] M. Takenaka, M. Raburn, and Y. Nakano, *IEEE Photon. Technol. Lett.* **17**, 968 (2005).
[97] W. D'Oosterlinck, J. Buron, F. Öhman, G. Morthier, and R. Baets, *IEEE Photon. Technol. Lett.* **19**, 489 (2007).
[98] K. Huybrechts, G. Morthier, and R. Baets, *Opt. Express* **16**, 11405 (2008).
[99] A. M. Kaplan, G. P. Agrawal and D. N. Maywar, *Electron. Lett.* **45**, 127 (2009).
[100] N. Pleros, D. Apostolopoulos, D. Petxantonakis, C. Stamatiadis, and H. Avramopoulos, *IEEE Photon. Technol. Lett.* **21**, 73 (2009).
[101] L. Liu, R. Kumar, K. Huybrechts, et al., *Nature Photonics* **4**, 182 (2010).
[102] K. A. Rauschenbach, K. L. Hall, J. C. Livas, and G. Raybon, *IEEE Photon. Technol. Lett.* **6**, 1130(1994).
[103] J. Yu, X. Zheng, C. Peucheret, A. T. Clausen, H. N. Poulsen, and P. Jeppesen, *J. Lightwave Technol.* **18**, 1007 (2000).
[104] T. Sakamoto, F. Futami, K. Kikuchi, S. Takeda, Y. Sugaya, and S. Watanabe, *IEEE Photon. Technol. Lett.* **13**, 502 (2001).

[105] B. E. Olsson, P. Öhlén, L. Rau, and D. J. Blumenthal, *IEEE Photon. Technol. Lett.* **12**, 846 (2000).

[106] J. Yu and P. Jeppesen, *IEEE Photon. Technol. Lett.* **13**, 833 (2001).

[107] J. H. Lee, Z. Yusoff, W. Belardi, M. Ibsen, T. M. Monro, and D. J. Richardson, *IEEE Photon. Technol. Lett.* **15**, 437 (2003).

[108] L. Rau, W. Wang, S. Camatel, H. Poulsen, and D. J. Blumenthal, *IEEE Photon. Technol. Lett.* **16**, 2520 (2004).

[109] W. Mao, P. A. Andrekson, and J. Toulouse, *IEEE Photon. Technol. Lett.* **17**, 420 (2005).

[110] W. Wang, H. N. Poulsen, L. Rau, H. F. Chou, J. E. Bowers, and D. J. Blumenthal, *J. Lightwave Technol.* **23**, 1105 (2005).

[111] J. H. Lee, T. Nagashima, T. HasegFawa, S. Ohara, N. Sugimoto, and K. Kikuchi, *IEEE Photon. Technol. Lett.* **18**, 298 (2006).

[112] T. Tanemura, J. H. Lee, D. Wang, K. Katoh, and K. Kikuchi, *Opt. Express* **14**, 1408 (2006).

[113] T. Tanemura and K. Kikuchi, *J. Lightwave Technol.* **24**, 4108 (2006).

[114] K. Inoue and H. Toba, *IEEE Photon. Technol. Lett.* **4**, 69 (1992).

[115] K. Inoue, T. Hasegawa, K. Oda, and H. Toba, *Electron. Lett.* **29**, 1708 (1993).

[116] K. Inoue, *J. Lightwave Technol.* **12**, 1916 (1994); *IEEE Photon. Technol. Lett.* **6**, 1451 (1993).

[117] J. H. Lee, W. Belardi, K. Furusawa, P. Petropoulos, Z. Yusoff, T. M. Monro, and D. J. Richardson, *IEEE Photon. Technol. Lett.* **15**, 440 (2003).

[118] F. Yaman, Q. Lin, S. Radic, and G. P. Agrawal, *IEEE Photon. Technol. Lett.* **17**, 2053 (2005).

[119] Y. Wang, C. Yu, T. Luo, L. Yan, Z. Pan, and A. E. Willner, *J. Lightwave Technol.* **23**, 3331 (2005).

[120] G. Kalogerakis, M. E. Marhic, K. Uesaka, K. Shimizu, Member, K. K. -Y. Wong, and L. G. Kazovsky, *J. Lightwave Technol.* **24**, 3683 (2006).

[121] K. K. Chow, C. Shu, C. Lin, and A. Bjarklev, *IEEE Photon. Technol. Lett.* **17**, 624 (2005).

[122] P. A. Andersen, T. Tokle, Y. Geng, C. Peucheret, and P. Jeppesen, *IEEE Photon. Technol. Lett.* **17**, 1908 (2005).

[123] A. Zhang and M. S. Demokan, *Opt. Lett.* **30**, 2375 (2005).

[124] J. H. Lee, T. Nagashima, T. Hasegawa, S. Ohara, N. Sugimoto, and K. Kikuchi, *J. Lightwave Technol.* **24**, 22 (2006).

[125] M. P. Fok and C. Shu, *IEEE Photon. Technol. Lett.* **19**, 1166 (2007).

[126] K. K. Chow, K. Kikuchi, T. Nagashima, T. Hasegawa, S. Ohara, and N. Sugimoto, *Opt. Express* **15**, 15418 (2007).

[127] W. Astar, C. -C. Wei, Y. -J. Chen, J. Chen, and G. M. Carter, *Opt. Express* **16**, 12039 (2008).

[128] C. Q. Xu, H. Okayama, and M. Kawahara, *Appl. Phys. Lett.* **63**, 3559 (1993).

[129] M. H. Chou, I. Brener, M. M. Fejer, E. E. Chaban, and S. B. Christman, *IEEE Photon. Technol. Lett.* **11**, 653 (1999).

[130] I. Cristiani, V. Degiorgio, L. Socci, F. Carbone, and M. Romagnoli, *IEEE Photon. Technol. Lett.* **14**, 669 (2002).

[131] S. Yu, and W. Gu, *IEEE J. Quantum Electron.* **40**, 1744 (2004).

[132] Y. L. Lee, B. Yu, C. Jung, Y. Noh, J. Lee, and D. Ko, *Opt. Express* **13**, 2988 (2005).

[133] Y. Nishida, H. Miyazawa, M. Asobe, O. Tadanaga, and H. Suzuki, *IEEE Photon. Technol. Lett.* **17**, 1049 (2005).

[134] C. Langrock, S. Kumar, J. E. McGeehan, A. E. Willner, and M. M. Fejer, *J. Lightwave Technol.* **24**, 2579 (2006).

[135] H. Furukawa, A. Nirmalathas, N. Wada, S. Shinada, H. Tsuboya, and T. Miyazaki, *IEEE Photon. Technol. Lett.* **19**, 384 (2007).

[136] J. Zhang, Y. Chen, F. Lu, and X. Chen, *Opt. Express* **16**, 6957 (2008).
[137] A. Tehranchi, and R. Kashyap, *Opt. Express* **17**, 19113 (2009).
[138] G. -H. Duan, in *Semiconductor Lasers: Past, Present, and Future*, G. P. Agrawal, Ed. (AIP Press, Woodbury, NY, 1995), Chap. 10.
[139] T. Durhuus, B. Mikkelson, C. Joergensen, S. L. Danielsen, and K. E. Stubkjaer, *J. Lightwave Technol.* **14**, 942 (1996).
[140] C. Joergensen, S. L. Danielsen, K. E. Stubkjaer, et. al., *IEEE J. Sel. Topics Quantum Electron.* **3**, 1168 (1997).
[141] C. Politi, D. Klonidis, and M. J. O'Mahony, *J. Lightwave Technol.* **24**, 1203 (2006).
[142] V. Lai, M. L. Mašanovic, J. A. Summers, G. Fish, and D. J. Blumenthal, *IEEE J. Sel. Topics Quantum Electron.* **13**, 49 (2007).
[143] J. Leuthold, D. M. Marom, S. Cabot, J. J. Jaques, R. Ryf, and C. R. Giles, *J. Lightwave Technol.* **22**, 186 (2004).
[144] Y. Liu, E. Tangdiongga, Z. Li, et al., *J. Lightwave Technol.* **24**, 230 (2006); *J. Lightwave Technol.* **25**, 103 (2007).
[145] M. Matsuura, N. Kishi, and T. Miki, *J. Lightwave Technol.* **25**, 38 (2007).
[146] J. Dong, X. Zhang, S. Fu, J. Xu, P. Shum, and D. Huang, *IEEE J. Sel. Topics Quantum Electron.* **14**, 770 (2008).
[147] G. P. Agrawal, *J. Opt. Soc. Am. B* **5**, 147 (1988).
[148] S. Hojfeldt, S. Bischoff, and J. Mork, *J. Lightwave Technol.* **18**, 1121 (2000).
[149] P. Leclerc, B. Lavingne, and D. Chiaroni, in *Optical Fiber Telecommunications*, Vol. 4A, I. P. Kaminow and T. Li, Eds., Academic Press, Boston, 2002, Chap. 15.
[150] K. Vlachos, N. Pleros, C. Bintjas, G. Theophilopoulos, and H. Avramopoulos, *J. Lightwave Technol.* **21**, 1857 (2003).
[151] R. S. Tucker, in *Optical Fiber Telecommunications*, Vol. 5B, I. P. Kaminow and T. Li, and A. E. Willner, Eds., Academic Press, Boston, 2008, Chap. 17.
[152] T. Morioka, H. Takara, S. Kawanishi, T. Kitoh, and M. Saruwatari, *Electron. Lett.* **32**, 832 (1996).
[153] P. O. Hedekvist, M. Karlsson, and P. A. Andrekson, *J. Lightwave Technol.* **15**, 2051 (1997).
[154] T. Hasegawa, K. Inoue, and K. Oda, *IEEE Photon. Technol. Lett.* **5**, 947 (1993).
[155] T. Sakamoto, K. Seo, K. Taira, N. S. Moon, and K. Kikuchi, *IEEE Photon. Technol. Lett.* **16**, 563 (2004).
[156] F. Yaman, Q. Lin, and G. P. Agrawal, *IEEE Photon. Technol. Lett.* **18**, 2335 (2006).
[157] K. Uchiyama, T. Morioka, and M. Saruwatari, *Electron. Lett.* **31**, 1862 (1995).
[158] B. E. Olsson and P. A. Andrekson, *IEEE Photon. Technol. Lett.* **9**, 764 (1997).
[159] J. W. Lou, K. S. Jepsen, D. A. Nolan, S. H. Tarcza, W. J. Bouton, A. F. Evans, and M. N. Islam, *IEEE Photon. Technol. Lett.* **12**, 1701 (2000).
[160] T. Sakamoto, H. C. Lim, and K. Kikuchi, *IEEE Photon. Technol. Lett.* **14**, 1737 (2002).
[161] B. E. Olsson and D. J. Blumenthal, *IEEE Photon. Technol. Lett.* **13**, 875 (2001).
[162] L. Rau, W. Wang, B. E. Olsson, Y. Chiu, H. F. Chou, D. J. Blumenthal, and J. E. Bowers, *IEEE Photon. Technol. Lett.* **14**, 1725 (2002).
[163] J. Li, B. E. Olsson, M. A. Karlsson, and P. A. Andrekson, *IEEE Photon. Technol. Lett.* **15**, 1770 (2003).
[164] J. H. Lee, T. Tanemura, T. Nagashima, T. Hasegawa, S. Ohara, N. Sugimoto, and K. Kikuchi, *Opt. Lett.* **30**, 1267 (2005).
[165] A. S. Lenihan, R. Salem, T. E. Murphy, and G. M. Carter, *IEEE Photon. Technol. Lett.* **18**, 1329 (2006).
[166] R. Salem, A. S. Lenihan, G. M. Carter, and T. E. Murphy, *IEEE Photon. Technol. Lett.* **18**, 2254 (2006).

[167] K. Uchiyama, S. Kawanishi, and M. Saruwatari, *IEEE Photon. Technol. Lett.* **10**, 890 (1998).

[168] R. Hess, M. Caraccia-Gross, W. Vogt, et al, *IEEE Photon. Technol. Lett.* **10**, 166 (1998).

[169] S. L. Jansen, M. Heid, S. Spälter, et al., *Electron. Lett.* **38**, 978 (2002).

[170] C. Schubert, C. Schmidt, S. Ferber, R. Ludwig, and H. G. Weber, *Electron. Lett.* **39**, 1074 (2003).

[171] C. Porzi, A. Bogoni, L. Poti, G. Contestabile, *IEEE Photon. Technol. Lett.* **17**, 633 (2005).

[172] E. S. Awad, P. S. Cho, J. Goldhar, *IEEE Photon. Technol. Lett.* **17**, 1534 (2005).

[173] J. Glesk, J. P. Sokoloff, and P. R. Prucnal, *Electron. Lett.* **30**, 339 (1994).

[174] M. Nakazawa, H. Kubota, K. Suzuki, E. Yamada, and A. Sahara, *IEEE J. Sel. Topics Quantum Electron.* **6**, 363 (2000).

[175] P. V. Studenkov, M. R. Gokhale, J. Wei, W. Lin, I. Glesk, P. R. Prucnal, and S. R. Forrest, *IEEE Photon. Technol. Lett.* **13**, 600 (2001).

[176] E. Tangdiongga, Y. Liu, H. de Waardt, G. D. Khoe, and H. J. S. Dorren, *IEEE Photon. Technol. Lett.* **18**, 908 (2006).

[177] E. Tangdiongga, Y. Liu, H. de Waardt, et al., *Opt. Lett.* **32**, 835 (2007).

[178] T. Hirooka, M. Okazaki, T. Hirano, P. Guan, M. Nakazawa, and S. Nakamura, *IEEE Photon. Technol. Lett.* **21**, 1574 (2009).

[179] S. Bigo, O. Ledere, and E. Desurvire, *IEEE J. Sel. Topics Quantum Electron.* **3**, 1208 (1997).

[180] S. H. Lee, K. Chow, and C. Shu, *Opt. Express* **13**, 1710 (2005).

[181] C. H. Kwok and C. Lin, *IEEE J. Sel. Topics Quantum Electron.* **12**, 451 (2006); *IEEE Photon. Technol. Lett.* **19**, 1825 (2007).

[182] S. H. Lee, K. Chow, and C. Shu, *Opt. Commun.* **263**, 152 (2006).

[183] L. Xu, B. C. Wang, V. Baby, I. Glesk, and P. R. Prucnal, *IEEE Photon. Technol. Lett.* **15**, 308 (2003).

[184] W. Li, M. Chen, Y. Dong, and S. Xie, *IEEE Photon. Technol. Lett.* **16**, 203 (2004).

[185] C. G. Lee, Y. J. Kim, C. S. Park, H. J. Lee, and C. S. Park, *J. Lightwave Technol.* **23**, 834 (2005).

[186] C. Yan, Y. Su, L. Yi, L. Leng, X. Tian, X. Xu, and Y. Tian, *IEEE Photon. Technol. Lett.* **18**, 2368 (2006).

[187] K. Mishina, A. Maruta, S. Mitani, et al., *J. Lightwave Technol.* **24**, 3751 (2006).

[188] H. Jiang, H. Wen, L. Han, Y. Guo, and H. Zhang, *IEEE Photon. Technol. Lett.* **19**, 1985 (2007).

[189] X. Yang, A. Mishra, R. Manning, R. Webb, and A. Ellis, *Electron. Lett.* **43**, 890 (2007).

[190] J. Dong, X. Zhang, J. Xu, and D. Huang, S. Fu, and P. Shum, *Opt. Express* **15**, 2907 (2007).

[191] T. Silveira, A. Ferreira, A. Teixeira, and P. Monteiro, *IEEE Photon. Technol. Lett.* **20**, 1597 (2008).

[192] L. Banchi, M. Presi, A. D'Errico, G. Contestabile, and E. Ciaramella, *J. Lightwave Technol.* **28**, 32 (2010).

[193] H. J. S. Dorren, M. T. Hill, Y. Liu, et al., *J. Lightwave Technol.* **21**, 2 (2003).

[194] Q. Lin, R. Jiang, C. F. Marki, C. J. McKinstrie, R. Jopson, J. Ford, G. P. Agrawal, and S. Radic, *IEEE Photon. Technol. Lett.* **17**, 2376 (2005).

[195] T. Tanemura, K. Takeda, Y. Kanema, and Y. Nakano, *Opt. Express* **14**, 10785 (2006).

[196] J. Herrera, O. Raz, E. Tangdiongga, et al., *J. Lightwave Technol.* **26**, 176 (2008).

[197] K. Huybrechts, T. Tanemura, Y. Nakano, R. Baets, and G. Morthier, *IEEE Photon. Technol. Lett.* **21**, 703 (2009).

[198] T. Tanemura, K. Takeda, and Y. Nakano, *Opt. Express* **17**, 9454 (2009).

[199] S. C. Nicholes, M. L. Mǎsanović, B. Jevremović, E. Lively, L. A. Coldren, and D. J. Blumenthal, *J. Lightwave Technol.* **28**, 641 (2010).

[200] S. Radic, D. J. Moss, and B. J. Eggleton, in *Optical Fiber Telecommunications*, Vol. 5A, I. P. Kaminow, T. Li, and A. E. Willner, Eds., Academic Press, Boston, 2008, Chap. 20.

[201] P. V. Mamyshev, *Proc. Eur. Conf. Opt. Commun.*, p. 475, 1998.

[202] T. H. Her, G. Raybon, and C. Headley, *IEEE Photon. Technol. Lett.* **16**, 200 (2004).

[203] M. Matsumoto, *J. Lightwave Technol.* **22**, 1472 (2004); *Opt. Express* **14**, 11018 (2006).

[204] L. B. Fu, M. Rochette, V. G. Ta'eed, D. J. Moss, and B. J. Eggleton, *Opt. Express* **13**, 7637 (2005).

[205] P. Johannisson and M. Karlsson, *IEEE Photon. Technol. Lett.* **17**, 2667 (2005).

[206] M. Rochette, L. Fu, V. Ta'eed, D. J. Moss, and B. J. Eggleton, *IEEE J. Sel. Topics Quantum Electron.* **12**, 736 (2006).

[207] M. R. E. Lamont, M. Rochette, D. J. Moss, and B. J. Eggleton, *IEEE Photon. Technol. Lett.* **18**, 1185(2006).

[208] J. H. Lee, T. Nagashima, T. Hasegawa, S. Ohara, N. Sugimoto, Y.-G. Han, S. B. Lee, and K. Kikuchi, *IEEE Photon. Technol. Lett.* **18**, 1296 (2006).

[209] A. G. Striegler and B. Schmauss, *J. Lightwave Technol.* **24**, 2835 (2006).

[210] L. A. Provost, C. Finot, P. Petropoulos, K. Mukasa, and D. J. Richardson, *Opt. Express* **15**, 5100(2007).

[211] P. P. Baveja, D. N. Maywar, and G. P. Agrawal, *J. Lightwave Technol.* **27**, 3831 (2009).

[212] M. Matsumoto and O. Ledere, *Electron. Lett.* **38**, 576 (2002).

[213] M. Jinno, *J. Lightwave Technol.* **12**, 1648 (1994).

[214] N. J. Smith and N. J. Doran, *J. Opt. Soc. Am. B* **12**, 1117 (1995).

[215] W. A. Pender, T. Widdowson, and A. D. Ellis, *Electron. Lett.* **32**, 567 (1996).

[216] M. Meissner, M. Rösch, B. Schmauss, and G. Leuchs, *IEEE Photon. Technol. Lett.* **15**, 1297 (2003).

[217] M. Meissner, K. Sponsel, K. Cvecek, A. Benz, S. Weisser, B. Schmauss, and G. Leuchs, *IEEE Photon. Technol. Lett.* **16**, 2105 (2004).

[218] P. Z. Huang, A. Gray, I. Khrushchev, and I. Bennion, *IEEE Photon. Technol. Lett.* **16**, 2526 (2004).

[219] A. Bogoni, P. Ghelfi, M. Scaffardi, and L. Poti, *IEEE J. Sel. Topics Quantum Electron.* **10**, 192 (2004).

[220] E. Ciaramella and T. Stefano, *IEEE Photon. Technol. Lett.* **12**, 849 (2000).

[221] K. Inoue, *IEEE Photon. Technol. Lett.* **13**, 338 (2001).

[222] E. Ciaramella, F. Curti, and T. Stefano, *IEEE Photon. Technol. Lett.* **13**, 142 (2001).

[223] K. Inoue and T. Mukai, *J. Lightwave Technol.* **20**, 969 (2002).

[224] A. Bogris and D. Syvridis, *J. Lightwave Technol.* **21**, 1892 (2003).

[225] S. Radic, C. J. McKinstrie, R. M. Jopson, J. C. Centanni, and A. R. Chraplyvy, *IEEE Photon. Technol. Lett.* **15**, 957 (2003).

[226] S. Yamashita and M. Shahed, *IEEE Photon. Technol. Lett.* **18**, 1064 (2006).

[227] D. Wolfson, A. Kloch, T. Fjelde, C. Janz, B. Dagens, and M. Renaud, *IEEE Photon. Technol. Lett.* **12**, 332 (2000).

[228] J. De Merlier, G. Morthier, S. Verstuyft, et al., *IEEE Photon. Technol. Lett.* **14**, 660 (2002).

[229] F. Öhman, R. Kjær, L. J. Christiansen, K. Yvind, and J. Mørk, *IEEE Photon. Technol. Lett.* **18**, 1273 (2006).

[230] M. Gay, L. Bramerie, D. Massoubre, A. OHare, A. Shen, J. L. Oudar, and J. C. Simon, *IEEE Photon. Technol. Lett.* **18**, 1067 (2006).

[231] G. Contestabile, M. Presi, R. Proietti, and E. Ciaramella, *IEEE Photon. Technol. Lett.* **20**, 1133(2008).

[232] A. Sahara, T. Inui, T. Komukai, H. Kubota, and M. Nakazawa, *J. Lightwave Technol.* **18**, 1364 (2000).

[233] O. Ledere, B. Lavigne, E. Balmefrezol, P. Brindel, L. Pierre, D. Rouvillain, F. Seguineau, *J. Lightwave Technol.* **21**, 2779 (2003).

[234] G. Raybon, Y. Su, J. Leuthold, et al., Proc. Optical Fiber Commun., Paper FD10, 2002.

[235] J. Leuthold, G. Raybon, Y. Su, et al., *Electron. Lett.* **38**, 890 (2002).

[236] L. A. Jiang, M. E. Grein, H. A. Haus, and E. P. Ippen, *Opt. Lett.* **28**, 78 (2003).

[237] J. A. Harrison, K. J. Blow, and A. J. Poustie, *Opt. Commun.* **240**, 221 (2004).

[238] A. Striegler and B. Schmauss, *IEEE Photon. Technol. Lett.* **16**, 2574 (2004); *IEEE Photon. Technol. Lett.* **17**, 1310 (2005).

[239] J. Suzuki, T. Tanemura, K. Taira, Y. Ozeki, and K. Kikuchi, *IEEE Photon. Technol. Lett.* **17**, 423 (2005).

[240] F. Parmigiani, P. Petropoulos, M. Ibsen, and D. J. Richardson, *J. Lightwave Technol.* **24**, 357 (2006).

[241] M. Rochette, J. L. Blows, and B. J. Eggleton, *Opt. Express* **14**, 6414 (2006).

[242] Z. Zhu, M. Funabashi, Z. Pan, L. Paraschis, D. L. Harris, and S. J. B. Yoo, *J. Lightwave Technol.* **25**, 504 (2007).

[243] C. Ito and J. C. Cartledge, *IEEE J. Sel. Topics Quantum Electron.* **14**, 616 (2008).

[244] T. Otani, T. Miyazaki, and S. Yamamoto, *J. Lightwave Technol.* **20**, 195 (2002).

[245] H. Murai, M. Kagawa, H. Tsuji, and K. Fujii, *IEEE Photon. Technol. Lett.* **17**, 1965 (2005).

[246] M. Daikoku, N. Yoshikane, T. Otani, and H. Tanaka, *J. Lightwave Technol.* **24**, 1142 (2006).

[247] G. Gavioli and P. Bayvel, *IEEE Photon. Technol. Lett.* **21**, 1014 (2009).

[248] J. Leuthold, B. Mikkelsen, R. E. Behringer, G. Raybon, C. H. Joyner, and P. A. Besse, *IEEE Photon. Technol. Lett.* **13**, 860 (2001).

[249] Y. Ueno, S. Nakamura, and K. Tajima, *IEEE Photon. Technol. Lett.* **13**, 469 (2001).

[250] G. Contestabile, A. D'Errico, M. Presi, and E. Ciaramella, *IEEE Photon. Technol. Lett.* **16**, 2523 (2004).

[251] Z. Hu, H. -F. Chou, K. Nishimura, M. Usami, J. E. Bowers, and D. J. Blumenthal, *IEEE J. Sel. Topics Quantum Electron.* **11**, 329 (2005).

[252] S. Arahira and Y Ogawa, *IEEE J. Quantum Electron.* **41**, 937 (2005); **43**, 1204 (2007).

[253] I. Kim, C. Kim, G. Li, P. LiKamWa, and J. Hong, *IEEE Photon. Technol. Lett.* **17**, 1295 (2005).

[254] Z. Zhu, M. Funabashi, P. Zhong, L. Paraschis, and S. J. B. Yoo, *IEEE Photon. Technol. Lett.* **18**, 2159 (2006).

[255] B. Lavigne, J. Renaudier, F. Lelarge, O. Legouezigou, H. Gariah, and G. -H. Duan, *J. Lightwave Technol.* **25**, 170 (2007).

[256] F. Wang, Y. Yu, X. Huang, and X. Zhang, *IEEE Photon. Technol. Lett.* **21**, 1109 (2009).

[257] S. Arahira, H. Takahashi, K. Nakamura, H. Yaegashi, and Y Ogawa, *IEEE J. Quantum Electron.* **45**, 476 (2009).

[258] S. Pan and J. Yao, *J. Lightwave Technol.* **27**, 3531 (2009).

[259] A. Striegler and B. Schmauss, *IEEE Photon. Technol. Lett.* **16**, 1083 (2004).

[260] A. G. Striegler, M. Meissner, K. Cvecek, K. Sponsel, G. Leuchs, and B. Schmauss, *IEEE Photon. Technol. Lett.* **17**, 639 (2005).

[261] M. Matsumoto, *IEEE Photon. Technol. Lett.* **17**, 1055 (2005); *J. Lightwave Technol.* **23**, 2696 (2005).

[262] K. Croussore, I. Kim, Y. Han, C. Kim, G. Li, and S. Radic, *Opt. Express* **13**, 3945 (2005).

[263] S. Boscolo, R. Bhamber, and S. K. Turitsyn, *IEEE J. Quantum Electron.* **42**, 619 (2006).

[264] K. Cvecek, G. Onishchukov, K. Sponsel, A. G. Striegler, B. Schmauss, and G. Leuchs, *IEEE Photon. Technol. Lett.* **18**, 1801 (2006).

[265] P. Vorreau, A. Marculescu, J. Wang, et al., *IEEE Photon. Technol. Lett.* **18**, 1970 (2006).

[266] K. Croussore, I. Kim, C. Kim, and G. Li, *Opt. Express* **14**, 2085 (2006).

[267] A. Bogris and D. Syvridis, *IEEE Photon. Technol. Lett.* **18**, 2144 (2006).

[268] K. Cvecek, K. Sponsel, G. Onishchukov, B. Schmauss, and G. Leuchs, *IEEE Photon. Technol. Lett.* **19**, 146 (2007).

[269] M. Matsumoto and H. Sakaguchi, *Opt. Express* **16**, 11169 (2008).

[270] M. Matsumoto and Y. Morioka, *Opt. Express* **17**, 6913 (2009).

[271] K. Cvecek, K. Sponsel, R. Ludwig, et al., *IEEE Photon. Technol. Lett.* **19**, 1475 (2007).

[272] J. Yan, L. An, Z. Zheng, and X. Liu, *IET Optoelectron.* **3**, 158 (2009).

[273] M. Matsumoto, *Opt. Express* **18**, 10 (2010).

附录A 单 位 制

本书中采用的是国际单位制(Système International, SI)。在该单位制中，长度、时间和质量的单位分别为米(m)、秒(s)和千克(kg)，对这几个单位加上前缀可以以10的若干次方改变它们的大小。本书中很少需要质量的单位；最常用的距离单位是km(10^3 m)和Mm(10^6 m)；常用的时间单位是ns(10^{-9} s)，ps(10^{-12} s)和fs(10^{-15} s)。本书中其他的常用单位为光功率(W)和光强度(W/m^2)，这两个单位通过能量与基本单位相联系，因为光功率表示的是能流的速率(1 W = 1 J/s)。能量还可以表示为$E = h\nu = k_BT = mc^2$，其中h是普朗克常数，k_B是玻尔兹曼常数，c是真空中的光速。频率用赫兹单位表示(1 Hz = 1 s^{-1})；当然，由于光波的频率非常高，本书中大部分频率用GHz(10^9 Hz)或THz(10^{12} Hz)作为单位。

在光通信系统的设计中，当信号从光发射机传输到光接收机时，光功率能发生几个数量级的变化，这种大的变化用分贝单位(dB)处理比较方便，许多领域的工程技术人员也常用这个单位。利用下面的一般定义，可以将任意比率R转化成分贝单位：

$$R\,(\text{in dB}) = 10\lg R \tag{A.1}$$

分贝单位由于利用了对数特性，因此可以将较大的比率用较小的值表示，例如，10^9和10^{-9}分别对应90 dB和-90 dB。既然$R = 1$相当于0 dB，比率小于1时用分贝单位表示为负值，而且比率为负值时不能用分贝单位表示。

分贝单位最常用的地方是表示功率比，例如，光信号或电信号的信噪比(SNR)为

$$\text{SNR} = 10\lg(P_S/P_N) \tag{A.2}$$

式中，P_S和P_N分别是信号功率和噪声功率。光纤损耗也能用分贝单位表示，因为损耗相当于传输过程中光功率的减小，于是能用功率比表示。例如，若1 mW的信号经过100 km长的光纤传输后其功率减小为1 μW，即功率衰减到原来的1/1000，用分贝单位表示为30 dB，将这一损耗分布在100 km光纤长度上为0.3 dB/km。利用同样的方法可以定义任何器件的插入损耗。例如，光纤连接器的1 dB损耗意味着当信号通过连接器时，光功率减小1 dB(约为20%)。光滤波器带宽是在3 dB点定义的，该点对应信号功率减小50%。3.2节中的发光二极管(LED)和3.5节中的半导体激光器的调制带宽也是在3 dB点定义的，在该点调制功率减小50%。

既然光纤通信系统所有组件的光损耗都用分贝表示，则发射功率和接收功率也用分贝标度就非常有用，这可以通过下式定义的dBm单位实现：

$$\text{功率(dBm)} = 10\lg\left(\frac{\text{功率}}{1\ \text{mW}}\right) \tag{A.3}$$

此处选择1 mW作为参考功率是为了方便起见，因为发射功率的典型值就在这个量级(dBm中的字母m提醒读者它是以1 mW作为参考功率的)。在这一单位中，1 mW的绝对功率相当于0 dBm，而当功率小于1 mW时用dBm单位表示为负值。例如，10 μW的功率相当于-20 dBm。当在第5章中考虑光波系统的功率预算时，分贝单位的优势就变得很明显。因为分贝单位的对数特性，功率预算可以简单地通过从以dBm为单位的光发射机功率中减去以dB为单位的各种损耗得到。

附录B 缩 写 词

每一个科学领域都有其自身的术语，光通信领域也不例外。尽管作者已经试图避免过多地使用缩写词，但本书中仍出现了许多。当缩写词在每一章中第一次出现时，作者对其进行了注释，这样读者就无须在整本书中寻找该缩写词的意义。为了方便读者，现将全部缩写词按照字母顺序排列如下。

缩写	英文全称	中文名称
AM	Amplitude Modulation	振幅调制，又称为调幅
AON	All-Optical Network	全光网络
APD	Avalanche PhotoDiode	雪崩光电二极管
ASE	Amplified Spontaneous Emission	放大自发辐射
ASK	Amplitude-Shift Keying	幅移键控
ATM	Asynchronous Transfer Mode	异步传送模式
AWG	Arrayed-Waveguide Crating	阵列波导光栅
BER	Bit-Error Rate	误码率
BH	Buried Heterostructure	掩埋异质结构
BPF	Band-Pass Filter	带通滤波器
BPSK	Binary Phase-Shift Keying	二进制相移键控
CATV	Common-Antenna (cable) TeleVision	有线电视
CDM	Code-Division Multiplexing	码分复用
CDMA	Code-Division Multiple Access	码分多址
CNR	Carrier-to-Noise Ratio	载噪比
CPFSK	Continuous-Phase Frequency-Shift Keying	连续相位频移键控
CRZ	Chirped Return-to-Zero	啁啾归零码
CSMA	Carrier-Sense Multiple Access	载波侦听多址
CSO	Composite Second-Order	组合二阶
CSRZ	Carrier-Suppressed Return-to-Zero	载波抑制归零码
CVD	Chemical Vapor Deposition	化学气相沉积
CW	Continuous Wave	连续波
CTB	Composite Triple Beat	组合三阶差拍
DBPSK	Differential Binary Phase-Shift Keying	差分二进制相移键控
DBR	Distributed Bragg Reflector	分布布拉格反射器
DCF	Dispersion-Compensating Fiber	色散补偿光纤
DDF	Dispersion-Decreasing Fiber	色散渐减光纤
DFB	Distributed FeedBack	分布反馈
DFT	Discrete Fourier Transform	离散傅里叶变换
DGD	Differential Group Delay	差分群延迟

DIP	Dual In-line Package	双列直插式封装
DM	Dispersion-Managed	色散管理
DPSK	Differential Phase-Shift Keying	差分相移键控
DQPSK	Differential Quadrature Phase-Shift Keying	差分正交相移键控
DSP	Digital Signal Processing	数字信号处理
EDFA	Erbium-Doped Fiber Amplifier	掺铒光纤放大器
FDM	Frequency-Division Multiplexing	频分复用
FET	Field-Effect Transistor	场效应晶体管
FM	Frequency Modulation	频率调制，又称为调频
FP	Fabry-Perot	法布里-珀罗
FFT	Fast Fourier Transform	快速傅里叶变换
FSK	Frequency-Shift Keying	频移键控
FWHM	Full-Width at Half-Maximum	半极大全宽度
FWM	Four-Wave Mixing	四波混频
GVD	Group-Velocity Dispersion	群速度色散
HBT	Heterojunction-Bipolar Transistor	异质结双极型晶体管
HDTV	High-Definition TeleVision	高清晰度电视
HEMT	High-Electron-Mobility Transistor	高电子迁移率晶体管
HFC	Hybrid Fiber-Coaxial	混合光纤同轴电缆
IC	Integrated Circuit	集成电路
IF	Intermediate Frequency	中频
IMD	InterModulation Distortion	互调失真
IM/DD	Intensity Modulation with Direct Detection	强度调制/直接探测
IMP	InterModulation Product	互调产物
ISDN	Integrated Services Digital Network	综合业务数字网
ISI	InterSymbol Interference	码间干扰(符号间干扰)
ITU	International Telecommunication Union	国际电信联盟
LAN	Local-Area Network	局域网
LEAF	Large Effective-Area Fiber	大有效面积光纤
LED	Light-Emitting Diode	发光二极管
LO	Local Oscillator	本机振荡器
LPE	Liquid-Phase Epitaxy	液相外延
LPF	Low-Pass Filter	低通滤波器
MAN	Metropolitan-Area Network	城域网
MBE	Molecular-Beam Epitaxy	分子束外延
MCVD	Modified Chemical Vapor Deposition	改进的化学气相沉积
MEMS	Micro-Electro-Mechanical System	微机电系统
MMI	Multi-Mode Interference	多模干涉
MOCVD	Metal-Organic Chemical Vapor Deposition	金属有机化学气相沉积
MONET	Multiwavelength Optical NETwork	多波长光网络

MPEG	Motion-Picture Entertainment Group	视频动画专家小组
MPN	Mode-Partition Noise	模分配噪声
MQW	MultiQuantum Well	多量子阱
MSK	Minimum-Shift Keying	最小频移键控
MSM	Metal-Semiconductor-Metal	金属-半导体-金属
MSR	Mode-Suppression Ratio	模式抑制比
MTTF	Mean Time To Failure	平均无故障时间
MZ	Mach-Zehnder	马赫-曾德尔
NA	Numerical Aperture	数值孔径
NEP	Noise-Equivalent Power	等效噪声功率
NLS	NonLinear Schrödinger	非线性薛定谔
NOLM	Nonlinear Optical-Loop Mirror	非线性光纤环形镜
NRZ	NonReturn-to-Zero	非归零码
NLSE	NonLinear Schröding Equation	非线性薛定谔方程
NZDSF	NonZero-Dispersion-Shifted Fiber	非零色散位移光纤
OCDM	Optical Code-Division Multiplexing	光码分复用
OEIC	Opto-Electronic Integrated Circuit	光电集成回路
OFDM	Orthogonal Frequency-Division Multiplexing	正交频分复用
OOK	On-Off Keying	开关键控，又称为通断键控
OPC	Optical Phase Conjugation	光学相位共轭
OTDM	Optical Time-Division Multiplexing	光时分复用
OVD	Outside-Vapor Deposition	外气相沉积
OXC	Optical Cross-Connect	光交叉连接
PCM	Pulse-Code Modulation	脉冲编码调制
PDF	Probability Density Function	概率密度函数
PDM	Polarization-Division Multiplexing	偏振复用
PIC	Photonic Integrated Circuit	光子集成回路
PM	Phase Modulation	相位调制，又称为调相
PMD	Polarization-Mode Dispersion	偏振模色散
PON	Passive Optical Network	无源光网络
PPLN	Periodically Poled Lithium Niobate	周期极化铌酸锂
PSK	Phase-Shift Keying	相移键控
PSP	Principal State of Polarization	主偏振态
QAM	Quadrature Amplitude Modulation	正交振幅调制
QPSK	Quadrature Phase-Shift Keying	正交相移键控
RDF	Reverse-Dispersion Fiber	反色散光纤
RF	Radio Frequency	射频
RIN	Relative Intensity Noise	相对强度噪声
RMS	Root Mean Square	均方根
RZ	Return to Zero	归零码

SAGM	Separate Absorption, Grading, and Multiplication	吸收渐变倍增分离
SAM	Separate Absorption and Multiplication	吸收倍增分离
SBS	Stimulated Brillouin Scattering	受激布里渊散射
SCM	SubCarrier Multiplexing	副载波复用
SDH	Synchronous Digital Hierarchy	同步数字体系
SLM	Single Longitudinal Mode	单纵模
SNR	Signal-to-Noise Ratio	信噪比
SOA	Semiconductor Optical Amplifier	半导体光放大器
SONET	Synchronous Optical NETwork	同步光网络
SOP	State Of Polarization	偏振态
SPM	Self-Phase Modulation	自相位调制
SRS	Stimulated Raman Scattering	受激拉曼散射
SSFS	Soliton Self-Frequency Shift	孤子自频移
STM	Synchronous Transport Module	同步传送模块
STS	Synchronous Transport Signal	同步传送信号
TDM	Time-Division Multiplexing	时分复用
TE	Transverse Electric	横电
TM	Transverse Magnetic	横磁
TOAD	Terahertz Optical Asymmetric Demultiplexer	太赫兹光学非对称解复用器
TOD	Third-Order Dispersion	三阶色散
TPA	Two-Photon Absorption	双光子吸收
VAD	Vapor-Axial Deposition	气相轴向沉积
VCSEL	Vertical-Cavity Surface-Emitting Laser	垂直腔面发射激光器
VPE	Vapor-Phase Epitaxy	气相外延
VSB	Vestigial SideBand	残余边带
WAN	Wide-Area Network	广域网
WDM	Wavelength-Division Multiplexing	波分复用
WDMA	Wavelength-Division Multiple Access	波分多址
WGR	Waveguide-Grating Router	波导光栅路由器
XPM(CPM)	Cross-Phase Modulation	交叉相位调制
YAG	Yttrium Aluminum Garnet	钇铝石榴石
YIG	Yttrium Iron Garnet	钇铁石榴石
ZDWL	Zero-Dispersion WaveLength	零色散波长

附录 C　脉冲展宽的一般公式

在2.4节中讨论脉冲展宽时，假设脉冲是高斯脉冲，并且只考虑到三阶色散效应。在本附录中，将推导能适用于任意形状脉冲展宽的一般公式；而且，该公式未做关于光纤色散特性的任何假设，可以包括任意阶次的色散。推导背后的基本思想是，观察到线性色散介质中脉冲频谱不随脉冲形状的变化而变化，因此最好在谱域中计算脉冲宽度的变化。

对于任意形状的脉冲，脉冲宽度的量度是由量 $\sigma^2=\langle t^2\rangle-\langle t\rangle^2$ 提供的，这里，一阶矩和二阶矩是用式(2.4.21)指示的脉冲形状计算的。这两个矩还能够用脉冲的频谱定义为

$$\langle t\rangle=\int_{-\infty}^{\infty}t|A(z,t)|^2\mathrm{d}t\equiv\frac{-\mathrm{i}}{2\pi}\int_{-\infty}^{\infty}\tilde{A}^*(z,\omega)\tilde{A}_\omega(z,\omega)\,\mathrm{d}\omega \tag{C.1}$$

$$\langle t^2\rangle=\int_{-\infty}^{\infty}t^2|A(z,t)|^2\mathrm{d}t\equiv\frac{1}{2\pi}\int_{-\infty}^{\infty}|\tilde{A}_\omega(z,\omega)|^2\mathrm{d}\omega \tag{C.2}$$

式中，$\tilde{A}(z,\omega)$是$A(z,t)$的傅里叶变换，下标ω表示关于ω的偏导数。为简化讨论，将A和$\tilde{A}$归一化为

$$\int_{-\infty}^{\infty}|A(z,t)|^2\mathrm{d}t=\frac{1}{2\pi}\int_{-\infty}^{\infty}|\tilde{A}(z,\omega)|^2\mathrm{d}\omega=1 \tag{C.3}$$

正如在2.4节中讨论的，当非线性效应可以忽略时，不同的频谱分量依照下面的简单关系在光纤中传输：

$$\tilde{A}(z,\omega)=\tilde{A}(0,\omega)\exp(\mathrm{i}\beta z)=[S(\omega)\mathrm{e}^{\mathrm{i}\theta}]\exp(\mathrm{i}\beta z) \tag{C.4}$$

式中，$S(\omega)$表示输入脉冲的频谱，$\theta(\omega)$表示输入啁啾的影响。正如在式(2.4.13)中看到的，啁啾脉冲的频谱获得了一个频率相关的相位，因为色散，传输常数β与频率有关。当使用色散管理或当光纤参数如芯径沿光纤不均匀时，β还能与z有关。

如果将式(C.4)代入式(C.1)和式(C.2)中，完成求导过程，并计算$\sigma^2=\langle t^2\rangle-\langle t\rangle^2$，则可以得到

$$\sigma^2=\sigma_0^2+[\langle\tau^2\rangle-\langle\tau\rangle^2]+2[\langle\tau\theta_\omega\rangle-\langle\tau\rangle\langle\theta_\omega\rangle] \tag{C.5}$$

式中，角括号表示在输入脉冲频谱上的平均，这样

$$\langle f\rangle=\frac{1}{2\pi}\int_{-\infty}^{\infty}f(\omega)|S(\omega)|^2\mathrm{d}\omega \tag{C.6}$$

在式(C.5)中，σ_0是输入脉冲的均方根(RMS)宽度，$\theta_\omega=\mathrm{d}\theta/\mathrm{d}\omega$，$\tau$是群延迟，定义为

$$\tau(\omega)=\int_0^L\frac{\partial\beta(z,\omega)}{\partial\omega}\mathrm{d}z \tag{C.7}$$

式中，L是光纤的长度。式(C.5)适用于具有任意形状、宽度和啁啾的脉冲，它没有做关于$\beta(z,\omega)$的形式的任何假设，因此能用于包含具有任意色散特性的光纤的色散管理光纤链路。

作为式(C.5)的一个简单应用，可以用它推导式(2.4.22)。假设色散是均匀的，将$\beta(z,\omega)$展开到ω的三次项，则群延迟为

$$\tau(\omega)=(\beta_1+\beta_2\omega+\tfrac{1}{2}\beta_3\omega^2)L \tag{C.8}$$

对于啁啾高斯脉冲，式(2.4.13)给出了 S 和 θ 的以下表达式：

$$S(\omega)=\sqrt{\frac{4\pi T_0^2}{1+C^2}}\exp\left[-\frac{\omega^2T_0^2}{2(1+C^2)}\right],\quad \theta(\omega)=\frac{C\omega^2T_0^2}{2(1+C^2)}-\arctan C \tag{C.9}$$

利用式(C.8)和式(C.9)能解析地完成式(C.5)中的平均，并得到式(2.4.22)的结果。

作为式(C.5)的另一个应用，考虑包含光源谱宽影响的式(2.4.23)的推导。对于这样的脉冲，输入场能写成 $A(0,t)=A_0(t)f(t)$，这里 $f(t)$ 表示脉冲形状，因为光源的部分相干特性，$A_0(t)$ 是不断起伏的。现在，频谱 $S(\omega)$ 变成脉冲频谱和光源频谱的卷积，于是有

$$S(\omega)=\frac{1}{2\pi}\int_{-\infty}^{\infty}S_p(\omega-\omega_1)F(\omega_1)\,\mathrm{d}\omega_1 \tag{C.10}$$

式中，S_p 是脉冲频谱，$F(\omega_s)$ 是光源处起伏场的频谱分量，其相关函数的形式为

$$\langle F^*(\omega_1)F(\omega_2)\rangle_s=G(\omega_1)\delta(\omega_1-\omega_2) \tag{C.11}$$

式中，量 $G(\omega)$ 表示光源频谱。式(C.11)中的下标 s 提醒我们，现在角括号表示在场起伏上的总体平均。

现在，矩 $\langle t\rangle$ 和 $\langle t^2\rangle$ 用 $\langle\langle t\rangle\rangle_s$ 和 $\langle\langle t^2\rangle\rangle_s$ 替换，这里外边的角括号代表在场起伏上的总体平均。假设光源频谱是高斯型的，也就是

$$G(\omega)=\frac{1}{\sigma_\omega\sqrt{2\pi}}\exp\left(-\frac{\omega^2}{2\sigma_\omega^2}\right) \tag{C.12}$$

在这种特殊情况下能计算这两个矩，式中 σ_ω 是光源的均方根谱宽。例如

$$\begin{aligned}\langle\langle t\rangle\rangle_s&=\int_{-\infty}^{\infty}\tau(\omega)\langle|S(\omega)|^2\rangle_s\,\mathrm{d}\omega-\mathrm{i}\int_{-\infty}^{\infty}\langle S^*(\omega)S_\omega(\omega)\rangle_s\,\mathrm{d}\omega\\&=L\iint_{-\infty}^{\infty}(\beta_1+\beta_2\omega+\tfrac{1}{2}\beta_3\omega^2)|S_p(\omega-\omega_1)|^2G(\omega_1)\,\mathrm{d}\omega_1\,\mathrm{d}\omega\end{aligned} \tag{C.13}$$

既然脉冲频谱和光源频谱都假设是高斯型的，首先能完成在 ω_1 上的积分，从而得到另一个高斯频谱。然后，直接对式(C.13)在 ω 上积分，结果为

$$\langle\langle t\rangle\rangle_s=L\left[\beta_1+\frac{\beta_3}{8\sigma_0^2}(1+C^2+V_\omega^2)\right] \tag{C.14}$$

式中，$V_\omega=2\sigma_\omega\sigma_0$。对 $\langle\langle t^2\rangle\rangle_s$ 重复同样的过程可重新获得展宽比 σ/σ_0 的表达式[见式(2.4.23)]。

附录D 软　件　包

为方便读者学习，Optiwave 公司(网址：www.optiwave.com)提供了一个用来设计光纤通信系统的软件包 OptiSystem 8.0，以及适合本书读者的丰富的习题。鼓励读者尝试这些数值练习，因为它们将帮助我们理解在实际光波系统的设计中涉及的许多重要问题。

这个软件包能在安装有微软公司的 Windows(XP, Vista 或 Windows 7)的任何 PC 机上工作。第一步是安装 OptiPerformer，对大部分用户来说这个过程非常简单明了，只需打开软件包并遵循安装指导即可。安装完成后，用户必须点击称为 OptiPerformer.exe 的图标来启动程序。

我们在 5.6 节中已经讨论了光波系统计算机辅助设计的基本原理，与在图 5.15 中看到的装置类似，程序的主窗口用来布局采用各种组件(从组件库中得到)的光波系统。一旦布局完成，就可以通过解在 5.6 节中讨论的非线性薛定谔方程来研究光比特流沿光纤链路的传输问题。通过插入适当的数据可视化组件，可以记录沿光纤链路任意位置处光比特流的时域和频域特性。

OptiSystem 软件能用来解每章后面布置的很多习题。例如，考虑在 2.4 节中讨论的光脉冲在光纤中传输的简单问题，图 D.1 的上半部分给出了解这个问题的布局。输入比特模式应具有 RZ 格式，而且是“000010000”的形式，这样传输的就是单个孤立的脉冲。可以用马赫-曾德尔调制模块直接指定或计算这个脉冲的形状，调制器的输出与长度和其他参数能由用户指定的光纤相连。光纤输出能直接与时域和频域观测仪(如示波器和频谱仪)相连，因此输出脉冲的形状和频谱能被活灵活现地展示出来。在用观测仪记录脉冲的形状和频谱之前，还可以将它送入光电二极管和电滤波器。当关闭非线性效应,或因输入功率设置得很低而使非线性效应可以忽略时，频谱应不会发生变化，但脉冲应被显著展宽。对于高斯脉冲，结果应与 2.4 节的理论一致。

软件包提供的 OptiPerformer 不允许读者创作他们自己的设计，而是在 OptiPerformer File 的目录下提供了大量的准备好的实例。这个目录下的文件夹是按章节编排的，每一章都包含几个文件，它们能够用 OptiPerformer 软件运行，以解决可能的设计问题。图 D.1 给出了与色散管理有关的例子。本书的大部分用户通过解这些习题和分析图形输出而受益匪浅。另外，PDF 文档也包括在内，读者可以通过查阅它们来发现每个习题的更多细节。

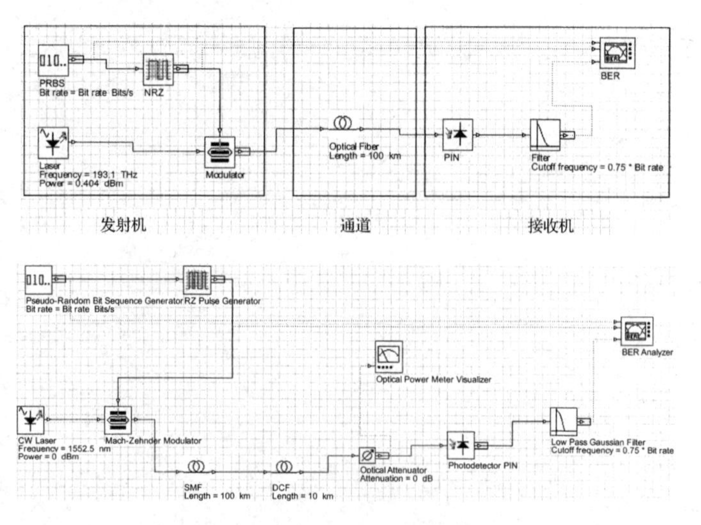

图 D.1　用 Optiwave 软件解决系统设计问题的布局的两个例子

中英文术语对照

absorption 吸收
　free-carrier 自由载流子
　material 材料
　two-photon 双光子
accelerated aging 加速老化
acoustic wave 声波
activation energy 激活能
amplification 放大
　distributed 分布
　lumped 集总
　parametric 参量
　periodic 周期
　phase-sensitive 相敏
　Raman 拉曼
amplification factor 放大倍数
amplified spontaneous emission 放大自发辐射
amplifier 放大器
　cascaded 级联
　chain of 链
　distributed 分布
　dual-pump parametric 双泵浦参量
　erbium-doped fiber, see EDFA 掺铒光纤，见 EDFA
　Fabry-Perot 法布里-珀罗
　hybrid 混合
　in-line 在线
　lumped 集总
　parametric 参量
　semiconductor optical 半导体光
　silicon-based parametric 硅基参量
　single-pump parametric 单泵浦参量
　thulium-doped fiber 掺铥光纤
amplifier spacing 放大器间距
amplitude mask 振幅掩模
amplitude-phase coupling 振幅-相位耦合
amplitude-shift keying, see modulation format 幅移键控，见调制格式
anticorrelation 反相关
antireflection coating 抗反射膜(增透膜)
APD 雪崩光电二极管
　bandwidth of 带宽
　design of 设计
　enhanced shot noise in 增强的散弹噪声
　excess noise factor for 过剩噪声因子
　gain of 增益
　optimum gain for 最佳增益
　physical mechanism behind 物理机制
　reach-through 拉通
　responsivity of 响应度
　SAM 吸收倍增分离
　superlattice 超晶格
apodization technique 切趾技术
ASCII code ASCII 码
ATM protocol ATM 协议
Auger recombination 俄歇复合
autocorrelation function 自相关函数
avalanche breakdown 雪崩击穿
avalanche photodiode, see APD 雪崩光电二极管，见 APD

balanced detection 平衡探测
bandwidth 带宽
　amplifier 放大器
　APD 雪崩光电二极管
　ASE 放大自发辐射
　Brillouin-gain 布里渊增益
　electrical 电
　fiber 光纤
　filter 滤波器
　grating 光栅
　LED 发光二极管
　modulation 调制
　noise 噪声
　parametric amplifier 参量放大器
　photodetector 光电探测器
　Raman-amplifier 拉曼放大器
　Raman-gain 拉曼增益
　RC circuit RC 电路
　receiver 接收机
　semiconductor laser 半导体激光器
　signal 信号
　small-signal modulation 小信号调制
beat length 拍长
Beer's law 比尔定律
bending loss 弯曲损耗
BER floor 误码率平层
Bessel function 贝塞尔函数
biconical taper 双锥形
birefringence 双折射
　circular 圆

  degree of 度
  linear 线性
  random 随机
bistability 双稳态，双稳性
  dispersive 色散
  physical mechanism for 物理机制
  polarization 偏振
bit rate-distance product 比特率-距离积
bit slot 比特隙
bit-error rate 误码率
Boltzmann constant 玻尔兹曼常数
Bragg condition 布拉格条件
Bragg diffraction 布拉格衍射
Bragg wavelength 布拉格波长
Brillouin gain 布里渊增益
Brillouin scattering 布里渊散射
  spontaneous 自发
  stimulated 受激
  suppression of 抑制
  threshold of 阈值
Brillouin shift 布里渊频移
Brillouin threshold 布里渊阈值
broadcast star 广播星
butt coupling 对接耦合

cable television 有线电视
carrier lifetime 载流子寿命
carrier-induced nonlinearity 载流子引起非线性
carrier-sense multiple access 载波侦听多址
carrier-to-noise ratio 载噪比
catastrophic degradation 灾难性劣化
CDMA system 码分多址系统
chemical-vapor deposition 化学气相沉积
chip rate 码片率
chirp 啁啾
  amplifier-induced 放大器引起
  dispersion-induced 色散引起
  fiber-induced 光纤引起
  linear 线性
  modulation-induced 调制引起
  modulator-induced 调制器引起
  power penalty due to 功率代价
  SPM-induced 自相位调制引起
  XPM-induced 交叉相位调制引起
chirp parameter 啁啾参数
chromium heater 铬加热器
circuit switching 电路交换
circulator 环行器
clipping noise 削波噪声
clock circuit 时钟电路
clock recovery 时钟恢复
coaxial cable 同轴电缆
code-division multiplexing 码分复用
code 码
  bipolar 双极
  duobinary 双二进制
  error-correcting 纠错
  frequency hopping 跳频
  orthogonal 正交
  pseudo-orthogonal 伪正交
  Reed-Solomon 里德-所罗门
  signature sequence 签名序列
  spectral 频谱
  turbo turbo
  two-dimensional 二维
  unipolar 单极
coherence function 相干函数
coherence time 相干时间
coherent detection 相干探测
coherent lightwave system 相干光波系统
  advantage of 优点
  bit-error rate for 误码率
  dispersion effect in 色散效应
  phase noise in 相位噪声
  polarization effect in 偏振效应
  sensitivity degradation for 灵敏度劣化
computer-aided design 计算机辅助设计
confinement factor 限制因子
constellation diagram 星座图
conversion efficiency 转换效率
core-cladding interface 纤芯-包层界面
correlation length 相关长度
Costas loop 科斯塔斯环
coupled-mode equation 耦合模方程
coupling coefficient 耦合系数
coupling efficiency 耦合效率
critical angle 临界角
cross-correlation 互相关
cross-gain saturation 交叉增益饱和
cross-phase modulation 交叉相位调制
  control of 控制
  demultiplexing with 解复用
  interchannel 信道间
  intrachannel 信道内
crosstalk 串扰
  Brillouin-induced 布里渊引起
  EDFA-induced 掺铒光纤放大器引起
  electrical 电
  filter-induced 滤波器引起
  FWM-induced 四波混频引起
  heterowavelength 不同波长
  homowavelength 相同波长